AF563850

DICTIONNAIRE

DES TERMES EMPLOYÉS DANS LA

CONSTRUCTION

BAR-LE-DUC

IMPRIMERIE ET LITHOGRAPHIE COMTE-JACQUET.

DICTIONNAIRE

DES TERMES EMPLOYÉS DANS LA

CONSTRUCTION

ET CONCERNANT :

LA CONNAISSANCE ET L'EMPLOI DES MATÉRIAUX ; L'OUTILLAGE QUI SERT A LEUR MISE EN ŒUVRE ; L'UTILISATION DE CES MATÉRIAUX DANS LA CONSTRUCTION DES DIVERS GENRES D'ÉDIFICES ANCIENS ET MODERNES ; LA LÉGISLATION DU BATIMENT ;

SOUSCRIPTIONS DES MINISTÈRES DES BEAUX-ARTS, INSTRUCTION PUBLIQUE, TRAVAUX PUBLICS

PAR

PIERRE CHABAT

ARCHITECTE, PROFESSEUR,

Préparateur du cours de constructions civiles au Conservatoire des arts et métiers.

DEUXIÈME ÉDITION

PL. - ZO.

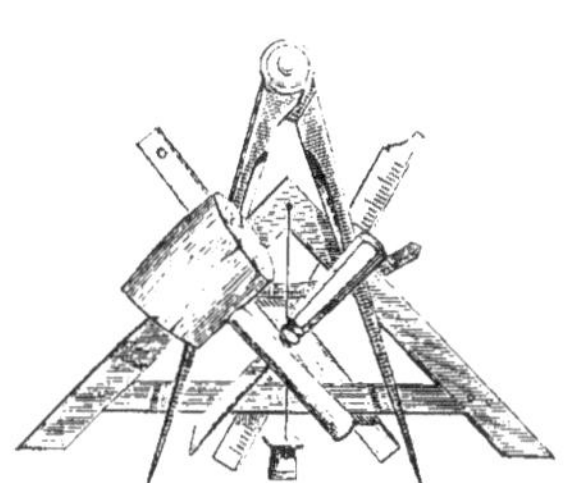

PARIS

Vve A. MOREL ET Cie, ÉDITEURS

13, RUE BONAPARTE, 13

1881

DICTIONNAIRE

DES TERMES EMPLOYÉS DANS LA

CONSTRUCTION

P (SUITE)

Placage, *s. m.* — Revêtement que l'on fait de la surface de certains ouvrages au moyen de lames minces de bois durs et précieux.

L'ébénisterie et la marqueterie emploient ce mode de décoration.

Tous les bois ne sont pas propres à cet usage; nous citerons, parmi ceux qui sont le plus souvent employés : l'acajou, l'ébène, le palissandre et le poirier.

Placard, *s. m.* — 1° Ensemble des pièces de menuiserie qui forment la porte d'une armoire.

Par extension, le mot s'emploie pour l'armoire même creusée dans la muraille.

Le *placard* se pose avec une moulure visible ou sous tenture et en affleurement d'un tuyau de cheminée pour en dissimuler les saillies. La fermeture a lieu au moyen de serrures dites *serrures d'armoire* (voy. *Serrure*).

2° Verrou *demi-placard*, *quart-placard* (voy. *Verrou*).

Législation. Tous les jurisconsultes ne sont pas d'accord sur la question de savoir si l'on peut établir des *placards* dans un mur mitoyen sans l'autorisation du voisin. On décide généralement que cette autorisation est nécessaire (1).

Place, *s. f.* — Large espace découvert auquel aboutissent plusieurs rues dans une ville.

Les *places* de petite dimension ou celles qui sont formées par la rencontre de plusieurs rues se dirigeant en ligne droite sur un même point, sur une entrée de ville, par exemple, se nomment *carrefours*.

Les *places* sont nécessaires dans une ville, où elles contribuent à l'aération, rompent l'uniformité des rues et offrent les positions les plus convenables pour les édifices publics et pour les marchés, les réunions populaires, etc.

Rome ancienne était pourvue de *places* de deux sortes appelées *forums*, les unes destinées à la vente des denrées alimentaires, les autres aux assemblées publiques (voy. *Forum*).

D'ailleurs la coutume qu'avaient les anciens de fonder des colonies, de transporter des populations entières sur des

(1) Code Perrin, n° 2916.

terrains inhabités, exigeait la construction rapide de cités faites sur des plans arrêtés et rendait faciles la distribution, les alignements des maisons et des rues, le choix des emplacements que devaient occuper les édifices principaux et, par suite, la disposition des *places* qu'on devait pratiquer pour embellir leur aspect. La *place* publique, chez les anciens, n'avait pas le même rôle qu'aujourd'hui; elle devait servir surtout à de grandes réunions publiques; les citoyens s'y réunissaient pour apprendre les nouvelles, entendre les philosophes délibérer sur les affaires. Cette *place* recevait une étendue et une décoration proportionnées à la liberté conquise par les habitants. Dans les villes de la Grèce soumises à la tyrannie ou à l'oligarchie, la *place* publique était, en général, d'une disposition peu commode et peu spacieuse; dans les États démocratiques, au contraire, elle était décorée de portiques, de sièges, de statues, de fontaines, etc.

Aujourd'hui, les *places* sont de formes très variées; quelques-unes sont circulaires avec un grand nombre de rues de même largeur aboutissant au centre et également espacées; d'autres sont carrées ou rectangulaires.

Une disposition qui paraît très conve-

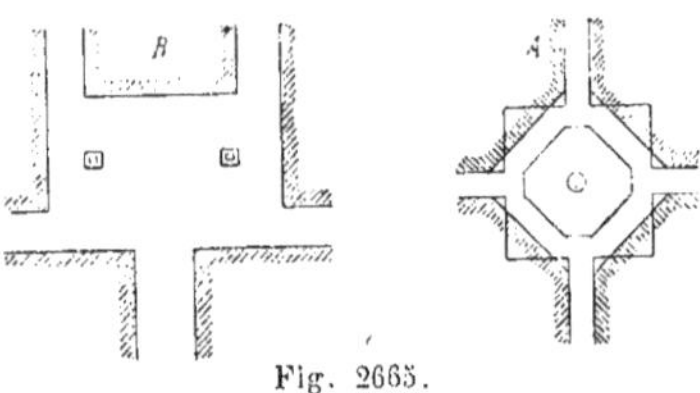

Fig. 2665.

nable pour la réunion de deux rues se croisant à angles droits est celle qui est présentée en A par la figure 2665; la forme indiquée par les lignes ponctuées de la même figure a l'inconvénient de laisser les angles privés de mouvement(1); la disposition B, avec une large rue ouverte en face d'un édifice occupant le milieu d'une *place*, est très recommandable.

(1) Léonce Reynaud, *Traité d'architecture.*

La plupart des villes modernes, formées d'une agrégation successive de maisons, de rues, de quartiers, n'ont reçu que du hasard leur agrandissement et leur disposition. Il devient donc, par la suite, difficile, ou de donner des *places* aux monuments déjà existants, ou d'en faire de nouveaux, auxquels on puisse procurer des emplacements extérieurs, proportionnés à leur mesure ou à leur caractère.

Rome moderne tient le premier rang parmi les villes qui ont eu l'avantage de pouvoir former autour de leurs monuments et en face d'eux des *places* qui en fussent dignes. Une des causes particulières auxquelles cette cité doit ce privilège, c'est qu'elle a été élevée sur les ruines de la plus immense ville des temps anciens et modernes, et qu'elle a trouvé dans ses vestiges les modèles des plus vastes emplacements et des décorations les plus splendides qui aient jamais existé. La *place* Saint-Pierre répond bien à l'immensité et à la magnificence du monument au frontispice duquel Bernin sut réunir sa colonnade avec tant d'habileté.

Parmi les *places* qui ne précèdent pas un édifice, mais qui servent à la fois à la salubrité, aux besoins et à l'agrément des habitants, on peut citer, à Rome, la *place* Navone, qui sert à la fois de marché, de promenade et qui est décorée de fontaines magnifiques.

Une des plus belles *places* en ce genre est la *place* de Saint-Marc, à Venise, d'autant plus remarquable que la ville, bâtie au milieu des eaux, n'a pu avoir que des terrains conquis par la main de l'homme sur l'élément liquide. Cette *place*, qui forme un rectangle de 350 mètres de longueur, est environnée de belles galeries et d'édifices remarquables.

Comme toutes les cités de vieille date, lentement agrandies, maison à maison, rue par rue, Paris n'a eu pendant longtemps que des *places* irrégulières et de peu d'étendue. Les *places* Royale et Dauphine (cette dernière vient d'être supprimée) ne sont guère que des cours. De nos jours, de grands progrès ont été réalisés dans cette question d'embellissement de la ville. Au premier rang, il faut citer la *place* de la Concorde, que l'on peut regarder comme la plus belle du monde entier. Son aspect est certainement merveilleux, avec les deux colonnades, la rue Royale et l'église de la Madeleine au nord ; le magnifique jardin des Tuileries et le palais du même nom à l'est ; au sud, l'ancien corps législatif et la perspective des monuments qui l'avoisinent ; à l'ouest, l'avenue des Champs-Elysées et ses beaux massifs d'arbres conduisant à l'arc de triomphe ; des fontaines jaillissantes, des candélabres de bronze, les statues colossales des principales villes de France et au centre l'obélisque de Louqsor en forment la décoration. La *place* du Carrousel, qui sépare les Tuileries du Louvre, la *place* Vendôme, la *place* de l'Étoile sont ensuite les plus belles *places* de Paris. Nous donnons

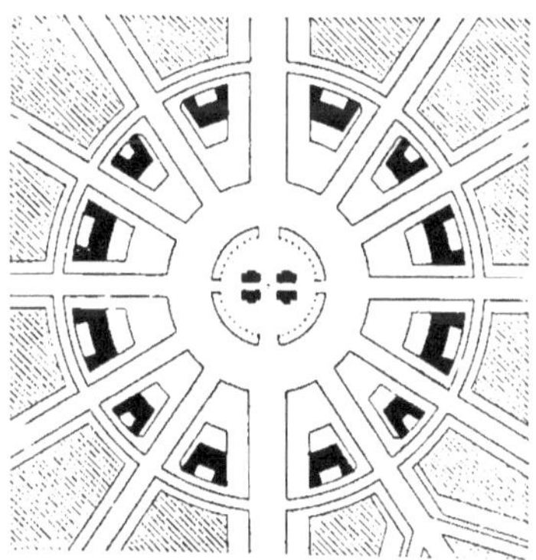

Fig. 2666.

(fig. 2666) le plan de cette dernière *place*, avec les bâtiments régulièrement disposés qui l'entourent et les amorces des grandes voies qui y aboutissent. L'arc de triomphe, situé au milieu, donne à cette *place* un aspect grandiose.

ARCHITECTURE MILITAIRE. Nom que l'on donne, en général, aux forteresses ou aux villes entourées d'une enceinte fortifiée et en particulier à l'enceinte même (voy. *Fortification*).

On appelle :

1° *Place d'armes rentrante*, un espace réservé aux rentrants de la contrescarpe du corps de *place* pour servir de point de réunion aux assiégés qui défendent le chemin couvert ;

2° *Place d'armes saillante*, un espace compris devant l'angle saillant d'une demi-lune, entre le glacis et l'arrondissement de la contrescarpe : c'est là que se réunissent les défenseurs tant que l'ennemi n'a pas effectué le couronnement du chemin couvert.

LÉGISLATION. Les propriétés voisines des *places de guerre* sont soumises à des servitudes très souvent onéreuses, en vertu du décret du 10 août 1853.

Tous les terrains de fortifications, de *places* de guerre ou postes militaires tels que remparts, fossés, parapets, esplanades, glacis, etc., font partie du domaine de l'État et sont exempts des servitudes légales.

On appelle *terrain militaire* une étendue de terrain qui reste libre autour des fortifications et qui entre dans le domaine de l'État ; ce terrain comprend, outre les fortifications mêmes, un espace libre à l'intérieur et à l'extérieur de la *place* ; l'espace intérieur prend le nom de *rue du rempart*, et doit avoir au moins 8 mètres de large. L'espace extérieur s'étend, dans la campagne, à 39 mètres de la crête du parapet du chemin couvert.

Un autre étendue, appelée *rayon de défense*, reste dans la propriété privée et est seulement soumise à certaines servitudes exigées par les besoins de la défense de la *place*.

Les terrains militaires sont délimités par des bornes plantées aux frais de l'État, contradictoirement avec les propriétaires limitrophes.

Ceux qui, avant l'établissement des fortifications, possédaient des constructions dans les limites du terrain appelé à devenir terrain militaire, peuvent continuer d'en jouir, à la charge que s'il survient une démolition volontaire, accidentelle ou nécessitée par l'état de guerre, la reconstruction ne pourra avoir lieu dans les limites du terrain militaire. Des constructions peuvent même être élevées dans la rue du rempart ou enceinte intérieure avec permission et sous la condition de démolir, sans indemnité, à la première réquisition (1).

Au-delà du terrain militaire, le rayon de défense se compose de zones dont l'étendue varie avec l'importance de la *place*.

Autour des *places*, on trace trois zones ayant le même point de départ que les terrains militaires.

Dans la première zone (250 mètres), on ne peut établir aucune maison ni clôture de construction, à l'exception des clôtures en haies sèches ou en planches à claire-voie, sans pans de bois, ni maçonnerie ; les haies vives et les plantations d'arbres sont interdites.

La deuxième zone se limite à 487 mètres de la *place*. Dans l'espace compris entre cette limite et la première zone, on ne peut exécuter aucune construction quelconque en maçonnerie ou en pisé; autour des *places* de 1re et 2e classe, mais on peut construire en bois ou en terre, sans employer même de chaux ni de plâtre, autrement qu'en crépissage, et ce, à la charge de démolir immédiatement et d'enlever les décombres, sans indemnité, à la première réquisition de l'autorité militaire, au cas où la *place* serait menacée d'une attaque (2). Dans la même étendue, il est permis, autour des *places* de 3e classe, d'établir des constructions quelconques; mais, en cas de guerre, les propriétaires n'ont droit à aucune indemnité pour les démolitions jugées nécessaires.

(1) Loi du 10 juillet 1791.
(2) Loi du 10 juillet 1791.

Dans la troisième zone, dont la limite est portée à 974 mètres pour les *places* et 584 mètres pour les postes militaires, les particuliers peuvent construire et clore à leur guise ; mais on ne peut faire de chemins, chaussées ou levées, ni creuser de fossés, faire des fouilles ou excavations, exploiter des carrières, sans que leur position et leur alignement, concertés d'abord avec l'autorité militaire, aient été déterminés par décision du ministre de la guerre ou par décret du chef de l'Etat (1). Dans la même étendue, on ne peut faire aucun dépôt de décombres ou de matériaux, excepté les dépôts d'engrais, que dans les lieux indiqués par le génie.

Quant aux constructions existantes dans les deux premières zones du rayon de défense avant la délimitation de ce dernier, elles peuvent être conservées et entretenues dans leur état, sauf avec indemnité, en cas de guerre et sans qu'on puisse les rétablir (2).

Les réparations d'entretien des constructions placées dans les deux premières zones ne doivent être faites qu'à la condition expresse qu'il n'est apporté aucun changement dans leurs formes et dans leurs dimensions : que les matériaux de réparation et de reconstruction partielle sont de même nature que ceux précédemment mis en œuvre ; que la masse des constructions existantes n'est point accrue. Aux bâtisses en maçonneries, il est interdit de faire des reprises en sous-œuvre, de grosses réparations et autres travaux confortatifs, soit aux fondations, soit au rez-de-chaussée pour les bâtiments d'habitation ; soit jusqu'à moitié de la hauteur, prise sur le parement extérieur, pour les simples clôtures ; soit encore jusqu'à 3 mètres du sol extérieur, pour toutes les autres constructions (3).

Les propriétés et constructions qui avoisinent les dépendances de *places* de

(1) Loi du 10 juillet 1791.
(2) Code Perrin, n° 3330.
(3) Décret du 10 août 1853.

guerre, telles que lunettes ou forts détachés, sont soumises aux mêmes servitudes que celles qui sont proches des *places* elles-mêmes.

Plafond, *s. m.* — On désigne ainsi, d'une manière générale, toute surface plane et horizontale formant la partie supérieure d'un lieu couvert, comme le plancher en est la partie inférieure.

On applique encore ce nom aux surfaces courbes, c'est-à-dire en forme de voûte ou de coupole, qui forment le haut d'une salle, d'une chambre d'escalier, etc., mais qui ne sont guère usitées que dans les grands édifices.

Enfin, dans un sens plus restreint, ce terme désigne aujourd'hui le lattis recouvert d'un enduit qui revêt le dessous des solives d'un plancher en bois ou en fer.

Les *plafonds* des monuments égyptiens étaient construits très simplement : ce sont des pierres de grandes dimensions placées à côté les unes des autres et reposant, par leurs extrémités, sur les murs de la salle qu'elles recouvrent ou sur des rangées de colonnes. Dans certains édifices, les dalles qui formaient ces *plafonds* étaient véritablement colossales : au palais ou temple de Karnac, l'espacement des supports démontre que la longueur des pierres devait être de 9m,20 ; leur hauteur était de 1m,30 et leur largeur n'était pas moindre de 2m,60. Des *plafonds* ainsi formés présentaient une surface plane qui, dans quelques édifices de l'Égypte, était décorée de peintures et de sculptures.

Les *plafonds* grecs étaient composés de dalles beaucoup moins épaisses supportées par des blocs ou poutres en pierre, plus ou moins espacés et s'appuyant, par leurs extrémités, sur des colonnes. Ce qui constitue la différence essentielle entre ces *plafonds* et ceux des monuments égyptiens, c'est que l'ornementation peinte ou sculptée qui s'applique aux premiers est soumise aux lignes essentielles de l'architecture, tandis que le principal disparaît sous l'accessoire dans les seconds.

Dans les édifices grecs, les dalles minces qui ferment les intervalles des poutres sont divisées en *caissons* (voy. ce mot) dont la forme ordinaire est carrée.

Les traditions grecques, c'est-à-dire les rapports établis entre la décoration et l'ossature réelle de la construction, s'affaiblissent dans les temples romains. Toutefois, parmi l'un des meilleurs exemples à citer, le *plafond* en travertin

Fig. 2667.

qui couvre le portique circulaire du temple de Vesta, à Tivoli (fig. 2667), se distingue par la simplicité de sa disposition, la sobriété de sa décoration et l'harmonie de l'ensemble (1). Plus tard, sous les empereurs, l'ornementation prédomine encore davantage.

Dans les monuments religieux de la période romano-byzantine, les *plafonds* en pierre sont remplacés par des voûtes ou par des charpentes apparentes.

La voûte à nervures est de même adoptée dans les églises d'architecture ogivale. Les *plafonds* sont réservés aux salles des édifices civils ou aux pièces

(1) P. Chabat, *Fragments d'architecture.*

des appartements privés, et ne sont, à proprement parler, que le dessous des solives en bois du plancher laissées apparentes et plus ou moins richement moulurées ou sculptées. Les uns sont peints à la colle ; dans les autres, le bois de chêne qui les compose est à nu. Les intervalles des solives sont garnis de panneaux ornés souvent de sculptures dans les *plafonds* d'une grande richesse. On peut même citer, de cette époque, dans le midi de la France particulièrement, des *plafonds* rapportés, c'est-à-dire composés de planches que l'on clouait sur les solives et sur lesquelles on rapportait des moulures formant des compartiments décorés de peintures.

La Renaissance rétablit, dans les *plafonds*, l'usage des caissons creusés dans le marbre ou dans la pierre ou faits de bois sculptés rapportés (voy. *Caisson*). On trouve cependant encore à cette époque des *plafonds* à solives apparentes richement décorés.

Aujourd'hui, l'usage des *plafonds* à solives apparentes ou à caissons a été abandonné dans la plupart des habitations privées. On s'est surtout préoccupé d'éviter la poussière et le logement des insectes dans les interstices des solives des planchers, de rendre ceux-ci impénétrables aux modifications de température et aux émanations gazeuses. On a donc eu recours au revêtement du dessous des poutrelles à l'aide du plâtre, de telle sorte que les salons les plus riches, comme les chambres les plus modestes, sont fermés, à leur partie supérieure, par une grande surface blanche, unie, qui ne se distingue, pour les premières de ces pièces, que par les rosaces et les corniches qui en accompagnent le milieu et les bords.

Les procédés d'exécution de ces *plafonds* sont les suivants : on cloue sous les solives un lattis presque jointif en employant de préférence la latte de chêne et l'espaçant de 0m,01 ; puis on applique successivement dessus plusieurs couches d'enduit peu épais que l'on lisse avec soin. Cette dernière opération se fait ainsi : on commence par poser sur le lattis bien dressé un enduit un peu clair de plâtre passé au tamis fin et pénétrant dans les intervalles. Après la prise de cette première couche, on en applique une deuxième de gros plâtre passé seulement au panier et d'environ 0m,015 ; celle-ci est alors aplanie et recouverte, encore fraîche, d'une troisième couche de plâtre fin passé au tamis et qui forme le parement à dresser et à cirer soigneusement.

Souvent, les plafonnages en plâtre ne sont exécutés qu'à deux couches, la première en plâtre passé au panier et à surface rugueuse ; la deuxième en plâtre fin, passé au tamis de soie. Cette dernière couche est blanchie à la colle à une ou plusieurs couches.

Dans les pays où le plâtre fait défaut, on y substitue soit un mortier composé de parties égales de chaux et de plâtre, soit du *blanc en bourre* (voy. *Bourre*), parfois même de mortier de chaux et de terre argileuse.

On fait encore les *plafonds* suivant la forme dite en *augets* (voy. ce mot) sur des lattes espacées de 0m,05 à 0m,08. Les *plafonds* exécutés suivant ce dernier procédé sont plus solides que ceux faits sur lattis jointif qui présentent plus d'obstacles à la transmission du son ; mais ils sont plus lourds et leur établissement exige beaucoup plus de plâtre.

Nous avons dit que la décoration des *plafonds* en plâtre consistait ordinairement en rosaces faites en carton de moulage (voy. *Carton*) et en corniches traînées en plâtre. Ce système ne répond cependant en aucune façon à cette condition essentielle de l'art qui consiste dans le rapport intime établi entre la structure même et l'ornementation ; nous n'hésiterons donc pas à nous prononcer en faveur du système des *plafonds* à solives apparentes.

Plusieurs modes de construction s'offrent alors au choix de l'architecte. Les poutres laissées à nu dans toute leur épaisseur peuvent présenter, dans leurs intervalles, une série de travées ou entrevous, que l'on plafonne en plâtre, en mortier ou que l'on exécute en planches. Mais les planchers ainsi construits sont très sonores et la profondeur des entrevous peut imprimer un caractère trop accentué à la décoration, particulièrement dans les salles peu élevées; on supprime ces inconvénients en plaçant

Fig. 2668.

le fond des entrevous à une certaine distance de la face supérieure des solives, comme on le voit sur la coupe de la figure 2668 (1), qui est accompagnée d'un plan représentant deux genres différents d'ornementation. La largeur de la pièce est supposée assez grande ; une poutre maîtresse, reposant par ses extrémités sur des pilastres, reçoit elle-même la portée des solives ; celles-ci ont leurs arêtes abattues ou sont ornées de moulures rapportées qui contournent simplement les entrevous, en formant de longs caissons ou qui se retournent de façon à composer des caissons carrés. La peinture, la dorure, la sculpture sur bois, les ornements moulés peuvent contribuer à augmenter la richesse de ces dispositions.

Dans d'autres combinaisons, on peut supposer entre des solives principales, placées à intervalles égaux et laissées apparentes, des poutrelles, sur les faces

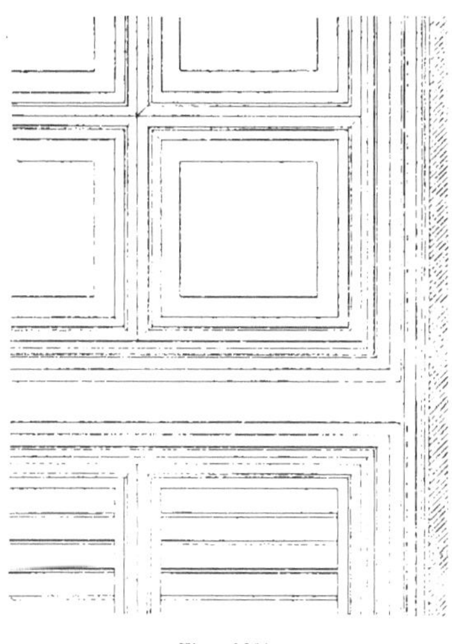

Fig. 2669.

intérieures desquelles sont clouées des planches ou des panneaux de menuiserie (fig. 2669) ou même sont établis des *plafonds* en plâtre.

Dans certains édifices où l'on veut déployer une grande richesse d'ornementation, on revêt de menuiserie les poutres principales elles-mêmes, en forme de grands compartiments ; on place des culs-de-lampe aux intersections des pièces. On trouve aussi des exemples de *plafonds* avec un grand panneau rectangulaire placé au centre et occupé par un tableau. Les palais de la Renaissance offrent de nombreux *plafonds* ainsi décorés.

(1) Reynaud, *Traité d'architecture*.

Après avoir passé en revue ces divers procédés d'ornementation, nous devons avouer que l'exécution des *plafonds* ainsi disposés n'est guère applicable dans le cas des habitations particulières, de nombreuses difficultés résultant tout à la fois des dimensions restreintes des pièces et de la distribution souvent irré-

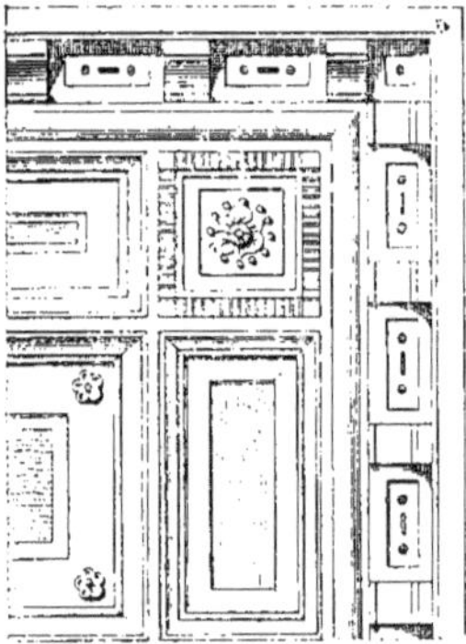

Fig. 2670.

gulière des solives du plancher. Aussi, adopte-t-on fréquemment l'application sur la face inférieure des poutrelles de panneaux en menuiserie formant des compartiments réguliers, carrés, rectangulaires (fig. 2670), en losanges ou à

Fig. 2671.

dessins variés et capricieux (fig. 2671). Ce système est néanmoins plus coûteux que les *plafonds* en plâtre, mais il est convenable pour les pièces de réception et les appartements de luxe.

Le principe de l'indication de la structure par l'ornementation a conduit, pour les planchers en fer, comme pour les planchers en bois, à des essais de *plafonds* décoratifs qui ont donné parfois de très heureux résultats (voy. *Plancher*).

On appelle :

Faux plafond, un *plafond* que l'on établit au-dessous d'un *plafond* ordinaire pour diminuer la hauteur d'un étage ;

Plafond marouflé, un *plafond* composé, au lieu de plâtre ou de mortier, d'une toile tendue sous les poutres saillantes du plancher et maintenue par un bâti léger ; on se sert souvent de *plafonds* marouflés pour y peindre un sujet d'histoire ou des ornements ;

Plafond de corniche, la face inférieure du larmier ; la figure 2672 représente le

Fig. 2672.

plafond de la corniche dorique du temple d'Hercule à Cori, orné de gouttes et de palmettes ;

Plafond d'un canal, le fond d'un canal, d'un réservoir, etc.

Plafonner, *v. a.* — Clouer des lattes sur la face inférieure d'un plancher et les enduire de plâtre ou de mortier.

Plain pied (*De*), *loc. adv.* — On dit qu'une pièce, qu'un appartement est *de plain pied* avec une autre pièce ou avec un autre appartement, lorsque le sol est au même niveau dans les deux.

Plan, *s. m.* — 1° Surface sur laquelle une ligne droite peut s'appliquer dans tous les sens en coïncidant exactement.

2° Représentation sur une surface plane, parallèle à l'horizon, d'un objet tel qu'il y serait placé dans sa position naturelle. Les différents points de l'objet sont indiqués par leur projection orthogonale, et l'on conserve à l'ensemble et aux différentes parties le rapport des grandeurs réelles.

C'est par extension qu'on a donné le même nom à tout dessin ou modèle en relief qui représente, à une échelle déterminée, l'élévation ou les coupes d'un ouvrage.

L'expression *faire un plan* a deux significations : la première a le même sens que *lever un plan* (voy. *Lever*) : la seconde est de beaucoup la plus importante, car elle comprend la conception fondamentale d'un édifice.

C'est, en effet, de la composition du *plan* que dépend le premier mérite d'une œuvre architecturale, l'utilité, c'est-à-dire la disposition de l'édifice réglée sur les besoins et les convenances qu'exige son usage. L'habileté de l'architecte consiste à unir la commodité des services intérieurs, des dégagements nécessaires à une régularité toujours désirable ; mais on ne doit pas tout sacrifier à la *symétrie*, ou mieux à la correspondance uniforme entre toutes les parties d'un *plan* ; il faut surtout faire en sorte que la disposition générale et particulière soit en rapport avec les besoins et l'emploi de l'édifice.

La composition du *plan* d'un monument exige aussi le choix du *parti général*, d'où doivent résulter la forme de l'édifice, sa physionomie spéciale, son caractère. L'élévation dépend aussi du *plan* ; si ce dernier est simple, la construction hors de terre aura déjà un certain cachet de simplicité et, par suite, de grandeur. Un *plan* à découpures multiples produit, pour l'élévation, une quantité de ressauts, de lignes interrompues qui diminuent par les détails l'effet d'ensemble.

Le *plan* d'un terrain s'obtient en projetant les différents points de ce terrain sur un *plan* horizontal appelé *plan de niveau* et supposé à une distance de l'un de ces points fixée à l'avance (voy. *Lever*).

Les ouvriers appellent *plan par terre* la coupe horizontale d'un terrain faite au ras du sol.

Législation. Le décret du 26 mars 1852 prescrit certaines obligations aux particuliers qui veulent construire, à Paris :

« Art. 3. A l'avenir, l'étude de tout *plan* d'alignement de rue devra nécessairement comprendre le nivellement ; celui-ci sera soumis à toutes les formalités qui régissent l'alignement.

« Tout constructeur de maisons, avant de se mettre à l'œuvre, devra demander l'alignement et le nivellement de la voie publique au-devant de son terrain et s'y conformer.

« Art. 4. Il devra pareillement adresser à l'administration un *plan*, et des coupes cotés des constructions qu'il projette et se soumettre aux prescriptions qui lui seront faites, dans l'intérêt de la sûreté publique et de la salubrité.

« Vingt jours après le dépôt de ces *plans* et coupes au secrétariat de la préfecture de la Seine, le constructeur pourra commencer ses travaux d'après son *plan*, s'il ne lui a été notifié aucune injonction.

« Une coupe géologique des fouilles pour fondation de bâtiment sera dressée par tout architecte constructeur et remise à la préfecture de la Seine. »

Planche, *s. f.* — 1° On désigne ainsi, d'une manière générale, toute pièce de bois refendue, plate, peu épaisse et plus longue que large, et particulièrement les morceaux de bois dont l'épaisseur est comprise entre 0m,027 et 0m,054.

Les *planches* que l'on emploie en France, dans les ouvrages de construction, proviennent ordinairement du chêne et du sapin, et sont débitées et livrées au commerce, suivant des dimensions déterminées, auxquelles on donne différents noms; ces diverses désignations sont indiquées dans le tableau suivant, que nous empruntons au *Traité d'architecture* de M. Léonce Reynaud :

ESSENCES DES BOIS	DÉSIGNATION DES PLANCHES	ÉPAISSEURS	LARGEURS
		m.	m.
CHÊNE	Feuillet (1)	0,013	0,24
	Panneau (1)	0,020	0,24
	Entrevous	0,027	0,24
	Planche	0,034	0,24
		0,041 à 0,045	0,22
	Merrain (2)	0,033, 0,040 et 0,047	0,13 ou 0,16
	Doublette	0,054 à 0,06	0,32
	Membrure	0,08	0,16
	Petit battant	0,08	0,22
	Gros battant	0,11	0,33
SAPIN DE FRANCE	Feuillet	0,016 à 0,018	0,22 ou 0,32
	Ordinaire	0,027	0,22 ou 0,32
	Forte qualité	0,034 à 0,040	0,24 ou 0,32
	Madrier	0,06	0,32
SAPIN DU NORD	Planche	0,027, 0,034 et 0,041	0,22
	Petit madrier	0,054	0,22
	Madrier	0,08	0,22

(1) Ces échantillons se débitent presque toujours chez les menuisiers, qui les tirent ordinairement des planches.
(2) Ces planches n'ont pas plus de 1m,45 de longueur ; l'architecture ne les emploie guère que dans l'établissement des panneaux de lambris et de parquets.

La longueur suivant laquelle on débite ces pièces de bois ne dépasse pas 6 mètres.

On se sert encore de *planches* provenant du déchirement des bateaux hors de service pour les cloisons qui doivent être ravalées en plâtre ou pour les ouvrages grossiers.

Les *planches* usitées à Paris arrivent de Champagne, de Lorraine et de Bourgogne par eau, c'est-à-dire *flottées*, ce qui les rend moins susceptibles de jouer, mais aussi moins résistantes; de plus, elles prennent à cette immersion une teinte noirâtre. Le bois de chêne de Hollande est le meilleur pour les ouvrages de luxe.

Parmi les bois blancs dont les sciages sont usités comme *planches*, on compte les peupliers, les grisards, les trembles, les sapins, etc. Les trois premières espèces fournissent des *planches* qui doivent porter au moins 35 millimètres sur 22 à 26 centimètres de large ; mais ce sont les sapins d'où l'on tire les plus nombreux échantillons employés comme *planches* dans la construction. La longueur la plus recherchée pour ces *planches*, dans la consommation, est 4 mètres sur une épaisseur de 27 millimètres et 24 à 25 centimètres de largeur. Les longueurs de 5 mètres sont encore reçues dans le commerce, mais au-dessus on ne fait que sur commande. Les forêts des Vosges et du Jura envoient leurs sciages de sapin dans tous les départements de l'Est et du Nord. Les régions élevées du Centre suffisent à leur consommation en ce genre. Tout le littoral reçoit les sciages des forêts à partir de la Baltique.

Le débit des *planches* (voy. *Débit*) a une grande influence sur le degré d'hygrométricité de ces bois ; le débit sur mailles est le plus avantageux à ce point de vue ; mais il est coûteux parce que les *planches*, plus épaisses d'un côté que de l'autre, doivent être, au moyen de levées, réduites à une épaisseur uniforme. Le sapin du nord, employé à Paris, n'est pas flotté; aussi le laisse-t-on sécher pendant plusieurs années avant de l'employer.

Dans les Vosges, on découpe les arbres en *tronces* de 11 ou de 12 pieds (ancien pied de roi) de longueur, soit 3m,55 à 3m,90. La première *planche* détachée de chaque côté de la tronce est un *dosseau;* celles qu'on retire ensuite de chaque côté et dont les faces sont parallèles, mais dont les côtés sont en biseau et qui ne sont pas assez larges pour faire des *planches* de 8 pouces, sont appelées des *chons*. Le reste de la tronce est débité en *planches alignées*, des dimensions indiquées par le tableau suivant, que nous empruntons à l'ouvrage de MM. A. Dupont et Bouquet de la Grye, sur les bois indigènes et étrangers :

DÉNOMINATION	LARGEUR	ÉPAISSEUR	LONGUEUR	SIGNAL
Planches ordinaires ou marchandises	0m,244	0m,027	3m,90	12/9
	0 244	0 027	3 57	11/9
Planches réduites	0 216	0 027	3 90	12/8
	0 216	0 027	3 57	11/8
Planches larges	0 325	0 027	3 90	12/12
	0 325	0 027	3 57	4/12

On n'est pas rigoureux sur l'épaisseur : il est d'usage de compter l'épaisseur du trait de scie et d'admettre, par suite, les *planches* ayant dix et onze lignes d'épaisseur comme *planches* d'un pouce. On classe comme *planches* de *rebut* celles qui sont fendues, celles dont les nœuds ne sont pas adhérents et celles qui ont des defauts en restreignant l'emploi.

Une tronce de 20 pouces de diamètre au petit bout fournit au débit 33 *planches* de 9 pouces généralement classées de la manière suivante : la moitié en deuxième qualité avec nœuds ; trois huitièmes de première qualité sans nœuds; un huitième de chons.

On estime qu'un mètre cube de sapin en grume avec écorce donne 25 et quelquefois 28 *planches* marchandes 12 9, y compris les chons, ce qui suppose un tiers de déchet au débit. Ce dernier est plus avantageux avec les arbres très gros ; aussi ne débite-t-on pas en *planches* les tronces dont le petit diamètre est inférieur à 14 pouces ou à 0m.38.

Dans l'Alsace, la Franche-Comté, le Jura et les Alpes, on débite les *planches* d'égale épaisseur et on leur laisse toute la largeur de la pièce ; on a aussi des *planches* qu'on appelle *brutes* ou *de plat*, ou en *caisse de mort*, pour les distinguer des *planches* de largeur uniforme, qu'on nomme *planches alignées*.

Les débits des Cévennes et des Pyrénées sont peu importants.

Le sapin de Riga est le bois le plus propre à la menuiserie, à cause de sa légèreté, plus grande que celle du chêne, de son tissu régulier, fin et serré, de sa résistance et de sa belle couleur. Le sapin de France, dont on a presque toujours extrait la résine, est peu résistant et peu durable.

Pour faire en ardoises la couverture des édifices, on se sert de *planches* minces appelées *voliges* (voy. ce mot) ; mais on utilise aussi les *planches* elles-mêmes comme matériaux de couverture.

Ordinairement, on les dispose suivant la pente du toit inclinée à 36°, à 45°, en les clouant, haut et bas, sur les pannes et laissant entre elles un intervalle sur lequel on pose d'autres *planches*, de manière que celles-ci recouvrent les premières de $0^m,02$, environ de chaque côté.

Souvent aussi on laisse entre les *planches* de la première rangée un petit intervalle de $0^m,03$ à $0^m,04$, que l'on recouvre ensuite de petites lames ou couvre-joints de $0^m,05$ à $0^m,06$.

Dans une autre disposition, on cloue horizontalement les *planches* sur des chevrons écartés de 1 mètre. A cet effet, on fixe sur l'extrémité inférieure des chevrons une petite chanlatte sur laquelle on cloue une première *planche* ; au-dessus on en pose une seconde qui recouvre la première du tiers de sa largeur, en ayant soin de chevaucher les joints aux extrémités. On goudronne ensuite la surface de la toiture ainsi formée.

On fait encore des couvertures en *bardeaux* ou petites planchettes en chêne ou en châtaignier (voy. *Bardeau*).

2° Feuille de tôle mince qui forme garniture dans une serrure.

La *planche* est parallèle au palastre sur lequel elle est fixée par deux pieds à pattes rivées. Cette garniture est placée au milieu de la profondeur de la boîte, c'est-à-dire à égale distance entre le palastre et le foncet, de manière à ce que son entaille dans le panneton partage celui-ci en deux parties égales.

Il est rare qu'une *planche* soit simple et plane ; on lui adapte un petit filet qui prend le nom de *pertuis*. Ce filet est ordinairement placé au bout de la *planche*, et son entaille dans le panneton touche à la tige de la clef (voy. *Panneton*).

3° *Planche à dessin :* panneau de bois encadré sur lequel on fixe le papier pour dessiner.

Les *planches* dont se servent les architectes sont de différents formats que l'on a désignés de la manière suivante :

Planche grand aigle, *double grand aigle*, *grand monde* (qui tient le milieu entre les deux formats précédents), 1/2 *grand aigle*, 1/4 *grand aigle*, *planche* 1/8.

Législation. — En vertu de l'ordonnance de police du 15 février 1850, sur la petite voirie, il est défendu à tous marchands de vins et autres d'établir en saillie, sur la voie publique, des *planches* dites *de repos*, destinées à supporter les fardeaux des personnes qui entrent dans leurs établissements.

Planchéier, *v. a.* — Revêtir de planches le sol d'une pièce d'appartement.

Plancher, *s. m.* — 1° Assemblage de pièces de bois ou de fer qui supporte l'aire horizontale d'un étage dans une construction.

Planchers en bois. Il y a trois manières générales de composer ces appareils de charpente, qui sont de véritables pans horizontaux.

Le procédé le plus simple est le suivant : on place parallèlement, avec des intervalles égaux, des solives que l'on fait porter, par leurs extrémités, d'au moins $0^m,15$ sur les murs ou les pans de bois opposés. La figure 2673 montre un plancher ainsi disposé.

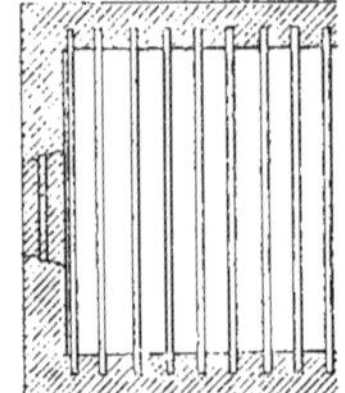

Fig. 2673.

Fig. 2674.

Ce système ne convient que si les murs recevant la portée des solives ne sont pas percés de baies qui leur donnent une résistance inégale ; de plus, le nombre des scellements est considérable et si l'écartement des murs d'appui est assez grand, il faut donner aux solives un très fort équarrissage. Pour remédier au premier de ces inconvénients, on établit donc, ainsi que le montre la figure 2674, des solives dites d'*enchevêtrure*, que l'on fait porter sur les points où la résistance est la plus grande, et dans ces pièces on assemble, au-dessus des baies, des solives secondaires ou *linçoirs* qui reçoivent elles-mêmes les abouts d'un certain nombre de solives de remplissage.

En avant des foyers de cheminée, on pose des *chevêtres* (voy. ce mot).

Quelquefois, on remplace les scellements des solives dans le mur en faisant reposer les abouts de ces dernières sur des lambourdes en partie encastrées dans le mur.

On appelle *solives boiteuses* les solives qui d'un côté s'assemblent dans d'autres pièces et, de l'autre, sont scellées dans le mur.

L'ouverture ou *trémie* ménagée pour la pose d'une cheminée est remplie par une maçonnerie qui supporte des bandes de fer.

Si l'écartement des murs qui doivent porter les abouts des solives est considérable, de plus de 6 mètres par exemple, on réduit la portée de ces pièces (fig. 2675) en les faisant reposer, d'une part, sur le mur, et, de l'autre, sur une *poutre* ou forte pièce de charpente, soit en prolongement l'une de l'autre, soit en les croisant pour leur donner plus d'assiette.

Fig. 2675.

Afin de diminuer l'épaisseur du *plancher*, on entaille généralement les solives à mi-bois à leur extrémité appuyée sur la poutre ; quelquefois aussi, on entaille la poutre de toute la hauteur des solives ; mais un excellent système est

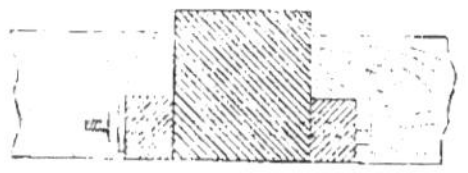

Fig. 2676.

celui qui consiste à faire reposer les abouts de ces dernières sur des lambourdes accolées à la poutre et reliées avec elle au moyen de boulons (fig. 2676). Pour donner plus de solidité à la

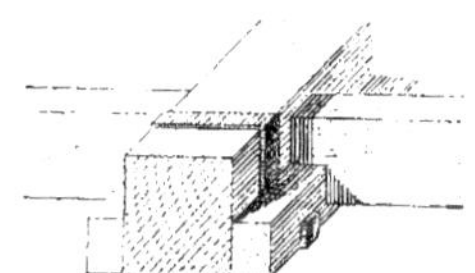

Fig. 2677.

jonction de ces pièces, on la renforce par des étriers qui tiennent les lambourdes (fig. 2677).

On peut encore éviter l'emploi des lambourdes en se servant de poutres armées formées de la manière suivante : on refend obliquement (fig. 2678) une

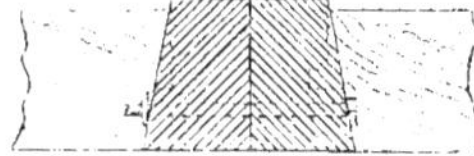

Fig. 2678.

forte pièce de charpente, puis on boulonne ensemble les deux parties, en les accolant par la face opposée au trait de scie oblique. Les solives viennent reposer sur la poutre, d'un côté s'assemblant par entaille et tenon, de l'autre, par une simple entaille ; cette différence dans le mode de jonction a pour but de faciliter l'exécution du *plancher*.

La poutre ainsi composée perd peut-être en résistance à la flexion, mais on diminue ainsi la main-d'œuvre et l'on a l'avantage de pouvoir s'assurer que l'intérieur de la pièce ne présente pas de défauts qui s'opposeraient à son emploi.

Nous donnons (fig. 2679) un *plancher* avec des poutres ainsi disposées qui reposent, d'un côté, sur les parties pleines du mur extérieur, de l'autre, sur un pan

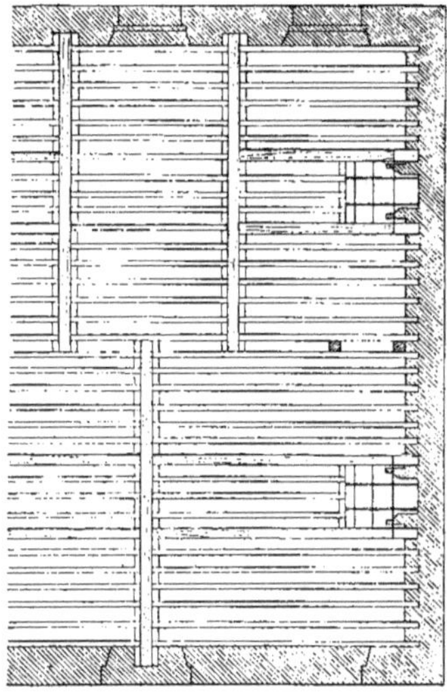

Fig. 2679.

de bois. Le même *plancher* donne des exemples de foyers avec chevêtres, solives d'enchevêtrure et solives de remplissage.

Lorsque l'on n'a pas de pièces de bois assez longues ou assez fortes pour supporter, dans leur milieu, un poids considérable, on forme ce que l'on appelle des *planchers d'assemblage*, qui se composent de poutrelles et de solives, celles-ci étant assemblées près des points d'appui des poutrelles, qui offrent plus de résistance en ces endroits. Les *planchers* de ce genre affectent les dispositions les plus variées ; on tient compte, dans leur arrangement, de la place et des bois à utiliser ; mais il faut reconnaître que tout le poids du *plancher* est, dans ce système, supporté par un petit nombre d'assemblages, qu'il faut renforcer d'équerres et de plates-bandes ; de là résulte une main-d'œuvre dispendieuse ; en outre, ces *planchers* ont l'inconvénient de ne pas se prêter à une décoration simple, rationnelle et régulière.

Quand on n'a pas de poutres assez fortes pour soutenir les solives, en raison de l'espacement des murs ou de la charge que le *plancher* aura à supporter, on les compose de plusieurs pièces, fortifiées par des ferrements et dont l'ensemble constitue les poutres armées (voy. *Poutre*).

Nous entrerons dans quelques considérations au sujet de l'exécution même des *planchers*.

Dans les *planchers* simples, les abouts des solives portant sur les murs y sont scellés d'environ $0^m,20$; il est convenable ici de ne pas employer la chaux, qui altère le bois ; on peut enduire les pièces de chapes en plâtre ou simplement les serrer à sec entre des pierres.

Pour que l'encastrement soit plus solide, ce qui double presque la résistance des solives, et pour prévenir, en même temps, l'écartement des murs, on arme les extrémités de ces pièces de bandes de fer méplat qui traversent le mur et se rattachent à une ancre en fer laissée apparente à l'extérieur du mur ou dissimulée dans la maçonnerie (voy. *Ancre*).

Les poutres exigent un scellement plus considérable, $0^m,25$ au moins ; on les soulage même très souvent par un corbeau ou console en pierre de taille qui traverse le mur.

Les intervalles des solives d'un *plancher* sont clos suivant divers systèmes.

Le procédé le plus simple est celui qui consiste à clouer sur ces pièces des planches jointives formant le sol de l'étage supérieur ; mais cette clôture n'est pas hermétique et le *plancher* est trop sonore.

On fixe donc d'abord sur les solives des *bardeaux* jointifs, sur lesquels on établit une aire en plâtre ou en mortier, de 0m,04 d'épaisseur, qui reçoit ensuite un carrelage ou les lambourdes du parquet ; souvent les bardeaux sont placés, dans l'intervalle des solives, sur des tasseaux cloués contre ces pièces (voy. *Bardeau*).

Quant à la partie inférieure du *plancher*, on laisse les solives apparentes ou on les recouvre d'un plafond en menuiserie ou en plâtre. Dans le cas du hourdage en plâtre, on procède ainsi : on cloue sous les solives un lattis au-dessus duquel on établit une aire en plâtre de quelques centimètres d'épaisseur ou des *augets* (voy. ce mot), puis on plafonne au-dessous (voy. *Plafond*).

La figure 2680 représente la coupe d'un *plancher* dans lequel les bardeaux sont fixés sur des tasseaux placés dans les intervalles des solives, et sont recouverts d'une aire en plâtre ; au-dessus,

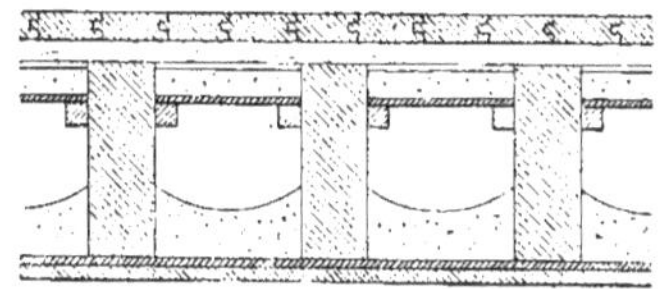

Fig. 2680.

les lambourdes portent directement sur les solives et reçoivent le parquet. La partie inférieure du *plancher* est composée d'un lattis cloué sous les solives, avec aire en plâtre au-dessus et enduit en dessous.

Quant aux proportions des pièces qui doivent entrer dans un *plancher* en bois, on les calcule d'après les conditions de *la résistance des matériaux* (voy. ce mot). Rondelet dit que les solives d'un *plancher* simple doivent avoir en hauteur 1/24 de leur portée et une largeur 1/4 moindre, mais aujourd'hui il est d'usage de faire cette dernière dimension inférieure même à la moitié de la hauteur.

L'espacement des solives varie entre 0m,25 et 0m,40 d'axe en axe.

Dans les *planchers* à poutres et solives, les premières de ces pièces sont espacées ordinairement de 3 à 4 mètres et leur hauteur est convenable quand elle a 1/18 de la portée.

Les solives d'enchevêtrure, qui supportent une charge considérable, le poids des jambages et des âtres de cheminée, ainsi que celui des chevêtres et linçoirs, doivent être scellées de 0m,22 à 0m,25 dans les murs. Chacune des dimensions transversales de ces pièces doit avoir au moins 0m,27 de plus que les solives ordinaires ou de remplissage. On peut consolider les tenons des chevêtres et des linçoirs en les armant d'un *renfort* (voy. ce mot). Dans l'angle rentrant de la face supérieure du tenon, et même, si ces pièces ont 1m,50 à 2 mètres de longueur et si elles supportent des solives de remplissage, il est prudent de soulager leurs tenons à l'aide d'étriers en fer qui passent sous leurs extrémités et viennent se clouer sur les solives d'enchevêtrure.

Quand, au lieu de sceller les solives dans les murs, on emploie, pour en supporter les extrémités, des lambourdes placées le long des murs, on soutient ces dernières pièces, en différents points de leur longueur, par des corbeaux en fer scellés dans la maçonnerie ou bien on les encastre de la moitié de leur épaisseur dans le mur. Si l'on suppose que la dimension verticale des solives ordinaires soit 1, on donne 1,5 à la même dimension des lambourdes et 1 à leur dimension horizontale.

Le tableau suivant indique les dimensions des poutres et des solives des *planchers* d'après Bullet et rapportées par Emy, comme étant en usage dans les constructions ordinaires.

POUTRES		SOLIVES DE BRIN			SOLIVES DE SCIAGE		
LONGr	ÉQUARRISSAGE	LONGr	ÉQUARRISSAGE	ÉCART	LONGUEUR	ÉQUARRISSAGE	ÉCART
3m,90	0m,27 sur 0m,32	»	»	»	»	»	»
4 87	0 30 0 36	»	»	»	»	»	»
5 85	0 33 0 40	»	»	»	»	»	»
6 82	0 35 0 44	de	»	»	4m,87	0m,16 sur 0m,22	»
7 80	0 37 0 48	2m,92	»	»	5 85	0 22 0 25	»
8 77	0 41 0 51	à	»	»	»	»	»
9 75	0 43 0 56	4m,87	0m,14 sur 0m,19	0m,16	7m,80 à 8m,12	0 24 0 27	0m,22
10 72	0 46 0 59	»	»	»	8m,77	0 27 0 30	»
11 70	0 49 0 62	»	»	»	»	»	»
12 68	0 51 0 65	»	»	»	»	»	»
13 64	0 54 0 68	»	»	»	»	»	»

Aujourd'hui, on donne plus d'écartement aux solives et l'on augmente le rapport de la hauteur à la largeur.

Pour les poitrails de boutiques, si l'on ne veut pas employer des poutres de très fort équarrissage, on refend en deux une pièce de bois, on écarte les deux parties de 0m,05 à 0m,06 par des fourrures et on les relie au moyen de boulons.

La partie inférieure ou visible en dessous d'un *plancher* constitue le plafond, que l'on décore suivant divers systèmes (voy. *Plafond*).

Planchers en fer. Le fer est employé dans les *planchers* en bois, ainsi que nous venons de le voir, sous forme d'attaches, de liens, d'armatures; mais aujourd'hui, et cet usage tend à se généraliser, on lui fait jouer un rôle plus important encore, en remplaçant les solives en bois par des poutres en fer forgé ou laminé.

Le *plancher en fer* se compose donc essentiellement, comme le *plancher en bois*, de *solives* portées par des murs ou par des poutres. Entre les solives se placent l'*entretoisement* et le *hourdis*; au-dessus du hourdis, on fait une aire pour un *carrelage* ou l'on scelle des lambourdes pour supporter un parquet; au-dessous du hourdis, on établit l'enduit qui doit former le plafond.

Depuis l'origine de l'emploi du fer dans les *planchers*, on a utilisé successivement, en guise de solives, des poutres en fonte, des fermettes en fers carrés ou méplats, des fers *zorès* (voy. ce mot), et l'on est enfin arrivé aux fers laminés à double T, forme admise aujourd'hui comme étant la seule rationnelle.

On divise ces fers en deux classes :

La première, comprenant les *fers ordinaires à planchers*, à semelles ou ailes

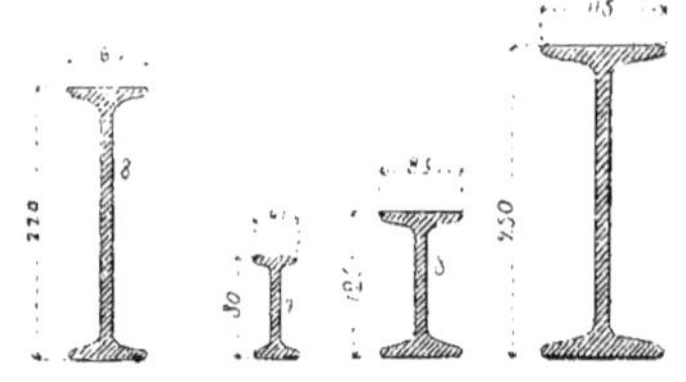

Fig. 2681.

étroites et portant de 0m,08 à 0m,22 de hauteur (fig. 2681);

La seconde, les *fers à larges semelles* ou *larges ailes*, de différentes hauteurs, mais à semelles plus larges; ces derniers sont spécialement employés pour former les solives portant cloisons.

Nous donnerons ici plusieurs exemples des dispositions généralement adoptées.

La figure 2682 représente un *plancher* en fer à portée ordinaire, composé de solives parallèles scellées, à leurs extrémités, dans les murs et supportant des

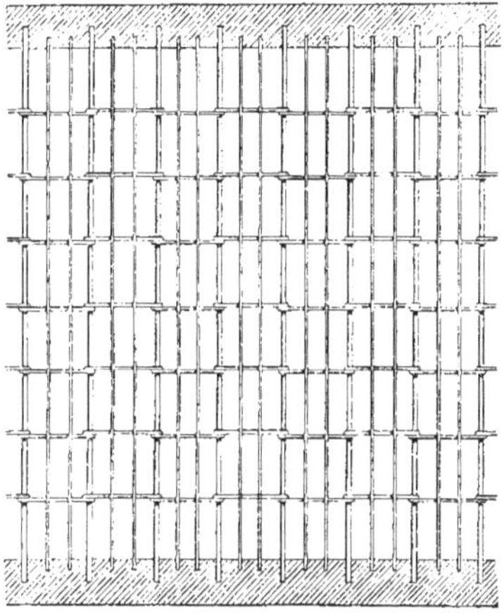

Fig. 2682.

entretoises en fer, sur lesquelles reposent des tringles en fer appelées *fantons* (voy. ce mot).

L'espacement généralement adopté pour les solives est de $0^m,60$ à $0^m,80$, suivant leur portée et leur résistance. L'encastrement qu'on leur donne dans les murs est de $0^m,15$, $0^m,25$ ou $0^m,30$; de plus, il est convenable de munir un certain nombre d'entre elles d'un ancrage dans les murs (voy. *Ancrage*).

Au-devant des foyers et des tuyaux de cheminée, au-dessus des baies, on place des fers à double ou simple T s'assemblant, au moyen de cornières, avec les solives d'enchevêtrure et recevant la portée des solives de remplissage.

On donne aux solives une flèche de 1/200 ou $0^m,005$ par mètre, qui a pour but de compenser celle que la pièce prendrait naturellement sous l'action de sa charge normale et, par suite, à assurer l'horizontalité du plafond.

L'entretoisement des solives se fait suivant divers procédés. Celui qui est communément employé consiste dans la pose entre les solives d'un fer carré, recourbé à ses extrémités de manière à s'accrocher sur les semelles supérieures des solives et à s'appuyer sur les semelles inférieures (voy. *Entretoise*).

Un autre système, qui relie en même temps les solives entre elles, est présenté par la figure 2683 : l'entretoise est

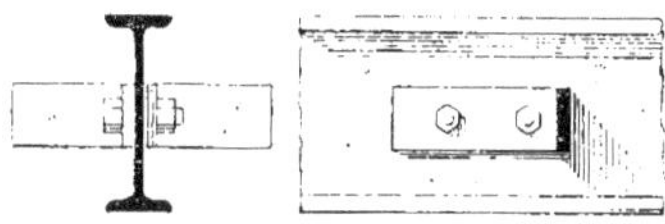

Fig. 2683.

un fer méplat qui se retourne d'équerre à ses extrémités et qui est fixé sur les solives, au moyen de boulons à la hauteur de l'axe neutre.

Nous citerons encore le procédé Joly, qui n'est pas très employé malgré l'avantage qu'il offre d'établir une solidarité parfaite entre toutes les pièces composant le *plancher;* nous donnons (fig. 2684) la disposition générale de ce système et (fig. 2685) le détail de l'entretoisement; celui-ci est composé de fers cornières reposant sur les semelles inférieures des solives et assemblés avec ces pièces, au

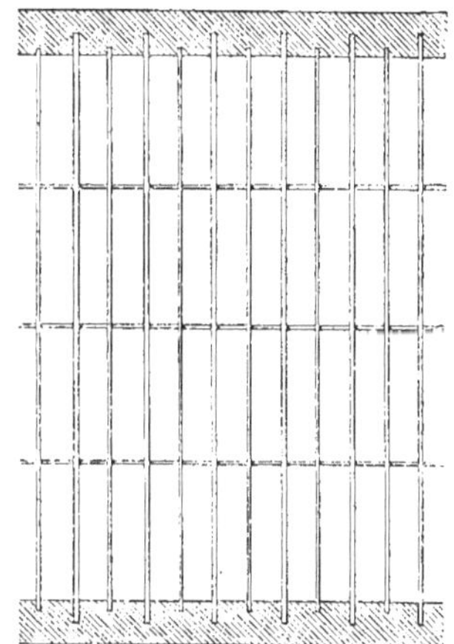

Fig. 2684.

moyen de goussets en tôle de $0^m,005$ d'épaisseur.

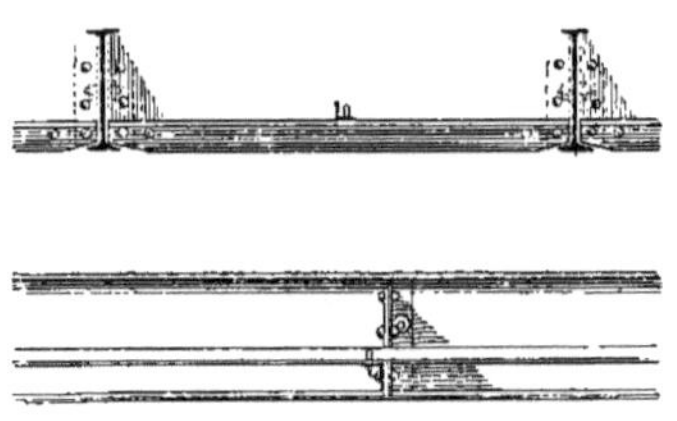

Fig. 2685.

Le hourdis le plus généralement en usage est celui que l'on fait en plâtre et plâtras ; on lui donne une épaisseur moyenne de $0^m,11$ et une forme concave en augets, à la partie supérieure, pour soutenir les solives sur toute la hauteur (fig. 2686). On exécute ce remplissage

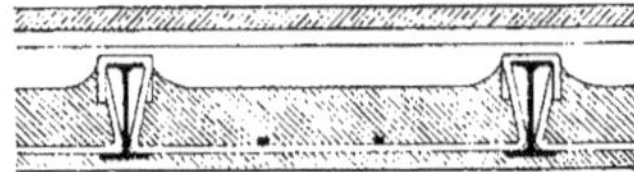

Fig. 2686.

en disposant sous les solives un *plancher* provisoire en planches sur lequel on place les plâtras, que l'on noie dans du plâtre liquide. Quand la prise est faite, on retire les planches et l'on peut plafonner sans lattis.

Un autre système de hourdis très employé est composé de briques creuses

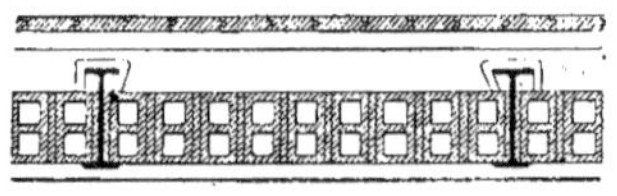

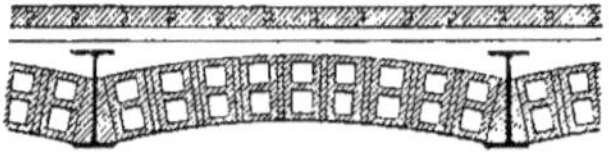

Fig. 2687.

placées de champ, suivant un plan horizontal ou disposées en voûtes (fig. 2687).

On en fait encore en *pots* de terre cuite cylindriques ou coniques, en poteries creuses de diverses formes et en carreaux de plâtre évidés (voy. *Carreau*, *Entrevous*, *Pot*).

Lorsque la portée du *plancher* est considérable, il y a économie à placer, dans l'axe des trumeaux, des poutres transversales sur lesquelles on pose des solives en fer, dont on fait le remplissage, comme nous l'indiquons plus haut. La figure 2688 offre un exemple de ce système, composé de travées de $3^m,50$, formées par des poutres en tôles et cornières qui supportent des solives assem-

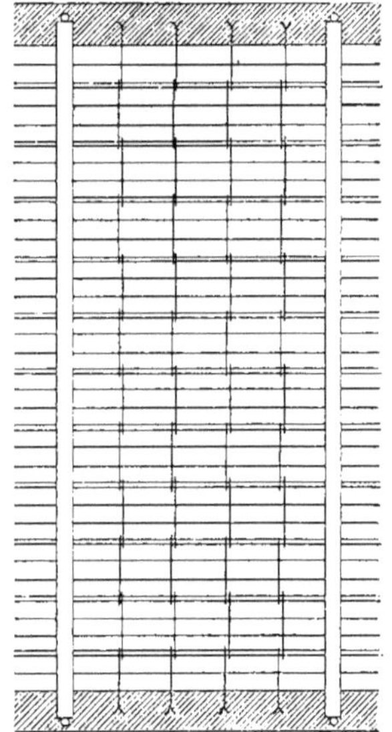

Fig. 2688.

blées avec elles au moyen de cornières. Il se présente alors deux cas : 1° les poutres doivent être noyées dans l'épaisseur du *plancher* : on assemble alors les solives à la partie inférieure des poutres à l'aide de cornières et de boulons ; 2° on appuie le bout des solives contre la partie supérieure des poutres, soit en les assemblant, au moyen de cornières et de boulons et en les faisant reposer sur une cornière longitudinale fixée à la poutre, comme le montre le détail au 1/10 d'exécution présenté par

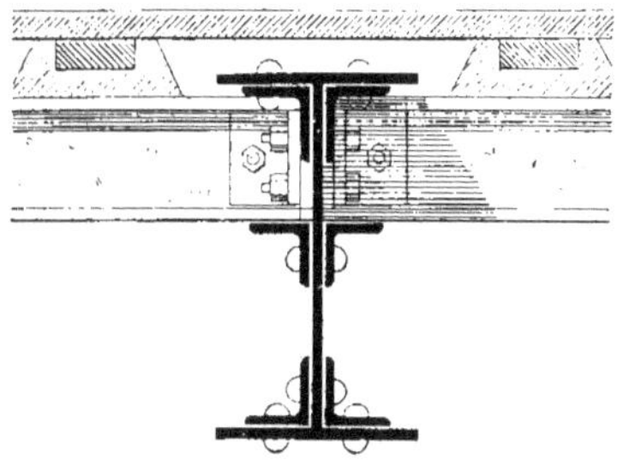

Fig. 2689.

la figure 2689, soit en les appuyant directement, sans aucun assemblage, sur la semelle supérieure des poutres.

Nous donnons également (fig. 2690)

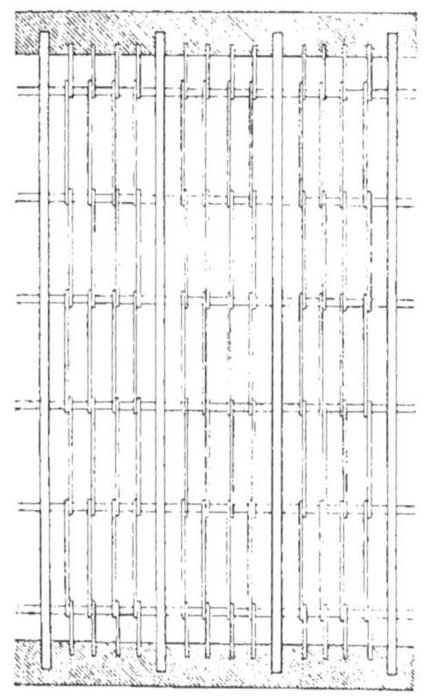

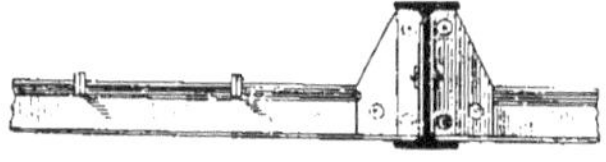

Fig. 2690.

un *plancher* en fer à grande portée du système Joly.

Les cloisons de distribution se posent soit normalement, soit parallèlement aux solives. Dans ce dernier cas, on les fait reposer sur une seule solive en fer à larges ailes ou mieux sur deux solives accouplées.

Les *planchers en fer* présentent, sur les *planchers en bois*, l'avantage d'être moins épais. Avec des solives de $0^m,16$ de hauteur, $0^m,035$ de lambourdes, $0^m,027$ de parquet et $0^m,03$ de plafond on obtient, pour le *plancher*, une épaisseur minima de $0^m,25$.

Quant aux conditions de résistance que peuvent offrir les *planchers* en fer, on admet généralement qu'un ouvrage de ce genre, convenablement hourdé, pèse environ 210 kilogr. par mètre et qu'il doit pouvoir supporter une surcharge de 190 kilogr.

Dans les édifices autres que les maisons particulières, où la solidité parait devoir être plus grande, on compte ordinairement sur une charge de 500 kilogr. par mètre carré, et l'on calcule la section des solives en tenant compte de l'encastrement de ces pièces, de la solidarité que les entretoises, les fantons et le remplissage établissent entre toutes les parties du système (voy. *Résistance des matériaux*).

D'ailleurs, les dimensions des solives qui composent ces *planchers* se calculent à l'aide de la formule suivante, relative à une pièce reposant sur deux appuis et chargée uniformément sur toute sa longueur :

$$p\frac{L^2}{8} = \frac{RI}{v}$$

p est la charge par mètre de longueur de la pièce et comprend le poids du *plancher* et la surcharge accidentelle de 280 kilogr. (poids de quatre personnes) par mètre carré de *plancher*; toutefois la pratique semble démontrer qu'en prenant, en moyenne, 280 kilogr. pour la charge totale par mètre carré, ce qui correspond à environ une surcharge d'une personne par mètre carré, on obtient une résistance suffisante ; cela est dû à l'augmentation de rigidité qui résulte de la liaison des différentes pièces par le hourdis, et aux encastrements dans les murs ;

R est le coefficient de résistance du métal, qui peut être pris égal à 6,000,000 de kilogr. ;

$\frac{RI}{v}$ est le moment de résistance de la pièce ;

L est la portée des solives.

En supposant les solives d'un *plancher* en fer espacées, d'axe en axe, de $0^{m},80$, c'est-à-dire en faisant, dans la formule précitée, $p = 280 \times 0^{m},80 = 224$ kilogr. ; et prenant une portée L égale à 5 mètres, on obtient :

$$\frac{I}{v} = \frac{224 \times 25}{8 \times 6,000,000} = 0,00011665$$

Or, M. Morin ayant formé un tableau des valeurs de $\frac{I}{v}$, calculées pour les fers en double T de diverses provenances, si l'on compare la valeur précédente de $\frac{I}{v}$ à celles inscrites dans ce tableau, on voit que l'on pourra employer, pour un *plancher* établi dans ces conditions, les fers de Montataire dont la hauteur est égale à $0^{m},16$ et dont le poids est de $16^{k},50$ par mètre courant (1).

Il est dans l'usage aujourd'hui de donner à R la valeur de 10,000,000 kilogr. La valeur de p se calcule d'après le poids propre du *plancher* et d'après une surcharge accidentelle, qui varie selon le nombre des personnes ou la quantité de marchandises que les pièces sont susceptibles de recevoir.

DÉSIGNATION DES PIÈCES		PLANCHERS HOURDÉS EN GRAVOIS			
		Épaisseur du plancher	Poids du plancher	Surcharge.	Charge totale
		Mètres	Kilogr.	Kilogr.	Kilogr.
Maisons ordinaires où les réunions sont peu nombreuses		0.30	275	75	350
Étages lambrissés sous comble		0.30	275	75	350
Chambres à coucher de tous les étages.		0.30	275	75	350
Cabinets		0.30	275	75	350
Grandes maisons.	Salons et pièces de réception (plus spécialement les 3e et 4e étages)	0.35	300	100	400
	Grands salons et pièces de réception (plus spécialement les 1er et 2e étages).	0.35	320	130	450
	Magasins ou boutiques du rez-de-chaussée, pour marchandises d'un faible poids comparé au volume	0.35	300	200	500
Édifices publics	Bureaux, salles ordinaires.	0.30	275	175	450
	Salons pour les assemblées ordinaires	0.35	300	200	500
	Salons pour les grandes réunions	0.40	320	280	600

Nous extrayons d'un tableau dressé par MM. Jolly et Joly, dans leurs *Etudes pratiques sur la construction des planchers et poutres en fer*, les résultats cidessus, qui donnent le poids, par mètre carré, de *planchers* faits à Paris, avec hourdis en plâtras et de la surcharge accidentelle, aussi par mètre carré, pro-

(1) Claudel, *Formulaire.*

venant des personnes ou des marchandises qui peuvent être réunies sur un *plancher*.

Pour les *planchers* hourdés en briques creuses, les chiffres sont réduits d'environ 1/7, la surcharge accidentelle restant la même.

Ce dernier genre de hourdis peut, dans certains cas, se prêter à la décoration. La figure 2691 représente un détail perspectif indiquant la construction des *planchers* apparents aux galeries du musée de Grenoble, construit d'après

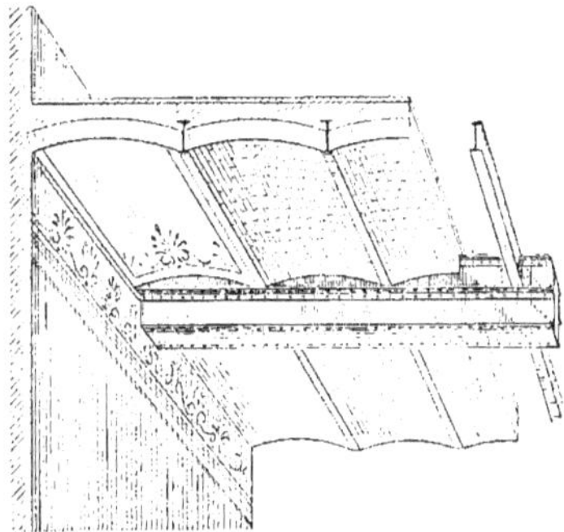

Fig. 2691.

les dessins de M. Questel. Ces *planchers* consistent en poutres de tôle assemblées avec des cornières et en solives de fer à T à larges ailes supportant des voûtins en briques creuses, enduits et décorés de peintures d'ornements avec filets et palmettes.

Un autre système de *planchers* apparents s'exécute au moyen d'entrevous en

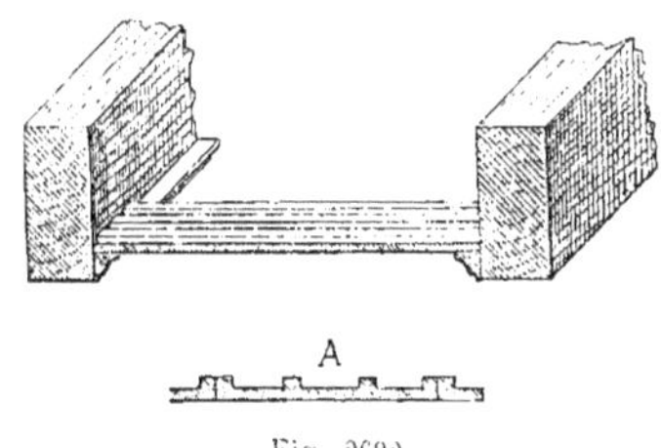

Fig. 2692.

terre cuite. Nous donnons (fig. 2692) un entrevous *plat nervé*, dont le détail A représente la coupe et qui est un des produits de l'usine Muller à Ivry ; le poids du mètre carré de ces entrevous est de 38 kilogr. Deux autres disposi-

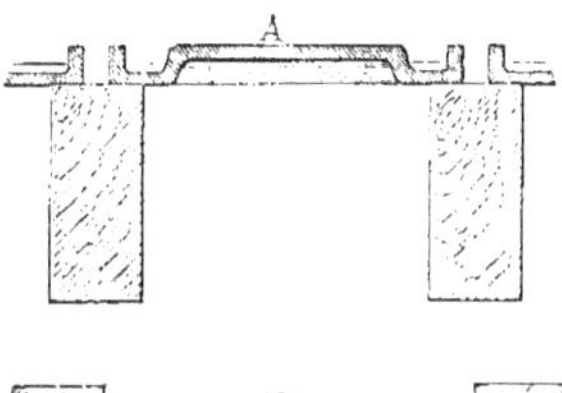

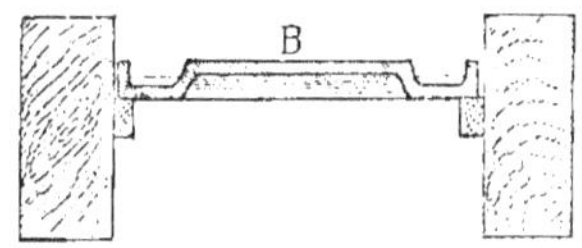

Fig. 2693.

tions sont indiquées sur la figure 2693, l'une en A, l'autre en B ; chaque pièce, dans ces deux spécimens, a 0m.33 de longueur sur 0m.20 de largeur, et son poids est de 2 kilogr.

2° On appelle encore *planchers* les revêtements du sol des étages, que l'on fait au moyen de planches épaisses de 0m.025 à 0m.030, larges environ de 0m.22 et assemblées à plats joints. On les cloue sur les lambourdes à l'aide de pointes sans tête. Les revêtements faits avec des planches plus étroites prennent le nom de *parquets* (voy. ce mot).

3° *Planchers de plate-forme* (voy. *Plate-forme*).

4° *Planchers* : cloisons horizontales en fonte, en tôle ou en terre cuite que l'on dispose dans un poêle pour séparer le foyer, l'air à chauffer et la fumée.

Planchette, *s. f.* — Instrument employé pour le lever des plans.

Cet instrument se compose d'une simple planche à dessiner P P (fig. 2694), qui a environ 0m,60 de longueur sur 0m,50 à 0m,55 de largeur et qui est munie d'un genou à coquille, au moyen duquel elle est fixée sur un pied à trois

branches. Une feuille de papier, collée

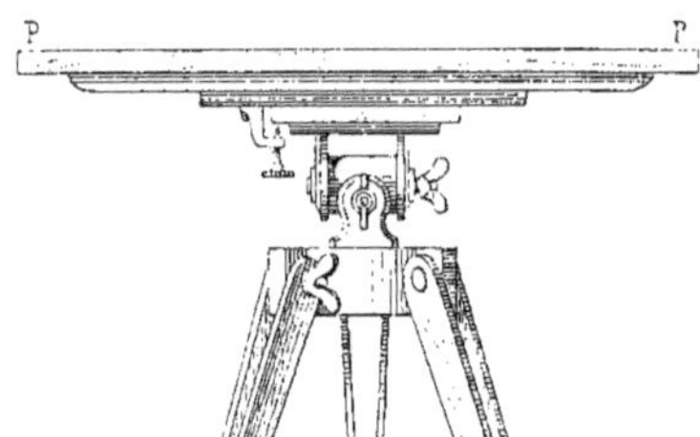

Fig. 2694.

sur la face supérieure de la *planchette*, doit recevoir le dessin du plan.

Une alidade à pinnules ou à lunette est l'accessoire obligé de cet instrument (voy. *Alidade*, *Lever*).

Plançon, *s. m.* — Les charpentiers désignent ainsi un grand corps d'arbre refendu à la scie.

On dit aussi *plantard*.

Plane, *s. f.* — 1° Plaque de cuivre

Fig. 2695.

lisse d'un côté et munie, de l'autre, d'une poignée (fig. 2695).

Les plombiers emploient cet instrument, après l'avoir fait chauffer, pour unir le sable sur le moule avant d'y couler le plomb.

2° *Plane ronde* (voy. *Débordoir*).

3° *Plane droite* : outil formé d'une lame de fer droite (fig. 2696) tranchante,

Fig. 2696.

chante, munie d'une poignée à chaque extrémité et au moyen de laquelle les plombiers rognent les bavures des tables de plomb, aussitôt qu'elles ont été coulées.

Ces ouvriers se servent du même outil pour unir les surfaces de contact de deux morceaux de plomb que l'on veut souder ensemble.

Les treillageurs emploient un instrument analogue pour dresser et amincir les lattes.

Planer, *v. a.* — Plomberie. 1° Dresser et couper les bavures avec la *plane*.

On dit aussi *déborder*.

2° Lisser le sable dans les moules.

Serrurerie. Dresser des feuilles de tôle ou de cuivre en les battant à froid avec un marteau à tête large.

Treillage. Dresser et unir le bois avec la plane sur le chevalet.

Charpente et menuiserie. Dresser, corroyer les bois avec des instruments tels que le rabot, le bouvet, la varlope, etc.

Plantard, *s. m.* — Voy. *Plançon*.

Plantation, *s. f.* — Voy. *Arbre*, *Tracé*.

Planter, *v. a.* — 1° *Planter des pieux* : les enfoncer dans le sol au moyen du *battage* (voy. ce mot), lorsque leur pointe est simple ou armée d'un sabot et au moyen de cabestans lorsque cette pointe est à vis (voy. *Pilot*).

2° *Planter un bâtiment* : en faire le *tracé* sur le terrain (voy. *Tracé*).

Plaque, *s. f.* — 1° Table de pierre ou de marbre formant saillie sur le parement d'un mur (voy. *Table*).

2° *Plaque d'inscription* : feuille de tôle ou *plaque* de fonte ornée portant certaines inscriptions donnant, soit des noms de voies publiques, soit des noms de marchands dans les boutiques des marchés (voy. *Boucherie*), soit des niveaux de *repères* (voy. ce mot) ou toute autre indication.

Législation. En vertu de l'ordonnance de police du 15 février 1850, il est défendu de masquer par des objets de petite voirie les inscriptions indicatives des rues.

Une autre décision préfectorale a soumis l'usage des *plaques indicatives* aux prescriptions suivantes :

« Les *plaques* indicatives des voies publiques et du numérotage des maisons seront, en cas de reconstruction, mises à part et représentées par le propriétaire ; celles qui auront été endommagées seront rétablies à ses frais. Les emplacements destinés auxdites *plaques* seront ménagés et ne devront être masqués sous aucun prétexte. Les *plaques* indicatives des voies publiques sont placées, selon les cas, soit à l'encoignure des rues, soit dans l'axe des rues aboutissant en face des maisons sur lesquelles elles sont posées. Les numéros sont placés au-dessus et dans l'axe de la principale porte de chaque maison : en cas d'empêchement, dans l'axe du dosseret droit de ladite porte ; et enfin, s'il est nécessaire, dans l'axe du dosseret gauche ; le tout en se conformant aux prescriptions de l'Administration. »

3° *Plaque de foyer : plaque* de fonte ou de tôle sur laquelle on pose le combustible dans un foyer.

4° *Plaque de contre-cœur* (voy. *Contre-cœur*).

5° *Plaque supérieure ou plafond : plaque* formant, dans un poêle, le dessus du foyer et le dessous du réservoir de chaleur.

6° *Plaque de recouvrement :* feuille de métal découpée suivant la place qu'elle doit occuper pour recouvrir des têtes de boulons, des mouvements, des ressorts de sonnette, etc.

7° *Plaque d'assemblage :* feuille de tôle rivée recouvrant le joint de deux autres feuilles sur lesquelles elle est fixée au moyen de rivets ; on place habituellement, dans ces circonstances, deux *plaques d'assemblages*, comme le montre la figure 2697.

8° *Plaque de propreté : plaque* en cuivre ou en cristal que l'on place sur le vantail mobile d'une porte ou d'une armoire pour garantir la peinture contre le frottement de la main.

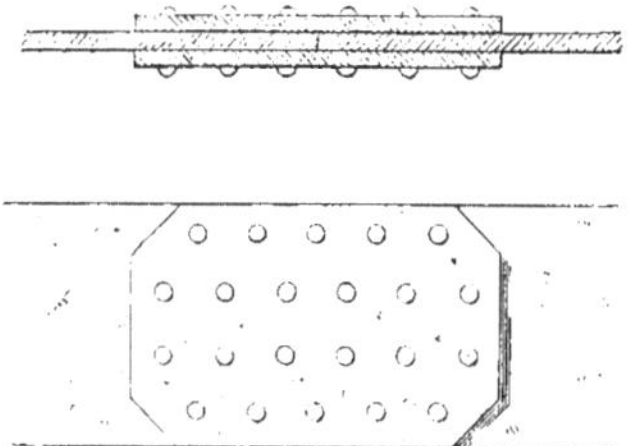

Fig. 2697.

9° *Plaque d'entrée : plaque* que le serrurier dispose pour cacher d'anciens trous ou d'anciennes entailles.

10° *Plaque tournante :* on désigne ainsi, dans l'architecture des chemins de fer, des plates-formes susceptibles de prendre un mouvement de rotation qui permette de faire passer un véhicule d'une voie sur une autre ou de renverser le sens de sa marche.

On distingue : les *plaques* pour wagons, pour voitures et pour machines.

On les fait en fonte, en fonte et fer, en fonte et bois.

Généralement, ces appareils com-

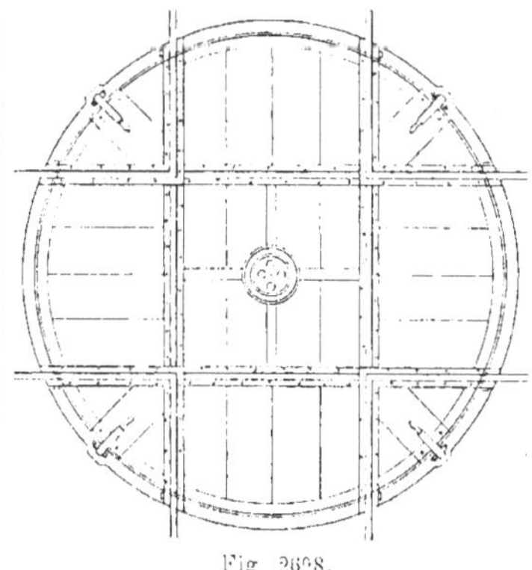

Fig 2698.

prennent : un *plateau mobile* en fonte (fig. 2698) portant un carré de rails dont les prolongements rejoignent les rails des voies qui se croisent ; un pivot en fer fixé au plateau mobile ; un *plateau fixe*, à six bras rayonnants, avec cercle de roulement en fonte ; une *cuve* en six segments réunis par des boulons ; un cercle avec huit galets reliés au moyen de tringles en fer ; un parquet en bois. Des arrêts à tourillons, attachés au rebord fixe de l'appareil, permettent de suspendre le mouvement de rotation du plateau mobile.

Plaquer, *v. a.* — 1° Coller des bois précieux ou des bois teints, en plaques minces, sur des ouvrages de menuiserie.

2° *Plaquer du plâtre ou du mortier* : appliquer ces matériaux en appuyant fortement sur la surface à laquelle ils doivent adhérer.

Plaquesin, *s. m.* — Écuelle dans laquelle le vitrier détrempe du blanc.

Plaquette, *s. f.* — Pierre de roche de *Bagneux* (voy. ce mot).

Plaquis, *s. m.* — 1° Morceau de pierre peu épais rapporté sur le parement d'un mur.

2° Moellons qui n'ont pas assez de queue pour former liaison.

3° Plâtras posés à plat sur la surface d'un pan de bois ou d'un dossier de cheminée que l'on veut dresser.

Plastron, *s. m.* — Ornement qui a la forme d'anse de panier avec deux enroulements.

Plat, *adj.* — *Fer plat* : fer plus large qu'épais.

On dit aussi *méplat* (voy. *Fer*).

Platane, *s. m.* — Arbre de la famille des amentacées, dont on cultive deux espèces dans nos climats.

On distingue : le *platane d'Orient*, vulgairement appelé *plane* ou *plame* et dont le poids spécifique est de 0,700 à 0,714 et le *platane d'Occident*, dont le poids spécifique est de 0,628 à 0,648.

Le bois du *platane* a de l'analogie avec celui du hêtre, mais il est plus brun et moins dur. Il est compact, peut recevoir les moulures les plus fines et est susceptible de prendre un beau poli. Sec, il ne se tourmente pas et fournit de très bons assemblages ; il a seulement le défaut de se laisser attaquer par les vers. Sous l'eau il se conserve bien.

On fait usage de ce bois en menuiserie et en ébénisterie.

Les anciens l'employaient fréquemment.

Plat-bord, *s. m.* — Nom que l'on donne à des madriers en bois de bateau employés dans les équipages de construction et, en particulier, pour former les planchers des échafaudages.

Plateau, *s. m.* — 1° Rondelle pleine ou évidée qui sert de support à différents objets et que l'on emploie plus particulièrement pour maintenir l'écart de tringles formant une colonne creuse ou tambour de treuil.

2° On donne aussi ce nom aux plaques circulaires en fonte qui entrent dans la composition des plaques tournantes de chemins de fer (voy. *Plaque*).

Plate-bande, *s. f.* — ARCHITECTURE. 1° Moulure plate et unie, plus large que saillante.

2° Linteau appareillé en claveaux.

La voûte plate n'est qu'une *plate-bande* prolongée.

Les anciens, et particulièrement les Égyptiens et les Grecs, avaient adopté l'usage de faire d'un seul bloc les *plates-bandes* qui posaient sur les axes de deux colonnes et formaient l'entre-colonnement ; mais ils y employaient des marbres ou des pierres d'une dureté équivalente, et l'on ne voit pas, dans les ruines de leurs temples, que ces espèces de poutres en pierre se soient fendues dans leur milieu. Cependant, leurs *plates-bandes*, surtout dans les temples doriques, n'avaient qu'une très faible portée et encore cette largeur était-elle diminuée par la très grande saillie de l'échine et de l'abaque du chapiteau.

Les Romains sont les premiers qui firent usage de la *plate-bande*, qu'ils composèrent de trois claveaux, en la maintenant par de bonnes butées, de manière à rendre inutile toute espèce d'armature dans un système de construction essentiellement vicieux par lui-même, parce qu'il ne présente point de solidité réelle, ni apparente.

Dans l'architecture romane, l'usage du linteau en pierre ou en marbre est plus fréquent que celui de la *plate-*

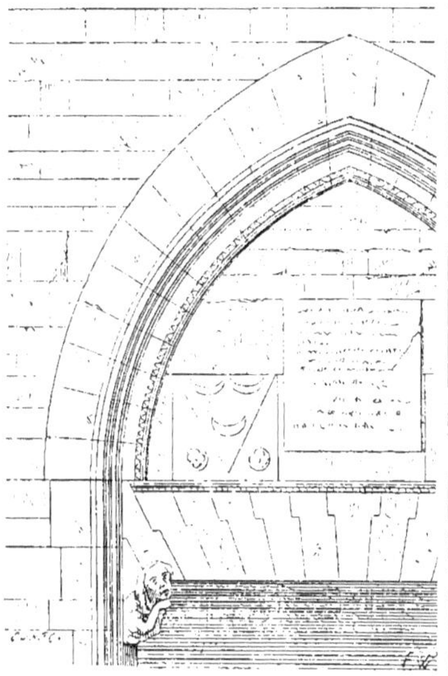

Fig. 2699.

bande, qu'on retrouve parfois dans l'architecture ogivale, mais avec un arc de décharge placé au-dessus (fig. 2699).

C'est surtout dans les cheminées qu'à cette époque on trouve la *plate-bande* employée. Les joints affectent diverses formes; tantôt ils sont rectilignes; tantôt, pour arrêter le glissement, ils sont à crossettes (fig. 2700) ou pour-

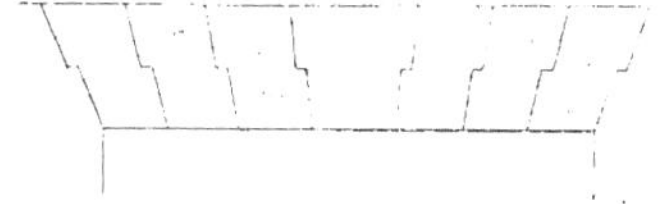

Fig. 2700.

vus de saillies demi-cylindriques servant d'arrêts (fig. 2701). Philibert de l'Orme

Fig. 2701.

indiqua plus tard le procédé que représente la figure 2702 et qui consiste dans

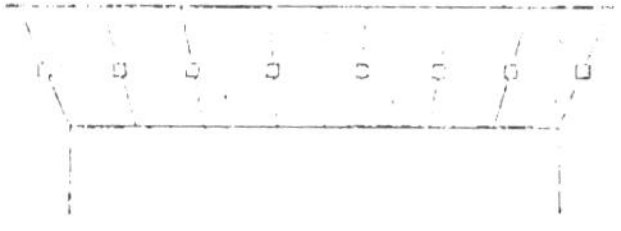

Fig. 2702.

l'introduction entre les claveaux de dés en pierre assez dure pour ne pas s'écraser sous la pression.

L'usage de la *plate-bande* à claveaux, en vogue chez les modernes, est particulièrement défectueux, à cause de l'emploi du fer que l'on est obligé de mettre en œuvre pour retenir les claveaux de la *plate-bande* dans son niveau, et empêcher la poussée de cette voûte plate. La plupart des fenêtres et des portes, dans les constructions modernes, sont pourvues de linteaux en *plates-bandes* avec barres ou armatures en fer (voy. *Armature*, *Linteau*).

Quoi qu'il en soit, les défauts de ce système n'ont pas empêché qu'il se généralisât. Le Panthéon, la colonnade du Louvre, celle de la place de la Concorde, l'église Saint-Sulpice, à Paris, en offrent des applications. Des chaînes ou tirants (fig. 2703), qui se relient à des ancres placées dans les colonnes servant de points d'appui, empêchent l'écartement de ceux-ci sous les pressions exer-

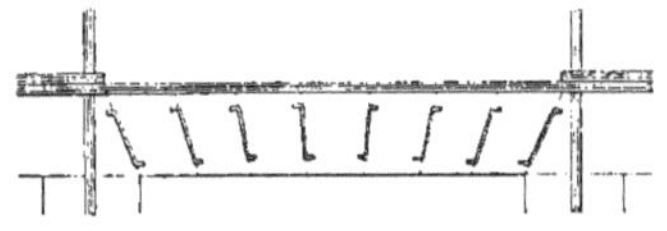

Fig. 2703.

cées par la *plate-bande* ; en outre, les claveaux voisins sont rendus solidaires par des crampons doublement coudés.

Dans les constructions ordinaires, on donne aux claveaux des coupes différentes : tantôt on les fait rectilignes (fig. 2704), tantôt on les retourne verti-

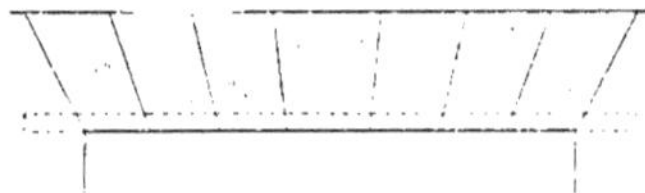

Fig. 2704.

calement (fig. 2705). Dans les deux cas, on place en dessous, dans une entaille faite exprès, un fer carré ou méplat qui y est complètement caché (voy. *Linteau*). De plus, on a l'habitude, également

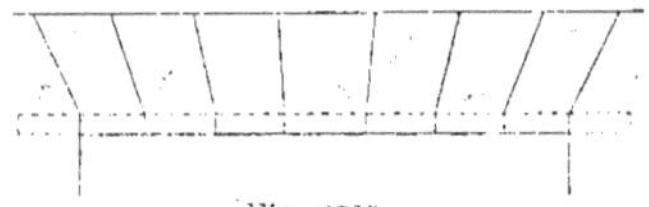

Fig. 2705.

vicieuse, de laisser, à la pose, entre chaque claveau, un intervalle assez grand pour y introduire des cales en bois et recevoir un coulis en plâtre ou en ciment.

Souvent, les *plates-bandes* ont des claveaux d'inégale hauteur et qui font liaison avec les assises placées au-dessus. Celles dont la hauteur est, au contraire uniforme, prennent le nom de *plates-bandes arasées*.

Charpente. Partie d'un limon d'escalier qui est droite et au niveau d'un palier.

Menuiserie. Ravalement que l'on pousse autour des panneaux de lambris et des portes à cadres, et qui forme, en même temps, la languette d'embrèvement.

Serrurerie. Bande de fer plat, qui sert à réunir deux pièces jointives au moyen de clous ou de vis, comme dans un plancher, dans un pan de bois, dans un limon d'escalier ; à réunir deux bâtis de porte ou de croisée, deux parties de chéneau ; à garnir le dessous des barres d'appui, des mains courantes d'escaliers, etc.

Platée, *s. f.* — Massif ou crépi de maçonnerie établi sur toute l'étendue des fondations d'un bâtiment arasé à fleur du sol et sur lequel on peut tracer facilement la position très exacte des murs à construire en élévation.

Plate-forme, *s. f.* — 1° Terrassement nivelé qui sert de base à une construction.

Les palais assyriens étaient ainsi édifiés sur des *plates-formes* élevées de main d'homme.

2° Toit plat en *terrasse* (voy. ce mot) qui couvre les bâtiments.

3° Pièce de bois qui a de 0m,16 à 0m,12 d'épaisseur sur 0m,30 de largeur.

4° Ce mot est aussi synonyme de *sablière*.

5° Aire de plancher composée de madriers posés jointivement sur les chapeaux, patins et racinaux assemblés sur la tête des pieux dans un pilotis et destinée à servir d'assiette à la maçonnerie.

6° Dans l'architecture des chemins de fer, on donne le nom de *plate-forme* à l'assiette du *ballast* (voy. ce mot).

7° En fortification, on désigne ainsi un ouvrage en forme de terrasse, sur lequel on installe une pièce de rempart ou une batterie.

Platelage, *s. m.* — Sorte de plancher en charpente de chêne avec ou sans clef dans les joints.

Platine, *s. m.* — Métal d'un gris d'acier tirant sur le blanc d'argent et qui prend un grand éclat par le poli. Il est très ductile, très malléable, et sa dureté est comprise entre celle du fer et celle du cuivre.

Il est infusible au feu de forge le plus violent; aussi, l'emploie-t-on pour faire des pointes de paratonnerres.

C'est le plus lourd de tous les métaux : son poids spécifique est 22.

Platine, *s. f.* — Plaque mince de tôle ou de fer battu découpée et évidée suivant différentes formes et sur laquelle on fixe les pièces composant une targette, un verrou, un loqueteau, etc.

On dit que ces pièces sont *montées sur platine.*

Plâtras, *s. m. pl.* — Morceaux de plâtre provenant des démolitions et qu'on emploie pour faire des murs de clôture, des hourdis de pans de bois ou de planchers, des jambages de cheminée, etc.

Plâtre, *s. m.* — Sulfate de chaux naturel ou gypse auquel on a enlevé son eau de constitution en le soumettant à une certaine température et qui a, dès lors, une grande tendance à se combiner avec l'eau, en formant une pâte qui sèche à l'air et qui est employée, dans les constructions en maçonnerie, comme liaison ou comme revêtement des surfaces.

Le gypse, dit aussi *pierre à plâtre,* est abondant sur plusieurs points de la France et particulièrement aux environs de Paris, où on le rencontre en amas considérables (voy. *Gypse*).

Les différentes espèces de *plâtre* qui forment les assises de Paris et de ses environs peuvent se rapporter à quatre types principaux :

1° Le *banc blanc*, ou *compact*, à grains serrés, très blanc, qui est du sulfate de chaux presque pur ;

2° Le *banc cheveux*, qui renferme des cristaux de gypse agglomérés, accompagnés d'une légère couche de carbonate de chaux qui sépare les cristaux accolés ;

3° Le *banc mouton*, mélange des deux variétés précédentes ;

4° Le *banc marabais*, dont le gisement est presque à la surface du sol et qui, tout en étant d'une composition très variable, contient toujours du carbonate de chaux.

On trouve également dans la nature un sulfate de chaux anhydre dont on ne peut obtenir un *plâtre* susceptible de se gâcher, ni de faire prise avec l'eau, et que les minéralogistes appellent *anhydrite;* on l'emploie cependant comme albâtre et comme marbre dans la décoration.

Après la dessiccation du gypse, improprement nommée *cuisson du plâtre*, cette matière, par sa tendance à se combiner avec l'eau, est difficile à conserver. Il serait bon de ne la pulvériser, pour en faire usage, qu'au moment de son emploi, pour l'empêcher de s'*éventer*. Autrefois, on livrait le *plâtre* en sacs aux maçons, après l'avoir cassé en morceaux à la sortie du four. Aujourd'hui, on le réduit en poudre au moyen de manèges disposés à cet effet, puis on l'apporte également dans des sacs au chantier où il doit être employé.

Le *plâtre* convenablement cuit et de bonne qualité doit seul être mis en usage. On reconnaît qu'il est dans cette condition lorsqu'il a une onctuosité au toucher, ce que les ouvriers appellent *amour*, et que, mélangé avec une quantité d'eau égale à son volume, il fait prise au bout de quelques instants. Si le *plâtre* n'est pas assez cuit, il est aride, n'absorbe l'eau qu'imparfaitement et ne forme pas un corps solide. Il est maigre, graveleux, et s'égrène quand il est trop cuit.

On distingue, au point de vue de l'emploi, trois espèces de *plâtre* :

1° Le *plâtre au panier*, ou *plâtre ordinaire*, tel que l'entrepreneur le reçoit du fabricant, et qui sert à faire les hourdis et les crépis ; on nomme de même un *plâtre* passé dans un panier d'osier, qui est plus fin que le précédent et qui sert à faire les crépis peu épais ;

2° Le *plâtre au sas*, passé dans un tamis de crin et avec lequel on fait les enduits ordinaires et les moulures ;

3° Le *plâtre au tamis de soie*, employé pour faire les enduits extérieurs soignés sur plafonds ou murs et les enduits qui doivent recevoir de la peinture.

On distingue encore les *mouchettes* ou résidus du passage du *plâtre* au sas, et la *fleur de plâtre*, ou *plâtre à la pelle*, que l'on obtient en le faisant sauter sur une pelle à laquelle il s'attache et qui sert à boucher les petits trous dans les moulures.

Au moment de son emploi, le *plâtre*, réduit en poudre, est versé dans une auge, avec une certaine quantité d'eau et le mélange est remué avec une truelle de cuivre. Cette opération est appelée *gâchage* et, suivant que la pâte est plus ou moins liquide, on dit que le *gâchage* (voy. ce mot) est *clair* ou *serré*.

Les proportions dans lesquelles ce mélange est fait ont une grande influence sur la prise et sur la dureté du *plâtre*, indépendamment de la qualité même de la matière.

Plusieurs théories ont été émises pour expliquer la prise du *plâtre*. D'après M. Ed. Landrin, ce phénomène se produit en quatre phases distinctes : 1° le *plâtre* cuit prend, au contact de l'eau et en s'unissant avec ce liquide, une forme cristalline ; 2° le *plâtre* se dissout partiellement dans l'eau, qui se sature ainsi de ce sel ; 3° la chaleur dégagée par la combinaison chimique fait évaporer une partie du liquide ; un cristal se forme et détermine la cristallisation de toute la masse, effet analogue à celui qui a lieu quand on jette une parcelle de sulfate de soude dans une solution sursaturée de ce sel ; 4° le maximum de dureté est atteint lorsque le *plâtre* a perdu assez d'eau pour revenir à sa composition primitive, c'est-à-dire quand il en contient, à l'état sec, environ 20 pour 100.

Dans la pratique, en raison de la rapidité de la prise du *plâtre*, la quantité d'eau que l'on verse dans l'eau est toujours très grande, par rapport au volume du *plâtre* en poudre, ce qui produit, pour les enduits ordinaires, une dessiccation très lente ; aussi, y a-t-il avantage à les appliquer par un temps très sec.

Un autre inconvénient de cette coutume de noyer le *plâtre* est le suivant : la masse liquide donne à cette matière un volume considérable qui détermine dans l'enduit une très grande porosité lorsque l'eau s'évapore, et favorise, par suite, la formation du salpêtre, dans les lieux humides et exposés aux émanations ammoniacales.

Après la dessiccation, la dureté du *plâtre* diminue en vieillissant ; sa force de cohésion avec lui-même est, du reste, supérieure à son adhésion aux pierres et à la brique. La résistance maximum à la compression est, d'après Rondelet, de 30 kilogr. par centimètre carré, pour le *plâtre* gâché à l'eau ; de 72 kilogr. pour le *plâtre* gâché au lait de chaux ; d'après Vicat, de 90 kilogr. pour le *plâtre* gâché ferme, et 42 kilogr. pour le *plâtre* gâché moins ferme.

La résistance à la traction, suivant Rondelet, est de $11^k,7$, par centimètre carré, pour le *plâtre* gâché ferme, et de 4 kilogr. pour le *plâtre* gâché à la manière ordinaire.

L'adhérence de cette matière aux pierres et aux briques est d'environ 3 kilogr. par centimètre carré, lorsque la force est normale au plan de rupture, et de $1^k,4$ à $1^k,8$ lorsque l'effort est parallèle à ce plan. L'adhérence au bois est faible ; pour le fer, elle va jusqu'à 170 kilogr. ; cependant, le contact du *plâtre* avec ce métal en détruit la qualité au moyen de l'acide sulfureux, l'oxyde fortement, et cela en raison du temps de la dessiccation du *plâtre* ; aussi, doit-on ne pas abuser de l'emploi de cette matière pour scellements, surtout dans les lieux humides.

Outre l'usage que l'on fait du *plâtre* pour les hourdis de murs en briques ou de planchers, de pans de bois, les enduits intérieurs et extérieurs, les décorations de façade, les solives et scellements de couverture, on en fait encore des carreaux moulés pour cloisons et entrevous (voy. *Carreau*, *Entrevous*). On s'en sert également pour la fabrication de *stucs* (voy. ce mot), tant par leur poli que par leur coloration.

Dans certains pays, où le *plâtre* est cher par suite de sa rareté, on fait des enduits extérieurs avec un mélange de 3 parties de mortier de chaux et d'une partie de *plâtre* gâché. Pour traîner les corniches, on augmente la dose de la chaux et du *plâtre* par rapport au sable et l'on donne au mélange les noms de *stuc* de *plâtre* ou *stuc* à la *chaux* (voy. *Stuc*).

Les anciens ont fait usage du *plâtre*, qu'ils tiraient de l'île de Chypre, de la Calabre, de l'Étolie et autres lieux. Ils s'en servaient quelquefois comme de mortier et surtout pour la composition des enduits. Ils en connaissaient même l'emploi à l'état de carreaux, ainsi que l'attestent certains édifices, tels que le théâtre de Taormine, en Sicile, et les thermes d'Antonin Caracalla, à Rome (1).

Au moyen âge, on coulait parfois du bon *plâtre* dans les joints d'arcs très épais et à grande portée que l'on ne pouvait poser à bain de mortier; mais c'est surtout dans les intérieurs, soit comme enduits, soit comme hourdis, que cette matière était utilisée.

On donne le nom de *plâtres* aux légers ouvrages qui s'exécutent en *plâtre* seul; tels sont les plafonds, les tuyaux de cheminée avant l'usage des poteries, les plinthes, corniches, scellements, solives, filets, solins, etc.

Les ouvriers qui font les *plâtres* dans un bâtiment prennent spécialement le nom de *maçons*; celui qui vend le *plâtre* est appelé *plâtrier*.

(1) Viollet Le Duc, *Dictionnaire raisonné de l'architecture française*.

Plâtreau, *s. m.* — Pierre à plâtre en fragments non cuits.

Plâtrière, *s. f.* — Carrière d'où se tire la pierre à plâtre.

L'extraction du plâtre se fait à ciel ouvert ou par galeries. Les blocs sont tranchés au moyen de coins en fer ou en bois, de pics à roche et de leviers ou bien à l'aide de la mine. Il est nécessaire, dans l'exploitation d'une *plâtrière*, de soutenir les ciels au moyen de piliers ou de voûtes en maçonnerie, à cause des feuillures ou filets dont les bases sont ordinairement coupées.

Le même nom s'applique à l'endroit où on prépare le plâtre, c'est-à-dire où l'on fait le broyage de la pierre à plâtre, la cuisson du plâtre et sa mise en sacs ou en tonneaux.

Plâtroir, *s. m.* — Outil qui sert à pousser du plâtre ou du mortier dans les trous.

Plein, *s. m.* et *adj.* — 1° Le *plein d'un mur* est le massif même de ce mur.

2° Un *mur plein* est celui qui n'est pas percé d'ouvertures.

3° Les *pleins et les vides* d'une façade sont les parties solides continues et les espaces sans construction, ainsi que les jours.

Une des conditions que l'architecte doit s'étudier à rendre sensible dans un édifice est l'accord entre les *pleins* et les vides. En effet, le *plein*, étant tout ce qu'on appelle *massif* dans un bâtiment, doit produire la solidité, non-seulement réelle, mais aussi apparente; l'un des premiers besoins de l'esprit est d'être rassuré sur la sécurité de ceux pour qui l'édifice est construit. Il importe, par exemple, dans les habitations d'un caractère un peu relevé, d'observer un rapport entre le vide des fenêtres et le *plein* des trumeaux. Il n'y a rien à prescrire ici pour les maisons ou constructions qui ne sont élevées que dans un intérêt de commerce, de location, et dans lesquelles on voudrait supprimer, s'il était possible, tous les *pleins*. D'une manière générale, la moindre largeur des *pleins* qui forment les trumeaux devrait être au moins égale à celle des vides qui forment les fenêtres.

4° L'expression *tant plein que vide*, employée dans le métré, indique que l'on compte aussi bien l'espace où sont les baies que les parties pleines. Ainsi, on compte souvent, dans un toisé d'enduit, le vide même d'une fenêtre pour la surface de pourtour de la baie.

4° *Plein bois :* ouvrage de menuiserie sans assemblage et dont les pièces sont collées les unes sur les autres à joints droits, horizontaux ou perpendiculaires.

Pléthore, *s. f.* — Maladie des bois qui provient d'une trop grande abondance de matière nutritive se portant sur certaines parties de l'arbre, déforme le bois et lui enlève son homogénéité.

Les pièces tirées d'arbres atteints de *pléthore* sont donc impropres à être employées dans la construction en charpente.

Pli, *s. m.* — Angle rentrant dans un mur, ainsi nommé par opposition aux angles saillants appelés *coudes*.

Plinthe, *s. f.* — Architecture. 1° Tablette carrée A (fig. 2706) qui forme la partie inférieure de la base d'une colonne ou d'un piédestal et que l'on nomme aussi *socle*.

2° Plate-bande qui règne au bas des murs à l'intérieur d'un appartement ou qui, sur la face extérieure d'un mur, indique la séparation des étages en marquant la ligne des planchers.

Menuiserie. 1° Planche mince, ayant de 0m,10 à 0m,12 de largeur, avec ou sans moulures, et que l'on place (fig. 2707) au pourtour d'une pièce, contre la partie inférieure des lambris ou des murs. Dans ce dernier cas, on

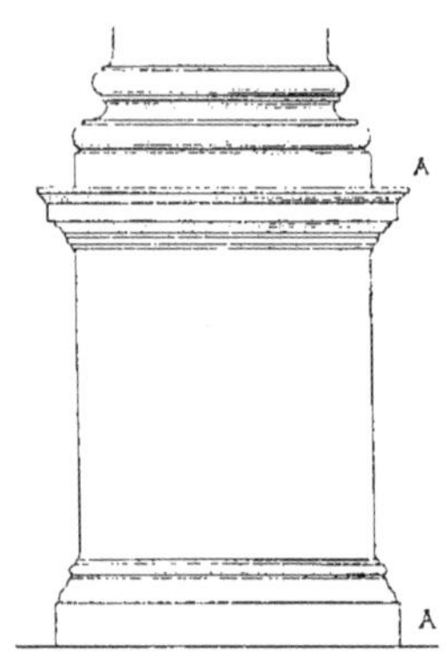

Fig. 2706.

fait souvent la *plinthe* en noir, en gris ou en ton de marbre se raccordant avec le marbre de la cheminée.

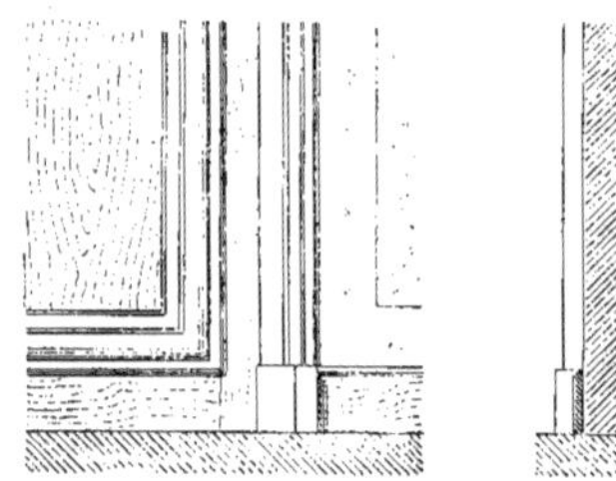

Fig. 2707.

Dans les chambres parquetées, la *plinthe* évite de mettre une frise au pourtour de la pièce, en cachant les abouts des feuilles du parquet.

Les *plinthes* plus larges prennent le nom de *stylobates* (voy. ce mot).

2° On donne encore ce nom à la traverse basse non rapportée d'un lambris, d'une porte cochère, d'un corps de bibliothèque, etc.

3° On appelle aussi *plinthe* ou *socle* la partie lisse sur laquelle s'arrêtent les moulures d'un montant de croisée ou d'un chambranle.

FUMISTERIE. Les carreaux qui forment le premier rang d'un poêle de construction sont encore des *plinthes*.

Plomb, *s. m.* — 1° Métal gris-bleuâtre, très brillant quand on le coupe, mais dont la surface se ternit promptement à l'air en se couvrant d'une couche d'oxyde.

Le *plomb* est très mou, se laisse rayer par l'ongle; il est, de plus, très malléable, mais peu ductile et peu tenace. Il entre en fusion à une température qui varie entre 330 et 340° ; son poids spécifique est 11,35. Il se dilate de 0,0028 en passant de 0° à 100°.

Ce métal se rencontre le plus souvent dans la nature combiné avec le soufre. La galène ou *sulfure de plomb*, qui en constitue le minerai le plus abondant, est d'abord grillée, puis calcinée dans un fourneau spécial avec une certaine quantité de grenaille, de fonte, de vieilles ferrailles ou de scories de forge. Il se forme un sulfure de fer, et le charbon réduisant l'oxyde de *plomb* laisse libre le métal, que l'on purifie par plusieurs fusions.

Le *plomb* du commerce est toujours impur : il renferme généralement, en petite quantité, de l'antimoine, de l'arsenic, du zinc, du soufre, etc.

On le divise en deux catégories : le *plomb mou* et le *plomb maigre* ; ce dernier n'est pas utilisé par les constructeurs.

Le *plomb coulé* est préféré généralement au *plomb laminé* comme plus malléable et plus homogène.

Le commerce fournit des feuilles ou lames de *plomb* de tous les poids et de toutes les épaisseurs. A cet effet, on coule le métal en plaques de dimensions déterminées sur une dalle de marbre parfaitement horizontale et dont la grandeur est limitée par des règles de bois bien dressées ; ensuite, on passe au laminoir. La longueur des feuilles laminées n'excède pas généralement 8 mètres et leur largeur 1m,70.

Le *plomb* a été employé pour couvrir des terrasses, des charpentes de toits, des pierres de balcons, pour confectionner des chéneaux, des gouttières ; mais aujourd'hui il est presque partout remplacé par le zinc ; cependant, il convient mieux que ce dernier pour certaines parties, telles que les appuis de lucarne, les saillies de pierre, les faîtages, les arêtiers et les noues.

On fait encore, avec le *plomb*, des tuyaux de conduite pour l'eau et le gaz (voy. *Conduite*, *Tuyau*), des corps de pompe, enfin toutes sortes d'ouvrages qui exigent une matière molle et malléable à froid. On s'en sert, à l'état de fusion, pour scellements et joints.

Allié avec l'étain, ce métal fournit la *soudure des plombiers* (voy. *Soudure*).

Les composés du *plomb* se prêtent également à de nombreuses applications dans l'art de bâtir. Les oxydes, *massicot*, *litharge*, sont utilisés pour rendre les huiles siccatives. Le *minium* est employé, à l'état de peinture, pour préserver le fer de la rouille ; on le fait encore entrer dans la composition du cristal pour lui donner une grande limpidité. Le *carbonate de plomb* est fort en usage en peinture, sous les noms de *blanc d'argent*, *blanc de plomb*, *blanc de céruse* (voy. *Céruse*).

Couvertures en plomb. Ce métal étant moins tenace que le zinc et se couvrant, au contact de l'air, d'une couche d'oxyde assez épaisse, exige une épaisseur plus grande pour présenter la même résistance.

On a calculé que le zinc n° 14 ayant 0mm,87 d'épaisseur, le *plomb* de même résistance doit avoir 3mm,50. Ce dernier métal charge donc les bois de charpente d'un comble beaucoup plus que le zinc ; en outre, il entraîne à une dépense relativement très forte ; mais il est bien supérieur sous le rapport de l'aspect. Il résulte de ces conditions que, dans les couvertures de constructions ordinaires, le zinc a remplacé le *plomb*. Néanmoins celui-ci est excellent pour les raccords de couvertures en ardoises et en tuiles, à cause de la facilité avec laquelle il se travaille.

L'emploi du *plomb* en feuilles pour la totalité de la toiture n'a donc guère d'application que dans les édifices publics, où l'on n'a pas à reculer devant la dépense.

Il faut, dans l'exécution de ces couvertures, que le métal soit maintenu énergiquement pour ne pas s'affaisser sous son propre poids et qu'il soit libre de se dilater ou de se resserrer, suivant les changements de température, à cause de sa dilatation, qui est assez grande. On ne doit donc employer ce métal qu'en feuilles de la moins grande

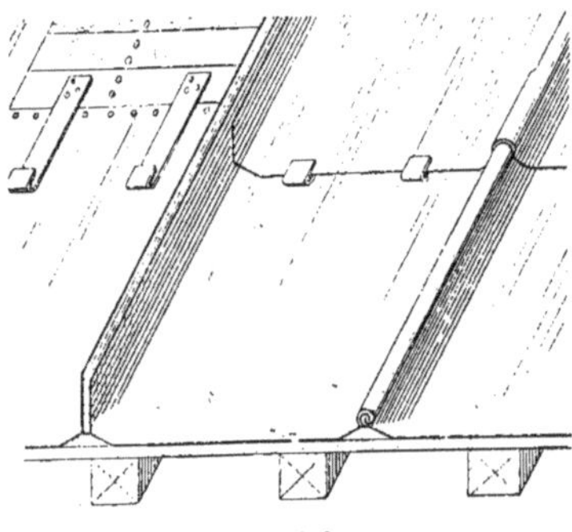

Fig. 2708.

étendue possible et n'attacher ces feuilles avec des clous, s'il est nécessaire, que d'un seul côté, et avec des pattes en fer, ou plutôt en cuivre étamé ; d'autre part (fig. 2708), les clous doivent être à large tête et très rapprochés, afin de former une attache continue et solide, et les pattes doivent ne pas gêner la dilatation.

Il faut, de plus, éviter de mettre le *plomb* en contact avec du bois non flotté ou avec du plâtre frais, qui détruisent ce métal ; on interpose entre celui-ci et ces matériaux du papier ou des peintures, une couche de goudron, par exemple, que l'on étend sur le bois ou le plâtre. On doit encore éviter le contact d'un métal moins oxydable et celui de la vapeur d'eau d'une provenance quelconque.

Les *soudures* (voy. ce mot) ne sont à employer que le moins possible ; il vaut mieux faire usage de ressauts ou de replis ne s'opposant pas à la dilatation.

Les couvertures en *plomb* sont de deux sortes : ce métal est utilisé sous forme de tuiles plates taillées comme les ardoises et employées de même ou en feuilles. Le premier de ces systèmes n'est appliqué qu'à la couverture de flèches aiguës ou de dômes de petites dimensions.

La couverture en feuilles était beaucoup plus en usage autrefois qu'aujourd'hui. Dans les ruines des édifices gallo-romains, on trouve des débris de lames de *plomb* employées pour le revêtement des chéneaux et même des combles (1). Pendant la période mérovingienne, on recouvrait des édifices entiers au moyen du *plomb*. Cette coutume se continua pendant le moyen âge.

Aujourd'hui que l'emploi du zinc prédomine, on reconnaît cependant que, par sa malléabilité, le *plomb* convient

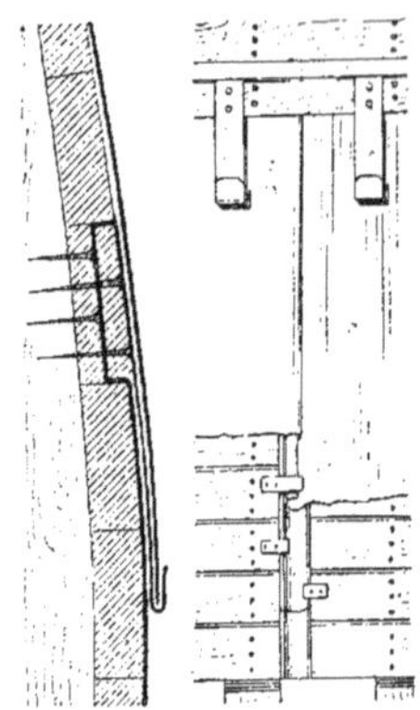

Fig. 2709.

mieux pour les dômes et, en général, pour toutes les surfaces courbes. Nous donnons (fig. 2709) (2) le système qui a

(1) Viollet Le Duc, *Dictionnaire raisonné de l'architecture française.*

(2) Détang, ingénieur, *Revue d'architecture.*

été appliqué, il y a quelques années, dans la restauration du dôme des Invalides. Les feuilles en *plomb* coulé sont disposées par rangées horizontales de 1 mètre de hauteur découverte, avec recouvrement de $0^m,15$, sur voligeage jointif. La coupe indique le curieux procédé employé pour l'attache en tête ; la feuille de *plomb* passe entre les deux feuillets de la volige divisée en deux parties sur son épaisseur et se retourne en se rabattant sur le haut du feuillet supérieur ; celui-ci n'est cloué qu'après coup sur le feuillet de dessous au droit des chevrons ; des pattes à agrafes, clouées sur le voligeage, soutiennent les lames de *plomb* à leur partie inférieure ; les joints verticaux sont formés par une bande de sous-joints bordée de pinces latérales auxquelles s'accrochent des pattes d'attache en cuivre rouge étamé ; les feuilles de la couverture s'agrafent elles-mêmes entre elles et une patte d'attache clouée sur la volige s'engage dans la pince de dessous de cette agrafure.

Les terrasses et les balcons sont souvent aussi recouverts de feuilles de *plomb*. Habituellement, on étend le *plomb* sur une pente en plâtre, par tables de grandes dimensions, en formant les joints par un petit ourlet ou par une soudure. Ce système contrarie la dilatation et le *plomb* se crevasse bientôt ; il vaut mieux réunir les tables par une agrafure à double repli dont l'épaisseur est logée dans un creux ménagé dans la pente ; des bandes de sous-joints, placées à l'avance, garnissent ces creux, dont les arêtes sont formées par des liteaux de bois noyés dans la pente. Quelquefois on fait simplement retomber le joint dans le creux, garni d'une bande de *plomb*. Au long des rives d'égout, on soutient le *plomb* par des bandes de cuivre rouge étamé ou de zinc fort.

Sur les balcons des habitations ordinaires, il serait bon de faire un joint au droit de chaque tableau de fenêtre ; mais il faudrait alors établir la pente en contre-haut du listel d'égout ou trancher ce listel pour donner passage à l'agrafure du joint.

Sur les grandes terrasses où l'on ne marche pas, on assemble les feuilles de *plomb* comme pour la couverture en zinc, avec des tasseaux pour joints verticaux et des ressauts pour joints horizontaux.

Les chéneaux se garnissent quelquefois aussi de lames de *plomb*.

Ce métal est également très convenable pour les noues, les arêtiers et les faîtages des couvertures en ardoises. Les procédés d'exécution sont analogues à ceux dont on se sert lorsqu'on emploie le zinc pour le même objet (voy. *Arêtier*, *Chéneau*, *Faîtage*, *Noue*).

Plomb repoussé. L'usage du *plomb* repoussé pour la décoration remonte au moyen âge, où cette industrie prit un grand développement ; mais elle fut abandonnée, et ce n'est que depuis peu d'années qu'elle est remise en honneur.

On n'emploie pour cet usage que le *plomb laminé*, le *plomb coulé* n'étant pas assez malléable et se déchirant facilement dans les creux. On commence par faire des modèles en plâtre que l'on coule ensuite en fonte de fer pour servir de matrices. Sur ces dernières on étend le *plomb* en feuilles de 2 à 3 millimètres, puis on le bat avec des maillets de bois tendre, de façon à lui faire prendre les formes générales du modèle ; on achève ensuite l'ouvrage en le martelant avec des chasses en buis ou en charme.

On est souvent obligé de repousser les ornements en plusieurs parties, que l'on réunit alors à la soudure fine. Pour consolider les ornements ainsi préparés et leur donner du raide, on remplit de soudure leurs petites concavités intérieures et on les double d'une feuille de *plomb* soudée sur les bords des ornements avec de la soudure fine. On est quelquefois même obligé de les armer de ferrements intérieurs pour maintenir les écartements.

Les petits ornements détachés, tels que les fleurs, les feuilles et les fruits, ne se font pas sur modèles spéciaux; l'ouvrier en découpe le contour développé dans une feuille de *plomb* et les emboutit dans la paume de la main ou en se servant de petites matrices donnant toutes sortes de creux et de reliefs.

Nous montrons (fig. 2710) un exemple

Fig. 2710.

de faîtage décoré d'ornements en *plomb* repoussé.

L'estampage s'applique au *plomb*, comme au zinc, au moyen du choc du mouton ou plus doucement, avec le balancier; mais ce procédé ne vaut pas le martelage, en ce sens qu'il ne peut produire de creux ou de reliefs que dans une seule direction.

En tout cas, le métal doit être chauffé à l'avance pour devenir plus ductile.

2° Instrument employé par divers corps d'état pour fournir des lignes verticales nécessaires à l'exécution de certains ouvrages, par exemple, pour élever le parement d'un mur dans un plan vertical, pour dresser la face d'une pièce de charpente, etc.

Le *plomb* qu'emploient les maçons est formé (fig. 2711) d'une masse métallique cylindrique ou en tronc de cône, par le milieu de laquelle passe un fil qui sert à la suspendre. Une plaque carrée, appelée *chas*, dont la dimension est celle du diamètre le plus grand du *plomb*, est

Fig. 2711.

également enfilée par le fil, le long duquel elle peut se mouvoir. On reconnaît qu'un mur est vertical lorsque le chas étant appliqué, par une de ses arêtes, contre le parement de ce mur dans le haut, le *plomb* tombant librement touche, sans s'y appuyer, la partie inférieure de ce parement.

On dit aussi *fil à plomb*.

Les charpentiers emploient, dans l'établissement d'un ouvrage (voy. *Établissement*), un *plomb* qui a la forme représentée par la figure 2712. C'est un disque en *plomb*, légèrement conique, mais évidé dans son milieu, de manière à

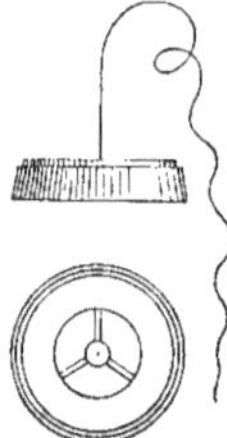

Fig. 2712.

laisser une croix à trois branches; une ficelle passe également par le centre de ce disque; c'est au travers de cet évidement que l'ouvrier peut mieux juger si le point de suspension coïncide exactement avec les lignes des épures tracées sur le sol.

On fait aussi des *plombs* cannelés (fig. 2713) pour que le frottement contre

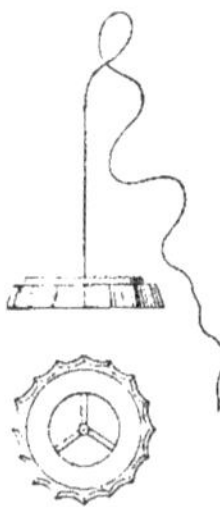

Fig. 2713.

l'air ralentisse plus promptement leur mouvement de rotation.

Enfin, on emploie encore, pour d'autres ouvrages, des *plombs* de formes va-

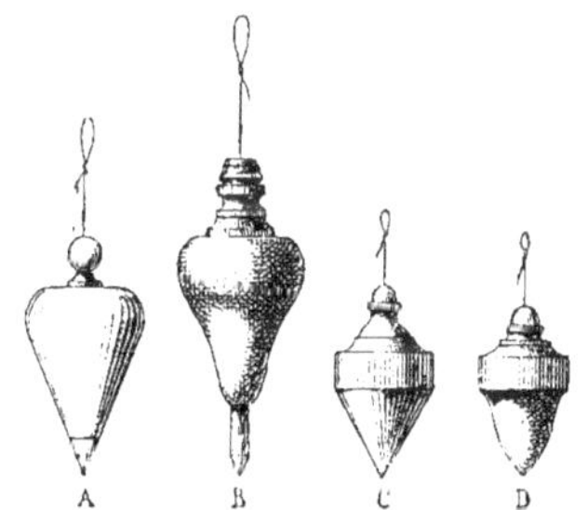

Fig. 2714.

riées tels que ceux que représente en A, B, C, D la figure 2714.

Les équerres-niveaux sont munies de *fils à plomb* (voy. *Niveau*).

Plombée, *s. f.* — Opération qui consiste à vérifier l'aplomb d'un mur ou à prendre l'aplomb d'une pièce de bois par les deux bouts, afin de dresser l'une des faces (voy. *Plomb*).

Plomber, *v. a.* — 1° Attacher, appliquer du *plomb* sur certains objets.

On dit ainsi *plomber* les faîtes d'un toit couvert d'ardoises.

2° Les marbriers donnent ce nom à une opération de polissage des marbres dans laquelle ils substituent au tampon de linge roulé une molette de plomb.

On procède au *plombage* lorsque les marbres renferment des *clous* ou amas de matières étrangères d'une extrême dureté.

3° Se servir du fil à plomb (voy. *Plomb*).

Plomberie, *s. f.* — Ensemble des ouvrages en plomb coulé ou laminé qui comprennent la couverture des édifices, la conduite des eaux et du gaz, le revêtement des terrasses, des réservoirs, etc.

Plombier, *s. m.* — 1° Entrepreneur de plomberie.

2° Ouvrier qui exécute les ouvrages de plomberie et de fontainerie.

A Paris, à la profession de *plombier* se joint ordinairement celle de fontainier; c'est le *plombier* qui fournit les cuvettes, bondes et accessoires des lieux à l'anglaise, les robinets et toutes les pièces de cuivre nécessaires pour les salles de bains, les pompes, les bondes de fond et de superficie des bassins, canaux, étangs, etc.

Les principaux outils et ustensiles du *plombier* sont : une *chaudière*, un *moule* à tables ou en pierre avec ses *rables*, un *labour*, des *poêles*, une *plane*, des *serpettes*, des *marteaux*, des *battes*, des *grattoirs*, des *marmites*, des *fers à souder*, des *attelles* ou *mouflettes*, des *emporte-pièces*, des *moules à tuyaux* avec leurs brides à charnières, des *sondes*, une *corde nouée* avec sa *sellette* et ses *étriers*, une *jauge*, des *clefs de robinets*, des *crics*, des cylindres de bois appelés *tondins*, des *équerres*, des *règles*, des *compas*, des *cuillers* en fer, des *limes*, des *râpes*, des *truelles*, etc. (voy. ces mots).

Plombure, *s. f.* — Ensemble des pièces qui forment la carcasse d'un *vitrail* (voy. ce mot).

Ployer, *v. a.* — *Ployer les bois* : les désassembler de dessus l'épure pour en faire le transport.

Plumée, *s. f.* — Petite entaille dite encore *ciselure*, que les tailleurs de pierre pratiquent sur le pourtour de l'une des faces d'un bloc pour en dresser le parement.

A cet effet, l'ouvrier pose la règle de champ sur cette entaille A B (fig. 2715); puis il applique sur la face opposée une seconde règle C D, en la faisant varier de position jusqu'à ce que son arête supérieure et l'arête inférieure de la première soient dans un même plan, ce

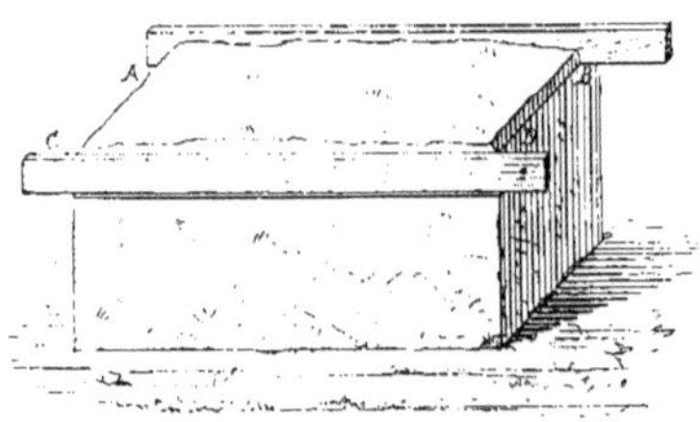

Fig. 2715.

dont il s'assure en visant le long de C D. Il pratique alors une seconde ciselure suivant cette dernière ligne, une autre le long de B D, et il fait sauter l'excédant, de façon qu'une règle posée sur les ciselures coïncide, dans toutes les directions, avec la surface obtenue ; le parement est alors bien dressé.

2° Les charpentiers donnent le nom de *plumée de dévers* à une petite portion de la face d'établissement d'une pièce de bois qui a été dressée sur la largeur de cette pièce pour la mettre de dévers et la rétablir une seconde fois.

Plus-value, *s. f.* — Augmentation de prix accordée, dans le règlement des mémoires, pour des ouvrages d'une nature spéciale ou qui ont exigé soit plus de façon que d'autres qui leur sont similaires, soit des dimensions plus fortes que celles qui avaient été prévues.

Pluteus. — Vitruve désigne ainsi une sorte de mur d'appui ou de balustrade qu'on plaçait en avant des portiques des temples et entre les colonnes.

Podium. — Terme d'architecture ancienne qui désigne : 1° le soubassement qui, dans un amphithéâtre, était élevé de quelques mètres au-dessus de l'arène et qui était destiné à l'empereur, aux magistrats et aux vestales (voy. *Amphithéâtre*).

2° Sorte de console ou pièce en saillie sur le nu d'une façade pour porter des vases, des bustes ou d'autres ornements.

Poêle, *s. m.* — Appareil de chauffage qui agit sur l'air ambiant par l'intermédiaire des parois.

On distingue : les *poêles* proprement dits, les *poêles calorifères* et les *poêles-fourneaux*.

Poêles. Ces appareils se construisent en terre cuite, en tôle ou en fonte. Les parties essentielles qui les composent sont : une capacité destinée à renfermer le combustible, un cendrier, une grille, un orifice de chargement et un tuyau d'émission pour la fumée.

Les *poêles* ainsi disposés permettent d'utiliser dans la salle la presque totalité de la chaleur dégagée, mais ils présentent divers inconvénients : ceux qui sont en terre cuite se dégradent rapidement si la construction n'en est pas très soignée. Les *poêles* en fonte sont sujets à se fendre par le refroidissement ; de plus, ils donnent, en rougissant, une odeur désagréable et malsaine qui provient de la combustion, au contact du métal rougi, des corpuscules organiques contenus dans l'air. Mais leur plus nuisible effet est la puissance absorbante pour l'eau qu'ils donnent à l'atmosphère échauffée de la salle, puissance qui a pour résultat le dessèchement des corps humides que cet air enveloppe, et particulièrement des poumons des personnes présentes ; de là proviennent des malaises, des maux de tête, etc. On remédie à cet inconvénient en faisant évaporer peu à peu de l'eau contenue dans un vase que l'on place sur le *poêle*. Ajoutons que ces appareils ne laissent pas jouir de la vue du feu, comme les cheminées ouvertes.

Quoi qu'il en soit, la simplicité et le prix des *poêles* à foyer unique, chauffant directement l'air de la salle comme ceux en faïence, en tôle ou en fonte, en assurent l'emploi pour le chauffage des habitations modestes.

Un grand nombre sont même disposés pour le service culinaire : ceux-ci sont généralement en tôle ; ils sont composés d'un foyer conique à la houille, dont la flamme passe dans un tuyau méplat percé de trous avec tampons mobiles et sur lesquels se fait la cuisson des aliments.

Poêles calorifères. On désigne ainsi les appareils placés dans les pièces à chauffer et dans lesquels l'air circule et s'échauffe avant de se mêler à l'air ambiant ou de le remplacer.

En Suède et en Russie, on fait des *poêles calorifères* qui sont entièrement en briques ou en terre cuite ; la fumée y circule dans plusieurs conduits verticaux et la chaleur se transmet aux pièces à chauffer à travers les parois en terre.

Les *poêles* que l'on établit dans les salles à manger sont construits avec une enveloppe de briques et un foyer entouré de tuyaux de fonte qui reçoivent, par leur partie inférieure, l'air amené de l'extérieur, le chauffent et le rejettent dans la salle par des bouches de chaleur placées de chaque côté d'un réservoir supérieur d'air chaud.

Les *poêles* métalliques à double enveloppe sont fréquemment employés en Allemagne et en France.

L'air contenu entre les deux enveloppes est échauffé par la circulation de la fumée et sort par des ouvertures grillagées.

Certains de ces appareils ont été disposés soit pour diminuer la consommation de combustible, soit pour assurer une marche régulière et dont on n'ait pas à s'occuper ; ces *poêles* sont dits à *combustion lente* ; ils sont ordinairement composés d'un cylindre fermé par le haut et dans lequel on place le combustible ; les gaz redescendent toujours sur ce foyer, le traversent et brûlent en s'échappant par son périmètre ; on obtient ainsi une combustion complète. Ce système s'applique à l'utilisation du coke comme combustible, parce qu'il permet de le brûler en masse.

La Compagnie parisienne de chauffage et d'éclairage emploie un appareil qui présente un cylindre (fig. 2716) dans lequel s'entasse le combustible en masse. Après ce chargement, on met un tampon à joint de sable et le couvercle supérieur. De petites portes à coulisses règlent l'admission de l'air à travers et autour du foyer pour achever de brûler les gaz de la combustion. Ces derniers,

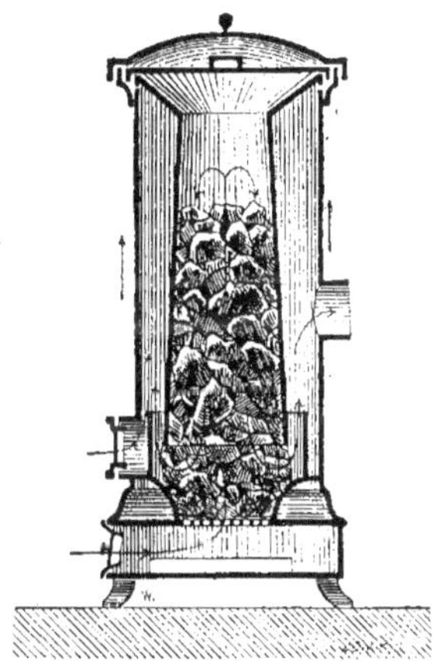

Fig. 2716.

dans la transmission de la chaleur à travers les parois, perdent difficilement leur chaleur et peuvent alors s'échapper plus chauds qu'il ne le faut pour un bon tirage ; de plus, l'air est mauvais conducteur et absorbe difficilement la chaleur ; il en résulte une accumulation de calorique là où le métal est en contact avec le foyer, et par suite, le rougissement des surfaces et l'altération de l'air, ainsi que nous l'avons dit plus haut.

On peut citer, comme obviant à ces inconvénients, l'appareil Gurney, représenté en plan et en élévation, à l'échelle de $0^{m},05$ pour mètre, par la figure 2717; le combustible est placé dans un cylindre en fonte dont les parois sont garnies de nervures saillantes. La fonte étant bonne conductrice de la chaleur, l'absorbe rapidement, et par

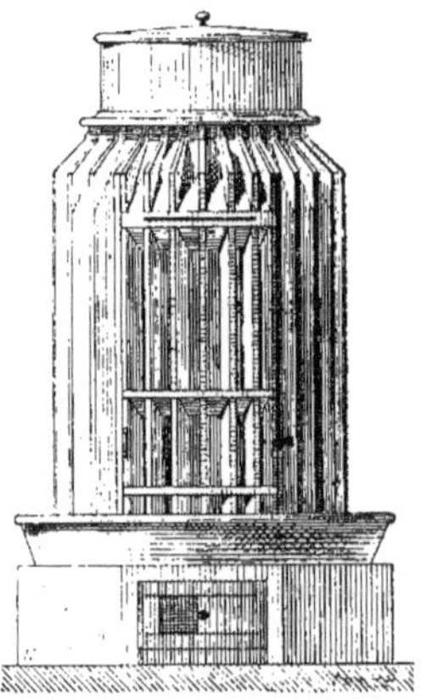

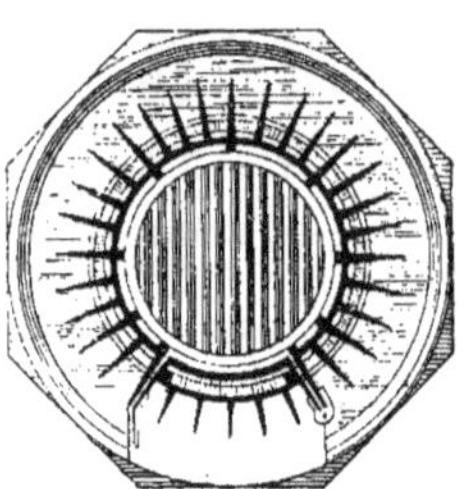

Fig. 2717.

les nombreuses surfaces de contact qu'elle présente à l'air, elle perd vite cette chaleur et ne rougit pas. A cet appareil est ajouté un réservoir annulaire où se produit la vapeur d'eau, qui se mêle à l'air à son arrivée sur les parois. La figure 2718 donne la coupe de ce *poêle*, accompagnée de quelques détails, entre autres du mode d'assemblage des plaques à nervures saillantes A, du profil du réservoir C et de l'orifice de sor-

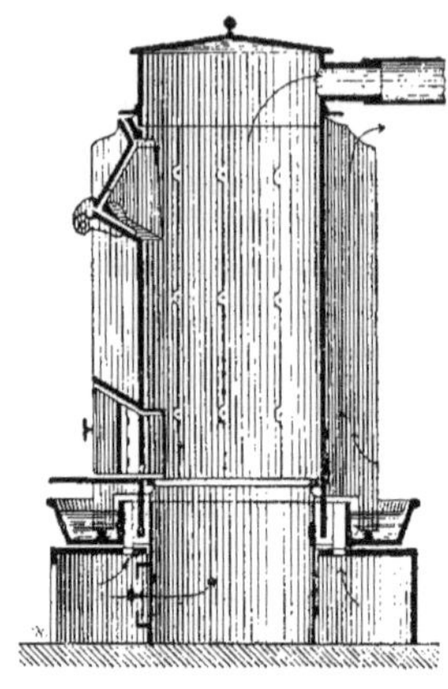

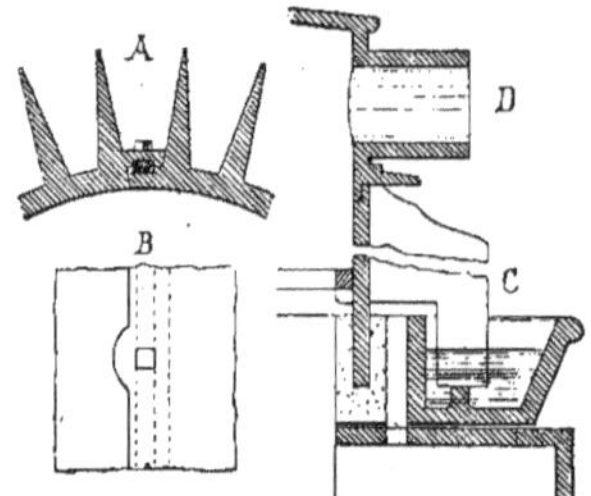

Fig. 2718.

tie D des produits gazeux de la combustion.

On appelle *cheminées-poêles* des appareils métalliques placés au milieu d'une salle à chauffer ou quelquefois dans des coffres de cheminées, disposés comme des *poêles*, mais qui sont pourvus d'une large bouche fermée par une trappe verticale à crémaillère ou à contre-poids qui, baissée, en fait un *poêle* et, ouverte, une cheminée. Les cheminées à la *prussienne* appartiennent à cette catégorie d'appareils (voy. *Prussienne*.)

On donne le nom de *poêles d'eau* à des récipients que, dans le système de chauffage à circulation d'eau chaude, on place dans les salles à chauffer et qui font eux-mêmes partie de l'appareil circulatoire. Ces *poêles* sont pleins d'eau, tantôt avec des tuyaux intérieurs à air, tantôt avec des enveloppes concentriques, chauffant directement ou par circulation l'air de la salle ou l'air extérieur qui doit être versé à l'intérieur. On adopte

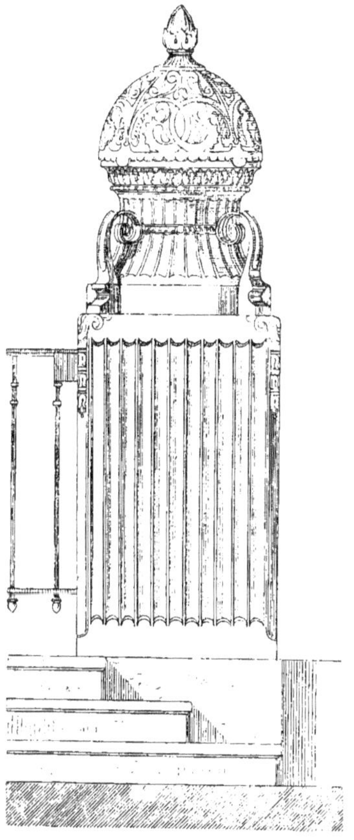

Fig. 2719.

pour ces *poêles* des formes qui sont en rapport avec la décoration; nous citerons, comme exemple (fig. 2719), les *poêles* qui sont placés dans les travées de la grande salle de la Bibliothèque nationale, à Paris.

On attribue aux *poêles* différentes dénominations, suivant leurs formes et leur construction :

Poêle sur ferrure, sur châssis ou portatif : *poêle* composé d'un certain nombre de carreaux montés sur un châssis et de pieds qui permettent de l'isoler du sol ; plusieurs cercles en tôle ou en cuivre forment bandages et le toit est recouvert d'une tablette.

Poêle à tiroir : *poêle* portatif, dont chaque carreau est entouré d'un cadre rectangulaire, imitant la tête d'un tiroir.

Poêle rond : *poêle* portatif à carreaux cintrés, qui est garni d'une tablette en marbre ordinairement surmontée d'une colonne en faïence, destinée à cacher le tuyau en tôle (voy. *Bague*).

Poêle de construction : *poêle* que l'on construit sur place, avec des carreaux de faïence et sur des dimensions qui sont en rapport avec l'emplacement dont on dispose. Dans les salles à manger, on établit, aujourd'hui, des *poêles* de construction qui contiennent un réservoir de chaleur appelé *chauffe-assiettes*.

Poêle à la suédoise : gros *poêle* qui occupe toute la largeur de la pièce.

Poêle à buffet : *poêle* à la suédoise dont la partie supérieure, à hauteur d'appui, forme arrière-corps.

Poêle garni : celui dans lequel on a rapporté des briques et des tuiles pour former des cloisons et des planchers, afin qu'il procure plus de chaleur et la conserve plus longtemps.

Poêles-fourneaux : dans certaines régions, et particulièrement dans le nord de la France, on emploie des *poêles* en briques et en fonte, à double usage, c'est-à-dire servant d'appareil pour le chauffage et de fourneau pour la cuisson des aliments. Ces *poêles* sont formés d'une plaque de fonte percée de trois trous et soutenue par des montants en briques ; des cloisons en fonte dirigent l'air chaud sous les fourneaux, depuis le foyer jusqu'au tuyau de cheminée.

Législation. Nous extrayons de l'ordonnance concernant les incendies, du 15 septembre 1875, les prescriptions suivantes :

« Art. 2. Il est interdit d'adosser les foyers de cheminée, les *poêles*, les fourneaux et autres appareils de chauffage à des pans de bois ou à des cloisons contenant du bois.

« On doit toujours laisser entre le parement extérieur du mur entourant ces foyers et lesdits pans de bois ou cloisons un isolement ou une charge de plâtre d'au moins $0^m,16$.

« Art. 3. Les *poêles mobiles* et autres appareils de chauffage également mobiles doivent être posés sur une plate-forme en matériaux incombustibles dépassant d'au moins $0^m,20$ la face de l'ouverture du foyer; ils devront, de plus, être élevés sur pied, de telle sorte que, au-dessous de la plate-forme, il y ait un vide de $0^m,08$ au moins. »

Poêle, *s. f.* — Les plombiers donnent le nom de *poêle* à l'espèce de cuiller

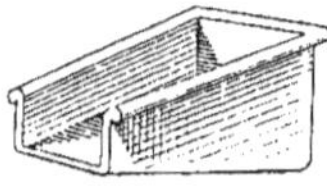

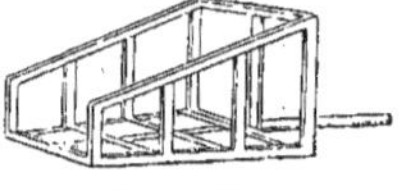

Fig. 2720.

dans laquelle ils fondent le plomb ; la figure 2720 montre une *poêle* avec la grille qui sert à la soutenir.

Ils nomment encore *poêle* la marmite

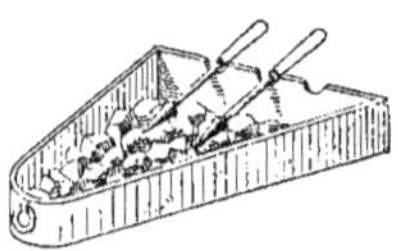

Fig. 2721.

ou fourneau en fonte (fig. 2721) dans laquelle on fait chauffer le fer à souder et fondre la soudure à l'aide d'une cuiller.

Poêlerie, *s. f.* — Branche de la construction qui comprend la fourniture et l'établissement des poêles portatifs et de ceux dits *de construction*.

La *poêlerie* est comprise dans la *fumisterie* (voy. ce mot).

Poids, *s. m.* — Effet qu'un corps exerce, en vertu de la pesanteur, sur l'obstacle qui le soutient.

Le *poids spécifique* d'un corps est le *poids* de l'unité de volume de ce corps. On exprime cette valeur par des chiffres qui indiquent le rapport entre le *poids* de chaque substance et le *poids* d'un égal volume d'eau.

Nous donnerons ici les *poids spécifiques* de quelques-uns des principaux matériaux de construction, que nous exprimerons en kilogrammes, en prenant pour unité le poids d'un décimètre cube.

Métaux.

Acier écroui non trempé	7,84
— et trempé	7,81
Acier non écroui ni trempé	7,83
— trempé non écroui	7,81
Argent fondu	10,47
— forgé	10,37
Bronze	8,62
Cuivre en fil	8,88
— fondu	8,79
— laiton fondu	8,39
— laiton en fil	8,54
Étain	7,29
Fer fondu	7,21
— forgé	7,79
Mercure	13,60
Or fondu	19,26
— forgé	19,50
Platine écroui	23,00
— en fil	21,04
— forgé	20,34
— laminé	22,67
Plomb	11,35
Zinc fondu	6,86
— laminé	7,20

Bois.

Acacia	0,80
Aune	0,51 à 0,80
Bouleau	0,69
Buis de France	0,91
— de Hollande	1,33
Cèdre	0,56 à 0,59
Cerisier	0,68 à 0,71
Charme	0,74
Châtaignier	0,68
Chêne, aubier	0,54
— cœur	1,17
— sec	0,64 à 1,01
— vert	0,93 à 1,22
Cyprès	0,64
Ébénier d'Amérique	1,33
— des Indes	1,20
Érable plane	0,62
— champêtre	0,73
— duret	0,73 à 0,75
Frêne	0,72 à 0,84
Hêtre	0,68
Liège	0,24
Marronnier d'Inde	0,65
Mélèze	0,94
Mérisier	0,79
Noyer	0,63 à 0,67
Peuplier noir	0,45
— blanc	0,33 à 0,55
— d'Italie	0,36
— de la Caroline	0,49
Pin de Genève	0,55
Platane	0,74
Sapin femelle	0,50
— mâle	0,46 à 0,55
— rouge	0,66
Saule	0,39 à 0,58
Sycomore	0,74
Tilleul	0,60 à 0,68
Tremble	0,54

Substances diverses.

Albâtre d'Europe	1,87
— oriental	2,73
Ardoise	2,11
Argile	1,93
Asphalte	1,06
Basalte d'Auvergne	2,42
Béton de cailloux	2,48
— de meulière concassée	2,70
Béton de recoupures de pierres	2,60
Caoutchouc	0,93
Chaux sulfatée cristallisée	2,41
Chaux vive	0,84
Cire blanche	0,96
— jaune	0,97
Cristal de Saint-Gobain	2,48
Granit des Vosges	2,71
— gris	2,73
— de Bretagne	2,73
— rouge d'Égypte	2,65
Pierre à plâtre	2,17
Pierre meulière	2,48
Plâtre broyé	0,96
Porphyre rouge	2,76
Sable	1,34
— de rivière	1,88
Soufre natif	2,03
Terre argileuse	1,24
— ordinaire végétale	1,11

Matériaux de construction (1).

Argile et glaise	1,656 à 1,756
Bois de chêne le plus pesant, cœur	1,170
Bois de chêne le plus léger, sec	0,850
Bois de sapin	0,650 à 0,720
Bois de sciage, planches	0,614
Brique	1,000 à 1,471
Cailloux	1,658
Chaux vive	0,800 à 0,857
— éteinte	1,328 à 1,428
Ciment	1,000 à 1,600
Gravier	1,371 à 1,485
Maçonnerie de pierre de taille	2,400 à 2,700
Mortier	1,856 à 2,142
Plâtre tamisé	1,242 à 1,257
— gâché	1,571 à 1,600
Pouzzolane	1,085 à 1,228
Sable	1,399 à 1,900

Poignée, *s. f.* — Pièce de serrurerie que l'on saisit avec la main pour enlever, tirer à soi, ouvrir divers objets.

1° *Poignée d'espagnolette* : pièce qui

(1) D'après Genièys.

agit comme un levier pour tourner la tringle d'une *espagnolette* (voy. ce mot).

On distingue la *poignée ordinaire*, ou *pleine*, et la *poignée évidée*, que l'on dé-

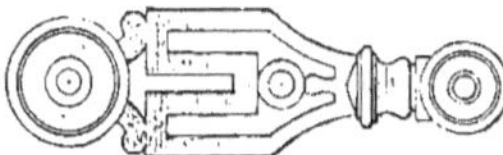

Fig. 2722.

signe de la manière suivante d'après la forme de ses ornements : *poignée à la*

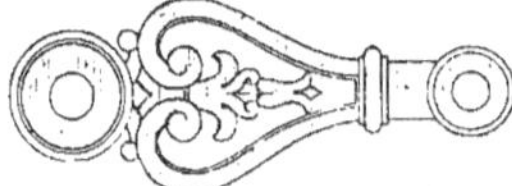

Fig. 2723.

grecque (fig. 2722), *poignée en feuille de persil* (fig. 2723).

2° *Poignée de crémone :* les crémones sont aussi munies de *poignées* qui, par un mouvement de bascule, font lever ou abaisser les deux portions de la tringle.

Dans les crémones ordinaires, la *poi-*

Fig. 2724.

gnée est un bouton à olive simple ou orné (voy. *Crémone*), mais on en fait qui sont très richement décorées ; la figure 2724 représente ainsi en profil et en élévation une *poignée* dont le mouvement a lieu de gauche à droite et de droite à

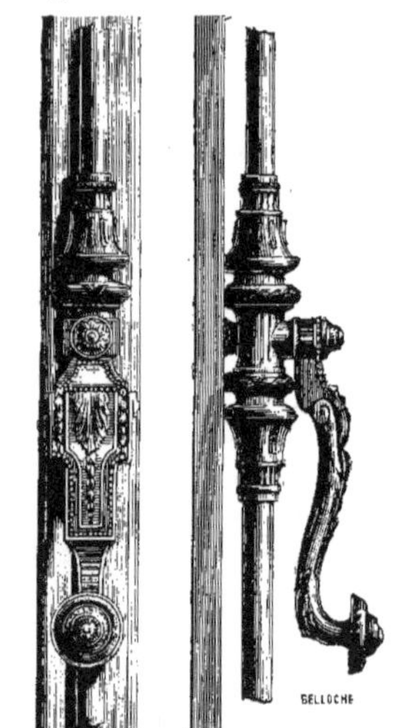

Fig. 2725.

gauche et la figure 2725 une *poignée* ou tige à bascule qui se meut de bas en haut pour ouvrir et de haut en bas pour fermer.

3° *Poignée à pointe molle* et *poignée à patte :* la première est fixée sur le bois par ses deux branches et sert à tirer

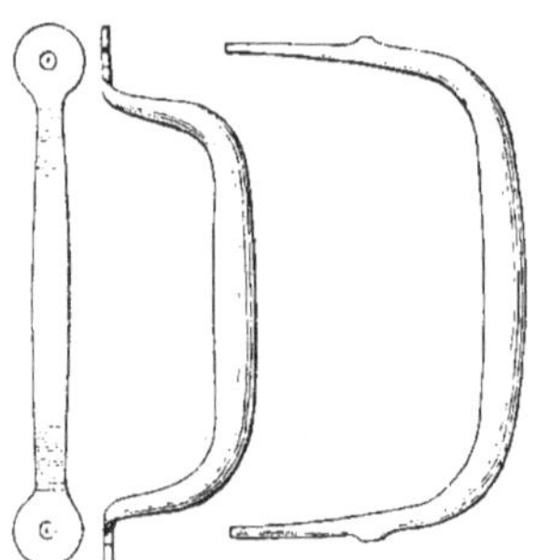

Fig. 2726.

une porte à soi (fig. 2726) ; la seconde, représentée par la même figure, est à pattes et à vis et propre au même usage.

Ces *poignées* se font en fer ou en cuivre; suivant leur forme, elles sont dites *à bâton de maréchal* ou *à balustre*. On en fait encore et particulièrement en fer forgé, qui sont très ornementées; la

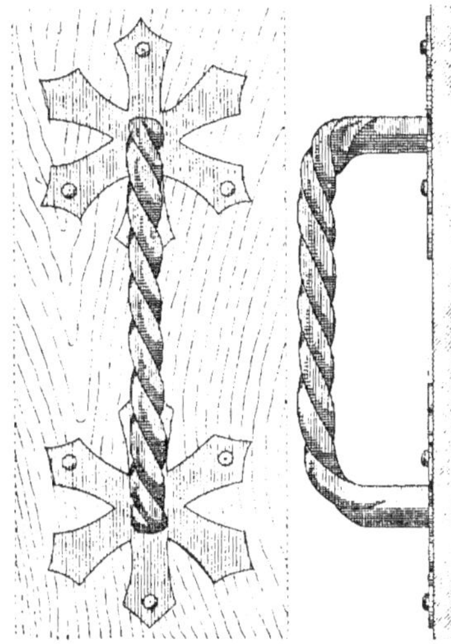

Fig. 2727.

figure 2727 représente un de ces objets dont la tige, en forme de tresse, a ses branches fixées sur des platines en tôle découpée; l'autre *poignée* que nous donnons (fig. 2728) est accompagnée d'un anneau servant de heurtoir.

On les appelle aussi *poignées de tirage*.

4° *Poignée brisée* ou *à tourillons* : *poignée* dont les branches entrent dans des lacets à pointe ou à vis ou dans des lacets de forme olive qui sont montés eux-mêmes sur platine (fig. 2729).

Ces *poignées* servent soit à ouvrir des tiroirs, soit à lever et à mettre en place des volets. Il y en a qui sont ornées (fig. 2730).

On fait aussi des *poignées* mobiles de la forme indiquée par la figure 2731 pour faire mouvoir des volets de persiennes se repliant les uns sur les autres.

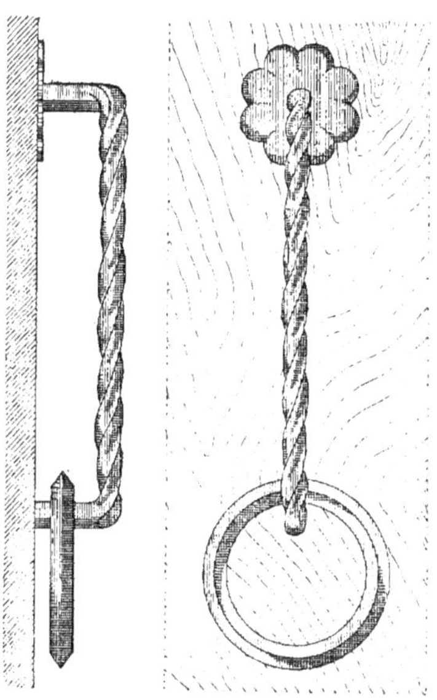

Fig. 2728.

5° *Poignée de fléau* : bouton monté

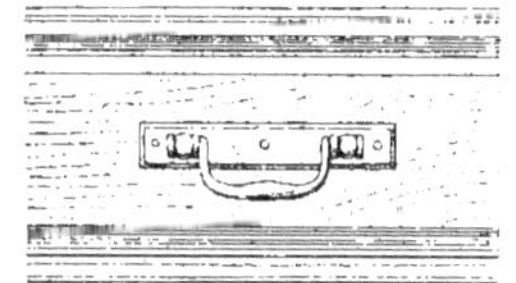

Fig. 2729.

sur la platine d'un *fléau* (voy. ce mot) pour la mettre en mouvement.

Fig. 2730.

6° *Poignée de robinet* : partie supérieure d'un robinet, sur laquelle on pose la main pour faire tourner la tige dans son boisseau (voy. *Robinet*).

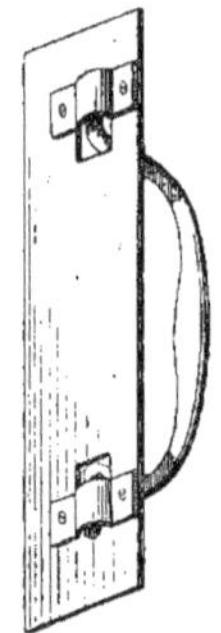

Fig. 2731.

7° Vieux morceau de feutre au moyen duquel on saisit la *plane* de *plombier* et autres outils pour ne pas se brûler quand ils sont chauds.

Poil, *s. m.* — Mot qui s'applique à différentes qualités d'ardoises.

On dit ainsi *poil noir, poil roux, poil taché* (voy. *Ardoise*).

Poinçon, *s. m.* — 1° Pièce de charpente qui, dans une *ferme* en bois, remplit plusieurs fonctions très importantes : il reçoit, par assemblage, les sommets des *arbalétriers* et souvent les *contrefiches* qui en diminuent le poids; il s'assemble avec le *tirant* qu'il soulage; de plus, il supporte le *faîtage* et reçoit les liens ou *aisseliers* qui ont pour objet d'assurer la position verticale de la *ferme* (voy. ce mot).

Nous donnerons quelques détails sur le mode d'assemblage du *poinçon* avec ces différentes pièces.

La figure 2732 représente la jonction, à tenon et mortaise avec embrèvement, des deux arbalétriers à la partie supérieure du *poinçon ;* celui-ci s'assemble, en outre, à tenon avec le faîtage, que l'on voit en coupe et sur lequel reposent les abouts des chevrons.

Pour s'opposer à la flexion du tirant,

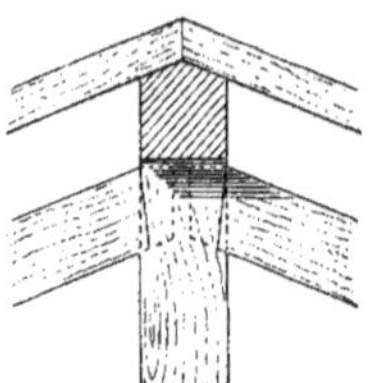

Fig. 2732.

le *poinçon* se réunit à cette pièce, soit par un tenon passant avec cheville ou

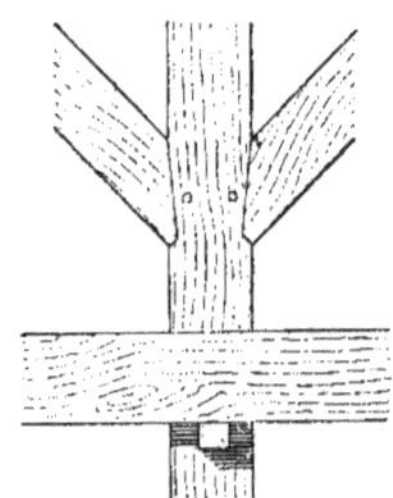

Fig. 2733.

clef (fig. 2733), soit par un *étrier* ou lien en fer (voy. *Étrier*).

Souvent, la ferme possède un second tirant ou *entrait*, qui permet de ménager un étage habitable dans le comble ou qui n'a simplement pour objet que de relier entre eux directement les milieux des arbalétriers ; le *poinçon*, dans ce cas, s'assemble avec l'entrait par l'un des procédés que nous venons d'indiquer.

Lorsqu'on veut, néanmoins, dans ce genre de fermes, soulager le tirant qui joint les pieds des arbalétriers, on peut employer le système indiqué par la figure 2734 ; deux plates-bandes doublement coudées et reliées au *poinçon* et à l'entrait par des boulons sont percées, à leur extrémité inférieure, de trous dans lesquels passe une cheville à écrou que vient embrasser une tige en fer rond; par le bas, cette tige traverse une bride en fer plat qu'elle retient au moyen d'une clavette; c'est dans cette bride que passe le tirant.

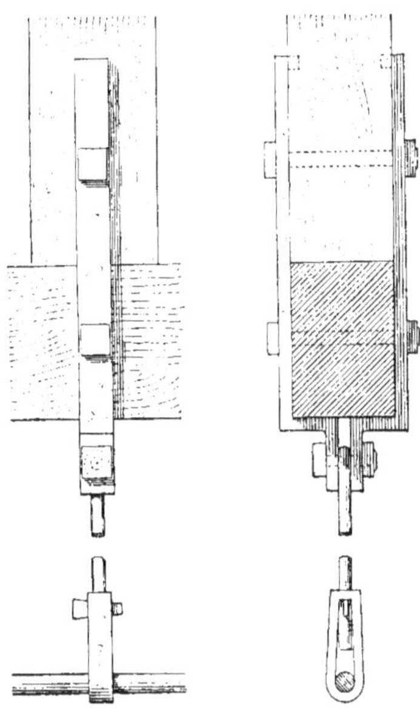

Fig. 2734.

Quelquefois l'entrait est moisé (fig. 2735) et le *poinçon* est saisi par une

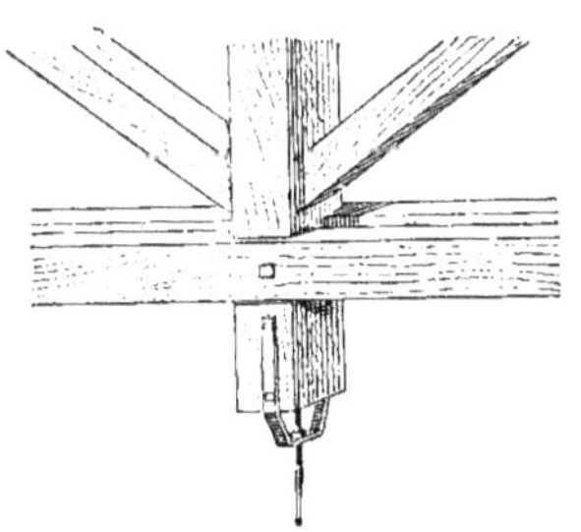

Fig. 2735.

bride dans laquelle se visse l'extrémité taraudée de la tige de fer.

Dans les fermes en fer, le *poinçon* est une tringle en fer rond qui se rattache, au tirant, soit par le moyen indiqué, en plan et en perspective, par la figure 2736, c'est-à-dire par l'intermédiaire d'une plaque soutenant un manchon dans lequel se vissent avec écrou les deux parties qui composent le tirant, soit par un lien embrassant le tirant et

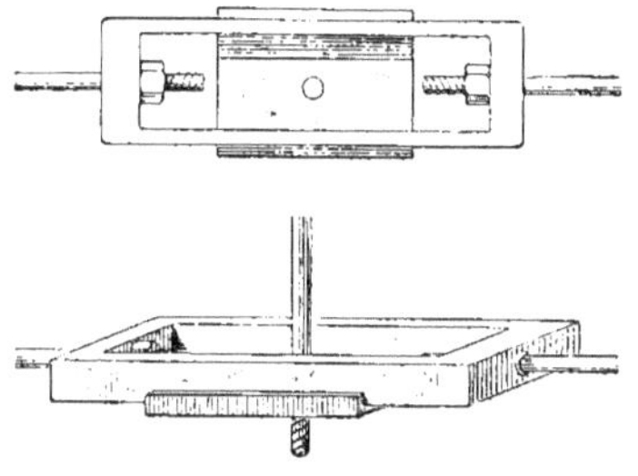

Fig. 2736.

boulonné sur l'extrémité aplatie du *poinçon* (voy. *Assemblage*). Le sommet de ce dernier se joint aux arbalétriers au moyen de plaques d'assemblage boulonnées sur les fers pleins ou évidés (voy. *Faîtage*).

L'extrémité inférieure du *poinçon* est souvent décorée en *cul-de-lampe* (voy. ce mot).

Dans les fermes en bois et fer, à arbalétriers en bois, on peut faire entrer les extrémités supérieures de ceux-ci dans

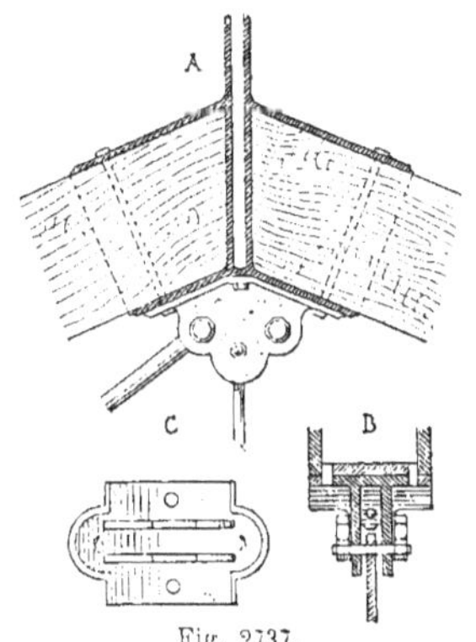

Fig. 2737.

un sabot en fonte au-dessous duquel vient se boulonner une plaque où s'attache le *poinçon*. La figure 2737 donne en A l'élévation d'un système de faîtage ainsi conçu et appliqué aux fermes de la halle de voyageurs dans la gare de Paris à Lyon; le sabot est composé de deux parties solidaires par le bas et réunies par le haut dans chacune desquelles vient se loger l'un des arbalétriers; ces deux pièces sont traversées par des boulons qui relient au sabot, la plaque vue en coupe sur le détail B et en dessous sur le détail C; cette plaque est double et traversée par une cheville de fer qu'embrasse l'extrémité de la tige de suspension.

Vitruve nous apprend que dans les combles à grande portée les Romains se servaient de *poinçons*.

Au moyen âge, les *poinçons* soulagent aussi les tirants de grande longueur. Nous citerons un curieux exemple de suspension de ces pièces, appartenant à l'église Saint-Ouen de Rouen et dans lequel on remarque l'emploi du fer dans la charpente, dès le XIVe siècle; le *poinçon* repose sur le tirant, qui est soutenu lui-même dans des encoches ménagées sur deux pièces de bois reliées entre elles au moyen d'une clef ou cheville de bois avec clavette en fer et qui, embrassant à la fois l'entrait et le *poinçon*, se rattachent à ce dernier par des boulons à écrous.

Au XVIe siècle, les charpentes apparentes étant fort en usage, les bois qui

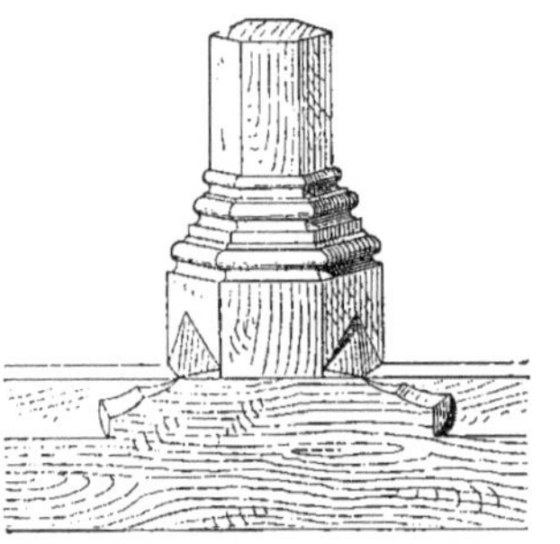

Fig. 2738.

les composent sont plus ou moins ornés; nous donnons (fig. 2738) un *poinçon* reposant sur un entrait et dont les arêtes sont abattues; l'extrémité inférieure de cette pièce est taillée en forme de base, de manière à conserver au bois toute sa force au droit de l'assemblage; toute l'épaisseur du tirant est de même conservée en ce point.

Dans les combles pyramidaux ou coniques, on dispose un *poinçon* central qui reçoit les abouts des arbalétriers

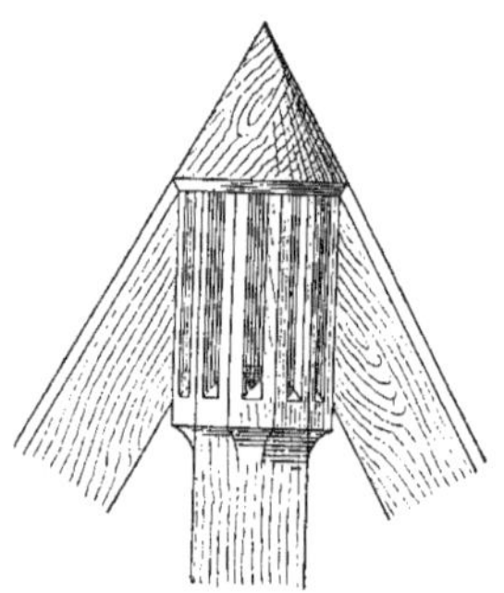

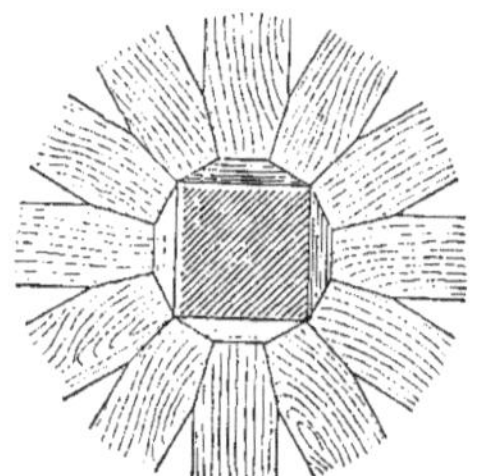

Fig. 2739.

par assemblage à tenons et mortaises, et auquel on donne plus d'épaisseur au point de réunion de ces pièces (fig. 2739).

Dans ce genre de charpente, l'extrémité du *poinçon* perce souvent le comble et est recouverte d'ornements en plomb.

2° Outil de fer qui a la forme d'une

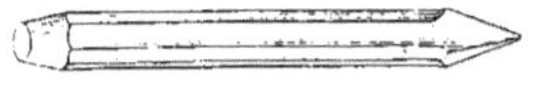

Fig. 2740.

tige prismatique, à pointe quadrangulaire aciérée (fig. 2740), et qui sert aux tailleurs de pierre à abattre les plus fortes aspérités laissées sur la pierre par le travail du marteau.

3° Outil d'acier qui sert à percer le

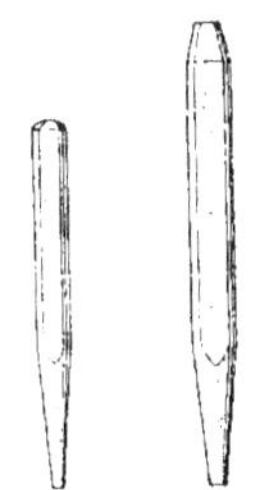

Fig. 2741.

fer à froid ou à chaud et qui est de

Fig. 2742.

forme prismatique (fig. 2741), carrée ou méplate (fig. 2742).

Point, *s. m.* — 1° Lieu de rencontre de deux lignes qui se coupent.

2° *Point d'appui :* terme général qui désigne un support quelconque, un pilier, une colonne, un pied-droit, etc.

3° *Point de Hongrie :* désignation appliquée à certains *parquets* ou *planchers,* que l'on nomme encore *planchers à fougère* ou *à la capucine* (voy. *Parquet*).

Pointal, *s. m.* — Pièce de bois posée d'aplomb pour étayer.

On s'en sert principalement pour soutenir les planchers trop faibles, pour supporter les fardeaux dont on peut les charger momentanément, ou lorsque leur vétusté peut faire craindre un effondrement, ou bien encore lorsque des travaux faits en sous-œuvre nécessitent des démolitions qui les laisseraient sans soutien, au moins en partie.

La figure 2743 représente un étaiement de plancher dans lequel sont employés des *pointaux a* presque verticaux ou suffisamment inclinés pour qu'on puisse les serrer, au moyen de coins, de

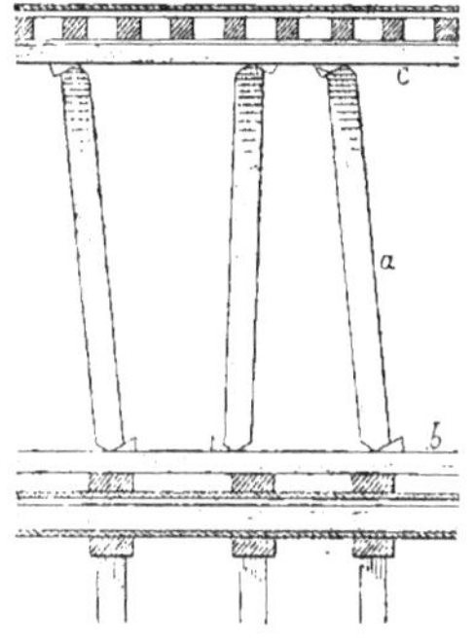

Fig. 2743.

manière à soutenir les planchers supérieurs. Ces étais sont posés sur des semelles ou couches *b* et pressent, par le haut, des pièces de bois ou lambourdes qui soutiennent les solives.

Les *pointaux* sont taillés en biseau, à leurs deux extrémités, de manière à porter sur une arête, pour que l'effort auquel ils sont soumis soit dirigé suivant leur ligne de milieu.

Pointe, *s. f.* — 1° D'une manière générale, extrémité aiguë d'un corps quelconque.

2° Un objet de quincaillerie est dit à *pointe* lorsqu'il est muni d'une partie aiguë et piquante au moyen de laquelle cet objet est fixé.

3° Clou sans tête qui sert à arrêter des fiches dans leur mortaise.

4° Clou d'épingle fin.

5° Petit clou d'épingle sans tête au moyen duquel on maintient les verres dans les feuillures des châssis, indépendamment du mastic que l'on met par-dessus.

6° *Pointe d'arrêt :* broche que l'on pose sous l'une des branches d'un mouvement de sonnette pour en limiter la course.

7° *Pointe molle :* extrémité aiguë d'un lacet, d'un piton, d'une poignée, amincie de manière à pouvoir être courbée et rivée.

8° Ciseau de sculpteur qui sert à ébaucher l'ouvrage après que le bloc de pierre ou de marbre a été dégrossi. Cette opération se nomme *approcher à la pointe*. On emploie encore, dans ce travail, la *double pointe*, ciseau fendu par le bout.

9° *Pointe carrée :* outil vu de profil

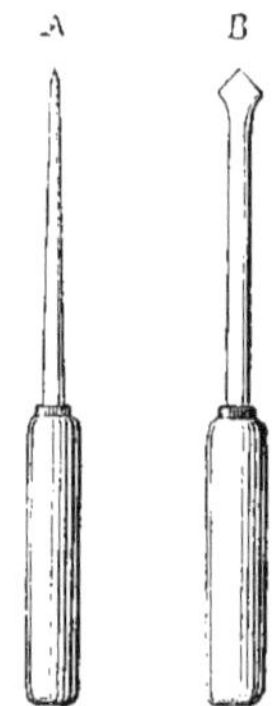

Fig. 2744.

et de face en A et B (fig. 2744), qui sert à percer le bois pour amorcer les vis.

10° *Cherche-pointe :* poinçon que l'on emploie pour chercher les trous des ailes des fiches afin de les pointer et de les arrêter au moyen de *pointes*. Un talon que cet outil porte à l'extrémité non aiguë permet de le retirer du trou quand on l'a enfoncé de force.

11° *Pointe à tracer :* outil très pointu en fer ou en cuivre, au moyen duquel on trace des lignes ou des repères sur les métaux.

12° Les treillageurs donnent le nom de *pointes* à des petits bouts de fil de fer dont ils se servent comme clous.

13° Terme de paveur qui désigne l'extrémité du tas droit au milieu d'une chaussée où deux ruisseaux se rencontrent.

14° Forme pyramidale en bossage donnée au parement d'une pierre de taille (voy. *Bossage*).

15° Jonction d'onglet de quatre joints, tels que ceux de deux petits montants qui se croisent dans une fenêtre.

16° Panneau de menuiserie saillant et taillé à facettes de manière à présenter des arêtes qui tendent au centre.

Pointeau, *s. m.* — Outil de serrurier terminé en pointe conique et sur lequel on frappe avec un marteau pour marquer un point qui serve d'amorce au foret à l'endroit où l'on veut percer un trou.

Pointer, *v. a.* — 1° Rapporter sur un panneau ou sur une pierre les dimensions relevées sur une épure.

Pour cette opération, on emploie le compas et la fausse équerre.

2° Amorcer, faire des points avec le *pointeau* (voy. ce mot).

Pointerolle, *s. f.* — Sorte de pic servant à tailler les roches, telles que les granits.

Poire, *s. f.* — Boîte en forme de *poire* que l'on place à l'extrémité d'un cordon de sonnette électrique (fig. 2745). Un bouton placé en dessous

Fig. 2745.

permet, par la pression du doigt, de rétablir la communication entre deux fils métalliques contenus dans le cordon ; le courant passe et agit sur un timbre disposé à cet effet.

Les cordons à air qui servent aux concierges à ouvrir les portes d'entrée des habitations sont également munis de *poires* en caoutchouc sur lesquelles on agit, par la pression de la main.

Poirier, *s. m.* — Arbre de la famille des rosacées, dont le bois qui est d'une contexture fine et rougeâtre se rabote, se coupe bien dans tous les sens, se fend rarement et prend très facilement le poli.

Son poids spécifique est de 0,657 à 0,714.

On emploie le bois de *poirier* pour les montures d'outils de menuisiers, pour les rouages de la charpenterie des machines ; les sculpteurs sur bois en font le plus grand cas, après le buis et le cormier.

Le *poirier* est le seul bois qui, noirci, imite, à s'y tromper, le bois d'ébène : on peut bien donner aussi au charme et au grisard une teinte uniforme, mais ils ne reproduisent pas, comme le *poirier*, les effets nets et francs de l'ébène. On noircit le *poirier* en faisant infuser cinq cents grammes de bois d'Inde dans un litre d'eau, réduit ensuite à un demi-litre par le chauffage ; on étend cette préparation sur le bois à noircir, pendant qu'elle est encore chaude et, avant qu'elle soit sèche, on y passe du vinaigre où l'on a fait dissoudre des clous ou de la limaille de fer pendant trois ou quatre semaines ; on laisse sécher, on polit et l'on vernit.

Poissy (*Roche de*). — Calcaire gréseux, demi-dur, provenant des carrières de *Poissy*, dans la commune de ce nom, arrondissement de Versailles.

Cette pierre est de couleur blanc-grisâtre, à grains fins. Elle porte de $0^m,30$ à $1^m,20$ de hauteur d'assise et pèse de 1,900 à 2,300 kilogr. le mètre cube : elle s'écrase sous une charge de 120 à 380 kilogr. par centimètre carré.

Poitrail, *s. m.* — Poutre en bois ou en fer formée d'une ou plusieurs pièces pour servir de linteau à des baies de grandes dimensions, des ouvertures de boutiques, par exemple.

Lorsque le *poitrail* est en bois, c'est une seule poutre de fort équarrissage ou bien ce sont deux pièces réunies entre elles par des boulons (voy. *Linteau*) ; dans tous les cas, les *poitrails* doivent avoir la même épaisseur que les murs qu'ils supportent, et reposer, par chaque bout, sur des points d'appui en pierre dure, avec une portée de $0^m,32$ au moins.

Dans un pan de bois où sont pratiquées de grandes ouvertures au-dessous d'un *poitrail*, on renforce souvent ce

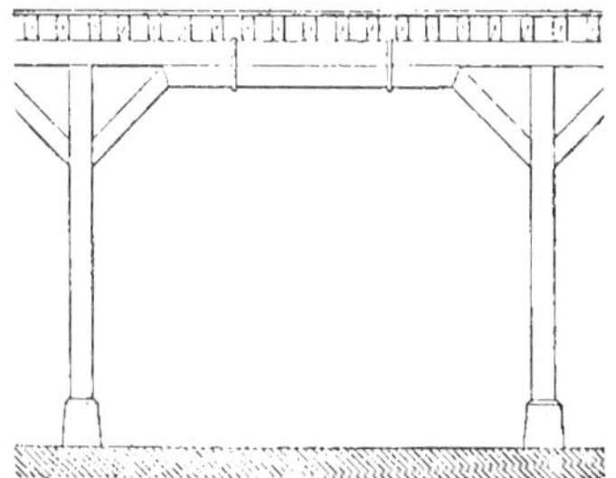

Fig. 2746.

dernier au moyen d'une pièce contrebutée, de chaque côté, par des écharpes (fig. 2746).

L'étude des constructions de Pompéi a permis de reconnaître la présence du bois dans les maçonneries, comme linteaux, montants et jambages des portes ; on a constaté que des entablements de pierre reposaient sur des linteaux ou *poitrails* d'une portée parfois considérable. Viollet Le Duc, qui s'est occupé de cette question, fait observer que le portique entourant l'aire sur laquelle est bâti le temple de Vénus, à Pompéi, est surmonté d'une frise formée de morceaux de pierre dont les joints sont tous verticaux ; il fallait donc un *poitrail* en bois pour la porter ; à en juger par la coupe de la pierre, ce *poitrail* devait être composé, comme l'indique la coupe représentée par la figure 2747, de deux pièces de bois, l'une placée en avant et ayant $0^{m},10$ d'épaisseur, l'autre posée de champ et servant à renforcer la première. Bien que la taille des claveaux témoigne de l'emploi du bois pour le *poitrail* ainsi formé, on a peine à comprendre comment cette structure pou-

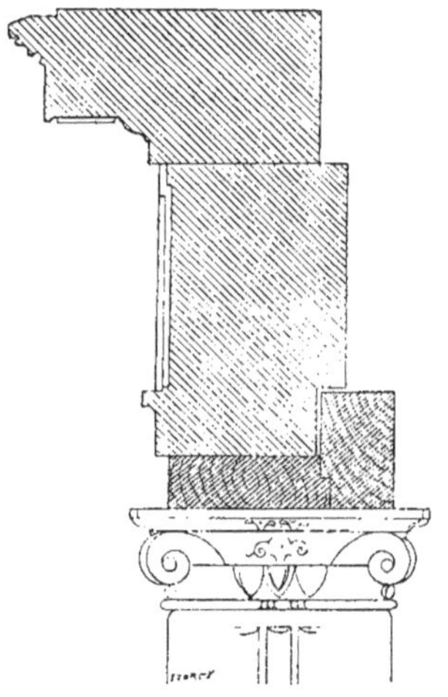

Fig. 2747.

vait conserver une parfaite horizontalité ; en effet, les colonnes qui ont $0^{m},64$ de diamètre au-dessus de la base sont écartées de $2^{m},82$ d'axe en axe ; il s'ensuit que la portée des architraves est d'environ 2 mètres au-dessus du chapiteau. « Il est évident, dit Viollet Le Duc, qu'à moins de supposer l'emploi de bois rendus très rigides par une préparation, cette construction devait se disloquer très promptement. »

Souvent, dans les longues portées, les *poitrails* de bois présentaient la section représentée par la figure 2748. Leur charge se composait alors d'une maçonnerie de petits moellons de tuf volcanique ou de lave poreuse. Quelquefois ces linteaux étaient soulagés par des arcs de décharge.

Nous ne savons pas si les anciens

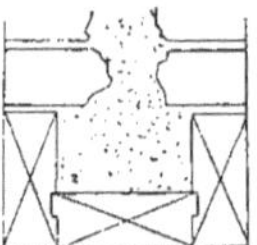

Fig. 2748.

avaient des moyens particuliers de donner aux pièces de bois, ainsi employées, une rigidité toute particulière, mais nous n'avons pas besoin d'affirmer que l'usage du bois comme *poitrail* est défectueux, surtout pour les larges ouvertures comme les baies des boutiques et des portes cochères modernes. Il y a toujours à craindre, en effet, qu'un incendie n'amène la ruine totale et immédiate de la construction, en détruisant le support sur lequel reposent d'énormes pans de muraille. De plus, la durée même des *poitrails* en bois offre peu de garantie, car il suffit d'infiltrations légères pour les décomposer ; enfin, ces pièces de bois, qui ont de $0^{m},30$ à $0^{m},40$ d'équarrissage, ne sont jamais sèches ; elles sont donc exposées à subir un retrait de $0^{m},01$ à $0^{m},02$, et il peut en résulter des tassements dangereux pour les maçonneries qu'ils supportent.

C'est donc avec raison que l'on remplace aujourd'hui le bois par le fer pour

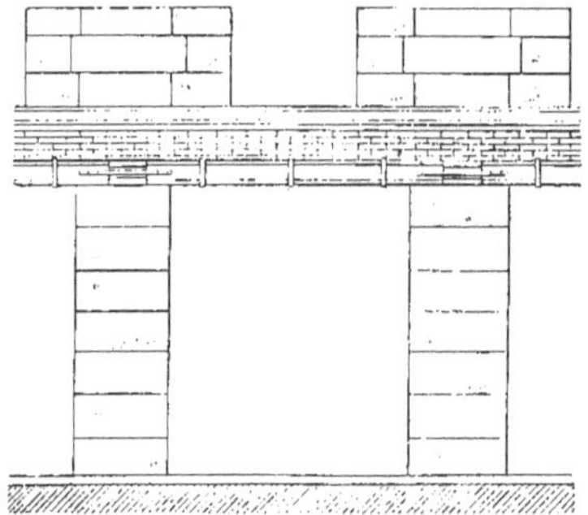

Fig. 2749.

fermer, à leur partie supérieure, les

larges baies, celles qui s'ouvrent au rez-de-chaussée des maisons modernes. On a même pu augmenter la largeur des ouvertures, en divisant la portée des *poitrails* au moyen de supports ou colonnes en fonte. Ces *poitrails* sont des poutres composées de fers à double T, reliés entre eux par des brides et maintenus dans leur écartement par des croisillons. Ils ont souvent à supporter les solives du plancher et, en outre, des charges considérables, comme celles de trumeaux en pierre de taille (fig. 2749) montant à plusieurs étages.

Lorsque la portée du *poitrail* dépasse 3 mètres, les colonnes que l'on emploie pour le soulager ne doivent pas être espacées entre elles de plus de 2 mètres.

A Paris, ces poutres se composent ordinairement de deux fers à double T (fig. 2750) et quelquefois même de trois, maintenus en place et rendus solidaires

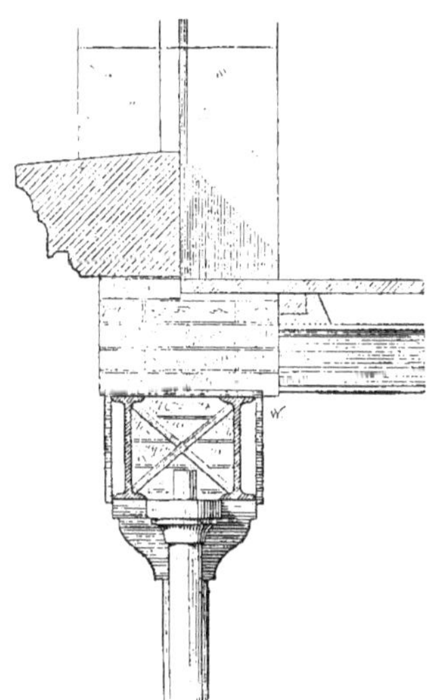

Fig. 2750.

par des croisillons et des frettes en fer plat disposés à peu près de mètre en mètre. Les frettes se posent à chaud, pour qu'après leur refroidissement elles produisent le serrage énergique des fers les uns contre les autres. Le *poitrail* ainsi construit est hourdé ou rempli d'une maçonnerie de briques qui repose sur la semelle inférieure des fers à T et se prolonge au-dessus en plusieurs assises. C'est cette maçonnerie qui sert d'assiette à la corniche du rez-de-chaussée et qui reçoit les scellements des devantures de boutiques.

Lorsque plusieurs *poitrails* doivent être placés les uns à la suite des autres, comme dans certaines façades de maisons, on les réunit entre eux par des bandes de fers plats boulonnés aux fers à T et, de plus, il est bon de les ancrer dans la maçonnerie même des piles.

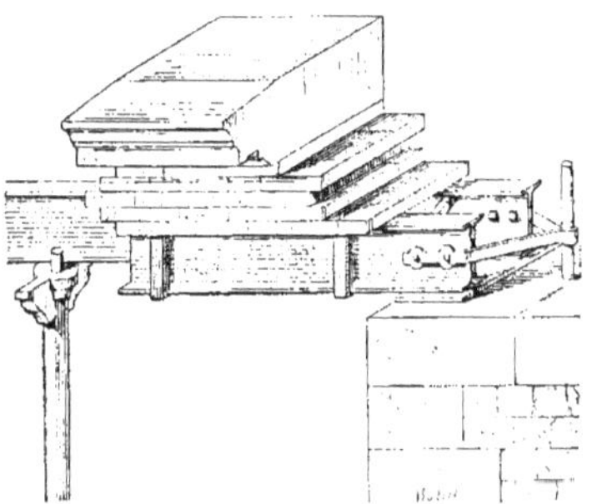

Fig. 2751.

La figure 2751 représente, en perspective, le mode d'ancrage d'un semblable support dans la maçonnerie des pieds-droits et la colonne en fonte qui sert à en diviser la portée.

Les solives du plancher reposent directement et sans aucun assemblage sur les fers du *poitrail*, et sont noyées dans la maçonnerie de briques, comme nous l'avons indiqué plus haut.

Poix, *s. f.* — *Poix grecque* : *poix* que l'on nomme aussi *arcanson* et *colophane* et qui entre dans la composition de certains vernis (voy. *Colophane*).

Poix-résine : *poix* que les ouvriers nomment aussi *poix noire*, *poix blanche* ou *poix de Bourgogne* et qui sert à frotter les pièces à souder à l'endroit de la soudure.

Polastre, *s. f.* — Sorte de réchaud formé par deux plaques de fer réunies au moyen de forts clous ou de boulons et sur lequel on pose des parties de tuyaux en fer ou en cuivre qu'il s'agit de réparer ou de réunir au moyen de soudures.

Poli, *s. m.* — Travail exécuté sur une surface pour la rendre unie et luisante.

Les ouvrages de serrurerie soignés sont *polis* à la lime, puis à l'émeri, jusqu'à ce qu'on ne voie plus de trace de la lime. Le brunissage donne un résultat encore plus parfait.

Polignac (*Brèche volcanique de*). — Tuf volcanique, bréchoïde, que l'on extrait de la carrière de Denise, dans la commune de *Polignac*, près du Puy.

Cette pierre est de couleur gris-foncé et assez dure; elle porte 1 mètre de hauteur d'assise et pèse de 2,145 à 2,190 kilogr. La charge nécessaire pour produire l'écrasement est de 380 à 400 kilogr. par centimètre carré.

Polissage, *s. m.* — Opération qui consiste à rendre une surface lisse, unie et douce.

On distingue :

1° Le *polissage des marbres*, qui comprend cinq opérations distinctes : l'*égrisage*, le *rabat*, l'*adouci*, le *piqué* et le *lustré* ou *relevé* (voy. ces mots);

2° Le *polissage des glaces*, auquel on procède de la façon suivante : la glace est fixée, au moyen de plâtre, sur une table de pierre et on la frotte avec une glace plus petite en interposant d'abord entre les deux du sable quartzeux à gros grains, puis du sable fin et ensuite de l'émeri délayé dans une grande quantité d'eau;

3° Le *polissage du stuc*, qui se fait d'abord avec du grès pilé et une molette de pierre; ensuite, on rebouche avec du stuc plus liquide; puis on passe à la pierre ponce et l'on rebouche de nouveau jusqu'à parfaite régularité de la surface;

4° Le *polissage du vernis*, qui se fait à la pierre ponce et au tripoli.

Polissoir, *s. m.* — Morceau d'acier fixé dans un manche en bois et qui sert à polir et à brunir.

On dit aussi *brunissoir* (voy. ce mot).

Polka, *s. f.* — Outil de tailleur de pierre, formé d'un marteau à deux têtes

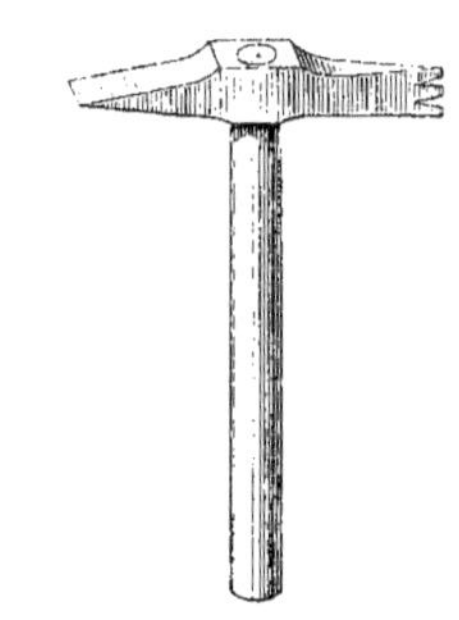

Fig. 2752.

et d'un manche en bois. Des deux têtes, l'une est à biseau simple, l'autre à biseau dentelé (fig. 2752).

Polychromie, *s. f.* — Décoration des édifices au moyen de la couleur.

On distingue : la *polychromie naturelle*, qui résulte de l'emploi de matériaux produisant certains effets par leurs tons naturels et la *polychromie artificielle*, qui n'est autre que l'application de la peinture sur les diverses parties des édifices, tant à l'extérieur qu'à l'intérieur.

On ne saurait assigner une date à l'origine de la *polychromie* naturelle; toujours est-il qu'on peut citer, parmi les méthodes d'ornementation les plus anciennes et les plus usitées, l'usage des enduits de stuc et l'emploi de panneaux de bois revêtissant les murs intérieurs.

L'art céramique fut appelé plus tard à concourir à la décoration ; tout porte même à croire que la terre à poterie peinte et même vernie au feu a précédé l'utilisation des briques cuites, dont la fabrication ne fut que la conséquence des procédés de cuisson des décorations céramiques.

Les substances métalliques, telles que l'or, l'argent, l'étain et le bronze, étaient fort anciennement usitées pour le revêtement des murs. L'emploi pour le même objet de tables de pierre ou de marbre, de granit, d'albâtre, etc., peut être considéré comme d'une invention d'une date relativement récente, bien qu'on en retrouve les traces dans les plus anciens monuments.

La *polychromie* artificielle, c'est-à-dire l'application de la peinture sur les édifices, dut suivre de près les origines de la *polychromie* naturelle; il est même certain que ces deux procédés durent contribuer simultanément, dès les temps les plus anciens, à l'ornementation des édifices.

C'est ainsi qu'on ne peut plus aujourd'hui élever aucun doute sur la *polychromie* architectonique et plastique des Égyptiens. Lors de l'expédition française en Égypte, on découvrit que les monuments de cette contrée, y compris même ceux exécutés en granit, avaient été recouverts d'une couche complète de peinture et de vernis, sur leur surface totale.

On sait aussi, par les témoignages des historiens, que les Perses, les Assyriens et les Babyloniens donnaient à leurs édifices les nuances les plus éclatantes et les plus splendides.

Quant à la *polychromie* chez les Grecs, on en a longtemps nié l'existence ; mais après un examen approfondi des monuments élevés pendant les beaux siècles de l'art grec et devant les témoignages nombreux qui se sont présentés aux investigations des archéologues, il a bien fallu reconnaître que tous ces édifices avaient été revêtus de couleurs variées; mais le système alors appliqué ne paraît reposer ni sur un principe de construction ou de matériaux, comme en Assyrie, ni sur un principe hiérarchique, comme chez les Égyptiens. Les contrastes les plus frappants s'y trouvent réunis et harmonisés. Toutes les parties des temples étaient détachées par une teinte différente, qui rendait encore plus sensible le but de chaque membre d'architecture. Les frises, les métopes, le fond des frontons, les moulures, les corniches étaient recouverts d'enduits colorés, harmonieusement disposés. Dans les chapiteaux, les feuilles étaient détachées des fruits et des côtes des tiges, par des couleurs éclatantes. Les palmettes, les méandres, les perles et les moulures lisses étaient rehaussés d'or. Sur les monuments en marbre, les peintures étaient appliquées sans aucun intermédiaire ; sur la pierre, une légère couche de stuc ou d'enduit d'une autre matière était d'abord étendue sur la place à recouvrir; les sculptures elles-mêmes étaient peintes, ainsi que l'attestent de nombreux fragments conservés aujourd'hui dans les musées de l'Europe.

A l'exemple des Grecs, les Romains employèrent la *polychromie*, mais d'une façon plus restreinte. Ils sont les premiers qui aient élevé des monuments entiers de marbre ou de pierre sans aucune coloration ; quant aux enduits de stuc extérieurs ou intérieurs, ils étaient recouverts de peintures.

Les peuples de l'Europe septentrionale et occidentale peignaient leurs maisons et leurs temples de bois. Les Byzantins et les Arabes adoptèrent également la *polychromie*. Cet usage se continua en Occident pendant la période mérovingienne; aussi, dès le IVe siècle, tous les monuments paraissent avoir été peints en dedans comme en dehors, soit sur la pierre même, soit sur un enduit qui la recouvrait. Les tons foncés, brun, rouge, noir, relevés de filets jaunes, verdâtres ou blancs, étaient réservés aux parties placées près du sol; les tons clairs, blanc ou blanc jaunâtre, rehaussés de dessins très déliés en noir ou en ocre rouge ornaient les parties élevées. Les ornements sculptés se détachaient sur des fonds rouges et étaient eux-mêmes couverts d'un badigeon clair de faible épaisseur.

Ce système de décoration polychrôme dura jusqu'à Charlemagne, qui fit alors venir des artistes de l'Italie et de l'Orient. Les procédés de l'art grec et de l'art byzantin furent alors remis en honneur et appliqués par les peintres du XIe et du XIIe siècles; ainsi, les couleurs sont étendues par larges teintes plates, sans que les ombres soient marquées; d'une manière générale, les saillies sont indiquées en clair et les contours accusés par des teintes foncées; les plis des draperies sont marqués par des traits sombres, quelle que soit la couleur de l'étoffe, avec rehauts clairs presque blancs sur toutes les saillies; l'or n'est jamais admis comme fond, mais comme broderies, nimbes ou points brillants; les couleurs dominantes sont l'ocre jaune, le brun rouge clair, le vert de nuances variées; les couleurs secondaires sont le rose pourpre, le violet pourpre clair, le bleu clair; deux couleurs juxtaposées sont toujours séparées par un trait brun; l'aspect général est doux clair, avec fermetés produites par le trait brun et les rehauts blancs.

Au XIIIe siècle, deux couleurs dominent, le rouge et le bleu; le vert ne sert que de transition; le brun rouge, le bleu foncé, les noirs mêmes sont appliqués sur les fonds devenus sombres; le blanc n'est plus employé que comme filets; les tons sont toujours séparés par un trait brun foncé ou noir; l'or avec rehauts noirs se répand à profusion; l'aspect général est chaud, brillant et soutenu dans toutes les parties.

A la fin du XIIIe siècle, les tons heurtés apparaissent plus souvent, les fonds deviennent plus sombres; les figures, au contraire, prennent des tons clairs; l'or est moins fréquemment employé.

Au XIVe siècle, le dessin l'emporte sur la coloration; les fonds noirs avec figures claires donnent à l'ensemble un aspect froid. Vers la fin de ce siècle, les fonds se recouvrent de couleurs variées, comme une mosaïque; l'aspect général est doux et brillant. Au commencement du XVe siècle, les couleurs redeviennent chaudes et intenses (1).

Les artistes du moyen âge recouvraient ainsi de peintures l'intérieur et l'extérieur de leurs édifices; cependant, il ne faut pas croire qu'ils peignaient complètement des façades aussi étendues que celles des cathédrales; les portails, les galeries des rois, les roses étaient les seules parties ornées de couleurs brillantes et accompagnées de dorures qui en rehaussaient l'éclat.

On peut aussi regarder les vitraux peints comme une forme particulière de la *polychromie* (voy. *Vitrail*).

C'est à partir du XVIe siècle que l'on a renoncé à la peinture extérieure des parties d'architecture. On peut signaler cependant quelques essais qui datent du XVIIe siècle et qui avaient pour but la recherche des effets colorés, soit au moyen du mélange de la brique et de la pierre, soit à l'aide de faïences colorées.

Aujourd'hui, on revient sur ces tentatives : la brique émaillée, les poteries vernissées ou émaillées, les combinaisons de marbres, de bronze, la dorure sont les moyens mis en œuvre pour produire des façades *polychromes*. Le temps aidera sans doute à trouver, pour ce genre de décoration, des règles que des expériences récentes n'ont pas encore suffisamment établies.

Polygone, *s. m.* — Figure plane,

(1) Viollet Le Duc, *Dictionnaire raisonné de l'architecture française*.

régulière ou irrégulière, ayant plusieurs côtés.

Les blocs de pierres quelconques, qui forment les constructions cyclopéennes, ont fait donner à ce genre d'appareil le nom de *polygonal* (voy. *Appareil*).

Pomme, *s. f.* — Ornement dont la forme se rapproche de celle d'une boule.

C'est improprement que l'on donne ce nom à la *boule de rampe* (voy. *Rampe*).

Pomme de pin : ornement de sculpture ayant la forme d'une *pomme de pin*

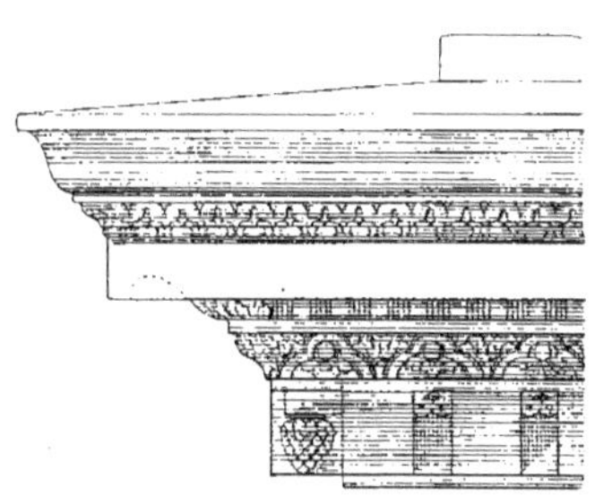

Fig. 2753.

et décorant l'angle de la corniche ionique, d'après Vignole (fig. 2753).

Les amortissements de couverture sont quelquefois en *pomme de pin*, particulièrement dans les édifices circulaires.

La sculpture antique a fréquemment imité ce fruit. La *pomme de pin* fut employée seule comme ornement dans les angles de plafond des corniches dorique et ionique ; elle servit à couronner les couvercles des vases ; on en fit aussi l'amortissement des édifices circulaires, qui se terminaient par une couverture en forme de voûte.

Un des plus remarquables exemples de l'emploi de la *pomme de pin*, comme ornement et couronnement des édifices, est celui du mausolée de l'empereur Adrien, qui devait se terminer par une coupole aplatie, que surmontait la *pomme de pin* colossale conservée au Vatican.

Râteau en pomme : les serruriers donnent ce nom à un râteau qui, dans une garniture de serrure, porte de petites *pommes* qui obligent à évider le panneton de la clef d'une façon toute spéciale.

Pommelle, *s. f.* — 1° Ferrure de porte (voy. *Paumelle*).

2° Les fontainiers nomment ainsi une petite plaque de plomb évidée de plusieurs trous, que l'on place à l'orifice d'un tuyau pour empêcher les ordures d'y entrer et de l'engorger.

On dit aussi *crapaudine* (voy. ce mot).

Pommier, *s. m.* — Arbre de la famille des rosacées qui fournit un bois à tissu fin et que l'on peut employer comme le *poirier*, bien qu'il soit moins dur, à la confection d'ouvrages tels que roues dentées, fuseaux de lanternes, vis d'établis, etc.

Le *pommier* est facile à travailler, mais il est sujet à se déjeter et à se fendre, si on le met en œuvre avant qu'il soit parfaitement sec.

Son poids spécifique varie de 0,757 à 0,800.

Pomœrium. — Espace libre que les Étrusques et plus tard les Romains ménageaient autour d'une ville pour former une enceinte religieuse.

Le *pomœrium* était consacré par des augures et nul ne pouvait l'habiter ni le cultiver ; c'est là qu'avaient lieu les cérémonies religieuses dans lesquelles les augures consultaient la volonté des dieux, lorsqu'un magistrat était sur le point de commencer une entreprise dont le succès importait à la République.

Pompadour, *adj.* — Mot que l'on emploie pour désigner le style des objets d'art qui datent du règne de Louis XV.

Cette expression caractérise, en particulier, un genre de cheminées qui se trouve aujourd'hui dans le commerce (voy. *Cheminée*).

Pompe, *s. f.* — Machine servant à élever l'eau ; on l'emploie, soit pour les usages domestiques ou industriels, soit pour épuiser un bassin, une fouille, un bâtardeau, etc.

On distingue, d'une manière générale, les *pompes ordinaires à cylindre et à piston* et les *pompes rotatives*.

Les premières comprennent différents types que nous allons successivement examiner :

1° *Pompes aspirantes et élévatoires*. Ces appareils se composent A (fig. 2754) d'un corps de *pompe* et d'un *tuyau d'aspiration* de plus petit diamètre qui plonge dans le réservoir inférieur du puisard d'où l'on veut tirer de l'eau. Un ajutage, qui sert de dégorgeoir, est adapté à la partie supérieure du corps de *pompe* et l'intérieur de ce dernier cylindre est parcouru, à frottement, par un piston à soupape, que meut un levier ou balancier, par l'intermédiaire d'une tringle ou tige de fer. Supposons le corps de *pompe* rempli d'air et le piston au bas de sa course : si on élève ce dernier, sa soupape se ferme par la pression de l'atmosphère qui agit dessus, tandis que l'air contenu au-dessous se dilate et le clapet, ou *soupape dormante* qui sépare les deux tuyaux, s'ouvre pour donner passage à l'eau qui s'élève du réservoir dans le tuyau d'aspiration et le corps de *pompe*, jusqu'à ce que la colonne qu'elle y forme au-dessus du niveau de l'eau dans le puisard, plus le ressort de l'air extérieur dilaté, atteigne $10^{m},395$, limite de la pression atmosphérique. Le sommet de cette colonne est le point où s'arrête la course du piston ; mais, dans la pratique, la pression de l'atmosphère étant variable et des fuites étant toujours possibles, on ne fixe le point d'arrêt de la course du piston qu'à 8 ou 9 mètres au-dessus du niveau du réservoir.

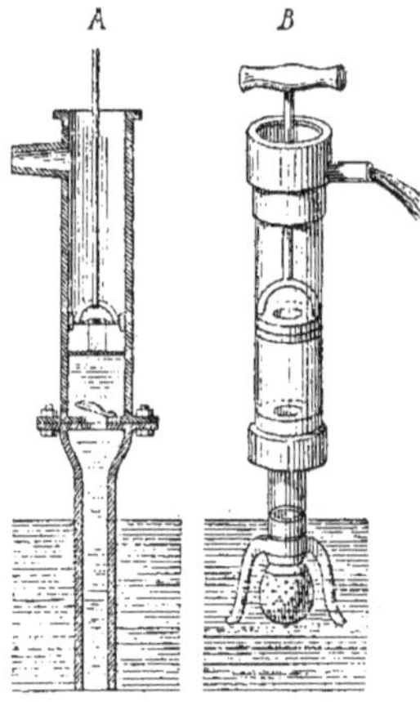

Fig. 2754.

La même figure représente en B une *pompe* dont le tuyau d'aspiration, plongeant dans le bassin, est terminé, à son extrémité, par une grille ou lanterne percée de petits trous, qui laissent entrer l'eau, en s'opposant au passage des corps étrangers.

La *pompe des prêtres* est une *pompe* aspirante à double piston. Elle se compose (fig. 2755) d'un balancier *b* qui oscille sur son axe O et porte deux secteurs auxquels sont fixées les chaînes qui tirent les tiges des pistons ; les deux

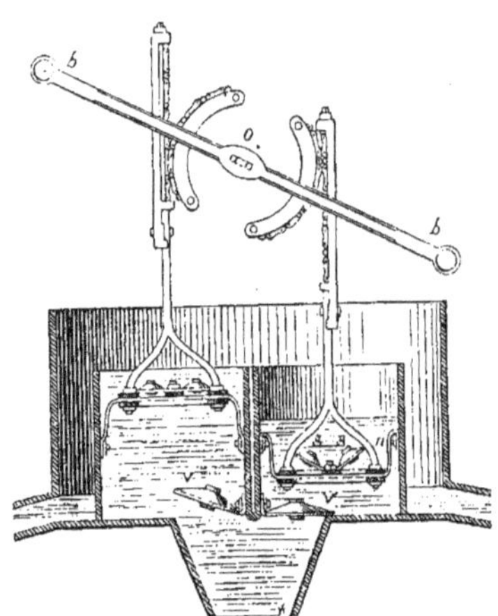

Fig. 2755.

corps de *pompe* sont formés chacun de deux cylindres posés l'un sur l'autre et joints hermétiquement à rainure et languette. Dans la jointure est pincé le bord d'un manchon en cuir *n*, parfaitement flexible et dont l'autre bord est saisi entre deux plaques parallèles qui tiennent à un étrier et qui portent des soupapes *s*. Ces deux corps de *pompe* communiquent par le moyen d'autres soupapes V avec le tuyau d'aspiration. L'un des pistons monte quand l'autre descend; les manchons de cuir prennent des formes l'une concave, l'autre convexe; le premier a ses soupapes fermées et fait aspiration; le second les a ouvertes et donne passage à l'eau. Lorsque les corps de *pompe* sont remplis, le liquide tombe dans la double enveloppe, d'où il s'échappe par des orifices d'écoulement.

On doit à M. Letestu une *pompe* du même genre (fig. 2756), dans les deux cylindres de laquelle jouent deux pistons formés d'une pièce concave en métal, percée de trous et recouverte d'une garniture conique en cuir préparée à la chaux et formant clapet. Cette garniture est fixée au centre par la tige.

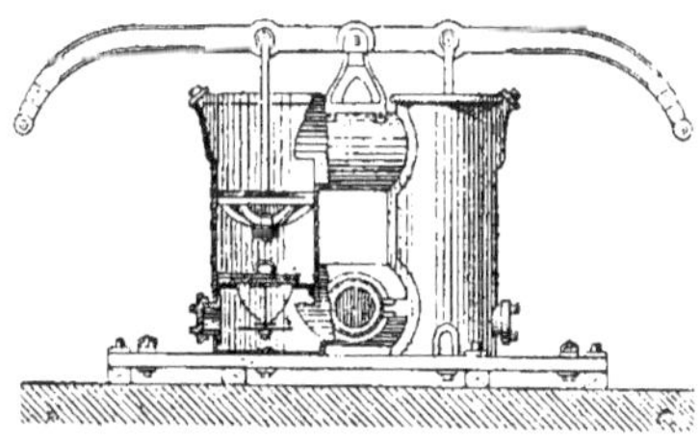

Fig. 2756.

Lorsque le piston baisse, l'eau le traverse, et soulève la garniture en cuir. Quand le piston monte, cette garniture frotte contre les parois du corps de *pompe* et produit l'aspiration. Cet appareil est extrêmement simple, léger, facile à déplacer et permet d'épuiser des eaux chargées de sables et de toutes sortes d'éléments étrangers.

2° *Pompes aspirantes et foulantes.* Le tuyau d'aspiration plonge dans le puisard, comme pour les *pompes* aspirantes et élévatoires; le tuyau d'ascension (fig. 2757) prend naissance au bas du corps de *pompe*; le piston est plein; c'est

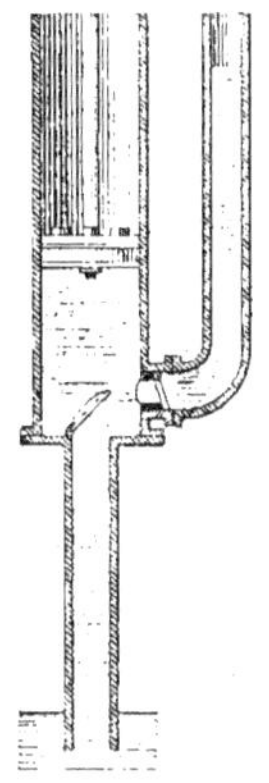

Fig. 2757.

lorsque ce dernier monte, que l'eau, par aspiration, s'élève dans la *pompe*; quand il descend, la soupape du tuyau d'aspiration se ferme, la soupape du tuyau d'ascension s'ouvre et l'eau y est chassée.

Dans tous les systèmes de ce genre, il convient, pour éviter les chocs que produit la marche de l'eau contre les pistons et aux coudes, de placer, sur le chemin de la conduite élévatoire, un réservoir rempli d'air dont l'élasticité sert à amortir les chocs.

Pompes rotatives. Nous citerons,

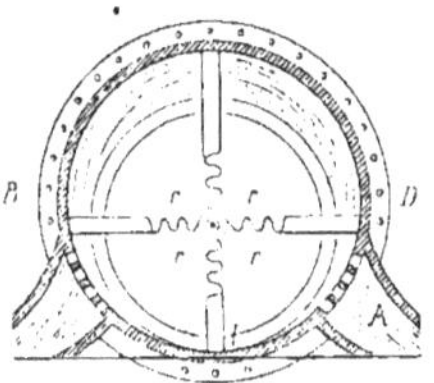

Fig. 2758.

parmi les *pompes* de ce système, la

pompe de Dietz, qui est composée de la manière suivante (fig. 2758) (1) : A, tuyau d'aspiration; C, tuyau d'ascension; BD, boîte circulaire en cuivre ou en fonte munie de petits trous par lesquels elle communique avec les conduits A et C. L'intérieur de cette boîte contient un noyau ou cylindre en bois, dont l'axe, parallèle à celui de la boîte, est excentrique et dont la surface vient frotter contre sa paroi en I, point milieu entre A et C. Ce noyau est pourvu de quatre ailes *m* en cuir qui peuvent s'allonger ou se raccourcir au moyen de ressorts à boudin *r*. Le cylindre étant mis en mouvement, les palettes *m* frottent successivement les parois intérieures de la boîte et déterminent en A un vide, que l'eau occupe immédiatement pour être chassée ensuite en D, B et C.

Pompes centrifuges. Ces *pompes*, qui sont généralement employées dans les travaux d'épuisement, nécessitant de grands débits, se composent essentiellement d'une roue à aubes ou turbine fixée sur son axe vertical et placée dans une enveloppe isolante munie de deux ouvertures, l'une servant à l'aspiration, l'autre au refoulement. Ce sont donc des *pompes aspirantes et foulantes*.

Celle que représente la figure 2759 est la *pompe centrifuge* Neut et Dumont.

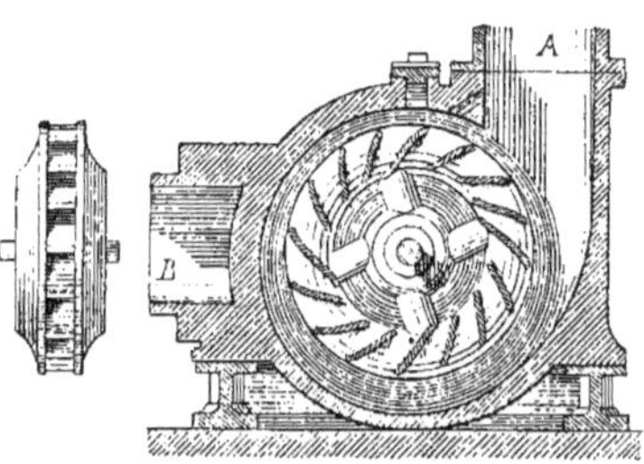

Fig. 2759.

Supposons que l'appareil soit rempli d'eau et que l'on imprime le mouvement à la roue ; aussitôt que la rapidité de ce mouvement est assez accentuée, l'eau contenue à l'intérieur est projetée à la circonférence, elle s'en échappe et s'élève par l'ouverture de refoulement A ; il en résulte au centre un vide que la pression atmosphérique tend à combler en y pressant de l'eau nouvelle amenée par le conduit d'aspiration B.

Relativement à l'installation des *pompes* sur les puits, nous donnons ici quelques figures d'appareils de ce genre

Fig. 2760

(1) Vasselon, *Carnet du conducteur de travaux*.

choisis parmi les produits de la maison Letestu.

Les figures 2760 et 2761 représentent l'intérieur de deux puits dans lesquels sont installées deux *pompes* élévatoires,

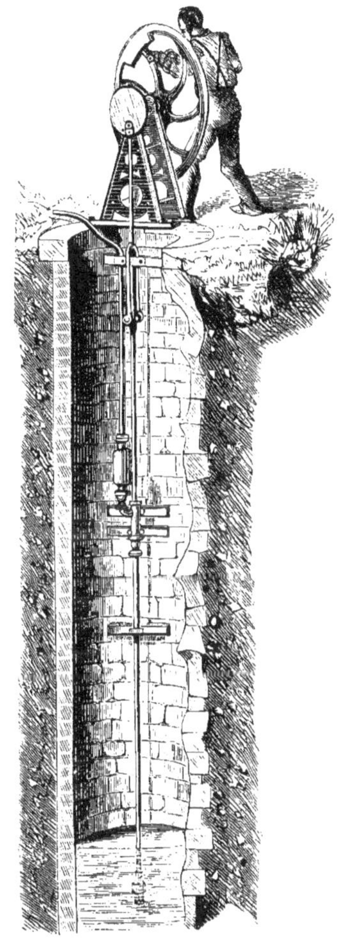

Fig. 2761.

avec leur réservoir d'air et se manœuvrant de deux manières différentes, la première par un levier, la seconde par une roue avec manivelle ; la roue est montée sur un axe tournant sur des coussinets formant partie d'un châssis en métal qui sert de support au système ; à l'extrémité de l'axe opposée à la roue, est un disque, auquel se rattache à charnière, une bielle fixée par l'autre extrémité au sommet de la tige du piston ; le mouvement de rotation imprimé à la roue soulève cette bielle, et par suite le piston lui-même.

Les deux autres figures 2762 et 2763 montrent les corps de *pompes* installés à l'extérieur d'un puits, fixés sur des plaques en fonte; l'un est avec ajutage

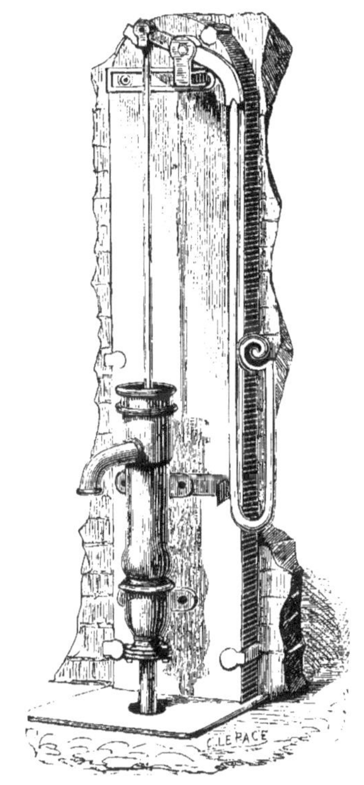

Fig. 2762.

recourbé pour l'écoulement immédiat du liquide, l'autre avec conduit élévatoire et réservoir d'air pour verser l'eau à un niveau plus élevé.

Législation. En vertu de l'ordonnance de police du 15 février 1850, il est in-

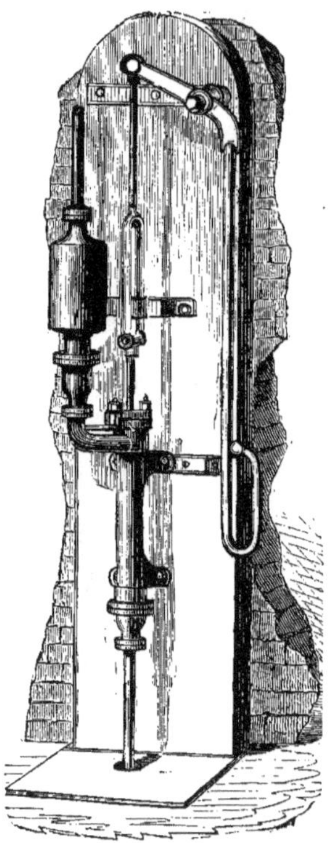

Fig. 2763.

terdit d'établir des jets et balanciers de *pompe* sur la voie publique.

Pompignan (*Pierre de*). — Calcaire compact, très dur, provenant des carrières de Salles de Gour et de Lascans, dans la commune de *Pompignan*, près du Vigan.

Cette pierre, de couleur gris-foncé, est susceptible de poli; elle porte de $0^m,05$ à $0^m,40$ de hauteur d'assise.

Ponçage, *s. m.* — Opération préparatoire qui se fait sur les fonds que l'on veut recouvrir de peinture à l'huile soignée et qui s'exécute ainsi : on frotte les surfaces *imprimées* au moyen de la *pierre ponce*, qui les adoucit et les rend unies, en faisant disparaître les grains de couleur, les poils et les trous de la brosse.

Quelquefois, on trempe la pierre ponce d'essence et d'esprit de vin.

Le *ponçage* se fait également dans la dorure en détrempe après le *rebouchage* (voy. ce mot), sur les couches de blanc d'apprêt humectées avec de l'eau très fraîche (voy. *Dorure*).

Ponce, *s. f.* — *Pierre ponce* (voy. *Pierre*).

Ponceau, *s. m.* — Pont supporté par des points d'appui qui ne sont espacés que de 4 à 5 mètres au plus.

Les *ponceaux* sont généralement établis sur des ruisseaux, des fossés ou des ravins mis à sec pendant une partie de l'année. Ces ouvrages se font en maçonnerie ou en bois ; dans le second cas, les culées se font en maçonnerie ou bien avec des pieux, mais ceux-ci, exposés d'un côté à l'air, et, de l'autre, mis en contact avec la terre, sont sujets à pourrir promptement.

Les *ponceaux* voûtés se font en arc de cercle ou en plein cintre.

Lorsque l'ouverture est faible et que l'eau est obligée parfois de prendre une

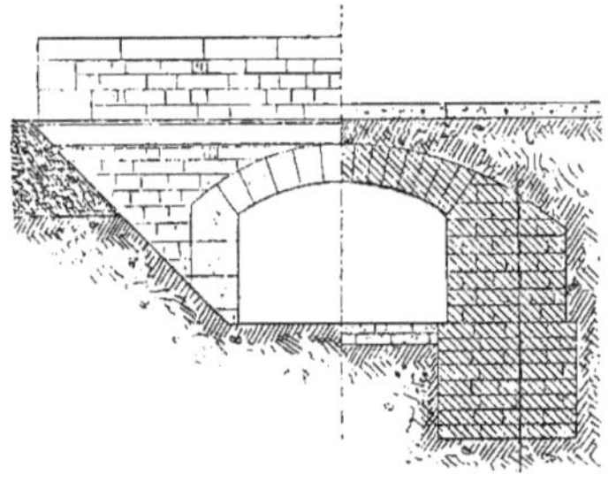

Fig. 2764.

vitesse capable de produire des affouillements, on recouvre le sol d'un radier en maçonnerie. La figure 2764 représente, à l'échelle de 0m,01 pour mètre, un *ponceau* construit dans ces conditions. La voûte et les deux pieds-droits en parement de tête sont en pierre de taille; les massifs des culées sont en moellons appareillés; le radier est formé de deux rangs de moellons avec joints en ciment.

Nous donnons (fig. 2765) la coupe d'un *ponceau*-aqueduc dont le radier est en béton; la voûte est recouverte

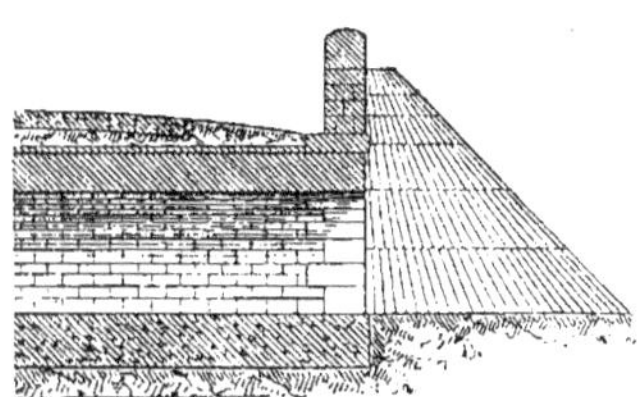

Fig 2765.

d'une chape en ciment; l'empierrement de la chaussée est bordé par deux accotements qui se terminent eux-mêmes aux parapets en maçonnerie.

Pont, *s. m.* — Ouvrage d'art destiné à réunir les deux portions d'une voie de communication interrompue par un cours d'eau, un ravin ou même par une autre voie située à un niveau inférieur à celui de la première.

D'une manière générale, on divise ces ouvrages en *ponts fixes*, *ponts mobiles* et *ponts volants*.

Les *ponts fixes* comprennent plusieurs catégories, auxquelles on donne différents noms tirés des usages auxquels ils sont destinés :

Les *passerelles*, qui ne servent qu'aux piétons;

Les *ponceaux*, qui ne dépassent pas 4 ou 5 mètres d'ouverture;

Les *ponts* proprement dits, qui sont composés d'une ou de plusieurs arches et qui donnent passage aux voitures;

Les *ponts-aqueducs*, qui amènent les eaux dans une ville;

Les *ponts-canaux*, qui font franchir à un canal une rivière, une vallée ou une route quelconque;

Les *ponts-viaducs*, qui sont à grandes arcades, comme les aqueducs, et qui servent au passage d'un chemin de fer.

Il ne sera question, dans cet article, relativement aux *ponts fixes*, que des *ponts* ordinaires et des *ponts-canaux*; les autres catégories de ces ouvrages sont traitées aux articles *Aqueduc*, *Passerelle*, *Ponceau*, *Viaduc* (voy. ces mots).

Les *ponts mobiles* sont ceux qui, tout en restant établis sur un point déterminé, permettent d'interrompre momentanément le passage; on range dans cette classe les *ponts-levis* et les *ponts tournants*.

Les *ponts volants* comprennent ceux que l'on peut déplacer à volonté, comme les *ponts de bateaux*.

Les *ponts* se construisent en pierre, en bois ou en métal.

Les points d'appui extrêmes se nomment *culées*; les points d'appui intermédiaires sont appelés *piles*, s'ils sont en pierre, et *palées*, s'ils sont en bois.

L'intervalle entre deux points d'appui reçoit le nom de *travée* dans les *ponts* en charpente et d'*arche* dans les *ponts* en maçonnerie.

I. Ponts fixes. La première question à résoudre pour l'établissement d'un *pont* est le choix du *système à adopter*. Si la voie que le *pont* dessert est très fréquentée, on doit éviter de faire cet ouvrage en charpente, à cause des grandes dépenses nécessaires pour l'entretien. Les *ponts* suspendus sont également inacceptables, s'il s'agit d'un chemin de fer; ils se recommandent, au contraire, lorsque la profondeur du lit est considérable et le courant rapide.

On doit examiner ensuite le choix de l'*emplacement* qui dépend des voies à mettre en communication et du sol sur lequel on doit établir les fondations.

Dans tous les cas, il est bon d'éviter les *ponts biais*, dont les piles sont plus affouillables que celles des *ponts* perpendiculaires au cours d'eau et qui présentent, en outre, des difficultés d'appareil les rendant plus coûteux.

La largeur d'un *pont* est au moins égale à celle de la route ou de la rue à laquelle il fait suite; mais elle dépend aussi, dans une ville, de la population des quartiers à desservir. Dans tous les cas, deux voitures doivent pouvoir se croiser sur le *pont* et des trottoirs doivent y être établis pour le passage des piétons ; on doit donc donner à la largeur au moins 7 à 8 mètres.

La question la plus importante pour les *ponts* placés sur les rivières est celle du *débouché*, c'est-à-dire du vide nécessaire au passage de l'eau, qui se détermine d'après la vitesse et le volume des grandes eaux. Un débouché trop faible peut amener le débordement du cours d'eau en amont du *pont* ou donner au courant passant sous les arches une vitesse capable de nuire à la navigation et même d'affouiller les piles. Un débouché trop grand peut occasionner des atterrissements qui se consolident par des herbages et font prendre au courant une direction oblique ; dans ce cas, une forte crue peut détruire le *pont*, par suite de l'affouillement de quelques piles (voy. *Débouché*).

Si le cours d'eau n'est pas navigable, ni sujet à un débit accidentel considérable, on préfère construire de petites arches, parce que la dépense est moins considérable que pour les grandes. Dans le cas contraire, il faut de grandes arches, afin que rien ne gêne soit le passage des eaux ou des corps flottants, soit la navigation. En outre, les piles étant moins nombreuses, la dépense est plus faible.

Ponts en maçonnerie. Parmi les *ponts* à grande portée, destinés à une circulation importante, les *ponts en pierre* sont fréquemment usités.

La construction de ces ouvrages exige tout d'abord l'étude de l'emplacement et de la largeur du *pont*, puis celle de son *débouché* (voy. ce mot); ensuite on passe à la forme qu'il y a lieu de donner aux arches.

On peut adopter trois formes différentes pour ces ouvertures : le *plein-cintre*, la voûte en *anse de panier*, la voûte en *arc de cercle*.

La forme demi-circulaire est celle qui paraît la plus convenable : elle reporte la poussée sur les pieds-droits ; de plus, elle est simple, élégante, facile à appareiller, solide et utilisable quand le *pont* laisse un passage suffisant à l'eau et aux bateaux jusqu'au moment où la rivière cesse d'être navigable. Les anciens *ponts* sont ainsi construits ; mais cette forme présente plusieurs inconvénients : 1° elle exige une forte pente pour les deux moitiés du *pont*, en raison de la hauteur que prend l'arche du milieu ; 2° les naissances des voûtes étant établies au niveau des basses eaux, cette courbe rétrécit le débouché à mesure que les eaux montent.

La voûte en *anse de panier* permet d'éviter les inconvénients des voûtes en plein cintre, elle se relie bien aux piles et présente une grande solidité réelle et apparente ; elle est, d'ailleurs, fréquemment employée.

Les *arcs de cercle* sont utilisables si les formes précédentes ne laissent pas encore un débouché suffisant. Cette dernière forme permet, en outre, de tenir les naissances au-dessus du niveau auquel atteignent les débâcles, pour qu'elles ne soient pas dégradées et qu'elles ne rétrécissent pas le débouché. C'est pour remédier, jusqu'à un certain point, à l'effet de ce rétrécissement qu'on a employé au *pont* de Neuilly, au *pont* de l'Alma, à Paris, ce que l'on a appelé les *cornes de vache*, c'est-à-dire les évasements de la voûte sur les plans de tête, de manière à surhausser les naissances dans ces plans, tout en laissant la clef à la même hauteur que dans la partie cylindrique de la voûte. La figure 2766 représente l'une des arches du *pont* de l'Alma.

Lorsque le débouché ne dépasse pas 25 mètres, on ne fait qu'une seule arche. Au-delà de cette quantité, quelques auteurs pensent qu'il faut toujours

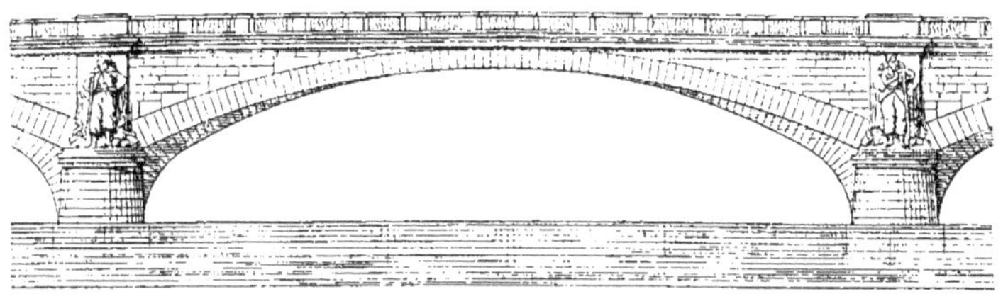

Fig. 2766.

établir les arches en nombre impair; mais on ne doit pas faire de ce principe une règle absolue; les circonstances locales peuvent seules guider le constructeur.

Dans le cas de plusieurs arches, il suffit d'assurer à l'une d'elles seulement la hauteur nécessitée par les besoins de la navigation. On fait dominer celle du milieu, et le couronnement du *parapet* du *pont* forme deux lignes inclinées en sens inverse ou une courbe peu prononcée, de manière à faciliter les abords du *pont* lorsque les berges ne sont pas élevées.

Pour le tracé des arches dans la pratique, si le surbaissement, c'est-à-dire si le rapport entre la montée et la distance des pieds-droits est inférieur à 1/4, on a recours à un arc de cercle unique, et, selon que le surbaissement varie de 1/2 à 1/3 ou de 1/2 à 1/4, on emploie les anses de panier à 3 ou à 5 centres pour des ouvertures de 1 à 10 mètres, à 5 ou à 7 centres, pour celles de 10 à 40 mètres ou à 9 centres pour celles de 40 à 50 mètres. Pour le tracé des *anses de panier*, voyez ce mot.

Examinons maintenant les détails d'exécution des *ponts* dont les piles sont en pierre.

On commence par opérer, sur l'emplacement des massifs, un sondage à une assez grande profondeur, afin de reconnaître la nature du sol avant d'y asseoir les fondations (voy. *Sondage*).

Si le terrain est formé de roches ou de tufs assez résistants pour supporter le poids de l'ouvrage, on drague jusqu'à ce que l'emplacement soit mis à nu, puis on établit un *bâtardeau* (voy. ce mot) que l'on épuise au moyen de pompes ou de vis d'Archimède. On arase le sol et l'on construit. Si la profondeur de l'eau dépasse 2 mètres, on emploie non plus des bâtardeaux, mais des caisses étanches, que l'on fait descendre jusque sur le fond et dans lesquelles on commence la maçonnerie (voy. *Caisson*).

Dans les terrains affouillables, on fonde sur *pilotis* et sur *radiers* (voy. ces mots).

Les piles sont terminées en amont par des parties saillantes destinées à les protéger et qu'on appelle *avant-becs*; en aval, sont établis des *arrière-becs* (voy. *Avant-bec*).

Autrefois, on donnait aux piles une épaisseur calculée de manière à résister à l'effort de toute la voûte. Aujourd'hui, on réduit cette épaisseur en tenant seulement compte de la pression que les piles ont à supporter et de la différence de poussée qui peut exister entre deux arches consécutives, soit à cause d'une différence dans la largeur, soit par suite de surcharges accidentelles.

Les culées, au contraire, doivent résister chacune à la poussée d'une demi-arche.

La construction hors de l'eau des piles et des culées se fait en apportant les matériaux dans des bateaux et les enlevant, au moyen de grues, à la hauteur convenable.

On emploie, pour ce travail, la pierre de taille, le moellon ou la meulière. Dans tous les cas, les avant-becs et arrière-becs sont en pierre de taille ; les parements latéraux, construits en petits matériaux, sont même renforcés par des chaînes en pierre de gros échantillon.

Les piles, ainsi que les culées, sont couronnées par des bandeaux et munies d'arganeaux destinés à amarrer les bateaux.

La construction des arches n'exige pas moins de précautions et d'habileté que celle des piles. On avait coutume autrefois de raccorder les plans de joints des voussoirs qui les composent avec la maçonnerie qui les surmonte par des faces horizontales et verticales ; mais dans les *ponts* que l'on construit aujourd'hui, la courbe d'extrados est ordinairement continue comme celle d'intrados.

Il ne faut pas que la longueur des voussoirs soit trop grande par rapport à leur épaisseur, parce qu'ils se rompraient; il faudrait, au besoin, les composer de plusieurs morceaux ; les plus longs qu'on ait employés, les voussoirs du *pont* de Neuilly, ont $1^m,80$ de longueur sur $0^m,46$ d'épaisseur à la douelle.

Quant à l'épaisseur de la voûte à la clef, nous donnerons ici la formule de Perronet, que M. Léveillé, ingénieur en chef des ponts et chaussées, a reconnue être applicable à une voûte de *pont* d'une forme quelconque, formule reproduite par le *Formulaire de Claudel* :

$$e = \frac{1 + 0.1\,d}{3}$$

e étant l'épaisseur cherchée et *d* l'ouverture ou la distance des pieds-droits.

Cette formule est applicable aux voûtes en plein cintre, en anse de panier et en arc de cercle.

L'épaisseur des pieds-droits ou culées est également donnée par des formules de M. Léveillé (voy. *Culée*).

La construction même des voûtes comprend quatre opérations distinctes : 1° l'établissement et le levage des cintres ; 2° l'exécution de la maçonnerie sur cintres ; 3° le décintrement ; 4° les travaux complémentaires qui ne doivent être faits qu'après le décintrement.

La première de ces opérations se fait au moyen de charpentes ou *cintres* fixes ou mobiles, qui soutiennent les voussoirs pendant l'exécution de l'arche. Les cintres fixes prennent leur point d'appui dans la rivière, sur un système de pilotis qu'on enlève après l'achèvement de la construction. Ces cintres sont composés de fermes espacées de $1^m,20$ à 2 mètres, reliées entre elles par des moises et sur lesquelles on pose les couchis destinés à supporter les voussoirs. Les fermes peu espacées sont préférables, à égalité de dépense, parce que, étant moins chargées, elles se prêtent mieux à un décintrement méthodique et gradué. On donne souvent aux couchis un écartement de $0^m,10$ à $0^m,15$ et on les recouvre de planches jointives fixées transversalement et auxquelles on fait prendre la courbure de l'intrados de la voûte.

Les cintres mobiles sont ceux qui peuvent se transporter d'une pile à l'autre : ils sont formés d'une partie attenante à la pile et d'une partie mobile fixée au moyen de coins maintenus par des taquets. Le décintrement se fait en ruinant les coins.

Quelle que soit la disposition adoptée pour les *cintres* (voy. ce mot), il est indispensable : 1° d'empêcher le relèvement du sommet des fermes au moyen de grandes moises ou brides partant de ce sommet et fixées vers les naissances, et d'ailleurs au moyen d'une surcharge provisoire sur le sommet pendant la construction des reins ; 2° de ramener, autant que possible, tous les efforts à des résultantes horizontales qui se neutralisent réciproquement, en montant la voûte symétriquement des deux côtés à la fois.

On a généralement l'habitude de donner aux fermes qui composent les cintres un certain surhaussement pour contrebalancer, à peu près, l'abaissement du sommet de la voûte, qui peut résulter à la fois du tassement du cintre pendant la construction et de celui de la voûte elle-même après le décintrement. Il n'y a pas, à cet égard, de règle fixe. On évite, autant que possible, les causes de tassement, en donnant très peu d'épaisseur aux joints, en les remplissant avec soin et en choisissant la meilleure qualité de mortier.

Outre les cintres, on a besoin, pour l'exécution de l'ouvrage, d'un *pont de service*, au moyen duquel on amène les matériaux et qu'on place latéralement à la construction ou sur les cintres mêmes.

Quelle que soit la forme adoptée pour les arches, ces voûtes se composent d'un nombre impair de voussoirs dirigés normalement à la courbe d'intrados et séparés par des plans de joints. Leur appareillage sur les plans de tête exige le plus grand soin, car c'est surtout de leur arrangement et de leur raccordement que dépend l'ornementation du *pont*.

On procède de la manière suivante à la pose des voussoirs. On marque d'abord les points de division des voussoirs, conformément à l'épure et à chacune des extrémités du cintre, soit par de petites encoches faites sur les couchis, soit en y clouant des pointes; puis, lors de la pose de chaque rang de voussoirs, on trace, au moyen de règles, sur les couchis, la ligne d'arase du lit supérieur de ce rang. Les joints doivent être chevauchés dans deux assises contiguës. La normalité des plans de joints à la courbe s'obtient à l'aide de fausses équerres levées sur l'épure de la voûte et dont un des côtés présente la courbe d'une certaine longueur de l'arc d'intrados, tandis que l'autre côté est normal à cet arc; si l'intrados est tracé à plusieurs centres, on change les fausses équerres chaque fois qu'on passe d'un arc à l'autre. On fait en sorte que les joints n'aient que 0m,015 pour les voûtes de grande dimension et 0m,008 pour les petites.

La *fermeture* de la voûte se fait généralement ainsi : les voussoirs formant contre-clefs étant posés, on recouvre leur face de mortier, puis on introduit la clef dans le vide laissé entre eux et on l'enfonce, en la frappant avec une *dame*, jusqu'à ce qu'elle s'appuie sur le cintre. Une autre méthode consiste à poser à sec sur les cintres les contre-clefs et la clef, en réservant l'épaisseur des joints au moyen de cales, et à ficher ensuite ces derniers avec du mortier de ciment qui n'est pas gâché trop clair.

Le *décintrement* (voy. ce mot) suit immédiatement la fermeture de la voûte, pour que le mortier soit encore dans un état qui lui permette de se comprimer, sans que la désorganisation s'ensuive.

Dans la pose des voussoirs, on vérifie, au moyen d'un quart de cercle muni d'un fil à plomb, s'ils ont l'inclinaison voulue; de plus, il faut charger les cintres pour leur faire éprouver tout leur tassement.

Lorsque l'on décintre, l'arche construite perd toujours une certaine hauteur de sa flèche; aussi, est-il important, dans le tracé de l'épure, de surhausser le cintre, afin que la voûte retrouve à peu près sa véritable position au-dessus des naissances.

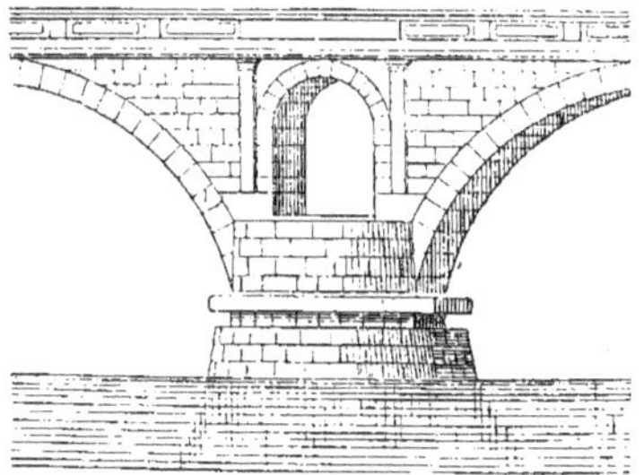

Fig. 2767.

Les parties comprises au-dessus d'une

pile, entre deux arches, se nomment *tympans;* c'est en ces points que l'on ouvre quelquefois des arches supplémentaires, destinées à augmenter la section offerte à l'écoulement des eaux. Le *pont* antique Fabricius (fig. 2767), joignant l'île du Tibre à la rive gauche du fleuve, offrait un exemple de cette disposition, que l'on a abandonnée à cause de son peu d'efficacité.

Les tympans laissés pleins peuvent être occupés, à leur surface, par des bas-reliefs, par des pilastres portant des dés, au-dessus desquels s'élèvent des

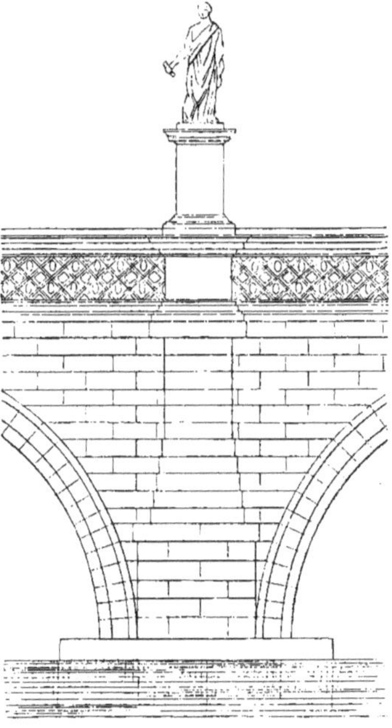

Fig. 2768.

candélabres ou des statues (fig. 2768), ou par le prolongement des becs saillants, qui atteignent quelquefois le niveau des trottoirs du *pont* et sont disposés en lieux d'abri et de repos pour les passants.

Lorsque les tympans et les têtes, c'est-à-dire les remplissages au-dessus des voussoirs, sont terminés, on pose la *chape* (voy. ce mot), puis les corniches de couronnement, les garde-corps, et l'on exécute la chaussée pavée. Si le *pont* a une grande longueur, il faut ménager des orifices ou *gargouilles* pour l'écoulement des eaux. Ces gargouilles sont formées de tuyaux en fonte qui traversent toute l'épaisseur de la voûte et débouchent vers les reins.

Ponts en charpente. Ce système convient seulement, lorsque la circulation n'est pas importante, dans les pays où le bois est peu coûteux, et lorsqu'on n'a pas à craindre de fortes crues ou des débâcles de glaces. On n'y a plus guère recours que dans des terrains sans consistance, dans les terrains tourbeux, par exemple.

On fait reposer les tabliers sur des *palées* (voy. ce mot), que l'on protège

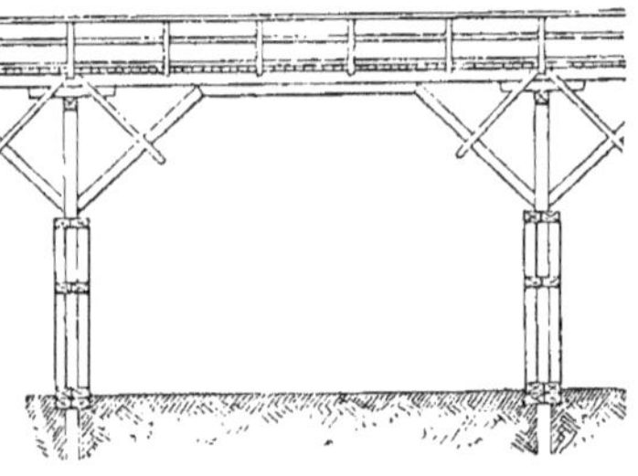

Fig. 2769.

souvent par des *brise-glaces*. Ces *ponts* sont dits à *travées*. La figure 2769 re-

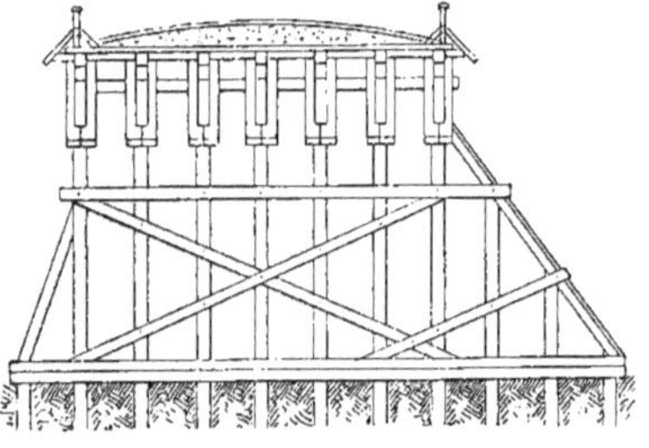

Fig. 2770.

présente un ouvrage de ce genre ; les

poutres sont soutenues par des sous-poutres maintenues par des contre-fiches qui s'appuient sur les palées et qui sont reliées au-dessus avec les poutres, au moyen de moises pendantes. La coupe de ce *pont* est donnée par la figure 2770.

Cette combinaison peut être adoptée pour une portée d'une vingtaine de mètres entre les palées. Sur les travées, on pose des poutres sur lesquelles on fixe les madriers qui doivent former le plancher du *pont*. Si le passage des voitures doit être fréquent, on empêche le tablier de s'user rapidement en établissant sur les madriers une couche de sable, puis un pavage ordinaire.

Les *ponts* mixtes à tablier en charpente, avec piles et culées en maçonnerie, sont plus fréquemment employés.

Pour les *ponts* de ce genre qui sont peu importants, on fait les culées en maçonnerie assez épaisse pour résister à la pression des terres ; une pile ou deux occupent les intervalles des culées ; des poutrelles, posées sur ces appuis, à 0m,50 les unes des autres et dont l'écartement est maintenu par des boulons, reçoivent le tablier, formé de madriers, épais de 0m,05 à 0m,06 et placés transversalement. On établit au-dessus un faux plancher qui empêche l'usure du tablier et que l'on enlève au besoin pour le remplacer.

Dans les *ponts* de plus grande importance, on donne aux arches la forme de cintres composés de pièces de bois

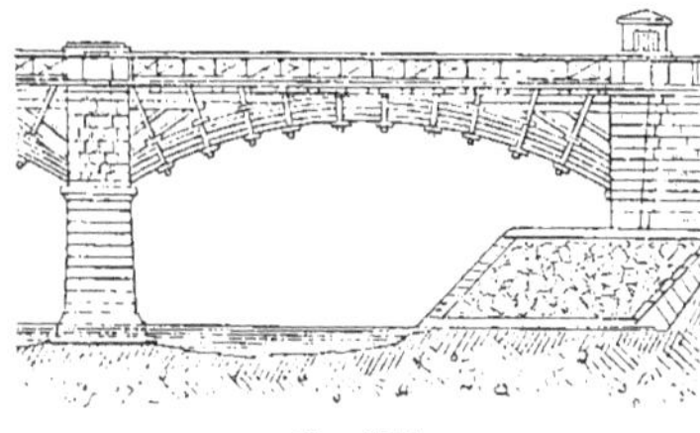

Fig. 2771.

courbes, solidement reliées entre elles. Il ne faut pas dépasser, pour la flèche des arcs, 1/8 de l'ouverture. Le *pont* d'Ivry, sur la Seine, a des arches de 22m,50 d'ouverture pour 3m,48 de flèche et qui sont formées de pièces de bois cintrées, ainsi que le représente la figure 2771, à l'échelle de 0m,002 pour mètre. Ces pièces sont reliées, d'une part, au moyen d'étriers en fer, et, de l'autre, par des moises pendantes dont la double fonction est de serrer les bois courbes et de leur transmettre le poids du tablier. Au-dessus et au-dessous de l'arc, ces moises s'assemblent avec des longrines qui relient les fermes transversalement. En outre, des consoles, fixées aux piles et aux culées par des tirants en fer, reçoivent aussi une partie du poids du tablier et sont elles-mêmes soutenues par des jambes de force. Le tablier est formé de poutres longitudinales, supportées par le sommet de l'arc, les moises et les consoles ; de pièces transversales reposant sur les premières poutres, et enfin de madriers qui reçoivent immédiatement le poids des voitures.

Lorsque la circulation est importante, il vaut mieux établir une chaussée en pavés ou en matériaux plus résistants que le bois de chêne. Au lieu de pièces courbes, difficiles à ployer, on peut employer, pour composer les cintres, des madriers de 0m,05 à 0m,06 d'épaisseur, qui reçoivent plus facilement la forme qu'on veut leur donner. On les relie entre eux au moyen d'étriers et de chevilles que l'on serre avec des coins. Les longrines sont remplacées par des entretoises qui maintiennent l'écartement des fermes et par des tirants en fer résistant mieux à la traction.

Quelle que soit la disposition que l'on adopte, il faut faire reposer l'about des arcs sur des coussinets en fonte aménagés de façon à permettre à l'air de circuler et éviter le séjour de l'eau. De plus, il convient de revêtir les bois d'une couche de peinture et de surmonter le *pont* de garde-corps en fer qui présentent une grande légèreté.

Ponts en métal. Les *ponts* que nous

venons d'examiner offrent divers inconvénients : ceux qui sont en maçonnerie exigent, en raison de leur poids considérable, des fondations très massives et des arches d'une assez faible ouverture ; en outre, leur établissement est fort coûteux. Dans les *ponts* en charpente, c'est l'entretien qui est dispendieux et qui nécessite, au bout de peu d'années, la reconstruction complète de ces ouvrages. Aussi, emploie-t-on maintenant, de préférence, le métal, qui permet de donner plus de légèreté et plus d'ouverture aux arches, en même temps qu'il exige moins d'entretien.

Dans ces sortes d'ouvrages, les piles sont faites en maçonnerie ou en fonte, et le *pont* même est composé de fermes en métal. Ces fermes peuvent être exécutées : 1° en fer ou en fonte; 2° avec ces deux métaux réunis; 3° avec ces deux métaux combinés séparément ou ensemble avec le bois.

La fonte ne doit être employée dans les fermes des *ponts* métalliques que pour supporter des efforts de pression. Les arcs en fonte sont faits de deux manières différentes, suivant l'intervalle des points d'appui. Lorsque l'ouverture est faible, on les compose soit de deux

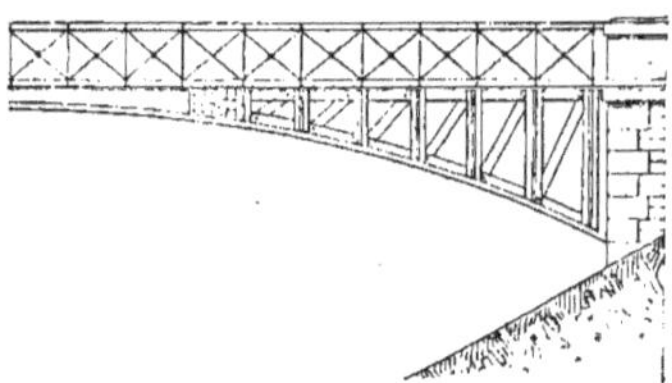

Fig. 2772.

pièces cintrées rigides, qui s'assemblent au sommet de la voûte, à l'aide de boulons et de plaques, soit d'une pièce pleine formant clef et se reliant à deux sommiers évidés, au moyen de plaques boulonnées, comme le montre la figure 2772.

Si l'ouverture est considérable, les arches sont formées tantôt de voussoirs en fonte évidés et assemblés entre eux, comme au *pont* d'Austerlitz, à l'aide d'équerres en fer que l'on place dans des rainures ménagées à cet effet dans la fonte, tantôt de portions d'arcs en fonte évidées boulonnées entre elles et réunies par des croix de Saint-André, également en fonte, qui supportent le tablier.

Dans les *ponts* métalliques en arcs, une des parties les plus délicates de l'ouvrage est le remplissage des tympans; au pont du Carrousel, à Paris, ceux-ci sont remplis par des cercles en fonte dont le diamètre va en décroissant depuis la pile jusqu'au sommet et sur lesquels sont posés les longerons qui soutiennent le tablier du *pont*. Chacun de ces cercles, n'ayant avec l'arc et le longeron supérieur qu'un seul point de contact, se comporte comme une barre droite comprimée et transmet, en un seul point de l'arc, les pressions dues aux surcharges en mouvement; de là des déformations dans les arcs qui produisent des vibrations considérables.

Afin de relier d'une façon rigide l'arc au tablier et de transmettre en beaucoup de points de l'arc les pressions accidentelles, il est bon de composer les tympans de croisillons métalliques, qui sont attachés, d'une part, au longeron supérieur, de l'autre, en différents points de l'arc et qui, se trouvant, de plus, reliés entre eux, donnent de la rigidité à tout le système et atténuent considérablement les vibrations. Le *pont* de Solférino, à Paris, est construit dans ces conditions.

Au-dessus des tympans sont disposées des voûtes en briques qui supportent la chaussée en empierrement.

Dans les *ponts* en arcs, le fer travaille principalement à la compression et c'est en vertu des conditions de résistance de la fonte à des efforts de cette nature que l'on doit calculer les dimensions de la section des arcs.

Le montage des *ponts* ainsi disposés nécessite, en général, l'établissement de palées avec cintres ; on peut les éviter pour les faibles portées, en employant des arcs articulés aux naissances et à la clef; on peut ainsi prendre chaque partie de l'arc, l'appuyer par ses coussinets aux naissances et la faire tourner sur son tourillon, jusqu'à ce que les coussinets de clef puissent se rejoindre sur leur tourillon commun, que l'on présente au moment de la jonction.

Lorsque l'établissement des points d'appui est difficile et coûteux, il convient d'en diminuer le nombre et la section et, par suite, de n'exercer sur eux que des actions verticales. On a donc été conduit à adopter des systèmes que l'on peut classer en deux groupes principaux : celui des *poutres armées* et celui des *poutres droites*.

Les *poutres armées* consistent principalement en un arc soumis à la compression et dont les extrémités sont réunies par un entrait soumis à la traction : ces deux pièces sont rattachées entre elles par des liens et des croisillons qui

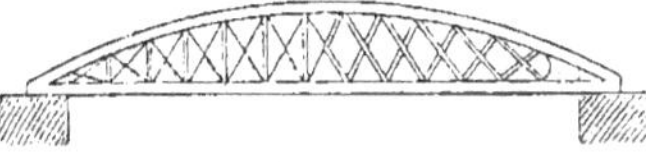

Fig. 2773.

transmettent les efforts résultant des charges. La figure 2773 représente le système Brunel appliqué au *pont* de Windsor, qui se compose d'un arc, et d'un entrait; ce dernier étant au niveau du tablier est rattaché à la première pièce par des croisillons munis de ten-

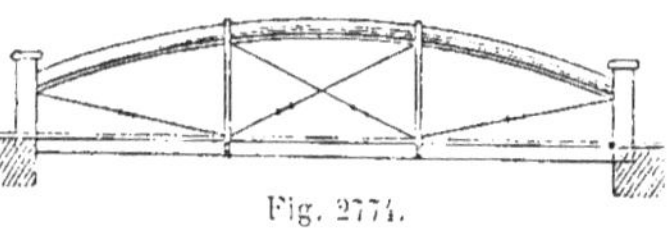

Fig. 2774.

deurs; mais le vrai type de la poutre armée a été appliqué au *pont* de Chepston (fig. 2774) et consiste en un tablier suspendu en deux points de l'arc, armé lui-même de poinçons et de tirants dont la tension est réglée par des tendeurs.

Les *ponts à poutres droites* sont à petite ou à grande portée.

Les premiers se composent ordinairement (fig. 2775) de solives en fer dont l'écartement est maintenu par des entretoises et qui supportent le tablier du *pont* en madriers. Dans le cas que nous

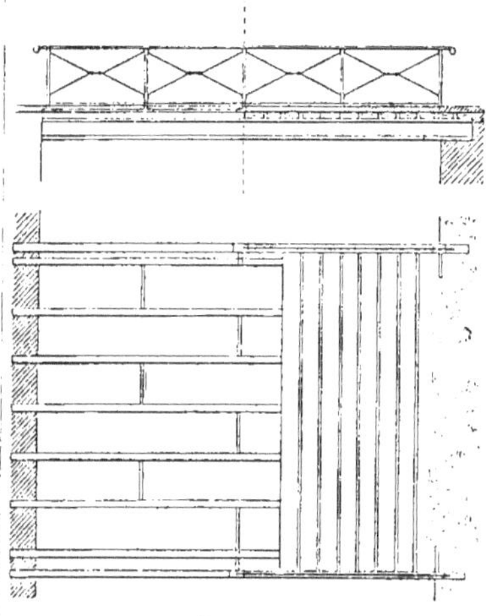

Fig. 2775.

présentons ici, les garde-corps sont très légers et sont soutenus par deux solives, sur la semelle inférieure desquelles viennent s'appuyer les madriers du plancher par leurs extrémités.

Les *ponts* de chemins de fer à petite portée sont composés de poutres en tôle placées, tantôt sous les rails, tantôt en dehors, et réunies entre elles par des entretoises pleines ou évidées.

La figure 2776 représente, en coupe, à l'échelle de $0^m,05$ pour mètre, le détail des poutres et entretoises d'un tablier de *pont* de chemin de fer porté par six poutres, dont quatre placées directement sous les rails. Les poutres de rives sont de dimensions très réduites, parce qu'elles n'ont à porter qu'une charge très minime. Les entretoises sont rendues également très légères par des évidements.

Nous donnons, à la même échelle et

dans les mêmes conditions (fig. 2777),

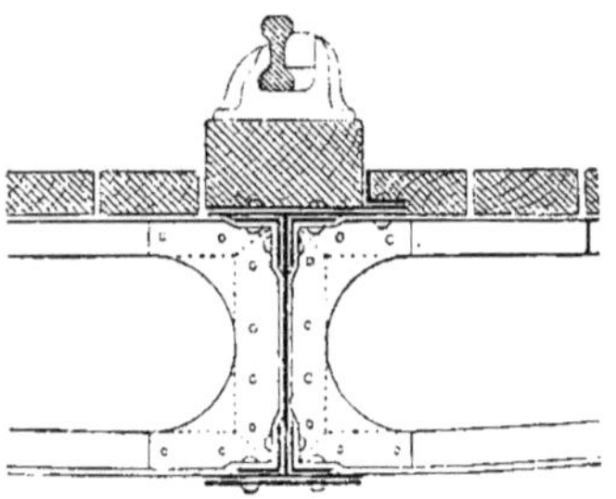

Fig. 2776.

le détail d'un tablier porté par six poutres dont quatre en dehors des voies. Les rails sont soutenus, dans toute leur longueur, par des longrines en bois boulonnées sur les entretoises le plus

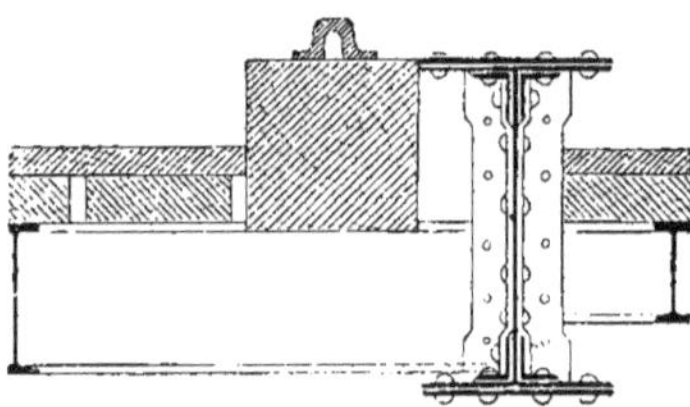

Fig. 2777.

près possible des poutres en tôle, afin que la surcharge agisse en un point très rapproché de l'attache des entretoises et fatigue moins celle-ci. Les tabliers de ce système sont très fréquemment employés.

Les *ponts* à grande portée ont leurs tabliers formés généralement de longrines placées sous les rails et s'assemblant avec des entretoises réunies ellesmêmes aux poutres principales qui supportent finalement toutes les charges. Le choix du nombre des poutres résulte des conditions de stabilité, de débouché et d'économie.

On voit, par ce qui précède, que la section des poutres en tôle est le plus souvent en double T; la tige et les nervures sont formées de plaques de tôle, le tout relié par des cornières en fer. Les poutres en tôle ayant une grande hauteur, le niveau de leur face supérieure est ordinairement au-dessus de celui du plancher; elles servent assez souvent de parapet, et les deux voies de chemin de fer sont séparées par une poutre intermédiaire. Comme les poutres de tête ne sont chargées que d'un côté, on évite leur torsion en les reliant solidement par des entretoises, auxquelles on donne une certaine hauteur et, par suite, une grande rigidité qui s'oppose à cette torsion. Sous ce rapport, il est avantageux, si la hauteur le permet, de placer le plancher sur les poutres, qui peuvent alors être en plus grand nombre, de moindre section et plus maniables.

Parmi les nombreux systèmes en usage, nous pourrons donc en citer quelques-uns que nous regarderons comme se rattachant à trois types principaux : 1° les *ponts* qui ont leur tablier placé à la partie supérieure des poutres ; 2° ceux où ce tablier est posé dans la région moyenne ; 3° les *ponts* dans lesquels il occupe la partie inférieure.

Le *pont* sur l'Aar, à Berne (Suisse), offre un exemple du premier système ; l'espace qui sépare les poutres est, de plus, utilisé comme *pont* tubulaire pour

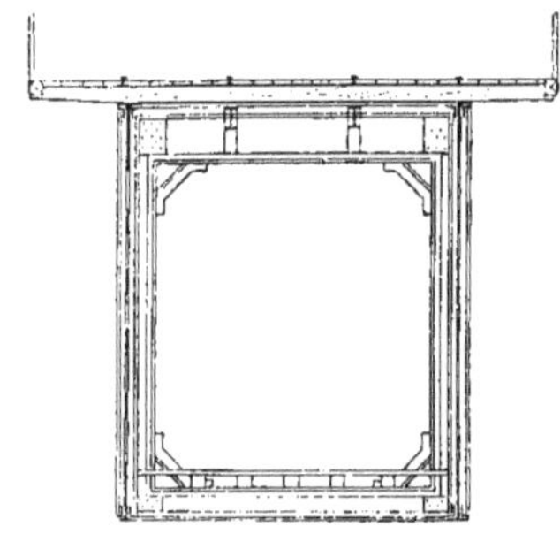

Fig. 2778.

les piétons. La figure 2778 (1) est une coupe de cet ouvrage, faite à l'échelle de $0^m,0066$ pour mètre. Cette disposition

(1) Oppermann, *Nouvelles annales de la Construction*. 1865.

permet de placer le garde-corps à l'extérieur de la semelle supérieure et de donner plus de largeur à la voie.

Le deuxième système est représenté par une coupe faite à la même échelle (fig. 2779) ; l'exemple choisi est le *pont* de Langon sur la Garonne. Le tablier,

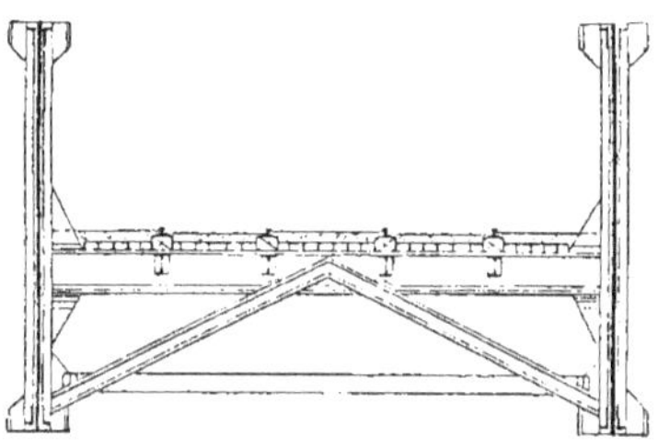

Fig. 2779.

ainsi placé au milieu de la hauteur des poutres, forme à lui seul le contreventement; des goussets verticaux saisissent ces pièces et les raidissent sur tout l'intervalle des semelles.

Nous donnons (fig. 2780), à l'échelle de $0^m,0075$ pour mètre, une coupe du *pont* d'Orival sur la Seine, qui est un exemple du troisième système. Cette disposition n'est pas seulement applicable aux ouvrages comme celui que nous citons, où les poutres formant

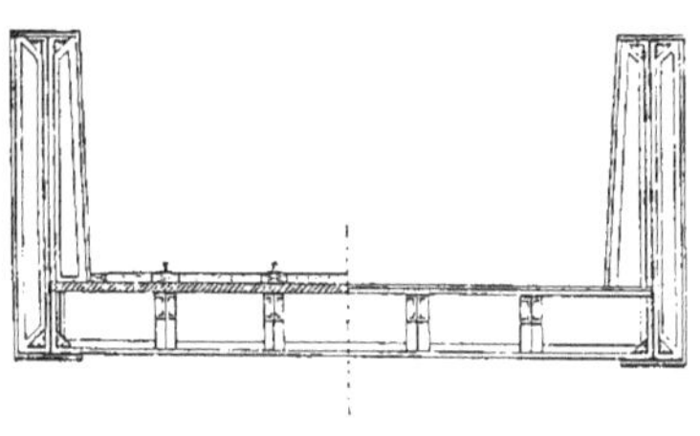

Fig. 2780.

garde-corps n'ont que $2^m,95$ de haut, mais aussi et surtout aux *ponts* où l'intervalle entre la semelle supérieure et le tablier est d'au moins $4^m,50$; on peut alors contreventer par la partie supérieure; c'est là la solution qui est généralement adoptée pour les grandes portées et qui fournit des *ponts* tubulaires.

Au point de vue de la construction des pièces principales qui entrent dans la composition de ces ouvrages, nous remarquerons que les parties horizontales des poutres sont toujours formées d'une ou plusieurs tôles plates et pleines rivées entre elles et assemblées avec les parois verticales au moyen de cornières rivées. Les parois verticales sont tantôt pleines et, par suite, économiques comme emploi de matières, main-d'œuvre, transport et montage, mais d'un aspect peu satisfaisant ; tantôt à jour et disposées diversement. Le système en

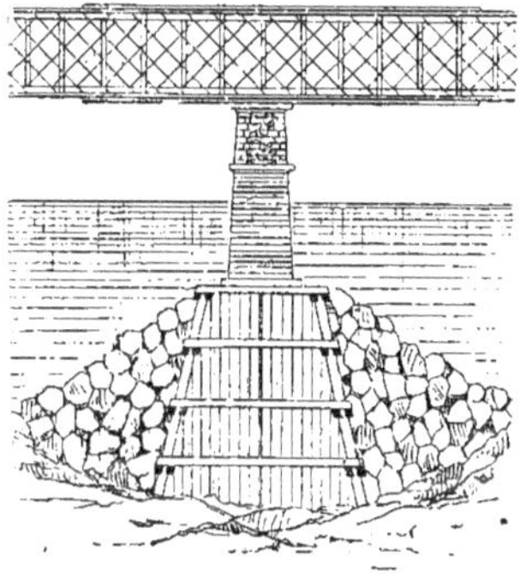

Fig. 2781.

treillis est fréquemment usité ; c'est ainsi que sont faites les parois verticales du *pont* de Breslé dont nous donnons (fig. 2781), à l'échelle de $0^m,003$ pour mètre, une pile avec deux amorces du tablier. Cette pile est fondée sur caisson rempli de béton ; des enrochements sont échoués au pourtour. La partie métallique de l'ouvrage est formée de deux poutres de rive en forme de double T, avec âme en treillis renforcés par des montants verticaux au droit desquels s'attachent les poutrelles qui supportent le plancher en bois.

La figure 2782 (1) représente un second

(1) Oppermann, *Nouvelles annales de la Construction*, 1864.

exemple de *pont* en treillis construit sur la Seine, à Argenteuil, pour le passage de la ligne de Paris à Dieppe. Le tablier

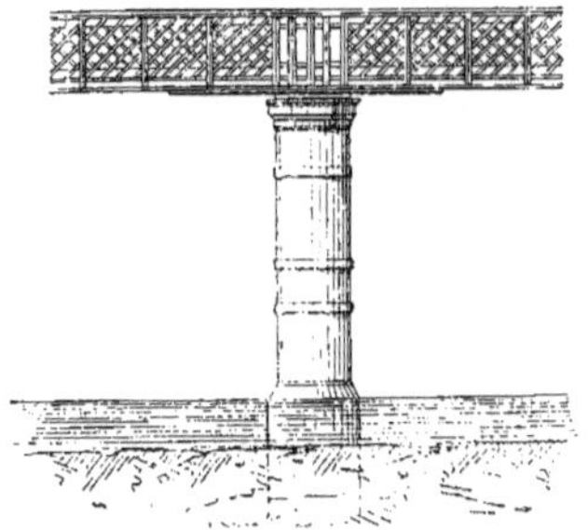

Fig. 2782.

est composé de deux grandes poutres formées chacune (fig. 2783) d'une âme, de 3m,40 de hauteur, en partie pleine et en partie treillis, et de deux semelles de 0m,60 de largeur. Au droit des points d'appui, l'âme est entièrement pleine.

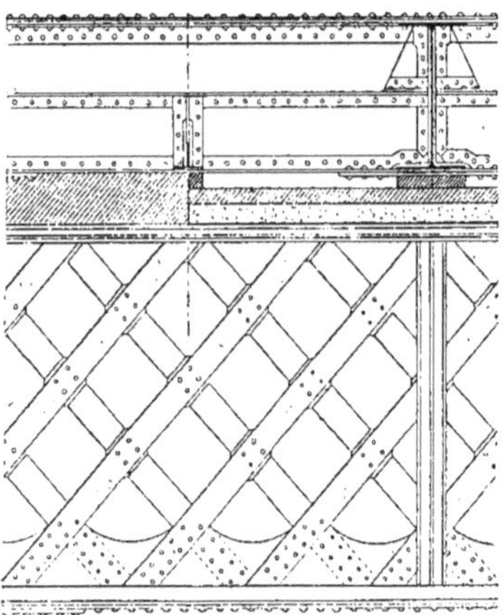

Fig. 2783.

Ces poutres sont reliées par des entretoises ou *pièces de pont* en tôle pleine, de 0m,80 de hauteur. Ce qui distingue surtout cet ouvrage des précédents, ce sont les points d'appui sur lesquels porte le tablier. Celui-ci repose, par ses extrémités, sur des culées en maçonnerie et, dans l'intervalle, sur quatre piles tubulaires. Chacune de ces piles est

Fig. 2784.

composée, comme le montre la figure 2784, de deux colonnes cylindriques en fonte, espacées de 8m,80 d'axe en axe, remplies de béton et reliées, à leur partie supérieure, par des entretoises. Ces colonnes sont formées d'anneaux cylindriques en fonte, de 1 mètre de hauteur, portant à leurs extrémités des brides intérieures qui servent à les réunir au moyen de boulons.

Ponts suspendus. Ces ouvrages se composent (fig. 2785) de câbles ou chaînes en fer tendues d'une rive à l'autre, et supportant, au moyen de tiges de suspension, un tablier qui donne passage aux piétons et aux voitures.

Les chaînes, plus employées en Angleterre qu'en France, sont des barres de fer forgé reliées entre elles par des boulons : mais le moindre défaut dans le forgeage de l'une de ces pièces peut en amener la rupture : il faut donc que le fer forgé qu'on y emploie soit de pre-

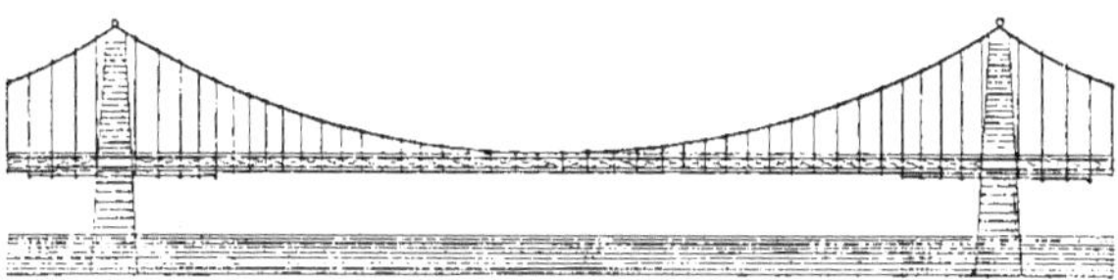

Fig. 2785.

mière qualité ; il faut, en outre, que l'exécution soit des plus soignées.

En France, les câbles en fil de fer sont employés comme offrant une exécution plus facile et une plus grande sécurité. Les fils sont enroulés en écheveaux autour d'une croupière et serrés, de distance en distance, au moyen de ligatures en fils recuits ; on leur donne ordinairement de 0m,00275 à 0m,00308 de diamètre. Les bouts de fils ont environ 150 mètres de longueur. En le mettant en câble, il faut opérer sur le fil une traction constante, suffisante pour faire disparaître les ondulations qu'il a prises par suite de la disposition en couronne qu'on lui donne pour le livrer au commerce. Quand un fil est placé sur le câble, on relie son extrémité à un autre bout, afin que le câble terminé soit comme formé d'un seul fil. On réunit les extrémités de deux fils en les croisant sur une longueur de 0m,10 et sur 0m,07 de ce croisement, on les serre avec un fil recuit, dont on met les spires en contact. Avant de mettre les fils en écheveau et pour préserver les câbles de l'oxydation, on fait passer les fils, à deux ou trois reprises, dans un bain d'huile de lin bouillante, rendue siccative à l'aide de litharge ; puis, quand le câble est fabriqué et relié, de mètre en mètre, par des ligatures provisoires, on y applique une nouvelle couche d'huile de lin, rendue siccative, comme pour les couches appliquées par immersion.

Les tiges de suspension qui supportent le tablier sont en fer forgé ou en fil de fer. Dans le premier cas, ces barres sont reliées aux pièces transversales ou pièces de *pont*, au moyen d'un écrou ou d'un étrier en fer. Il faut ici que les boulons de jonction et l'œil qui les reçoit aient exactement le même diamètre. Si les câbles sont en fil de fer, on peut également employer le fil de fer, et, dans ce cas, les tiges sont elles-mêmes prolongées de manière à former collier autour des pièces de *pont* ; mais ordinairement on fait ces tiges en fer ; leur fabrication est plus facile et l'on est plus maître d'en régler la longueur, de manière à donner un bombement convenable au plancher lors de la pose.

Le tablier est composé (fig. 2786) de poutres transversales soutenues directement par les tiges de suspension et espacées de 1m,25 à 1m,50. Ces pièces sont reliées entre elles par les longrines formant le trottoir. Le plancher est fait de madriers épais placés dans le sens perpendiculaire à celui des pièces de *pont* et espacés entre eux de 0m,05 à

Fig. 2786.

0m,08 ; les planches qui composent le sol sur lequel circulent les voitures sont posées dans le sens transversal. Le trottoir est formé de madriers placés en exhaussement de la chaussée sur les longrines qui relient les poutrelles ; il est, en outre, bordé d'un garde-corps en charpente. Les garde-corps en bois sont, en effet, les meilleurs : ils donnent de la rigidité au plancher ; on les forme d'une suite de croix de Saint-André, et leur hauteur varie de $0^m,90$ à 1 mètre.

La largeur d'un *pont* suspendu dépasse rarement 8 mètres, parce qu'au-delà de cette dimension, les poutres qui forment le plancher exigent de trop forts équarrissages. Sur ces 8 mètres, on prend $4^m,80$ pour la chaussée, largeur nécessaire pour le passage de deux voitures qui se croisent, et le reste est affecté aux trottoirs. Si le *pont* est peu fréquenté et de faible longueur, on ne donne au passage des voitures que de $2^m,20$ à $2^m,40$ de largeur et de 1 mètre à $1^m,10$ à chaque trottoir.

Les culées se font en maçonnerie et doivent, par leur poids, contrebalancer la traction à laquelle elles sont soumises.

Les amarrages des câbles sont établis dans des puits où l'on doit pouvoir toujours descendre afin de les visiter.

Avant d'atteindre le sol pour s'y fixer, les chaînes ou câbles reposent sur des piles, par l'intermédiaire de supports fixes ou de supports mobiles. Dans le premier cas, ces supports sont des portiques en maçonnerie ou des piliers en fonte, et les câbles posent sur des rouleaux appelés *secteurs oscillants* (fig. 2787) qui reposent eux-mêmes sur une surface plane. Cette disposition empêche la rupture que pourrait causer l'inégalité de tension entre deux portions consécutives du câble. Les supports mobiles sont des colonnes ou de grandes bielles en fonte (fig. 2788) reposant sur des points d'appui fixes, par l'intermédiaire d'une arête arrondie. Dans ces conditions, le support obéit aux mouvements du câble et prend la position de la bissectrice de l'angle formé par les deux brins, position qui est celle de la résultante des tensions égales exercées sur le câble dans ces deux directions. Pour éviter le renversement des supports, on les réunit à leur sommet, au moyen de haubans, soit entre eux, soit à des amarrages.

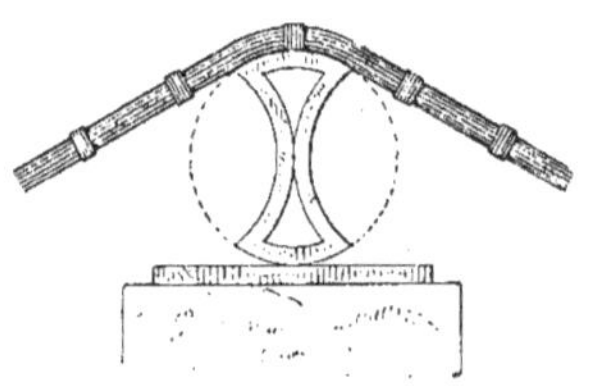

Fig. 2787.

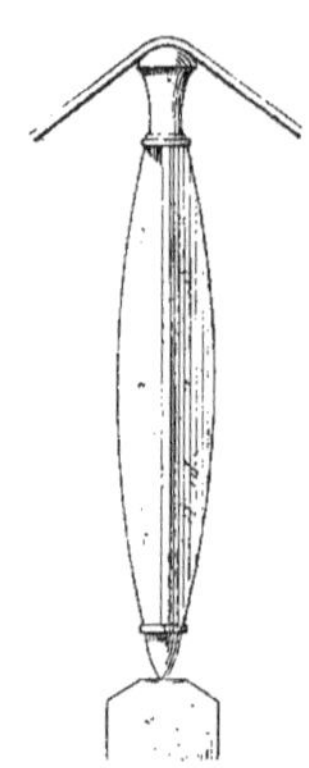

Fig. 2788.

On a cherché à diminuer la mobilité de ces ouvrages, en formant, par exemple, le tablier de poutres en treillis amarrées elles-mêmes par des haubans.

En résumé, le système des *ponts suspendus* est le plus économique de tous. Il fait travailler tout le métal, dans toute la section mise en œuvre, à la traction ; il permet de franchir les plus grandes portées et donne aux cours d'eau le débouché le plus large. Mais les ouvrages de ce genre présentent le grave inconvénient de n'être pas rigides et, dans ce cas, la solution du problème est encore à trouver.

Ponts-canaux. Ces ouvrages s'exécutent lorsqu'on a à faire la traversée de cours d'eau importants ou de rivières traversant le fond d'une vallée, quand on veut faire passer le canal d'un versant sur le versant opposé. Ce sont des *ponts* ordinaires, sur lesquels on établit une cuvette dont la section est réduite à celle qui est nécessaire pour le passage d'un seul bateau, mais qui est toutefois un peu plus grande que celle des écluses.

Les voûtes, les piles et culées d'un *pont-canal* sont établies d'après les mêmes principes que celles des *ponts* fixes ordinaires, mais en tenant compte d'une pression beaucoup plus considérable.

De chaque côté du canal sont disposées des banquettes de halage (fig. 2789) avec parapet ou garde-corps. La

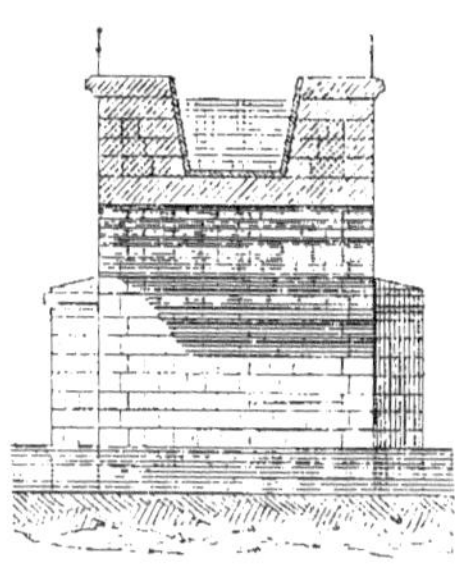

Fig. 2789.

largeur de ces banquettes varie de 1^{m},30 à 1^{m},90.

La question importante, dans ces sortes d'ouvrages, est l'étanchéité de la cuvette, difficile à obtenir à cause des dilatations et contractions successives auxquelles les mortiers et les pierres elles-mêmes sont soumis. On peut alors employer, comme enduit, une matière douée d'une certaine élasticité, le bitume. On fait encore des cuvettes en bois, qui durent peu et sont d'un entretien coûteux et des cuvettes en tôle ou en fonte, dont l'inconvénient est d'être d'un prix élevé.

II. Ponts mobiles. Il n'est pas toujours possible d'employer des *ponts fixes* sur les rivières ou sur les canaux, soit par suite de la disposition des rives, soit en raison des besoins de la navigation.

Pont de bateaux. Un ouvrage de ce genre est composé de bateaux amarrés à une certaine distance les uns des autres, reliés entre eux par des poutrelles, sur lesquelles on établit un plancher avec garde-corps. Pour donner passage aux navires, on fait dériver sur le côté un ou deux bateaux que l'on replace ensuite. Le tablier s'élève et s'abaisse avec le niveau de la rivière et, par conséquent, le plan incliné qui y donne accès est mobile.

Pont-levis (voy. ce mot).

Ponts roulants. Ces ouvrages, utilisés sur les canaux, sont formés d'un tablier mobile sur des rouleaux en fonte, qui se retire en arrière par un mouvement de translation horizontale. L'inconvénient de ce système est d'occuper beaucoup de place et d'exiger, pour les rouleaux, un grand entretien.

Ponts tournants. Ce sont les *ponts* mobiles les plus employés sur les canaux et dans les ports. On les fait en bois ou en fonte, en une seule partie ou en deux portions. Dans le premier cas, le tablier exécute son évolution à l'aide d'un axe de rotation vertical placé sur un massif de maçonnerie que l'on a établi à une distance de la berge égale à la moitié de la largeur du *pont*.

Le pivot est en fer aciéré et s'emboîte dans une crapaudine fixée au *pont*. Autour de ce pivot est un chariot qui sert à empêcher le déversement, quand il y a déplacement dans le centre de gravité ; il est composé de deux cercles concentriques, reliés par des bras et munis de galets qui se meuvent sur un cercle en fonte scellé dans la maçonnerie. Les poutres horizontales qui forment le tablier ont leur portée diminuée par des haubans en fer se rattachant à deux colonnes en fonte placées de chaque côté du *pont*. Ces colonnes sont fixées sur une forte traverse placée sur le châssis qui repose immédiatement sur le pivot. Le tablier étant composé de deux travées inégales, puisque le point de rotation n'est pas au milieu de l'ouverture, on rétablit l'équilibre au moyen de contrepoids.

Lorsque le *pont* a une assez grande ouverture, on le divise en deux parties mobiles qui viennent s'ajuster l'une contre l'autre. La figure 2790 représente un exemple de cette dernière espèce d'ouvrage, le *pont tournant* de

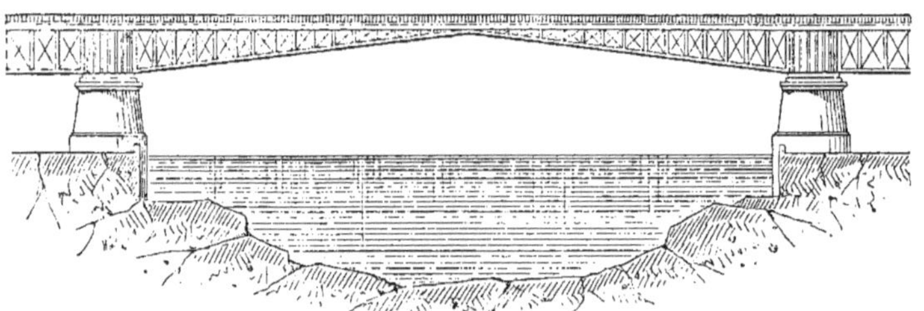

Fig. 2790.

Brest, dû à l'ingénieur Oudry. Le tablier est composé de deux parties pouvant pivoter facilement sur deux piles-tours au moyen d'un mécanisme particulier. La grande volée est équilibrée par la petite, additionnée d'une charge disposée dans une caisse à parois pleines.

Historique. Les *ponts* les plus anciens dont il soit fait mention dans l'histoire sont attribués à Ménès, roi d'Égypte, qui, selon Hérodote, en fit construire un sur le Nil et à Sémiramis, qui fit bâtir un *pont* sur l'Euphrate, à Babylone.

Les Grecs semblent avoir édifié des *ponts* où les piles étaient en pierre; mais ce sont surtout les Romains qui, les premiers, employant les arches voûtées, donnèrent à ces ouvrages un

Fig 2791.

caractère monumental et y déployèrent, en même temps, une grande habileté d'exécution.

Les *ponts* romains étaient toujours très étroits. La chaussée était pavée de larges dalles et munie de trottoirs de chaque côté. Quelquefois, à chacune des extrémités du *pont*, était érigée une porte monumentale, qui décorait la construction et pouvait servir aussi à intercepter le passage. Le *pont* de Saint-Chamas (Bouches-du-Rhône), que représente la figure 2791, offre un exemple de cette disposition.

Le fameux *pont* du Gard montre sur quelles dimensions colossales étaient quelquefois conçues ces sortes d'ouvrages.

A l'époque des invasions des Barbares, la plupart des *ponts* romains furent renversés, et l'on ne franchit plus les rivières que sur des bateaux ou des bacs. Charlemagne fit établir des *ponts* de bois sur le Rhin.

Les architectes du moyen âge se bornèrent d'abord à copier les *ponts* romains ; ce n'est que plus tard qu'ils en modifièrent les dispositions ; ils continuèrent toutefois à les faire très étroits, mais en ménageant, au-dessus des piles, des enfoncements qui servaient de refuge aux passants, lorsque la chaussée était encombrée de voitures. Quant aux arches, ils les firent circulaires ou ogivales, suivant les époques, et de dimen-

Fig. 2792.

sions presque toujours inégales, l'arche du milieu, dite *marinière*, étant beaucoup plus haute et plus large que les autres, ce qui donnait à la construction une forme en dos d'âne très prononcée. En outre, des tours fortifiées défendaient souvent chacune des extrémités du *pont* et parfois même une troisième tour semblable surmontait une des piles centrales. Le *pont* Valendé, sur le Lot, à Cahors (fig. 2792), est le plus grand *pont* fortifié, encore existant, qui date de cette époque.

Plus tard, on bâtit aussi des maisons sur les *ponts* eux-mêmes. La figure 2793 montre, en coupe, le *pont* dit Ponte-Vecchio, qui possédait, de chaque côté,

Fig. 2793.

des boutiques à arcades, dont l'élévation est donnée par la figure 2794. Ces dessins sont reproduits d'après la restauration qu'en présente M. Rohault de

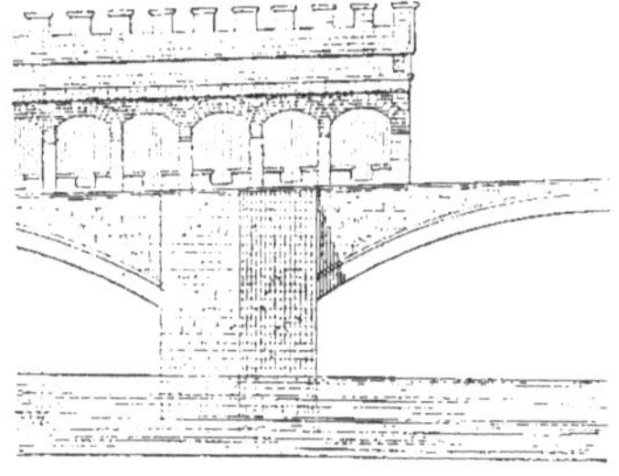

Fig. 2794.

Fleury dans l'*Architecture toscane*. Les façades extérieures avaient un aspect des plus sévères ; les fenêtres mêmes y étaient prohibées par un règlement de voirie.

Jusqu'au commencement du xve siècle, Paris n'eut que des *ponts* de bois, qui étaient fréquemment emportés par les eaux. C'est en 1412 que fut construit dans cette ville le premier *pont* de pierre ; cet ouvrage fut également détruit par une inondation, puis remplacé, en 1507, par le *pont* dit de Notre-Dame, qui a été démoli en 1848. Le *Pont-Neuf* fut achevé en 1606.

L'adoption de l'anse de panier pour les *ponts* de Châtellerault et de Toulouse fut un progrès sensible. Ce système a été appliqué d'une façon remarquable au *pont* de Neuilly, construit par Perronnet, de 1768 à 1773 ; il se compose de cinq arches en anse de panier ayant chacune 39 mètres d'ouverture.

L'arc elliptique a été adopté dans certains cas, par exemple au *pont* de Londres, dont l'arche du milieu a 56 mètres d'ouverture.

Les *ponts* avec piles en maçonnerie et métal ne datent que de ce siècle.

L'invention des *ponts* suspendus appartient aux Américains ; on en fit d'abord un fréquent usage ; mais les accidents qu'ils ont occasionnés les ont fait proscrire dans presque tous les cas.

Pont-Aven (*Granit de*). — Granit très dur, à gros éléments, que l'on tire des carrières de *Pont-Aven*, dans l'arrondissement de Quimperlé (Finistère).

Ce granit se présente en masses de 10 à 50 mètres cubes disséminées à la surface du sol et que l'on débite en blocs de toutes dimensions.

Pont-Chrétien (*Pierre de*). — Calcaire oolithique, blanc, provenant des carrières de la Garenne-de-la-Roche et du Cluseau, dans la commune de Saint-Marcel, près de Châteauroux.

Cette pierre porte de 0^m,50 à 0^m,80 de hauteur d'assise ; elle pèse de 2,270 à 2,300 kilogr. le mètre cube, et s'écrase sous une charge de 510 à 530 kilogr. le mètre cube.

Pontet, *s. m.* — Partie basse d'un barreau de grille qui est arrondie et va en diminuant en forme de fuseau A (fig. 2795). On en fait aussi qui sont

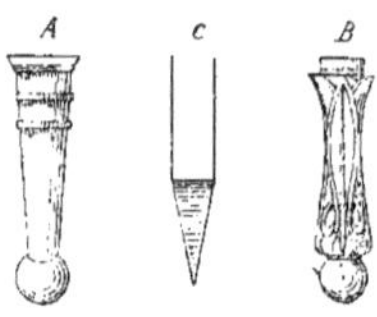

Fig. 2795.

ornés, comme on le voit en B. Quelquefois le barreau se termine en pointe quadrangulaire C, au-dessus de la traverse.

Les *pontets* sont des pièces rapportées.

Pontivy (*Granit de*). — Granit dur que l'on extrait de la carrière de l'Echantillon, dans la commune de *Pontivy* (Morbihan).

Cette pierre est de couleur blanc-grisâtre, parfois bleuâtre, à grain moyen.

La masse est exploitée sur 10 à 15 mètres de profondeur; on y débite des pierres de toutes dimensions.

Pont-levis, *s. m.* — Pont mobile que l'on emploie particulièrement dans l'architecture militaire pour interrompre le passage.

Les portes fortifiées du moyen âge étaient défendues par des *ponts-levis*, dans lesquels le tablier était mû au moyen d'un châssis en charpente. A ce dernier étaient fixées deux chaînes qui soulevaient le tablier mobile et une troisième qui permettait d'imprimer un mouvement de rotation au châssis, disposé du reste de façon à former contrepoids, afin qu'un effort, même assez faible, suffît pour le lever ou l'abaisser.

La figure 2796 représente une porte fortifiée de cette époque vue extérieurement. Cette porte est composée de deux baies, l'une assez large pour le passage des véhicules, l'autre, étroite,

pour le passage des piétons ; chacune

Fig. 2796.

de ces ouvertures est munie d'un *pont-levis* ; celui de la petite porte n'a qu'une seule flèche manœuvrant en bascule.

Nous donnons aussi (fig. 2797) une

Fig. 2797.

vue intérieure qui complète l'explication de ce système.

Une disposition semblable à celle que représente la figure 2798 était souvent

Fig. 2798.

adoptée pour les *ponts-levis* d'une grande légèreté.

Aujourd'hui, les ponts mobiles employés à cet usage dans les places de guerre sont à flèches, comme les précédents, ou manœuvrés au moyen de contrepoids suspendus à l'extrémité de la

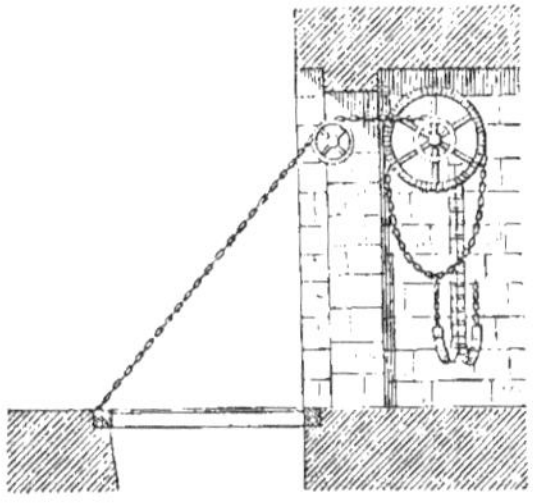

Fig. 2799.

chaîne, qui s'enroule autour d'une poulie. A mesure que le tablier se soulève, les contrepoids viennent poser sur un plan; mais il en reste toujours assez pour faire équilibre au tablier. Un des systèmes appliqués pour obtenir cette dernière condition d'une façon absolue, dans toutes les positions du tablier, est le *pont-levis* à la Poncelet (fig. 2799 (1); une grosse chaîne de Galle agit, par son poids, sur le tablier, en raison de sa position, c'est-à-dire qu'une partie d'autant plus grande de ce poids est soutenue par des points fixes, que le tablier approche davantage de la verticale.

L'inconvénient de ce mécanisme est la hauteur exigée pour le point d'attache. Nous citerons encore le système Delile, dans lequel le tablier (fig. 2800) est soulevé à l'aide de deux barres de fer qui, par l'une de leurs extrémités,

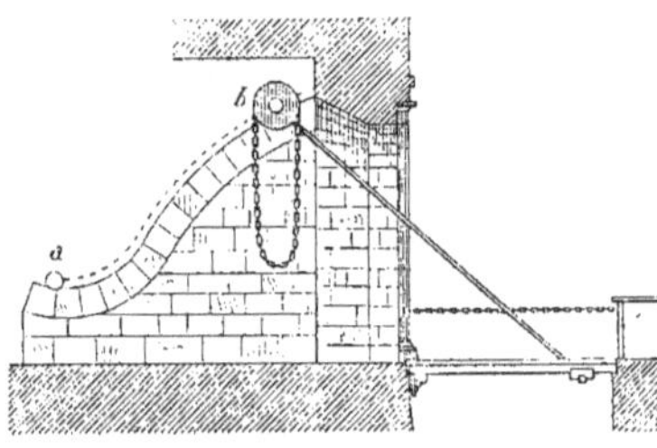

Fig. 2800.

embrassent un fort boulon fixé au tablier et, par l'autre, un essieu en fer terminé par deux cylindres qui descendent en roulant sur deux courbes *a b* tracées de telle manière que le système soit en équilibre dans toutes les positions du tablier.

Pontlevoy (*Pierre de*). — Calcaire lacustre, compact, qui provient des carrières de *Pontlevoy*, dans la commune de ce nom, près de Blois.

Cette pierre est homogène, dure et d'un blanc faiblement jaunâtre; elle porte de $0^m,40$ à $0^m,50$ de hauteur d'assise et pèse de 2,270 à 2,390 kilogr. le mètre cube; la charge nécessaire pour produire l'écrasement est de 340 à 420 kilogr. par centimètre carré.

(1) Laboulaye, *Dictionnaire des arts et manufactures*.

Porche, *s. m.* — Portique ouvert ou fermé, en avant de la porte d'entrée d'un édifice et particulièrement d'une église chrétienne.

Dans les basiliques latines et suivant le rite de l'Église primitive, un *porche* extérieur ou *narthex* était destiné à mettre à l'abri des injures de l'air, mais en dehors de l'assemblée des fidèles, les catéchumènes et les pénitents. La suppression de ces rites a entraîné, à une plus ou moins longue distance et selon les localités, celle de la distribution qui y correspondait, de sorte que la présence d'un *porche* est un indice d'ancienneté ou de fidélité à la liturgie primitive.

Le *porche* des églises latines est un espace couvert par une charpente ordinairement apparente, appuyée sur la façade de l'édifice et supportée par une rangée de colonnes ou de piliers carrés établis parallèlement au mur de face, à une distance plus ou moins grande, en raison de l'étendue et du service du temple.

La charpente qui surmonte le *porche* soutient une couverture en tuiles. Le fond de ce portique était décoré de peintures et de mosaïques; c'est là que s'ouvraient les trois portes de la basilique. Auprès de la porte principale étaient placées deux fontaines ou bassins destinés aux purifications.

Au-devant du *porche* était situé l'*atrium*, vaste cour carrée, entourée de murailles élevées ou de portiques. La porte de l'atrium était ouverte dans l'axe de la basilique et fréquemment accompagnée d'un *avant-porche* d'une forme analogue à celle que représente la figure 2801.

Un long voile pendant jusqu'à terre protégeait les pénitents contre les regards du public. Dans les basiliques privées d'atrium, des voiles étaient de même suspendus dans les entrecolonnements du grand *porche*.

A partir du VIIIe siècle jusqu'au XIIe siècle, les *porches* ont ordinairement la forme de portiques tenant

comme précédemment toute la largeur

Fig. 2801.

de l'église, comme à Saint-Vincent de Rome (fig. 2802); néanmoins, on en

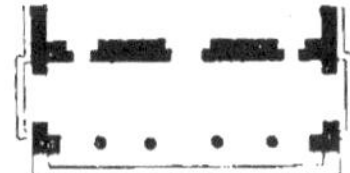

Fig. 2802.

trouve qui sont disposés sous une tour occupant le devant de la nef, comme à

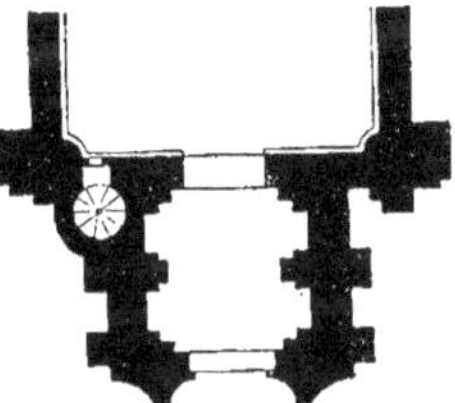

Fig. 2803.

l'église Sainte-Radegonde, à Poitiers (fig. 2803).

Quelques *porches* résultaient de l'étranglement produit dans le plan du portail par la base de deux clochers latéraux, comme on le voit à l'église de Montréale, en Sicile (fig. 2804).

Avant le XIIe siècle, les lois ecclésiastiques interdisant d'enterrer les morts à l'intérieur même des églises, certains

Fig. 2804.

personnages marquants recevaient la sépulture sous les *porches* ou vestibules des basiliques. Plus tard, ces abris furent même destinés à des usages qui n'avaient rien de sacré; les seigneurs y rendaient souvent la justice: c'était là aussi que s'accomplissaient certains actes authentiques.

C'est pour remédier à ces abus que, dès le commencement du XIIe siècle, les ordres de Cluny et de Cîteaux se mirent à élever devant leurs églises des *porches* fermés, auxquels ils donnèrent de vastes dimensions et en firent des *ant-églises* souvent à deux étages (1).

Parmi les *porches* du moyen âge, nous citerons, comme l'un des plus remar-

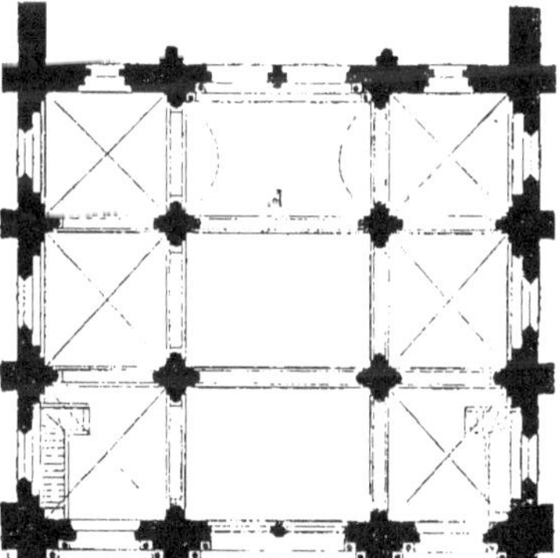

Fig. 2805.

quables, celui de l'église de Vézelay, dont la figure 2805 donne le plan, à

(1) Viollet Le Duc, *Dictionnaire raisonné de l'architecture française*.

l'échelle de $0^m,002$ pour mètre. Il est divisé en trois travées principales; celle du milieu est surmontée d'une tribune au-dessus de l'ancienne porte de la nef; cette tribune est close par une balustrade A; les collatéraux forment galerie au premier étage.

Pendant les XIIIe, XIVe et XVe siècles, un grand nombre de *porches*, en forme de portiques et d'appentis, ont été établis devant les façades d'églises paroissiales. Ces constructions sont très simples; ce sont de petits piliers de pierre ou des poteaux de bois qui soutiennent un comble à une seule pente et reposent eux-mêmes sur un mur bahut. Ces *porches* étaient destinés à mettre à l'abri les personnes qui assistaient aux enterrements effectués dans les cimetières attenants à ces églises.

Outre les *porches* ainsi fermés sur les côtés et totalement ou en partie sur le devant, les *porches* ouverts sur leurs trois faces extérieures se rencontrent fréquemment; la figure 2806 (1) représente, en plan, à l'échelle de $0^m,004$

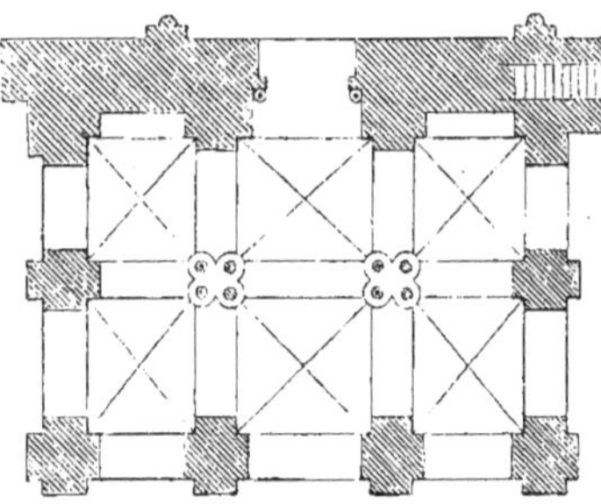

Fig. 2806.

pour mètre, le *porche* de l'église de Paray-le-Monial, appartenant au XIIe siècle; ce vestibule offre sur sa face à rez-de-chaussée, trois arcades ouvertes et sur ses côtés deux arcades; il est fermé, à sa partie supérieure, par des voûtes d'arête. Le remarquable *porche* de l'église Notre-Dame de Dijon a été construit suivant ces mêmes données.

(1) Viollet Le Duc, *Dictionnaire raisonné de l'architecture française.*

A côté des *porches* ouverts ou fermés, il faut citer ceux qui étaient établis, à la même époque, à la base des clochers élevés sur la façade principale des églises. Ces vestibules sont tantôt fermés latéralement, tantôt ouverts sur trois faces.

Les *porches* établis devant les entrées latérales des églises datent du XIIIe siècle et devinrent très fréquents pendant les XIVe et XVe siècles; on peut les considérer comme des constructions annexes ne faisant pas corps avec l'édifice. Certaines façades présentent même des *porches* de ce genre, par exemple celle de Saint-Germain l'Auxerrois, à Paris.

Quelques églises de la Renaissance offrent des *porches* qui, par leurs dispositions générales, rappellent ceux du moyen âge, avec un caractère plus élégant peut-être, mais moins monumental et moins profondément religieux.

Depuis deux siècles, on a établi à Paris, au devant de certaines églises, des *porches* ou péristyles d'un aspect plus grandiose, mais ne satisfaisant pas à cette condition essentielle d'offrir un abri véritable contre le vent et la pluie. Nous citerons ici le *porche* latéral de l'église

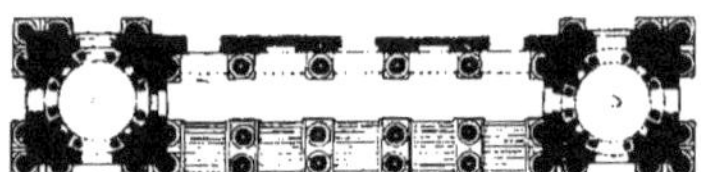

Fig. 2807.

de la Sorbonne et le *porche* ou péristyle de Saint-Sulpice, représenté en plan par la figure 2807; il conduit, de chaque côté, dans deux sanctuaires fermés qui, par leurs murs épais, soutiennent les angles de la façade ainsi que les tours.

Les constructions civiles, édifices publics ou hôtels privés, offrent des exemples de *porches* placés devant leur entrée.

Au moyen âge, ces abris étaient souvent combinés avec les degrés principaux des palais et châteaux. Les maisons n'avaient pas de *porches* en avant de leur façade, mais des portiques continus, des saillies en encorbellement ou des *auvents* (voy. ce mot). Dans les constructions civiles, hospices, maladreries, maisons de réunion pour les bourgeois, la forme générale des *porches* était la suivante : des murs bas supportaient de petits piliers qui servaient eux-mêmes de soutiens à une couverture à deux pentes.

Aujourd'hui, on voit des *porches* à l'entrée des vestibules dans certains hôtels privés ; nous citerons (fig. 2808) celui que M. Henri Labrouste a construit

Fig. 2808.

à Paris pour l'hôtel Fould. Cette annexe est percée de trois côtés, de façon que les voitures puissent entrer par les arcades latérales pour déposer les visiteurs à l'abri de la pluie.

Porcherie, *s. f.* — Local destiné à l'élevage et à l'engraissement des animaux de l'espèce porcine.

Ordinairement, les porcs sont renfermés dans des loges ou compartiments qui, par leur réunion, forment la *porcherie*. Il est rare que l'on mette ces animaux en commun, par exemple dans une cour autour de laquelle sont disposés des abris.

L'exposition au midi est celle qui vaut le mieux pour une *porcherie*.

Parmi les conditions générales qu'exige l'établissement des *porcheries*, il faut mettre au premier rang l'uniformité de température. Le porc souffre également des extrêmes de chaud et de froid ; il importe donc de le tenir chaudement, en hiver, par une abondante litière sèche et une bonne disposition de son habitation, et fraîchement, en été, par l'ombrage d'un toit et les courants d'une bonne ventilation.

A cause de l'odeur désagréable que dégage une *porcherie*, on doit toujours la placer sous le vent qui règne le plus habituellement dans la localité, de manière que l'odeur ne soit pas portée sur les autres bâtiments de la ferme.

Quant à l'espace que doit occuper l'habitation des porcs, il dépend de plusieurs conditions. Tout d'abord, il faut pouvoir séparer les animaux suivant le sexe et l'âge, et aussi d'après leur destination, la reproduction ou l'engraissement. Les verrats, les truies, les mères, les gorets en sevrage et les porcs d'engrais exigent des logements séparés et de dispositions différentes. Les porcs d'élevage doivent pouvoir passer au grand air la plus grande partie de leur temps ; aussi, leur faut-il une loge spacieuse et une cour attenante, la loge ne devant servir que d'abri pour la nuit ou pour les temps de pluie et d'orage en été, et pendant une partie seulement du jour en hiver. On peut faire des loges ou hangars communs à un certain nombre de jeunes truies ou de gorets : « Il faudra, dit M. Grandvoinet, dans l'*Encyclopédie de l'agriculteur*, compter alors pour chacun environ 0m,60 de surface, et pour la cour une surface triple ou 1^m,80. La loge d'une truie portière ou nourrice devra avoir au moins 2 mètres sur 1^m,75, soit 3^m,50. Celle d'un verrat sera suffisante, ayant 2 mètres de longueur sur 1^m,20 à 1^m,50 de largeur, suivant la race (2^{m2} à 3^{m2}). Les cours devront avoir ordinairement de 3 mètres à 3^m,50 de longueur et la même largeur que les loges ; ces chiffres n'ont rien d'absolu et dépendent des circonstances d'emplacement. »

Les porcs d'engrais se placent dans des loges peu éclairées, n'ayant que 1 mètre à 1^m,30 de longueur sur 0^m,75 à 0^m,90 de largeur, c'est-à-dire les dimensions strictement nécessaires pour que l'animal puisse se coucher commodément.

Une *porcherie* d'une certaine importance doit avoir, comme annexe, une chambre d'alimentation renfermant un fourneau pour la cuisson des aliments : viande, pommes de terre ; des cuves de mélange pour les aliments solides et des réservoirs pour les liquides.

Quant à ce qui concerne les dispositions diverses qu'il convient de donner aux *porcheries*, on divise ces abris en plusieurs classes, suivant qu'ils sont destinés à l'habitation de 4 ou 5 porcs ou d'un nombre qui varie entre 5 et 30 au plus. On distingue aussi les *porcheries* faites pour l'élevage et celles destinées, tout à la fois, à l'élevage et à l'engraissement.

Les petites *porcheries* d'engrais reçoivent le nom de *toits à porcs*. Ce sont de simples couvertures en appentis, recouvrant une enceinte en maçonnerie, souvent même en planches. Les porcs prennent leur nourriture dans des auges placées en dehors, en passant la tête par des trous espacés de manière à ce que les animaux ne puissent se disputer la nourriture.

Dans les exploitations importantes, on fait souvent des *porcheries* doubles, isolées des autres bâtiments où les porcs sont placés tête à tête ou dos à dos. Dans le premier cas, on établit deux *porcheries* simples du premier système, accolées avec un couloir commun qui permet de faire le service des auges. Dans le second cas, les deux *porcheries* simples sont accolées en sens inverse ; les appentis s'appuient sur une cloison commune et les auges sont en dehors.

Les *porcheries d'élevage* consistent, pour chaque animal ou pour chaque groupe d'animaux, en une loge couverte et une petite cour.

Les *porcheries mixtes*, c'est-à-dire celles qui sont à la fois destinées à l'engrais et à l'élevage, doivent être disposées de la manière la plus commode possible et comprendre les bâtiments divers propres à l'engrais et à l'élevage.

On peut classer, de la manière suivante, les dispositions d'ensemble des *porcheries* : 1° *porcheries* d'un seul rang ou *porcheries* simples ; 2° *porcheries* de deux rangs accolés ou *porcheries* doubles ; 3° *porcheries* de deux rangs simples parallèles ; 4° *porcheries* de deux rangs simples, d'équerre ; 5° *porcheries* de deux rangs doubles, parallèles ; 6° *porcheries* de deux rangs doubles, placées d'équerre ; 7° *porcheries* de trois rangs simples, disposées en fer à cheval ; 8° *porcheries* de quatre rangs simples, en carré ou en carré long. M. Grandvoinet, à qui est due cette classification, la complète par les *dispositions mixtes* qui comprennent : 1° un très long rang double, à auges intérieures sur couloir, et coupé en deux par une cuisine placée au milieu de la longueur ; 2° trois ou quatre rangs doubles, à couloir et auges à l'intérieur, placés d'équerre sur trois ou quatre côtés d'une cuisine commune ; 3° rangs simples parallèles, ayant la même exposition.

Au-dessus de l'auge est pratiquée dans le mur extérieur des loges l'ouverture qui permet de nettoyer cette auge et de la remplir d'aliments, sans pénétrer dans l'intérieur du toit à porc. Cette ouverture est fermée par un volet, au moyen d'un verrou qui a son crampon scellé sur le bord extérieur de l'auge.

Pour faire le service de l'auge, on pousse le volet à l'intérieur, et il est maintenu dans sa nouvelle position par le même verrou, qui retombe de lui-même sur l'autre bord de l'auge.

Si nous passons aux dispositions particulières des éléments qui constituent les *porcheries*, nous ferons observer que la construction du sol même de ces abris est une des questions les plus importantes de leur établissement. On y procède suivant deux modes différents : on fait un sol imperméable, couvert de litière, qui se transforme en fumier par son mélange avec les déjections des animaux. Moins fréquemment, on fait un sol perméable : un grillage en bois laisse tomber les excréments liquides et solides dans une sorte de fosse ouverte où ils s'accumulent et d'où on les retire à des intervalles plus ou moins rapprochés.

Le pavage de grès ou de calcaire, le carrelage en briques, le bétonnage sont les procédés ordinairement employés pour former les sols imperméables. Le chêne ou l'acacia, ou tout autre bois, pourvu qu'il ait été trempé préalablement et pendant plusieurs jours dans une dissolution assez faible de sulfate de cuivre, fournissent, coupés en petits parallélipipèdes, le meilleur plancher pour les loges à porcs ; les sols autrement construits sont trop froids, surtout pour les jeunes animaux.

Les planchers à claire-voie sont formés avec de fortes lattes, placées l'une à côté de l'autre sans se toucher. Ils offrent sur les sols imperméables un certain nombre d'avantages qui tendent à les faire adopter : économie de litière ; économie de main-d'œuvre pour l'élevage et l'entretien des animaux ; suppression des transports de fumier aux tas et réduction du transport aux champs ; condition plus favorable pour les animaux d'engrais, qui, ne pouvant se mouvoir que difficilement sur un tel plancher, sont forcés de partager leur temps entre le sommeil et les repas. L'objection la plus sérieuse qu'on ait faite à ce genre de planchers, c'est que si l'on n'emploie aucune matière fixante, les gaz de la fosse montent et forment une atmosphère viciée que les animaux ne cessent de respirer ; on peut faire observer que ce défaut est commun aux *porcheries*, aux boxes à l'engrais, aux étables *flamandes*, etc., et que les agriculteurs ne se plaignent pas de ces dispositions.

On établit un plancher à claire-voie en posant les barres sur des lambourdes ou poutrelles, avec un écartement qui varie de $0^{m},0254$ à $0^{m},0317$. Il y a avantage à employer des barres plates posées de champ ; on dépense ainsi moins de bois pour un même poids et les ouvertures sont plus nombreuses. On peut se servir de barres de chêne ayant $0^{m},08$ sur $0^{m},04$. Ces planchers doivent être élevés au-dessus de la fosse de $0^{m},60$ à 1 mètre.

Dans tous les cas, les sols imperméables doivent être inclinés de $0^{m},03$ par mètre et pourvus d'une rigole destinée à faciliter l'écoulement des liquides.

Nous avons vu que les aliments sont donnés aux porcs dans des auges ou mangeoires dont la forme est assez variée. Voici une disposition appliquée dans certains abattoirs, celui de Bourges, par exemple : entre deux étables

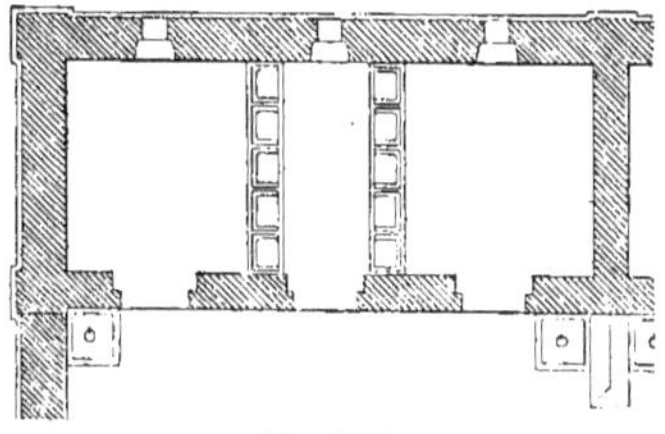

Fig. 2809.

(fig. 2809) est disposé un couloir qui permet de déposer la nourriture de chaque animal dans sa mangeoire, sans entrer dans l'étable ; chacune de ces crèches est pourvue, du côté du passage, comme on le voit en coupe (fig. 2810), d'un coffre en bois qui isole les animaux de la personne chargée de leur donner la nourriture ; au fond des

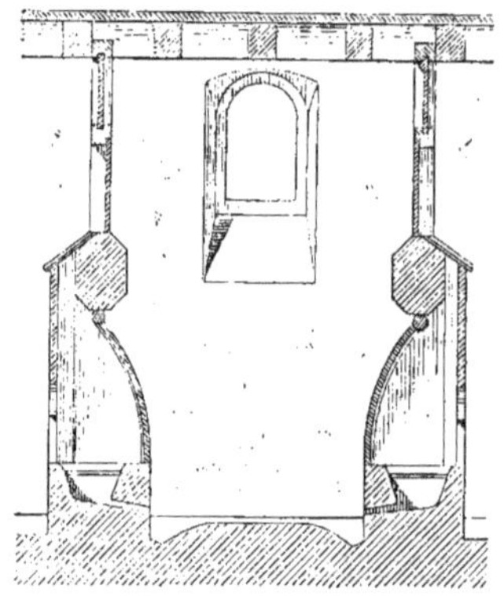

Fig. 2810.

mangeoires est un petit canal qui permet aux liquides de s'écouler dans un ruisseau ménagé sur le sol du passage.

Un autre système commode a été décrit plus haut et est représenté en

Fig. 2811.

coupe par la figure 2811 ; la figure 2812 en donne le détail perspectif; seulement, il est bon de donner au volet une courbure destinée à laisser à la tête du porc le plus de place possible.

La couverture des *porcheries* se fait de différentes manières, suivant les divers cas. Quand la *porcherie* est adossée à l'un des murs libres des autres

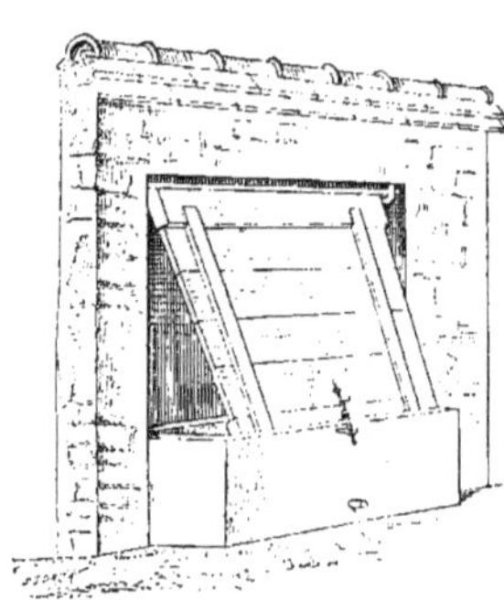

Fig. 2812.

bâtiments, les combles se font en appentis, et la toiture peut être formée de chevrons reposant, d'une part, sur une panne faîtière encastrée de quelques centimètres dans le mur de support, soulagée par des corbeaux en fer scellés dans la maçonnerie, et, d'autre part, sur une sablière, pièce de bois plate posée sur le mur de face de la *porcherie* ou assemblée avec les poteaux du pan de bois qui remplace quelquefois ce mur.

Si la *porcherie* est double à deux rangs adossés, la couverture peut encore être faite avec de simples chevrons, dont les abouts supérieurs reposent sur un faîte, assemblé à tenon et mortaise avec les poteaux prolongés de la cloison qui sépare les deux rangs de loges adossées.

Quand la *porcherie* est double par deux rangs de loges tête à tête, c'est-à-dire avec couloir au milieu, on la couvre à l'aide de petites fermes composées soit de planches, soit de petits bois de charpente.

La couverture doit être peu conductrice de la chaleur. L'ardoise est, sous ce rapport, un peu plus conductrice que la tuile, mais elle est d'un bon usage, étant doublée par le voligeage sur lequel on la pose. Dans les pays où les hivers sont longs et très froids, un plafonnage serait très utile pour des loges à engrais ou destinées à des mères et à leurs jeunes.

L'établissement des portes doit être fait dans certaines conditions : ces baies doivent laisser passer une personne sans trop de gêne, et avoir, par exemple, 1m.80 sur 0m,60. L'une des portes les

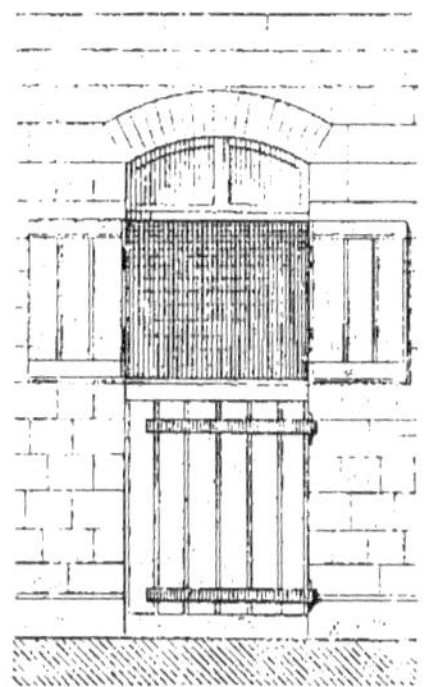

Fig. 2813.

plus usitées est celle que représente la figure 2813; elle est divisée en deux parties, dont l'une à un seul vantail et l'autre à deux vantaux; une imposte éclaire l'intérieur (1).

S'il y a une cour, il faut que les portes qui donnent sur cette cour s'ouvrent par une simple poussée d'un côté ou de l'autre et se referment d'elles-mêmes, de manière que les porcs puissent, à volonté, passer de la loge dans la cour et réciproquement.

Les fenêtres servent à procurer aux *porcheries* une clarté suffisante pour le service et à ventiler l'intérieur, c'est-à-dire à remplacer l'air vicié par de l'air pur. Ces baies sont de simples ouvertures que l'on bouche, au besoin, avec de la paille ou de la toile grossière. Dans les grandes *porcheries*, on établit soit des fenêtres demi-circulaires ou cintrées, comme pour les écuries, soit des impostes au-dessus des portes.

Ce mode de ventilation naturelle présente un défaut capital ; il produit des courants d'air nuisibles à la santé des animaux qui, habitués à un air chaud et humide, reçoivent subitement les atteintes de l'air froid. Une ventilation continue est préférable. Le principe sur lequel ce système est basé est le suivant : ménager à l'air chaud et vicié une sortie à la partie la plus haute de la loge ; faire entrer à la partie la plus basse, par de petites ouvertures appelées *ventouses*, l'air froid de l'extérieur, qui est alors appelé naturellement par le vide que produit le courant ascensionnel d'air chaud. Ces ventouses sont des trous carrés de 0m,10 à 0m,12 de côté, placés à 0m,60 au-dessous du sol et garnis d'une plaque de tôle percée de trous, ou d'un petit grillage ou même d'une planche percée. Afin que l'on puisse rester absolument maître de la ventilation, c'est-à-dire régler la sortie de l'air chaud, la modérer ou l'activer, on a soin de munir l'ouverture supérieure d'un registre ou de tout autre moyen de fermeture progressive.

Les séparations entre deux loges attenantes ont au moins 1m,25 de haut et se font en maçonnerie ou en bois ; dans ce dernier cas, on emploie des planches posées de champ ou verticalement.

Quant à l'espace à réserver à chaque animal, M. Bouchard estime que 6 mètres carrés sont suffisants pour une truie avec ses porcelets, pour trois ou quatre jeunes porcs ou pour un porc à l'engrais. La hauteur des loges peut n'être que de 1m,80.

Des bassins doivent être ménagés dans lesquels les porcs puissent se rafraîchir et se laver.

Nous donnerons (fig. 2814) une disposition de *porcherie* avec cour attenante, l'auge étant placée dans la loge ou encastrée dans le mur extérieur de la cour. On en fait aussi de doubles avec ou sans couloir, comme nous l'avons indiqué plus haut.

(1) Bouchard, *Constructions rurales*.

Comme disposition générale, on éta-

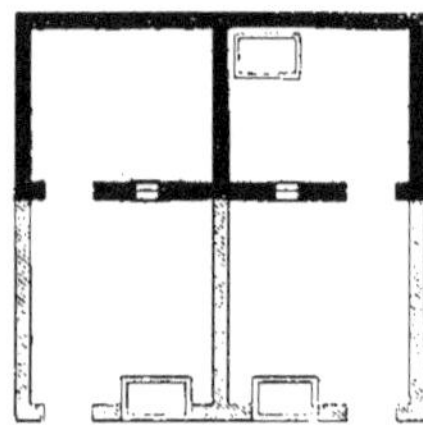

Fig. 2814.

blit souvent une *porcherie* (fig. 2815) en loges simples, avec ou sans couloir, autour d'une cour pourvue d'un abreuvoir. Au milieu ou à l'une des extrémités est

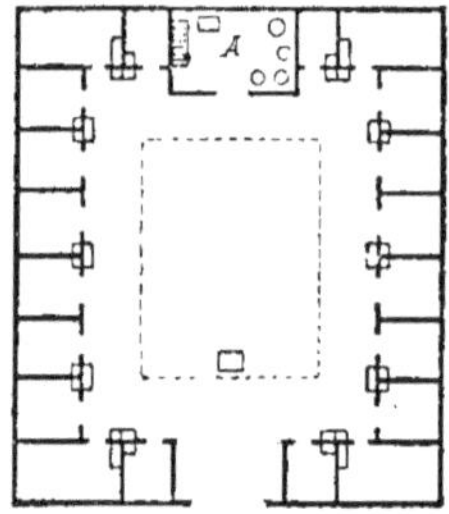

Fig. 2815.

une cuisine A pour la préparation des aliments, avec une cave ou cellier pour le dépôt des provisions. Dans la cour est ménagée une fosse à fumier avec une petite fosse à purin.

Les cours annexées aux loges doivent être un peu plus grandes que les loges. Elles doivent être imperméables aux liquides, ce qui s'obtient à bas prix, au moyen d'un corroi d'argile ou un bétonnage en pierres cassées et terre franche argileuse, un pavage ou bétonnage en mortier hydraulique. Une pente assez forte est ménagée pour faciliter l'écoulement des liquides vers des rigoles d'où on les dirige sur des fosses à purin. Les séparations entre ces cours sont faites au moyen de treillages ordinaires ou de murs de faible épaisseur. On donne à ces séparations $1^{m},20$ de hauteur.

Porphyre, *s. m.* — Roche d'origine ignée, formée d'une pâte homogène feldspathique, dans laquelle sont disséminés des cristaux de feldspath. La pâte est ordinairement de l'*albite*, tandis que les cristaux sont de l'*orthose*, ces deux matières étant des variétés de feldspath.

La dureté du *porphyre* qui est plus grande que celle du granit en rend la taille très difficile.

Le beau poli que cette pierre peut prendre l'a souvent fait classer parmi les marbres durs.

On distingue, comme variétés de *porphyres :*

Le *porphyre rouge*, qui présente un fond rouge, parsemé de petites taches blanches formées par des cristaux de feldspath ;

Le *porphyre brun-rouge*, présentant des cristaux d'orthose et un peu de quartz et dont la pâte est d'un brun sombre, quelquefois même noirâtre ; cette dernière variété est appelée *mélaphyre ;*

Le *porphyre rosâtre*, dont la pâte rose-pâle contient de nombreux cristaux de quartz ;

Le *porphyre violâtre*, dont la pâte, qui est d'un violâtre sale, présente des cristaux d'orthose blanchâtre, rosâtre ou verdâtre ;

Le *porphyre granitoïde*, dont le nom est dû à l'aspect que lui donnent les cristaux, de dimensions très variables, dont la pâte est semée ;

Le *porphyre vert*, dont la pâte verdâtre renferme des cristaux d'orthose verdâtre d'une teinte plus pâle.

De toutes ces roches, les variétés communes sont bonnes pour l'entretien des routes, pour les pavages ; celles aux couleurs vives et variées sont recherchées pour les objets de luxe ; mais la plus estimée et celle que les anciens ont le plus employée en architecture est la première de celles que nous venons d'énumérer, et qui est dite *porphyre rouge antique*. Le nom même de cette roche, que l'on tirait de la Haute-Égypte, vient du grec *porphura* (pourpre).

A quelle époque les Égyptiens exploitèrent-ils les carrières de *porphyre* et à quels ouvrages employèrent-ils cette pierre? c'est ce qu'il est impossible de préciser. Il paraît toutefois certain que cette matière n'entra jamais dans leurs constructions, et il semble qu'ils ne s'en soient jamais servi que pour les sarcophages. Ils employaient, d'ailleurs, outre le *porphyre rouge*, le granit rose, la syénite et la diorite. Les Grecs eux-mêmes n'auraient guère employé le *porphyre;* ce sont surtout les Romains qui ont exploité cette matière en Égypte dans un but architectural; ils en ont fait des colonnes qui furent, à des époques diverses, transportées en Italie particulièrement et de là dans d'autres pays. C'est ainsi que l'église Sainte-Sophie, à Constantinople, possède dix colonnes de *porphyre* dont la hauteur serait de 13 à 14 mètres; l'église de Saint-Marc, à Venise, est également ornée d'un grand nombre de colonnes de *porphyre.*

En observant les ouvrages de cette matière, le goût de leurs sculptures et la nature des sujets, on reconnaît que le *porphyre* a été exploité en Égypte, plus particulièrement dans les derniers siècles de l'empire romain. La dureté de cette matière, son beau poli et, sans doute aussi, sa rareté et sa cherté le firent rechercher par les opulentes familles de Rome. Pline rapporte que, sous le règne de Claude, un certain Vitrasius Pollio fit voir, pour la première fois, à Rome, des statues de *porphyre* rouge, appelé alors *leptopsephos* (marqué de petits points blancs). L'historien latin ajoute que cette nouveauté n'eut pas de succès; mais il est certain que, depuis cette époque, le *porphyre* rouge fut employé pour les portraits et les statues.

Le *porphyre rouge antique* peut recevoir un très beau poli; sa texture est uniforme dans toute la masse, la cohésion égale dans toutes les parties. La dureté de cette pierre surpasse celle de l'acier et en rend le travail très difficile. On raconte qu'à l'époque des Médicis on trouva le secret de tremper l'acier et de lui donner une dureté telle qu'on parvint à fabriquer des outils qui taillaient facilement le *porphyre.* François del Tadda Ferucci, sculpteur, contemporain du grand-duc de Toscane Cosme Ier, tira d'un bloc énorme de *porphyre* une grande vasque que l'on admire au palais Pitti; il exécuta aussi un certain nombre de statues représentant des personnages ou des figures d'animaux.

La ténacité du *porphyre* est considérable, et il résiste, en quelque sorte, indéfiniment aux influences atmosphériques; ce sont ces qualités qui le font encore rechercher de nos jours pour l'appliquer aux mêmes usages que les anciens; mais on ne le tire plus de l'Égypte, car on trouve en France de nombreuses carrières qui renferment diverses variétés de *porphyres.* C'est ainsi qu'on trouve des *porphyres rouges* dans la Corse, la Loire, la Lozère, le Puy-de-Dôme, le Var, les Vosges et la Nièvre; des *porphyres noirs* dans la Corse et le Puy-de-Dôme; des *porphyres verts* ou *ophites* dans les Hautes-Alpes, l'Aveyron, la Corse, les Côtes-du-Nord, le Lot, la Lozère et les Vosges; des *porphyres bruns* ou *feuille-morte* dans les Hautes-Alpes, la Corrèze, la Corse, la Loire, la Lozère et le Puy-de-Dôme; des *porphyres violets* dans la Loire-Inférieure et le Var; des *porphyres bleus* dans le Var; des *porphyres jaunes* dans la Corse; des *porphyres gris* dans la Corse, la Loire et la Lozère.

On trouve également du *porphyre* en Espagne et en Suède; c'est peut-être cette dernière contrée qui en fournit actuellement le plus.

Le poids du mètre cube de *porphyre* varie entre 2,756 et 2,927 kilogr.

Par extension, on appelle quelquefois

porphyre une pierre dure et polissable présentant, au milieu d'une pâte d'une certaine couleur, des cristaux dont la teinte blanche tranche avec celle du fond.

Port, *s. m.* — Point d'un littoral où la mer, s'enfonçant dans les terres, offre aux navires un abri contre les vents et les tempêtes.

On distingue :

1° Les *ports naturels*, qui sont entourés par la nature d'une vaste ceinture de hautes terres, coupée seulement par le passage des eaux appelé généralement *goulet ;* tel est le *port* de Brest ;

2° Les *ports artificiels*, où il a fallu tout créer de main d'homme.

Les *ports*, suivant leur destination, se divisent en *ports militaires* ou *ports de guerre*, *ports marchands* ou *ports de commerce*. Dans les premiers, qui ne sont pas seulement des lieux de refuge et d'abri, se trouvent réunis les ateliers et les divers établissements nécessaires à l'entretien d'une flotte et spécialement à la construction, au radoub et à l'armement des vaisseaux.

Afin de rendre les *ports* propres à servir d'abri aux navires, on construit des *môles* et des *jetées* (voy. ces mots). Quelquefois, on établit deux jetées parallèles qui s'avancent de plusieurs centaines de mètres jusqu'à la ligne de retrait des eaux, de manière à former un canal mettant la mer en communication avec l'intérieur du *port*. Dans les localités peu importantes, on remplace les jetées par de simples estacades.

Les *ports* soumis à l'action du flux et du reflux sont pourvus de *bassins de retenue* ou d'*écluses de chasse* dans lesquels on rassemble et l'on retient les eaux à la marée montante ; lorsque la mer se retire, on ouvre les bassins et les eaux, se lançant avec toute la vitesse due à la différence de niveau, balayant et creusant les chenaux, brisent les bancs qui obstruent l'entrée et frayent le passage aux navires.

Dans les *ports* où le niveau de la mer ne change pas, on est obligé de draguer.

Les *ports à marées*, où la mer, en se retirant, laisse les navires à sec, reçoivent le nom de *ports d'échouage*. Il peut en résulter des avaries pour certains bâtiments ; aussi, a-t-on dû créer des *bassins à flot*, qui sont munis de portes que l'on ouvre pendant le flux et qu'on ferme au moment du reflux. Dans ces bassins, les bâtiments entrent avec le flux et y sont maintenus à flot quand la mer, en se retirant, laisse à sec le *port* proprement dit. Celui-ci se nomme, dans ce cas, *avant-port*.

Les grands *ports*, et particulièrement les *ports militaires*, contiennent des ouvrages intérieurs qui servent, soit au chargement et au déchargement des marchandises, soit à la construction, au radoub et au stationnement des navires. Les premiers sont les *quais* et les *débarcadères ;* les seconds sont les *cales de construction* ou plates-formes de maçonnerie, sur lesquelles on place le navire,

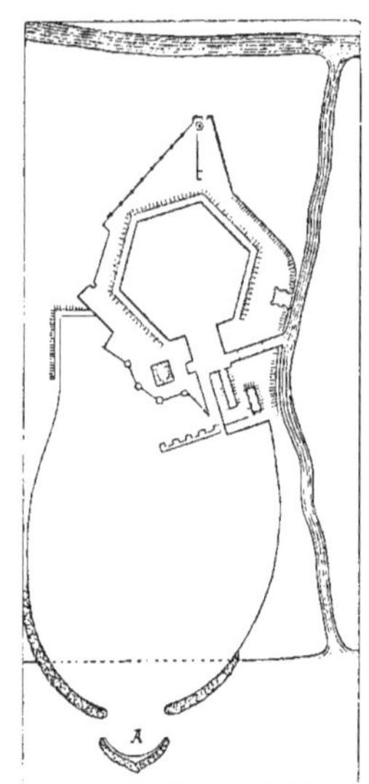

Fig. 2816.

pendant qu'on le construit et auxquelles

on donne une légère pente douce pour faciliter le lancement ; les unes sont en plein air, les autres sont surmontées d'une toiture soutenue par des piliers : tels sont les bassins de *radoub*.

Les Grecs et les Romains paraissent avoir construit leurs *ports* sur le même plan. Ils y plaçaient un bassin extérieur, avec un ou plusieurs bassins intérieurs, enfermés dans les terres et réunis par un chenal à l'avant-port. L'entrée du *port* est défendue contre l'action de la mer par un brise-lames en tête de la jetée, qui portait un phare et des tours fortifiées. La jetée était construite en arcades pour s'opposer à l'envahissement des bassins par les galets et le sable. La ville d'Éleusis présentait des jetées ainsi disposées. Le *port* d'Ostie (fig. 2816), près de Rome, était construit d'après les données que nous venons d'indiquer.

Portail, *s. m.* — Il y a tout lieu de croire que ce mot, qui n'est qu'un augmentatif du mot *porte*, fut employé fort anciennement pour désigner les entrées principales des églises, des palais et des monuments publics. De même que, chez les anciens, la porte donna son nom à l'ensemble dans lequel elle se trouvait comprise, c'est-à-dire au portique, au moyen âge elle donna son nom à cet ensemble formé, dans les édifices sacrés ou profanes, par les entrées accompagnées de gâbles, de colonnettes et de sculptures diverses.

De nos jours, le mot *portail* est resté affecté aux frontispices des églises. En effet, les colonnades qui précèdent l'intérieur des temples grecs et romains sont des *portiques*, des *péristyles* (voy. ces mots) et non pas des *portails*, tandis que l'on comprend, sous cette dernière désignation, dans les temples chrétiens, les voussures, tympans, galeries, roses, tours, etc., qui encadrent et surmontent les portes.

Il ne faut pas non plus confondre le sens de ce mot avec celui de *porche*, qui s'applique à un avant-corps se détachant des lignes principales d'une façade.

Dans les premières basiliques chrétiennes, on se contentait de placer en avant de l'entrée un petit portique ne tenant en rien à l'ordonnance générale. Quelquefois, la peinture et la mosaïque étaient employées à orner la façade antérieure du corps de bâtiment, lequel, formant la nef, s'élevait au-dessus des parties appelées, pour cette raison, *bas-côtés*. Il n'y avait point alors de ces ensembles qui marquent les façades des églises ou en raccordent les parties et que l'on appelle *portails*.

Dans les édifices religieux du moyen âge, les *portails* comprennent généralement trois entrées, celle du milieu correspondant à la nef et ornée d'une rose, deux tours plus ou moins élevées, des clochetons, des pyramides, et, dans les églises importantes, une innombrable quantité de figures, de reliefs, de sculptures et d'ornements.

La figure 2817 représente un *portail*

Fig. 2817.

de style plus récent, celui de l'église Saint-Gervais, à Paris, qui se compose d'un mur percé d'une baie principale et orné de huit colonnes accouplées deux à deux, dont quatre sont isolées et forment un simulacre de portique et dont les quatre autres sont adhérentes au mur et présentent, entre elles et les premières, un espace pour les portes latérales, le tout basé sur un socle saillant, auquel on monte par un perron de quatre marches, qui n'est pas indiqué sur la figure à cause de la petitesse de l'échelle. Nous avons choisi cet exemple comme étant l'un de ceux qui offrent le plus manifestement l'application rigoureuse du système de Vignole; l'ordre du rez-de-chaussée est dorique et surmonté d'acrotères sur lesquels s'élève, en diminuant de diamètre, l'ordre ionique, également complet, avec archivolte à la baie au-dessus de la porte du rez-de-chaussée, impostes régnant sur le mur et niches ornées, répondant aux portes latérales; sur cette seconde partie reposent d'autres acrotères décorés de balustrades au milieu et portant des groupes de figures aux extrémités; enfin, sur cette base s'élève un ordre corinthien complet, également orné d'impostes et d'archivoltes à sa baie et que termine un fronton circulaire surmonté d'une croix.

Comme *portail* adapté de même au corps d'une église déjà existante, nous pouvons citer celui de Saint-Sulpice, à Paris. Ce *portail* ne se relie à l'édifice que dans son plan, au moyen de trois entrées, la principale donnant dans la nef du milieu et les deux autres dégageant les bas-côtés. Il offre un péristyle ou *porche* (voy. ce mot) orné de colonnes doriques et flanqué de deux sanctuaires fermés. Au-dessus s'élève une galerie à jour d'ordonnance ionique. Ce dernier ordre est surmonté d'acrotères avec balustrades sur lesquels s'élèvent deux tours à plan carré, circulaires à leur partie supérieure.

Dans un sens plus restreint, on désigne aussi par le nom de *portail* les ébrasements ménagés extérieurement en avant des *portes* principales des églises pour former un abri. Ces *portails* sont, dans les grandes églises, ornés de nombreuses statues, de figures et de bas-reliefs placés sur les pieds-droits en ébrasement, sur les voussures et dans les tympans au-dessus des *portes* (voy. ce mot).

Porte, *s. f.* — Mot qui désigne, à la fois, l'ouverture pratiquée dans une enceinte pour lui servir d'issue et l'assemblage mobile de bois ou de métal qui sert à clore cette ouverture.

Toute *porte* se compose de deux jambages ou *pieds-droits*, qui en sont les parties latérales, d'un *linteau* ou d'un *cintre*, qui forme la partie supérieure, et d'un *seuil*, qui en est la partie inférieure, que le pied foule en entrant. Les jambages comprennent un *tableau* et une *feuillure* qui reçoit les parties mobiles composant la clôture.

Les formes adoptées pour les *portes* sont très variables, mais peuvent se ramener à deux groupes principaux : tantôt la baie est terminée, à sa partie supérieure, par un linteau ou par une plate-bande, et, dans ce cas, elle est rectangulaire ; tantôt elle est fermée par une courbe continue ou brisée passant par toutes les formes de l'*arc* (voy. ce mot).

Les *portes* terminées à leur sommet par des triangles, comme les *portes* de l'enceinte cyclopéenne d'Alée, en Arcadie (fig. 2818), par des assises en encorbellement, comme celle de l'antique Phigalée (fig. 2819), ou encore par des trapèzes, ainsi que l'on en voit dans les murs étrusques de Circeji (fig. 2820), ne sont que des acheminements successifs vers les formes typiques que nous avons citées.

Fig. 2818.

Les dimensions des *portes* varient

Fig. 2819.

suivant leur destination, dans des limites assez éloignées, mais non pas

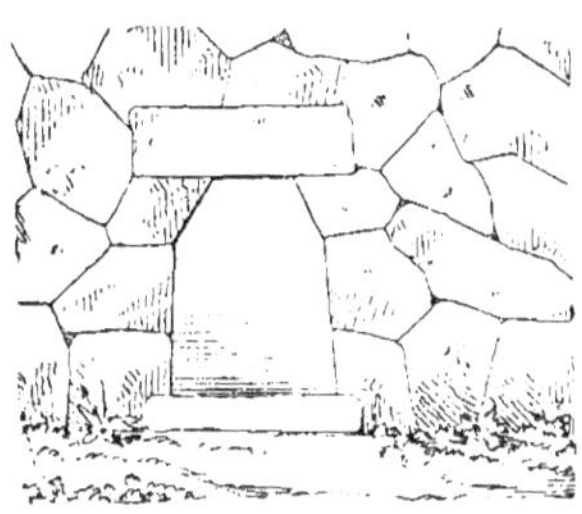

Fig. 2820.

tout à fait arbitraires ; la proportion la plus généralement adoptée est celle où la hauteur est comprise entre une fois et demie et deux fois et demie la largeur de l'ouverture.

Les systèmes de décoration des *portes* sont également très divers et dépendent du style des édifices auxquels ces ouvertures appartiennent : nous allons présenter quelques exemples pris dans l'architecture des différents peuples.

Les *portes* appartenant aux monuments de l'antique Égypte sont rectangulaires et se composent de deux montants et d'un linteau, lisses ou ornés d'hiéroglyphes.

La figure 2821 représente, à l'échelle de 0^{m}.003 pour mètre, la *porte* du grand temple d'Edfou ; son chambrale, recouvert de sculptures, est couronné d'une corniche à profil égyptien, ornée du globe à serpents ailés. Cette *porte* se distingue des autres entrées principales des temples de cette région en ce qu'elle

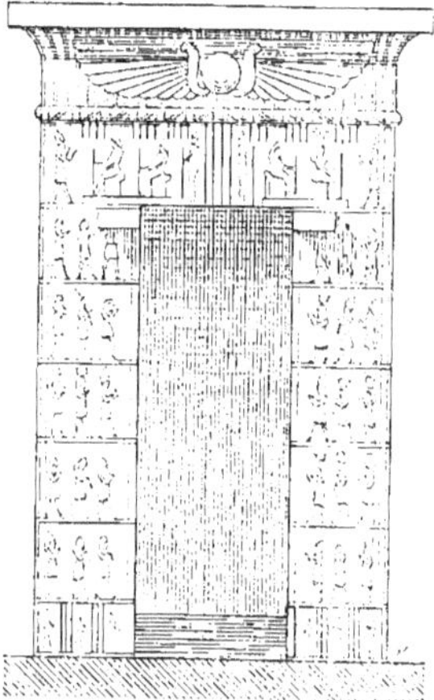

Fig. 2821.

possède deux consoles, à droite et à gauche de la traverse supérieure, dont la fonction n'est pas encore parfaitement déterminée.

Une autre forme de *porte* égyptienne est indiquée par la figure 2822 qui donne, à la même échelle, la *porte*

Fig. 2822.

d'entrée de la seconde cour ou *pronaos* du temple que nous venons de citer ; le linteau est supprimé.

Les maisons des anciens habitants de l'Égypte étaient pourvues de *portes* qui, par leur forme, se rapprochaient plus ou moins de celle qui servait d'entrée aux édifices religieux, mais étaient d'une décoration beaucoup plus simple. On remarquait sur le linteau, soit le nom du propriétaire ou de la personne qui habitait la maison, soit une sentence hospitalière. Ces *portes* étaient munies de vantaux qui s'ouvraient en dedans et se fermaient à l'aide de verrous et de loquets. Quelques-unes avaient des serrures en bois, comme on en voit encore de nos jours en Égypte. La plupart des *portes* intérieures n'étaient fermées que par une simple tenture.

La forme quadrangulaire de la *porte* égyptienne est celle que l'on retrouve dans l'architecture grecque; cette forme, ainsi que nous l'avons montré précédemment, n'a été que le résultat des tentatives faites par les populations primitives de l'Hellade.

Nous donnerons ici deux exemples de *portes* tirés des monuments pélasgiques et dans lesquels deux jambages supportent un linteau.

Fig. 2823.

Le premier exemple (fig. 2823) est la *porte* dite *des Lions* à Mycènes, qui se compose de deux pierres formant pieds-droits, hautes de 3m,35 environ et surmontées d'un linteau ayant une longueur de 4m,50, une hauteur de 1m,30 et de 1m,20 d'épaisseur. Cette *porte* est surtout remarquable par le bas-relief qui la couronne et qui est la plus ancienne sculpture européenne connue; il est encastré dans une ouverture triangulaire et se compose d'un pilier central

Fig. 2824.

semi-circulaire reposant sur un soubassement formé de deux plinthes séparées par une scotie. De chaque côté de cette colonne se dressent deux animaux à corps de lionnes, mais dont les têtes sont détruites et qui ont leurs pattes de devant appuyées sur le soubassement du pilier, tandis que leurs pattes de derrière reposent sur le linteau de la baie.

Le second exemple (fig. 2824) est la

dorte du *trésor d'Atrée* dans la même ville. Elle est formée de deux jambages inclinés sur lesquels est placé un énorme linteau formé de deux pierres superposées. La plus grande a 8^{m},15 de longueur sur 6^{m},50 de largeur, et 1^{m},22 d'épaisseur ; le second linteau est de la même hauteur et sans doute de la même largeur. La *porte* a 3^{m},17 à sa base, 2^{m},32 au sommet et 6^{m},30 de hauteur ; mais cette dernière dimension devrait être plus considérable. La face du linteau est ornée de deux moulures parallèles qui se continuent sur les jambages. Au-dessus de cette baie est une ouverture triangulaire qui servait sans doute à aérer l'intérieur et à soulager les linteaux.

Le principe du rétrécissement des *portes*, admis dans les constructions pélasgiques, fut également observé dans les édifices de l'art grec ; c'est de là qu'est venu le nom de *porte atticurge* donné aux baies qui ont cette forme.

On rencontre, en Sicile, plusieurs

Fig. 2825.

exemples de *portes* de style grec fort ancien. Le temple de Diane, à Cefalu, présente deux *portes* (1), l'une extérieure (fig. 2825), l'autre intérieure (fig. 2826), qui sont très remarquables ; la première est pourvue d'un linteau largement profilé soutenu par des pieds-droits en forme de pilastres ornés de chapiteaux ; la seconde est accompagnée

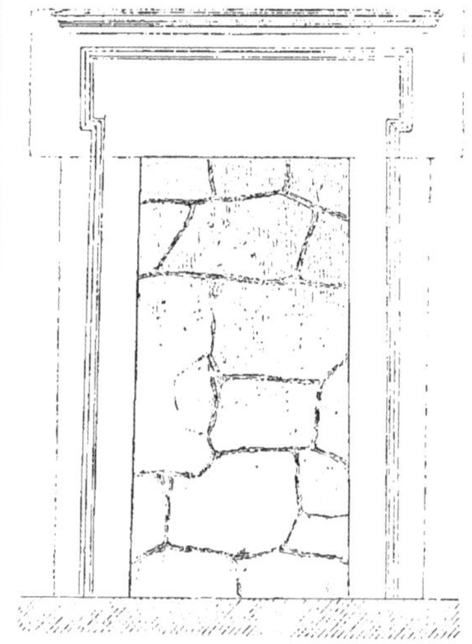

Fig. 2826.

d'un chambranle à crossettes, offrant ceci de particulier que les moulures qui dessinent le linteau et les pieds-droits sont en retraite, au lieu d'être en saillie sur le nu du mur ; de plus, le linteau, qui a 0^{m},76 de hauteur, est de beaucoup plus large que les montants ; au-dessus du chambranle court une corniche composée de quelques moulures.

Nous ne pouvons omettre ici la *porte* dorique du petit temple tétrastyle d'Agrigente, connu sous le nom de chapelle de Phalaris. La figure 2827 donne l'élévation de cette *porte*, qui présente à peu près le même caractère que les précédentes, mais dans laquelle le couronnement repose directement sur le chambranle horizontal.

(1) P. Chabat, *Fragments d'architecture.*

On peut encore juger du goût grec

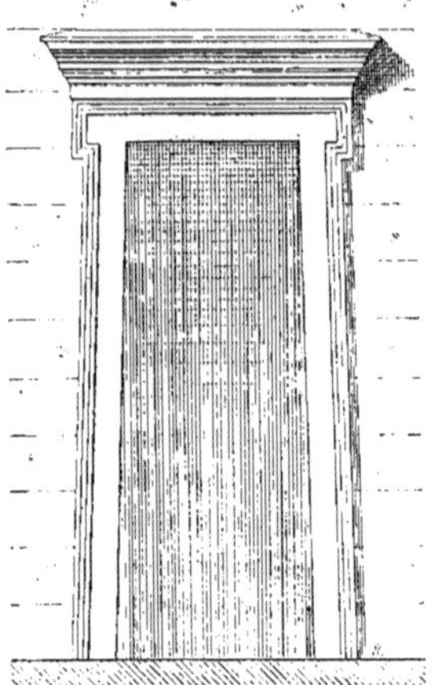

Fig. 2827.

pour la proportion et la décoration des baies par la célèbre *porte* ionique de

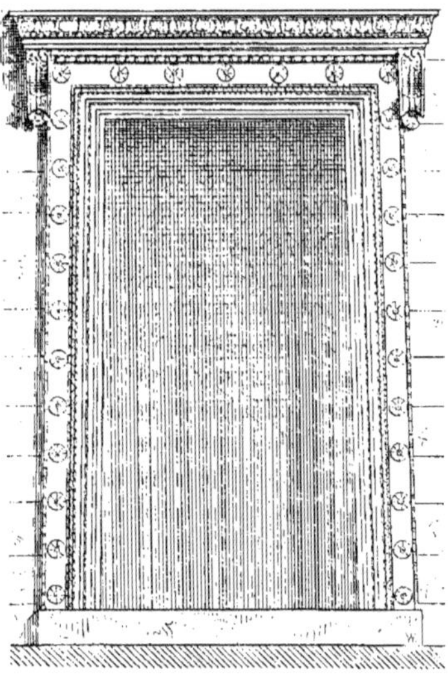

Fig. 2828.

l'Érechthéion, qui s'ouvre dans le portique nord et que représente la figure 2828 (1). L'ouverture a $2^m,44$ à la base et $2^m,35$ au sommet ; la hauteur est de $5^m,21$, y compris le seuil. Le rétrécissement est plus modéré, l'ornementation, plus riche que dans les exemples que nous avons déjà cités. Les jambages et le linteau sont décorés de rosaces dont les boutons, en bronze doré, étaient scellés dans des cylindres en bois de cèdre. La corniche est ornée de palmettes et soutenue, à ses extrémités, par des consoles placées en dehors des montants du chambranle. Ce dernier est sans crossettes.

Remarquons, du reste, que les crossettes, qui sont de tradition grecque, et qui se retrouvent dans certains monuments de l'Étrurie, par exemple dans

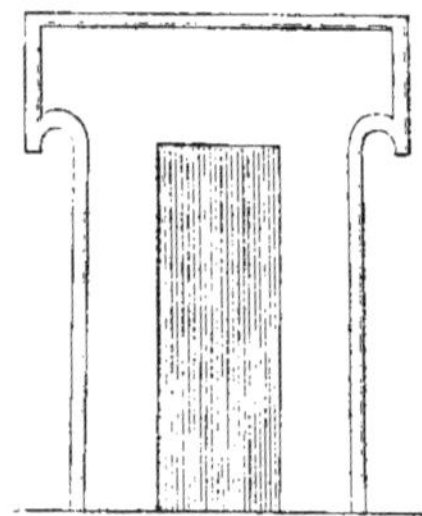

Fig. 2829.

les *portes* figurées sur les pierres tumulaires de la vallée de Norchia, près Viterbe (fig. 2829), manquent généralement aux chambranles d'architecture romaine. Toutefois, on en rencontre dans les *portes*, comme celle du temple d'Hercule, à Cori (fig. 2830), qui appartiennent aux époques primitives où les peuples de l'Italie étaient encore indépendants de Rome, mais soumis à l'influence de leur origine grecque. La corniche qui couronne la *porte* que nous citons est soutenue, à ses extrémités, par deux consoles et décorée elle-même d'oves, de perles et de denticules (voy. *Chambranle*.)

L'influence grecque sur les édifices romains se reconnait encore dans une

(1) Ch. Blanc, *Grammaire des arts du dessin*.

porte que l'on peut offrir comme type

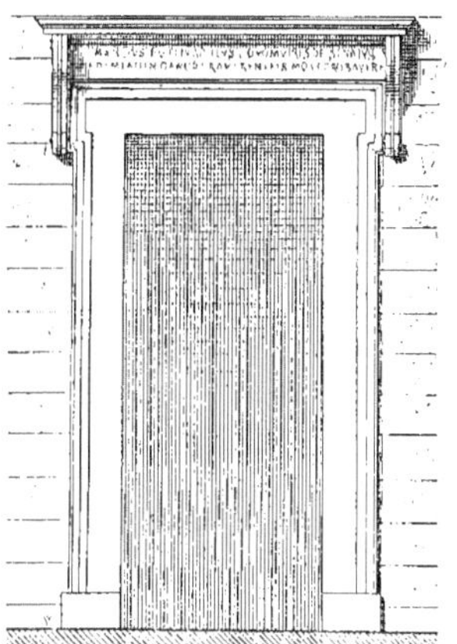

Fig. 2830.

classique, la *porte* du temple d'Auguste, à Ancyre (fig. 2831). Il est à remarquer

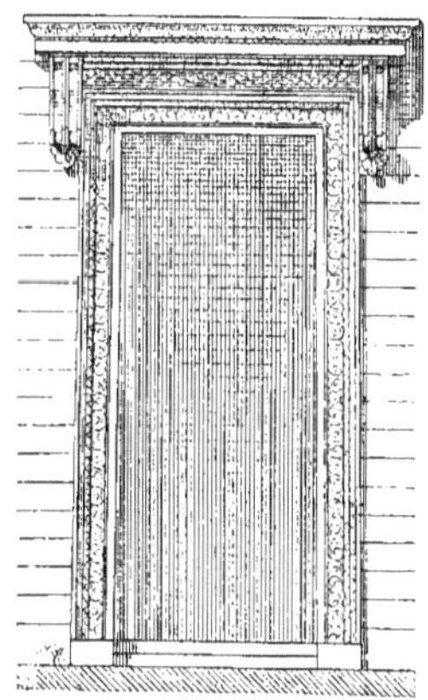

Fig. 2831.

que les proportions de cette baie s'accordent parfaitement avec les règles posées à ce sujet par Vitruve.

L'architecte romain, qui n'a du reste en vue, en fixant la forme et l'ordonnance des *portes*, que celle des temples, en reconnait trois genres : la *porte dorique*, la *porte ionique*, et la *porte* qu'il nomme *atticurge*. Leurs différences consistent dans quelques variétés de mesures et de détails, les profils, les encadrements et les couronnements étant appropriés au caractère plus ou moins sévère de chacun des ordres auxquels appartiennent les édifices dont ces *portes* font partie. Ainsi, la *porte dorique* a ses montants et ses linteaux formés d'un bandeau simple ; la *porte ionique* a ces deux parties plus moulurées et, en outre, elle possède un couronnement ; la *porte* attique ou *atticurge* ressemble beaucoup à la précédente ; mais les jambages en sont un peu inclinés (voy. *Atticurge*).

Comme *portes* d'architecture romaine proprement dite, la *porte* du temple de Vesta (fig. 2832) est un des exemples les

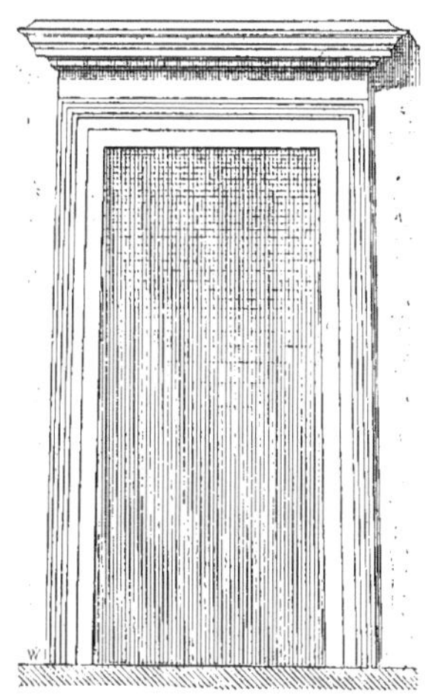

Fig. 2832.

plus anciens. La corniche qui en forme le couronnement ne repose pas directement sur le chambranle ; elle en est séparée par une frise.

Il en est de même pour la *porte* du Panthéon de Rome (fig. 2833), qui est un exemple des plus classiques.

Dans la première de ces deux baies, la partie plane du chambranle se divise en deux bandes; elle comprend trois bandes dans la seconde.

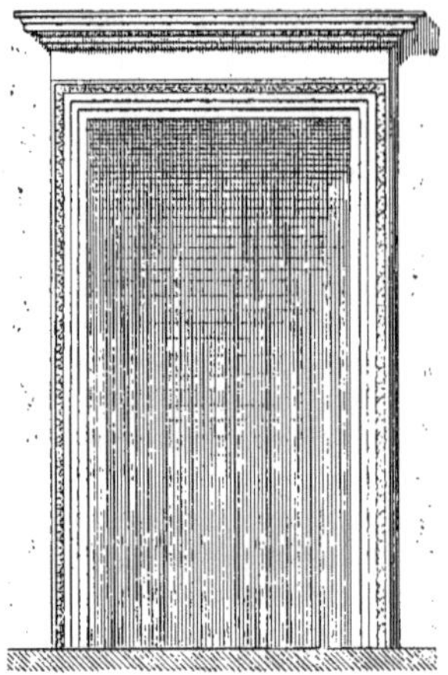

Fig. 2833.

Les *portes* des temples grecs étaient closes par des vantaux mobiles ordinairement en bronze. La disposition générale était toujours à peu près la même : un grand compartiment en bas et un plus petit en haut. Les ornements consistaient en clous dorés fixés sur les traverses et les montants; quelquefois, les panneaux étaient ornés de bucranes et de rosaces.

Les mêmes dispositions se retrouvent chez les Romains; mais souvent les panneaux sont plus nombreux et une fenêtre grillée, *hypæthrum*, est placée fréquemment au-dessus de la *porte* principale, comme le représente la figure 2834, qui donne la *porte* du temple d'Hercule, à Cori, avec ses vantaux et son hypèthre.

Il n'existe guère de renseignements sur les *portes* des habitations grecques. Il y a tout lieu de croire qu'elles étaient formées. comme celles des demeures pompéiennes, de panneaux de bois disposés en un ou deux vantaux, suivant l'importance de la maison.

Les Romains donnaient aux *portes* extérieures le nom de *janua* et aux *portes* intérieures celui d'*ostium*.

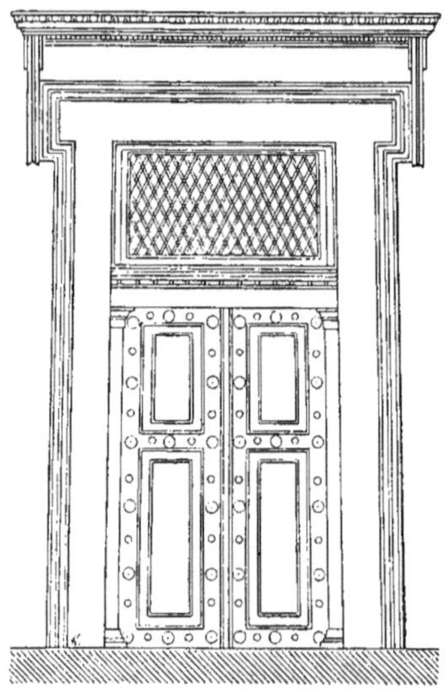

Fig. 2834.

Les premières, dans toutes les maisons découvertes à Pompéi, sont étroites, à peu près de même largeur et de même forme. La figure 2835 représente un exemple d'une *porte* des plus simples; l'entablement et les chapiteaux ne sont indiqués que par masse ; l'architrave est en moellons, soutenus seulement par une planche ; ce procédé de construction, tout vicieux qu'il est, se trouve répété dans presque toutes les maisons de Pompéi. Les pilastres reposent sur une sorte de piédestal peint en noir. Les deux battants de la *porte*, restaurés d'après une *porte* de marbre de la rue des Tombeaux, faite à l'imitation des panneaux de bois, tournaient sur des gonds avec crapaudines, comme le montre le plan ; chacun d'eux se fermait au moyen d'un verrou qui entrait dans des œillets creusés dans le seuil du travertin (1). Ces *portes* s'ouvraient, ainsi

(1) Mazois, *Ruines de Pompéi.*

qu'on le voit sur la figure, de dehors en dedans.

Parmi les entrées d'habitations plus

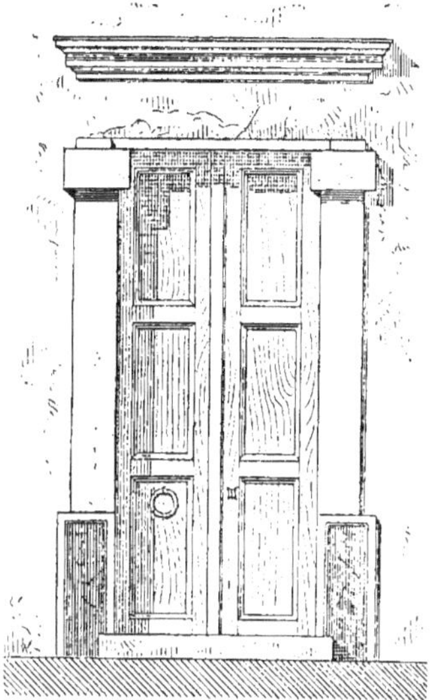

Fig. 2835.

somptueuses, nous citerons celle de la maison dite de *Pansa* à Pompéi dont la figure 2836 représente une vue de la restauration par Duban. On remarque, sur le seuil, l'inscription *salve*, qui signifie *salut* et qui accompagnait généralement l'entrée des demeures particulières.

Pendant la période qui suit l'empire, les *portes* des basiliques sont établies, d'après le système antique, avec un chambranle composé d'un linteau soutenu par deux montants. Les basiliques latines présentent des *portes* ainsi disposées; les encadrements sont formés de trois pièces de marbre de grande dimension, décorées de sculptures; en avant de la *porte* principale, on voit fréquemment deux lions en marbre entre lesquels on rendait la justice.

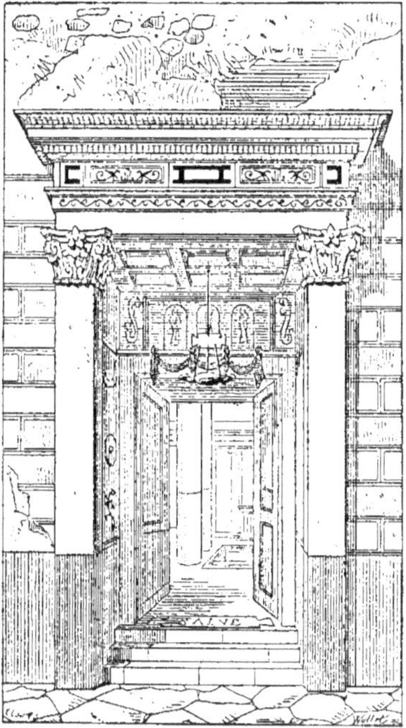

Fig. 2836.

La *porte* que représente la figure 2837 appartient à l'église de Grotta-Ferrata; elle est du xe siècle, mais sa forme est latine. Son riche chambranle est orné de moulures et de sculptures imitées de l'antique. Trois têtes de lion saillantes, sculptées sur le linteau, rappellent les lions placés à l'entrée des basiliques. Une frise portant une inscription gravée sépare le linteau d'une large doucine très saillante qui forme couronnement et qui est ornée de sculptures. Les vantaux sont en bois et se divisent en panneaux ou compartiments carrés peu profonds et sans sculptures. Sur les montants et les traverses, de gros clous fixent des ornements en fer découpé (1).

(1) Gailhabaud, *Monuments anciens et modernes.*

Cette *porte* était surmontée d'un sujet

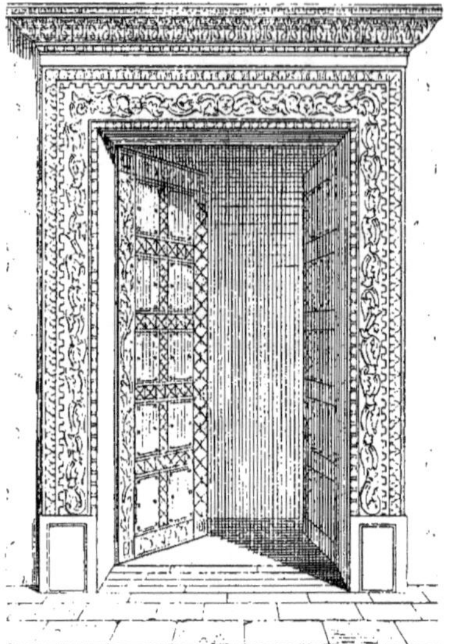

Fig. 2837.

religieux, suivant l'usage adopté dans les premiers siècles du christianisme.

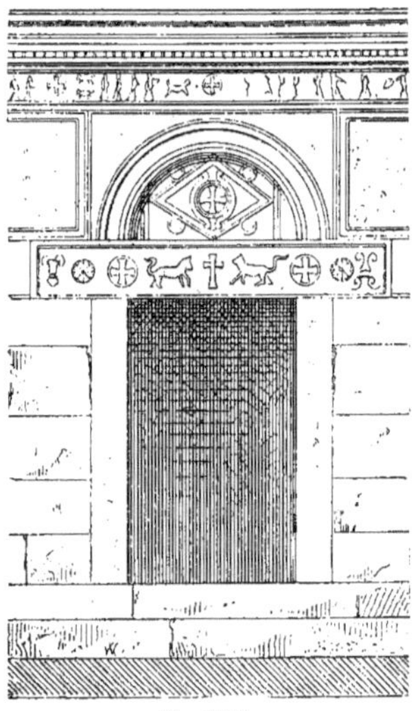

Fig. 2838.

Les églises de style byzantin sont encore pourvues de *portes* à linteaux de grande dimension, mais surmontés d'arcs plein cintre formant décharge, ainsi que le montre la figure 2838, qui représente la *porte* de la façade de la cathédrale d'Athènes. Cette entrée, précédée de deux marches, a ses jambages unis et son linteau sculpté de lions, de croix et de rosaces. Le cintre est entouré de moulures et son tympan, rempli par un ornement byzantin.

Les *portes* des édifices religieux, au moyen âge, se divisent en *portes* principales, placées généralement dans l'axe de la nef centrale et richement décorées de sculptures et en *portes* secondaires beaucoup moins ornées.

Pendant l'ère romane primitive, ces baies, formées de jambages et de linteaux, sont accompagnées d'une arcade

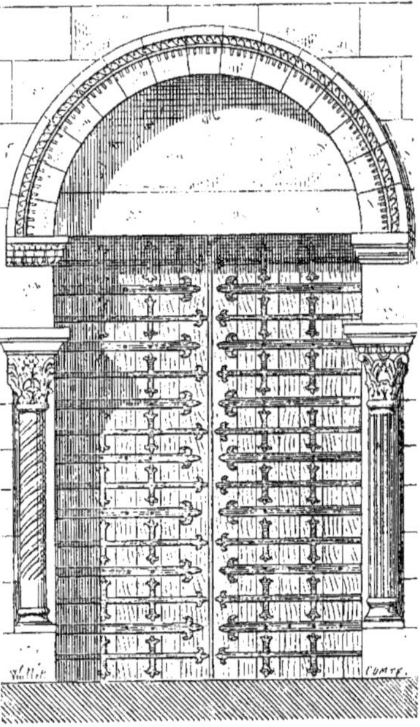

Fig. 2839.

en saillie reposant sur de simples pieds-droits ou pilastres, plus rarement sur des colonnes. Les tympans sont remplis de petits matériaux disposés en appareil ordinaire ou réticulé, ou par une pierre unie et sculptée d'un bas-relief représentant la croix ou un sujet religieux quelconque.

La figure 2839 représente l'entrée de l'église du Sauveur d'Aix, à l'échelle de $0^m,02$ pour mètre, un des spécimens les plus curieux qui, selon M. Revoil (1), appartienne à l'architecture carlovingienne. L'ordonnance de cette *porte* consiste dans une archivolte reposant sur deux colonnes isolées et décorée de moulures et de sculptures presque antiques.

Jusqu'au commencement du XIᵉ siècle, les *portes* conservent leur caractère de simplicité. C'est vers la fin de ce siècle et pendant le suivant que les archivoltes

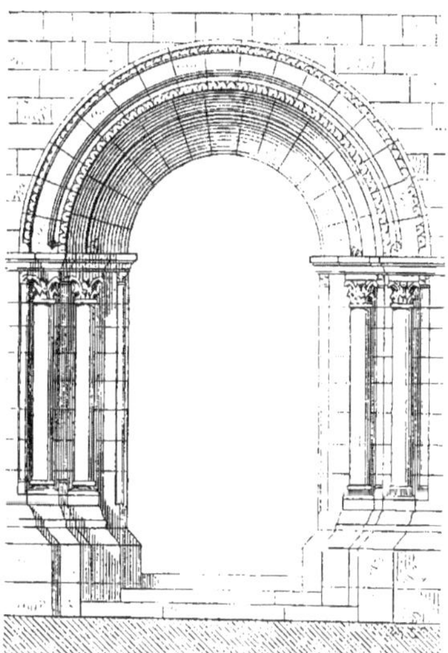

Fig. 2840.

deviennent nombreuses, chargées d'ornements, et qu'à chaque voussure correspond une colonne de support, ainsi que le montre la figure 2840, représentant, à l'échelle de $0^m,015$ pour mètre,

(1) Révoil, *Architecture romane*.

le portail de l'église de Baux (Bouches-du-Rhône), dans lequel les colonnes aujourd'hui disparues sont restituées. L'ornementation des archivoltes affecte un grand nombre de combinaisons; les formes géométriques y abondent. Les tympans, comme pendant l'ère romane primitive, sont tantôt unis, tantôt formés de pièces disposées symétriquement en échiquier ou bien ornés de bas-reliefs.

Dès la fin du XIᵉ et pendant le XIIᵉ siècle, quelques *portes* sont divisées en deux baies. L'église Sainte-Marthe, à Tarascon (Bouches-du-Rhône), en offre

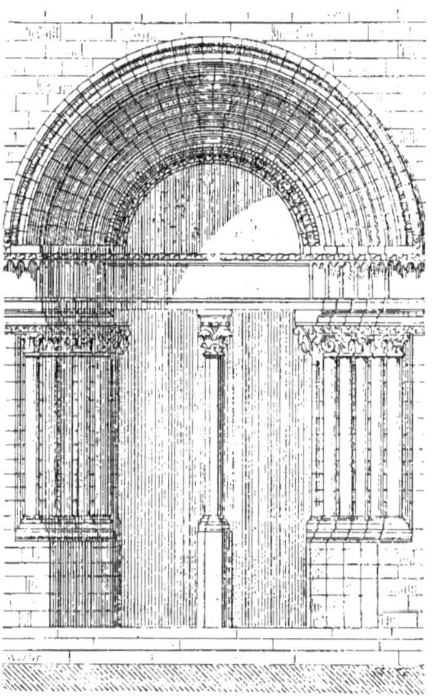

Fig. 2841.

un exemple, représenté, à l'échelle de $0^m,01$ pour mètre, par la figure 2841 (1). Ce portail paraît dater de 1187, époque de l'invention des reliques de cette église.

Les *portes* secondaires, c'est-à-dire latérales ou intérieures, des édifices religieux de ce temps, présentent des

(1) Révoil, *Architecture romane*.

caractères analogues, mais avec beaucoup plus de simplicité. Elles sont composées d'une baie rectangulaire, avec une ou deux voussures reposant sur des colonnettes, ou seulement de deux jambages surmontés d'un linteau avec arc en décharge.

Au XIIIe siècle, l'ogive remplace le plein-cintre au-dessus des baies. Dans les églises peu ornées, les voussures des *portes* sont garnies simplement de tores et les parois latérales, de colonnes sans statues. La baie est souvent divisée en deux parties par un pilier ou trumeau central sur lequel reposent soit un linteau formé de deux pierres, avec tympan au-dessus, soit des arcades découpées

Fig. 2842.

dans le tympan même, qui, en outre, est parfois ajouré d'ouvertures à plusieurs lobes, trèfles, quatrefeuilles ou rosaces. Dans les grandes églises, les parois latérales des *portes* sont garnies de statues entées de colonnes; les voussures sont ornées de petites figures et des bas-reliefs plus ou moins compliqués décorent le tympan. Sur le pilier qui occupe souvent aussi la partie du milieu est fréquemment sculptée soit une statue de la Vierge, comme on le voit à la *porte* qui donne accès au collatéral nord de l'église Notre-Dame de Paris, soit une statue de saint ou d'évêque, ainsi que le montre (fig. 2842) la *porte* du croisillon septentrional du transept de la cathédrale de Reims. Dans les cathédrales, les *portes* se présentent ordinairement au nombre de trois sur la façade principale ; il y a, de plus, deux *portes* latérales ouvertes, l'une au nord et l'autre au midi.

Les *portes* du XIVe siècle diffèrent peu de celles du XIIIe; les moulures sont seulement plus nombreuses, mais plus maigres, les figures plus petites, les ornements plus confus. Les formes géométriques dominent la statuaire et lui enlèvent son rôle principal. Les frontons triangulaires qui les surmontent sont souvent découpés à jour.

L'un des beaux exemples que l'on puisse citer comme grandes *portes* d'églises élevées au commencement du XIVe siècle est l'une des deux *portes* de la cathédrale de Rouen. Cette entrée est partagée en deux baies par un trumeau qui portait autrefois une statue du Christ. Ce pilier sert d'appui aux extrémités des deux linteaux que surmonte le tympan, orné de sculptures qui représentent la Passion. Des statues d'apôtres occupent les niches des ébrasements. Le gâble qui surmonte cette *porte* est plein dans sa partie basse jusqu'au niveau inférieur de la galerie placée derrière et ajourée au-dessus.

Les *portes* du XVe siècle rappellent, par leur aspect général, celles du siècle précédent; elles n'en diffèrent que par le détail et le style; les gâbles sont plus importants encore; les moulures et les voussures se multiplient; la sculpture est étouffée par les lignes. Les tympans sont à claire-voie, les linteaux font place à des arcs surbaissés. Parfois, de chaque côté de la baie sont placés des pilastres divisés en plusieurs panneaux et surmontés d'aiguilles.

Les *portes* du commencement du XVIe siècle conservent encore leurs données principales : ébrasements, voussures, trumeaux, tympan ; mais les détails de sculpture et les profils sont modifiés.

Parmi les *portes* secondaires dépendant d'édifices religieux du XIIIe au XVIe siècle, se classent celles qui s'ouvrent soit sur les collatéraux, soit sur des dépendances, telles que cloîtres, sacristies, salles capitulaires, etc. Ces *portes* sont de petites dimensions, dépourvues de trumeau central, simples ou richement décorées et fermées par un ou deux vantaux.

Nous donnerons seulement ici deux exemples de ces *portes* : l'une (fig. 2843), qui appartient à la cathédrale de Chartres et date du commencement du

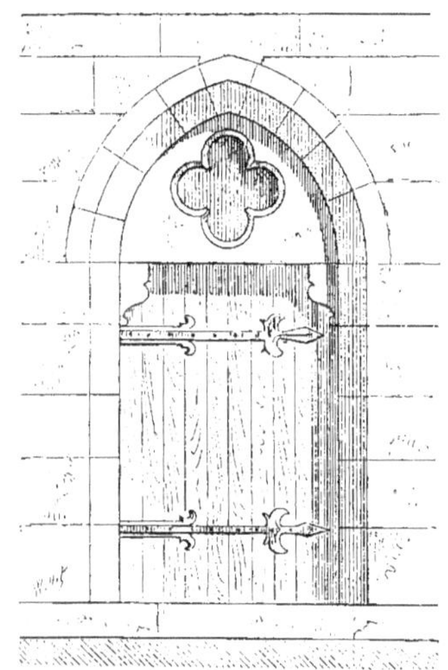

Fig. 2843.

XIIIe siècle, est d'une extrême simplicité, mais très belle de structure ; l'autre (fig. 2844), surmontée d'un arc aplati ou en ogive surbaissée, est décorée d'un encadrement en feuillages sculptés ; elle s'ouvre dans le mur de l'ancienne sacristie à la cathédrale de Clermont (1) ; cette *porte* est de la fin du XIIIe siècle.

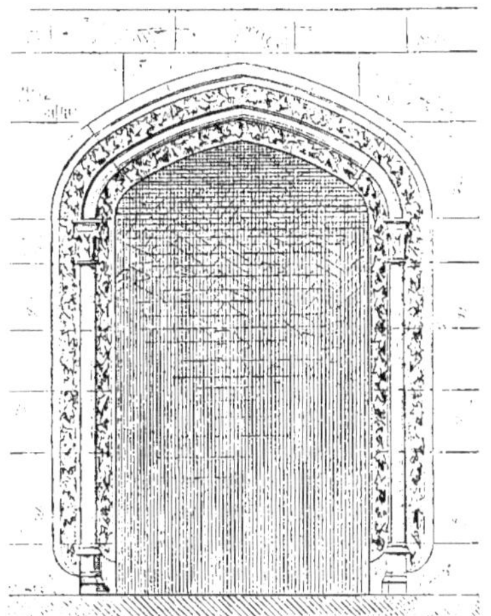

Fig. 2844.

Au XVe siècle, les arcades qui surmontent ces baies ont souvent leur extrados bordé de feuillages et de crochets.

Dans un grand nombre de ces ouvertures datant de la fin du XVe et du commencement du XVIe siècle, les lignes de l'arcade, au lieu de produire une pointe mousse, par leur intersection diagonale, comme dans les ogives des XIIIe et XIVe siècles, se relèvent au point de jonction, de manière à former une accolade. Les *portes* en arcs surbaissés appelés arcs Tudor (voy. *Arc*) se rencontrent fréquemment aussi à la même époque.

Les habitations du moyen âge sont pourvues de *portes* très simples au XIe siècle, et souvent très ornées à partir du XIIe. Les jambages, unis ou accompagnés de colonnettes, sont surmontés de tympans couronnés d'archivoltes qui forment arcs de décharge.

(1) Viollet Le Duc, *Dictionnaire raisonné de l'architecture française*.

Tantôt ces tympans sont soutenus par des linteaux (fig. 2845), tantôt par des arcs appareillés, comme à la *porte* du

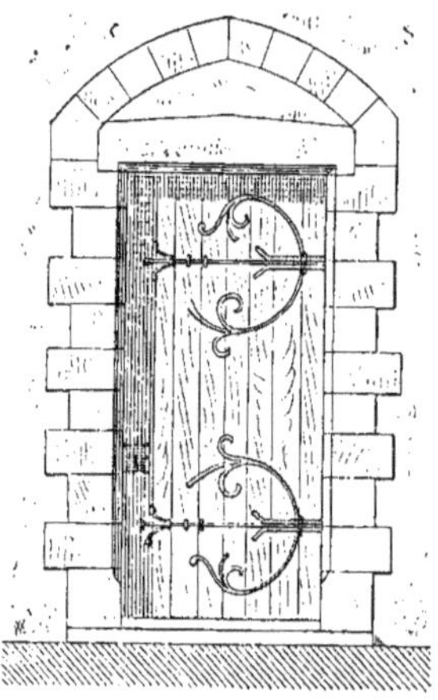

Fig. 2845.

Palais public, à Sienne (Italie), représentée par la figure 2846, à l'échelle de 0m,012 pour mètre.

Les châteaux, les palais ou les hôtels étaient généralement les seules demeures ayant des *portes* charretières. Dans ce cas, une poterne ou entrée pour les piétons accompagnait cette baie principale.

Jusqu'au xve siècle, les *portes* intérieures des habitations sont étroites et basses; on les cache ordinairement sous des portières. Les linteaux sont rectilignes, en portions d'arcs de cercle ou en cintres surbaissés. Des corbeaux, pendant les xiiie et xive siècles, soulagent les linteaux de ces *portes*. Dans les demeures luxueuses, les linteaux sont surmontés de *dessus de porte* en menuiserie qui contribuaient à la décoration des appartements.

Les parties mobiles ou vantaux qui formaient la clôture des baies du moyen âge dont il vient d'être question ne sont d'abord que des ouvrages de menuiserie très simples, composés de planches jointives, reliées entre elles par d'autres

Fig. 2846.

planches posées en travers et fixées par des clous sur les premières. Plus tard, un système de *portes* fréquemment employé pendant les xiiie et xive siècles est celui qui avait été appliqué aux anciens vantaux de la *porte* de la Sainte-Chapelle haute de Paris et que représente la figure 2847 (1), à l'échelle de 0m,03 pour mètre. Chaque vantail est formé d'un châssis composé de deux montants, de trois traverses et de pièces en décharge, ainsi qu'on le voit sur le côté intérieur. Sur ce bâti sont clouées des

(1) Viollet Le Duc, *Dictionnaire raisonné de l'architecture française.*

frises assemblées à grain d'orge et re-

Fig. 2847.

liées, en outre, par trois traverses,

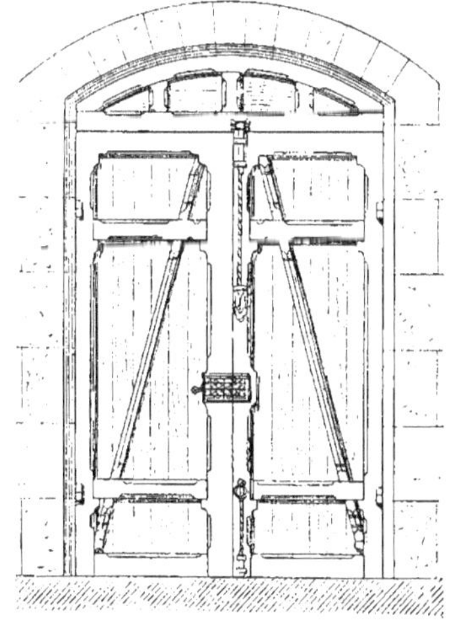

Fig. 2848.

comme le montre le côté extérieur. Sur cette face est fixé avec pointes, en manière de placage, un gâble avec son tiers-point, ses redents, ses crochets et ses colonnettes.

Cet emploi de pièces posées en décharge a été appliqué de nos jours à des *portes* d'édifices construits dans le même style, par exemple à la *porte* de la sacristie de l'église Notre-Dame de Paris, dont la figure 2848 représente le côté intérieur.

Un autre système, appliqué particulièrement aux *portes* d'église, est celui dans lequel les vantaux sont couverts de ferrures formant des enroulements et des dessins quelquefois très compliqués. Des clous à têtes saillantes maintiennent ces pentures. Un des plus remarquables exemples à citer est offert par les *portes* de Notre-Dame de Paris.

Dans les *portes* du XVe siècle et du

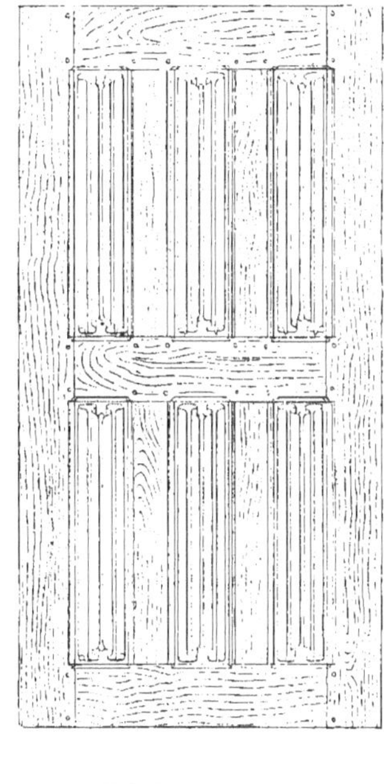

Fig. 2849.

commencement du XVIe, on rencontre

fréquemment un genre de décoration fort en vogue à cette époque et qui consiste dans des nervures figurant des parchemins pliés, sculptées sur les panneaux pleins (fig. 2849).

L'époque de la Renaissance remit en honneur, pour les *portes,* comme pour les autres éléments des édifices, les formes de l'architecture grecque et romaine, mais, avec certaines adjonctions, telles, par exemple, que les frontons, les contre-chambranles, les corniches supérieures des *portes* surmontées de consoles renversées ou de motifs de sculpture plus ou moins riches ou variés.

La figure 2850 (1) montre, à l'échelle de 0^{m},015 pour mètre, une *porte* assez simple appartenant à la Renaissance italienne et formant l'entrée du petit

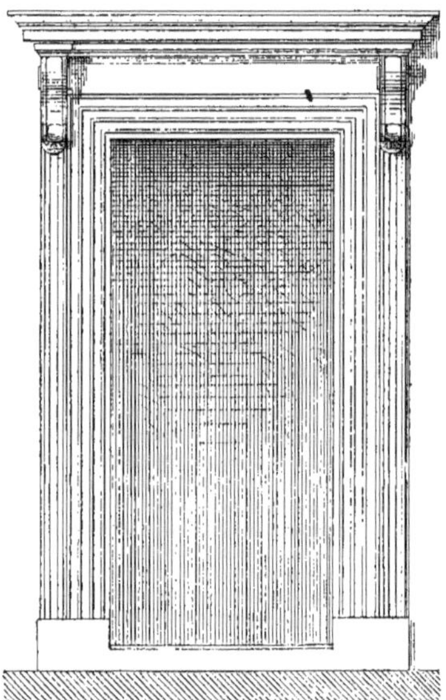

Fig. 2850.

palais Massimi, à Rome; le dessin de cette *porte* est de Balthasar Peruzzi, l'un des architectes les plus éminents du commencement du XVIe siècle; la corniche est soutenue, à ses extrémités, par deux consoles que des contre-chambranles ou pilastres semblent supporter.

La Renaissance française, tout en revenant aux traditions antiques, conserve une plus grande originalité. Un certain nombre de *portes* d'édifices civils, dis-

Fig. 2851.

posées, du reste, comme celles de plusieurs *portes* d'églises, sont surmontées d'un cintre dont l'extrados est couronné de moulures qui s'élèvent encore en

(1) L. Reynaud, *Traité d'architecture.*

accolade, en réminiscence du XVe siècle. Les pilastres sont également moulurés et les parties lisses sont ornées de rinceaux. La figure 2851, qui représente cette disposition, est tirée de l'*Abécédaire d'archéologie* de M. de Caumont.

Les *portes* avec couronnements en forme de consoles renversées sont fréquentes au XVIIe siècle. La figure 2852 en donne, à l'échelle de $0^m.03$ pour mètre, un exemple tiré d'une maison de Nantes, dont cette baie forme l'entrée.

Fig. 2852.

La partie inférieure est très simple ; la décoration ne commence qu'à la naissance du plein-cintre, où des impostes en saillie supportent les pilastres que couronnent une architrave à deux faces, une frise à triglyphes et une corniche finement moulurée ; ce dernier membre est lui-même surmonté de consoles renversées entre lesquelles est placé un piédouche soutenant une boule. Souvent, ces deux consoles sont séparées par un buste.

Les vantaux des *portes* sont quelquefois d'une grande richesse pendant la Renaissance. Nous donnons (fig. 2853) une *porte* provenant de Rouen qui est

Fig. 2853.

encadrée de menuiserie et couverte d'ornements sculptés ; la *porte* est divisée en quatre panneaux à tables saillantes dont deux sont arrondis par le haut.

Au XVIIe siècle et particulièrement sous le règne de Louis XIII, les vantaux de *portes* sont divisés en deux ou trois parties dans leur hauteur et en plusieurs panneaux sur la largeur. La figure 2854 représente, à l'échelle de $0^{m},05$ pour mètre, une *porte* de cette époque, dont

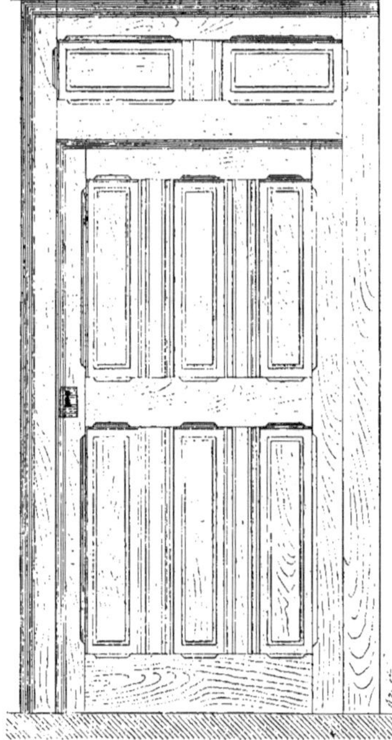

Fig. 2854.

le vantail est composé de panneaux à tables saillantes maintenus par un bâti très simple et des montants intermédiaires moulurés.

Au siècle suivant, on voulut revenir à des formes plus délicates, plus élégantes que celles qui avaient marqué la fin du siècle précédent, et l'on tomba dans la maigreur. La seconde moitié du XVIIIe siècle fut signalée par un retour aux traditions de l'antiquité, puis on arriva à l'excessive variété qui domine de nos jours et qui a pour résultat l'absence de caractère spécial dans l'architecture de notre époque.

Dans les édifices d'architecture moderne où les ordres sont appliqués, on a adopté certaines mesures pour les diverses *portes* qui appartiennent à ces ordres. Il est convenu, d'une manière générale, que dans l'ordre *toscan*, les *portes* en plein cintre doivent avoir en hauteur deux fois leur largeur ; dans l'ordre *dorique*, elles doivent avoir, en hauteur, deux fois et 1/6 de leur largeur ; dans l'ordre *ionique*, les *portes* de la même forme ont en hauteur deux fois et 1/4 leur largeur ; dans le *corinthien*, elles doivent avoir deux fois et 1/3 la mesure de leur largeur en hauteur. Quant aux *portes* à plate-bande, on a déterminé leurs proportions, en divisant leur largeur en 12 parties, dont on a donné 23 à la hauteur de la *porte* appelée *toscane*, 24 à la *porte dorique*, 25 à la *porte ionique*, 26 à la *porte corinthienne*, et 25 1/2 à la *porte composite*. Ces mesures et proportions diverses ne sont que des règles générales, dont les applications peuvent être modifiées, suivant le goût de l'architecte et les convenances exigées par les édifices auxquels les *portes* appartiennent.

Nous ne saurions terminer cette étude des *portes* dans les édifices religieux et civils, anciens et modernes, sans indiquer par quelques exemples comment ces motifs sont traités dans l'architecture arabe. Simples ou richement décorées, les *portes* des mosquées sont établies sur un type que l'on retrouve dans la plupart des édifices de ce genre ; la *porte* est fermée, à sa partie supérieure, par un cintre surbaissé ou une plate-bande qui soulage un arc en décharge ; au-dessus, se trouve toujours une baie généralement grillée et le tout est surmonté d'une arcade ou voussure à forte saillie qui forme, avec les murs qui lui servent de pieds-droits, une espèce de porche ; de chaque côté de l'entrée et adossées à ces murs, sont ménagées des assises de pierres qui servent de bancs. Deux colonnettes occupent presque toujours les angles intérieurs des jambages de l'arcade. La figure 2855 représente une entrée de mosquée des plus simples, à Constantine, et dans laquelle on retrouve les

Fig. 2855.

dispositions que nous venons d'indiquer ; l'archivolte est en fer à cheval.

Dans les temples musulmans d'une plus grande richesse, des arabesques décorent le chambranle de la *porte* et les parties pleines qui surmontent l'arcade. Celle-ci est souvent formée, suivant le goût mauresque, de pendentifs étagés les uns au-dessus des autres ; quelquefois, elle est ogivale. Nous donnons (fig. 2856) (1) une *porte* dans laquelle on retrouve cette dernière forme et qui appartient à un couvent de derviches au Caire.

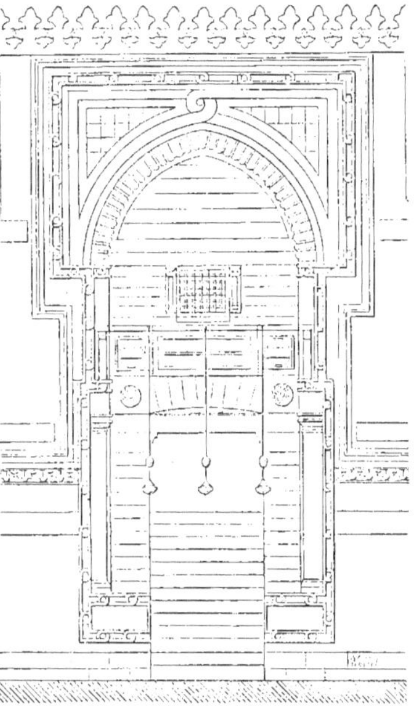

Fig. 2856.

Les entrées des maisons particulières sont, en général, disposées, dans les villes, comme celle que représente, à l'échelle de $0^{m},01$ pour mètre, la figure 2857. La *porte* est placée au centre de la façade et fermée, dans le haut, par un arc surbaissé. Au-dessus, on voit les fenêtres de l'entresol, réservé aux hommes. C'est au premier étage que se tiennent les femmes et que se trouve placé, sur le même axe que la *porte*, un balcon de chaque côté duquel sont disposées deux fenêtres grillées, ornées de vitraux de couleur. Le vantail de la *porte* est formé de planches jointives renforcées de plates-bandes en fer. Souvent, une ouverture rectangulaire, percée dans une imposte ou partie dormante qui surmonte le vantail, est pourvue d'un fort grillage et sert à

(1) A. Coste, *Architecture arabe*.

donner au vestibule ou porche de l'air et de la lumière.

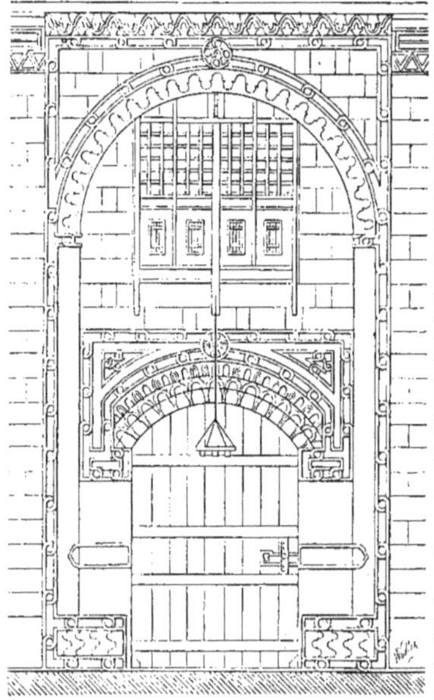

Fig. 2857.

Les portes des habitations de fellahs, dans les provinces, sont d'une simplicité

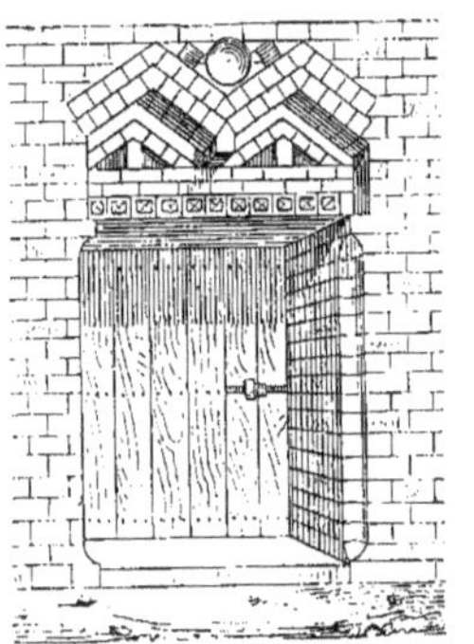

Fig. 2858.

beaucoup plus grande (fig. 2858) ; leur construction est du reste faite ordinairement en briques cuites formant appareils et compartiments autour de la baie (1).

Outre les *portes* qui forment une entrée directe et qui servent de communication dans les édifices religieux et civils, il faut citer aussi les grandes *portes* à arcades qui forment l'entrée des cours d'honneur dans les grands hôtels ou dans des enceintes d'une certaine importance. Nous en donnerons ici quelques exemples :

La figure 2859 représente, à l'échelle de 0m,01 pour mètre, une *porte rustique* du XVIe siècle, qui forme façade sur la rue, à Fontainebleau ; de chaque côté

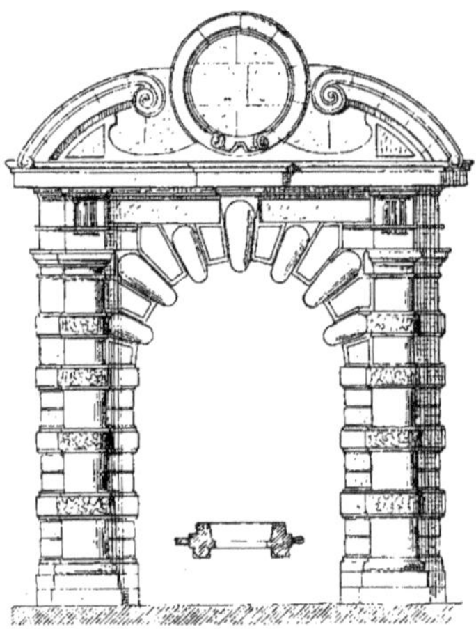

Fig. 2859.

de l'arcade en plein cintre sont disposées des colonnes engagées ; la corniche est surmontée d'un fronton interrompu, au centre duquel est placé un médaillon circulaire.

Le deuxième exemple que nous donnons (fig. 2860) est la *porte* de l'ancien château de Compiègne, qui date aussi du XVIe siècle et qui sert aujourd'hui de prison ; deux colonnes engagées, auxquelles on a donné la forme de canons, ornent les côtés de la baie.

(1) A. Coste, *Architecture arabe.*

Comme *portes* modernes, nous don-

Fig. 2860.

nons (fig. 2861), à l'échelle de $0^{m},005$

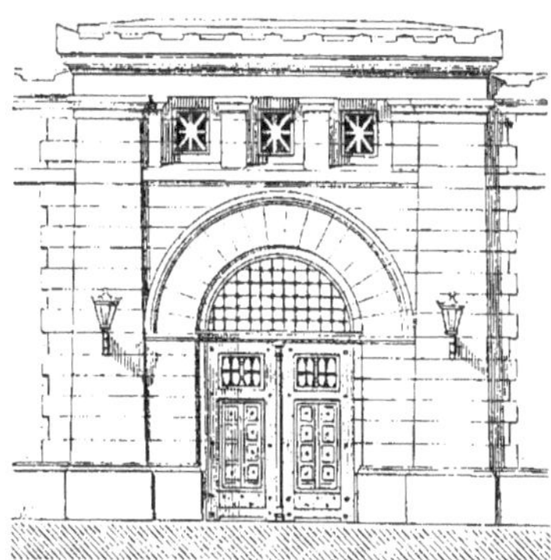

Fig. 2861.

pour mètre, la *porte* de la maison d'arrêt de la rue de la Santé, construite par M. Vaudremer. Cette ouverture est terminée par un arc plein cintre ; les vantaux de la *porte* sont en fer ; l'imposte est fermée par un grillage ; au-dessus de l'archivolte est une chambre formant corps de garde et éclairée par trois fenêtres munies de *claustra*.

Portes de villes ou de forteresses. Les *portes* pratiquées dans les enceintes des grandes villes prennent généralement un aspect monumental par les constructions dont on les a surmontées ou accompagnées en vue de la décoration ou de la défense.

C'est particulièrement dans ce genre de *portes* que, dès les temps les plus anciens, l'art de bâtir dut être employé avec le luxe de la solidité.

L'Égypte nous offre encore des ruines grandioses de *portes* de villes. Nous avons déjà cité, parmi les constructions pélasgiques, la *porte* de Mycènes (fig. 2823). La *porte* de l'Acropole d'Athènes était remarquable par le vestibule qui la précédait (voy. *Propylées*).

On trouve en Étrurie des vestiges de *portes* remontant à une très haute antiquité ; telle était la *porte* de Volterra que l'on trouve figurée sur un bas-relief étrusque dont elle fait le fond. Ce bas-

Fig. 2862.

relief représente un combat, et un guerrier est vu tombant du haut de cette *porte*, qu'on reconnaît aux trois têtes qui existent encore en relief, conservées sur la *porte* elle-même (fig. 2862) ; une de ces têtes fait la clef de la voûte ; les deux autres ornent les jambages.

La *porte* de Faléries, située près du Tibre, possède aussi une tête en ronde bosse à la clef. Cette baie, représentée (fig. 2863) (1), à l'échelle de 0m,0075, est ouverte dans une enceinte qui date du VIe siècle avant Jésus-Christ et qui est encore dans un bon état de conservation ; le style en est à la fois simple et remarquable ; elle est ornée d'une archivolte d'un profil simple, composé d'un talon surmonté d'un cavet et reposant sur une imposte formée d'une grande moulure en talon. Le cintre est appareillé en voussoirs extradossés et parfaitement réguliers. L'archivolte est

Fig. 2863.

formée de pierres séparées, indépendantes de la construction même du mur. Des tours carrées élevées de chaque côté de la *porte*, à quelques mètres des tableaux, en défendent l'approche. Dans l'épaisseur du tableau de cette *porte*, on voit une feuillure carrée qui a dû recevoir une fermeture en façon de herse. Cette *porte* est surtout remarquable par la pureté de son style, qui prouve en même temps le talent des artistes étrusques et la liaison intime qui existe entre leurs arts et ceux des Grecs primitifs, avec lesquels ils marchèrent de pair pendant longtemps.

(1) P. Chabat, *Fragments d'architecture.*

La seule *porte* qui soit restée debout de l'ancienne cité de *Perusia*, aujourd'hui Pérouse, est plus monumentale que la précédente. C'est une arcade en plein cintre et d'une grande hauteur, qui est comprise entre deux tours carrées, comme le montre la figure 2864 (1). Comme dans la *porte* de Faléries, l'arc est appareillé en claveaux, mais sur une double rangée, et encadré d'une archivolte. Au-dessus, on remarque une petite ordonnance à pilastres ioniques avec des boucliers de forme grecque dans les intervalles. Un bandeau saillant, qui repose sur les chapiteaux de ces avant-corps, supporte deux grands pilastres, qui sont également d'ordre ionique et entre lesquels s'ouvre une arcade, dont le diamètre égale celui de la *porte*. Cette seconde baie servait, sans doute, à placer des défenseurs directement au-dessus de l'entrée. Les tours s'élevaient beaucoup plus haut qu'il ne semble au premier aspect, ainsi que l'indiquent les arrachements ruinés de tout l'étage.

Les enceintes romaines de certaines villes d'Italie et de la Gaule, telles que les *portes* de Vérone et d'Autun, ont quelque ressemblance avec des arcs de triomphe, mais ce qui distingue, en général, dans les ruines de l'antiquité, les *portes* de ville des monuments que nous venons de citer, c'est le nombre d'ouvertures ou arcades égales ; en effet, les arcs de triomphe présentent une seule arcade destinée au passage du triomphateur avec son cortège, ou une arcade plus grande, avec deux arcades plus petites collatérales, tandis que les entrées des villes étaient pourvues de deux passages égaux qui étaient destinés, l'un à l'arrivée, l'autre à la sortie.

La figure 2865 représente le plan de la *porte* Saint-André à Autun : deux larges baies servent, l'une pour l'entrée, l'autre pour la sortie des chariots, et

(1) P. Chabat, *Fragments d'architecture.*

deux plus petites pour le passage des piétons; deux tours semi-circulaires, à saillie prononcée, flanquent la *porte* et la défendent.

Fig. 2864.

Pendant les périodes mérovingienne et carlovingienne, où les populations des villes eurent à se défendre contre des invasions multipliées, les *portes* des enceintes devinrent plus étroites; elles présentaient l'aspect d'une ouverture cintrée exactement assez large pour laisser passer un char, peu élevée et flanquée de tours saillantes.

C'est sous le régime féodal, à partir du commencement du XIIe siècle, que les *portes* d'enceintes furent pourvues

de défenses très complètes. Des barba-

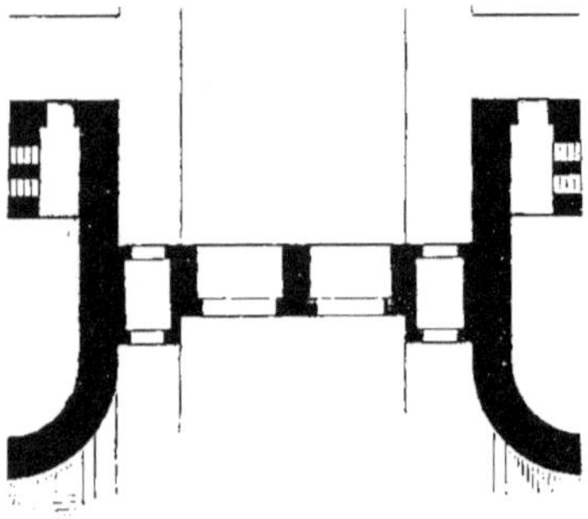

Fig. 2865.

canes placées en avant formèrent un premier ouvrage faisant obstacle aux progrès de l'ennemi. Chaque *porte* elle-même, fermée par deux *herses* et surmontée de *mâchicoulis* (voy. ces mots), s'ouvrait entre deux tours dont l'intervalle était occupé, au-dessus de la *porte*,

Fig. 2866.

par la salle où l'on faisait manœuvrer les herses. Des escaliers, placés à l'intérieur, de chaque côté de l'entrée permettaient de monter sur le rempart, ainsi qu'on le voit aux *portes* d'Aigues-Mortes (fig. 2866).

L'usage des *ponts-levis* (voy. ce mot) semble postérieur au XIIIe siècle ; les ponts qui accédaient aux *portes* pouvaient être coupés et, du reste, on les faisait généralement en bois, de manière à les enlever facilement.

Quelquefois, au XIIIe siècle, les entrées de villes ou de châteaux présentaient fréquemment une ouverture pratiquée dans un corps de bâtiment carré et flanquée de tourelles en encorbellement

Fig. 2867.

(fig. 2867) Un trou ménagé dans la voûte, entre les deux herses, permettait d'assommer avec des pierres l'ennemi qui aurait franchi la première de ces deux barrières mobiles.

Au siècle suivant, les *portes* sont presque constamment défendues par deux tours et surmontées d'une salle pour la manœuvre de la herse, mais elles sont pourvues de pont-levis à bascule, puis accompagnées souvent, pour le passage des piétons, d'une petite *porte* ou poterne avec son pont-levis particulier.

A mesure que les moyens d'attaque des places se perfectionnent, les entrées de ville deviennent moins basses, moins étroites, mais les ouvrages qui les flanquent ou qui en protègent les abords prennent plus d'importance.

L'emploi de l'artillerie à feu amena, dès le XVe siècle, des modifications aux dispositions adoptées jusque-là pour les entrées des places fortes. Les fossés furent élargis, les *barbacanes*, les *baies*, les *bretèches* (voy. ces mots) formèrent, en avant des *portes*, autant d'obstacles que l'ennemi devait enlever successivement. L'attaque perfectionnant encore ses moyens, les ingénieurs militaires cachèrent les *portes* à la vue du dehors en les perçant dans des ravelins ou des demi-lunes et en couvrant leurs abords par des éperons.

Aujourd'hui, les *portes* des villes fortifiées sont percées dans les courtines et protégées en flanc par les bastions et en tête par des *demi-lunes* (voy. ce mot).

Les villes non fortifiées sont pourvues de *portes* appelées barrières, destinées à faciliter la perception des droits d'octroi sur les denrées. On en a fait de monumentales, comme celles qui ont été construites par Le Doux à Paris (voy. *Propylées*).

L'idée de l'arc de triomphe servant de *porte* a été appliquée, par les modernes, à des monuments purement honorifiques : on peut citer, par exemple, la *porte de Brandebourg* à Berlin, la *porte de San-Gallo* à Florence, cette dernière étant un très bel arc de triomphe, élevé en l'honneur du grand-duc François Ier dans sa capitale.

Paris possédait encore, au siècle dernier, des *portes* ayant l'aspect d'arcs de triomphe; telles étaient les *portes* qui avaient reçu les noms de Saint-Antoine et de Saint-Bernard.

Dans la même ville, on voit encore, de nos jours, les *portes Saint-Denis* et *Saint-Martin*, véritables arcs de triomphe élevés en l'honneur de Louis XIV, à l'entrée des rues Saint-Denis et Saint-Martin.

Le premier de ces édifices, que représente la figure 2868, fut élevé,

Fig. 2868.

en 1673, par la ville de Paris, sous la direction de François Blondel. Il est percé d'un grand arc et de deux petites *portes*, pratiquées dans les piédestaux accolés aux pieds-droits. Du côté de la ville, engagés sur la surface des pieds-droits jusqu'à la hauteur de l'entablement de l'édifice, s'élèvent des obélisques chargés de trophées. A leur pied, deux figures assises, sculptées d'après les dessins de Lebrun, représentent les Provinces-Unies, cet arc de triomphe ayant été élevé en mémoire de la conquête de la Hollande. Entre l'archivolte et l'entablement est placé un bas-relief qui représente Louis XIV commandant le passage du Rhin. Du côté du faubourg, on voit un autre bas-relief qui représente l'entrée du même prince dans Maëstricht. Dans la frise de l'entablement, on a inscrit, en lettres de bronze, les mots *Ludovico magno*. Le monument a 24^{m},65 de hauteur, 25 mètres de largeur, 5 mètres d'épaisseur. L'arcade a 15^{m},35 sous clef et 8 mètres d'ouverture; les petites *portes* ont 3^{m},30 sur 1^{m},70.

Parmi les *portes* modernes de l'Italie, traitées dans un style sévère, et dont l'apparence de solidité convient parfaitement à un monument lié aux remparts, on peut citer la *porte* élevée par Antonio de Sangallo, à l'époque où l'on s'occupait de réparer et d'agrandir les murs de la cité Léonine. Cet édifice, appelé *porte de San Spirito*, et qui est remarquable par la noble simplicité de la composition, l'heureuse proportion des diverses parties, la convenance et la beauté des profils, est malheureusement resté inachevé.

Menuiserie. Nous avons donné ci-dessus divers exemples de vantaux mobiles destinés à clore les *portes* dans les édifices anciens et modernes. Examinons ces ouvrages, au point de vue de leur structure même dans les constructions contemporaines.

Les *portes* les plus simples sont les *portes pleines*, qui sont entièrement planes sur les deux faces et qui sont composées de planches assemblées entre elles, à rainures et languettes avec clefs et emboîtées haut et bas dans des traverses ; les planches sont ordinairement en sapin et les traverses en chêne.

Parmi les *portes* moins simples de construction, on distingue, comme dans les lambris, les *portes à petits cadres* et les *portes à grands cadres* (voy. *Cadre*).

Les *portes* d'appartement ont presque toujours deux parements, c'est-à-dire deux surfaces apparentes, travaillées avec soin.

L'épaisseur des bâtis se règle ordinairement ainsi : 0^{m},032 à 0^{m},040 pour les *portes* de moins de 3 mètres de hauteur; 0^{m},040 à 0^{m},050 pour les *portes* de 3 à 4 mètres et 0^{m},052 à 0^{m},058 pour celles de 4 à 5 mètres. L'épaisseur des panneaux, qui varie de 0^{m},013 à 0^{m},034, est généralement de 0^{m},020 environ.

Ces *portes* sont presque toujours entourées de *chambranles* (voy. ce mot) ou encadrements de menuiserie plus ou moins moulurés.

On ne met parfois que deux grands panneaux dans les *portes* d'intérieur à un vantail; mais il est préférable, en

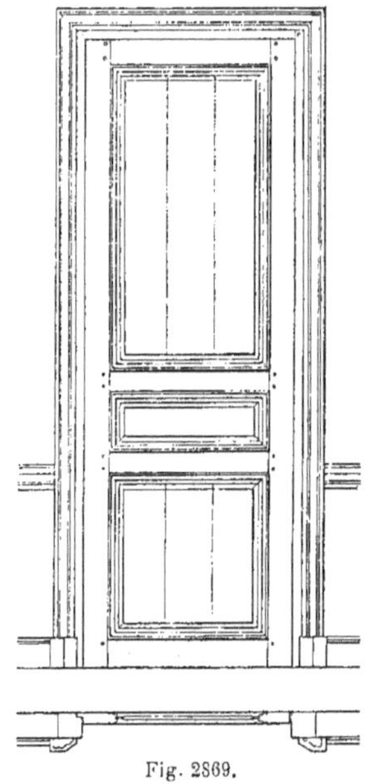

Fig. 2869.

raison du bois, qui n'est pas généralement assez sec pour être employé en grandes surfaces, de placer deux grands panneaux haut et bas et un intermédiaire de moindre dimension (fig. 2869).

Les serrures se posent fréquemment dans l'épaisseur des *portes*, entre deux panneaux, sur une traverse placée à une hauteur qui ne soit pas incommode pour la mise en mouvement du vantail.

Dans les *portes* à deux vantaux, l'un de ceux-ci est fixé au sol de la pièce et dans la traverse du bâti au moyen de *verrous* (voy. ce mot).

Les *portes cochères* sont pourvues de forts bâtis, dont l'épaisseur est de $0^m,10$ pour les *portes* de $3^m,90$ de hauteur, de $0^m,12$ pour celles de $4^m,90$ et de $0^m;16$ pour les *portes* de $5^m,90$ de hauteur. La hauteur de chaque vantail est habituellement divisée en 3 panneaux; dans l'un de ces vantaux, les deux panneaux du bas appartiennent à un *guichet* ménagé pour les piétons (voy. *Cochère*, *Guichet*).

Les *portes* d'entrée dites *portes bâtardes* doivent avoir, au minimum, 1 mètre de largeur.

On fait ordinairement les vantaux pleins en 3 panneaux, le panneau du haut fréquemment percé d'une ouverture grillagée qui éclaire le vestibule. Parfois il n'y a que deux panneaux, celui du bas étant plein et l'autre vitré, avec panneau de fonte ou de fer forgé.

Les *portes* extérieures à un vantail doivent avoir au moins 1 mètre de largeur, afin que les gros meubles puissent y passer.

Ces *portes*, ainsi que les *portes cochères*, se manœuvrent au moyen de poignées de tirage en fer ou en cuivre (voy. *Poignée*).

Nous terminerons l'étude des *portes* en menuiserie par les *portes* ajourées formant barrières, dont nous donnerons quelques exemples.

La figure 2870 représente une *porte* à un vantail qui n'a que $1^m,30$ de hauteur et qui est composée de deux parties, l'une pleine, formée de planches jointives maintenues par les montants, deux traverses et une écharpe et d'une partie à claire-voie en bois découpé. Cette *porte* faisait partie d'une clôture appar-

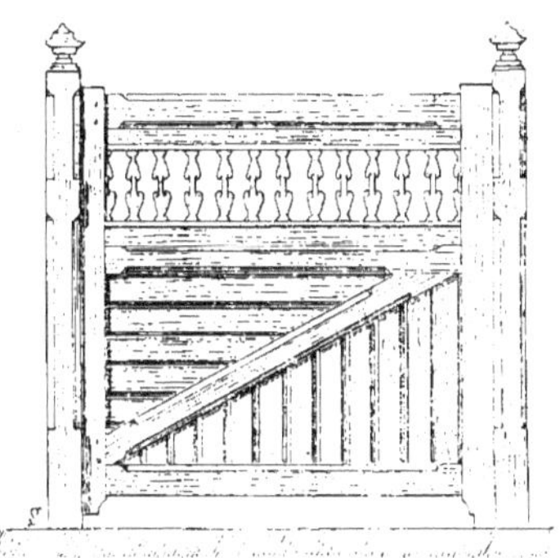

Fig. 2870.

tenant à la section russe de l'Exposition de 1867.

La *porte* que nous donnons (fig. 2871), à l'échelle de $0^m,025$ pour mètre, est ajourée dans toute sa hauteur; elle est

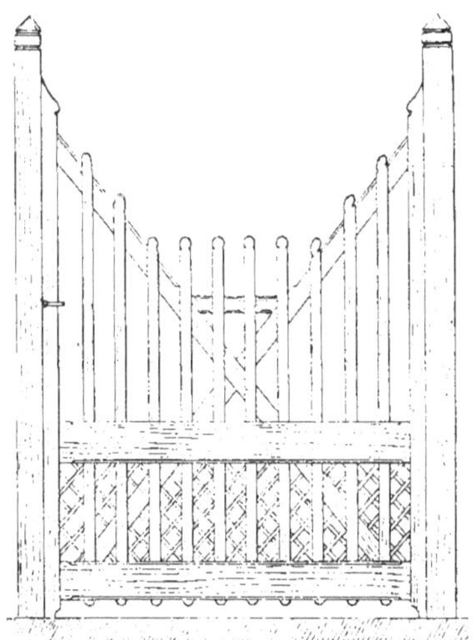

Fig. 2871.

à un vantail et forme la partie ouvrante d'une clôture de basse-cour; le vantail est grillagé dans le bas pour empêcher les animaux de passer entre les montants intermédiaires.

Enfin, la figure 2872 représente une *porte-barrière* à deux vantaux, dont la partie inférieure est garnie de bois découpé

Fig. 2872.

coupé et le haut disposé en grillage; trois traverses horizontales et deux écharpes relient entre eux les battants de rive et les battants milieux.

On fait encore des clôtures mobiles de structures très diverses (voy. *Barrière*).

On fait aussi des *portes roulantes* pour fermer dans les halles à marchandises, du côté des cours, les baies contre lesquelles viennent se placer les voitures pour prendre leur chargement. Ces *portes* sont à un seul vantail ou à deux vantaux et glissent le long du mur, soit à l'intérieur, soit extérieurement. La figure 2873 représente une *porte* double placée à l'extérieur de la halle; les deux parties glissent en sens inverse au moyen de poulies à gorge auxquelles elles sont rattachées par des plates-bandes en fer et qui roulent sur un rail supporté par des corbeaux fixés à la charpente de la construction; deux galets, disposés à la partie inférieure de chaque vantail, facilitent le mouvement. Ces *portes* sont

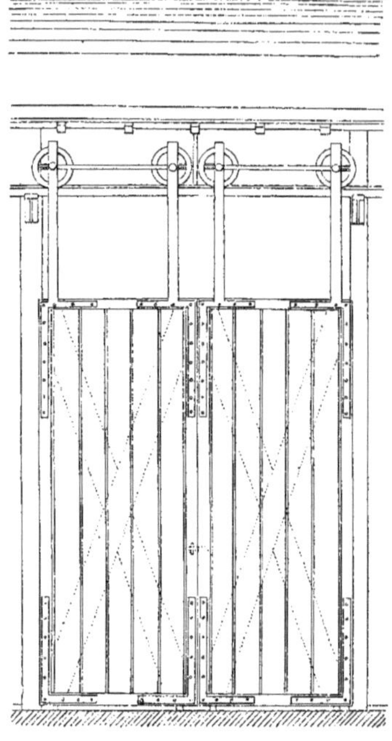

Fig. 2873.

composées de planches jointives comprises dans des bâtis et renforcées par des croix de Saint-André.

Serrurerie. Outre les *portes* qui ferment souvent l'entrée des cours ou qui forment les parties ouvrantes d'une *grille* (voy. ce mot), on fait encore des *portes* pleines en tôle, pour obtenir une fermeture très solide ou clore hermétiquement une ouverture.

Nous donnons (fig. 2874) l'élévation d'une *porte* en fer pour étable, qui se compose de deux vantaux inégaux en largeur. Le plus grand est formé de deux panneaux mobiles se fermant de l'extérieur au moyen d'un loquet à bascule. Le panneau du haut peut s'ouvrir de l'intérieur à l'aide d'un fil de tirage qui s'enroule sur une poulie et qui fait manœuvrer, sur le parement extérieur, un autre loquet à bascule auquel il se

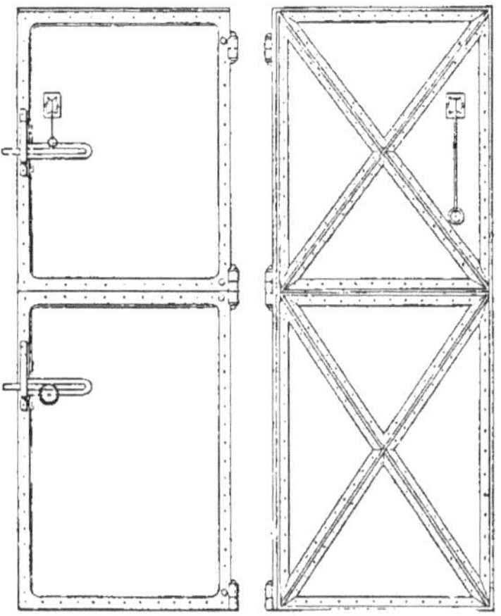

Fig. 2874.

rattache. Ces vantaux sont composés de tôles maintenues par des cornières, dont les unes forment les bâtis et les autres sont disposées en croix de Saint-André pour renforcer les panneaux.

Porte à pans : porte dont la partie supérieure n'est ni en ligne droite ni en arcade, mais se compose de trois parties, dont l'une est horizontale et les deux autres rampantes.

Porte attique ou *atticurge :* celle dont le seuil est plus long que le linteau et qui a ses pieds-droits inclinés (voy. *Atticurge*).

Porte biaise : porte dont les tableaux ne sont pas d'équerre avec le mur.

Porte bâtarde : porte qui ferme l'entrée d'une maison et qui est trop étroite pour que les voitures puissent passer.

Porte charretière : porte à deux vantaux, très simple et qui est suffisamment large pour le passage des chariots (voy. *Charretière*).

Porte cochère : porte qui, dans les grandes maisons, sert au passage des voitures (voy. *Cochère*).

Ces *portes* ont souvent des dimensions et particulièrement une hauteur que l'on réduit au moyen d'impostes pleines ou à jour, en bois ou en fer. L'emploi du métal comme clôture à la partie supé-

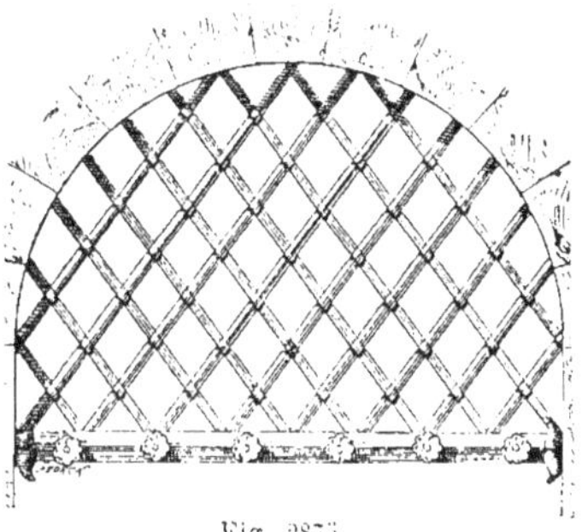

Fig. 2875.

rieure de ces baies donne lieu à des motifs de serrurerie assez variés ; nous en présenterons ici deux exemples ; le premier (fig. 2875) est un simple croisil-

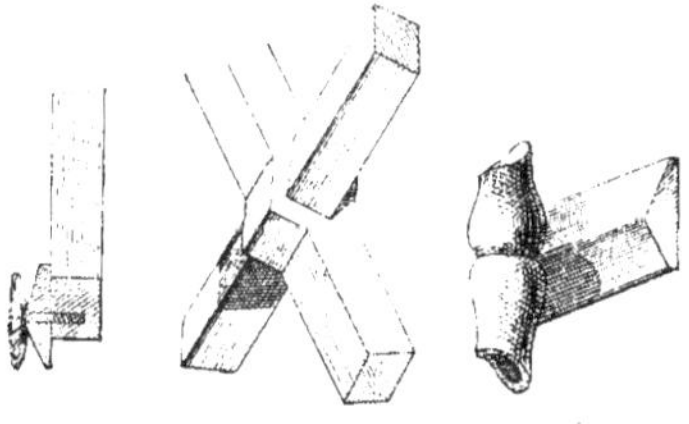

Fig. 2876.

lonnement de treillis de fer quadrangu-

Fig. 2877.

laire, dont le détail est représenté par

la figure 2876; le second est un culot d'où partent des enroulements en fer forgé, fixés sur un cadre ou châssis demi-circulaire (fig. 2877).

Porte-croisée : *porte* qui est à la fois une croisée et une *porte*; les vantaux ont leur partie inférieure remplie par un panneau et touchent au sol de la pièce. Tantôt ces *portes* s'établissent à rez-de-chaussée, tantôt elles donnent sur une terrasse ou sur un balcon.

Porte-persienne : persienne qui ferme le devant d'une *porte-croisée* et qui, comme celle-ci, peut être pourvue d'un panneau par le bas.

Porte à jour ou *à claire-voie* : *porte* formée de barreaux de bois en tout ou en partie.

Porte-grille : *porte* dont le vantail ou les vantaux ont un parement par le bas et des barreaux en fer par le haut (voy. *Grille*).

Portes en enfilade : *portes* qui sont dans l'alignement les unes des autres.

Porte de dégagement : petite *porte* qui permet de sortir des appartements sans passer par les pièces principales.

Porte arasée : *porte* à parements unis, dépourvus de toute saillie.

Porte d'assemblage : *porte* dont le bâti renferme des cadres et des panneaux à un ou deux parements.

Porte à placard : *porte* d'assemblage décorée de moulures, avec ou sans chambranle au pourtour.

Porte collée et emboîtée : *porte* formée de planches debout, collées et chevillées, avec emboîtures par le haut et par le bas.

Porte vitrée : *porte* garnie de petits bois pour recevoir un vitrage comme une croisée.

Porte brisée : *porte* dont les vantaux sont formés de plusieurs parties qui se replient les unes sur les autres.

Porte coupée : *porte* qui ouvre en deux parties sur la hauteur.

Porte double : se dit de deux *portes* ouvrant en sens inverse et placées de chaque côté de l'épaisseur d'une baie.

Porte feinte : ouvrage de menuiserie qui imite une *porte*, mais qui ne sert qu'à faire pendant à une *porte* vraie.

Porte à deux parements : *porte* sur les deux faces de laquelle les moulures sont différentes.

Porte en trois panneaux sur la hauteur : *porte* formée de trois parements encadrés de moulures, le panneau intermédiaire étant de petite dimension.

Porte ébrasée : *porte* dont les tableaux sont à pans coupés en dehors.

Porte dans l'angle : *porte* à pans coupés dans l'angle rentrant d'un bâtiment.

Porte en niche : *porte* dont le plan est circulaire et dont l'élévation a l'apparence d'une niche.

Porte en tour ronde : *porte* percée dans la partie convexe d'un mur circulaire.

Porte en tour creuse : celle qui est pratiquée dans la partie concave d'un mur circulaire.

Porte sur le coin : *porte* qui, ayant une trompe, est en pan coupé sous l'encoignure d'un bâtiment.

Porte rampante : *porte* dont la partie cintrée ou la plate-bande est *rampante* (voy. ce mot), comme dans un mur d'échiffre.

Porte d'écluse (voy. *Écluse*).

Législation. En vertu d'une décision du préfet de police du 15 février 1850, « il pourra être permis d'établir des chambranles autour des baies de *portes* d'allées et autour des baies de fenêtres. La saillie maximum de ces objets est fixée à 0m,16 pour les chambranles des *portes* d'allées et à 0m,06 pour les chambranles des fenêtres ».

L'article 87 de l'ordonnance de police du 25 juillet 1862 concernant la sûreté, la liberté et la commodité de la circulation, est ainsi conçu : « Il est défendu de faire développer des *portes* sur la voie publique..... »

Quant à l'emplacement des *portes cochères*, voici les prescriptions adoptées par la préfecture de la Seine :

« Sur les boulevards ou autres voies publiques, les *portes cochères* seront placées en face des espaces libres entre les arbres, autrement le passage des voitures ne serait pas autorisé. »

Impôts des portes et fenêtres. Les impôts ne sont dus que pour les ouvertures frappées par l'air extérieur.

Porte-à-faux, *s. m.* — On dit qu'une construction ou une partie de construction est en *porte-à-faux*, lorsqu'elle est hors d'aplomb.

Porte-chevilles, *s. m.* — Support destiné, dans un échaudoir, à recevoir les chevilles auxquelles on accroche les parties débitées des animaux abattus.

Les *porte-chevilles* placés dans les abattoirs de la Villette se composent (fig. 2878) de deux barres de fer, l'une méplate et l'autre appliquée sur la pre-

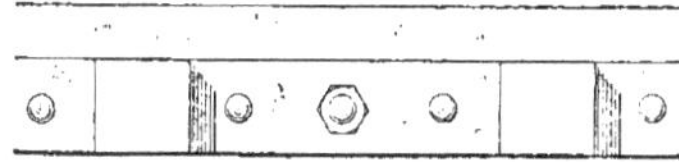

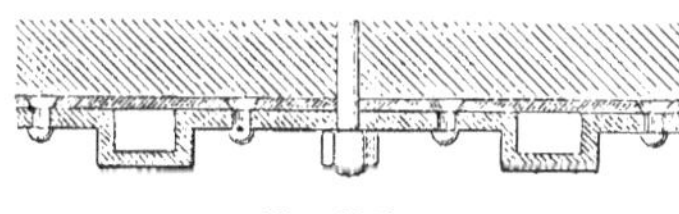

Fig. 2878.

mière et façonnée de manière à présenter, de distance en distance, des ouvertures rectangulaires qui reçoivent les pieds en équerre de chevilles en fer

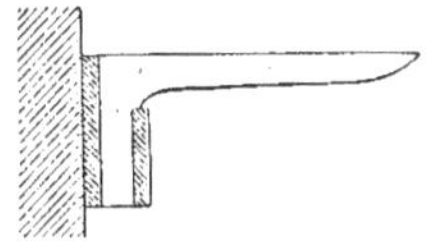

Fig. 2879.

(fig. 2879), destinées à la suspension des objets. Ces chevilles sont ainsi mobiles et peuvent être changées de place suivant le besoin.

Dans les échaudoirs dont il est question ici, il y a des plates-bandes à chevilles sur les murs de chaque côté des cases ; on a pu les fixer deux à deux à ces murs au moyen des mêmes boulons ou tiges taraudées des deux bouts.

Porte-clapet, *s. m.* — Pièce de cuivre de forme circulaire appartenant à une pompe et sur laquelle est monté un clapet.

Le *porte-clapet* est muni d'oreilles qui servent à le fixer lui-même sur la bride d'un corps de pompe ou d'une calotte.

Porte-de-France (*Pierre de la*). — Calcaire compact, très dur, provenant des carrières de la *Porte-de-France*, dans la commune de *Saint-Martin-le-Vinoux*, près de Grenoble.

Cette pierre est de couleur gris foncé ou gris clair, à pâte fine et à veines blanches. Sa hauteur d'assise moyenne est de $0^m,40$ à $1^m,20$.

Portée, *s. f.* — 1° Distance qui sépare deux points d'appui d'une pierre ou d'une poutre posées horizontalement, d'un arc appareillé, d'un plancher, d'une voûte, etc.

2° On désigne également ainsi le sommier d'une plate-bande, d'un arrachement de retombée, ou l'extrémité d'une pièce de bois qui s'engage dans un mur ou qui porte sur une sablière.

3° Le même terme s'applique parfois à la saillie d'un corps, par exemple d'une gouttière ou d'un auvent.

4° Les plombiers appellent *portée* une pièce de cuivre qu'ils placent au bout d'un moule de tuyau pour empêcher le plomb qu'on y verse de s'écouler.

Porte-harnais, *s. m.* — Support fixe ou mobile sur lequel on pose les selles, les harnais, etc., dans une *écurie* ou dans une *sellerie* (voy. ces mots).

Les *porte-harnais* mobiles ont la forme de tréteaux ou de *chevalets* (voy. ce mot).

Les *porte-harnais* fixes se divisent en *porte-brides* et *porte-selles*. Les premiers, dont nous donnons deux exemples en A et en C (fig. 2880), sont des pièces de bois à section carrée ou demi-circulaire

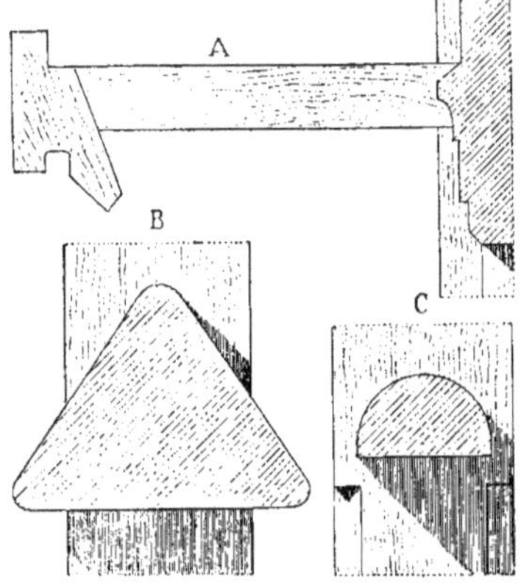

Fig. 2880.

qui sont fixées, par une de leurs extrémités, sur des poteaux montant de fond, ou des traverses horizontales, ou sim-

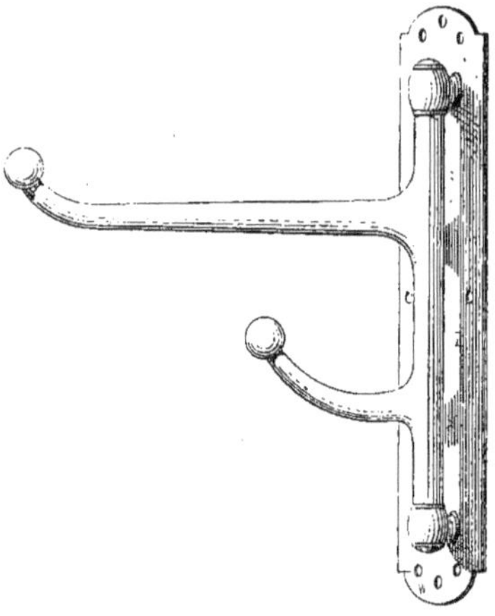

Fig. 2881.

plement scellés dans le mur. Les *porte-selles* ont généralement la forme indiquée en B, pour que les colliers et selles reposent plus carrément dessus. Souvent, les *porte-selles* sont placés à la partie supérieure et les *porte-brides* directement au-dessous.

Aujourd'hui, on remplace fréquemment les *porte-harnais* en bois par des supports en fer, qui sont des tiges rondes ou méplates à bouts relevés et munies de platines, de pattes ou de pointes au moyen desquelles on les fixe sur le bois. On en fait aussi qui portent deux tiges et qui sont à la fois *porte-selles* et *porte-brides* (fig. 2881).

Porte-lanterne, *s. m.* — Voy. *Lampadaire, Lampier, Lanterne.*

Porte-lumière, *s. m.* — On désigne ainsi des supports en métal destinés à recevoir des lampes dans l'intérieur des appartements.

Ces supports affectent souvent la forme de consoles, comme celui qui est repré-

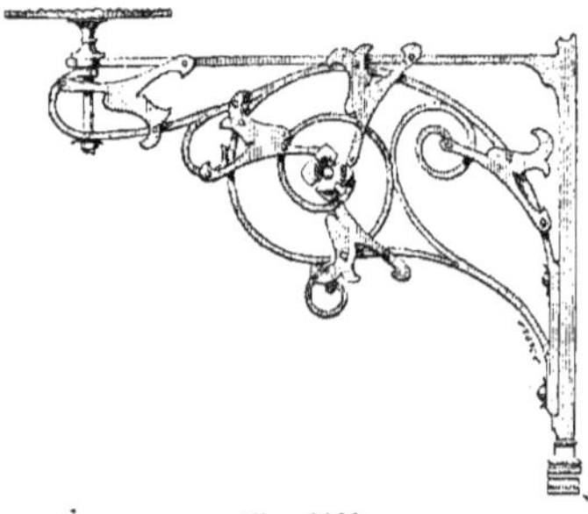

Fig. 2882.

senté par la figure 2882 ; ce *porte-lumière* est en fer forgé avec ornements en tôle.

Porte-manteau, *s. m.* — Barre sur laquelle sont fixées des tiges qui portent, à leur extrémité, des rosettes auxquelles on suspend les vêtements.

On fait les *porte-manteaux* en bois ou en métal.

La figure 2883 représente, en coupe et en élévation, des *porte-manteaux* placés dans le *préau* d'un asile communal. La barre est en chêne de $0^m,08$ de largeur sur $0^m,034$ d'épaisseur; elle est chanfreinée sur ses arêtes et fixée au mur par des brides à scellement. Les *porte-manteaux* sont en fer, montés sur

Fig. 2883.

platine, espacés de $0^m,16$ environ et maintenus sur la barre au moyen de deux vis; leur forme est celle d'une tige coudée avec renflement à leur extrémité.

Porter, *v. a.* — On dit qu'une pièce de bois *porte* tant de long et de gros; de même, une pierre *porte* une longueur sur une largeur et une hauteur de...

Porter de fond : en parlant d'un mur ou d'un support dans une construction, signifie que ces objets traversent plusieurs étages en partant du rez-de-chaussée.

Porter à cru : se dit d'un corps dépourvu d'empatement ou de retraite, comme la colonne dorique grecque.

Porter à faux : se dit d'un corps posé en saillie ou en encorbellement, comme certains balcons ou comme le retour d'angle d'un entablement.

On dit aussi qu'une colonne ou qu'un pilier *portent à faux*, lorsqu'ils sont hors de leur aplomb. Dans ce dernier sens, *porte-à-faux* (voy. ce mot) est substantif et ces objets sont dits *en porte-à-faux*.

Portereau, *s. m.* — Bâton court de brin que les charpentiers emploient pour porter des pièces au chantier et de là au bâtiment.

Porte-selle, *s. m.* — Voy. *Porte-harnais*.

Porte-soudure, *s. m.* — Morceau de coutil plié en quatre à l'aide duquel les plombiers relèvent leur soudure.

Porte-tapisserie, *s. m.* — On désigne ainsi, en menuiserie :

1° La saillie que fait la corniche d'un appartement, tant sur les murs que sur les nus d'un ouvrage;

2° Les tringles de bois sur lesquelles on fixe la toile qui doit recevoir le collage du papier de tenture.

Porte-vitre, *s. m.* — Planche sur laquelle les vitres reposent par une arête dans le chevalet ou fléau du vitrier.

Portière, *s. f.* — On donne ce nom soit à une porte double, composée d'une étoffe quelconque, fixée par des clous sur un châssis mobile qui ne se ferme qu'avec un verrou ou un loquet, soit à un simple rideau, avec tringle et anneaux, que l'on place devant une porte et qu'on tire à volonté.

On emploie les *portières*, soit pour se garantir du froid, soit comme ornement.

Les anciens n'avaient souvent pas d'autre système de fermeture pour les portes d'intérieur et cet usage est encore très répandu en Orient.

Portique, *s. m.* — Construction ouverte sur une ou plusieurs de ses faces par des entrecolonnements ou des arcades ; les supports peuvent être exécutés en pierre, en bois ou en fonte ; la couverture est un plafond ou une voûte.

Ce mot, qui dérive de *porte*, désigne une construction qui commença, chez les anciens, par être ce que nous appelons *porche*, c'est-à-dire une construction plus ou moins étendue, placée en avant des maisons, pour mettre leurs portes ou leur entrée à l'abri des intempéries de l'atmosphère. Plus tard, le luxe augmentant, le *portique* devint, dans les somptueuses demeures, un accessoire de pur agrément, destiné à la promenade et à d'autres convenances. Le *portique* alla même jusqu'à n'avoir plus rien de commun avec la *porte* que le nom, et les Romains désignèrent ainsi les lieux de réunion, de promenade formant des édifices particuliers.

La plupart des édifices publics dans l'antiquité, soit chez les Grecs, soit chez les Romains, étaient accompagnés de *portiques*. Certains temples, tels que ceux de Jupiter Olympien, à Athènes, étaient placés dans une enceinte entourée de galeries couvertes. Dans tous, un *portique* est appliqué contre la cella et règne tantôt sur toutes les faces, comme au Parthénon, au temple de Castor et Pollux, à Rome, tantôt sur les faces antérieure et postérieure, comme au temple de Diane, à Éleusis, tantôt enfin sur la face antérieure seulement, comme à l'Erechthéion, au temple d'Apollon à Bassæ et de la Fortune Virile à Rome (voy. *Temple*).

Les théâtres avaient, à leur proximité, une galerie couverte à l'abri de laquelle les spectateurs pouvaient se promener, en cas de pluie ou pendant les entr'actes. Des *portiques* à arcades étaient disposés autour du théâtre à rez-de-chaussée, et la partie supérieure des gradins était même parfois recouverte de constructions de ce genre, comme on le voit encore au théâtre de Marcellus, à Rome. Les amphithéâtres possédaient également des dispositions semblables.

Les *portiques* faisaient encore partie des gymnases et des thermes ; ils entouraient la plupart des places publiques, où ils servaient de promenades et formaient quelquefois des édifices spéciaux. A Athènes, l'*Académie*, le *Lycée*, le *Cynosarge* avaient des *portiques*. Dans l'ancienne Rome, les *portiques* de Pompée et d'Octavie étaient au nombre des plus beaux et des plus fréquentés. On y voit encore les restes du *portique d'Octavius*, de celui d'*Octavie*, dont on a employé plusieurs colonnes dans l'église Sainte-Marie, du *portique* d'Antonin-le-Pieux, du *portique de Faustine*.

L'un des *portiques* les plus célèbres de l'antiquité est celui du *forum triangulaire* à Pompéi. Cet ouvrage, dont nous donnons le plan (fig. 2884), est renommé, non pour ses dimensions, qui

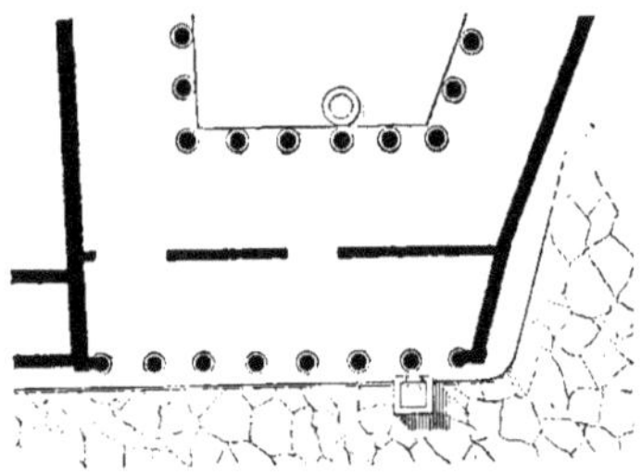

Fig. 2884.

sont très médiocres, mais pour l'harmonie générale de l'ensemble qu'il présente et la noble simplicité des détails. La figure 2885 montre l'état actuel des ruines de ce *portique*. C'est l'exemple le plus parfait des ordres ioniques grecs de Pompéi.

Un autre *portique*, dit des *écoles*, est un grand atrium découvert, situé à côté des propylées du forum triangulaire.

Dans la même ville, le grand *forum* ou *forum civil*, était entouré d'une colonnade d'ordre dorique qui, par suite d'un tremblement de terre, arrivé seize ans avant la destruction totale de Pompéi, était en pleine reconstruction lors de la catastrophe ; on a trouvé, en effet, des chapiteaux ébauchés et des tambours de colonnes en pierre calcaire,

Fig. 2885.

destinés à des fûts qui devaient en remplacer de plus anciens construits en lave. Les fragments de ceux-ci, découverts à l'endroit où le *portique* était

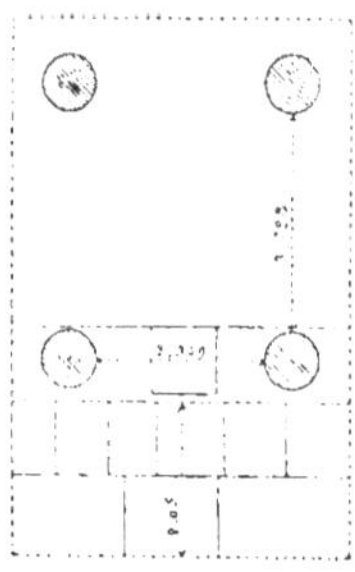

Fig. 2886.

double en profondeur (fig. 2886), ont été réunis et mesurés avec soin par M. Uchard. L'entablement reposait-il sur les colonnes, comme l'ont supposé quelques auteurs, ou bien était-il séparé de celles-ci par une architrave en bois, ainsi que le montre la figure 2887 ?

Fig. 2887.

Cette dernière opinion est la plus probable.

Les cours intérieures des riches habitations furent également pourvues de *portiques* auxquels on donnait diverses expositions pour changer de température.

Pendant le moyen âge, les galeries couvertes qui entouraient certaines cours des monastères et formaient les cloîtres étaient de véritables *portiques*. Les façades des maisons particulières reposaient souvent sur des piliers de pierre ou de bois, de façon qu'elles étaient précédées, à rez-de-chaussée, d'abris dont la suite formait, dans une même rue, des allées couvertes où circulaient les passants.

Les *portiques* occupent une place moins importante dans les édifices modernes que dans l'architecture antique, soit en raison du changement qui s'est accompli dans les mœurs, soit à cause du climat plus rigoureux que présentent les régions moyennes et septentrionales de l'Europe. En Italie, on peut citer, comme l'une des plus remarquables, parmi les constructions modernes de ce genre, le double *portique* demi-circulaire à quatre rangs de colonnes qui décore la place Saint-Pierre de Rome.

D'ailleurs, chez les modernes, le mot *portique* n'exprime pas, aussi spécialement qu'il semble l'avoir fait souvent chez les anciens, un genre d'édifice ou de monument à part, détaché de toute autre construction, ayant ses usages, ses propriétés et d'une destination particulière. Le mot *portique* représenterait plutôt, dans la langue actuelle de l'architecture, une ordonnance qui serait composée d'arcades et de pieds-droits, et l'on emploierait ce terme en opposition avec celui de *colonnade*.

On a été conduit alors à faire varier les proportions et les ornements des *portiques* de la même manière que ceux des portes, et l'on a distingué le *portique dorique*, le *portique ionique* et le *portique corinthien*.

Un grand nombre d'édifices modernes, des églises en particulier, sont construits en *portiques*, c'est-à-dire sur des arcades soutenues par des pieds-droits ornés de pilastres.

Les palais de l'Italie nous montrent l'emploi, devenu presque général, des *portiques*, considérés comme galeries ou promenoirs. Il y a même des édifices où l'on voit deux rangs de *portiques* superposés. Telle est la cour du palais de la Chancellerie, à Rome, qui possède deux rangs de *portiques* en arcades élégantes, reposant sur des colonnes de marbre. On place au rang des ouvrages classiques en ce genre, l'intérieur de la cour du palais Farnèse.

L'usage des *portiques* fut moins répandu, en France, dans les habitations particulières ; cela tient aux habitudes provenant du climat et à la cherté des terrains.

Cependant on voit, à Paris, des *portiques* dans certains monuments ; nous citerons comme exemple la grande et magnifique cour de l'hôtel des Invalides, à deux rangs de *portiques* l'un sur l'autre, qui dégagent toutes les parties du corps de bâtiment. Dans la même ville, l'ancienne place Royale, aujourd'hui place des Vosges, est entourée de *portiques*, suivant un usage fréquemment adopté pour les places dans les villes d'Italie. On voit même à Turin, par exemple, le rez-de-chaussée des maisons, dans certaines rues, transformé en *portiques* continus formant abri pour les piétons. Une semblable disposition se remarque, à Paris, dans la rue de Rivoli.

Dans la même ville, on cite encore, comme *portiques* remarquables, les colonnades du Louvre, de la place de la Concorde, de la Madeleine et de la Bourse, etc.

Il est important, dans des constructions de ce genre, si l'on veut en faire, non pas seulement une décoration plus ou moins somptueuse, mais un abri réel, de leur donner une certaine profondeur.

Dans les ordres, Vitruve recommande, pour profondeur du *portique*, la hauteur même des colonnes, de sorte que la pluie et les rayons solaires ne rencontrent le pied du mur que sous une inclinaison de 45°.

Porto (*Granit rouge de*). — Granit rouge très dur, susceptible de poli, que l'on tire de la carrière d'Aja-Campana, dans la commune d'Ota, près d'Ajaccio.

La hauteur d'assise de cette pierre est de toutes dimensions.

Portor, *s. m.*—Nom que l'on donne à certains marbres noirs à veines jaunes.

Le *portor antique* est un magnifique marbre à fond noir et veines jaunes, quelquefois brillantes comme de l'or, et il semble que cet aspect soit l'origine du nom qu'on lui a donné. Il se tirait du port de Luna, aujourd'hui Luni, près de Carrare.

Ce marbre s'altère malheureusement à l'air d'une façon assez rapide, et sa couleur noire devient grisâtre.

On en distingue plusieurs variétés, dont la plus estimée s'exploite à Porto-Venere, dans les Apennins.

La France possède quelques gisements de *portor*, notamment à *Saint-Paul*, dans les Basses-Alpes, et à la Grande Chartreuse, dans l'Isère.

Dans les environs de Namur, en Belgique, à Marche-les-Dames, on trouve un marbre que l'on nomme *faux portor* et dont le fond est jaune d'ocre, taché de gris foncé et veiné de jaune et terrasses très nombreuses.

On exploite en France des carrières de brèches *portor* à fond noir et veines de différentes couleurs.

Portrait, *s. m.* — Marteau qui sert à ébarber, à tailler et à mettre d'échantillon les pavés.

Pose, *s. f.* — Mise en place des objets.

On dit la *pose* de la pierre, la *pose* des charpentes, des portes, des serrures, des sonnettes, etc.

La *pose* de la pierre de taille se fait de la manière suivante : on approche le bloc à pied d'œuvre, on le met sur des cales en bois à la place qu'il doit occuper, puis on procède au *fichage* (voy. ce mot), c'est-à-dire à l'introduction du mortier entre les lits des assises superposées. Il serait préférable, quoique moins expéditif, de mettre d'abord la pierre sur cales à l'endroit qui lui est assigné, pour s'assurer qu'elle a bien les dimensions voulues, puis de l'enlever à la louve, et d'étendre sur la surface qui doit recevoir le bloc une couche unie de mortier sur laquelle on *pose* la pierre. A Paris, on emploie fréquemment un troisième moyen avec le plâtre et le ciment : on *pose* la pierre sur cales, on bouche les joints avec du plâtre ou du mortier un peu ferme ; puis on gâche très clair le plâtre ou le ciment et on le coule dans les joints et lits (voy. *Auget*, *Coulis*).

Poser, *v. a.* — Faire la *pose* ou la mise en place d'un objet. En construction, on emploie différents termes, suivant la manière dont on fixe les pierres en place :

Poser à sec : construire sans mortier ; on frotte la pierre supérieure sur la pierre inférieure, en interposant, entre leurs lits bien dressés, du grès pilé et de l'eau, jusqu'à ce que l'on reconnaisse qu'il ne reste plus entre elles le moindre vide ; la plupart des édifices antiques ont été appareillés de cette façon.

Poser à cru : dresser, sans fondation, un ouvrage d'un poids peu considérable, tel qu'un bâti de charpente. De même, on *pose à cru* un poteau, un étai, un pointal destinés à servir de supports provisoires.

Poser de champ : placer une pierre, une brique, une pièce de bois sur sa face la plus étroite.

Poser de plat : mettre ces objets sur leur face la plus large.

Poser en décharge : placer une pièce de bois obliquement dans un ouvrage de charpente pour arc-bouter, contreventer, ou soulager une pièce voisine d'une partie de la charge qu'elle supporte.

Poseur, *s. m.* — Les maçons nomment ainsi l'ouvrier qui reçoit la pierre élevée par un engin quelconque, monte-charge ou grue, au niveau de l'assise où elle doit prendre place et qui la *pose* de niveau, d'alignement et à demeure.

Le *contre-poseur* aide le *poseur*.

Parmi les serruriers, le *poseur de sonnettes* est aussi un ouvrier spécial.

Possession, *s. f.* — En droit, ce terme est défini par l'article 2228 du Code civil :

« La *possession* est la détention ou la jouissance d'une chose ou d'un droit que nous tenons ou que nous exerçons par nous-mêmes ou par un autre qui la tient ou qui l'exerce en notre nom. »

On appelle *possession annale* la détention, la jouissance, l'usage, l'exercice qu'on a d'une chose ou d'un droit depuis un an et un jour.

La *possession immémoriale* est ainsi nommée parce qu'aucun homme vivant n'en a vu le commencement et qu'on ne la connaît que par la tradition des anciens.

Suivant l'article 2229 du Code civil, pour prescrire, la *possession* doit être *continue* et *non interrompue, paisible, publique, non équivoque* et *à titre de propriétaire.*

La *possession* est *continue* quand la détention, la jouissance, l'exercice consistent non pas dans un seul acte, mais dans une suite de faits répétés (1).

La *possession* est *non interrompue*, lorsqu'elle s'est continuée aux mains d'une personne sans aucun trouble provenant du fait d'un tiers.

La *possession* est *paisible* lorsqu'elle n'est ni troublée par des contradictions de fait, ni fondée sur des actes de violence ; dans ce dernier cas, cependant, si la violence cesse, la *possession* utile commence.

La *possession* est *publique* lorsqu'elle s'exerce de façon à être aperçue de tout le monde, au vu et su de tous ceux qui l'ont voulu voir et savoir.

La *possession* est *non équivoque*, s'il est constant que le *possesseur* a possédé pour lui, avec intention de s'approprier la chose détenue ; un fermier, un usufruitier ou toute personne ne possédant qu'*à titre précaire* ne peut prescrire la propriété, par quelque laps de temps que ce soit.

L'article 2230 du Code civil détermine ainsi la présomption de la *possession* :

« On est toujours présumé posséder pour soi et à titre de propriétaire, s'il n'est prouvé qu'on a commencé à posséder pour un autre. »

S'il est prouvé que l'on a commencé à posséder pour autrui, on est toujours présumé continuer sa *possession* au même titre, s'il n'y a preuve du contraire (1).

Le possesseur actuel qui prouve avoir possédé anciennement est présumé avoir possédé dans le temps intermédiaire, sauf la preuve contraire.

(1) Code Perrin, nos 3364 et suivants.

(1) Code civil, art. 2231.

Poste, *s. m.* — Lieu occupé par un corps de troupes pour le défendre ou le garder.

Les anciens, comme les modernes, établissaient sur les points stratégiques des *postes* fortifiés qui n'avaient pas l'importance d'ouvrages tels que les forteresses ou les camps retranchés.

Dans les villes, le mot *poste* est synonyme de *corps de garde.*

On appelle *poste-caserne*, dans une place forte, les bâtiments élevés le long des remparts pour servir au logement des troupes qui composent la garnison.

Poste aux lettres : édifice ou local servant à l'Administration postale pour recevoir, timbrer et expédier les lettres pour leurs diverses destinations.

Postes, *s. f. pl.* — Ornement de sculpture et de peinture. C'est une sorte d'enroulement courant, c'est-à-dire qui se répète et qui rappelle à l'esprit l'idée d'un objet qui court après un autre, ce qui lui a fait donner le nom de *postes.*

Suivant d'autres auteurs, cet ornement figurait les flots qui se succèdent et cette opinion s'appuie sur ce fait que l'on voit des *postes* parfaitement indiquées sur le groupe qui ornait l'un des angles du fronton oriental du temple de Minerve à Athènes, groupe qui représentait le soleil sortant avec son char du sein des flots.

Quoi qu'il en soit, cet ornement est fréquemment employé pour décorer les bandeaux et les plinthes ; il est tantôt uni, tantôt fleuronné, avec des rosettes, suivant le caractère de simplicité ou de richesse adopté pour l'édifice.

La figure 2888 représente les *postes* sculptées sur le bandeau qui couronne

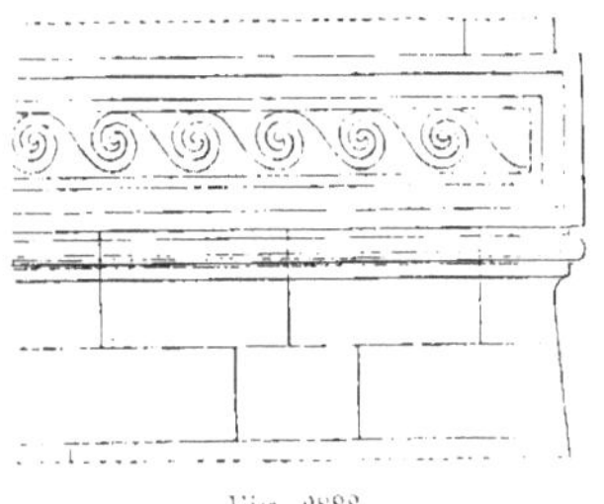

Fig. 2888.

le stylobate de la façade méridionale du Louvre.

Cet ornement, placé sur un bandeau ou sur une plinthe, peut être interrompu ; c'est-à-dire que les enroulements qui le forment peuvent ne pas se

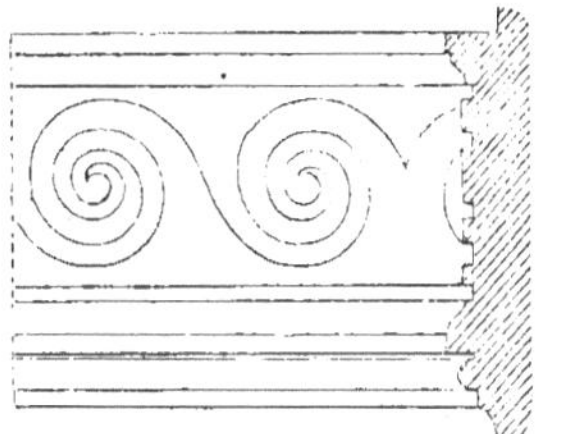

Fig. 2889.

diriger tous dans le même sens, mais, au contraire, se partager et courir en sens inverse, comme le montre la figure 2889.

Les serruriers font également usage

Fig. 2890.

de *postes*, dans les grilles, dans les frises de balcons (fig. 2890).

Postiche, *adj.* — Se dit, dans un ouvrage, de toute partie qui est rapportée et semble étrangère à cet ouvrage, par exemple d'une table de marbre incrustée dans une décoration d'architecture.

C'est surtout dans l'ornementation que l'on rencontre une multitude d'inventions *postiches*, de formes parasites qui ne tiennent en rien au système d'ordonnance du reste de l'édifice.

Posticum. — Les Romains désignaient ainsi la partie supérieure des temples *amphiprostyles* (voy. ce mot), par opposition à l'*anticum* ou face antérieure dite aussi *pronaos*.

Le mot *posticum* n'est que la traduction latine du mot grec *opisthodome*.

Postscenium. — Mot latin qui désignait la partie d'un théâtre romain où se retiraient les acteurs pour changer de costume et où étaient placés les décors et les machines.

Le *postscenium*, comme son nom l'indique, était situé derrière la scène (voy. *Théâtre*).

Pot, *s. m.* — 1° Objet en terre cuite affectant diverses formes et que l'on emploie pour les hourdis, pour les ventouses (voy. *Poterie*).

2° *Pot de siège* : cuvette en forme de

Fig. 2891.

tronc de cône (fig. 2891) que l'on place dans les garde-robes demi-anglaises.

3° *Pot à colle* : vase en cuivre rouge ayant la forme indiquée par la figure

Fig. 2892.

2892 et dans lequel les menuisiers font chauffer la colle.

4° *Pots à fleurs.* Législation. L'ordonnance de police du 1er avril 1818 établit les prescriptions suivantes :

« Art. 1er. Il est défendu à tous propriétaires et locataires des maisons situées dans la ville de Paris, de déposer sur les toits, entablements, gouttières, terrasses, murs et autres lieux élevés des maisons, des caisses, *pots à fleurs*, vases et autres objets pouvant nuire par leur chute.

« On ne pourra former des dépôts de cette espèce que sur les grands balcons et sur les appuis des croisées garnies de petits balcons en fer ou de barres de support en fer, avec grillage en fil de fer maillé. »

Potager, *s. m.* — 1° Enclos séparé par des murs destiné à la culture des légumes dans un grand jardin attenant ou non à une habitation.

Souvent, le *potager* ne forme pas une portion séparée du jardin ; il en occupe seulement une certaine partie, divisée en plates-bandes, où l'on trace des carrés qu'on garnit de légumes.

2° Fourneau de cuisine (voy. *Fourneau*).

Potasse, *s. f.* — Substance alcaline qui dissout les corps gras et résineux, se combine avec les acides et, par suite, peut servir à faire des nettoyages.

A cet effet, on dissout la *potasse* dans de l'eau, et cette dissolution prend alors le nom de *lessive* ou *eau seconde*.

Dans le commerce, la matière vendue sous le nom de *potasse* est du carbonate de *potasse* et plus souvent encore du carbonate de soude.

Poteau, *s. m.* — Toute pièce de bois posée debout.

On applique aux *poteaux* différentes dénominations, suivant la place qu'ils occupent dans un ouvrage de construction :

Poteau ou *pied cornier :* maîtresse pièce placée à l'encoignure formée par deux pans de bois ou qui monte de fond dans un de ces ouvrages, au point où un pan de bois de refend vient rencontrer le pan de bois de face (voy. *Pan*). C'est dans ces *poteaux* que sont assemblées les sablières de chaque étage. Le *poteau cornier* est fait d'une seule pièce ou composé de plusieurs, solidement entées l'une sur l'autre.

Poteau de remplissage ou *de cloison :* *poteau* qui, dans un pan de bois, est placé entre deux sablières, avec lesquelles il s'assemble à tenon et mortaise.

Poteau en décharge : poteau placé obliquement entre deux autres dans un *pan de bois* (voy. ce mot).

Poteaux d'huisserie ou *de croisée : poteaux* qui forment le côté d'une porte ou d'une fenêtre ; on les laisse apparents, dans les cloisons, sur toute la hauteur de la porte, et on les recouvre de moulures rapportées formant chambranle ; on a soin d'y ménager une feuillure du côté qui reçoit la porte.

Dans une lucarne, il y a également deux *poteaux* sur lesquels repose le chapeau.

Fig. 2893.

Il peut arriver que l'on veuille faire supporter à un *poteau* en bois une double poutre dont la largeur dépasse de beaucoup la section même de ce *poteau;* on peut, dans ce cas, donner au chapeau dont on le surmonte la disposition représentée par la figure 2893.

Poteaux d'écurie : poteaux cylindriques scellés dans le sol, qui ont environ 1m,35 de hauteur et qui servent soit à soutenir les barres, soit à recevoir l'assemblage des pièces qui composent les séparations de *stalles*. L'extrémité supérieure de ces *poteaux* est souvent surmontée d'une boule (fig. 2894).

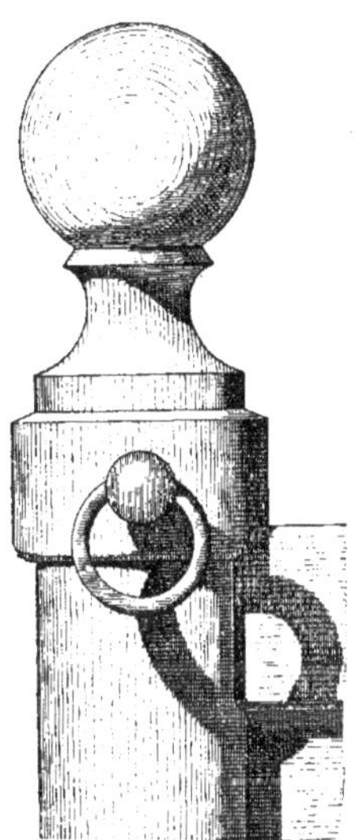

Fig. 2894.

Poteau télégraphique : pièce de bois à section circulaire, sur laquelle sont fixés des godets en porcelaine qui servent à supporter et à isoler les fils télégraphiques.

Dans ces derniers temps, on a songé à remplacer, pour ces *poteaux*, le bois par le fer, et l'on y trouve comme avantages : une *durée* beaucoup plus longue, surtout si on entretient ces supports au moyen de peintures périodiques; une plus grande *résistance* dans toutes les directions ; l'incombustibilité ; une plus grande *difficulté de destruction* par la malveillance ; la *préservation de la foudre* par l'adhérence du sol au pied des *poteaux ;* un *écoulement facile* des excédants des courants ; une plus grande *facilité* et *rapidité* de pose et de montage.

On distingue les *poteaux simples* et les *poteaux multiples*.

Le *poteau simple* est un fer à T dont la section est représentée par la figure 2895 que l'on plante en terre comme les *poteaux* en bois. Ce fer est percé de trous à vis, taraudés à l'avance pour la fixation des isolateurs. La figure montre en A, vue de face et de côté, une des dispositions adoptées pour ces derniers objets, et en B un autre système, qui permet d'accrocher deux fils.

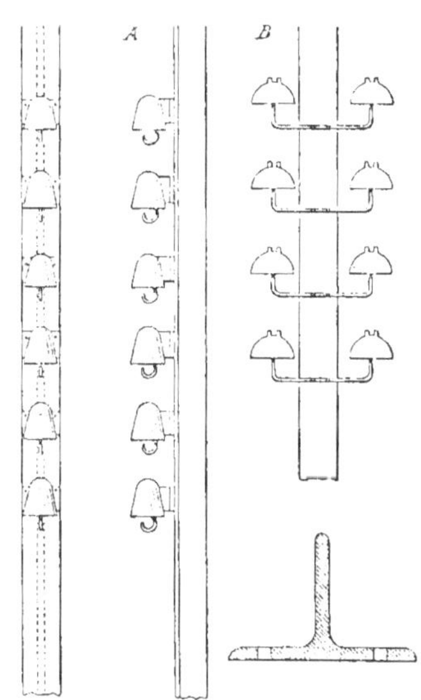

Fig. 2895.

Le *poteau multiple* peut supporter un certain nombre de fils au moyen de godets fixés sur des traverses en fer cornières qui s'assemblent de différentes façons, soit sur le plat du fer, soit sur sa nervure. Nous donnons (fig. 2896) l'élévation et le profil de la partie supérieure d'un *poteau* multiple avec deux

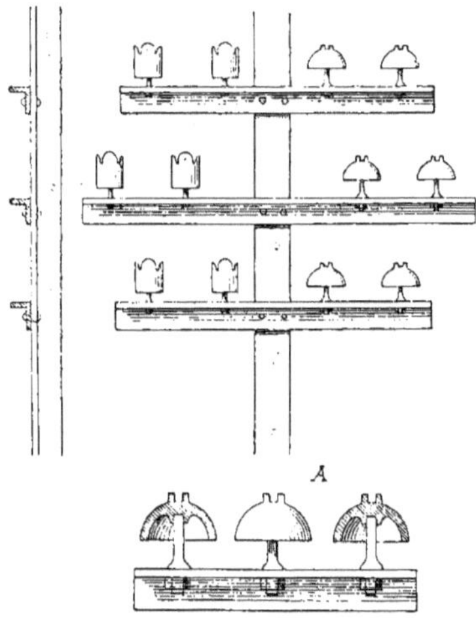

Fig. 2896.

genres de godets différents ; la même figure montre en A l'assemblage des godets sur les cornières.

L'administration française des postes et télégraphes emploie aussi d'autres formes pour les *poteaux* métalliques ; ces supports se composent de tôles pliées suivant une courbe qui leur donne une grande résistance et rivées sur leurs rebords ou lèvres ménagées à cet effet. La figure 2897 représente deux sections,

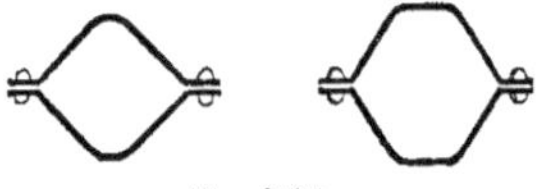
Fig. 2897.

de courbures un peu différentes, qui ont été adoptées suivant la longueur des *poteaux*. Ces *poteaux* sont formés de tronçons qui s'emboîtent rivés les uns sur les autres et le profil de l'ensemble, conique depuis le sol jusqu'au sommet, reste droit du niveau du sol à la base du *poteau*.

Potée, *s. f.* — *Potée d'étain* : mélange d'oxyde de plomb et d'étain obtenu en calcinant un alliage de ces métaux en proportions variables, la *soudure des plombiers*, par exemple. On broie la matière provenant de l'oxydation, de manière à l'obtenir au degré de finesse voulue. La *potée d'étain* sert à polir les verres et les glaces, et à produire le *lustré* des marbres fins et notamment des marbres blancs.

Potée rouge : mélange de sulfate de fer et de 1/6 de salpêtre brut exposé pendant vingt-quatre heures, pulvérisé ensuite, lavé à plusieurs reprises et passé au tamis. On s'en sert pour faire le *piqué* des marbres de couleur, en y mêlant un peu de noir de fumée. Les foyers de cheminée, les carreaux, etc., ne reçoivent pas d'autre poli.

Potelet, *s. m.* — Petit poteau de remplissage que l'on place, dans les pans de bois, sous les appuis de croisée et au-dessus des linteaux de porte (voy. *Appui*, *Pan*).

On appelle également *potelet* ou *jambette* la pièce de bois verticale qui soulage l'extrémité inférieure d'un limon d'escalier (voy. *Limon*).

Potence, *s. f.* — 1° Assemblage de

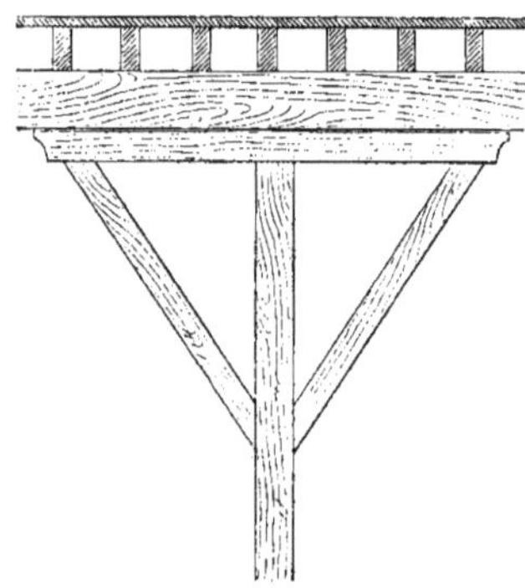
Fig. 2898.

pièces de bois composé (fig. 2898) d'un

pointal, d'un chapeau ou semelle et d'un lien qui sert à soulager une poutre d'une trop longue portée.

Il y a des *potences* à deux liens qui se placent soit au milieu d'une poutre, soit au point de sa longueur où cette pièce a éclaté.

2° Support composé d'une équerre et d'une jambe de force. On s'en sert pour

Fig. 2899.

soutenir un balcon, une enseigne de

Fig. 2900.

marchand, une poulie de puits, une lanterne, etc.

On fait des *potences* en fer forgé qui ont la forme de consoles avec enroulements et feuillages. La figure 2899 représente deux *potences* ou consoles destinées à supporter un balcon, et la figure 2900, deux autres *potences* munies d'anneaux pour soutenir une lanterne.

Poterie, *s. f.* — Terme général par lequel on désigne les ouvrages de plastique qui entrent dans les constructions et qui rappellent, par leur forme, des vases ou *pots*.

Les Romains employaient ainsi des *poteries* creuses pour alléger les massifs des voûtes en blocage et économiser, en même temps, la matière et la main-d'œuvre; ils plaçaient, de distance en distance, des pots de terre du genre de nos cruches. Le cirque de Caracalla, à Rome, présente notamment de nombreux vestiges de ce mode de construction.

Le même procédé se retrouve appliqué dans certains édifices d'architecture latine, par exemple à l'église de Saint-Vital, à Ravenne. Les *poteries* employées sont des sortes d'amphores de forme allongée, d'une assez grande dimension,

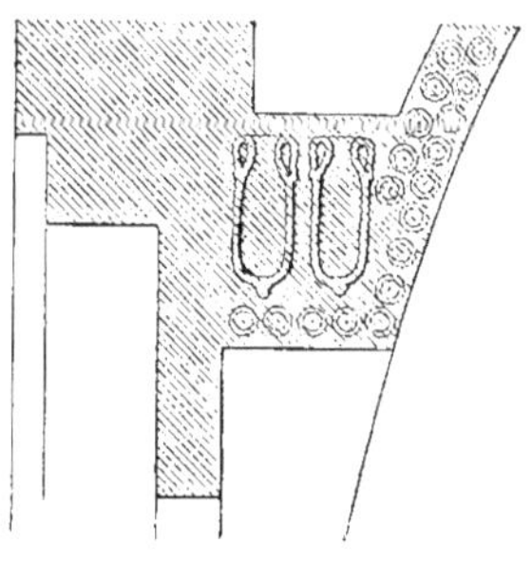

Fig. 2901.

et des petits tubes emboîtés les uns dans les autres. Les premiers de ces pots (fig. 2901) sont placés verticalement à la base et dans les reins de la voûte, tandis que les seconds sont disposés en cercles horizontaux et se présentent par leur section transversale sur la coupe que nous donnons ici. La figure 2902

Fig. 2902.

montre, au 1/10 d'exécution, l'élévation et la section longitudinale de ces *poteries*.

Aujourd'hui, on substitue souvent aux anciens planchers en bois, des planchers en fer avec voûtes en *poteries* creuses hourdées en plâtre ou en mortier. Ce sont des pots ayant la forme de pots à fleurs fermés aux deux extrémités et qui ont ordinairement 0^m,10 de diamètre moyen sur 0^m,15 de hauteur.

Les *poteries* pour cloisons sont des portions de cylindres tantôt unis, tantôt striés sur leur parement pour mieux faire prise avec le plâtre.

Pour les planchers, on emploie encore des *poteries* creuses de diverses formes (voy. *Entrevous*).

Les boisseaux en terre cuite pour tuyaux de cheminées, les *pots* pour ventouses à courant d'air, les *mitres* en terre, etc., sont également des *poteries*.

On donne encore le même nom à des morceaux de plâtre creux moulés sur les mêmes formes et les mêmes dimensions que les *poteries* en terre cuite et qui servent pour le hourdage des planchers.

On a fait longtemps usage, pour les descentes de lieux d'aisances, soit de pots en terre cuite vernissée ou non, soit de pots en grès, mais aujourd'hui, on emploie généralement les tuyaux en fonte.

Poterne, *s. f.* — Petite porte placée dans une enceinte fortifiée, soit auprès d'une porte principale, soit dans une partie quelconque de cette enceinte et ouvrant sur les fossés ou sur la campagne.

Potin, *s. m.* — Sorte de laiton ou alliage grossier formé des bavures qui résultent de la fabrication du laiton et auxquelles on mêle du plomb et de l'étain.

Pouchette (*Pierre de la*). — Calcaire celluleux, assez dur, provenant de la carrière de la *Pouchette*, dans la commune de Saint-Justin, près de Mont-de-Marsan.

Cette pierre est de couleur blanchâtre et à grains assez fins. Sa hauteur d'assise varie de 0^m,20 à 0^m,40.

Pouchicot (*Pierre de*). — Calcaire gréseux, dur, que l'on tire de la carrière de *Pouchicot*, dans l'arrondissement de Saint-Sever (Landes).

C'est une pierre grisâtre, à grains fins, présentant 0^m,40 à 0^m,50 de hauteur d'assise.

Poucier, *s. m.* — Petite pièce plate de fer ou de cuivre qui se meut lorsqu'on y pose le pouce.

Dans un *loquet à poucier* (voy. *Loquet*), cette pièce fait bascule et soulève la tige du loquet pour la dégager du mentonnet.

On fait aussi des verrous et des coulisseaux à *poucier*.

Poudecoq (*Pierre de*). — Calcaire lacustre, compact, provenant de la carrière de *Poudecoq*, près de Nérac.

Cette pierre est très dure, blanche, à pâte fine ; sa hauteur d'assise va jusqu'à 1 mètre.

Poudingue, *s. m.* — Aggloméral ou réunion de cailloux plus ou moins gros, agglutinés ensemble avec un ciment siliceux.

Si les cailloux, au lieu d'être arrondis, sont anguleux, l'aggloméral prend le nom de *brèche*.

Cette roche se trouve dans les localités dont le sol est alumineux ou quartzeux et, bien qu'on ne l'emploie pas à

Paris ni dans ses environs, elle fournit une bonne pierre à bâtir pour les ouvrages de maçonnerie, à cause des aspérités qu'elle présente et qui font bien adhérer le mortier.

On appelle *marbres poudingues* des espèces de *brèches* (voy. ce mot) qui diffèrent des brèches proprement dites en ce que les fragments qui les composent et qui sont empâtés dans un ciment calcaire sont des galets ovoïdes, arrondis ou roulés. Ces marbres ont quelquefois une très belle apparence, mais ils résistent mal aux intempéries de l'atmosphère.

Poudre, *s. f.* — *Magasin à poudre.* Législation. La loi du 22-26 juin 1854, qui établit des servitudes autour des magasins à *poudre* de la guerre et de la marine, est ainsi conçue (1) :

« Art. 1er. A l'avenir, il ne pourra être élevé, à une distance moindre de 25 mètres des murs d'enceinte des magasins à *poudre* de la guerre et de la marine, aucune construction de nature quelconque, autre que des murs de clôture.

« Sont prohibés dans la même étendue, l'établissement de conduites de becs de gaz, de clôtures en bois et de haies sèches, les emmagasinements et dépôts de bois, fourrages ou matières combustibles, et les plantations d'arbres de haute tige.

« Art. 2. Sont également prohibés, jusqu'à une distance de 50 mètres des mêmes murs d'enceinte, les usines et établissements pourvus de foyers avec ou sans cheminées d'appel.

« Art. 3. La suppression des constructions, clôtures en bois, plantations d'arbres, dépôts de matières combustibles ou autres, actuellement existants dans les limites ci-dessus, pourra être ordonnée moyennant indemnité, lorsqu'ils seront de nature à compromettre la sécurité ou la conservation des magasins à *poudre*.

(1) *Manuel des lois du bâtiment*, édit. de 1880.

« Dans le cas où cette suppression s'appliquerait à des constructions ou aux établissements mentionnés dans l'article 2, il sera procédé à l'expropriation conformément aux dispositions de la loi du 3 mai 1841. »

Pouf, *adj.* — Terme qui indique le vice d'une pierre dont les éléments n'ont pas de cohésion et qui tombe en poussière sous les coups de l'outil.

Ainsi, on nomme *grès pouf* celui qui se réduit en sablon au choc du couperet de paveur et qui, par conséquent, ne peut être taillé.

Pouilleux, *adj.* — On appelle *bois pouilleux*, *planches pouilleuses*, des bois et des planches qui se piquent de petits points noirs ou rougeâtres, qui sont un indice d'un commencement de pourriture.

Poulailler, *s. m.* — Petite construction servant de logement à des poules.

Dans leurs maisons de campagne, les anciens exposaient le *poulailler* ou *gallinarium* au sud-est et le plaçaient près de la cuisine pour qu'il en reçût de la chaleur. Dans le cas où cette disposition n'était pas adoptée, ils divisaient cette construction en trois parties : celle du milieu, où était l'entrée, contenait un foyer sur lequel on entretenait du feu pour échauffer les autres. Ces dernières divisions étaient séparées en trois étages avec ouvertures du côté de l'est. Les murs étaient assez épais pour qu'on pût y pratiquer des niches dans lesquelles on plaçait les nids des poules. En outre, ils étaient revêtus, au dehors et à l'intérieur, d'un enduit parfaitement lisse pour empêcher tous les insectes et tous les animaux malfaisants d'y grimper.

Aujourd'hui, on comprend, sous la dénomination générale de *poulailler*, les locaux réservés aux diverses espèces de volailles.

Dans les exploitations importantes, le *poulailler* est divisé, pour les différentes sortes de volatiles, en compartiments disposés autour d'une cour spéciale séparée par une clôture de la cour de service et qui prend généralement le nom de *basse-cour* (voy. ce mot).

Dans la plupart des petites exploitations, on adosse le *poulailler* à un fournil pour profiter de la chaleur qui en provient. Souvent aussi, on le place contre une écurie ou une vacherie et mieux entre ces deux locaux, communiquant même avec eux par des fenêtres grillées, à travers lesquelles les volailles ne puissent passer.

Le sol de la cour doit être graveleux et sec ; l'aération naturelle que donnent les portes et les fenêtres doit être augmentée par des cheminées de ventilation. Un hangar avec perchoirs est un accessoire utile d'une basse-cour ; de même, il est bon d'y construire un local spécial qui puisse être chauffé pendant la mauvaise saison.

A quelque espèce que soit destiné l'un des compartiments établis, les murs doivent être épais, leurs enduits bien entretenus ; les toits et les chaperons des murs de clôture doivent être pourvus d'une forte saillie pour empêcher les incursions des animaux carnassiers.

On donne de 0m,60 à 0m,70 de largeur sur 1m,80 de hauteur aux *portes* servant au passage des personnes qui doivent donner des soins aux oiseaux ; les ouvertures pour les volailles de petite dimension sont de 0m,14 à 0m,15 de largeur sur 0m,15 à 0m,20 de hauteur et sont munies de trappes à coulisses verticales ou horizontales (fig. 2903).

Les passages, pour les oiseaux qui perchent, sont pratiqués dans les parois du local ou dans la porte d'entrée, soit au niveau du sol, soit à une hauteur comprise entre 1 mètre et 2 mètres ; pour les oiseaux qui ne perchent pas, il ne faut pas que ces ouvertures soient à plus de 0m,05 au-dessus du niveau du sol. Les fenêtres doivent être garnies d'un treillis en fil de fer. Le pavage intérieur se fait en petits pavés, en carreaux de terre cuite, en briques à plat,

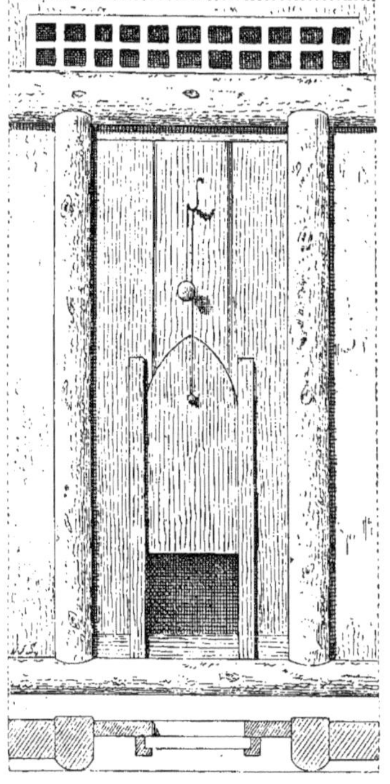

Fig. 2903.

en béton ou en asphalte. La hauteur du logement doit varier entre 2 mètres et 2m,50.

Les *poulaillers* proprement dits doivent renfermer des juchoirs, des nids, des mangeoires et abreuvoirs, des épinettes, mues, etc., et être divisés en plusieurs compartiments pour la séparation des volailles destinées à l'entretien, l'incubation, l'élevage ou l'engraissement.

Les *juchoirs* sont des espèces d'échelles dont les bâtons sont inclinés à 45° et espacés de 0m,50 environ.

Les *nids* sont tantôt des compartiments en plâtre, en briques de champ ou en planches, disposés au niveau du sol ; tantôt des paniers découverts ou de petites boîtes suspendues aux murs.

Les *mangeoires* (voy. ce mot) sont des augettes en pierre, en bois, en poterie ou en métal. Un *abreuvoir* naturel ou une auge en pierre creuse doivent être compris dans la basse-cour.

Les *épinettes* sont des boîtes où l'on renferme les volailles réservées pour l'engraissement et que l'on accroche aux murs ou que l'on place sur des tréteaux à 1 mètre ou 1m,50 du sol.

Souvent, on établit des *poulaillers* surmontés de pigeonniers comme celui que représente la figure 2904. Cette

Fig. 2904.

construction, exécutée avec une certaine élégance, est en briques et maçonnerie, avec charpente apparente ; l'entrée et la sortie des volailles se font par une ouverture pratiquée dans le bas de la porte. Le pigeonnier est divisé en compartiments par des cloisons de manière à séparer les couples ; il est couvert en ardoises, tandis que le *poulailler* est couvert en zinc.

Poulie, *s. f.* — Petite roue massive ou évidée, en bois dur ou en métal et sur la circonférence de laquelle est creusé un canal à profil circulaire appelé *gorge*.

L'axe de la *poulie*, ordinairement en métal, repose, par ses extrémités, appelées tourillons, sur des coussinets fixes ou sur les branches d'une chape en fer

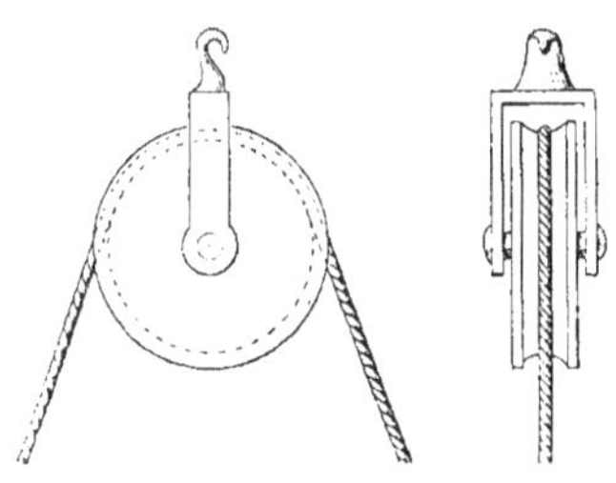

Fig. 2905.

pourvue d'un crochet à sa partie supérieure (fig. 2905).

La gorge reçoit un cordage dont elle facilite le mouvement lorsque la direction suivant laquelle ce cordage fait effort en tirant doit changer.

On fait aussi des *poulies* en fer dont le corps est évidé (fig. 2906). On s'en

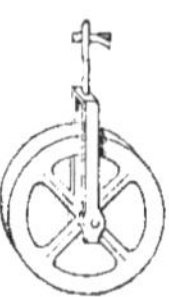

Fig. 2906.

sert, par exemple, pour supporter la corde à laquelle sont fixés les seaux d'un puits.

On donne le nom de *poulie folle* à une *poulie* employée pour transmettre ou suspendre, à volonté, l'action d'un arbre principal ou d'arbres secondaires mis en mouvement par celui-ci sur

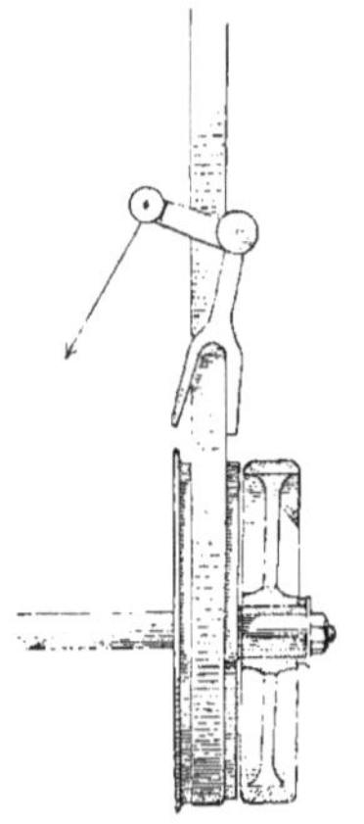

Fig. 2907.

d'autres axes secondaires. Le système appliqué est le suivant : cette *poulie* (fig. 2907) (1) est montée sur l'arbre à côté de celle qui transmet le mouvement, mais elle y tourne librement au lieu d'être assemblée ; en poussant la courroie au moyen d'une fourchette terminée par un levier, on la fait passer de la *poulie* fixe à la *poulie* folle ; le mouvement de la courroie continue sans éprouver de résistance et sans entraîner l'axe, qui passe ainsi à l'état de repos et passe de nouveau à l'état de mouvement si l'on opère d'une façon inverse.

Les *moufles* sont des *poulies* assemblées dans une même chape (voy. *Moufle*).

On emploie aussi, pour soulever des fardeaux, des *poulies différentielles* de divers systèmes. Les unes sont composées de disques ou galets de dimensions différentes montés sur un même axe et sur lesquels s'enroulent des chaînes avec crochets à leurs extrémités ; les autres sont formées d'une *poulie* double et d'une *poulie* simple, de diamètre plus petit, avec une chaîne sans fin qui s'enroule autour ; cette dernière *poulie* est comprise dans une chape à laquelle tient un crochet destiné à soulever le fardeau.

Pouponnière, *s. f.* — Appareil en bois, avec lequel, dans les asiles, on apprend à marcher aux enfants et qui est composé de deux compartiments

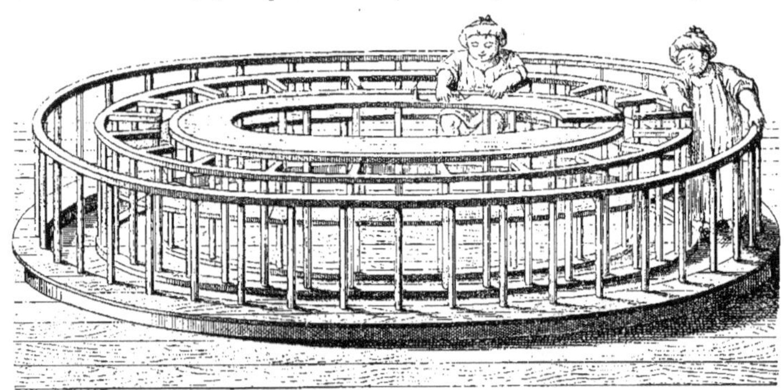

Fig. 2908.

circulaires à claire-voie (fig. 2908). Dans l'enceinte extérieure, les enfants peuvent se tenir debout et marcher soutenus sous les bras par les traverses du

(1) Laboulaye, *Dict. des arts et manufactures.*

haut. Le compartiment intérieur est divisé en un certain nombre de places par des accoudoirs et muni d'une banquette sur laquelle les enfants peuvent être assis ; une autre planche circulaire forme table devant eux, de sorte qu'ils sont assis et parfaitement maintenus dans cette position.

Pourpre, *s. m.* et *f.* — Couleur rouge obtenue par divers procédés.

La *pourpre* des Grecs, appelée *ostrum* chez les Romains, était regardée par les anciens comme leur plus belle couleur. On la retirait d'un coquillage, et Vitruve affirme que la *pourpre* différait selon le pays d'où la couleur était apportée ; que sa couleur était plus foncée et s'approchait davantage du violet dans les pays du nord, tandis qu'elle était plus rouge dans les contrées méridionales. L'auteur latin ajoute qu'on préparait cette couleur en battant le coquillage avec des instruments de fer, puis qu'on séparait la liqueur *pourpre* du reste de l'animal et qu'on la mêlait avec un peu de miel.

D'après le docteur Edouard Bancroft (1), la *pourpre* paraît avoir été trouvée à Tyr, environ douze siècles avant l'ère chrétienne. On tirait cette teinture d'un coquillage univalve, appelé *murex*, que l'on trouvait sur les rivages de la Méditerranée ; on faisait des incisions à la gorge de l'animal, ou bien on le broyait tout entier, et on le tenait ensuite en digestion dans de l'eau et du sel pendant plusieurs jours en renfermant le mélange dans des vases de plomb.

« En 1683, ajoute l'auteur que nous venons de citer, un homme, qui gagnait sa vie en Islande à marquer du linge avec une belle couleur cramoisie qu'il tenait d'un coquillage marin, trouva, après quelques recherches sur les côtes de Sommersetshire et de Salles, des quantités de buccins qui donnaient une liqueur visqueuse blanchâtre, lorsqu'on ouvrait une petite veine près de la tête de l'animal ; des marques faites avec cette liqueur prenaient, au contact de l'air, une couleur vert tendre, qui passait ensuite, par degrés, à un *pourpre* très beau et durable, lorsqu'on l'exposait au soleil.

« En 1799, de Jussieu trouva, sur les côtes occidentales de France, une espèce de petit buccin semblable au limaçon des jardins ; et, l'année suivante, Réaumur observa sur les côtes du Poitou ce même coquillage en grande abondance. En 1736, le même naturaliste trouva, sur les côtes méridionales, la *purpura*, seule espèce qu'on connaisse maintenant. Tous ces coquillages fournissent un liquide qui possède, dans un degré plus ou moins éminent, les propriétés dont on vient de parler. »

On est donc en droit d'affirmer, après ces découvertes, que nous possédons le secret de la *pourpre* de Tyr.

On prépare, à l'aide de réactions chimiques, des couleurs auxquelles on a donné le nom de *pourpre*.

Le *pourpre de Cassius* s'obtient en introduisant du sel d'étain dans du chlorure d'or. Il se fait un précipité rouge *pourpre*, auquel on a donné le nom de celui qui l'a obtenu, pour la première fois, à Leyde, en 1683. On emploie le *pourpre de Cassius* pour colorer les verres et les émaux en *pourpre*. Si on le mêle avec de l'oxyde d'argent, on donne aux verres une couleur cramoisie ; si, au lieu d'oxyde d'argent, on emploie l'oxyde d'antimoine, on produit le brun foncé.

Le *chromate de mercure* et le *chromate d'argent*, produits par la réaction des chromates de potasse sur les sels de mercure ou d'argent, ont aussi une teinte *pourpre* fort belle. Le *chromate de mercure* a été préparé pour la peinture en décors ; mais l'éclat de sa couleur n'est pas en rapport avec sa fixité, qui est très faible, ainsi que celle du

(1) *Recherches expérimentales sur la physique des couleurs permanentes.*

chromate d'argent. En effet, sous l'influence de la lumière, ces deux composés prennent une teinte brune assez désagréable à l'œil.

Pourriture, *s. f.* — Défaut du bois qui provient des alternatives de sécheresse et d'humidité et qui se manifeste par la décomposition du ligneux en une substance pulvérulente brune ou blanche.

Pourtour, *s. m.* — Circuit, périmètre d'un objet, d'une pièce, d'un édifice.

Poussée, *s. f.* — *Poussée* des terres (voy. *Soutènement*).

Poussée des voûtes : effort horizontal que les voûtes exercent, de dedans en dehors, sur leurs pieds-droits.

On a étendu cette signification à la théorie même de l'équilibre et de la stabilité des voûtes, théorie qui fournit au constructeur les limites entre lesquelles il peut faire varier les proportions à donner à ces éléments des édifices. Sans entrer dans des détails de calculs que notre cadre ne comporte pas, nous présenterons ici quelques considérations générales, suffisantes pour éclaircir le sujet.

Examinons le cadre d'une voûte en berceau. Lorsqu'elle vient à se rompre, l'effet qui se produit généralement est

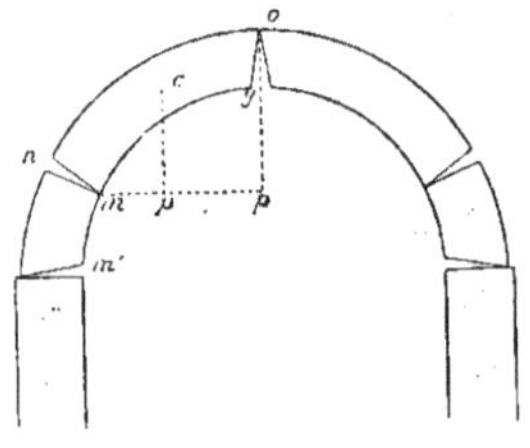

Fig. 2909.

représenté par la figure 2909; elle s'ouvre à la clef du côté de l'intrados, vers les reins du côté de l'extrados et aux naissances du côté de l'intrados également; les surfaces de séparation se nomment *joints de rupture*. Plus rarement, on observe un effet différent : la voûte (fig. 2910) s'ouvre au sommet

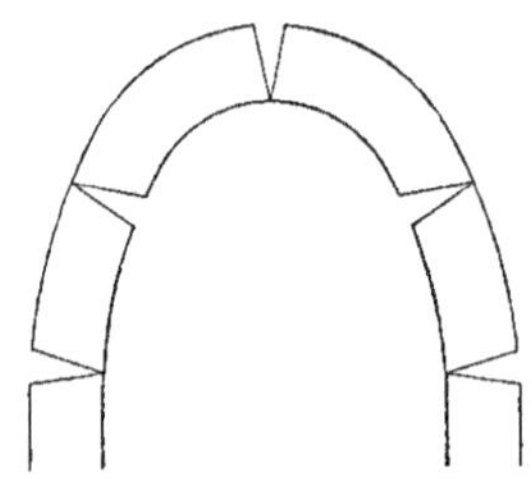

Fig. 2910.

du côté de l'extrados, aux reins du côté de l'intrados et aux naissances du côté de l'extrados; ce dernier mode de rupture se manifeste dans les voûtes minces, surélevées et très chargées vers les reins.

On considère la voûte comme formée de deux parties qui exercent l'une sur l'autre des pressions égales, appliquées au sommet de la voûte et symétriques par rapport à la verticale passant par ce point; ces deux pressions s'exercent donc dans le sens horizontal; chacune d'elles constitue ce que l'on appelle la *poussée de la voûte*.

Nous désignerons (fig. 2909) par la lettre F cette force, dont il faut déterminer la valeur pour s'assurer de la stabilité d'une voûte; pour le premier cas de rupture cité plus haut, la relation qui exprime cette valeur est la suivante :

$F = \frac{SD}{H}$ en appelant S la surface du voussoir, D la distance horizontale mp' du point m au centre de gravité c de ce voussoir, et H la hauteur op du point o au-dessus du point m.

Cette formule suppose connue la position du joint de rupture mn. Aussi, pour avoir la véritable valeur de F, doit-on faire différentes hypothèses sur cette position, calculer les valeurs correspondantes de F et choisir ensuite le chiffre le plus élevé : on examine alors si la construction peut résister à cette force ; on calcule, en faisant encore diverses hypothèses sur le mode de rupture, quel est le plus petit effort nécessaire pour que la voûte vienne à rompre, et il faut, pour qu'il y ait équilibre, que ce minimum soit plus grand que le maximum trouvé pour F.

Un cas qui se présente fréquemment est celui dans lequel il y a glissement aux naissances sur le joint m', qui est presque constamment horizontal. La condition d'équilibre est alors

$$F = S'f,$$

en appelant S' la surface $m'n'og$ et f le rapport du frottement à la pression, pour les matériaux qui composent la voûte (1).

Outre ces deux modes de rupture, qui se rencontrent habituellement dans la pratique, il en existe d'autres auxquels on applique des calculs analogues. On peut alors avoir besoin, soit de diminuer la valeur maximum de F ou de diminuer celle de F′, soit de faire l'un et l'autre. On réduit la valeur de la *poussée* en diminuant l'épaisseur à la clef ou en construisant la partie supérieure de la voûte en matériaux plus légers. On augmente, d'autre part, la résistance de la voûte en donnant plus d'épaisseur ou de poids aux parties inférieures de la construction ; c'est ainsi que les clochetons qui s'élèvent souvent au-dessus des contreforts des églises du moyen âge contribuent non-seulement à la décoration, mais à la stabilité de ces édifices.

L'expérience a fourni des données qui permettent de trouver immédiatement la position approximative des joints de rupture. Ainsi, dans les voûtes en plein cintre, ce joint auquel correspond la *poussée* est situé entre 30° et 40° à partir des naissances ; dans les voûtes en anse de panier, il est à 50° environ

(1) Léonce Reynaud, *Traité d'architecture*.

de la naissance du petit arc ; dans les voûtes en arc de cercle, la rupture tend presque toujours à se produire à la naissance.

Le joint de rupture de la résistance est habituellement placé à la naissance de la voûte ou à celle du pied-droit.

Les quelques lignes qui précèdent renferment un aperçu de la méthode à suivre en théorie ; mais, dans la pratique, la plupart des constructeurs emploient des procédés graphiques pour déterminer les centres de gravité et les superficies des figures à formes irrégulières.

Soit par exemple (fig. 2911) (1), le profil de la moitié d'une voûte en plein cintre, sur l'extrados de laquelle repose une maçonnerie de remplissage. On trace ce profil à grande échelle pour éviter les erreurs, et on le divise par

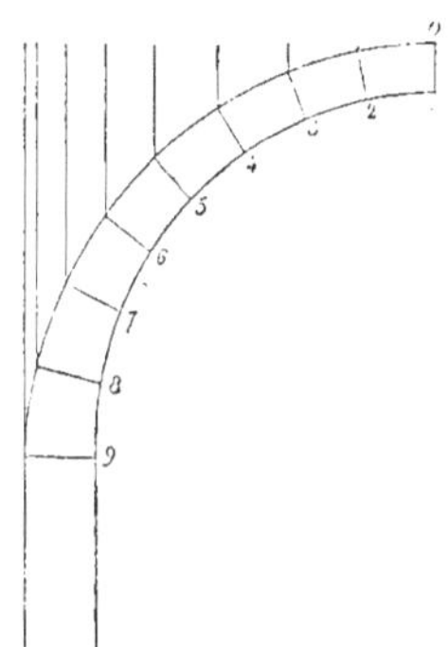

Fig. 2911.

des traits dirigés suivant le sens des joints des voussoirs en un nombre de parties suffisant pour que les portions de l'intrados et de l'extrados comprises entre ces lignes puissent être regardées comme des lignes droites.

Les différents voussoirs sont alors des quadrilatères fermés dont on évalue la surface. On détermine aussi géométriquement leurs centres de gravité et ceux

(1) Léonce Reynaud, *Traité d'architecture*.

des trapèzes formés en tirant des verticales par les points où les joints tracés rencontrent l'extrados.

Si donc on cherche la valeur de la *poussée* en supposant que la rupture ait lieu par rotation autour de l'arête passant par le point 4 et qu'on appelle d, d', d'', les distances horizontales des centres de gravité des voussoirs 1-2, 2-3, 3-4, au joint pour lequel on veut avoir l'expression de la *poussée*, et d_1, d_1', d_1'', les mêmes distances pour les centres de gravité des parties correspondantes du remplissage ; S, S', S'', les surfaces des voussoirs, S_1, S_1', S_1'', celles des trapèzes du remplissage, on déduira la valeur de la *poussée* de la formule $F = \frac{SD}{H}$, dans laquelle $SD = dS + d'S' + d''S'' + d_1S_1 + d_1'S_1' + d_1''S_1''$. La valeur de H, qui n'est autre chose que la ligne O P, se mesure directement sur la figure.

En opérant de la même façon, on trouverait la *poussée* pour les joints 3, 5, 6, 7...

On cherchera, par la même méthode, la valeur de la résistance, au moyen de la formule $F' = \frac{S'D'}{H'}$. Si cette dernière quantité était inférieure à celle calculée plus haut, la voûte ne serait pas en équilibre ; son pied-droit serait renversé au dehors et la partie supérieure tomberait en dedans en tournant autour du point 5. Il faut alors charger ce pied-droit par un massif de maçonnerie placé à la partie supérieure, ou augmenter son épaisseur.

On trouve par le calcul que l'épaisseur du pied-droit qui assure l'équilibre strict est égale à la racine carrée du double de la *poussée*, si l'on prend pour unité de poids le poids de l'unité de volume de maçonnerie : $x = \sqrt{2F}$.

On peut également, pour réduire la valeur de la *poussée*, diminuer l'épaisseur des parties de la voûte comprises entre le joint de rupture et la clef ou les exécuter en matériaux plus légers.

On peut encore consolider la construction par des demi-voûtes servant de contreforts et venant s'appuyer à hauteur de la naissance de la voûte principale ; on trouve, dans l'architecture romane, de nombreux exemples de cette disposition (voy. *Bas-côtés*). Il est seulement essentiel toutefois de s'assurer que les voussoirs de la partie supérieure ne seront pas, dans ce cas, soulevés par la réaction de la voûte contrebutante.

Des procédés analogues ont été employés par les constructeurs de la période dite *gothique* pour maintenir l'équilibre des voûtes d'arête si fréquemment appliquées à la couverture des édifices de cette époque.

Il est convenable de prévoir, dans les calculs préliminaires à la construction, un excès de stabilité, en raison des surcharges accidentelles et des mouvements qui se produisent toujours lors du décintrement. Il faut aussi tenir compte de l'écrasement possible des matériaux, particulièrement dans les voûtes dont l'ouverture est très surbaissée.

Une quantité qu'il est important de prévoir aussi, est l'épaisseur de la clef. Dans les voûtes en plein cintre, cette épaisseur, que nous appellerons E, peut se déduire, selon M. Reynaud, des formules empiriques suivantes, tout en réservant la vérification ultérieure, quand on a calculé la valeur de la *poussée :*

1° Pour les voûtes légères qui ne supportent que leur propre poids :

$$E = 0^m,10 + 0^m,01.\ O\ ;$$

2° Pour les voûtes supportant des planchers :

$$E = 0^m,20 + 0^m,02.\ O\ ;$$

3° Pour les voûtes exposées à de fortes surcharges :

$$E = 0^m,30 + 0^m,03.\ O\ ;$$

4° Pour les voûtes qui doivent supporter des pressions considérables :

$$E = 0^m,40 + 0^m,04.\ O.$$

La lettre O représente l'ouverture de la voûte.

M. Méry, ingénieur des ponts et chaussées, a proposé une méthode graphique qui est très fréquemment appliquée. Supposons connue la *poussée* horizontale qui s'exerce sur le joint *a b* dans la demi-voûte représentée en profil par la figure 2912; la pression supportée par un joint quelconque *x y* sera la résultante de cette *poussée*, d'une part, et du poids des voussoirs supérieurs augmenté de la charge qui est placée au-dessus d'eux, d'autre part. Appelons P ce poids,

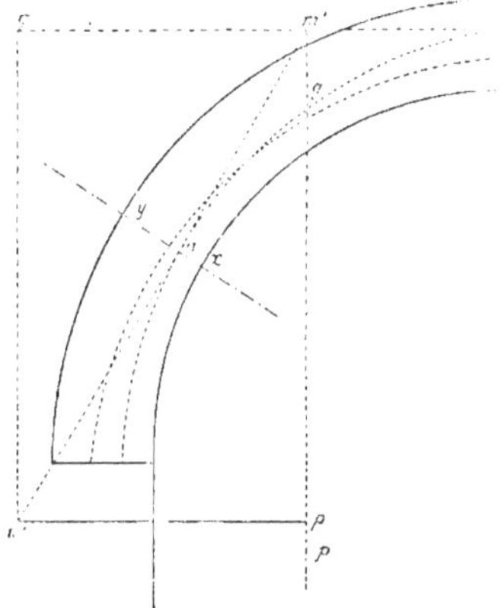

Fig. 2912.

qui s'appliquera en *g*, centre de gravité de la partie de la voûte considérée; soit *m* le point d'application sur *a b* de la *poussée* horizontale de la voûte, dont la direction rencontre en *m'* celle de la force P; représentons par *m' q* la longueur de cette *poussée;* reportons en *m' p'* la longueur *g p;* la résultante de ces deux forces sera la ligne *m' n'*, qui rencontre en *u* le joint *x y*.

La même opération, répétée pour tous les joints, donne une série de points que l'on réunit par une courbe constituant ce que l'on appelle *courbe des pressions*. Or, il ne peut y avoir de rupture par un mouvement de rotation si cette courbe est toujours comprise entre l'intrados et l'extrados de la voûte; il n'y a pas glissement si nulle part elle n'est inclinée à moins de 60° sur le joint; enfin, l'écrasement des matériaux n'est pas à redouter si la courbe se maintient partout à une distance suffisante des arêtes.

M. Méry construit cette résultante des pressions en faisant deux hypothèses. Il suppose d'abord, d'après la nature des matériaux et les charges supportées par la voûte, que la courbe des pressions doit passer sur le joint *a b* en un point *m*, par exemple, situé à une certaine distance de l'intrados ou de l'extrados : puis il admet que la courbe passera par un second point et alors il en construit le tracé, en suivant une marche diamétralement opposée à celle que nous venons d'indiquer.

Il mène une horizontale par le point *m;* la verticale *g m'* porte la longueur *m' p'*, représentant le poids du voussoir *a b x y* et de la charge qu'il supporte; il tire la ligne *a m'* et l'horizontale *p' n'*, et d'un côté la ligne *m' n'* représente en grandeur et en direction la résultante des pressions qui agissent sur le joint *x y;* de l'autre, la droite *p' n'* mesure la *poussée* horizontale de la voûte.

La même construction, appliquée à d'autres points, donne plusieurs points de la courbe. Si les points d'essai ont été mal choisis, on le constate immédiatement par le tracé qui en résulte et l'on recommence la construction en tenant compte des premiers résultats.

Nous avons supposé ici le point *m* placé à peu de distance de l'extrados, ce qui donne une courbe répondant à un minimum de *poussée*. On en trace une seconde partant d'un point *d* près de l'intrados et qui répond à un maximum; l'on s'assure qu'elle remplit les mêmes conditions que l'autre. La stabilité est alors complète.

Pour la plupart des voûtes de nos édifices, qui n'ont à supporter que leur propre poids ou des charges accidentelles assez faibles, par rapport au poids de la construction, on donne donc seulement à la voûte l'épaisseur rigoureusement nécessaire pour que la courbe des pressions soit toujours comprise entre l'intrados et l'extrados. On n'a plus alors qu'une seule courbe à tracer et, dans la pratique, on opère ainsi :

On trace l'extrados de manière à ce que l'épaisseur de la voûte, déterminée empiriquement à la clef, augmente du sommet aux naissances. On divise en trois parties égales cette épaisseur à la clef et le point le plus rapproché de l'extrados est considéré comme appartenant à la courbe des pressions. Pour déterminer un second point, on estime quel est l'endroit où la rupture doit se produire ; l'expérience démontre qu'elle a lieu, pour les voûtes en plein cintre, à 35° environ au-dessus de l'horizon ; à la hauteur de la naissance, si la voûte est en arc de cercle surbaissé ; enfin, dans une position intermédiaire, si la voûte est tracée en anse de panier. Le point étant déterminé, on y fait passer une normale à l'intrados et l'on divise également en trois parties la portion de cette normale comprise entre les surfaces inférieure et supérieure de la voûte ; le point de division le plus rapproché de l'intrados est considéré comme faisant partie de la courbe. On trace alors celle-ci et on en conclut la *poussée* de la voûte, avec vérification du tracé s'il y a lieu.

Moyennant certaines modifications dont l'examen nous entraînerait trop loin, les méthodes qui viennent d'être exposées s'appliquent non-seulement aux voûtes en berceau, mais encore à toutes les autres voûtes. Nous dirons seulement que pour les voûtes en arc de cloître, on considère chacune des moitiés des deux cintres qui la forment comme des portions de voûtes en berceau comprises, non plus entre deux plans normaux à leur direction, mais entre deux plans inclinés par rapport à son axe et venant se rencontrer à son sommet. On fait alors entrer dans le calcul, non plus les surfaces seulement, mais les volumes des voussoirs.

Cette méthode s'emploie si l'on craint la rupture suivant les arêtes d'intersection. Si, au contraire, on la redoute dans un sens perpendiculaire à la direction des demi-voûtes, on divise celles-ci en un certain nombre de parties par des plans dirigés dans le sens qui vient d'être indiqué et on détermine successivement l'épaisseur du pied-droit convenable à chacune d'elles.

Ces considérations sur les voûtes en arc de cloître ont pour objet d'indiquer la marche à suivre pour les voûtes sphériques. On divise celles-ci en un certain nombre de fuseaux indépendants les uns des autres, opposés deux à deux par le sommet et se contre-butant. On peut, du reste, si les divisions sont assez multipliées, considérer comme une ligne droite l'arc de cercle qui sert de base à chacune d'elles et regarder l'intrados de chaque fuseau, comme une portion de surface cylindrique ; ainsi, on rentre dans le cas des voûtes en arc de cloître à base polygonale.

Pousse-fiche, *s. m.* — Morceau de fer cylindrique sur lequel on frappe avec le marteau pour faire sortir les broches de dedans les fiches.

Pousser, *v. a.* — 1° Terme qui s'applique à un mur *bouclé*, c'est-à-dire faisant le ventre. On dit qu'il *pousse au vide*.

2° *Pousser à la main* : couper les ouvrages de plâtre faits à la main et qui ne sont pas traînés.

Le même terme s'emploie dans le sens de tailler des moulures dans la pierre.

3° En menuiserie, former sur le bois des moulures, rainures et feuillures avec des outils à fût.

4° *Pousser les marches* : en charpente, faire, avec un rabot particulier, des moulures sur le devant des marches.

Poussier, *s. m.* — Recoupes de pierres ou gravois que l'on a passées à la claie et qu'on mêle avec le plâtre pour former l'aire d'un carrelage (fig. 2913), afin que le plâtre ne bouffe pas.

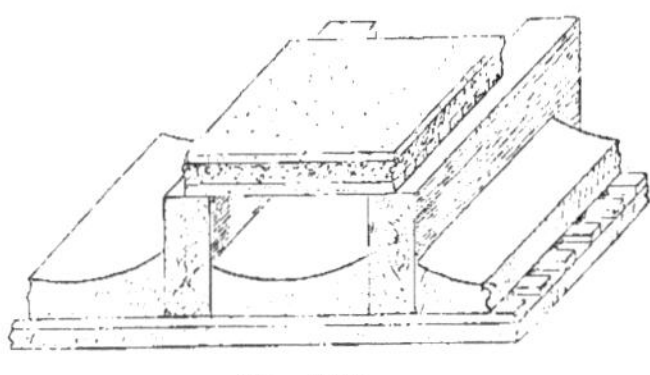

Fig. 2913.

On emploie souvent dans les rez-de-chaussée du *poussier* de charbon ou du mâchefer que l'on place entre les lambourdes d'un parquet pour préserver les frises de l'humidité.

Poutre, *s. f.* — 1° Pièce de bois de fort équarrissage qui sert à soulager la portée des solives dans un plancher.

Au moyen âge, on employait fréquemment ce système pour la construction des planchers et les *poutres* reposaient

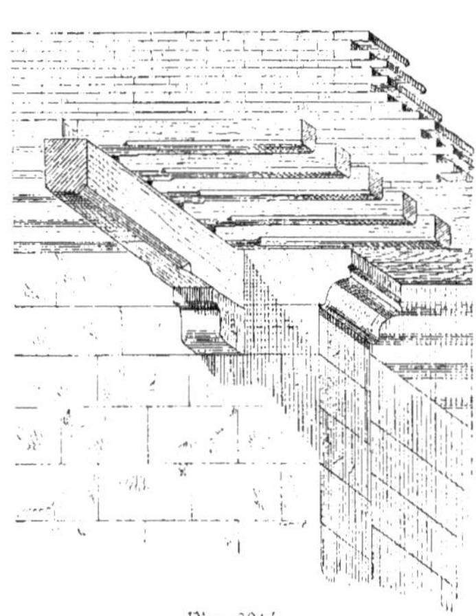

Fig. 2914.

elles-mêmes, par leurs extrémités, sur des corbeaux qui en diminuaient la portée ; la figure 2914 représente cette disposition.

Aujourd'hui, ce genre de *planchers* est encore en usage en province (voy. *Plancher*).

Lorsque le plancher à supporter est très lourd ou quand les *poutres* doivent avoir une grande longueur, on les compose de plusieurs pièces reliées entre elles de manière à former des solives de grande résistance, qu'on appelle *poutres armées*.

On peut superposer ou accoler deux pièces par leurs longues faces et les boulonner ou les réunir par des brides ou colliers en fer, à vis et écrou (voy. *Plancher*).

Si l'on manque de pièces de bois de dimension suffisante, on forme la partie inférieure de la *poutre armée* au moyen

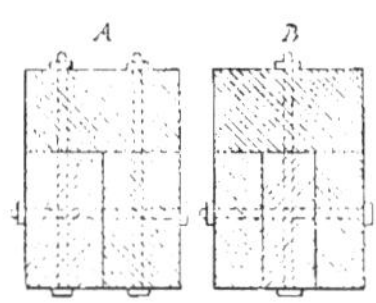

Fig. 2915.

de plusieurs pièces (fig. 2915) et on les relie soit par des brides, soit par des boulons.

Un système qui est fréquemment employé est représenté par la figure 2916 ; on l'appelle assemblage à crémaillère ; les pièces sont superposées et maintenues

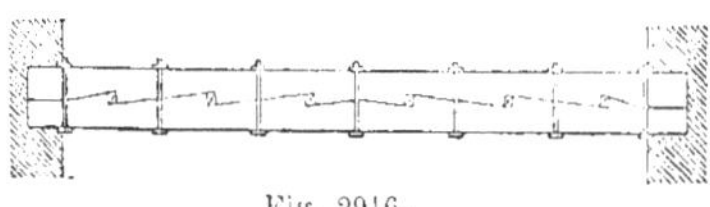

Fig. 2916.

par des crans et des clefs en bois, de telle sorte qu'elles ne puissent glisser ; on les relie soit par des étriers en fer, soit par des boulons.

La combinaison dans laquelle deux arbalétriers sont placés entre deux *poutres* méplates et posées de champ est excellente. La figure 2917 représente ce système en plan, avec les solives du plancher reposant sur les moises horizontales ; les deux pièces inclinées s'appuient, par leur sommet et par leur

pied, sur des sabots boulonnés avec les

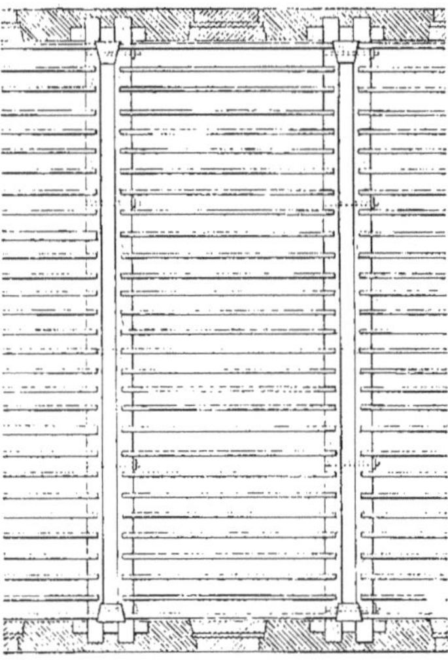

Fig. 2917.

pièces, et marqués en pointillé sur le profil donné par la figure 2918.

Les détails représentés par les figures 2919 et 2920 sont des coupes faites, la première suivant la ligne A B et la seconde suivant C D; on voit que ces pièces, ainsi que les sabots, s'assemblent latéralement à rainure et languette.

On fait encore, pour supporter des charges considérables, des *poutres armées*, composées, soit d'arbalétriers assemblés dans un entrait et dans un poinçon, soit de pièces horizontales reliées entre elles par d'autres pièces verticales et obliques, ainsi que le montrent les deux moitiés de la figure 2921. Les *poutres* ont alors une grande hauteur et sont habituellement doublées.

Cette disposition est fréquemment appliquée à la construction des ponts et passerelles en charpente. Chaque pièce longitudinale est, dans ce cas, remplacée par deux moises entre lesquelles viennent se placer des pièces inclinées à 45°, en sens inverse, qui tantôt se juxtaposent simplement, tantôt s'assem-

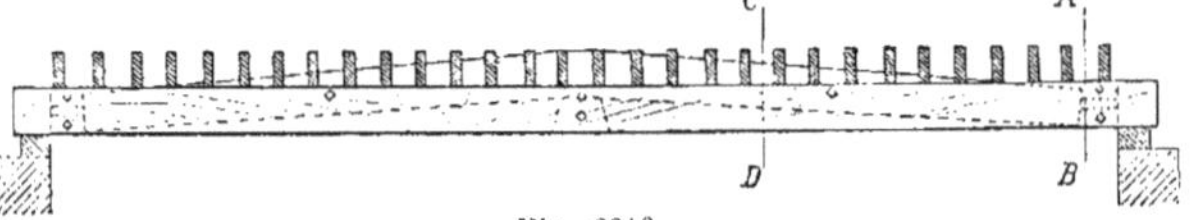

Fig. 2918.

blent à mi-bois. Des boulons maintiennent ces pièces aux points de jonction.

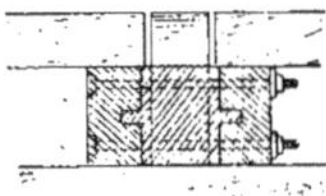

Fig. 2919.

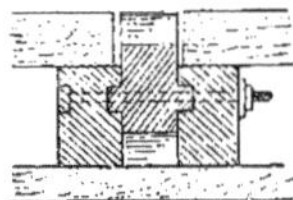

Fig. 2920.

Leur ensemble forme ce qu'on appelle une *poutre en treillis*.

Dans les fermes en bois à grande portée, on formait souvent, avant l'emploi du fer, les arbalétriers au moyen de

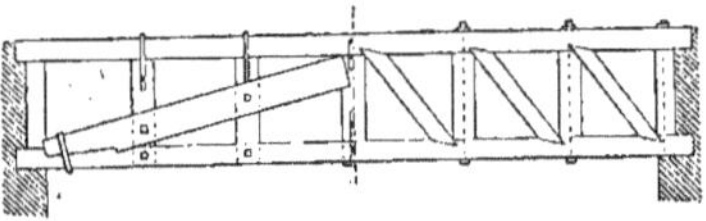

Fig. 2921.

pièces dont la combinaison constitue de véritables *poutres armées*. Les *fermes* peuvent souvent être considérées comme telles (voy. *Ferme*).

Poutres en fer et en bois. Parmi les systèmes qui ont été le plus fréquemment employés, nous citerons les suivants :

L'armature se compose (fig. 2922)

de deux tringles de tirage fixées aux extrémités supérieures de la pièce de bois et qui s'assemblent à charnière avec un tirant horizontal placé au-dessous de la pièce. Des ancres, qui

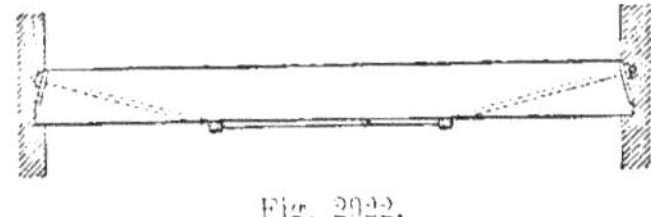

Fig. 2922.

traversent les charnières, soutiennent la *poutre*. Les tringles sont tendues au moyen d'écrous, dont la pression est répartie sur une certaine portion de l'extrémité de la pièce à l'aide de plaques de fonte.

Tantôt la *poutre* est refendue, comme le montre la figure 2923, et l'armature se pose entre les deux morceaux, qui

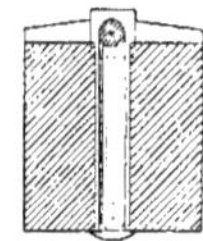

Fig. 2923.

sont reliés entre eux par des boulons; tantôt on applique deux armatures semblables sur les deux faces latérales de la *poutre*.

Il est préférable, si l'espace le permet, de faire descendre l'armature à quelque distance au-dessous de la

Fig. 2924.

poutre et de la soutenir au moyen de bielles placées de distance en distance (fig. 2924).

On emploie aussi un autre système qui consiste dans l'interposition entre deux *poutres* jumelles soit d'une feuille de tôle de forte épaisseur, soit d'un arc en fer forgé entaillé dans l'une d'elles et maintenu par un tirant également en fer. Dans les deux cas, ces pièces sont reliées entre elles par des boulons.

Poutres en fer. L'emploi du fer forgé ou laminé pour ces sortes d'ouvrages est encore le meilleur procédé à employer.

Les *poutres* les plus simples sont celles en fer à double T que l'on trouve dans le commerce avec une hauteur de section allant jusqu'à $0^{m},30$ (voy. *Arbalétrier*, *Ferme*, *Plancher*).

Lorsque ces pièces ne semblent pas devoir être suffisamment résistantes, on emploie des feuilles de tôle A (fig. 2925) rivées haut et bas sur deux cornières qui, elles-mêmes, ainsi qu'on le voit en B, peuvent être rivées sur d'autres feuilles de tôle placées horizontalement.

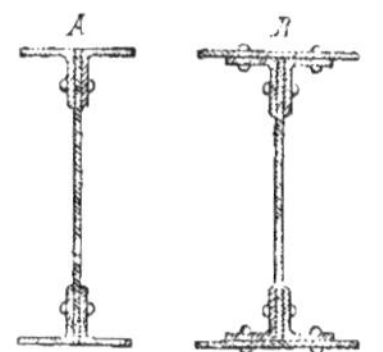

Fig. 2925.

Pour obtenir plus de résistance encore, on associe souvent deux ou trois *poutres* à double T que l'on rend solidaires par des frettes et par des croisillons (voy. *Poitrail*).

Les charges ou les portées très considérables exigent des pièces de grandes dimensions qu'on obtient, comme pour les *poutres* armées en bois, par la combinaison dite *en treillis*. Les articles *Arbalétrier*, *Ferme*, *Pont*, en offrent des exemples.

Certaines *poutres armées* sont formées de fers à simple T, non attenants l'un à l'autre, mais réunis par des joues ou feuilles en tôle qui sont rivées sur la tige du T (fig. 2926); ces joues sont pleines ou découpées suivant un dessin quelconque.

D'autres *poutres* sont composées de feuilles de tôle assujetties entre elles par des cornières et des rivets. Dans le cas où la pièce est de petites dimensions, on place les cornières à l'extérieur, afin de pouvoir les river plus facilement (fig. 2927). Si, au contraire, l'intérieur est assez spacieux pour qu'un ouvrier puisse y pénétrer et maintenir

Fig 2926.

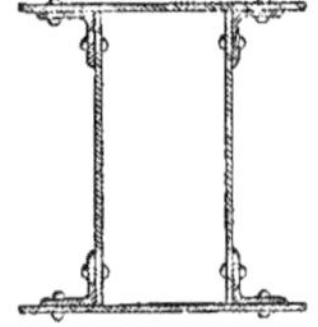

Fig. 2927.

la tête des rivets pendant qu'on les refoule au dehors, on donne à la *poutre* la section présentée par la figure 2928. Il est même convenable, pour les *poutres*

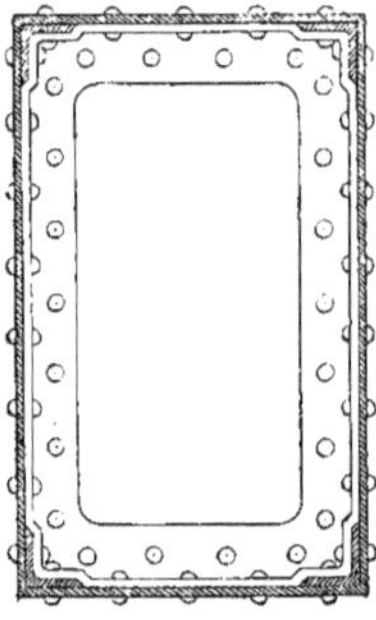

Fig. 2928.

de grandes dimensions, de les consolider, en un ou plusieurs points de leur longueur, par des cloisons en tôle évidées et rivées sur les parois.

On exécute aussi, particulièrement en Angleterre, des *poutres* en fonte auxquelles on donne un profil à double T à branches égales ou la forme d'un simple T renversé; mais la fonte est peu convenable pour la résistance à la flexion et l'emploi du fer forgé ou laminé doit nécessairement prévaloir.

2° Dans le commerce des bois, on donne le nom de *poutre* à un échantillon de bois de sciage qui forme un prisme rectangulaire, dont le plus petit côté de la section transversale a au moins $0^m,30$.

Législation. Tout copropriétaire d'un mur mitoyen peut, avec le consentement du voisin, enfoncer dans ce mur des *poutres* et solives jusqu'à $0^m,034$ du parement extérieur (voy. *Encastrement*).

Dans le cas où le mur mitoyen, sans être condamnable, surplombe du côté de celui qui fait construire, celui-ci a le droit de donner aux *poutres* et solives qu'il fait placer un scellement qui corresponde à l'aplomb de l'axe du mur à rez-de-chaussée (voy. *Mitoyenneté*).

Parmi les grosses réparations qui, dans un immeuble mis en usufruit, restent à la charge du propriétaire, on compte les *poutres* et pièces principales telles que poutrelles, lambourdes portant plancher, solives d'enchevêtrure, chevêtres, que ces pièces soient en fer ou en bois.

Poutrelle, *s. f.* — Pièce de bois d'échantillon de plus petite dimension que la *poutre* (voy. ce mot).

Les solives des planchers en bois prennent le nom de *poutrelles*.

Pouvrai (*Grès de*). — Grès quartzeux, très dur, exploité dans les carrières de *Pouvrai*, arrondissement de Mortagne.

Cette pierre est de couleur jaune, rousse ou blanche et d'un grain fin et serré. Elle pèse de 2,540 à 2,560 kilogr. le mètre cube et s'écrase sous une charge de 985 à 1,050 kilogr. par centimètre carré.

Pouzzolane, *s. f.* — Terre volcanique rougeâtre qui tire son nom de Pouzzoles, près de Naples et dont on se sert, dans une grande partie de l'Italie, pour la mélanger, au lieu de sable, avec la chaux et constituer ainsi un mortier de qualité supérieure. On trouve de la *pouzzolane* dans bien d'autres localités italiennes et particulièrement aux environs de Rome ; il s'en rencontre également dans les montagnes de l'Auvergne et du Vivarais.

Ces produits sont appelés *pouzzolanes volcaniques* et se classent parmi les *pouzzolanes naturelles*, qui comprennent, en outre, les *roches silicifères*, les *roches amphiboliques* ou *diorites décomposées*, les *sables argileux* ou *arènes*, les *sables de Bretagne* et les *craies à silice gélatineuse*.

On appelle *pouzzolanes artificielles* des *pouzzolanes* qui proviennent de la calcination de corps composés de silice et d'alumine.

Pouzzolanes naturelles. Les *pouzzolanes volcaniques* sont des laves ou déjections volcaniques plus ou moins anciennes, modifiées par l'action du temps et composées essentiellement de silice, d'alumine et de peroxyde de fer, matières auxquelles s'unissent accidentellement la magnésie, la chaux, la potasse, et la soude.

On trouve toujours les *pouzzolanes* sur les flancs des volcans allumés ou éteints ; elles sont ordinairement à l'état de poussière mélangée de parties plus grossières et poreuses, assez semblables à la pierre ponce.

A l'état naturel ou après une calcination préalable, les *pouzzolanes* renferment du silicate de chaux, sans qu'il y ait assez de chaux libre pour que, réduit en poudre, il fasse pâte lorsqu'on le jette dans l'eau ; cette poudre est trop maigre pour que sa fusion avec l'eau s'opère facilement.

Certaines *pouzzolanes* ont la propriété de prendre sous l'eau en vingt-quatre heures, sans être mélangées à aucune autre matière ; mais ordinairement on n'en fait usage que mélangées aux chaux grasses, dans des proportions convenables pour fournir à ces chaux un degré d'hydraulicité qui les fasse durcir promptement.

La couleur des *pouzzolanes* est variable ; celle de Rome, réputée une des meilleures, est d'un rouge brun mêlé de particules d'un brillant métallique ; les autres sont blanches, noires, jaunes, grises, brunes ou violettes.

Le *trass* ou tuf trachytique poreux, que l'on nomme encore *terrasse d'Andernach*, est une matière excellente comme *pouzzolane* volcanique (voy. *Trass*).

Les *pouzzolanes non volcaniques* ont pour base la silice et l'alumine, auxquelles s'ajoutent certaines matières étrangères.

Les *roches silicifères* doivent leur propriété pouzzolanique à la silice gélatineuse qu'elles renferment ; leur composition, d'après M. Sauvage, ingénieur des mines, est la suivante :

Silice soluble dans la potasse liquide	56,00
Sable chlorité très fin	12,00
Sable quartzeux	17,00
Argile	7,00
Eau	8,00
	100,00

Les roches *amphiboliques* ou *diorites décomposées* ont, suivant les localités d'où on les tire (en France, Saint-Servan et Châteaulin), une couleur rouge brique pâle, rousse ou blanc sale. Celle qu'on extrait des environs de Châteaulin est composée, d'après M. Vicat, de la manière suivante :

Silice	60,30
Alumine	23,70
Magnésie	2,50
Peroxyde de fer	10,30
Chaux	Traces.
Pertes et alcalis	3,20
	100,00

Certains sables provenant de la décomposition spontanée de gneiss granitiques ont des propriétés *pouzzolaniques* qui augmentent par la cuisson ; tels sont les *sables de Bretagne*, que l'on trouve aux environs de Brest et sur d'autres points de la Bretagne. Ces sables se composent, suivant M. Vicat, de :

Silice.	60,33
Alumine	21,43
Peroxyde de fer.	8,57
Chaux. } Magnésie. }	6,69
Principes solubles.	2,78
	100,00

Les *sables argileux* ou *arènes*, que l'on trouve dans les environs de Saint-Astier, entre Périgueux et Mucidon (Dordogne), diffèrent des sables argileux ordinaires par leur propriété *pouzzolanique*, qui s'augmente à une torréfaction ménagée.

La composition de ces sables est la suivante, selon M. Vicat :

Quartz ou sable	4,13
Silice.	38,54
Alumine	20,00
Peroxyde de fer.	12,00
Carbonate de chaux	8,00
Eau	17,00
	99,67

Certains calcaires renfermant de 30 à 40 pour 100 de silice sont de véritables *pouzzolanes*, mais ne peuvent être employés, mélangés à la chaux, que hors du contact de l'eau et de l'air ; ce sont des *craies à silice gélatineuse*.

Pouzzolanes artificielles. On obtient ces produits en calcinant des argiles, des schistes ardoisiers, des basaltes, des grès ferrugineux, des terres ocreuses. On emploie encore à cette fabrication des débris de tuileaux et de briques, des cendres de bois, de tourbe et de houille, des scories de forges, etc.

Les argiles, par la cuisson, éprouvent certains changements physiques et chimiques et acquièrent la propriété de se combiner intimement avec la chaux et former ainsi des pâtes qui durcissent progressivement sous l'eau et dans les lieux humides.

M. Claudel indique le procédé suivant de fabrication de la *pouzzolane* de toutes pièces, procédé qui a été appliqué pour différents ouvrages d'art, notamment pour le pont-aqueduc de Guétin, sur l'Allier et pour celui de Digoin, sur la Loire. Les matières employées étaient composées d'une partie en volume de chaux grasse cuite et éteinte à l'état de pâte molle et de quatre parties d'argile, ou plutôt d'une terre argileuse trouvée sur les lieux et amenée par une addition d'eau à la même consistance que la chaux. On mélangeait ensuite ces matières, en les maintenant à la consistance de la pâte à brique ordinaire, à l'aide d'un manège à deux roues semblable à celui qui sert quelquefois à la fabrication du mortier. Le mélange étant effectué, on le mettait en pains de la forme d'un prisme triangulaire, que l'on desséchait en les exposant au soleil pendant sept ou huit jours, par un beau temps d'été ; puis on rangeait les pains sous un hangar à l'abri de la pluie jusqu'au moment de la cuisson, qui s'opérait dans des fours analogues à ceux qu'on emploie pour cuire la chaux. Enfin, on pulvérisait au moyen d'un manège garni d'une meule en pierre.

On doit remarquer, d'après les expériences de M. Vicat : 1° que plus les argiles sont pures et riches en silice, plus leur valeur *pouzzolanique* est élevée ; 2° que la cuisson normale doit, en général, s'appliquer aux argiles exemptes de carbonate de chaux et de magnésie ; 3° que la présence de l'oxyde de fer, dans une certaine proportion, diminue la valeur *pouzzolanique* d'une argile, malgré la présence d'une forte proportion de silice ; 4° que la présence de matières inertes, telles que le sable ou le quartz divisé, abaisse également la propriété *pouzzolanique* des argiles, lorsque la proportion de silice combinée est peu considérable.

Le *schiste ardoisier bleu* porté à la chaleur blanche, pendant plusieurs heures, dans des fours à chaux ordinaires, et réduit en poudre, donne une *pouzzolane* que l'on peut employer avec succès dans les travaux hydrauliques.

Le *basalte*, chauffé jusqu'à ce qu'il coule au feu blanc, se réduit en *pouzzolane*; pour l'employer, on le pulvérise et on le passe au crible.

Le *grès ferrugineux*, chauffé au premier degré de cuisson de la brique, fournit une espèce de *pouzzolane*.

Certaines terres ocreuses, propres à fournir du bon mortier, par leur mélange avec la chaux, donnent, à la calcination par la houille ou par le bois, des *pouzzolanes* qui peuvent remplacer avec avantage les meilleures *pouzzolanes* d'Italie.

Les débris concassés de tuileaux, de briques, de poteries, ont été employés, depuis une haute antiquité, à faire des *pouzzolanes* ou ciments que l'usage de la chaux hydraulique a fait abandonner aujourd'hui.

Les cendres de houille, de tourbe, et surtout de bois, donnent de bonnes *pouzzolanes*.

On obtient encore des produits analogues avec les scories de forges ou *mâchefer*, que l'on pulvérise et qu'on passe au tamis de fil de fer très serré.

Pradette (*Pierre de la*). — Trachyte provenant de la carrière de la *Pradette*, dans la commune de Montusclat, arrondissement du Puy.

Cette pierre porte une hauteur d'assise de 1 mètre, pèse 2,600 kilogr. le mètre cube, et s'écrase sous une charge de 880 kilogr. par centimètre carré.

Prasville (*Pierre de*). — Calcaire lacustre de la Beauce, que l'on tire des carrières de *Prasville*, aux environs de Chartres.

C'est une pierre dure, couleur gris de cendre, présentant une hauteur d'assise moyenne de 0^{m},40, pesant de 2,180 à 2,270 kilogr. le mètre cube, et s'écrasant sous une charge de 220 à 280 kilogr. par centimètre carré.

Pratique, *s. f.* — 1° Connaissance ou emploi des moyens, des instruments, des procédés mis en œuvre par l'artiste dans les opérations de son art et qui sont du ressort de l'exécution.

Pris dans cette acception, ce mot est opposé au mot *théorie*, qui exprime la connaissance des principes sur lesquels sont fondées les règles de la *pratique*. Tout art a donc sa *pratique*.

En architecture, ce mot et son idée comprennent deux notions qui correspondent à deux parties bien distinctes : l'une qui est du domaine de la science, l'autre qui n'est que l'exécution pure et simple.

Ainsi, nous appellerons *science pratique*, l'ensemble des connaissances très variées qu'exige la mise en œuvre des matériaux placés dans les circonstances les plus diverses. C'est cette science que doit connaître à fond l'architecte, afin de procéder sûrement à une conception réalisable de son œuvre.

La seconde partie de la *pratique* est l'exécution manuelle ou mécanique, et la connaissance en est indispensable à l'architecte pour se rendre compte de la bonne façon ou de la malfaçon, d'où dépendent la durée de l'édifice et l'économie des dépenses.

2° On appelle *pierre de pratique*, une pierre qu'on emploie non taillée.

Pratiquer, *v. a.* — Dans un sens général, ce mot signifie mettre en pratique, appliquer les règles théoriques d'un art ou d'une science.

Dans une acception plus spéciale, on exprime, par ce terme, l'art de ménager, soit dans la disposition générale d'un plan, soit après coup dans quelques parties de l'édifice, certains détails accessoires, certains dégagements. Ainsi, on *pratique* dans le plan des couloirs, des issues, qui dégagent les pièces; on *pratique* de même, après coup, des changements dont on a besoin, par exemple, un escalier dans un massif, une porte dans un mur, etc.

Praules (*Grès de*). — Grès quartzeux, un peu feldspathique, provenant de la carrière du Moulin-à-Vent, dans la commune de *Praules*, arrondissement de Privas.

C'est une pierre assez dure, blanchâtre, à grains moyens, présentant une hauteur d'assise de 1 mètre à $1^{m},50$.

Préau, *s. m.* — 1° Mot qui signifie *petit pré* et par lequel on désigne souvent un espace clos et couvert de gazon.

Les grandes cours des couvents, gazonnées et environnées de portiques formant *cloître* (voy. ce mot), ont reçu cette désignation. Il en est de même de cours analogues dans les prisons.

2° Dans les établissements d'instruction primaire, tels que les écoles et les asiles communaux, le nom de *préau couvert* est donné à une salle dans laquelle les enfants sont réunis le matin, avant leur entrée dans la classe ; à midi pour déjeuner et pour jouer, quand il fait mauvais temps, et enfin le soir avant d'être rendus à leurs parents.

Le *préau couvert* d'une école communale doit se trouver à rez-de-chaussée, s'il est possible, précédant les classes, ayant la même hauteur, égal en surface aux classes réunies, planchéié ou au moins bitumé.

On appelle *préau découvert*, un second *préau* plus grand que le premier, dont le sol est en terre piquée, battue et sablée et qui sert aux jeux des enfants lorsque le temps le permet. On doit pouvoir passer du *préau couvert* dans le *préau découvert* sans traverser les classes.

Le *préau couvert* des salles d'asile exige les mêmes conditions générales que celui des écoles primaires ; mais il renferme un mobilier spécial. Il est garni de deux ou trois rangées de bancs ; suivant l'importance de l'asile, ces bancs sont divisés en deux sections, l'une pour les garçons, l'autre pour les filles. Il est revêtu, sur le pourtour, de lambris avec porte-manteaux et planches pour recevoir les paniers ; souvent, le périmètre de la salle est occupé par des bancs disposés d'une façon particulière (voy. *Asile*). Outre ces boiseries, le *préau* contient des lavabos adossés ou isolés (voy. *Lavabo*). Un poêle occupe le centre de la salle.

Précinction, *s. f.* — Mot qui vient du latin *præcinctio* et qui désignait, dans un théâtre ou un amphithéâtre romain, un large couloir régnant tout autour de l'édifice au sommet de chaque *mænianum* (voy. *Amphithéâtre*).

C'est par ce couloir, sur lequel donnaient les *vomitoria*, que les spectateurs parvenaient aux escaliers les plus voisins des places qu'ils devaient occuper.

Prêle, *s. f.* — Plante vulgairement appelée *queue de cheval*, qui croît dans les lieux humides et qui est recouverte d'aspérités fines et rudes servant à polir les bois et les métaux.

Les doreurs sur bois *prêlent*, c'est-à-dire procèdent, après le dégraissage, à l'opération suivante : ils adoucissent et lissent les parties unies en les frottant avec un paquet de branches de *prêle* (voy. *Dorure*).

Prendre, *v. n.* — Faire prise (voy. *Prise*).

Presbytère, *s. m.* — Mot venant du latin *presbyterium*, qui désignait, dans les basiliques latines, le fond du sanctuaire, où se réunissait le clergé.

Aujourd'hui, on donne ce nom à l'habitation d'un curé de paroisse.

Ce bâtiment est ordinairement situé tout près de l'église paroissiale. Dans les campagnes, cette habitation est souvent accompagnée d'un potager et de quelques constructions rurales. Dans les villes, c'est un édifice plus considérable. A l'origine, il servait au logement de tous les prêtres desservants ou habitués de l'église ; il y avait, en outre, un local affecté à la conservation des registres de baptêmes.

Un décret du 30 novembre 1809 enjoint, en France, à toutes les communes dans lesquelles une cure ou succursale est constituée, de fournir le bâtiment, dit *presbytère* ou *maison curiale*.

Il y a deux sortes de *presbytères* : ceux de simple desservant de village et ceux des doyens curés de canton, auxquels, suivant l'importance de la paroisse, il est adjoint un ou plusieurs vicaires logés près d'eux.

Prescription, *s. f.* — Moyen d'acquérir ou de se libérer par un certain laps de temps et sous les conditions déterminées par la loi.

Ainsi, une propriété peut être acquise par une possession paisible et non interrompue, pendant un temps que la loi fixe à trente années.

De même, les servitudes continues et apparentes s'acquièrent par titre ou par la possession de trente ans. Par contre, toutes les servitudes s'éteignent par le non-usage pendant trente ans.

En vertu de l'article 2265 du Code civil, celui qui acquiert de bonne foi et par juste titre un immeuble en *prescrit* la propriété par dix ans, si le véritable propriétaire habite dans le ressort de la Cour d'appel dans l'étendue de laquelle l'immeuble est situé, et par vingt ans, s'il est domicilié hors dudit ressort.

Il existe certaines *prescriptions* particulières qu'il est important de connaître :

Après dix ans, l'architecte et les entrepreneurs sont déchargés de la garantie des gros ouvrages qu'ils ont faits ou dirigés.

L'action des ouvriers et gens de travail, pour le paiement de leurs journées, fournitures et salaires, se prescrit par six mois et, dans ce cas, la *prescription* a lieu, quoiqu'il y ait eu continuation de fournitures, livraisons, services et travaux. Elle ne cesse de courir que lorsqu'il y a eu compte arrêté, cédule ou obligation, ou citation en justice, non périmée (1).

Présenter, *v. a.* — Terme qui signifie poser une pièce quelconque, une fenêtre, une porte, une serrure, une charnière, à la place qu'elle doit occuper, afin de la réformer et de la rendre juste avant de la fixer à demeure.

Présomption, *s. f.* — Voy. *Mitoyenneté*.

Presse, *s. f.* — Sorte d'étau placé au pied de devant d'un établi de menuisier ou d'ébéniste.

Cet appareil est composé (fig. 2929) d'une jumelle ou pièce de bois percée, au milieu de sa largeur, d'un trou rond par lequel passe une vis en bois à laquelle le pied même de l'établi sert d'écrou ; on serre et l'on desserre cette vis au moyen d'un boulon de fer qui en traverse la tête, garnie d'un cercle de fer pour qu'elle ne se fende pas.

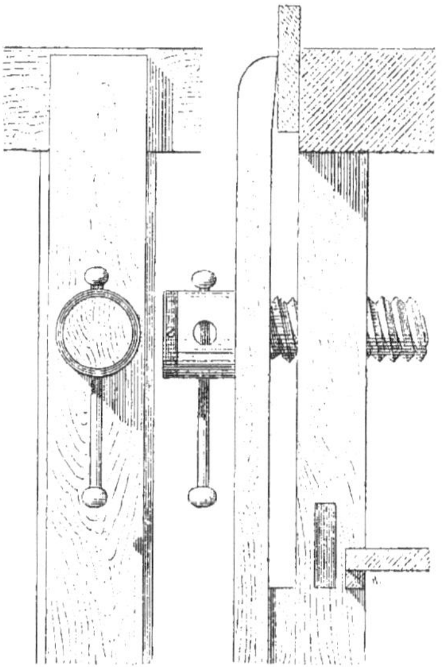

Fig. 2929.

(1) Code civil, art. 2271 et 2274.

Presse à coller : outil qui a la forme indiquée par la figure 2930 et que les

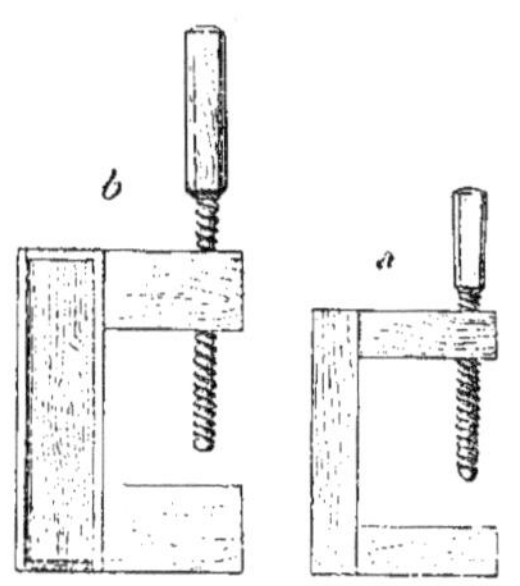

Fig. 2930.

menuisiers emploient pour coller les assemblages ; en *a* est la *presse ordinaire*, en *b* la *presse renforcée*.

Prêt, *s. m.* — Avance faite par le patron à l'ouvrier sur le salaire de la journée.

On dit *faire le prêt*.

Prétoire, *s. m.* — Mot qui, chez les Romains, désignait plusieurs sortes de bâtiments destinés à divers usages :

1° Dans les camps, le général ayant le nom de *préteur*, la tente qu'il occupait était le *prétoire* ;

2° Habitation ou palais du *préteur*, c'est-à-dire du gouverneur d'une province ;

3° Lieu où les magistrats rendaient la justice ;

4° Place où étaient logées les gardes prétoriennes ;

5° Habitation du maître dans une villa somptueuse.

Prie-Dieu, *s. m.* — Meuble sur lequel on s'agenouille pour prier et qui se place dans une église, dans un oratoire ou dans une chambre à coucher.

La figure 2931 représente, en coupe et en élévation, un *prie-Dieu* formé d'une caisse ou socle sur lequel on s'agenouille et d'un accoudoir ou pupitre supporté par une cloison et deux consoles. Sous l'accoudoir est ménagé un

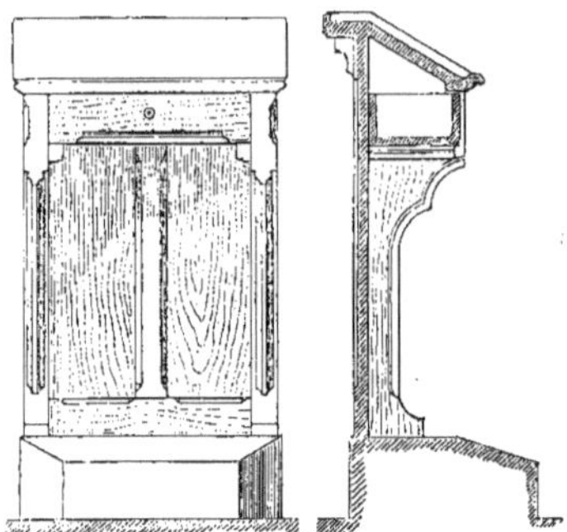

Fig. 2931.

tiroir dans lequel se place le livre de prières.

Au XVIe siècle, on a fait des *prie-Dieu* en menuiserie fort élégants et décorés de sculptures très délicates. On les adossait souvent contre un mur et on les surmontait d'un retable à volets, formant ce qu'on appelait un *autel domestique*.

Aujourd'hui, le *prie-Dieu* n'est fréquemment qu'une chaise basse surmontée d'une tablette inclinée à hauteur d'appui.

Prieuré, *s. m.* — Monastère dépendant d'une abbaye et dont le chef était nommé par l'abbé ou à l'ancienneté, au lieu d'être élu par les moines (voy. *Abbaye*, *Monastère*).

Primaire, *adj.* — Voy. *École*.

Prise, *s. f.* — Action d'une substance qui se coagule et se solidifie.

Le plâtre, le ciment *font prise*.

Prisme, *s. m.* — Solide compris sous plusieurs plans parallélogrammes, et terminés de part et d'autre par deux plans polygonaux égaux et parallèles.

Les briques et les pierres de taille qui forment des assises horizontales dans les constructions sont des *prismes* à base rectangulaire, qu'on nomme spécialement *parallélipipèdes rectangles.*

Le *prisme* est *droit* si les arêtes sont perpendiculaires au plan de la base ; il est *oblique* dans le cas contraire.

Prison, *s. f.* — Lieu clos et muré où l'on enferme les accusés et les condamnés.

Dès l'origine, les sociétés eurent à pourvoir à leur propre conservation au moyen de lois répressives. L'application de ces lois exigea des jugements et, par suite, rendit nécessaires les *prisons* pour s'assurer de la personne des prévenus et pour y enfermer ceux qui étaient condamnés à la peine de la détention.

Chez les Romains, il y avait des *prisons publiques, carceres* et des *prisons privées, ergastula.*

Le *carcer* était divisé en trois étages, ainsi qu'on a pu s'en assurer dans la *prison* d'Herculanum, lorsqu'on la retrouva en faisant des fouilles. Le premier étage était (fig. 2932) un sombre cachot souterrain voûté, où l'on ne pénétrait que par une petite ouverture pratiquée dans le plancher de la division supé-

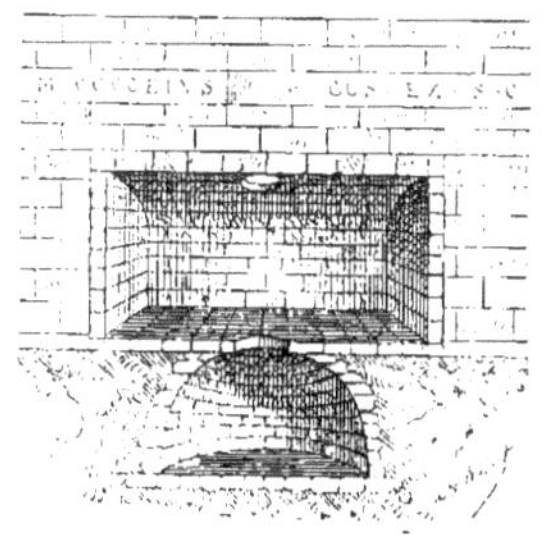

Fig. 2932.

rieure et qui servait, non pas à la détention, mais aux exécutions. L'étage du milieu était de niveau avec le sol et n'avait, comme le précédent, qu'une ouverture dans le plafond. Dans cet étage on enfermait, jusqu'à l'expiration de leur peine, ceux qui étaient condamnés aux fers et ceux qui devaient être exécutés, jusqu'au moment du supplice. L'étage supérieur était destiné à ceux qui s'étaient rendus coupables de délits moins graves et qui n'étaient condamnés qu'à un emprisonnement d'une durée ordinaire.

L'*ergastulum* était une sorte de *prison* et de maison de correction attachée aux fermes et aux villas romaines ; on y enfermait ceux des esclaves qui étaient condamnés aux fers et qu'on y forçait à travailler avec leurs chaînes.

Au moyen âge, les châteaux, les abbayes, les palais épiscopaux, les beffrois des villes, les chapitres possédaient dans leur enceinte des *prisons*, qui n'étaient autre chose que des cellules, des cachots et même des culs de basse-fosse. Il n'y avait pas d'établissements spéciaux pour les prisonniers. Ces lieux de détention étaient composés de cellules tantôt groupées, comme on le voit encore par ce qui reste des *prisons* établies à l'officialité de Sens, tantôt isolées, comme dans la plupart des châteaux.

Dans ce dernier cas, on adoptait fréquemment une disposition indiquée par la figure 2933 (1), représentant, en coupe, à l'échelle de $0^{m},005$ pour mètre, une des *prisons* établies dans les tours du château de Pierrefonds ; on y voit deux chambres, dont l'une, supérieure, qui constitue la *prison ordinaire*, et l'autre, inférieure, qui est le *cachot*. La première, placée immédiatement au-dessus du niveau de la cour, est circulaire, éclairée par deux meurtrières et munie d'un cabinet d'aisances. Au centre de cette salle est percé un trou qui donne accès dans le cachot, absolument dépourvu de lumière, voûté et pourvu seulement d'un siège d'aisances. Le trou d'accès percé dans la voûte était fermé par une dalle de pierre et une barre cadenassée.

A partir du XVIe siècle, on commença

(1) Viollet Le Duc, *Dictionnaire raisonné de l'architecture française.*

à s'occuper d'améliorer le sort des prisonniers : un édit de Henri II, datant de 1557, autorisa les magistrats à veiller, par eux-mêmes, à ce qu'ils fussent

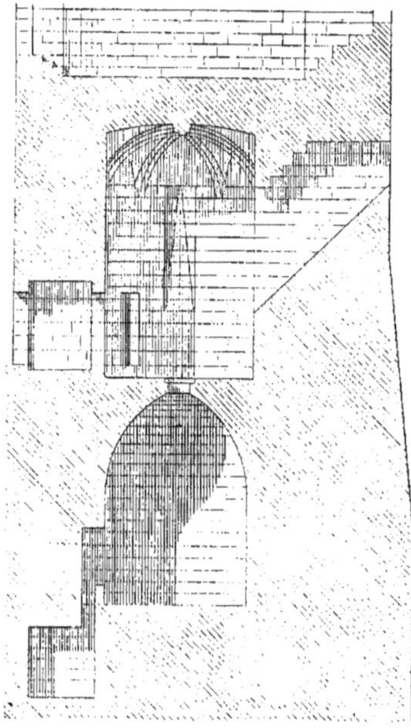

Fig. 2933.

traités plus humainement ; une ordonnance de 1560 proscrivit même les cachots souterrains, en défendant de loger les détenus au-dessous du rez-de-chaussée.

Quoi qu'il en soit, on peut dire que jusqu'au XVIIe siècle, les *prisons*, considérées seulement comme destinées à punir et à séquestrer les individus, devaient seulement, dans l'esprit du temps, offrir un obstacle efficace aux évasions, et alors, quels que fussent le local et sa destination première, ce local servait de *prison*, s'il présentait cette condition, jugée la seule indispensable. Les prévenus et les coupables étaient donc entassés pêle-mêle dans des lieux secs ou humides, assujettis à des travaux pénibles et exposés à toutes sortes de mauvais traitements de la part des geôliers.

Il y avait alors les *prisons ordinaires*, servant aux individus n'appartenant à aucune juridiction spéciale ; les *prisons d'État*, où l'on renfermait ceux qui avaient conspiré contre la sûreté de l'État et plus souvent des malheureux, victimes de la haine de personnages puissants ; les *prisons* des *officialités* ou tribunaux ecclésiastiques ; les *prisons militaires* et les *prisons pour dettes*.

Au XVIIe siècle, saint Charles Borromée et saint Vincent de Paul, inspirés par la religion, se consacrèrent au soulagement des captifs. Des sentiments philanthropiques firent naître en Allemagne, en Hollande et en Danemark des établissements dans lesquels on s'efforça d'inspirer aux détenus l'habitude du travail.

Au siècle suivant, la maison pénitentiaire de Saint-Michel, à Rome, puis les *prisons* de Milan et de Gand furent construites de façon à permettre l'isolement complet des prisonniers, pendant la nuit et leur réunion silencieuse, pendant le jour, pour le travail.

A la fin du XVIIIe siècle, Howard, Beccaria, Bentham poursuivirent la réforme de ces établissements et le dernier fit ressortir les avantages du plan *panoptique*, c'est-à-dire d'une disposition de cellules qui est telle que l'inspecteur peut toujours, sans être vu lui-même, voir chaque prisonnier dans sa cellule.

Enfin, les États-Unis d'Amérique, après leur émancipation, s'occupèrent de résoudre le problème dans le sens le plus efficace au point de vue humanitaire et moral.

Deux systèmes sont aujourd'hui en vigueur aux États-Unis, le *système d'Auburn*, ou emprisonnement cellulaire de nuit, et le *système de Philadelphie*, ou emprisonnement cellulaire de jour et de nuit. Dans le premier cas, les condamnés sont réunis, pendant le jour, dans des ateliers où ils sont tenus de travailler silencieusement, sous la surveillance incessante de gardiens et, pendant la nuit, ils sont enfermés chacun dans une cellule. Dans le second cas, l'isolement est absolu de jour et de nuit; le condamné reste dans sa cellule dont il sort rarement et ne voit jamais ses codétenus.

L'un et l'autre de ces systèmes présentent des inconvénients. Les critiques très fondées auxquelles a donné lieu l'application en France du système circulaire rayonnant, basé sur l'isolement complet des détenus, ont fait renoncer, pour les longues réclusions, à ce mode d'incarcération; on ne l'applique plus aujourd'hui que pour les détentions préventives et la mise au secret. Le système d'Auburn, critiquable également à plusieurs points de vue, n'a pas été adopté en France, où l'on s'est arrêté à un système mixte, en vigueur aujourd'hui dans les maisons de correction, et qui consiste en travaux obligatoires dans des ateliers, sous la condition du silence pendant la durée du travail et les heures des repas.

On distingue actuellement les *prisons civiles* et les *prisons militaires*. Les premières, qui sont les seules dont nous nous occuperons ici, comprennent les *prisons préventives* et les *maisons de force* ou de *correction*.

Dans les *prisons préventives*, on classe: les *maisons d'arrêt*, qui relèvent du tribunal de police correctionnelle, et les *maisons de justice*, qui sont affectées à la détention des prévenus relevant de la cour d'assises. Dans les premiers de ces établissements, les prévenus et les condamnés correctionnels restent jusqu'à ce qu'ils soient dirigés sur le lieu de détention qui leur est assigné; dans les seconds sont enfermés les accusés jugés par les cours d'assises et ceux qui se sont pourvus en appel ou en cassation en attendant leur transfèrement.

Les *maisons de correction* sont destinées à la détention des individus condamnés, en vertu d'un jugement, à un emprisonnement de plus d'un an. On y enferme également les condamnés à la réclusion, les forçats âgés de plus de soixante-dix ans et les femmes condamnées aux travaux forcés.

Ces diverses *prisons* peuvent être réunies dans un même établissement; mais chaque catégorie de détenus doit être séparée et occuper un quartier distinct.

Nous citerons comme exemple et nous décrirons succinctement la *maison d'arrêt* et de *correction* récemment construite à Paris, rue de la Santé, par M. Vaudremer. L'ensemble des bâtiments que comprend cet édifice forme quatre parties: 1° l'administration et les dépendances; 2° le quartier des prévenus; 3° le bâtiment de l'infirmerie des condamnés; 4° le quartier des condamnés. Le plan général, présenté par la figure 2934, montre l'ensemble de ces dispositions. L'entrée de la *prison* est située rue de la Santé. Les bâtiments d'administration sont construits au pourtour de la cour d'entrée, et les dépendances sont en bordure sur la voie publique, comprenant, l'une, les *cuisines* et *magasins*, l'autre le *corps de garde* et les *dépôts*. Ces dépendances sont desservies par deux cours triangulaires qui donnent accès aux chemins de ronde par lesquels se fait le service des ateliers et des vidanges. Dans la cour d'entrée, on trouve d'abord, au rez-de-chaussée, à droite et à gauche, le *guichet*, une *salle d'attente* pour les visiteurs, la *chambre* de l'*officier de service*. Le *bâtiment d'administration* proprement dit, qui occupe le fond de la cour, en face l'entrée, comprend, à rez-de-chaussée, un *vestibule*, le *greffe*, le *cabinet du directeur*, un *cabinet* pour la *fouilleuse*, le *dépôt provisoire cellulaire* pour les prévenus, le *dépôt provisoire* en *commun* pour les condamnés, le cabinet du juge d'instruction, un dépôt de literie, etc. Des escaliers communiquant avec le *vestibule* desservent les *parloirs* des condamnés. Le premier étage du même bâtiment est occupé par le *directeur*, la *lingerie* et le logement de la lingère. Au deuxième étage sont les *logements* du greffier en chef, des deux aumôniers et du premier sous-greffier. A l'extrémité des dépendances se trouvent, du côté de la cuisine, les *salles des morts* et *de dissection*, ayant leur entrée spéciale sur le chemin de ronde; et du côté du corps de garde, une *soufrerie* pour désinfecter les vêtements

Fig. 2934.

des détenus à leur entrée à la *prison*. Derrière le bâtiment d'administration, un *passage couvert* conduit au quartier des *prévenus*, établi, comme le montre le plan, suivant le système rayonnant de Philadelphie, système appliqué déjà à la *prison* de Mazas, à Paris. Le quartier se compose de quatre bâtiments renfermant les *cellules* et rayonnant autour d'un bâtiment central. Chacune des quatre ailes est formée d'une longue galerie montant de fond, à droite et à gauche de laquelle se trouvent un rez-de-chaussée et deux étages de cellules. Les cellules sont desservies par des balcons avec balustrades en fer. Une partie de l'une des quatre ailes est occupée par l'*infirmerie*, comprenant des *cellules doubles* et les *bains* des prévenus. Le bâtiment central contient une salle circulaire avec guichet de surveillance au milieu ; au-dessus est installé l'autel, visible de toutes les cellules, aussi bien que de la nef, où sont réunis les prévenus au moment des offices, et de la tribune de l'infirmerie, placée au premier étage, à l'extrémité de la nef. Attenants à cette salle centrale sont, au rez-de-chaussée, les différents services, tels que *cantine*, *parloirs cellulaires* et, au premier étage, *parloir de famille*, magasins et *oratoire cellulaire* pour le culte protestant. Les quatre espaces laissés libres entre les bâtiments sont occupés par des préaux cellulaires dans lesquels les prisonniers viennent se promener pendant une heure. Ces préaux rayonnent autour d'un pavillon ou loge circulaire élevée dans lequel se tient un surveillant. Toutes les cellules renferment le même aménagement, tant au point de vue du mobilier que du chauffage, de l'éclairage et de la ventilation (voy. *Cellule*). Le bâtiment qui joint le quartier des prévenus à celui des condamnés comprend, à rez-de-chaussée, la grande nef dont il est question plus haut, le *vestiaire* et les *bains*. Au-dessous, une galerie souterraine relie le quartier des condamnés à l'administration ; au-dessus est le *chauffoir de l'infirmerie*, qui communique, à droite et à gauche, avec des *promenoirs* découverts pour les convalescents. Enfin, l'étage supérieur est occupé par les salles de l'infirmerie et leurs dépendances. Les *bâtiments des condamnés* sont disposés autour de deux cours ou préaux. Ils contiennent, à rez-de-chaussée, les *ateliers*, les *promenoirs*, *chauffoirs* et *réfectoires* pour la vie en commun ; au-dessus, les *dortoirs cellulaires*. Aux angles sont établies des tourelles dans lesquelles sont les escaliers qui pourtournent les *loges* ou guérites des gardiens. Il y a deux étages de loges ; les loges inférieures sont disposées de façon à permettre la surveillance directe et simultanée des salles, ateliers, préaux couverts et découverts, escaliers et cabinets d'aisances ; les loges de l'étage supérieur sont affectées à la surveillance des dortoirs cellulaires et des lavabos. Les dortoirs des condamnés sont de longues salles contenant, comme les galeries du quartier des prévenus, deux étages de cellules éclairées sur les cours et les chemins de ronde. Le rang supérieur est muni de balcons. Le chauffage et la ventilation s'opèrent par appel de la galerie de surveillance dans chacune des cellules, au moyen d'une imposte ouverte au-dessus des portes. L'éclairage au gaz des galeries pénètre la nuit dans les cellules par le même orifice. Les cours ou préaux sont divisés, dans l'axe, par des passages couverts formant abris, avec vasques, cabinets d'aisances et urinoirs. Le chauffage et la ventilation se font par le système Grouvelle. Toute la *prison*, y compris les bâtiments d'administration, est chauffée et ventilée par un appareil unique. Le chauffage est fait par l'eau et la vapeur combinées. Cinq générateurs à vapeur, placés dans une grande salle, située sous l'un des préaux de l'infirmerie, portent instantanément la chaleur vers les points les plus reculés (voy. *Calorifère*). La ventilation s'opère, sur tous les points de l'édifice, par l'aspiration en contre-bas, sollicitée d'une manière continue, par un foyer central d'appel (voy. *Ventilation*).

Législation. La loi du 5 mai 1855 met à la charge de l'État les dépenses ordinaires des *prisons* départementales. Les grosses réparations et l'entretien des bâtiments restent à la charge du département.

Privés, *s. m. pl.* — Voy. *Cabinet*.

Privilège, *s. m.* — Terme de législation qui désigne le droit inhérent à la qualité d'une créance et qui donne au créancier la faculté de se faire préférer aux autres créanciers, même antérieurs et hypothécaires.

L'article 2103 du Code civil détermine les conditions dans lesquelles se règlent les *privilèges* des constructeurs sur les immeubles.

Les créanciers *privilégiés* sur les immeubles sont :

« Les architectes, entrepreneurs, maçons et autres ouvriers employés pour édifier, reconstruire ou réparer des bâtiments, canaux ou autres ouvrages quelconques, pourvu néanmoins que, par un expert nommé d'office par le tribunal de première instance dans le ressort duquel les bâtiments sont situés, il ait été dressé préalablement un procès-verbal, à l'effet de constater l'état des lieux relativement aux ouvrages que le propriétaire déclarera avoir dessein de faire, et que les ouvrages aient été, dans les six mois au plus de leur perfection, reçus par un expert également nommé d'office.

« Mais le montant du *privilège* ne peut excéder les valeurs constatées par le second procès-verbal, et il se réduit à la plus-value existante à l'époque de l'aliénation de l'immeuble et résultant des travaux qui y ont été faits. »

En vertu de l'article 2110, les architectes, entrepreneurs, maçons et autres ouvriers employés pour édifier, reconstruire ou réparer des bâtiments, canaux ou autres ouvrages et ceux qui ont, pour les payer et rembourser, prêté les deniers dont l'emploi a été constaté, conservent par là la double inscription faite : 1° du procès-verbal qui constate l'état des lieux ; 2° du procès-verbal de réception, leur *privilège* à la date de l'inscription du premier procès-verbal.

Prix, *s. m.* — Valeur d'une chose. On dit : *mettre à prix un mémoire* pour chiffrer les *prix* des articles dont il se compose.

On appelle :

Prix de revient : ce que coûte un travail ;

Prix en demande, en règlement : différentes estimations suivant lesquelles sont dressés les *mémoires* (voy. ce mot) ;

Prix de base : ceux qui servent à déterminer le *prix* que l'on doit payer à l'entrepreneur, après y avoir ajouté les faux frais et le bénéfice.

Procès-verbal, *s. m.* — Acte rédigé par un agent administratif et portant la constatation d'un délit, d'une contravention.

En matière de voirie urbaine, les contraventions sont constatées par des *procès-verbaux,* conformément aux articles suivants de l'instruction préfectorale du 31 mars 1862 :

« Art. 184. Les agents chargés de les constater sont les maires et leurs adjoints, le commissaire de police et les gendarmes.

« Art. 185. Ils dressent à cet effet des *procès-verbaux* qui font foi en justice jusqu'à preuve contraire, et qui dès lors ne peuvent être contredits par de simples allégations des prévenus.

« Art. 186. Cependant, la force probante accordée par la loi à ces *procès-verbaux* ne s'applique qu'aux faits matériels que l'agent a constatés lui-même ; le tribunal peut donc refuser d'ajouter foi à un *procès-verbal* qui n'est dressé que sur l'allégation d'un tiers.

« Art. 189. Un *procès-verbal* doit être clair et précis. Il faut qu'il soit daté et signé, qu'il énonce les noms, prénoms et qualités de l'agent qui le dresse, le lieu où il est rédigé, les noms, prénoms et domiciles, tant du propriétaire que de l'entrepreneur qui a dirigé les travaux ; les circonstances du fait constitutif de la contravention, et tous les renseignements qui peuvent servir à la manifestation de la vérité.

« Art. 190. Aucun mot ne doit y être surchargé ou gratté ; il ne faut y laisser aucun blanc, et ne rien écrire hors ligne ou en interlignes. Les ratures doivent être approuvées et les renvois signés ou au moins paraphés (1). »

Profil, *s. m.* — Coupe verticale d'un édifice, d'une construction ou d'un appareil quelconque perpendiculaire à sa face principale.

Cette coupe ou section permet de connaître, dans un bâtiment, les hauteurs et largeurs, les épaisseurs des voûtes, murs et planchers. C'est ainsi qu'on a également donné le nom de *profils* aux membres et moulures dont se composent les corniches, les entablements, les bases et les socles des soubassements.

Les moulures ont des *profils* très variés (voy. *Moulure*).

On appelle encore *profil* la section faite perpendiculairement à l'axe d'une route, à la face extérieure d'un front de fortification.

Profilé, *part. passé.* — Les serruriers qualifient ainsi toute pièce portant des moulures. Tels sont les petits fers employés pour les portes vitrées.

Profiler, *v. a.* — D'une manière technique, ce mot signifie tracer les profils des membres, des parties et des moulures qui entrent dans la composition d'un entablement, d'une corniche, d'un soubassement, etc.

Théoriquement, ce mot est pris dans une acception plus étendue ; il exprime l'art de composer les profils, de les distribuer, les ménager, de les faire exécuter selon les convenances générales du bon goût, selon le caractère exigé par la destination des édifices, selon la grandeur de leur masse, la distance d'où ils doivent être vus et, par suite, l'effet qu'ils doivent produire.

(1) *Manuel des lois du bâtiment,* édit. 1880.

Programme, *s. m.* — Énoncé du sujet et des principales considérations d'un ouvrage qu'il s'agit de composer et d'exécuter.

Prohibition, *s. f.* — Terme de voirie qui s'applique à l'interdiction de tout acte nuisible à l'usage de la voie publique, même dans l'exercice ordinaire du droit de propriété.

Ainsi, il est interdit à un propriétaire de faire des réparations dont l'effet serait de prolonger la durée d'un bâtiment placé hors de l'alignement arrêté, ou celle d'une saillie condamnée par les règlements.

Projection, *s. f.* — Représentation d'un objet sur un plan par l'intersection avec ce plan de droites parallèles partant des différents points de l'objet.

Dans les dessins qui représentent les plans, coupes et élévations des ouvrages, on emploie le système des *projections orthogonales*, dans lequel les lignes projetantes sont perpendiculaires au plan de projection.

Projecture, *s. f.* — Synonyme d'*avant-corps*.

Projet, *s. m.* — Dessin qui représente en plan, en coupe et en élévation, soit un bâtiment à exécuter conformément aux intentions de celui qui fait bâtir, soit l'ensemble d'un édifice d'après un programme donné et pour servir d'exercice à des élèves architectes.

On appelle *devis* l'estimation détaillée des dépenses auxquelles peut monter la construction du bâtiment projeté.

Promenade, *s. f.* — On peut appliquer ce terme, en architecture, à tout lieu où l'on se promène en tant que la disposition, la distribution de l'ensemble et des accessoires exigent l'intelligence et le goût d'un architecte.

Une *promenade* se reconnait donc à l'espace limité où elle a été établie, sur un terrain donné et avec des dispositions combinées en vue de l'usage auquel on la destine. C'est ainsi qu'on a donné le nom de *promenades* aux jardins publics.

Une *promenade* exige un emplacement étendu dans lequel les promeneurs puissent trouver, pendant les saisons différentes, un abri contre les intempéries de l'atmosphère. Il y faut de vastes parties découvertes, de larges allées pour la circulation de la foule, des endroits retirés, des ombrages solitaires, propices à l'étude et à la méditation. Des gazons, des tapis verts, des parterres, des plates-bandes de fleurs, des bassins, des fontaines en constituent des ornements nécessaires.

Parmi les *promenades* les plus célèbres, nous citerons celle des Champs-Élysées, à Paris, qui renferme de vastes espaces où la foule trouve des ombrages frais, des allées spacieuses, de grandes places découvertes pour toutes sortes de jeux et d'exercices, des routes pour la circulation des chevaux et des voitures et des lieux de retraite et de divertissement offrant la plus grande variété.

Promenoir, *s. m.* — Ce terme diffère du précédent en ce qu'il désigne un espace non plus découvert, mais abrité et bien aéré, ménagé sur le pourtour extérieur ou dans l'intérieur même d'un édifice, pour servir de refuge contre la pluie, de salle d'attente ou de dégagement.

Les portiques des gymnases, des xystes et des thermes, chez les Grecs et les Romains, certaines galeries de leurs maisons de campagne, celles que l'on remarque dans les cloîtres des abbayes sont des *promenoirs*.

On comprend sous la même dénomination des portiques tels que ceux de la cour des Invalides, ceux qui entourent la Bourse à Paris, la salle des Pas-Perdus du palais de justice dans la même ville, etc.

Pronaos, *s. m.* — Terme qui vient des mots *pro* et *naos*, et qui signifie en avant du *naos*, c'est-à-dire du corps principal d'un temple ancien ou d'une basilique romaine.

Le *pronaos* correspond au *narthex* des premières églises chrétiennes.

Le *pronaos* ou *avant-temple* élémentaire se trouve, chez les anciens, dans ce que Vitruve a appelé le temple *à antes* ou *in antis*.

Lorsque les édifices religieux furent agrandis et qu'on voulut en augmenter la magnificence extérieure, on environna le *naos* ou autrement le mur de la cella, y compris le *pronaos*, d'un ou deux rangs de colonnes, d'où les temples *périptères*, *diptères*, etc. ; mais cela ne dérangea rien à la disposition ou à l'emploi du *pronaos*, qui ne changea ni de forme, ni de nom, ni de destination.

Dans les temples environnés de colonnes, le *pronaos* était l'espace qui avait pour limites les colonnes placées entre les antes ou murs avancés de la cella, et le mur où était percée la porte du temple. Il était séparé du *pteroma*, c'est-à-dire des colonnes extérieures, par le promenoir circulant tout autour de la cella.

Dans les temples *amphiprostyles* (voy. ce mot), on aurait pu confondre le *pronaos* avec la partie postérieure de l'édifice, le même local ou espace étant répété, avec une parfaite symétrie, à chacune des deux façades. Cependant, on considérait naturellement que le temple avait un côté principal, celui où était placée l'entrée, et l'on appelait *opisthodome* l'espace semblable qui se trouvait au côté postérieur.

Il y avait encore, selon Vitruve, une particularité qui pouvait permettre de distinguer le *pronaos* de l'opisthodome, c'était une espèce de clôture qui lui était propre. Cette clôture devait être une sorte de cloison ou mur d'appui (*pluteum*) en marbre ou en menuiserie, qui fermait les entrecolonnements produits par les colonnes placées entre les antes ; toutefois, des portes y étaient pratiquées donnant accès dans le *pronaos*.

Propnigeum. — Mot d'origine grecque qui signifie, à proprement parler, *bouche d'un four*, et par lequel on désignait, dans les bains romains, l'étroit passage cintré qui servait à l'introduction du combustible.

Proportion, *s. f.* — Mot qui exprime le rapport qu'ont entre elles les diverses parties d'un tout.

La justesse des *proportions* est une des conditions essentielles du beau ; elle constitue le rapport le plus parfait, le plus agréable, des grandeurs d'un objet.

Chaque ordre d'architecture a ses *proportions* basées sur le *module* (voy. ce mot).

Propriété, *s. f.* — Dans la législation, la *propriété* est le droit de jouir et disposer des choses de la manière la plus absolue, pourvu qu'on n'en fasse pas un usage prohibé par les lois et par les règlements (1).

Mais le droit de *propriété* cède aux besoins publics (voy. *Expropriation*).

La *propriété* d'une chose mobilière ou immobilière donne droit sur tout ce qu'elle produit et sur ce qui s'y unit accessoirement, soit naturellement, soit artificiellement. Ce droit s'appelle *droit d'accession* (2) (voy. *Accession*).

Propylées. — Mot qui vient du grec *pro*, devant et *pulai*, portes, et qui signifie *avant-portes*.

On a donné ce nom à certains vestibules d'édifices somptueux et particulièrement à celui de l'Acropole d'Athènes, le plus célèbre de tous. Il est placé au sommet de la seule montée par laquelle la citadelle soit accessible. Une suite de degrés donnait accès autrefois au corps principal de l'édifice, décoré extérieure-

(1) Code civil, art. 544.
(2) Code civil, art. 546.

ment par une rangée de six colonnes doriques, et surmonté d'un entablement avec fronton. De là, on passait dans un grand vestibule, divisé en trois allées par deux rangées de colonnes ioniques et terminé par un mur percé de cinq portes inégales, la plus grande étant celle du milieu. Des dalles de marbre de dimensions considérables, reposant d'une colonne à l'autre et de celle-ci sur les murs, constituaient le plafond de ce vestibule. A l'entrée des *propylées* se trouvaient deux édifices plus petits : à gauche, le temple de la Victoire Aptère ; à droite, un petit bâtiment semblable, dont les murs étaient décorés de peintures et qu'on a appelé la *Pinacothèque* ; cet édifice, construit par l'Athénien Mnésiclès, coûta la somme prodigieuse, pour cette époque, de 2,012 *talents* (10,696,000 francs).

Les *propylées d'Éleusis*, célèbres aussi, sont exécutées avec les mêmes dispositions de plan et d'élévation.

Le nom de *propylées* a été appliqué également aux anciennes barrières de Paris, construites par l'architecte Ledoux et dont il subsiste encore un certain nombre, malgré le reculement des portes jusqu'à l'enceinte fortifiée. Chacune de ces barrières était composée d'un ou de deux bâtiments élevés sur le côté de la route, qui était barrée par une grille de fer avec doubles portes.

Proscenium. — Mot latin qui, chez les Romains, désignait ce que nous appelons aujourd'hui la *scène*.

Le *proscenium* était une plate-forme élevée, bornée en avant par l'*orchestre* et en arrière par le mur de la *scena* (voy. *Scène*, *Théâtre*).

Prostyle, *adj.* et *s. m.* — Édifice qui n'a de colonnes qu'à sa partie antérieure, sur sa face principale (fig. 2935).

Dans le système de progression suivant lequel Vitruve classe les temples anciens, les édifices *prostyles* occupent le second rang, les temples *in antis* occupant le premier.

On appelle *amphiprostyle* le temple

Fig. 2935.

qui avait un *prostylon* à chacune de ses faces antérieure et postérieure.

Prothyrum. — Mot latin qui désignait, chez les Romains, le couloir ou vestibule compris, dans une habitation, entre la porte de la rue (*janua*), qui restait probablement toujours ouverte pendant le jour, et la porte intérieure (*ostium*), qui donnait dans l'atrium.

Les Grecs, avec plus de raison, donnaient à ce corridor le nom de *diathuron*, c'est-à-dire *entre les portes*.

Protogyne, *s. f.* — Roche granitoïde, qui se compose de quartz, de feldspath et de talc.

Protype, *s. m.* — Mot qui vient du latin *protypum* désignant, d'après Pline, l'ornement en terre cuite que nous appelons aujourd'hui *antéfixe* (voy. ce mot).

Provenchères (*Grès de*). — Grès siliceux, blanchâtre, à grain fin et serré, provenant de la carrière de *Provenchères* ou des Lavières, dans l'arrondissement de Langres.

Cette pierre porte de $0^{m},30$ à 1 mètre de hauteur d'assise ; elle pèse 2,060 kilogr. le mètre cube et s'écrase sous une charge de 550 kilogr. par centimètre carré.

Prud'hommes, *s. m. pl.* — *Conseil des prud'hommes :* conseil qui est composé mi-partie de patrons et d'ouvriers élus par leurs pairs pour juger les différends qui peuvent s'élever, en matière d'arts et de métiers, entre les ouvriers et les patrons.

Depuis leur création par un décret de 1806, les conseils de *prud'hommes* ont eu leurs attributions réglées par des législations différentes. La loi du 1er juin 1853 est aujourd'hui en vigueur.

Les conseils se renouvellent par moitié tous les trois ans; ils sont rééligibles. Leurs jugements sont définitifs et sans appel, quand le chiffre de la demande n'excède pas 200 fr. en capital; au-dessus de cette somme, il peut y avoir appel au tribunal de commerce.

Prunier, *s. m.* — Arbre de la famille des rosacées, qui fournit un bois dur, compact, doux, liant, un peu satiné et facile à travailler. Il est orné de quelques veines rouges et prend un beau poli; mais il se fend et se tourmente beaucoup. On en fait des meubles et des manches d'outils. Sa pesanteur spécifique est 0,761.

Prussienne, *s. f.* — *Cheminée à la prussienne :* appareil de chauffage qui n'est qu'une espèce de poêle ouvert et pourvu d'un rideau se levant et se baissant à volonté, de manière à simuler une cheminée.

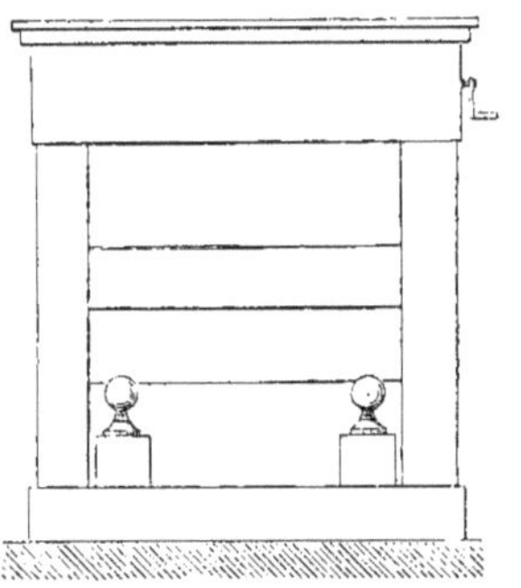
Fig. 2936.

La figure 2936 représente l'élévation d'un de ces appareils, dont la figure 2937 donne le plan. C'est un simple coffre en tôle à section polygonale, ouvert sur l'une de ses faces. On y place des chenets ou une grille comme dans une cheminée. Le rideau se lève au moyen d'une manivelle située sur le côté. Le fond de ce coffre est doublé d'un petit mur en maçonnerie qui forme le contre-cœur, ainsi qu'on le voit sur la coupe (fig. 2938).

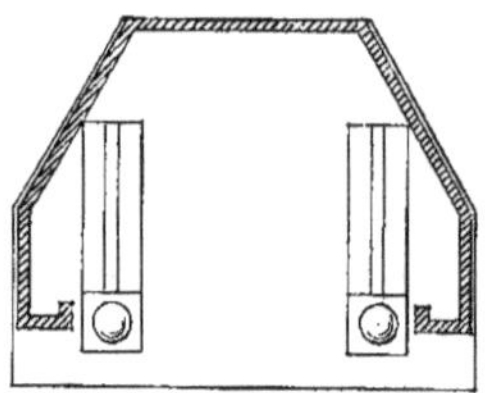
Fig. 2937.

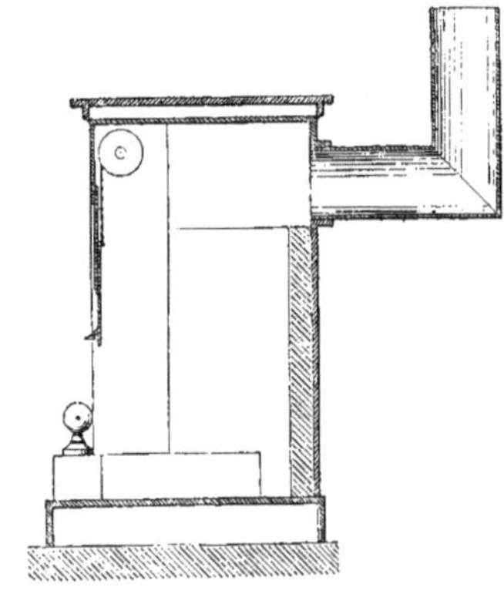
Fig. 2938.

On emploie souvent ces appareils dans les pièces privées de cheminées.

Prytanée, *s. m.* — Palais où siégeaient les *prytanes* dans les villes de l'ancienne Grèce où ces magistrats étaient institués.

Les *prytanées* étaient des bâtiments considérables; on y recevait les ambassadeurs; on y donnait des repas publics; les citoyens qui avaient bien mérité de la République y trouvaient une retraite honorable; on y conservait le feu sacré; les blés y étaient mis en réserve.

Après celui d'Athènes, le *prytanée* de Cyzique passait pour être le plus magnifique de la Grèce.

Pseudo-diptère, *s. m.* — Terme qui signifie *faux diptère* et qui s'applique à une ordonnance de colonnes

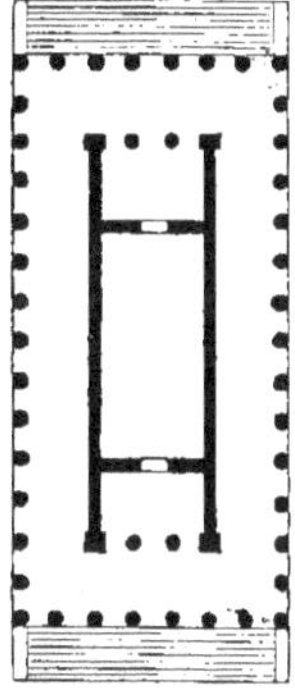

Fig. 2939.

entourant un temple avec la même largeur de portique que dans le diptère, mais sur un seul rang de colonnes au lieu de deux (fig. 2939).

La condition commune au diptère et au *pseudo-diptère* était, selon Vitruve, d'avoir aux deux fronts antérieur et postérieur, une rangée de huit colonnes et, sur les flancs, quinze, en y comprenant celles des angles.

Pseudo-isodomon. — Genre d'appareil employé par les Grecs et qui, au contraire du système de construction appelé *isodomon*, se composait d'assises régulières, mais alternativement inégales en hauteur (voy. *Appareil*).

Pseudo-périptère, *s. m.* — *Faux périptère*, c'est-à-dire, ordonnance qui était appliquée à certains temples anciens et qui consistait (fig. 2940) dans

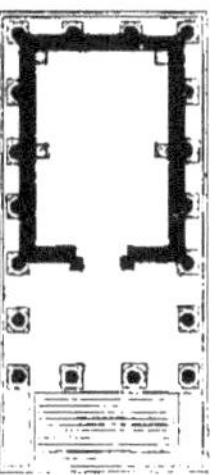

Fig. 2940.

une rangée de colonnes engagées dans les murs latéraux de la cella, et non pas isolées, comme dans le *périptère*.

Cette disposition permettait de donner plus de largeur à l'intérieur de la cella, qui s'agrandissait de tout le promenoir compris, dans le *périptère*, entre les murs latéraux et les colonnes.

Le temple de Jupiter Olympien, d'Agrigente, était *pseudo-périptère*.

Pteroma ou **Pteron.** — Mot grec désignant une colonnade régnant sur les deux côtés d'un temple ou de tout autre édifice construit sur le même plan. Ces rangées de colonnes se détachaient comme des *ailes*, signification du mot grec *pteron*. C'est de là qu'ont été formés les mots *périptère*, *diptère*, *pseudo-périptère*, etc.

Puisage, *s. m.* — *Droit de puisage* : droit inhérent au fonds même et en vertu duquel celui qui le possède peut puiser, tirer, prendre de l'eau à un puits, à une citerne, à une fontaine.

Le droit de *puisage* sur le fonds d'autrui constitue une servitude discontinue et non apparente qui ne peut s'acquérir que par un titre dans lequel le propriétaire ou son auteur ait été partie. Toutefois, ce droit existerait indépendamment de tout titre, si, entre les deux fonds contigus, il y avait un *signe apparent* de la servitude, ou si cette servitude était exercée au moyen d'une pompe placée dans le puits, la citerne ou la fontaine, dans l'intérêt de celui qui prétend à la servitude (1).

Le droit de *puisage* ne peut s'exercer qu'avec modération, de manière à ne pas tarir le puits ou la citerne, et seulement à des heures convenables ; ainsi, cette servitude ne peut s'exercer la nuit, à moins de cas exceptionnels, comme celui d'incendie.

Le droit de *puisage ordinaire* n'entraine pas celui de lavage et abreuvage du bétail.

Celui qui est assujetti à la servitude du *puisage* doit également souffrir le passage nécessaire pour en user. Toutefois, ce passage n'est dû que pour une personne à pied.

Tous les travaux d'entretien et de curage sont à la charge de celui à qui la servitude est due s'il est seul à user du droit de *puisage*, ou se partagent entre le propriétaire et le maître de la servitude si tous deux usent concurremment de ce droit.

La servitude de *puisage* s'éteint par le défaut d'usage pendant trente ans.

Puisard, *s. m.* — Puits pratiqué pour l'absorption des eaux surabondantes qui peuvent gêner dans une localité.

On distingue, parmi les *puisards*, le *cloaque*, endroit où l'on emmagasine ces eaux pour les extraire en temps convenable, et le *boitout*, destiné à les faire disparaître en les conduisant dans l'intérieur du sol (voy. *Cloaque*).

Les *boitouts* sont très souvent des puits creusés à la manière ordinaire et montés en pierres sèches ; fréquemment aussi, on emploie simplement à cet usage des carrières abandonnées, des excavations peu profondes que l'on remplit de cailloux.

Quelquefois, et particulièrement sous les rues pavées, on établit les *puisards*, comme le montre la figure 2941 : une chambre voûtée est percée, à sa partie inférieure, d'ouvertures rectangulaires qui permettent aux liquides de s'écouler dans le sol ; deux autres ouvertures sont placées, l'une au sommet de la

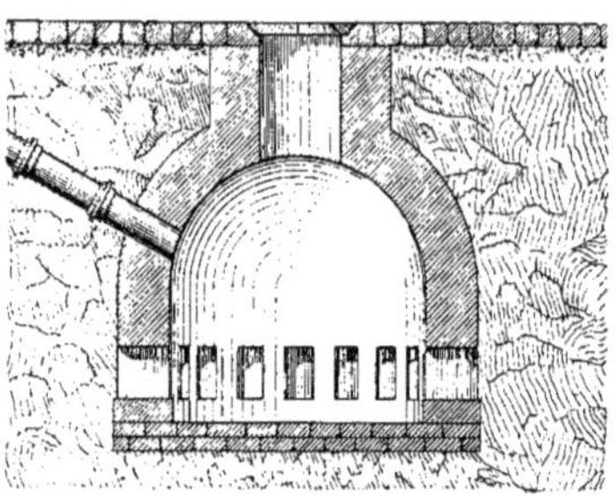

Fig. 2941.

voûte, qui sert au nettoyage, l'autre dans les reins de la voûte et qui est l'orifice d'arrivée des eaux ; l'ouverture supérieure est fermée par une dalle.

M. Bouchard dit que l'on obtient un résultat plus économique que celui du creusage d'un *puits* en faisant forer un trou à l'aide de la tarière ou de la sonde du mineur ; lorsqu'on a percé ce trou, on le revêt d'un tube en bois, au moins à son orifice. Pour empêcher un engorgement rapide, on ménage autour de l'orifice une cavité dont les parois sont garnies en maçonnerie légère ou en planches. Au milieu de cette cavité, on construit, en prolongement du trou et sur 1 mètre de hauteur, un tube en maçonnerie hydraulique. L'orifice du tube est rempli de gros cailloux ou de fascines que l'on remplace lorsqu'il y a engorgement ; mais, en général, la vase se dépose dans l'espace annulaire et s'enlève par le curage.

Puisatier, *s. m.* — Entrepreneur de puits ; ouvrier employé au forage et à la construction d'un puits, d'un puisard, etc.

Puits, *s. m.* — Excavation profondément creusée dans le sol, soit pour réu-

(1) Code Perrin, n°s 3437 et suivants.

nir les eaux qu'il renferme et en faire usage, soit pour pénétrer jusqu'à une couche de pierres, pour conduire aux galeries des mines de charbons ou de métaux, ou bien encore pour atteindre le bon sol dans les fondations.

Puits ordinaires. Les *puits* proprement dits sont ceux que l'on pratique dans les endroits habités des villes et des campagnes où l'eau fait défaut.

La construction d'un *puits* exige tout d'abord le choix d'un endroit convenable pour faire la fouille et l'appréciation de la profondeur que cette fouille doit avoir.

L'emplacement le plus naturel est celui qui est le plus rapproché des parties d'une habitation urbaine ou d'une exploitation rurale que le *puits* doit desservir; mais il importe que cette construction soit placée à une distance assez éloignée de tout dépôt de fumier, des étables, des latrines et des fosses d'aisances et même des celliers, pour que l'eau du *puits* ne soit pas altérée par des infiltrations. La meilleure situation est ordinairement dans les cours. On doit, autant que possible, laisser ces excavations découvertes, mais lorsqu'elles ne sont pas renfermées dans l'enceinte de l'habitation ou du domaine, il est nécessaire de les pourvoir d'une très solide fermeture.

Quant à la profondeur à donner à la fouille, elle est facile à évaluer lorsqu'il existe déjà des *puits* à proximité de l'endroit où l'on veut en creuser un : si le terrain est plat ou peu incliné, la profondeur de la fouille à faire aura pour hauteur celle du *puits* existant, augmentée ou diminuée de la différence du niveau entre son orifice et le point choisi. Lorsque le terrain est très incliné, l'appréciation de la profondeur est plus difficile ; néanmoins, il y a de grandes chances de réussir toutes les fois que le point choisi se trouve sur le versant d'un coteau ou d'une montagne ou vers le fond d'une vallée, à moins que le sol ne soit très poreux.

Il faut aussi tenir compte de ce fait démontré par l'expérience que si le versant du coteau sur lequel on veut placer le *puits* ne présente pas de sources visibles, tandis qu'il y en a sur le versant opposé, on ne trouvera l'eau qu'à un niveau très bas.

Le creusage d'un *puits* s'opère de différentes façons, suivant les usages des localités et la nature du terrain. Dans les sols ordinaires, c'est-à-dire assez consistants, deux ouvriers au plus procèdent généralement à l'exécution de la fouille, tandis que deux autres en enlèvent les résidus au moyen d'un treuil provisoire, sur lequel s'enroule une corde terminée par un baquet.

Dans les terrains peu consistants, il faut étayer au fur et à mesure du fonçage, soit dans toute la profondeur du *puits*, soit dans la traversée de certaines couches de terrain seulement. Lorsqu'on est arrivé à l'eau et qu'il y en a une certaine profondeur, on place dans le fond un *rouet* ou cercle en charpente de chêne d'un diamètre proportionné à la largeur du *puits*. Sur ce rouet, on pose successivement des assises de pierres de taille en claveaux et hourdées en bon mortier hydraulique. On remplit ensuite l'intervalle qui existe entre le revêtement et le terrain et l'on monte ainsi la muraille circulaire jusqu'au niveau du sol. Au-dessus, on place la *mardelle* ou *margelle*, qui peut n'être que d'une seule pierre dure, creusée à la mesure du diamètre donné au *puits*, mais que l'on construit plus souvent d'un assemblage de pierres dures solidement reliées entre elles par des crampons de fer bien scellés. Quelquefois, on la fait en briques maintenues avec un cercle de fer.

On établit alors sur la margelle l'appareil nécessaire pour tirer l'eau. A cet effet, on emploie une poulie ou un treuil, sur lesquels s'enroule la corde qui soutient les seaux. Dans le premier cas, la poulie est suspendue, soit à une traverse en bois supportée par deux poteaux en charpente, soit à une, deux ou trois potences en fer encastrées par leur pied dans la margelle jusqu'au niveau du sol. Le treuil est soutenu par deux montants en fer scellés à la margelle; c'est un cylindre en bois muni d'une ou deux manivelles, selon la profondeur du *puits* et pourvu, en outre, d'un encliquetage qui empêche le seau de retomber, si la manivelle échappe à la main qui la fait mouvoir.

On diminue la dépense de main-d'œuvre en installant une pompe sur le *puits*, dont la maçonnerie s'arrête alors au niveau du sol et dont on ferme l'orifice par une dalle mobile avec anneau ou mieux par un grillage en fonte.

Bien qu'un *puits* adapté aux besoins des particuliers ne soit qu'une construction de pure utilité et qui ne demande que du soin et une habileté ordinaire, il en existe auxquels on a donné un caractère monumental. C'est ainsi qu'on en trouve, dans l'Inde, qui ont une profondeur et un diamètre considérables et qui sont entourés de galeries jusqu'au niveau de l'eau. Nous citerons aussi le célèbre *puits*, dit de Joseph, construit, dans la citadelle du Caire, par un prince arabe du nom de Youssouf. Ce *puits*, taillé dans le roc, est composé de deux étages. Des bœufs, placés en haut, font monter l'eau en tournant une roue et l'élèvent d'un réservoir ménagé sur une esplanade établie à la moitié de la profondeur du *puits*. La profondeur totale des deux étages est de 88m,30. On descend du sol à la plate-forme située au milieu par un escalier à rampe douce, à marches larges et peu élevées, pour que les bœufs puissent facilement y circuler, et qui est séparé du *puits* par une cloison, de 0m,30 d'épaisseur, percée d'ouvertures qui servent à éclairer cette descente. L'étage inférieur est pourvu aussi d'un escalier, mais beaucoup plus étroit, qui permet de descendre jusqu'au niveau de l'eau.

Nous signalerons aussi le *puits* de Saint-Fabrice, construit à Orvieto sur les ordres du pape Clément VII, et dans lequel des mulets vont chercher l'eau en descendant par un escalier en spirale et remontant par un autre, ces escaliers étant éclairés, comme au *puits* du Caire, par des fenêtres pratiquées sur les parois.

Le *puits* de la citadelle de Turin, dont la figure 2942 représente la coupe et le

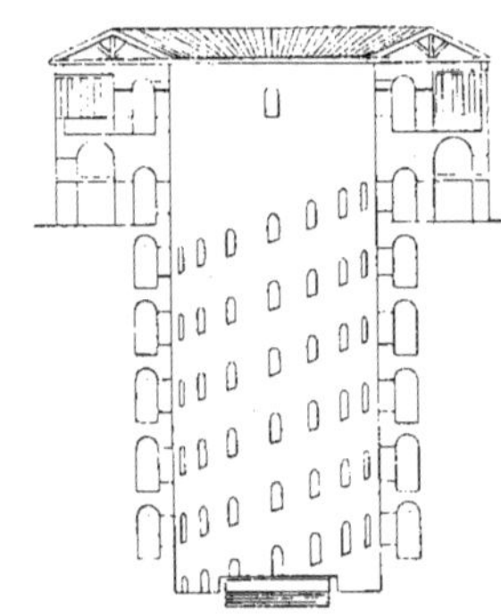

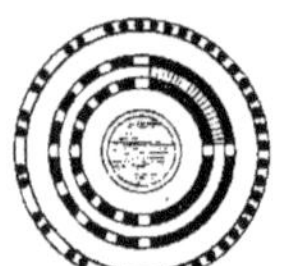

Fig. 2942.

plan, à une échelle moitié moindre, est établi dans les mêmes conditions.

On ne saurait oublier de citer également le *puits* de Bicêtre, près de Paris, achevé en 1735, d'après les plans de Boffrand, et qui a 57 mètres de profondeur sur 3 mètres de largeur. L'eau s'en extrait au moyen de deux seaux contenant chacun près de 270 litres d'eau et pesant 600 kilogrammes, lesquels montent et descendent à l'aide d'une charpente tournante mue par 8 chevaux; cette eau est reçue dans un réservoir d'où elle est distribuée par des conduits dans les diverses parties de l'établissement.

Considérés au point de vue de la forme et de l'ornementation extérieures, un grand nombre de *puits* de toutes les époques peuvent être regardés comme de véritables œuvres d'art.

Presque toutes les habitations de Pompéi renferment des margelles en marbre qui recouvrent les citernes, et auxquelles les modernes ont donné le nom de *puits;* nous citerons, par exemple, le *puits* de *la maison de Salluste*,

Fig. 2943.

que présente la figure 2943 ; c'est une margelle en marbre avec socle et corniche moulurés et qui est ornée, sur son pourtour, de cannelures avec denticules à la partie supérieure.

Dans les édifices latins, on trouve également des restes nombreux de *puits* à margelles ornées et accompagnées souvent de motifs d'architecture. Tel est (fig. 2944) le *puits*, très bien conservé, du cloître de Saint-Jean de Latran, à Rome, dont la margelle en marbre est littéralement couverte de sculptures ; la poulie sur laquelle s'enroule la corde est suspendue à un linteau d'une seule pierre que supportent deux colonnes d'ordre dorique romain.

Les vieilles villes du moyen âge, les châteaux, les cloîtres, les palais et les maisons renferment encore des *puits* revêtus de pierres de taille et dont le diamètre varie de 1 mètre à 6 mètres. Les églises possédaient un *puits* percé dans la crypte ou dans un collatéral. Les cloîtres des monastères, les places des villes en étaient fréquemment pourvus et les margelles de ces *puits*, les supports des poulies offraient des motifs de décoration parfois très heureusement conçus. Tantôt la poulie est, comme

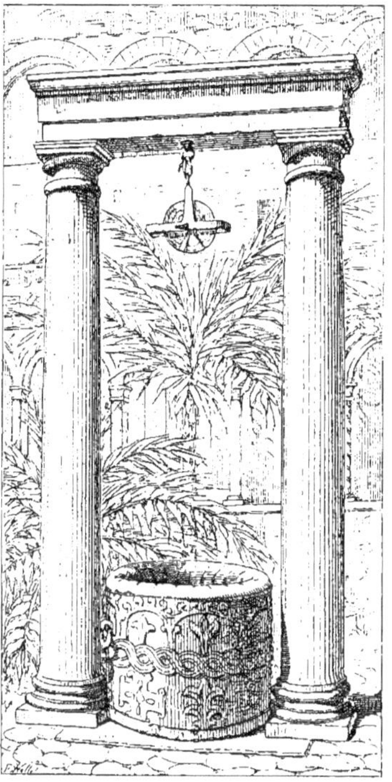

Fig. 2944.

dans l'exemple que nous venons de citer, suspendue à un linteau en pierre que supportent des pieds-droits attenants à la margelle ou indépendants de ce garde-corps ; tantôt elle est fixée à une potence scellée dans un mur ou dans une colonne isolée (fig. 2945), ainsi qu'on le voyait autrefois au *puits*, aujourd'hui démoli, qui avait été construit derrière le dôme de la chapelle du *Campo-Santo*, à Pise ; souvent aussi, comme cela se pratique encore aujourd'hui, des potences accouplées en nom-

Fig. 2945.

bre pair ou impair supportent la poulie à leur point de réunion, comme le

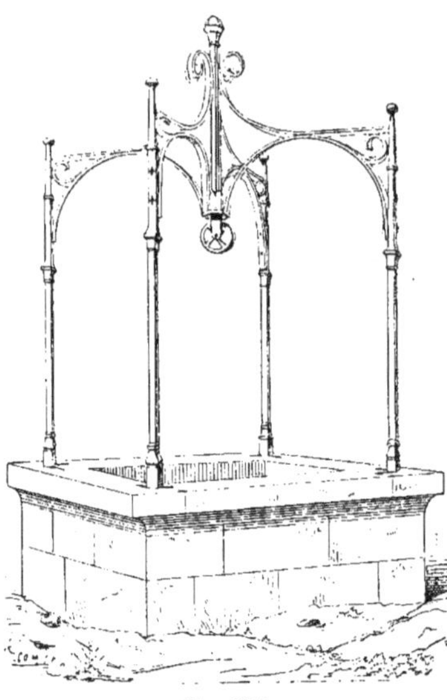

Fig. 2946.

montre la figure 2946, qui représente un *puits* construit à Figeac, dans le département du Lot.

Nous donnerons encore (fig. 2947) un exemple de ces armatures en fer appartenant à un *puits* percé dans une cour intérieure de l'hôpital de Beaune. Ici, les trois potences sont reliées entre elles et surmontées par une couronne

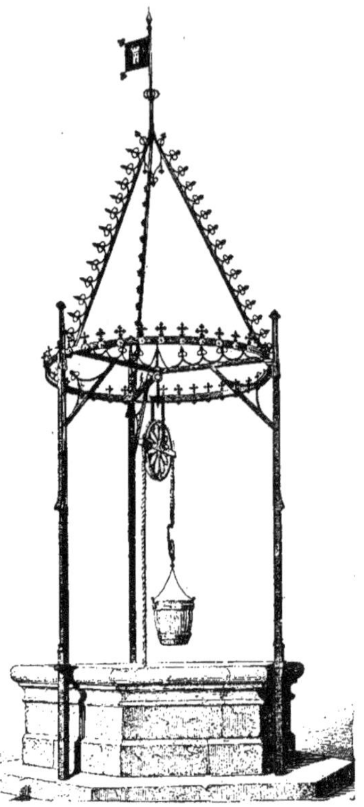

Fig. 2947.

en fer ornée de fleurons et sur laquelle s'appuient trois rampants décorés aussi de fleurons évidés; au point de rencontre de ces trois rampants, c'est-à-dire au sommet de l'ouvrage, on a fixé une girouette en tôle; on accède au *puits* par trois marches en pierre.

Un grand nombre de *puits* de l'époque de la Renaissance affectent également un caractère monumental. Nous citerons le *puits* placé entre cour et jardin (fig. 2948), dans le couvent des Gesuiti Peni-

Fig. 2948.

tenzieri à Rome ; ce qui donne de l'intérêt et une certaine valeur à ce petit

Fig. 2949.

édifice, c'est sa disposition particulière, heureusement combinée pour le rendre à la fois propre à servir à l'usage du jardin supérieur et, en même temps, pour lui faire produire dans la cour basse un effet très pittoresque.

D'autres *puits* peuvent également avoir leur orifice partagé par un mur mitoyen (fig. 2949) et servir à l'usage de deux propriétés contiguës.

Aujourd'hui, les fontaines monumentales remplacent les *puits* sur les places publiques ; ceux-ci sont relégués dans les cours des habitations, où leur construction est généralement des plus simples.

Puits de fondation. Nous avons parlé à l'article *Fondation* de l'usage des *puits* destinés à transmettre au bon sol les pressions exercées par les assises d'une construction établie sur un mauvais terrain. Nous avons même donné quelques détails sur l'emploi de l'air comprimé dans le percement des *puits* nécessaires à la fondation des piles de ponts ; nous citerons ici une application de cette dernière méthode, faite tout récemment dans l'architecture privée ; M. Paul Sédille, architecte chargé de la reconstruction des magasins du *Printemps*, à Paris, voulant asseoir avec sécurité, sur le bon sol, les points d'appui principaux de l'édifice, a résolu d'employer l'air comprimé à la fouille des *puits* et au coulage du béton. Il s'agissait de creuser dans un terrain traversé par l'eau des *puits* de 2m,50 de diamètre et de 2m,50 de profondeur, et d'y couler un béton hydraulique ; voici le procédé qui a été appliqué : chaque *puits* a été creusé jusqu'à l'eau, que l'on rencontrait à environ 0m,50 de profondeur. Dans ce trou circulaire, on a placé un cylindre en forte tôle, ayant exactement le diamètre du trou et la hauteur suffisante pour atteindre le bon sol, situé 2 mètres plus bas. Sur le bord supérieur du cylindre, on a adapté une cloche en tôle munie de portes pour le passage des ouvriers et l'extraction des matières fouillées. Une tubulure raccorde le tuyau qui doit servir à comprimer l'air. L'appareil est alors chargé d'un poids d'environ 15,000 kilogr. pour éviter le soulèvement de la cloche sous la pression intérieure de l'air comprimé. Celui-ci, envoyé dans le cylindre par une machine, de la force de 20 chevaux, exerce sur le sol une pression considérable, refoule l'eau qui, chassée à travers les terres, finit par sortir en bouillonnant à l'extérieur du cylindre ; le sol à fouiller est alors à sec. Deux ouvriers descendent aussitôt par la cloche au fond du cylindre et creusent rapidement ; les terres, chargées sur un treuil disposé dans la cloche, sont jetées mécaniquement dehors. Les terrassiers ont le soin de fouiller d'abord contre les parois intérieures du cylindre et en sous-œuvre ; l'appareil, n'étant plus porté sur ce point excavé, descend naturellement sous le poids dont il est chargé. Le travail continue ainsi jusqu'à ce que l'eau refoulée revienne ; elle est de nouveau chassée par l'air comprimé, et l'opération recommence jusqu'à ce que le cylindre repose sur le sable. C'est alors que le béton, composé de meulière cassée et de ciment de Portland, est jeté dans ce *puits* par une trappe ménagée dans la cloche et pilonné par les moyens ordinaires. Telle est cette méthode d'application de l'air comprimé à la fondation des maçonneries dans les sols difficiles.

Puits artésien ou *puits foré* : trou très profond, de 0m,20 à 0m,30 seulement de diamètre, que l'on creuse au moyen de sondes ou de tarières de mineur pour arriver à une nappe d'eau souterraine dont l'eau, venant d'un sol plus élevé, remonte et jaillisse à la surface.

On peut encore forer des *puits*, non pas pour trouver des sources jaillissantes, mais pour étudier la nature d'un terrain ou trouver une mine.

L'usage des *puits forés* est de la plus grande antiquité ; celui qui, en France, est le plus ancien, appartient à un couvent de Chartreux à Lillers, en Artois ; c'est de là qu'est venu le nom d'*artésien* donné à ce genre de *puits*.

Le *puits artésien* le plus remarquable que l'on ait creusé de nos jours est le *puits* de Grenelle, foré à Paris ; sa profondeur est de 547 mètres ; son diamètre est de 0m,14 au niveau de la nappe souterraine et de 0m,22 à sa partie supérieure. L'eau monte à 33 mètres au-dessus du niveau du sol, par un tube d'ascension, qui forme le noyau d'une tour hexagonale en fonte de fer ; c'est de cette hauteur que l'eau est distribuée jusque dans les quartiers les plus élevés de Paris.

Puits ou regard d'aqueduc (voy. *Regard*).

Puits de carrière : excavation verticale pratiquée pour l'exploitation d'une carrière ou d'une mine et servant au passage des ouvriers et à l'extraction des pierres ou du minerai.

Puits d'aérage : *puits* que l'on pratique de distance en distance, dans la construction des tunnels, pour donner de l'air et assurer la bonne direction des maçonneries de ces voies souterraines.

Législation. Chacun peut, à son gré, creuser, sur son héritage, un *puits* de telle dimension qu'il lui convient, pourvu toutefois qu'il en fasse la déclaration au département de la police et qu'il observe les distances et les règles voulues.

Aucun *puits* ne peut être creusé à moins de 100 mètres d'un cimetière.

Un *puits* que l'on veut creuser à proximité, soit d'un mur appartenant à une propriété voisine, soit d'un mur mitoyen ou susceptible de le devenir, soit d'une cave, d'un *puits* ou d'une fosse d'aisances appartenant au voisin, doit être pourvu d'un contre-mur fondé plus bas que les ouvrages du voisin et montant jusqu'au niveau du sol. Ce contre-mur dont l'épaisseur se détermine par les statuts locaux ou à dire d'experts et est assez généralement fixée à 1 mètre, compris l'épaisseur du mur et du contre-mur, doit avoir une largeur telle qu'on ne puisse craindre l'infiltration des eaux ou des matières au-delà de ses extrémités ; le moyen le plus sûr est de le faire circulairement, selon la circonférence du *puits*.

L'épaisseur de maçonnerie jugée suffisante entre deux *puits*, sauf les cas

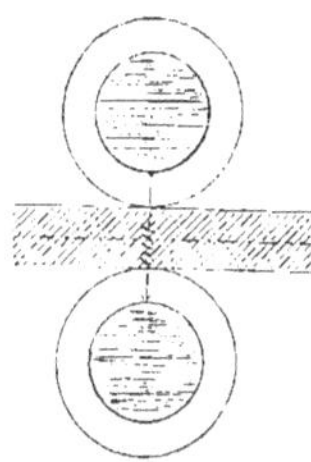

Fig. 2950.

extraordinaires, doit être de 1 mètre au moins (fig. 2950) et de 1m,33, ainsi qu'on

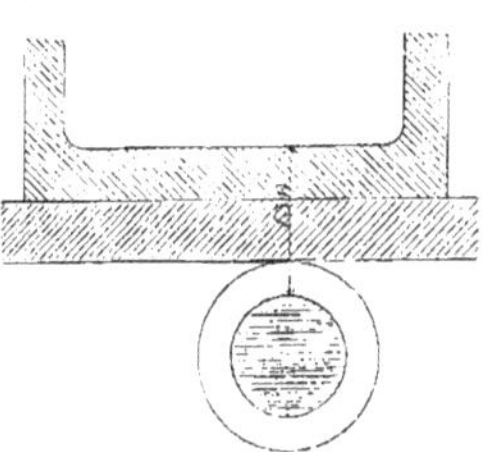

Fig. 2951.

le voit sur la figure 2951, entre un *puits* et une fosse d'aisances.

Celui dont le *puits* se trouve à moins de 2 mètres de distance de l'héritage du voisin ne peut convertir ce *puits* en cloaque ou y laisser couler les eaux des toits, des cours, des fumiers, des cuisines, etc.

L'intérêt public exige que les propriétaires et principaux locataires tiennent le *puits* de leurs habitations dans un tel état qu'on puisse toujours y trouver de l'eau en cas d'incendie.

Tout *puits*, quelle que soit la manière dont il est construit, doit être entouré d'une margelle ou mardelle en maçonnerie ou de barreaux avec appui en fer. Il est bon de les couvrir pour éviter les accidents.

Les ouvriers qui se chargent de la construction d'un *puits* répondent du préjudice qui résulterait des vices d'exécution.

Lorsque la convention faite entre un propriétaire et l'ouvrier chargé du creusement d'un *puits* porte que les travaux seront continués jusqu'à ce qu'il y ait dans le *puits* une quantité d'eau suffisante, si c'est en hiver le creusement doit se faire aussi bas que les eaux le permettent, et si c'est en été, jusqu'à ce que l'on ait obtenu, au-dessus du rouet, 1 mètre de hauteur d'eau.

En vertu de l'ordonnance de police du 20 juillet 1838, il est défendu de procéder au curage d'un *puits* ou aux réparations à y faire sans une déclaration préalable qui sera faite par écrit, quarante-huit heures à l'avance, à Paris, à la préfecture de police et, dans les communes rurales, à la mairie.

L'article 3 de la même ordonnance porte que nul ne pourra exercer la profession de cureur de *puits* ou puisards sans être pourvu d'une permission du préfet de police : cette permission ne sera délivrée qu'après qu'il aura été justifié de la possession du matériel nécessaire au curage. Il est donc défendu d'employer au curage des *puits* des ouvriers qui n'auraient pas de médaille.

Les maçons appelés à réparer ou à reconstruire un *puits* et les cureurs doivent avoir, tant que dure l'extraction des terres et autres matières, autant d'ouvriers à l'extérieur du *puits* qu'il en est descendu à l'intérieur ; ceux-ci doivent être ceints d'un bridage dont l'attache est tenue par les premiers.

Avant de descendre dans un *puits*, on doit s'assurer que l'air n'y est pas vicié, méphitisé ; à cet effet, on descend jusqu'à la surface de l'eau une lanterne allumée ; on la laisse brûler un quart d'heure ; on la retire si elle ne s'éteint pas, et, par le moyen d'un poids attaché à une corde, on agite fortement l'eau jusqu'à son fond ; on redescend la lanterne, et si, à cette seconde épreuve, la lumière ne s'éteint pas après dix minutes ou un quart d'heure, les ouvriers peuvent commencer leurs travaux, sans négliger toutefois de se munir d'un bridage. Si la lumière s'éteint dans le *puits*, il n'y faut pas descendre sans en avoir préalablement renouvelé l'air au moyen d'un système de ventilation. Dans ce but, il faut, avec des planches, du plâtre et de la glaise, boucher hermétiquement l'orifice du *puits*, en ménageant sur ce couvercle deux ouvertures, l'une au milieu, dans laquelle on place un réchaud de terre ou de tôle, l'autre au bord, dans laquelle on introduit un tuyau de plomb ou de tôle jusqu'à $0^m,10$ de la surface de l'eau. Le réchaud, rempli ensuite de charbons allumés, est recouvert d'une calotte de terre cuite ou de tôle surmontée d'un bout du tuyau de tôle pour activer le tirage. Une heure ou deux après, on découvre et on introduit de nouveau la lanterne ; si elle ne s'éteint pas, on peut descendre dans le *puits* ; dans le cas contraire, il faut le mettre à sec, attendre quelques jours, l'épuiser de nouveau et recommencer l'application du fourneau ventilateur. Dans le cas où l'atmosphère du *puits* serait tellement viciée que l'emploi du réchaud fût impossible, on pourrait se servir d'un ou deux soufflets de forge, adaptés au tuyau qui se prolonge jusqu'à la surface de l'eau et mis en action pendant un quart d'heure, une demi-heure au plus, pour déplacer l'air vicié du *puits*. On descend encore la lanterne, et si elle s'éteint, il faut renoncer à l'usage du *puits* et le combler. Toutefois, si par des essais préliminaires faits par un homme de l'art on reconnaît la nature du gaz délétère, on peut employer certains moyens pour le détruire. Pour neutraliser l'acide carbonique, on verse dans le *puits*, avec des arrosoirs, plusieurs seaux de lait de chaux et l'on agite ensuite l'eau fortement ; pour détruire le *gaz hydrogène sulfuré* ou *carboné*, on fait descendre au fond du *puits*, avec une corde, un vase ouvert contenant un mélange de manganèse et de muriate de soude arrosé d'acide sulfurique ; pour l'*azote*, on emploie le fourneau ventilateur et l'on fait l'épreuve de la chandelle allumée.

Le *puits* mitoyen est la copropriété des deux voisins, et l'entretien, le curage, les réparations et la reconstruction sont à la charge de tous les deux.

Puits (*Pierre de*). — Calcaire demi-dur, que l'on tire des carrières des Caves et de Buchy, dans la commune de *Puits*, arrondissement de Châtillon.

Cette pierre, de couleur grise et jaunâtre, est à grains fins ; sa hauteur d'assise va jusqu'à 2 mètres ; elle pèse de 2,160 à 2,230 kilogr. le mètre cube et s'écrase sous une charge de 420 à 460 kilogr. par centimètre carré.

Pulpitum. — Ce mot servait à désigner, dans un théâtre antique, la partie de la scène qui était la plus voisine de l'orchestre et où se tenaient les acteurs pendant leurs dialogues.

C'était une plate-forme longue et élevée sur le bord de laquelle était pratiquée une rainure ou fente dans laquelle on faisait descendre la toile.

Pulvinar. — 1° Mot latin signifiant *oreiller, coussin*, et qui désignait une

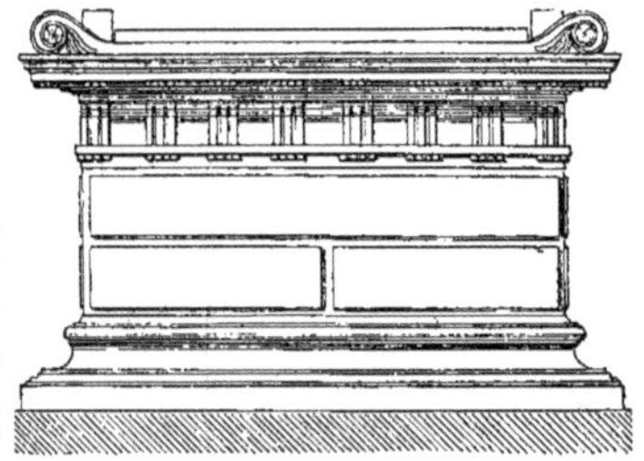

Fig. 2952.

sorte de lit que l'on plaçait dans les temples et sur lequel les prêtres couchaient les statues des dieux quand on célébrait un *lectisterne* ou simulacre de festin qu'on offrait aux divinités.

Nous citerons le *pulvinar* du temple d'Esculape à Pompéi (fig. 2952).

2° On donnait le même nom à l'endroit d'un cirque où des couches du même genre étaient placées pour les divinités dont on portait, en procession solennelle, les statues dans les fêtes du cirque.

Pulvinatus. — Mot latin qui désigne un objet ayant un contour plein et bombé, comme un traversin ou un coussin ; par suite, ce nom est donné aux chapiteaux des colonnes ioniques, dont les côtés, formés par la partie latérale des volutes, présentent la figure d'une sorte de cylindre qui ressemble beaucoup à un traversin.

On appelle *pulvinus* le balustre même ou oreiller ainsi formé par la volute.

Le même nom de *pulvinus* était appliqué, dans les bains romains, à la partie d'une baignoire située immédiatement au-dessus du degré sur lequel s'asseyait le baigneur et qui formait pour son dos un appui que l'on assimilait ainsi à un coussin.

Pulvinus signifiait encore levée de terre entre deux tranchées, ou parterre en dos d'âne.

Pupitre, *s. m.* — Meuble en bois servant à supporter des livres, des papiers, des cahiers de musique.

Dans les églises, les chantres se servent de *pupitres* mobiles : les uns sont en bois, comme celui que représente la figure 2953 ; les autres sont en fer forgé. Nous en donnons (fig. 2954) un de ce dernier genre, qui appartient à l'église Saint-Julien le Pauvre, à Paris ; cet instrument est mobile sur une potence qui elle-même se meut autour d'un axe vertical ; la tablette peut également s'incliner et prendre diverses positions, au moyen de charnières et d'un arc-boutant ; le pied de celui-ci peut se déplacer et s'appuyer à volonté sur l'un

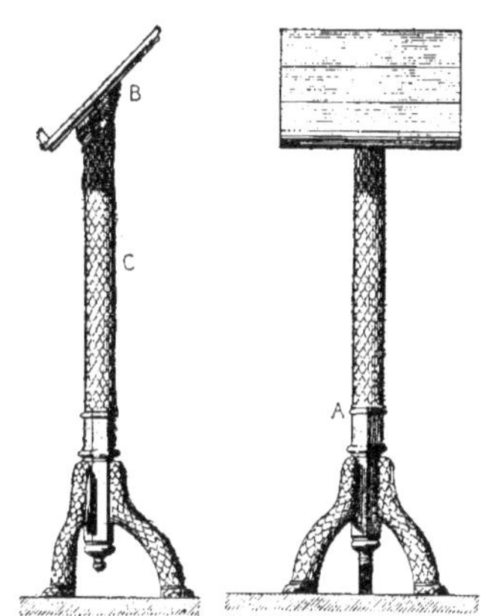

Fig. 2953.

ou l'autre des crans d'arrêt dont la tige est munie.

Les salles d'étude et les classes dans

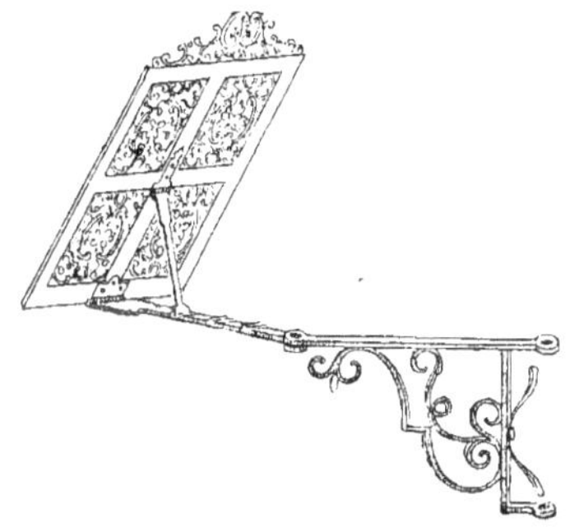

Fig. 2954.

les écoles sont pourvues de tables en forme de *pupitres* (voy. *Table*).

Pureau, *s. m.* — Partie visible des tuiles plates ou des ardoises après l'achèvement de la couverture.

Dans les couvertures en tuiles, les lattes sont clouées par cours horizontaux, distants entre eux, de milieu en milieu, d'une quantité égale au *pureau* des tuiles ; cette partie découverte représente ordinairement le 1/3 de la surface de la tuile, quelquefois les 2/5 ; le *pureau* est également d'un 1/3 dans les couvertures en ardoises.

Purgeoir, *s. m.* — Nom que l'on donne à des bassins contenant du sable et des gravois et dans lesquels l'eau des sources passe pour s'y purifier avant d'entrer dans les tuyaux.

On établit un certain nombre de ces *purgeoirs* de distance en distance et l'on en change, de temps à autre, les gravois et les sables.

Putéal. — Mot qui vient du latin *putealis*, signifiant margelle de *puits* (voy. ce mot).

Puycelci (*Pierre de*). — Calcaire compact, dur, provenant de la carrière de Malsefique, dans les communes de Laroque et *Puycelci*, près de Gaillac (Tarn).

Cette pierre est à grains fins ; sa hauteur d'assise va jusqu'à 1m,50 ; le poids du mètre cube est de 2,400 kilogr. et la charge nécessaire pour produire l'écrasement, de 640 kilogr. par centimètre carré.

Pycnostyle, *adj.* et *s. m.* — Ce terme vient des mots grecs *puknos*, dense, épais, et *stulos*, colonne. C'était une des cinq ordonnances ou dispositions des colonnes, selon Vitruve.

Le *pycnostyle* est le plus étroit des entrecolonnements ; il a une fois et demie le diamètre de la colonne. Cette disposition offrait ces inconvénients que l'entrecolonnement du milieu masquait la porte et que les portiques régnant autour du temple étaient trop rétrécis.

Pylône, *s. m.* — Nom que l'on donne à l'ensemble de deux massifs ayant la forme de pyramides quadrangulaires tronquées (fig. 2935) et entre lesquels s'ouvre le passage placé en avant des vestibules à colonnes dans les temples égyptiens.

Fig. 2935.

Dans ces espèces de tours étaient généralement pratiqués des escaliers qui conduisaient aux plates-formes ménagées au sommet. Les faces étaient couvertes d'ornements et d'hiéroglyphes comme les parois mêmes des temples.

Ces *pylônes* portent quatre enclaves prismatiques ou rainures qui ont donné lieu, pendant longtemps, à des hypothèses de toutes sortes. L'explication du problème nous est donnée par un bas-relief sculpté et peint découvert dans la cour du temple, et qui représente l'entrée d'un édifice dont les deux *pylônes* sont ornés de grands mâts semblables à des pins dépouillés de leurs branches et surmontés d'une longue pique et de banderoles tricolores, bleues, rouges et vertes. Les ouvertures carrées placées au-dessus des rainures étaient remplies par des pièces de bois mobiles dans leur partie supérieure, de manière à lâcher ou retenir les mâts qui ne devaient être dressés qu'à certains jours de fête.

Pyramidal, *adj.* — Terme qui qualifie tout objet, toute construction, tout monument qui se termine comme une *pyramide*, c'est-à-dire dont la largeur va en décroissant de bas en haut.

C'est pour assurer la plus grande durée possible à leurs édifices funéraires que les Égyptiens leur donnèrent la forme *pyramidale*, et c'est la même raison de solidité et de durée qui inspira ce mode de construction aux peuples de la Chine et de l'Inde pour les tours, les kiosques, les minarets, les pagodes, aux Grecs et aux Romains, pour les mausolées et les phares, aux architectes du moyen âge pour les clochers des églises, les campaniles, les donjons des châteaux.

Pyramide, *s. f.* — Terme qui désigne, en géométrie, un solide ayant pour base une figure rectiligne et dont les faces sont des triangles qui tendent tous à un même point appelé sommet.

Le volume d'une *pyramide* est égal au produit de la base par le tiers de la hauteur.

Ce nom avait été donné par les Grecs à de gigantesques monuments égyptiens de forme carrée à la base et s'élevant par assises de plus en plus étroites, jusqu'à se terminer, au sommet, par une petite plate-forme.

Cependant, bien que l'on pense toujours à l'Égypte lorsque l'on parle de *pyramides*, il faut reconnaître qu'on trouve des *pyramides* dans presque toutes les parties du monde ; ce fait est attesté par les débris qui existent de monuments de ce genre auprès d'Épidaure et d'Argos et par les *téocallis* d'Amérique (voy. *Téocalli*).

La *pyramide* est, en effet, la forme architectonique la plus ancienne ; elle représente, par excellence, le tombeau, l'autel, le monument commémoratif des premiers peuples.

On a longtemps discuté sur la destination des *pyramides* d'Égypte. Les uns ont vu dans ces immenses édifices les greniers de Joseph, d'autres des observatoires astronomiques ou des barrières opposées à l'envahissement des sables du désert. C'est dans ces derniers temps seulement qu'on a eu la preuve matérielle que ces gigantesques monuments servaient à la sépulture des rois. En effet, dans un des vides clos qui surmontent le plafond de la salle dite *du roi*, dans la grande *pyramide*, on a découvert un sarcophage taillé dans un bloc de granit rose et qui a contenu le corps d'un fonctionnaire du temps de la IVe dynastie, nommé *Choufou-Anch*, ainsi qu'on a pu le reconnaître par des hiéroglyphes peints en rouge. Or, *Choufou* est le nom égyptien du Chéops d'Hérodote, qui, suivant cet auteur, bâtit la grande *pyramide*. *Choufou-Anch* signifie Chéops vivant, et les autres légendes du monument démontrent que le personnage inhumé en ce lieu a vécu vers le temps du roi Choufou, dont il portait le nom. Dans la *pyramide* dite de *Mycérinus*, on a, de même, trouvé un morceau de sarcophage en bois sur lequel est gravé le nom de Mycérinus, auquel on attribuait la construction du monument.

Les *pyramides* les plus célèbres sont celles que l'on voit encore près de l'ancienne Memphis, à 16 kilomètres du Caire, et que l'on nomme *pyramides* de

Gizeh. La plus grande, dite de Chéops, a 232^{m},74 à la base sur 142 mètres de hauteur.

Il ne faut pas croire que ces constructions colossales soient entièrement établies en pierre de taille ; ces matériaux sont surtout employés comme revêtement. Il paraît, en effet, certain que les constructeurs commencèrent par se procurer un noyau naturel, dans lequel ils pratiquèrent les conduits, les puits, les galeries et les chambres auxquelles elles conduisaient et dont les issues devaient disparaître par les revêtements successifs de la masse. On a pu, en outre, constater que l'enveloppe du premier noyau fut formée de mortier et de recoupes provenant de la taille des pierres extraites des carrières voisines. C'est sur cette maçonnerie de blocage que fut ensuite établi le revêtement en gradins composé d'assises faites d'une pierre assez consistante pour se laisser tailler en blocs de toute étendue. Enfin, la *pyramide* recevait, pour son achèvement, un dernier mode de construction qui devait en former le parement. Ce parement, que le temps ou la destruction de main d'homme a fait disparaître, présentait, sur les quatre côtés, quatre surfaces unies et autant de talus lisses et glissants. La matière employée pour cette enveloppe extérieure, dans la grande *pyramide* de Gizeh, était une pierre, dite *arabique*, extraite des bords de la mer Rouge et qui offrait l'aspect du marbre blanc, dont elle prenait le poli. Les blocs devaient être taillés en prismes remplissant l'angle rentrant formé par deux des assises en pierres de taille.

Chez les modernes, la *pyramide* n'a plus aucune raison d'être, les doctrines, les opinions répandues par les religions actuelles sur la sépulture des morts étant de tous points contraires aux idées que le paganisme présentait à cet égard. On donne seulement aujourd'hui le nom de *pyramides* à des objets de forme pyramidale ou ressemblant plutôt à de petits obélisques et que l'on voit employés comme amortissement sur quelques portails d'églises ou sur le haut de la lanterne d'une coupole.

Pyramidion, *s. m.* — Petite partie d'un obélisque égyptien qui en forme l'amortissement et qui se termine en pointe, ayant l'aspect d'une pyramide quadrangulaire.

Q

Quadrifrons, *adj.* — Les hermès ou termes que les anciens plaçaient sur les limites des propriétés ou à la rencontre de plusieurs voies publiques étaient quelquefois à quatre têtes, comme le montre la figure 2956 et prenaient alors le nom de *quadrifrons*.

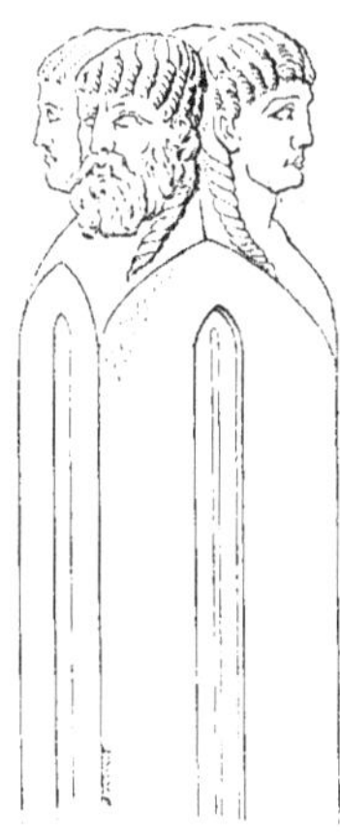

Fig. 2956.

Quadrige, *s. m.* — Mot qui vient du latin *quadriga*, signifiant char à quatre chevaux.

Les anciens employaient les *quadriges*, comme ornement ou couronnement, dans un grand nombre d'édifices. Ils en plaçaient particulièrement sur les plates-formes des attiques dans les arcs de triomphe ; cet exemple a été suivi quelquefois par les modernes ; nous citerons, comme étant pourvu de ce genre d'ornementation, l'arc de triomphe du Carrousel à Paris.

Les *quadriges* étaient faits le plus souvent en bronze et, sans aucun doute, les quatre chevaux de bronze doré que les Vénitiens rapportèrent de Constantinople, furent jadis attelés à un char de même métal. Toutefois, le beau char en marbre blanc qu'on voit au Musée du Vatican indique aussi qu'il put y avoir des *quadriges* formés de deux matières différentes.

Quadrilatère, *s. m.* — Polygone de quatre côtés.

Quæstorium. — Place où était dressée la tente du questeur dans un camp romain, et qui servait en même temps de dépôt pour les munitions.

Le *quæstorium* fut placé, depuis Scipion l'Africain, à l'un des côtés du prétoire (voy. *Camp*) ; auparavant, il était au fond du camp, près de la porte décumane.

Quai, *s. m.* — 1° Levée de terre revêtue de maçonnerie ou de pierres de taille et qui est destinée soit à retenir les terres d'une berge de rivière, soit à contenir les eaux dans leur lit.

Les bassins des ports sont également pourvus de *quais* qui facilitent l'embarquement et le déchargement des marchandises. La figure 2957 représente un mur de *quai*, en maçonnerie ordinaire, revêtant la berge d'un cours d'eau et la

figure 2958 un mur de *quai* en pierres

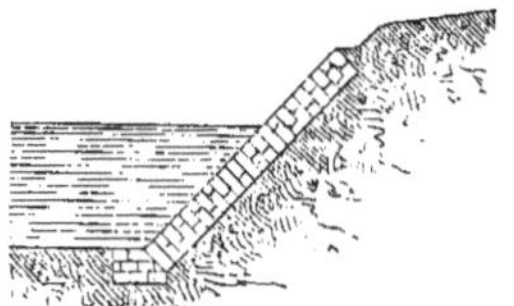

Fig. 2957.

de taille, avec fondations en béton, construit pour le bassin d'un port.

Dans les grandes villes, les *quais* peuvent recevoir un développement considérable et servir de lieu de prome-

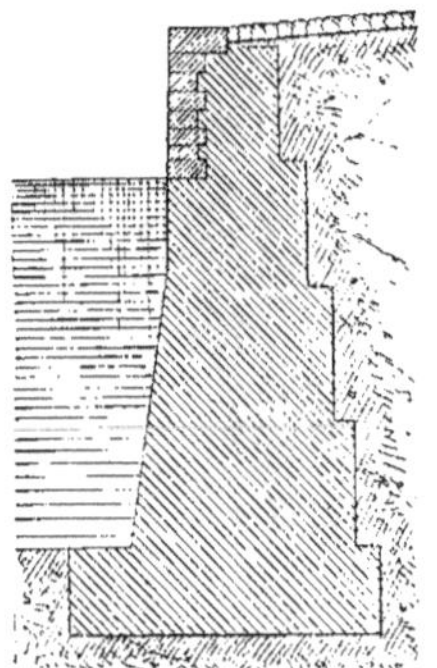

Fig. 2958.

nade aux habitants. A ce point de vue, les *quais* de Pise, de Florence, et surtout ceux de Paris, sont justement célèbres.

2° Les gares de chemins de fer renferment, dans les halles à voyageurs et à marchandises, des *quais* ou trottoirs d'embarquement et de débarquement.

Les *quais à voyageurs* ne doivent pas avoir une largeur moindre de 4 mètres. Leur hauteur est très variable ; en France, on l'a fixée à 0m,35 au maximum au-dessus du rail. La distance de la bordure du *quai* au rail doit être telle que l'espace laissé libre entre le *quai* et les marchepieds ne soit pas assez large pour permettre l'introduction des pieds des voyageurs.

Les *quais* à voyageurs se composent de deux parties : la *bordure* et le *terre-plein*. La bordure peut être en pierres de taille, briques de champ, moellons ou madriers; le terre-plein se revêt en terre battue, ballast, gravier, macadam, pavés, asphalte ou plancher en bois. La

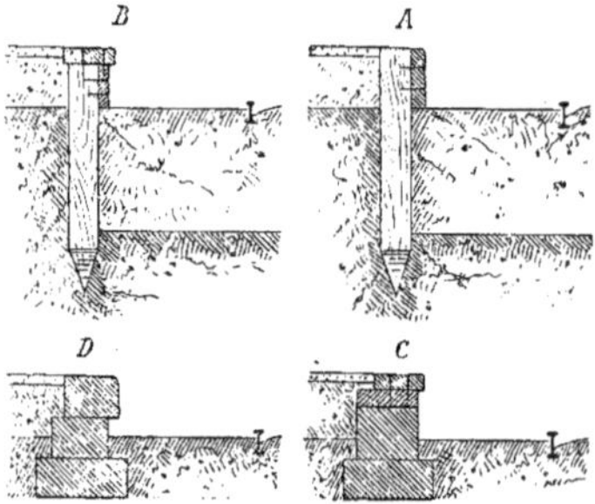

Fig. 2959.

figure 2959 (1) représente quatre types très employés de bordures de *quais* : A et B sont en bois, C est en bois et moellons, D en moellons et pierres de taille. On termine, en général, les extrémités des trottoirs par des plans inclinés.

Les *quais à marchandises* se divisent en *quais couverts* et *quais découverts*. La surface supérieure de ces *quais* doit se trouver à la hauteur du plancher des wagons à marchandises, soit de 0m,85 à 1m,33.

Les *quais découverts* sont disposés de façon à pouvoir être abordés, d'un côté, par les véhicules attelés qui viennent charger ou décharger et, de l'autre, par les wagons. Ces *quais* sont entourés d'un mur en moellons, en briques ou en meulière, renforcé aux angles par de la pierre de taille (fig. 2960) et couronné d'un bandeau également en pierres de taille ou en madriers fixés souvent, au moyen de boulons, sur des traversines en bois encastrées dans le mur. Une rampe est ordinairement ménagée à la

(1) Goschler, *Traité des chemins de fer*.

suite du *quai* pour amener à la hauteur du plancher des wagons les animaux,

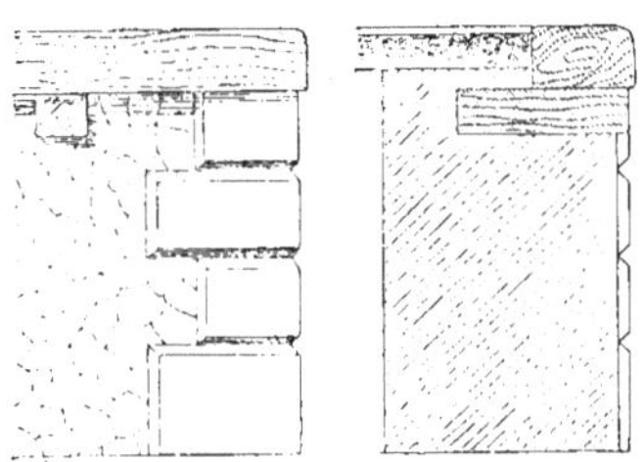

Fig. 2960.

les équipages et les objets lourds et encombrants.

Les *quais couverts* sont ceux des halles à marchandises et s'arrêtent simplement

Fig. 2961.

aux murs du bâtiment ou se prolongent,

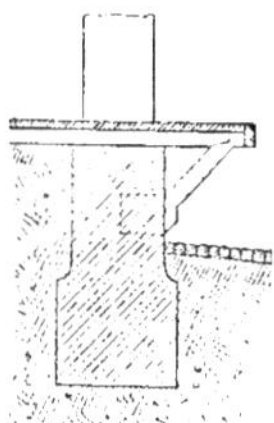

Fig. 2962.

à l'extérieur et sur toute la longueur de la halle, par un trottoir saillant, soutenu généralement au moyen de consoles en pierre (fig. 2961) ou de corbeaux en charpente (fig. 2962). Dans le cas du trottoir extérieur, le toit de la halle s'avance en saillie de manière à former abri.

Les *quais* qui s'arrêtent aux murs d'enceinte du bâtiment se construisent comme les *quais* découverts.

Qualité. *s. f.* — *Bois de qualité* : expression employée pour désigner un bois d'une grosseur au-dessus de l'ordinaire, qui porte au moins de $0^m,33$ à $0^m,40$ d'équarrissage et qui a 10 mètres de longueur.

Quarderonner, *v. a.* — Ce terme signifie, à proprement parler, faire un *quart de rond*, mais on l'emploie aussi pour désigner l'opération préparatoire par laquelle on abat les arêtes d'une pièce de bois, d'un battant de porte, d'une marche d'escalier, avant d'y pousser un *quart de rond*.

Quart, *s. m.* — *Quart de rond* : moulure convexe dont le profil est un

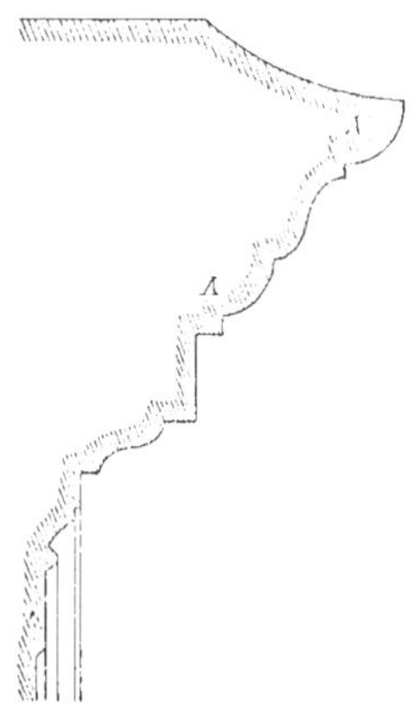

Fig. 2963.

quart de cercle (fig. 2963) et que l'on appelle quelquefois *ove*.

Dans les ouvrages de menuiserie, le *quart de rond* est accompagné de deux

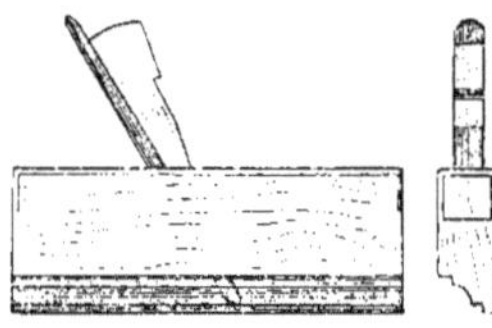

Fig. 2964.

filets et l'outil (fig. 2964) qui sert à pousser cette moulure prend le même nom.

Quartier, *s. m.* — 1° On désigne ainsi un ensemble de maisons ou de rues faisant partie d'une ville et que l'on isole des autres groupes, en lui donnant un nom tiré soit de l'ancienne dénomination des terrains sur lesquels sont élevées des maisons nouvelles, soit de quelque monument datant d'une époque antérieure à ces constructions, ou bien encore de toute autre particularité.

Au point de vue administratif, on divise fréquemment aussi une ville en *quartiers;* sous Henri IV, par exemple, Paris comprenait *seize quartiers;* aujourd'hui, des divisions analogues ont été faites avec des noms différents.

2° *Quartier de pierre :* terme que l'on emploie pour désigner un ou deux blocs de pierres formant une voie, c'est-à-dire, la charge d'un chariot attelé de quatre ou cinq chevaux.

3° *Faire faire quartier* à une pierre, à une pièce de bois, en terme de chantier, signifie tourner ces objets de manière à les appuyer ou les faire reposer sur une autre face.

4° *Quartier tournant* : partie d'un escalier qui est cintrée en plan et qui comprend le limon et les marches d'angles qui y sont assemblées par leur collet.

Quartz, *s. m.* — Minéral formé de silice pure qui est l'élément principal ou unique de plusieurs sortes de pierres telles que le *silex* et qui entre, à l'état cristallin, dans la composition du granit.

On distingue plusieurs variétés de ce minéral : le *quartz hyalin* ou *quartz* proprement dit, l'*agate*, le *jaspe* et l'*opale* (voy. ces mots).

Quatrefeuille, *s. m.* — Membre d'architecture composé de quatre lobes demi-circulaires et qui était fréquemment employé, au moyen âge, pour remplir les œils supérieurs des fenêtres à meneaux, les balustrades à jour, etc. (voy. *Balustrade*).

Querrades (*Pierre des*). — Serpentine compacte, dure, provenant de la carrière des *Querrades*, dans la commune de Gassin, arrondissement de Draguignan.

Cette pierre, susceptible de poli et propre à l'ornementation, porte jusqu'à 2 mètres de hauteur d'assise.

Queue, *s. f.* — En maçonnerie, on appelle *queue* d'une pierre la partie brute ou équarrie d'une pierre posée en boutisse, et qui entre dans le mur sans faire parpaing.

Queue en cul de lampe : on désigne parfois ainsi les clefs de voûte prolongées en contre-bas et plus ou moins taillées ou sculptées, dans les voûtes des églises du moyen âge.

Les charpentiers nomment *queue*, dans une marche tournante d'escalier, la partie la plus large du giron.

Queue d'aronde : assemblage de charpente ou de menuiserie qui se compose d'un tenon et d'une mortaise dont l'about est plus large que le collet (voy. *Aronde*).

Queue perdue : assemblage de menuiserie à *queue d'aronde*, en équerre et à mi-bois, dont les joints sont recouverts.

Queue percée : assemblage de menuiserie, à *queue d'aronde* et en équerre, dont les joints sont apparents.

Queue de paon : disposition de pièces formant, dans une figure circulaire, des compartiments qui vont s'élargissant du centre à la circonférence ; les enrayures des planchers des tours présentent ainsi des *queues de paon*.

Queue de morue : planche de largeur inégale dans sa longueur et qu'on ne doit pas employer dans les panneaux, tant à cause de l'effet désagréable que produit l'obliquité des joints que par suite du retrait éprouvé.

Les peintres donnent aussi à certaines *brosses* (voy. ce mot) le nom de *queues de morue*.

Queue de carpe : pièce de fer classée parmi les gros fers de bâtiment ; c'est une espèce de grosse patte forgée dont

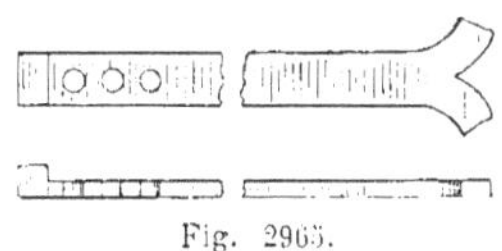

Fig. 2965.

une extrémité (fig. 2965) est fendue et ouverte pour être scellée dans la maçonnerie.

Queue de rat : lime à section circulaire (voy. *Lime*).

Queue de renard : longue traînasse de tiges et de racines, d'une plante aquatique qui pousse dans les tuyaux de conduite, les engorge et qu'on est obligé d'en arracher avec une sonde à tire-bourre, qui s'accroche à la *queue de renard* et l'extirpe en dégageant le tuyau.

Queue de cochon : ornement qui se termine en pointe vrillée.

Quille, *s. f.* — Grand coin de fer que les ardoisiers emploient pour détacher les blocs à la carrière.

Quilly (*Pierre de*). — Calcaire assez dur, blanc faiblement jaunâtre, que l'on extrait des carrières de *Quilly*, dans la commune de Cintheaux, arrondissement de Falaise.

Cette pierre est à grains fins et lamelles cristallines ; elle est propre à la sculpture ; sa hauteur d'assise varie de $0^{m},35$ à 1 mètre ; elle pèse 2,280 kilogr. le mètre cube et s'écrase sous une charge de 290 kilogr. par centimètre carré.

Quincaillerie, *s. f.* — Partie de la serrurerie qui comprend les menus ouvrages exécutés en fabrique, tels que ceux qui servent à la ferrure et à la fermeture des portes.

Quinconce, *s. m.* — Plant d'arbres disposés de telle sorte que, de quelque côté que l'on se place, on voie toujours des allées égales et parallèles.

On forme un *quinconce* en plaçant un arbre à chacun des sommets d'un carré avec un cinquième au centre. Cette disposition, répétée un grand nombre de fois au-delà des quatre côtés de ce premier carré, forme une sorte de bois symétrique produisant l'effet indiqué ci-dessus.

Dans une fondation sur pilotis, les pieux se placent en *quinconce* (voy. *Pilotis*).

Quintefeuille, *s. m.* — Membre d'architecture analogue au *quatrefeuille* (voy. ce mot), mais composé de cinq lobes au lieu de quatre.

R

Rabais, *s. m.* — Diminution de prix imposée à l'entrepreneur ou offerte par lui pour l'exécution de travaux de construction.

Adjudication au rabais : mode d'adjudication publique suivant lequel les travaux sont adjugés à celui qui s'engage à les faire au plus bas prix.

Rabat, *s. m.* — Opération du polissage des marbres qui succède à l'*égrisage* (voy. ce mot) et dans laquelle on continue de frotter la surface avec des morceaux de faïence sans émail, toujours en mouillant et en substituant au grès un sable très doux.

Si l'on remplace la faïence par de la *pierre de Gothland*, sorte d'argile mêlée de sable fin, on obtient un poli brillant.

On fait le *rabat* des granits et porphyres avec de l'émeri et une molette de plomb.

Rabattre, *v. a.* — 1° *Rabattre*, en serrurerie, est synonyme de *parer* et signifie effacer sur le fer, par de petits coups, les larges facettes laissées par les chocs d'un gros marteau.

2° Dans l'établissement des bois de charpente, *rabattre une ligne* signifie tracer, à sa rencontre avec les faces de côté ou les bouts du morceau sur lequel elle est tracée, des traits d'aplomb situés dans le plan de cette ligne et au moyen desquels on peut la *rembarrer* sur la face du dessous (voy. *Rembarrer*).

3° Faire le *rabat* (voy. ce mot).

Râble, *s. m.* — Outil de bois dont les plombiers se servent pour faire couler et étendre le plomb sur le moule appelé *madrier* (voy. ce mot).

Râbler, *v. a.* — Séparer du plâtre le charbon qui s'y trouve mêlé.

Rabot, *s. m.* — Maçonnerie. Instrument qui sert à remuer la chaux et à faire le mortier en opérant le mélange des matières qui le composent.

Le *rabot* est une lame de fer arrondie (fig. 2966) faisant un angle assez aigu

Fig. 2966.

avec un long manche au moyen duquel on le manœuvre.

Menuiserie. Outil à fût que l'on emploie pour corroyer et planer le bois.

Les *rabots* se composent tous d'un *fer* ou lame tranchante et d'un fût en bois ayant pour objet de maintenir cette lame, dans la position qui lui convient pour couper le bois, de permettre de la conduire avec les mains et de régler la quantité de bois à enlever.

Il y a différentes espèces de *rabots*, que l'on emploie suivant qu'il s'agit simplement de corroyer le bois ou de lui donner des formes déterminées.

On distingue : la *galère*, la *varlope*, le *guillaume*, le *bouvet* (voy. ces mots), et enfin le *rabot* proprement dit.

Ce dernier outil, représenté sur la figure 2967, par une projection horizontale et deux projections verticales, se compose d'un *fût a*, sorte de bille de bois dur et compact, tel que le poirier,

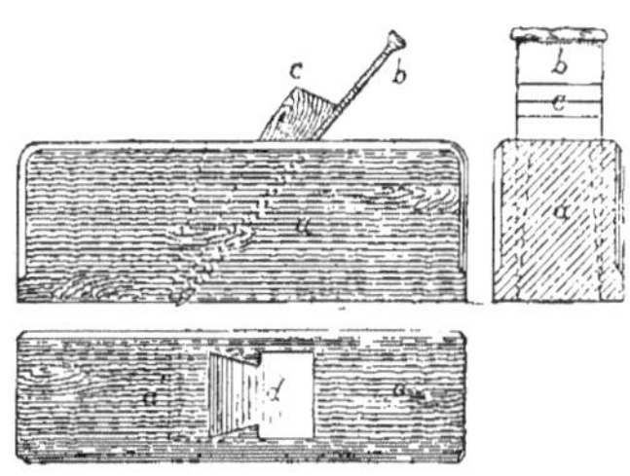

Fig. 2967.

le cerisier, le sorbier ou le cormier; d'un *fer b*, qui s'engage dans une entaille inclinée *d*, plus ou moins dégagée, qu'on appelle la *lumière* et d'un *coin c*, qui sert à maintenir le fer dans la lumière.

Le *rabot* n'a pas de poignée; on le tient avec les deux mains, le bout du fût étant dans la paume de la main droite, en arrière du fer et la main gauche en avant de la mortaise, embrassant l'outil sur l'arête supérieure.

On fait usage du *rabot* lorsque la position de la pièce ou son peu d'étendue ne permet pas de se servir de la varlope.

Le tranchant du fer est droit pour planer; on le fait aussi concave ou convexe (voy. *Fers*). On donne à la lame plus ou moins de saillie, suivant l'épaisseur des copeaux que l'on veut enlever.

On distingue plusieurs sortes de *rabots* :

Le *rabot ordinaire*, qui vient d'être décrit;

Le *rabot cintré convexe*, représenté par la figure 2968 qui ne diffère du *rabot* précédent que parce que la semelle est courbe et qui sert à raboter les surfaces concaves dont la courbure est dans le sens du fil du bois;

Le *rabot cintré concave*, que montre la même figure et qui sert à raboter les surfaces convexes;

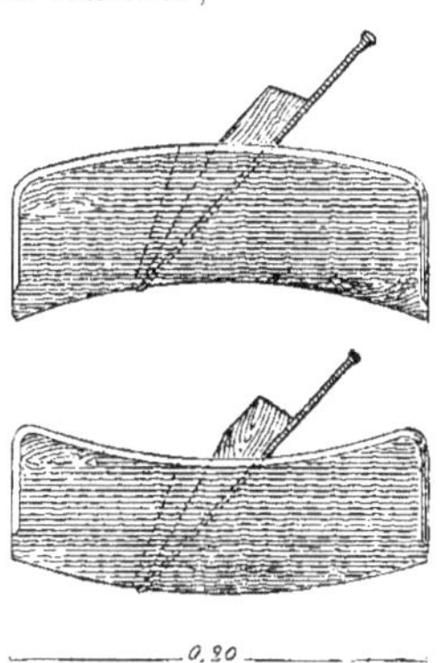

Fig. 2968

Le *rabot à contre-fer, sans vis* et *à vis* ;

Le *rabot à semelle d'acier* ;

Le *rabot à élégir*, dont la semelle est profilée de manière à produire un élégissement;

Le *rabot à dents*, dans lequel on met des fers brettés;

Le *rabot de bout*, qui sert pour le bois de bout;

Le *rabot racloir*, employé par les raboteurs de parquet;

Le *rabot à mettre d'épaisseur*, qui a deux joues réglant l'épaisseur;

Le *rabot à deux fers*;

Le *rabot rond, à lumière dessus* ou *à lumière de côté* et *à fer simple* ou *à fer élégi*, etc.

Raboteur, *s. m.* — Compagnon de chantier qui est spécialement chargé de pousser les moulures sur les bois apparents, comme les huisseries des portes, les noyaux, limons, sabots et marches d'escalier.

On donne le même nom aux ouvriers qui dressent et nivellent les parquets au moyen du *rabot racloir*.

Raboutir, *v. a.* — Mettre bout à bout des pièces de bois.

Racage, *s. m.* — Collier en fer reliant deux pièces de charpente.

Raccord, *s. m.* — Travail partiel exécuté pour supprimer une solution de continuité existant soit dans un ouvrage ancien ou nouveau, soit entre deux ouvrages dont l'un est neuf et l'autre ancien.

Les parties faites à la main dans les moulures en plâtre aux points où le calibre n'a pu être traîné sont des *raccords*. Les angles saillants, rentrants et les amortissements sont ainsi faits à la main.

On nomme de même, d'une manière générale, les réparations, bouchements de trous, etc.

Ce terme est également employé par les peintres pour désigner les parties faites à neuf contiguës à d'autres qui sont conservées.

Les paveurs nomment ainsi une partie de pavé neuf qu'on refait au contact d'une partie ancienne.

Mettre en raccord : présenter, sur une dalle scellée de niveau, toutes les pièces de marbre, taillées préalablement, qui doivent être réunies pour composer un ouvrage ; c'est ainsi que l'on vérifie si toutes les parties joignent et affleurent parfaitement.

Raccordement, *s. m.* — 1° Opération par laquelle on exécute un *raccord* (voy. ce mot).

2° Réunion et ajustement convenable de deux bâtiments ou portions de bâtiments différents d'aspect, de structure ou d'ornementation (voy. *Raccorder*).

3° Terme de plombier qui s'applique à la réunion de deux tuyaux de diamètres inégaux.

Raccorder, *v. a.* — 1° D'une manière générale, ce mot signifie remettre d'accord, soit par les proportions, soit par l'ordonnance, soit par la décoration, des parties d'édifices datant de diverses époques ou exécutées sur des plans ou d'après des dessins qui diffèrent les uns des autres.

Les grands édifices publics, dont l'achèvement nécessite une longue période d'années sont ceux qui donnent le plus souvent lieu à faire des *raccordements ;* en effet, les parties qu'ils renferment ont souvent été exécutées par des architectes qui se sont succédé et dont les sentiments, les intentions étaient contraires ou disparates. C'est ainsi que la façade du palais des Tuileries incendié en 1871 présentait dans son ensemble des genres d'architecture différents dus à Jean Bullant, Philibert de l'Orme, Ducerceau et enfin à Leveau et Dorbay son élève, qui fut chargé par Louis XIV de *raccorder* ces parties si dissemblables entre elles.

2° Faire un *raccord* (voy. ce mot).

Raccoutrage, *s. m.* — Nettoyage des vitres en panneaux (voy. *Nettoyage*).

Rachat, *s. m.* — Molasse dure qui s'extrait de carrières situées dans le département de la Drôme et qui sert à faire des dalles pour le pavage des rez-de-chaussée.

Racher, *v. a.* — Faire, au compas, sur une pièce de bois le tracé de la forme que l'on doit donner à cette pièce.

On nomme *raches* les traits marqués sur le bois dans cette opération.

Racheter, *v. a.* — Mot qui signifie corriger, redresser un défaut de régularité dans certains ouvrages ; ainsi, on rachète une différence de niveau de deux terrains ou de deux assises par l'établissement d'une pente ; dans un compartiment de parquet, une plate-bande dont les côtés ne sont pas parallèles *rachète*, c'est-à-dire raccorde un angle hors d'équerre avec un angle droit.

Le même terme s'emploie encore dans le sens de joindre par raccordement deux voûtes de courbures différentes; ainsi, quatre pendentifs *rachètent* une voûte sphérique ou la tour ronde d'un dôme en se raccordant avec leur plan circulaire.

Racheux, *adj.* — *Bois racheux :* bois noueux, filandreux, difficile à travailler, mal poli.

Racinaux, *s. m. pl.* — 1° Pièces de bois méplates assemblées, au moyen de clous ou de boulons, avec les têtes des pieux, dans un pilotis, et sur lesquelles on pose la plate-forme destinée à recevoir la première assise d'une construction hydraulique.

2° *Racinaux d'écurie :* petits poteaux enfoncés dans le sol d'une écurie et sur lesquels porte la mangeoire.

3° *Racinaux de grue :* pièces de bois croisées qui prennent le nom de *soles* quand elles sont planes et qui forment l'empatement d'une grue; c'est dans les *racinaux* que sont assemblés l'arbre et les arcs-boutants de cet engin.

4° Petites pièces de bois enfoncées dans la terre pour soutenir les bandes de parterre et autres ouvrages de ce genre dans les parcs et jardins.

Racine, *s. f.* — Législation. En vertu de l'article 672 du Code civil, un propriétaire a le droit de couper lui-même sur son héritage les *racines* des arbres du voisin qui avancent sur cet héritage.

Râcle, *s. f.* — Outil en bois qui sert à aplanir la terre employée à la fabrication des tuiles.

Râcloir, *s. m.* — Lame de fer à laquelle on donne du morfil et qui, fixée dans un manche en bois, permet d'unir et de dresser parfaitement un morceau de bois.

L'opération dont il s'agit s'appelle *râcler*.

Rabot râcloir : outil à fût employé par les raboteurs de parquet (voy. *Rabot*).

Rader, *v. a.* — Diviser, au moyen du ciseau, une bande de pierre ou de marbre sur sa largeur en formant deux tranchées, l'une en dessus, l'autre en dessous.

Radier, *s. m.* — 1° Sol artificiel établi en bois ou en maçonnerie, soit entre les piles d'un pont ou entre une pile et la culée, soit entre les bajoyers d'une écluse.

Lorsque le *radier* d'une écluse est en bois, il est composé d'un double plancher en planches longues et bien serrées, calfatées et goudronnées. Le premier plancher est le *radier* proprement dit; le second est appelé le *recouvrement*.

Les *radiers* en maçonnerie se font en pierres de taille, moellons, briques ou béton. On leur donne parfois la forme indiquée par la figure 2969 et on les

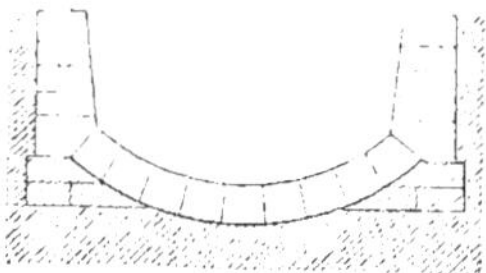

Fig. 2969.

appareille en claveaux pour résister mieux aux sous-pressions dues aux sources adjacentes et à la différence du niveau de l'eau dans les deux biefs.

On appelle *garde-radier* et *arrière-radier* les têtes de *radier* en amont et en aval.

2° *Radier de fosse :* sol d'une fosse d'aisances, établi en forme de cuvette.

Raffinage, *s. m.* — Opération qui a pour objet de revivifier les parties de plomb que les ouvriers appellent *crasses*.

Le *raffinage* du plomb est tout simplement la fusion du métal, que l'on coule ensuite en saumon.

Raffûter, *v. a.* — Voy. *Affûter.*

Rafraîchir, *v. a.* — Maçonnerie. 1° Retailler d'anciens joints et d'anciens lits de pierre.

2° Terme que les ouvriers emploient pour désigner l'opération qu'ils font quand ils ajoutent de l'eau ou un lait de chaux dans un mortier devenu trop ferme; il faut noter que cette pratique ne doit pas avoir lieu pour un travail soigné.

Pavage. Retailler partiellement du vieux pavé pour le reposer.

Menuiserie. Retailler les joints ou assemblages d'une vieille menuiserie.

Plomberie. 1° *Rafraîchir un tuyau :* le souder à nouveau, en réparer les défauts.

2° *Rafraîchir le blanchissage des couvertures étamées :* les remettre sur le réchaud et les recouvrir de nouvelles lames ou pâtés d'étain.

Les amortissements en forme de globes sont ordinairement *rafraîchis,* après avoir été soudés et avant leur mise en place, parce qu'ils ont été ternis par la terre grasse employée pour les soudures.

Peinture. *Rafraîchir* ou *raviver une couleur :* la nettoyer de manière à enlever la crasse de la poussière ou les ordures laissées par les insectes.

Rafraîchissoir, *s. m.* — Nom que l'on donne à de petits réservoirs en maçonnerie établis dans la triperie d'un abattoir et qui servent au dépôt provisoire des parties intérieures des animaux préalablement échaudées.

Les *rafraîchissoirs* sont munis, à leur niveau supérieur, ainsi qu'à leur niveau

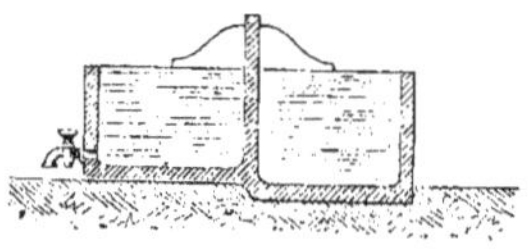

Fig. 2970.

inférieur, de robinets d'alimentation et d'évacuation.

La coupe que représente la figure 2970, à l'échelle de 0m,01 pour mètre, est celle d'un des *rafraîchissoirs* placés au rez-de-chaussée dans le bâtiment de la triperie, à l'abattoir de la Villette, à Paris.

Ragréer, *v. a.* — Voy. *Ragrément.*

Ragrément, *s. m.* — Opération que l'on fait, quand une construction est terminée, en repassant le marteau et le fer sur le parement des murs pour enlever les bavures et cacher les joints des assises.

Le *ragrément* devient parfait quand on frotte toutes les surfaces des pierres avec du grès pulvérisé ou du sable fin, qui enlève les dernières traces de l'outil.

Le même terme s'emploie quand on répare un bâtiment vieilli en retuilant ou regrattant la surface.

Enfin, le *ragrément* comprend encore, d'une manière générale, toutes les opérations qui ont pour objet de rajeunir une construction, au moins dans son aspect, et qui consistent en *ravalements,* enduits, remaniements de plâtre, regrattages, etc.

Raidir, *v. a.* — *Raidir un étai :* donner du raide à cette pièce, c'est-à-dire chasser des coins entre la semelle et le pied de l'étai, afin d'amener ce dernier à exercer la pression nécessaire pour soutenir un mur.

Rail, *s. m.* — Barre de fer forgé ou laminé qui sert de support et de guide aux roues des véhicules composant les trains de chemins de fer.

La théorie, les résultats de l'expérience et la nécessité d'une fabrication simple et courante ont conduit à donner aux *rails* une section transversale (fig. 2971) qui se rapproche, pour la forme, de celle d'un fer à double T. Les parties remplies de cette section sont appelées *champignons.*

On a fait usage de *rails à champignons* non symétriques, celui du bas étant de dimensions moindres ; certaines compagnies de chemins de fer

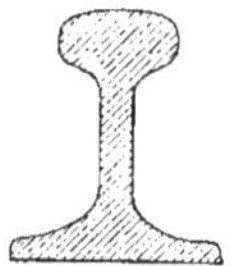
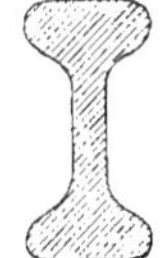

Fig. 2971.

emploient des *rails à simple champignon* ou *à patin*, comme on le voit sur la même figure ; les *rails* de ce dernier système sont connus sous le nom de *rails Vignole*.

Les bourrelets du champignon sont réunis à l'âme par des congés qui facilitent l'opération du laminage ; l'épaisseur de l'âme varie de $0^m,022$ à $0^m,014$; la hauteur du *rail* est ordinairement comprise entre $0^m,115$ et $0^m,134$.

Les *rails* sont maintenus sur la *voie* par des *coussinets* fixés eux-mêmes par des *chevillettes* sur des *traverses*, dont les intervalles sont remplis par du *ballast* (voy. ces mots).

On se sert de *rails* analogues dans certains grands travaux de terrassements ou de construction pour le transport des terres ou des matériaux sur des chariots disposés à cet effet.

Des *rails* creusés en gorge sont employés, dans les rues des grandes villes, pour le roulement des véhicules appelés *tramways*.

On fait encore usage de bandes de fer jouant le rôle de *rails* et recevant les galets d'un objet ferré pour être roulant, par exemple, d'une porte de halle à marchandises, d'une porte d'écurie, d'une barrière à claire-voie sur les passages à niveau des chemins de fer, etc.

Rainer, *v. a.* — Pratiquer une *rainure* (voy. ce mot) dans une pièce de bois ou de fer.

Rainette, *s. f.* — Lame d'acier dont l'extrémité *a b* (fig. 2972), repliée sur toute sa longueur, forme un crochet très court et dont les deux coins *a* et *b*, affilés en biseau, sont de véritables petites gouges que les charpentiers emploient pour faire sur le bois des

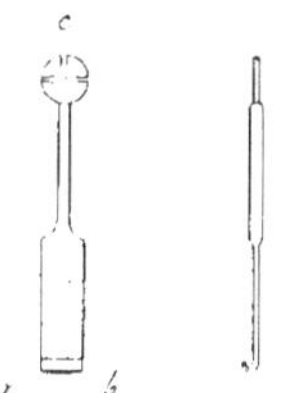

Fig. 2972.

rainures ou raies qui servent au tracé des assemblages, des chiffres et des marques de repère. L'autre extrémité de cet outil est un disque en acier divisé sur son pourtour par trois fentes dirigées suivant des rayons et destinées à donner de la voie aux scies.

Rainure, *s. f.* — Petit canal à section rectangulaire pratiqué sur l'épaisseur d'une planche destinée à recevoir une languette ménagée sur la rive d'une autre planche.

On fait aussi des *rainures* dans des tringles de bois pour en former des coulisses.

On appelle *rainure d'embrèvement* une *rainure* poussée derrière un cadre de porte et qui reçoit les languettes du bâti.

La *rainure à bois de bout* est une *rainure* faite en travers du fil du bois.

On donne aussi le nom de *rainure* au petit canal circulaire, formé par deux chanfreins, que l'on fait sur chacune des épaisseurs d'une table de plomb quand on l'a roulée pour en composer un tuyau soudé.

Rairies (*Pierre des*). — Calcaire demi-dur, blanc-jaunâtre, à grain fin, que l'on extrait des carrières de *Rairies*, arrondissement de Baugé (Maine-et-Loire).

La hauteur d'assise de cette pierre est de 0m,50 ; on l'exploite spécialement pour appuis de fenêtres, marches d'escalier, dallages, etc.

Rais-de-cœur, *s. m.* — Ornement de sculpture que l'on taille généralement sur la moulure appelée *talon* (fig. 2973), et qui est composé de fleurons et

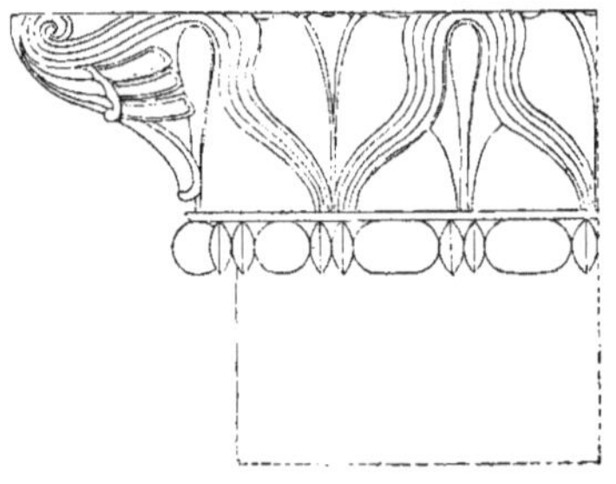

Fig. 2973.

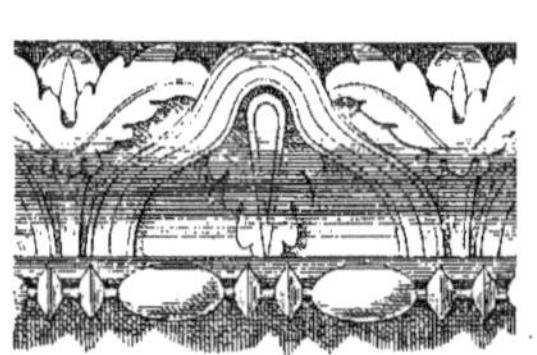

Fig. 2974.

de fers de lance ou de fleurons et de feuilles d'eau (fig. 2974).

La moulure qui reçoit les *rais-de-cœur* est ordinairement comprise entre un listel et un rang de perles.

Ramendage, *s. m.* — Opération de la *dorure* (voy. ce mot) qui vient après le matage et qui a pour objet de mettre de l'or dans les petits fonds oubliés, de réparer les *manques*.

Ramèneré, *adj.* — Les charpentiers nomment ainsi certains traits appartenant à la marque des bois (voy. *Marque*).

Ramonage, *s. m.* — Opération dans laquelle on se propose de retirer la suie et les cendres qui se sont attachées à l'intérieur des tuyaux de cheminée.

Si la cheminée est assez large, on procède à cette opération en faisant monter dans le conduit un enfant qui en râcle les parois à la main. Si le tuyau est étroit, on *ramone* à la corde, c'est-à-dire que l'on y descend une sorte de tête de loup ou *hérisson* en fils ou lames d'acier qu'on y promène avec une corde.

Législation. Le titre III de l'ordonnance de police du 15 septembre 1875, concernant les incendies, règle ainsi qu'il suit le nettoyage et le *ramonage* des cheminées :

« Art. 10. Il est enjoint aux propriétaires et locataires de faire nettoyer ou *ramoner* les cheminées et tous tuyaux conducteurs de fumée assez fréquemment pour prévenir les dangers du feu. Les conduits et tuyaux de cheminée ou de foyers ordinaires, dans lesquels on fait habituellement du feu, doivent être nettoyés et *ramonés* deux fois au moins pendant l'hiver. Les conduits et tuyaux de tous foyers, qui sont allumés tous les jours, doivent être nettoyés et *ramonés* tous les deux mois, au moins. Les conduits et tuyaux des grands fourneaux de restaurateurs, des fours de boulangers, pâtissiers ou autres foyers industriels semblables doivent être nettoyés au moins tous les mois.

« Art. 11. Il est défendu de faire usage du feu pour nettoyer les cheminées, les poêles, les conduits et tuyaux de fumée quels qu'ils soient. Le nettoyage des cheminées et tuyaux ne se fera par un ramoneur que si ces cheminées et leur tuyau ont partout un passage d'au moins 0m,60 sur 0m,25. Le nettoyage des cheminées ayant une dimension moindre se fera soit à la corde avec hérisson ou écouvillon, soit par tout autre instrument bien confectionné ou tout autre mode accepté par l'administration.

« Art. 12. Il nous sera donné avis des vices de construction des cheminées, poêles, fourneaux et calorifères qui pourraient occasionner un incendie. Il nous sera aussi donné avis du mauvais état, de l'insuffisance ou du défaut de *ramonage* de tout conduit de fumée, qui pourrait, par suite, faire craindre, soit un feu de cheminée, soit une incommodité grave et pouvant occasionner l'altération de la santé. »

Rampant, *adj.* — On qualifie ainsi tout corps d'architecture ou de construction qui n'est pas de niveau et qui va en pente; tels sont les deux côtés inclinés d'un gâble, d'un fronton, un mur de terrasse en descente, un arc dont une des naissances est à un niveau moins élevé que l'autre (voy. *Arc*).

Ce mot est souvent pris substantivement.

Rampe, *s. f.* — 1° Portion inclinée d'une rue, d'une route ou d'une voie de chemin de fer.

2° Masse de terre en pente que l'on ménage dans une fouille, depuis le sol jusqu'au fond, pour monter les terres à la brouette ou au tombereau.

3° *Rampe d'escalier*, suite de degrés ou de marches, en ligne droite ou circulaire par son plan et comprise entre deux paliers.

On appelle *rampe par ressaut* une *rampe* dont le contour est interrompu par des paliers ou quartiers tournants.

Le nom de *rampe* s'applique encore à la balustrade d'appui qui repose sur le limon ou sur les extrémités des marches du côté du jour.

L'usage des *rampes* ou balustrades d'escalier est fort ancien; on en a retrouvé des vestiges dans certaines maisons de Pompéi; c'est ainsi qu'on a découvert dans une habitation de cette ville la trace de l'inclinaison et de la dentelure des marches d'un escalier en bois qui conduisait à l'appartement du maître du logis et de sa famille; on devine facilement la manière dont la *rampe* de cet escalier était faite, car l'artiste chargé de décorer l'atrium dans lequel on a trouvé ces vestiges, a répété la *rampe* sur le mur, de manière à figurer d'un côté de l'escalier ce qui était réel de l'autre; elle consistait simplement en barreaux de bois peints en noir, placés verticalement et surmontés d'une main-courante.

Selon l'importance de l'édifice, on fait les *rampes* en matériaux différents; ainsi, le marbre et la pierre sont souvent employés pour former les balustrades à jour des escaliers monumentaux.

Nous donnerons ici deux exemples de *rampes* ajourées en pierre : l'une est

Fig. 2975.

composée (fig. 2975) d'une suite d'arcs qui se croisent et qui sont surmontés d'une tablette d'appui moulurée; l'autre (fig. 2976) comprend une série d'ouvertures terminées à leur sommet par une arcade en ogive.

Les entrelacs ou les arcatures sont

Fig. 2976.

souvent remplacés par des balustres de formes très variées (voy. *Balustre*).

Au départ de la *rampe* est un *pilastre*

Fig. 2977.

ou *giron* droit ou tournant, décoré de divers motifs de sculpture. La figure 2977 représente, à l'échelle de $0^m,02$ pour mètre, un giron droit appartenant à l'escalier du bâtiment de la police correctionnelle, à Paris. Nous donnons

Fig. 2978.

également (fig. 2978) un giron orné d'un lion sculpté, placé au départ de l'escalier principal du palais de l'Université, à Gênes.

Les *rampes* des escaliers en bois s'exécutent ordinairement en fer ; elles sont composées de barreaux ou montants qu'on implante au milieu du limon dans les escaliers où cette pièce est apparente et qui sont fixés sur les têtes des marches dans les autres. Ces barreaux sont espacés de $0^m,16$, d'axe en axe, et sont reliés, à leur partie supérieure, par une plate-bande ou bandelette en fer sur laquelle on pose une main-courante en bois que l'on y fixe par des vis posées en dessous. Ce genre de garde-corps très simple est appelé *rampe à pointe* ou à *rappointis*, parce que les montants s'emmanchent dans le limon ou dans les marches par leur extrémité pointue.

On distingue en outre :

Les *rampes à col de cygne*, qui sont très usitées et dans lesquelles les barreaux sont cintrés par le bas, en forme de col de cygne (voy. *Col*); ces montants sont généralement ornés d'astragales et de rosaces en cuivre ou en fonte;

Les *rampes à pitons*, qui sont plus riches ; les barreaux en sont décorés de chapiteaux en fonte par le haut et sont supportés, dans le bas, par des *pitons* (voy. ce mot) également en fonte, plus ou moins ornés, et qui portent des tiges à vis se serrant dans le limon ;

Les *rampes à panneaux*, qui sont plus riches encore et dans lesquelles les panneaux comprennent tantôt des *pilastres* (voy. ce mot), tantôt des enroulements en fonte montés dans des châssis en fer ou bien en fer forgé comme les châssis eux-mêmes. La figure 2979 représente un panneau de *rampe* du dernier genre provenant d'un hôtel récemment démoli et qui était situé rue de Suresnes, à Paris.

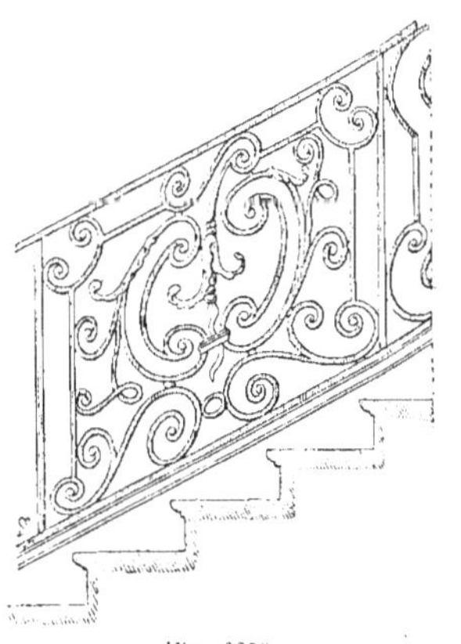

Fig. 2979.

Un grand nombre d'escaliers en pierre sont également décorés de *rampes* métalliques à panneaux en fonte ou en fer forgé.

Comme les *rampes* en pierre, les garde-corps en métal se terminent dans le bas par un pilastre et dans les escaliers ordinaires l'extrémité inférieure de la bandelette se contourne au-dessus de ce pilastre en une volute que l'on appelle *colimaçon*.

Dans les *rampes* en fer formant balustrades sur les perrons en pierre, les barreaux sont scellés dans les marches.

Les *rampes à balustres* en bois se rencontrent particulièrement dans les anciennes constructions ou dans les habitations modernes élevées en dehors des villes, soit comme villas, soit comme maisons rustiques. Ces garde-corps sont

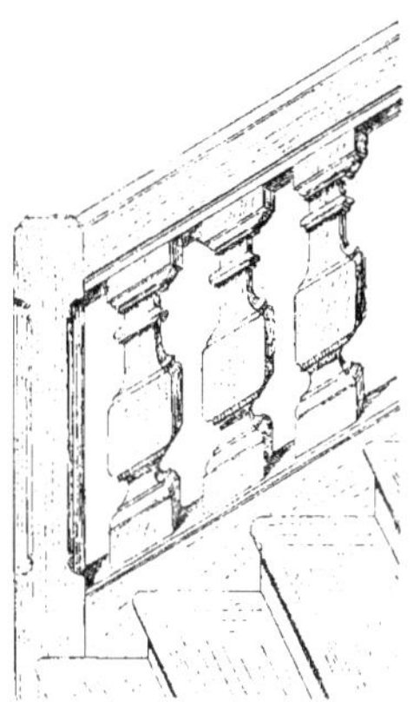

Fig. 2980.

plus ou moins riches. La figure 2980 représente une *rampe* formée de balustres très simples reposant sur le limon et couronnés d'une forte pièce d'appui qui s'assemble, par son extrémité inférieure, dans un poteau servant de pilastre.

Dans la *rampe* que nous donnons sur la figure 2981, les balustres sont moins massifs et la barre d'appui ou main-courante dépasse le pilastre et se termine par un chantournement.

Le musée de Cluny possède un escalier pourvu d'une *rampe* en bois (fig. 2982) très riche par les sculptures qui la décorent.

Les escaliers en fer sont pourvus de

Fig. 2981.

balustrades également en métal et plus ou moins ornées.

Fig. 2982.

4° *Rampe de chevrons* : inclinaison des chevrons d'un comble.

5° *Rampe de théâtre* : rangée de lumières disposées sur le bord de la scène, dans une salle de spectacle et qu'on lève ou qu'on baisse à volonté. La *rampe* éclaire surtout la scène et les acteurs (voy. *Théâtre*).

Rampiste, *s. m.* — Ouvrier qui fait des rampes et particulièrement celui qui fabrique les mains-courantes en bois.

Rancennes (*Pierre de*). — Calcaire compact, dur, noir, à grain fin, provenant des carrières de Notre-Dame-de-Halle, dans la commune de *Rancennes*, près de Rocroi.

Cette pierre est homogène et susceptible de poli ; sa hauteur d'assise varie de $0^m,40$ à 1 mètre.

Rancher, *s. m.* — Longue pièce de bois qui est traversée perpendiculairement par des chevilles de bois appelées *ranches* et formant échelons.

On fixe les *ranchers* verticalement pour descendre dans une carrière et en arc-boutant pour monter à une grue ou à tout autre engin.

On dit aussi *échelier*.

Rang, *s. m.* — Mot que l'on prend pour synonyme d'*assise* dans un mur en pierres, en moellons ou en briques.

Range, *s. f.* — Ligne de pavés d'égal échantillon.

On dit aussi *rangée*.

On dit que l'on dispose les pavés en *ranges losanges* quand on les place en lignes obliques par rapport à l'axe de la rue. Ce système de pavage est appliqué aux carrefours auxquels aboutissent quatre rues et prend alors le nom de *croix de Malte*.

Rangette, *s. f.* — Tôle commune employée pour fabriquer les tuyaux de poêle.

Ranville (*Pierre de*). — Calcaire dur, blanc-jaunâtre, à grains moyens, que l'on tire des carrières de *Ranville*, près de Caen.

La hauteur d'assise de cette pierre varie de $0^m,40$ à 1 mètre. Le mètre cube pèse 2,260 kilogr. et la charge nécessaire pour produire l'écrasement est de 190 à 215 kilogr. par centimètre carré.

Râpe, *s. f.* — 1° Grosse lime que les menuisiers emploient pour arrondir et dresser le bois de bout.

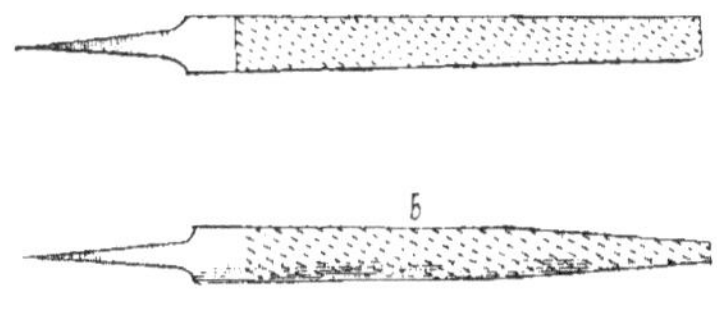

Fig. 2983.

On fait des *râpes* plates et des *râpes* demi-rondes *a* et *b* (fig. 2983).

2° Les plombiers se servent aussi de *râpes* pour enlever l'excédant de matière sur les soudures et pour aviver les parties sur lesquelles doivent être faites les soudures.

3° Outil en fer plat, présentant, sur l'une de ses faces, l'aspect d'une *râpe* et que l'on emploie, en guise de molette, pour parfaire l'exécution d'un parement de pierre après qu'elle a été taillée.

Rappel, *s. m.* — *Ressort de rappel :* ressort qui oblige un objet à revenir à sa place; ce système est appliqué aux *sonnettes* (voy. ce mot).

Rappointis, *s. m.* — On appelle ainsi de vieux morceaux de fer pointus que l'on enfonce dans le bois pour retenir et lier avec eux les ouvrages en plâtre. C'est ainsi, par exemple, que l'on fixe un bandeau, une corniche en plâtre sur un pan de bois.

Rapport, *s. m.* — On appelle *pièce de rapport* une *pièce rapportée*, un objet fixé sur un autre ou à côté de plusieurs autres soit pour remplir un vide, dissimuler l'ancien emplacement d'une serrure, d'une charnière, soit pour composer un ensemble; une mosaïque, par exemple, est formée de pièces de *rapport*.

Une *moulure rapportée* est une tringle profilée que l'on cloue sur un ouvrage de menuiserie au lieu de prendre les profils dans l'épaisseur d'une pièce de bois. Ainsi, l'on cloue des moulures autour des portes pour former chambranles, sur le pourtour des panneaux pour imiter les cadres, etc.

Rapporté, *part. passé.* — Voy. *Rapport.*

Raquette, *s. f.* — Grande scie de scieur de long servant à évider les noyaux des escaliers.

Râteau, *s. m.* — Ancienne garniture de serrure qui avait l'aspect d'un *râteau* de jardinier par ses dents ou parties saillantes entrant dans des entailles pratiquées à cet effet sur le museau de la clef (voy. *Panneton*).

Râtelier, *s. m.* — 1° Construction en bois de charpente que l'on établit dans une écurie pour recevoir le foin et les fourrages qui servent à la nourriture des chevaux.

Les *râteliers* ressemblent à des échelles composées de deux chevrons éloignés entre eux de $0^{m},60$ et réunis par des traverses fixées de mètre en mètre ; entre celles-ci sont placés des barreaux appelés *roulons*, espacés entre eux de $0^{m},15$; ces barreaux sont en bois de chêne ou de frêne ou même d'acacia et sont à tourillon dans les chevrons,

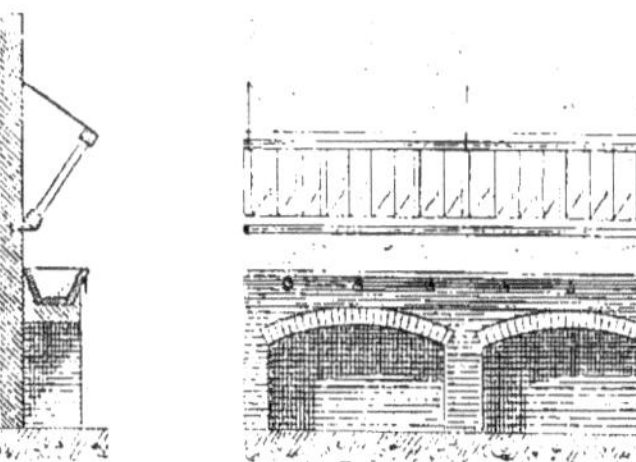

Fig 2984.

de façon à ce qu'ils puissent tourner sur

eux-mêmes. Les *râteliers* reposent, à la partie inférieure, sur des crampons distants d'environ 0m,30 du niveau supérieur de l'auge. Le *râtelier* est incliné et le chevron supérieur est éloigné du mur de 0m,40 et s'y rattache par des tringles en bois ou en fer, à scellement.

La figure 2984 représente, en coupe et en élévation, un *râtelier* établi dans ces conditions, la mangeoire reposant sur des montants et des arcs en maçonnerie.

Dans l'exemple représenté par la

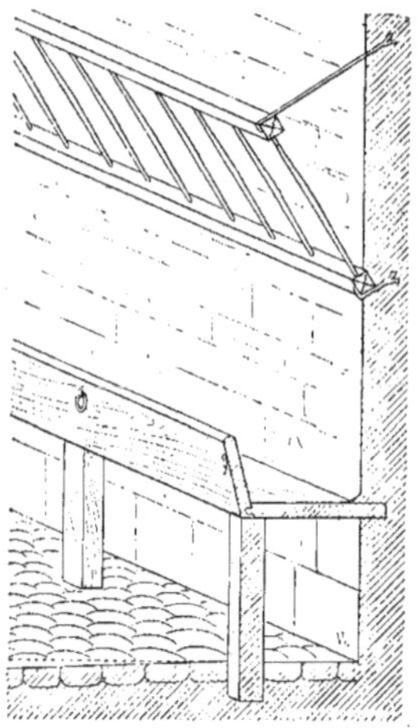

Fig. 2985.

figure 2985, la mangeoire repose sur des montants en bois.

Dans les deux systèmes que nous venons d'indiquer, la nourriture des animaux est distribuée par le devant du *râtelier ;* dans la disposition indiquée par la figure 2986, on voit, au contraire, que la distribution se fait par derrière et à l'aide d'ouvertures ou baies fermées par des portes pleines à coulisse. Les supports du *râtelier* se terminent en queue de carpe pour être scellés dans la maçonnerie, ou se coudent à leur extrémité, qui est fixée au moyen de clous sur les poteaux et traverses du pan de bois contre lequel est adossé le *râtelier*. Ce dernier système a l'avantage

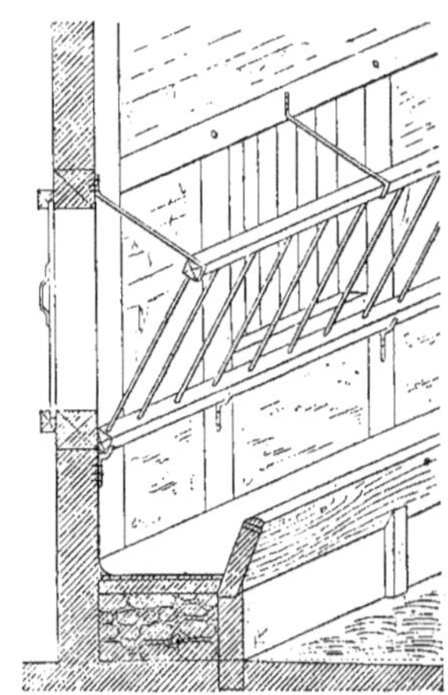

Fig. 2986.

de rendre le service beaucoup plus facile.

Quelquefois, on éloigne de 0m,12 à 0m,15 du mur la partie inférieure du *râtelier*, ce qui facilite aux chevaux la prise de la nourriture.

On fait aussi des *râteliers* en fer droits ou arrondis, comme le montre

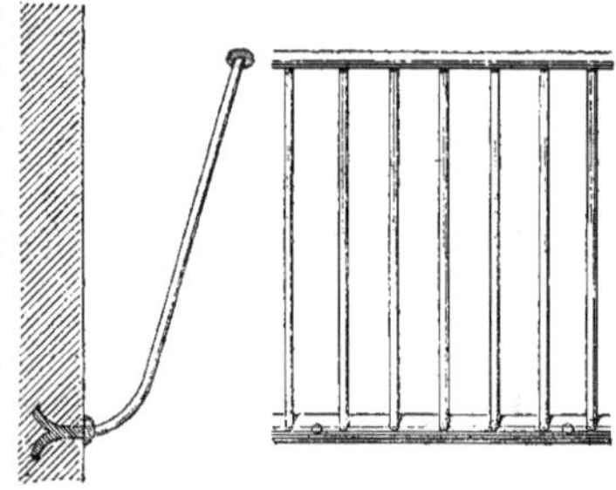

Fig. 2987.

la figure 2987. Ceux que l'on place dans les boxes d'élevage ont la forme de corbeilles et se posent soit contre les parois de la stalle, soit dans un angle ; la forme de ces derniers est analogue à celle que représente la figure 2988.

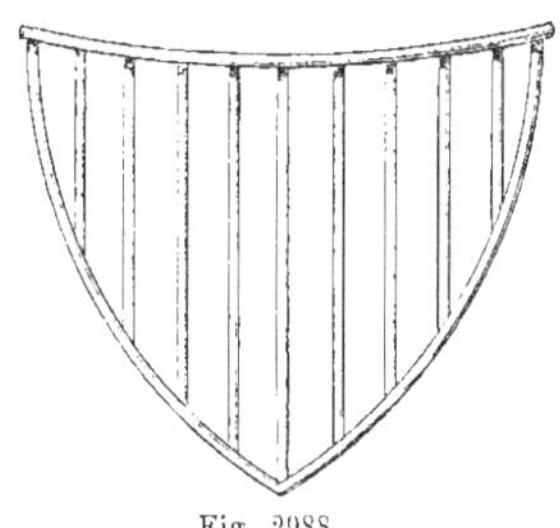

Fig. 2988.

2° On appelle encore *râtelier* la planche que l'on met sur les côtés d'un établi et qui sert à placer les outils à manche.

3° Dans la construction des chemins de fer, on donne le nom de *râteliers* à des poteaux sur lesquels on pose les rails de rechange.

Un *râtelier* se compose (fig. 2989) de deux poteaux espacés, d'axe en axe, de la longueur des rails et pourvus de rainures disposées de telle façon que l'enlèvement d'un rail n'est possible qu'en retirant une broche cadenassée traversant la mortaise par laquelle on introduit les rails dans le *râtelier* (1).

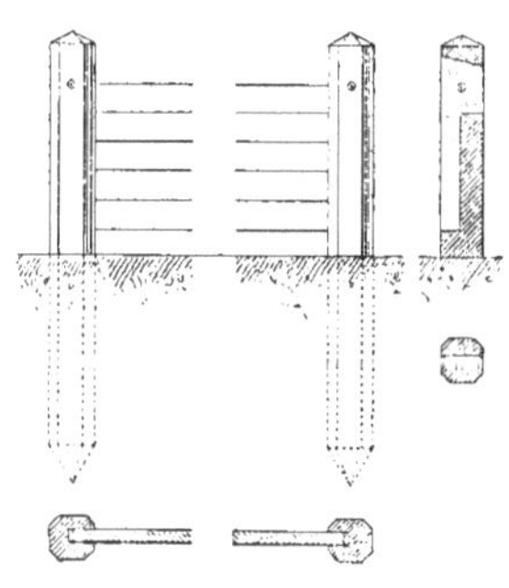

Fig. 2989.

Ratz (*Pierre-marbre de*). — Calcaire compact, dur, provenant des carrières de *Ratz*, dans la commune de la Buisse, près de Grenoble.

Cette pierre, de couleur blanc-jaunâtre, avec quelques veines blanches, est susceptible de poli ; sa hauteur d'assise va jusqu'à $1^m,70$.

(1) Goschler, *Traité des chemins de fer*.

Ravaccione, *s. m.* — Mot italien qui désigne la qualité la plus commune du marbre de carrière.

Ce nom vient de celui de la carrière d'où s'extrait ce marbre.

Ravalement, *s. m.* — MAÇONNERIE. 1° Crépi ou enduit dont on recouvre la surface d'un mur élevé en moellons, briques ou pan de bois. Le *ravalement* comprend l'exécution des moulures, chambranles, tables saillantes, etc.

De même, on fait un *ravalement* d'une façade en pierres de taille en retouchant les angles et les parties apparentes des pierres, abattant l'excédant laissé par l'épannelage, égalisant les nus, corrigeant les imperfections de la taille et sculptant les moulures, bandeaux et autres ornements.

2° Petit enfoncement tantôt simple, tantôt bordé d'une baguette ou d'un talon et que l'on pratique dans les pilastres et corps de maçonnerie ou de menuiserie.

Ravaler, *v. a.* — MAÇONNERIE (voy. *Ravalement*).

MENUISERIE. Amincir ou diminuer l'épaisseur du bois en certains points afin de donner plus de relief aux moulures.

SERRURERIE. *Ravaler l'anneau d'une clef :* le faire passer, à l'aide d'une espèce de mandrin appelé *ravaloir*, de la forme ronde à la forme ovale.

Ravel (*Grès de*). — Arkose granitoïde, demi-dure, blanchâtre, que l'on tire de la carrière de *Ravel*, dans l'arrondissement de Clermont-Ferrand.

La hauteur d'assise de cette pierre est de $0^m,50$; le mètre cube pèse de

2,180 à 2,270 kilogr., et la charge nécessaire pour produire l'écrasement varie de 420 à 460 kilogr. par centimètre carré.

Ravières (*Pierre de*). — Calcaire oolithique, demi-dur, blanchâtre, provenant des carrières de *Ravières*, dans l'arrondissement de Tonnerre.

On exploite des blocs de toutes dimensions. Le poids du mètre cube varie de 2,200 à 2,240 kilogr.; la charge nécessaire pour produire l'écrasement est de 280 à 330 kilogr. par centimètre carré.

Raviver, *v. a.* — 1° Rendre plus vif. On dit, par exemple, *raviver* une arête.

2° *Raviver* une couleur : lui rendre son éclat.

3° Parmi les opérations de la dorure sur métaux, on compte le *ravivage*, c'est-à-dire un décapage parfait, que l'on obtient en plongeant un instant la pièce dans l'acide nitrique concentré.

Rayère, *s. f.* — Ouverture longue et étroite, semblable à une *barbacane* (voy. ce mot), ménagée dans le mur d'une tour pour en éclairer l'intérieur.

Rayon, *s. m.* — 1° Terme de géométrie qui désigne, dans un cercle, la ligne droite allant du centre à la circonférence.

Les ouvriers appellent le *rayon* d'une voûte : *montée du centre* ou *montée de la voûte*.

2° Les menuisiers nomment ainsi les séparations horizontales qu'ils établissent dans les armoires, dans les bibliothèques, et qui sont soutenues, à leurs extrémités, par des tasseaux cloués sur les séparations ou reposant eux-mêmes sur des tringles verticales à *crémaillère* (voy. ce mot).

Rayonnant, *adj.* — Voy. *Ogivale*.

Réalgar, *s. m.* — Couleur employée quelquefois en peinture ; c'est un sulfure d'arsenic que l'on trouve à l'état naturel, mais celui qui est livré par le commerce est artificiel pour la plus grande partie.

Le *réalgar naturel*, que l'on rencontre en Allemagne sous forme de cristaux, est jaune rougâtre, quand on l'a réduit en poudre fine ; il est insoluble dans l'eau.

A l'état artificiel, le *réalgar* pulvérisé prend une teinte jaune qui se rapproche de celle du chromate de plomb.

On se sert de cette couleur pour falsifier le vermillon ; mais elle se reconnaît à l'odeur d'ail qui se dégage quand on projette le vermillon sur des charbons ardents.

Rebattage, *s. m.* — Opération de la fabrication des briques par laquelle on se propose de donner le fini à la forme que la terre a reçue du moule, avant de la mettre au séchage.

On distingue le *rebattage à la main* et le *rebattage mécanique*.

Le *rebattage à la main* se fait de la manière suivante : lorsque la terre a été extraite du moule et qu'elle a subi le *parage* (voy. ce mot), on la dresse sur toutes ses faces au moyen d'une *batte* ou bien en la frappant sur une table solide sans soubresaut.

On procède au *rebattage mécanique* à l'aide de machines assez semblables aux balanciers employés pour battre les monnaies et qui compriment et redressent les briques dans tous les sens. L'emploi de ces machines a l'avantage, sur l'opération précédente, de donner aux produits plus de régularité et une densité plus homogène.

Rebord, *s. m.* — Côté de la cloison d'une serrure qui est traversé par le pène et qu'on nomme aussi *têtière* (voy. *Palastre*, *Serrure*).

Rebouchage, *s. m.* — Opération

préparatoire de la peinture, qui a pour objet de remplir, avec du mastic à l'huile ou à la colle, suivant le mode de peinture adopté, tous les défauts, trous et gerçures que présente la surface à recouvrir.

On ne procède à cette opération qu'après que cette surface a été *lessivée*, *brûlée*, s'il est besoin, *grattée* et imprégnée déjà d'une première couche de peinture.

Le *rebouchage à l'huile* se fait au *mastic ordinaire*, composé de blanc de Meudon et d'huile de lin, au *mastic ordinaire teinté* et au *mastic de teinte dure* ou *mastic au vernis*, composé de blanc de céruse et d'ocre, le tout broyé avec du vernis gras.

Le mastic ordinaire est remplacé, pour les peintures d'un ton clair, par le mastic au blanc de céruse qui ne tache pas comme le précédent. Si l'on emploie du mastic teinté, il faut qu'il soit de même ton que l'ancienne peinture. Le mastic dur sert pour les *rebouchages* des grands défauts.

Le *rebouchage à la colle* se fait après l'application d'une première couche d'encollage et s'exécute soit au mastic ordinaire, soit à la *teinte morte*, c'est-à-dire avec la teinte encore épaisse, non détrempée dans la colle.

On emploie quelquefois des feuilles de papier collées à la colle de pâte pour le *rebouchage* de trous qui sont trop grands, comme les joints des boiseries ou pour les parties trop détériorées.

Quant aux nœuds des boiseries de sapin, s'ils exsudent de la résine, on arrête l'écoulement, soit en collant sur ces nœuds de très minces feuilles d'étain, soit en les usant avec de la pierre ponce et y appliquant deux ou trois couches de teinte dure (*massicot*), broyée à l'essence et détrempée à l'huile siccative. On peut encore enlever une partie du nœud avec le vilebrequin ou le fer rouge et boucher le trou avec du mastic. Les nœuds qui ne contiennent pas de résine sont frottés d'ail pour faire adhérer fortement la colle; on frotte enfin les *rebouchages* avec du massicot (1).

Dans la dorure en détrempe, après avoir *apprêté de blanc* (voy. *Blanchir*), on procède au *rebouchage*, qui se fait au moyen d'un mastic composé de blanc et de colle, appelé *gros blanc* et qui sert à boucher avec soin les trous et autres défectuosités du bois.

Rebours, *adj.* — Bois *rebours* : bois dont les fibres ne sont pas parallèles à sa surface, mais sont ondulées, tordues, tressées et nouées les unes aux autres, de sorte qu'on ne peut le travailler que difficilement parce que le fil se présente souvent au *rebours* du mouvement de l'outil.

Le *bois rebours* est d'ailleurs rarement de grande dimension. On l'emploie, en raison de la ténacité de ses fibres, pour certaines machines et même pour des ouvrages hydrauliques.

Recaler, *v. a.* — *Boîte à recaler* : instrument de menuisier qui sert à maintenir les bois à l'extrémité desquels on veut faire une surface de joint en coupe droite, en coupe d'onglet ou en fausse coupe.

A cet effet, la boîte (fig. 2990) présente trois ouvertures d'inclinaisons différentes. Une cale mobile, fixée à une vis en bois, peut glisser dans des rainures pratiquées sur les parois de la boîte et serrer le bois pour le maintenir.

Fig. 2990.

Un autre genre de *boîte à recaler* pour les coupes d'onglet est représenté par la figure 2991 ; cette boîte est fixée sur la table vue en coupe en A et B ; comme

(1) Th. Château, *Technologie du bâtiment.*

dans l'outil précédent, une cale mue par une vis glisse dans une rainure, vient serrer le bois contre un tasseau fixe et

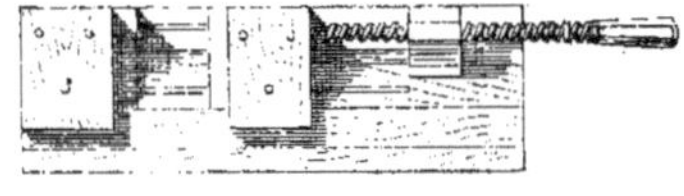

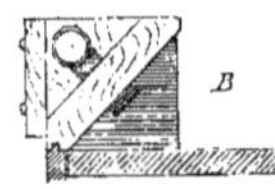

Fig. 2991.

permet de dresser et de finir le joint d'onglet au moyen du rabot; on voit l'élévation en longueur, la coupe A et B l'élévation latérale de cette boite.

Recépage, *s. m.* — Voy. *Recéper*.

Recéper, *v. a.* — Couper la tête des pieux dans un pilotis à la hauteur que l'on a prise pour niveau inférieur de la fondation.

Le *recépage* se fait au moyen d'une scie mécanique composée essentiellement d'un grand châssis horizontal portant la scie; ce châssis est formé de traverses assemblées solidement entre elles et peut être mis en mouvement de dessus l'échafaud qui sert à le soutenir.

Réception, *s. f.* — La *réception des matériaux* est leur admission sur le chantier et leur acceptation par un inspecteur, sous-inspecteur ou conducteur de travaux, comme bons à être employés.

La *réception des travaux* est leur acceptation comme bons et conformes aux règles de l'art de bâtir et aux indications des plans, acceptation opérée par l'architecte ou l'inspecteur qui le représente.

Réchampir, *v. a.* — Terme employé dans la peinture de décors et qui signifie rehausser des moulures ou des compartiments par des teintes différentes des fonds sur lesquels ces ornements sont placés.

En dorure, on appelle *réchampir* appliquer des couches de blanc sur un fond compris entre des parties dorées afin de réparer les taches qu'on a pu faire sur ce fond.

Ainsi, dans les lambris dorés, les apprêts de la peinture s'exécutent en même temps que les apprêts des dorures et les dernières couches du fond ne se donnent qu'après l'achèvement de la dorure. Ces couches exigent de grandes précautions, l'ouvrier ne devant pas laisser tomber de gouttes de couleur sur la dorure. Il doit, en outre, *réchampir* l'or nettement et le recouper, au besoin, à la règle, pour redresser les bavochages, laissés souvent par le doreur, lorsque le mordant n'a pas exactement filé.

Recharger, *v. a.* — Hacher et refaire à neuf les parties détériorées d'un enduit, d'un plafond, etc.

Réchaud, *s. m.* — Fumisterie. Appareil en fonte, de forme ronde ou carrée, qui est garni d'une ou deux grilles et que l'on fixe dans la paillasse d'un fourneau de cuisine pour y placer le charbon allumé (voy. *Fourneau*).

Peinture. Petit plateau à rebords muni d'une tige et sur lequel les peintres placent des charbons allumés, pour les promener sur toutes les parties d'une surface recouverte d'anciennes peintures et en faire le *brûlage* (voy. ce mot).

On se sert également de *réchauds* pour chauffer et rendre parfaitement sec un mur sur lequel on veut peindre à fresque.

Réchauffoir, *s. m.* — Partie d'un poêle de salle à manger dans laquelle on fait réchauffer les plats apportés de la cuisine (voy. *Chauffe-assiettes*).

Rechausser, *v. a.* — *Rechausser un mur* : rétablir le pied de ce mur en y rapportant de nouvelles pierres.

Recherche, *s. f.* — *Poser en recherche* : terme employé par les couvreurs, les carreleurs et les paveurs et qui signifie réparer dans une couverture, dans un carrelage, un pavage, les parties défectueuses, sans toucher aux parties voisines, et mettre quelques tuiles ou quelques ardoises à la place de celles qui manquent ou qui sont brisées, des pavés neufs à la place de ceux qui sont en mauvais état.

Cette expression indique, dans le règlement d'un mémoire de travaux, l'application d'un prix supérieur à celui de travaux neufs.

Réclamation, *s. f.* — Demande motivée faite par l'entrepreneur lorsqu'il pense que le prix de règlement qui lui est attribué sur un mémoire est inférieur à la somme qui lui est due.

Reclusoir, *s. m.* — Petite cellule que l'on construisait, au moyen âge, auprès de certaines églises et dans laquelle s'enfermait une femme pour y vivre recluse pendant le reste de ses jours.

Récolement, *s. m.* — Dans une construction neuve, constatation de l'alignement fixé par l'administration.

Le *récolement* est fait par l'agent-voyer aussitôt que les constructions sont élevées à hauteur de retraite, ce dont le propriétaire doit prévenir immédiatement l'administration.

Pendant même que le bâtiment s'élève et après qu'il est achevé, les agents-voyers peuvent et doivent procéder au *récolement*, c'est-à-dire à la vérification des hauteurs d'étages, des saillies de corniches, des inclinaisons de combles, etc., pour s'assurer que les règlements administratifs ont été observés.

Récolte, *s. f.* — Les *récoltes* pendantes par les racines et les fruits des arbres non encore recueillis sont immeubles (Code civil, art. 520).

Reconduction, *s. f.* — Terme de jurisprudence qui signifie *renouvellement* d'un louage ou d'un bail à terme.

On appelle *tacite reconduction*, la continuation d'un bail aux mêmes conditions, sans qu'il ait été renouvelé. A cet égard, l'article 1739 du Code civil est ainsi conçu : « Lorsqu'il y a un congé signifié, le preneur, quoiqu'il ait continué sa jouissance, ne peut invoquer la *tacite reconduction.* »

Reconfortatif, *adj.* — *Travaux reconfortatifs.* D'après un arrêt du 27 février 1865, sont considérés comme travaux *confortatifs*, c'est-à-dire donnant de la solidité aux murs soumis à l'alignement : l'abaissement d'un mur, la reconstruction d'un berceau de cave, la reconstruction de pignons en briques ou en pierres de taille, le remplacement de poteaux en bois par des colonnes en fonte, le placement d'une chaîne en bois ou d'un tirant avec son ancre, les recrépissages susceptibles de consolider, par exemple lorsqu'ils sont appliqués à un mur en moellons ou en pierres de dimensions inégales, etc. Ne sont pas considérés comme confortatifs, les badigeons et peintures, un hangar sans toiture dont la durée ne doit être que passagère, l'ouverture de croisées, la substitution à plein cintre de deux ouvertures carrées et d'une autre à cintre surbaissé, les recrépissages lorsqu'ils ne sont pas *reconfortatifs*, etc.

Les travaux qui outrepassent la permission ou qui sont faits sans autorisation à un bâtiment sujet à reculement constituent une contravention.

Reconnaître, *v. a.* — *Reconnaître un attachement* : en vérifier l'exactitude.

Reconstruction, *s. f.* — Voy. *Mitoyenneté.*

Recoupement, *s. m.* — 1° On donne ce nom à des retraites larges faites à chaque assise de pierre dure, dans les ouvrages construits sur un terrain en pente raide ou dans ceux qui sont fondés sous l'eau, comme les piles de pont, les digues, etc., afin de donner plus d'empatement à ces constructions.

2° Diminution que l'on fait subir à l'épaisseur d'un mur de face, par exemple pour le ravalement d'un vieux mur.

3° *Recoupement de balèvres* : égalisation des surfaces de plusieurs pierres contiguës.

Recoupes, *s. f. pl.* — Fragments abattus de pierres équarries.

On se sert de *recoupes* pour composer et affermir le sol des caves et des allées de jardin en les aplanissant avec la batte.

On emploie aussi le poussier de *recoupes* en le mêlant avec de la chaux pour faire du mortier de la couleur de la pierre. Ce poussier, passé au tamis, sert encore à faire du badigeon.

Recouvert, *adj.* — *Joint recouvert* : joint de maçonnerie, de menuiserie ou de charpente qui n'est pas apparent.

Recouvrement, *s. m.* — Maçonnerie. Saillie d'une pierre ou d'une dalle sur le joint d'une pierre ou dalle contiguë.

Charpente. Partie saillante d'une pièce de bois qui recouvre un tenon.

Menuiserie. Saillie formée par la joue d'une pièce embrevée dans une autre; ainsi, on appelle *panneaux à recouvrement* les panneaux qui sont en saillie sur leurs bâtis. Un cadre rapporté sur le bâti à feuillure et collé sur le panneau est dit *à recouvrement.*

Rectangle, *s. m.* — Quadrilatère dont les angles sont droits.

Recueillir, *v. a.* — Raccorder une reprise en sous-œuvre d'un mur de face ou d'un mur mitoyen avec la partie qui est au-dessus et que l'on a jugée bonne à être conservée.

Recuire, *v. a.* — Chauffer du fer écroui pour lui rendre sa ductilité.

Chauffer au rouge, pour l'adoucir, une pièce d'acier trempée trop dure.

Reculement, *s. m.* — Un mur, une façade sont en *reculement* lorsqu'ils sont construits sur un plan qui est en arrière de l'*alignement* (voy. ce mot).

Récusation, *s. f.* — Voy. *Expertise.*

Redan, *s. m.* — Ouvrage de fortification composé de deux faces qui forment un angle saillant vers la campagne et qu'on établit, de distance en distance, dans les circonvallations, afin que toutes les parties de l'enceinte se flanquent réciproquement.

Redent, *s. m.* — Architecture. Nom que l'on donne aux découpures de pierre en forme de dents, qui occupent, dans les édifices du moyen âge, l'intérieur des compartiments des meneaux de fenêtres, ou des intrados d'arc ou des gâbles de pignons.

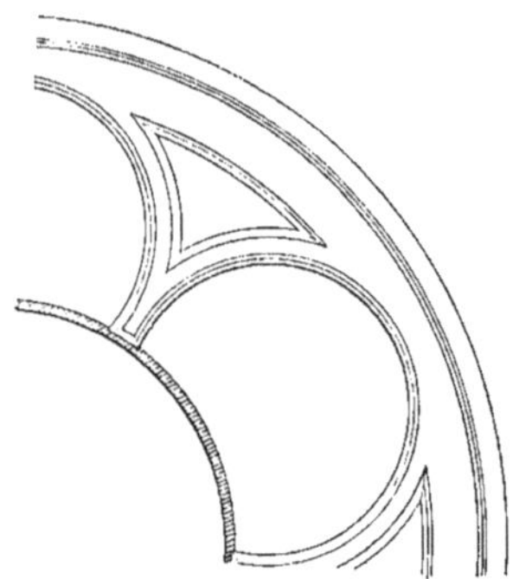

Fig. 2992.

Les *redents* sont simples (fig. 2992)

ou *redentés* (fig. 2993); quelques-uns

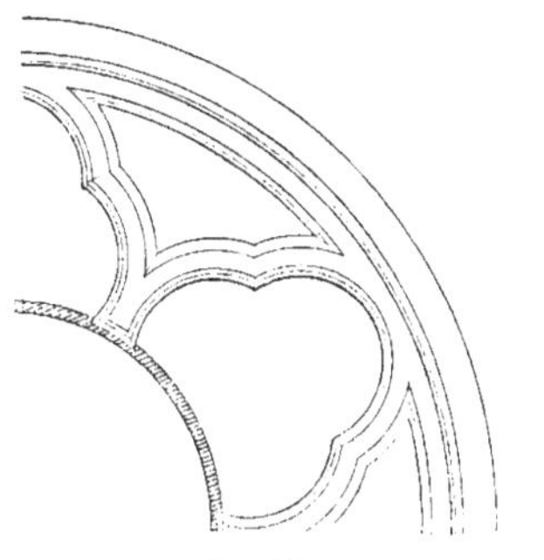

Fig. 2993.

sont terminés par des bouquets de feuillage; d'autres, par des têtes humaines.

Maçonnerie. On appelle ainsi les ressauts ménagés, de distance en distance, sur la fondation ou sur la crête d'un mur établi sur un terrain en pente, afin que les assises soient de niveau dans chacune de ces distances.

Charpente. Deux poutres superposées ou accolées peuvent être assemblées à *redents*, c'est-à-dire au moyen de saillies et de creux qui se juxtaposent les uns aux autres pour former une poutre armée (voy. *Poutre*).

Redoute, *s. f.* — Terme d'architecture militaire qui désigne un ouvrage détaché, construit en maçonnerie et en terre et propre à recevoir de l'artillerie.

La *redoute* est un simple rempart présentant plusieurs fronts avec fossé et qui sert à arrêter la marche de l'ennemi sur des points placés à portée de secours, l'entrée d'un défilé, une tête de pont, les ailes d'une position, etc.

Réduire, *v. a.* — Reproduire un dessin avec des dimensions moindres, mais avec les mêmes proportions, en se servant d'une échelle plus petite que celle de l'original.

Réduit, *s. m.* — Ouvrage de fortifications élevé à l'intérieur d'une *demi-lune*, d'une *place d'armes rentrante*, d'un *fort*, d'une *redoute* (voy. ces mots), et dans lequel les défenseurs peuvent se retrancher lorsque l'ouvrage principal est tombé au pouvoir de l'ennemi.

Les forteresses du moyen âge avaient leur *réduit*, qui était le *château*, pour les villes, et le *donjon* pour le château; le donjon même avait quelquefois son *réduit*, qui permettait aux assiégés de prolonger la défense pour obtenir une capitulation ou pour prendre le temps de s'échapper par des souterrains ou des poternes masquées.

Réduit, *adj.* — *Mesure réduite* : terme employé pour désigner la mesure approximative d'une surface irrégulière, difficile à obtenir exactement, ou une moyenne entre des mesures prises sur des ouvrages de même nature.

Refait, *adj.* — *Bois refait* : terme de charpente qui s'applique au bois d'équarrissage bien dressé sur toutes ses faces.

Réfection, *s. f.* — Réparation complète d'un ouvrage nécessitée par la malfaçon, la caducité ou un accident.

Réfectoire, *s. m.* — Salle qui fait partie d'un établissement religieux tel qu'un couvent, une abbaye, ou d'une maison d'éducation et dans laquelle les repas se prennent en commun.

Dans la plupart des anciennes abbayes, le *réfectoire* était placé en face de l'église et séparé d'elle par le cloître, sur les autres côtés duquel s'ouvraient le chauffoir et les cellules.

Les dispositions générales qui se retrouvent dans toutes les salles de ce genre sont les suivantes : les tables des moines ont leurs bancs adossés aux murs; la table de l'abbé et des dignitaires est placée au milieu, à l'une des extrémités; une autre table est réservée pour les hôtes; sur l'un des longs côtés du rectangle que forme la salle est installée une chaire de lecture; une fontaine ou lavabo est ordinairement placée à l'entrée du *réfectoire*.

Un des plus beaux *réfectoires* d'abbayes que l'on puisse citer est celui de l'ancien prieuré de Saint-Martin des Champs, à Paris, dont la figure 2994

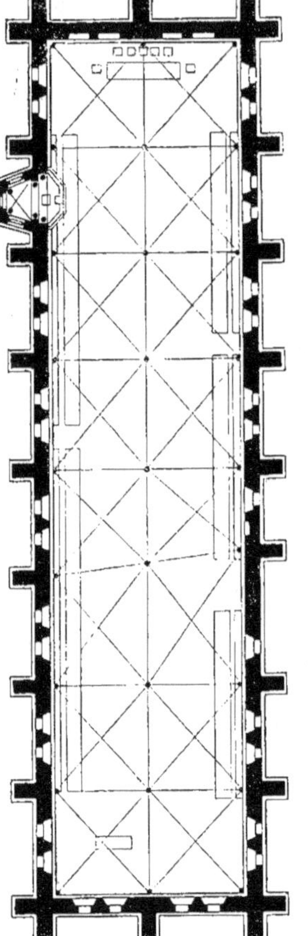

Fig. 2994.

représente le plan; la tribune du lecteur, placée vers l'une des extrémités, forme un édicule saillant à l'extérieur, auquel on accède par un escalier ménagé dans l'épaisseur du mur.

Les *réfectoires* de nos collèges, séminaires, etc., n'ont plus les vastes proportions que ces salles possédaient dans les communautés religieuses du moyen âge. Ils devraient être établis suivant ces données : proximité suffisante des cuisines; eau assez abondante pour tous les besoins qui en dépendent; établissement d'armoires spacieuses, d'offices, de buffets, de tables et de bancs fixes; une grande élévation de plafond; des ouvertures spacieuses pour renouveler l'air ; enfin, la possibilité de chauffer la salle pendant les froids.

Refend, *s. m.* — *Mur de refend :* gros mur formant séparation intérieure dans un bâtiment.

La figure 2995 représente un mur de

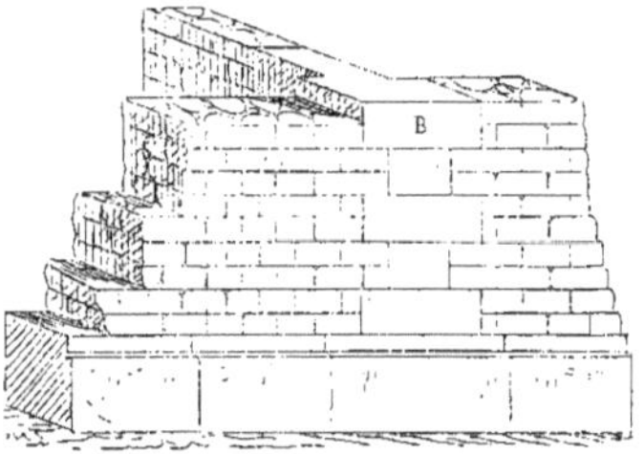

Fig. 2995.

refend se reliant avec un mur de face.

Bois de refend : bois scié de long ou *refendu* dans le sens des fibres.

Les menuisiers appellent *refend* un morceau de bois retranché d'une planche ou d'un ais trop large.

Refendre, *v. a.* — Charpente. Débiter à la scie de long de grosses pièces de bois pour en faire des solives, des chevrons, etc.

Menuiserie. Le même terme signifie également débiter une planche en parties plus étroites ou enlever un morceau d'une pièce trop large (voy. *Refend*).

Serrurerie. 1° Couper avec la tranche une barre de fer plat chauffée pour en faire des barres plus étroites.

2° Pratiquer sur le panneton d'une clef, au moyen de la lime fendante, d'un petit bec-d'âne et de la scie à métaux, des fentes qui permettent le passage des garnitures de la serrure.

Couverture. Diviser l'ardoise en feuillets.

Pavage. Partager les gros pavés en deux, pour en faire des pavés d'échantillons qu'on appelle pavés *refendus*.

Refends, *s. m. pl.* — Canaux verticaux ou horizontaux, à section triangulaire ou rectangulaire, que l'on taille entre les pierres comme motif de décoration ; on forme ainsi des *bossages* (voy. ce mot) qui accentuent l'appareil, tout en dissimulant les joints.

Ce procédé d'ornementation est usité, tantôt pour les chaînes de pierre des murs de face d'un bâtiment, tantôt pour toute la façade même.

L'usage des *refends* a sans doute pris son origine dans la coutume qui existait de rabattre les angles des pierres, de peur qu'ils ne se brisent par la pose ou peut-être dans le désir de cacher les joints et surtout le ciment qui leur sert de liaison. Tout porte donc à croire que, par la suite, on fit un objet de décoration pour l'appareil de ce qui, dans l'origine, avait pu n'être qu'une nécessité de construction. Les *refends* furent même bientôt employés à produire un appareil factice, de sorte que le plus grand nombre des édifices nous offre dans les canaux que forment les *refends* une apparence de pierres, dont les mesures n'ont aucun rapport avec les dimensions effectives des matériaux qui forment la construction.

On peut considérer ce genre de décoration comme propre à corriger l'aspect froid et uniforme d'une superficie continuellement lisse, ou bien à accentuer certaines parties. Ainsi, les *refends* peuvent servir à faire valoir les assises inférieures d'un édifice et à détacher du reste de la façade la base sur laquelle elle porte.

Refeuillé, *part. passé.* — *Joint refeuillé* : jonction en longueur de deux

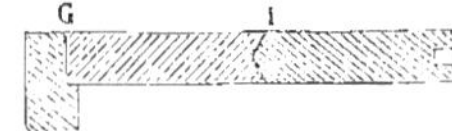

Fig. 2996.

pièces de bois formant encaissement (fig. 2996).

Si l'une des pièces est démaigrie ou taillée en biseau, ce joint prend le nom de *grain d'orge* (voy. ce mot).

Quelquefois, le joint est *refeuillé* à angle ouvert et s'emploie en remplacement de la languette.

Refeuillement, *s. m.* — Feuillure faite sur place dans un poteau pour loger un vantail de porte ou de croisée.

Reffroy (*Pierre de*). — Calcaire oolithique, dur, à grain fin, provenant des carrières de *Reffroy*, dans la commune de ce nom, près de Commercy.

Cette pierre porte de 0m,70 à 1m,60 de hauteur d'assise et pèse 2,150 kilogr. le mètre cube ; la charge nécessaire pour produire l'écrasement est de 370 kilogr. par centimètre carré.

Reficher, *v. a.* — Refaire les joints des assises d'un mur quand on fait un ravalement ou une réparation.

Réflecteur, *s. m.* — Miroir métallique destiné à renvoyer la lumière dans un endroit sombre, comme le fond d'une allée, d'une boutique, d'un escalier, etc.

Législation. En vertu de l'article 86 de l'ordonnance de police du 25 juillet 1862, concernant la sûreté, la liberté et la commodité de la circulation, les *réflecteurs* destinés à éclairer les devantures de boutiques, devront avoir au moins 2 mètres d'élévation au-dessus du pavé ou du dallage des trottoirs.

Refouillement, *s. m.* — Maçonnerie. Évidement pratiqué dans la pierre, à l'aide de la masse et du poinçon, entre trois, quatre ou cinq côtés conservés, comme pour des margelles de puits ou châssis de regards, des auges ou cuvettes en pierre, etc.

On divise les *refouillements* en deux catégories : l'une relative aux grandes parties exécutées à la pioche, l'autre, concernant les *refouillements* au poinçon par petites parties au-dessus de $0^{mc},02$.

Dans le métré des ouvrages, on compte les *refouillements* exécutés sur place pour revêtements de carreaux par incrustements, dont les côtés et le fond sont dressés et dégauchis, en développant les parois en surface, et on les évalue comme taille de joints.

En général, on admet, pour prix de la main-d'œuvre des *refouillements* ordinaires, moitié en plus que pour les évidements proprement dits. Les *refouillements* en très petites parties, pour trous de scellements et autres, au-dessus de $0^{mc},02$, sont évalués en taille, d'après leur plus grande dimension ; ainsi, un trou de $0^{mc},15$ sur $0^{m},15$ de profondeur est évalué à $0^{mc},15$ de taille.

Refouler, *v. a.* — Frapper sur l'enclume avec le marteau un morceau de fer chaud afin d'obtenir un renflement, soit pour y faire une soudure, soit pour le rendre plus épais.

Refouloir, *s. m.* — Ressort en fer forgé qui sert à repousser un guichet pratiqué dans une porte cochère, une grande grille, etc.

Réfractaire, *adj.* — *Terre réfractaire :* terre infusible ou résistant bien à un feu violent. On fait des *briques réfractaires* avec une argile qui présente cette qualité.

Refuge, *s. m.* — Nom que l'on donne à des trottoirs intermédiaires ou points de *refuge* que l'on établit dans les villes au croisement des voies très fréquentées pour permettre aux piétons de se garer des voitures.

Ces *refuges* ont une forme circulaire ou elliptique et sont décorés de candélabres, de statues ou de fontaines.

Suivant l'importance des voies qui se croisent et de la circulation, on y place un ou deux candélabres, qui sont eux-mêmes à becs simples ou à becs multiples et qui sont disposés au centre du *refuge* circulaire, s'il y en a un seul, ou aux deux centres des demi-cercles réunis par deux tangentes, quand le *refuge* est allongé et de plus grande importance.

Observons ici que, vu le danger que présente à Paris, dans les places publiques, la circulation des voitures, les *refuges* actuellement établis, n'assurent pas d'une manière complète la sécurité des passants ; il vaudrait mieux, suivant le principe établi par Viollet Le Duc dans le *Dictionnaire d'architecture*, rejeter la circulation des voitures sur les côtés de la place et laisser toujours le milieu en dehors de cette circulation. A cet effet, il suffirait d'établir sur la place une aire élevée au-dessus des pavés à la hauteur des trottoirs et laissant tout autour d'elle des chaussées de 10, 12, 15 mètres de largeur réservées aux voitures ; de la sorte, la direction de ces dernières serait bien déterminée, et les passants pourraient tranquillement attendre sur le grand *refuge* le moment propice pour passer.

Refuite, *s. f.* — 1° Dans un assemblage à emboîtement, la *refuite* est le jeu qui permet aux planches de se retirer sur elles-mêmes.

2° Excès de profondeur donné à une mortaise pour procurer du jeu à un assemblage.

Refus, *s. m.* — *Battre à refus :* battre un pieu au moyen du mouton jusqu'à ce qu'il ne puisse plus s'enfoncer (voy. *Battage*).

Regain, *s. m.* — Les ouvriers disent qu'une pierre ou une poutre a du *regain* lorsqu'elle est plus longue que la place qu'elle doit occuper et qu'on peut en retrancher.

Régalage, *s. m.* — Dressement de la surface d'un terrain, soit de niveau, soit suivant une pente déterminée.

Le *régalage* des terres que l'on apporte sur un emplacement quelconque se fait au moyen de la pelle, qui sert à étendre ces terres à mesure qu'on les décharge, et de la *batte*, avec laquelle on les comprime.

Les ouvriers chargés de ce travail sont appelés *régaleurs*.

Regard, *s. m.* — Ouverture en forme de puits qui est destinée à faciliter la visite d'un aqueduc ou d'un égout.

La figure 2997 représente l'orifice d'un *regard d'égout*, dit aussi *bouche d'égout* et sur lequel on a placé un

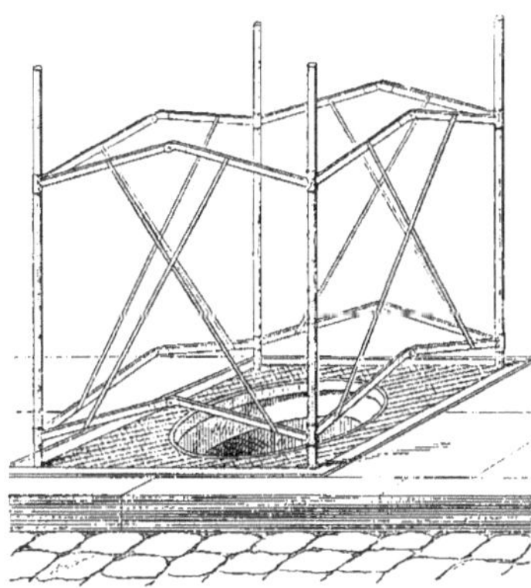

Fig. 2997.

garde-fou mobile. Ces orifices sont ordinairement fermés par des plaques de fonte semblables à celle que nous donnons sur la figure 2998. On fait également usage, dans les cours des maisons particulières, pour recouvrir les *regards* auxquels aboutissent les ruisseaux, de

Fig. 2998.

plaques ayant la forme indiquée par la figure 2999.

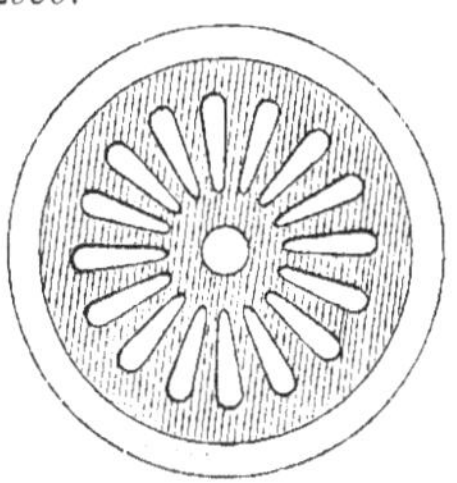

Fig. 2999.

L'intérieur d'un *regard d'égout* est

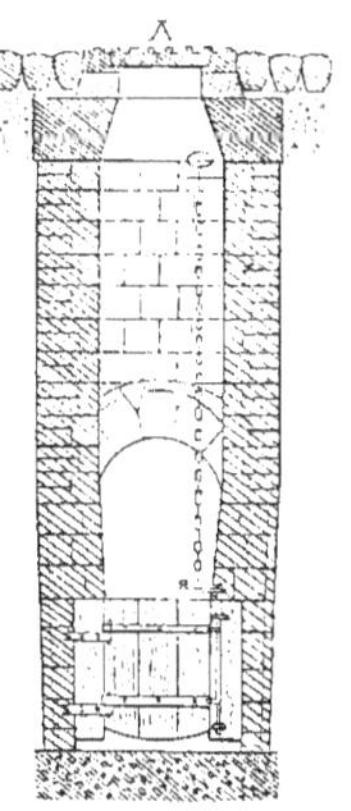

Fig. 3000.

représenté par la figure 3000, qui

montre la porte formant vanne au fond de la conduite et la chaîne à poignée qui sert à manœuvrer cette porte. Ce *regard* est établi directement au-dessus de l'égout ; on en construit souvent qui sont placés d'un côté ou de l'autre du

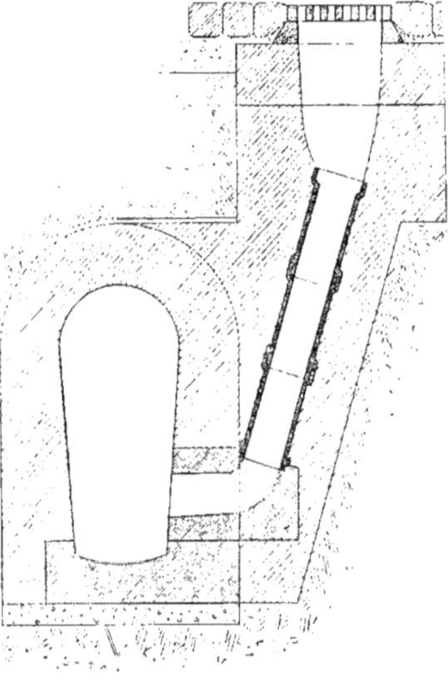

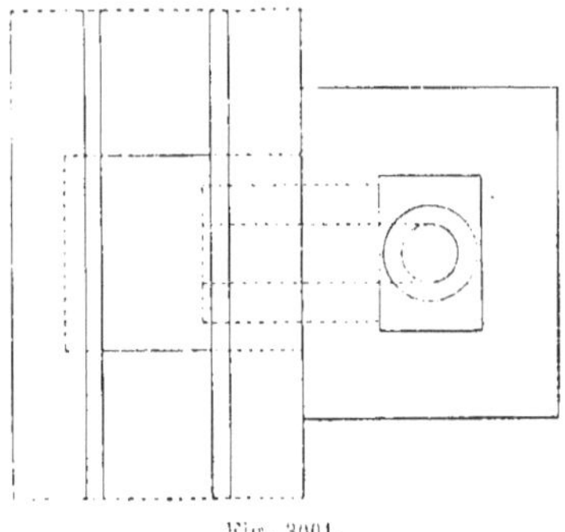

Fig. 3001.

canal souterrain ; tel est celui que donne, en coupe et en plan, la figure 3001, et qui est formé, dans sa partie inclinée, de trois tuyaux ou boisseaux de fonte s'emmanchant les uns dans les autres.

L'usage des *regards* pour les aqueducs est très ancien ; les Romains en plaçaient, de distance en distance, sur les conduites souterraines ou établies au-dessus du sol.

Au siècle dernier, d'importants travaux furent exécutés pour la conduite des eaux et particulièrement à Saint-Germain-en-Laye. On construisit, en même temps, des *regards* destinés à la surveillance des eaux et à l'accès des aqueducs. Parmi ces ouvertures, nous citerons les *regards* de Montaigu et d'Hennemont, qui se composent chacun d'une salle voûtée, dont le sol, en

Fig. 3002.

contre-bas du terrain environnant, est de plain-pied avec les galeries ; un petit emmarchement double facilite l'accès dans cette salle, dont le centre est occupé par un réservoir formant repos d'eau sur lequel est établie une cuvette de jauge (fig. 3002) (1). Outre ces deux *regards,* il y en a de plus petits sur le parcours des aqueducs ; ce sont de

(1) *Encyclopédie d'architecture*, 1874.

petits édicules dont le type est représenté par la figure 3003 et qui servent

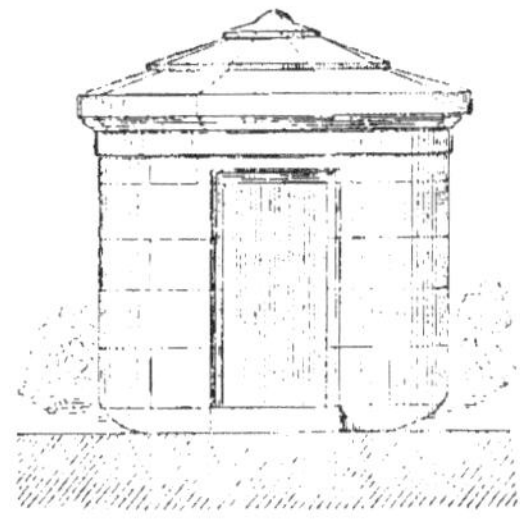

Fig. 3003.

également pour l'accès des conduites; leur plan est circulaire et leur couverture est en pierre.

Les *regards* établis, de nos jours, sur

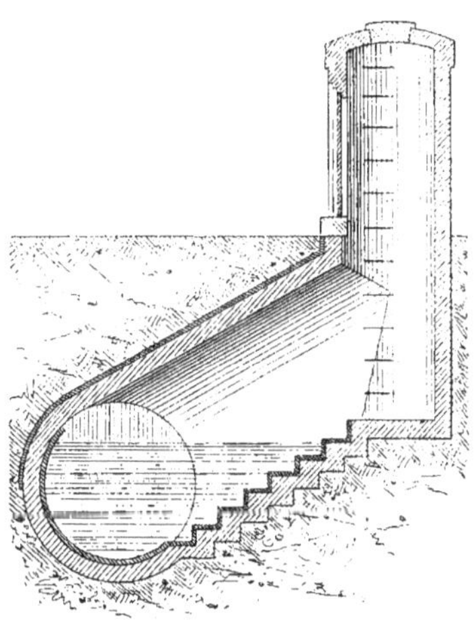

Fig. 3004.

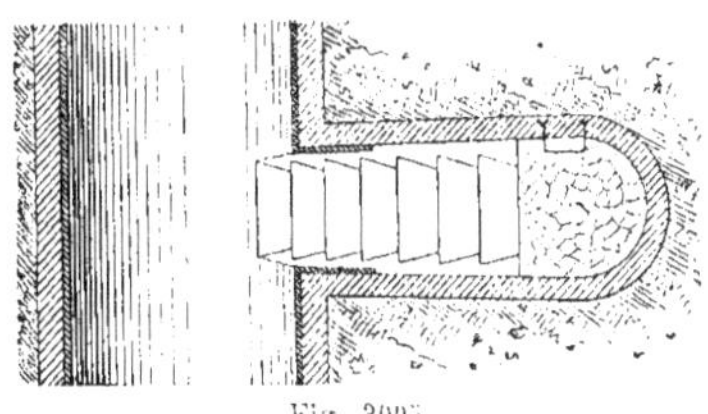

Fig. 3005.

l'aqueduc qui sert à la dérivation des eaux de la Vanne pour alimenter la ville de Paris se composent, ainsi que le montre, en coupe, la figure 3004, à l'échelle de 0m,01 pour mètre, d'un radier en escalier, dirigé, comme on le voit sur le plan (fig. 3005), normalement à l'axe de l'aqueduc, et recouvert d'une voûte en descente et d'un palier supportant une petite tourelle verticale pourvue intérieurenent d'une échelle en fer scellée dans la maçonnerie ; la tourelle est surmontée d'une voûte en cul de four et fermée par une porte à deux vantaux.

Regingot, *s. m.* — Nom que l'on donne quelquefois au *larmier* ou petit canal triangulaire ou circulaire que l'on pratique pour égoutter l'eau sous un appui de croisée, ou sous une dalle recouvrant un mur.

Registre, *s. m.* — FUMISTERIE. Petite porte en tôle, se manœuvrant ordinairement à coulisse et qui sert à ouvrir ou fermer des conduites de fumée, des bouches de chaleur, de ventilation, etc.

Règle, *s. f.* — Tringle de bois mince, graduée, que l'on emploie pour prendre des mesures et tracer des lignes.

Chez les Romains, les charpentiers, les maçons et, en général, tous les artisans se servaient de la *règle*.

Les métreurs se servent aujourd'hui de *règles* en bois.

Les maçons, les menuisiers, les charpentiers emploient des *règles* rigides qui ont 1 ou 2 mètres de longueur.

La *règle* des charpentiers, longue de 2 mètres, prend le nom de *règle d'appareil*. Une *règle* plus petite, que ces ouvriers emploient, est appelée *jauge ;* elle a 0m,35 de longueur sur 0m,03 de largeur et porte des divisions métriques ; elle remplace la *règle d'appareil* pour les petites opérations et elle sert à tracer les tenons et les mortaises, dont elle mesure l'épaisseur. Les charpentiers emploient encore une autre *règle* appelée *réglet* (voy. ce mot).

Les vitriers nomment *règle à main* une petite *règle* en bois pourvue d'un tenon fixé au milieu pour la maintenir et l'empêcher de varier sur le verre; cette *règle* doit être très mince afin d'épouser, sans difficulté, toutes les sinuosités de la surface du verre.

On appelle *règle à manchette* une longue *règle* qui porte une moulure sur l'un de ses côtés et qui sert à faire des manchettes sous les plinthes.

Réglé, *adj.* — 1° Une pièce de trait est *réglée* si elle est droite par son profil. Telles sont quelquefois les arrière-voussures.

2° *Appareil réglé* (voy. *Appareil*).

Règlement, *s. m.* — 1° Application aux ouvrages portés sur un mémoire des prix qui leur conviennent, d'après le tarif adopté dans la localité.

Ce sont les architectes qui *règlent* les mémoires des entrepreneurs.

On dit qu'un mémoire est fait en *règlement* lorsque l'entrepreneur qui le présente y a porté les prix réels des tarifs; ordinairement, ces prix sont augmentés d'un cinquième et le mémoire est *fait en demande.*

Les prix de *règlement* se composent : 1° de déboursés pour la main-d'œuvre et pour les fournitures; 2° des faux frais appliqués à la main-d'œuvre seulement; 3° du bénéfice appliqué aux prix de la main-d'œuvre et des fournitures et aux faux frais; 4° des avances de fonds et du fonds de roulement appliqué aux fournitures et aux faux frais. Les faux frais, le bénéfice et les avances de fonds varient suivant les corps d'état.

2° Statut déterminant ce que l'on doit faire suivant les circonstances.

On appelle *règlements de police* ceux qui prescrivent les mesures relatives à la propriété, à la salubrité publique.

On appelle *règlements d'administration publique*, ceux qui établissent de quelle manière les lois, décrets et ordonnances doivent être exécutés.

Réglet, *s. m.* — 1° Tringle ou règle qui sert, dans l'établissement de la charpente, au relevé des lignes sur le bois, c'est-à-dire à leur tracé au moyen de la rainette.

Le *réglet* a ordinairement 1m,50 de longueur; il est quelquefois biseauté pour faciliter la rayure, dans certains cas.

2° Petite moulure plate et droite qui sert, dans les compartiments et les panneaux, à en séparer les parties et à former des guillochis et des entrelacs.

Régner, *v. n.* — Terme par lequel on exprime qu'un objet tel qu'un ordre, un profil, une corniche, une imposte, un ornement quelconque, est employé d'une manière continue sur l'étendue d'une façade ou le pourtour extérieur ou intérieur d'un bâtiment.

Regratter, *v. a.* — Enlever avec le marteau et la ripe la superficie d'un mur en pierres de taille noirci et sali par la vétusté, lorsqu'on veut le blanchir.

L'opération du *regrattage* doit se faire avec une grande précaution, surtout pour les édifices décorés de colonnes, de profils, d'ornements de détail souvent très délicats; c'est ainsi que l'on ne peut, sans en altérer le galbe et la finesse, enlever de la matière aux volutes, aux caulicoles, aux feuillages des chapiteaux.

Régularité, *s. f.* — Voy. *Symétrie.*

Régulateur, *s. m.* — Parmi les nombreux instruments qui sont ainsi désignés, deux se rattachent à la construction, parce qu'ils doivent faire partie de toutes les installations d'éclairage au gaz bien étudiées; ce sont : les *régulateurs* de pression, destinés à maintenir constante la pression sous laquelle le gaz se présente aux différents orifices d'écoulement, de sorte que le volume dépensé ne varie qu'avec les changements de section de ces orifices; les *régulateurs* de volume ou rhéomètres qui servent au contraire à modifier la pression sous laquelle le gaz s'écoule par chacun des orifices, en raison inverse de la section, de sorte que le volume dépensé reste constant, malgré les variations de section de chaque orifice en particulier, ou de l'ensemble des orifices qui constituent un éclairage.

Il faut en effet, pour obtenir la meilleure combustion du gaz, employer des becs brûlant sous une très faible pression; mais ces becs sont très sensibles, et les variations incessantes et inévitables de la pression dans les distributions entraînent une augmentation de dépense importante et obligent à une surveillance continuelle. Il suffit, pour en apprécier l'importance, de rappeler que la pression, dans le réseau de Paris, varie de 30 millimètres pendant le jour, à 100 et même 110 millimètres à certaines heures de la nuit. Il existe bien quelques types de brûleurs avec lesquels la quantité de lumière produite augmente en même temps que la dépense de gaz; mais si l'installation a été faite pour donner en marche normale un éclairage suffisant, tout l'excédant de lumière, qui résulte d'une augmentation dans la pression, est absolument inutile.

Les *régulateurs* sont constitués par une soupape conique engagée dans une ouverture fixe que le gaz doit traverser pour pénétrer dans la canalisation intérieure. Ce cône est suspendu par une tige rigide à une cloche mobile dans un bassin rempli d'eau à un niveau déterminé. L'intérieur de cette cloche est en communication avec la conduite extérieure, et en s'élevant ou s'abaissant avec les variations de la pression du gaz, la cloche entraîne le cône dans son mouvement, et celui-ci, en pénétrant plus ou moins dans l'orifice, diminue ou augmente la section d'écoulement. On règle à l'aide de poids la pression exercée par la cloche elle-même. Les pressions qui sont exercées sur les deux faces du cône, l'une par le gaz d'arrivée, l'autre par celui qui a pénétré dans la canalisation intérieure, sont équilibrées chacune par des pressions égales exercées sur deux autres petites cloches fixées sur la même tige et mobiles également dans des bassins contenant de l'eau. Le poids de toutes les pièces mobiles est équilibré par un flotteur adapté à la première cloche et dans les *régulateurs* de grandes dimensions, les altérations d'équilibre dues aux variations d'immersion dans l'eau des trois cloches sont corrigées par un siphon compensateur qui fait rentrer ou sortir automatiquement du bassin supérieur un poids d'eau correspondant. Tout cet ensemble mobile est aussi suspendu en parfait équilibre, n'ayant à surmonter, pour obéir aux seules variations de la pression extérieure, qu'une résistance insignifiante.

Les rhéomètres sont des *régulateurs* de volume que l'on adapte à chaque bec en particulier et qui sont réduits à la plus grande simplicité à cause de leurs très petites dimensions. Ils se composent d'une petite cloche ou capsule renversée plongeant dans un bassin annulaire que l'on remplit de glycérine très pure; le cône obturateur est fixé sur cette capsule, qui est en outre percée d'un orifice pour le passage du gaz; la section de cet orifice et le poids de la capsule sont fixés, pour chaque bec, d'après la dépense avec laquelle ce bec donne la plus grande somme de lumière.

Lorsque toutes les parties d'un éclairage travaillent ensemble dans les mêmes conditions, il suffit d'établir un *régulateur* à l'entrée de la canalisation et à la suite du compteur: dans le cas contraire, il faut diviser l'éclairage par groupes et munir chacun d'eux d'un *régulateur*.

Ces instruments sont, du reste, également indispensables sur les appareils de chauffage et permettent de maintenir constante et régulière la production de chaleur que l'on juge nécessaire.

Enfin, lorsque le nombre des becs est assez restreint ou que la conduite doit alimenter en même temps des appareils à fortes pressions, on place un rhéomètre sur chaque bec (1).

Rehausser, *v. a.* — 1° Placer un objet plus haut qu'il n'était; on dit, par exemple, *rehausser un plancher*.

2° Dans la peinture de décors, donner un effet plus saillant aux objets à l'aide de traits ou coups de pinceau qui produisent des teintes brillantes; c'est ainsi qu'on *rehausse* des grisailles par des hachures d'un blanc très clair.

3° Appliquer des feuilles d'or sur un mordant posé par des hachures afin de former des clairs sur un ornement ou sur une figure.

Rehauts, *s. m. pl.* — Lumières que produisent soit les teintes vives faites au pinceau dans la peinture décorative, soit l'or que l'on applique sur un ornement dans la dorure.

Reins, *s. m. pl.* — Parties d'une voûte comprises entre la ligne de l'extrados, le prolongement des pieds-droits et la ligne horizontale passant par le sommet de cette voûte.

Rejet, *s. m.* — 1° Petit tuyau de plomb soudé sur un corps de pompe pour servir d'ajutage par lequel s'échappe l'eau.

2° *Rejets* : plomb qui coule dans les fosses préparées par les plombiers aux extrémités de leur moule.

Rejeteau, *s. m.* — Terme employé quelquefois par les menuisiers comme synonyme de *jet d'eau*.

Rejointoyer, *v. a.* — Refaire les joints d'une vieille maçonnerie lorsqu'ils ont été primitivement mal exécutés ou qu'ils sont dégradés par le temps ou par les pluies.

Les *rejointoiements* se font soit au plâtre, soit avec du bon mortier de chaux ou bien encore à l'aide de ciment.

(1) H. Giroud, *Traité de la pression du gaz d'éclairage*.

Tout tassement inégal provenant d'une cause quelconque, mais produisant l'ouverture des joints d'une voûte, nécessite un *rejointoiement*.

Relai, *s. m.* — Unité de distance représentant la longueur que, sans s'arrêter, parcourt à charge un manœuvre pour transporter à la hotte ou à la brouette les terres d'une fouille.

Il est d'usage, à Paris, de prendre cette longueur égale à 30 mètres sur un chemin horizontal ou en descente et à 20 mètres sur un chemin en pente maxima de $0^m,075$, ce qui donne une élévation verticale de $1^m,50$. Ce chiffre de 30 mètres a été choisi de la façon suivante : l'expérience a prouvé qu'un pelleteur emploie à charger une brouette le temps nécessaire à un rouleur pour parcourir 30 mètres avec sa brouette pleine et revenir à la charge en parcourant de nouveau 30 mètres avec la brouette vide.

Dans la mesure du transport en rampe, la hauteur de $1^m,50$ compte pour un *relai* sur une rampe plus rapide, bien qu'alors la distance horizontale ne soit plus de 20 mètres; ainsi, pour obtenir le nombre de *relais* qu'il faut attribuer à un transport en rampe, on divise la hauteur verticale d'élévation par $1^m,50$ (voy. *Transport*).

Dans le transport au tombereau, le *relai* choisi comme unité est de 100 mètres sur un terrain dont la pente n'excède pas $0^m,05$ par mètre.

Relais : terrains d'alluvion abandonnés par les eaux (voy. *Lais*).

Relancis, *s. m.* — *Relancer*, faire un *relancis* : remplacer par des matériaux neufs, tels que pierres, moellons ou briques, des parties défectueuses isolées dans un mur.

Relever, *v. a.* — 1° Exhausser un mur, un bâtiment, etc.

2° Enlever les feuilles d'un parquet ou les carreaux d'un carrelage, pour le redresser, changer ou ajouter des lambourdes, ou pour faire une nouvelle aire.

3° Maçonnerie. *Relever les ciselures* : tailler le parement d'une pierre sur ses bords pour la dresser (voy. *Ciselure*).

4° Menuiserie. *Relever des moulures* : achever des moulures en y faisant les dégorgements nécessaires au moyen d'outils spéciaux, tels que becs-d'âne, tarabiscots, etc.

5° Serrurerie. Synonyme de *repousser*.

6° Pavage. *Relever à bout* (voy. *Remanier*).

7° Peinture. Donner plus de saillie à certains objets (voy. *Rehausser*).

8° Faire le levé d'un plan, prendre des attachements, dresser sur les lieux mêmes le mémoire des ouvrages qui se voient. On dit aussi *faire un relevé*.

Relief, *s. m.* — Mot qui désigne la saillie d'un ouvrage se détachant sur un fond uni.

On emploie surtout ce terme pour les ouvrages de sculpture (voy. *Bas-relief*).

Reliquaire, *s. m.* — Nom que l'on donne aujourd'hui à une boîte dans laquelle on renferme des reliques et qui fut autrefois appliqué aux ossuaires élevés dans les cimetières catholiques.

Remanier, *v. a.* — Refaire un ouvrage à neuf, le retoucher, le raccommoder en se servant des mêmes matériaux.

Ainsi, on *remanie* un carrelage qu'on relève pour le replacer de nouveau; les couvreurs *remanient* l'ardoise ou la tuile quand ils l'enlèvent pour la replacer sur l'ancien lattis ou sur un lattis neuf. De même, les paveurs *remanient* ou *relèvent à bout* un pavage lorsqu'ils le déchaussent, rétablissent la forme, la chape et refont les joints.

Rembarrer, *v. a.* — Dans l'établissement de la charpente, *rembarrer une ligne* signifie la tracer sur la face opposée à celle où elle est déjà tracée au moyen de la rencontre des *piqûres* ou des traits de *rabattement* (voy. *Piqûre*, *Rabattre*).

Remblai, *s. m.* — Travail de terrassement exécuté pour faire une levée, régaler un terrain ou garnir le derrière d'un mur de revêtement de terrasse.

Le *remblai* comprend, suivant l'importance du travail, outre le transport des terres à pied-d'œuvre, le *régalage*, le *pilonnage* et le *talutage*.

Lorsque l'on soutient par des murs de revêtement des terres rapportées, ces terres, suivant leur nature, exercent des pressions variables contre ces murs; on donne alors à ceux-ci des épaisseurs suffisantes pour résister à ces pressions. Or, on a remarqué que, pour certaines terres, et particulièrement les terres cohérentes (végétales ou argileuses à divers degrés), il se produit des phénomènes particuliers dont il est bon de tenir compte pour éviter les ruptures et les mouvements que l'on remarque sur un grand nombre de murs de revêtement. Le colonel Denfert-Rochereau, qui a étudié spécialement ces phénomènes, cite des faits qui résultent de ses observations personnelles; des murs de revêtement ont eu leur partie supérieure déplacée à la suite de grandes pluies survenues pendant le premier hiver qui suivit l'exécution des travaux; ces déplacements variaient de $0^m,06$ à $0^m,15$, après quoi les mouvements s'arrêtèrent et les murs de revêtement demeurèrent stables.

Ces mouvements ne sont pas dus à une pression statique des terres cohérentes, pression qui eût amené la chute du mur par renversement, mais à leurs propriétés physiques; en effet, ces terres sont d'abord divisées par les procédés de déblai en mottes ou poussières plus ou moins sèches, qui, transportées et déchargées sur le lieu du *remblai*, conservent entre elles des vides comme il s'en trouve entre les pierres, graviers et sables amoncelés; lorsque ces mottes reçoivent les premières pluies, elles se transforment en pâte plus ou moins fluide, s'aplatissent en s'élargissant aux dépens des vides qui les entourent ; il en résulte un mouvement des mottes placées immédiatement au-dessus, puis un ébranlement général de la masse auquel on donne le nom de tassement et qui se transmet à tous les obstacles qui s'opposent à l'expansion des terres fluides ; lorsque le tassement est achevé, la pression du *remblai* est devenue à peu près semblable à celle qui serait exercée par les mêmes terres avant le déblai.

Pour empêcher l'action destructive du tassement du *remblai* sur le mur de revêtement, Denfert-Rochereau recommandait, non pas d'augmenter l'épaisseur de ce revêtement, mesure qu'il regarde comme inutile, mais de disposer les *remblais* de manière à neutraliser les chances de désordres ; la solution, c'est-à-dire le mode de formation des *remblais*, peut alors être très variée, suivant les circonstances locales.

Dans les travaux des chemins de fer, on est souvent obligé de faire un *remblai* pour y poser la voie ; ces *remblais* doivent être composés de matériaux pouvant prendre une certaine liaison entre eux et avec le sol sur lequel ils reposent, résister aux influences atmosphériques et conserver le profil qui leur a été assigné. Les terres employées sont généralement extraites des tranchées voisines, à moins qu'elles manquent absolument des qualités requises.

Pour préparer une assiette convenable au *remblai*, il faut nettoyer avec soin le sol sur lequel il repose, enlever les souches d'arbres et de haies, les débris végétaux et les racines ; on doit aussi en débarrasser les terres qui composeront le *remblai*. Si le terrain qui sert d'assiette est en pente, on entaille le sol en gradins de 0m,50 à 1 mètre de hauteur afin d'empêcher le glissement de la masse rapportée. Une fois le talus soigneusement dressé, on le recouvre ordinairement d'une chemise de 0m,10 à 0m,15 de terre végétale, disposée par tranches horizontales de 0m,20 de hauteur, pilonnée à la dame plate.

Remblayer, *v. a.* — Faire un *remblai* (voy. ce mot), rapporter des terres dans un endroit déterminé pour y exécuter certains travaux de terrassement.

Remettre, *v. a.* — Replacer, rajuster une pièce de serrurerie ou de menuiserie. On dit, par exemple, *remettre* un *mouvement de sonnette,* une *bascule* sur leur tirage, etc.

Remiremont (*Granit et syénite de*). — Pierres qui proviennent de carrières situées dans l'arrondissement de *Remiremont* (Vosges).

On en distingue plusieurs variétés :

1° Le *granit gris*, très dur, de couleur gris-clair bleuâtre, pesant 2,675 kilogr. le mètre cube et s'écrasant sous une charge de 750 à 815 kilogr. par centimètre carré ;

2° Le *granit brun*, syénite porphyroïde, micacée, très dure, susceptible d'un beau poli, pesant 2,700 kilogr. le mètre cube et s'écrasant sous une charge de 710 à 790 kilogr. par centimètre carré ;

3° Le *granit corail*, granit porphyroïde rouge, très dur, pesant 2,730 kilogr. le mètre cube et s'écrasant sous une charge de 800 à 855 kilogr. par centimètre carré ;

4° Le *granit feuille-morte*, syénite porphyroïde, très dure, susceptible d'un beau poli, pesant 2,690 kilogr. le mètre cube et s'écrasant sous une charge de 775 kilogr. par centimètre carré.

Remise, *s. f.* — Local servant d'abri à une ou plusieurs voitures.

Chez les Romains, on appelait *carceres* les remises d'où partaient les chars qui servaient aux jeux du *cirque* (voy. ce mot).

Chez les modernes, la *remise* est à rez-de-chaussée, placée sous un corps de logis ou formant hangar dans une cour; la largeur, la profondeur et la hauteur sont calculées en raison des véhicules que l'on doit y mettre à l'abri.

On pratique ordinairement dans les *remises* des barrières ou coursières pour faciliter le rangement des voitures. Au-dessus des *remises* sont ménagées des chambres pour les domestiques.

Les *remises*, dans les hôtels, sont placées dans la cour de service ainsi que les écuries, les cuisines et dépendances.

Dans les chemins de fer, les *remises à wagons*, placées à proximité de la gare des voyageurs, sont desservies par des chariots roulants; on y annexe quelquefois de petits ateliers pour l'entretien.

Il y a aussi des *remises* à locomotives construites sur trois types principaux : les unes sont rectangulaires, les autres poly-

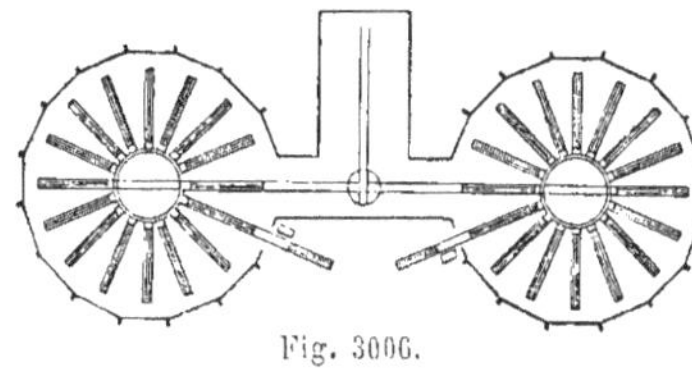

Fig. 3006.

gonales (fig. 3006) et les dernières en fer à cheval (fig. 3007). Les bâtiments comprennent généralement des bureaux et

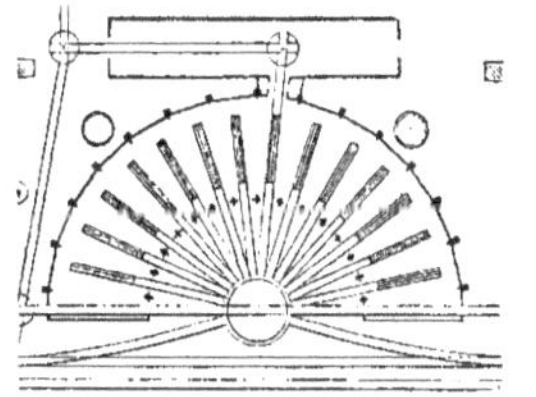

Fig. 3007.

logements pour le chef de dépôt et ses employés, des corps de garde et dortoirs pour les mécaniciens, un petit magasin, etc.

Remonter, *v. a.* — 1° Élever un mur ou un plancher plus haut qu'ils n'étaient.

2° Assembler toutes les pièces d'un engin, tel qu'une grue, une chèvre, etc.

Rempart, *s. m.* — Mur ou levée de terre élevés autour d'un point que l'on veut fortifier.

Les anciens *remparts* des villes étaient construits en maçonnerie pleine, flanqués de tours et pourvus de créneaux, de mâchicoulis et de meurtrières.

Depuis l'emploi de l'artillerie dans la guerre de siège, les *remparts* sont des massifs en terrasse formés de la terre extraite d'un fossé qui est à leur pied, revêtus ordinairement d'un mur en maçonnerie, couronnés d'un parapet avec talus extérieur et intérieur et percés de portes et de poternes.

Aujourd'hui, les anciens *remparts*, devenus inutiles, ont fini, dans un grand nombre de villes, par être plantés d'arbres et servir de promenades sous le nom de *boulevards*, mot qui était autrefois synonyme de *rempart*.

Législation. En vertu de l'article 540 du Code civil, les portes, murs, fossés, *remparts* des places de guerre et des forteresses font partie du domaine public, c'est-à-dire de celui qui n'est pas susceptible d'une propriété privée.

L'article 541 est ainsi conçu : « Il en est de même des terrains, des fortifications et *remparts* des places qui ne sont plus places de guerre; ils appartiennent à l'État s'ils n'ont été valablement aliénés, ou si la propriété n'en a pas été prescrite contre lui. »

Rempiètement, *s. m.* — Se dit quelquefois d'une reprise en sous-œuvre d'une construction.

Remplage, Remplissage, *s. m.* — En maçonnerie, on désigne ainsi :

1° Les pierres, moellons ou briques que l'on pose en blocage entre deux parements en pierres de taille, ou bien dans le vide compris entre les reins d'une voûte et une ligne horizontale passant par le sommet de l'extrados ;

2° Les entrevous composés de plâtre et plâtras dont on remplit les intervalles compris entre les poteaux d'un pan de bois ou les solives d'un plancher ;

3° Une maçonnerie faite à sec derrière un mur de revêtement, soit pour le préserver de l'humidité, soit pour rompre la poussée des terres ou faciliter l'écoulement des eaux.

On appelle encore *poteaux* ou *solives de remplissage* ou de *remplage* les pièces de bois qui, dans un pan de bois ou dans un plancher, sont assemblées avec les pièces principales pour remplir les vides, mais sans contribuer, d'une manière essentielle, à la solidité de l'ouvrage.

Les treillageurs donnent ce nom à toute partie de treillage servant à garnir les vides des bâtis.

Renaissance (*Architecture de la*). — On appelle *Renaissance*, en architecture, le retour aux formes antiques qui apparut au XVe siècle et qui inaugura, pour l'art, une ère nouvelle.

Les édifices qui datent du commencement de cette époque présentent, comme caractère général, le mélange du style oriental et du style ogival avec les styles grec et romain; ceux qui furent élevés vers le milieu et la fin de cette période ont, dans chaque pays, une physionomie particulière.

C'est en Italie que commença le mouvement de réaction contre l'architecture ogivale. Ce dernier style, d'ailleurs, n'avait pas, comme en France, jeté de profondes racines dans la péninsule italique, et l'influence de l'art romain se retrouve, d'une manière persistante, dans les monuments où l'ogive domine. C'est vers la fin du XIVe siècle que se manifestèrent les premiers signes de la révolution artistique; nous citerons, comme témoignage du retour à l'arc plein cintre, les grandes arcades de la *loge des Lances*, construite à Florence par Orcagna. La courbe demi-circulaire redevint exclusive dès le début du XVe siècle; l'ogive que l'on remarque dans le dôme que Brunelleschi éleva au-dessus de la croisée de Sainte-Marie-des-Fleurs se trouvait déjà dans l'édifice qu'il fallait terminer. Les églises de Saint-Laurent (1425) et de San-Spirito (1471) ne renferment que des pleins-cintres.

L'édifice qui marque en même temps la fin et l'apogée de la *Renaissance* italienne est l'église de Saint-Pierre de Rome, dont la construction fut commencée en 1506 par le Bramante, sur les ordres du pape Jules II, et continuée par les plus célèbres artistes du XVIe siècle : Fra Giocondo, Julien de Sangallo, Raphaël, Balthasar Peruzzi, Antoine de Sangallo et enfin Michel-Ange, qui modifia diverses dispositions du plan primitif, mais ne put voir achever son œuvre que Charles Maderne et Bernini durent compléter. Le plan de cet édifice fut d'abord la croix grecque; les architectes qui se succédèrent pour l'érection du monument changèrent et reprirent plusieurs fois la disposition première, et la croix latine fut définitivement adoptée. Un dôme à proportions colossales surmonte la croisée de la nef et du transept. La façade, exécutée par Charles Maderne, est formée d'un grand ordre corinthien surmonté d'un attique supportant des statues colossales. La grande nef est séparée des collatéraux par des arcades qui répondent à autant de chapelles. Les pieds-droits sont ornés de pilastres d'ordre corinthien. La grande voûte est à plein cintre et décorée de caissons et de rosaces en stuc doré. Le maître-autel, isolé au-dessous de la coupole, est placé sous un immense *baldaquin* (voy. ce mot) exécuté d'après les dessins de Bernini. Cet édifice, malgré ses proportions colossales et sa magnificence, est sujet à un certain nombre de critiques, tant pour l'ensemble que pour les détails. On peut surtout lui reprocher quelque chose de vague et d'indéterminé dans sa physionomie générale qui résulte du manque d'unité dans le plan et du mélange de l'art antique et des traditions chrétiennes.

La *Renaissance* italienne, étudiée dans les nombreux monuments qu'elle a produits, présente, en résumé, la remise en honneur du plein-cintre, la reproduction des ordres grecs et romains modifiés et soumis à des proportions maintenues dans des limites étroites, les accouplements de colonnes, l'emploi d'ordres superposés, de frontons brisés et de frontons circulaires. Les feuillages et les enroulements de toutes sortes, avec des animaux réels ou imaginaires, agencés en *arabesques* (voy. ce mot), se rencontrent fréquemment dans les édifices du XVIe siècle.

De l'Italie, le style de la *Renaissance* se répandit d'abord en France, puis dans le reste de l'Europe. Ce style est surtout caractérisé, dans l'architecture française, par le mélange, la combinaison de formes d'origines différentes, l'alliance du plein-cintre et de l'ogive, l'emploi de l'arc surbaissé, revêtus les uns et les autres d'ornements du style flamboyant.

Il faut remarquer toutefois que les églises dites *gothiques* subsistèrent néanmoins comme isolées au milieu des productions nouvelles, palais, châteaux, hôtels, édifices publics ou privés. Les monuments religieux qui furent élevés à cette époque conservèrent généralement comme par le passé le plan en forme de croix; mais l'emplacement traditionnel du transept fut modifié suivant les circonstances ou le caprice de l'architecte; tantôt, il coupa la nef principale vers l'une de ses extrémités, comme dans la croix latine, et tantôt au milieu, comme dans la croix grecque.

A mesure que l'on s'éloigne de la période ogivale, l'originalité devient plus rare, le style tend à l'imitation plus ou moins heureuse des œuvres de la Grèce et de Rome; les points d'appui sont des colonnes à fûts cylindriques ou des piliers quadrangulaires décorés de pilastres; ces supports sont exécutés dans des proportions analogues à celles que les anciens mettaient en usage; les chapiteaux se couvrent de feuillages antiques et quelquefois aussi d'ornements capricieux; les fenêtres se terminent par des arcades dans lesquelles le plein-cintre alterne souvent avec l'ogive; ces baies conservent, dans un grand nombre d'édifices, leurs amortissements aigus; les voûtes à grande portée sont encore construites d'après les principes du style ogival, mais elles sont surbaissées; elles sont couvertes de culs-de-lampe et de pendentifs; les petites voûtes, ordinairement cintrées, sont divisées en compartiments ou caissons et ornées de fleurs, de fruits, de rosaces, d'emblèmes, d'arabesques, etc., très remarquables par la pureté de l'exécution, l'élégance et la finesse de la forme, les profils et les contours; les moulures font également preuve d'un goût qui n'a été surpassé à aucune époque.

Parmi les architectes français qui contribuèrent le plus à cette révolution dans les arts, on doit placer au premier rang Jean Bullant, Philibert de l'Orme, Pierre Lescot et Jacques de Brosse.

Au nombre des édifices remarquables exécutés à cette époque, nous citerons les châteaux de la Muette, de Madrid, de Villers-Cotterets, de Coucy, de Saint-Germain, de Fontainebleau, de Chambord, de Blois et autres, la galerie du Louvre, les églises Saint-Étienne du Mont, Saint-Merry, Saint-Eustache, à Paris : ce dernier édifice fait ressortir particulièrement cette période de transition, car la forme en est restée *gothique*, mais les détails affectent le retour aux traditions des anciens.

Renard, *s. m.* — Les maçons nomment ainsi :

1° Les petites pierres qu'ils suspendent, pour les tenir tendues, aux extrémités de deux lignes passant sur des lattes et servant à marquer, par leur intervalle, l'épaisseur d'un mur qu'ils construisent;

2° Un mur orbe recouvert, dans un but de symétrie, d'une décoration feinte, mais semblable à celle d'un mur qui lui est opposé.

Les menuisiers donnent ce nom à un

petit châssis assemblé et formant saillie sur le sommier inférieur d'une scie de long ; le *renard* sert à tenir l'outil par le bas.

On donne aussi le nom de *renard* à une petite ouverture ou fente par laquelle l'eau d'un bassin, d'un réservoir, d'une conduite, s'échappe et se perd. Ce nom vient de la difficulté qu'il y a, pour les ouvriers, à découvrir le point où cette fuite a lieu.

Rencontre, *s. f.* — Opération de l'*établissement des bois* (1) dans laquelle on bat les lignes de *contre-jauge* (voy. ce mot), on trace les tenons et les mortaises au moyen des indications des *piqûres*, on rabat les lignes de repère ou on les plombe, ainsi que les *traits ramènerés* et toutes les autres lignes d'établissement, afin de pouvoir les *rembarrer* sur la face du dessous s'il est nécessaire (voy. *Rembarrer*).

Rendre, *v. a.* — *Rendre un dessin, un projet d'architecture :* le finir, le terminer au crayon, à la plume ou au lavis.

On dit : le *rendu* d'un projet.

Renflement, *s. m.* — Augmentation de diamètre d'une colonne qui va s'accentuant de l'extrémité inférieure du fût au tiers de sa hauteur ; à partir de ce point, le fût diminue jusqu'au sommet.

La ligne qui forme la section de la colonne par un plan vertical passant par l'axe se nomme le *galbe* (voy. ce mot).

Renfoncement, *s. m.* — 1° Évidement de profondeur peu considérable pratiqué sur le parement d'un mur ; telles sont les tables fouillées, les arcades ou les niches feintes.

2° On appelle *renfoncement de soffite* un espace compris entre les saillies que forment sur un plafond les solives d'un plancher, soit que cette profondeur résulte naturellement de pièces qui se croisent, soit qu'elle provienne de dispositions spéciales adoptées dans un but d'ornementation. Ces *renfoncements*, qui forment des compartiments rectangulaires, prennent aussi le nom de *caissons* (voy. ce mot).

(1) Eyère, *Pratique de la charpente.*

Renforcé, *adj.* — On qualifie ainsi une pièce de quincaillerie plus forte qu'à l'ordinaire.

On dit : une *équerre*, une *charnière renforcées*.

Renforcer, *v. a.* — Donner plus de force, plus de solidité à la totalité ou à une partie d'ouvrage de construction, soit par une addition ou par un remplacement de matériaux, soit à l'aide de boulons, d'armatures de fer, etc.

Renformir, *v. a.* — Redresser, au moyen d'un crépi épais, une surface que l'on veut enduire.

Le *renformis* est la surépaisseur ajoutée à l'enduit ordinaire.

On est quelquefois obligé, pour *renformir* un vieux mur crevassé ou bombé, de le hacher et de placer des pierres ou des moellons aux endroits où ces matériaux sont dégradés ou font défaut.

On dit aussi *renformer*.

Renfort, *s. m.* — Charpente. Sorte d'épaulement que l'on ménage au collet d'un tenon pour consolider cette pièce dans les assemblages.

On distingue : le *renfort ordinaire*

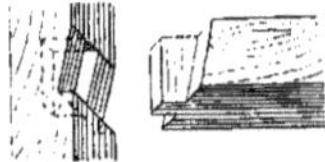

Fig. 3008.

(fig. 3008), qui a la forme d'un prisme

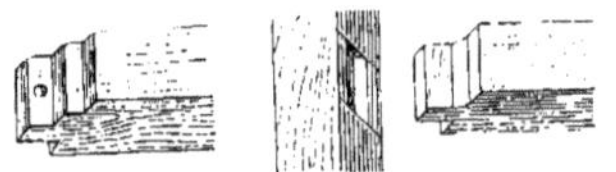

Fig. 3009.

triangulaire et le *renfort carré* (fig.

3009), employé autrefois, mais qui est plus difficile à exécuter et ne donne pas plus de force à l'assemblage.

Le *mordâne* (voy. ce mot) est aussi un *renfort*.

Serrurerie. Pièce que l'on soude à un ouvrage en fer au point où cet ouvrage a besoin d'être fortifié.

Reniflard, *s. m.* — Petit appareil que l'on nomme aussi *purgeur* et qui sert à faire évacuer les eaux de condensation dans certaines conduites.

C'est ainsi que l'on place des *reniflards* aux coudes placés à l'extrémité de pentes ou de longs tuyaux, dans le chauffage à la vapeur. On en place également dans le bas des principales conduites de gaz pour recueillir l'eau que fournit le gaz après avoir traversé le compteur.

Renteils (*Chaux de*). — Chaux moyennement hydraulique que l'on fabrique dans l'usine de *Renteils*, près d'Albi, département du Tarn.

Renton, *s. m.* — Joint en coupe oblique de deux pièces de bois placées en prolongement l'une et l'autre, telles que celles qui entrent dans un cours de pannes ou de sablières.

Rentrant, *adj.* — On dit *angle rentrant*, par opposition à *angle saillant* (voy. *Angle*).

Renvoi, *s. m.* — Pièce de fer ou de cuivre à deux branches formant un angle et qui est fixée au mur par un clou pour servir à transmettre le mouvement du cordon à une sonnette (voy. *Mouvement*, *Sonnette*).

Réparation, *s. f.* — Rétablissement ou remise en bon état d'une partie dégradée dans une construction.

Il y a trois sortes de cas dans lesquels les *réparations* sont rendues nécessaires : 1° les cas fortuits ; 2° le fait du voisin ; 3° les incendies.

Si nous considérons le premier cas, celui du préjudice causé à un propriétaire dans son héritage, il ne suffit pas, pour enlever à ce propriétaire tout droit de recours, que l'événement soit indépendant de la volonté de qui que ce soit ; il faut encore que, par aucune circonstance ou par aucune clause particulière d'un contrat, les suites de l'accident ne puissent être imputées à la charge de personne.

Tout ouvrage qui n'est contraire ni aux lois, ni aux droits des voisins, peut être exécuté, même s'il devait en résulter du dommage à l'héritage contigu ; toutefois, le voisin qui le trouve préjudiciable à ses intérêts est autorisé à réclamer la *réparation* du dommage (voy. *Mitoyenneté*).

En fait d'usufruit de fermes et immeubles de diverses natures, on distingue les *grosses réparations* et les *réparations d'entretien*.

En vertu de l'article 605 du Code civil, les *grosses réparations* demeurent à la charge du propriétaire, à moins qu'elles n'aient été occasionnées par le défaut de *réparations* d'entretien, depuis l'ouverture de l'usufruit, auquel cas l'usufruitier en est aussi tenu.

Sont seules à la charge de l'usufruitier, les *réparations* dont la cause est postérieure à l'ouverture de l'usufruit. De plus, ces *réparations* sont exigibles au fur et à mesure que le besoin s'en fait sentir ; ainsi, le nu-propriétaire ne peut être contraint à faire aucune *réparation*, tandis qu'il peut contraindre l'usufruitier à faire celles dont la loi le rend responsable. Néanmoins, l'usufruitier peut, au refus du nu-propriétaire, faire exécuter les *réparations* et réclamer, à l'extinction de l'usufruit, le remboursement de ses avances (1).

L'article 606 du Code civil classe les *réparations* de la manière suivante : « Les *grosses réparations* sont celles des gros murs et des voûtes, le rétablisse-

(1) *Manuel des lois du bâtiment.*

ment des poutres et des couvertures entières ; celui des digues et des murs de soutènement, aussi en entier. Toutes les autres *réparations* sont d'entretien. »

Le laconisme du Code sur une question de cette importance nécessite, de notre part, quelques développements sur les divers cas qui peuvent se présenter.

« Les *grosses réparations* d'un immeuble qui sont à la charge du propriétaire, dit Toussaint, sont celles qui maintiennent l'usage et la conservation de la propriété, savoir : tous les murs, quels qu'ils soient, qui pourraient être à réparer partiellement ou à reconstruire en totalité ; les voûtes, colonnes, pilastres, pieds-droits, jambes étrières, etc.; auxquels il faut ajouter les réparations dites de *grand entretien*, dont le retardement pourrait occasionner des dégradations notables ; telles sont les reconstructions des tuyaux et têtes de cheminées, celles des pans de bois, des planchers, des cloisons, de la couverture, etc.; les escaliers en charpente et ceux en pierre, lorsque la dégradation provient de tassements ou d'autres accidents qui ne sont pas du fait du locataire ; le changement des plombs ou des dalles de terrasses, lorsqu'elles l'exigent, ainsi que les aires et pentes en plâtre qui les reçoivent. »

Nous compléterons ces explications en définissant ce que l'on entend par *gros murs :* ce sont les murs de face, ceux de refend, les pignons mitoyens ou non, en élévation et en fondation, les jambes en pierres de taille, les pans de bois, les cloisons en charpente et en maçonnerie quand elles portent plancher.

La reconstruction entière d'un mur de clôture est à la charge du propriétaire ; la *réparation* d'une brèche, celle d'un enduit, d'un chaperon, sont des *réparations usufruitières.* Dans la plupart des cas, des experts sont seuls aptes à déterminer quelle est la mesure de la responsabilité pour chacune des parties.

Le propriétaire possède, à sa charge, la *réparation* des poutres et pièces principales, telles que solives, lambourdes portant plancher, solives d'enchevêtrure et chevêtres.

La charpente des combles en entier est classée parmi les *grosses réparations,* à moins que le bois n'ait péri par défaut d'entretien.

Les voûtes en entier ou en partie sont également dans les *grosses réparations ;* il en est de même de la réfection totale des puits et des fosses d'aisances (1).

Ni le propriétaire, ni l'usufruitier ne sont tenus de rebâtir ce qui est tombé de vétusté ou ce qui a été détruit par cas fortuit (2).

Il convient ici de faire remarquer que généralement, en matière de location, les clauses ambiguës et douteuses sont interprétées et résolues en défaveur du propriétaire, parce qu'il était de son intérêt de faire dresser un état descriptif de la situation, du nombre et de la qualité de chaque objet loué (voy. *État de lieux*).

L'état des lieux étant dressé, l'usufruitier est tenu d'entretenir l'immeuble dans le même état qu'il l'a reçu, sauf l'usure du temps et de l'usage. Il est tenu, en outre, des menues *réparations* faites en temps utile pour prévenir les reconstructions soit partielles, soit totales, que le défaut d'entretien pourrait nécessiter.

Ces *réparations*, dites d'*entretien,* comprennent tout ce qui est indispensable à l'usage de la chose louée, savoir :

Les tuyaux et souches de cheminées avec les murs dossiers des combles ;

Les crépis et enduis des murs, les chaperons, les relancis partiels de moellons, les trous, lézardes et crevasses ;

Les rejointoiements des parties de construction en pierre ;

(1) *Manuel des lois du bâtiment.*
(2) Code civil, art. 607.

Les reconstructions ou *réparations* de la totalité des cloisons légères qui ne portent pas plancher ;

Les *réparations* de surface que l'on nomme *légers ouvrages ;*

Les solives de remplissage et la maçonnerie du plancher, ainsi que le plafond et le carrelage ou parquet ;

La *réparation* des rampes d'escalier et des plafonds rampants, le replacement des dalles s'il y en a qui recouvrent les marches ;

Les marches en pierre, si la fracture ne provient pas d'un tassement ou d'un autre événement qui ne serait pas du fait de l'usufruitier ou des personnes qu'il loge ;

Les carrelages, le pavé, les couvertures en recherche ; les solins, soudures, jointoiements et autres *réparations* partielles des terrasses recouvertes en plomb, en zinc ou en dalles de pierre ;

La *réparation* des margelles de puits, des poulies et autres accessoires ;

Les lancis de moellons et rejointoiements des murs de digues et de soutènements ;

Le curage et nettoyage des fossés, canaux et rigoles ;

Les lambris, portes, croisées, contrevents, volets et persiennes, tuyaux, souches et manteaux de cheminées, éviers et fourneaux, fours et paillasses, balcons de croisées, de terrasses et autres, auges en pierre, râteliers et mangeoires d'écuries, de vacheries et de bergeries, vidanges des fosses d'aisances, curements de puits, égouts et puisards ;

Enfin, les peintures extérieures pour la conservation des bois.

Lorsqu'il y a un bail passé entre propriétaire et locataire, si des *réparations* urgentes deviennent nécessaires pendant la durée du bail et ne peuvent être différées jusqu'à son expiration, le preneur doit les souffrir quelque incommodité qu'elles lui causent et, quoiqu'il soit privé, pendant qu'elles se font, d'une partie de la chose louée ; mais si ces *réparations* durent plus de quarante jours, le prix du bail doit être diminué à proportion du temps et de la partie de la chose louée dont il aura été privé. Il peut même arriver que ces *réparations* rendent inhabitable ce qui est nécessaire au logement du preneur et de sa famille ; celui-ci possède alors le droit de faire résilier le bail (1).

L'usufruitier, au contraire, jouissant à un titre tout différent de celui du locataire ou fermier, qui apporte ses loyers au propriétaire, tandis que lui, usufruitier, occupe quelquefois gratuitement les lieux, ne peut prétendre à aucune indemnité si les *réparations* durent plus de quarante jours ; mais comme il est tenu de toutes les charges de l'immeuble, des indemnités sont dues à ses fermiers et locataires, en raison des dommages qu'ils auraient éprouvés à cause de ces travaux pendant les quarante jours ; mais celles qui seraient exigibles en raison d'une durée au-delà de ce terme, l'usufruitier n'en étant point la cause, ce serait au propriétaire à les payer (2).

Citons encore, parmi les *réparations usufruitières*, celles qui sont nécessitées pour l'entretien des accessoires d'un moulin dont la jouissance est en usufruit. Ces accessoires sont les chaussées, les murs de digues et de revêtements des bassins et canaux ; les vannes, pals, grilles, arbres, auges, caisses et sabots ; les rouets, roues et lanternes, etc. Le propriétaire ne conserve à sa charge que le corps même du moulin, c'est-à-dire les pans de bois ou les murs, la charpente du comble, le gros pivot ou attache, avec ses sommiers et contrefiches, les cloisons et les supports, la flèche et la queue servant à tourner le moulin.

Des considérations de même nature permettent de déterminer, dans les usines et fabriques de tous genres,

(1) Code civil, art. 1724.

(2) Toussaint, *Code de la propriété*, n° 445.

quelles doivent être les *réparations usufruitières*.

On appelle *réparations locatives* les *réparations* que sont tenues de faire les personnes qui prennent à bail ou à loyer une maison, une ferme ou un appartement. Ces *réparations* sont celles qui sont nécessitées par des dégradations causées, non par vétusté, ni par l'usage légal, mais par la faute soit du locataire ou fermier, soit de ses gens ou de ses sous-locataires : elles comprennent toutes celles qui sont désignées par l'usage des lieux.

L'article 1754 du Code civil détermine seulement cinq sortes de *réparations locatives*, mais le développement de l'art des constructions et l'usage en consacrent un bien plus grand nombre. Nous allons énumérer celles qui répondent à la plupart des cas ; ce sont :

Les *réparations* à faire aux âtres, contre-cœurs, chambranles, tablettes et foyers de cheminées, qu'il faut remplacer quand ils sont cassés ou fêlés, à moins que les accidents ne proviennent soit d'un tassement des murs ou d'un gonflement des plâtres, soit même de la nature ou de la mauvaise qualité de la matière ; les croissants, propres à retenir les pelles et pincettes, sont également à la charge des locataires, qui doivent les remplacer, s'ils sont descellés, perdus ou cassés ;

Les dessus de marbre des buffets et consoles, les coquilles et cuvettes de même matière ;

Le recrépiment du bas des murailles des appartements et autres lieux d'habitation, à la hauteur de 1 mètre ;

Le remplacement des carreaux de terre cuite, de liais ou de marbre, à moins qu'ils ne soient feuilletés ou cassés par vétusté, humidité ou mauvaise matière ;

Les panneaux ou battants de parquet cassés ou enfoncés par violence ;

Les taches d'encre, de graisse, d'huile, les brûlures faites à un parquet, les trous de clous qui retenaient un tapis ;

Les dégradations de papiers provenant de taches d'huile et déchirures, donnant seulement lieu à une indemnité de dépréciation (1) ;

Le nettoyage des carreaux de vitres et des glaces, leur remplacement s'ils sont fêlés ou cassés, à moins que les premiers n'aient été brisés par force majeure, telle que la grêle, ou que les glaces n'aient cédé à l'effort des parquets ou au tassement du plancher ; la remise au tain de celles qui sont endommagées, à moins que le défaut ne vienne de l'humidité du local ;

Les dégradations faites aux portes et croisées, planches de cloisons et fermetures de boutiques, contrevents, volets et persiennes et, en général, tout ce que comprend la menuiserie d'une maison ; si un trou de chat est percé dans une porte, la planche entière doit être remplacée ; de même, si une serrure posée par le locataire coupe ou dégrade un battant, celui-ci doit être remplacé en entier ;

Les dégradations à la serrurerie des portes et croisées, c'est-à-dire aux fiches, paumelles, pentures, verrous, serrures, targettes, etc. ;

Les détériorations faites aux corniches, sculptures et ornements, qui ne proviennent pas de vétusté ou de force majeure ;

Les peintures et papiers de tenture désignés dans un état descriptif ;

L'entretien des baguettes dorées, posées en bordure sur les papiers de tenture, le locataire ne devant toutefois aucune indemnité, lorsque l'or est terni ;

L'entretien des cordons et rubans de jalousies et des stores des croisées ;

Le ramonage des cheminées, calorifères et autres appareils de chauffage ;

La *réparation* des pierres d'évier écornées ou cassées et de leur crapaudine, du carreau des cendriers et du dessus des fourneaux potagers et des

(1) *Manuel des lois du bâtiment.*

paillassons, ces derniers, ainsi que les petits murs, restant à la charge du propriétaire (le scellement des réchauds et le remplacement de ceux qui sont cassés et de leurs grilles appartiennent aux locataires);

L'entretien des armoires, qui doivent être rendues avec les fermetures et les tablettes;

L'entretien des cabinets d'aisances dans un bon état de propreté, et celui des cuvettes, le propriétaire devant néanmoins faire les *réparations* occasionnées par la rouille ou l'oxyde, mais dans les parties seulement de ces cuvettes où le locataire ne peut accéder;

Les trous faits pour fixer des rideaux, suspendre des tableaux ou des glaces et qui doivent être bouchés par le locataire;

Le carrelage d'un four et l'entretien de la chapelle, le massif même des voûtes, des murs et les tuyaux restant au compte du propriétaire;

Les carreaux des châssis des combles, s'ils sont garantis par un grillage en fil de fer; dans le cas contraire, ils ne sont pas exigibles à fin de bail et il en est de même des carreaux des portes-croisées du rez-de-chaussée donnant sur la voie publique ou sur un passage commun, si ces baies n'ont pas de contrevents à l'extérieur;

Les trous faits dans la maçonnerie des mangeoires d'écurie; les détériorations causées aux râteliers, poteaux, stalles et barres de séparation;

Les pavés des cours, lorsqu'il y en a seulement quelques-uns de dérangés ou de brisés; les bornes et auges en pierres brisées par un choc et non par vétusté; les lisses et barrières en bois dans les cours, détériorées aussi par maladresse;

Le piston, la tringle et le balancier des pompes;

L'entretien des allées de jardins, plates-bandes, bordures et gazons, les arbres et arbustes devant être rendus de mêmes espèces et en même nombre que le locataire les a reçus;

Les vases en fonte, en terre cuite ou en faïence et les statues en bronze ou en marbre cassés ou endommagés; mais si ces objets sont en plâtre, en pierre ou en d'autres matières susceptibles de se détériorer promptement, le locataire n'en est pas garant;

L'entretien des treillages, palissades, bassins, jets d'eau et de leurs conduits (1).

Les dégradations provenant de vols à l'intérieur de l'habitation ou de l'enclos et les objets soustraits à l'extérieur restent à la charge du propriétaire, s'il est de suite dressé procès-verbal de l'événement par un officier public qui constate le délit (2).

En résumé, le locataire est tenu de faire toutes les *réparations* nécessitées par les dommages provenant de sa faute ou d'un abus de jouissance. Le fermier doit les mêmes *réparations locatives* que le locataire d'une maison de ville; de plus, il doit entretenir les haies vives, les couperets, sébiles et autres ustensiles des pressoirs à cidre et à vin, les clôtures des étangs et des prairies, les échalas des vignes, les fossés bornant les terres et les bois.

De tout ce qui précède et en raison des menus détails que peuvent présenter les contestations qui surgissent à l'expiration d'un bail entre le preneur et le bailleur, il faut insister sur l'importance, pour le locataire, d'un état de lieux bien circonstancié, afin qu'on ne puisse exiger de lui des *réparations* qui le mettraient dans la nécessité de remplacer, par des objets neufs, ce qui aurait péri dans ses mains, par suite non-seulement de l'usage, mais encore de la mauvaise qualité et confection, ce qui ne peut être prouvé qu'au moyen d'un état des lieux.

Parmi les *réparations locatives* exigibles, on distingue celles dont l'urgence est évidente et celles qui peuvent être différées jusqu'à fin de bail. Dans ce dernier cas, le propriétaire a le droit

(1) *Manuel des lois du bâtiment.*

(2) Toussaint, *Code de la propriété*, n° 462.

de faire saisir les meubles du locataire et même des sous-locataires en garantie de ces *réparations* aussi bien que des loyers arriérés.

Un locataire peut s'opposer à tout changement désiré par le propriétaire, même sous prétexte que ce changement serait avantageux pour le premier ; au contraire, le locataire peut faire des changements de peu d'importance, tels que la dépose de portes, le déplacement de glaces, pourvu qu'il puisse rétablir le tout à fin de bail et que le déplacement de ces objets n'occasionne aucune dégradation. Les améliorations qu'un locataire a faites peuvent être enlevées par lui, pourvu qu'il remette les choses en état.

Enfin, l'article 1755 du Code civil dit formellement qu'aucune des *réparations* réputées *locatives* n'est à la charge des locataires, si elle est occasionnée par vétusté ou par force majeure.

Réparer, *v. a.* — 1° Enlever aux objets moulés ou coulés les barbes, bavures ou coulures formées par les joints du moule.

2° Faire la *réparure* (voy. ce mot).

Réparton, *s. m.* — On désigne ainsi, dans les ardoisières, le bloc d'ardoise tranché suivant les dimensions usuelles.

Réparure, *s. f.* — Opération de la dorure au moyen de laquelle on rend à la sculpture sa finesse altérée par le *ponçage*, l'*adoucissage* (voy. ces mots) et l'engorgement des moulures.

A cet effet, on emploie des fers contournés en forme de crochets de différentes espèces, qui permettent de visiter les moindres creux et les plus fins détails.

L'ouvrier qui exécute cette opération est le *répareur*.

Repasser, *v. a.* — Terme employé dans la dorure, comme synonyme de *mater*, c'est-à-dire passer pour la seconde fois de la colle chaude sur les mats.

Repère, *s. m.* — 1° Marque faite sur un mur par une entaille, par un trait noir, rouge ou blanc, soit pour conserver l'indication d'alignements ou de mesures, soit pour arrêter un trait de niveau à l'aide d'un jalon et d'un endroit fixe.

2° On désigne de même des piquets que les terrassiers enfoncent dans le sol pour fixer la hauteur d'un déblai ou d'un remblai, ou bien celle d'une chaussée, d'un revers, d'un ruisseau.

3° Les charpentiers appellent *ligne de repère* ou d'*emprunt* une ligne qui, dans l'*établissement des bois*, se trace sur l'épure pour indiquer la direction à donner à la pièce qu'elle représente.

Les lignes de *repère* sont relevées à la rainette sur les principales pièces d'un établissement, soit pour faciliter leur mise d'aplomb ou de niveau au levage, soit pour servir de lignes d'affleurement en retour, quand ces pièces reçoivent des assemblages qui se croisent.

Le trait *ramèneré* (voy. ce mot) est une ligne de *repère*.

4° Les paveurs donnent le nom de *repères* à des pavés qu'ils posent de distance en distance pour conserver leur niveau de pente.

5° Plaque de fonte scellée sur le mur d'un édifice ou d'une habitation particu-

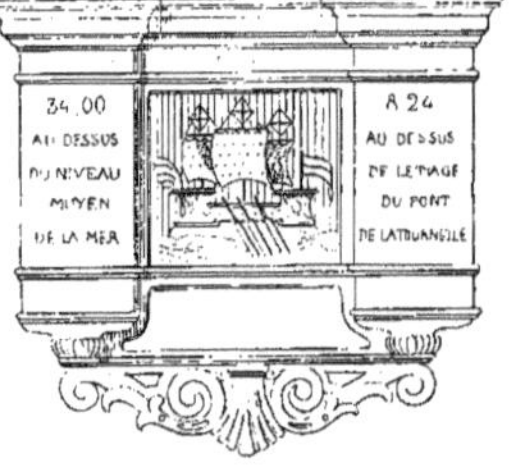

Fig. 3010.

lière et sur laquelle est gravée l'indication de la différence qui existe entre le niveau moyen de la mer et le niveau du point où cette plaque est posée.

A Paris, les plaques de *repère* sont ornées des armes de la ville (fig. 3010) et portent aussi l'indication du niveau au-dessus de l'étiage de certains ponts de la Seine.

Repère (*Granit du*). — Granit demi-dur, gris-blanchâtre, à grains moyens, que l'on extrait des carrières du *Repère*, dans l'arrondissement de Rochechouart (Haute-Vienne).

La hauteur d'assise de cette pierre est indéfinie; le poids du mètre cube est de 2,580 kilogr. et la charge d'écrasement par centimètre carré est de 600 kilogr.

Répétition, *s. f.* — Succession ou reproduction continue, sous la même forme, d'objets tels que rinceaux, enroulements, entrelacs (fig. 3011), qui servent à orner une frise, un bandeau, un listel.

Fig. 3011.

Repiocher, *v. a.* — Remuer à la pioche des terres déposées en cavalier, depuis un certain temps, afin de les charger et de les transporter ailleurs.

Repiquer, *v. a.* — Terrasse. Piocher la surface d'une allée, d'un chemin ou d'une route pour niveler les ornières, remplir les trous ou bomber la chaussée.

Peinture. Porter, avec un petit pinceau à fileter, une demi-teinte entre l'ombre et le clair d'une moulure, d'une feuille d'ornement, etc.

Tenture. Faire le *repiquage* des papiers tontisses, c'est former des ombres et des clairs au moyen de couleurs plus foncées ou plus claires que la tonture et qu'on applique à l'aide de planches préparées suivant le dessin du papier.

Replanir, *v. a.* — Terme de menuiserie qui signifie terminer avec le rabot ou le racloir, pour en enlever toutes les irrégularités, un ouvrage qui a déjà été corroyé.

Repos, *s. m.* — 1° En architecture, on appelle ainsi les parties lisses qui forment les principales oppositions destinées à faire briller et valoir le travail de la sculpture. Ce sont des parties qui *reposent* l'œil.

2° *Repos d'escalier* : synonyme de *palier*.

3° Les serruriers appellent *repos* les parties réservées dans une pièce pour y former arrêt; tel est, par exemple, l'épaulement qui se trouve au bas du mamelon d'un gond et sur lequel porte une penture.

Reposer, *v. a.*— Remettre en place. Ce terme est fréquemment employé dans les travaux de réparation; on *repose* une serrure, une porte, etc.

Reposoir, *s. m.* — 1° Au moyen âge, on donnait ce nom à de petits édifices élevés sur le bord des grandes routes pour offrir aux voyageurs un abri, un asile et un lieu de prière (1).

L'Italie possède un grand nombre de ces édicules. En France, on les a détruits pour la plupart; quelques-uns cependant se trouvent encore dans les provinces du centre, où ils ont été convertis en chapelles.

2° Aujourd'hui, on désigne par ce terme de petites constructions temporaires établies en plusieurs endroits, pour servir de lieux de repos, sur le trajet que parcourt la procession de la Fête-Dieu.

(1) Viollet Le Duc, *Dictionnaire raisonné de l'architecture française*.

Ces *reposoirs* sont formés habituellement d'un autel avec des gradins chargés de vases, de fleurs, de chandeliers, etc., et surmontés souvent d'un dais ou baldaquin supporté par des colonnettes.

Repous, *s. m.* — Terme qui désigne une sorte de mortier fait de petits plâtres provenant de démolitions, battus et mêlés avec de la brique concassée.

Le *repous* sert à affermir les aires des chemins et sécher les sols humides.

Repousser, *v. a.* — Relever au marteau un ornement de serrurerie.

Repoussoir, *s. m.* — Maçonnerie. Long ciseau en fer acéré par son tranchant, et que les tailleurs de pierre nomment aussi *fer carré*. Ils se servent de cet outil pour tailler les moulures.

Charpente et Menuiserie. Sorte de cheville que l'on emploie pour en faire sortir une autre d'un trou dans lequel elle est engagée.

Plomberie. *Robinet à repoussoir* (voy. *Robinet*).

Reprendre, *v. a.* — Refaire soit les parties dégradées de la surface d'un mur, d'un pilier, etc., soit ces objets en entier par sous-œuvre.

Reprise, *s. f.* — En général, réfection des parties d'un mur, d'un pilier, etc., dégradées à la surface ou dans toute leur épaisseur.

La *reprise* en sous-œuvre consiste à reconstruire les parties détériorées d'un mur, d'un pilier, tout en n'ébranlant pas les parties en bon état qui se trouvent au-dessus de la *reprise*.

A cet effet, on soutient le haut de la construction au moyen d'étais et de chevalements, et l'on place des croisillons et des couchis dans les baies pour maintenir l'écartement des jambages ; on procède ensuite à la démolition des parties qu'il faut remplacer ; celles-ci une fois terminées, on les rejoint soigneusement avec les anciennes. Un des modes de jonction les plus efficaces est celui qui consiste à introduire dans le joint même des cales de la matière la moins compressible.

La figure 3012 montre la *reprise* en sous-œuvre d'une pile dont la portion supérieure est soutenue à chaque assise

Fig. 3012.

par des chevalements horizontaux qui se croisent à angle droit d'une assise à la suivante.

Réseau, *s. m.* — Arcatures entrelacées qui forment comme une broderie dans le tympan d'une fenêtre ogivale.

Réservoir, *s. m.* — 1° On définit ainsi, d'une manière générale, un récipient dans lequel on met en réserve une certaine quantité d'eau destinée à être distribuée pour différents usages.

Les *réservoirs* qui servent à la distribution des eaux dans les villes sont situés sur le point le plus élevé du périmètre à desservir ; ils sont construits en tôle ou en maçonnerie.

Les *réservoirs en tôle*, qui ne doivent renfermer habituellement que des volumes d'eau peu considérables, ont, en général, la forme cylindrique ; si leurs dimensions sont faibles, on y emploie de la tôle assez mince ; c'est ainsi qu'un *réservoir* de 8 à 10 mètres de circonférence et de 3 à 4 mètres de hauteur peut être composé, par exemple, de tôle de 0m,002, dans le premier tiers de sa hauteur, de 0m,0025 au milieu et de 0m,003 dans sa partie inférieure. Le fond, qui est plat ou légèrement convexe, doit avoir une certaine épaisseur, parce qu'il convient de le poser soit sur des poutrelles ou sur des murs de refend présentant un écartement suffisant, soit sur une sablière placée elle-même sur un mur circulaire, pour que l'on puisse visiter le dessous du *réservoir*, vérifier les fuites et entretenir la peinture afin d'empêcher la rouille de l'attaquer. Tantôt cette cuve est établie dans une construction en maçonnerie ; tantôt elle est recouverte d'un toit et entourée d'une enveloppe en matières peu conductrices, qui conserve à l'eau une température plus uniforme.

Les grands *réservoirs*, ordinairement construits en maçonnerie, sont à ciel ouvert ou surmontés soit d'une voûte, soit d'une toiture.

La forme de ces *réservoirs* est variable ; le fond et les parois sont très souvent en béton recouvert d'un enduit de ciment hydraulique. L'épaisseur du fond est comprise entre 0m,30 et 0m,70, selon la résistance du sol et la hauteur de l'eau, qui varie de 2 à 5 mètres. L'épaisseur des murs d'enceinte, s'ils sont isolés et d'une certaine longueur, doit être à peu près égale, en moyenne, aux deux tiers de la hauteur d'eau à supporter.

Pour recouvrir ces bassins, le meilleur mode est l'emploi de petites voûtes cylindriques légères, supportées par des rangées d'arcades reposant elles-mêmes sur de petits piliers isolés ainsi que le montre (fig. 3013) le plan du *réservoir* d'Amiens (1), présenté à l'échelle de 0m,013 pour mètre.

Les tuyaux de conduite et les tuyaux de vidange débouchent ordinairement au fond des *réservoirs*. Si leur diamètre est faible, on règle la distribution au moyen de simples robinets placés à l'extérieur ; mais quand les conduites ont

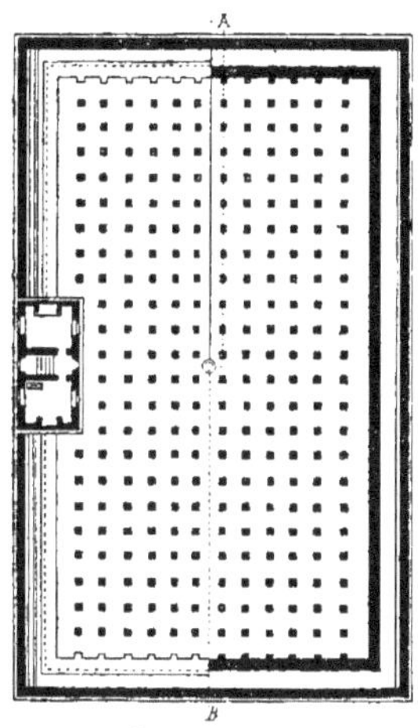

Fig. 3013.

un diamètre un peu considérable, on garnit l'ouverture évasée de chaque tuyau d'une soupape de fond, que l'on manœuvre de la surface supérieure du *réservoir* au moyen d'une tige verticale en fer fixée au clapet qui ferme l'orifice.

A Paris, on a construit un certain nombre de *réservoirs* de petites dimensions qui servent à la distribution que l'on fait aux porteurs d'eau ; celui que représente la figure 3014 est situé dans la rue de Courcelles ; c'est un bâtiment rectangulaire dont le rez-de-chaussée est occupé par un bureau destiné à la distribution ; au-dessus est placé le *réservoir* ; des murs en briques, avec jours ménagés à l'effet d'aérer l'intérieur, forment la partie supérieure de l'enveloppe en maçonnerie ; le tout est surmonté d'une toiture en zinc avec châssis d'éclairage.

Dans les gares et stations de chemins de fer, on établit, à proximité de la voie, des *réservoirs* d'alimentation d'eau pour

(1) Laboulaye, *Dict. des arts et manufactures.*

les trains. Ce sont des cuves cylindriques en tôle supportées par une construction en maçonnerie circulaire ou po-

Fig. 3014.

lygonale avec contreforts aux angles. Cette cuve est entourée d'une enveloppe peu conductrice, en briques ou en planches, recouverte d'un toit.

La figure 3015 représente la coupe d'un bâtiment destiné à recevoir une cuve alimentaire, établi sur la ligne du chemin de fer d'Orléans (1). Le plan est circulaire et les murs ont un fruit d'un cinquantième. La cuve, à fond sphérique, repose exclusivement sur une cornière en fonte scellée sur le couronnement en pierre de taille, dont elle relie, de la manière la plus absolue, tous les éléments. Un passage de $0^m,75$ reste libre entre le revêtement et la cuve, au-dessus de laquelle une distance de $0^m,75$ a été également ménagée sur les tirants du comble. On peut ainsi accéder à toutes les parties intérieures de l'installation, dont la visite est rendue facile au moyen d'un lanterneau vitré qui couronne la toiture. Pendant

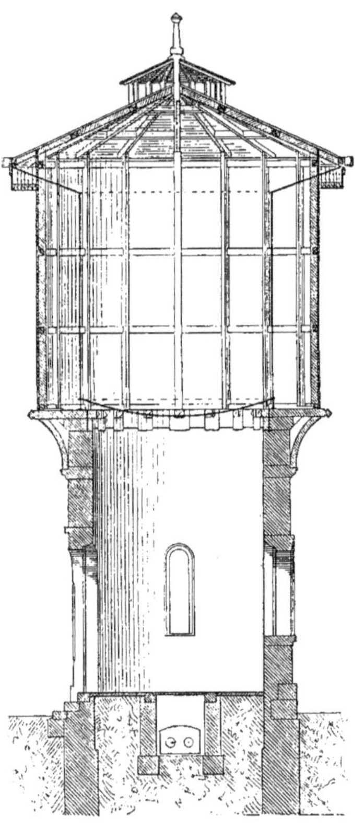

Fig. 3015.

l'hiver, les tubes d'aspiration et de refoulement peuvent être préservés de la gelée à l'aide d'un appareil de chauffage, dont le tuyau, après avoir traversé la cuve, passe à l'intérieur du poinçon de fonte creuse qui relie les arbalétriers.

Nous donnons également (fig. 3016) le plan et l'élévation d'un *réservoir* à plan octogonal, consolidé par des contreforts

(1) Chabat, *Bâtiments de chemins de fer.*

et pourvu d'une galerie extérieure, d'une enveloppe en lames de persiennes et d'un

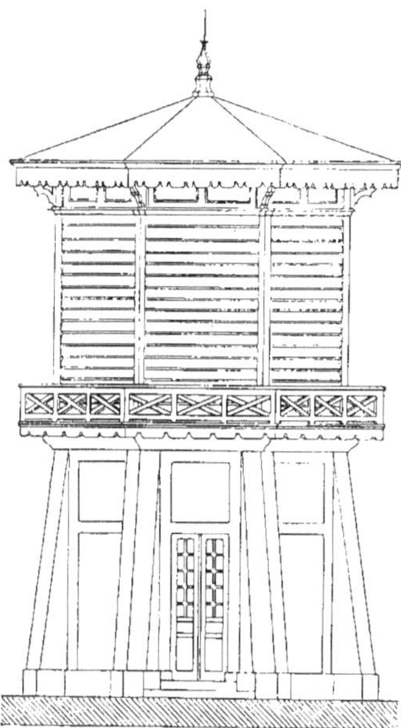

Fig. 3016.

toit saillant, avec lambrequin en bois découpé.

On fait aussi des *réservoirs* doubles.

L'alimentation d'un canal exige l'établissement, à proximité du point de partage de cette voie navigable, de *réservoirs* que l'on obtient en barrant une vallée, au moyen d'une digue en terre ou en maçonnerie, traversée par un ou plusieurs aqueducs, qui conduisent, à volonté, les eaux dans une rigole communiquant au bief de partage. Ces digues, en retenant les eaux qui arrivent dans la vallée, servent à former un vaste étang pouvant suffire aux besoins de la navigation.

Les Romains construisaient, aux points de départ et aux points d'arrivée des *aqueducs*, des *piscines* ou *réservoirs* qui permettaient à l'eau de se purifier en déposant toutes les matières qu'elle pouvait tenir en suspension.

2° On appelle *réservoir* de *fumée* un coffre établi à la partie supérieure d'un poêle de construction et formé par deux planchers en tuiles et des cloisons en briques, dans lequel la fumée, qui a circulé dans l'intérieur du poêle, arrive pour sortir ensuite par un tuyau en tôle qui la conduit dans la cheminée. C'est dans ce *réservoir* que se dépose la suie.

Résiliation, *s. f.* — Voy. *Bail*, *Marché*.

Résille, *s. f.* — Ensemble des plombs qui servent à retenir les verres composant un vitrail.

Résine, *s. f.* — On donne ce nom à des substances végétales qui s'écoulent naturellement du tronc et des branches de certains arbres, ou qu'on en extrait artificiellement.

Les *résines* sortent ainsi du bois à l'état de sucs plus ou moins visqueux et se solidifient ordinairement à l'air. Elles renferment une quantité variable d'huile essentielle ; il y en a où cette huile est tellement prédominante que ces substances restent toujours liquides ; on les appelle communément *térébenthines*.

Les *résines* sont très inflammables et ne se dissolvent pas dans l'eau, mais elles sont solubles dans l'esprit-de-vin et dans les huiles.

Les *résines* s'emploient dans la composition des *vernis* (voy. ce mot). On distingue, parmi celles qui servent à cet usage, le *copal*, l'*élémi*, la *laque*, le *succin*, le *benjoin* (voy. ces mots).

Dans la préparation de l'essence de térébenthine, on peut obtenir, par certains procédés, de la *résine commune*, dite aussi *poix-résine* ou *brai sec* et dont on se sert particulièrement pour la préparation du mastic de fontainier, qui n'est autre chose que le mélange de 1 partie de *résine* avec 2 parties de brique finement pulvérisées et fondues ensemble.

Résistance, *s. f.* — *Résistance des matériaux.* Les corps sont composés de molécules maintenues dans leurs positions relatives par des forces qui sont les unes attractives, les autres répulsives, et qui constituent l'état de stabilité des corps, lorsqu'elles se font équilibre. On regarde les forces attractives comme étant dues à une propriété particulière de la matière, que l'on appelle l'attraction moléculaire des corps, et les forces répulsives à la dilatation produite par la chaleur.

Nous n'avons à nous occuper ici que de la *résistance* des corps solides.

Sous l'influence de la force d'attraction, les molécules des corps tendent à se grouper dans un certain ordre régulier et présentent alors, dans des sens différents, des *résistances* variables.

Lorsque des forces extérieures viennent s'ajouter aux forces attractives et répulsives qui se font équilibre, le corps prend une nouvelle forme : les molécules, en se rapprochant ou en s'éloignant, se groupent dans un nouvel état d'équilibre, pourvu que ces forces ne dépassent pas une certaine limite, au-delà de laquelle la rupture se produit.

De la force de cohésion qui réunit ainsi les molécules des corps, dépend la ténacité de ces corps, ténacité différente pour chacun d'eux et que l'on mesure par la quantité de force nécessaire pour les rompre.

Si l'on exerce sur un corps solide des efforts de traction ou de compression, on observe ce phénomène que, les efforts ne dépassant pas une certaine limite, l'allongement ou le raccourcissement qui en résulte n'est pas permanent, et le corps reprend son premier état d'équilibre, quand l'action accidentelle cesse d'être exercée. C'est cette propriété que l'on nomme *élasticité.*

Si l'on étudie les actions produites sur des prismes soumis à des efforts de traction, on remarque que les allongements sont proportionnels aux charges par unité de surface, jusqu'à une certaine limite, variable avec la nature du corps ; ils croissent plus rapidement au-delà. On admet la même loi pour les raccourcissements produits par la compression. Les uns et les autres sont proportionnels à la longueur des prismes et en raison inverse de leur section.

Appelons P l'effort de tension ou de compression par unité de surface, et i l'allongement ou le raccourcissement produit sur l'unité de longueur ; $\frac{P}{i}$ sera constant pour un même corps dans les limites auxquelles nous venons de faire allusion. Cette quantité constante, que l'on désigne habituellement par la lettre E, représente la réaction élastique de la substance considérée à la tension ou à la compression.

On a donc : $\frac{P}{i} = E.$

Si, de plus, on nomme l l'allongement produit sur un prisme d'une longueur L et d'une section S par un poids P, cet allongement est donné par la formule

$$l = \frac{LP}{SE}.$$

En pratique, on ne doit jamais soumettre les matériaux à des efforts voisins de ceux qui détermineraient la rupture. Il faut même se tenir bien en dessous de ces limites pour les charges permanentes ; c'est ainsi que dans les constructions en pierre on ne va pas au-delà du dixième de la charge qui produirait l'écrasement immédiat ; dans les constructions en fer, on ne dépasse pas le cinquième.

On appelle :

1° *Résistance à la compression, résistance à l'écrasement* ou *force portante*, la *résistance* que les matériaux offrent aux efforts qui agissent par *compression* (voy. ce mot);

2° *Résistance à la traction*, ou *à l'extension* ou *force tirante*, la ténacité qu'ils présentent lorsqu'ils sont exposés à des charges qui agissent par *traction* (voy. ce mot);

3° *Résistance au cisaillement* ou *force transverse*, la *résistance* à la disjonction par le mouvement tangentiel des corps (voy. *Cisaillement*);

4° *Résistance à la flexion*, la *résistance* des pièces allongées, telles que les poutres et solives d'un plancher, à des efforts dirigés normalement ou obliquement à la longueur de ces pièces et qui les font fléchir avant de les rompre.

La *résistance à la flexion* donne lieu à des formules dites *formules de résistance*, dont nous ferons ici le simple exposé ; nous examinons, dans des articles séparés, comment se comportent les divers matériaux de construction quand ils travaillent à la *compression*, à la *traction* et au *cisaillement* (voy. ces mots).

Ces formules permettent de calculer quelles doivent être les sections transversales des pièces de bois ou de métal qui résistent à la flexion et sont soumises à des forces dont on connaît l'intensité, la direction et les points d'application.

Si l'on suppose une pièce prismatique à base rectangulaire ou cylindrique, et que l'on appelle : a la largeur de la section transversale de la pièce ou dimension de cette section perpendiculaire à la direction de la force ; b la hauteur de la pièce ou dimension de la section transversale parallèle à la direction de la force ; l la longueur de la pièce entre les points d'appui ou d'encastrement ; r le rayon de la base dans les pièces cylindriques ; π le rapport de la circonférence au diamètre ; R la pression ou la tension que l'on impose à la pièce sans dépasser la limite d'élasticité des fibres ; E le coefficient d'élasticité de cette substance ; on peut déduire les valeurs de a et de b des formules suivantes :

1° *Pour une pièce horizontale encastrée par une extrémité et chargée à l'autre d'un poids* P : $P = \frac{R\,a\,b^2}{6\,l}$ si la base est rectangulaire, et : $P = \frac{R\,\pi\,r^3}{4\,l}$ si la section est circulaire ;

2° *Pour une pièce horizontale encastrée par une extrémité et chargée uniformément d'un poids* p par unité de longueur, en tout $p\,l$: $p\,l = \frac{R\,a\,b^2}{3\,l}$ si la pièce est à section rectangulaire, et : $p\,l = \frac{R\,\pi\,r^3}{2\,l}$ si la section est circulaire ;

3° *Pour une pièce posée horizontalement sur deux appuis et chargée au milieu d'un poids* P : $P = \frac{2\,R\,a\,b^2}{3\,l}$ si la section est rectangulaire, et : $P = \frac{R\,\pi\,r^3}{l}$ si la section est circulaire ;

4° *Pour une pièce posée horizontalement sur deux appuis et uniformément chargée d'un poids* p par unité de longueur : $p\,l = \frac{4\,R\,a\,b^2}{3\,l}$ si la section est rectangulaire, et : $p\,l = \frac{2\,R\,\pi\,r^3}{l}$ si la section est circulaire ; on remarquera que la charge peut être doublée si elle est répartie uniformément au lieu d'être placée au milieu de la longueur de la pièce ;

5° *Pour une pièce posée horizontalement sur deux appuis, supportant un poids* P *au milieu de sa longueur et chargée uniformément d'un poids* p *par unité de longueur* : $P = \frac{2\,R\,a\,b^2}{3\,l} - \frac{p\,l}{2}$ si la pièce est à section rectangulaire, et : $P = \frac{R\,\pi\,r^3}{l} - \frac{p\,l}{2}$ si la section est circulaire ;

6° *Pour une pièce posée horizontalement sur deux appuis et chargée d'un poids* P *appliqué à une distance* x *du milieu de la pièce* : $P = \frac{2\,l\,R\,a\,b_2}{3\,(l^2 - 4\,x_2)}$ si la section est rectangulaire, et : $P = \frac{l\,R\,\pi\,r^3}{l^2 - 4\,x^2}$ si la section est circulaire :

7° *Lorsqu'une pièce a l'une de ses extrémités encastrée et l'autre posée sur un appui*, elle peut supporter un poids égal aux 4/3 de celui qu'elle admettrait si ses deux extrémités n'étaient que posées ;

8° *Une pièce dont les deux extrémités sont encastrées* peut supporter une charge double de ce qu'elle pourrait recevoir si ses deux extrémités étaient libres.

La résistance de *deux pièces combinées*, c'est-à-dire formées par la réunion de plusieurs pièces de bois superposées, rendues solidaires de façon à ne pouvoir glisser, ni fléchir séparément, est supérieure à la somme des résistances dont chacune d'elles, considérée isolément, est susceptible.

Les formes des sections transversales peuvent être très diverses. Nous indiquerons seulement la formule qui donne les valeurs relatives des dimensions de la section pour les fers à

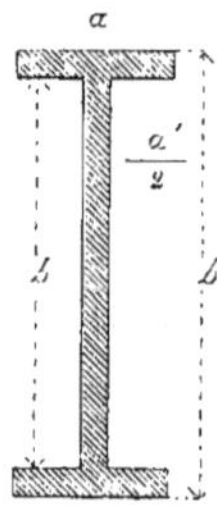

Fig. 3017.

double T, tels que ceux qu'on emploie pour planchers ou poutres et dont la coupe est représentée par la figure 3017. On aurait l'évaluation suivante :

$$P = \frac{2R(ab^3 - a'b'^3)}{3bl}.$$

Nous terminerons cet article en présentant le tableau suivant, emprunté à l'ouvrage de M. Claudel et qui donne, pour plusieurs espèces de corps, les valeurs de R qu'on ne doit pas dépasser dans la pratique :

Chêne	550,000	à	750,000
Sapin jaune ou blanc	600,000	à	800,000
Arcs en planches	250,000	à	300,000
Fer doux forgé	6,000,000	à	10,000,000
Fer laminé en barres	4,700,000	à	7,800,000
Acier d'Allemagne	12,500,000	à	16,600,000
Acier fondu	10,600,000	à	22,000,000
Fonte grise à grain fin	7,500,000	à	10,000,000

Responsabilité, *s. f.* — Obligation de se porter garant de certains actes, de certains faits.

Nous avons énuméré aux articles *architecte* et *entrepreneur*, les cas principaux dans lesquels la *responsabilité* de ces derniers est engagée, mais il est aussi d'autres cas à signaler ; tels sont ceux qui concernent la *responsabilité* de l'ouvrier :

« Art. 1788. Si, dans le cas où l'ouvrier fournit la matière, la chose vient à périr de quelque manière que ce soit, avant d'être livrée, la perte en est pour l'ouvrier, à moins que le maître ne fût en demeure de recevoir la chose.

« Art. 1789. Dans le cas où l'ouvrier fournit seulement son travail ou son industrie, si la chose vient à périr, l'ouvrier n'est tenu que de sa faute.

« Art. 1790. Si dans le cas de l'article précédent la chose vient à périr, quoique sans aucune faute de la part de l'ouvrier, avant que l'ouvrage ait été reçu, et sans que le maître fût en demeure de le vérifier, l'ouvrier n'a point de salaire à réclamer, à moins que la chose n'ait péri par le vice de la matière.

« Art. 1791. S'il s'agit d'un ouvrage à plusieurs pièces ou à la mesure, la vérification peut s'en faire par parties : elle est censée faite pour toutes les parties payées, si le maître paie l'ouvrier en proportion de l'ouvrage fait. »

Le premier de ces articles du Code civil trouve son application, lorsque, par exemple, le projet dressé par un architecte est détruit entre ses mains, avant d'être livré à celui qui l'a commandé ou avant que celui-ci ait été mis en demeure d'en prendre livraison : la perte est pour l'architecte (1).

Il existe encore de nombreux cas de *responsabilité*, tels que ceux qui concernent l'*usage*, l'*usufruit*, la *vente* (voy. ces mots), ainsi que les obligations réciproques des propriétaires et locataires (voy. *Bail*, *Réparation*).

(1) *Manuel des lois du bâtiment.*

Ressaut, *s. f.* — 1° Toute partie, tout corps qui ne se continue pas sur une même ligne horizontale, c'est-à-dire qui forme avancement ou reculement sur les parties voisines.

Ce terme ne s'applique pas aux saillies que font sur la face d'un édifice les diverses parties d'un entablement, d'une corniche, d'une imposte, d'un bandeau, etc. ; ce mot s'entend, par exemple

Fig. 3018.

(fig. 3018), d'une architrave dont la ligne horizontale est interrompue par des saillies de cette ligne sur elle-même de façon à former des angles saillants et des angles rentrants.

2° Bourrelet ménagé à l'extrémité des lames de plomb ou de zinc qui forment le fond d'un chéneau.

Les *ressauts* permettent de relier les feuilles entre elles de manière à ne pas gêner la dilatation.

Ressort, *s. m.* — Bande ou fil de métal que l'on contourne ou dispose de façon que leur flexibilité et leur élasticité tendent à les faire revenir à leur premier état.

On utilise le *ressort* pour ramener dans une position fixe une partie mobile d'un mécanisme, dès que l'action qui a produit le déplacement de cette partie cesse de se faire sentir.

On distingue une grande quantité de *ressorts*, dont les formes sont très variées ; nous citerons :

Le *ressort simple*, formé d'une lame de métal dont une extrémité est un peu courbée et l'autre libre : on en place de ce genre dans la feuillure d'un guichet,

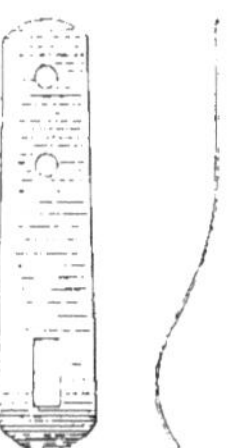

Fig. 3019.

d'une porte cochère ou bien dans les armoires pour servir d'arrêt de fermeture (fig. 3019) ; le verrou dit à *ressort* est pourvu d'une lame semblable appelée aussi *paillette* ;

Le *ressort à boudin*, lame ou fil enroulés en spirale, dont une des extrémités est fixée par un étoquiau et dont l'autre est droite ; c'est ce *ressort* qui, dans une serrure, retient et fait mouvoir le pène à chanfrein ;

Le *ressort de rappel*, petit *ressort* en spirale (fig. 3020) qui sert à tenir tendu le fil de fer d'une sonnette et qui est

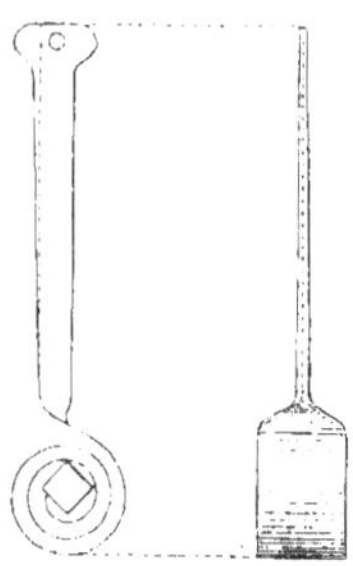

Fig. 3020.

fixé par une pointe telle que la représente la figure 3021 ; ce n'est autre chose qu'un *ressort à boudin ;*

Le *ressort de sonnette*, lame de fer également tournée en spirale et sur laquelle est vissée la sonnette ;

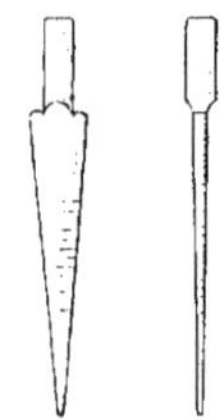

Fig. 3021.

Le *ressort à pompe* ou *à cylindre*, fil de laiton contourné et servant aux mêmes usages que les *ressorts à boudin* ;

Le *ressort à chien*, qui a la forme d'un V et dont les branches sont fixées à leur point de réunion par un étoquiau ; ce *ressort* s'emploie pour les loqueteaux et à la queue des pènes des serrures bénardes ; on lui donne le nom de *grand ressort* quand il est couché au-dessus du pène d'une serrure et que ses branches sont longues et inégales, dans les serrures de sûreté, par exemple ;

Le *ressort à pied*, ayant la même forme que le précédent, mais dont l'une des branches porte un talon ou un tenon qui entre dans une mortaise pratiquée au palastre ;

Le *ressort à foliot*, petite pièce d'une serrure, montée par une de ses extrémités sur un étoquiau et qui sert à renvoyer l'effort d'un autre *ressort* ;

Le *ressort à torsion*, qui fait fermer les portes seules ; c'est un fil de métal passé dans les œils ou dans les nœuds des serrures et qui agit en se tordant.

Restauration, *s. f.* — 1° Réfection des parties dégradées d'un bâtiment pour le remettre en bon état.

2° Travail fait par l'artiste d'après les restes d'un édifice ancien pour en retrouver l'ensemble, l'ordonnance, le plan et les élévations.

Restitution, *s. f.* — Ce mot exprime l'action, l'idée de rendre ce qui avait été enlevé ou perdu soit par le temps, soit par toute autre cause.

Restituer diffère de *restaurer*, en ce sens que le dernier de ces mots signifie refaire un ouvrage ou un édifice en partie détruits d'après les ruines qui en subsistent, tandis que le premier veut dire recomposer un ouvrage ou un monument entièrement disparus d'après les autorités que l'on en retrouve dans les descriptions.

Retable, *s. m.* — Sorte de dossier posé sur une table d'autel dans une église catholique et servant à la décoration.

Au moyen âge, avant l'usage des *retables* fixes, qui ne date que du commencement du XIIe siècle, on fit des *retables* mobiles en orfèvrerie ou en bois, qui étaient quelquefois recouverts d'étoffes (1).

Ceux de ces dossiers qui étaient fixes furent d'abord habituellement des dalles sculptées masquant un coffre dans lequel on renfermait des reliques. Le maître-autel, dans les cathédrales, n'avait pas de *retable* fixe.

Dans les autels secondaires, ces dossiers étaient fréquemment disposés de manière à masquer et à supporter tout à la fois le reliquaire, ce dernier étant appuyé sur des consoles ou corbeaux encastrés d'un côté sur le *retable*, de l'autre sur le mur formant le fond de la chapelle.

Plus tard, et cet usage subsiste encore aujourd'hui, on plaça le reliquaire sur le *retable* même (voy. *Autel*).

Retailler, *v. a.* — Déposer de vieilles menuiseries pour les réduire à une autre mesure, ou y ajouter des parties neuves, refaire des assemblages et assembler à nouveau les pièces ainsi transformées.

La même expression est employée

(1) Viollet Le Duc, *Dictionnaire raisonné de l'architecture française*.

par les vitriers et signifie couper des carreaux de vitres pour les mettre à une autre mesure.

Retenue, *s. f.* — En terme de charpente, une pièce de bois a sa *retenue* sur un mur quand elle est engagée de façon à ne pouvoir ni avancer, ni reculer.

Reticulatum *(Opus)*. — Nom que les Romains avaient donné à un genre d'*appareil* (voy. ce mot) formé de pierres présentant un carré en parement et disposées en losanges ou échiquiers.

Cet appareil était fort en usage dans les derniers temps de la république romaine. Vitruve regarde le *reticulatum* comme agréable à voir, « mais, dit-il, il est sujet à se lézarder, les pierres qui le composent ne formant aucune liaison dans leurs lits ».

Ces pierres, disposées en losanges ou en échiquier, sont toujours, dans les restes qui nous sont parvenus de l'antiquité, encadrées par des montants ou des rangs de maçonnerie formée de moellons équarris qui assurent la stabilité de la construction; quelquefois, ces encadrements sont faits de briques.

Les ruines de la villa Adrien, à Tivoli, sont en *reticulatum*, exécuté avec beaucoup d'art. On voit aussi des restes de ce genre d'appareil à la porte du Peuple, à Rome.

Il y a lieu de croire que, dans les édifices d'une certaine importance, la maçonnerie *réticulaire* était revêtue en marbre; on remarque, en effet, à la villa Adrien, les trous des crampons ou agrafes qui retenaient ces placages.

Retombée, *s. f.* — Nom que l'on donne, à proprement parler, à l'ensemble des voussoirs qui, dans une voûte ou dans une arcade, en forment la naissance et qui peuvent se soutenir sans cintre, en supposant que cette voûte soit détruite ou non achevée.

Dans un sens moins rigoureusement exact, ce mot est souvent pris avec la même acception que le mot *naissance*.

La figure 3022 représente les *retombées* de deux arcades adjacentes sur l'entablement qui couronne une colonne corinthienne. Nous ferons remarquer, en

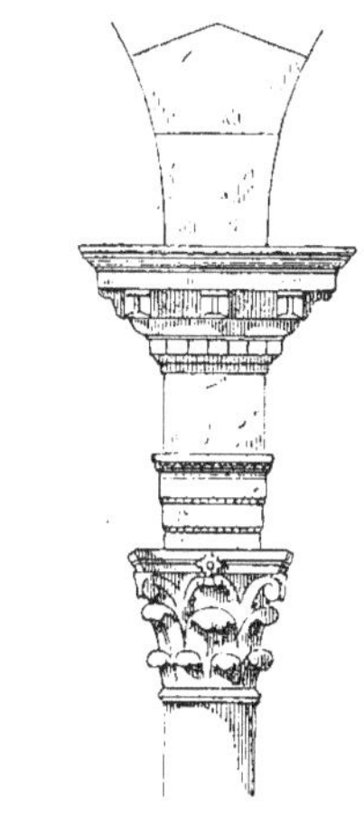

Fig. 3022.

passant, que cette ordonnance, bien qu'elle soit fréquemment adoptée, n'est nullement conforme aux principes qui doivent guider l'architecte dans l'exécu-

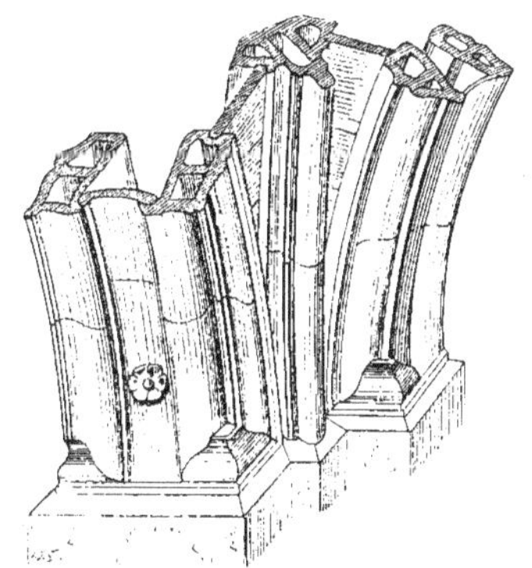

Fig. 3023.

tion de son œuvre; il n'est pas logique, en effet, de séparer la *retombée* d'une arcade de son support naturel, le chapiteau, par un entablement qui ne ré-

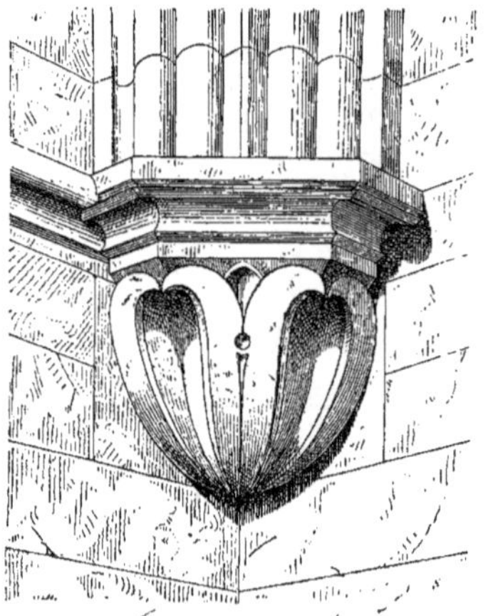

Fig. 3024.

pond ici à aucune des nécessités de

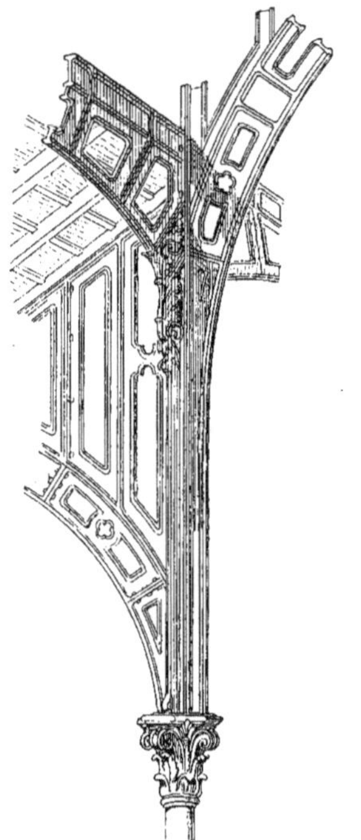

Fig. 3025.

l'art, ni de la construction ; et de ce défaut résulte une stabilité douteuse, en apparence comme en réalité.

On a exécuté, dans ces derniers temps, des voûtes en terre cuite dont les claveaux sont moulés et assemblés entre eux par emboîtement. Nous donnons, comme exemple (fig. 3023), les *retombées* de nervures appartenant à la voûte de l'église de Neuilly-sur-Seine, restaurée par M. Simonet.

Au lieu de faire *retomber* des arcades ou des nervures sur des piliers ou des colonnes, on fait reposer les naissances sur des culs-de-lampe, comme on le voit sur la figure 3024 (1), qui montre un de ces supports, placé à l'angle de deux murs.

Le problème de la *retombée* des arcades métalliques donne également lieu à d'intéressantes solutions. La figure 3025 représente une des colonnes du marché couvert construit à Lyon, par M. Desjardins; cette colonne supporte les *retombées* de quatre arcades différentes.

Ce nom s'est appliqué, par extension,

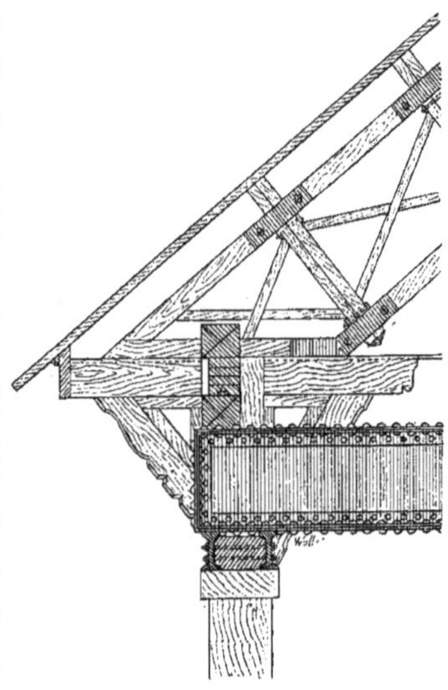

Fig. 3026.

à la jonction du pied des arbalétriers

(1) C. Sauvageot, *Notre-Dame de la Roche.*

d'une ferme avec un poteau servant de support à cet arbalétrier. Dans la figure 3026 (1), cette dernière pièce est une poutre armée qui repose sur un blochet, supporté lui-même par deux consoles qui transmettent la charge au poteau.

On appelle *assise de retombée* un cours d'assise régnant à la *retombée* d'une voûte.

Retondre, *v. a.* — 1° Couper au sommet d'un mur ou d'une souche de cheminée une partie dégradée ou ruinée pour la refaire.

2° Abattre ou retrancher d'une façade qu'on veut remettre à neuf, les saillies, les ornements inutiles ou de mauvais goût.

3° Le mot *retondre* s'emploie encore dans ce sens : repasser sur un ouvrage d'architecture avec des *fers à retondre* pour le mieux terminer et rendre les arêtes plus vives.

Retour, *s. m.* — 1° Ce nom s'applique au profil que forme un membre d'architecture, un entablement, par exemple, qui est en avant-corps ou fait ressaut.

On nomme aussi *retour* l'encoignure d'un bâtiment.

On appelle *retour d'équerre* toute encoignure ou *retour* formant un angle droit.

2° *Arbre sur le retour :* arbre qui dépérit de vieillesse; cette maladie se reconnait au dessèchement des menus branchages les plus élevés, où la sève ne peut plus parvenir.

On appelle *bois passé*, un bois qui est arrivé à un degré de caducité plus avancé que celui du bois *en retour*.

Retourner, *v. a.* — 1° *Retourner une pierre :* la changer de face pour faire son second lit ou continuer un évidement.

(1) Chabat, *Bâtiments de chemins de fer*.

2° *Retourner d'équerre :* mener une perpendiculaire à une ligne effective ou supposée.

3° *Retourner le chanfrein d'un pène :* souder à ce pène une nouvelle tête et refaire le chanfrein dans le sens opposé.

Retrait, *s. m.* — Réduction de volume qu'éprouvent un ouvrage de métal quand il passe d'une température élevée au refroidissement, ou un ouvrage de terre ou d'argile soumis à la dessiccation.

On dit aussi *retraite*.

Retraite, *s. f.* — 1° Lieu où l'on se retire pour y être seul et pour se mettre à l'abri en cas de mauvais temps.

On ménage souvent, dans la distribution des habitations et des jardins, des *cabinets de retraite*.

2° *En retraite :* position de tout membre d'architecture qui est placé en arrière de la face du corps qui le supporte; ainsi, un mur au rez-de-chaussée d'un bâtiment est ordinairement *en retraite* sur le mur de fondation ou le mur de cave (voy. *Assise*).

Législation. Un propriétaire a le droit de construire en *retraite* de l'alignement d'une rue (voy. *Alignement*).

Retranchement, *s. m.* — 1° *Faire un retranchement :* enlever la partie excédante d'une pièce pour la proportionner ou pour quelque autre commodité.

2° Suppression de certaines avances et saillies sur les voies publiques pour rendre celles-ci plus praticables ou pour leur donner l'alignement prescrit.

3° Terme d'architecture militaire qui désigne tout obstacle naturel ou artificiel qu'on oppose aux attaques de l'ennemi.

Les *retranchements naturels* sont les ravins, les marais, les cours d'eau, les bois, les escarpements, etc.

Un *retranchement* artificiel se compose soit d'un talus formé du déblai d'une tranchée, soit d'ouvrages détachés qui se flanquent réciproquement.

Rétrécissement, *s. m.* — Ensemble des parois latérales et supérieure d'un âtre de cheminée, reliées au chambranle, soit par un enduit en plâtre, soit par des panneaux de faïence (voy. *Cheminée*). Chacune de ces parois est en biais par rapport à la face du chambranle, et c'est sur le pourtour du vide laissé par le *rétrécissement* que se place le cadre destiné à recevoir le rideau.

Retrousser, *v. a.* — 1° Remanier la forme en sable d'une cheminée que l'on veut relever ou baisser.

2° Déposer des terres en tas plus ou moins réguliers en un point plus élevé que l'endroit d'où on les extrait.

Réverbère, *s. m.* — Voy. *Candélabre*, *Lanterne*.

Revers, *s. m.* — 1° Partie de pavé en pente que l'on établit au-devant des murs de face des maisons, dans les rues ou les cours, pour rejeter vers les ruisseaux les eaux des égouts des combles, afin que ces eaux ne dégradent pas les murs.

Les rues pavées dont le ruisseau est dans le milieu, comme cela se voit encore dans les quartiers anciens des villes, sont dites à *revers double*.

2° En menuiserie, on appelle *revers d'eau*, ou *reverseau*, d'une manière générale, une petite pente ménagée au-dessus d'une corniche ou de toute autre partie saillante pour faciliter l'écoulement des eaux qui peuvent tomber dessus (voy. *Appui*, *Jet d'eau*).

Reverseau, *s. m.* — Voy. *Revers*.

Revêtement, *s. m.* — On désigne ainsi tout placage de plâtre, de mortier, de ciment, de bois, de stuc, de dalles en marbre ou en pierre, etc., exécuté sur un mur pour le décorer ou le rendre plus solide.

Le mode de *revêtement* le plus communément employé à Paris est l'enduit en plâtre.

Dans les pays où le plâtre fait défaut, on revêt les murs soit avec un mortier de chaux et de sable, soit avec une composition faite de terre et de paille hachée (voy. *Torchis*).

Notons que les *revêtements* en plâtre sont mauvais dans les lieux bas et humides ; dans ce cas, le ciment doit être employé.

Les *lambris* ou *revêtements* en menuiserie sont fréquemment employés dans certaines pièces des appartements.

Les anciens faisaient grand usage des *revêtements* en dalles de marbre pour couvrir les parois des monuments. La mosaïque a été également utilisée pour faire des *revêtements*.

Le mot *revêtement* s'applique encore à des travaux de grosse construction tels que les murs en pierres de taille, en moellons ou en meulière, dont on revêt les terres d'un talus, d'une terrasse, d'une escarpe et d'une contrescarpe (voy. *Soutènement*).

Revêtir, *v. a.* — 1° Faire un *revêtement* (voy. ce mot).

2° En charpente, ce mot signifie placer des poteaux, tournisses et autres pièces dans un pan de bois ou dans une cloison.

3° Les jardiniers emploient ce terme dans le sens de garnir de gazon un glacis droit ou circulaire, ou bien encore palisser de charmilles, pour le couvrir, un mur de clôture ou de terrasse.

Revivre, *v. n.* — *Faire revivre* : redonner du brillant à une peinture par un lavage et un revernissage.

Rez-de-chaussée, *s. m.* — Dans une construction, étage qui se trouve au niveau du sol d'une chaussée, d'une rue, d'une cour, d'un jardin, etc.

Le *rez-de-chaussée* peut être surélevé de quelques marches au-dessus du sol extérieur.

Rez-mur, *s. m.* — Nu d'un mur dans œuvre.

Rhodes. — *Bois de Rhodes:* bois que l'on soupçonne avoir été l'*aspalath* des anciens, bien qu'il n'y ait là qu'une conjecture. Les anciens eux-mêmes n'étaient pas d'accord sur l'aspalath ; on croit que c'était l'*agollochum*, le *bois d'aloès* ou le *bois de Rhodes*.

Aujourd'hui, on ne sait pas encore précisément ce qu'est le *bois de Rhodes*. Celui auquel on donne ce nom est jaunâtre lorsqu'il est nouvellement coupé ; sa couleur devient brune avec le temps ; il est dur, compact, noueux et résineux ; il a une odeur de rose, aussi l'appelle-t-on souvent *bois de rose*. On en rencontre aussi dont le grain, très fin et très dur, a de l'analogie avec le bois de buis.

L'arbre duquel on le tire croissant dans les îles de Rhodes et de Chypre, on lui a donné les noms de *bois de Rhodes* et de *bois de Chypre*. On trouve aussi ce bois aux Canaries et à la Martinique.

Parmi les espèces de *bois de Rhodes*, la plus belle et celle dont l'imitation se fait le plus souvent dans la peinture décorative, est de couleur feuille morte mêlée de jaune plus pâle et d'un rouge violet qui produit un bel effet

Rideau, *s. m.* — 1° Pièce d'étoffe pourvue d'anneaux glissant sur une tringle et qui est posée devant une fenêtre ; on le tire dans un sens ou dans l'autre, selon que l'on veut modérer les ardeurs du soleil ou intercepter la vue du dehors.

Les portes des appartements ne sont ainsi quelquefois fermées que par une pièce d'étoffe que l'on nomme *portière*. Cet usage était fréquent chez les anciens ; les Romains suspendaient un *rideau* (*velum*) devant la porte de la rue d'une maison pour en fermer l'entrée, quand la porte même restait ouverte. Ils désignaient plus particulièrement, sous le nom d'*aulæa* ou *aulæum*, de riches tissus de fabrication orientale, qui furent introduits, paraît-il, à Rome, vers le temps où Attale fit le peuple romain son héritier.

Les juges, dans les causes criminelles et qui exigeaient un examen réfléchi, avaient coutume de laisser tomber un voile ou *rideau* devant leur tribunal, afin de délibérer avant de rendre la sentence.

Dans les temples, il était d'usage de placer un *rideau* devant la statue de la divinité dans l'intervalle de temps qui séparait les sacrifices.

Les théâtres romains étaient pourvus d'un *rideau* qui fermait la scène et qui était orné de figures peintes, brodées ou tissées ; ce *rideau* se baissait et restait ployé sur la partie antérieure du *proscenium* ou bien il était reçu en dessous par une trappe.

Dans les théâtres modernes, un *rideau* sépare également la scène de la partie réservée aux spectateurs ; mais ce voile se lève et disparaît dans le haut du théâtre, invisible au public ; on lui donne souvent le nom de *toile*.

2° Appareil mobile qui se pose devant un foyer de cheminée et qui sert à régler le tirage en permettant l'admission d'une plus ou moins grande quantité d'air sur le combustible.

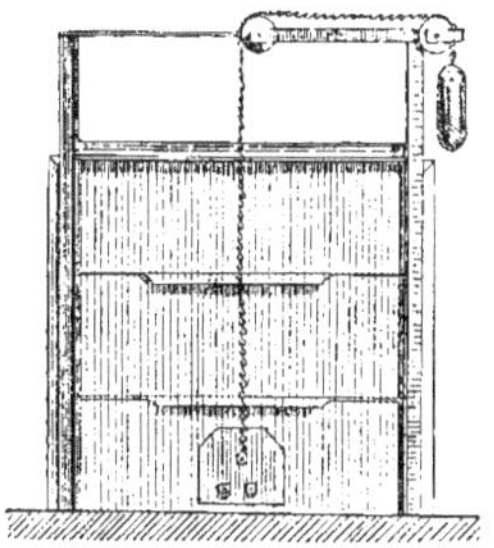

Fig. 3027.

Les *rideaux* de cheminée sont de plusieurs sortes. On a d'abord employé le châssis à plusieurs lames (fig. 3027) qui se recouvrent et qui sont maintenues relevées par une chaîne à l'extrémité desquelles agit un contrepoids ; ce système est à la fois désagréable par le bruit qu'il occasionne, et incommode parce que le contrepoids peut se détacher et que le *rideau* tombe toujours.

Le système Bigot obvie à ces inconvénients ; il consiste (fig. 3028) dans

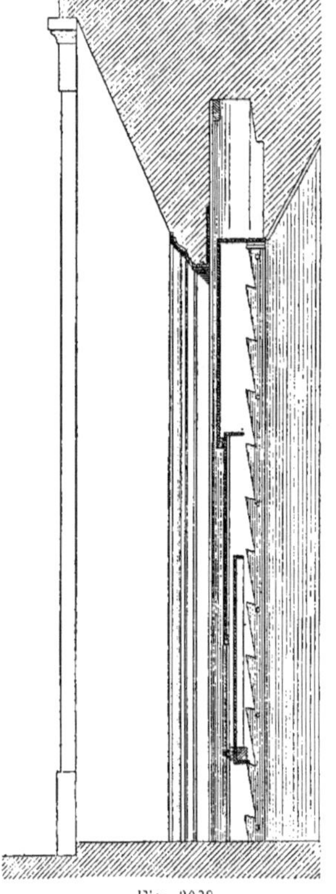

Fig. 3028.

l'emploi de deux crémaillères sur lesquelles on fait reposer le *rideau* à diverses hauteurs.

Un autre appareil est celui qui a été inventé par M. Leaud : c'est une tôle ondulée qui s'enroule ou se déroule autour de deux galets. Le seul frottement dans les rainures ou coulisses latérales la maintient dans toutes les positions qu'on lui donne.

3° Par extension, on donne le nom de *rideau* à l'ensemble des tringles qui supportent le tablier d'un pont suspendu.

4° On nomme encore ainsi, en terme de jardinage, une palissade de charmille établie dans un parc ou dans un jardin pour arrêter la vue ou pour cacher quelque aspect peu agréable ; une plantation d'arbres très rapprochés les uns des autres et qui font obstacle à la vue ou aux ardeurs du soleil.

Ridelle, *s. f.* — Côté en forme de râtelier d'une charrette (voy. *Aideau*, *Charrette*).

Riflard, *s. m.* — MAÇONNERIE. Outil que les maçons emploient pour couper

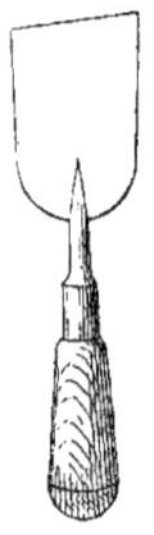

Fig. 3029.

le plâtre et qui se compose (fig. 3029) d'une lame mince en métal montée sur un manche court.

Le *riflard* sert à égaliser les surfaces en enlevant le plâtre en excès, et à finir les ouvrages de ravalement exécutés avec cette matière.

CHARPENTE. Rabot analogue à la demi-varlope (voy. *Varlope*), que les menuisiers emploient pour dégrossir et blanchir les planches ; le fer de cet outil est arrondi au milieu afin qu'il puisse mordre davantage.

Rifloir, *s. m.* — Sorte de lime taillée douce par le bout et que les serruriers emploient pour dresser le cuivre et dégrossir les ornements en bronze.

Rigny (*Grès de*). — Grès houillier quartzeux, tendre, provenant des carrières de *Rigny*, dans la commune de Saint-Léger-du-Bois, près d'Autun.

C'est une pierre de couleur grisâtre, durcissant à l'air, et qui porte de $0^m,80$ à 1 mètre de hauteur d'assise.

Rigole, *s. f.* — 1° Canal étroit creusé dans la terre ou dans la pierre pour l'écoulement des eaux.

Dans la construction des voies de chemins de fer, lorsque le ballast est peu perméable, on ménage, dans le sens du profil en long, des *ados* très rapprochés qui permettent aux eaux de se réunir et de s'écouler rapidement. L'intervalle de deux de ces *ados* forme ainsi une *rigole* dite d'*asséchement*. Pour que le ballast ne présente en aucun point de partie plate ou concave, il faut établir une *rigole* au moins par rail de 6 mètres.

2° On nomme ainsi, par analogie, une fouille étroite destinée à recevoir la fondation d'un mur (voy. *Fouille*).

Le même nom s'applique à de petits fossés bordant un cours, une avenue, et destinés à recueillir les eaux.

3° Les Romains formaient des *rigoles* ou conduites d'eau au moyen de tuiles

Fig. 3030.

courbes ajustées l'une à l'autre (fig. 3030) et placées sur le dos.

Rigoteau, *s. m.* — Tuile coupée employée aux solins.

Rinceau, *s. m.* — Ornement de sculpture ou de peinture ayant la forme d'une branche recourbée, prenant naissance dans un culot et portant des feuilles imaginaires ou naturelles refendues, comme l'acanthe et le persil.

Quelquefois, cette branche porte également des fruits, des fleurs, des grappes de raisin, des feuilles de lierre ou de pampre ; on y ajoute des fleurons, des roses, des boutons, des graines, etc.

Ce genre d'ornement s'emploie pour décorer les frises, comme le montre la

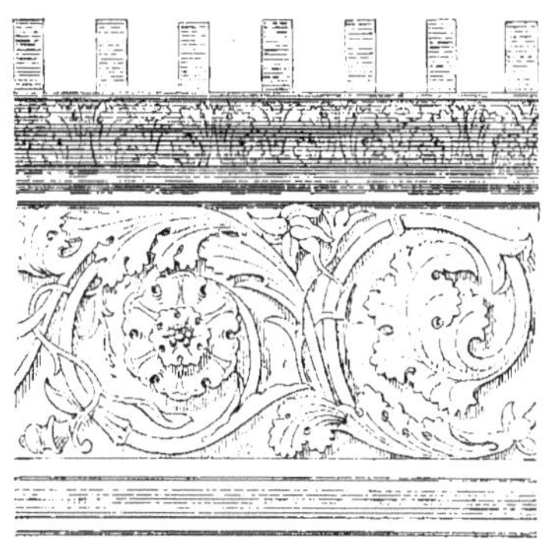

Fig. 3031.

figure 3031, et parfois aussi les champs des pilastres ou des panneaux.

Ringard, *s. m.* — Outil de forge, qui se compose d'une barre de fer soudée à une pièce de métal que l'on ne pourrait manier avec des tenailles, en la tenant au feu.

Ripage, *s. m.* — Voy. *Ripe*.

Ripe, *s. f.* — Outil de tailleur de pierre. La *ripe* ressemble à une S sans queue ; la partie courbée est aplatie et munie de dents fines et serrées.

On dit aussi *gratte-fond* (voy. ce mot).

Cet outil sert à donner à la pierre le dernier poli, à faire le *ripage*.

Risberme, *s. m.* — Ouvrage que l'on exécute au-delà et au-devant de la jetée d'un port ou d'une construction hydraulique pour s'opposer à l'action des courants d'eau et des affouillements.

Les *risbermes* sont formés de fascines et de grillages maintenus par des plançons et remplis de blocs de pierre qui les consolident.

Rive, *s. f.* — Menuiserie. Épaisseur d'une planche.

Couverture. Bordure en terre cuite qui termine une toiture en tuiles et couronne un mur-pignon.

La *rive* est formée de pièces qui s'emboîtent les unes dansles autres ; le sommet (voy. *Fronton*) et les extrémités

Fig. 3032.

inférieures des rampants (fig. 3032) sont occupés par des pièces plus ou moins ornées.

Pavage. On appelle *rives* les faces latérales d'un pavé en place.

River, *v. a.* — Serrurerie. Abattre et aplatir l'extrémité d'un tenon, d'une cheville, d'une goupille, d'un clou ou d'un rivet, en la frappant d'abord avec la panne, puis avec la tête d'un marteau.

On appelle *river en goutte de suif*, façonner, avec le marteau appelé *rivoir*, l'extrémité d'une cheville en tête de champignon.

Les ouvriers désignent aussi, par le terme *river*, l'action de rabattre la pointe d'un clou qui a passé à travers le bois, afin de lui donner plus de solidité.

Rivet, *s. m.* — Broche en fer pourvue d'une tête semblable à celle d'un

Fig. 3033.

boulon et dont on refoule l'extrémité avec le marteau, après l'avoir fait rougir au feu.

Le *rivet* est introduit (fig. 3033) dans un trou calibré, préparé à cet effet dans les pièces à réunir et, quand il est rabattu, il forme un clou à deux têtes qui ne peut plus sortir. Le refroidissement produit une contraction qui serre encore davantage les deux pièces l'une contre l'autre.

Les *rivets* qui servent, dans les poutres en fer ou les charpentes métalliques, à assembler les feuilles de tôle entre elles ou avec des cornières reçoivent différents noms suivant la forme qu'on donne à leur tête ; il y a les *rivets à tête ronde*, *à goutte de suif*, *méplats*, etc.

On appelle *clou-rivet* une sorte de *rivet* fraisé ou à tête ronde qui sert à fixer solidement les paumelles, les pentures, les charnières longues et autres ferrures.

Rivoir, *s. m.* — Nom que l'on donne à des marteaux de différentes dimensions, dont la panne sert à *river* (voy. ce mot).

Rivure, *s. f.* — 1° Opération qui consiste à faire un *rivet* (voy. ce mot).

2° Ce nom même s'applique à des petits rivets, à des broches qui réunissent les deux ailes d'une fiche, etc.

Roanne, *s. f.* — Sorte de grande tarière servant à percer les corps de pompe en bois.

On dit aussi : *rouanne*.

Robinet, *s. m.* — Appareil destiné à permettre ou empêcher l'écoulement d'un liquide contenu dans un récipient quelconque, réservoir, tuyau, etc.

Un *robinet* se compose de deux pièces, l'une fixe, qui est la *cannelle*, et l'autre mobile, qui est la *clef*. La partie fixe est un tuyau portant un renflement percé d'un trou légèrement conique, dans lequel s'engage la clef. Le renflement et le trou forment ce qu'on appelle le *boisseau*, et la tête de la clef se nomme *béquille*. Le corps de la clef est percé, perpendiculairement à son axe, d'un orifice qui, par suite du mouvement de rotation du bouchon, est amené dans le prolongement du tuyau et permet l'écoulement du liquide ; si, au contraire, l'orifice de la clef se trouve placé normalement à l'axe du tuyau, il est bouché par la paroi de celui-ci et l'écoulement n'a pas lieu.

Suivant la forme et la disposition de ces appareils, on distingue :

Le *robinet à tête*, que nous venons de décrire et qui est représenté de profil

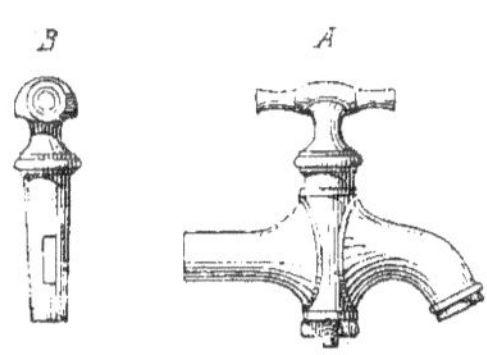

Fig. 3034.

en A par la figure 3034 ; on voit en B la clef retirée du boisseau ;

Le *robinet à deux eaux* (fig. 3035), dont la disposition est la même que celui

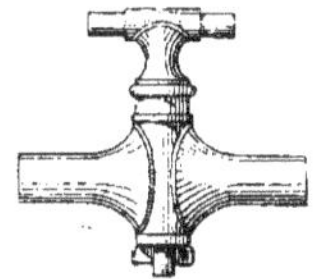

Fig. 3035.

qui a été décrit, mais dont la partie fixe est soudée à chaque extrémité sur un tuyau ;

Le *robinet à trois eaux*, qui diffère des précédents en ce que la clef est percée d'un trou perpendiculaire à celui qu'elle porte, mais s'arrêtant à l'axe ; de plus, la cannelle porte sur le renflement un ajutage en communication avec le boisseau et perpendiculaire au tuyau d'arrivée ; en manœuvrant la clef convenablement, on peut faire écouler l'eau par deux issues à la fois, par une seule, ou bien arrêter le liquide ;

Les *robinets à repoussoir*, de différentes espèces, qui se ferment seuls ; la figure 3036 en donne un système en coupe et en élévation ; la clef porte une encoche dans laquelle entre une rondelle mobile pressée par un ressort ; lorsqu'on

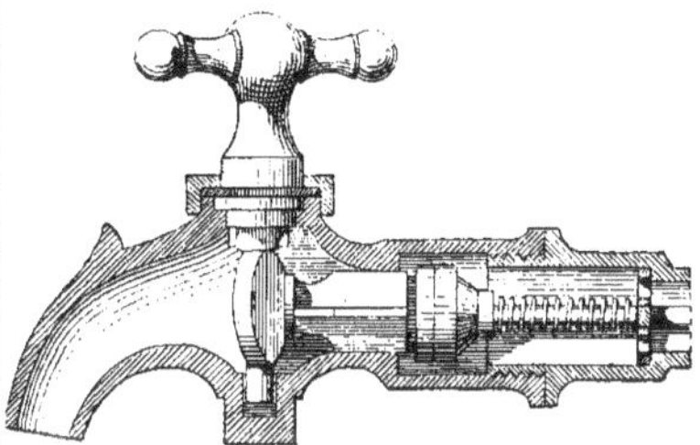

Fig. 3036.

tourne le bouchon, la rondelle est repoussée et l'eau passe par l'encoche ; lorsque la main cesse d'agir sur la tête de la clef, le ressort pressant la rondelle, celle-ci ramène le bouchon dans sa première position et le passage est intercepté ;

Le *robinet à repoussoir*, pour borne-

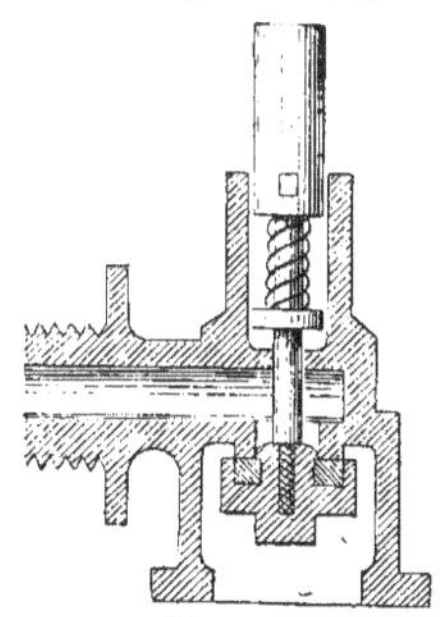

Fig. 3037.

fontaine (fig. 3037) qui se manœuvre

par la pression de la main sur un bouton dont est munie la clef à sa partie supérieure;

Le *robinet de lavabo*, dont la cannelle

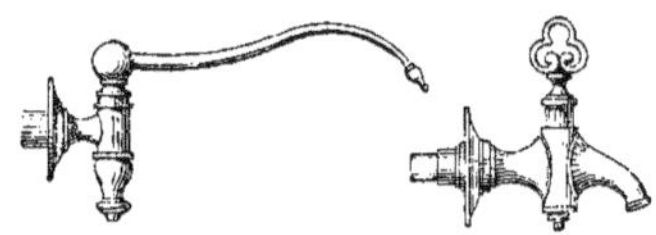

Fig. 3038.

porte une embase et dont la clef est à trèfle ou à manette (fig. 3038);

Le *robinet à cul-de-lampe*, jetant l'eau par-dessous pour le service d'une baignoire; à cet effet, la clef de cet appareil est percée d'un trou dans son axe et d'un second trou en prolongement de la conduite jusqu'à la rencontre du premier, de manière à former un canal coudé;

Le *robinet en col de cygne*, dont la tête a la forme d'un bec de cygne et qui laisse écouler l'eau par en bas comme le précédent; il sert au même usage;

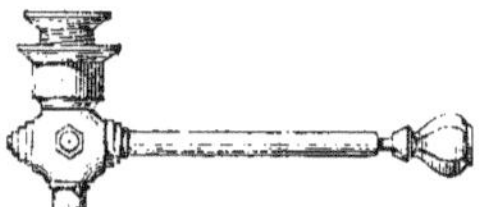

Fig. 3039.

Le *robinet de vidange de cuvettes* (fig. 3039);

Le *robinet de garde-robe*, *robinet* de cuivre composé d'un boisseau avec bride, d'une clef avec tige et poignée; cet appareil permet d'amener l'eau dans la cuvette pour la nettoyer;

Le *robinet flotteur* (voy. *Flotteur*);

Le *robinet de jauge*, qui est muni d'un arrêt fixant la quantité dont la clef doit être tournée pour fournir un certain débit dans un temps prévu.

Dans les distributions d'eau, les travaux à faire sur les conduites, réparations ou branchements, exigent leur mise à sec complète; il faut, par conséquent, empêcher l'arrivée de l'eau dans la portion de conduite où s'effectue le travail et faire écouler celle qui y est contenue. On emploie, à cet effet, des *robinets d'arrêt* et de *décharge*. A la rigueur, un *robinet d'arrêt*, placé à l'origine de la distribution, et un *robinet de décharge* posé à chaque point bas de la conduite, seraient suffisants; mais il importe de ne pas interrompre la distribution tout entière et, pour ce faire, on place, de distance en distance, un *robinet d'arrêt*, de manière à isoler une partie de la conduite, la vider et n'interrompre le service que sur une petite portion de la distribution. De même que les conduites principales, les conduites secondaires doivent être pourvues d'un *robinet d'arrêt* à leur origine, près de la conduite principale et, si elle est importante, de plusieurs *robinets* placés de distance en distance. On donne aux *robinets d'arrêt* un diamètre à peu près égal à celui des conduites Les *robinets* de décharge sont tels que la vidange de l'eau contenue entre les deux *robinets d'arrêt* voisins soit effectuée en une demi-heure ou trois quarts d'heure au plus.

Robinier, *s. m.* — Voy. *Acacia*.

Rocaille, *s. f.* — Genre d'ouvrage appartenant à l'architecture dite *rustique* et dans lequel on fait entrer des matières qui donnent à cet ouvrage l'aspect de la nature; telles sont les grottes, les fontaines artificielles, que l'on ménage dans les parcs.

On dit aussi *rocaillage*.

Par sa forme irrégulière et sa couleur, la meulière convient à ces sortes d'ouvrages; à cet effet, on la brise en morceaux qu'on réunit avec du mortier, en y joignant quelques éclats de marbre de couleur, des coquillages, etc.

Le même procédé est employé pour faire certains revêtements sur des soubassements de murs ou sur des trumeaux.

On appelle plus spécialement *rocaillage* le garnissage en plein fait à bain de ciment sur le parement d'un mur construit en meulière pour le dresser avant de confectionner l'enduit. Le *rocaillage* se pratique sur les voûtes et murs de fosses d'aisances.

L'expression *style rocaille* s'applique à un genre d'ameublement et d'ornementation datant de Louis XV. On appelle, par exemple, *bouton rocaille*, un bouton décoré dans ce style.

Rocailleur, *s. m.* — On nomme ainsi l'ouvrier spécial qui exécute des travaux de *rocaille* ou de *rocaillage*.

Roche, *s f.* — Les minéralogistes donnent ce nom à toute substance qui se rencontre dans l'écorce du globe en masses considérables : tels sont les granits, les grès, les calcaires, les sables, etc.

Un système de *roches* superposées ayant une certaine analogie de formation constitue un *terrain*.

Plus spécialement, on nomme *roches* certains gisements de pierre calcaire dure qui se trouvent en quantités assez considérables aux environs de Paris. Ces pierres sont quelquefois coquilleuses ; elles sont ordinairement en plusieurs bancs superposés. La meilleure se tire des carrières de Bagneux, de Châtillon, d'Arcueil, des plaines de Bel-Air, Fleury, Ivry-sur-Seine, Vitry.

La *roche de Bagneux* est le plus beau de ces calcaires ; elle a généralement de $0^m,45$ à $0^m,70$ de hauteur de banc, y compris souvent de $0^m,10$ à $0^m,15$ d'épaisseur d'une pierre très coquilleuse, et pèse 2,400 kilogr. le mètre cube.

La *roche d'Arcueil*, qui présente la même hauteur de banc que la précédente, est d'un grain plus fin et est moins coquilleuse. Cette pierre est de très bonne qualité, mais il faut avoir soin, en s'en servant, de bien ébousiner les lits.

La *roche de Châtillon* est à peu près du même genre, mais un peu plus grise.

La *roche de Bel-Air* contient parfois beaucoup de fils et c'est avec un très grand soin qu'il faut procéder au choix des blocs.

La *roche d'Ivry*, bien qu'assez fine, est souvent coupée par des fils.

La *roche de Vitry* est d'un grain très fin et fournit des blocs de grande dimension.

Serrurerie. On appelle *fer de roche*, *fer demi-roche*, des fers doux, faciles à travailler.

Rocher, *s. m.* — On désigne ordinairement ainsi la masse isolée d'une roche.

Un grand nombre de châteaux-forts, de citadelles furent plantés, au moyen âge, sur des *rochers* isolés ou sur des pointes de *rochers* se détachant des chaînes de montagnes. Dans l'antiquité, on choisissait aussi ces sortes d'emplacements pour y établir les forteresses destinées à défendre les villes ; tel fut le *rocher* de l'*Acrocorinthe*.

Athènes eut de même son acropole ou citadelle sur le plateau d'un *rocher*.

On a quelquefois employé des *rochers* factices pour servir de soubassement à des édifices de divers genres. Nous citerons, comme exemples, l'édifice auquel s'adosse la fontaine de Trévi, à Rome, et le *rocher* de granit qui sert de piédestal à la statue équestre en bronze de Pierre le Grand. Mais c'est surtout pour les fontaines employées à la décoration des jardins que l'on fait usage de *rochers* factices. Selon le volume d'eau dont on dispose, on fait sortir quelques filets d'eau de *rochers* adossés à un mur ou formant le fond d'une grotte ; on creuse un bassin irrégulier formé de pierres de roche et destiné à recevoir l'eau d'une fontaine, ou bien encore, si l'on a un plus grand volume d'eau, on bâtit des masses de *rochers* d'où l'on fait tomber une nappe d'eau en cascade. On construit ces *rochers* artificiels, en amoncelant et joignant par du mortier des roches brutes disposées avec plus ou moins d'art et de solidité.

Rocher-coupé (*Grès du*). — Grès calcarifère, un peu marneux, demi-dur, provenant de la carrière du *Rocher-coupé*, dans la commune d'Aiglun, près de Digne.

Cette pierre porte $0^m,50$ de hauteur d'assise.

Rocher de l'Ombre (*Pierre du*). — Calcaire cristallin, très dur, que l'on extrait de la carrière du *Rocher de l'Ombre*, près de Briançon.

Cette pierre, de couleur blanc-grisâtre, nuancé de jaune, est susceptible d'un beau poli ; sa hauteur d'assise est de toutes dimensions.

Roches (*Pierre des*). — Calcaire compact, dur, provenant de la carrière des *Roches*, dans la commune de Rians (Var).

De couleur blanc-grisâtre et susceptible de poli, cette pierre porte une hauteur d'assise qui varie de $0^m,10$ à 1 mètre.

Rochet, *s. m.* — Roue d'encliquetage dont les dents sont crochues et qui reçoit le cliquet d'arrêt d'une machine.

Rochette (*Pierre de la*). — Calcaire demi-dur, que l'on extrait des carrières de la *Rochette*, dans la commune de Guitinières, près de Jonzac (Charente-Inférieure).

Cette pierre est de couleur blanc faiblement jaunâtre, à grains très fins ; elle est propre à la sculpture et à la moulure ; elle porte de $0^m,80$ à $1^m,80$ de hauteur d'assise ; son poids est de 1,865 à 1,890 kilogr. le mètre cube, et la charge nécessaire pour produire l'écrasement est de 110 à 150 kilogr. par centimètre carré.

Rochoir, *s. m.* — Les serruriers nomment ainsi la boîte qui contient le borax que l'on met à la surface des pièces de fer à souder quand elles sont chaudes, afin de former, avec l'oxyde de la surface, une matière vitrifiée que le choc du marteau fait couler.

Rococo (*Style*). — Genre de décoration qui fut en vogue au XVIIIe siècle et qui est composé de formes très tourmentées : frontons coupés, ornements bizarres, guirlandes de fleurs et de fruits, rocailles, etc.

Rocou, *s. m.* — Matière colorante brune à l'extérieur, rouge à l'intérieur et qui contient un principe résineux.

Le *rocou* s'extrait d'arbres de l'Amérique du Sud. Les doreurs l'emploient pour vermillonner l'or.

Rocq (*Pierre de*). — Calcaire compact, dur, noir, à veines spathiques blanches, provenant des carrières de *Rocq*, dans la commune de Recquignies, près d'Avesnes.

Cette pierre, propre à la marbrerie, porte de $0^m,30$ à $1^m,35$ de hauteur d'assise ; elle pèse 2,680 kilogr. le mètre cube et s'écrase sous une charge de 835 à 930 kilogr. par centimètre carré.

Rodage, *s. m.* — Voy. *Roder*.

Roder, *v. a.* — Frotter l'une sur l'autre deux pièces de métal ou de verre pour qu'elles s'adaptent exactement.

Les fontainiers font le *rodage* des robinets en faisant tourner la clef d'un robinet dans un boisseau avec du grès, de l'émeri, etc., interposés entre les surfaces jusqu'à ce qu'elle s'ajuste parfaitement de manière à éviter les fuites.

Rogne, *s. f.* — Mousse qui vient sur le bois et le gâte.

Rognures, *s. f. pl.* — Débris de peaux de mouton, de veau, de parchemin, etc., que l'on emploie à la fabrication de la colle.

Rôle, *s. m.* — On nomme ainsi l'ensemble de deux pages dans une minute, dans un mémoire, etc.

Romain (*Pierre de*). — Calcaire demi-dur, blanc-jaunâtre, tiré de la carrière dite des Anglais, dans la commune de *Romain*, près de Reims.

La hauteur d'assise de cette pierre est de $0^{m},60$; le poids du mètre cube varie de 2,150 à 2,200 kilogr. et la charge nécessaire pour produire l'écrasement est de 210 à 340 kilogr. par centimètre carré.

Romaine (*Architecture*). — C'est chez les Grecs et chez les Étrusques que les Romains puisèrent les éléments primitifs de leur architecture. Il n'y a donc pas, à proprement parler, d'architecture *romaine*, si par cette épithète, comme le dit Quatremère de Quincy, on entend une architecture originale : mais on en trouve la raison d'être si l'on considère qu'un peuple qui s'approprie, en quelque sorte, les arts qu'il cultive, leur imprime un caractère particulier, et leur fait subir des différences nettement tranchées, au point de vue du goût, et eu égard à l'espèce de monuments, à leur grandeur et à leur richesse, acquiert, vis-à-vis de la postérité, le droit d'attacher son nom aux œuvres qu'il a produites.

L'architecture *romaine* présente un caractère spécial de solidité et d'utilité pratique ; on y classe, en outre, divers genres d'édifices qu'on ne trouve pas dans l'art grec : cloaques, aqueducs, amphithéâtres, mausolées, voies publiques, arcs de triomphe, thermes, etc.

Les ordres que les Romains appliquèrent à la décoration de leurs monuments sont des imitations des ordres grecs, le *dorique*, l'*ionique* et le *corinthien ;* le *toscan*, qu'ils empruntèrent aux Étrusques, n'est qu'une reproduction abâtardie du *dorique* grec et le *composite* n'est qu'une modification du *corinthien ;* ce dernier ordre est celui que paraissent avoir le plus affectionné les architectes romains, car ils le transportèrent dans toutes les contrées soumises à leur domination.

Nous pouvons citer quelques traits distinctifs caractéristiques entre les architectures grecque et *romaine :*

Certains appareils de l'architecture *romaine* étaient inconnus aux Grecs, par exemple celui dans lequel l'intérieur des murs est composé de cailloux irréguliers, noyés dans du mortier, et l'extérieur, de briques triangulaires dont l'angle aigu est tourné en dedans ; l'appareil dans lequel les pierres, taillées carrément, étaient disposées de manière à ce que la ligne des joints formât une diagonale (voy. *Appareil*). Les contours des moulures étaient formés chez les Grecs par des sections de cône et chez les Romains par des arcs de cercle.

Mais ce qui caractérise essentiellement l'art *romain*, c'est l'emploi de l'arcade et de la voûte, appliquées à la construction d'une foule de monuments, tels que les amphithéâtres, les théâtres, les thermes, etc. L'usage de ces formes nouvelles donna aux édifices un aspect inconnu jusqu'alors et permit aux Romains, pour franchir des espaces que ne pouvait recouvrir la plate-bande grecque, d'employer de petits matériaux, faciles à se procurer et moins dispendieux, comme les briques.

Autant qu'on peut en juger par les restes des constructions *romaines* publiques et privées, il ne semble pas que l'art de la charpenterie ait pris un grand essor chez les Romains; la voûte remplaçait le bois pour les grandes portées. Il n'y a pas non plus raison de croire qu'ils aient appliqué la menuiserie comme revêtements. Des pavages en mosaïque recouvraient le sol et les dalles de marbre ou le stuc, destinés à recevoir des ornements, tenaient lieu de lambris.

Nous ne dirons que quelques mots sur les divers genres de monuments appartenant à l'*architecture romaine*, nous étant réservé d'en faire l'objet d'articles spéciaux.

Les temples, en raison des points nombreux de ressemblance que la théogonie des Romains présente avec celle des Grecs, ont conservé à peu près les mêmes dispositions que ceux de ce peuple; nous signalerons seulement ceux qui diffèrent essentiellement : les temples circulaires, tels que le Panthéon d'Agrippa, à Rome, le sanctuaire de la Sibylle, à Tivoli, le petit temple de Vesta, à Rome (voy. *Temple*).

Le besoin de se réunir dans des endroits spacieux pour traiter des affaires publiques fit adopter, pour cet usage, par les citoyens romains, de grandes places appelées *forums* (voy. ce mot) qui servaient encore aux transactions du commerce, au culte religieux, etc. Ces places étaient entourées par les principaux édifices de la ville, parmi lesquels nous citerons les *basiliques*, vastes bâtiments qui servaient pour les réunions des marchands et pour le tribunal.

Le désir de célébrer les victoires avec une pompe inconnue jusqu'alors fit inventer l'usage des arcs de triomphe, sortes de grandes portes sous lesquelles le vainqueur devait passer.

Mais c'est particulièrement pour satisfaire à l'amour des spectacles et des jeux que les Romains surpassèrent tous les autres peuples dans leurs grandioses conceptions architecturales. Les amphithéâtres, les cirques, les hippodromes pouvaient contenir des milliers de spectateurs; d'innombrables animaux, des légions de gladiateurs, et même des flottes entières y trouvaient place pour donner aux assistants l'image de combats sanglants (voy. *Amphithéâtre*).

Plus remarquables peut-être que ces édifices, par leur magnificence sinon par leurs proportions colossales, les bains ou *thermes* étaient des établissements de propreté publique auprès desquels font bien triste figure nos bains modernes.

Mais ce n'est pas seulement dans les édifices dont les Romains ont peuplé les villes soumises à leur domination qu'il faut rechercher l'esprit pratique et civilisateur de ce peuple constructeur. Toutes les cités importantes étaient reliées entre elles par des voies qui, dans chacune des grandes provinces de l'empire, partaient d'un centre unique. En Italie, les routes, telles que la voie Appienne, la première grande voie *romaine*, avaient leur point de départ à Rome; en Gaule, Lyon était le centre où venaient converger toutes les routes.

Comme constructions d'utilité pratique et parmi lesquelles un certain nombre sont de véritables œuvres d'art, il faut citer également les *aqueducs*, canaux souterrains ou apparents, destinés à conduire une certaine quantité d'eau à travers des terrains inégaux.

Pour ce qui est de l'architecture privée, nous devons constater encore une différence caractéristique entre la disposition des intérieurs des maisons *romaines* et de celles des Grecs, car à la différence de ces derniers, les Romains vivaient avec leurs femmes dans des appartements communs. Il est inutile de dire que la grandeur, le luxe et le nombre des pièces étaient en rapport avec la fortune et le rang du propriétaire (voy. *Maison*).

Les *villas* ou maisons de campagne, qui ne furent d'abord que des habitations rustiques, devinrent plus tard des résidences pourvues de tout le luxe imaginable et accompagnées de jardins immenses.

Au point de vue historique, l'architecture *romaine* comprend plusieurs périodes.

Jusqu'à l'époque des guerres puniques, l'influence étrusque régna seule dans la future capitale du monde. Les temples construits sous les premiers rois étaient de petits édifices carrés, abritant à peine la statue du dieu; les habitations étaient de véritables cabanes.

C'est du temps de Tarquin l'Ancien que datent les premiers monuments remarquables : le cirque, le temple du Capitole et le cloaque maxime. Servius Tullius éleva un temple à la Fortune et une prison qu'on appela *Tullianum*.

Le temple dédié par Spurius Cassius à Bacchus, à Cérès et à Proserpine est le plus ancien qui fut construit sous la République. Après l'incendie de Rome par les Gaulois, la ville fut reconstruite précipitamment et sans plan déterminé. A cette époque appartiennent le temple de Quirinus, où fut établi le premier cadran solaire, l'aqueduc et la voie exécutés sous la magistrature du censeur Appius Claudius.

Pendant longtemps encore après la conquête de la Sicile et de la Grèce, les édifices furent décorés avec les statues et autres objets pris aux peuples vaincus. C'est vers le temps de Sylla que les Romains commencèrent à imiter l'architecture des Grecs. Ceux-ci, dès cette époque, fournirent à Rome des artistes qui contribuèrent à répandre un véritable goût de l'art dans toutes les classes du peuple conquérant. Les riches Romains, qui habitaient jusqu'alors à la campagne, vinrent se fixer à la ville et travailler à son embellissement. Cette période vit s'élever les basiliques Porcia et Sempronia; les rues furent pavées, les places ornées de portiques, et le premier temple de marbre, celui de Jupiter Stator, fut construit par Métellus le Macédonien.

Toutefois, le péperin et la brique, employés exclusivement jusque-là dans les constructions, continuèrent à servir, la brique pour l'intérieur des murs et pour les voûtes, la pierre de taille pour les parois des murs, le marbre étant réservé pour les colonnes.

A partir de Sylla, les théâtres devinrent très nombreux; le premier qui fut bâti en pierre est dû à Pompée. A cette époque appartiennent le temple de la Fortune Virile et celui de la Fortune à Préneste.

Le luxe devint alors prodigieux dans les demeures des particuliers, et l'architecture *romaine* atteignit enfin son apogée sous le règne d'Auguste, qui, selon sa propre expression, laissa une ville de marbre qu'il avait trouvée construite en briques. On vit alors s'élever le temple de Jupiter Tonnant, le Panthéon d'Agrippa, le théâtre de Marcellus, la pyramide de Cestius, l'amphithéâtre de Statilius Taurus, le mausolée d'Auguste, le portique d'Octavie et de nombreux aqueducs, bains, fontaines, etc.

Après Auguste, commence la période de décadence : les proportions ne sont plus observées, les colonnes deviennent trop longues ou trop massives. Deux monuments sont seuls à signaler à cette époque : le Colisée de Vespasien et la colonne Trajane. L'empereur Adrien fit élever un nombre considérable d'édifices, parmi lesquels nous citerons le môle ou mausolée d'Adrien, le pont Ælius à Rome, l'amphithéâtre de Capoue. Sous le règne des Antonins, nous remarquons le temple d'Antonin et de Faustine, la colonne Antonine et celle de Marc-Aurèle.

Enfin, après avoir épuisé, dans l'emploi des ornements, toutes les ressources de la richesse guidée par le goût, les architectes romains mirent de côté toute sobriété, sacrifièrent l'ensemble aux détails, et, s'éloignant de plus en plus des traditions de l'art grec, couvrirent de décorations toutes les parties des édifices indistinctement, chargèrent les divers membres d'ornements et de sculptures, et leurs œuvres ne peuvent qu'étonner par leur luxe prodigieux et leurs vastes proportions, mais ne satisfont pas les hommes de goût. Parmi les édifices qui surnagent au milieu de cette décadence rapide, on peut encore citer l'arc de Septime-Sévère, les thermes de Caracalla, le palais de Dioclétien et l'arc de Constantin.

La translation du siège de l'empire à Byzance marque la fin de l'architecture *romaine* proprement dite.

Romainville (*Chaux de*). — Chaux hydraulique ordinaire se rapprochant des chaux éminemment hydrauliques, et fabriquée à *Romainville*, près Paris.

Romane (*Architecture*). — On désigne ainsi, d'une manière générale, le style d'architecture que présentent les édifices élevés depuis le ve jusqu'au xiie siècle.

Les archéologues établissent deux divisions principales dans cette longue période; ils appellent architecture *romane primordiale* ou *latine* (voy. ce mot) celle qui fut en vigueur du ve au xie siècle et architecture *romane secondaire* ou *romano-byzantine*, celle qui fleurit aux xie et xiie siècles, et qui fera l'objet de cet article, sous le nom d'architecture *romane* proprement dite.

En effet, il y eut, après l'an 1000, un grand mouvement religieux qui provoqua une sorte de renaissance de l'art. On voulut reconstruire les églises; mais on ne trouva plus, comme au ve siècle, des éléments tout préparés, tels que des chapiteaux, des fûts de colonnes, dans les monuments gallo-romains; il fallut donc innover en procédant au renouvellement presque général de tous les édifices religieux.

L'influence byzantine amena les premières modifications au style latin, qui n'était que l'art antique dégénéré; mais cette influence s'accentua plus ou moins suivant les pays. C'est ainsi que l'architecture à coupoles se retrouve spécialement dans certaines régions du centre et du midi de la France : l'église Saint-Front de Périgueux en offre un exemple des plus connus.

Toutefois, les édifices de cette époque dans lesquels le goût byzantin se montre prépondérant sont assez rares; la plupart des monuments conservent les traditions latines que l'élément oriental modifie seulement dans quelques parties.

Les caractères généraux du style *roman* sont les suivants :

Les églises sont recouvertes par des voûtes en berceau remplaçant les charpentes usitées précédemment.

Les supports sont des piliers lourds, massifs, souvent carrés, avec demi-colonnes engagées aux angles, parfois cylindriques ou octogonales.

Les bases, les fûts et les chapiteaux de ces supports offrent la plus grande diversité; nous dirons seulement que ces parties sont, en général, d'autant plus chargées d'ornements qu'on approche davantage de la fin de la période *romane*.

Les arcades sont demi-circulaires ou à plein cintre.

Les murs, très épais, sont armés de contreforts à saillie peu accentuée.

Les tours ont une élévation relativement faible et l'aspect massif; elles sont généralement percées d'arcades en plein cintre. Une disposition qui se rencontre fréquemment, c'est l'arcade *géminée* inscrite dans une arcade plus grande.

Les arcades *simulées* ou *aveugles* sont très communes et disposées souvent en arcatures dont les cintres se croisent.

Les ornements le plus souvent usités sont les chevrons, les étoiles, les méandres ou frettes, les tores coupés, les pointes de diamant, les billettes, les câbles, les torsades, les damiers, les têtes de clou, etc.

Les portes des façades dans les *églises* (voy. ce mot) sont généralement surmontées de plusieurs archivoltes portées par des colonnes et ornées de nombreuses moulures. Une baie cintrée, également pourvue d'archivoltes, dans les églises peu importantes; plusieurs étages de fenêtres, dans les édifices plus considérables, garnissent la façade sur sa hauteur.

Les absides sont voûtées en cul de four ou ce sont de simples hémicycles. Tantôt il n'y a qu'une chapelle absidiale, tantôt il y en a trois, qui sont presque toujours circulaires dans le nord, dans l'ouest et dans le centre de la France, souvent polygonales dans le midi.

Les clochers sont, en général, des tours carrées percées de fenêtres en plein cintre, vraies ou simulées et surmontées ou non de flèches à plusieurs pans.

Il n'y a souvent qu'un seul clocher élevé au-dessus d'un porche ouvert ou fermé (voy. *Porche*); il y en a quelquefois deux et même un plus grand nombre; dans ce dernier cas, un clocher est construit à la croisée même du transept avec la nef principale.

L'intérieur des églises *romanes* présente un vaisseau central avec bas-côtés faisant le tour de l'édifice ou s'arrêtant au transept. La voûte d'arête est fréquemment employée pour couvrir la nef du milieu ou les collatéraux.

Ces monuments sont souvent élevés au-dessus de cryptes à supports très nombreux.

L'ornementation colorée est d'un fréquent usage.

C'est pendant le XIIe siècle, époque dite de *transition*, qu'apparaît l'*ogive*, destinée à caractériser une nouvelle période d'architecture. Cette forme est d'abord employée concurremment avec le plein-cintre; tantôt elle s'éloigne peu du demi-cercle, et tantôt, au contraire, elle est très aiguë. Les moulures qui accompagnent les arcades restent toutes *romanes*, mais les portes, les fenêtres commencent à être surmontées de roses, et les arcatures polylobées font leur apparition; enfin, l'ogive est appliquée à la construction des voûtes et l'ère *ogivale* est inaugurée.

Ronceux, *adj.* — Se dit d'un bois qui est rempli de nœuds.

Rond, *adj.* — Synonyme de *circulaire*.

Un tore, une baguette sont des moulures *rondes*.

Rond d'eau : grand bassin circulaire enduit de ciment et bordé d'un cordon ou tablette de pierre.

Rond de cuir (voy. *Rondelle*).

Rond entre deux carrés : moulure en forme de quart de cercle ou d'ovale avec deux filets ou carrés. L'outil à fût qui sert à traîner cette moulure porte le même nom.

Rondelle, *s. f.* — 1° Outil de fer qui ne diffère du *crochet* qu'en ce qu'il est arrondi à son extrémité; on l'emploie pour gratter et finir les moulures en pierre ou en marbre.

2° Petite plaque ronde en fer, en cuivre, en plomb ou en cuir, percée dans le milieu, et que les plombiers placent entre les brides de jonction d'un robinet avec un tuyau ou de deux tuyaux entre eux.

3° Petite plaque de fer également percée dans son milieu (fig. 3040) et qu'on interpose entre l'écrou et le bois,

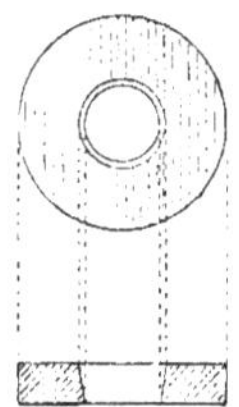

Fig. 3040.

pour que celui-ci ne s'écrase et ne se déchire pas sous la pression de l'écrou et de la clavette.

4° Les plombiers désignent ainsi de petites pièces rondes en cuivre formant les deux extrémités d'un moule à tuyau; c'est au milieu de ces *rondelles* que sont placées les deux portées qui tiennent le boulon ou noyau qui est suspendu au milieu du moule et qui règle l'épaisseur du plomb.

Rondin, *s. m.* — Cylindre en bois sur lequel les plombiers enroulent, pour les arrondir, les tables de plomb destinées à former les tuyaux.

On dit aussi : *mandrin*.

Rondir, *v. a.* — Tailler l'ardoise selon les formes et les dimensions voulues.

Rond-point, *s. m.* — Place circulaire à laquelle aboutissent plusieurs voies et qui est souvent décorée par une fontaine, un bassin ou un édifice qui en occupe le centre.

Roquebrun (*Marbre de*). — Griotte rouge et bleue, provenant de la carrière du Roc-de-l'Aigle, dans le département de l'Hérault.

Roquefond (*Pierre de*). — Calcaire lacustre, compact, très dur, que l'on extrait de la carrière de *Roquefond*, dans les communes de Laverdac et de Vianne, près de Nérac.

Cette pierre, de couleur blanchâtre, à pâte fine et homogène, est susceptible de poli ; sa hauteur d'assise va jusqu'à 1 mètre.

Roquemaillère (*Pierre de*). — Calcaire poreux, dur, provenant des carrières de Lecques, près de Nîmes.

La couleur de cette pierre est d'un blanc faiblement jaunâtre ; sa hauteur d'assise varie de $0^m,10$ à $1^m,40$.

Roquevignon (*Pierre de*). — Calcaire compact, très dur, de couleur blanc-grisâtre ou jaunâtre, tiré de la carrière de *Roquevignon*, aux environs de Grasse (Alpes-Maritimes).

C'est une pierre à pâte fine, susceptible de poli, portant de $0^m,20$ à $0^m,80$ de hauteur d'assise, pesant 2,680 kilogr. le mètre cube, et s'écrasant sous une charge de 1,200 kilogr. par centimètre carré.

Rosace, *s. f.* — Ornement d'architecture qui consiste en feuillages groupés

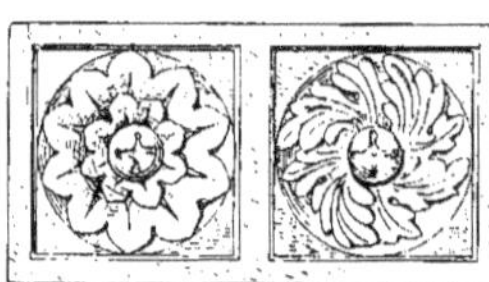

Fig 3041.

d'une façon symétrique et inscrits dans un cercle (fig. 3041).

Le milieu de la *rosace* est toujours indiqué par une sorte de bouton ou culot qui forme le point de départ des feuilles. Celles-ci peuvent être lisses et aiguës, dentelées ou arrondies et superposées les unes sur les autres.

Cet ornement se place dans les caissons des voûtes et des plafonds, dans les intervalles qui séparent les modillons d'une corniche ou bien encore dans le milieu de chaque face de l'abaque du chapiteau corinthien.

Pendant la période du moyen âge, les *rosaces* étaient fréquemment employées à l'ornementation des soffites de corniches, des nus des fausses arcatures et des tympans.

Rose, *s. f.* — 1° Nom que l'on donne aux baies circulaires qui s'ouvrent au-dessus des portails d'église.

On trouve l'origine de la *rose* dans l'*oculus* ou œil qui était percé au-dessus de l'entrée dans les basiliques chrétiennes. Mais ce n'est que dans la deuxième moitié du XIIe siècle que les

Fig. 3042.

architectes commencèrent à diviser ces ouvertures par des ornements rayonnant du centre à la circonférence; ces colonnettes sont reliées entre elles par des arcs en plein cintre où à plusieurs lobes (fig. 3042).

On voit des *roses* aux extrémités des transepts, au-dessus de la porte occidentale et quelquefois au centre du chevet.

La forme rayonnante n'est pas la seule adoptée pour ces châssis de pierre, destinés à maintenir les vitraux avec lesquels ces ouvertures sont fermées.

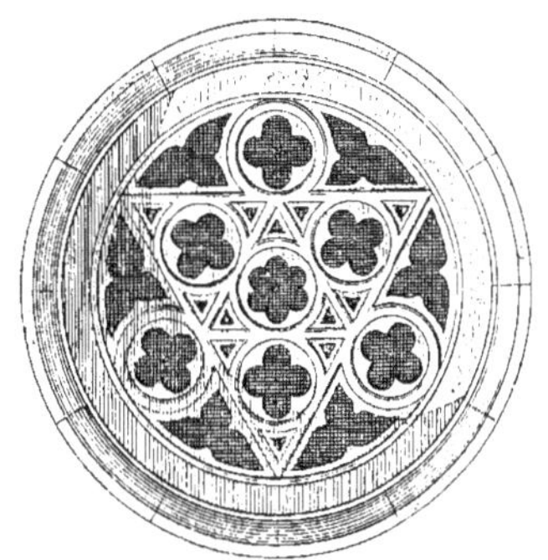

Fig. 3043.

La figure 3043 représente une *rose* dans laquelle sont inscrites de petites *roses* secondaires à plusieurs lobes. Celle que nous donnons (fig. 3044), d'après un dessin de Viollet Le Duc, appartient à

Fig. 3044.

l'église de Montréal (Yonne) et date des dernières années du XIIe siècle ; elle est composée de trois rangées de dalles ajourées en demi-cercle et chanfreinées entre les coupes.

Ces formes régulières d'arcatures en quintefeuilles, quatrefeuilles, trèfles, etc., se sont conservées pendant le XIIIe siècle et souvent encore, les *roses* affectent l'aspect d'une roue comme au siècle précédent. Les tympans des fenêtres se garnissent de *roses* polylobées d'un diamètre plus petit.

Au XIVe siècle, ces baies circulaires atteignent une grande dimension, et les compartiments qu'elles renferment se multiplient en raison de la ramification de plus en plus prononcée des meneaux qui les divisent.

Le siècle suivant et la fin de la période ogivale sont remarquables par la multitude de combinaisons que présentent,

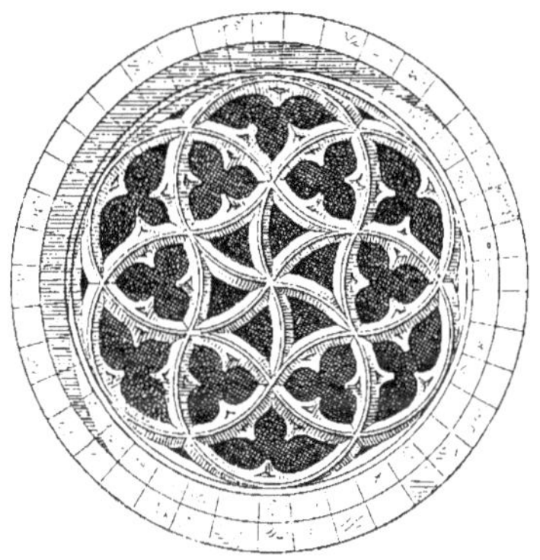

Fig. 3045.

dans leur enchevêtrement, les arcatures qui forment ces châssis de pierre. La figure 3045 représente une *rose* flamboyante à compartiments triangulaires. D'autres ouvertures de ce genre offrent des figures contournées qui tiennent à la fois du style rayonnant et du style flamboyant.

2° *Bois de rose :* essence qu'il ne faut pas confondre avec le bois de Rhodes appelé aussi quelquefois *bois de rose*, et qui diffère de couleur et de nuances.

On connaît plusieurs espèces de *bois de rose* qui croissent dans diverses contrées équatoriales. Son nom lui vient et de sa couleur et de son odeur, qui, comme pour le bois de Rhodes, rappelle légèrement le parfum de la *rose*.

La variété de *bois de rose* qui provient des Canaries est ordinairement veinée de rouge violacé sur un fond *rose* pâle, qui tire un peu sur le jaune en vieillissant. Le *bois de rose* des Antilles et celui de la Chine ont le bois d'un rouge noirâtre, rayé de belles veines d'un noir brillant ; mais la teinte fondamentale de ces différentes espèces est le jaune rose ou le rouge pâle, avec des teintes plus foncées. Leurs veines sont ordinairement régulières et disposées parallèlement entre elles; leur grain est très fin, leur dureté moyenne.

La contexture du *bois rose* présente souvent de gros nœuds, dont on tire avantageusement parti dans l'ébénisterie pour le placage ; en effet, lorsque ce bois est coupé d'onglet, tous les nœuds offrent des nuances et des sinuosités qu'on assemble symétriquement deux à deux ou quatre à quatre, ce qui produit des effets d'ailes de papillon, de croix de Malte, etc., très pittoresques.

Le *bois rose* est recherché pour les meubles de luxe, surtout pour ceux du genre Louis XV, avec incrustation de mosaïques, de marqueterie et d'émaux, et garnitures de cuivre doré.

Les nuances agréables de ce bois, les heureux effets que l'on obtient en variant la disposition de ses veines fines et multipliées, ont contribué à le faire apprécier par les peintres-décorateurs, qui l'ont imité et qui l'emploient fréquemment comme panneaux de devantures de magasins, de salons, etc.

Rose, *s. m.* — Couleur secondaire formée de blanc et de laque.

Rose de cobalt : couleur que l'on obtient en calcinant des sels de cobalt avec de la magnésie. Cette couleur est solide, mais on ne l'emploie guère que pour la peinture fine.

Roseau, *s. m.* — On nomme ainsi les ornements en forme de cannes ou bâtons dont on remplit jusqu'au tiers de la hauteur du fût les cannelures des colonnes rudentées.

Rosette, *s. f.* — 1° Nom que l'on donne au cuivre rouge.

2° Petit disque monté sur un manche et pourvu d'encoches qui servent à donner de la voie aux scies.

3° Petite plaque de tôle découpée qui se fixe sur une porte et au milieu de laquelle passe la tige d'un bouton de tirage.

4° Petit ornement en cuivre que l'on fixe sur les plaques de propreté.

On rapporte quelquefois des *rosettes* de plus grande dimension à la rencontre des croisillons d'un balcon.

Rossignol, *s. m.* — 1° Crochet de fer avec lequel on ouvre les serrures dont on n'a pas la clef.

2° Coin de bois que l'on met dans les mortaises trop longues quand on veut serrer le tenon qui s'y rapporte.

Rostrale, *adj.* — Voy. *Colonne*.

Rostres, *s. m. pl.* — Ornements d'architecture ayant la forme d'un éperon de navire et que l'on place sur les colonnes dites *rostrales* (voy. *Colonne*).

Rotie, *s. f.* — On donne ce nom à l'exhaussement d'un mur de clôture mitoyen, de la demi-épaisseur de ce mur, avec de petits contreforts portant sur le reste du mur.

Rotin, *s. m.* — Voy. *Jé*.

Rotonde, *s. f* — Nom général que l'on donne à un édifice circulaire surmonté d'une couverture également circulaire ou sphérique en bois, en fer ou en maçonnerie.

Il est probable que c'est en raison du manque des moyens de couverture que les Égyptiens n'élevèrent pas d'édifice circulaire.

Les Grecs, plus avancés dans l'art de bâtir, construisirent des *rotondes* auxquelles ils donnaient le nom de *tholos* et qu'ils recouvraient soit en bois, soit au moyen d'une voûte de pierre.

Rome compte un grand nombre de *rotondes* antiques et modernes.

La *rotonde* peut quelquefois être une tour dominant le reste du monument auquel elle appartient, comme on en voit à l'église Sainte-Geneviève, aux Invalides, au Val-de-Grâce, à Paris.

Dans l'architecture des chemins de fer, on appelle *rotondes* les remises de locomotives construites sur plan circulaire ou polygonal (voy. *Remise*).

Rotton (*Ciment*). — Nom sous lequel sont connues dans le commerce deux variétés de ciment, l'une à prise rapide, l'autre à prise lente, qui se fabriquent à Chouard-Angély, près de Vassy.

Des expériences faites sur des briquettes façonnées avec ces ciments et essayées après un mois d'immersion, ont donné les résultats suivants : le ciment à prise rapide soumis à la résistance par arrachement, a cédé sous une charge moyenne de 8k,65 par centimètre carré, et soumis à la résistance par écrasement, a cédé sous une charge moyenne de 80k,05 par centimètre carré ; dans les mêmes conditions, pour le ciment à prise lente, les charges moyennes de rupture ont été, par arrachement, de 10k,63, et par écrasement, de 86k,08.

Rouanne, *s. f.* — Voy. *Roanne*.

Rouannette, *s. f.* — Petit outil de fer rond, aplati par un bout et partagé, à cette extrémité, en deux dents très pointues.

Les charpentiers se servent de la *rouannette*, dans la *marque des bois*, pour tracer des cercles.

Roue, *s. f.* — *Roue à eau* : machine de forme circulaire munie, sur sa circonférence, de palettes ou d'augets et que le poids de l'eau tombant sur ces appendices fait tourner autour d'un axe qui sert à transmettre le mouvement.

Nous donnons (fig. 3046) un exemple de *roue* dite *à augets*, composée de deux couronnes annulaires entre lesquelles

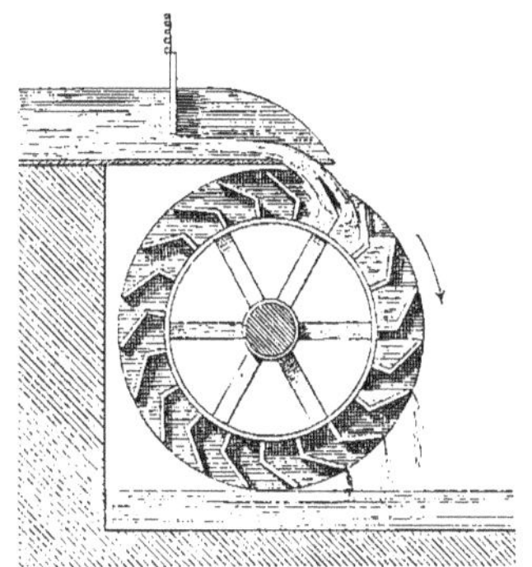

Fig. 3046.

sont emboîtées des aubes polygonales ou courbes appelées *augets* ; l'eau arrive sur la *roue* par un canal rectangulaire dont une vanne règle le débit.

Les *roues* peuvent aussi servir à élever l'eau : on en distingue de plusieurs sortes : les *roues à palettes* et les *roues à godets*.

La figure 3047 représente une *roue à*

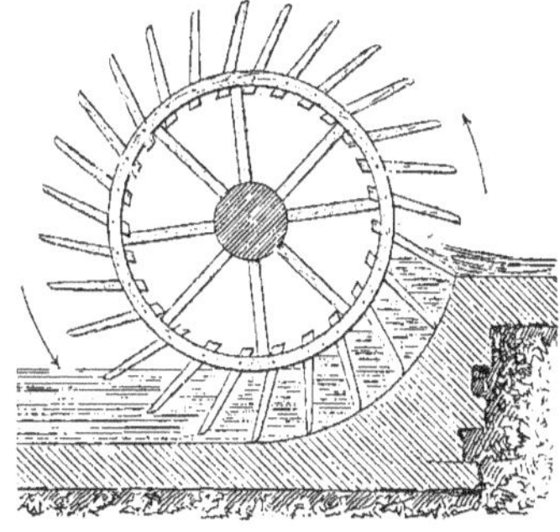

Fig. 3047.

palettes, ayant son axe horizontal et

tournant dans le sens indiqué par les flèches; l'eau qui s'introduit entre deux palettes consécutives se trouve bientôt contenue dans une sorte de vase formé par ces palettes, le coursier circulaire et les bajoyers; cette eau est ainsi élevée jusqu'au sommet du coursier, où elle s'écoule dans un canal disposé pour la recevoir.

La *roue à godets* (fig. 3048) est une *roue* également verticale, à la circonférence de laquelle sont fixés des seaux ou *godets;* l'eau ne peut s'élever qu'à une hauteur égale au diamètre intérieur de la *roue*, puis elle est déversée dans des

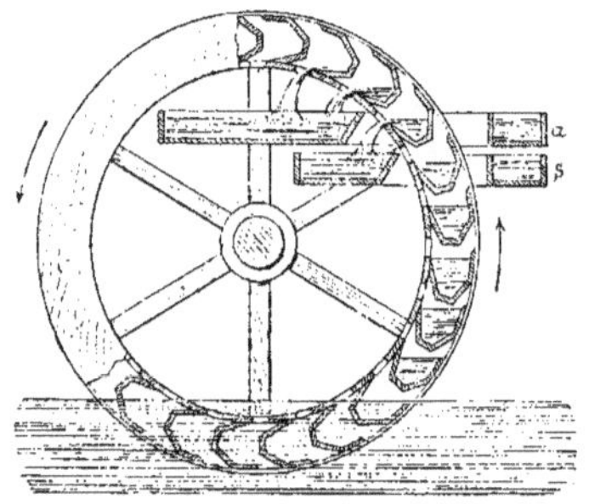

Fig. 3048.

canaux d'écoulement; souvent, on remplace les coffres fixes par des godets mobiles autour d'un axe qui se trouve au-dessus de leur centre de gravité; de cette façon, ils restent dans une position verticale et ne versent l'eau qu'au sommet; on gagne ainsi de la hauteur.

C'est le courant même de la rivière dans laquelle on installe ces *roues* qui leur donne le mouvement, car il fait tourner une *roue* à palettes montée sur le même arbre que la *roue* à godets.

Les Romains se servaient de *roues* analogues sur lesquelles étaient disposées des boîtes en bois ou des jarres en terre qui s'emplissaient par immersion dans le courant et qui arrivées au sommet de la révolution laissaient tomber à côté de la *roue* leur contenu dans une auge qui conduisait l'eau aux points auxquels elle était destinée.

Roue à rochet : *roue* qui porte à sa circonférence (fig. 3049) des dents inclinées et plus ou moins aiguës entre lesquelles peut pénétrer un levier *d*, appelé *rochet* ou *cliquet*, mobile autour d'un axe *o* et constamment pressé par un

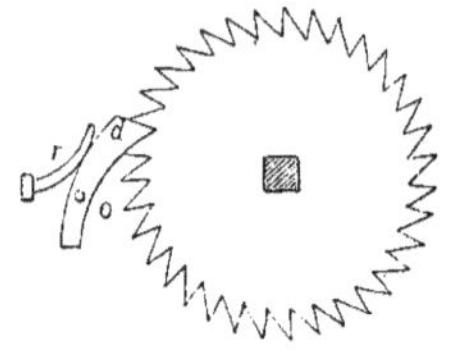

Fig. 3049.

ressort *r*; la *roue*, en tournant, soulève le cliquet et les dents échappent en faisant fléchir le ressort; si l'on fait tourner la *roue* en sens contraire, les dents viennent buter contre le cliquet maintenu par la pression du ressort et le mouvement est arrêté.

On emploie les *roues à rochet* dans un grand nombre de machines.

Roue dentée : *roue* armée de dents sur sa circonférence et destinée à engrener avec une autre *roue* également dentée, soit pour lui transmettre un mouvement de rotation, soit pour le recevoir (voy. *Engrenage*).

Rouet, *s. m.* — 1° Assemblage circulaire de plusieurs pièces de charpente ou madriers de 0^{m},10 à 0^{m},20 d'épaisseur, bien assemblés et chevillés et sur lesquels on pose la première assise de pierres ou de moellons à sec, pour fonder un puits ou un bassin de fontaine.

2° Enrayure de charpente ronde ou à pans, qui est posée à la base d'une flèche de clocher ou d'une lanterne de dôme.

3° Roue garnie de dents qui est placée sur l'arbre d'un moulin à vent ou à eau et qui engrène avec les fuseaux de la lanterne (voy. *Moulin*).

4° Garde ou garniture de serrure qui consiste en un morceau de tôle en arc de cercle entrant dans une fente ménagée à cet effet sur le panneton de la clef (voy. *Panneton*).

Cette fente prend elle-même le nom de *rouet*.

Il y a, dans ce sens, plusieurs sortes de *rouets* :

Le *rouet simple*, qui n'est qu'une fente parallèle à la tige de la clef ;

Le *rouet à fond de cuve*, fente oblique à la tige de la clef ;

Le *rouet foncé*, le *rouet à faucillon* (voy. *Panneton*).

Rouge, *s. m.* — Couleur employée dans la peinture.

On distingue les *rouges* minéraux, à base d'oxyde de fer, d'oxyde de plomb, de cobalt, de mercure, etc., et les *rouges* végétaux extraits de la garance, des bois *rouges*, du carthame et de la cochenille.

Comme couleurs ferrugineuses, nous citerons le *colcotar* ou *rouge d'Angleterre* (voy. *Colcotar*), et les *ocres*, parmi lesquelles on distingue : les *ocres* proprement dites (voy. *Ocre*) ; le *rouge de Venise*, dont la teinte est plus belle que celle de l'ocre *rouge* ; le *rouge d'Anvers*, semblable au précédent ; le *bol d'Arménie* ou *terre de Lemnos* (voy. *Bol*).

Les sels de cobalt communiquent à certaines terres des teintes que l'on a utilisées pour la fabrication de couleurs *rouges* et roses très belles : la *chaux métallique* ou arséniate de cobalt, couleur qui est peu connue en France, mais que l'on emploie très fréquemment en Angleterre ; le *rose de cobalt*, obtenu par la calcination des sels de cobalt avec la magnésie.

Les couleurs *rouges* à base de plomb sont les *miniums* (voy. ce mot).

Si l'on fond dans un creuset un mélange de 10 parties de minium et de 1 partie de colcotar, on obtient une matière d'un brun foncé qui prend une teinte rougeâtre et qu'on emploie quelquefois dans la peinture à l'huile.

Comme couleurs *rouges* à base de mercure, il faut signaler le *vermillon* ou cinabre et le *scarlet* (voy. ces mots).

Le *pourpre de Cassius* est une couleur aurifère obtenue en décomposant le chlorure d'or par le protochlorure et le biodure d'étain.

Le *réalgar* (voy. ce mot) est une couleur à base d'arsenic.

Parmi les *couleurs rouges végétales*, nous devons citer : la *laque de garance* ; la *laque de Fernambouc* ; la *laque plate d'Italie* (voy. *Laque*) ; le *carthame*, provenant d'une petite plante du même nom contenant deux matières colorantes, l'une jaune et l'autre *rouge*, que l'on extrait et que l'on mélange en y ajoutant de la colle et qui sert à la mise en couleur des parquets ; le *carmin* et la *laque carminée* (voy. *Carmin*).

Rouille, *s. f.* — 1° Couche ocreuse d'hydrate d'oxyde de fer qui recouvre, au bout de quelque temps, la surface du fer mis en contact avec l'air humide.

2° Maladie des arbres qui se reconnaît à une poussière rouge dont les feuilles et la tige se sont recouvertes.

Roulé, *adj.* — *Bois roulé* (voy. *Roulure*).

Rouleau, *s. m.* — 1° Morceau de bois fusiforme que les maçons poseurs,

Fig. 3050.

les bardeurs et les tailleurs de pierre emploient pour conduire les blocs d'un endroit à un autre (fig. 3050).

On dit aussi *roule*.

2° Les charpentiers se servent de *rouleaux* cylindriques pour transporter des pièces que leur longueur et leur poids ne permettent pas de placer sur le *trinqueballe* (voy. ce mot).

La figure 3051 montre, en projections horizontale et verticale, une pièce ainsi posée sur deux *rouleaux*. Le transport se fait ainsi : on pousse la pièce avec les mains dans le sens de sa longueur et avant que le bout de la pièce ait atteint le *rouleau* de droite, si le mouvement est de droite à gauche, on place un troisième *rouleau* à l'autre extrémité ; la pièce s'engage au-dessus de ce *rouleau*

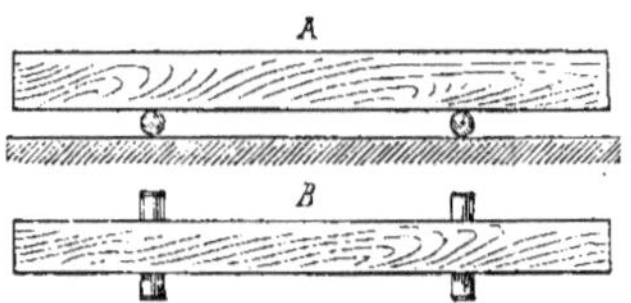

Fig. 3051.

et abandonne le premier, qui doit être reporté en avant pour recevoir la pièce lorsqu'elle abandonnera le *rouleau* suivant ; on voit ainsi qu'à l'aide de trois *rouleaux* seulement on peut faire parcourir au bois une distance quelconque.

On appelle *rouleaux sans fin* des *rouleaux* qui servent au transport de pièces de bois très lourdes et qui se composent (fig. 3052) de deux fortes pièces méplates, maintenues parallèles au moyen de deux entretoises, qui leur sont assemblées à entailles et boulonnées ; ces deux pièces entrent, de toute

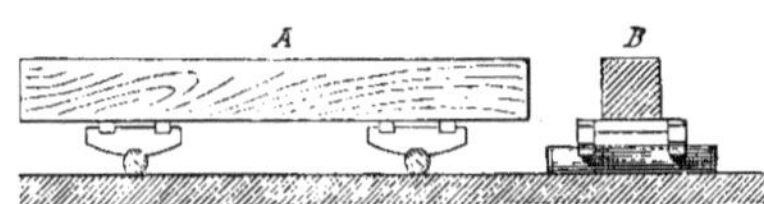

Fig. 3052.

leur épaisseur, dans les gorges creusées autour du *rouleau*, dont les extrémités, frettées de fer, sont percées de mortaises pour embarrer les leviers au moyen desquels on le fait tourner. On agit sur les deux *rouleaux* en même temps et dans le même sens ; on fait ainsi avancer la pièce dans la direction que l'on veut suivre.

3° Morceau de bois cylindrique ou en fuseau (fig. 3053) que l'on emploie pour empêcher les chevaux ou les moutons de se blesser soit quand ils sortent de l'écurie ou de la bergerie, soit lorsqu'ils y rentrent. Ces *rouleaux* sont munis de deux tourillons engagés dans des tenons scellés dans le mur ou sur un des montants de la porte et tournant sur eux-mêmes sous l'action du frottement des animaux, quand ils se portent à droite

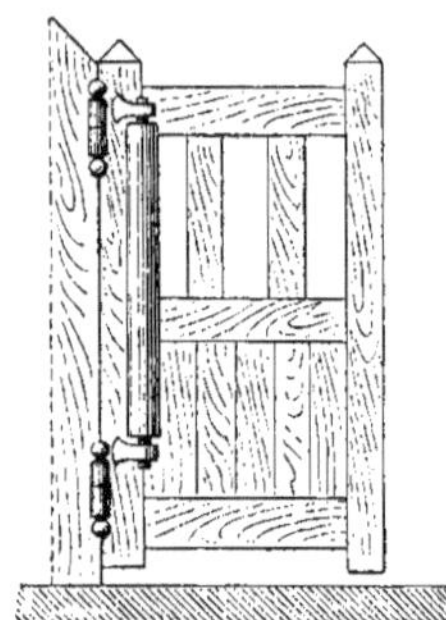
Fig. 3053.

ou à gauche de l'axe de la baie. Ces *rouleaux* sont particulièrement utiles dans les écuries destinées à l'élevage, où sont enfermés des juments et des poulains.

Dans les parcs attenants aux marchés à bestiaux des abattoirs, on place des

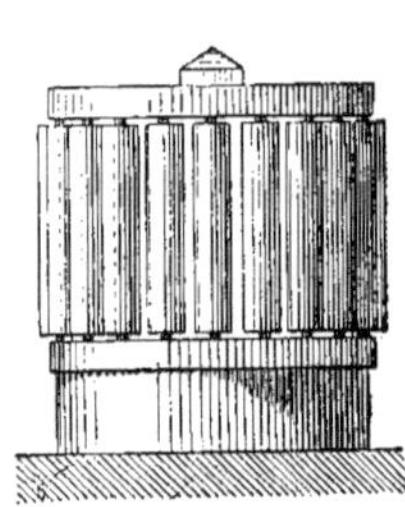

Fig. 3054.

tambours à *rouleaux* frotteurs qui facilitent l'écoulement des animaux et, par suite, leur comptage. Les *rouleaux* dont la figure 3054 représente le plan et l'élévation sont placés à quelque distance de l'entrée des parcs, dans l'axe même de la porte.

4° *Rouleau* de paille nattée que les couvreurs attachent sur les échelles pour les empêcher de glisser et de casser les tuiles ou les ardoises.

5° Les serruriers donnent aussi le nom de *rouleau* à un fer carillon contourné en volute.

Ils appellent *faux rouleau* une barre de fer à laquelle on a donné la même forme et qui sert à rouler les autres dessus.

6° Table de plomb que les ouvriers roulent sur elle-même pour l'enlever du moule au moyen d'un bâton.

7° Cylindre de pierre ou de fonte qui se tire à bras d'homme et qui sert à aplanir les gazons. On fait aussi usage, pour égaliser l'empierrement des routes en cailloutis, de *rouleaux* de grande dimension auxquels on attelle des chevaux ; en avant et en arrière du cylindre sont placées deux caisses que l'on emplit de pavés pour donner plus de poids à l'ensemble (voy. *Cylindre*).

Roulette, *s. f.* — 1° Petit disque de métal, de bois dur ou de corne, monté dans une chape et qui tourne soit dans un sens unique, soit dans tous les sens.

On place des *roulettes* sous les objets que l'on veut pouvoir déplacer sans les soulever.

2° Instrument de mesure qui sert au lever des plans.

Cet instrument se compose d'un long ruban d'un tissu de fil qui s'enroule autour d'un petit cylindre enfermé dans une boîte (fig. 3055) ou disque creux n'ayant sur la tranche qu'une ouverture étroite pour le passage du ruban ; en tirant le ruban par un anneau dont il est muni à son extrémité libre, on le fait sortir de la longueur dont on a besoin ; pour le faire rentrer, on agit sur une petite manivelle en cuivre fixée à l'axe du cylindre intérieur et qui lui donne un mouvement de rotation. Le ruban est divisé en mètres et centimètres ; on lui donne 10, 15 ou 20 mètres de longueur ; sa surface est enduite d'une

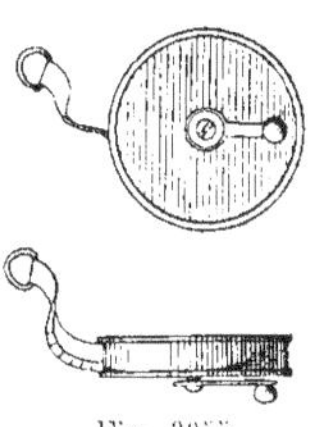

Fig. 3055.

substance qui le préserve de l'humidité et en vertu de laquelle il ne peut s'allonger que par une tension beaucoup plus forte que celle nécessaire pour son usage.

Aujourd'hui, les géomètres arpenteurs remplacent souvent la *roulette* par un ruban métallique muni de poignées.

Rouleur, *s. m.* — Ouvrier qui fait les transports à la brouette.

Roulons, *s. m.* — Barreaux ou échelons d'un *râtelier* (voy. ce mot).

Les *roulons* sont ordinairement en bois de frêne ; ils ont 0m,03 à 0m,04 d'épaisseur sur 0m,70 à 0m,80 de longueur et s'assemblent dans la traverse haute et la traverse basse du râtelier.

Roulure, *s. f.* — Défaut dans la constitution des bois qui consiste en un manque de liaison entre deux couches annuelles. Il en résulte une solution de continuité qui s'étend quelquefois sur toute la circonférence de l'arbre. Le bois dit *bois roulé* se rompt plus facilement et, en outre, ces intervalles deviennent des réceptacles d'humidité et de pourriture ; les arbres atteints de ces défauts ne doivent donc pas être employés pour la construction.

Rousseloy (*Banc royal de*). — Calcaire tendre, très fin, blanc-jaunâtre, durcissant à l'air, et provenant des carrières de *Rousseloy*, près de Clermont (Oise).

La hauteur d'assise de cette pierre varie de $0^m,50$ à $1^m,40$.

Roussille (*Granit de la*). — Granit demi-dur et tendre, gris-rosâtre, à gros grains, que l'on tire de la carrière de la *Roussille*, dans la commune de Saint-Sylvain-bas-le-Roc, près de Boussac.

La hauteur d'assise de cette pierre est de toutes dimensions.

Route, *s. f.* — Mot par lequel on désigne la partie du sol préparée pour faciliter les communications, par terre, entre les différents points importants d'un pays.

Si la *route* a peu d'étendue et si les points qu'elle relie entre eux sont peu importants, on lui donne le nom de *chemin* (voy. ce mot).

Dans la construction d'une *route*, on s'attache à diminuer, autant que possible, les résistances qu'éprouvent les véhicules qui la parcourent. Pour atteindre ce but, il faut lui donner des rampes assez faibles et l'établir en matériaux durables et offrant aux roues une surface unie.

Les opérations nécessaires à l'exécution d'une *route* se divisent en trois classes : 1° les *études*, c'est-à-dire la détermination de la *direction* et du *tracé*, la recherche du *profil en long* et du *profil en travers* ; 2° les *terrassements* ; 3° l'*établissement de la chaussée*.

Une *route* se compose : 1° de la *chaussée*, partie centrale, consolidée à l'aide de matériaux capables de résister à l'action destructive des pieds des chevaux et des roues de voitures ; 2° des *accotements*, parties qui servent à soutenir la chaussée de chaque côté et qui sont réservées au passage des piétons ; 3° des *fossés*, destinés à l'écoulement des eaux pluviales.

On appelle : *axe de la route*, la ligne tracée au milieu de la surface de la chaussée ; *profil en long*, l'intersection de la route par un plan vertical passant par l'axe ; *profil en travers*, une section faite par un plan perpendiculaire à l'axe.

Lorsque la *route* est en plaine, le profil transversal présente la forme d'un arc de cercle dont la flèche est ordinairement égale au moins au cinquantième de la corde. Cette forme bombée produit deux pentes nécessaires à l'écoulement de l'eau, qui ne peut s'effectuer qu'avec une inclinaison de $0^m,02$ par mètre.

Si la *route* est établie sur le revers d'une montagne, de façon à former précipice d'un côté, on l'incline d'une manière uniforme vers le coteau, pour éviter les accidents. Le plus souvent même, on borde la *route*, du côté de la vallée, d'un petit mur ou d'un bourrelet en terre couvert de gazon. Les eaux de la route et de la montagne sont reçues dans un fossé creusé entre les deux et peuvent être déversées du côté de la vallée, s'il est besoin, par de petits aqueducs établis sous la chaussée.

Quelquefois, la *route* est construite en tranchée ; on la dispose alors de manière à offrir une certaine concavité dans l'axe de laquelle les eaux se réunissent.

Dans certains cas, on supprime les fossés, on incline les accotements vers la chaussée et celle-ci vers les accotements, ce qui produit, de chaque côté, un ruisseau dans lequel les eaux peuvent se rendre.

La plus grande pente que l'on doive donner à une *route*, dans le sens de la longueur, est fixée à $0^m,05$ par mètre. La pente minima est de $0^m,005$, pour que les eaux puissent s'écouler.

La *direction* d'une *route* est l'indication des points principaux que cette *route* doit relier entre eux. Les points extrêmes sont fournis par l'administration et déterminés d'après des considérations militaires ou commerciales, mais il est important, au point de vue de l'utilité publique et de l'économie d'exécution, de tenir compte des considérations de géographie physique, qui peuvent modifier notablement la direction prévue.

Lorsque la direction générale est bien fixée, on s'occupe de déterminer les points compris entre les points principaux et cette opération constitue le *tracé*, pour lequel on doit choisir le trajet le plus court et le sol le plus favorable. Si rien ne s'y oppose, on exécute le tracé en ligne droite. Si le terrain est accidenté et que, pour conserver la ligne droite, il faille acquérir des propriétés importantes ou faire des travaux coûteux, on étudie un tracé brisé qui évite, au moins en partie, ces inconvénients.

Dans le cas d'un sol très accidenté, il faut, pour exécuter le tracé, un nivellement et un plan.

Dans un pays de montagnes, la *route* doit suivre le fond des vallées à un niveau supérieur à celui des inondations. Lorsqu'elle doit descendre du faîte dans la vallée, on lui fait suivre le versant d'une chaîne secondaire.

Lorsque les divers points que doit relier la *route* sont ainsi fixés, on détermine les profils.

Dans le profil en long, si l'alignement est rectiligne, il peut se présenter plusieurs cas : 1° de l'un des points on aperçoit l'autre ; on trace alors la ligne avec des jalons ; 2° d'un point intermédiaire on aperçoit les deux autres ; on emploie encore les jalons et on procède par tâtonnements, jusqu'à ce qu'on arrive à faire passer un alignement par les deux points donnés ; si ces points sont cachés à la vue par des obstacles, on lève un plan sur lequel on les rapporte.

On réunit deux alignements qui se coupent au moyen d'une courbe d'un rayon suffisant.

Le profil en long terminé, on fait le lever d'un certain nombre de profils en travers du terrain et on dessine, sur ces mêmes profils, le profil en travers de la *route*. Combinés avec le profil en long, les profils en travers permettent de faire le cubage des déblais et des remblais à exécuter.

Les terrassements se composent de déblais et de remblais. Il y a toujours un grand avantage à se servir de la terre des premiers pour exécuter les seconds ; mais quelquefois on ne le peut pas, soit à cause de la nature de la terre, soit parce que le lieu d'où on la tire est trop éloigné de celui où il faut l'employer. Dans ce cas, on a recours aux *retroussements* et aux *emprunts*, opérations qui consistent, la première à transporter la terre des déblais sur un terrain voisin de la *route*, la seconde à déblayer un terrain également voisin de la *route* et près des points à remblayer.

Au point de vue de l'établissement des chaussées des *routes*, on distingue les *chaussées pavées* et les *chaussées en empierrement*.

Les chaussées pavées sont les meilleures, mais les plus coûteuses ; aussi ne les emploie-t-on que pour les *routes* très fréquentées. Elles sont formées d'une couche de matériaux volumineux taillés régulièrement, rangés sur un lit de sable de 0m,15 à 0m,20 d'épaisseur et qui sont maintenus latéralement par des pavés de grande dimension appelés *bordures* ou *parements* (voy. *Pavage*).

Les *chaussées en empierrement* se composent de matériaux peu volumineux, irréguliers, qui s'enchevêtrent les uns dans les autres. Si le sol est peu résistant, on forme une fondation avec un rang de pierres, de grès ou de moellons plats qui répartissent la pression sur une plus grande surface ; au-dessus, on dispose des pierres coniques, la plus petite base en haut ; enfin, on étale sur ces dernières des couches de cailloux roulés ou de pierres plus petites, qui remplissent les vides et que l'on tasse avec des rouleaux compresseurs. Si le sol est résistant, on supprime la fondation et l'on place directement sur le terrain les pierres coniques. Dans les deux cas, on maintient ces pierres par des bordures. De plus, si la *route* est exposée à recevoir une grande quantité d'eau pendant les pluies ou qu'elle soit située sur le penchant d'une montagne, on établit, de distance en distance, des rigoles appelées *écharpes* ou des ruisseaux empierrés nommés *cassis*, qui sont disposés transversalement ou en biais par rapport à la chaussée et qui conduisent l'eau dans les fossés.

Le mode d'empierrement des chaussées a été perfectionné par l'adoption, presque générale aujourd'hui, du système de chaussées en cailloutis dites à la Mac-Adam (voy *Cailloutis*).

C'est sur les accotements réservés aux piétons que sont placés les divers accessoires qui accompagnent ordinairement les *routes*, tels que les *plantations* et les *bornes kilométriques*. En outre, au croisement des *routes* sont disposés des poteaux ou des colonnes sur lesquelles sont indiqués le numéro, les points extrêmes de la *route* et la distance qui existe entre le croisement et les deux villes les plus rapprochées.

Nos *routes* sont généralement empierrées ou macadamisées, si ce n'est aux abords ou à la traversée des villes ou villages, ou l'on emploie presque constamment le pavé. Nous donnerons ici quelques profils types qui indiquent divers modes de construction de ces *routes*.

La figure 3056 représente : en A une *route* avec empierrement, caniveaux et bordure en pierre ; en B une *route* empierrée avec accotements surélevés, fossés et conduit souterrain pour l'écou-

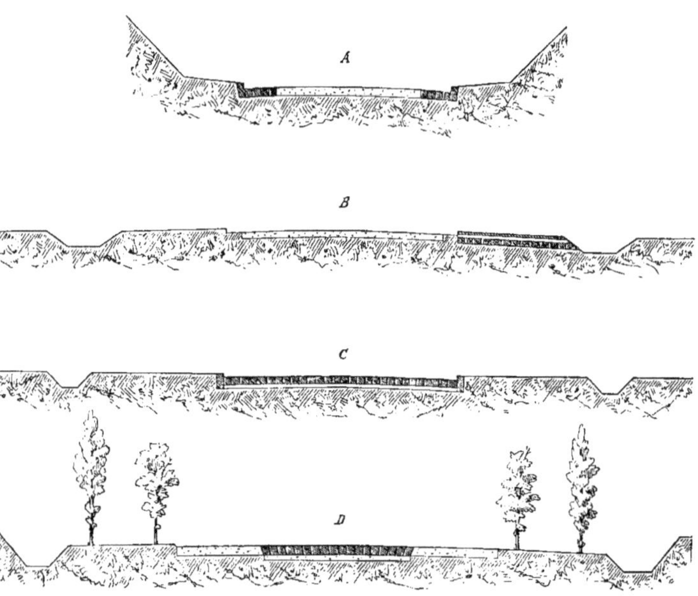

Fig. 3056.

lement des eaux de pluie ; en C une *route* avec chaussée pavée, accotements surélevés et fossés ; en D une *route* avec chaussée en pavés, bordures en empierrement, accotements plantés d'arbres et fossés d'écoulement. Ces profils sont ceux de *routes* en rase campagne.

Nous donnons (fig. 3057) en A une

route en remblai avec chaussée empierrée, accotements et petits murs servant de garde-fous; en B un cas très compliqué, celui d'une *route* en déblai établie dans un terrain argileux, aquifère, avec drainage, fondations en sable, fossés et murs de soutènement.

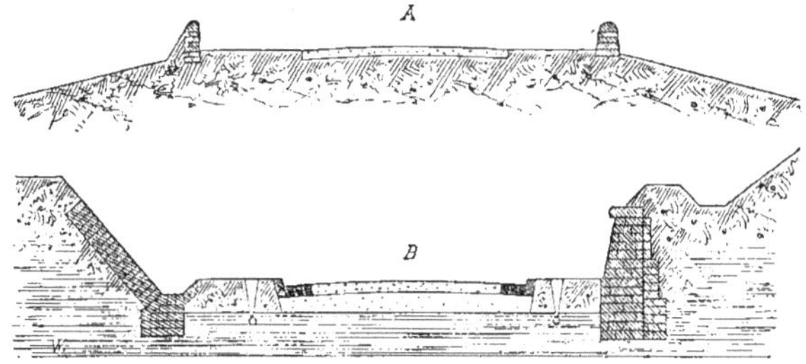

Fig. 3057.

Les *routes* à flanc de coteau exigent souvent des dépenses considérables comme travaux de terrassements et de maçonnerie : la figure 3058 représente, en A, une *route* empierrée avec bordure en talus du côté de la déclivité, rigole et mur de soutènement du côté du coteau; en B une *route* avec chaussée en empierrement, accotements, fossé du côté de la montagne et mur de soutènement de l'autre côté. Dans les traverses des villes, ces voies sont ordinairement pavées et accompagnées de trottoirs; dans les bourgs ou villages, elles sont pavées ou empierrées avec rigoles pour l'écoulement des eaux.

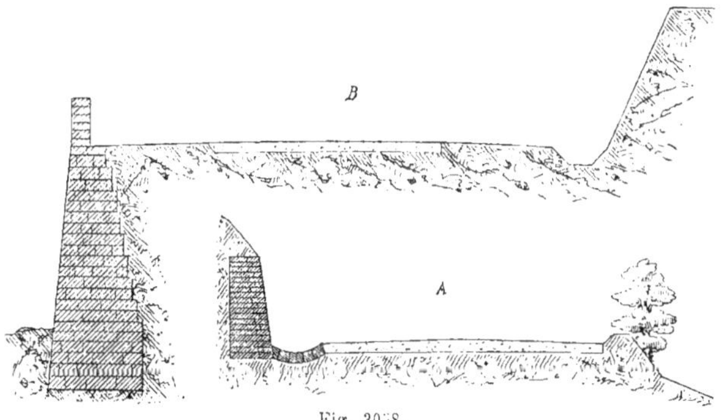

Fig. 3058.

Historique. Dès les temps les plus reculés, la construction des *routes* fut considérée comme étant d'une grande importance. On cite une *route* très ancienne qui existe encore entre Bagdad et Ispahan et qui remonterait au temps de Sémiramis.

Les Égyptiens et les Grecs distinguaient plusieurs sortes de *routes* et donnaient le nom de *chemins royaux* à celles qui étaient d'un intérêt général.

Les Carthaginois passent pour avoir, les premiers, construit des *routes* pavées; mais on ne connaît pas les procédés qu'ils employaient à cet égard.

Les Romains adoptèrent ce système en le perfectionnant et nous croyons devoir donner ici quelques détails sur ce qu'on a appelé les *routes* ou *voies romaines*.

On les divise en *voies militaires*, plus

souvent appelées *consulaires* ou *prétoriennes* et *voies vicinales*. Les premières étaient destinées à faciliter les mouvements des armées et à relier la capitale aux plus grandes villes du territoire et aux points stratégiques les plus importants.

La construction et l'entretien de ces *routes* étaient à la charge de l'État ; aussi, les établissait-on avec un tel soin que quelques-unes d'entre elles sont encore en bon état, malgré un défaut d'entretien qui a duré pendant plusieurs siècles.

Voici quels étaient les procédés mis en œuvre, notamment pour les voies appartenant à la période de l'empire :

Comme le roulage et la circulation étaient bien moins considérables chez les anciens Romains que chez les peuples modernes, la largeur que l'on donnait à la chaussée des *routes* de premier ordre était assez faible : 3m,50 à 4 mètres en moyenne. On commençait par indiquer cette largeur en traçant deux petites tranchées peu profondes et parallèles appelées *sulci ;* on creusait alors la terre entre ces deux limites jusqu'à ce que l'on arrivât à un sol résistant. Dans le cas d'un terrain marécageux, on établissait un pilotis. L'encaissement formé prenait le nom de *gremium*. On y plaçait : 1° un lit (*statumen*) de pierres couchées à plat les unes à côté des autres et reliées quelquefois par du mortier ; 2° un blocage (*rudus* ou *ruderatio*) composé de chaux, de petites pierres et de briques concassées ; 3° le *nucleus* ou *noyau*, formé de sable et de chaux ou de sable et de terre glaise ou bien encore de chaux et de tuileaux grossièrement pulvérisés ; cette couche, ainsi que la précédente, était fortement damée ; 4° le *pavimentum*, que l'on faisait tantôt avec un béton de cailloux, tantôt avec un pavage en blocs irréguliers, posés sur mortier. La figure 3059 représente une coupe faite sur la chaussée d'une voie romaine et qui montre les différentes couches qui la composaient. Le milieu de la chaussée était bombé, ce qui lui avait fait donner le nom d'*agger*, qu'on appliquait quelquefois à toute la voie. Cette chaussée était encadrée et soutenue de chaque côté, par

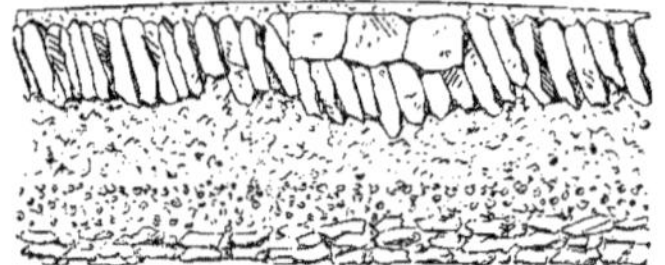

Fig. 3059.

des pierres de bordure appelées *umbones* solidement enfoncées dans le sol ; ces bordures comprenaient, de place en place, de gros blocs cunéiformes qui avaient sans doute pour objet d'aider les voyageurs à remonter à cheval.

Les voies romaines étaient divisées au moyen de pierres appelées *bornes* ou *colonnes milliaires*, qui portaient des inscriptions indiquant le nombre de lieues et de milles compris entre la ville voisine et le lieu où elles étaient posées (voy. *Milliaire*).

A l'époque des invasions des Barbares, l'entretien des *routes* que les Romains avaient établies dans toutes les provinces de leur vaste empire fut complètement abandonné et la plupart de ces voies furent détruites en partie ou en totalité. Charlemagne essaya de les rétablir, mais les travaux qu'il entreprit furent délaissés par ses successeurs. C'est à Philippe-Auguste que l'on attribue généralement la création du premier système de *grandes routes* en France ; c'est de cette même époque que date l'habitude de planter des arbres sur les grandes *routes*. On construisait aussi sur les chemins des fontaines entourées de bancs de pierre.

La guerre de Cent Ans amena la ruine d'un grand nombre de *routes*. Quelques efforts faits ensuite par le pouvoir royal en vue d'améliorer l'état des choses n'eurent pas de résultats sensibles.

Enfin, Henri IV créa la charge de

grand voyer et en revêtit Sully, qui fit réparer les *routes* et y rendit générale la plantation des ormes.

Louis XIV continua cette œuvre; Louis XV créa une administration spéciale pour les voies publiques et, sous Louis XVI, les *routes* se divisaient en quatre classes, suivant leur importance et leur largeur : les *routes* de la première classe avaient 42 pieds de largeur; celles de la deuxième avaient 36 pieds; celles de la troisième en avaient 30 et celles de la quatrième, 24 seulement.

Depuis le commencement du XIXe siècle, il a été dépensé des sommes considérables pour ce genre de travaux d'utilité publique.

On distingue aujourd'hui, en France, quatre catégories de *routes* :

1° Les *routes nationales*, qui sont exclusivement construites et entretenues aux frais de l'Etat et qui se subdivisent en trois classes, la première comprenant les *routes* qui conduisent de la capitale aux frontières et aux grandes villes maritimes ; la deuxième, celles qui, suivant la même direction, ont une moindre importance ; et la troisième, toutes les *routes* qui assurent les communications d'intérêt général, sans partir de la capitale pour arriver aux frontières ; la largeur des unes et des autres n'est plus réglée aujourd'hui d'une manière uniforme, elle est déterminée, à chaque nouvelle création, par le décret même d'institution ; cependant, en général, on donne 14 mètres à la chaussée de celles de première classe, 12 mètres à celle de la deuxième et de 10 à 11 mètres à celle de la troisième ;

2° Les *routes départementales* qui sont tracées pour l'utilité particulière des départements et entretenues à leurs frais ;

3° Les *chemins de grande communication* qui sont entretenus aux frais des départements et des communes intéressées ;

4° Les *chemins vicinaux* ou *communaux*, destinés à établir les communications utiles à l'intérêt privé des communes, et qui sont ouverts et entretenus aux frais de ces communes.

Il existe, en outre, une catégorie de *routes* spéciales, dites *routes stratégiques*, qui sont particulièrement destinées à faciliter les opérations militaires.

Rouverain, *adj.* — *Fer rouverain* : fer cassant à chaud.

Roux, *adj.* — On donne ce qualificatif aux plâtres auxquels la fumée ou la suie ont donné un ton de bistre.

Pour détruire ou atténuer cette teinte, il faut appliquer plusieurs couches d'échaudage ou une couche d'essence pure.

Royal, *adj.* — *Banc royal* (voy. *Banc*).

Royaume, *s. m.* — Voy. *Loupe*.

Ruban, *s. m.* — Ornement de

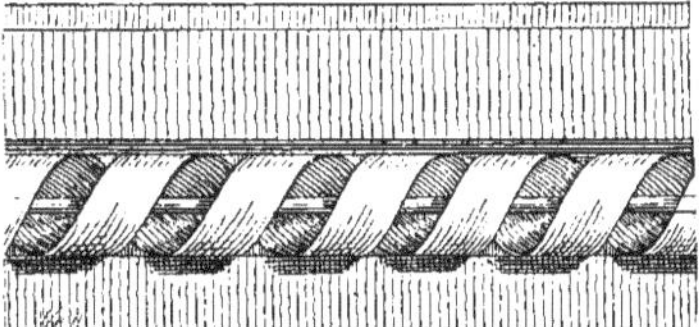

Fig. 060.

sculpture qui imite un *ruban* enroulé

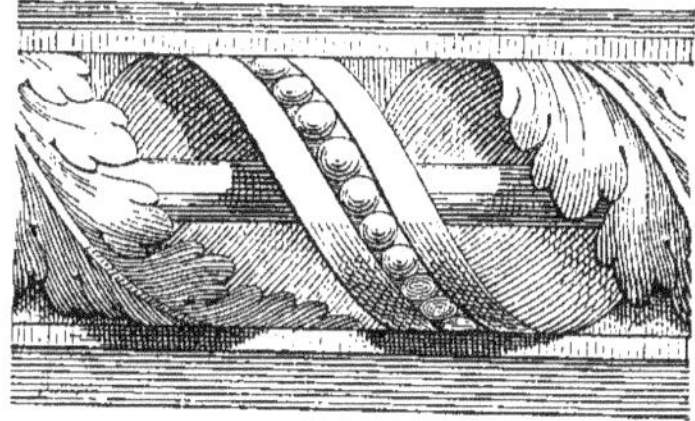

Fig. 3061.

autour d'une baguette et qui se fait plus

ou moins en relief, ou plus ou moins évidé (fig. 3060).

Ces ornements peuvent être taillés en forme de feuilles ou ornés soit de perles (fig. 3061), soit d'autres motifs de décoration.

Rubrique, *s. f.* — Nom que Vitruve donne à une terre rouge dont les anciens tiraient une couleur et qui était certainement la terre ou craie rouge que nous nommons *sanguine*.

Rudenture, *s. f.* — On désigne ainsi une sorte de baguette plane ou arrondie dont on remplit souvent jusqu'au tiers les cannelures d'une colonne, que l'on appelle alors *colonne rudentée* (voy. *Cannelure*).

Rudération, *s. f.* — Nom que les anciens donnaient à ce que nous appelons aujourd'hui hourdage. Ils appliquaient ce terme particulièrement aux aires de planchers et de pavements.

Le mot latin *ruderatio* vient du mot *rudus* qui exprimait la couche de matériaux grossiers, pierrailles, formant une des couches des aires antiques et, en particulier, du pavement des *routes* (voy. ce mot).

Rue, *s. f.* — Voie de circulation ménagée, dans une ville, entre les maisons ou les bâtiments qui la bordent de chaque côté.

La plupart des villes n'ont pas été établies sur des plans réguliers, fixés d'avance et propres à leur procurer des percées régulières et des *rues* symétriques.

Un certain nombre de villes antiques, fondées par des colons qui se fixaient, par choix ou par force, sur des terrains libres, étaient distribuées avec ordre et intelligence. On commençait par tracer le plan de l'enceinte et des murs qui devaient la borner; on déterminait ses expositions, on fixait le nombre et la situation de ses portes. Les directions générales étaient mises en rapport avec les principaux monuments, commandés par le besoin et l'usage. Cette manière de procéder pouvait procurer des communications heureuses entre les *rues* et leur donner la régularité que l'on veut souvent y introduire après coup.

Les villes modernes, au contraire, doivent presque toutes au hasard les premières directions des masses de bâtiments et de maisons, ainsi que les espaces laissés entre elles pour y former la voie publique; elles présentèrent d'abord un agrégat de maisons et de *rues* déjà plantées ou alignées sans ordre, à l'entour duquel s'établirent des habitations isolées ou des groupes de maisons qui devinrent bientôt des appendices de la ville, puis ses faubourgs. La rectitude et l'ordre qui peuvent alors régner dans la disposition des *rues* sont simplement dus au hasard des localités, et c'est longtemps après cette formation primitive que l'on procède par degrés au redressement et à l'élargissement des voies.

Certaines *rues* de l'antique Rome avaient été percées d'une manière spontanée et étaient généralement tortueuses. Il est probable que l'incendie de Néron offrit l'occasion de régulariser plus d'un quartier; et, sans doute, la Rome moderne est redevable à l'ancienne de quelques grandes et belles ouvertures de *rues*.

On peut citer, comme très remarquable par la disposition de ses voies, la ville de Palerme, dont le plan général consiste en quatre *rues*, formant une croix à quatre croisillons égaux et qui, coupant ainsi la ville dans son centre, vont aboutir à quatre grandes portes, bâties en arcs de triomphe; de belles places, des monuments, des fontaines qui se rencontrent le long de ces *rues*, en diversifient l'aspect.

Il est certain, en effet, que la beauté des *rues* qui résulte de l'uniformité et de la régularité n'est qu'une beauté géométrique, dont la monotonie lasse bientôt l'œil du spectateur. De belles masses d'édifices, les créations de l'architecture avec leurs aspects variés et leurs contrastes venant récréer la vue et intéresser l'esprit, constituent la véritable beauté des *rues*. Il est vrai que bien des causes exercent leur influence à cet égard sur l'embellissement des villes; parmi ces causes, on compte les mœurs, le goût, les circonstances politiques; il y a aussi les raisons physiques telles que l'absence, dans certains pays, des matériaux nécessaires à l'architecture. On ne peut donc rien prescrire, d'une manière rigoureuse, sur les moyens d'obtenir, dans les *rues* d'une ville, la *beauté* qui consiste dans la magnificence et la variété des aspects; il faut se contenter de la décrire ou d'en citer des exemples; mais toute théorie à ce sujet est inutile, si les causes physiques et morales se refusent à favoriser l'art et le goût.

Actuellement, les *rues* prennent, selon leur grandeur, le nom de *boulevards* ou de *rues* proprement dites; les premiers sont, en général, plantés d'arbres. Les *rues* qui n'ont qu'une issue sont des *impasses;* les rues couvertes sont des *passages*.

Aujourd'hui, toute *rue* nouvelle est pourvue, de chaque côté, de *trottoirs* dallés ou bitumés (voy. *Trottoir*) et de ruisseaux pour l'écoulement des eaux.

Les conduites d'alimentation d'eau et de gaz, les égouts, sont établis directement sous le sol de la *rue*.

Ce sol est tantôt pavé, tantôt recouvert d'un empierrement, de macadamisage ou même d'asphalte.

Rue de carrière : on nomme ainsi, dans l'exploitation des carrières, les chemins ou voies qui servent à la circulation, à l'extraction, au transport ou au charroi des matériaux.

Législation. Les *rues* et places publiques appartiennent au domaine public quand elles sont la continuation de chemins qui sont à la charge de l'État; au domaine municipal, lorsqu'elles sont à la charge de la commune.

Le décret du 26 mars 1852, relatif aux *rues* de Paris, édicte les prescriptions suivantes :

« Art. 1er. Les *rues* de Paris continueront à être soumises au régime de la grande voirie.

« Art. 2. Dans tout projet d'expropriation pour l'élargissement, le redressement ou la formation des *rues* de Paris, l'Administration aura la faculté de comprendre la totalité des immeubles atteints, lorsqu'elle jugera que les parties restantes ne sont pas d'une étendue ou d'une forme qui permette d'y élever des constructions salubres.

« Elle pourra pareillement comprendre, dans l'expropriation, des immeubles en dehors des alignements, lorsque leur acquisition sera nécessaire pour la suppression d'anciennes voies publiques jugées inutiles.

« Les parcelles de terrain acquises en dehors des alignements, et non susceptibles de recevoir des constructions salubres, seront réunies aux propriétés contiguës, soit à l'amiable, soit par l'expropriation de ces propriétés, conformément à l'article 33 de la loi du 16 septembre 1789.

« La fixation du prix de ces terrains sera faite suivant les mêmes formes et devant la même juridiction que celle des expropriations ordinaires. »

Tant qu'une *rue* conserve sa qualité de voie publique, chacun peut y passer. De même, les propriétaires riverains peuvent y ouvrir des baies, portes ou fenêtres, et y diriger leurs égouts, leurs gouttières, en se conformant toutefois aux règlements de voirie.

Il faut une autorisation du maire à celui qui veut établir sur *rue* un banc, un échafaudage, une plantation, barrière, escalier, hangar, enseigne, borne, balcon, terrasse, et, en général, toute saillie fixe ou mobile. L'autorité peut même ordonner, par un arrêté, la suppression d'une ou plusieurs de ces saillies existant déjà (voy. *Saillie*).

Celui qui fait un trou ou une excavation sur le sol d'une voie publique ou y laisse des décombres ou matériaux, est tenu de les éclairer pendant la nuit.

L'ouverture d'une *rue* nouvelle, l'élargissement, le nivellement, la réparation ou l'entretien d'une *rue* ancienne n'entraînent pas, pour les riverains, le droit à être indemnisés des incommodités et du préjudice qui en résultent pour eux.

Ruche, *s. f.* — *Ruches à miel.* Ces objets sont *immeubles par destination* (Code civil, art. 524).

Ruelle, *s. f.* — Espace étroit situé entre deux ou plusieurs maisons, entre deux murs.

Le terrain ainsi compris est réputé mitoyen, à moins de titre ou prescription contraire.

Ruellée, *s. f.* — Solin de plâtre que les couvreurs établissent à l'extrémité d'un comble isolé et couvert en tuiles.

La *ruellée* borde et termine le toit et rejette sur la couverture les eaux qui tomberaient sur le pignon.

Ruinure, *s. f.* — Entaille que font les charpentiers avec le ciseau ou la cognée dans les solives d'un plancher ou dans les poteaux d'une cloison pour retenir la maçonnerie des entrevous.

Ruisseau, *s. m.* — Sorte de canal formé par la rencontre de deux revers de pavés et qui sert à l'écoulement des eaux (voy. *Trottoir*).

Un *ruisseau* est composé de pavés appelés *jumelles* et *contre-jumelles* (voy. ces mots).

Ruoms (*Pierre de*). — Calcaire compact, très dur, noduleux, provenant des carrières de *Ruoms*, près de Largentière (Ardèche).

Cette pierre, de couleur grisâtre, à pâte fine, est susceptible de poli ; elle porte de $0^m,15$ à $0^m,60$ de hauteur d'assise.

Rupture, *s. f.* — Voy. *Résistance.*

Rurale, *adj.* — *Exploitation rurale* (voy. *Ferme*).

Rustique, *s. m.* et *adj.* — 1° Outil de tailleur de pierre qui sert à *rustiquer*, c'est-à-dire à donner aux blocs l'aspect *rustique* et qui a la même forme que la *laye* ou *bretture* (voy. ce mot), mais avec des intervalles plus considérables entre les dents.

2° Se dit d'un ouvrage de maçonnerie dans lequel les pierres sont laissées brutes, naturelles ou imitées.

Parmi les divers genres de *rustiques* que l'on peut mettre en œuvre, on place au premier rang le *bossage ;* mais lui-même peut comporter plus d'un degré. Il est des bossages où les pierres n'ont de *rustique* que leur saillie dans les superficies des parements et qui sont dressées avec soin, polies et arrondies sans aucune aspérité ; d'autres sont taillées de manière à imiter toutes les aspérités d'une pierre brute ; il y en a qui sont piquées de manière à produire à peu près le même effet. On voit encore des bossages travaillés dans le genre qu'on appelle *vermiculé*, imitation des corrosions que le temps produit naturellement sur certaines qualités de pierres.

Comme variétés de *rustiques*, on peut encore citer :

1° Celui qu'on peut employer dans certaines parties de constructions, telles que les soubassements, et qui consiste à mettre en œuvre ou à feindre ce genre d'appareil que les anciens ont appelé *incertum* et dans lequel les pierres, taillées à joints irréguliers, ne forment points de lits et s'assemblent comme au hasard ;

2° Celui qui se produit au moyen de certaines incrustations de matières diverses, soit par la couleur, soit par la forme, et qu'on réunit par les enduits de mortier, dont on couvre des murs, des pieds-droits, des arcades, des colonnes ou des pilastres; on emploie à ces incrustations soit des cailloux, soit des éclats de marbres de teintes variées, soit des coquillages naturels, soit des morceaux de stalactites et de pétrifications, etc.;

3° Le genre de *rustique*, dont on produit l'apparence, par la manière d'employer le mortier brut ou le plâtre jeté au balai, en observant de mêler, dans ces enduits raboteux, des couleurs qui en détachent les parties du reste des ravalements.

Bien que le genre *rustique*, à bossage ou de toute autre manière, puisse convenir à toute espèce d'édifices, il en est auxquels on peut l'affecter de préférence, et même on peut en citer auxquels il convient exclusivement : tels sont ceux d'où veulent être exclus la richesse, l'élégance et l'agrément, et dont le caractère doit surtout exprimer la solidité, la force, la sévérité qui appartient à leur destination, par exemple les prisons, les casernes, les portes de villes de guerre, les greniers publics, les halles, etc. Enfin, les monuments dont la destination et le caractère comportent bien le genre *rustique* sont les châteaux d'eau, les réservoirs, les fontaines, les grottes, etc. Dans les jardins surtout, là où l'architecture doit s'allier avec les effets naturels, on peut recommander l'emploi des pierres rustiquement taillées, des colonnes qui semblent avoir été enveloppées de stalactites naturelles, des ordonnances entremêlées de rocailles, des imitations de plantes aquatiques et de tous les accessoires du genre *rustique*.

S

Sable, *s. m.* — Matière provenant de la désagrégation des roches granitiques, des grès ou des calcaires arénacés. Cette désagrégation se produit spontanément ou sous l'action mécanique des eaux sur les dépôts diluviens et les débris de toute nature qu'elles charrient.

Certains *sables* sont entièrement quartzeux, d'autres sont formés de la plupart des éléments du granit et du gneiss; quelques-uns sont entièrement calcaires; il en est enfin qui sont volcaniques et d'autres composés de diverses matières mêlées.

On distingue les *sables* en *sables gros, moyens, fins* et *très fins*. On appelle *sable fin* celui dont les grains n'ont pas plus de 0m,001 de diamètre, et *sable gros* celui dont les grains ont de 0m,001 à 0m,003; au delà de cette dimension, ce n'est plus du *sable*, c'est du *gravier*.

Au point de vue de l'origine, on nomme :

1° *Sables de rivière*, les *sables* qui se tirent du lit des cours d'eau;

2° *Sables de la mer*, ceux qui proviennent des grèves de la mer;

3° *Sables fossiles*, de *carrière* ou de *fouille*, ceux qui, produits d'anciennes révolutions du globe, forment de vastes dépôts en un grand nombre de points où ils ont été transportés par les eaux;

4° *Sables vierges* ou *arènes*, ceux qui n'ont point été charriés et qui résultent, comme nous l'avons dit plus haut, de la décomposition spontanée de roches arénacées, feldspathiques ou argileuses.

Les *sables* s'emploient, dans les constructions, pour faire du mortier, pour former les joints des pavés et quelquefois pour asseoir des fondations.

Leur action sur la chaux est purement mécanique; ils s'y attachent par leurs aspérités, modèrent son retrait, préviennent les gerçures, augmentent la dureté des chaux hydrauliques et diminuent celle des chaux grasses; quant au ciment, ils en retardent la prise.

De la bonne qualité du *sable* dépend la bonne confection du mortier. On doit donc éprouver cette matière avant d'en faire usage; les *sables* argileux, terreux ou vaseux, placés dans l'eau, la troublent; les *sables* purs, au contraire, n'en atténuent, en aucune façon, la limpidité; on ne doit donc s'en servir qu'après les avoir débarrassés, par le lavage, de toutes matières étrangères.

Les *sables de la mer*, à cause des propriétés hygrométriques qu'ils doivent au sel dont ils sont imprégnés, ne peuvent être employés dans toutes les constructions où l'on veut éviter l'humidité, qu'après avoir été lavés à grande eau ou exposés, pendant plusieurs années et par couches minces, à l'action des pluies.

Le *sable de rivière* se passe à la claie; il est regardé comme le plus pur.

Le *sable de terrain* ou *sable fossile* peut être employé avantageusement à la fabrication des mortiers si on le choisit sans mélange de terre; on en reconnaît la qualité à ce qu'il doit être rude au toucher, crier lorsqu'on le serre dans la main et ne pas la salir.

Le *sable* qui provient de la pulvérisation du grès ne doit jamais être employé à moins de nécessité absolue.

Le *sable*, et notamment le *sable* siliceux, tamisé s'il est mélangé de gros grains de gravier, tient le premier rang comme matière antiplastique. Il accroît même l'infusibilité des argiles, tandis que les *sables* feldspathiques, micacés, ferrugineux, calcaires, rendent, au contraire, les pâtes plus fusibles. Les *ciments* ou matières plastiques déjà cuites, telles que débris de gazettes, briques, tuiles, poteries, creusets, etc., broyés et introduits dans les terres, en diminuent, comme les *sables*, la plasticité trop grande ou leur donnent des propriétés plus réfractaires.

On appelle *sable mourant, sable bouillant, sable boulant* ou simplement *boulant* une couche sablonneuse tellement imbibée d'eau qu'elle n'a pas plus de consistance que la vase.

Nous terminerons cet article en citant divers usages du *sable*, tant anciens que modernes, qui présentent un certain intérêt. C'est ainsi que l'architecte Chersiphron se servit de sacs remplis de *sable* pour la construction des plates-bandes du temple d'Éphèse. « Une chose, dit Pline, qui raconte ce fait, tient du prodige : c'est qu'il ait pu élever à une telle hauteur des masses aussi volumineuses que les pierres des plates-bandes de l'architrave. Voici le moyen dont il usa : avec des sacs remplis de *sable*, il pratiqua une montée douce, dont le sommet surmontait le chapiteau des colonnes. Sur ces sacs vinrent se reposer les plates-bandes ; puis, vidant peu à peu les sacs inférieurs, tout l'assemblage s'assit en sa place. » Il n'est pas probable que cette curieuse opération du déplacement de ces blocs ait été effectuée à nu sur une pile de sacs de *sable* ; le mouvement de ces masses eût rapidement foulé et détruit les parties supérieures de ce plan incliné. Il y a tout lieu de croire que sur la surface bien réglée de l'ensemble on avait posé des madriers sur lesquels on hissait les monolithes. Cette agglomération de sacs de *sable*, pouvant se transporter facilement d'un entrecolonnement à l'autre, servait à la pose successive des architraves.

Le décintrement des voûtes actuellement en usage est une application du *sable* analogue à celle que nous venons de citer.

M. Janniard, dans la *Revue d'architecture*, rappelle un fait curieux basé sur le même principe : « Je ne sais plus, dit-il, quel auteur rapporte qu'en Italie on avait employé le *sable* à redresser une tour qui avait perdu son aplomb. Une série d'étais en bois fut placée sur la face de la tour qui était opposée au surplomb ; le pied de chaque étai s'enfonçait dans un porte-gaine en bois, en partie rempli de *sable* et muni d'orifices latéraux, destinés à faire écouler le sable en temps utile. Lorsque les étais furent tendus et solidement appuyés par le pied sur les colonnes de *sable*, on fit à la base des murs une incision cunéiforme, suivant un angle calculé sur l'inclinaison de la tour et ayant son sommet tangent au mur du côté duquel l'édifice penchait ; lorsque la masse des murs tranchés n'eut plus d'autre appui que les étais, on fit évacuer peu à peu le *sable* contenu dans les gaînes, et les étais cédant au poids de la tour, celle-ci reprit insensiblement son aplomb. »

Par un procédé analogue, on peut effectuer le redressement des cheminées d'usines, lorsqu'elles penchent d'un côté, par suite d'une inégalité de tassement de la maçonnerie.

Sabler, *v. a.* — Étendre du sable sur l'aire d'une allée de jardin, d'une cave ou de tout autre endroit.

Sablière, *s. f* — 1° Nom que l'on donne, concurremment avec celui de *sablonnière*, à une carrière de sable.

2° On désigne ainsi des pièces de bois horizontales que l'on place haut et bas dans un pan de bois pour recevoir les assemblages des poteaux, décharges, tournisses, qui entrent dans la composition de cet ouvrage (voy. *Pan de bois*).

On appelle *sablière haute*, celle qui se trouve à la partie supérieure de chaque étage et qui porte les solives de chaque plancher; *sablière basse*, celle qui repose, à rez-de-chaussée, sur les parpaings; *sablière de chambrée*, une *sablière* qui, à chaque étage, joue le rôle de *sablière* basse et repose sur les abouts des solives; le même nom s'applique à une pièce soutenue par des corbeaux en pierre et qui est placée le long d'un mur pour supporter les abouts des solives d'un plancher (voy. *Lambourde*).

On appelle encore ainsi les pièces accolées à une poutre à laquelle elles se relient à l'aide d'étriers en fer et qui reçoivent dans des entailles les abouts des solives d'un plancher; cet assemblage de pièces constitue une poutre armée (voy. *Poutre*).

On emploie souvent ce terme pour désigner les *plates-formes* qui reçoivent les pieds des chevrons d'un comble.

Sablière de jouée : pièce qui, dans la charpente d'une lucarne, est placée en retour du chapeau et reçoit les assemblages des tournisses (voy. *Lucarne*).

Sablon, *s. m.* — Sable que l'on n'emploie pas pour faire le mortier parce qu'il est trop fin.

Le sable dragué dans la Seine, à Paris, est en partie du *sablon*.

Sablonnière, *s. f.* — Voy. *Sablière*.

Sabot, *s. m.* — 1° Garniture de métal avec laquelle on enveloppe l'extrémité d'une pièce de charpente, soit un *pilot* (voy. ce mot), soit un arbalétrier.

La forme que l'on donne aux *sabots*, dans les fermes en bois ou en métal, peut être très variée; nous en donnerons seulement ici quelques exemples :

La figure 3062 représente un *sabot* en fonte qui reçoit les extrémités supérieures de deux arbalétriers en bois; c'est une double boîte prismatique qua-

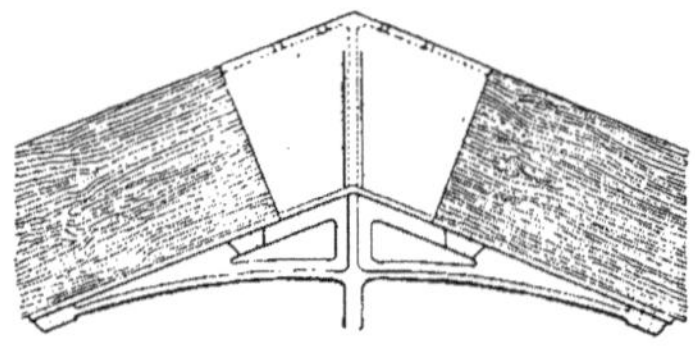

Fig. 3062.

drangulaire dont les deux compartiments sont séparés sur l'axe par une cloison verticale également en fonte. Le pied de ces arbalétriers est reçu de même dans un *sabot* de fonte.

Ces pièces peuvent être évidées, comme le montre la figure 3063, qui re-

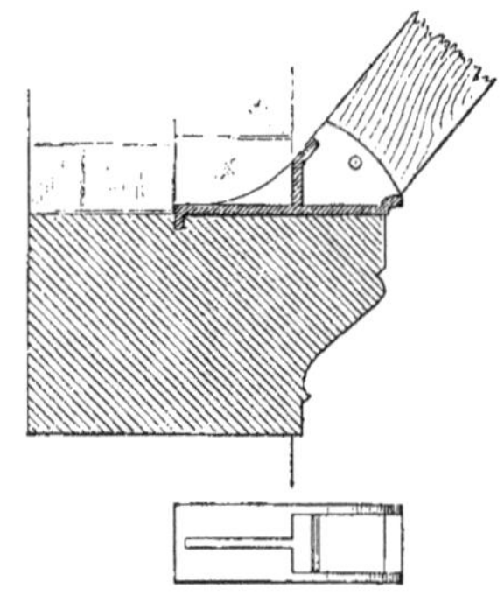

Fig. 3063.

présente, à l'échelle de 0^{m},0025, un *sabot* de ce genre, vu de face et de profil, et qui repose sur les points d'appui.

D'autres pièces que les arbalétriers peuvent être ainsi garnies de boîtes en métal; nous donnons (fig. 3064), en plan et en élévation, un *sabot* de fonte qui reçoit le pied d'une jambe de force appuyé sur un corbeau encastré dans le mur.

Dans les fermes en fer, les sommets des arbalétriers sont ordinairement réunis au moyen de plaques boulonnées (voy. *Faitage*).

Fig. 3064.

Quelquefois, on emploie des *sabots de buttée*, comme celui que représente la figure 3065, qui est formé d'une pièce de fonte à section conique, évidée seulement à la partie supérieure et percée de deux trous pour recevoir les branches de l'étrier auquel se rattache le poinçon.

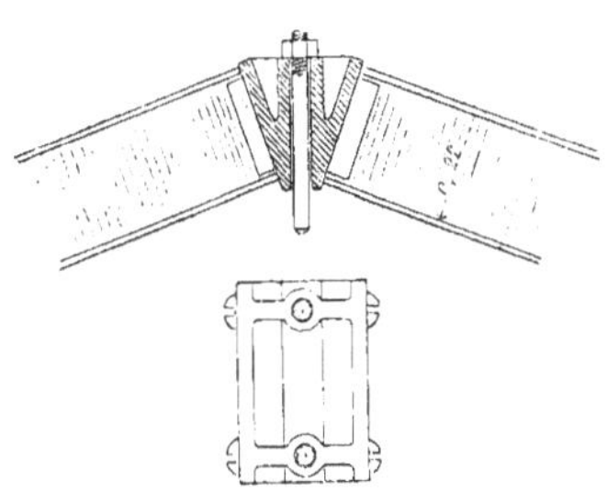

Fig. 3065.

Comme exemple de *sabot* recevant le pied des arbalétriers en métal, celui que nous donnons (fig. 3066), au vingtième d'exécution, garnit l'extrémité inférieure d'un arbalétrier en poutre armée; il est relié par des rivets, d'une part, aux fers à T de la poutre, de l'autre, à une plaque de fonte fixée elle-même au moyen de forts boulons sur la maçonnerie d'appui.

2° On appelle *sabot* la partie en saillie d'une marche palière qui est prise dans la masse du bois ou qui est rapportée.

Le *sabot* fait partie de la courbure de

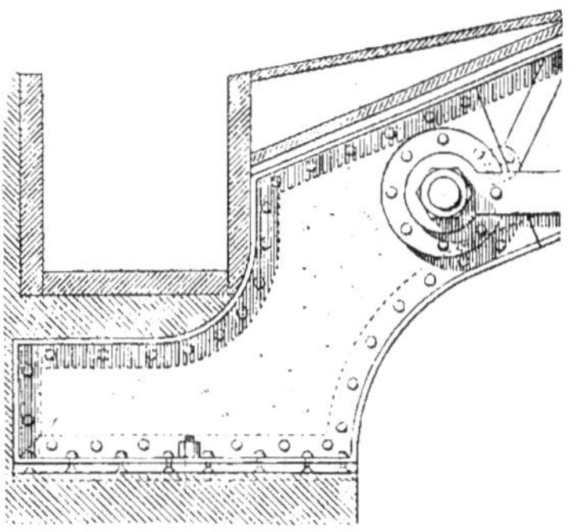

Fig. 3066.

l'échiffre et reçoit aussi l'assemblage des deux limons.

3° Morceau de bois dans lequel les maçons emboîtent un calibre pour pousser une moulure en plâtre (voy. *Calibre*).

Sabotage, *s. m.*—Dans la construction des chemins de fer, le *sabotage* des traverses consiste à y fixer les coussinets et exige le plus grand soin. A cet effet, on emploie un gabarit formé d'une barre de fer, aux extrémités de laquelle on a fixé, par des vis, deux bouts de rails occupant exactement, l'un par rapport à l'autre, la même position que les rails de la voie. On fixe alors, au moyen de coins, les deux coussinets à ces deux bouts de rail, on pose le gabarit sur la traverse, on trace les entailles destinées à recevoir les coussinets, et l'on exécute ces entailles très soigneusement, de manière que les semelles reposent bien exactement sur la traverse; on enfonce celle-ci et on enlève le gabarit.

Le *sabotage* se fait généralement en chantier pour faciliter la surveillance des ouvriers.

Sac, *s. m.* — 1° Poche en toile ouverte par le haut et dans laquelle on apporte au chantier de construction le plâtre et le ciment.

2° Poche munie d'une ceinture que les ouvriers couvreurs portent devant

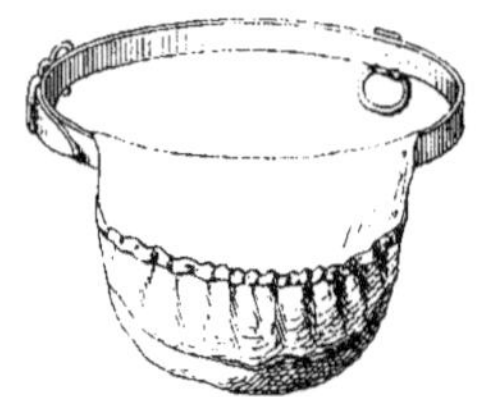

Fig. 3067.

eux pour y placer les clous et outils dont ils ont immédiatement besoin pour l'exécution de leurs ouvrages (fig. 3067).

Sacé (*Granit de*). — Granit feldspathique, très dur, provenant des carrières de *Sacé*, près de Mayenne.

Cette pierre, de couleur gris-verdâtre, tacheté de blanc, est à grains moyens, et prend le poli. On l'exploite par blocs de toutes dimensions; elle pèse 2,680 kilogr. le mètre cube et s'écrase sous une charge de 960 à 1,040 kilogr. par centimètre carré.

Sacellum. — Nom que les anciens donnaient à une sorte de chapelle formée d'une petite enceinte circulaire ou carrée, consacrée à une divinité et contenant un autel, mais sans toit.

Les particuliers consacraient souvent, dans leurs propriétés, des chapelles de ce genre à leur divinité favorite. Il y avait aussi des *sacella* établis au nom de l'État dans les endroits publics.

Sacraire, *s. m.* — Mot qui vient du latin *sacrarium*, désignant, chez les Romains, tout endroit où l'on conservait des objets sacrés.

Cet endroit correspondait particulièrement, dans un temple, à ce que l'on appelle la *sacristie* dans les églises chrétiennes.

Ce même nom de *sacrarium* était donné à une espèce de chapelle ou oratoire domestique placé dans une maison particulière.

Au moyen âge, on désignait ainsi des réduits voûtés, situés près du chœur des églises et dans lesquels on renfermait les vases sacrés.

Très souvent, la sacristie servait de *sacraire ;* cette dernière pièce était privée d'issue à l'extérieur de l'édifice, s'ouvrait sur l'église et était close par une porte étroite et soigneusement ferrée (1).

Sacristie, *s. f.* — Pièce qui fait corps avec une église ou est attenante à cet édifice et qui sert au dépôt des objets sacrés ; c'est là aussi que les prêtres se préparent et s'habillent pour officier.

La *sacristie* est ordinairement de plain-pied avec l'église et située près du chœur ; elle est revêtue de lambris et garnie d'armoires et de tables.

La figure 3068 représente le plan du rez-de-chaussée de la *sacristie* nouvelle de Notre-Dame de Paris, construite par Viollet Le Duc. C'est un édifice à deux étages relié à la cathédrale par un

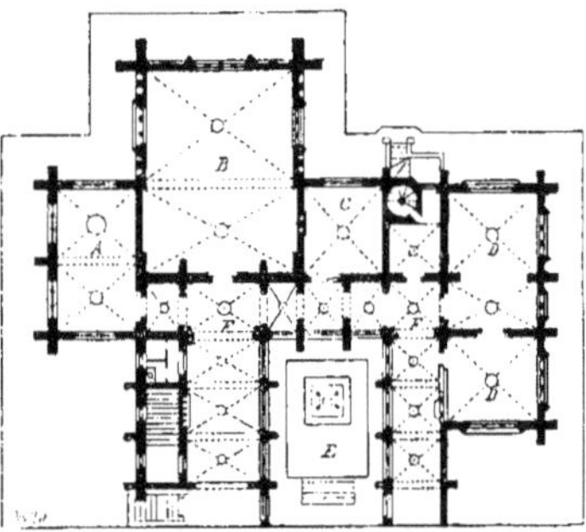

Fig. 3068.

double portique. Le rez-de-chaussée comprend : A, la *salle capitulaire*, audessus de laquelle se trouve le *trésor ;* B, la grande *sacristie* du chapitre ;

(1) Viollet Le Duc, *Dictionnaire raisonné de l'architecture française.*

C, le *vestiaire*, avec la chambre de l'archevêque au-dessus; D, la *sacristie* de la paroisse; E, la cour; F, le cloître; à ce dernier correspond, au premier étage, le logement du prêtre sacristain. Cet édifice a été construit dans le style de l'église, c'est-à-dire de la fin du XIIIe siècle.

Safran, *s. m.* — Matière colorante employée par les doreurs et qui est extraite des pistils de la fleur du *safran*.

Cette couleur sert pour les vermeils. On doit le choisir nouveau, bien sec et d'un rouge franc.

On appelle *safran d'Allemagne* ou *carthame* une matière colorante extraite d'une plante appelée *carthamus tinctorius* et que les peintres mélangent avec parties égales de *curcuma* pour la mise en couleur des parquets.

Safre, *s. m.* — *Bleu de safre* (voy. *Smalt*).

Saignée, *s. f.* — 1° Petite rigole creusée dans un terrain marécageux, pour en retirer l'eau.

2° Prise d'eau pratiquée sur un cours d'eau.

Saillancourt (*Roche de*). — Calcaire siliceux et coquillier, que l'on extrait des carrières de *Saillancourt*, dans la commune de Sagy, près de Pontoise.

C'est une pierre demi-dure, de couleur blanc-grisâtre; elle porte jusqu'à 1m,50 de hauteur d'assise; le poids du mètre cube varie de 2,000 à 2,200 kilogr. et la charge nécessaire pour produire l'écrasement est de 250 à 400 kilogr. par centimètre carré.

Saillans (*Pierre de*). — Calcaire compact, dur, grisâtre, provenant de la carrière des Clapiers, dans la commune de *Saillans*, près de Saint-Dié.

Cette pierre porte 0m,60 de hauteur d'assise et pèse 2,675 kilogr. le mètre cube. La charge nécessaire pour produire l'écrasement est de 1,450 kilogr. par centimètre carré.

Saillie, *s. f.* — Avance que font sur le nu des murs les divers membres d'architecture, soit sans encorbellement, comme les *pilastres*, les *tables*, les *chambranles*, les *cadres*, les *plinthes*, les *bandeaux*, les *archivoltes*, les *architraves*, etc. (voy. ces mots), soit avec encorbellement, comme les *corniches*, les *balcons*, les *trompes*, les *fermes de pignon*, etc. (voy. ces mots).

Des prescriptions administratives ont, depuis longtemps, été édictées au sujet des *saillies* et se trouvent résumées dans l'ordonnance royale du 24 décembre 1823, que nous donnons ici tout entière, vu l'importance qu'elle a pour tous les constructeurs :

« Art. 1er. Il ne pourra, à l'avenir, être établi, sur les murs de face des maisons de notre bonne ville de Paris, aucune *saillie* autre que celles déterminées par la présente ordonnance.

« Art. 2. Toute *saillie* sera comptée à partir du nu du mur au-dessus de la retraite.

« Art. 3. Aucune *saillie* ne pourra excéder les dimensions suivantes :

Saillies fixes.

« Pilastres et colonnes en pierre.	Dans les rues au-dessous de 8 mètres de largeur.	0m,03
	Dans les rues de 8 à 10 mètres de largeur.	0m,04
	Dans les rues de 12 mètres de largeur et au-dessus. . . .	0m,10

« Lorsque les pilastres et les colonnes auront une épaisseur plus considérable que les *saillies* permises, l'excédant sera en arrière de l'alignement de la propriété, et le nu du mur de face formera arrière-corps à l'égard de cet alignement ; toutefois, les jambes étrières ou boutisses devront toujours être placées sur l'alignement.

« Dans ce cas, l'élévation des assises de retraite sera réglée, à partir du sol :

Dans les rues de 10 mètres de largeur et au-dessous, à 0m,80
Dans celles de 10 à 12 mètres de largeur, à 1m,00
Dans celles de 12 mètres et au-dessus, à. 1m,15
Grands balcons 0m,80
Herses, chardons, artichauts et fraises 0m,80
Auvents de boutique 0m,80
Petits auvents au-dessus des croisées 0m,25
Bornes dans les rues au-dessous de 10 mètres de largeur 0m,50
Bornes dans les rues de 10 mètres et au-dessus 0m,80
Bancs de pierre aux côtés des portes des maisons 0m,60
Corniches en menuiserie sur boutique 0m,50
Abat-jour de croisée, dans la partie la plus élevée 0m,33
Moulinets de boulanger et poulies. 0m,50
Petits balcons, y compris l'appui des croisées. 0m,22
Seuils, socles (1). 0m,22
Colonnes isolées en menuiserie. 0m,16
Colonnes engagées en menuiserie 0m,16
Pilastres en menuiserie 0m,16
Barreaux et grilles de boutique. 0m,16
Appui de boutique 0m,16
Tuyaux de descente ou d'évier. 0m,16
Cuvettes. 0m,16
Devanture de boutique, toute espèce d'ornements compris 0m,16
Tableaux, enseignes, bustes, reliefs, montres, attributs, y compris les bordures, supports et points d'appui. 0m,16
Jalousies 0m,16
Persiennes ou contrevents. . . 0m,11
Appuis de croisée 0m,08
Barres de support. 0m,08

(1) Cette *saillie* est généralement réduite aujourd'hui à 0m,18 ou 0m,19, par la voirie.

« (Les parements de décoration au-dessus du rez-de-chaussée n'auront que l'épaisseur des bois appliqués au mur).

Saillies mobiles.

« Lanternes ou transparents avec potence 0m,75
Lanternes ou transparents en forme d'applique. 0m,22
Tableaux, écussons, enseignes, montres, étalages, attributs, y compris les supports, bordures, crochets et points d'appui 0m,16
Appuis de boutique, y compris les barres et crochets 0m,16
Volets, contrevents ou fermetures de boutique. 0m,16

« Art. 4. Les *saillies* déterminées par l'article précédent pourront être restreintes suivant les localités.

« *Barrières au-devant des maisons.* — Art. 5. Il est défendu d'établir des barrières fixes au-devant des maisons et de leurs dépendances, quelles qu'elles puissent être, tant dans les rues et places que sur les boulevards, à moins qu'elles ne soient reconnues nécessaires à la propreté et qu'elles ne gênent point la circulation.

« La *saillie* de ces barrières ne pourra, dans aucun cas, excéder 1 mètre et demi.

« Art. 6. Les propriétaires auxquels il aura été accordé la permission d'établir des barrières seront obligés de les maintenir en bon état.

« *Bancs, pas, marches, perrons, bornes.* — Art. 7. Il ne sera permis de placer des bancs au-devant des maisons que dans les rues de 10 mètres de largeur et au-dessus. Ces bancs seront en pierre, ne dépasseront pas l'alignement de la base des bornes et seront établis, dans toute leur longueur, sur maçonnerie pleine et chanfreinée.

« Art. 8. Il est défendu de construire des perrons en *saillie* sur la voie publique.

« Les perrons actuellement existants seront supprimés, autant que faire se pourra, lorsqu'ils auront besoin de réparations.

« Il ne sera accordé de permission que pour les pas et marches, lorsque les localités l'exigeront. Ces pas et marches ne pourront dépasser l'alignement de la base des bornes. En cas d'insuffisance de cette *saillie*, le propriétaire rachètera la différence du niveau en se retirant sur lui-même. Néanmoins, les propriétaires des maisons riveraines des boulevards intérieurs de Paris pourront être autorisés à construire des perrons au-devant desdites maisons, s'il est reconnu qu'ils soient absolument nécessaires, et que les localités ne permettent pas aux propriétaires de se retirer sur eux-mêmes. Ces perrons, quelle qu'en soit la forme, ne pourront, sous aucun prétexte, excéder 1 mètre de *saillie*, tout compris, ni approcher à plus de 1 mètre de distance de la ligne extérieure des arbres de la contre-allée.

« Art. 9. Il est permis d'établir des bornes aux angles saillants des maisons formant encoignure de rue ; mais lorsque ces encoignures seront disposées en pan coupé de 0m,60 au moins et de 1 mètre au plus de largeur, une seule borne sera placée au milieu du pan coupé.

« *Grands balcons.* — Art. 10. Les permissions d'établir de grands balcons ne seront accordées que dans les rues de 10 mètres de largeur et au-dessus, ainsi que dans les places et carrefours, et ce d'après une enquête *de commodo et incommodo*.

« S'il n'y a point d'opposition, les permissions seront délivrées. En cas d'opposition, il sera statué par le conseil de préfecture, sauf le recours au conseil d'État.

« Dans aucun cas, les grands balcons ne pourront être établis à moins de 6 mètres du sol de la voie publique.

« Le préfet de police sera toujours consulté sur l'établissement des grands et petits balcons.

« *Constructions provisoires, échoppes.* — Art. 11. Il pourra être permis de masquer par des constructions provisoires ou des appentis tout renfoncement entre deux maisons, pourvu qu'il n'ait pas au-delà de 8 mètres de longueur, et que sa profondeur soit au moins d'un mètre. Les constructions ne devront, dans aucun cas, excéder la hauteur du rez-de-chaussée et elles seront supprimées dès qu'une des maisons attenantes subira retranchement.

« Il est permis de masquer, par des constructions légères, en forme de pan coupé, les angles de toute espèce de retranchement au-dessus de 8 mètres de longueur, mais sous la même condition que ci-dessus pour leur établissement et leur suppression.

« Le préfet de police sera toujours consulté sur les demandes formées à cet effet.

« Art. 12. Il est expressément défendu d'établir des échoppes en bois ailleurs que dans les angles et renfoncements hors de l'alignement des rues et places.

« Toutes les échoppes existantes qui ne sont point conformes aux dispositions ci-dessus seront supprimées lorsque les détenteurs actuels cesseront de les occuper, à moins que l'autorité ne juge nécessaire d'en ordonner plus tôt la suppression.

« *Auvents et corniches de boutique.* — Art. 13. Il est défendu de construire des auvents et corniches en plâtre au-dessus des boutiques. Il ne pourra en être établi qu'en bois, avec la faculté de les revêtir extérieurement de métal ; toute autre manière de les couvrir est prohibée.

« Les auvents et corniches en plâtre actuellement établis au-dessus des boutiques ne pourront être réparés. Ils seront démolis lorsqu'ils auront besoin de réparation et ne seront rétablis qu'en bois.

« *Enseignes.* — Art. 14. Aucuns tableaux, enseignes, montres, étalages et attributs quelconques, ne seront suspendus, attachés ni appliqués, soit aux balcons, soit aux auvents. Leurs dimensions seront déterminées, au besoin, par le préfet de police, suivant les localités. Il pourra néanmoins être placé sous les auvents, des tableaux ou plafonds en bois, pourvu qu'ils soient posés dans une direction inclinée.

« Tout étalage formé de pièces d'étoffe disposées en draperie et guirlande, et formant *saillie*, est interdit au rez-de-chaussée. Il ne pourra descendre qu'à 3 mètres du sol de la voie publique.

« Tout crochet destiné à soutenir des viandes en étalage devra être placé de manière que les viandes ne puissent excéder le nu des murs de face, ni faire aucune *saillie* sur la voie publique.

« *Tuyaux de poêle et de cheminée.* — Art. 15. A l'avenir, et pour toutes les maisons de construction nouvelle, aucun tuyau de poêle ne pourra déboucher sur la voie publique.

« Dans l'année de la publication de la présente ordonnance, les tuyaux de poêle, crêtes et autres qui débouchent sur la voie publique, seront supprimés, s'il est reconnu qu'ils peuvent avoir une issue intérieure. Dans le cas où la suppression ne pourrait avoir lieu, ces mêmes tuyaux seraient élevés jusqu'à l'entablement, avec les précautions nécessaires pour assurer leur solidité et empêcher l'eau rousse de tomber sur les passants.

« Art. 16. Les tuyaux de cheminée en maçonnerie et en *saillie* sur la voie publique seront démolis et supprimés, lorsqu'ils seront en mauvais état, ou que l'on fera de grosses réparations dans les bâtiments auxquels ils sont adossés. Les tuyaux de cheminée en tôle, en poterie et en grès, ne pourront être conservés extérieurement sous aucun prétexte.

« *Bannes.* — Art. 17. La permission d'établir des bannes ne sera donnée que sous la condition de les placer à 3 mètres (1) au moins au-dessus du sol, dans leur partie la plus basse, de manière à ne pas gêner la circulation. Leurs supports seront horizontaux. Elles n'auront de joues qu'autant que les localités le permettront, et les dimensions en seront déterminées par l'autorité.

« Les bannes devront être en toile ou en coutil, et ne pourront, dans aucun cas, être établies sur châssis.

« La *saillie* des bannes ne pourra excéder $1^{m},50$.

« Dans l'année de la publication de la présente ordonnance, toutes les bannes qui ne seront pas conformes aux conditions exigées plus haut seront changées, réduites ou supprimées.

« *Perches.* — Art. 18. Les perches et étendoirs des blanchisseurs, teinturiers, dégraisseurs, couverturiers, etc., ne pourront être établis que dans les rues écartées et peu fréquentées, et après une enquête *de commodo* ou *incommodo*, sur laquelle il sera statué comme il a été dit en l'article 10, ci-dessus.

« *Éviers.* — Art. 19. Les éviers pour l'écoulement des eaux ménagères seront permis sous la condition expresse que leur orifice extérieur ne s'élèvera pas à plus d'un décimètre au-dessus du pavé de la rue.

« *Cuvettes.* — Art. 20. A l'avenir et dans toutes les maisons de construction nouvelle, il ne pourra être établi en *saillie* sur la voie publique aucune espèce de cuvettes pour l'écoulement des eaux ménagères des étages supérieurs.

« Dans les maisons actuellement existantes, les cuvettes placées en *saillie* seront supprimées lorsqu'elles auront besoin de réparation, s'il est reconnu qu'elles peuvent être établies à l'intérieur.

« Dans le cas contraire, elles seront disposées, autant que faire se pourra, de manière à recevoir les eaux intérieurement, et garnies de hausses pour prévenir le déversement des eaux et toute éclaboussure au-dessous.

(1) La hauteur des *bannes* (voy. ce mot) est aujourd'hui réduite à $2^{m},50$.

« *Constructions en encorbellement.* — Art. 21. A l'avenir, il ne sera permis aucune construction en encorbellement : et la suppression de celles qui existent aura lieu toutes les fois qu'elles seront dans le cas d'être réparées.

« *Corniches et entablements.* — Art. 22. Les entablements et corniches en plâtre, au-dessus de 0m,16 de *saillie*, seront prohibés dans toutes les constructions en bois.

« Il ne sera permis d'établir des corniches et entablements de plus de 0m,16 en *saillie*, qu'aux maisons construites en pierre ou moellon, sous la condition que ces corniches seront en pierres de taille ou en bois, et que la *saillie* n'excèdera pas, dans aucun cas, l'épaisseur du mur à sa sommité.

« On pourra permettre des corniches ou entablements en bois sur les pans de bois.

« Les entablements ou corniches des maisons actuellement existantes qui auront besoin d'être reconstruites en tout ou en partie seront réduits à la *saillie* de 0m,16, s'ils sont en plâtre, et ne pourront excéder en *saillie* l'épaisseur du mur à sa sommité, s'ils sont en pierre ou en bois.

« *Gouttières saillantes.* — Art. 23. Les gouttières saillantes seront supprimées en totalité dans le délai d'une année, à partir de la publication de la présente ordonnance.

« Il ne sera perçu aucun droit de petite voirie, pour les tuyaux de descente qui seront établis en remplacement des gouttières saillantes supprimées dans ce délai.

« *Devantures de boutique.* — Art. 24. Les devantures de boutique, montres, bustes, reliefs, tableaux, enseignes et attributs fixes, dont la *saillie* excède celle qui est permise par l'article 3 de la présente ordonnance seront réduits à cette *saillie*, lorsqu'il y sera fait quelques réparations.

« Dans aucun cas, les objets ci-dessus désignés qui sont susceptibles d'être réduits ne pourront subsister, savoir : les devantures de boutiques, au-delà de neuf années, et les autres objets, au-delà de trois années, à compter de la publication de la présente ordonnance.

« Les établissements du même genre qui sont mobiles seront réduits dans l'année.

« Seront supprimées dans le même délai toutes *saillies* fixes placées au-devant d'autres *saillies*.

« Art. 25. Il n'est point dérogé aux dispositions des anciens règlements concernant les *saillies* ni au décret du 13 août 1810 concernant les auvents de spectacles et de l'esplanade des boulevards, en tout ce qui n'est pas contraire à la présente ordonnance. »

Nous devons donner maintenant l'ordonnance de police rendue le 9 juin 1824, pour l'exécution de l'ordonnance royale du 24 décembre 1823, sur les *saillies* :

« Art. 1er. L'ordonnance du roi du 24 décembre dernier, portant règlement sur les *saillies*, auvents et constructions semblables à permettre dans la ville de Paris, sera imprimée et affichée.

« *Saillies à établir.* — Art. 2. Il est défendu à tous propriétaires, locataires, entrepreneurs et autres, d'établir, ni de faire établir, aucun objet en *saillie* sur la voie publique, sans en avoir obtenu la permission du préfet de police, pour ce qui concerne la petite voirie.

« Art. 3. Les permissions seront délivrées sur les demandes des parties intéressées, après que les droits de petite voirie auront été acquittés.

« L'espèce, le nombre et les dimensions des objets à établir devront, autant que faire se pourra, être indiqués dans les demandes. On sera tenu d'y joindre les plans qui seront jugés nécessaires.

« Art. 4. Il est défendu d'excéder les limites et les dimensions fixées par les permissions, et d'établir d'autres objets que ceux qui y seront spécifiés.

« Il est enjoint, en outre, de remplir

exactement les conditions particulières qui seront exprimées dans les permissions.

« Art. 5. Les emplacements affectés à l'affiche des lois et actes de l'autorité publique ne devront être couverts par aucune espèce de *saillie.*

« Art. 6. Il est défendu de dégrader ni masquer les inscriptions indicatives des rues et des numéros des maisons.

« Dans le cas où l'exécution des ouvrages nécessiterait momentanément la dépose des inscriptions de rue, il ne pourra y être procédé qu'avec l'autorisation de M. le préfet de la Seine.

« Les numéros des maisons qui auront été effacés ou dégradés à l'occasion des mêmes ouvrages seront rétablis, en se conformant aux règlements sur la matière.

« Art. 7. Il est également défendu de dégrader ni déplacer les tentures et boîtes des réverbères de l'illumination publique, ni rien entreprendre qui puisse empêcher ou gêner le service de l'allumage.

« Si l'établissement des *saillies* nécessitait le déplacement desdites tentures ou boîtes, ce déplacement ne pourra être fait que par l'entrepreneur général de l'illumination et d'après l'autorisation du préfet de police.

« Art. 8. Toute *saillie*, qui ne reposerait pas sur le sol, sera fixée et retenue de manière à prévenir toute espèce d'accident.

« Art. 9. Il sera procédé à la vérification et au récolement des *saillies* par les commissaires de police des quartiers respectifs, ou par l'architecte commissaire, et les architectes inspecteurs de la petite voirie, qui dresseront, à ce sujet, des procès-verbaux ou rapports qu'ils nous transmettront.

« *Saillies établies.* — Art. 10. Toute *saillie* établie en vertu d'autorisation ne pourra être renouvelée ni réparée sans la permission du préfet de police, en ce qui concerne la petite voirie.

« Les permissions seront délivrées, ainsi qu'il est dit à l'article 3 de la présente ordonnance, et à la charge de se conformer aux dispositions des articles 4, 5, 6, 7 et 8; ce qui sera constaté de la manière prescrite en l'article 9.

« Art. 11. Les propriétaires seront tenus de faire enlever toutes les *saillies* actuellement existantes qui masquent les inscriptions des rues et les numéros des maisons.

« Le remplacement de ces *saillies* sur d'autres points ne pourra avoir lieu sans une autorisation de la préfecture de police.

« Art. 12. Toute *saillie*, actuellement existante et non autorisée, sera supprimée, si mieux n'aiment les propriétaires ou locataires se pourvoir de la permission nécessaire pour la conserver.

« Les permissions ne seront accordées que suivant les formalités, et aux mêmes charges et conditions que celles indiquées en la deuxième section de la présente ordonnance,

« Art. 13. Il est défendu de repeindre, ni faire repeindre aucune *saillie*, sans déclaration préalable au commissaire de police du quartier. A défaut de déclaration, les *saillies* repeintes seront considérées comme *saillies* nouvelles, s'il n'y a preuve contraire et, comme telles, sujettes au droit.

« *Dispositions particulières concernant certaines saillies. Perches.* — Art. 14. Les perches dont l'établissement sera autorisé seront supprimées sans délai dans le cas où les impétrants changeraient de domicile ou renonceraient à la profession qui exigeait l'usage de cette *saillie.*

« Il est défendu de déposer sur les perches des linges, étoffes et autres matières tellement mouillées que les eaux puissent tomber dans la rue.

« *Lanternes ou transparents.*— Art. 15. A l'avenir, les lanternes ou transparents ne pourront être suspendus à des potences au moyen de cordes et poulies. Ils seront accrochés aux potences par des anneaux et crochets de fer, ou supportés par des tringles en fer contenues dans des coulisses et arrêtées avec serrure ou cadenas.

« Les transparents actuellement munis de cordes et poulies seront établis conformément aux dispositions ci-dessus, lorsqu'ils seront renouvelés.

« Art. 16. Les transparents ne seront mis en place que le soir, et seront retirés aux heures où ils cessent d'éclairer.

« Art. 17. Il est défendu de suspendre, pendant le jour, aux cordes des transparents, des pierres, plombs ou autres matières pouvant, par leur chute, blesser les passants.

« *Bannes.* — Art. 18. Les bannes ne seront mises en place qu'au moment où le soleil donnera sur les boutiques qu'elles sont destinées à abriter. Elles seront ôtées aussitôt que les boutiques ne seront plus exposées aux rayons du soleil.

« Néanmoins, les bannes placées au-devant des boutiques, sur les quais, places et boulevards intérieurs, pourront être conservées dans le cours de la journée, s'il est reconnu qu'elles ne gênent point la circulation.

« *Étalages.* — Art. 19. Les crochets, tringles, planches et toute *saillie* servant aux étalages de viandes, formés par les marchands bouchers, charcutiers et tripiers, seront enlevés dans le délai d'un mois à compter de la date de la présente ordonnance.

« Art. 20. Les étalages formés de tonneaux, caisses, tables, bancs, châssis, étagères, meubles, et autres objets journellement déposés sur le sol de la voie publique au-devant des boutiques, sont expressément interdits.

« *Décrottoirs.* — Art. 21. Il est défendu d'établir en *saillie*, sur la voie publique, des décrottoirs au-devant des maisons et boutiques.

« Ceux actuellement existants seront supprimés dans le délai de huit jours.

« *Dispositions générales.* — Art. 22. Le pavé de la voie publique, dégradé ou dérangé à l'occasion des établissements, réparations, changements ou suppressions de *saillies*, sera rétabli aux frais des propriétaires, locataires ou entrepreneurs, par l'un des entrepreneurs du pavé de Paris, et non par d'autres, sous la direction de l'ingénieur en chef chargé de cette partie.

« Art. 23. Les permissions de petite voirie seront délivrées sans que les impétrants puissent en induire aucun droit de concession de propriété, ni de servitude sur la voie publique, mais à la charge au contraire de supprimer ou réduire les *saillies* au premier ordre de l'autorité, sans pouvoir prétendre aucune indemnité, ni la restitution des sommes payées pour droit de petite voirie.

« Art. 24. Les *saillies* autorisées devront être établies dans l'année à compter de la date des permissions.

« Dans le cas contraire, les permissions seront périmées et annulées, et l'on sera tenu d'en prendre de nouvelles.

« Art. 25. Les contraventions aux dispositions de la présente ordonnance seront constatées par des procès-verbaux ou rapports qui nous seront transmis, pour être pris telle mesure qu'il appartiendra.

« Art. 26. Les propriétaires, locataires et entrepreneurs sont responsables, chacun en ce qui le concerne, des contraventions au présent règlement.

« Art. 27. Les ordonnances de police contenant les dispositions relatives aux *saillies* sous les galeries du Palais-Royal et des rues Castiglione et Rivoli, sous les piliers des halles et dans tous les passages ouverts au public sur des propriétés particulières, continueront d'être observées. »

Il existe encore d'autres prescriptions pour les *saillies* établies par un propriétaire sur l'héritage voisin. L'article 678 du Code civil est ainsi conçu : « On ne peut avoir des vues droites ou fenêtres d'aspect, ni balcons ou autres semblables *saillies* sur l'héritage clos ou non clos de son voisin s'il n'y a 19 décimètres

(6 pieds) de distance entre le mur où on les pratique et ledit héritage. »

Sain, *adj.* — *Bois sain :* bois qui n'a pas les maladies ou défauts qui en interdisent l'usage dans les constructions.

Saint-Affrique (*Grès de*). — Grès siliceux, demi-dur, blanchâtre, à grains fins, que l'on tire de la carrière de Puech-Bourillon, dans l'arrondissement de *Saint-Affrique* (Aveyron).

Cette pierre porte de 1 à 6 mètres de hauteur d'assise.

Saint-Alban (*Pierre de*). — Calcaire à oolithes miliaires, assez dur, provenant de la carrière de la Grive, dans la commune de *Saint-Alban*, près de Vienne (Isère).

Cette pierre, de couleur blanc-jaunâtre, est propre à la sculpture. Sa hauteur d'assise varie de $0^m,10$ à $0^m,30$.

Saint-Ambroix (*Pierre de*). — Calcaire cristallin, lamellaire, dur, noir, extrait de la carrière des Perrières de Resclauze, dans la commune de *Saint-Ambroix*, près d'Alais (Gard).

Cette pierre, susceptible de poli, présente une hauteur d'assise qui varie de $0^m,10$ à $0^m,80$.

Saint-André (*Pierre de*). — Calcaire crayeux, blanc, tendre ou demi-dur, que l'on tire des carrières de *Villiers-Saint-André*, près de Vendôme.

La hauteur d'assise de cette pierre va jusqu'à $2^m,50$. Elle pèse de 1,710 à 1,780 kilogr. le mètre cube et s'écrase sous une charge de 100 à 120 kilogr. par centimètre carré.

Saint-Antonin (*Pierre de*).— Calcaire dur, gris-cendré, à grains très fins, provenant de la carrière de la Gourgue, dans la commune de *Saint-Antonin*, près de Montauban (Tarn-et-Garonne).

La hauteur d'assise de cette pierre varie de $0^m,47$ à $1^m,47$.

Saint-Aule (*Chaux de*). — Chaux hydraulique ordinaire qui est employée dans tout le midi de la France ainsi qu'en Algérie et qui se fabrique à *Saint-Aule*, près de Viviers, dans l'Ardèche.

Saint-Barthélémy (*Pierre de*). — Voy. *Serrance*.

Saint-Baudelle (*Pierre de*). — Granit commun, très dur, bleu-grisâtre, que l'on tire de la carrière de Montecouple, dans la commune de *Saint-Baudelle*, près de Mayenne.

Cette pierre s'exploite en blocs de toutes dimensions ; elle pèse 2,725 kilogr. le mètre cube et s'écrase sous une charge de 1,145 kilogr. par centimètre carré.

Saint-Bauzille. — Localité du département de l'Hérault, où se fabriquent de la chaux et des ciments.

La chaux de *Saint-Bauzille* est une chaux hydraulique ordinaire.

Les ciments sont l'un à prise rapide, l'autre à prise lente. La résistance moyenne de ces ciments par centimètre carré, après un mois d'immersion est pour le ciment à prise rapide, de $10^k,77$ par arrachement, et de $83^k,60$ par écrasement, et pour le ciment à prise lente de $24^k,67$ par arrachement et de $231^k,30$ par écrasement.

Saint-Béat (*Pierre de*). — Calcaire cristallin, saccharoïde, un peu lamellaire, dur, extrait de la carrière de Rapp, dans la commune de *Saint-Béat*, près de Saint-Gaudens (Haute-Garonne).

Cette pierre est propre à la statuaire et susceptible de poli. Sa hauteur d'assise va jusqu'à $2^m,60$; elle pèse de 2,720 à 2,760 kilogr le mètre cube et la charge nécessaire pour produire l'écrasement varie de 740 à 750 kilogr. par centimètre carré.

Saint-Bernard (*Chaux de*). — Chaux éminemment hydraulique, fabriquée dans l'usine des *Fours-Saint-Bernard*, à la Ville-sous-la-Ferté, département de l'Aube.

Saint-Brieuc (*Granit de*). — Granit dur, gris-foncé, bleuâtre, à grains moyens, provenant de carrières situées dans l'arrondissement de *Saint-Brieuc*.

Cette pierre prend le poli. Sa hauteur d'assise varie de 0m,50 à 1m,50.

Saint-Christophe (*Pierre de*). — Calcaire tendre, que l'on tire des carrières du moulin de Villemont, dans la commune de *Saint-Christophe-des-Bardes*, près de Libourne (Gironde).

C'est une pierre d'un blanc jaunâtre, durcissant à l'air, à grains assez fins, ayant une hauteur d'assise de 0m,30 à 0m,50.

Saint-Cyr (*Pierre de*). — Calcaire crayeux, demi-dur, blanc, extrait de la carrière de *Saint-Cyr*, dans la commune d'Angleford, près de Belley (Ain).

Cette pierre est propre à la sculpture et à l'ornementation. Sa hauteur d'assise, de toutes dimensions, va jusqu'à 6 ou 7 mètres. Elle pèse 2,050 kilogr. le mètre cube et la charge nécessaire pour produire l'écrasement est de 190 kilogr. par centimètre carré.

Saint-Denis-d'Authon (*Pierre de*). — Grès siliceux, dur, de nuances variables, provenant des carrières de Blainville et de *Saint-Denis-d'Authon*, près de Nogent-le-Rotrou (Eure-et-Loir).

La hauteur d'assise de cette pierre va jusqu'à 6 mètres; elle pèse de 2,400 à 2,540 kilogr. le mètre cube et s'écrase sous une charge de 700 à 1,100 kilogr. par centimètre carré.

Saint-Didier (*Pierre de*). — Calcaire compact, demi-dur, blanc-jaunâtre, provenant de la carrière de *Saint-Didier*, dans la commune de Château-de-l'Air, près de Carpentras (Vaucluse).

Cette pierre, propre à la sculpture, présente une hauteur d'assise qui varie de 0m,60 à 1 mètre : elle pèse 1,900 kilogr. le mètre cube et s'écrase sous une charge de 170 kilogr. par centimètre carré.

Saint-Dié (*Grès vosgien de*). — Grès siliceux, dur, rosâtre, extrait des carrières de la Madeleine, dans l'arrondissement de *Saint-Dié* (Vosges).

Cette pierre mesure jusqu'à 4 mètres de hauteur d'assise; elle pèse 2,110 kilogr. le mètre cube et s'écrase sous une charge de 360 kilogr. par centimètre carré.

Saint-Dizier (*Pierre de*). — Calcaire tiré de la carrière de la Sablière, dans la commune de *Saint-Dizier*, près de Belfort.

La hauteur d'assise de cette pierre varie de 0m,40 à 1 mètre; elle pèse 2,580 kilogr. le mètre cube et s'écrase sous une charge de 940 kilogr. par centimètre carré.

Saint-Étienne (*Grès de*). — Grès assez dur, blanc-grisâtre, noircissant à l'air et provenant des carrières de grès houiller de *Saint-Étienne* (Loire).

La hauteur d'assise de cette pierre va jusqu'à 2 mètres; elle pèse de 2,050 à 2,150 kilogr. le mètre cube, et s'écrase sous une charge qui varie de 190 à 280 kilogr. par centimètre carré.

Saint-Félix (*Grès de*). — Grès siliceux, assez dur, extrait de la carrière de *Saint-Félix*, près de Rodez (Aveyron).

Cette pierre est d'un beau rouge brique, à grains fins, et propre à la sculpture; elle porte de 0m,40 à 0m,70 de hauteur d'assise.

Saint-Fiacre (*Pierre de*). — Calcaire lacustre, assez dur, blanchâtre, provenant des carrières de la plaine de *Saint-Fiacre* et de Grande-Maison, dans la commune de Mareau-aux-Prés (Loiret).

Cette pierre présente une hauteur d'assise de 0m,60 ; elle pèse de 2,180 à 2,300 kilogr. le mètre cube et s'écrase sous une charge de 320 à 400 kilogr. par centimètre carré.

Saint-Florent (*Pierre de*). — Calcaire lacustre, compact, très dur, blanc-grisâtre, que l'on tire des carrières de *Saint-Florent*, près de Bourges.

La hauteur d'assise de cette pierre varie de 0m,20 à 1 mètre.

Saint-Fortunat (*Pierre de*). — Calcaire subcristallin, dur, grisâtre, extrait de la carrière de *Saint-Fortunat*, dans la commune de Saint-Didier-au-Mont-d'Or, près de Lyon.

C'est une pierre à grains fins, susceptible de poli, mesurant de 0m,10 à 0m,70 de hauteur d'assise et s'exploitant en morceaux de toutes dimensions.

Saint-Frambourg (*Banc-franc de*). — Calcaire demi-dur, blanc-jaunâtre, un peu coquillier, provenant de la carrière d'Ivry, dans l'arrondissement de Sceaux.

La hauteur d'assise de cette pierre est de 0m,58 ; elle pèse de 2,000 à 2,100 kilogr. le mètre cube et s'écrase sous une charge de 200 à 300 kilogr. par centimètre carré.

Saint-Gabriel (*Pierre de*). — Calcaire tendre, blanc, à grains fins, que l'on tire de la carrière de *Saint-Gabriel*, dans la commune de Tarascon, près d'Arles.

Cette pierre présente une hauteur d'assise de toutes dimensions ; elle pèse de 1,970 à 2,050 kilogr. le mètre cube et s'écrase sous une charge de 140 à 160 kilogr. par centimètre carré.

Saint-Geniès (*Pierre de*). — Calcaire grenu, tendre ou demi-dur, que l'on tire des carrières de *Saint-Geniès*, dans la commune de ce nom, près de Montpellier.

C'est une pierre d'un blanc faiblement jaunâtre, durcissant à l'air, à grains assez fins et propre à la sculpture. Le poids du mètre cube est, pour la pierre demi-dure, de 2,100 à 2,165 kilogr. et pour la pierre tendre de 1,840 à 1,940 kilogr. La charge nécessaire pour produire l'écrasement de la pierre demi-dure est de 125 à 160 kilogr., et celui de la pierre tendre, de 75 kilogr. par centimètre carré.

Saint-Germain (*Grès rouge de*). — Grès feldspathique, très dur, rougeâtre et quelquefois blanchâtre, provenant de la carrière du Châtelet, dans la commune de *Saint-Germain*, près de Belfort.

La hauteur d'assise de cette pierre va jusqu'à 2 mètres ; elle pèse de 2,360 à 2,390 kilogr. le mètre cube et s'écrase sous une charge qui varie de 560 à 630 kilogr. par centimètre carré.

Saint-Germain (*Grès bigarré de*). — Grès siliceux, très fin, demi-dur, variant du rouge au gris-blanc, tiré des carrières de *Saint-Germain*, dans l'arrondissement de Lure (Haute-Saône).

La hauteur d'assise de cette pierre varie de 0m,70 à 1 mètre ; elle pèse de 2,115 à 2,160 kilogr. le mètre cube et s'écrase sous une charge qui varie de 480 à 510 kilogr. par centimètre carré.

Saint-Gervais (*Jaspe-brèche de*). — Jaspe ou quartz-brèche, très dur, rouge sanguin veiné de blanc, de gris et de vert, susceptible d'un beau poli.

Cette pierre, qui s'emploie surtout dans la marbrerie, provient de la carrière de Perchat, dans la commune de *Saint-Gervais-le-Village*, près de Bonneville (Haute-Savoie). Elle pèse 2,720 kilogr. le mètre cube et s'écrase sous une charge de 1,840 kilogr. par centimètre carré.

Saint-Hilaire (*Pierre de*). — Calcaire compact, semi-cristallin, dur, provenant des carrières de Vénérien, dans la commune de *Saint-Hilaire-de-Brens* (Isère).

Cette pierre, de couleur blanc-grisâtre, présente une hauteur d'assise de 0m,15 à 0m,30.

Saint-Jean-de-Maurienne (*Albâtre de*). — Gypse saccharoïde, demi-dur, d'un beau blanc translucide, provenant des carrières de Lacombe et de Mont-Levêque, à *Saint-Jean-de-Maurienne* (Savoie).

Cette pierre offre une hauteur d'assise de toutes dimensions; elle pèse 2,265 kilogr. le mètre cube et s'écrase sous une charge de 260 kilogr. par centimètre carré.

Saint-Jeoire (*Tuf de*). — Calcaire concrétionné, tendre, durcissant à l'air, que l'on tire des carrières de Pouilly et de la Tour-Noire, dans la commune de *Saint-Jeoire*, près de Bonneville (Haute-Savoie).

Cette pierre, de couleur gris-jaunâtre, présente une hauteur d'assise de toutes dimensions.

Saint-Just (*Molasse de*). — Calcaire tendre, gris-blanchâtre, à grains assez fins, provenant de la carrière de *Saint-Just*, dans la commune de Saint-Paul-trois-Châteaux, près de Montélimar.

Cette pierre est propre à la sculpture et pèse de 1,640 à 1,700 kilogr. le mètre cube; elle s'écrase sous une charge de 60 à 100 kilogr. par centimètre carré.

Saint-Leu (*Pierres de*). — 1° Calcaire tendre, jaunâtre, durcissant à l'air, et que l'on tire des carrières de *Saint-Leu*, dans la commune de ce nom, près de Senlis.

Cette pierre porte de 0m,80 à 1m,20 de hauteur d'assise.

2° Pierres calcaires tirées de la carrière des Danses, située dans la commune de *Saint-Leu-d'Esserent*, arrondissement de Senlis, et présentant une masse exploitée à ciel ouvert de 20 à 25 mètres de puissance. On extrait de cette masse les pierres suivantes :

La *roche de Saint-Quentin*, calcaire demi-dur, blanchâtre, offrant une hauteur d'assise de 0m,70 à 1m,40, pesant de 2,000 à 2,200 kilogr. le mètre cube et s'écrasant sous une charge de 120 à 400 kilogr. par centimètre carré;

La *demi-roche de Saint-Leu*, calcaire tendre, blanc-jaunâtre, présentant une hauteur d'assise de 0m,70 à 1m,20, pesant 1,720 kilogr. le mètre cube et s'écrasant sous une charge de 90 kilogr. par centimètre carré;

Le *banc royal de Saint-Leu*, calcaire tendre, jaunâtre, durcissant à l'air, ayant une hauteur d'assise de 0m,40 à 0m,75, pesant 1,790 kilogr. le mètre cube et s'écrasant sous une charge de 100 kilogr. par centimètre carré.

Saint-Macaire (*Pierre de*). — Calcaire gréseux, celluleux, provenant des carrières de *Saint-Macaire*, dans la commune de ce nom, près de la Réole (Gironde).

Cette pierre est assez dure, de couleur blanc-jaunâtre, à grains irréguliers ; elle offre une hauteur d'assise de 0m,20 à 0m,60, pèse 2,400 kilogr. le mètre cube et s'écrase sous une charge de 350 kilogr. par centimètre carré.

Saint-Maixent (*Pierre de*). — Calcaire gréseux, assez dur, extrait de la carrière de Lavison, dans la commune de *Saint-Maixent* (Gironde).

Cette pierre est de couleur blanc-jaunâtre, à grains fins et présente une hauteur d'assise de 0m,20 à 0m,60.

Saint-Martin (*Pierres de*). — 1° Calcaire demi-dur, jaune-nankin, tiré de la commune de *Hannogue-Saint-Martin*, près de Mézières (Ardennes).

Cette pierre offre 0^m,40 de hauteur d'assise ; elle pèse 1,980 kilogr. le mètre cube et s'écrase sous une charge de 160 kilogr. par centimètre carré.

2° *Pierre blanche de Saint-Martin* : calcaire demi-dur, à grain oolithique très fin, provenant des carrières de *Saint-Martin*, dans la commune de Haudainville, près de Verdun (Meuse).

Cette pierre possède une hauteur d'assise de 1^m,30 ; le poids du mètre cube varie de 2,130 à 2,170 kilogr. et la charge nécessaire pour produire l'écrasement est de 255 à 260 kilogr. par centimètre carré.

3° Calcaire compact, dur, blanc-jaunâtre ou rosé, à pâte fine, que l'on exploite dans les carrières de *Saint-Martin*, près de Belley (Ain).

Cette pierre est susceptible de poli ; elle offre une hauteur d'assise de 0^m,30 à 0^m,75 ; elle pèse 2,730 kilogr. le mètre cube et s'écrase sous une charge de 920 kilogr. par centimètre carré.

4° Calcaire à entroques, cristallin, très dur, tiré de la carrière de *Saint-Martin-Senozan*, arrondissement de Mâcon.

Cette pierre, de couleur gris-blanchâtre ou jaunâtre, est à grains fins et susceptible de poli ; sa hauteur d'assise est de 1 mètre.

Saint-Martin (*Chaux de*). — Chaux hydraulique ordinaire se rapprochant des chaux éminemment hydrauliques, fabriquée à l'usine de *Saint-Martin*, près de Dôle (Jura).

Saint-Maurice (*Pierre de*). — Calcaire à entroques, dur, blanc-jaunâtre, à grains moyens, exploité à *Saint-Maurice-les-Châteauneuf*, près de Charolles (Saône-et-Loire).

Cette pierre présente une hauteur d'assise de 0^m,25 à 1^m,30.

Saint-Maximin (*Pierres de*). — Pierres calcaires tirées des carrières de *Saint-Maximin*, près de Senlis. La masse exploitée a de 20 à 25 mètres de puissance de banc, et fournit les variétés suivantes :

1° La roche de *Saint-Maximin*, calcaire demi-dur, blanchâtre, offrant une hauteur d'assise de 0^m,40 à 1^m,10, pesant de 2,100 à 2,300 kilogr. le mètre cube et s'écrasant sous une charge de 100 à 500 kilogr. par centimètre carré ;

2° La *demi-roche de Saint-Maximin*, calcaire tendre, blanc, faiblement jaunâtre, présentant une hauteur d'assise de 0^m,40 à 0^m,70, pesant de 1,670 à 1,720 kilogr. le mètre cube, et s'écrasant sous une charge de 90 à 100 kilogr. par centimètre carré ;

3° Le *vergelé de Saint-Maximin*, calcaire tendre, jaunâtre, ayant de 0^m,30 à 0^m,70 de hauteur d'assise, pesant de 1,600 à 1,700 kilogr. le mètre cube et s'écrasant sous une charge de 70 à 80 kilogr. par centimètre carré ;

4° Le *banc royal de Saint-Maximin*, calcaire tendre, jaunâtre, offrant de 0^m,30 à 0^m,70 de hauteur d'assise, pesant de 1,630 à 1,720 kilogr. le mètre cube, et s'écrasant sous une charge de 60 à 90 kilogr. par centimètre carré.

Saint-Médard (*Pierre de*). — Calcaire siliceux, compact, dur, blanc, un peu jaunâtre, tiré de la carrière de *Saint-Médard*, près de Cahors.

Cette pierre est à grains fins et propre à la sculpture. Sa hauteur d'assise va jusqu'à 3 mètres.

Saint-Même (*Pierre de*). — Calcaire crayeux, tendre, blanc, celluleux, provenant de la carrière de *Saint-Même*, près de Cognac (Charente).

La masse exploitée a 20 mètres de puissance ; elle fournit une pierre durcissant à l'air, propre à l'ornementation, dont la hauteur d'assise habituelle est de 0^m,50, pesant de 1,810 à 1,830 kilogr. le mètre cube et s'écrasant sous une charge de 60 à 70 kilogr. par centimètre carré.

Saint-Michel (*Chaux de*). — Chaux

hydraulique ordinaire, très employée en Savoie et dans la Haute-Italie, et fabriquée à l'usine de *Saint-Michel* Savoie).

Saint-Nom (*Roche de*). — Calcaire dur, coquillier, gris très clair, extrait des carrières situées sur la commune de Chavenay, près de Versailles (Seine-et-Oise).

Cette pierre présente de 0m,50 à 0m,80 de hauteur d'assise ; elle pèse de 2,200 à 2,300 kilogr. le mètre cube et s'écrase sous une charge de 350 à 500 kilogr. par centimètre carré.

Saint-Pardoux (*Pierre de*). — Calcaire oolithique assez dur, blanc, provenant de la carrière de Freyssonède, dans la commune de *Saint-Pardoux-la-Rivière*, près de Nontron (Dordogne).

La hauteur d'assise de cette pierre varie de 0m,80 à 1m,50 ; elle pèse de 2,195 à 2,240 kilogr. le mètre cube et s'écrase sous une charge de 360 à 420 kilogr. par centimètre carré.

Saint-Paterne (*Tuffeau de*). — Calcaire gréseux, tendre, blanchâtre, à grains très fins, tiré des carrières de la Roche, dans la commune de *Saint-Paterne*, près de Tours.

La hauteur d'assise de cette pierre est de 1m,50.

Saint-Pois (*Granit de*). — Granit commun, très dur, extrait des carrières de *Saint-Pois*, près de Mortain, département de la Manche.

Cette pierre, de couleur bleuâtre et à grains moyens, s'exploite en blocs de toutes dimensions.

Saint-Pons (*Marbre de*). — Marbre blanc provenant de la carrière de Cabart, dans le département de l'Hérault.

Saint-Rémy. — 1° *Pierre de Saint-Rémy* : calcaire demi-dur, blanchâtre, à grains fins, tiré de la carrière du Thor-Blanc, dans la commune de *Saint-Rémy*, près d'Arles (Bouches-du-Rhône).

La hauteur d'assise de cette pierre est de 0m,70 ; le poids du mètre cube varie de 1,960 à 2,210 kilogr., et la charge d'écrasement par centimètre carré, de 145 à 255 kilogr.

2° *Granit de Saint-Rémy* : granit à gros éléments, dur, blanchâtre, extrait de la carrière de Martignac, dans l'arrondissement de Thiers (Puy-de-Dôme).

Cette pierre présente une hauteur d'assise qui va jusqu'à 1 mètre ; elle pèse 2,550 kilogr. le mètre cube et la charge nécessaire pour produire l'écrasement est de 800 kilogr. par centimètre carré.

Saint-Robert (*Pierre de*). — Calcaire dur, gris-jaunâtre, à grains fins, provenant de la carrière de *Saint-Robert*, près de Brives, dans le département de la Corrèze.

La hauteur d'assise de cette pierre varie de 0m,20 à 0m,80 ; le poids du mètre cube est de 2,270 kilogr., et la charge nécessaire pour produire l'écrasement, de 480 kilogr. par centimètre carré.

Saint-Savinien (*Pierre de*). — Calcaire crayeux, demi-dur, blanchâtre ou roux, un peu celluleux, à grains moyens, tiré des carrières de *Saint-Savinien*, dans l'arrondissement de Saint-Jean-d'Angély (Charente-Inférieure).

Cette pierre porte de 0m,30 à 0m,65 de hauteur d'assise ; elle pèse de 1,820 à 1,850 kilogr. le mètre cube et s'écrase sous une charge de 70 à 90 kilogr. par centimètre carré.

Saint-Sulpice (*Pierre de*). — Calcaire crayeux, tendre, blanc, pointillé de jaune, durcissant à l'air, et que l'on extrait des carrières des Chandrolles, dans l'arrondissement de Cognac (Charente).

La hauteur d'assise de cette pierre est de 0m,47 ; la charge nécessaire pour produire l'écrasement est de 90 kilogr. par centimètre carré.

Saint-Vaast (*Pierres de*). — Pierres calcaires provenant des carrières de *Saint-Vaast*, dans la commune de *Saint-Vaast-les-Mello*, près de Senlis.

On distingue :

1° La *roche grise de Saint-Vaast*, calcaire dur, à grain fin, présentant de 0m,50 à 0m,80 de hauteur d'assise, pesant de 2,100 à 2,200 kilogr. le mètre cube et s'écrasant sous une charge de 180 à 350 kilogr. par centimètre carré.

2° Le *Banc-royal de Saint-Vaast*, calcaire tendre, blanc-jaunâtre, présentant de 1m,20 à 1m,40 de hauteur d'assise, pesant de 1,550 à 1,650 kilogr. le mètre cube, et s'écrasant sous une charge de 60 à 80 kilogr. par centimètre carré.

Saint-Vincent (*Pierre de*). — Calcaire à entroques, assez dur, tiré de la carrière des Longines, dans la commune de *Saint-Vincent-les-Bragny*, près de Charolles (Saône-et-Loire).

Cette pierre, de couleur jaune-roux, à grains moyens, possède une hauteur d'assise allant jusqu'à 3 mètres.

Sainte-Anne (*Marbres de*). — On comprend sous cette dénomination un groupe de marbres à fond noirâtre veiné de gris et de blanc, que l'on tire principalement de la Belgique.

Sainte-Honorine (*Pierre de*). — Voy. *Landisacq*.

Sainte-Marguerite. — Localité du département de Seine-et-Marne qui fournit un calcaire appartenant à la classe des *roches*.

On tire cette pierre de carrières situées près de Montereau et on en distingue trois qualités différentes : les deux premières sont une espèce d'albâtre à teinte grise ou de marbre à fond jaune antique ; on les emploie pour colonnes, pilastres et, en général, pour tous ouvrages de marbrerie ; la troisième variété possède une teinte claire, un grain très fin ; elle est susceptible de prendre un beau poli et convient pour tous travaux de choix.

Cette roche pèse, en moyenne, 2,750 kilogr. le mètre cube.

Sainte-Maure (*Pierre de*). — Calcaire gréseux, assez dur, provenant de la carrière de la Billotière, dans la commune de Noyant, près de Chinon (Indre-et-Loire).

Cette pierre, de couleur blanchâtre, à grains fins, présente 0m,80 de hauteur d'assise ; elle pèse 2,260 kilogr. le mètre cube et s'écrase sous une charge de 370 kilogr. par centimètre carré.

Sainte-Pezenne (*Pierre de*). — Voy. *Bégrolle*.

Salle, *s. f.* — Ce mot, qui indique, à proprement parler, un espace relativement vaste et couvert, désigne une très grande pièce d'habitation privée, de palais ou d'édifice public, destinée à un usage déterminé et qui prend différents noms, suivant l'emploi que l'on en fait.

Les demeures somptueuses, chez les Romains, renfermaient des *salles* qui prenaient les noms de *triclinia*, *œci* (voy. *Maison*), *exedræ*, et qui, selon Vitruve, devaient avoir une longueur égale au double de leur largeur.

Les Grecs avaient des *salles* appelées *cyzicènes* (voy. ce mot) qui devaient avoir en longueur et en largeur assez d'espace pour qu'on pût y placer commodément deux tables en regard l'une de l'autre.

Pendant le moyen âge, la *salle* était, dans une habitation, tout à la fois ce que sont aujourd'hui le *salon* et la *salle à manger* ; c'était la pièce dans laquelle on recevait et où l'on mangeait. On distinguait : la *salle basse*, située à rez-de-chaussée, pour les gens et les familiers; la *salle haute*, au premier étage, pour le maître et les siens.

Dans les palais épiscopaux, la *salle basse* était l'officialité, la *salle haute* servait aux grandes réunions diocésaines, synodes, assemblées du clergé, et, au besoin, elle pouvait être convertie en *salle de banquet*.

Dans les châteaux des seigneurs laïques, les deux *salles* superposées se retrouvent toujours destinées l'une, la *salle basse*, à loger les troupes de la garnison autres que les défenseurs d'élite qui se trouvaient dans la *salle haute* dite *grande salle*. Aussi, la première de ces deux pièces n'était nullement en communication avec les défenses, tandis que la seconde donnait généralement accès à tous les grands appartements, ainsi qu'aux tours et fronts de la défense.

Ainsi, la *salle* était une des parties essentielles de tout édifice civil au moyen âge, depuis la *grande salle* des palais épiscopaux et châteaux féodaux, jusqu'à la *salle* où le bourgeois de la ville prenait ses repas et recevait ses amis et les gens d'affaires.

Les hôtels de ville avaient la *salle commune*.

Les monastères même possédaient des *salles* dites *capitulaires* et destinées à la réunion des religieux pour traiter des affaires de la communauté. Ces *salles capitulaires* ont ceci de particulier que leurs deux dimensions, longueur et largeur, sont moins disproportionnées que dans les pièces dont nous venons de parler ; quelques-unes même sont carrées. Les *salles capitulaires* des monastères français s'ouvrent ordinairement sur le cloître et près de l'église. Nous en donnons ici un exemple, choisi dans l'ouvrage de M. Revoil sur l'architecture romane et qui appartient à l'abbaye de Thoronet, dans le département du Var. La figure 3069 représente, en plan, cette *salle capitulaire*, adossée au transept gauche de l'église, et qui, ayant son entrée au milieu d'une des galeries du cloître, prend jour sur elle au moyen de deux grandes arcades garnies de trois arcatures, reposant sur des colonnettes accouplées avec chapiteaux de forme cubique ; deux colonnes isolées et

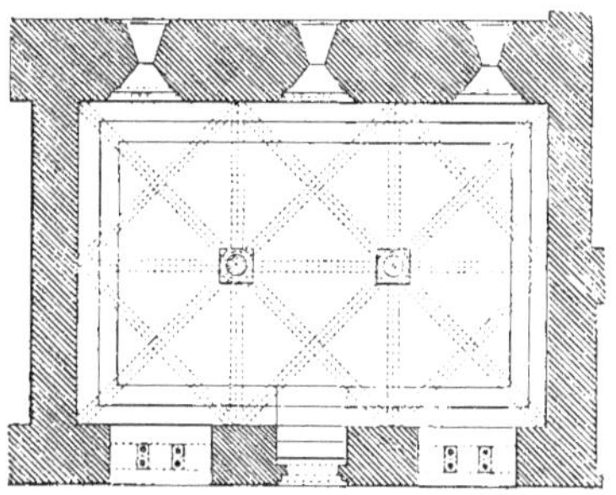

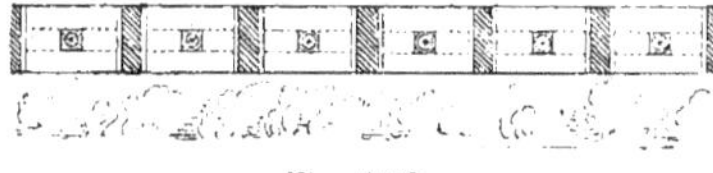

Fig. 3069.

des consoles engagées dans les murs supportent les retombées de six voûtes d'arêtes ; un double rang de gradins règne sur les trois faces ; trois ouvertures cintrées, à large évasement, éclairent cette pièce du côté de la campagne.

La tradition des *salles* se conserva très tard dans les châteaux ; on en trouve le témoignage dans les *galeries*, telles que la galerie dite de Henri II, à Fontainebleau, et la galerie de marbre à Versailles, qui rappellent la *grande salle* des résidences seigneuriales du moyen âge.

Aujourd'hui, le mot *salle* est appliqué à des pièces de destinations très diverses appartenant aux édifices publics ou privés.

Toutefois, un certain nombre de monuments publics, les hôtels de ville, par exemple, ont conservé l'usage de très grandes *salles* destinées à des réunions nombreuses, à des fêtes et à des banquets ; nous citerons, par exemple, la grande *salle* qui existait, avant l'incendie de cet édifice, à l'hôtel de ville de Paris ; c'était l'une des plus vastes *salles* qu'il y eût dans cette ville. La *salle des Pas perdus*, du Palais de justice, est également remarquable, entre toutes, par ses proportions.

Les grands palais offrent aussi des *salles* que l'on peut regarder comme étant les *salles* principales pour l'étendue et la richesse ; mais l'ensemble de ces édifices n'est, à proprement parler, qu'une suite de *salles* auxquelles on a donné des noms tirés de leur usage ou de l'objet principal de leur décoration : *salle des gardes, salle du conseil, salle du Trône*, *salle de l'horloge*, *salle d'Apollon*, etc.

Dans les maisons particulières, ce nom devient d'une application plus restreinte ; on n'y distingue guère que la *salle à manger*, la *salle de compagnie* ou *salon* (voy. ce mot) et la *salle de billard*.

Nous ferons seulement ici une énumération des pièces auxquelles on a donné des noms particuliers, suivant leur destination, dans les édifices publics ou privés, en commençant par ces derniers.

Salle à manger : pièce qui, dans les maisons de quelque importance, est souvent séparée de l'appartement et placée à rez-de-chaussée ; il y en a même, dans ce cas, ordinairement deux, l'une pour la famille, l'autre pour les jours de réception ; celle-ci doit être vaste, de forme rectangulaire, pour qu'on puisse y placer une longue table, bien éclairée et chauffée, s'il est possible, par un calorifère placé dans les caves. Autant qu'on le peut, il faut donner à cette pièce une vue agréable, sur un jardin, par exemple. Le sol est souvent pavé de carreaux de marbre ou de toute autre matière pour faciliter les lavages.

Les *salles à manger* des petits appartements, comme on en fait tant aujourd'hui, dans des espaces très resserrés, à Paris surtout, sont planchéiées, pourvues d'un poêle-calorifère avec chauffe-assiettes et revêtues souvent de lambris ou de faux lambris à hauteur d'appui.

Une des portes de la *salle à manger* doit conduire à la cuisine, mais par un corridor, pour éviter les émanations provenant de cette dernière pièce. Un office est souvent attenant à la *salle à manger*.

Salle de billard : pièce qui, dans une maison de ville ou de campagne, contient un jeu de billard. Cette *salle* peut être totalement isolée de l'intérieur, par exemple, dans un pavillon séparé qui ne communiquerait que par une galerie avec l'appartement, mais si elle est renfermée dans celui-ci, elle doit être placée près de la *salle à manger*. La forme du billard étant oblongue entraîne celle de la *salle* qui le contient. Il faut, au minimum, 1^{m},60 entre le mur et le bord du billard sur les quatre côtés pour la facilité du jeu. Cette sorte de pièce est ordinairement boisée et garnie d'armoires dans lesquelles on range les objets nécessaires à ce jeu. On doit y supprimer les glaces et tous autres ornements fragiles.

Salle de bain : petite pièce qui, dans les grands appartements, renferme un bassin et une cuve pour prendre des bains. Les parois doivent être revêtues de matériaux faciles à nettoyer.

Salle des gardes : pièce de l'appartement d'un prince, ordinairement placée entre les salons d'attente et le salon des huissiers. Cette *salle* doit être vaste, simple, élevée et bien aérée, garnie seulement d'un râtelier d'armes, de banquettes et d'une ou plusieurs tables.

Salle de bal : salle qui ne se trouve guère que dans les grands palais ou qui est spécialement affectée aux bals publics. Dans le premier cas, c'est une vaste galerie renfermant une estrade pour les musiciens. Les *salles* publiques doivent être très vastes, oblongues ou carrées, l'orchestre étant placé soit au milieu, soit sur l'un des côtés ; des estrades ou des galeries permettent de circuler au pourtour de l'espace réservé aux danseurs ; des tribunes forment même souvent une seconde galerie au-dessus de la première ; la décoration doit être élégante, le sol parqueté, l'éclairage abondant.

Salle de concert : vaste pièce dont le programme rentre dans celui des *salles* précédentes.

Salle de spectacle : synonyme de *théâtre*. On appelle plus spécialement la *salle*, la partie d'un *théâtre* (voy. ce mot) où sont assis les spectateurs.

Salle d'armes : galerie qui sert de magasin d'armes et dans laquelle on dispose des armures dans un ordre symétrique, des armes de tous genres en trophées, pilastres, colonnes, pyramides, frises, etc.

On donne le même nom ou celui de *salle d'escrime* à certains locaux où l'on apprend à tirer les armes.

Salle des Pas perdus : principal vestibule d'un *palais de justice* (voy. ce mot).

Salle d'audience : vaste *salle* dans laquelle siège le tribunal rendant la justice (voy. *Chambre*, *Palais de justice*).

Salle capitulaire : salle dans laquelle se réunit le chapitre d'une cathédrale ou d'un monastère pour traiter des affaires de l'église ou de la communauté.

Salle de lecture (voy. *Lecture*).

Salle d'hôpital : salle où sont placés les lits des malades (voy. *Hôpital*).

Salle des morts : pièce dans laquelle sont déposés les cadavres des malades morts à l'hôpital, en attendant le service qui doit se faire à la chapelle avant l'enterrement. La *salle des morts*, à cet effet, est placée à côté de la chapelle et près d'une porte de sortie ; elle est ordinairement attenante à une *salle d'autopsie*.

Salle d'asile (voy. *Asile*).

Salle de police : chambre d'arrêt qui fait partie d'une caserne et dans laquelle sont enfermés, pour un temps assez court, les militaires coupables de fautes légères.

Salle de verdure : espace limité par des arbres taillés en berceau et qui forme une sorte de *salle* placée à l'abri des rayons du soleil. Le tilleul, le marronnier, dans les régions du nord ; l'olivier, le laurier, le sycomore, dans le midi, sont les arbres généralement employés pour les *salles de verdure*.

Salles (*Grès de*). — Grès siliceux, dur, rougeâtre, à grains très fins, provenant de la carrière de Raoul, dans la commune de *Salles*, arrondissement d'Albi (Tarn).

Cette pierre porte $0^m,30$ de hauteur d'assise, pèse 2,400 kilogr. le mètre cube et s'écrase sous une charge de 770 kilogr. par centimètre carré.

Salon, *s. m.* — Pièce qui, dans un appartement, est ordinairement la plus grande et toujours la plus ornée.

Le *salon* est encore la *salle de compagnie*, c'est-à-dire de réunion, celle où l'on reçoit les visiteurs et dans laquelle on rassemble, par conséquent, le plus possible d'objets de commodité, d'agrément, de goût et de luxe.

La grandeur de cette pièce se règle d'après la grandeur même de l'habitation. Dans les palais, elle doit occuper une grande étendue, en raison de l'importance de l'édifice et des réunions nombreuses qui doivent y avoir lieu, et même on l'accompagne de plusieurs autres pièces appelées aussi *salons*. Ce dernier usage a été adopté dans toutes les habitations luxueuses. On distingue alors le *grand* et le *petit salon*.

Les grands hôtels et les palais renferment au moins : 1° un *salon d'attente* avec deux portes communiquant l'une au cabinet de travail du maître, l'autre avec les *salons* de réception ; 2° un *anti-salon* ou *petit salon*, dans lequel sont introduits les visiteurs privilégiés et qui sert pour les jours de réunion intime ; 3° le *grand salon*.

La forme donnée aux *salons* est très variée et aucune règle n'existe à cet égard, bien que la forme quadrangulaire paraisse la plus naturelle et soit, en effet, la plus ordinaire. Un grand nombre d'appartements ont des *salons* circulaires et, dans ce cas, la façade est construite de manière à former une partie demi-circulaire en saillie. On a même fait des *salons* ovales et octogonaux.

La décoration, s'il y a plusieurs *salons* qui se succèdent, doit être graduée dans sa richesse, comme les dimensions doivent aussi l'être dans leur étendue, pour que le *salon* principal soit en même temps le plus magnifique.

Salon à l'italienne : salon qui comprend deux étages dans sa hauteur et qui reçoit ordinairement le jour par des fenêtres pratiquées dans l'étage supérieur.

Salon de treillage: espace que l'on dispose dans les bosquets d'un jardin, que l'on entoure et que l'on couvre de treillages en fer ou en bois sur lesquels on attache des plantes grimpantes.

Salpêtre, *s. m.* — Efflorescence d'aspect laineux et blanchâtre, légèrement acide, et qui recouvre les murs, surtout à leur pied, lorsqu'ils sont placés dans des conditions d'humidité prolongée. Ces murs sont alors dits *salpêtrés.*

Le *salpêtre* ou nitrate de potasse a pour effet, si les murs sont recouverts de peintures, de faire tomber celles-ci en écailles plus ou moins étendues.

Législation. Comme le *salpêtre* sert à la fabrication de la poudre, le propriétaire qui veut démolir est tenu de prévenir le maire dix jours à l'avance, pour que le salpêtrier puisse, s'il y a lieu, extraire des matériaux le *salpêtre* qu'ils peuvent contenir.

Salubrité, *s. f.* — L'ordonnance de police du 23 novembre 1853 prescrit les mesures suivantes pour l'assainissement des demeures particulières à Paris :

« Art. 1er. Les maisons doivent être tenues, tant à l'intérieur qu'à l'extérieur, dans un état constant de propreté.

« Art. 2. Les maisons devront être pourvues de tuyaux et cuvettes, en nombre suffisant, pour l'écoulement et la conduite des eaux ménagères. Ces tuyaux et cuvettes seront constamment en bon état ; ils seront lavés et nettoyés assez fréquemment pour ne pas donner d'odeur.

« Art. 3. Les eaux ménagères devront avoir un écoulement constant et facile jusqu'à la voie publique, de manière qu'elles ne puissent séjourner ni dans les cours, ni dans les allées ; les gargouilles, caniveaux, ruisseaux, destinés à l'écoulement de ces eaux seront lavés plusieurs fois par jour et entretenus avec soin. Dans le cas où la disposition du terrain ne permettrait pas de donner un écoulement aux eaux sur la rue ou dans un égout, elles seront reçues dans des puisards, pour la construction desquels on se conformera aux dispositions de l'ordonnance de police du 20 juillet 1838. »

Sampans (*Pierres de*). — 1° Calcaires compacts, durs, que l'on extrait de la carrière de *Sampans*, dans l'arrondissement de Dôle.

Ces pierres-marbres, de différentes nuances, variant du gris-jaunâtre au rouge vif, sont susceptibles d'un beau poli et propres à l'ornementation. Leur hauteur d'assise est de 0m,30 à 0m,60 ; les différents bancs pèsent de 2,640 à 2,715 kilogr. le mètre cube ; la charge nécessaire pour produire l'écrasement varie de 860 à 1,075 kilogr. par centimètre carré.

2° Calcaire compact, très dur, tiré de la carrière de *Sampans*, dans la commune de ce nom, près de Dôle.

La pierre de *Sampans*, proprement dite, est de nuances blanchâtres ou violacées et est susceptible de poli ; elle porte de 0^m,25 à 0^m,80 de hauteur d'assise. Le banc blanc pèse 2,630 kilogr. le mètre cube et s'écrase sous une charge de 920 kilogr. par centimètre carré ; le banc violet pèse 2,570 kilogr. et s'écrase sous une charge de 815 kilogr. par centimètre carré.

Sancerre (*Pierre de*). — Calcaire crayeux, tendre, blanc, à grains assez fins, provenant des carrières des Chaintres ou de la Mignonne, dans la commune de *Sancerre* (Cher).

La hauteur d'assise de cette pierre varie de 1 mètre à 1^m,40.

Sanctuaire, *s. m.* — 1° Partie des temples antiques dans laquelle se trouvait placée la statue du dieu.

2° Dans les églises catholiques, on désigne ainsi la portion du chœur qui est ordinairement surélevée, contient le maître-autel et est close par une balustrade ou chancel.

C'est dans le *sanctuaire* que se tiennent le célébrant et les ministres du culte pendant l'office (voy. *Chancel*, *Chœur*).

Sandaraque, *s. f.* — Résine ou gomme-résine qui s'extrait des genévriers d'Espagne, d'Italie et d'Afrique et qui est la base de tous les vernis à l'alcool, sauf ceux à la gomme laque.

La *sandaraque* est la meilleure des résines pour la composition de ces vernis et leur donne toute la solidité désirable.

Sang-de-dragon, *s. m.* — Résine sèche, friable, de couleur rouge de sang caillé, et qui entre dans la composition des vernis communs, auxquels elle donne une teinte foncée à cause de sa couleur.

On l'emploie aussi pour falsifier le vermillon.

Sanguine, *s. f.* — Minerai de fer ou fer oxydé rouge qui a l'aspect d'une pierre rougeâtre, dure, pesante et qui se présente sous la forme d'aiguilles longues et pointues.

On nomme aussi la *sanguine* pierre *hématite* et l'on en fait des brunissoirs pour polir les métaux.

Une des variétés de fer oxydé rouge fournit la *sanguine* employée pour faire des crayons.

Santé, *s. f.* — Maison de *santé* : hôpital que l'on range dans la classe des *hospices* (voy. ce mot) et qui sert d'asile aux aliénés.

Autrefois, ces malades étaient séquestrés dans les prisons ou les hôpitaux et généralement traités comme des animaux malfaisants. Ils étaient mal vêtus, mal nourris, et couchaient sur la paille, dans des réduits presque entièrement privés d'air et de lumière. Aujourd'hui, au contraire, des établissements spéciaux existent pour ces malheureux et ont été, depuis une cinquantaine d'années, l'objet d'études sérieuses de la part de médecins éminents, qui ont rédigé, à cet égard, des programmes détaillés à l'usage des architectes.

Nous résumerons ici, en quelques lignes, les principes généraux indiqués par Max Parchappe, dans son ouvrage intitulé : *Des principes à suivre dans la fondation et la construction des asiles d'aliénés.*

Le premier de ces principes est celui qui consiste dans la séparation effective des diverses catégories de malades, que l'on place, à cet effet, dans des quartiers distincts comprenant : habitation de jour et de nuit, salle de travail et de conversation, promenoir à l'air libre et à l'abri, cabinets de toilette et d'aisances, salle de bains. Cette dernière installation peut faire partie d'une construction spéciale reliée par des galeries aux divers quartiers de l'établissement, système de centralisation qui est en usage aujourd'hui dans la plupart des *maisons de santé*.

L'habitation se divise en habitation de jour et habitation de nuit, la première comprenant, dans chaque quartier, au moins une pièce qui puisse servir aux malades successivement de réfectoire, de chauffoir, de salle de travail et de distraction. L'habitation de nuit, qui était autrefois pour tous les aliénés exclusivement la cellule, est devenue le dortoir commun pour tous les convalescents, pour les vieillards, pour les infirmes et pour les tranquilles.

L'habitation de nuit dans les cellules est maintenant réservée aux malades agités.

Les petits dortoirs de six, huit, dix et douze places sont les plus convenables de tous dans l'intérêt du bien-être des malades ; ils permette t d'opérer un classement secondaire et facilitent la surveillance.

Certaines habitations individuelles de nuit sont réservées à des malades qui ne sont pas agités : ce sont des pièces qui doivent se rapprocher, par leurs dispositions, des chambres à coucher ordinairement employées dans la vie commune. Toutefois, ce n'est que par exception qu'on y établit une cheminée.

Le problème le plus difficile qui se présente est celui de l'installation des habitations individuelles destinées aux aliénés agités.

Cette question a été l'objet des études persévérantes des médecins aliénistes ; la réunion des cellules ou *cabanons* dans un lieu complètement séparé des autres parties de l'établissement est le système que l'on a généralement adopté.

Le promenoir à air libre doit avoir des dimensions proportionnées au nombre des habitants du quartier dont il fait partie, présenter une pente suffisante pour l'écoulement des eaux pluviales, être sablé, planté d'arbres, orné de gazon et même de fleurs.

Il est convenable que le promenoir couvert ne soit pas établi de manière à occuper les quatre côtés du promenoir libre, cette disposition donnant au quartier un aspect claustral sévère et triste. D'autre part, on peut reprocher aux promenoirs couverts placés le long de la façade des habitations de quartier d'intercepter le libre accès et de la lumière et de l'air. La meilleure disposition est celle qui consiste en deux galeries latérales conduisant du rez-de-chaussée au côté du promenoir libre d'où l'on peut découvrir la campagne.

Les cabinets d'aisances offrent une installation délicate, pour laquelle il est rare que l'on ait obtenu des résultats satisfaisants dans la plupart des établissements d'aliénés. Le plus simple est de les disposer comme dans les maisons particulières, dans des conditions indispensables de propreté : siège en chêne avec couvercle à charnières et cuvette à entonnoir, murs peints, sol recouvert d'une dalle bien polie ou même d'un plancher de chêne ciré ; comme annexe, un cabinet contenant un urinoir à un ou plusieurs compartiments. Ce local exige une surveillance et un entretien qui permettent de le maintenir dans un état permanent de propreté. Ces cabinets doivent être séparés des bâtiments par un couloir largement ventilé au moyen d'ouvertures opposées.

Pour les fenêtres, la suppression des grilles a été généralement adoptée. Un grand nombre de systèmes ont été proposés ou adoptés pour obtenir ce résultat de prévenir sûrement l'évasion et la précipitation accidentelle ou volontaire des malades par ces baies, tout en évitant de mettre obstacle à l'entrée de l'air et de la lumière.

Les planchers au-dessus du rez-de-chaussée doivent être planchéiés ou parquetés en bois de chêne ou de sapin.

Les escaliers doivent être à cage pleine; les marches, en pierre dure ou en pierre tendre, revêtues de bois, doivent avoir la même largeur dans toute leur étendue et une longueur suffisante pour le passage de deux personnes à la fois.

Saper, *v. a.* — Faire une *sape*, c'est-à-dire attaquer un mur par le pied, au moyen de masses, de marteaux et de pinces, pour le faire tomber.

On emploie la même expression pour désigner l'action de faire tomber une butte en la chevalant et l'étrésillonnant par-dessous, puis brûlant les étais par le pied pour faire ébouler le tout.

Sapin, *s. m.* — Arbre de la famille des *conifères*, dont le tronc est droit et élevé. Les rameaux du *sapin* sont disposés autour de la tige, avec laquelle ils forment angle droit; les feuilles linéaires, quadrangulaires et pointues, sont éparses, toujours vertes, d'une teinte sombre; les fruits sont des cônes écailleux pendants, de 0m,13 à 0m,16 de longueur.

Les *sapins* s'élèvent à plus de 39 mètres; ils acquièrent à leur base plus d'un mètre de diamètre, ils croissent naturellement dans les forêts des montagnes de l'Europe : on les trouve en France dans les Alpes, les Vosges et les Pyrénées.

On connaît environ dix-huit espèces de *sapins* qui diffèrent peu du *sapin commun* ou *argenté*, du *sapin élevé* ou *pesse*, et du *sapin blanc ;* on donne le nom d'*épicéa* à quelques variétés.

Dans le commerce, on désigne d'une manière générale, sous le nom de *sapins*, les résineux de toutes espèces : le *pin sylvestre*, le *pin maritime*, l'*épicéa*, le *sapin* proprement dit, le *mélèze*, etc. On distingue ces essences en *bois rouges* ou *sapins rouges* et *bois blancs* ou *sapins blancs;* dans la première catégorie sont compris les *pins sylvestres*, les *mélèzes* de Suède, de Norwège et de Russie (de Riga principalement); dans la seconde, les épicéas et diverses espèces de pins et de *sapins* des mêmes régions et des provinces septentrionales de la Prusse. Les bois qui nous arrivent de ces contrées reçoivent aussi le nom de *sapins du Nord* et sont livrés au commerce sous des désignations que nous empruntons à l'ouvrage de MM. A. Dupont et Bouquet de la Grye :

SAPINS CARRÉS.

Poutres......	9 pouces et plus d'équarrissage.
Poutrelles....	4 pouces à 8 3/4.

SAPINS SCIÉS.

	ÉPAISSEUR.	LARGEUR.
Madriers........	2 3/4 à 4 pces.	7 1/2 à 12 pces.
Bastis...........	2 à 3 —	6 à 7 —
Planches........	1 à 1 3/4	7 1/2 à 12 —
Planches bastaings	1 à 1 3/4	6 à 7 1/2
Planchettes......	1 à 1 3/4	4 à 6 —

Suivant les localités, les longueurs des *sapins* carrés et sciés varient considérablement; les vendeurs ne garantissent aucun assortissement de longueurs; ils ne s'engagent que pour des longueurs maxima et moyennes ; ils livrent le bois en pieds pleins sur leurs longueurs (le plus souvent en mesures anglaises) et en pouces pleins sur les équarrissages; tout excédant sur ces dimensions, sauf pour les épaisseurs inférieures à deux pouces, profite à l'acheteur.

La conversion des mesures anglaises en mesures françaises, dans le commerce des bois, est réglée par l'usage suivant : on ajoute au nombre de pieds courants métriques 1/10e en Norwège et 1/11e en Suède, quand on veut convertir les mesures françaises en pieds courants anglais ; inversement, si la mesure est donnée en pieds courants anglais, on en retranche 1/11e en Norwège et 1/12e en Suède pour avoir les mesures françaises *dites* équivalentes.

Le tableau suivant, extrait du *Cours de construction* de M. Demanet, complète celui que nous avons donné ci-dessus; on y voit énumérées les longueurs usuelles des échantillons livrés au commerce :

DÉSIGNATION DES PIÈCES	LONGUEUR en mètres.	ÉPAISSEUR en millimètres.	LARGEUR en millimètres.
Poutres de Riga (rouge).....................	5,16 à 12,90	287 à 312	338 à 364
— de Riga (blanc)................. ...	5,16 à 12,90	312	364
— de Narva (rouge)......	5,16 à 12,90	260 à 468	260 à 468
— de Memel (blanc).................	»	314 à 338	314 à 338
— de Dantzig (blanc)..	»	260 à 390	260 à 290
— de Sundswall et Gothembourg (blanc).	5,16 à 11,57	208 à 338	208 à 238
Solives ou gîtes.........	2,29 à 9,04	104 à 182	130 à 260
Madriers de Narva...................... ..	1,72 à 8,60	52 à 78	260 à 338
— de Memel..................... ...	8,03 à 8,33	78	287
— de Gothembourg..	1,72 à 6,31	65 à 78	104 à 287
Planches de Riga.......	2,87 à 8,60	32	260
— de Narva.........................	1,70 à 8,60	26 à 39	104 à 312
Espars de Riga et de Narva................	5,74 à 6,31	»	»
— —	8,60 à 10,32	»	»

Le *sapin* du Nord que l'on emploie à Paris n'est pas flotté; aussi, doit-on le laisser sécher pendant quelques années avant d'en faire usage.

Le *sapin rouge* de Riga est d'une belle couleur, d'une grande régularité de fibres, à tissu serré, dur, résistant, se prêtant facilement aux moulures les plus fines.

Les *sapins* utilisés en France proviennent principalement des Vosges, du Jura, de la Suisse, des Cévennes et des Pyrénées; les premiers sont employés notamment à Paris, les seconds et les troisièmes sont destinés aux départements que traversent la Saône et le Rhône, les quatrièmes alimentent le Languedoc et les derniers le centre de la France; le littoral de la Manche et de l'Océan fait usage des *sapins* de la Baltique, qu'on emploie même aussi à Paris. Des modes particuliers de débit sont adoptés pour chacun de ces lieux de production (voy. *Planche*).

Nous donnerons ici quelques détails au sujet du *sapin commun* ou argenté, celle de toutes les essences résineuses qui est la plus employée en France comme bois de construction.

Cet arbre, toujours vert, de forme pyramidale, a une tige bien droite, qui s'élève jusqu'à la hauteur de 100 à 120 pieds, et un tronc qui peut acquérir 9 à 10 pieds de circonférence. Il dépasse même ces dimensions dans les lieux qui lui conviennent et dans les forêts soumises à un bon système d'exploitation. On trouve, dans les forêts d'Allemagne exploitées par éclaircies, des *sapins* dont la tige a 18 pieds de tour à la base, et il n'est pas rare d'en abattre qui, à la hauteur de 80 pieds, ont encore 12 pieds de circonférence; ces dimensions énormes ne se rencontrent toutefois que dans les individus de trois cents ans, qui font partie des réserves.

Les besoins de bois de charpente et de chauffage ont fait restreindre à cent ou cent vingt ans la durée des aménagements dans les forêts de *sapins* et, à cet âge, ils ont acquis les qualités qui les rendent propres à tous les usages.

Voici, d'après M. Némond, ancien inspecteur des forêts dans le département du Jura, les dimensions ordinaires des *sapins* à différents âges : un *sapin* de vingt ans n'a communément que $2^m,80$ à $3^m,20$ de hauteur et $0^m,30$ à $0^m,40$ de circonférence. Parvenu à ce degré, il augmente chaque année de $0^m,40$ à $0^m,60$ en hauteur. Un *sapin* de quarante ans porte ordinairement de $0^m,90$ à 1 mètre de tour; alors il commence à fournir une petite pièce et un chevron. A cinquante ans, il a $1^m,30$ à $1^m,60$ de tour, produit deux pièces de construction de 7 à

8 pouces d'équarrissage sur 10 à 12 mètres de longueur. A soixante ans, il a de 2 mètres à 2^{m},50 de tour; il donne un *plot* de 0^{m},50 à 0^{m},60 de diamètre sur 3^{m},20 à 3^{m},50 de longueur, fait une première pièce de 10 à 12 pouces d'équarrissage sur 12 mètres de longueur et fournit, en outre, un chevron. A soixante-quinze ans, il a 3^{m},20 à 3^{m},50 de tour; il produit 4 plots ou billes de 3^{m},50 à 3^{m},80 de longueur, le premier ayant 0^{m},60 à 0^{m},70 de diamètre et le dernier ayant 0^{m},50 au petit bout, et, en outre, deux pièces. A cent ans, il a communément 4 mètres de tour et donne 6 plots ou billes, le premier ayant 1^{m},30 de diamètre, puis une pièce de 9 à 10 mètres de longueur et un chevron. Cent à cent vingt ans sont nécessaires pour former un beau *sapin* ayant de 35 à 40 mètres de hauteur; alors il cesse de s'élever; mais il continue de grossir insensiblement jusqu'à l'âge de cent cinquante ans, où il commence à dépérir.

La hauteur totale moyenne de cet arbre varie donc de 15 à 40 mètres; celle du tronc de 8 à 30 mètres; le diamètre moyen est de 1^{m},20.

Le bois de *sapin* est à grain fin et à fibres très flexibles; il est tendre et facile à travailler, mais il se conserve mal et est sujet à l'échauffement et à la vermoulure; aussi, doit-on l'écorcer aussitôt après l'abatage.

Sapine, *s. f.* — Longue pièce de bois de sapin en grume, qui entre dans la construction des *monte-charge* (voy. ces mots). Ces derniers appareils reçoivent aussi la même désignation.

Autrefois, le nom de *sapine* était appliqué à une espèce de grue employée pour descendre et monter la pierre sur le tas; c'était un grand arbre en sapin, tournant sur un pivot et maintenu à la partie supérieure par un collier dans lequel tournait un fort goujon fixé à son sommet; des haubans, convenablement disposés et en nombre suffisant, retenaient le collier.

Sarcophage, *s. m.* — Terme que l'on applique d'une manière générale à tous les récipients en pierre ou en marbre destinés à renfermer les restes mortels de grands personnages.

Les *sarcophages*, particulièrement usités chez les anciens, avaient originairement la forme de caisses en bois; mais, dans la suite, on les fit en terre cuite, en pierre, en marbre, en porphyre. La capacité en était variable: certains renfermaient les corps de deux époux et quelquefois même pouvaient contenir toute une famille.

Les couvercles qui fermaient les *sarcophages* de marbre étaient parfois d'une seule dalle de la même matière. Quelques-uns de ces couvercles avaient la forme d'une sorte de toiture se terminant par des frontons; d'autres étaient surmontés des figures mêmes des personnages, représentés couchés sur des sortes de matelas.

Ces cercueils étaient décorés de bas-reliefs offrant tantôt des compositions fantaisistes, tantôt des scènes mythologiques ou historiques, ou bien encore des figures relatives à la profession ou aux goûts du défunt.

Chez les Grecs, les bas-reliefs qui ornent ces monuments funèbres nous montrent fréquemment des scènes d'adieu, tantôt entre parents, tantôt entre amis; un sujet fréquemment représenté est le combat des amazones, sujet probablement consacré aux guerriers.

En Étrurie, on a découvert des *sarcophages* en terre cuite, notamment à Volterra et dans la nécropole de Tarquinies. Le musée céramique de Sèvres possède un *sarcophage* en pâte rougeâtre, engobée d'argile blanche, avec un bas-relief et une figure couchée sur le couvercle, qui provient des fouilles exécutées dans la première de ces deux villes en 1824. Parmi les autres fragments de cercueils qui appartiennent au même établissement, il en est un que M. le baron Taylor a rapporté de Tarquinies, et qui faisait partie d'un *sarcophage* de plus de 2 mètres de longueur, la figure couchée qui le recouvrait ayant environ 1^{m},60 d'une seule pièce. M. Demmin cite un *sarcophage* étrusque de 0^{m},42 de largeur sur 0^{m},27 de hauteur, plus celle du couvercle en terre cuite sans couverte, avec endroits peints à froid de couleur rouge et bleue. Ce *sarcophage* remonterait au-delà de la conquête romaine, au moins 400 ans avant Jésus-Christ.

Les *sarcophages* chrétiens étaient décorés de motifs tirés de l'Ancien ou du Nouveau Testament (voy. *Tombeau*); tel est le fameux *sarcophage* de Junius Bassus, l'un des premiers grands patriciens qui aient embrassé le christianisme ; on voit, figurés sur ce monument funèbre, le sacrifice d'Isaac, l'arrestation de saint Pierre, la loi donnée aux Apôtres, le Christ emmené par les Juifs, la condamnation par Ponce-Pilate, etc.

Le nom de *cénotaphe* (voy. ce mot) est réservé aux *sarcophages* qui ne contiennent pas le corps du défunt et qui ne sont que des monuments élevés en leur honneur.

Sardoine, *s f.* — Variété d'agate qui est d'un beau jaune fauve ou orangé.

On dit également *sarde*.

Sardonyx, *s. m.* — Pierre composée de *sarde* et d'onyx, d'une teinte brillante, pourpre, remaniée de plusieurs couleurs.

Cette pierre, ainsi que les autres variétés d'agate, est employée, dans l'ornementation, en pièces de rapport et de marqueterie.

Sarlat (*Pierre de*). — Calcaire gréseux, tendre, provenant de la carrière de Lacombe-Lama, près de *Sarlat*, dans le département de la Dordogne.

Cette pierre qui durcit à l'air est de couleur jaune et à grain fin ; elle mesure 0^{m},60 de hauteur d'assise et pèse 1,900 kilogr. le mètre cube. La charge nécessaire pour produire l'écrasement est de 135 kilogr. par centimètre carré.

Sarrancolin (*Marbre de*). — Marbre qui présente un fond rouge foncé, avec des veines et taches blanches et grises. Ce marbre, le plus riche et le plus beau que l'on extraie en France, se tire du Val-d'Aure, ou de la vallée d'Or, près de *Sarrancolin*, village du département des Hautes-Pyrénées.

On en trouve encore beaucoup dans le commerce, mais il est tellement inférieur à l'ancien, que l'on peut dire qu'il n'en porte plus que le nom ; il serait, d'ailleurs, difficile de s'en procurer d'autres, la carrière étant épuisée.

Quelques palais nationaux en possèdent, le Louvre notamment.

Sas, *s. m.* — 1° Tamis de forme cylindrique composé d'un tissu de crin dans lequel on passe le plâtre que l'on emploie ensuite pour faire des enduits.

On dit *plâtre au sas* (voy. *Tamis*).

2° Architecture hydraulique. Partie d'une *écluse* (voy. ce mot) qui est comprise entre la tête d'amont et la tête d'aval.

Les parois latérales du *sas* sont les *bajoyers* et le fond est le *radier*.

Les bajoyers sont construits sur leur parement extérieur, tantôt suivant une ligne verticale, tantôt suivant une ligne courbe, comme cela se fait fréquemment en Angleterre.

Le parement intérieur se construit verticalement, en talus, avec des retraites, ou même en surplomb et quelquefois avec des contreforts.

L'épaisseur de ces murs est calculée de façon à leur permettre de supporter la pression des terres, supposées délayées et le *sas* étant vide.

L'épaisseur du radier est telle que cette maçonnerie puisse faire équilibre aux sous-pressions dues aux sources adjacentes ou à la différence de hauteur de l'eau dans les deux biefs.

La longueur du *sas* est établie d'après

la longueur des bateaux qui doivent circuler sur le canal ; sa largeur est, en général, de 5 à 7 mètres; quelquefois, cependant, on le fait assez large pour contenir, en même temps, plusieurs bateaux, et, dans ce cas, on lui donne pour parois latérales, au lieu de murs verticaux, deux berges inclinées à 45° et revêtues de perrés.

Saule, *s. m.* — Arbre de la famille des salicinées, qui fournit un bois tendre, léger, dont le poids spécifique varie de 0,390 à 0,580.

Spongieux, blanc et très chargé d'eau, le bois de *saule* est employé quelquefois pour les constructions rurales, mais il est cependant peu propre aux ouvrages de charpente. Il se travaille bien au rabot et sur le tour; on en fait des corps de pompe. Comme bois de travail, on le débite en voliges et on en confectionne toutes sortes d'ouvrages de fente.

Les *saules* sont très précieux pour la fixation des rives des cours d'eau, des alluvions et des atterrissements, ainsi que pour consolider les travaux d'endiguement; ils produisent la majeure partie du matériel des fascines et clayonnages employés dans les travaux hydrauliques. Cultivés en oseraies, beaucoup d'entre eux fournissent, à peu près exclusivement, à la vannerie les matières premières qu'elle emploie. Les jeunes pousses sont employées comme liens par les jardiniers et les vignerons.

Saumaki, *s. m.* — Nom que l'on donne à deux espèces de marbres tirés de l'Orient.

La première est un marbre rouge-jaunâtre ou brun-rougeâtre, veiné de noir, que l'on extrait des environs de Capoudagh (Roumélie).

La seconde est un marbre blanc veiné de jaune provenant de l'île des Princes (Eibeali).

Saumon, *s. m.* — Lingot de plomb livré au commerce par les usines et qui pèse environ 70 kilogr.

Saumoussay (*Tuffeau de*). — Craie-tuffeau tendre, blanche, très fine, propre à la sculpture, et que l'on extrait de la carrière de *Saumoussay*, près de Saumur (Maine-et-Loire).

La hauteur d'assise de cette pierre va jusqu'à 3 mètres.

Saut-du-Loup (*Pierre du*). — Calcaire compact, bréchiforme, très dur, provenant de la carrière du *Saut-du-Loup*, dans l'arrondissement de Digne (Basses-Alpes).

C'est une pierre de couleur gris-brunâtre foncé, à pâte fine, susceptible d'un beau poli. Sa hauteur d'assise est de $0^m,50$.

Sauterelle, *s. f.* — 1° *Fausse équerre* (voy. ce mot).

2° Appareil qui permet de dégager rapidement les chevaux qui ont enjambé la barre de séparation dans une écurie.

Fig. 3070.

La *sauterelle* se compose (fig. 3070) d'un crochet de bois et d'un anneau qui glisse le long de la corde de suspension de la barre; si l'on remonte l'anneau, le crochet échappe et bascule, la barre tombe et le cheval est dégagé.

Ces appareils sont souvent en fer et dans ce cas, la corde est remplacée par une chaîne.

3° Les serruriers donnent ce nom à la branche de bascule droite d'un mouvement de sonnette, qui sert à faire un ressaut au fil de fer ou cordon de tirage.

Sauton, *s. m.* — Ardoise qu'il faut réduire sur sa largeur pour compléter un rang ou pureau.

On fait des *sautons*, particulièrement quand on emploie de la vieille ardoise.

Savonnière, *s. f.* — Grand bâtiment en forme de galerie, où l'on fabrique le savon.

Une *savonnière* renferme des *réservoirs* à huile et à soude, des *caves* et *fourneaux* à rez-de-chaussée.

Les étages supérieurs contiennent les mises dans lesquelles ont fait figer le savon et des séchoirs pour le sécher.

Savonnières (*Pierres de*). — Calcaire oolithique, tendre, blanc, un peu jaunâtre, à grain fin, tiré de carrières situées dans l'arrondissement de Bar-le-Duc (Meuse).

Il y a trois carrières principales fournissant des échantillons de pierre de résistances diverses :

1° La carrière de *la Machine*, d'où l'on extrait une pierre qui porte 1 mètre de hauteur d'assise, pèse de 1,630 à 1,670 kilogr. le mètre cube et s'écrase sous une charge de 80 à 120 kilogr. par centimètre carré ;

2° La carrière *d'Aurion*, dont les produits ont 0^{m},90 de hauteur d'assise, pèsent de 1,550 à 1,700 kilogr. le mètre cube et s'écrasent sous une charge de 80 à 135 kilogr. par centimètre carré ;

3° La carrière *du Pérou*, qui fournit une pierre ayant 1 mètre de hauteur d'assise, pesant 1,550 kilogr. le mètre cube et s'écrasant sous une charge de 80 kilogr. par centimètre carré.

Scabellon, *s. m.* — Mot qui vient du latin *scabellum*, signifiant escabeau. On a désigné ainsi des espèces de socles longs et étroits servant de supports à des bustes, à des candélabres, etc.

Scaphandre, *s. m.* — Appareil employé pour l'exécution de travaux sous l'eau.

Le *scaphandre* se distingue de la *cloche à plongeur* en ce que le plongeur porte lui-même l'appareil, dont la disposition est basée sur ce que l'ouvrier, placé dans une enveloppe imperméable qui le laisse libre de ses mouvements et permet de lui fournir l'air nécessaire à la respiration, peut exécuter sous l'eau, à des profondeurs considérables, des ouvrages de construction ou de restauration.

On peut, avec le *scaphandre*, visiter et construire des fondations de piles de pont, visiter également les fondations des ports et y exécuter des réparations.

L'appareil complet se compose :

1° D'une pompe à air pesant 125 kilogr. environ ;

2° De souliers plombés, de plaques de plomb et de vêtements de laine, camisoles, caleçons, bas et bonnet ;

3° D'un vêtement imperméable en caoutchouc, d'une seule pièce, qui part du milieu du dos et couvre tout le corps en formant un pantalon à bas ;

4° D'une épaulière en métal, dont le collet circulaire porte un pas de vis, et la partie inférieure un système de bandelettes en cuivre, servant à fixer le haut du vêtement imperméable ;

5° D'un casque en métal, de forme ovoïde, ayant 0^{m},35 de hauteur et 0^{m},27 de largeur.

Au niveau du col, la partie inférieure du casque est ouverte circulairement et porte un écrou en métal, qui s'adapte au pas de vis de l'épaulière et permet la réunion complète du casque au vêtement imperméable. La face du casque est munie, à la hauteur des yeux, de deux carreaux fixes en verre fort épais, 0^{m},13 de diamètre. A la hauteur de la bouche existe aussi un carreau mobile de même diamètre, qui est placé dans un châssis en métal, formant le pas d'une vis dont l'ouverture du casque forme l'écrou ; une rainure tient ce verre très fixe, et l'on peut très facilement le retirer, ce qui permet au plongeur de respirer librement aussitôt sa sortie de l'eau. De petites grilles en métal préservent les carreaux.

Il faut envoyer dans le casque, dans

lequel est emprisonnée la tête du plongeur, de l'air pur et en retirer l'air vicié. Le conduit d'aspiration d'air pur et celui de décharge de l'air vicié sont formés, à l'intérieur du casque, par des petits canaux placés autour des carreaux : l'air pur arrive par-dessus et derrière la tête ; le casque est muni, à cet effet, d'un pas de vis qui reçoit l'écrou d'un tuyau en caoutchouc de 0m,035 de diamètre, au moyen duquel la pompe envoie l'air pur ; l'air vicié sort par une petite soupape placée sur le derrière du casque et dont la jonction s'opère sans permettre à l'eau de rentrer.

Telle est la composition du *scaphandre*. Quant à son emploi, il exige des précautions très minutieuses dont l'énumération nous entraînerait trop loin. Il nous suffit d'avoir donné une idée de la construction de cet appareil et des avantages qu'il présenterait si son prix élevé ne s'opposait à la vulgarisation de son emploi.

Scellement, *s. m.* — 1° Disposition qui a pour effet de lier, d'une manière intime, avec la pierre ou une partie de mur un corps étranger, pièce de bois ou de métal.

C'est ainsi que les abouts des solives d'un plancher sont engagés et scellés dans la maçonnerie sur une épaisseur égale au tiers ou à la moitié de celle de la muraille.

Pour exécuter l'opération de *scellement*, on creuse dans la pierre ou dans le mur une cavité plus large que la pièce, que l'on y introduit ensuite, et l'on remplit les intervalles libres au moyen de substances liquides ou semi-liquides, etc., susceptibles de se solidifier et de durcir. Ces substances sont ordinairement le plâtre, le soufre, les mastics de fonte, le ciment romain et le plomb.

Le plâtre gâché en pâte liquide et le soufre forment de très bons *scellements* parce qu'ils augmentent de volume en se solidifiant et remplissent exactement la cavité dans laquelle ils sont placés. Les ciments et les mastics de fonte donnent aussi de bons *scellements* ; mais on est obligé de les comprimer avant leur entière solidification. Le plâtre et le ciment sont seuls employés pour sceller le bois, par raison d'économie et de facilité d'emploi.

Le plomb fondu éprouvant un retrait dans son passage de l'état liquide à l'état solide a besoin d'être *matté* fortement pour remplir les vides. Cette matière est seule appliquée au *scellement* des pièces qui doivent éprouver des chocs, parce que le plâtre, le soufre et les ciments s'égrènent par la percussion.

Lorsqu'on veut sceller une pièce de fonte, la partie à sceller doit avoir la forme d'un tronc de pyramide et l'on y ménage, autant que possible, quelques aspérités et saillies.

Si la pièce est de fer, on la refond de manière à la renfler vers sa base et on y taille des barbelures ou entailles dont les ouvertures sont tournées vers l'orifice du trou de *scellement*.

La profondeur de ce trou varie suivant la nature de la pierre ; elle est de 0m,08 à 0m,09 dans la pierre dure, et de 0m,10 à 0m,15 dans la pierre demi-dure.

Quand on scelle avec du plâtre, on remplit le trou avec cette matière jusqu'à fleur de l'orifice seulement.

Si l'on emploie le plomb, on dispose, à l'entrée de la cavité, un bourrelet en terre et l'on coule du plomb jusqu'à hauteur de ce bourrelet. Quand le métal est solidifié, on le matte fortement pour faire pénétrer dans le trou la plus grande partie de l'excédant possible.

2° On donne le nom de *scellement* à la partie même d'une pièce de serrurerie qui est disposée pour être scellée.

Suivant sa forme, le *scellement* est dit *roulé*, à *queue de carpe*, *dentelé*, etc.

3° Bout de tôle rivé à l'extrémité d'un cercle de poêle en cuivre, ayant un coude et un œil pour le passage d'une vis servant à tendre ce cercle.

4° On nomme encore ainsi les augets formés pour arrêter les lambourdes de parquet.

Sceller, *v. a.* — 1° Fixer dans un mur, dans une pierre, dans un pan de bois, etc., des pièces de métal ou de bois (voy. *Scellement*).

2° Placer du mortier sous les pavés et dans leurs joints pour rendre l'ouvrage plus solide et s'opposer à la filtration des eaux.

Scène, *s. f.* — Mot qui vient du latin *scena* et qui désignait, dans un théâtre antique, une muraille occupant le fond du *proscenium* (voy. ce mot).

La *scena* formait une décoration architecturale solide, en pierre ou en marbre, percée de trois portes; celle du milieu, appelée *porte royale* et indiquant, en général, l'habitation de l'acteur qui jouait le premier rôle; celle de droite, la demeure du personnage qui jouait le second rôle, et enfin, celle de gauche, destinée au troisième rôle.

Ainsi, la *scena* antique formait le fond du *proscenium* qui correspondait à ce que l'on appelle aujourd'hui la *scène* dans les théâtres modernes, c'est-à-dire le lieu sur lequel l'action se passe.

Actuellement, ce lieu est compris entre la *toile* du fond, les *coulisses* de l'un et de l'autre côté et la *rampe*, qui le sépare de la *salle* (voy. *Théâtre*).

Schiste, *s. m.* — Mot qui indique l'état de certaines pierres d'apparence homogène, à texture feuilletée, souvent terne, parfois luisante, pouvant se diviser mécaniquement en lames plus ou moins épaisses et ne se délayant jamais dans l'eau.

Il y a plusieurs variétés de *schistes*, qui sont toutes formées de silicate d'alumine plus ou moins mélangé de fer.

Schiste ardoisier (voy. *Ardoise*).

Huile de schiste (voy. *Pétrole*).

Schola. — Nom qui désignait, dans les bains et thermes antiques, un double rang de gradins qui formait le soubassement de l'hémicycle, au centre duquel était placée la cuve du bain, *labrum* ou *solium*.

C'était là que s'asseyaient pour converser ceux qui assistaient aux bains sans y prendre part ou qui attendaient qu'il y eût une place libre dans la cuve.

Sciage, *s. m.* — Terme qui s'applique, en général, au débit du bois, du marbre ou de la pierre, fait à la scie.

Maçonnerie. Les *sciages* sur pierre tendre se font par deux hommes, au moyen d'une scie à dents, et ceux sur pierre dure s'effectuent à la scie à grès mêlé d'eau. Cette scie est ordinairement menée par un seul homme; mais, pour débiter des morceaux d'échantillon, on se sert d'une scie plus grande conduite par deux hommes (voy. *Scie*).

Les premiers de ces *sciages* ne peuvent tenir lieu de la taille, tandis que les seconds se mettent presque toujours en parement. Ainsi, dans le mètré, les *sciages* sur pierre dure qui tiennent lieu de parement sont considérés comme tels. Ceux qui servent de lits et joints sont comptés comme taille de lits et joints et tous les *sciages* disparus par l'effet d'une taille faite après coup, par exemple pour deux, trois et même quatre faces d'un fût de colonne, ainsi que pour les travaux tels que chambranles et pilastres, refouillés d'arrière-corps, etc., sont considérés comme *sciages*, comptés pour tels et ajoutés aux parements taillés dessus.

On appele *déchet de sciage* la surface que la taille fait disparaître.

Nous donnerons ici dans un tableau emprunté au *Traité de métrage* de M. Sergent quelques exemples du temps qu'exige le *sciage* d'un mètre superficiel pour quelques natures de pierres employées à Paris :

Pierre de Saint-Leu, lambourde	$4^h,40$
Vergelé dur	$6^h,60$
Pierre franche (banc royal)	$11^h,00$
Roche de Bagneux, Saint-Cloud, Saint-Maximin	$13^h,45$
Roche d'Arcueil et de Saint-Nom, Pageau	$15^h,90$
Liais durs de Bagneux, Senlis	$17^h,11$

CHARPENTE. *Bois de sciage :* pièce de bois provenant d'une pièce de bois plus forte, refendue sur sa longueur en différentes parties.

La refente du bois de charpente prend le nom de *sciage de long* (voy. *Scie*). On a constaté que dans une journée de dix heures de travail, deux scieurs de long, conduisant une scie sur bois de chêne, font $10^{m2},50$ de trait de scie et sur les autres bois de 12 à 13 mètres carrés.

L'emploi de la hache, qui a dû précéder de longtemps celui de la scie pour le débit des bois, a pour conséquences l'imperfection du travail et une perte considérable de temps et de bois. L'usage perfectionné de la scie permet aujourd'hui de fabriquer, avec économie de temps et d'argent, une foule d'objets utiles ou seulement agréables. On peut même affirmer que l'emploi de cet outil, avec lequel on peut utiliser à peu près toutes les parties d'un arbre, a empêché la disparition du bois dans un grand nombre de contrées, où cet élément de construction est déjà assez rare.

Les principales essences dont on fait des *sciages* sont : le chêne et le hêtre pour les bois durs, le sapin et le peuplier pour les bois tendres.

Le chêne est employé pour la confection des parquets, des lambris, des boiseries sculptées, des portes et des clôtures extérieures. Les échantillons du commerce sont : le *feuillet*, qui a $0^m,02$ d'épaisseur; l'*entrevous*, qui a $0^m,03$; le *plancher*, $0^m,04$; la *membrure*, $0^m,05$ et $0^m,06$; les *chevrons*, $0^m,08$ et $0^m,10$; les *battants*, de $0^m,12$ à $0^m,14$ (voy. *Chêne*).

Tous les chênes ne sont pas également convenables pour faire du *sciage*, au point de vue mécanique ; celui que les ouvriers préfèrent, mais qui n'est pas le plus estimé pour la charpente, est le chêne tendre, poreux, et si les qualités solides, c'est-à-dire les conditions de résistance et de durée du chêne diminuent lorsqu'il dépasse sur pied l'âge de végétation active, au contraire, le chêne destiné au *sciage* gagne en mérite et en valeur vénale, d'autant plus qu'il approche de la décrépitude. Il y a lieu, toutefois, de distinguer ici entre l'intérêt du fabricant et celui du consommateur ; en effet, le premier, recherchant surtout la facilité de la fabrication, choisit et paye plus cher le bois vieilli, usé ; le consommateur, au contraire, recherche et paie plus cher le bois jeune, nerveux et dur, particulièrement lorsque ce bois est destiné à subir, à l'extérieur, les alternatives du chaud et du froid ; pour les bois qui doivent être placés à l'intérieur, cet intérêt n'existe plus.

Sous ce rapport, certains ouvrages créent au constructeur un véritable embarras ; tels sont les parquets, pour lesquels on ne devrait employer que des *sciages* de bois jeunes et durs. Malheureusement le chêne, qui satisfait à ces conditions, est très impressionnable aux alternatives de la sécheresse et de l'humidité, qui le font se dilater ou se resserrer; sous l'action prolongée du soleil, il se produit donc entre les lames des vides qui font croire, mais à tort, à l'emploi de mauvais bois.

Ce sont les plus gros arbres qui fournissent le *sciage* le moins cher et le plus beau. Un tronc de chêne acquiert la plus grande valeur vénale, lorsqu'il peut être *quartelé*, c'est-à-dire fendu en quatre par la scie, chacune de ces parties conservant des dimensions suffisantes pour fournir plusieurs planches larges, sciées sur les côtés et avivées ou sans aubier. Le déchet est d'autant moindre que l'arbre a un diamètre plus grand, et le *sciage* est plus beau et plus avantageux.

Les longueurs marchandes le plus communément employées pour le *sciage* de chêne varient entre 2ᵐ,30 et 3 mètres. Toute longueur de planche de moins de 2 mètres est, dans un lot, une cause de dépréciation et toute longueur dépassant 3 mètres est une cause de plus-value.

Les *sciages* de hêtre, quoique moins employés que le chêne, peuvent durer tout autant, s'ils ne sont pas exposés à l'air, car le hêtre est le plus impressionnable des bois. On peut remédier à cet inconvénient en laissant l'arbre en grume, sur le sol, pendant quelques mois après l'abatage ; la sève, concentrée dans les pores, se dessèche et le bois ne subit plus les influences atmosphériques, mais il reste facile à travailler, à scier, à sculpter, de sorte qu'on peut en faire des meubles ou des boiseries auxquels on donne la nuance du vieux chêne et que l'on fait passer pour tels dans le commerce.

Les bois tendres, sapins ou peupliers, peuvent être débités à la scie immédiatement après l'abatage ; il suffit de les empiler avec soin au temps des premières chaleurs.

Le *sciage* de sapin est plus rectiligne, de plus grande longeur et de plus belle forme ; celui du peuplier est plus résistant et de plus grande durée dans certains emplois ; mais la *planche* proprement dite, communément employée, est fournie par le sapin, sur une longueur de 4 à 5 mètres, $0^{m},22$ à $0^{m},23$ de largeur et $0^{m},027$ d'épaisseur (voy. *Sapin*).

Les *sciages* de peuplier sont : le *feuillet* de $0^{m},015$, la *volige* de Champagne de $0^{m},02$, la *volige* de Bourgogne de $0^{m},025$, la *planche* de $0^{m},075$, et le *plateau*, d'épaisseur variable, que l'on refend plus tard pour fournir les feuilles minces des meubles légers plaqués en bois précieux.

Scie, *s. f.* — Instrument qui sert à couper le bois ou la pierre, et qui se compose essentiellement d'une lame d'acier longue et étroite, dentelée d'un côté et ordinairement montée dans une armature.

Les Grecs attribuaient l'invention de la *scie* au mécanicien Dédale ou à son fils Icare ; mais il est constant que, bien avant l'époque où l'on place l'existence de ces personnages plus ou moins historiques, les Égyptiens et les Phéniciens faisaient usage de la *scie* à main. Quant aux *scies* mécaniques, on en trouve la mention pour la première fois au IVᵉ siècle dans les œuvres du poète Ausone. Elles étaient formées d'une lame verticale, qui recevait d'un moteur hydraulique un mouvement alternatif ; on ne les employa d'abord qu'à débiter le marbre et, plus tard, le bois.

L'invention de la *scie mécanique* ou *scie sans fin*, qui date de la fin du siècle dernier, est due à Samuel Bentham, et fut importée en France, en 1798, par le mécanicien Albert et en 1805 par l'ingénieur Marc Brunel.

On fait agir la *scie* en lui imprimant un mouvement de va et vient, dans le sens de sa longueur, en lui conservant la direction qu'on lui a primitivement donnée.

La section ou incision faite par cet outil se nomme *trait de scie*.

A mesure que la lame pénètre dans le corps à partager ou à inciser, le frottement augmente et le mouvement de va et vient est rendu très difficile ; c'est pour obvier à cet inconvénient que l'on incline alternativement les dents, l'une à droite et l'autre à gauche, opération que l'on appelle *donner de la voie aux scies*.

Il y a deux sortes de *scies* à couper la pierre : l'une (fig. 3071) a une lame

Fig. 3071.

pourvue de dents et sert à couper la pierre tendre; l'autre (fig. 3072) a une lame sans dents, droite et unie dans sa monture; on l'emploie pour couper la

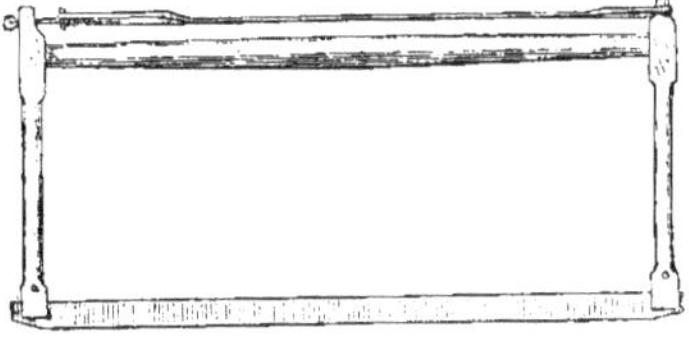

Fig 3072.

pierre dure en versant du grès pilé et de l'eau dans la voie que le fer forme dans la pierre.

La figure 3073 représente une *scie de charpentier*, qui se compose d'une lame *a b*, fixée dans deux montants en bois *a c* et *b d* avec les dents en dehors; la lame entre dans des fentes qu'elle remplit exactement de façon à ne pas vaciller: elle y est retenue, à chaque extrémité, par un clou rivé qui la traverse ainsi que le montant. Une pièce de bois, parallèle à la lame, fixe l'écartement des montants et s'y assemble à tenons et

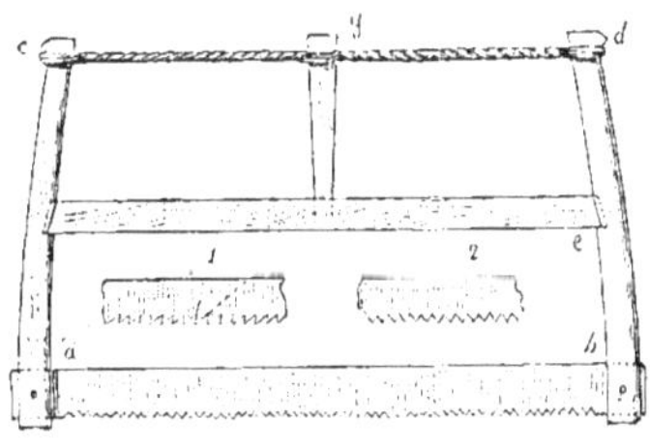

Fig. 3073.

mortaises. Ces bras sont, en outre, réunis par une corde tournée plusieurs fois d'un montant à l'autre, et les brins en sont tordus; une petite pièce de bois, nommée *clef* ou *garrot*, est passée dans l'intervalle des brins avant la torsion, qu'elle sert à produire. C'est ainsi que les crossettes *c* et *d* se rapprochent, et que les extrémités *a* et *b* s'éloignent, ce qui effectue la tension de la lame. Lorsque la corde est suffisamment tordue, on introduit l'extrémité inférieure de la clef dans une mortaise pratiquée sur le dessus de la traverse et dans laquelle la raideur de la corde la maintient dès qu'elle y est entrée.

Cette *scie* peut avoir jusqu'à $1^m,30$ de longueur; elle est manœuvrée par deux hommes et sert à couper les pièces de bois à leur longueur et à ébaucher les tenons et les entailles d'assemblage.

Voyons maintenant quelles dispositions spéciales il faut donner aux *scies* pour en tirer la plus grande somme d'effet utile, particulièrement en ce qui concerne les *scies* à bois.

Nous avons dit plus haut que *donner de la voie à une scie*, c'est obliquer les dents paires d'un bord et celles impaires de l'autre. On doit, dans cette opération, observer que chaque dent ne peut être dévoyée d'une quantité plus grande que la demi-épaisseur de la lame, comme on le voit en *a* (fig. 3074), car si elle l'était davantage, comme en *b*, il y

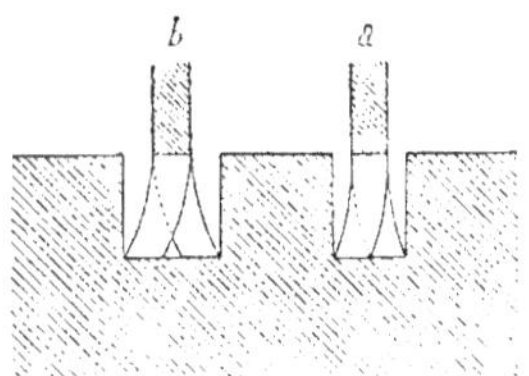

Fig 3074.

aurait, entre les deux files de dents, un onglet de bois non attaqué qui arrêterait la *scie*. En outre, le vide réservé entre deux dents consécutives servant à emmagasiner la provision de sciure produite par l'une d'elles pendant une course de l'outil, doit être plus grand dans les *scies* employées pour les bois tendres que dans celles qui servent pour les bois durs.

Quant à la forme des dents, elle dépend du mode de travail à exécuter. Lorsque la *scie* doit couper pendant son aller et son retour, on lui donne des dents telles que les représente la figure 3075; on détermine seulement l'angle au sommet d'après la nature de l'acier, la dureté du bois, et le plus ou moins grand intérêt qu'on aura à éviter les fréquents affûtages. Cet angle varie ordinairement de 60° à 30° ; au-dessous

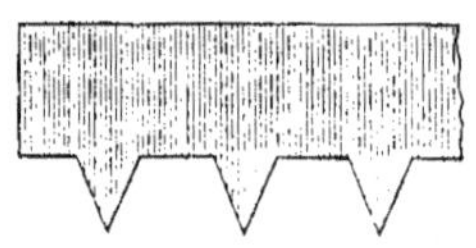

Fig. 3075.

de 30°, les dents ne sont pas assez solides et s'émoussent promptement; au-dessus de 60°, elles ne coupent pas suffisamment.

Sont disposées de la sorte, les *scies à main*, employées ordinairement à tronçonner, à ébouter les pièces. Lorsque les *scies* ne doivent couper que pendant l'aller, on dispose les dents de manière qu'elles attaquent le bois sous les angles les meilleurs ; on leur donne 30° ou 40° au sommet, et l'on s'arrange de

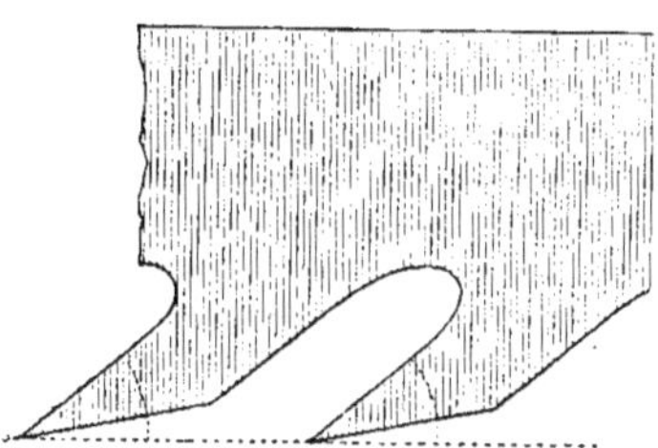

Fig. 3076.

manière que leur face supérieure fasse de 40° à 60° avec le fond du trait, selon la dureté du bois à travailler, ainsi que le montre la figure 3076. Telles sont les *scies de menuisier ;* ces outils qui ne sont mus que par une main coupent seulement quand on les pousse.

Le *passe-partout*, représenté en projection verticale et horizontale par la figure 3077, sert à refendre les grosses pièces que la *scie* ordinaire ne peut traverser. Cette *scie* est surtout convenable pour le débit du gros bois à la forêt. La lame *passe-partout* est unie et droite sur le dos, arrondie en arc de cercle *b a d* du côté sur lequel les dents sont placées ; cette disposition est adoptée afin de

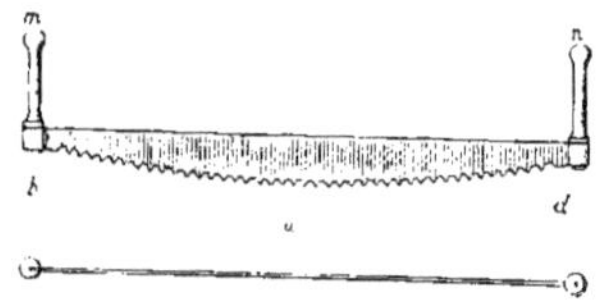

Fig. 3077.

prolonger la durée de l'outil, parce que les dents du milieu, qui travaillent plus longtemps que celles des extrémités, s'usent plus promptement.

Ces dents peuvent être juxtaposées comme en *a* (fig. 3078), si elles doivent couper des bois résistants ou secs ; on les tient éloignées comme en *b*, si les bois à travailler sont trop verts ; cette disposition est d'autant plus efficace que les dents de cette *scie* ayant un grand trajet à faire avant de rejeter les copeaux qu'elles enlèvent, on doit laisser entre elles une assez grande capacité pour contenir la sciure ; on leur donne de 0m,16 à 0m,22 de longueur, en écartant leurs pointes d'un peu plus du double ; le fond de l'entaille est droit et la dent même est isocèle pour couper dans les deux sens.

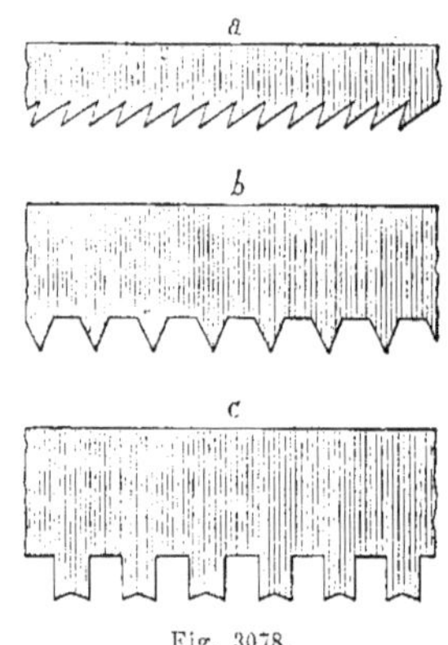

Fig. 3078.

La disposition représentée en *c* (fig. 3078) dite à *dents de loup* est employée quelquefois pour économiser le travail moteur; chaque dent est double; une moitié coupe le bois en marchant dans un sens, et la seconde moitié le coupe dans l'autre sens; les entailles séparant les pointes d'une même dent forment les biseaux des deux tranchants comme ceux des bédânes.

La *scie de long* est un outil formé (fig. 3079) d'une lame *i g* montée sur un châssis en bois *o p g n* composé de deux traverses ou *sommiers* qui s'assemblent

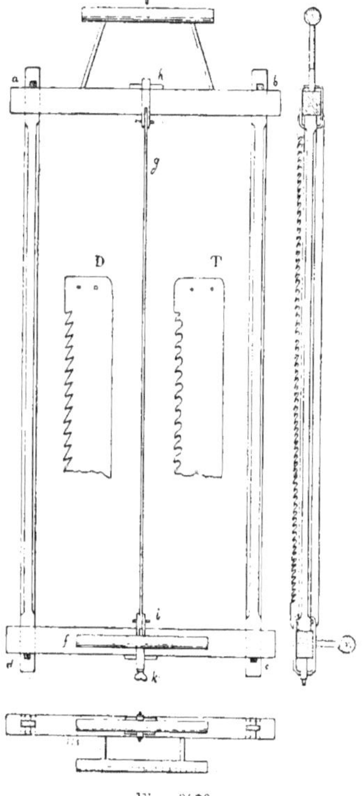

Fig. 3079.

entre eux à mortaises et tenons passants. Deux poignées servent à manœuvrer ce châssis, l'une supérieure *e* appelée *chevrette*, l'autre inférieure *f* appelée *renard*. La lame est placée juste au milieu du châssis, parallèlement aux montants et son plan est perpendiculaire à celui du châssis. Elle est fixée à ce dernier au moyen d'équiers *h* et *k* qui sont des boucles carrées en fer vues de profil sur la même figure et dans lesquelles passent les traverses. Une vis de pression sert à tendre la lame de la *scie*. On voit en D et en T deux des formes différentes que l'on a coutume de donner aux dents. Lorsque la *scie* fonctionne, elle est manœuvrée par deux ou trois hommes et elle ne scie qu'en descendant; c'est pourquoi les dents ont les formes indiquées sur la figure.

Les scieurs de long montent la pièce à une certaine hauteur sur des chevalets ou tréteaux (fig. 3080); l'ouvrier placé en dessus de la pièce élève la *scie*, la dirige en descendant pour la maintenir sur le trait qui marque la route qu'elle doit suivre et opère la pression nécessaire pour qu'elle coupe. En remontant, il éloigne la *scie* du bois, afin que les dents ne le rencontrent pas et qu'elles ne se gâtent point. Quand la *scie* a parcouru une certaine longueur de la ligne qui marque sa route, les scieurs de long introduisent dans le trait, par le bout où la *scie* est entrée, un large coin de bois appelé *bondieu* qui empêche les parties séparées de vibrer et détermine leur écartement pour faciliter le sciage.

La figure 3081 représente un autre genre de *scie de long* qui n'est qu'une simple lame *a*, munie de deux poignées inclinées par rapport au dos de la lame; celle-ci n'a pas la même largeur sur toute sa longueur.

La *scie de long* est employée non-seulement pour équarrir des arbres, mais pour refendre des pièces déjà équarries et pour les débiter en chevrons, en madriers et en planches.

Les menuisiers emploient aussi des *scies* à main formées d'une lame et d'une poignée ou d'un manche (fig. 3082).

La *scie à chantourner* est un outil semblable à la *scie* du menuisier; mais la lame n'est pas attachée immédiatement aux montants; elle est fixée (fig.

Fig. 3080.

3083) par deux rivures, à chaque bout, dans la fente d'une cheville cylindrique qui traverse chaque montant et peut y tourner librement; la lame de cette *scie* est étroite et a la plus large voie pos-

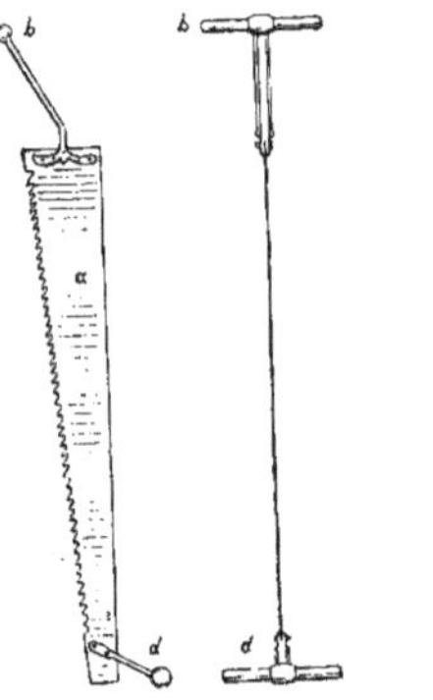

Fig. 3081.

Fig. 3082.

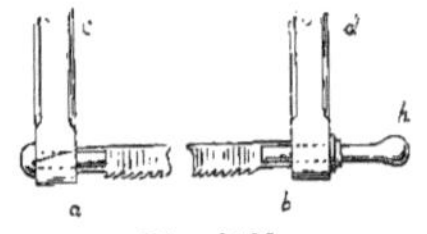

Fig. 3083.

sible afin que, le trait de *scie* une fois ouvert, cette lame puisse tourner pour suivre la courbure que le travail exige.

La *scie à araser* est une sorte de bouvet (fig. 3084) qui a pour languette un morceau de *scie* attaché au fût.

Fig. 3084.

qu'on fait porter comme une tringle de bois droite pour scier des arasements d'une grande largeur.

La *scie à cheville* est un morceau de fer plat dentelé (fig. 3085) fixé sur un

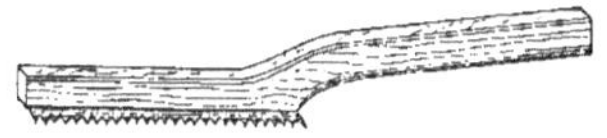

Fig. 3085.

fût ou manche recourbé et qui sert à couper les chevilles quand l'ouvrage est chevillé.

La *scie à découper* est une sorte de petit ciseau en fer dentelé, placé dans un trusquin.

Dans ces derniers temps, on a imaginé de remplacer le sciage à la main par le *sciage mécanique ;* toutefois, si l'on compare les deux systèmes, on reconnaît que le premier produit moins de déchet que le second ; en effet, les lames des *scies* mécaniques, étant mues par une force considérable, sont exposées à se rompre si elles rencontrent des nœuds ou autres accidents des bois offrant de la résistance. On est donc obligé de donner à ces lames une épaisseur plus grande qu'à celles des *scies de long*, et alors, tandis que ces derniers outils refendent une pièce de chêne sec en planches de 0m,015 d'épaisseur avec une lame épaisse de 0m,001, qui fait un trait de 0m,0015 occasionnant un déchet de 10 pour 100 en sciure, la lame de *scierie* mécanique a 0m,002 d'épaisseur, fait un trait de 0m,003 et cause un déchet de 20 pour 100. A côté de cet inconvénient, le sciage mécanique offre l'avantage de faire des traits nets, réguliers, bien plans. En outre, le prix du mètre carré de trait mécanique n'est que de 0 fr. 20 à 0 fr. 15 pour le chêne et les autres bois durs ; de 0 fr. 15 à 0 fr. 10 pour le sapin et les bois blancs, tandis que le travail à bras coûte de 0 fr. 50 à 0 fr. 40 dans le premier cas, et de 0 fr. 40 à 0 fr. 30 dans le second (1). Cette économie est assez considérable pour que le sciage mécanique ait été adopté partout où il y a des travaux suffisants pour l'alimenter régulièrement.

Des usines parfaitement outillées et mues par la vapeur ou par l'eau sont établies dans tous les grands centres de consommation pour débiter, selon les besoins des diverses industries, les bois arrivant en bateau ou flottés ou sur wagons et déjà sciés en grosses pièces ou simplement en grume.

Des *scieries* beaucoup plus simples sont établies dans les forêts de sapins, là où la matière est abondante et où la déclivité du sol ne permet pas d'aller chercher facilement les grosses pièces que l'on transporte en détail après le sciage. Le moteur est une chute que l'on se procure à l'aide d'un barrage établi sur un ruisseau. Un chariot portant la pièce à scier avance continuellement d'une distance égale à l'ouverture faite par chaque ascension de la *scie*. Le même moteur fait marcher la *scie* et le chariot, de sorte que le mouvement est parfaitement régulier. Il y a des *scies* à deux, trois ou quatre lames débitant deux, trois ou quatre planches à la fois.

Dans les usines mieux outillées, on emploie la *scie* circulaire qui se compose d'un simple disque de tôle d'acier, dont le diamètre varie de quelques centimètres seulement jusqu'à plus d'un mètre, et dont la circonférence est garnie de

(1) A. Dupont et Bouquet de la Grye, *les Bois*.

dents semblables à celles des *scies* ordinaires. Un trou percé au centre de ce disque permet de le monter sur un arbre en fer auquel on communique un mouvement rapide de rotation.

Cet outil évolue avec une extrême rapidité, mais, au contraire des *scieries* précédentes, il exige la présence constante de l'ouvrier, obligé de pousser la pièce refendue vers la *scie*, fixée sur un établi dans lequel elle tourne. Le mouvement est fourni par un moteur inanimé, vapeur, chute d'eau, etc., et transmis par une courroie et une poulie qui le communiquent à l'axe central sur lequel est montée la *scie*. Cette dernière peut faire de 300 à 1,200 tours à la minute.

Quand cet outil fonctionne dans les bois durs, il est bon de disposer, sur la partie de la circonférence opposée à celle qui coupe, deux tampons de linge sans cesse humectés d'eau fraîche, afin d'éviter que la lame ne se gauchisse et se détrempe, ce qui augmenterait sensiblement la résistance. Ce genre de *scies* est surtout avantageux pour le débit des petits bois.

Enfin, les progrès de la fabrication de l'acier permettant d'obtenir facilement des lames de *scies* d'une grande longueur, on a réuni ensemble les extrémités d'une longue lame et, la faisant tourner sur deux poulies, on a réalisé une *scie* continue, en évitant les pertes de temps et de travail que cause le mouvement alternatif de la *scie* ordinaire. La lame de cet appareil, que l'on a appelé *scie à ruban*, a de $0^{m},09$ à $0^{m},10$ de largeur et l'épaisseur des *scies* ordinaires; elle est formée de plusieurs morceaux d'acier assemblés à queue d'hironde et brasés à la soudure de cuivre ou d'argent; elle est bordée de petites dents peu saillantes et passe sur deux poulies de $1^{m},30$ de diamètre, garnies de cuir à leur pourtour et placées l'une au-dessus de l'autre, de manière que la partie de la lame qui agit sur le bois à débiter ait un mouvement vertical continu. Ces roues sont animées d'un mouvement très rapide (environ 25 mètres par seconde à la circonférence).

La même lame débite à la fois deux pièces : l'une en montant, l'autre en descendant. Elle est maintenue dans l'intervalle des deux poulies par des guides qui s'opposent aux flexions transversales. Il faut la changer dès qu'elle commence à s'échauffer.

On peut avec un appareil de ce genre exécuter, par heure, 60 à 70 mètres carrés de surface de sciage.

Nous ferons remarquer que ces machines se prêtent mieux que toutes les autres au sciage des bois petits et moyens suivant des traits courbes; elles conviennent également au travail des bois de prix, parce qu'employant des lames très minces elles causent de très faibles déchets.

Scie à recépage : on emploie, pour recéper les pieux, une machine qui se compose essentiellement d'un grand châssis horizontal portant la *scie* et que l'on peut faire mouvoir de dessus l'échafaudage qui lui sert de support.

Laver à la scie : équarrir un bois à vive arête sur plusieurs de ses faces au moyen de la *scie*.

Scier, *v. a.* — Employer la *scie* (voy. ce mot).

Scier à contre-passe : faire agir la scie parallèlement au lit de la pierre ou du marbre.

Scierie, *s. f.* — Établissement dans lequel on scie le bois.

On appelle *scierie mécanique* l'appareil même qui sert à la refente des pièces.

Ces appareils sont de formes diverses et sont mis en mouvement par des chutes d'eau, des machines à vapeur ou par le vent. On distingue, d'une manière générale, les *scieries à mouvement alternatif*, dans lesquelles le mouvement de la scie est plus ou moins analogue à celui que les ouvriers impriment à cet instrument et les *scieries à mouvement continu*, comprenant les *scies circulaires* et les *scies à ruban* (voy. *Scie*).

Scieur, *s. m.* — Ouvrier qui exécute le sciage de la pierre ou du bois.

Les *scieurs* de pierre, et particulièrement les *scieurs* de pierre dure, travaillent ordinairement à la tâche. Ils sont tenus de fournir leurs outils, excepté ceux qui servent à mettre la pierre en chantier, tels que crics, pinces et rouleaux, qui appartiennent à l'entrepreneur, obligé en outre de leur fournir le grès et le plâtre dont ils ont besoin.

Le *scieur* de bois de charpente est appelé *scieur de long* (voy. *Scie*).

Sciotte, *s. f.* — Petite scie à main, sans dents, que l'on emploie pour scier le bout des bandes de marbre ou pour détacher, par un trait, une partie de la masse à tailler, ainsi qu'on le fait pour commencer les filets et autres moulures.

Sciotte tournante : morceau de tôle enroulé en cylindre, qui est mû par un fût de manière à enlever un noyau dans un bloc de marbre.

Sciure, *s. f.* — Déchet qui tombe de toute matière que l'on scie, mais plus spécialement du bois.

Dans la préparation des terres destinées à la fabrication des briques, on emploie quelquefois, comme matière dégraissante, la *sciure de bois*, qui a l'inconvénient de se détruire à la cuisson et de laisser des vides, rendant les briques légères, mais peu résistantes.

Scories, *s. f. pl.* — Crasses de forges que l'on appelle communément *mâchefer* et qui sont employées soit pour servir de base à un empierrement, soit pour fabriquer un mortier bon pour les ouvrages exposés aux alternatives de sécheresse et d'humidité.

Ce mortier se compose de 8 parties de chaux éteinte par immersion, mesurée en poudre, 3 parties de ciment et 3 parties de *scories* réduites en poudre.

On emploie aussi les *scories* de forge ainsi que le *mâchefer* (voy. ce mot) comme matière dégraissante dans la préparation des terres destinées au façonnage des briques argileuses. Les *scories* pulvérisées fournissent, pour cet objet, de très bons résultats, mais ne donnent pas des produits aussi réfractaires que les sables siliceux.

Scotie, *s. f.* — Moulure concave C (fig. 3086) que l'on place ordinairement

Fig. 3086.

entre les filets accompagnant deux tores à la base d'une colonne.

On donne aussi quelquefois à cette moulure le nom de *nacelle*.

La base attique a une *scotie* ; la base corinthienne en a deux, celle inférieure étant plus grande que l'autre.

Sculpture, *s. f.* — Ce mot, pris dans son acception générale, désigne l'art qui a pour objet l'exécution, sous une forme palpable, d'une figure ou d'un ornement quelconques.

Cet art a pour moyens d'exécution la *taille au ciseau* d'une matière dure telle que le bois, l'ivoire, la pierre, le marbre, etc., le *modelage* d'une substance molle comme la cire ou l'argile humide ; le *moulage*, qui permet de reproduire en saillie l'image que les moules représentent en creux et qui comprend la représentation des images obtenue en coulant des métaux ou des matières plastiques.

Dans le langage technique, on donne les noms de *sculpture* à l'art de tailler le bois, la pierre, le marbre, etc.; *plastique* à l'art de modeler ; *moulage* à l'art de représenter les images à l'aide de moules préparés par la plastique ; *ciselure* au travail qui achève l'œuvre du moulage et de la fonte en faisant disparaître les défauts qui en résultent et en donnant le dernier fini à l'œuvre.

Considérée sous le rapport des objets qu'elle représente, la *sculpture* reçoit encore des noms divers ; quand elle s'applique à la reproduction des êtres animés, et particulièrement de l'homme, elle prend celui de *statuaire*. Cet art devient *sculpture d'ornements* lorsqu'il s'attache à la représentation de tout autre objet ; il est presque toujours alors un accessoire de l'architecture et doit se subordonner à celle-ci.

La *statuaire* sert souvent aussi à la décoration des édifices ; mais elle peut constituer un art tout à fait indépendant (voy. *Statue*).

Au point de vue géométrique, on distingue encore la *sculpture* de *ronde-bosse* et la *sculpture* en *relief*. La première représente les objets sous leurs trois dimensions, comme une statue, tandis que dans la seconde toutes les figures représentées font saillie sur un fond auquel elles tiennent et sur lequel elles sont appliquées (voy. *Bas-relief*, *Bosse*).

La *sculpture* étant entrée nécessairement dans l'origine même de l'architecture s'est associée à cet art plus intimement à mesure qu'il se développait ; elle a servi à en caractériser les différents modes, à en multiplier les formes, les combinaisons et les effets. C'est ainsi que l'art du sculpteur intervient pour rendre plus certaine l'action que produisent sur les sens et sur l'esprit les proportions affectées à chacun des ordres. Indépendamment de ces proportions, la *sculpture* fixe le genre propre de chaque mode d'ordonnance. L'ordre corinthien, par exemple, doit à la *sculpture* ce haut caractère de richesse qui brille dans toutes ses parties. Ainsi, l'art de sculpter est réellement partie nécessaire de l'architecture, puisqu'il sert si puissamment à en fixer les idées et à en renforcer les impressions.

Ces vérités, incontestables pour la *sculpture d'ornements*, sont rendues plus évidentes encore dans les deux grandes divisions de l'art du sculpteur, celle des bas-reliefs et celle des statues. En effet, l'emploi des bas-reliefs offre aux édifices non-seulement une décoration des plus riches, mais encore le moyen le plus saisissant d'en expliquer aux yeux la destination.

Quant à la *sculpture* en statues, les applications qu'en fait l'architecte à l'embellissement de ses œuvres sont très nombreuses, soit que les statues servent à couronner les monuments ou qu'on les adosse aux murs, soit qu'elles occupent les intervalles des colonnes ou qu'elles remplissent des niches préparées pour les recevoir.

Ce grand nombre d'emplois affectés à la *sculpture* dans les ouvrages de l'architecture donne donc à ceux-ci une plus grande valeur, tant au point de vue du plaisir des yeux que de celui de l'esprit ; mais il ne faut pas oublier que c'est du choix judicieux ou ingénieux des objets historiques, poétiques ou allégoriques, retracés par le ciseau du sculpteur, tant au dedans qu'au dehors des édifices, que dépendent, pour le spectateur, la connaissance de la destination du monument et l'effet d'harmonie morale qui résulte de l'accord des parties avec l'ensemble.

Historique. Jusqu'au xviie siècle, la statuaire proprement dite et la *sculpture d'ornement* sont si intimement liées qu'on ne saurait faire l'histoire de l'une sans faire l'histoire de l'autre.

On distingue, dans l'antiquité, la *sculpture hiératique*, qui a pour principe le respect absolu de la tradition et la *sculpture* que l'on pourrait appeler *progressive*, c'est-à-dire qui part de l'imitation de la nature et tend à se perfectionner dans cette voie pour arriver au beau absolu. Les peuples orientaux, les Hindous, les Asiatiques, les Égyptiens eux-mêmes ont appliqué à la *sculpture* le premier de ces systèmes ; les Grecs ont pratiqué le second.

Cependant, alors que l'architecture indienne ne pouvait, d'une façon absolue, s'écarter des règles tracées dans les livres sacrés, les sculpteurs, dont l'art avait aussi ses principes fondamentaux, jouissaient d'une latitude plus grande ; il leur était permis de donner aux parties architectoniques et aux décorations les formes les plus bizarres et les plus capricieuses. Ils ont traité le bas-relief aussi bien que la ronde-bosse et la statuaire. Au Kailâça, monument d'Ellora, taillé dans le roc, les parois des murailles sont couvertes de milliers de statues et de sujets relatifs à la mythologie hindoue ; quant à l'ornementation des détails, sa finesse et sa délicatesse la font plutôt ressembler à un travail d'orfèvrerie qu'à de la *sculpture* monumentale.

La *sculpture* assyrienne a passé par plusieurs phases dans son développement. Les documents certains que nous possédons ne remontent pas au-delà de la fondation du grand empire assyrien, dont la durée s'est étendue du ve au viie siècle avant Jésus-Christ. C'est à cette époque qu'appartiennent les palais de Nimroud, couverts de bas-reliefs, dont les sujets sont surtout empruntés à la puissance royale ; on y voit aussi des motifs guerriers, des chasses au lion, au taureau sauvage. Les *sculptures* en ronde-bosse consistent surtout en animaux colossaux, lions ailés, taureaux ou lionnes ornant les portes. La période suivante comprend les monuments dont les ruines ont été découvertes à Korsabad. Les bas-reliefs représentent, en général, les mêmes sujets que dans la période précédente, quoique avec plus de variété ; beaucoup sont empruntés à la vie privée ; on y voit des festins, des chasses, des triomphes, des combats, des débarquements, des attaques de villes fortifiées, etc. Les *sculptures* deviennent moins colossales. Après la ruine de Ninive, l'art assyrien, transporté à Babylone, ne nous a laissé que fort peu de spécimens pour le sujet que nous étudions ici. D'ailleurs, le marbre fut remplacé à cette époque par la brique vernissée comme élément décoratif et les bas-reliefs rappellent plutôt la peinture que la *sculpture*.

Dans l'architecture égyptienne, l'ornementation sculpturale consiste en bas-reliefs, figures, emblèmes, signes hiéroglyphiques : les sujets représentés sont, pour les pylônes et les murs d'enceinte, tantôt des faits mémorables de l'histoire nationale, tantôt des travaux d'agriculture. Dans les sanctuaires, les sujets sont empruntés à la mythologie égyptienne ; dans les figures humaines ou chimériques des divinités, la ressemblance de physionomie est constamment observée, la pose de ces figures, l'ordre dans lequel ces divinités se succèdent sont invariables ; le caractère de la décoration religieuse, consacré dès les premiers temps de l'art, fut donc inviolablement maintenu. Il n'en est pas de même dans les autres sujets, qui nous donnent des renseignements très intéressants sur les mœurs des Égyptiens et dans la représentation desquels on remarque, selon les temps, un progrès sensible ; ce sont continuellement des scènes de vie domestique ou agricole ; tous les tombeaux en étaient garnis. C'est sur ces derniers monuments que l'on a constaté la manière de procéder des artistes égyptiens. On mettait au carreau la paroi qu'on voulait décorer, et celui qui dirigeait le travail marquait les points où devaient passer les traits des principales figures ; un autre venait ensuite dessiner les formes au crayon rouge en passant par les points ; un troisième rectifiait le trait et l'arrêtait définitivement avec un pinceau ; les sculpteurs entaillaient alors la pierre dans le contour indiqué et modelaient en relief, dans les creux, les figures simplement tracées.

La statuaire égyptienne témoigne

aussi de l'invariabilité des types dans la représentation des divinités, des rois et des prêtres ; les statues d'animaux, tels que lions, sphinx, etc., attestent, au contraire, une grande liberté de composition et une exécution plus vraie. Longtemps la Grèce a passé pour avoir emprunté ses arts à l'Égypte ; de nos jours, les archéologues semblent croire à une influence égyptienne pour la *sculpture* comme pour le reste ; quant à nous, nous considérons que l'art grec, particulièrement en ce qui concerne le sujet qui nous occupe, est absolument indépendant de celui des autres nations. Le caractère dominant de la *sculpture* grecque est la vie intellectuelle exprimée au dehors par des formes sensibles.

Quoi qu'il en soit, l'histoire de cet art, en Grèce, peut se diviser en plusieurs périodes. Comme exemple de *sculpture* des temps primitifs, que l'on appelle aussi *sculpture* hiératique, on peut citer une métope de Sélinonte, conservée au musée de Palerme, et dont le sujet est la fable de Persée et de Méduse. Quant à la statuaire la plus ancienne, ce qui la caractérise, c'est l'usage, très général alors, des *statues en bois* des divinités. C'étaient de véritables idoles de toutes grandeurs, raides, immobiles, ayant les jambes réunies, les bras et les mains adhérents, les yeux à peine modelés ou d'une fixité singulière. La période suivante se distingue par un effort puissant du génie grec pour échapper aux formes hiératiques et marque un pas dans la recherche du naturel et de l'expression de la vie ; l'usage qui s'établit des jeux et des luttes athlétiques exerce une grande influence sur l'art sculptural : la raideur antique, la dureté du dessin, le manque de proportions disparaissent en grande partie. L'emploi de la pierre, puis du marbre, contribue au perfectionnement de l'art du bas-relief, qui est alors pratiqué, en grand, depuis la Sicile jusqu'en Asie Mineure. On en décore des autels, des bases de statues, les frontons, les métopes, la frise et les acrotères des temples. Mais c'est à l'époque de Périclès que l'on attribue les plus beaux ouvrages de la *sculpture* grecque. Plus de formes hiératiques, le naturel le plus libre et le plus vrai ; le nu traité avec exclusion de toute idée charnelle ; enfin, il est certain qu'à aucune époque de l'histoire, la *sculpture* n'a atteint une aussi grande hauteur idéale.

A cette époque appartiennent Phidias et Polyclète, le premier représentant l'école athénienne, le second l'école de Sicyone et d'Argos ; les œuvres à citer en première ligne sont la *Pallas* du Parthénon, le *Jupiter* d'Olympie, la *Junon* d'Argos, les reliefs du Parthénon, de Phigalée et les cariatides de l'Érechthéion, d'Athènes. Après la guerre du Péloponnèse, une sorte de transformation s'opéra dans l'esprit public, plus porté vers les sujets où les passions humaines et la sensualité pouvaient trouver place. Le nouveau style fut surtout représenté, dans la *sculpture*, par Scopas, Praxitèle, Lysippe, etc.... L'expression devint alors la partie importante de l'art, en même temps que la recherche de la grâce, dans les formes, tendait à se substituer à la recherche de la force. L'*Apollon citharède*, les *niobides*, sont de cette époque. Vint ensuite la période macédonienne, qui se distingue par l'influence de l'Orient sur la *sculpture* grecque, se traduisant par la magnificence et les proportions grandioses.

C'est aussi pendant cette période que le goût des beaux-arts et les besoins du luxe font pénétrer la *sculpture* chez les particuliers sous la forme de petits ouvrages en marbre, en métal ou en plâtre moulé. Le *Laocoon*, dû à Agésander et à ses fils Athénodore et Polydore, le *Gladiateur*, d'Agasias, appartiennent à cette époque, à partir de laquelle l'art grec tomba en décadence ; les derniers chefs-d'œuvre qu'il a produits ont été des portraits.

Les Romains n'ont pas, à proprement parler, de *sculpture* nationale ; leurs premiers ouvrages furent des statues de dieux faites de bois et d'argile. A partir des guerres puniques, ils remplirent les places, les monuments publics et même les maisons des particuliers de statues enlevées aux peuples vaincus. Sous l'empire, les sculpteurs grecs affluèrent à Rome. On cite, de cette époque, les statues qui décoraient le fronton du Panthéon d'Agrippa, et qui avaient été exécutées par l'Athénien Diogène; la statue colossale de *Néron*, faite par le Gaulois Zénodore; la *colonne Trajane*, le buste d'Antinoüs, ce dernier chef-d'œuvre étant de l'époque d'Adrien. A partir du règne de ce prince, la décadence se produisit plus rapidement encore à mesure que l'art perdit de sa pureté; on chercha à en racheter les défauts par une ornementation surchargée de détails. Au IIIe siècle, le fût de colonne qui, dans l'origine, n'avait été orné que d'un rang de feuillages vers la base, finit par se couvrir d'ornements tels que feuilles d'eau imbriquées, moulures en spirale, etc.... Souvent aussi, les colonnes se couvraient de bas-reliefs formant des tableaux superposés, séparés les uns des autres par des cercles, ou de rinceaux garnissant complètement le fût, de guirlandes de vigne ou d'autres feuillages; les entrecolonnements, les bases, l'entablement se chargeaient de moulures.

Cette décadence de l'art se fit particulièrement sentir dans les œuvres des artistes byzantins. Ceux-ci, par aversion pour le paganisme, s'éloignèrent tout d'abord, pour ce qui avait rapport au culte chrétien, des modèles antiques. Leurs statues sont immobiles et austères, aux contours secs, aux formes maigres et allongées, constamment reproduites d'après un type traditionnel, mais toujours aussi empreintes d'un profond sentiment religieux. Quant à la *sculpture* d'ornement, elle est large et pesante, riche en perles, en galons contournés et décorés de pierreries. Les artistes grecs qui, pendant le moyen âge, se répandirent en Occident, transmirent au style roman les principes de cette ornementation.

C'est au XIe siècle seulement que l'on voit apparaître les premiers éléments de la *sculpture* romane proprement dite. Les ornements le plus fréquemment usités sont les chevrons, les étoiles, les méandres ou frettes, les losanges enchaînés, les tores coupés, les pointes de diamant, les câbles, les torsades, les damiers, les têtes de clou.

Au XIIe siècle, les chapiteaux historiés du roman primitif sont remplacés par les chapiteaux à feuillages. En même temps, on voit paraître des statues et des bas-reliefs qui, sans être exempts de défauts, témoignent d'une certaine correction.

Les archivoltes et les voussures des portes commencent à se couvrir de personnages; les tympans, qui jusque-là n'avaient eu pour ornements que des figures chimériques ou simplement des pierres taillées symétriquement, parfois disposées en échiquier, sont tapissés de bas-reliefs. Ce qui caractérise la statuaire à cette époque, ce sont les longs bustes, les yeux saillants, fendus, les sourcils arqués, une certaine raideur; ce qui distingue les figures de cette époque, soit bas-reliefs, soit statues, c'est l'imitation d'un type à peu près uniforme dans les traits du visage, la tournure et le costume des différents personnages. Le Père éternel, le Christ, la Vierge, les Apôtres, les saints, les anges reçoivent, dans ce système, leurs traits, leur forme, leur costume propre et déterminé. Quant aux figures grotesques et parfois obscènes qui ornent les façades ou l'entablement des édifices religieux, elles seraient, selon quelques archéologues, la personnification des vices.

Durant la première période du style ogival, la décoration architecturale comprend les trèfles, les quatrefeuilles, les fleurons, les rosaces, les guirlandes de feuillages; quelques ornements de l'âge précédent sont encore en usage, tels que zigzags, étoiles, billettes, etc. Au XIIIe siècle, en France notamment, les sculpteurs trouvèrent d'immenses ressources dans l'imitation des végétaux indigènes. Les feuilles de vigne, de chêne, de rosier, de saule, des fleurs crucifères très élégantes, les feuilles et les fleurs de nénuphar, de fraisier, de renoncule, les feuilles de trèfle ont été reconnues dans plusieurs de nos cathédrales du XIIIe siècle. Des *crochets* ou crosses (voy. *Crochet*) sont placés sur les angles des pyramides, le long des frontons, sous les corniches, etc. Les figures en bas-relief, les statues sont très nombreuses ; on ne se contentait plus de les placer sur les parois latérales des portes, elles occupaient les niches pratiquées au sommet des contreforts et les nombreuses arcatures qui forment des galeries à la partie supérieure des façades. Les statues, moins allongées, moins raides, mieux drapées que dans le style roman, ont aussi plus d'expression et de vie ; elles sont souvent rehaussées de couleurs et de dorures et accompagnées de dais et de pinacles.

Dans les édifices du XIVe siècle, on retrouve la plupart des ornements du XIIIe siècle. Les moulures sont seulement plus maigres, moins saillantes. La décoration végétale est excessivement riche. Les statuaires ont été peut-être plus habiles que leurs devanciers, mais leurs figures ont moins de naïveté. Ils se sont attachés plus aux petits détails et moins à l'effet général ; les draperies sont quelquefois un peu tourmentées.

Au XVe siècle et dans la première moitié du XVIe, les formes prismatiques et anguleuses dominent dans les moulures ; les ornements ont un air de maigreur et une sécheresse de trait que n'offrent pas ceux des XIIIe et XIVe siècles. La flore ornementale comprend des feuilles de vigne, de choux frisés, de chardon ou de quelque autre plante. Les pinacles sont ornés de crochets, les dais offrent des couronnements pyramidaux très compliqués. Parmi les statues sculptées au XVe siècle, quelques-unes ne sont pas sans mérite ; on remarque dans d'autres un travail sec et prétentieux dans la pose et la draperie. Les bas-reliefs offrent les mêmes mérites et les mêmes défauts que les statues.

Au XVIe siècle, les sommets des ogives et des pignons sont couronnés par un bouquet épanoui, et leurs côtés garnis de feuilles et de crochets. Les dais des niches sont surmontés de pinacles dentelés, découpés à jour et ornés de feuillages. Aux points de croisement des nervures, sont appliquées des figures en relief, des emblèmes ou des armoiries. Enfin, l'ornementation devient de plus en plus riche : ce ne sont que bouquets fleuris, guirlandes de feuillages, dentelures à jour, festons, niches, statues, dais, pinacles, etc. On ne saurait méconnaître les progrès accomplis dans l'exécution matérielle ; mais on remarque aussi l'afféterie et l'exubérance, indices d'un art en décadence.

L'époque de la Renaissance se distingue entre toutes par la science et la richesse de l'ornementation. On continua de construire, d'après les principes du style ogival, les voûtes de grande portée, mais en les surbaissant et en les couvrant de culs-de-lampe et de pendentifs ciselés ; les voûtes plus petites furent ordinairement cintrées, et leur surface, divisée en caissons symétriques, reçut des *sculptures* très variées, fleurs, fruits, emblèmes, têtes humaines, génies ailés, images fantastiques, etc. A aucune époque, on n'a exécuté avec autant de pureté, d'élégance et de finesse, avec une telle perfection de profils et de contours, les moulures, les festons, les rinceaux, les arabesques, les fleurons, les guirlandes, les dentelles, les rosaces, les médaillons garnis de personnages en demi-relief. C'est en Italie que se manifestèrent les premiers effets produits sur l'art sculptural par l'étude de l'antiquité. Des écoles se fondèrent dans plusieurs villes ; celle de Florence produisit des sculpteurs très remarquables. On cite les portes en bronze du baptistère exécutées par Laurent Ghiberti ; les statues de saint Pierre, de saint Marc, de saint Georges, de Judith, de David, dus au talent de Donato ou Donatello. C'est ce dernier artiste qui imprima le mieux à la *sculpture* italienne le caractère de naturalisme qu'elle a toujours conservé depuis. Signalons encore les *sculptures* en terre cuite et vernissée de Lucca della Robbia ; enfin, les créations colossales de Michel-Ange, dont les principales œuvres sont : les statues du *matin*, du *midi*, du *soir* et de la *nuit*, au tombeau des Médicis ; la statue de Laurent de Médicis, connue sous le nom de *Pensiero ;* le *Moïse* du tombeau de Jules II, à Rome ; les deux figures d'esclaves que possède le musée du Louvre.

En France, la *sculpture* abandonna les traditions nationales et chrétiennes pour adopter le style italien et antique. Les rois de France, Louis XII, François Ier, Henri II, envoyèrent étudier en Italie ou firent venir de cette contrée des artistes, tels que Jean Juste, Benvenuto Cellini, Paul Ponce, Trebatti, le Bosco et le Primatice. Outre le caractère d'imitation étrangère qui la distingue, la *sculpture* française cessa d'être presque exclusivement monumentale, pour devenir individuelle et produire des œuvres isolées. A côté de Jean Juste, il faut citer François Marchand, Michel Columo, Pierre Bontemps, Pilon dit l'Ancien, Germain Pilon, Jean Goujon, Cochet, etc.

La *sculpture* sur bois produisit aussi de belles œuvres. Sous Louis XIII, Jacques Sarrazin sculpta les grandes cariatides du pavillon de l'horloge dans la cour du Louvre ; Michel Angnier exécuta les bas-reliefs de la porte Saint-Denis. Sous Louis XIV, Pierre Puget sculpta le Milon de Crotone ; Girardon, le tombeau du cardinal de Richelieu, à la Sorbonne ; Coysevox, les chevaux de la grille du jardin des Tuileries, sur la place de la Concorde ; Nicolas Coustou exécuta la statue en bronze de la Saône qui est à l'hôtel de ville de Lyon. Au XVIIIe siècle, la *sculpture* française abandonna tout à fait l'antique et les principes académiques, fut souvent maniérée, mais eut beaucoup de grâce dans les petits sujets de genre. Adam, G. Coustou, Falconnet, Pigalle, Bouchardon, Houdon, etc., appartiennent à cette époque. Le retour aux traditions antiques se manifesta au commencement de ce siècle avec Lesueur, Ramey, Martin, Foucon, Desenne. Cependant, le désir d'imprimer aux monuments une valeur historique se manifesta dans les bas-reliefs de l'Arc de triomphe du Carrousel et dans ceux de la colonne Vendôme, où les personnages sont représentés avec les costumes de leur temps. Mais c'est surtout de 1830 que date la recherche du vrai dans la *sculpture* monumentale ; le chef de l'école nouvelle fut David d'Angers. Depuis lors, cet art n'est plus soumis à des règles déterminées ; les œuvres produites dans les genres les plus divers témoignent de la plus grande indépendance de la part des artistes.

Seau, *s. m.* — Vaisseau en bois ou en métal qui sert à puiser et porter de l'eau ou contenir des matériaux liquides, tels que de la peinture délayée, ou semi-liquides comme du ciment ou du mortier qui vient d'être gâché.

La figure 3087 représente le *seau* ordinaire en bois dont les maçons font usage.

Fig. 3087.

Les vitriers nomment *seau à la colle*

un petit vase en bois auquel ils ajustent une anse en fil de fer et dans lequel ils trempent l'extrémité de leurs pinceaux.

Sébestier, *s. m.* — Arbre de la famille des borraginées, qui croît dans les régions intertropicales et qui donne des produits de troisième grandeur.

Une variété, le *sébestier* domestique ou *mysea*, fournit un bois blanc propre à être employé dans la menuiserie.

Sébile, *s. f.* — 1° Vase en bois dans lequel les marbriers gâchent le plâtre destiné au scellement des pièces de marbre.

2° Vase en bois rond dont les plombiers se servent pour faire le lavage des cendrées.

Sec, *adj.* — *Maçonner à sec, construire en pierres sèches :* exécuter un ouvrage au moyen de pierres posées les unes sur les autres, sans chaux, ni plâtre, ni mortier.

Les puisards sont particulièrement établis en pierres *sèches.*

Séchage, *s. m.* — *Séchage des briques.* Au moment même de leur fabrication par voie humide ou mécaniquement, les briques renferment une certaine quantité d'eau, dite d'*évaporation,* que l'on expulse par le *séchage.* Cette opération, très importante, doit être opérée lentement; l'évaporation doit se faire d'une manière égale à la surface et dans toute la masse des briques; quinze à vingt jours sont nécessaires pour une dessiccation complète par un temps sec; le *séchage* n'est jamais parfait si le temps est mauvais, mais il se complète dans le four par l'enfumage, opération préliminaire de la cuisson.

On distingue le *séchage en plein air* et le *séchage sous abris ou hangars,* le premier de ces procédés convenant aux briques de qualité ordinaire et s'employant surtout dans la fabrication dite flamande ou wallonne, le second usité dans les briqueteries permanentes et surtout dans les localités exposées à des pluies fréquentes. Il y a aussi le *séchage artificiel.*

Séchage en plein air. On sait que le porteur chargé de démouler les briques fraîchement faites les pose à plat sur une aire sablée. Si le temps est couvert et qu'il survienne, par éclaircies, des coups de soleil un peu vifs, susceptibles de produire une dessiccation irrégulière, il faut saupoudrer les briques de sable pour modérer l'évaporation ; en cas de pluie, on les couvre de paillassons. Au bout de dix ou douze heures, lorsque les briques commencent à se raffermir, on les relève sur champ, à la place même qu'elles occupaient, et, quand elles ont pris assez de consistance pour qu'on puisse les manier sans les déformer, on les *pare,* c'est-à-dire qu'on enlève, avec un couteau de bois, les bavures qu'a laissées le moule, ainsi que les ordures que la brique fraîche peut ramasser ; puis on procède au *mettage en haie.* A cet effet, on forme, avec les briques, sur un sol parfaitement damé et recouvert d'une couche de sable de 0m,10 à 0m,15 d'épaisseur, une sorte de muraille à claire-voie comprenant, sur sa hauteur, de quatorze à dix-sept assises de briques posées de champ. Le premier lit est formé de quatre rangées de briques, dont la plus grande dimension est perpendiculaire à la ligne de front. Les lits supérieurs ont une direction oblique, contrariée, pour chaque lit, avec celle du lit inférieur ; on ne monte les différents lits qu'au fur et à mesure de la dessiccation de la dernière assise posée. On termine ces haies en gradins et on les recouvre de paillassons, destinés à protéger les briques contre la pluie et les rayons d'un soleil trop vif. Les briques mises en haie y restent jusqu'au moment de la cuisson.

Séchage à couvert. Dans les briqueteries permanentes et surtout dans les localités exposées à des pluies fréquentes, le *séchage* s'effectue à couvert. Les briques sont mises en haie sous des hangars en bois couverts de chaume ou de genêt, quelquefois de tuiles; les hangars doivent être assez élevés pour que les ouvriers puissent passer sous les abouts. On ménage, entre chaque haie, un passage libre de 0m,70 à 0m,80. Aujourd'hui, les séchoirs sont généralement disposés de façon que le rebattage puisse y être opéré facilement. Les briques ne sont plus alors mises en haie, mais posées sur des rayons. Quand elles ont acquis une consistance suffisante, on les rebat et on les remet sur les planches pour achever de sécher. Cet usage, quoique dispendieux, est excellent; car les briques, ne supportant que leur propre poids, ont une tendance moins grande à se déformer.

Séchage artificiel. Il est généralement admis qu'il n'y a pas de moyen de *séchage* qui puisse concourir avec celui de l'exposition à l'air libre sous des hangars. Ce n'est pas que l'on manque, à cet égard, de procédés très divers appliqués dans un grand nombre d'industries; mais tous les systèmes employés sont trop coûteux pour la dessiccation des briques, produits dont la valeur est relativement très faible. Cependant, il est certain que l'état atmosphérique n'est pas toujours favorable à la dessiccation des terres moulées, que cette opération ait lieu à l'air libre ou même sous des hangars; aussi, les pertes et les déchets que l'on doit aux intempéries des saisons se traduisent-ils par un déficit quelquefois important; il y a, de plus, dans ces conditions, incertitude sur le chiffre de production que l'on peut atteindre dans l'année. Bien que le *séchage* artificiel soit très difficile à obtenir pour la brique, en raison de son épaisseur et des tendances diverses que présentent les différentes qualités d'argile à se prêter à la dessiccation, il est donc désirable de s'affranchir des influences atmosphériques, afin d'obtenir une fabrication régulière, et même, s'il est possible, pendant la mauvaise saison. Des essais ont été faits dans ce sens. Nous ne citerons que pour mémoire la manière d'opérer le *séchage* artificiel qui se pratique dans quelques localités de l'Angleterre, principalement à Suffolk. Les produits sont placés sous des abris ou maisons à sécher qui sont garnis de calorifères. Les briques y restent de douze à dix-huit jours pour arriver à une dessiccation complète. L'idée qui s'est présentée naturellement chez les fabricants a été de chercher à utiliser la chaleur perdue des fours qui servent à la cuisson des briques et de trouver des dispositions au moyen desquelles les briques rapprochées de ces fours pussent être portées, en peu de temps, au point de siccité convenable pour être ensuite soumises à la cuisson. Il semble qu'on puisse arriver ainsi à une dessiccation rapide, égale, facile à graduer, et obtenir un travail continu, bien circonscrit par journée, une surveillance aisée, une main-d'œuvre modérée et une fabrication soignée. Nous avons parlé de cette question en faisant la description des *fours* (voy. ce mot) et nous avons cité quelques applications qui ont été faites de ce principe. Quant aux moyens divers employés dans certaines industries, tels que le chauffage à l'air chaud, à la vapeur ou à l'eau chaude, la dessiccation accélérée par des ventilateurs, nous le répétons, ce sont des procédés trop dispendieux pour la fabrication d'un produit d'aussi mince valeur que la brique.

Séchoir, *s. m.* — Local dans lequel on produit l'opération du séchage, soit à l'air libre, soit en échauffant les substances; ce dernier système a fait donner aussi le nom d'*étuves* aux lieux dans lesquels on l'applique.

Les *séchoirs* à l'air libre sont établis dans les conditions suivantes : ce sont ordinairement des constructions en bois élevées au-dessus du rez-de-chaussée et munies de baies fermées par des lames de persiennes mobiles qui permettent de varier l'aération (voy. *Abat-vent*). Le meilleur emplacement est, dans nos pays, celui dans lequel les façades principales sont dirigées au nord et au sud; l'exposition à l'ouest doit être réservée à l'une des extrémités, qui sont des pans de bois, des murs en maçonnerie ou de simples cloisons en planches.

On fait des *séchoirs* à air libre pour le séchage du linge blanchi dans les blanchisseries. On en établit également dans les exploitations rurales pour la dessiccation des substances végétales et au besoin pour la conservation des fourrages.

Les combles peuvent servir de *séchoirs*, s'ils sont recouverts en terre cuite ou en paille, matériaux mauvais conducteurs du calorique. Les *séchoirs* dans lesquels on a recours à la chaleur artificielle comme agent de dessiccation plus rapide ou plus complet consistent habituellement dans des pièces fermées où sont établis des poêles, des fourneaux, des cheminées. Les poêles garnis de bouches de chaleur et les calorifères sont les systèmes les plus économiques.

On emploie aussi exceptionnellement des appareils spéciaux qui rentrent dans le domaine des constructions industrielles et dont nous n'avons pas à nous occuper ici.

Secret, *s. m.* — Les serruriers emploient ce terme pour désigner un objet de façon qui cache l'entrée d'une serrure, d'un cadenas.

On dit *serrure à secret, cadenas à secret*.

Secteur, *s. m.* — Portion de cercle comprise entre deux rayons et l'arc de circonférence adjacent.

La surface d'un *secteur* est égale à la longueur de l'arc multipliée par la moitié du rayon. Soit S cette surface, l la longueur de l'arc, R le rayon, cette valeur sera exprimée par la formule :

$$S = \frac{l \times R}{2}.$$

Section, *s. f.* — Synonyme de *coupe* (voy. ce mot).

Sel, *s. m.* — *Magasin à sel.* Législation. Celui qui veut adosser à un mur mitoyen ou susceptible de le devenir, un *magasin à sel*, morue ou autres salaisons, est tenu de faire un contre-mur suffisant pour garantir totalement le mur.

Suivant la coutume de Paris, ce contre-mur doit avoir (fig. 3088) 0m,33 d'épaisseur et 1 mètre de fondation. Il

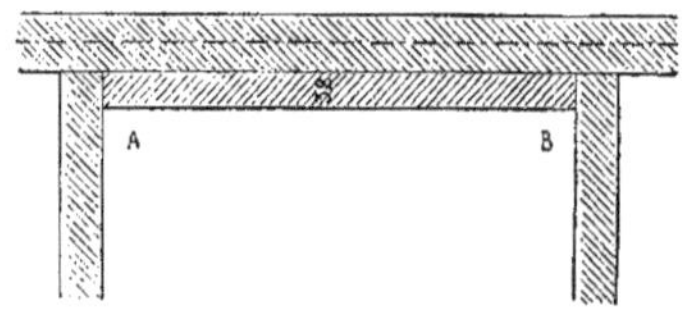

Fig. 3088.

doit être construit en bonne maçonnerie et couvrir le mur ou la partie du mur à garantir en longueur et en hauteur.

Selamlik, *s. m.* — Pavillon destiné à la réception des visiteurs dans les riches demeures orientales.

Le *selamlik*, ordinairement placé dans le jardin et complètement isolé du reste du logis, sert souvent aussi de retraite au maître de la maison pour y faire la sieste. Ces pavillons sont toujours très richement décorés; les métaux précieux, les faïences et les émaux, les étoffes soyeuses, la nacre, l'ivoire, l'ébène y sont employés avec profusion.

Nous donnerons seulement ici le plan du *selamlik* qui avait été construit à l'Exposition universelle de 1867 par M. Drevet pour être mis à la disposition du vice-roi d'Egypte (1).

Ce pavillon, adossé à une grande salle d'exposition avec laquelle il n'avait aucune communication (fig. 3089), avait, en plan, la forme d'une croix grecque

(1) César Daly, *Revue d'architecture*.

inscrite dans un carré et agrandie de deux vérandas demi-circulaires, aux extrémités des branches latérales, et d'une partie rectangulaire en avant de la branche d'entrée. Un premier salon A

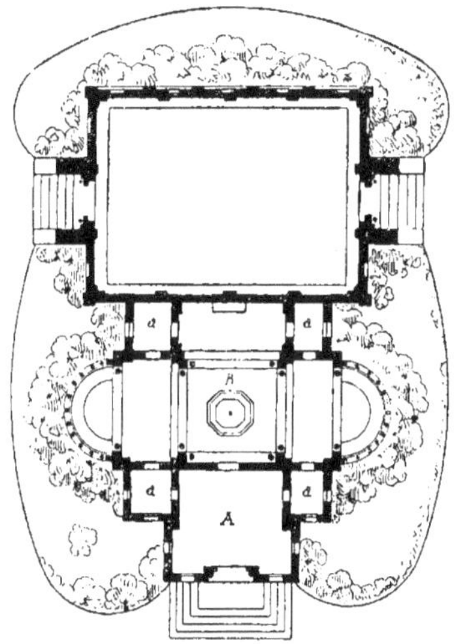

Fig. 3089.

formait l'antichambre du second salon ou salon d'honneur B. Des cabinets *a* occupaient les quatre angles. L'édifice était couvert en terrasse avec une coupole surmontant la croisée.

Selle, *s. f.* — 1° Escabeau sur lequel le sculpteur pose son ouvrage.

2° On donne ce nom, dans l'architecture des chemins de fer, à des pièces destinées à empêcher le patin du rail Vignole de pénétrer dans les traverses, surtout lorsque celles-ci sont faites en bois tendre. Ces attaches ont une ou deux nervures. On les distingue en *selles de joint* et *selles intermédiaires*, les premières étant doubles des secondes.

Sellerie, *s. f.* — Pièce ou local où l'on tient en ordre les selles ou les harnais des chevaux.

La *sellerie* doit être placée le plus près possible des écuries. Les harnais s'y déposent sur des bouts de chevrons scellés dans le mur ou sur des supports spéciaux (voy. *Porte-harnais*).

Le milieu de la *sellerie* est occupé par des chevalets destinés à recevoir des harnais complets. Quelquefois même, des *porte-brides*, des *porte-selles* et des *porte-fouets* sont installés à une certaine distance des murs. La figure 3090 représente un de ces appareils formé de traverses supportées par des poteaux ; ceux-ci sont accompagnés de porte-harnais et porte-brides en bois découpé ; le long de la traverse sont fixés

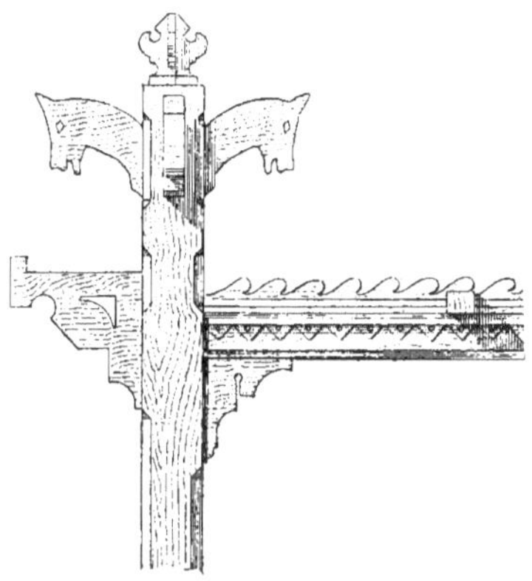

Fig. 3090.

des bouts de chevrons servant de supports pour les harnais. De plus, des armoires adossées aux parois de la pièce servent à serrer les ustensiles nécessaires à l'entretien des harnais, aux mors de rechange, aux éperons, brosses, pinceaux, cirage, etc.

L'intérieur d'une *sellerie* doit être maintenu frais sans humidité, afin que les cuirs ne durcissent ni ne moisissent ; à cet effet, la double exposition du nord et de l'est est la meilleure à adopter.

Sellette, *s. f.* — Siège formé d'une planchette (fig. 3091) aux quatre angles de laquelle sont attachées des courroies qui se réunissent deux à deux sur un crochet servant à fixer la *sellette* sur une corde à nœuds.

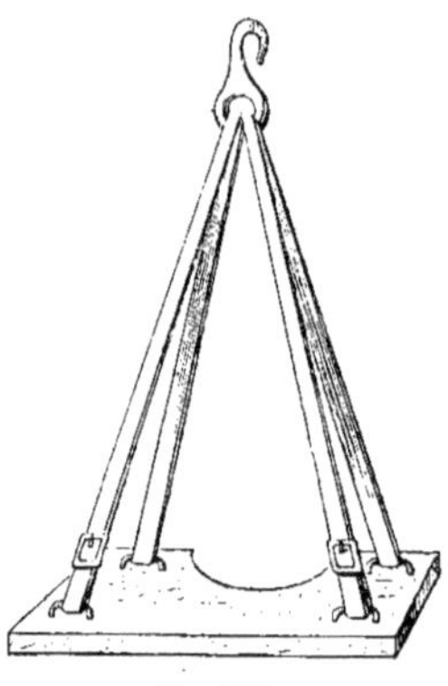

Fig. 3091.

Les plombiers font usage de cet appareil, ainsi que les couvreurs et les peintres pour exécuter des travaux sur des surfaces verticales ou très inclinées, les flèches qui surmontent les tours d'église, par exemple.

Sémaphore, *s. m.* — Mot qui vient du grec et qui signifie *porte-signal*. On l'emploie pour désigner, à proprement parler, un mât établi sur une côte ou dans un port et muni d'ailes semblables à celles du télégraphe aérien pour mettre les navires en communication avec la terre et réciproquement.

La même désignation embrasse la construction dans laquelle est placé ce mât et le logement attenant du gardien.

Le mât d'un *sémaphore* est en tôle, avec bras mobiles. La partie inférieure, engagée dans le sol, traverse toute la hauteur de la chambre du mât (5 ou 6 mètres) et dépasse la construction d'une dizaine de mètres.

Il est important de pouvoir orienter l'appareil *sémaphorique* de façon à ce que les signaux soient exactement aperçus du navire avec lequel on doit communiquer. La position de celui-ci, lorsqu'il est en vue, peut correspondre à des directions visuelles très diverses ; il peut donc être nécessaire de tourner le mât. A cet effet, la chambre du mât possède un mécanisme bien simple : le mât, entraîné et maintenu par un grand plateau, tourne sur une crapaudine scellée dans un massif placé en sous-sol. Le plateau, qui a 3 mètres de diamètre environ, roule sur des galets appuyés sur un chemin de bois circulaire.

La chambre du mât et le mât lui-même sont donc les parties essentielles qui constituent le *sémaphore*. L'installation qui en forme l'annexe est : 1° un bureau télégraphique, placé souvent dans la chambre même du mât et entouré, dans ce cas, d'une cloison vitrée ; 2° un logement pour le *guetteur ;* 3° un second logement pour l'employé du télégraphe ; 4° *un mât des sinistres* disposé de telle manière que tous les services disponibles et utilisables dans le voisinage de terre et de mer soient mis en demeure de porter secours ; le télégraphe électrique sert, au besoin, dans ces tristes circonstances ; mais l'appareil disposé à cet effet est un grand mât spécial pourvu d'une *vergue* et d'une *corne*. Le sinistre se signale par une longue flamme noire qui s'attache à la vergue ou à la corne, suivant que le lieu du danger est en face de l'établissement, à gauche ou à droite. Le mât des sinistres est isolé, en dehors des constructions, quoique voisin. Il est fixé solidement au sol par des haubans suffisants.

Généralement, un puits est ajouté à l'installation des bâtiments pour l'usage des habitants.

Le nom de *sémaphore* a été aussi donné à des appareils électriques de sûreté que l'on utilise dans l'exploitation des chemins de fer.

On sait que le principe admis pour le service des lignes à double voie est le suivant : *Partager les lignes en tronçons, d'une longueur variant avec le trafic général, et dans chacun desquels deux trains marchant dans le même sens ne pourront, sous aucun prétexte, se trou-*

ver en même temps, sauf en cas de détresse de l'un deux.

A cet effet, on place, à l'entrée de chaque tronçon, un *sémaphore* qui porte, à une certaine hauteur, un bras généralement peint en rouge pour être plus visible. Ce bras peut tourner autour de son extrémité et se placer soit horizontalement, c'est-à dire perpendiculairement à la voie, dans la position *arrêt*, soit sous un angle de 45 degrés, dans la position *ralentissement*, soit enfin verticalement, le long du mât, dans la position *voie libre*.

Plusieurs systèmes sont en usage :

1° La disposition imaginée par MM. Tesse, Lartigue et Prudhomme, construite par M. Mors et adoptée par le chemin de fer du Nord, est la suivante :

Dès qu'un train franchit le poste, l'homme qui s'y tient met le bras à l'arrêt et le train se trouve ainsi couvert, puisque nul mécanicien, allant dans le même sens, ne peut passer outre.

En même temps, la manœuvre se transmet électriquement au *sémaphore* suivant, où le gardien est averti de l'arrivée prochaine du convoi par un petit signal, peint en jaune, qui s'abaisse. Le tronçon parcouru, le poste n° 2, en voyant passer le train, élève, pour le couvrir, le bras du *sémaphore* n° 2, et par cette manœuvre remet automatiquement le bras du *sémaphore* précédent à *voie libre*.

Il y a donc : impossibilité absolue, si la consigne est régulièrement suivie, de laisser deux trains s'engager dans le même tronçon (les tronçons ont en général de trois à quatre kilomètres) ; manœuvre à distance du bras du *sémaphore* précédent, de façon à ne dégager la tête du tronçon que lorsque le train en est sorti.

2° Le système Tyer, employé par la Compagnie Paris-Lyon-Méditerranée, consiste en ceci : dès que le train a franchi le poste n° 1, le gardien en informe le suivant ; celui-ci, en accusant réception de la dépêche, arrête électriquement un verrou qui, au *sémaphore* n° 1, maintient le bras dans la position horizontale, de façon à empêcher même la malveillance de le ramener à la position *voie libre* ; lorsque le train s'engage dans le tronçon suivant, le poste n° 2 le couvre, et par cette seule manœuvre avertit le poste n° 1 que la section est dégagée ; en même temps, il rend le verrou libre dans sa gâche, et le gardien du premier *sémaphore* peut alors manœuvrer son signal et le remettre à la position *voie libre*. Ainsi donc, il y a encore impossibilité de démasquer la voie avant que l'annonce de la sortie du train n'ait été envoyée au poste de tête du tronçon, et que le verrou du *sémaphore* n'ait été déclenché.

3° La Compagnie de l'Ouest applique l'appareil Regnault, presque semblable au système Tyer.

4° L'appareil Sykes, adopté, en Angleterre, par la « London, Chatham and Dover company », réunit toutes les garanties qu'offrent les deux systèmes précédents.

Avec le *sémaphore* Sykes, le gardien ne peut livrer lui-même passage à un train ; en effet, tous les leviers sont verrouillés. Il lui faut prévenir la gare suivante qui, si la voie est libre, dégage électriquement le verrou. Le *sémaphore* est donc, dans sa position normale, toujours à l'arrêt, ne donne passage qu'au moment de l'arrivée du train. Dès que celui-ci a franchi le poste, le levier est remis en place et la section est de nouveau couverte. Il faut un second déclenchement pour permettre la manœuvre.

L'avantage principal de ce système consiste, en outre, dans l'impossibilité matérielle d'engager un second train sur le même tronçon qu'un autre resté en détresse. Supposons, en effet, un train A ayant franchi le poste n° 1, et ayant déraillé entre ce poste et le poste n° 2 ; au moment du passage du train B, le gardien n° 1 demandera le déclenchement de son levier au gardien n° 2. Admettons que celui-ci, par mégarde, croie avoir vu passer le train A et veuille donner la voie libre ; il ne le pourra pas : les appareils sont en effet disposés de telle sorte que chaque poste doit avoir manœuvré son *sémaphore*, avant de pouvoir déclencher une seconde fois le verrou du poste précédent.

Le seul inconvénient du système Sykes, c'est que, par suite de l'interdiction absolue faite au mécanicien de franchir un signal à l'arrêt, la manœuvre peut occasionner, en certains cas, une perte de temps.

Séminaire, *s. m.* — On donne ce nom aux établissements dans lesquels on reçoit et l'on instruit les jeunes gens qui se destinent à l'état ecclésiastique.

Un *séminaire* doit renfermer des *salles* consacrées aux différents cours et aux diverses sortes d'exercices. Les élèves étant domiciliés, il doit y avoir autant de petites chambres ou *cellules* que l'établissement doit renfermer de séminaristes. On y dispose, en outre, des *réfectoires*, *cuisines*, *offices* et de grandes *salles* destinées à tous les exercices.

Un *séminaire* doit encore avoir une *chapelle* avec toutes ses dépendances, quelques *appartements* pour les supérieurs, une *bibliothèque*, des promenoirs à couvert et une ou plusieurs grandes cours pour les récréations.

Sémond (*Pierre de*). — Calcaire oolithique, demi-dur, gris ou rougeâtre, provenant des carrières de la Porte et du Champ-aux-Anes, dans la commune de *Sémond*, près de Châtillon.

La hauteur d'assise de cette pierre varie de 1 mètre à $1^m,50$; le poids du mètre cube est de 2,050 à 2,120 kilogr. et la charge d'écrasement par centimètre carré varie de 200 à 250 kilogr.

Senargent (*Grès bigarré de*). — Grès fin, demi-dur, extrait de la carrière de *Senargent*, dans l'arrondissement de Lure (Haute-Saône).

Cette pierre est ordinairement de couleur rouge et propre à la sculpture ; elle porte de $0^m,30$ à $0^m,60$ de hauteur d'assise, pèse 2,050 kilogr. le mètre cube et s'écrase sous une charge de 350 kilogr. par centimètre carré.

Senlis (*Liais de*). — Calcaire dur, blanchâtre, que l'on tire de la carrière de la Santé, dans la commune de *Senlis* (Oise).

La hauteur d'assise de cette pierre varie de $0^m,40$ à $0^m,60$; le poids du mètre cube, de 2,250 à 2,380 kilogr., et la charge d'écrasement par centimètre carré de 250 à 350 kilogr.

Sentier, *s. m.* — 1° Chemin étroit qui passe au travers des champs, bois, vignes, etc.

Législation. Un *sentier* qui passe entre deux fonds appartenant au même propriétaire fait partie des deux fonds et appartient à leur propriétaire.

Si le *sentier* sépare deux fonds appartenant à des propriétaires différents, ce *sentier* est, jusqu'à preuve contraire, réputé appartenir, pour moitié, à chacun des propriétaires riverains, qui est autorisé à comprendre cette moitié dans la contenance du fonds touchant immédiatement le *sentier*.

Dans tous les cas, le *sentier* est assujetti à la servitude du passage d'exploitation en faveur des fonds auxquels cette servitude est nécessaire et qui l'ont exercée ; les propriétaires dont les fonds sont bordés ou traversés par ce *sentier* ne peuvent ni le supprimer, ni en interdire l'usage, ni l'encombrer ou l'occuper d'une manière nuisible (1).

2° Terme de jardinage qui désigne, dans les parcs ou les jardins de genre irrégulier ou régulier, de petites allées et de petits chemins que l'on pratique soit dans les parterres, soit dans les taillis, les bocages, etc.

(1) Code Perrin, nos 3717 et suivants.

Séparation, *s. f.* — Division formée par des murs ou par des cloisons pour séparer une pièce d'avec une autre.

Séparation d'écurie (voy. *Stalle*).

Sépia, *s. f.* — Couleur brune employée principalement en aquarelle et qui s'extrait de la vessie que possède près du cœur un mollusque céphalopode, la *seiche*.

Septfonds (*Pierre de*). — Calcaire compact, très dur, provenant des carrières de Dardenne et de Finelle, dans la commune de *Septfonds*, près de Montauban (Tarn-et-Garonne).

Cette pierre est de couleur gris-cendré, quelquefois roussâtre, à pâte très fine. Sa hauteur d'assise varie de 0m,06 à 0m,90.

Sépulcre, *s. m.* — Mot qui vient du latin *sepulcrum*, désignant, chez les

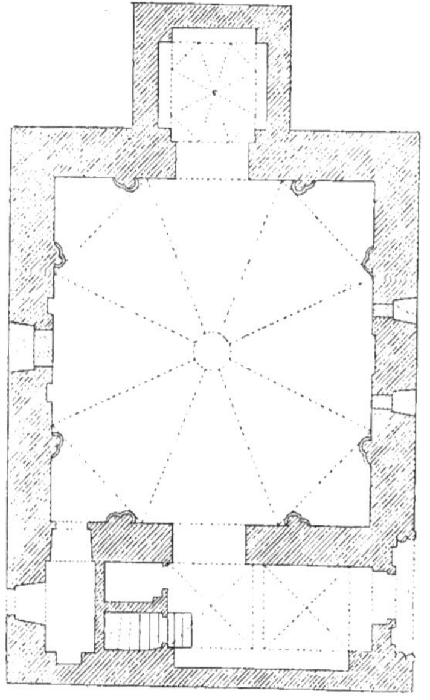

Fig. 3092.

Romains, toute espèce de lieu ou de monument destiné à l'inhumation. Aujourd'hui, le terme *sépulcre* a fait place à celui de *tombeau* (voy. ce mot), qui a prévalu à l'égard des monuments funéraires.

Le *sepulcrum* ancien était essentiellement une chambre funéraire où l'on déposait les dépouilles mortelles des propriétaires du monument; mais les *sépulcres* somptueux comprenaient, outre la pièce qui renfermait les urnes, un ou deux étages contenant des chambres richement décorées, et dans lesquelles les membres de la famille venaient accomplir des cérémonies religieuses. C'est suivant cette disposition qu'avait été construit un tombeau dont nous donnons le plan (fig. 3092) et qui a été retrouvé près de Mostaganem en Algérie.

Sépulture, *s. f.* — Voy. *Cimetière*.

Sérancolin, *s. m.* — Voy. *Sarrancolin*.

Sérennes (*Pierre de*). — Calcaire talcifère, compact, bréchiforme, très dur, que l'on extrait de la carrière de *Sérennes*, près de Barcelonnette (Basses-Alpes).

C'est une pierre d'un jaune clair, veiné de vert ou de brun, susceptible d'un beau poli, et ayant une hauteur d'assise de toutes dimensions.

Sergent, *s. m.* — Nom que les ouvriers donnent, par corruption, au *serre-joint*, instrument qui sert aux menuisiers à maintenir l'une contre l'autre deux planches devant être collées par la tranche.

On fait des *sergents* de plusieurs sortes, en fer et en bois.

La figure 3093 donne deux exemples de *sergents* ou *serre-joints* en bois. Le premier est une pièce de bois longue d'environ 1m,60, large de 0m,08 à 0m,10 et épaisse de 0m,54. D'un côté, sa tranche est taillée en crémaillère dont les dents soutiennent, à l'aide d'une bride en métal, un support appelé *patte* ou *mentonnet* mobile. A l'extrémité de cette tige vers laquelle est tourné le dessus du support est fixée, à angle droit, une traverse de même largeur et de même épaisseur, dont la saillie est égale à celle du support mobile. Cette traverse, qui forme un mentonnet fixe, est percée d'un trou taraudé dans lequel tourne une vis que l'on meut avec la main parallèlement à la crémaillère. Placé dans une position horizontale, cet outil serre les planches contre son sup-

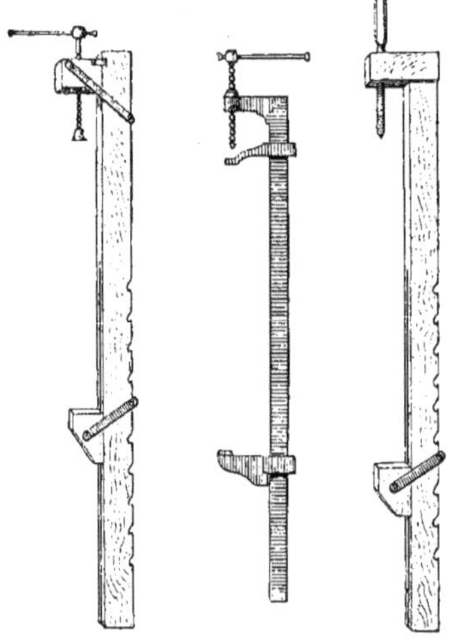

Fig. 3093.

port par la pression qu'exerce sa vis. La même figure montre un *sergent* en bois avec vis en fer. Elle présente également le *sergent* en fer, tige carrée dont l'extrémité se retourne à angle droit. Cette petite branche est munie d'une douille taraudée dans laquelle passe une vis en fer que l'on fait tourner au moyen d'une manivelle. Cette vis presse une patte mobile qui serre les planches contre un second mentonnet, que l'on peut également faire marcher en donnant sur sa douille quelques coups de marteau. Cette dernière patte prend une position oblique parce qu'elle peut avancer par le haut, tandis que les planches l'empêchent d'avancer par le bas. La vive arête interne dans la douille s'abaisse du côté de la vis, presse la face supérieure de la tige du *sergent* et, comme cette face n'est pas polie, le frottement de cette partie anguleuse de la douille suffit pour maintenir en place la patte et, par conséquent, les deux planches que cette patte rapproche par sa partie inférieure.

Série, *s. f.* — *Série de prix :* tarif des prix appliqués aux travaux de bâtiment : on s'en sert pour régler les mémoires et pour dresser les devis.

A Paris, il est d'usage de prendre pour tarif celui qui est employé au règlement des travaux faits pour le compte de l'administration départementale de la Seine.

Il y a aussi des *séries* dressées par les chambres syndicales et qui sont fréquemment utilisées.

Serpe, *s. f.* — Plomberie. Outil composé d'une lame de fer aciérée, courbe et tranchante d'un côté, pourvue d'un long manche en bois et qui sert à couper les tables de plomb.

Treillage. Outil formé d'une lame recourbée vers le haut, affûtée des deux côtés et que les treillageurs emploient pour les ouvrages communs.

Serpentine, *s. f.* — Minéral qui appartient à la catégorie des *roches serpentineuses*, pierres se rapprochant des marbres par leurs caractères physiques, mais de composition toute différente : ce sont des hydrosilicates de magnésie.

Ces roches, dont la plus dure est la *serpentine* proprement dite, qui ne dépasse cependant pas le calcaire pour la dureté, sont faciles à tailler, à couper et même à travailler sur le tour.

On appelle *ophicalces* les *serpentines* les plus employées dans les constructions et dans la marbrerie. Elles sont formées de fragments de *serpentine* pure, dont la couleur est généralement foncée, verte, brune ou rouge, réunis par de nombreux filons de carbonate de chaux, ordinairement de couleur blanche.

La *serpentine* pure s'emploie fréquemment dans la décoration intérieure; à l'air, en effet, elle a l'inconvénient de s'altérer.

Cette roche est généralement verte; mais elle peut présenter des nuances qui varient du brun marron au rouge vif. Elle prend un très beau poli; mais elle est très fragile, résiste mal aux chocs et s'écrase facilement. Le poids du mètre cube varie de 2,756 à 2,957 kilogr.

Parmi les roches *serpentineuses* employées le plus fréquemment dans la marbrerie et la décoration, nous citerons les suivantes :

1° La *serpentine de Saint-Véran* (Hautes-Alpes), qui est une des plus belles *serpentines* connues; elle est formée de fragments de *serpentine* pure reliés par une gangue de carbonate de chaux de couleur verte; on en distingue deux variétés : l'une composée de fragments de *serpentine* vert-noirâtre avec filons de chaux carbonatée vert-clair et dont la teinte rappelle celle du porphyre vert antique; l'autre, de couleur foncée, tirant sur le noir-verdâtre et quelquefois traversée par des veines de carbonate de chaux blanc et spathique; la *serpentine* de Saint-Véran s'emploie dans la décoration et dans la marqueterie;

2° La *serpentine de Maurins*, qui se tire également du département des Hautes-Alpes; cette roche est traversée dans tous les sens par des filons de chaux carbonatée spathique, à nuance tantôt blanche, tantôt vert-clair ou vert céladon; on en extrait des blocs qui ont jusqu'à 3m,50 de longueur et qui peuvent servir à faire des colonnes;

3° La *serpentine du Pech-Cardillac* (Lot), qui a une couleur vert olive, vert pistache ou vert noirâtre; on peut l'employer comme tables, dessus de meubles, etc.; on s'en est servi pour la décoration des églises élevées aux environs de cette carrière;

4° La *serpentine de Véru*, dans le même département, qui se laisse facilement travailler sur le tour;

5° La *serpentine de Burinco* (Corse), qui est connue dans la marbrerie sous le nom de vert de mer; sa couleur est verte plus ou moins foncée; elle est traversée par de nombreuses veines vert clair ou vert émeraude qui se croisent dans tous les sens et qui sont formées de chaux carbonatée colorée par une espèce d'amiante; cette *serpentine* prend un très beau poli et produit un très bel effet; la carrière a fourni des blocs qui ont jusqu'à 4 et 5 mètres de longueur (1);

6° La *serpentine de Suze* (Italie), dite *vert de Suze*;

7° La *serpentine du val Sésia* (Italie), dont quelques échantillons, de couleur vert émeraude, ressemblent à la roche *serpentineuse* connue sous le nom de *vert antique*;

8° La *serpentine du Prato* (Toscane), de couleur sombre, quelquefois traversée par des veines de *serpentine* pure de couleur claire, verdâtre ou blanchâtre; elle brille peu sous le poli, mais se laisse très facilement travailler et peut, par conséquent, servir à l'exécution des sculptures les plus délicates; la cathédrale de Florence, le campanile de Giotto, l'église Saint-Jean offrent de nombreuses applications de son emploi; une variété de *serpentine* du Prato, de couleur vert-foncé, est la plus estimée;

9° La *serpentine de Gênes* ou *vert de Gênes*, formée de fragments verts, verts noirâtres, quelquefois rouges ou bruns et d'un ciment de chaux carbonatée blanche ou verdâtre;

10° La *serpentine de Saint-Jean* (Grenade), renfermant un grand nombre de parties calcaires formées par de la chaux carbonatée cristallisée et colorée

(1) Th. Château, *Technologie du bâtiment.*

en vert clair ; les parties *serpentineuses* forment des veines d'un vert foncé, quelquefois noirâtre ; cette roche, qui n'est surpassée par aucune autre pour sa belle couleur verte, est très propre à la décoration et a été employée par les Maures à l'Alhambra ;

11° La *serpentine de la Haute-Égypte*, dite pierre de *Baram*, qui a été exploitée par les anciens.

Serpentin, *s. m.* — On donne ce nom à des tuyaux de fer étiré ou de cuivre rouge, employés dans le chauffage à l'eau chaude, au gaz ou à la vapeur.

Tantôt, comme dans le chauffage à l'eau chaude ou à la vapeur, les *serpentins* sont enfermés dans des poêles ou récipients de métal et employés comme surfaces rayonnantes ; tantôt, comme dans le chauffage au gaz, ils sont percés de petits trous fournissant chacun un jet de gaz ; on les enferme dans des poêles dont les parois sont en verre uni, dépoli, ou sont formées par une série de tubes en verre placés les uns à côté des autres.

Serragio (*Pierre-marbre de*). — Calcaire cristallin, saccharoïde, assez dur, provenant de la commune de *Serragio*, dans l'arrondissement de Corte (Corse).

C'est une pierre de couleur bleu turquin, analogue au marbre de Corte. Sa hauteur d'assise varie de $0^m,70$ à $1^m,40$.

Serre, *s. f.* — Bâtiment où l'on réunit, pour les garantir contre les rigueurs de l'hiver, les arbrisseaux ou les plantes qui ne sauraient résister au froid.

On distingue la *serre froide*, la *serre tempérée*, la *serre chaude* et les *aquariums*.

1° La *serre froide* est celle où la température peut descendre, à la rigueur, jusqu'à 0°, mais jamais au-dessous. On donne généralement à ces *serres* le nom d'*orangeries*, parce que les plus communes sont celles destinées à recevoir les orangers pendant l'hiver.

Toute salle recevant le jour par de grandes et larges baies ouvertes au midi peut être transformée en *serre froide* ; il suffit d'empêcher la gelée d'y pénétrer et de donner de l'air depuis le matin jusqu'à trois heures de l'après-midi.

2° La *serre tempérée* peut être construite à un ou deux versants, de forme bombée ou de toute autre forme, selon les circonstances locales.

La température doit y être de 15 à 20 degrés le jour et de 12 à 15 la nuit, ce qui permet d'y cultiver un grand nombre de plantes intertropicales.

Quelle que soit sa forme, la *serre tempérée* est toujours précédée d'un vestibule vitré servant d'antichambre, afin que l'air extérieur ne soit jamais introduit directement dans l'intérieur de la *serre*.

Comme conditions essentielles de la santé des plantes, une *serre tempérée* doit présenter un renouvellement d'air et un arrosage faciles.

Pour obtenir la première de ces conditions, on établit, dans le bas, des tuyaux communiquant avec le dehors et disposés de manière à se trouver en contact avec les tuyaux de chaleur par lesquels la *serre* est chauffée. L'air s'échauffe donc au contact de ces tuyaux et ne parvient aux plantes qu'après avoir acquis une température égale ou supérieure à celle de l'atmosphère de la *serre*.

L'eau d'arrosage est amenée dans un bassin ou réservoir en maçonnerie, placé autant que possible au centre de la *serre tempérée*. L'eau y séjourne, acquiert la température de la *serre* et peut alors être mise en contact avec les racines des plantes.

La figure 3094 représente la coupe d'une *serre* à un seul versant, de forme bombée et dans laquelle on voit un massif central sur lequel sont cultivées les plantes en pleine terre, et autour duquel on peut circuler ; à gauche sont établis les tuyaux de chaleur. Des consoles fixées sur des tringles suspendues à la toiture supportent des tablettes en fer où l'on place des pots de fleurs. Comme toutes les *serres* doivent l'être, celle-ci est exposée au midi et garnie de

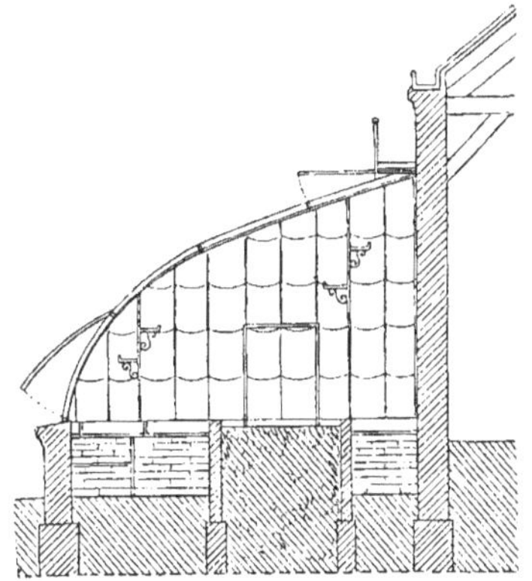

Fig. 3094.

larges vitraux. Des châssis ouvrants permettent de faire pénétrer l'air par le haut et le bas du vitrage. Un chemin de surveillance, établi avec garde-fou à la partie supérieure de la toiture, permet, en outre, d'étendre les claies qui doivent protéger la *serre* contre les ardeurs du soleil.

La figure 3095 représente un système de claies employé au jardin botanique

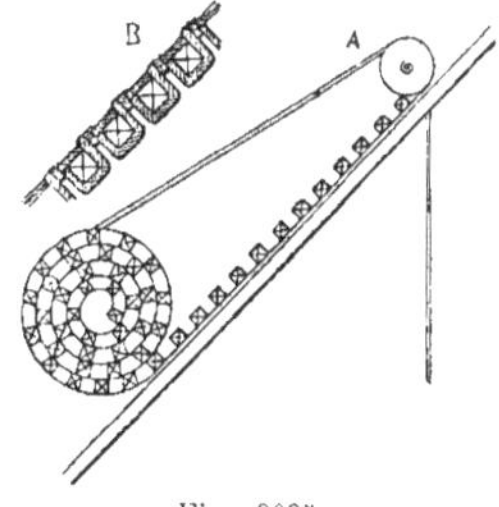

Fig. 3095.

de Gand. Ce sont des tringles de sapin réunies entre elles par des cordes minces et qui peuvent se rouler et se dérouler. On voit en A les tringles en partie roulées et déroulées avec la cordelette et la poulie qui en permet la manœuvre et en B l'assemblage de ces tringles.

Une double *serre* courbe est représentée en coupe par la figure 3096 (1). Dans la *serre* du bas se trouve le massif de terre soutenu par de petits murs et des consoles supportant les pots ; dans

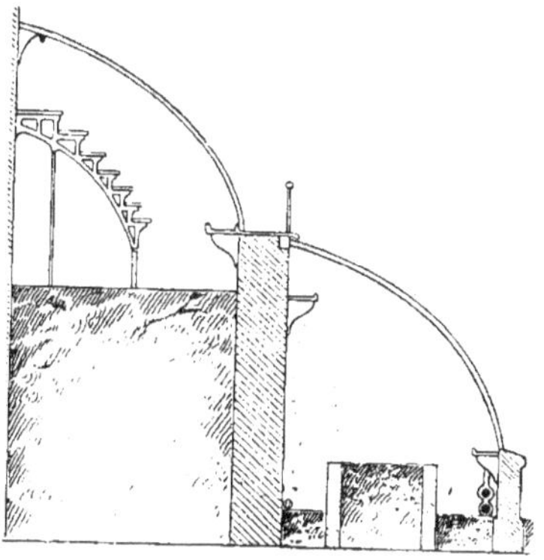

Fig. 3096.

celle du haut sont installées des étagères en métal qui reçoivent également des rangées de pots de dimensions différentes.

Nous donnons (fig. 3097), au quart

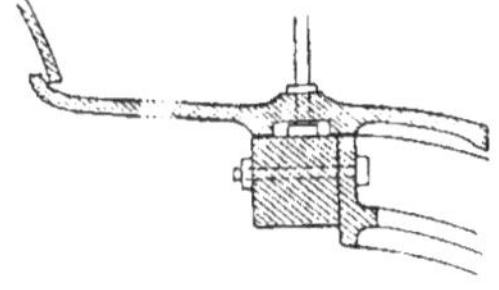

Fig. 3097.

d'exécution, le détail du balcon en fer qui sépare ces deux *serres*.

Un autre système d'étagères est représenté par la figure 3098 ; ce sont de simples gradins ménagés dans le sol ; le terre-plein n'est plus dans le milieu,

(1) César Daly, *Revue d'architecture*, 1849-50.

occupé par le chemin de service ; deux tuyaux suffisent à chauffer cette *serre*.

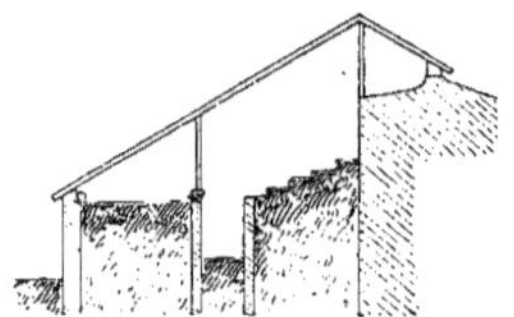

Fig. 3098.

Ces diverses dispositions peuvent être adoptées pour des *serres* dans lesquelles la température est plus élevée. Souvent aussi, on donne à la *serre* de plus grandes dimensions, qui permettent d'y cultiver des plantes d'une certaine hauteur. La figure 3099 représente un modèle de *serre* qui avait été construit par M. Maury à l'Exposition universelle de 1867 et qui se composait d'un pavillon central et de deux ailes, le tout en vitrage porté sur un soubassement en briques.

3° La *serre chaude* est d'un usage plus restreint que les *serres tempérées* ;

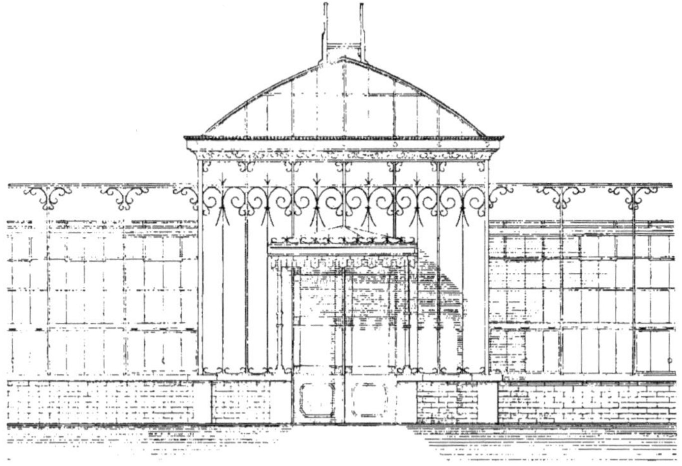

Fig. 3099.

elle est destinée à certaines familles de plantes, telles que les *palmiers*, les *cycadées*, les *broméliacées* et les *gesnériacées*. La température y est maintenue entre 25 et 30° ; souvent, elle fait partie d'une seule et même construction avec la *serre tempérée*, dont elle n'est séparée que par une cloison vitrée. Selon qu'on doit ou non surcharger d'humidité l'atmosphère de cette *serre*, on la nomme *serre chaude humide* ou *serre chaude sèche*. Ce dernier genre convient aux plantes que nous venons de citer.

La *serre chaude humide* est principalement destinée à la famille des orchidées. La figure 3100 montre, en coupe, une *serre d'orchidées* du jardin botanique de Liège. Les terres sont placées au-

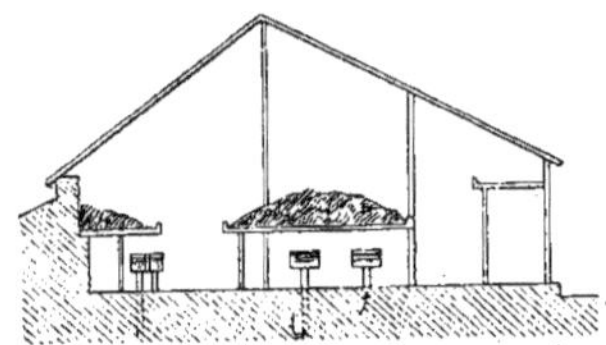

Fig. 3100.

dessus du sol de la *serre*, et un système de circulation d'eau chaude à air libre fait régner dans ce local une atmosphère à la fois chaude et humide, nécessaire à cette espèce de plantes.

La *serre à forcer* est une *serre chaude sèche* dans laquelle on obtient, au moyen de la chaleur artificielle, des fruits et des fleurs en dehors des époques naturelles de floraison et de fructification à l'air libre.

Ce genre de *serres* est ordinairement construit à un seul versant. Sur le mur du fond, on adosse des arbres fruitiers, tels que les pêchers et les abricotiers. Des pruniers et des cerisiers nains cultivés en pots, des groseillers, quelques ceps de vigne et des centaines de pots de fraisiers occupent la plus grande partie des étagères, sur lesquelles on place également les plantes rares dont on veut hâter la floraison.

Chez les horticulteurs de profession, les *serres à forcer* sont divisées en deux parties distinctes, l'une pour les fleurs, l'autre pour les fruits.

4° Enfin, les *aquariums* sont des *serres* destinées à la culture des plantes aquatiques. Ces plantes exigeant beaucoup de lumière, l'*aquarium* doit avoir une large toiture vitrée qui se rapproche le plus possible de la surface de l'eau. Dans les grands aquariums, on amène l'eau à la température nécessaire au moyen de tuyaux placés au fond des réservoirs.

Au point de vue du chauffage de ces locaux, deux systèmes sont employés : le chauffage à eau chaude et le chauffage à la vapeur. Nous ne nous prononcerons pas entre ces deux systèmes qui ont chacun leurs défenseurs parmi les horticulteurs ; nous dirons seulement ici quelques mots des conduits dont on se sert. Ce sont des tuyaux de fonte ou de cuivre ; la jonction de ces tuyaux exige certaines précautions à cause de la dilatation du métal. Au jardin botanique de Gand, on emploie le mode de réunion suivant : les tuyaux sont en cuivre et n'ont que $0^m,07$ de diamètre. La figure 3101 représente la disposition employée : deux systèmes de quatre tubes, au lieu de se prolonger sur toute la longueur de la *serre*, aboutissent à

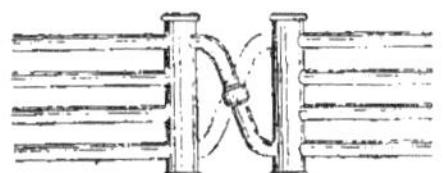

Fig. 3101.

des cylindres qui sont eux-mêmes reliés par des tubes à double courbure. La disposition adoptée dans les angles est

Fig. 3102.

représentée par la figure 3102 : un tube à triple courbure relie le système inférieur au système supérieur.

Dans les grands jardins, la *serre*, objet d'agrément, peut servir de promenade ou de refuge contre l'intempérie des saisons. On doit donc y ménager des allées et des lieux de repos.

Serre-joint, *s. m.* — Voy. *Sergent*.

Serrure, *s. f.* — Mécanisme en fer et quelquefois en cuivre que l'on emploie pour fermer les portes, les vantaux d'armoire, les coffres, tiroirs et meubles de tous genres.

Cet appareil se compose de trois parties distinctes : 1° la *serrure* proprement dite, bâti de fer qui renferme le *pêne* ou verrou de la *serrure ;* 2° la *clef* qui le fait mouvoir ; 3° la *gâche*, pièce de fer dans laquelle ce pène va se loger et qui est fixée au moyen de vis ou scellée sur le chambranle de la porte.

La boîte rectangulaire qui renferme

le mécanisme se compose d'un fond ou plaque de tôle rectangulaire appelé *palastre* et de quatre côtés dont l'un, plus saillant, est le *rebord*, la *tête* ou *têtière*, à travers lequel passe le pène, les trois autres formant la *cloison*. Ces pièces sont maintenues ensemble de la manière suivante : deux *étoquiaux* ou petites tiges de fer, à section carrée, de 0m,002 à 0m,003 d'épaisseur sont rivés à la fois sur le palastre et sur la cloison ; ces deux pièces sont, de plus, unies à la lime et au bout de la cloison ; de chaque côté est ménagé un petit tenon qui se taille à queue d'aronde et assemble cette pièce avec le rebord. Celui-ci, suivant les *serrures*, est percé de deux trous pour laisser passer les vis qui doivent le fixer sur l'épaisseur de la porte. Dans le même but, le palastre est percé aussi de deux, trois ou quatre trous qui reçoivent des vis d'attache.

La figure 3103 représente une boîte de *serrure* ainsi composée, le mécanisme intérieur étant enlevé : A le *palastre*, B la *cloison*, C le *rebord*, *tête* ou *têtière*, percé d'un trou rectangulaire pour le passage du pène et de deux trous circulaires pour les vis, puis les *étoquiaux* et les trous faits au palastre.

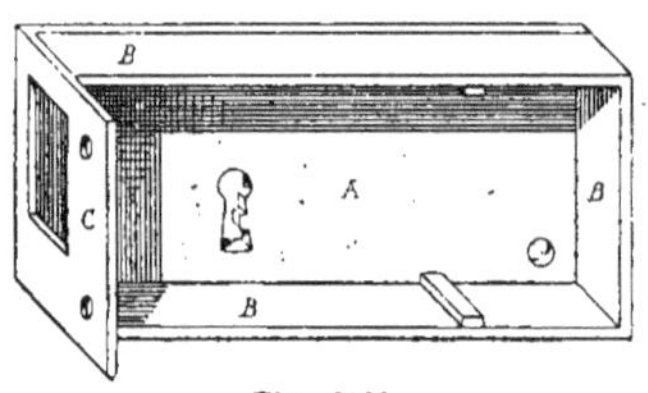

Fig. 3103.

C'est sur ce dernier que sont montées, au moyen d'étoquiaux, d'arrêts et de vis, les pièces du mécanisme : *pènes à demi-tour*, *pènes dormants*, *gros pènes*, *pènes à verrous de nuit*, *grands ressorts à gorge*, *équerres*, *picolets*, *foliots*, *ressorts à boudin*, *planches* (voy. ces mots).

La boîte de la *serrure* est fermée par une *couverture* ou *foncet*, feuille de tôle mince dont les dimensions sont celles de l'intérieur de la boîte. On lui ménage (fig. 3104), du côté du *rebord*, deux petits tenons qui entrent dans ce rebord et affleurent extérieurement ; les étoquiaux de la cloison le soutiennent et, sur la partie de la *cloison* opposée au

Fig. 3104.

rebord, on rive un petit tenon dans lequel on taraude un pas pour la vis qui traverse en cet endroit la couverture et la rend solide. Le *foncet* porte l'*entrée* et, dans les *serrures* à broche, le *canon*, qu'on y fixe par une embase ou par des pattes rivées ou brasées.

Les pièces extérieures de la *serrure* sont : le *cache-entrée* (voy. ce mot) ; le *faux fond*, sorte d'embase fixée en dehors du palastre par deux ou trois vis à tête fraisée à l'intérieur ; (c'est dans le *faux fond* que la broche est ajustée, rivée et brasée) ; le *bouton de coulisse*, le *bouton coudé*.

Nous allons décrire les *serrures* les plus habituellement employées :

1° Les *serrures* dites *becs-de-cane* (voy. ce mot) sont celles qui fonctionnent à l'aide de boutons ou de béquilles.

2° Les *serrures tour et demi* représentent l'espèce la plus répandue et servent pour portes d'armoires et portes de logements.

La figure 3105 représente une *serrure* d'armoire *à tour et demi*. On voit en A une vue de face de l'intérieur de cette *serrure*, le *foncet* B étant enlevé, et en C une coupe horizontale faite sur l'axe du pène *a* ; celui-ci est muni de barbes et est maintenu dans son mouvement de glissement par un arrêt *c*. Derrière le pène *a* est une gorge en cuivre dont l'une des branches, recourbée, est pourvue, à son extrémité, d'un œil qui permet de la fixer, à l'aide d'une vis, sur le palastre. La clef, qui est forée, est guidée par le canon D et la bouterolle *e;* le panneton est fendu parallèlement à la tige pour donner passage au *rouet* ou garniture demi-circulaire dont on voit la projection sur la figure. Dans la position représentée ici, la tête du pène est en partie sortie de la boîte et engagée dans la gâche, il suffit d'un demi-tour de la clef accrochant la barbe du pène la plus rapprochée du rebord pour faire rentrer la tête du pène dans la boîte et ouvrir la porte. Si, au con-

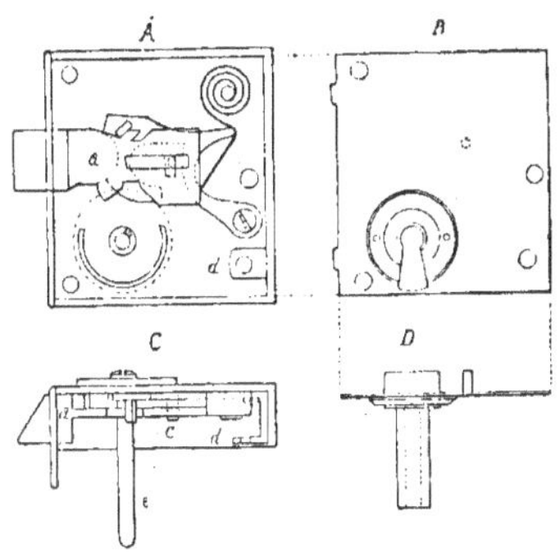

Fig. 3105.

traire, en considérant toujours la position représentée par la figure, on fait tourner la clef dans l'autre sens, celle-ci soulève la gorge, dont on voit le bord inférieur en dessous du pène; le petit tenon ou cran d'arrêt, qui est fixé à la partie supérieure de la gorge et qui entre dans une des deux encoches pratiquées sur le dos du pène, se soulève également; la clef, continuant sa rotation, pousse la barbe du pène non plus en avant, comme dans le mouvement précédent, mais en arrière, et la tête du pène sort tout entière pour entrer dans la gâche; en même temps, le ressort pousse la gorge, dont le tenon retombe dans la seconde encoche faite sur le dos du pène et forme arrêt pour ce dernier; la fermeture est alors aussi complète que peut le donner ce genre de *serrure.* Pour ouvrir, il faut alors un *tour et demi* de clef. Au premier demi-tour, la clef soulève la gorge, la retire de l'encoche où elle forme arrêt, accroche la seconde barbe du pène et lui donne un mouvement de glissement en arrière; elle continue sa rotation, fait un tour entier et accroche la première barbe, de manière à ouvrir comme nous l'avons vu plus haut. Le talon indiqué en *d* sert à fixer le foncet.

La figure 3106 montre, à moitié d'exécution, l'intérieur d'une *serrure* d'armoire *à tour et demi*, où les pièces sont disposées un peu différemment : le ressort est fixé à la partie inférieure du

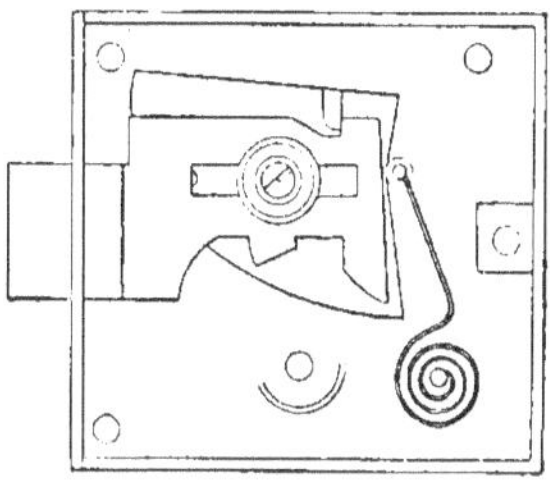

Fig. 3106.

palastre; la gorge au contraire a son œil placé dans le haut; le *rouet* formant la garniture est plus rapproché de la bouterolle; le talon du foncet est à mi-hauteur de la cloison. Le mouvement est exactement le même.

Ces appareils de fermeture sont en-

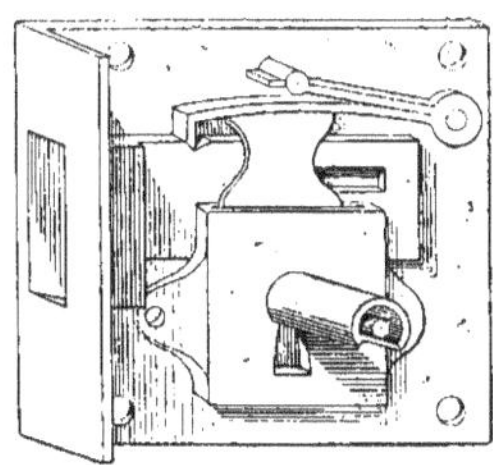

Fig. 3107.

core appelés *serrures encloisonnées à*

canon. On en fait qui sont *encloisonnées* également, mais sans *canon*, et d'autres qui sont dites à *entailler*, c'est-à-dire que l'on entaille le vantail pour les loger : la figure 3107 représente une *serrure* de ce genre demi-grandeur à canon, avec une *planche* comme garniture, *gorge* et *ressort à pincette*.

Nous donnons encore (fig. 3108) une *serrure à tour et demi* en supposant le pêne rentré intérieurement et, par conséquent, la porte ouverte. Cette position est amenée lorsque le panneton de la clef, après un demi-tour, appuie, d'avant en arrière, contre la première barbe du pêne, lui ayant fait parcourir toute sa course dans ce sens, et soulève en même temps la gorge, dont le cran d'arrêt est sorti de la première encoche. La figure que nous donnons ici représente la clef dans la position indiquée, la tige étant coupée. Cette *serrure* est,

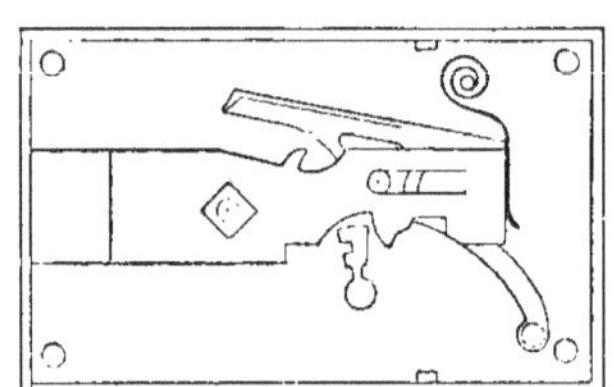

Fig. 3108.

de plus, à *clef bénarde ;* elle n'a pas de bouterolle. La virole qui se voit sur le pêne sert à maintenir une vis qui correspond, à l'extérieur du palastre, à un bouton dit *bouton de coulisse*, au moyen duquel on peut faire glisser le pêne sans le secours de la clef quand la *serrure* n'est pas fermée à tour et demi. Cette *serrure* est dite aussi *serrure bénarde*, parce qu'elle est sans broche et a une ouverture des deux côtés pour la clef, de sorte que l'on peut ouvrir et fermer en dedans comme en dehors avec la même clef.

3° La *serrure à deux pênes, pêne dormant demi-tour* et *bouton double*, est très employée pour les portes intérieures d'appartement. Elle renferme (fig. 3109) deux pênes, dont un *pêne dormant a*, qu'une clef bénarde ouvre à demi-tour en soulevant la gorge *h* sur

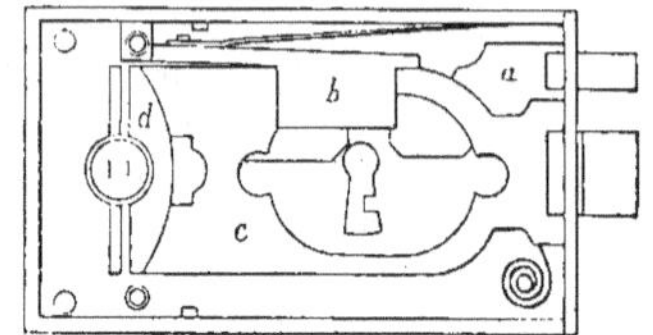

Fig. 3109.

laquelle agit un ressort en lame d'acier placé au-dessus ; il y a souvent une planche comme garniture ; le *pêne coulant c* se meut au moyen d'un foliot *d*, dans lequel passe un bouton double.

Ce genre de *serrure* est construit sur différents modèles ; il y a entre autres : les *serrures pêne dormant et demi-tour façon Jacquemart*, les *serrures pêne*

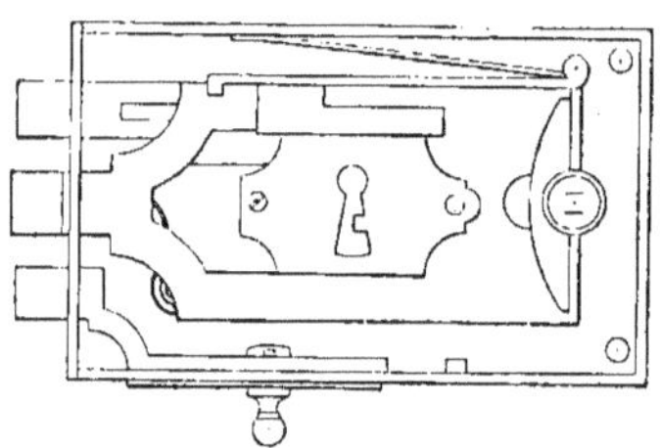

Fig. 3110.

dormant et demi-tour à traînette, les *serrures pêne dormant et demi-tour avec verrou de nuit*, comme celle que représente la figure 3110.

4° La *serrure à pêne dormant, un seul pêne, deux tours*, est employée pour les portes de cave, avec ou sans garniture et clef bénarde.

Nous donnons (fig. 3111) une *serrure* de ce genre, système à gorge. Sur le pêne, dont la tête carrée est de forte dimension, sont montés la gorge à deux crans d'arrêt et le ressort qui est une simple lame d'acier un peu courbée

pour appuyer sur la gorge par son ex-

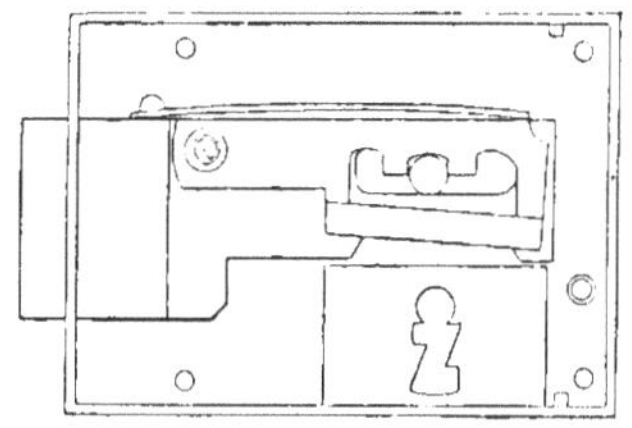

Fig. 3111.

trémité libre. Une planche forme garniture.

5° Les *serrures de sûreté* qui sont les plus communément employées sont celles que nous allons maintenant décrire :

La *serrure tour et demi, clef forée*, comme celle que représente la figure 3112, est à système Bricard, mar-

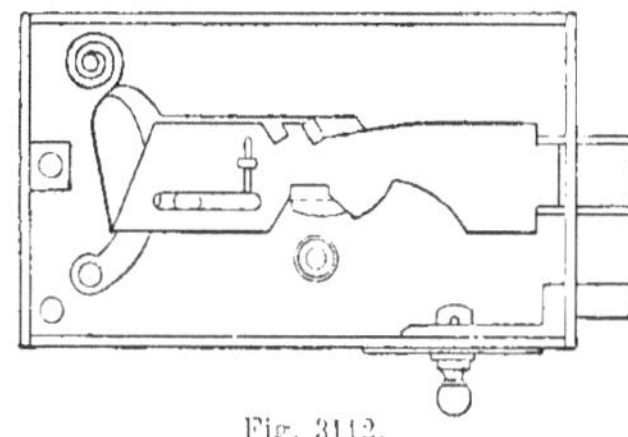

Fig. 3112.

quée S T et avec verrou de nuit. On emploie ce système pour la fermeture des chambres de domestiques et des portes d'entrée de petits logements.

La *serrure de sûreté à deux tours et demi, clef forée* (fig. 3113), est armée de deux pênes indépendants A et B, ce dernier en bec de cane pour le demi-tour, l'autre, qui est carré au bout, pour les deux tours. Pour ouvrir le premier, on fait tourner la clef de manière qu'elle attaque le bras C d'un levier coudé dont le centre de rotation est sur le pêne dormant A ; l'autre bras, qui a son extrémité engagée dans le pêne B, fait alors rentrer celui-ci dans le palastre. Aussitôt que la clef cesse d'agir, le ressort D pousse le pêne et le fait saillir au dehors. Si maintenant on tourne la clef en sens contraire, le panneton de celle-ci soulève la gorge placée derrière le pêne et à laquelle est fixée la gâchette E, et attaque la première barbe du pêne. L'extrémité recourbée de la gâchette se trouve ainsi dégagée de son encoche, et le pêne entre d'un cran dans la gâche. La clef ayant achevé son tour et n'agissant plus sur l'ancre ni sur la barbe, l'extrémité de la gâchette tombe dans l'encoche suivante sous la pression du ressort fixé en haut du palastre. En même temps que le pêne auquel elle est liée, l'équerre marche aussi en avant et

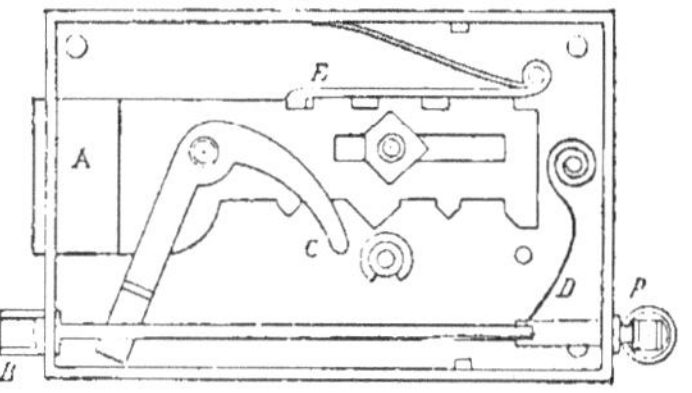

Fig. 3113.

d'une quantité telle que son bras C ne peut plus être rencontré par la clef. Enfin, un second tour de clef fait encore avancer le pêne A et amène la troisième encoche sous l'extrémité de la gâchette. Pour ouvrir la porte, il suffit d'exécuter la même opération en sens inverse. Le pêne A rentre dans la boîte, l'équerre revient à sa position primitive, et un troisième tour de clef, en attaquant le bras C, fait rentrer le bec-de-cane. Ce dernier peut aussi être poussé en arrière au moyen d'un bouton de coulisse P. Ces *serrures* sont toujours munies de gardes et sont à clefs forées.

Les *serrures de sûreté à gorges mobiles* ont quatre ou six gorges ; ces gorges sont de petites plaques de cuivre comme celle qui est représentée par la figure 3114 ; elles sont superposées et toutes percées d'un œil que traverse un étoquiau. Ces gorges sont découpées, à leur partie inférieure, suivant des profils différents, et pourvues d'encoches et de crans d'arrêt qui servent à régler la marche du pène ; elles sont soulevées par la clef, dont le panneton est entaillé à cet effet ; un tenon fixé sur le pène passe, à chaque tour de clef, entre les

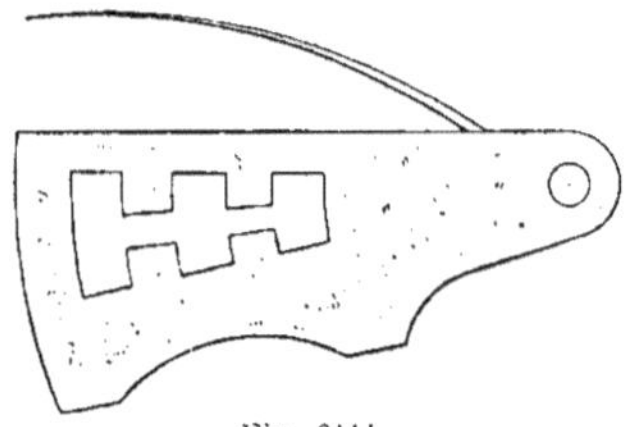

Fig. 3114.

redents des gorges pour tomber successivement dans les encoches voisines. De petites lames d'acier fixées aux gorges par entailles et formant ressort favorisent ce mouvement.

La figure 3115 représente une *serrure de sûreté à six gorges* et à bouton coudé ; ce dernier est soumis à l'action d'un ressort enroulé autour de sa tige. Les gorges, munies de trois encoches, per-

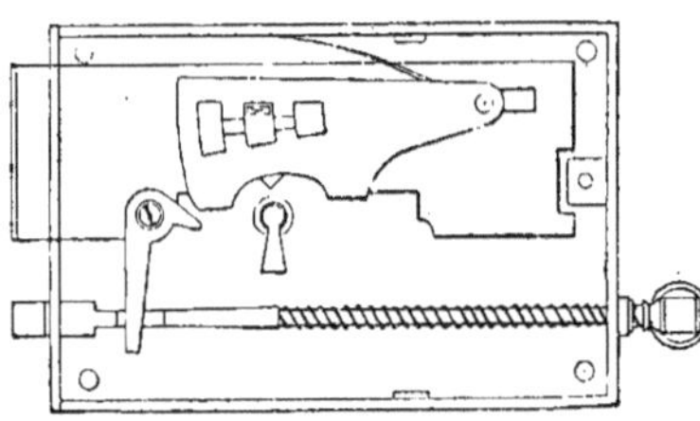

Fig. 3115.

mettent de faire manœuvrer le pène en deux tours de clef et une équerre, mue par un demi-tour, agit sur le pène coulant comme dans la *serrure* précédente.

Les anciennes *serrures de sûreté* se distinguent surtout des nouvelles par la complication des garnitures.

Les *serrures de sûreté* avec ou sans gorge peuvent être à foliot pour le demi-tour. Celle que représente la figure 3116 est ainsi disposée et reçoit le nom de *serrure en large*, parce qu'elle est plus haute que large, pour être posée

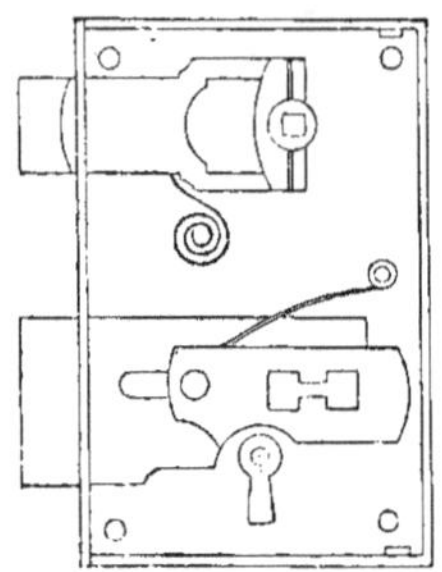

Fig. 3116.

sur des parties étroites ; les autres sont des *serrures en long*.

La *serrure de sûreté à pompe*, dont la clef a des fentes parallèles à la tige (voy. *Clef*) fonctionne comme le piston d'une pompe.

Outre les *serrures* que nous venons de décrire et dont le pène sort de la boîte pour s'engager dans une gâche, on fait aussi des *serrures* dont le pène reste toujours renfermé. Alors, la pièce qui sert de gâche porte un anneau plat nommé *auberon*, qui pénètre dans le palastre par une ouverture pratiquée à cet effet. Les *serrures* de malles et les cadenas ordinaires appartiennent à cette catégorie.

Les *serrures* sont dites *poussées* lorsqu'elles ne sont que *blanchies* extérieurement ; les autres sont *noires* ou *polies* ; on en fait même qui sont *moirées*.

A Paris, on distingue les *serrures* en *serrures ordinaires* et *serrures marquées* ou *estampillées*.

L'estampille indique la provenance de la *serrure* ; la plus estimée est la *serrure Bricard*, marquée ST ; ensuite, on compte les marques J P M, F T, A G, T, Union des quincailliers, etc.

Il nous reste à dire quelques mots des *serrures* dites de *précision*, *à secret* ou *à combinaisons*.

Les *serrures à secret* sont ainsi nommées parce que quand elles sont fermées on ne peut les ouvrir que d'une certaine manière. Leur ouverture est presque toujours munie d'un *cache-entrée*, dont la disposition peut varier à l'infini et qu'il faut nécessairement déplacer pour introduire la clef.

Les *serrures à combinaisons* sont formées d'un mécanisme composé de pièces qu'il faut placer dans un certain ordre pour qu'on puisse obtenir leur ouverture. Les unes s'ouvrent sans clef, dès que ces pièces ont été mises dans la position voulue ; les autres s'ouvrent avec une clef d'une construction particulière.

Parmi ces dernières *serrures* qui sont très anciennes, on compte la *serrure égyptienne*, qui était généralement employée plus de dix siècles avant notre ère et dont l'usage est encore aujourd'hui très répandu dans l'Orient. La construction de cette *serrure* repose sur le principe qui consiste à mettre des obstacles au mouvement du pène. Ce principe a été appliqué en 1784 par l'Anglais Bramak, pour sa *serrure à pompe*.

La *serrure* de ce dernier genre a servi de type à un grand nombre d'appareils analogues, parmi lesquels nous citerons : la *serrure à gorge* et *à délateur* de Chubbs (le *délateur* est une petite pièce qui tombe dans une encoche du pène lorsque les *gorges* sont soulevées par une clef étrangère et qui empêche l'ouverture de l'instrument ; dans ce cas, la clef même de la *serrure* ne peut plus ouvrir, ce qui dévoile l'introduction de la clef étrangère) ; la *serrure à clef changeante* de Rochefort et la *serrure à permutation* de Day et Newel.

Ces *serrures*, bien que n'étant pas incrochetables, exigent beaucoup de temps pour être ouvertes.

Les *serrures* qui s'ouvrent sans clef sont formées de plusieurs viroles portant des lettres, des chiffres ou des signes quelconques, susceptibles de prendre un très grand nombre de positions différentes, et il n'y a, pour chaque virole, qu'une position qui permette l'ouverture de la *serrure*.

Historique. On ne saurait assigner une origine certaine à l'usage du mode de fermeture au moyen de *serrures* ; mais il paraît fort ancien.

M. de Vogüé a tout récemment rapporté de Jérusalem une *serrure* en bronze, trouvée dans les fouilles exécutées sur l'emplacement de l'ancien

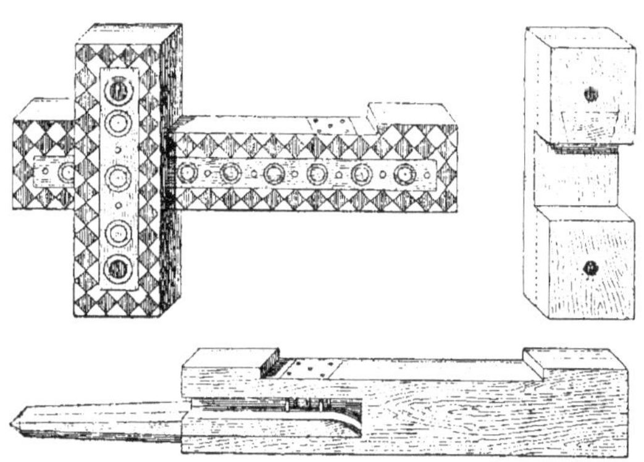

Fig 3117.

temple de Salomon. Le principe sur lequel est basée la construction de cet appareil est le même que celui des *serrures* en bois actuellement en usage chez les Égyptiens, et cette découverte semblerait confirmer l'authenticité du récit de Denon, qui dit avoir vu sur les bas-reliefs du grand temple de Karnac une image identique à celle des *serrures* modernes du pays. La *serrure* trouvée à Jérusalem est formée d'une boîte dans laquelle glisse un pène quadrangulaire mû par une clef pourvue de goujons, qui entrent dans des trous ménagés dans le pène. D'ailleurs, la figure 3117, qui représente, vue sur ses deux faces, une *serrure* égyptienne en bois, fera mieux comprendre notre explication. Pour ouvrir, la clef munie de goujons repousse les pointes que l'on voit sur la face interne du coulisseau et qui en tombant arrêtent le pène. La *serrure* hébraïque diffère de celle-ci en ce que la clef, au lieu d'être en prolongement du pène, est introduite perpendiculairement.

On ne sait pas si les Grecs employaient les *serrures* ; les auteurs anciens parlent souvent de clefs ; mais on ne peut affirmer qu'elles n'avaient pas pour office de faire mouvoir des verrous, des cadenas ou un système quelconque de fermeture. On manque, en effet, à cet égard, de documents certains. On a cependant trouvé des *serrures* à Pompéi, ville d'origine grecque ; mais leur présence dans cette ville, au moment de la catastrophe qui la détruisit, n'était-elle pas déjà due à l'influence romaine ? On ne saurait trancher cette question dans l'état actuel de la science archéologique.

Les portes romaines se fermaient, en effet, à l'aide d'un mécanisme qui nécessitait l'emploi d'une ou de plusieurs clefs, dont la forme et la disposition variaient à l'infini, ce qui démontre que la *serrure* romaine devait présenter une complication de mécanisme aussi grande que celle des *serrures* modernes. Le mot latin *sera* ne s'appliquait pas aux *serrures* fixes, mais aux *serrures* mobiles, telles que les cadenas, et l'on pourrait croire, si l'on s'en rapportait aux textes des auteurs anciens, que les Romains n'avaient pas de *serrures* fixes ; mais on a trouvé sur divers points de véritables *serrures* fixes avec leurs pènes, leur palastre, leur foncet, leur cloisonnement, le tout en bronze.

Serrurerie, *s. f.* — Art qui tire son nom de la fabrication des serrures, mais qui embrasse toutes les applications du fer à la construction des machines, des instruments et outils et des édifices de toute espèce.

Considéré comme une branche de la construction proprement dite, cet art comprend l'exécution :

1° Des gros ouvrages en fer tels que *poutres*, *solives*, *combles*, *pans de fer*, *ponts métalliques*, *serres*, etc. ;

2° Des ouvrages dits de forges, tels que *grilles*, *rampes* et *balcons*, *chaînes d'écartement* , *potences* , *corbeaux* , *étriers*, *pentures*, *pivots* de grandes portes et autres, et tous les gros fers qui se livrent au poids ;

3° Des ouvrages tirés de fabriques, *serrures*, *verrous*, *targettes*, *paumelles*, *charnières* et autres, servant à la fermeture des portes et qui sont compris sous le nom de *quincaillerie*.

L'emploi du fer dans la construction des édifices est fort ancien : les Romains en faisaient usage comme agrafes, crampons, goujons, chevillettes, boulons à clavettes, queues-de-carpes, équerres, étriers, etc.

La période qui suivit la chute de l'empire romain fut une époque de décadence pour l'art de la *serrurerie*.

Au moyen âge, à partir du XIIe siècle, l'industrie des fers forgés commença à progresser notablement ; toutefois, la *ferronnerie* ou *grosse serrurerie* resta, faute de moyens puissants comme ceux que nous possédons actuellement, dans un degré d'infériorité complète par rapport à la *serrurerie fine*, qui s'éleva, au contraire, à la hauteur d'un art véritable, aussi bien dans sa forme que dans ses moyens d'exécution.

On admire aujourd'hui les magnifiques ouvrages, grilles, croix, reliquaires, portes de tabernacles, pupitres, coffrets, plaques de serrures, ferrures de portes, etc., que nous a laissés la *serrurerie* du moyen âge. On cite les pentures des portes de la cathédrale de Paris, ouvrage d'une merveilleuse exécution.

La *serrurerie* fut également florissante à l'époque de la Renaissance, qui produisit des clefs, des plaques de serrures, des bas-reliefs en fer repoussé, des grilles, etc., d'un dessin et d'un fini remarquables.

La *serrurerie* moderne, en étendant la puissance et le nombre de ses moyens, est devenue plutôt une industrie qu'un art et, quel que soit le mérite de certaines œuvres qu'elle produit, elle ne dépasse pas, si toutefois elle l'atteint la perfection des ouvrages dus aux artistes du moyen âge et de la Renaissance.

Serrurier, *s. m.* — Celui qui entreprend ou exécute les ouvrages de serrurerie.

Les ouvriers *serruriers* comprennent :

Les *forgerons*, qui forgent sur l'enclume ;

Les *ajusteurs*, qui préparent l'ouvrage pour la pose ;

Les *ferreurs*, qui font la pose des pièces au bâtiment ;

Les *compagnons de ville*, qui exécutent les menus ouvrages en dehors de l'atelier.

Comme aides *serruriers*, on distingue :

Le *tireur de soufflet*, le *frappeur*, le *perceur* et l'*homme de peine*.

Le *poseur de sonnettes* est un ouvrier spécial.

Sertir, *v. a.* — Réunir une pièce de fer à une autre par de petites lèvres qui sont au bord du trou sur lequel on ajuste la pièce.

Servance. — Localité du département de la Haute-Saône, dans laquelle on travaille plusieurs qualités de pierres ornementales.

On distingue :

1° Le porphyre vert de *Belonchamp* (voy. ce mot) ;

2° Le porphyre vert de *Belfahy*, mélaphyre analogue au précédent, de nuance un peu plus foncée, pesant 2,820 kilogr. le mètre cube et s'écrasant sous une charge de 1,120 kilogr. par centimètre carré ;

3° Le porphyre vert de *Saint-Barthélemy*, mélaphyre analogue au précédent, pesant 2,780 kilogr. le mètre cube et s'écrasant sous une charge de 900 kilogr. par centimètre carré ;

4° Le granit feuille-morte de Miélin, dit de *Servance*, syénite porphyroïde, très dure, pesant 2,650 kilogr. le mètre cube et s'écrasant sous une charge de 900 kilogr. par centimètre carré ;

5° L'eurite porphyroïde gris du mont Cornu, ou granit gris de *Servance*, feldspathique, porphyroïde, dur, pesant 2,640 kilogr. le mètre cube et s'écrasant sous une charge de 715 kilogr. par centimètre carré.

Servante, *s. f.* — Instrument que les menuisiers emploient pour donner un point d'appui à de grandes pièces qui ne peuvent pas porter sur l'établi et qui, si elles le dépassent de beaucoup et si elles sont minces, peuvent se déformer sous leur propre poids.

La *servante* doit donc être un support transportable et dont la hauteur varie à volonté. On lui donne, à cet effet, la forme indiquée par la figure 3118. Sur un pied à quatre branches, assez massif pour assurer la stabilité de l'outil, s'élève verticalement une pièce de bois plus large qu'épaisse et dont la hauteur doit dépasser d'au moins un tiers celle de l'établi. L'un des côtés de ce montant est garni de dents qui sont destinées à retenir le support mobile. Celui-ci porte une bride en fer retenue par une goupille qui lui sert de pivot, autour duquel elle peut décrire une portion de cercle. Lorsque la bride croise le montant à angle droit, elle laisse aux dents de la crémaillère un libre passage. Si le support est abandonné à lui-même, son poids fait prendre une position oblique à la bride, qui est alors arrêtée par les

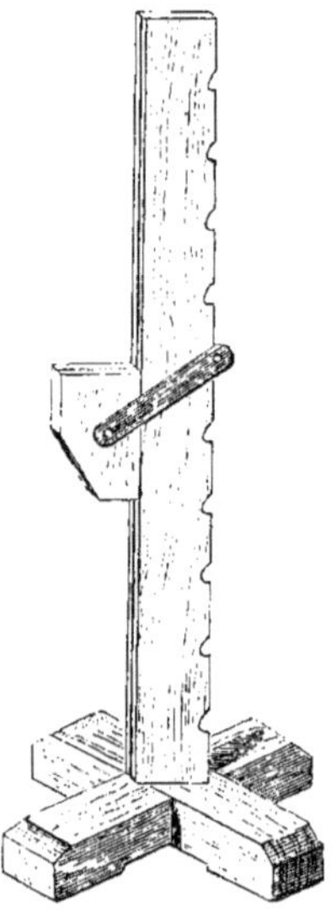

Fig. 3118.

dents. On peut ainsi faire varier la hauteur à laquelle on place le support. L'écartement des dents doit être assez restreint et il faut, de plus, que l'une d'entre elles soit placée de manière à ce que le support puisse être mis exactement au niveau de l'établi.

Service, *s. m.* — *Ordres de service* : on nomme ainsi des ordres écrits donnés par l'architecte sur un chantier, ordres dans lesquels il explique comment une opération importante devra être faite, les précautions à prendre, etc.

Servitude, *s. f.* — En général, le sens de ce mot est défini par l'article 637 du Code civil :

« Une *servitude* est une charge imposée sur un héritage pour l'usage et l'utilité d'un héritage appartenant à un autre propriétaire. »

La *servitude* n'entraîne aucune prééminence d'un héritage sur l'autre (1).

Il suit de là que la constitution d'une *servitude* exige : 1° qu'il y ait deux héritages distincts appartenant à deux propriétaires différents, l'un de ces héritages devant la *servitude* à l'autre ; 2° que le changement de propriétaire ne modifie en rien la *servitude*, qui reste imposée à l'héritage ; 3° que cette *servitude* reste inhérente à l'héritage, c'est-à-dire qu'elle ne peut être vendue, louée, ni hypothéquée, ni donnée, ni échangée sans le fonds auquel elle est due.

Il est important de ne pas confondre avec la *servitude* proprement dite un droit accordé non à un héritage, mais à une personne, par exemple le droit de mouture gratuite et à perpétuité, concédé à certaines familles désignées, à leurs enfants ou héritiers (2).

Si le fonds dominant vient à être divisé, la *servitude* reste due à chaque portion, sans que la condition du fonds assujetti doive en être aggravée. Si, par exemple, il s'agit d'un droit de passage, tous les copropriétaires doivent l'exercer par le même endroit (3).

Toutefois, selon que les faits qui les constituent sont susceptibles ou non de division, les *servitudes* sont *divisibles* ou *indivisibles*. Il s'ensuit que si le fonds qui jouit d'une *servitude* vient à être partagé, chaque copartageant ne peut plus exercer la *servitude* que pour sa part seulement. Pour la *servitude indivisible*, au contraire, chaque copartageant a le droit d'en jouir sans que pour cela l'usage qu'il en fait puisse conserver le droit des autres (4).

Si le fonds dominant appartient à plusieurs propriétaires indivisément, la *servitude* est due indivisiblement.

Plusieurs héritages peuvent en commun devoir la même *servitude* à un seul héritage.

(1) Code civil, art. 638.
(2) Code Perrin, nos 3722 et suivants.
(3) Code civil, art. 700.
(4) Code Perrin, nos 3728 et suivants.

Une *servitude* ne peut être grevée d'une autre *servitude*.

Il résulte de l'article 2226 du Code civil que toutes les choses qui sont hors du commerce, telles que les rues, places, places de guerre, fortifications et autres dépendances du domaine public, ne peuvent être grevées de *servitudes*, tant que leur destination n'a pas été changée par l'autorité compétente.

Les *servitudes* sont classées de la manière suivante ; on appelle :

Servitudes urbaines, celles qui sont établies pour l'usage de bâtiments situés à la ville ou à la campagne (1) ;

Servitudes rurales, celles qui ont pour objet l'utilité des fonds de terre (2) ;

Servitudes continues, celles dont l'usage est ou peut être continuel, sans avoir besoin du fait actuel de l'homme : par exemple, les conduites d'eau, les égouts, les rues, les saillies, une gouttière sur le fonds d'autrui, une prise d'eau, et autres droits de ce genre (3) ;

Servitudes discontinues, celles qui ont besoin du fait actuel de l'homme pour être exercées, comme les droits de passage, puisage, pacage et autres semblables (4) ;

Servitudes actives, celles qu'on est en droit d'exercer et qui sont accessoires du fonds pour l'utilité duquel elles sont constituées ; tel est le droit de passer en bateau sur un lac, un étang ou une rivière patrimoniale dépendant d'un autre fonds ;

Servitudes actives, encore dans un autre sens, celles qui donnent au propriétaire du fonds dominant le droit de faire telle ou telle chose ;

Servitudes passives, celles que l'on est obligé de souffrir et qui diminuent la valeur du fonds grevé ;

Servitudes négatives, celles qui, sans autoriser aucun acte du propriétaire du fonds dominant sur le fonds servant, interdisent seulement un acte au propriétaire du fonds servant : prohibition de bâtir, de surélever, etc. ;

Servitudes apparentes, celles qui s'annoncent par des ouvrages extérieurs, tels qu'une porte, une fenêtre, un aqueduc, un canal et toutes autres constructions qui déposent à chaque instant et visiblement de l'existence de la *servitude* (1) ;

Servitudes non apparentes, celles dont aucun signe extérieur n'annonce l'existence, par exemple la prohibition de bâtir sur un fonds ou de ne bâtir qu'à une hauteur déterminée.

Notons ici qu'il y a :

1° Des *servitudes continues* et *apparentes*, telles qu'une croisée dans un mur mitoyen, une vue droite dans un mur qui n'est pas à 2 mètres de l'héritage voisin : on les voit toujours et, si cette croisée et cette vue existent depuis trente ans, la prescription est acquise ;

2° Des *servitudes apparentes* mais *non continues*, telles que le droit de puisage à une fontaine, le droit de passage, dont les effets sont apparents, mais intermittents ; quel que soit le temps que l'on jouisse de ces facultés, elles peuvent être interdites au gré du propriétaire de la fontaine ou du passage et ne peuvent être acquises par prescription.

A un autre point de vue, il y a également plusieurs espèces de *servitudes :*

1° Celles qui dérivent de la situation naturelle des lieux et qui sont dites *servitudes naturelles ;*

2° Celles qui proviennent des obligations imposées par la loi et qui sont appelées *servitudes légales ;*

3° Celles qui sont dues à des conventions entre les propriétaires ; ce sont les *servitudes conventionnelles* (2).

Servitudes naturelles. Les *servitudes* de cette espèce ont pour cause la dé-

(1) Code civil, art. 687.
(2) Id.
(3) Code civil, art. 688.
(4) Id.

(1) Code civil, art. 689.
(2) Code civil, art 639.

pendance réciproque dans laquelle nos biens sont placés les uns par rapport aux autres, en raison de nos besoins communs. Ces *servitudes* tiennent particulièrement à la nature du fonds, c'est-à-dire qu'elles naissent de la disposition des lieux ; nous citerons : l'*écoulement* et l'*usage des eaux* qui jaillissent et découlent *naturellement* d'un fonds, le *bornage*, la faculté de se clore (voy. *Bornage*, *Clôture*, *Eau*).

Ces sortes de *servitudes* peuvent être modifiées par convention entre les propriétaires.

Servitudes légales. Les *servitudes* légales sont imposées sur les héritages par force de loi, les unes dans l'intérêt public, les autres dans l'intérêt des particuliers.

Les *servitudes légales d'intérêt public* sont celles qui ont pour objet :

Les chemins de halage et marchepieds (voy. *Chemin*) ;

La construction et réparation des chemins et autres ouvrages publics ou communaux ;

Tout ce qui concerne le voisinage des bois et forêts, fortifications, magasins à poudre et cimetières ;

Les incendies, inondations et naufrages ;

Les eaux thermales ;

Les constructions insalubres, et enfin tous les objets d'intérêt local déterminés par l'administration.

Les *servitudes légales d'intérêt privé* se rapportent :

Au mur et au fonds mitoyen ou non ;

A la distance imposée par la plantation d'arbres et de haies ;

A la distance à laisser au contre-mur ou autres ouvrages à faire, lorsque l'on veut, près de la propriété du voisin ou du mur qui la clôt, établir un puits, une fosse d'aisances, une cheminée, un âtre, une forge, un four ou fourneau, une étable, un magasin de sel ou un amas de matières corrosives ;

Aux vues sur la propriété voisine ;

A l'égout des toits ;

Au passage à fournir en cas d'enclave ;

Au tour d'échelle ;

Au passage à fournir aux eaux pour l'irrigation des propriétés et le drainage ;

Au parcours et à la vaine pâture.

Ces *servitudes*, comme les *servitudes naturelles*, peuvent être modifiées par convention.

Servitudes conventionnelles. A quelque prix que ce soit, un propriétaire ne peut être tenu de souffrir ni consentir sur son héritage aucune *servitude*.

D'après l'article 686 du Code civil, « il est permis aux propriétaires d'établir sur leurs propriétés, ou en faveur de leurs propriétés, telles *servitudes* que bon leur semble, pourvu néanmoins que les services établis ne soient imposés ni à la personne ni en faveur de la personne, mais seulement à un fonds et pour un fonds, et ce pourvu que ces services n'aient, d'ailleurs, rien de contraire à l'ordre public. »

Ainsi, des *servitudes* peuvent être créées non-seulement pour l'*usage* et l'*utilité* d'un fonds, mais encore pour l'*agrément* de ce fonds ; tel serait, par exemple, le droit concédé au propriétaire d'un héritage de se promener ou de cueillir des fruits dans le jardin voisin.

Une *servitude* peut être stipulée à perpétuité, ou pour un temps déterminé, ou pour la durée de la vie de celui qui la stipule, ou bien encore pour la durée de la vie d'un tiers, ou avec une condition résolutoire.

Il est de règle que celui-là seul a le droit de grever de *servitude* un héritage qui possède cet héritage à titre de propriétaire et non à titre précaire. Toutefois, l'usufruitier, le fermier, le locataire et tous autres ne jouissant qu'à titre précaire, si ayant grevé la maison d'une *servitude* le propriétaire n'y a fait aucune contradiction valable pendant l'espace de trente années à partir de la cessation de la jouissance, la *servitude*, au cas où elle serait continue et apparente, existe désormais non par la force du titre, mais en vertu de la prescription (1).

Un copropriétaire ne peut imposer de *servitudes* sur le fonds commun, sans le consentement des autres propriétaires.

Par contre, le copropriétaire peut, sans le secours des autres intéressés et avant la division, stipuler des *servitudes* en faveur de l'héritage commun.

Les *servitudes* s'acquièrent et se prouvent :

1° Par un titre ;

2° Par la destination du père de famille ;

3° Par la prescription ;

4° Par la qualité d'*accessoire indispensable* à une convention.

Les *servitudes* qui ne s'acquièrent que par titre sont les *servitudes* continues non apparentes et les *servitudes* discontinues apparentes (2).

Les titres justificatifs des *servitudes* se divisent :

En actes intéressés, tels que *rente, échange, partage*, etc. ;

En actes de libéralité, tels que *donation, testament ;*

En jugements.

A défaut d'explication, la *servitude* qui repose sur un titre doit être renfermée dans les bornes de la *servitude* légale.

La destination du père de famille, c'est-à-dire la disposition et l'arrangement qu'un propriétaire a faits dans un ou plusieurs immeubles pour sa commodité ou pour sa fantaisie, vaut titre pour les *servitudes* continues ou apparentes (3).

Suivant l'article 693 du Code civil, il n'y a destination du père de famille que lorsqu'il est prouvé que les deux fonds actuellement divisés ont appartenu au même propriétaire et que c'est par lui que les choses ont été mises dans l'état duquel résulte la *servitude*.

Les règles qui ont rapport à la destination du père de famille ne sont pas modifiées par l'article 694 du Code civil ainsi conçu : « Si le propriétaire de deux héritages entre lesquels il existe un signe apparent de *servitude* dispose de l'un des héritages sans que le contrat contienne aucune convention relative à la *servitude*, elle continue à exister activement ou passivement en faveur du fonds aliéné ou sur le fonds aliéné. »

Les *servitudes* continues et apparentes s'acquièrent par titre ou par la possession de trente ans.

La prescription commence à courir du jour où les ouvrages qui rendent la *servitude* apparente ont été achevés et ont permis de commencer à en faire usage.

Les *servitudes* éteintes ne peuvent plus revivre par la possession de trente ans : elles constituent des *servitudes* nouvelles qui ne peuvent s'acquérir par la prescription qu'autant que la loi permet de l'acquérir par cette voie.

Quand il s'agit de *servitudes* continues non apparentes et de *servitudes* discontinues apparentes, la possession, même immémoriale, ne suffit pas pour les établir ; toutefois, on ne peut attaquer aujourd'hui les *servitudes* de cette nature déjà acquises par la possession dans les pays où elles pouvaient s'acquérir de cette manière (1).

Les actes de pure faculté ou de simple tolérance ne peuvent, dans aucun cas, constituer un droit, ni fonder aucune possession, ni prescription. Ainsi, par exemple, un propriétaire a un égout sur le mur mitoyen et les eaux pluviales tombent, de temps immémorial, sur le terrain du voisin, qui a toléré cette construction ; ce dernier ne peut contraindre le possesseur de l'égout à le changer sans motif, puisque c'est une *servitude continue* et *apparente* qui est prescrite par le temps ; mais comme ce n'est

(1) Code Perrin, n° 3767 et suivants.
(2) Code civil, art. 691.
(3) Code civil, art. 692.

(1) Code civil, art. 691.

qu'une tolérance, le propriétaire du fonds assujetti a le droit de surélever ce mur, soit pour construire, soit pour faire monter des espaliers, et le voisin doit alors remplacer l'égout par un chéneau qui ramène les eaux de son côté (1).

Le mode d'une *servitude* peut se prescrire comme la *servitude* même et de la même manière (2).

On appelle *servitude prise comme accessoire* une *servitude* qui, bien que n'étant pas justifiée par un acte ou par un jugement, est l'accessoire tellement indispensable d'une autre convention, que celle-ci ne puisse obtenir son exécution sans le concours de l'autre. Ainsi, la *servitude* de puiser de l'eau à la fontaine d'autrui emporte nécessairement le droit de passage. En effet, quand on établit une *servitude*, on est censé accorder tout ce qui est nécessaire pour en user (3).

L'étendue, le mode, l'exercice d'une *servitude* se règlent, suivant sa nature, par le titre, par la loi, par l'objet même de la *servitude* et par les besoins du fonds dominant. S'il y a doute, on s'en rapporte aux intentions présumées des parties, à la disposition des localités et aux usages (4). Ainsi, lorsqu'on établit une *servitude*, on doit, pour éviter les contestations sans nombre qui peuvent s'élever dans l'avenir, stipuler clairement toutes les conditions, de manière à ne donner lieu à aucune équivoque ni interprétation capricieuse ou arbitraire : s'il s'agit, par exemple, d'un droit de passage, il faut expliquer dans quel endroit il se prendra, quelles voitures pourront circuler, de combien de chevaux elles seront attelées, quelle en pourra être la charge, à quelles heures du jour cette *servitude* devra être exercée, etc.

Si le mode d'exercice n'est pas suffisamment expliqué, les juges y suppléent en s'efforçant de concilier l'intérêt de l'héritage dominant avec la moindre incommodité de l'héritage assujetti.

La convention qui établit une *servitude* ne pouvant s'acquérir par la prescription ne peut être suppléée que par un titre récognitif émané du propriétaire du fonds asservi, c'est-à-dire par un acte consenti au profit du maître de l'héritage dominant, et dans lequel celui de l'héritage servant reconnaît que la *servitude* est due (1).

Celui auquel est due une *servitude* a droit de faire tous les ouvrages nécessaires pour en user et pour la conserver (2).

Ces ouvrages sont à ses frais, et non à ceux du propriétaire du fonds assujetti, à moins que le titre d'établissement de la *servitude* ne dise le contraire (3).

Le propriétaire servant, étant même chargé par le titre de faire à ses frais les ouvrages nécessaires pour l'usage ou la conservation de la *servitude*, peut s'en affranchir en abandonnant le lieu de la *servitude* (4).

Le propriétaire du fonds débiteur de la *servitude* ne peut rien faire qui tende à en diminuer l'usage ou à le rendre plus incommode. Notamment, il ne peut changer l'état des lieux, ni transporter l'exercice de la *servitude* dans un endroit différent de celui où elle a été primitivement assignée. Toutefois, si cette assignation primitive était devenue plus onéreuse au propriétaire du fonds assujetti ou si elle l'empêchait d'y faire des réparations avantageuses, il pourrait offrir au propriétaire de l'autre fonds un endroit aussi commode pour l'exercice de ses droits et celui-ci ne pourrait pas le refuser (5).

Le fonds grevé est toujours à la dis-

(1) Toussaint, *Code de la propriété*, n° 1051.
(2) Code civil, art. 708.
(3) Code civil, art. 696.
(4) Code Perrin, n° 3862.

(1) Code civil, art. 695.
(2) Code civil, art. 697.
(3) Code civil, art. 698.
(4) Code civil, art. 699.
(5) Code civil, art. 701.

position de son propriétaire, qui peut en faire ce qu'il lui plait, pourvu que par là il ne diminue en rien l'usage ou la commodité de la *servitude*. De son côté, celui qui a un droit de *servitude* ne peut en user que suivant son titre, sans pouvoir faire, ni dans le fonds qui doit la *servitude*, ni dans le fonds à qui elle est due, de changement qui aggrave la condition du premier (1). Cependant, pour l'exercice et la conservation de cette *servitude*, le propriétaire dominant peut et doit, sauf convention contraire, exécuter, sur le fonds servant, tous les ouvrages nécessaires, sans qu'il y ait lieu à une indemnité. Il a même le droit de faire entrer et de déposer sur une portion de l'héritage asservi non sujette à l'exercice de la *servitude* les matériaux dont il a besoin. Cette charge pour le fonds servant est *accessoire* de la *servitude* (2). Avant l'exécution de ces travaux, le propriétaire du fonds assujetti peut exiger un avertissement préalable et faire fixer un délai à l'expiration duquel les travaux devront être terminés.

Les *servitudes* s'éteignent par plusieurs modes, dont trois principaux :

Le *changement* ou la *destination* de la *chose* ;

La *confusion* ;

Le *non-usage* ou la *prescription*.

A ces causes, on peut ajouter : l'*abandon;* le *rachat volontaire* ou *forcé*; la *remise volontaire*; la *résolution du droit* de celui qui a stipulé la *servitude* ou de celui qui l'a consentie ; l'*événement de la condition stipulée* ou l'*échéance du terme* ; la *cessation de la nécessité.*

En vertu de l'article 703 du Code civil, les *servitudes* cessent lorsque les choses se trouvent en tel état qu'on ne peut plus en user. Il faut toutefois que ce changement d'état se soit produit *naturellement*.

(1) Code civil, art. 702.
(2) Code Perrin, n° 3884.

Les *servitudes* qui ont ainsi cessé par le changement naturel des lieux revivent si les choses sont rétablies de manière qu'on puisse en user, à moins qu'il ne se soit déjà écoulé un espace de temps suffisant pour faire présumer l'extinction de la *servitude* ; ainsi qu'il est dit à l'article 707 (1).

Il peut se présenter un cas très curieux par rapport à la *servitude non ædificandi* ou prohibition d'élever, c'est celui du terrain intermédiaire. Ainsi, un terrain vague, n'appartenant à personne, sépare deux maisons. L'une de ces constructions est grevée en faveur de l'autre de la prohibition d'élever ; le terrain intermédiaire est vendu par l'État et l'acquéreur construit dessus jusqu'à une hauteur plus grande que celle qui a été imposée comme limite à la maison grevée. La *servitude* devient alors inutile et le propriétaire servant peut exhausser sa maison, malgré la prohibition. Mais, si dans les trente années qui suivent la surélévation, le bâtiment construit sur le terrain intermédiaire vient à être démoli, la *servitude* revit et le propriétaire du fonds dominant peut exiger la démolition de l'exhaussement (2).

L'interposition d'une voie publique entre deux fonds, dont l'un est grevé en faveur de l'autre, n'entraîne pas l'extinction de la *servitude*.

Les *servitudes* s'éteignent par *confusion*, c'est-à-dire par la réunion dans une même main du fonds dominant et du fonds servant (3). On ne peut, en effet, s'imposer de condition à soi-même.

La *servitude* est éteinte par le non-usage pendant trente ans (4). Les trente ans commencent à courir du jour où l'on a cessé d'en jouir, s'il s'agit d'une *servitude discontinue*, ou du jour où il a été fait un acte contraire à la *servi-*

(1) Code civil, art. 704.
(2) Code Perrin, n° 3894.
(3) Code civil, art. 705.
(4) Code civil, art. 706.

tude, lorsqu'il s'agit de *servitudes continues* (1).

Les règles imposées par ces deux articles ne s'appliquent pas aux *servitudes* naturelles et légales, établies dans des vues d'ordre et d'utilité publique, telles que l'obligation où est le fonds le plus bas de recevoir les eaux qui s'y rendent naturellement, la faculté de se clore, l'obligation de fournir un chemin de halage ou *marchepied*.

Il faut noter que les *servitudes* ne peuvent s'éteindre que si le propriétaire du fonds servant en excipe.

Par exemple, si au bout de trente ans de non-usage, l'exercice de la *servitude* était repris sans opposition de la part du propriétaire du fonds assujetti, cette *servitude* serait censée avoir toujours subsisté.

On peut toujours s'affranchir d'une *servitude* en abandonnant le fonds assujetti, c'est-à-dire la portion de terrain sur laquelle s'exerce cette *servitude*.

Le propriétaire de l'héritage dominant ne peut refuser l'*abandon* que si l'immeuble assujetti est hypothéqué.

Les parties peuvent, d'un commun accord, faire cesser la *servitude* au moyen du rachat.

Tout propriétaire peut faire la *remise* d'une *servitude* qui est due à son héritage.

La résolution du droit de celui qui a stipulé ou concédé la *servitude* n'en opère l'extinction que dans le cas où cette résolution a une cause nécessaire, inhérente au contrat, et non pas si le fait qui donne lieu à la résolution, tel que vente, échange, etc., dépend de la volonté du propriétaire.

Les *servitudes* s'éteignent à l'expiration du temps fixé pour leur durée, lorsque s'est accomplie la condition, lorsqu'est arrivé l'événement que les parties sont convenues de considérer comme devant amener la cessation de la *servitude* (2).

(1) Code civil, art. 707.
(2) Code Perrin, n° 3930.

De même, les *servitudes* telles que le passage pour cause d'enclave, qui n'ont pour titre que la nécessité, s'éteignent lorsque cette nécessité n'existe plus.

Seuil, *s. m.* — 1° Feuille de parquet qui sert à recouvrir l'aire d'un embrasement de porte.

Le *seuil* est une simple frise pour les portes percées dans une cloison.

2° Morceau de pierre dure qui remplit au bas d'une baie de porte la même fonction que le *seuil* en bois.

Le *seuil* en pierre devient une *marche* lorsqu'il est plus élevé que le sol extérieur.

Les *seuils* des portes d'entrée, dans les maisons romaines, étaient, comme le montre la figure 3119, prise dans Piranesi, percés de plusieurs trous ou entailles de destinations diverses. Les

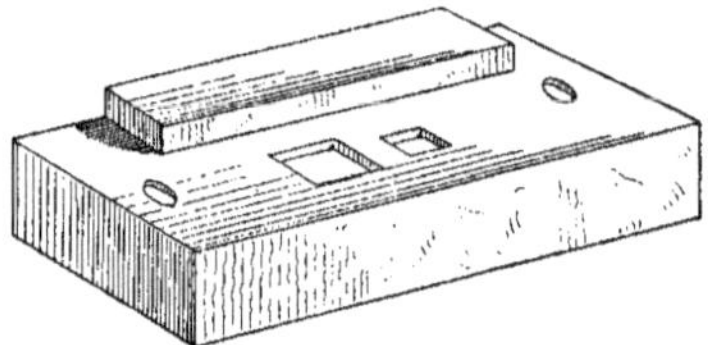

Fig. 3119.

trous circulaires recevaient les crapaudines dans lesquelles tournaient les tourillons des battants; dans les entailles carrées entraient les verrous, souvent doubles et de dimensions différentes.

Siccatif, *adj.* et *s. m.* — Mot qui qualifie une huile prompte à sécher, ce qui est une qualité pour les huiles employées à la détrempe des couleurs.

On dit qu'une huile est plus ou moins *siccative*.

Pris substantivement, le même mot désigne les substances telles que la *litharge*, la *couperose*, l'*oxyde* et les *sels de manganèse*, l'*huile grasse*, pour augmenter la qualité *siccative* des huiles.

La *litharge*, réduite en poudre fine, augmente la siccativité d'une couleur broyée à l'huile, déjà *siccative* par elle-même. On peut remplacer cette substance par le sel de Saturne.

La *couperose* blanche seule, appelée aussi *vitriol blanc* (sulfate de zinc) s'emploie comme *siccatif*. On s'en sert de préférence avec les couleurs claires, mais cette matière a le défaut d'être sujette à faire jaunir les tons

Les sels de manganèse permettent de rendre *siccative* l'huile employée pour le blanc de zinc sans altérer cette couleur. Le *siccatif* proposé par M. Leclaire est un mélange de 97 parties de blanc de zinc avec une partie de sulfate de manganèse pur, une partie d'acétate de manganèse pur et une partie de sulfate de zinc calciné. On mêle ce *siccatif* réduit en poudre impalpable dans la proportion de 1 1/2 à 1 pour 100 avec le blanc de zinc.

L'*huile grasse* est le meilleur des *siccatifs*. On l'appelle encore *huile cuite* et *huile lithargée* et, pour la préparer, on fait bouillir sur un feu doux, pendant deux heures, un mélange ainsi composé :

Huile de lin.	1k,000
Litharge	0 ,030
Céruse	0 ,030
Terre d'ombre.	0 ,030
Talc	0 ,030

On remue constamment pour que le mélange ne noircisse pas, et on l'écume quand il mousse; on laisse reposer; l'huile s'éclaircit et on la met, pour la conserver, dans des bouteilles bien bouchées (1).

Les règles générales à observer dans l'emploi des *siccatifs* sont les suivantes :

Ne mettre le *siccatif* qu'au moment de l'application de la couleur, pour qu'il n'épaississe pas.

Si l'on veut vernir, ne mettre de *siccatif* que dans la première couche, les deux ou trois couches employées à l'essence devant sécher seules.

Avec les couleurs sombres, on peut mettre, en la détrempant, 30 grammes de litharge pour chaque kilogramme de couleur.

Avec les couleurs claires, mettre, pour chaque kilogramme de couleur détrempée dans de l'huile de noix ou d'œillette, 3 à 4 grammes de couperose blanche.

Si l'on emploie l'huile grasse, qui convient surtout pour certaines couleurs, telles que les citrons et les verts de composition, on met, par chaque kilogramme de couleur, un peu d'huile grasse et l'on détrempe le tout à l'essence pure.

D'une manière générale, plus est forte la proportion de *siccatif* employé, plus la dessiccation est rapide; mais les couleurs contenant du *siccatif* ont peu d'adhérence et s'écaillent souvent quelque temps après leur application; aussi, ne doit-on employer les *siccatifs* que dans des cas exceptionnels ou avec des couleurs très lentes à sécher.

(1) Th. Château, *Technologie du bâtiment*.

Siccité, *s. f.* — 1° Etat de ce qui est sec.

On dit la *siccité* d'un ciment.

2° Appareil destiné à empêcher l'eau de pénétrer sous les vantaux des portes ou des croisées (voy. *Jet d'eau*).

Sidobre (*Granit du*). — Granit très dur, blanc-grisâtre, à éléments assez gros, que l'on tire des carrières des plateaux et ravins du *Sidobre*, dans la commune de Lacrouzette, près de Castres.

La hauteur d'assise de cette pierre est de 1 mètre ; elle pèse 2,650 kilogr. le mètre cube et s'écrase sous une charge de 980 kilogr. par centimètre carré.

Siège, *s. m.* — 1° Meuble fait pour s'asseoir.

Sur la façade des temples anciens, on voyait quelquefois des *sièges* fixes en marbre, consacrés à des divinités. L'enceinte sacrée de Némésis, à Rhamnus, renfermait deux temples, dont l'un était un hexastyle périptère et l'autre un temple *inantis*. Pour distinguer le dernier, Stuart l'appelle temple de Thémis, tout en avouant qu'il n'a aucune autorité pour cette dénomination. L'un des *sièges*

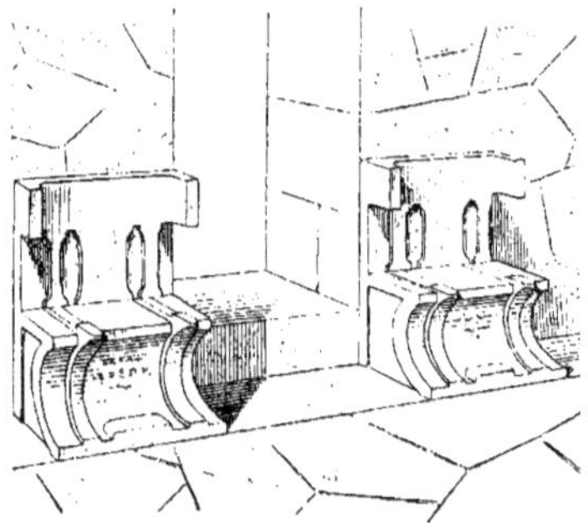

Fig. 3120.

en marbre de son pronaos, que représente la figure 3120, est, à la vérité, dédié à Thémis, comme le prouve clairement l'inscription qui y est gravée ; mais le *siège* correspondant porte une preuve semblable de sa dédicace à Némésis.

Dans les thermes des Romains, on voyait aussi des *sièges* faits de matières précieuses, telles que l'onyx, le porphyre, le jaspe, l'albâtre et les marbres

Fig. 3121.

les plus rares, matières également employées pour les baignoires, les bassins, les incrustations dans les murailles et dans les pavés. Nous empruntons au *Dictionnaire des antiquités grecques et romaines*, de MM. Daremberg et Saglio, la figure 3121, qui représente un *siège* de bain, en marbre.

Dans les églises du moyen âge, les *sièges* des évêques, ou *chaires épiscopales*, particulièrement dans la première période, étaient en pierre. M. de Caumont cite, comme remontant au XIe siècle, la

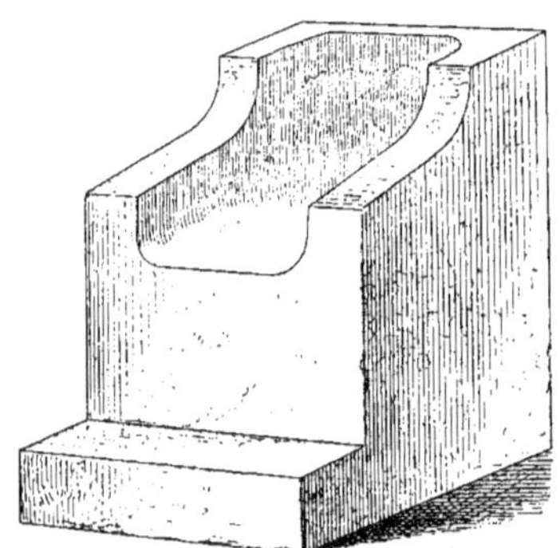

Fig. 3122.

chaire en marbre rouge, dans laquelle venaient s'asseoir les évêques de Bayeux, à Saint-Vigor, lors de leur prise de possession ; le *siège* représenté par la figure 3122 est très simple et taillé dans un seul bloc.

Le même auteur fait mention de *sièges* creusés dans la pierre entre les colonnes (fig. 3123), de manière que chaque arcature correspondait à un *siège*.

Enfin, nous donnerons un exemple des *sièges* de luxe de l'époque romane, dans lesquels on trouve des ornements empruntés à l'architecture, comme le montre la figure 3124. Les principaux étaient les bancs munis d'appui, les fourmes ou formes, sortes de bancs sur lesquels chaque place était marquée par une séparation, *sièges* d'honneur à l'usage des juridictions seigneuriales et des églises ; les faudesteuils, *sièges* d'honneur, avec ou sans dossiers ni accoudoirs, à l'usage des rois, des évêques et des seigneurs ; les *chaires* ou *chaises* avec ou sans accoudoirs, etc. Le plus grand nombre de ces *sièges* n'étaient décorés que de quelques orne-

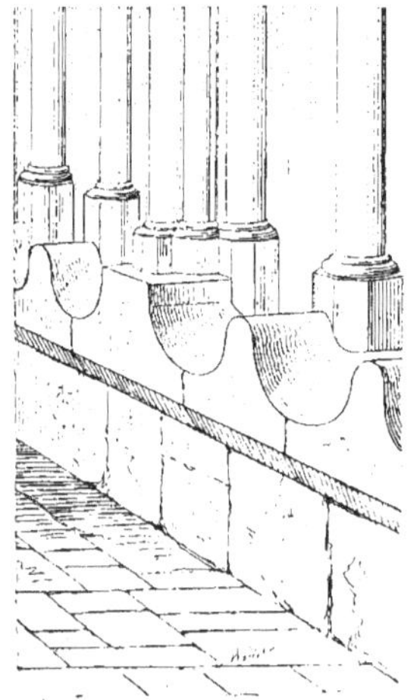

Fig. 3123.

ments gravés ou sculptés, les plus riches étaient rehaussés de peintures, dorures

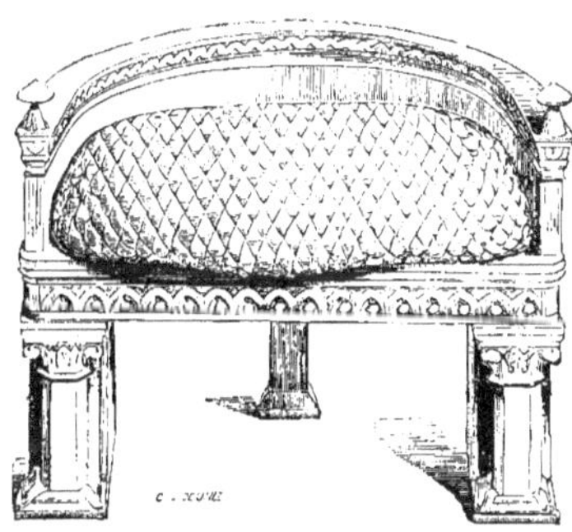

Fig. 3124.

et incrustations en forme de mosaïques, d'or, d'argent, d'ivoire et de cuivre.

Actuellement, on fait des *sièges* fixes ou mobiles, avec le bois ou la pierre, et affectant les formes les plus diverses.

2° *Siège d'aisances :* maçonnerie établie en contre-haut du sol d'un cabinet d'aisances et sur laquelle on s'appuie.

Cette forme de *siège* est employée pour les latrines communes.

Le *siège* n'est souvent aussi qu'une simple planche percée d'un trou. Dans les appartements, les appareils de garde-robe sont renfermés dans un *siège* composé d'une tablette percée d'un trou et fermée par un tampon circulaire ou par un *abatant* (voy. ce mot). Le devant du *siège* est formé par un soubassement en lambris. Sur le pourtour de la tablette, on fixe généralement au mur une plinthe de 0m,10 à 0m,11 de largeur.

Dans les écoles communales, les latrines destinées aux filles renferment des *sièges* en bois contenant une cuvette en fonte émaillée. La figure 3125 repré-

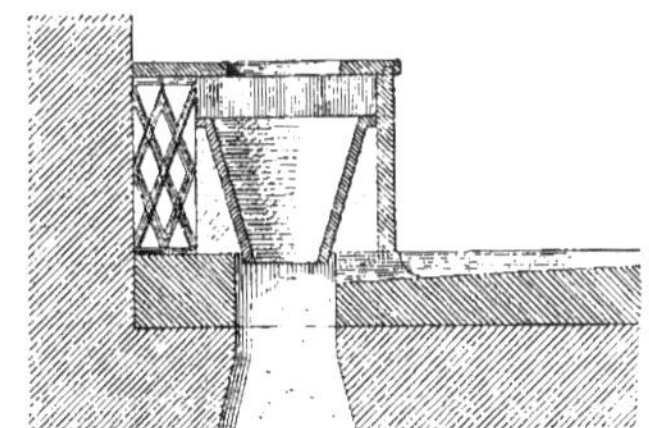

Fig. 3125.

sente, à l'échelle de 0m,05 pour mètre, la coupe d'un de ces appareils; derrière les cuvettes, un conduit fermé par un treillage est ménagé pour la ventilation.

Les *sièges* destinés aux garçons sont

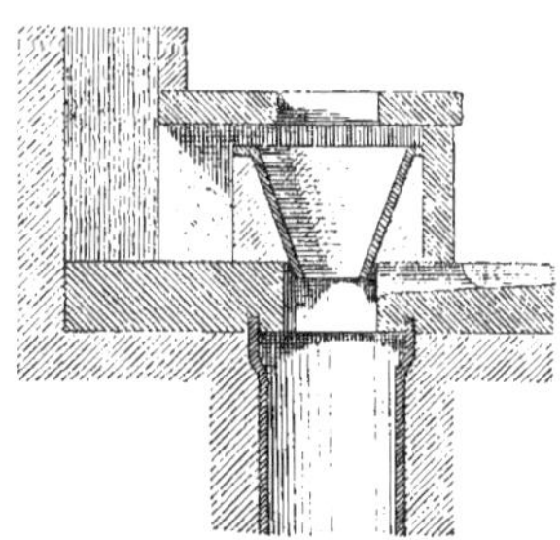

Fig. 3126.

généralement revêtus en pierre (fig. 3126).

On appelle également *sièges* les appareils que l'on établit dans les latrines communes et sur lesquels on ne s'assied pas, mais où l'on place seulement les pieds.

Les plus simples sont ceux que l'on appelle *sièges à la turque*. Ils sont uniquement formés d'un trou légèrement évasé, de $0^m,15$ à $0^m,20$ de diamètre et percé dans le sol même du cabinet. Ce sol est disposé de manière à ramener par des pentes les liquides vers le trou, de chaque côté duquel sont ménagées deux saillies en forme de semelles où l'on pose les pieds.

On a imaginé, pour intercepter le passage des gaz méphitiques par l'ouverture béante, d'appliquer aux lieux *à la turque* un système de cuvettes à bascule. Nous citerons le système *Rogier-Mothes*, représenté en coupe par la

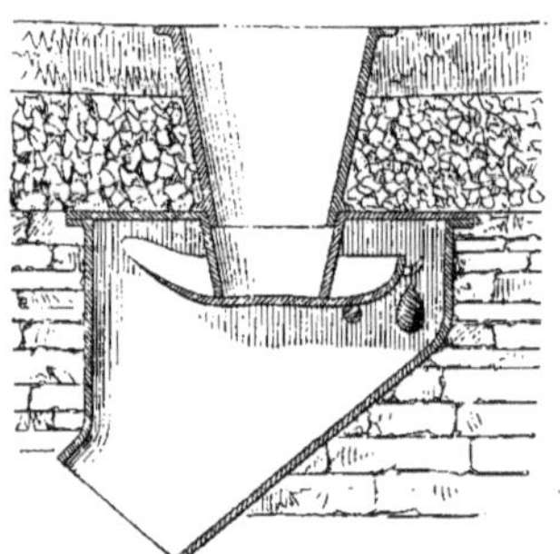

Fig. 3127.

figure 3127 et dans lequel l'appareil et la cuvette sont enterrés jusqu'au niveau du sol. Les autres *sièges* sont élevés au-dessus du sol de $0^m,20$ à $0^m,25$; ils sont fixes ou à bascule.

Les *sièges fixes* sont construits en maçonnerie ou en fonte. Les écoles primaires offrent des exemples de *sièges* du premier genre ; la figure 3128 représente en coupe des latrines avec *sièges* en maçonnerie, telles qu'on en établit dans les écoles communales ; une prise d'air, passant par-dessous, est ménagée pour la ventilation.

Comme *siège* fixe en fonte, l'appareil Rogier-Mothes (fig. 3129) est également un des plus répandus ; il a $0^m,62$ de largeur, $0^m,36$ de profondeur, $0^m,28$ de

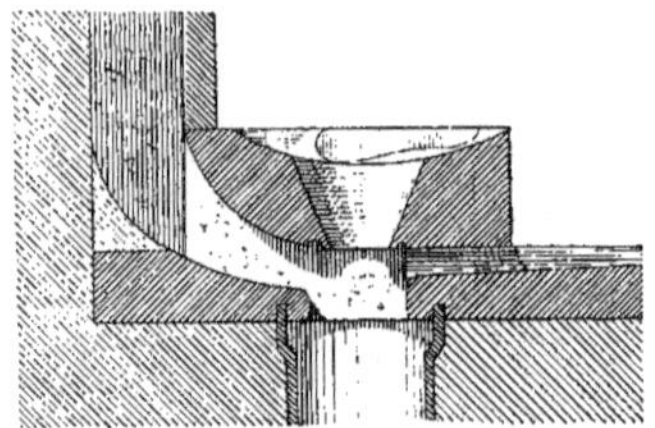

Fig. 3128.

hauteur ; ce *siège* se place sur l'appareil qui supporte la cuvette dans le système

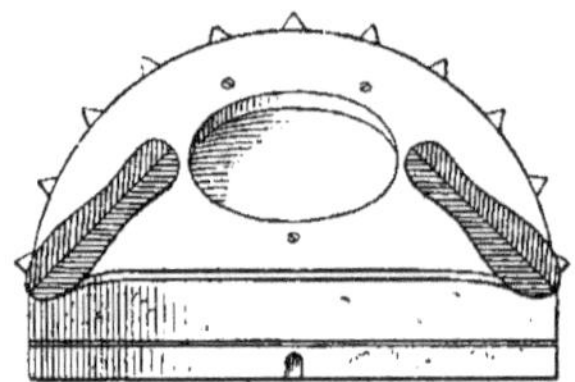

Fig. 3129.

Rogier-Mothes que nous avons donné ci-dessus.

Les systèmes à bascule sont très nombreux. Ils sont formés d'un abatant posant à $0^m,20$ du sol et pouvant basculer au moyen d'un mécanisme spécial sous l'action du poids de la personne qu'il supporte.

Le système *Havard*, représenté par la

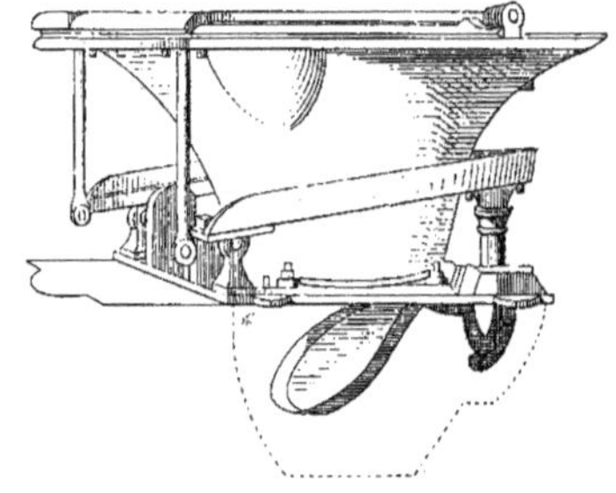

Fig. 3130.

figure 3130, se compose d'un abatant

appuyé sur deux tiges à charnière fixées au levier cintré à deux branches parallèles. A l'extrémité de ce levier est attachée une tige dentée s'engrenant avec le secteur de la valvule qui ferme l'orifice inférieur de la cuvette. Ce levier fait aussi l'office de contre-poids et, en venant appuyer sous la cuvette de fonte sa partie qui décrit la plus longue course,

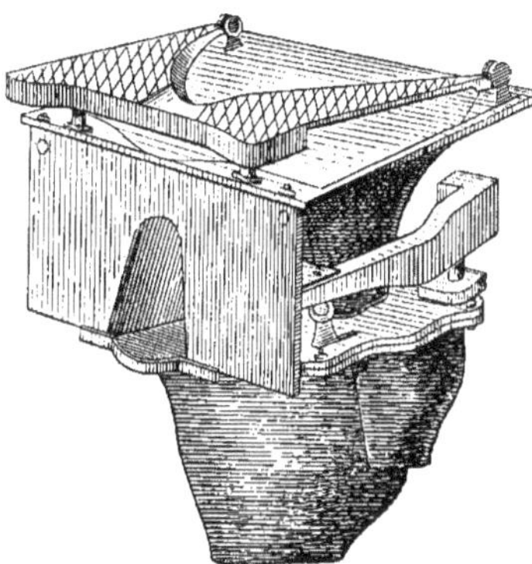

Fig. 3131.

il assure l'ouverture complète de cette valvule. Une cuiller, placée au niveau du sol, sert à l'écoulement des liquides, comme on le voit sur la perspective que nous donnons (fig. 3131). Cet appareil, bien que pourvu d'un excellent mécanisme, a l'inconvénient de tenir la valvule abaissée pendant tout le temps que l'on reste sur le *siège*, ce qui permet aux émanations de la fosse de remonter.

Le système *Pion* (fig. 3132) consiste

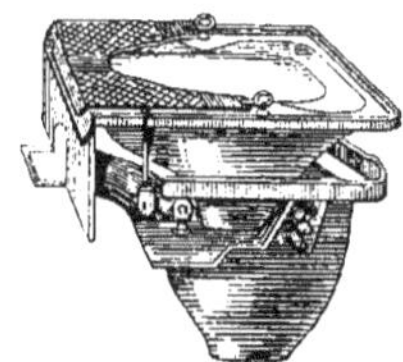

Fig. 3132.

en un *siège à bascule*, à double mouvement et à urinoir; le mécanisme est à engrenage. Avec cet appareil, on évite les mouvements précipités qui détériorent généralement les *sièges* à bascule. La valve ferme la cuvette hermétiquement, mais elle a aussi l'inconvénient de ne pas clore l'urinoir en même temps, de sorte qu'il reste un passage toujours béant pour les mauvaises odeurs.

Le système *Cazaubon* est un *siège* inodore à bascule avec fermeture hermétique. Il est pourvu (fig. 3133) d'un

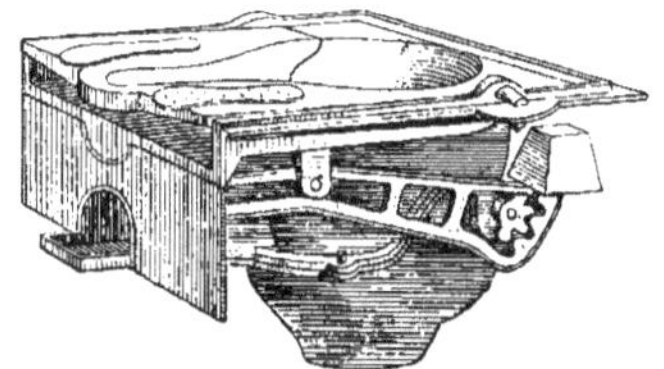

Fig. 3133.

mécanisme à engrenage et d'un contre-poids qui assurent au mouvement une grande régularité et diminuent le déplacement de la plaque mobile (1).

On a cherché à intercepter complètement l'émanation des gaz méphitiques au moyen d'une fermeture hydraulique; on a, pour y parvenir, disposé le *siège* sur un siphon renfermant un mécanisme qui fonctionne par le poids de la personne. Nous citerons le système Dumuis dans lequel un robinet automatique agissant sous le poids du corps alimente le *siège*, dont la cuvette, peu profonde, est lavée d'avant en arrière. Les eaux de lavage entraînent avec elles dans le siphon les matières qui de là sont précipitées dans le tuyau de chute.

On fait aussi, pour les écoles, des *sièges* qui sont à bascule et qui ne s'élèvent pas au-dessus du sol des cabinets, ainsi que le montre la figure 3134. Le tuyau de chute A est raccordé, en B, avec l'orifice circulaire de la cuvette C, où s'ouvre le clapet D ; la deuxième cuvette E est recouverte par la plaque

(1) Liger, *Fosses d'aisances*.

mobile F qui tourne autour de l'axe *a* ; cette plaque fixée au-dessus du dallage du cabinet d'aisances est munie de deux tourillons et repose en un point *b* sur l'extrémité d'une tige de fer dont l'autre bout est attaché, au moyen d'un boulon libre, au petit bras d'un levier *cd* dont l'appui est en *e* ; le poids de l'enfant,

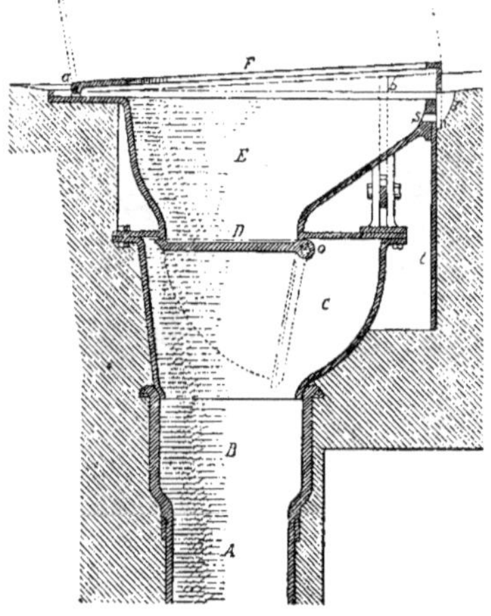

Fig. 3134.

dont les pieds sont posés sur les semelles, fait abaisser la plaque et tourner le clapet de manière à ouvrir la cuvette ; quand les pieds de l'enfant quittent les semelles, tout le système bascule en sens inverse sous l'action du contrepoids. Le dallage du cabinet, en avant de la plaque, est établi en pente vers la cuvette pour l'écoulement des liquides.

Sifflet, *s. m.* — Enture qui appartient à la catégorie des assemblages appelés *joints de bout.*

Le *joint en sifflet*, dit aussi *joint de*

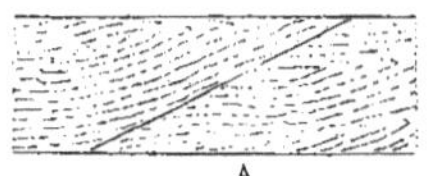

Fig. 3135.

paume, est formé (fig. 3135) par la réunion de deux coupes obliques faites à chacun des morceaux placés bout à bout.

Cette enture s'emploie pour former une grande longueur de pièces horizontales soutenues à leur point de jonction et n'ayant à résister dans aucun sens à des efforts de poussée.

Quelquefois, ainsi qu'on le voit sur la

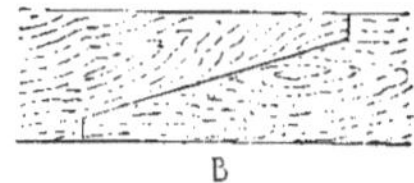

Fig. 3136.

figure 3136, on désaboute le joint en *sifflet*.

Signal, *s. m.* — On donne ce nom, d'une manière générale, aux divers appareils, employés sur les voies de chemins de fer, pour renseigner, aussi rapidement et aussi sûrement que possible, les agents des trains en marche sur l'état du chemin et ceux de la voie sur le mouvement des trains.

Les différents moyens et systèmes employés à cet effet sont : les télégraphes électriques ou optiques, les *signaux* à disque tournant, les *signaux* acoustiques, tels que sifflets, cloches, etc. (voy. *Disque*, *Télégraphe*).

Signe, *s. m.* — Les charpentiers nomment ainsi les chiffres, lettres et figures diverses qu'ils emploient dans la *marque des bois* (voy. *Marque*).

Signinum. — Nom que Vitruve donne à une sorte de mortier dont on faisait usage, de son temps, pour les puits et les citernes. On mêlait ensemble cinq parties de sable pur et deux de chaux ; on remuait bien ce mélange et on y mettait de petits morceaux de pierre ou de tuf, du poids d'environ une livre ; ensuite, on le battait avec des masses de bois garnies de fer.

Pline rapporte qu'on faisait aussi le *signinum* avec des tuiles pilées et de la chaux.

Silex, *s. m.* — Voy. *Caillou*.

Silicatisation, *s. f.* — Application des silicates solubles au durcissement des pierres et à la peinture.

Le durcissement des pierres poreuses et des plâtrages ainsi que la consolidation des grès ou des briques d'une désagrégation facile s'opèrent au moyen du silicate de potasse. Le silicate de soude, tout en produisant le même durcissement, donne lieu à des efflorescences d'aspect désagréable.

La *dissolution siliceuse* que l'on emploie est fixée à 35 degrés, afin qu'il suffise de l'étendre d'une fois et demie son volume d'eau pour obtenir le liquide dont le degré de concentration est le plus convenable au durcissement des pierres. Les dissolutions trop faibles exigent un certain nombre d'opérations d'imprégnation, tandis que les dissolutions trop concentrées se prêtent mal à un durcissement convenable de la pierre (1).

Le phénomène qui se produit est le suivant : la dissolution siliceuse est absorbée par les pierres poreuses : après vingt-quatre heures d'exposition à l'air, une nouvelle quantité de dissolution est absorbée, et ainsi de suite jusqu'à ce que l'absorption soit nulle, c'est-à-dire jusqu'à ce que les pores de la pierre soient complètement bouchés par la pâte siliceuse concrétée.

La quantité de dissolution absorbée varie avec la nature de la pierre, la grosseur de son grain et sa porosité. Pour une pierre de moyenne porosité, la dépense en silicate par mètre carré de surface ne dépasse pas 1 kilogr. 1/2.

Le mode d'application du silicate varie avec la nature des travaux. Dans les constructions neuves, l'application peut se faire immédiatement. Dans les constructions anciennes, il faut préalablement nettoyer les pierres pour faciliter la pénétration de la dissolution siliceuse. Un grattage à vif est préférable à un simple lavage ; si l'on emploie ce dernier moyen, il faut le faire avec une brosse dure ou une lessive de potasse caustique ; l'eau acidulée doit être proscrite.

Lorsque la pierre à durcir occupe un petit volume, on procède par immersions répétées de l'objet dans la dissolution siliceuse, chaque immersion durant quelques heures.

Pour des murs à grandes surfaces, on agit par arrosement à l'aide de pompes à incendie, de pompes ou de grandes seringues à jet divisé. Si l'on ne veut *silicatiser* que certaines parties telles que des sculptures, on emploie des brosses molles formant éponge, de manière à retenir beaucoup de liquide et en fournir aux surfaces autant que par les procédés indiqués ci-dessus.

En général, trois applications faites dans trois journées consécutives suffisent pour durcir la pierre.

Dans le cas de pierres excessivement poreuses, M. Kuhlmann propose comme excellent le procédé qui consiste à faire pénétrer dans ces sortes de pierres de nature calcaire, avant la *silicatisation*, de l'alumine et du sulfate de chaux par des imbibitions réitérées de dissolution de sulfate d'alumine à 6 degrés de l'aréomètre de Beaumé.

L'opération de la *silicatisation* ne doit pas se faire par les fortes gelées. En outre, on choisit un temps couvert, de préférence à un temps chaud et sec, pour éviter une dessiccation trop rapide.

L'application de peintures siliceuses sur les surfaces contribue à la conservation des objets. Cette application se fait au pinceau.

Pour la peinture sur pierre, les couleurs broyées sont délayées dans une

(1) Kuhlmann, *Instruction pratique sur l'application des silicates solubles au durcissement des pierres.*

dissolution siliceuse d'environ 25 degrés et appliquées en deux couches, comme la peinture à l'huile ou à la colle.

Si les pierres sont très poreuses, il est bon de les silicatiser faiblement avant l'application de la peinture, pour que celle-ci ne soit pas trop vite desséchée par le contact du corps absorbant.

Cette même peinture s'applique sur bois, pourvu qu'il soit sec, peu exposé au soleil ou à la pluie et qu'il ne soit pas imprégné de résine.

On ne peut pas appliquer de peintures siliceuses sur des peintures à l'huile et réciproquement parce que le silicate, mis en contact avec un corps gras, donne lieu à une réaction chimique détériorant la peinture.

Les couleurs sur verre doivent être appliquées en une couche avec du silicate de potasse marquant 35 degrés.

M. Kuhlmann a également utilisé, pour l'intérieur des appartements, un genre de peinture mixte dans lequel les silicates interviennent comme moyen de fixation permettant les lavages à l'eau : employées d'abord avec les procédés ordinaires de la peinture en détrempe, les couleurs sont ensuite fixées par l'application, au pinceau plat et à plusieurs heures d'intervalle, de deux couches de silicate de potasse, la première à 10 degrés de Beaumé, la seconde à 12 degrés environ. Les couleurs peuvent également se fixer ainsi dans la fabrication des papiers peints.

Pour les lambris, on peut faire d'abord un fond poncé avec du blanc de Meudon et de la colle et appliquer ensuite deux couches de la couleur, délayée dans une dissolution de silicate de potasse à 22 degrés. Toutefois, les lambris et plâtrages neufs n'ont besoin que d'une application directe et en plusieurs couches de couleurs broyées avec une dissolution siliceuse à 21 degrés, sans aucun emploi de colle.

Ce qui assure à la peinture siliceuse une supériorité incontestable sur la peinture à l'huile, c'est son durcissement, qui augmente d'année en année, et la conservation de la fraîcheur des couleurs.

Silice, *s. f.* — Substance minérale formée d'oxygène et de silicium et qui est très répandue dans la nature.

C'est la *silice* qui compose la presque totalité des quartz, des sables et des pierres précieuses ; elle constitue le silex.

Cette substance est blanche, rude au toucher, inodore, soluble dans l'eau, mais en très petite quantité fusible à un feu très intense ; son poids spécifique est 2,66.

Mélangée avec différents oxydes métalliques, la *silice* forme des grès plus ou moins durs.

On l'emploie encore dans la fabrication du verre, de la poterie et des mortiers.

Silo, *s. m.* — On donne ce nom à des cavités souterraines ou fosses creusées dans le sol et qui servent à la conservation des graines.

Les conditions essentielles que doit présenter la construction d'un *silo*, c'est que ce local soit parfaitement exempt d'humidité et incapable d'en contracter par la suite.

Les *silos* ont généralement la forme de bouteilles enfoncées dans le sol ; leurs parois sont faites en pierre dure, en béton hydraulique, en brique ou en terre glaise calcinée à l'aide de paille qu'on y introduit et à laquelle on met le feu. Si l'on emploie la maçonnerie, on l'isole du sol environnant par une couche de sable, de brique pilée ou de morceaux de bitume ou d'asphalte, pour intercepter le plus complètement possible toute communication avec l'humidité.

On a retrouvé dans diverses provinces de la France des magasins souterrains ou *silos* dont on attribue la construction aux Romains, qui y renfermaient leurs provisions de guerre, à l'époque de la première occupation militaire des Gaules. La figure 3137 représente la

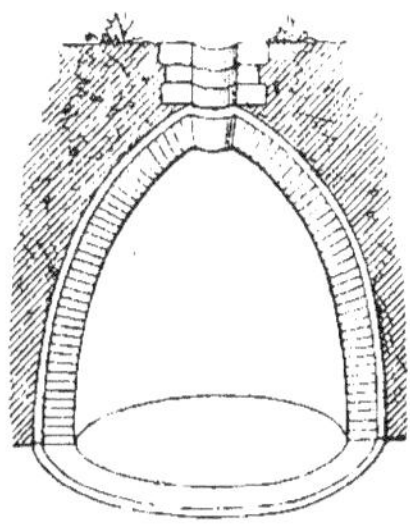

Fig. 3137.

coupe d'un de ces *silos*, de forme conoïde, muni d'une ouverture par laquelle on y puisait et pourvu de parois en maçonnerie avec revêtement en mortier.

On trouve aussi de ces magasins souterrains en Espagne, en Italie, surtout dans la Toscane et dans la province de Naples.

Silor (*Granit de*). — Granit demi-dur, extrait de la carrière de *Silor*, dans la commune de Razès (Haute-Vienne).

C'est une pierre de couleur gris-blanchâtre, à grain grossier, ayant une hauteur d'assise habituelle de 0m,40, pesant 2,640 kilogr. le mètre cube et s'écrasant sous une charge de 650 kilogr. par centimètre carré.

Simili-marbre, Simili-pierre, *s. m.* — On donne ce nom à des matériaux factices, dont la densité est supérieure à celle de la brique et qui, suivant leurs diverses préparations, imitent la pierre ou le marbre.

Sine (*Pierre de la*). — Calcaire compact, très dur, blanc laiteux, provenant de la carrière de la *Sine*, dans l'arrondissement de Grasse.

Cette pierre est à pâte très fine et susceptible de poli. Elle a une hauteur d'assise de 0m,15 à 0m,50 et pèse 2,730 kilogr. le mètre cube; la charge nécessaire pour produire l'écrasement est de 1,000 kilogr. par centimètre carré.

Singe, *s. m.* — Treuil à bras ou à double manivelle qui sert à enlever des fardeaux, à extraire la fouille d'un puits, à descendre les matériaux de construction, moellons, briques, mortier, etc.

Singler, *v. a.* — Prendre au cordeau, pour en faire le métrage, le pourtour d'une voûte, le développement des marches d'un escalier, etc.

Siphoïde, *adj.* — Appareils *siphoïdes* pour cabinets d'aisances (voy. *Garde-robe, Siège*).

Bonde *siphoïde* (voy. *Bonde*).

Siphon, *s. m.* — 1° Tube en métal au moyen duquel on fait franchir une vallée à un aqueduc ou un fleuve à un égout.

Nous dirons ici quelques mots du *siphon* employé à Paris pour faire passer l'égout collecteur de la rive gauche dans celui de la rive droite en amont du pont de l'Alma.

Ce conduit est formé de deux tubes en tôle de 1 mètre de diamètre intérieur, l'épaisseur de la tôle étant de 0m,02. Les feuilles sont réunies entre elles par juxtaposition à joints serrés et munis de couvre-joints extérieurs avec rivets fraisés en dedans pour que la surface interne soit complètement lisse. Des entretoises relient ces tubes entre eux, leur laissant un intervalle de 1m,50 du côté de l'une des rives et de 1m,90 de l'autre. Ces tubes, assemblés sur la berge, ont été immergés au moyen de fortes charges et reposent sur un lit de béton préparé pour les recevoir entre deux rangs de pieux et palplanches espacés de 4m,74.

2° On donne le même nom à des appareils en forme de cuvette ou de tube recourbé (fig. 3138) que l'on place sur le parcours d'un tuyau de descente de vidange ou d'eaux ménagères se rendant à l'égout. Le *siphon* sert à intercepter les odeurs qui peuvent venir de l'égout. Celui que nous donnons ici est placé directement en dessous d'une cuvette de ruisseau et reçoit les eaux qui en proviennent.

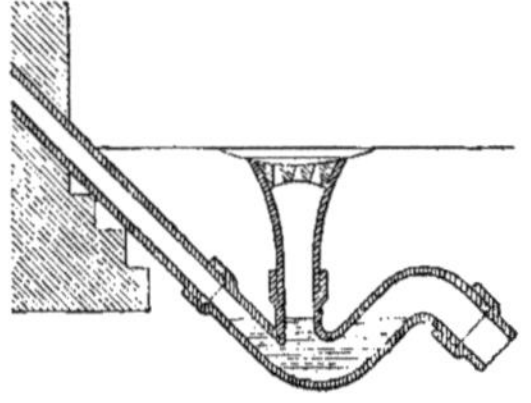

Fig. 3138.

Appareil de garde-robe à siphon (voy. *Garde-robe*).

Situation, *s. f.* — *État de situation :* pièce de comptabilité administrative établissant les travaux faits par un entrepreneur et les sommes qu'il a reçues en acomptes sur ces travaux.

Dans les administrations, les entrepreneurs ne peuvent généralement toucher des acomptes que sur des *états de situation*, dressés par l'architecte.

Smalt, *s. m.* — Bleu formé d'un silicate double de potasse et de cobalt mélangé de chaux, d'alumine, de magnésie, d'oxyde de fer et d'oxyde de nickel.

Cette couleur, dont la découverte est attribuée à un ouvrier saxon, Christophe Shïuver, qui habitait Neudek, vers le milieu du XVIe siècle, était cependant connue des Grecs et des Romains, qui l'employaient à la décoration des vases.

On prépare le *smalt* en fondant ensemble du minerai de cobalt grillé, du sable quartzeux et de la potasse. L'*azur* est du *smalt* réduit en poudre impalpable.

La proportion de quartz et de potasse à ajouter au minerai employé dépend de leur teneur en cobalt et de l'intensité de la couleur à obtenir. Le minerai dont on se sert ordinairement est le speisz ou arséniure de cobalt et de fer, que l'on calcine pour chasser l'arsenic et auquel on donne alors le nom de *safre*.

Ce safre est ensuite réduit en poudre et mélangé avec du sable et du carbonate de potasse purs, puis soumis à la fusion. Il se forme trois couches : celle du haut, qui est le *fiel du verre ;* celle du bas, qui est du minerai simplement fondu ; celle intermédiaire, qui est le *smalt* proprement dit ou *verre bleu.*

Cette dernière matière, projetée dans l'eau froide, devient très friable. On la sèche et on la pulvérise.

La teinte du *smalt* varie du bleu clair au bleu foncé.

On emploie cette couleur pour azurer le papier, le linge et les étoffes blanchies. On s'en sert assez peu pour la peinture à l'huile, mais fréquemment pour le badigeonnage.

Smille, *s. f.* — Marteau à deux pointes employé par les tailleurs de pierre pour dresser les parements des moellons.

Ces pierres ainsi travaillées sont dites *smillées.*

Socle, *s. m.* — Architecture. Corps inférieur sur lequel s'élève soit un piédestal, soit une colonne ou un membre quelconque d'architecture.

Dans les corps isolés, tels qu'une colonne, le *socle* est ordinairement quadrangulaire, moins haut que large. On lui donne aussi le nom de *plinthe.*

Le *socle continu* règne à la partie inférieure d'une ordonnance et prend aussi les noms de *soubassement, stylobate* (voy. ces mots).

Menuiserie. En général, partie lisse qui sert à porter ou à terminer un ouvrage d'architecture.

Ainsi l'on donne ce nom :

Aux plinthes en bois qu'on rapporte au bas d'un lambris ;

Aux plinthes en bois qu'on rapporte également à la partie inférieure des murs d'une pièce et au-dessus desquelles on pose le papier de tenture ;

Aux champs de forme carrée et en saillie qu'on rapporte à entaille au bas des montants des chambranles ;

Aux champs que l'on rapporte au bas des pilastres plats et carrés.

Serrurerie. 1° Bande de tôle rapportée sur le sommier d'une grille.

2° Empatement en forme de congé que l'on ménage au bas d'un montant de grille d'appui, d'un arc-boutant ou d'une console.

Soffite, *s. m.* — Surface d'un membre d'architecture qui se présente au-dessous de la tête. Tel est le plafond d'une architrave, d'un larmier présentant, suivant le caractère de l'ordre, des ornements différents.

Une poutre dont le dessous est recouvert de moulures, dans une pièce, dans un vestibule, par exemple, prend également le nom de *soffite*. La figure 3139 représente, à l'échelle de 0m,05 pour

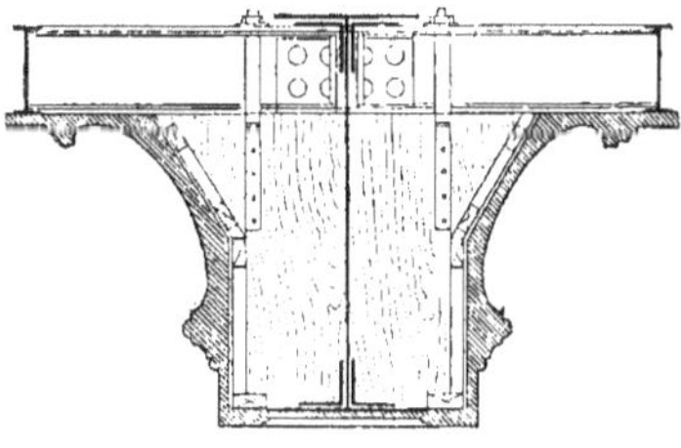

Fig. 3139.

mètre, une poutre sur les côtés et le dessous de laquelle ont été ainsi rapportées des moulures. La pièce même est formée de deux solives en bois et d'une poutre en tôle réunies par des cornières.

Sol, *s. m.* — Superficie du terrain sur lequel on élève la fondation d'une construction. Le *sol* est bon, moyennement résistant ou mauvais, incompressible, moyennement compressible ou très compressible, suivant la nature des *terrains* (voy. ce mot).

Législation. On entend par *sol*, la superficie du fonds d'un héritage.

Le propriétaire du *sol* est présumé propriétaire de tout ce qui se trouve dessus et dessous et de tout ce qui s'y unit et s'y incorpore, de quelque manière que ce soit (1).

Le propriétaire du *sol* peut, à la condition d'observer les lois du voisinage, les règlements, les lois d'ordre public ou d'intérêt général, et en respectant les droits légalement acquis des voisins, établir au-dessus et au-dessous de ce *sol* toutes les plantations, constructions et travaux que bon lui semble.

Il peut arriver que, sciemment ou par inadvertance, l'un des voisins bâtisse sur tout ou partie du terrain de l'autre ; si l'auteur de la construction savait ou devait savoir que le terrain ne lui appartient pas, il est de mauvaise foi ; le propriétaire peut alors, ou retenir les matériaux et le prix de la main-d'œuvre, sans égard à l'augmentation de valeur que le fonds a pu acquérir, ou exiger la suppression des constructions, aux frais de celui qui les a faites, et sans indemnité pour celui-ci, qui peut même être condamné à des dommages intérêts s'il y a lieu (2).

Si les constructions et ouvrages ont été exécutés par un tiers évincé, le propriétaire du *sol* a le droit, ou de rembourser la valeur des matériaux et le prix de la main-d'œuvre, ou de payer une somme égale à celle dont le fonds a augmenté de valeur.

Il est défendu à tout propriétaire exécutant une fouille sur son héritage de porter ses travaux sous le *sol* du voisin.

Un propriétaire ne peut élever ou

(1) Code civil, art. 551 et suivants.
(2) Code civil, art. 555.

abaisser le *sol* de son héritage qu'en faisant un contre-mur pour soutenir les terres du voisin ou les siennes formant terrasse et en prenant toutes les précautions nécessaires pour ne pas nuire aux intérêts d'autrui.

Solaire, *adj.* — *Cadran solaire* (voy. *Cadran, Gnomon*).

Sole, *s. f.* — 1° Nom que l'on donne aux pièces de bois posées de plat qui servent à faire les empatements des machines, telles que *grues*, engins, etc.

On dit aussi *semelle*.

Si ces pièces ont une section à peu près carrée, on les nomme *racinaux*.

2° En maçonnerie, on appelle *soles* les jetées de plâtre que les maçons font à la truelle.

Solidification, *s. f.* — Les mortiers étant composés de sable et de chaux, le mode et le degré de leur *solidification* varient avec les propriétés particulières de cette dernière substance.

En effet, les mortiers peuvent acquérir en durcissant une adhérence supérieure, égale ou inférieure à leur propre cohésion ; ils peuvent augmenter, diminuer de volume ou garder le même ; ils peuvent enfin durcir par dessiccation ou par une sorte de cristallisation semblable à celle qui a lieu dans la prise du plâtre (1).

Selon M. Vicat, la chaux la plus mauvaise à employer est celle qui adhère mal aux corps siliceux qu'elle enveloppe et qui, de plus, éprouve un retrait considérable. C'est le cas de la chaux grasse éteinte à grande eau dans un mortier noyé et exposé à une dessiccation rapide. Les corps agrégés ne peuvent obéir au retrait, en brisent le mouvement et produisent des mortiers pulvérulents. L'extinction sèche et le gâchage à bonne consistance, c'est-à-dire avec le moins d'eau possible, sont les procédés recommandés et malheureusement trop peu suivis pour diminuer le retrait de la chaux.

(1) Th. Château, *Technologie du Bâtiment*.

Le phénomène qui a lieu dans la *solidification* des mortiers de chaux grasse est celui-ci : la chaux, en séchant, se transforme graduellement en carbonate de chaux, sous l'influence de l'acide carbonique contenu dans l'air et son durcissement s'opère. Le sable sert à diviser la chaux, à la rendre plus perméable, à faciliter, par conséquent, sa combinaison avec l'acide carbonique ; de plus, il modère le retrait dû à la dessiccation. A la surface du mortier en contact avec l'air, la chaux se transforme complètement en un carbonate de chaux qui forme croûte. Les parties intérieures forment une combinaison de carbonate et d'hydrate de chaux qui devient très dure ; seulement, la transformation complète en carbonate est excessivement longue et met un grand nombre d'années à se produire, surtout dans les murs épais et dans les lieux humides.

Dans les fondations sous l'eau, on n'emploie pas la chaux grasse, qui se délayerait totalement. Toutefois, dans les endroits où la chaux grasse peut rester longtemps humide sans se dissoudre, il n'y a pas de retrait comme à l'air libre et l'action de l'acide carbonique provoque à la longue une très forte adhérence du carbonate de chaux produit avec le sable. Ce travail, il est vrai, demande plusieurs siècles.

Quelquefois, on a trouvé des mortiers de chaux grasse d'une excessive dureté et qui ne contenaient cependant qu'une très faible quantité d'acide carbonique, mais qui renfermaient une assez forte proportion de silice combinée avec la chaux. On attribue la formation de ce silicate de chaux à l'action de la potasse qui, dans les terres humides imprégnées de dissolutions salines, a pu rendre libre une certaine quantité de silice provenant du sable et la mettre en présence de la chaux.

Les mortiers hydrauliques renferment en eux-mêmes et convenablement disposés tous les éléments de leur *solidification* par voie humide; le durcissement, qui s'opère assez rapidement, ne donne lieu à aucun retrait et a pour résultat une forte adhérence de la gangue au sable.

Toutefois, il est difficile de se rendre compte exactement de ce qui se passe dans la *solidification* des mortiers hydrauliques en soumettant le phénomène à un examen détaillé, mais on peut remarquer ce fait, en se plaçant à un point de vue général, que la silice, placée dans un état qui lui permette de se combiner avec la chaux, est nécessaire pour former de bons mortiers hydrauliques, sauf le cas, rare d'ailleurs, de chaux dont l'hydraulicité serait due à la magnésie (1).

Quand la chaux contient, au lieu de silice, de la pouzzolane naturelle ou artificielle, c'est à ces matières qu'elle en prend.

Lorsque la chaux contient une quantité de silice suffisante pour la rendre éminemment hydraulique, on peut encore lui donner plus de dureté par l'addition de grains de sable, auxquels elle adhère fortement.

Si la chaux est peu hydraulique, il convient de lui ajouter de la pouzzolane et du sable pour produire les effets que nous venons d'indiquer.

Toutefois, il reste encore actuellement à expliquer pourquoi les chaux hydrauliques, qui acquièrent, étant immergées, plus de dureté qu'exposées à l'air, se comportent d'une manière opposée quand on les mélange avec du sable, de telle sorte que cette matière ne parait pas avoir d'action sur eux. Peut-être ce résultat est-il dû à l'absence de l'acide carbonique, dont l'action, reconnue par l'expérience, est aussi profitable aux mortiers hydrauliques qu'à ceux de chaux grasse.

(1) Léonce Reynaud, *Traité d'architecture*.

Solin, *s. m.* — Quand un toit couvert en zinc ou en plomb recouvre un mur qui s'élève plus haut, on relève le long de ce mur les feuilles de métal, que l'on attache, au besoin, avec des pattes de zinc ou de plomb repliées sur

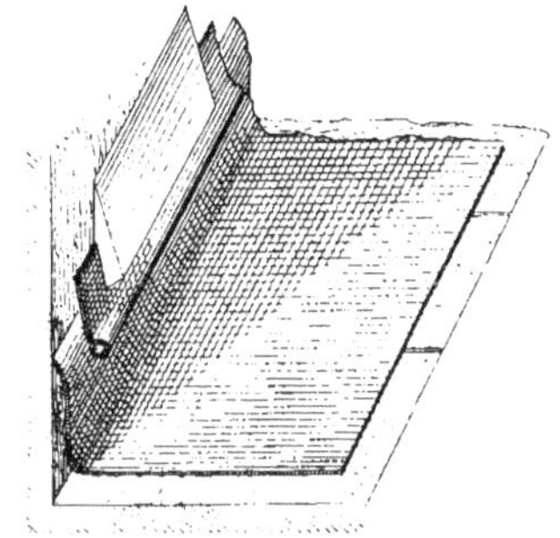

Fig. 3140.

le rebord et clouées sur ce mur; pardessus ce rebord, on cloue également sur la maçonnerie des lames dites *bandes de solin*, ourlées et biseautées; on traîne ensuite des filets de plâtre qui sont les *solins* proprement dits (fig. 3140).

D'autres dispositions, comme le montrent les figures 3141 et 3142, peuvent être adoptées pour la *bande de solin*;

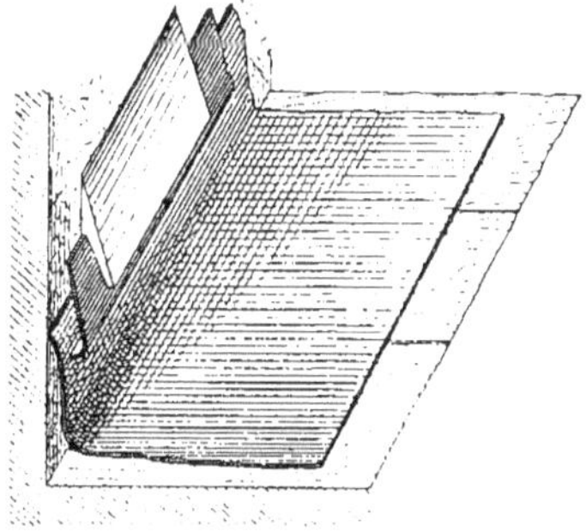

Fig. 3141.

dans le premier exemple, cette lame est repliée en dedans, tandis que dans le second elle est coudée en dehors et le plâtre repose directement sur le rebord inférieur.

Les *bandes de solin* doivent être formées de lames de moins de 2 mètres

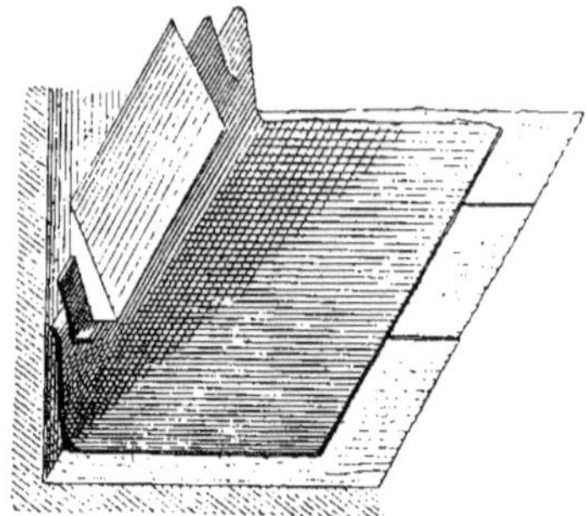

Fig. 3112.

de longueur pour que leur dilatation n'amène pas la destruction des plâtres.

Les couvertures en tuiles sont aussi munies, à leur rencontre avec un mur, de *solins* qui reposent directement sur les tuiles.

Les filets en plâtre traînés le long des murs pignons pour maintenir et relier les premières tuiles d'un toit sont des *solins* que l'on appelle plus spécialement *ruellées.*

On donne encore le nom de *solins* à tous les filets de plâtre servant à boucher certains vides, comme le vide existant entre le dormant d'une croisée et le nu de l'embrasement, le vide entre le chambranle et un bâti, entre un poteau et le mur sur lequel il est appuyé, le vide qui existe entre l'extrémité des feuilles d'un parquet, ou l'about des planches d'une cloison, d'un plancher, ou bien encore entre des carreaux et un mur.

Les charpentiers donnent aussi le nom de *solin* à une pièce de bois ou à un chevron posé contre un mur pour supporter les abouts d'un lattis ou d'un voligeage.

Solivage, *s. m.* — Supputation du nombre des solives que l'on peut tirer d'une pièce de bois.

Solive, *s. f.* — Pièce de bois de brin ou de sciage qui sert à former les planchers.

On dit aussi : *poutrelle.*

Les *solives* reposent, par leurs extrémités, sur des poutres ou sablières, ou bien ont leurs abouts scellés dans les murs; c'est sur ces pièces que l'on établit l'aire du plancher, et au-dessous le plafond.

Dans le commerce, les *solives* sont des bois d'échantillon dont l'équarrissage ne dépasse pas $0^m,18$.

Dans l'exécution des planchers, on fait varier la dimension des pièces qui les composent suivant la portée de ces planchers et en raison de la fonction des pièces.

Ainsi, l'on distingue :

Les *solives ordinaires* ;

Les *solives d'enchevêtrure*, qui servent à porter les *chevêtres* (voy. ce mot) ;

Les *solives d'enchevêtrure boiteuses*, qui ont une de leurs extrémités reposant sur le mur et l'autre assemblée à tenon et mortaise dans un chevêtre ou un linçoir;

Les *solives de remplissage*, assemblées d'un ou de deux bouts dans un chevêtre.

Les *solives* ordinaires doivent avoir, selon Rondelet, pour équarrissage, le $1/24^e$ de leur longueur quand elles sont espacées tant vide que plein, et plus lorsque l'écartement augmente. La largeur des *solives* ne doit pas être moindre que la moitié de la hauteur, à moins qu'on ne place des fourrures ou des liernes pour les empêcher de gauchir.

Le tableau suivant donne les équarrissages des *solives* de planchers d'après Bullet, en appelant *solives de brin*, les *solives* faites de toute la grosseur d'un arbre, et *solives de sciage*, les *solives* débitées dans une pièce plus forte :

LONGUEUR	ÉQUARRISSAGE	ÉCARTEMENT
	Solives de brin.	
de $2^m,92$ à $4^m,87$	$0^m,14$ sur $0^m,19$	$0^m,16$
	Solives de sciage	
$4^m,87$	$0^m,16$ sur $0^m,22$	$0^m,22$
$5^m,85$	$0^m,22$ — $0^m,25$	
$7^m,80$ à $8^m,12$	$0^m,24$ — $0^m,27$	
$8^m,77$	$0^m,27$ — $0^m,30$	

Dans les cas extraordinaires, il est nécessaire de se rendre compte directement des équarrissages à adopter pour que les flexions ne dépassent pas une certaine limite ; mais il suffit, dans la plupart des cas, de s'en rapporter aux données de l'expérience. M. Léonce Reynaud, dans son *Traité d'architecture*, adopte les formules empiriques suivantes, qui supposent l'emploi de bois de chêne ou de sapin de bonne qualité. Pour les *solives* ordinaires, espacées habituellement d'une fois et demie leur épaisseur, on peut déterminer les hauteurs b en fonction des longueurs l au moyen de la formule

$$b = 0,05\ l.$$

Les épaisseurs sont ordinairement comprises entre $\frac{b}{\sqrt{2}}$ et $\frac{b}{2}$.

On donne généralement aux chevêtres et aux *solives* d'enchevêtrure $0^m,03$ de plus qu'aux autres *solives* dans l'un et l'autre sens.

On appelle *solive de ferme* une *solive* sur laquelle les arbalétriers d'une ferme sont assemblés.

Dans les planchers en fer, les *solives* ont la forme des fers à T, et leurs dimensions en hauteur peuvent être moindres, ce qui permet de gagner de l'espace en diminuant l'épaisseur du *plancher* (voy. ce mot).

Soliveau, *s. m.* — Petite solive de remplissage.

Soliveau en empanon : petite solive qui, dans un plancher en enrayure, est assemblée obliquement, soit d'un bout, soit des deux bouts.

Sommation, *s. f.* — Acte par lequel un architecte signifie à un entrepreneur de tenir ses engagements et de se conformer, pour l'exécution des travaux dont il s'est chargé, aux clauses renfermées dans ses cahiers des charges générales et particulières.

Somme, *s. f.* — Synonyme de panier de verre, contenant environ 10 mètres carrés de vitrage.

Sommet, *s. m.* — Point culminant d'un corps, d'un édifice, d'un membre d'architecture.

On dit : le *sommet* d'un fronton, d'un obélisque.

Sommier, *s. m.* — 1° Pierre qui se pose la première dans la construction d'un arc ou d'une arcade et qui se place de chaque côté sur les pieds-droits.

Dans une plate-bande, le *sommier* est une pierre posant sur le jambage d'une baie ou sur un pilier, et qui est taillée en coupe oblique pour recevoir le premier claveau de la plate-bande.

Les voûtes des églises ont leurs retombées sur des *sommiers* placés sur les

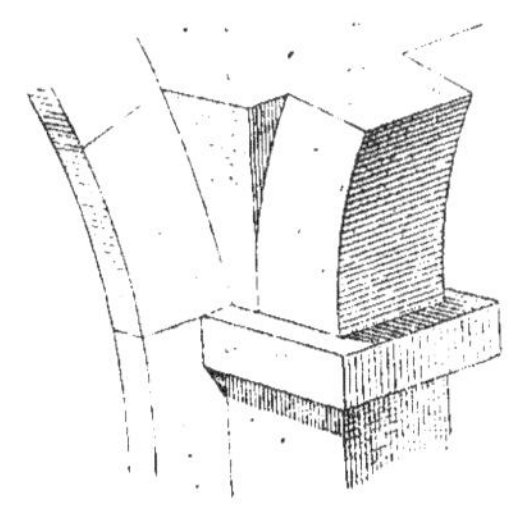

Fig. 3143.

piles. La figure 3143 représente un *sommier* posé sur une pile, à la naissance d'une voûte d'arête.

On donne le même nom aux pierres de taille que l'on met souvent à la partie supérieure d'une pile en briques pour recevoir la portée d'un linteau en fer ou d'un poitrail.

2° Pièce de charpente reposant sur deux poteaux ou deux pieds-droits.

On désigne ainsi, dans un pont de bois, la traverse qui s'appuie sur la tête des pieux.

3° Planche qui est placée à la partie supérieure d'une jalousie et sur laquelle sont assemblées les poulies et les cordes.

4° *Sommier de grille* : pièce de fer méplate percée de trous pour recevoir les barreaux.

Son, *s. m.* — Le mode de propagation du *son* dans l'atmosphère a une très grande importance au point de vue de la construction des espaces clos dans lesquels la voix humaine est appelée à se faire entendre.

On sait, d'une manière générale, que la vitesse de transmission du *son* dans l'air est d'environ 340 mètres par seconde. La force du *son*, comme l'intensité de la lumière, diminue rapidement à mesure que la distance augmente ; il résulte des expériences de Saunders, rapportées dans son ouvrage sur les théâtres, le fait pratique suivant : si un orateur se place à l'une des extrémités d'un parallélogramme de 21^{m},33 de longueur sur une largeur un peu moindre, il peut se faire entendre de toutes les parties de cette enceinte, pourvu que le *son* ne rencontre aucun obstacle et notamment ne soit troublé par aucun écho.

Par conséquent, lorsqu'un architecte doit construire une salle de moins de 21^{m},33 sur 15 mètres à 18 mètres environ, il doit chercher d'abord à éviter toute cause de perturbation et faire en sorte que le *son* agisse seulement par radiation directe. Dans les salles d'une plus grande étendue, il doit, en outre, s'efforcer de favoriser artificiellement la propagation du *son*. Il y a donc matière à étude pour satisfaire, dans ces deux cas principaux, aux conditions d'une bonne audition.

Dans les salles qui appartiennent à la première catégorie, c'est-à-dire dans celles qui ont une vingtaine de mètres de longueur sur 15 à 18 de largeur, le principal obstacle qui se présente semble être l'écho produit par la réflexion directe sur les murs, le plancher, le plafond et particulièrement sur la paroi placée en face même de l'orateur. Par suite, les auditeurs placés au milieu de la salle ou près de l'orchestre, dans un théâtre dont les dimensions se rapprochent de celles que nous venons d'indiquer, ne perçoivent le *son* réfléchi qu'après un intervalle de temps appréciable ; il en résulte de la confusion et même un trouble dans l'harmonie.

M. Roger Smith, dans un mémoire lu sur ce sujet à la Société d'architecture d'Angleterre et intitulé : *De la construction des édifices sous le rapport des conditions acoustiques*, recommande de disposer une galerie de face, de telle manière qu'elle ne produise pas d'écho. Il faut, pour cela, qu'elle ne soit pas trop profonde et que son appui soit à jour, ou courbe ou incliné en arrière ; dans ces conditions, cette galerie amortira assez bien l'écho du mur qui limite la salle en face de l'orateur ou des musiciens.

Dans les pièces de dimension quelconque, mais très élevées, l'écho est toujours perceptible.

Telles sont donc, d'une manière générale, les précautions à prendre pour les salles de grandeur ordinaire : ne pas tenir les plafonds trop hauts s'ils sont plans ; si leur grande élévation est nécessaire, leur donner une forme courbe, en voussure ou ornée de panneaux ; masquer le mur placé en face de l'orateur par une galerie ; le percer de fenêtres, s'il est possible, parce que le verre réfléchit mal le *son* ; le briser par des niches ou par des arcades ; lui donner une forme courbe ou plane ; le couvrir de tapisserie. Les tapis épais étendus sur les parquets sont encore une bonne précaution.

Un autre obstacle à la radiation du *son* est la position même qu'occupent les auditeurs par rapport à l'orateur : il importe qu'aucun des assistants ne soit masqué par les têtes de ceux qui sont placés devant lui. Pour satisfaire à cette condition, qui intéresse aussi bien la vue que l'ouïe, il faut établir les sièges sur une surface courbe (voy. *Amphithéâtre*, *Gradin*).

La disposition des murs en éventail est une bonne condition pour l'acoustique, ces murs tendant à renforcer le *son* comme les parois d'un porte-voix.

Un troisième obstacle à la perception distincte du *son* est la trop grande résonnance. Ce cas se présente lorsque plusieurs échos successifs ou des vibrations à l'unisson partent de points trop voisins de leur cause pour que la distance entre le *son* direct et le *son* réfléchi plusieurs fois soit perceptible. Le *son* est alors prolongé, sans que l'on distingue les intervalles. Ce fait, qui se remarque dans la plupart des cathédrales, est favorable à la musique, mais non pas à l'audition d'un discours.

On diminue cette propriété des grandes salles vides en couvrant le plancher de tapis et en les emplissant de monde.

Dans les salles de vastes dimensions, on doit rechercher les moyens qui sont propres à renforcer le *son*, de manière à donner à la voix humaine une portée qu'elle ne peut avoir en plein air. Mais il faut, en même temps, prendre les précautions nécessaires pour éviter la confusion des *sons*. L'architecte doit s'appliquer : 1° à éviter l'existence de grands espaces vides, surtout près de l'orateur ; 2° à faire continuer et en matériaux favorables les parois qui peuvent réfléchir avantageusement le *son* ; 3° à détruire les ondes sonores qui côtoient les murs à une certaine distance de l'orateur ; 4° à renforcer artificiellement le *son* par des moyens différents de l'écho. Examinons, d'après le mémoire de M. Roger Smith, quels sont les moyens de réaliser ces diverses conditions :

1° Pour éviter les grands espaces vides, il faut faire les salles peu élevées par rapport à l'orateur ; si l'on est obligé de leur donner une grande hauteur, il faut faire en sorte que l'espace qui se trouve au-dessus de l'orateur n'ait pas trop de largeur.

2° Pour augmenter l'intensité du *son* par la réflexion des parois, il faut éviter de percer des ouvertures dans les murs latéraux et le plafond ou d'y établir des inégalités. La forme et la hauteur du plafond sont surtout très importantes à cet égard. La meilleure disposition est celle qui consiste à tenir le milieu du plafond plan et les parties latérales inclinées. Les plafonds à jour ne peuvent être considérés comme favorables au *son*. Quant au mur qui est placé derrière l'orateur, il tend, par réflexion, à pousser la voix en avant ; mais, comme les murs latéraux, il doit être uni.

3° On a remarqué que les ondes sonores ne sont qu'imparfaitement réfléchies par une surface, lorsque l'angle d'incidence est supérieur à 45° et qu'elles ne le sont plus du tout, lorsqu'il est moindre que 30°.

Le *son* rase alors les murs dans les salles où ce cas se présente, de telle sorte qu'une personne placée près de ces murs peut entendre la voix de l'orateur, sans qu'un autre auditeur, placé à 0m,30 ou 0m,60 en arrière du premier, puisse la percevoir.

Cet effet se produit dans les parties éloignées des salles d'une grande longueur ; on l'évite en anéantissant par l'emploi de colonnes, de pilastres, d'enfoncements ou de tapisseries les *sons* qui se trouvent ainsi *conduits* et non réfléchis par les murs. On aurait recours aux mêmes moyens pour le mur qui fait face à l'orateur, parce que le *son* qui y arrive, bien qu'il soit faible dans les longues salles, donne lieu, par réflexion, à des *sons* secondaires perçus par une partie, au moins, de l'auditoire.

4° Quant au renforcement du *son* par des moyens autres que l'écho, on doit reconnaître que la question n'est encore que posée dans l'état actuel de la science acoustique. On sait seulement, par expérience, qu'il est avantageux d'exécuter en bois une surface dont la réflexion est utile et derrière laquelle se trouve un espace creux et que, pour un mur, la surface doit être, à la fois, très douce et très dure, que, par conséquent, la paroi doit être construite en pierre ou enduite en plâtre de bonne qualité.

Vitruve parle des vases *acoustiques* (voy. ce mot), que les anciens employaient dans les théâtres pour renforcer le *son* ; peut-être y aurait-il là, pour les architectes, un intéressant sujet d'étude dans une question sur laquelle on n'a encore que des données si incertaines.

Sondage, *s. m.* — Opération par laquelle on reconnaît la nature et la qualité du fond d'un terrain sur lequel on veut bâtir ou creuser un puits artésien.

Le *sondage* s'opère au moyen d'outils appelés sondes et qui doivent remplir à la fois les fonctions de tire-bouchon et de cuiller pour pénétrer profondément dans le sol et en extraire les éléments qui permettent d'en apprécier la valeur.

Il y a plusieurs espèces de *sondes*.

D'une manière générale, ces appareils sont composés de la *tête*, de la *tige* et des *outils* qui attaquent le terrain au fond du trou et sur ses parois ; c'est par ces dernières pièces que les *sondes* diffèrent.

La *tête* est une barre de fer ronde ou à section carrée qui se termine, à la partie supérieure, soit par un œil avec une ouverture carrée A (fig. 3144) dans laquelle on place la poignée destinée à faire mouvoir l'instrument, soit par un anneau tournant B qui sert à suspendre la sonde, et un ou deux œils destinés à recevoir les leviers qui impriment le mouvement de rotation.

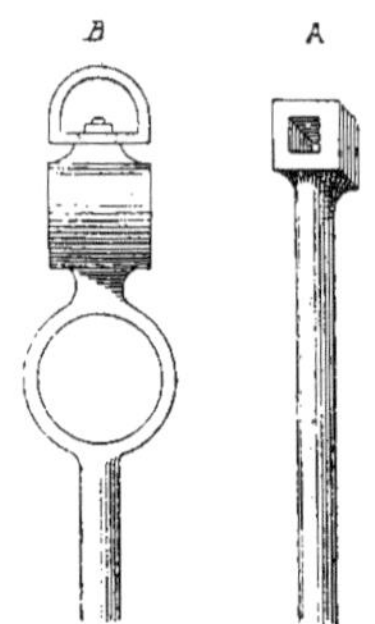

Fig. 3144.

La *tige* est composée d'un nombre indéterminé de barres également en fer rond ou carré, de $0^m,025$ de largeur pour un trou de $0^m,06$ à $0^m,07$ de diamètre et 20 mètres au plus de profondeur ; de $0^m,030$ de côté pour un trou de $0^m,08$ à $0^m,10$ de diamètre et de 20 à 50 mètres de profondeur ; de $0^m,035$ de côté pour un trou de 50 à 150 mètres, etc. Chaque bout de tige peut avoir jusqu'à 6 mètres de longueur. Ces bouts s'assemblent de différentes manières avec la *tête*. Tantôt l'extrémité inférieure de cette dernière pièce est un bourrelet carré A (fig. 3145), percé

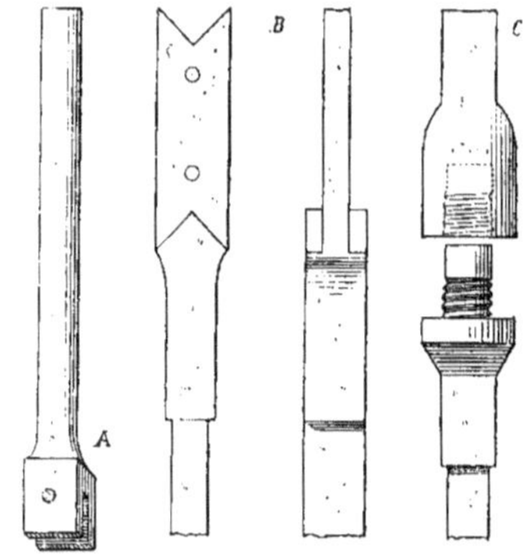

Fig. 3145.

d'une mortaise qui doit recevoir un tenon destiné à assujettir la tige ; les deux pièces entées et emboîtées l'une dans l'autre, sont maintenues ensemble au moyen d'une cheville rivée ; tantôt l'assemblage est à enfourchement, comme on le voit en B ou à vis et à douille, ainsi que le montre la même figure, en C ; ce dernier mode d'assemblage est le plus souvent usité pour les grandes *sondes* ; il offre seulement l'inconvénient de ne se prêter au mouvement de rotation que dans un seul sens.

C'est aussi par ces divers modes de réunion que toutes les barres ou *rallonges* qui composent la tige s'assemblent entre elles et avec les *outils*.

Ceux-ci se divisent en plusieurs classes, suivant qu'ils attaquent la roche par son extrémité ou latéralement et surtout suivant qu'ils agissent par rotation ou par percussion.

Les sondes agissant par rotation sont armées d'outils en forme de cuiller A (fig. 3146) ou de tarière B pour percer

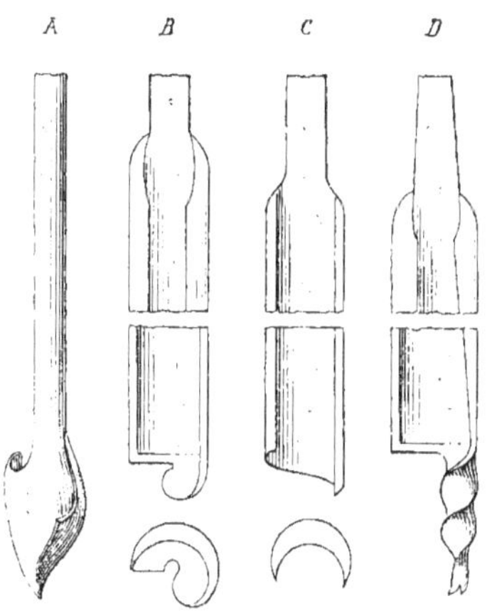

Fig. 3146.

des terrains tendres et friables et ramener en même temps au jour les matières désagrégées. Dans les argiles, on supprime la mèche, et l'outil est appelé *tarière à glaise* C. Dans les sables faiblement agrégés, on remplace souvent la mèche de la tarière ordinaire par un trépan rubanné D, qui sert à désagréger le sable, que la tarière ramène ensuite au jour.

Les *sondes* que nous venons de décrire ne sont pas propres, si l'instrument opère dans l'eau, à ramener à la surface le sol foré. Pour ce cas spécial, on emploie la *sonde* ou *cuillère à soupape*. L'extrémité de cet outil est cylindrique (fig. 3147) avec une pointe tranchante par le bas ; dans la partie inférieure et à l'intérieur du cylindre est adapté un

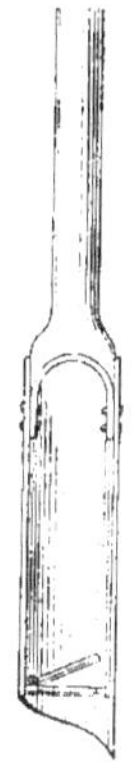

Fig. 3147.

petit bourrelet qui en rapetisse l'orifice et est fermé au moyen d'une soupape à charnière. Lorsque la *sonde* fonctionne, la soupape est soulevée par l'action de la terre forée, qui vient remplir le cylindre ; quand on retire la *sonde*, le poids de la terre entrée dans la cuillère fait, par sa pression, fermer la soupape et laisse arriver la substance qui y est contenue à la surface du sol.

Les outils agissant par percussion sont employés dans les roches qui présentent une certaine dureté ; on leur donne le nom de *trépans* ou de *ciseaux*.

Il y a le *trépan simple* A (fig. 3148),

qui est droit, courbe ou à pointe et à double biseau, et le *trépan à téton* B, qui porte, en son milieu, un second biseau plus petit ou *téton*, servant à commencer le trou sur un plus faible

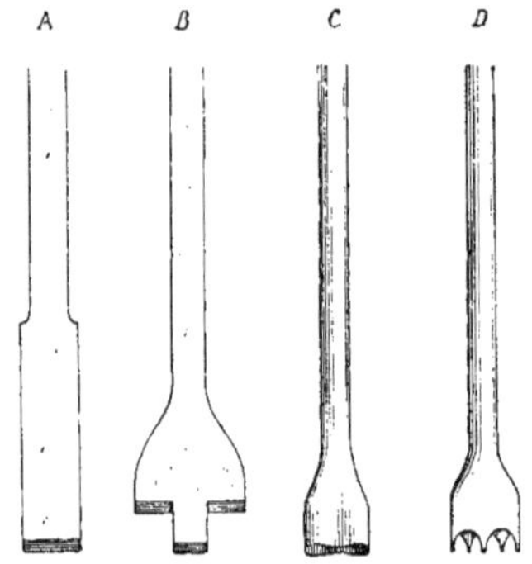

Fig. 3148.

diamètre. On se sert aussi quelquefois de trépans à tranchant en croix, cloches cylindriques creuses à bords tranchants et aciérés C, ou à pointes D, pour couper les rognons de silex que l'on rencontre dans les terrains de craie.

Pour traverser ou percer des couches de cailloux roulés, limons ou calcaires, on emploie un outil en forme de poinçon, qui ressemble à l'extrémité des pieux servant aux pilotis.

Les outils employés à la manœuvre

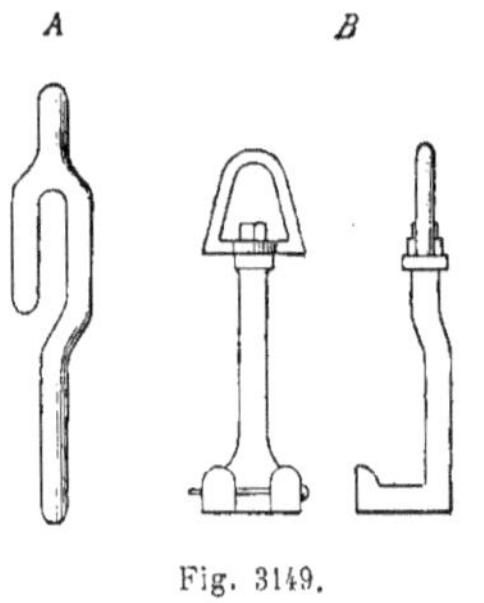

Fig. 3149.

de la *sonde* sont : la *clef de retenue* A (fig. 3149), qui se place au-dessous d'un renflement de la tige et maintient la *sonde* suspendue dans le trou; le *pied de bœuf* ou *clef de relevée* B, qui saisit également la ligne des tiges sous un épaulement et qui sert à les suspendre au câble de l'engin; enfin, le *tourne-à-gauche*, qui a la même forme que la clef de retenue et avec lequel on désassemble les tiges.

Pour le cas où une sonde est brisée dans le trou, on se sert d'outils accrocheurs : la *caracole*, le *tire-bourre*, la *cloche à écrou* et les *accrocheurs à pièces*, avec ou sans ressorts.

La *caracole* (fig. 3150) est une barre de fer dont l'extrémité forme un tour de spire assez large pour permettre à la tige de la *sonde* d'être saisie au-dessous

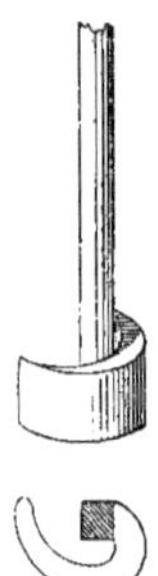

Fig. 3150.

d'un collet. Pour s'en servir, on l'adapte à l'extrémité de la dernière barre de la tige de la *sonde*, et on la descend, à l'aide du câble, jusqu'à l'endroit où l'on veut la faire agir.

Le *tire-bourre*, qui a la forme des tire-bourres employés pour décharger les armes à feu, n'est guère utilisé que pour retirer la corde du cylindre à soupape, lorsqu'elle s'est rompue et qu'une partie est restée dans le trou avec la cloche.

La *cloche à écrou* est un entonnoir qui est taraudé à l'intérieur et présente une filière conique. Cette filière coiffe l'extrémité de la tige, s'y incruste par le rodage et y creuse un pas de vis permettant de retirer la sonde après qu'elle a été saisie. La *cloche à écrou* s'emploie quand on ne peut saisir la tige avec la *caracole*, parce que la rupture a eu lieu à une trop grande distance d'un emmanchement.

Les *accrocheurs à pinces* sont des espèces de cloches dans lesquelles la tige peut entrer, mais dont elle ne peut sortir, parce qu'elle est arrêtée par des crans en acier, disposés angulairement et pressés par des ressorts. L'acier s'incruste dans la tige et la saisit solidement.

Les engins que l'on emploie pour manœuvrer la *sonde* sont : une *chèvre* avec un treuil qui sert à descendre et à remonter la sonde ; le *levier de battage*, qu'on fait mouvoir à l'aide de cames placées sur le treuil ; le *levier d'équilibre*, destiné, pendant le battage, à équilibrer une partie du poids de la *sonde* pour ne pas fatiguer les outils.

Dans les *sondages* que l'on pratique pour s'assurer de l'état et de la qualité du terrain à bâtir, il est inutile d'aller au-delà de la profondeur qui offre la résistance convenable au but proposé et qui indique le genre de fondations à employer. Mais si l'on veut établir un puits artésien, par exemple, qui exige une grande profondeur de forage, on est ordinairement obligé de faire le *tubage* du trou, pour le garantir contre les éboulements probables des parois, c'est-à-dire que l'on descend dans l'intérieur du trou déjà foré des tubes ou des *buses* qui doivent servir à former le conduit intérieur. Ces tuyaux ou buses sont disposés de manière à pouvoir entrer les uns dans les autres. L'extrémité intérieure de chaque buse est armée d'une frette.

Nous dirons quelques mots du *sondage à la corde* ou *sondage chinois*, qui est le procédé de *sondage* le plus simple que l'on connaisse et en même temps le plus ancien, puisque les Chinois, qui n'en connaissent pas d'autre, l'emploient de temps immémorial. L'engin dont on se sert habituellement est une simple chèvre munie d'une poulie de renvoi et d'un treuil sur lequel s'enroule la corde.

On imprime à celle-ci un mouvement de sonnette au moyen de cordelettes sur lesquelles agissent les ouvriers employés au battage. Les cordelettes sont fixées à la corde par une sorte de porte-mousqueton que l'on peut faire glisser sur la corde au fur et à mesure que le puits s'approfondit. La levée de la *sonde* varie de 0m,30 à 0m,60 au plus (1).

Sonde, *s. f.* — Voy. *Sondage*.

Sonnerie, *s. f.* — Appareil qui sert à établir des communications entre des points plus ou moins éloignés.

Les *sonneries* les plus simples sont les *sonnettes*, aujourd'hui fréquemment remplacées dans les habitations par les *sonneries électriques* qui sont, d'ailleurs, d'un usage constant dans les chemins de fer.

Une installation de *sonneries électriques* comprend essentiellement :

1° Une pile produisant l'électricité, composée d'éléments plus ou moins nombreux, suivant l'importance de l'installation, c'est-à-dire le nombre d'appareils qui doivent se trouver dans le circuit, ainsi que l'étendue du parcours ;

2° Des fils métalliques, conducteurs de l'électricité, lesquels, pour l'intérieur des maisons, sont en cuivre rouge recouvert d'une enveloppe de gutta-percha, pour les isoler et les préserver de l'humidité, puis d'une couche de coton guipé, de couleurs assorties aux tentures des appartements ;

3° Une ou plusieurs *sonneries* composées (fig. 3151) d'un timbre fixé sur une boîte et d'un marteau qui, mis en mouvement par le courant électrique, frappe sur le timbre ; ordinairement, ces *sonneries*, qu'on appelle aussi *trembleuses*,

(1) Laboulaye, *Dictionnaire des arts et manufactures*.

ont plusieurs fils qui aboutissent de différents locaux à un *tableau indicateur*

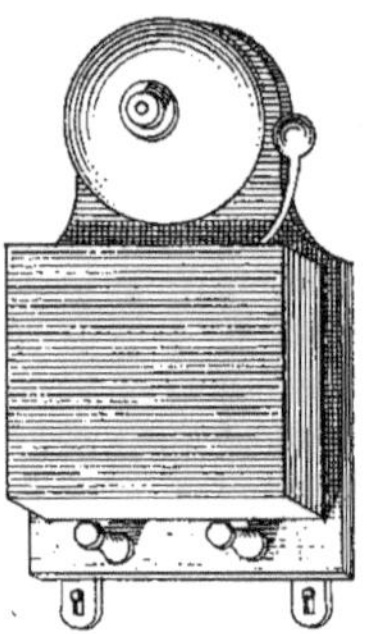

Fig. 3151.

(fig. 3152) permettant de voir, par l'apparition automatique d'un numéro

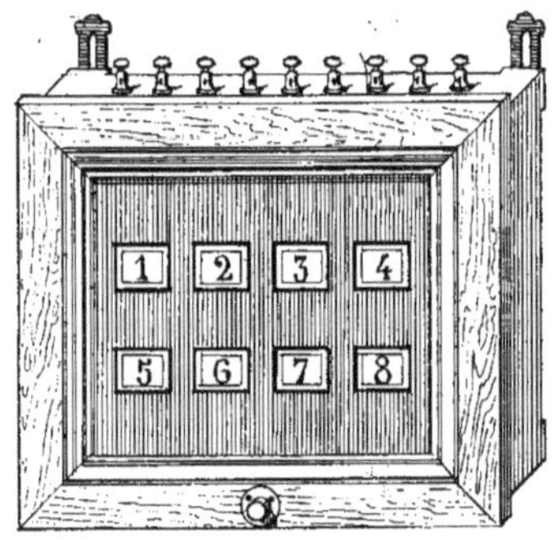

Fig. 3152.

ou de toute autre indication, de quelle pièce est venu l'appel;

4° Des transmetteurs pour l'attaque,

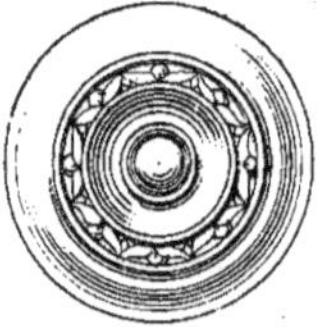

Fig. 3153.

de formes et dispositions diverses : *boutons* (fig. 3153) ou *tirages à cordon* (fig. 3154) pour salons et chambres à

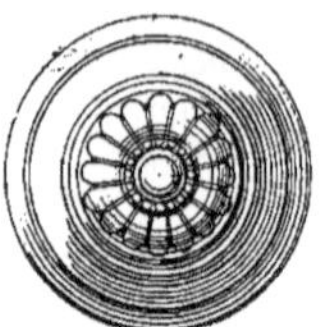

Fig. 3154.

coucher; *pédale* (fig. 3155), pour parquet;

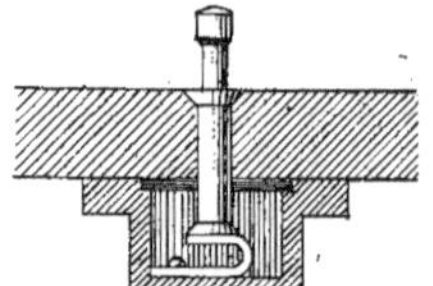

Fig. 3155.

poire (fig. 3156) ou *presselle*

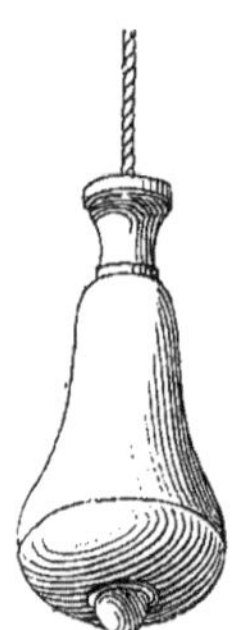

Fig. 3156.

(fig. 3157), à cordons conducteurs sou-

Fig. 3157.

ples, pour lampes de salle à manger;

coulisseaux à cuvette (fig. 3158) ou *à*

Fig. 3158.

tirage (fig. 3159), sur marbre, pour porte extérieure, etc.

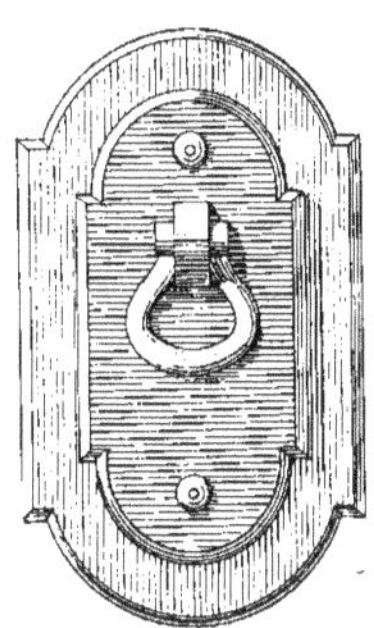

Fig. 3159.

Voici comment l'on procède à l'installation de ces appareils :

De toutes les piles connues jusqu'à ce jour, celle qui, pour cet usage, donne les meilleurs résultats, est la pile du système *Léclanché*, pour l'entretien de laquelle il suffit, tous les 4 ou 5 mois, de mettre un peu d'eau et de sel ammoniac dans le vase en verre, lorsque l'on constate que le niveau du liquide a baissé sensiblement. Cette pile doit être placée dans un endroit ni trop chaud, ni trop froid ; on choisit ordinairement les couloirs de service, afin de la dissimuler soit sur une tablette, soit dans une boîte spéciale à casiers, s'accrochant au mur.

Pour une installation ordinaire se composant de quelques *sonneries* et boutons, une pile de 3 éléments est plus que suffisante ; si l'on doit y intercaler un tableau indicateur, le nombre des éléments est porté à 5 ou 6 ; on doit aussi augmenter ce nombre quand on veut établir plusieurs *sonneries* fonctionnant ensemble par un même bouton d'appel ; l'un des deux fils des extrémités de la pile se rend à toutes les *sonneries*, l'autre dessert tous les boutons ; on choisit généralement pour ce dernier le fil partant du charbon ou pôle positif.

Si les murs sont bien secs, on peut se contenter pour conducteurs de fils de cuivre recouverts de deux couches de coton, dont une enduite d'une matière isolante, ce qui est plus économique. Toutefois, il est important, pour la traversée des murs, afin d'éviter l'humidité des plâtres, et par conséquent, à la longue, l'oxydation du cuivre, qui amènerait la rupture des fils, de faire passer ceux-ci dans des tubes ou fourreaux en gutta-percha, d'un diamètre proportionné au nombre des fils, et de $0^m,06$ à $0^m,08$ de longueur, pour chaque extrémité, lorsque les murs sont épais.

Les ligatures, aux points de raccordement ou de jonction des fils, se font, en grattant préalablement, sur une longueur de $0^m,012$ à $0^m,015$, la couche de coton et de gutta, sur les deux conducteurs que l'on veut relier, en ayant soin de mettre les fils de cuivre à nu et de bien les décaper ; puis on les tord l'un sur l'autre pour les recouvrir ensuite d'un ruban de gutta, en feuille mince, de même largeur que la ligature, et enroulé de 5 ou 6 tours, c'est-à-dire suffisamment pour préserver la partie raccordée du contact d'autres fils ou des murs. Il suffit, pour souder le ruban de gutta et le rendre adhérent, de lui présenter la flamme d'une allumette et de lisser la gutta, ramollie par la chaleur, entre deux doigts humectés.

Les fils doivent être soutenus, de deux en deux mètres environ dans les lignes droites, et à une distance plus rapprochée dans les courbes, par de petits isolateurs en os (fig. 3160) fixés par des

pointes et sur lesquels on enroule d'un

Fig. 3160.

tour les fils, au fur et à mesure de leur tension.

Deux fils peuvent être placés, à côté l'un de l'autre, sur un même isolateur.

Fig. 3161.

Ces derniers sont remplacés, dans les angles, par des crochets en fer émaillé (fig. 3161).

Pour les parcours extérieurs, tels que cour, jardin ou parc, on remplace les fils rosette recouverts, par des fils de fer galvanisés de 0m,002, supportés, de

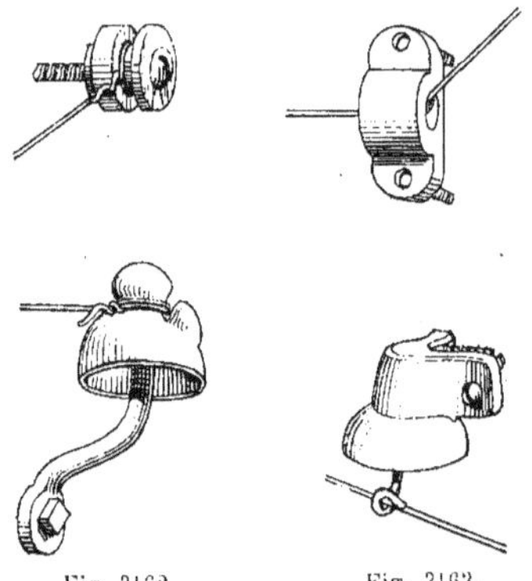

Fig. 3162. Fig. 3163.

loin en loin, par des isolateurs en porcelaine (fig. 3162 et 3163), fixés sur des poteaux ou le long des murs.

Quand on veut dissimuler les fils ou les préserver de toute atteinte, on emploie des câbles sous plomb, que l'on enterre de 0m,15 ou 0m,20 de profondeur. Dans ce cas, l'enveloppe de plomb peut être employée comme fil de terre.

Comme il importe, dans une installation, d'éviter toute confusion entre les deux fils partant de la pile, dont l'un, comme nous l'avons dit, doit desservir toutes les *sonneries*, et l'autre les boutons transmetteurs, on fera bien d'employer des fils de nuances différentes, ce qui permettra toujours de les reconnaître et d'éviter ainsi des perturbations, qui donneraient lieu à de longues recherches tout en épuisant inutilement la pile.

Autant que possible, pour le coup d'œil comme pour la facilité des recherches, les fils devront être espacés entre eux d'environ 0m,01 ; cependant, lorsqu'ils sont trop nombreux pour permettre d'observer cet écartement, ce qui est le cas, quand un ou plusieurs tableaux se trouvent intercalés dans le circuit, on les réunit en un seul faisceau, et on remplace les isolateurs en os par des crochets émaillés, puis on dissimule le tout avec des baguettes de recouvrement.

La descente des fils du plafond aux appareils peut se faire dans les mêmes conditions, en s'arrêtant, toutefois, à 0m,15 au-dessus des tableaux ou *sonneries*, pour de là, distribuer les fils en forme d'éventail en les amenant à leur bouton respectif. Ils doivent être coupés d'environ un mètre plus longs, pour être enroulés, en forme de spirales ou boudins, à l'aide d'une broche de 0m,006 à 0m,008, afin de constituer une réserve pour les cas de rupture auprès des appareils.

Lorsque plusieurs *sonneries* sont appelées à fonctionner l'une près de l'autre, on doit varier les sons, afin d'éviter toute confusion dans les appels.

Il est prudent, pour une installation de quelque importance, de placer un interrupteur, sur un point quelconque du parcours des fils, afin de permettre, en cas de dérangement, ou de perturbations causées par la rupture accidentelle d'un fil, ou de toute autre cause, d'interrompre les communications et d'éviter l'épuisement de la pile pendant les recherches et la réparation.

Il importe aussi, en procédant au montage des transmetteurs, quels qu'ils soient, bouton, poire, presselle, pédale de parquet, tirage, d'éviter avec soin toute communication métallique, entre chacun

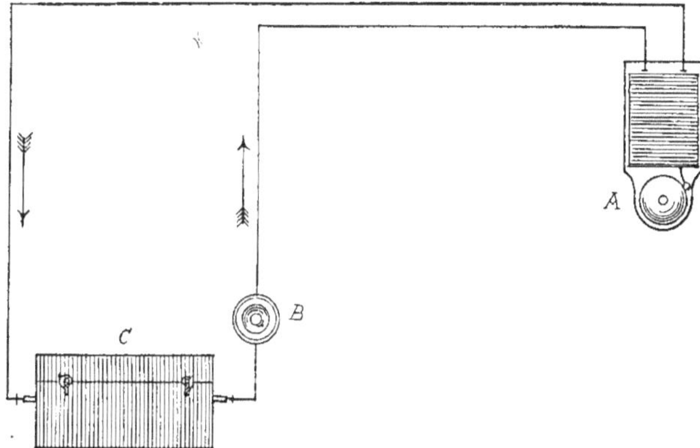

Fig. 3164.

des fils que l'on doit amener sous une des vis de leur paillette de contact respective. Pour cela, on fait en sorte, après les avoir tendus, de ne gratter l'enveloppe, c'est-

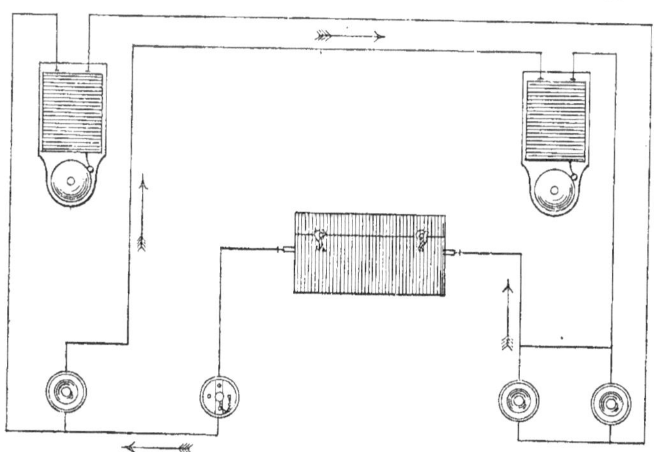
Fig. 3165.

à-dire de ne les mettre à nu, que juste de la quantité voulue pour permettre de leur faire faire un tour sous la tête de vis, et être assuré d'une bonne communication électrique avec la paillette argentée.

Nous terminerons cet article en représentant :

1° L'installation la plus simple et la plus usitée, soit une *sonnerie*, un bouton et sa pile (fig. 3164);

2° L'établissement d'une communication entre deux points avec demande et réponse, à l'aide de trois fils, soit deux *sonneries* se répondant, attaquées chacune par un ou deux boutons (fig. 3165) ;

3° La même communication établie au moyen de quatre fils (fig. 3166) ; cette disposition est la plus généralement employée, parce que l'on est toujours à même de brancher d'autres communications sur les fils de pile, ce que la précédente ne permet pas.

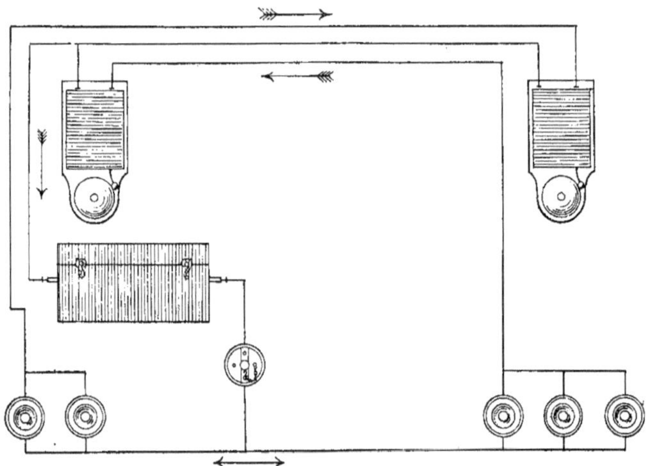

Fig. 3166.

Dans les chemins de fer, on fait usage de *sonneries électriques* pour indiquer au point de départ de la manœuvre la position occupée par un mât de signal que la distance, le brouillard ou un obstacle quelconque dérobe à la vue. Ces *sonneries*, à l'aide d'un commutateur qui interrompt ou établit le courant électrique suivant que le signal est ouvert ou fermé, ne fonctionnent que quand le disque est placé à l'arrêt.

Sonnette, *s. f.* — 1° Appareil servant au battage des pilots employés dans les fondations des ports et autres ouvrages hydrauliques.

Les *sonnettes* sont, en général, des systèmes propres à élever à une certaine hauteur une masse pesante en fonte, appelée *mouton*, qui retombe sur la tête du pilot ; celle-ci est consolidée par une frette et la pointe du pieu est armée d'un sabot pour que le travail qui résulte de l'écrasement des extrémités ne soit pas perdu.

Le pilot est disposé verticalement, puis enfoncé, sous un effort modéré, jusqu'à ce qu'il commence à offrir une certaine résistance. On le bat ensuite plus énergiquement et on l'amène à *refus*, c'est-à-dire qu'il ne s'enfonce plus que d'une quantité déterminée, comme nous l'établirons plus loin (voy. *Pilot*).

On distingue les *sonnettes à bras* ou *à tiraudes*, les *sonnettes à déclic* et les *sonnettes à vapeur*.

Les *sonnettes à tiraudes* se composent essentiellement d'un mouton suspendu sur une poulie par un cordage. L'extrémité de ce cordage est attachée à un faisceau de cordes sur chacune desquelles des hommes tirent ensemble et lèvent le mouton, qu'ils laissent retomber en lâchant tous en même temps.

Chacun de ces appareils est formé de

deux parties, l'une horizontale et l'autre verticale. La partie horizontale, représentée en A (fig. 3167), est triangulaire et se nomme *enrayure*; elle comprend une forte pièce de bois *a* appelée *semelle*, sur laquelle une autre pièce *b*, nommée *queue*, vient s'assembler d'équerre. Deux *contre-fiches* ou pièces biaises *c*, relient les extrémités de la semelle et de la queue et maintiennent ces pièces dans leurs positions respectives. Cet assemblage de poutres, qui

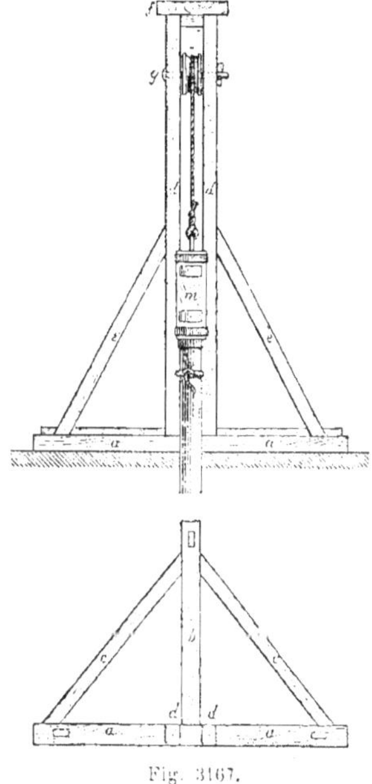

Fig. 3167.

constitue la base de l'engin, est garni de madriers sur lesquels, pour donner de la stabilité à la *sonnette*, on place des pierres ou une masse de fer, de façon toutefois à ne pas gêner les hommes employés à la manœuvre. La partie verticale de la machine se compose de deux montants *d* appelés *jumelles*, assemblés à tenons et mortaises dans la semelle *a*, réunis à leur sommet par une clef ou tête, nommée aussi *chapeau*, et maintenus par deux contre-fiches *e* appelées *hanches*, qui s'opposent au déversement latéral. La verticalité des jumelles est encore assurée contre le déversement dans le sens perpendiculaire à la semelle par un arc-boutant *h* (fig. 3168) qui s'assemble, d'une part, avec une traverse placée sous le chapeau, de l'autre, avec la queue et qui est muni d'échelons ou chevilles de bois servant à monter jusqu'au sommet de la *sonnette*; c'est à cette disposition que cette pièce doit aussi le nom de *rancher*. Entre les deux jumelles est placée une poulie fixe *g* sur laquelle passe une corde attachée, à l'une de ses extrémités, au sommet de la masse prismatique *m*, dite *mouton*, qui sert à frapper sur la tête des pieux et terminée, à l'autre bout, par trente ou quarante cordons ou *tiraudes* sur lesquels agissent les manœuvres.

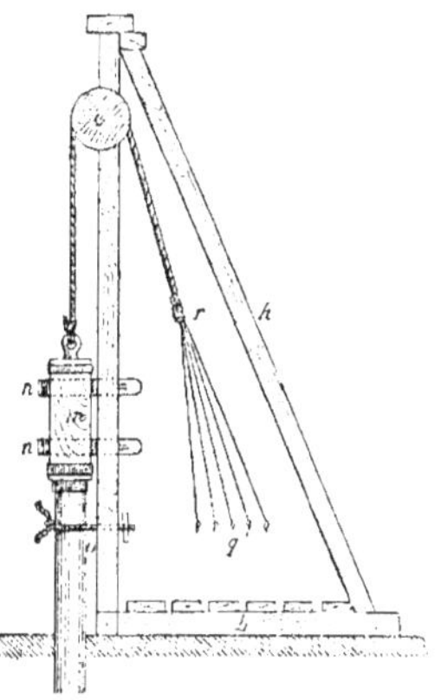

Fig. 3168.

Le mouton est dirigé, dans ses mouvements d'ascension et de descente, par deux tenons ou ailerons munis de clefs (fig. 3169) qui s'engagent dans l'intervalle laissé entre les jumelles.

Le mouton est une forte masse prismatique en bois ou en fonte de fer, qui, dans le premier cas, est frettée ou cerclée à ses deux extrémités supérieure et inférieure. Le pieu est placé sous le mouton et maintenu aussi verticalement

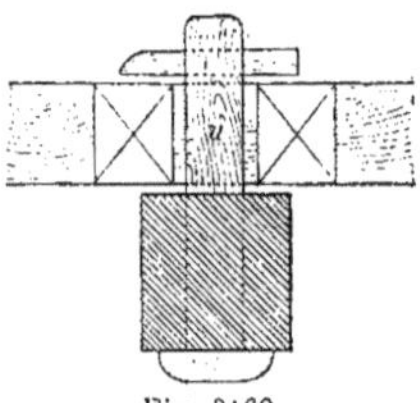

Fig. 3169.

que possible au moyen d'un guide *o* (fig. 3168), appelé *bonhomme*, auquel il est attaché par une corde et qui glisse entre les jumelles.

L'opération par laquelle on pose le pilot verticalement sous le mouton se nomme *mettre le pieu en fiche;* cette opération est dirigée par un ouvrier connu sous le nom d'*arrimeur.*

Les ouvriers qui manœuvrent la *sonnette* à tiraudes donnent trente coups de mouton de suite, ce qui constitue une *volée*.

Dans certains pays, l'on construit des *sonnettes* à un seul montant, dans lesquelles le mouton est maintenu dans sa

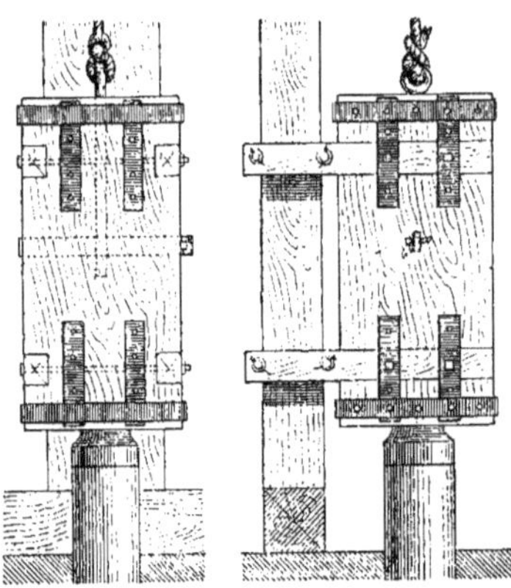

Fig. 3170.

direction par des guides ou bras encastrés (fig. 3170), munis eux-mêmes de boulons mobiles transversaux glissant sur les faces de devant et de derrière du montant; celui-ci, assemblé par le pied dans une semelle, est maintenu latéralement par des contre-fiches, et d'arrière en avant par un arc-boutant.

La *sonnette à déclic* diffère de la *sonnette à tiraudes* en ce que la corde du mouton, au lieu d'être tirée par des hommes, vient s'enrouler autour d'un treuil à engrenage (fig. 3171), sur l'arbre duquel est fixée une roue dentée ; celle-ci engrène avec un pignon

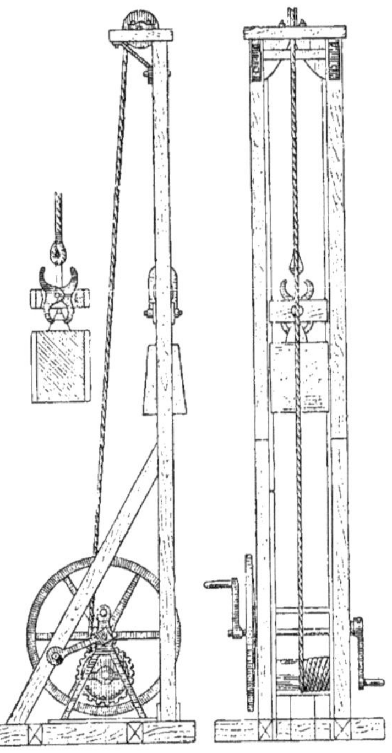

Fig. 3171.

dont l'arbre porte, à chaque bout, une manivelle; ce pignon est susceptible de recevoir un mouvement de translation dans le sens horizontal, de manière à être engrené ou désengrené avec la roue, mouvement qui s'opère par les soins d'un ouvrier lorsque le mouton est élevé à la hauteur convenable. La grande roue dentée et le treuil, sollicités alors par le poids du mouton, tournent en sens inverse et la masse vient frapper la tête du pieu. Pour empêcher la corde de continuer à se dérouler, en vertu de la vitesse acquise, l'ouvrier qui a désengrené le pignon serre fortement, dès qu'il entend le coup de mouton, un frein placé sur l'arbre du treuil.

Les *sonnettes à déclic* peuvent élever beaucoup plus haut que les *sonnettes à tiraudes* un mouton d'un poids beaucoup plus considérable, 5 à 600 kilogr. au moins au lieu de 2 à 300. Ce mouton est en fonte et a la forme d'un tronc de pyramide quadrangulaire.

L'inconvénient du frein manœuvré par l'ouvrier est que celui-ci peut s'en servir pour amortir le choc du mouton, ce qui empêche de s'assurer que le pilot a atteint le refus jugé nécessaire.

Pour remédier à cet inconvénient, le mouton est saisi par une pince dont les branches croisées tendent à se rapprocher dans le bas par l'effet de leur poids et d'un ressort convenablement disposé. Le mouton étant saisi de cette façon, le treuil le fait monter. Quand il arrive au haut de la *sonnette*, les bords supérieurs de la pince rencontrent des obstacles qui les forcent à se rapprocher et, par suite, celle-ci s'ouvre et laisse tomber le mouton. On redescend alors la pince et la manœuvre recommence.

Lorsqu'on agit dans un sol recouvert d'eau ou dans une tranchée où le guide du pilot atteint la semelle de la *sonnette*, on continue le battage avec un faux pieu fretté des deux bouts, maintenu sur la tête du pilot par une fiche en fer et attaché au bonhomme.

Aujourd'hui, on emploie des *sonnettes* dans lesquelles le mouton est mû par la vapeur. Parmi les machines de ce genre, nous citerons la *sonnette à vapeur* à action directe, système Chrétien, représentée par la figure 3172. Son organe principal est un cylindre de $0^{m},24$ de diamètre et de $2^{m},80$ de longueur. La tige du piston se termine par une chape dans laquelle est une poulie, autour de laquelle s'enroule une chaîne attachée à l'une de ses extrémités au tambour d'un treuil et portant à l'autre un encliquetage spécial devant soulever le mouton. La fonction du

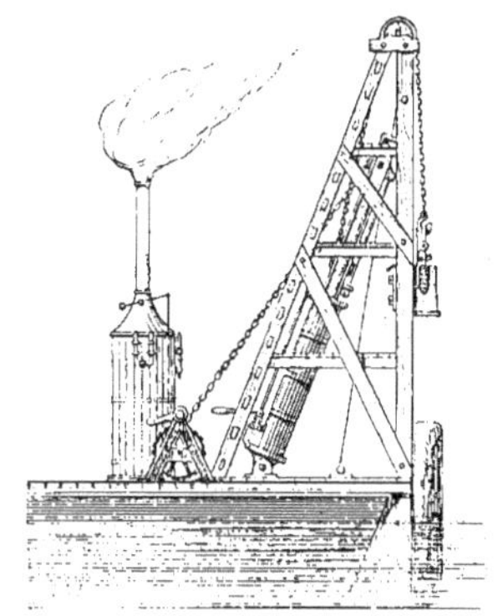

Fig. 3172.

treuil est de régler la longueur de la chaîne suivant le degré d'enfoncement du pieu, de manière que le piston soit vers l'extrémité supérieure de sa course lorsque le crochet vient saisir le mouton sur la tête de ce pieu.

Cette position étant donnée et la vapeur étant introduite dans la partie supérieure du cylindre, le piston descend et soulève le mouton d'une quantité égale au double de la course qu'il exécute lui-même. Lorsque ce mouton est à la hauteur voulue, le mécanicien change la distribution par un mouvement brusque du levier de manœuvre. La masse de fonte entraîne d'abord la chaîne dans sa chute, mais aussitôt le déclic fonctionne et le mouton se décrochant tombe librement, tandis que l'encliquetage le suit un peu plus lentement et vient le saisir de nouveau dès qu'il s'arrête sur la tête du pieu. On peut ainsi frapper jusqu'à vingt coups de mouton par minute. Si le battage se fait sur terre ferme, le châssis inférieur qui porte l'engin est monté sur galets ;

lorsque le travail s'exécute dans l'eau, ce châssis se pose sur un bateau.

Des appareils particuliers sont employés dans les travaux de battage considérables ou lorsqu'on est pressé de gagner du temps. Tel est le *pilon à vapeur* de Nasmyth, dont la description détaillée nous entraînerait trop loin. Nous nous contenterons de citer les pièces principales d'une machine de cette espèce, employée au viaduc de Tarascon, sur le Rhône : 1° une petite machine à vapeur destinée à faire fonctionner successivement, selon les besoins, ou le treuil sur lequel s'enroule la chaîne qui supporte le pilon à vapeur ou un tambour sur lequel s'enroule une chaîne servant à soutenir la pièce à mettre en fiche, ou enfin à faire avancer sur ses rails, dans un sens ou dans l'autre, l'ensemble du mécanisme ; 2° le pilon à vapeur proprement dit, suspendu à l'aide d'une chaîne passant sur une poulie placée au haut de la bigue et assujettie à glisser le long de cette bigue par quatre brides à crochets, fixées sur la boîte en tôle où se meut le mouton, et embrassant les bords de fortes bandes de tôle boulonnées sur cette pièce de bois. Cette petite machine auxiliaire et le pilon sont alimentés par une même chaudière à vapeur.

Nous indiquerons encore les résultats que l'on a obtenus dans ce travail, avec un pilon à vapeur acheté en Angleterre au prix de 39,380 fr. 27 c., transport et frais de douane compris (1). L'appareil du pilon à vapeur posé sur la tête du pieu pesait 4,000 kilogr. ; son mouton, du poids de 1,500 kilogr., battait de 80 à 100 coups par minute, avec une chute de 0m,98 ; le pieu se trouvait ainsi continuellement ébranlé et pénétrait de 8 à 10 mètres dans un terrain où les *sonnettes* à déclic les plus puissantes ne pouvaient pas lui donner plus de 5 mètres de fiche. Dans ces circonstances, le battage d'un pieu s'exécutait en une dizaine de minutes, c'est-à-dire en trois ou quatre fois moins de temps que n'en exigeait la mise en fiche. Où le battage au déclic coûtait de 35 à 40 francs par pièce, le battage à la vapeur est revenu de 15 à 17 francs, y compris les réparations de l'appareil. Les pieux battus au pilon ont traversé, en moyenne, une couche de gravier plus épaisse de 3 mètres au moins que les pieux battus au déclic, et l'on a vu que ceux-ci étaient presque toujours brisés, tandis que ceux qui étaient battus au pilon n'ont éprouvé que de rares accidents.

(1) Laboulaye, *Dict. des arts et manufactures.*

Si l'on compare les divers genres de *sonnettes* employées au battage des pieux pour les fondations, on observe que les résultats obtenus sont bien différents.

La *sonnette à tiraudes* exige une manœuvre très fatigante ; on ne bat de suite que de 20 à 30 coups de mouton, ce qui demande 1 minute 20 secondes, après quoi l'on prend un repos qui dure le même temps ; le temps perdu étant d'environ 20 secondes, il faut trois minutes pour chaque volée. Le mouton doit peser au moins 300 kilogr. et sa levée ne doit pas être inférieure à 1m,10 ou 1m,30 ; il est manœuvré par 18 à 20 hommes. Il faut de 35 à 40 hommes pour les moutons de 600 kilogr.

L'équipe d'une *sonnette à déclic* se compose ordinairement de 6 hommes au treuil et d'un charpentier arrimeur. Cet engin frappe à très peu près un coup par minute lorsque le mouton est élevé à des hauteurs variant de 0m,30 à 4m,50 au-dessus de la tête des pieux. Il est surtout avantageux, par rapport à la *sonnette à tiraudes*, quand il faut manœuvrer de lourds moutons de 400 à 600 kilogr.

Cette dernière machine s'emploie ordinairement avec avantage pour enfoncer des pieux dans les terrains faciles, particulièrement dans ceux qui sont vaseux, ainsi que pour enfoncer des pilots de peu de longueur et des palplanches. Quand, au contraire, les pieux à battre ont de la longueur, que l'enfoncement a lieu dans des terrains très fermes et de sable fin, il y a tout avantage à employer la *sonnette à déclic* mue à bras d'hommes ou à vapeur.

Si l'on étudie l'effet produit par le choc dans le battage des pieux, on remarque : 1° que, pour une même masse de mouton, l'enfoncement d'un pieu est proportionnel à la levée du mouton ; 2° que pour un même produit mh, de la masse m du mouton par h, la hauteur de la levée, l'effet est d'autant plus grand que la masse m est plus grande et que, par conséquent, pour l'économie du travail, qui est représentée par mh, il faut employer de lourds moutons qu'on élève à une hauteur modérée de 2m,50 à 3 ou 4 mètres. Pour les derniers coups frappés sur un pieu, on peut porter la hauteur h à 5 ou 6 mètres.

La charge que l'on peut faire porter à un pilot de 0m,23 de diamètre ne doit pas dépasser 25,000 kilogr., et pour une pièce de 0m,33 de diamètre 50,000 kilogr., ce qui donne environ 60 kilogr. par centimètre carré de section.

On désigne par le mot *refus* la limite de l'enfoncement d'un pieu, et cette limite est basée sur les charges maxima que l'on doit faire supporter au pieu. Ainsi, pour des charges de 25,000 kilogr. par pieu de 0m,23 de diamètre, et de 50,000 kilogr. par pieu de 0m,33, le refus est obtenu quand l'enfoncement du pieu n'est plus que de 0m,0045 par volée de 25 coups de mouton de 300 kilogr. tombant de 1m,30 de hauteur, ou lorsque cet enfoncement n'est plus que de 0m,01 environ par volée de 10 coups d'un mouton de 600 kilogr. tombant de 3m,60 de hauteur. Ce dernier refus est équivalent à celui que l'on obtient, sous une volée de 30 coups, avec un mouton du même poids de 600 kilogr. tombant seulement de 1m,20 de hauteur.

Si les charges à faire porter par des pieux de 0m,33 de diamètre ne dépassent pas 8,000 à 10,000 kilogr., on regarde le refus comme suffisant lorsque l'enfoncement n'est plus que de 0m,03, 0m,04 ou 0m,05 pour une des volées précédentes ; encore faut-il être sûr que les pieux ont pénétré dans le sol résistant.

2° Petite cloche montée sur un ressort et qui sert à mettre en communication les différentes pièces d'un appartement ou l'extérieur avec l'intérieur.

Cette cloche est attachée par un fil de tirage et se trouve fixée de la façon suivante : au milieu de la petite spire du ressort *a* (fig. 3173) est réservé un petit carré qui reçoit la tête d'une broche ou

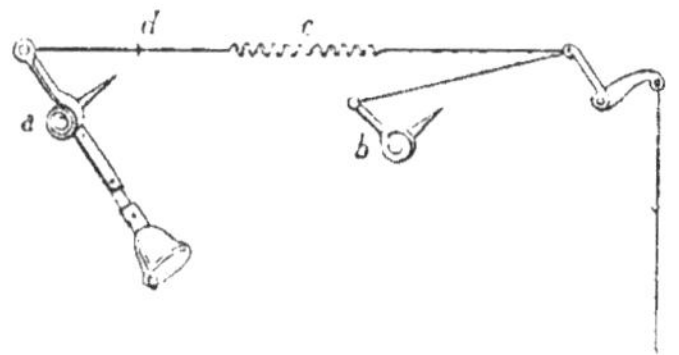

Fig. 3173.

pointe qui la tient suspendue ; ce ressort est placé de manière à être bandé par le fil de tirage qui tire sur la bascule ou petite branche et c'est au bout de la grande branche que la *sonnette* est rivée inébranlablement.

Le fil de fer qui sert au tirage de la *sonnette* doit généralement traverser des murs, des cloisons et souvent même des étages, qu'il faut percer au moyen de vrilles, de chasse-pointes et de mèches de différentes longueurs. C'est dans ces trous qu'avec une broche munie d'un œil long et étroit comme celui d'une aiguille l'ouvrier *poseur* passe son fil de fer. Ordinairement, on introduit dans ce trou une douille de fer-blanc appelée *tuyau*, qu'on scelle par les deux bouts ; cette douille empêche les plâtras et les débris de pierres de comprimer le fil dans son passage et de lui faire éprouver un frottement qui arrêterait tout le jeu des mouvements.

On emploie des *ressorts de rappel b* (fig. 3173) pour replacer le fil de fer qui, après avoir sonné, pourrait être retenu par des frottements; au moyen de ce rappel, tout l'appareil revient dans son premier état. Les *ressorts de renvoi* ou *à pompe c* servent au même usage.

Les *bascules* (voy. ce mot) permettent de changer la hauteur ou la direction du tirage.

Le fil est attaché à des *mouvements* (voy. ce mot); le plus voisin de celui qui sonne est appelé mouvement de tirage; il change en horizontale la direction imprimée par le sonneur. C'est entre les branches de ce mouvement qu'on place la pointe d'arrêt devant laisser à ces branches assez de mouvement libre et les arrêtant alternativement où il faut, de manière à empêcher un renversement et produire le choc désiré. Le fil s'attache ensuite aux divers mouvements jusqu'à la bascule de la *sonnette*.

On appelle *conduits* de petits crampons *d* (fig. 3173) à double pointe qui servent à maintenir le fil de tirage dans sa direction.

Les *sonnettes* sont classées par numéros et l'on n'emploie guère que celles portant les numéros 4 à 12.

Le mouvement se donne au fil de tirage par l'intermédiaire d'un *cordon* ou d'un *coulisseau* (voy. ces mots).

Aujourd'hui, on remplace souvent les *sonnettes* par des *timbres* ou des *sonneries* électriques (voy. *Sonnerie*, *Timbre*).

Sorbier, *s. m.* — Voy. *Cormier*.

Sorbonne, *s. f.* — Sorte de plate-forme carrée sur laquelle les menuisiers font du feu pour fondre la colle, pour chauffer le bois et le coller.

Soubassement, *s. m.* — 1° Partie inférieure d'une construction, sorte de piédestal continu sur lequel semble porter tout l'édifice.

Les anciens employaient deux mots pour exprimer l'idée de *soubassement*, selon que la masse qu'on y imposait était en colonnes ou sans colonnes. L'un de ces termes est *stylobate*, formé, en grec, du mot *porter* et du mot *colonne;* l'autre est *stéréobate*, qui est formé du mot *porter* et du mot *solide*. Il semble donc que *stylobate* devait s'appliquer à un corps qui porte des colonnes et que *stéréobate* devait signifier le corps de construction qui sert de support à une masse quelconque. Toutefois, Vitruve, dans le chapitre III du IIIe livre, se sert indifféremment des deux termes par rapport aux colonnes. Quoi qu'il en soit, nous dirons, avec Quatremère de Quincy, qu'en français le mot *stylobate* est particulièrement employé à signifier ce qui supporte des colonnes, et que le mot *soubassement* a une acception plus générale, mais qui paraît mieux convenir aux masses de bâtiments sans colonnes qu'aux colonnades mêmes.

Les Grecs avaient coutume d'élever leurs temples sur de très hauts *soubassements*, en désignant ainsi les trois rangs de degrés très élevés qu'on voit régner uniformément (fig. 3174) sous

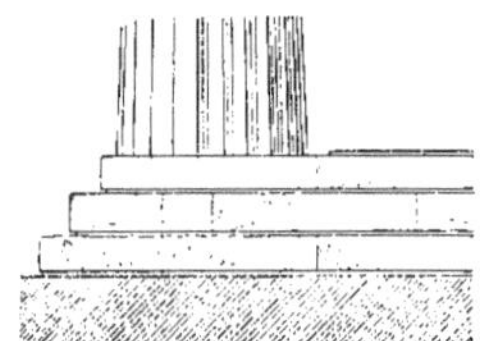

Fig. 3174.

les colonnades des temples doriques périptères. D'autres temples ont un *soubassement* qui règne seulement de trois côtés et qui vient aboutir aux degrés placés en avant de la face antérieure.

Dans les constructions religieuses du moyen âge, les colonnes engagées reposent fréquemment sur un socle continu ou *soubassement*. Dans l'exemple que nous donnons (fig. 3175), la saillie des colonnes est rachetée par des consoles ornées de feuillages.

Fig. 3175.

Parmi les édifices de l'architecture moderne, c'est surtout dans les palais de la Renaissance italienne que l'on voit les *soubassements* jouer un rôle important. Ordinairement, cette partie de la construction se détache du reste par des bossages ou des refends, dans les compartiments desquels sont quelquefois comprises les petites ouvertures d'un étage, qui est celui des pièces de service. Le plus souvent, il n'est percé que par les fenêtres du rez-de-chaussée.

2° Petit appui à l'intérieur des croisées et que l'on nomme aussi *banquette.*

3° Planche en plâtre placée sous le manteau d'une cheminée et destinée à diriger la fumée vers le tuyau.

Souche, *s. f.* — 1° On appelle ainsi ce qui reste en terre du corps d'un arbre après qu'on a coupé le tronc.

2° *Souche de cheminée :* partie du corps d'une cheminée qui s'élève au-dessus du comble et qui est formée d'un ou de plusieurs tuyaux.

Suivant un usage ancien, les *souches* sont souvent faites encore aujourd'hui, pour les constructions ordinaires, en plâtre pur pigeonné à la main et enduites des deux côtés avec du plâtre au panier.

On emploie aussi les poteries en terre cuite accolées recouvertes d'un enduit et appuyées fréquemment contre un *mur de dossier* (voy. *Dossier*).

Dans les bâtiments considérables, édifices publics, palais, châteaux, on construit les *souches* en pierres, en briques, avec mortier fin et crampons de fer. On leur donne même une forme monumentale susceptible de contribuer à la décoration des édifices qu'elles surmontent. La figure 3176 représente une

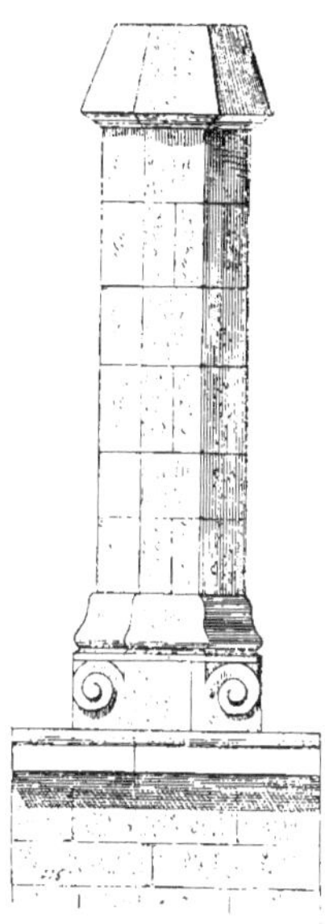

Fig. 3176.

souche de cheminée du moyen âge, en pierre de taille, à plusieurs pans et ornée de moulures. A cette époque, dans les habitations même les plus humbles, les architectes s'efforçaient de donner à ces accessoires des constructions, des formes exprimant une certaine recherche au point de vue de l'art.

Ce sentiment s'est conservé longtemps dans quelques-unes de nos provinces de l'Est, où l'on retrouve des *souches* de cheminées de formes très diverses. Nous

Fig. 3177.

donnons (fig. 3177 et 3178) deux *souches* surmontées de mitres en terre cuite, la première, à tuyau unique avec mitre en

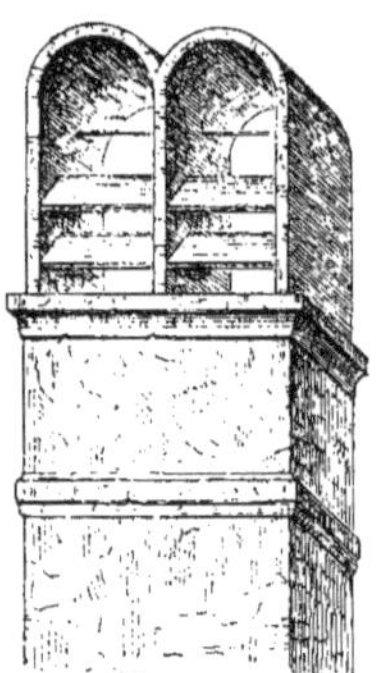

Fig. 3178.

forme de toit à deux pentes; la seconde, à double tuyau avec double mitre en demi-cylindre et abat-vent.

La *souche* que représente la figure 3179 comprend plusieurs conduits de fumée qui s'inclinent en sens inverse à leur orifice de sortie, et un troisième, avec ouvertures latérales, et abrité par un petit toit à deux égouts.

On fait même dans certains pays, en Suisse par exemple, des *souches* qui sont (fig. 3180) de véritables coffres en bois surmontés d'une sorte de couvercle plat

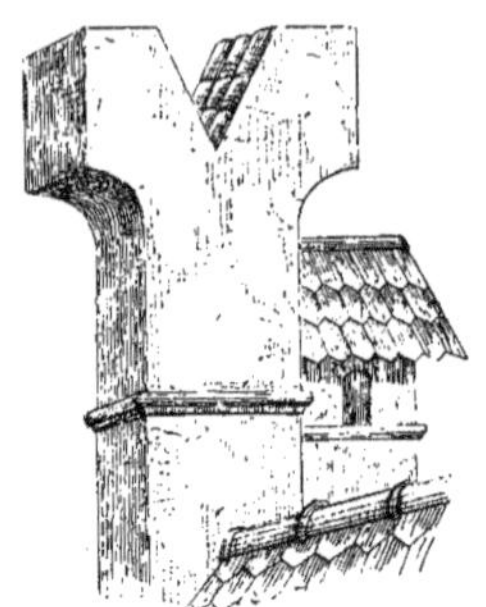

Fig. 3179.

ou toit mobile qui peut se lever ou

Fig. 3180.

s'abaisser au moyen d'une crémaillère.

Les architectes de la Renaissance se distinguèrent particulièrement par les proportions et la décoration qu'ils donnèrent aux *souches* de cheminée. La figure 3181 représente le couronnement d'une *souche* de cette époque appartenant à la façade du château de Tanlay, construit du XVIe au XVIIe siècle (1).

Nous citerons encore, comme exemple de *souches* remarquables de la même époque, l'une de celles qui s'élèvent au-dessus du comble du bâtiment nord-

(1) Cl. Sauvageot, *Palais, châteaux, hôtels et maisons de France.*

ouest, au château de Saint-Germain, restauré par Millet. Cet ouvrage est exécuté

Fig. 3181.

en briques rouges et surmonté d'un couronnement en pierre, dont la saillie protège les parements de la cheminée.

On trouve aussi, dans les édifices du moyen âge et de la Renaissance, des *souches* de cheminées pourvues d'ouvertures latérales; la figure 3182, extraite

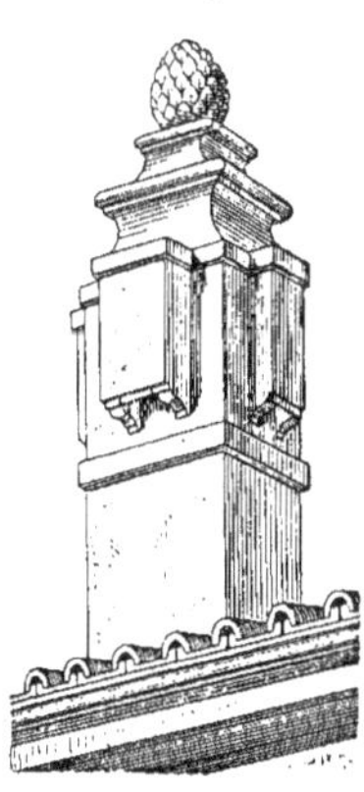

Fig 3182.

de l'ouvrage de Letarouilly, sur les *Édifices de Rome moderne*, représente une *souche* de cheminée ainsi disposée et qui appartient au casin de la villa du pape Jules II.

Des cheminées du même genre, mais jumelles, sont représentées par la figure 3183; elles s'élèvent au-dessus du toit

Fig. 3183.

de l'abbaye de Fontenay, bâtiment du XIIIe siècle, et forment deux pyramides de même hauteur, percées, vers le sommet, de plusieurs ouvertures latérales.

LÉGISLATION. Une *souche* de cheminée ne doit pas s'élever de plus de 1 mètre au-dessus du faîte du comble.

Soucherie, *s. f.* — Ensemble de pièces de charpente composant l'équipage d'un marteau-pilon.

Souchet, *s. m.* — Pierre tendre provenant de la partie inférieure du dernier banc d'une carrière, et que sa mauvaise qualité fait rejeter des travaux.

Dans les carrières de gypse, le *souchet* est placé sous le ciel de la carrière et a $0^m,65$ de hauteur de banc. Il ne fournit qu'un plâtre de médiocre qualité et on ne l'emploie ordinairement, à l'état de poudre, que pour recouvrir les fours.

Souchever, *v. a.* — Enlever, dans une carrière, avec la masse et les coins de fer, la pierre de *souchet* (voy. ce mot) pour faire tomber les bancs de pierre qui sont dessous.

Souder, *v. a.* — Attacher, joindre ensemble les extrémités de deux pièces de métal, soit en les mettant au feu jusqu'à ce que le métal soit blanc, degré de chaleur appelé *blanc soudant* pour les pièces de fer, et les incorporant ensuite l'un à l'autre avec le marteau, soit en employant la *soudure*, ce qui a lieu à l'égard du plomb, de l'étain, de l'or et de l'argent.

Pour *souder* le fer, on chauffe les pièces comme il vient d'être indiqué, on les met en contact, puis on frappe dessus avec de lourds marteaux, en appuyant la masse sur l'enclume.

Si l'on veut joindre bout à bout deux pièces de fer, on commence, avant de les marteler, par les étirer en bec de flûte, ce qui s'appelle *amorcer*.

Si, entre deux morceaux de fer à réunir, on incorpore une soudure ou un alliage d'autres métaux, l'opération se nomme *braser*.

Pour *souder* le plomb et le cuivre, il faut revêtir d'un enduit de résine les endroits où l'on ne veut pas que la soudure prenne, acider, décaper les endroits où la soudure doit s'attacher, verser la soudure et l'appliquer.

Le *fer à souder* employé par les plombiers est une petite masse de cuivre et quelquefois d'acier fixée à l'extrémité d'un manche de fer que termine à l'autre bout une poignée.

L'ouvrier superpose les parties des pièces métalliques qui sont à réunir, puis, avec le fer à *souder*, préalablement chauffé dans un brasier de charbon, il fond, à l'endroit de la superposition, l'alliage servant de soudure.

Soudure, *s. f.* — 1° Jonction au moyen de plâtre serré d'une partie d'enduit neuf avec un vieil enduit.

2° Nom que l'on donne à des alliages de plomb et d'étain, qui servent à réunir les pièces de plomb, de cuivre, de zinc ou de fer-blanc.

La *soudure* des *ferblantiers* est formée de 2 parties d'étain et de 1 de plomb ; celle des *plombiers* est composée tantôt de 2 parties de plomb et 1 d'étain, tantôt de parties égales de plomb et d'étain.

M. Woor a inventé une *soudure* dans laquelle il remplace le plomb par le cadmium et le cuivre ; l'alliage formé se compose de 2 parties de cadmium, 2 parties de cuivre, 4 parties d'étain.

Les pièces de cuivre se soudent avec un alliage composé de 2 parties de cuivre et 1 de zinc ou encore de 1 d'étain fin et 1 de plomb.

C'est en fondant à l'air la *soudure* des *plombiers* que l'on obtient par oxydation la *potée d'étain* (voy. *Potée*).

On appelle *soudure autogène* un système de *soudure* qui s'applique au plomb et qui est dû à M. Desbassyns de Richemont. C'est la *soudure* d'un métal par lui-même, obtenue à l'aide de la fusion seule, sans l'intermédiaire d'un autre métal ou alliage plus fusible. De cette façon, il y a reconstitution des pièces de métal en une seule masse homogène et dont aucune partie ne peut être distinguée du reste par l'analyse chimique.

Les *soudures autogènes* s'obtiennent à l'aide de dards de flammes très intenses rendues maniables comme de véritables outils. M. de Richemont emploie, à cet effet, un chalumeau à hydrogène et à air qu'il désigne sous le nom de chalumeau aérhydrique. Pour souder le plomb sur lui-même, l'ouvrier place bord à bord les parties à réunir, les décape avec le grattoir en appuyant sur l'arête, de manière à enlever un peu plus que la partie salie ou oxydée et, tenant d'une main une mince lanière ou baguette de plomb découpée et, de l'autre, le dard de la flamme, il opère, en avançant assez rapidement, la fusion simultanée des deux parties rapprochées et de l'extrémité de la baguette, de sorte que, celle-ci rétablissant ce qui a dû être enlevé sur les arêtes par le grattoir, la réunion se trouve complète (1).

(1) Laboulaye, *Dict. des arts et manufactures.*

Les *soudures autogènes* se pratiquent soit horizontalement, soit verticalement, sur des plombs en tables, feuilles et tuyaux de toute épaisseur.

Outre son application à la *soudure* autogène du plomb, la flamme du chalumeau aérhydrique peut être employée directement en se servant pour *soudure*, soit des alliages ordinaires, soit même du plomb pur, à souder le zinc et le fer galvanisé et à unir le plomb avec le fer, le cuivre et le zinc.

Soufflet, *s. m.* — Instrument qui sert à produire un courant d'air destiné à activer la combustion et qui est employé par les plombiers et les serruriers.

Celui dont ces derniers se servent et auquel l'autre ressemble avec des dimensions beaucoup plus petites est appelé *soufflet de forge*.

On distingue :

1° Le vieux *soufflet de forge*, composé du *tétard*, pièce cubique de bois, consolidée par une frette en fer recevant la *buse* ou *tuyère* et de deux *flasques* ou planches dont l'une est à soupape ; ces flasques sont reliées entre elles par une membrane flexible ou garniture de cuir maintenue par des cerceaux ; la *flasque* du bas reçoit un manche auquel est attachée une chaîne qui se fixe à un levier à bascule mû par une seconde chaîne de tirage ou *branloire ;*

2° Le *soufflet à double vent*, fournissant un courant d'air continu, et qui est formé par la réunion de deux *soufflets* en un seul, l'un soufflant lorsque l'autre aspire et réciproquement.

Souffleur, *s. m.* — Aide appareilleur qui surveille le transport et la pose des pierres.

Soufflure, *s. f.* — 1° On nomme ainsi des cavités qui se produisent à la surface ou dans la masse d'un métal que l'on coule dans des moules, surtout quand on l'a réduit en fusion par une trop forte chaleur.

2° On désigne de même certains défauts du verre, consistant en ce que la surface se courbe et ondule au lieu d'être entièrement plane.

3° On dit également qu'un enduit présente une *soufflure* quand il se détache de la maçonnerie et forme bosse par l'effet de la force d'expansion du plâtre.

Souffrance, *s. f.* — *Jour de souffrance* (voy. *Jour*).

Soufre, *s. m.* — Substance minérale, friable et de couleur jaune, que les serruriers emploient souvent à l'état de fusion pour faire des scellements de balcon et autres ouvrages.

Le *soufre* présente seulement cet inconvénient que si le scellement est trop rapproché du bord de la pierre, il la fait éclater.

Souillard, *s. m.* — 1° Trou pratiqué dans un entablement ou dans l'épaisseur d'un mur pour le passage des eaux d'un chéneau ou bien dans une dalle pour l'écoulement des eaux d'un tuyau de descente dans une gargouille ou dans un puisard.

2° Pièce de bois assemblée sur des pieux ou pilots que l'on place au-devant des glacis entre les piles des ponts.

Soulager, *v. a.* — Partager sur plusieurs supports le poids d'une masse ou opposer une résistance à la poussée d'une voûte.

Ainsi, on *soulage* un poitrail qui porte un trumeau en plaçant dessous un poteau en bois ou une colonne en fonte ; on *soulage* le mur qui reçoit la retombée d'une voûte au moyen d'un contrefort ou arc-boutant.

Soupape, *s. f.* — Appareil destiné à clore ou à ouvrir soit à volonté, soit dans des conditions déterminées, un tuyau, un conduit ou un orifice quelconques.

1° Les serruriers nomment ainsi une pièce de fer ronde ou carrée montée à bascule et qui sert à boucher l'ouverture d'une gâche.

2° En fumisterie, on donne ce nom à l'espèce de clef placée dans la colonne d'un poêle et qui sert soit à diriger le tirage, soit à concentrer le calorique dans le foyer, lorsque le bois est consumé.

3° Pièce de métal et de cuir, de forme ronde et convexe, conique ou cylindrique, servant à ouvrir et fermer une conduite.

Les *soupapes* qui sont plates se nomment *clapets*. Celles qu'on place au fond des réservoirs sont coniques.

4° *Soupape de fond : soupape* en cuivre formée d'un piston, d'une tige qui sert à en limiter la course et d'un châssis dans lequel entre ce piston ; un anneau dont ce dernier est muni à sa partie supérieure permet de le saisir.

Les *soupapes de fond* sont employées pour vider les baignoires.

Soupente, *s. f.* — Réduit ménagé dans la partie haute d'une pièce qu'on a coupée en deux à cet effet au moyen d'un plancher.

Les *soupentes* se pratiquent ordinairement dans des pièces très élevées, pour former soit de petites chambres à coucher pour domestiques ou autres, soit des débarras.

Soupente de cheminée : sorte de potence ou lien de fer qui retient la hotte ou le faux manteau d'une cheminée de cuisine.

Soupirail, *s. m.* — Baie ou glacis entre deux joues rampantes, qui sert à donner de l'air et un peu de jour aux lieux souterrains, tels que caves, celliers, sous-sols.

L'ouverture des *soupiraux* se place ordinairement dans le soubassement du rez-de-chaussée. La figure 3184 représente, en coupe et en élévation, à l'échelle de $0^m,02$ pour mètre, un *soupirail* ainsi disposé.

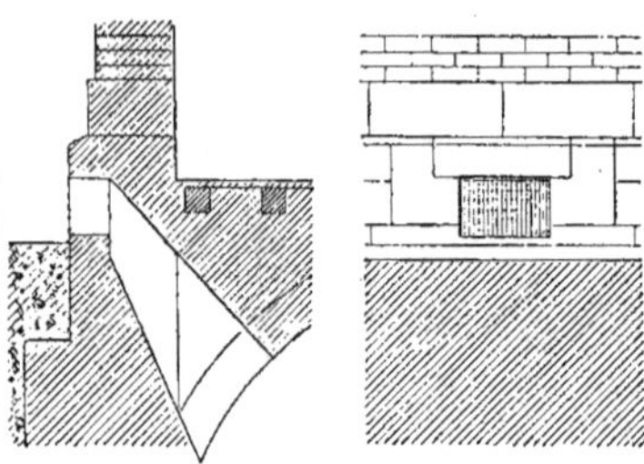

Fig. 3184.

Quelquefois, le glacis supérieur ne se prolonge pas jusqu'au plafond de la baie comme on le voit en A sur la figure 3185. Il est aussi un genre de *soupiraux* B qui s'ouvrent dans le seuil même des portes d'entrée, par exemple dans les boutiques ; l'ouverture est alors garnie soit d'un grillage en fonte, soit d'un verre très épais.

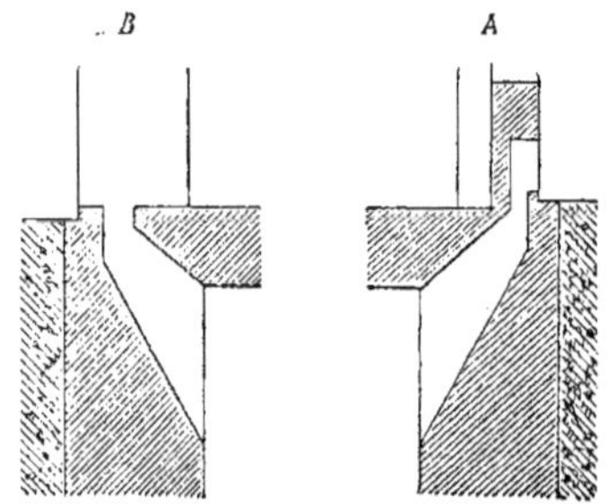

Fig. 3185.

Dans les hôtels ou les palais, les *soupiraux* reçoivent souvent une ornementation en rapport avec la richesse de l'édifice ; dans ceux de l'époque de la Renaissance, en particulier, ces baies sont plus ou moins luxueusement décorées ; la figure 3186 (1) représente, en élévation, l'extérieur d'un *soupirail* appartenant au palais archiépiscopal de

(1) Cl. Sauvageot, *Palais, châteaux, hôtels et maisons de France.*

Sens; le pourtour est orné de moulures surmontées d'une coquille, comme

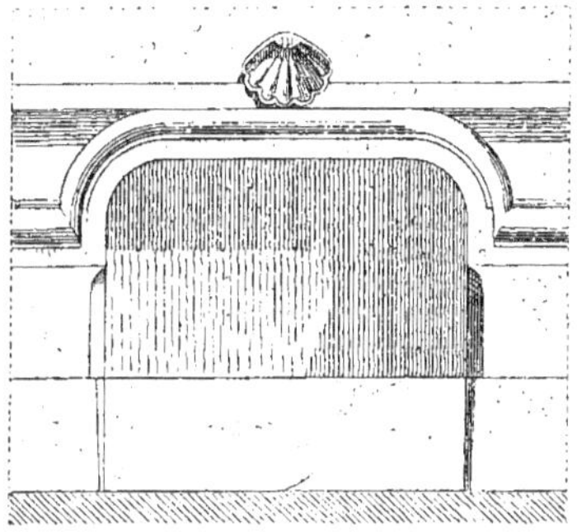

Fig. 3186.

on en rencontre fréquemment au XVIe siècle.

Souppes (*Pierre de*). — Calcaire lacustre, compact, très dur, blanchâtre, provenant des carrières de Boulay et du Coudray, dans la commune de *Souppes*, près de Fontainebleau (Seine-et-Marne).

Cette pierre, susceptible de poli, porte de 0^{m},50 à 0^{m},80 de hauteur d'assise; elle pèse de 2,500 à 2,600 kilogr. le mètre cube et s'écrase sous une charge de 400 à 600 kilogr. par centimètre carré.

Source, *s. f.* — Les *sources* des aqueducs qui alimentent la ville de Rome y sont dirigées par des canaux en partie souterrains, en partie apparents. A l'endroit où ces canaux entrent dans Rome, sont élevés des ouvrages d'architecture, auxquels on donne le nom particulier de *châteaux d'eau*, autrefois *castella*. Ces ouvrages sont plus ou moins remarquables par la richesse de leur décoration.

La figure 3187, faite d'après une vieille gravure, reproduite par Letarouilly dans les *Édifices de Rome moderne*, représente l'édifice construit, en 1453, au point d'arrivée de l'eau Vierge (*acqua Vergine*), aqueduc qui prend sa *source* à huit milles de Rome, sur l'ancienne voie Collatine. Agrippa, gendre d'Auguste, fit amener cette eau, à ses frais, pour l'usage des thermes qu'il faisait construire derrière le Panthéon. Les conduits souterrains furent ensuite restaurés sous Claude et Trajan;

Fig. 3187.

puis ils furent négligés pendant environ mille ans, à la suite des dévastations des Barbares, jusqu'à Nicolas V, qui les fit réparer, ainsi que l'atteste l'inscription qu'on voit sur la gravure et qui se traduit ainsi :

« Nicolas V, souverain Pontife, rétablit plus magnifiquement et fit orner l'aqueduc de l'eau Vierge, ruiné par la vétusté, et le rendit à la ville si célèbre par ses monuments. »

L'aspect des lieux changea encore plusieurs fois, par suite de réparations importantes, et le beau monument qu'on voit aujourd'hui sur la place de Trévi, n'a été construit qu'en 1735, par Clément XII.

Législation. En vertu de l'article 641 du Code civil, celui qui a une *source* dans son fonds peut en user à sa volonté, sauf le droit que le propriétaire du fonds inférieur pourrait avoir acquis, par titre ou par prescription.

Le maître de ce fonds peut donc conserver les eaux, les donner, les vendre, les empêcher de s'écouler sur les fonds voisins, suivant qu'il lui convient, à moins de l'existence d'un droit légalement acquis. Mais, une fois sorties du fonds d'où elles jaillissent, ces eaux cessent d'appartenir au propriétaire de ce fonds, qui ne peut empêcher les propriétaires inférieurs de s'en servir, et n'a pas le droit de les corrompre.

Le propriétaire du fonds inférieur vers lequel les eaux couleraient naturellement n'a pas le droit d'exiger que ces eaux lui soient livrées; mais il est le seul qui soit obligé de les recevoir.

Il y a au droit absolu du propriétaire trois exceptions : 1° le propriétaire du fonds inférieur peut avoir acquis un droit aux eaux par titre ou par la destination du père de famille; 2° il peut avoir acquis le même droit par prescription; 3° le droit du propriétaire de la *source* peut être restreint par le besoin qu'une commune, village ou hameau peut avoir des eaux; dans ce dernier cas, il ne faut pas seulement qu'il y ait pour la commune, village ou hameau, *convenance* ou *utilité* à user des eaux, il faut qu'il y ait encore *nécessité*.

Sourdière, *s. f.* — Volet que l'on place à l'intérieur d'une baie de croisée et qui est formé par un châssis de bois de chêne rempli de foin et recouvert sur les deux faces d'une toile cirée ou peinte.

Sous-chevron, *s. m.* — Pièce de bois d'un dôme ou d'un comble en dôme dans laquelle s'assemblent deux chevrons courbes.

Sous-détail, *s. m.* — Résumé des dépenses que l'on fait pour établir le prix de revient d'un ouvrage.

Sous-doublis, *s. m.* — Rang de tuiles posées à plat pour former égout et sur lequel on pose un second rang qu'on appelle *doublis*.

Sous-faîte, *s. m.* — Pièce de bois posée, dans une charpente, parallèlement au faîtage à 1 mètre ou 1m,30 en dessous et reliant deux poinçons voisins.

Le *sous-faîte* est lui-même rattaché au faîtage par des entretoises, des liernes, des croix de Saint-André. Cette pièce sert à consolider les fermes en s'opposant à leur déversement.

On dit aussi *sous-faîtage*.

Sous-œuvre, *s. f.* — Voy. *Reprise*.

Sous-sol, *s. m.* — Étage en partie souterrain qui est placé immédiatement au-dessous du plancher d'un rez-de-chaussée.

Le *sous-sol* se divise en magasins, caves, celliers, etc. Quelquefois, les caves sont disposées en dessous même du *sous-sol*.

Soutènement, *s. m.* — *Mur de soutènement* : mur destiné à soutenir des terres ou des liquides ; tels sont les murs de terrasse et de réservoir, qui sont également sollicités au renversement et au glissement ; leurs épaisseurs doivent donc être calculées en conséquence.

Un grand nombre de constructeurs ont adopté, comme règle pratique, résultat de nombreuses expériences, de donner au mur de *soutènement* supportant des terres une épaisseur égale au tiers de la hauteur des terres à supporter. Toutefois, on pourrait en appliquant cette règle, convenable dans un grand nombre de cas, être conduit souvent à des épaisseurs trop fortes ou insuffisantes. Il est donc utile de rechercher jusqu'à quel point il est nécessaire de s'en écarter ou de s'y conformer.

Les éléments de cette question sont multiples et comprennent : la forme et la hauteur du mur, la cohésion et la pesanteur spécifique des terres, celles de la maçonnerie, le frottement des terres ou l'inclinaison du plan suivant lequel elles se tiennent en équilibre par l'effet seul de ce frottement, leur frottement contre la face du mur, l'adhérence et le frottement des maçonneries sur l'assiette des fondations, les surcharges permanentes ou éventuelles qui peuvent exister au-dessus du plan horizontal passant par le sommet du mur.

Entrons, au sujet de ces divers éléments, dans quelques considérations générales, avant d'examiner les diverses formes que l'on a été conduit à donner aux murs de *soutènement* pour en réduire le cube sans en diminuer la résistance.

L'opération qui doit nécessairement précéder la construction d'un de ces murs est l'étude de la nature du sol sur lequel les fondations de l'ouvrage doivent être établies ; si le terrain est reconnu mauvais, on emploie les moyens généralement usités pour le consolider : *bétonnage*, *grillage*, *pilotis*, etc. (voy. ces mots).

Le constructeur, ayant fait le choix de l'un de ces divers procédés, se préoccupe, dans le cas où le sol sur lequel il veut bâtir n'est pas le rocher même, de la poussée qui sera exercée sur le mur, poussée qui dépend de l'inclinaison du talus affecté par ces terres lorsqu'elles sont abandonnées à elles-mêmes.

Le plan de ces talus est nommé *plan de plus grande pente* et l'angle qu'il forme avec l'horizon est l'*angle de glissement*, dont la valeur change avec la nature des terres considérées.

La tangente trigonométrique de l'angle de glissement, c'est-à-dire le rapport de la composante du poids des molécules qui tend à les entraîner le long du talus, à la composante de ce même poids normal au talus, est le *coefficient de frottement*.

On appelle *angle de frottement* la limite supérieure de l'angle formé avec l'horizon par le *talus naturel* des terres fraîchement remuées, le talus naturel étant celui sous lequel les terres se maintiennent en équilibre les unes sur les autres.

Lorsque les terres considérées ont un talus plus raide que le talus naturel, la partie placée au-dessus de ce dernier tend à descendre. Soit (fig. 3188) un massif de terre ABC ; supposons que AK soit la terre du talus naturel, AM le plan horizontal de comparaison, le prisme de terre ABK tendra à glisser suivant le plan AK. Pour empêcher ce

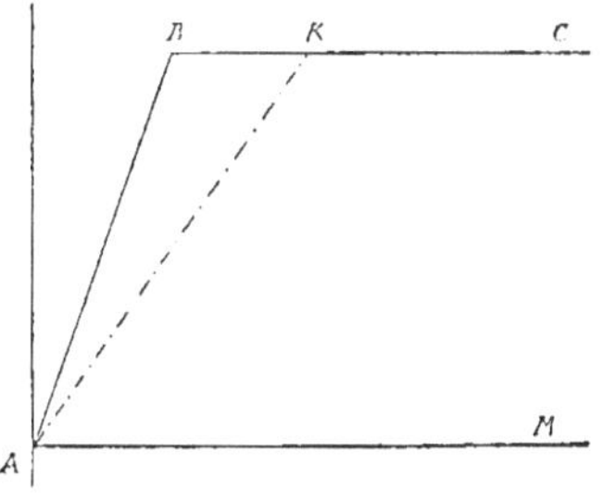

Fig. 3188.

mouvement, il faut opposer une force égale et contraire à celle qui se développe dans le massif. Déjà deux éléments, le *frottement* des molécules les unes sur les autres et la *cohésion*, sont contraires au glissement et influent d'une manière très sensible sur la détermination des dimensions transversales des murs.

Nous donnerons ici, comme résultats consacrés par l'expérience, les limites entre lesquelles le *coefficient de frottement f* peut varier :

$f = 0{,}60$ pour le sable fin et sec ;

$f = 1{,}43$ pour le sol le plus dense.

L'*angle de frottement* α prend les valeurs suivantes :

$\alpha = 31°$ pour le sable fin et sec ;

$\alpha = 36°$ pour une terre humectée ;

$\alpha = 43°$ pour une terre sèche et pulvérisée ;

$\alpha = 55°$ pour le sol le plus dense.

Ainsi, la valeur moyenne de cet angle diffère peu de 45°.

La *cohésion* ou adhérence, force qui réunit entre elles les particules d'un même corps, s'oppose aussi au glissement des terres les unes sur les autres. Coulomb a fait, à ce sujet, des expériences qui ont permis de constater que la cohésion, tout en restant indépendante de la pression normale, est proportionnelle à la surface de séparation.

Les résultats suivants ont été produits par les expériences de Coulomb et de Navier :

Si l'on appelle g le coefficient de cohésion, on a :

$g = 148$ kilogr. par mètre carré pour la terre franche coupée à pic, dont le coefficient de frottement est égal à $1^m,07$;

$g = 662$ kilogr. par mètre superficiel pour une terre très forte coupée à pic, dont le coefficient de frottement atteint son maximum, c'est-à-dire $1^m,43$.

La tendance que nous avons signalée plus haut, et que manifestent les terres constituant le prisme placé au-dessus du talus naturel à glisser le long de ce talus, s'appelle la *poussée des terres*. Sans entrer dans les calculs que nous interdit notre cadre au sujet de la détermination de cette force qu'il faut équilibrer, nous rappellerons ce résultat, fourni par la théorie, que la poussée horizontale des terres à soutenir passe au tiers de la hauteur du mur et que la valeur en est donnée par la formule :

$$P = \frac{1}{2}\, p h^2 \operatorname{tang.}^2 \frac{1}{2}\, a,$$

formule dans laquelle nous appelons :

P, la poussée horizontale que les terres à soutenir exercent contre le parement intérieur du mur ;

p, le poids du mètre cube des terres à soutenir ;

h, la hauteur du mur supposée égale à la hauteur des terres à soutenir arasées à un plan horizontal supérieur ;

a, l'angle que le talus naturel des terres fait avec la verticale.

Adoptant, pour fixer les idées, quelques données moyennes admises généralement par les constructeurs, nous aurons : $a = 46°50'$, d'où :

$$\operatorname{tang.}^2 \frac{1}{2}\, a = 0{,}1875 \; ; \; p = 1{,}600 \text{ kilogr.}$$

Remplaçant dans la formule précédente les lettres par ces valeurs, il vient :

$$P = \frac{1}{2}\, 1{,}600\, h^2 + 0{,}1875 = 150\, h^2.$$

On peut donc connaître la valeur de ce premier élément. Voyons maintenant quelles sont les dimensions à donner au mur de *soutènement* pour qu'il y ait stabilité complète. Un mur de ce genre étant destiné à supporter la pression exercée par des terres ou de l'eau, il peut se présenter trois cas : 1° ce mur peut tourner autour de l'arête extérieure de sa base, c'est-à-dire être renversé par rotation ; 2° il peut glisser sur sa base ; 3° le terrain sur lequel les fondations sont assises n'étant pas assez consistant, le mur peut s'enfoncer et, par cela même, être complètement détruit.

Nous avons vu plus haut comment il faut remédier au danger que présente ce dernier cas, soit en recherchant un terrain fixe et incompressible, tel que le gravier siliceux compact ou le rocher, soit en consolidant le sol par des pilots ou des puits en maçonnerie qui vont reposer sur le bon terrain, ou bien encore en créant un sol artificiel en béton ou en charpente.

Le cas de glissement se présente lorsque les fondations du mur reposent sur un sol glaiseux pour lequel la résistance au glissement est très faible relativement au poids du mur qu'elle supporte. On néglige le plus souvent cette donnée pour un mur de terrasse, parce qu'elle est contrebalancée par deux forces dont on ne tient généralement pas compte et qui sont en faveur de la stabilité, à savoir : le frottement des terres contre la maçonnerie et la cohésion des déblais antérieurs qui ont été faits à pic avec des étrésillons pour asseoir les fondations.

Pour que la rotation du mur autour de l'arête extérieure ne puisse pas se produire, il faut établir une répartition uniforme des pressions qui s'exercent sur toute la surface inférieure des fondations. Il est nécessaire, à cet effet, que la résistance de toutes les forces qui s'exercent sur le mur, telles que le poids du mur, la poussée des terres qu'il soutient sur toute la hauteur jusqu'au-dessous des fondations et le poids de la surcharge, passent par le milieu de la surface de la base des fondations, c'est-à-dire à égale distance des arêtes.

Soit donc (fig. 3189) le profil ABCD d'un mur de *soutènement*, P la poussée des terres, Q la somme des poids du mur et de la surcharge, il faut que la

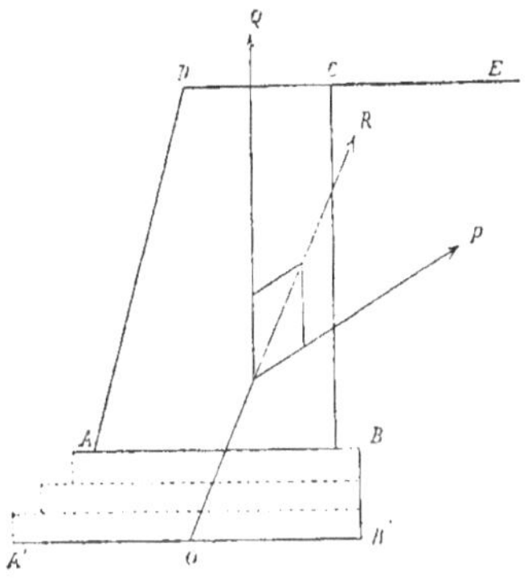

Fig. 3189.

résultante R de ces forces passe au milieu de A′B′. On détermine donc cette résultante, on la prolonge jusqu'au point O et l'on prend OA′ égal à OB′. Par économie de matériaux, on relie par des gradins le point A au point A′.

Pour déterminer la section du mur, il faut se rendre compte de la manière dont agit la poussée des terres sur ce mur. Elle tend à le faire tourner, avons-nous dit, autour de l'arête extérieure de sa base ou à le faire glisser tout entier sur cette base. Dans ce dernier cas, la résistance qu'oppose le mur à la composante horizontale de la résultante des poussées est égale au poids du mur et de la surcharge multiplié par le coefficient de frottement des maçonneries sur elles-mêmes.

Dans le cas de la rotation, pour que l'équilibre puisse avoir lieu, il faut que les moments du poids du mur et de celui de la surcharge par rapport à l'arête extérieure du pied du mur soient égaux au moment de la poussée.

Cette dernière force est déterminée par la formule citée plus haut.

Le moment M sera déterminé, si nous conservons les données moyennes déjà adoptées, par la formule suivante :

$$M = \frac{150\, h^2}{3} = 50\, h^3.$$

Supposons que le mur de *soutènement* soit un mur plein vertical, quelle sera son épaisseur x pour qu'il fasse exactement équilibre à la poussée ? Égalons entre eux les moments de poussée et de résistance du mur, pris tous deux par rapport à l'arête extérieure de la base, en admettant comme poids moyen du mètre cube de maçonnerie 2,200 kilogr. On aura :

$$2{,}200 \times \frac{h\, x^2}{2} = 50\, h^3,$$

d'où

$$x = 0{,}213\, h.$$

Ainsi, l'épaisseur à donner à un mur plein vertical pour qu'il y ait équilibre est un peu supérieure au cinquième de la hauteur de ce mur supposée égale à celle des terres à soutenir. Mais il ne faut pas qu'il y ait seulement un équilibre strict ; il faut qu'il y ait *stabilité :* aussi multiplie-t-on cette valeur de x par un coefficient dit de *stabilité* qui a été déterminé par l'expérience.

D'après Vauban, les profils des murs de terrasse sont convenables lorsque le moment de résistance est des 4/5 ou 180 fois plus fort que le moment de poussée. D'un autre côté, Rondelet, à la suite de nombreuses recherches et observations, estime que la résistance des murs de *soutènement* doit être double de la poussée.

Enfin, l'expérience nous apprend

qu'on s'accorde généralement à adopter, pour l'épaisseur des murs de *soutènement* verticaux, les 0,30 de la hauteur; l'étude numérique d'un mur construit avec ces dimensions relatives conduit à un coefficient de stabilité égal à $\frac{99}{50}$, ce qui fait sensiblement 2. L'expérience confirme ainsi la règle de Rondelet.

Nous appellerons donc désormais *mur-type* le mur vertical dont l'épais-

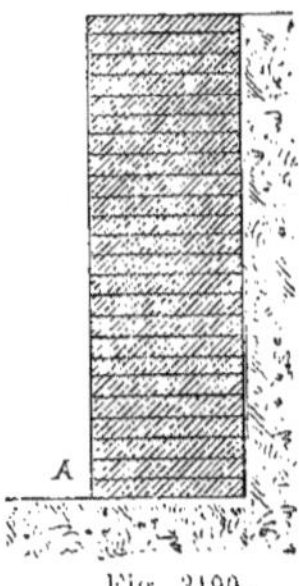

Fig. 3190.

seur est les 0,30 de la hauteur et dont la figure 3190 représente le profil.

Avec un mur établi dans ces conditions, on n'a pas à craindre de glissement sur les fondations, car le calcul démontre que la résistance du mur au glissement, égale à son poids multiplié par le coefficient de frottement qui est en moyenne 0,76, est plus de trois fois supérieure à la force horizontale qui le sollicite.

Le *mur-type* est donc un ouvrage qui offre toutes les garanties de sécurité désirables; mais lorsqu'il présente un grand développement, le prix de sa construction devient très élevé; les constructeurs ont donc été amenés à rechercher quelle est la section transversale qui, à stabilité égale, réduit les dépenses à leur minimum en réduisant le cube. Ces recherches ont abouti à l'adoption de différentes sections au sujet desquelles nous présenterons quelques résultats pratiques.

Les murs pleins avec fruit extérieur sont fréquemment employés, ce fruit ayant pour effet d'éloigner de l'arête extérieure A de la base (fig. 3191) le centre de gravité du mur et, par conséquent, d'augmenter le bras de levier de la résistance; il faudra donc que le

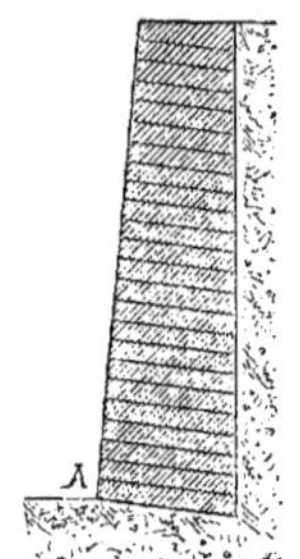

Fig. 3191.

poids ou, ce qui revient au même, la section du mur diminue pour que le moment de résistance reste constant. En appliquant le calcul à ce genre de murs et prenant les fruits les plus usités, on obtient le tableau suivant (1) :

Fruit extérieur du mur.	Épaisseur du mur au sommet.
1/4	0,0830 *h*.
1/5	0,1214 *h*.
1/6	0,1683 *h*.
1/7	0,1835 *h*.
1/8	0,1957 *h*.
1/9	0,2055 *h*.
1/10	0,2205 *h*.
1/12	0,2358 *h*.
1/15	0,2513 *h*.
1/20	0.3000 *h*.

h étant toujours la hauteur du mur, supposée égale à la hauteur des terres à soutenir arasées à un plan horizontal supérieur.

On voit, par ce tableau, que la surface de la section et, par suite, le cube de maçonnerie par mètre courant est d'autant plus faible que le fruit est plus

(1) Oppermann, *Nouvelles annales de la Construction*.

grand. D'autre part, on peut assigner, comme limite minima de l'épaisseur au sommet, de $0^m,35$ à $0^m,40$.

Il n'est pas toujours possible de donner au mur un fruit extérieur; on peut, dans ce cas, remplacer le fruit apparent par un fruit intérieur (fig. 3192) ou mieux encore par des retraites inté-

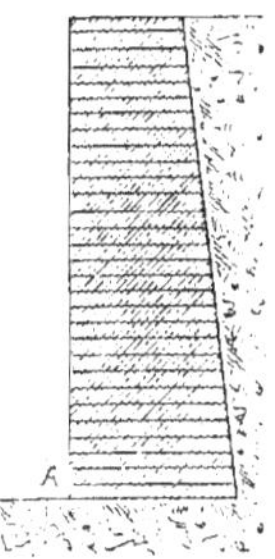

Fig. 3192.

rieures. Ces retraites supportent, en effet, des terres dont le poids s'ajoute à celui du mur et en augmente la stabilité. Les valeurs de x, épaisseur au sommet, déterminées par le calcul pour les cas les plus fréquents, sont fournies par le tableau suivant :

Fruit intérieur du mur.	Épaisseur du mur au sommet.
1/4	0,1663 h.
1/5	0,1944 h.
1/6	0,2127 h.
1/7	0,2257 h.
1/8	0,2352 h.
1/9	0,2427 h.
1/10	0,2486 h.

En comparant ce tableau avec celui qui précède, on reconnaît que l'emploi des murs avec fruit extérieur est le plus avantageux, et ce résultat était facile à prévoir, puisque le fruit intérieur ramène la masse du mur du côté de l'arête A et rapproche ainsi de cette arête le centre de gravité.

Dans le cas des retraites intérieures (fig. 3193), auxquelles on donne ordinairement de $0^m,15$ à $0^m,30$, on assimile, pour le calcul, ces murs à des murs ayant un fruit intérieur dont la ligne fictive passerait par le milieu de chaque

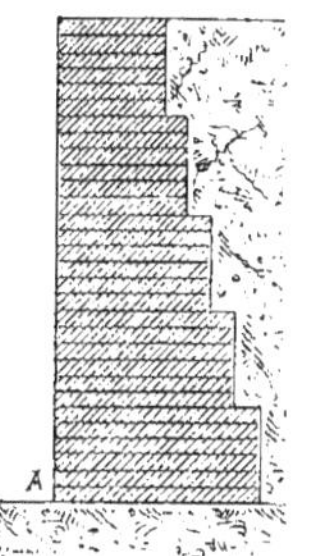

Fig. 3193.

retraite ; on opère ensuite en tenant compte du poids du massif de terre dont la section est le prisme ACD.

Les formules donnent, pour les cas qui se présentent généralement, le tableau suivant :

Fruit équivalent aux retraites.	Épaisseur au sommet.
1/4	0,0763 h.
1/5	0,1222 h.
1/6	0,1527 h.
1/7	0,1740 h.
1/8	0,1901 h.
1/9	0,2024 h.
1/10	0,2148 h.

Ce tableau, comparé aux précédents, montre que ces murs, si l'on tient compte du poids des terres appuyées sur les retraites, sont bien plus avantageux que les murs à fruit intérieur et qu'ils atteignent presque jusqu'à l'économie des murs avec fruit extérieur. Si l'on ne tient pas compte des terres portées par les retraites, on retombe dans le cas de ces murs avec fruit intérieur à cube de maçonnerie équivalent.

La forme la plus économique de toutes est celle d'un mur sans fruit avec contreforts placés à l'extérieur (fig. 3194). Cette forme est, en même temps, très favorable à la butée des terres, car elle tend à appliquer le masque sur le contrefort, au lieu que les contreforts intérieurs tendent à s'en séparer. Ce qu'on a seulement à redouter, c'est la courbure dans le sens horizontal que peut prendre le masque sous l'action de la poussée. Pour obvier à cet inconvénient, il ne faut pas trop éloi-

Fig. 3194.

gner les contreforts les uns des autres; l'intervalle généralement adopté est de 3 mètres, et la largeur des contreforts même est de 1 mètre. Le calcul et l'expérience démontrent que le mur est établi dans de bonnes conditions si l'épaisseur du masque est le 1/5 ou le 1/6 de la hauteur.

Au moyen âge, cette disposition a été

Fig. 3195

fréquemment adoptée; les arcs qui reliaient les contreforts étaient des arcs aigus (fig. 3195).

Le tableau qui suit donne les dimensions de quelques murs de hauteurs déterminées.

Hauteur du mur.	Épaisseur du masque.	Saillie des contreforts.
$5^{m},00$	$0^{m},833$	$0^{m},833$
$6^{m},00$	$1^{m},000$	$1^{m},000$
$9^{m},00$	$1^{m},500$	$1^{m},500$
$12^{m},00$	$2^{m},000$	$2^{m},000$
$15^{m},00$	$2^{m},500$	$2^{m},500$

Si l'on compare ce mur au mur vertical type, on trouve qu'il réalise une économie allant jusqu'à plus d'un tiers : $\frac{1}{3,27}$. C'est donc le mur le plus avantageux de tous ceux que nous ayons encore étudiés. Malheureusement, son emploi est très borné à cause de la place que prend la saillie des contreforts sur le nu du mur; ainsi, l'on ne peut pas s'en servir pour revêtir un quai ou une terrasse bordant la voie publique.

C'est pour cette raison que l'on emploie plus souvent des murs de *soutènement* avec contreforts placés du côté des terres (fig. 3196). Ces contreforts sont moins avantageux que les précédents et exigent une parfaite liaison

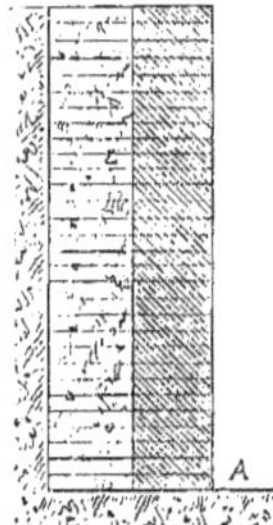

Fig. 3196.

avec la masse du mur. Ils tendent néanmoins à éloigner le centre de gravité de l'arête extérieure de la base et à rompre le prisme de plus grande poussée, qui n'exerce plus alors son effet que dans l'intervalle des contreforts.

La liaison nécessaire peut s'opérer de diverses manières ; ainsi, les contreforts

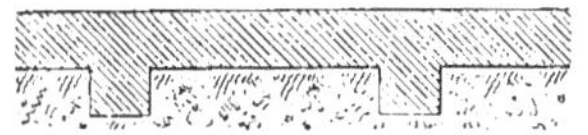

Fig. 3197.

à base rectangulaire (fig. 3197) sont les plus souvent usités.

Les contreforts à base trapézoïdale (fig. 3198) se relient mieux au masque, mais offrent moins de garanties de stabilité ;

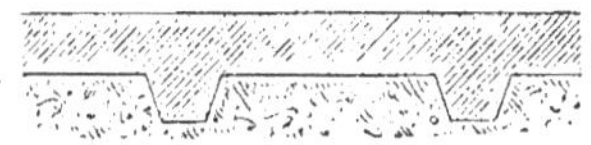

Fig. 3198.

il en est de même des contreforts à base rectangulaire (fig. 3199), joints au masque par deux quarts de cercle.

Fig. 3199.

De même que pour les murs avec contreforts extérieurs, on évite la flexion du masque entre les contreforts en espaçant peu ces derniers.

Le calcul, appliqué aux murs avec contreforts intérieurs à base rectangulaire, fournit des résultats dont quelques-uns sont consignés dans les tableaux suivants :

Épaisseur du masque $= \frac{h}{4}$.

Hauteur du mur.	Épaisseur du masque.	Saillie des contreforts.
$5^m,00$	$1^m,25$	$0^m,825$
$6^m,00$	$1^m,50$	$0^m,990$
$9^m,00$	$2^m,25$	$1^m,485$
$12^m,00$	$3^m,00$	$1^m,980$
$15^m,00$	$3^m,75$	$2^m,475$

Épaisseur du masque $= \frac{h}{6}$.

Hauteur du mur.	Épaisseur du masque.	Saillie des contreforts.
$5^m,00$	$0^m,833$	$1^m,795$
$6^m,00$	$1^m,000$	$2^m,154$
$9^m,00$	$1^m,500$	$3^m,231$
$12^m,00$	$2^m,000$	$4^m,308$
$15^m,00$	$2^m,500$	$5^m,385$

Il n'est guère d'usage de donner aux murs de *soutènement* un fruit extérieur concurremment aux contreforts intérieurs, parce que l'économie qu'on peut réaliser avec le fruit extérieur permet de se passer des contreforts intérieurs. Ceux-ci ne sont utilisés que dans le cas où il n'est pas possible de donner au mur un fruit extérieur.

Le défaut des murs avec contreforts intérieurs consiste, avons-nous dit, dans la séparation possible de ces derniers et du masque. On a voulu prévenir ce danger en reliant les contreforts entre eux au moyen d'arcs de décharge (fig. 3200). Les voûtes ainsi formées ont l'avantage, si sa liaison est bien établie avec le masque et les contreforts, d'opérer une solidarité complète entre toutes les parties de la masse. De plus, chargées de terre à leurs divers étages, elles contribuent à éloigner le centre de gravité de l'arête extérieure de la base, et enfin elles rompent le prisme de plus grande poussée.

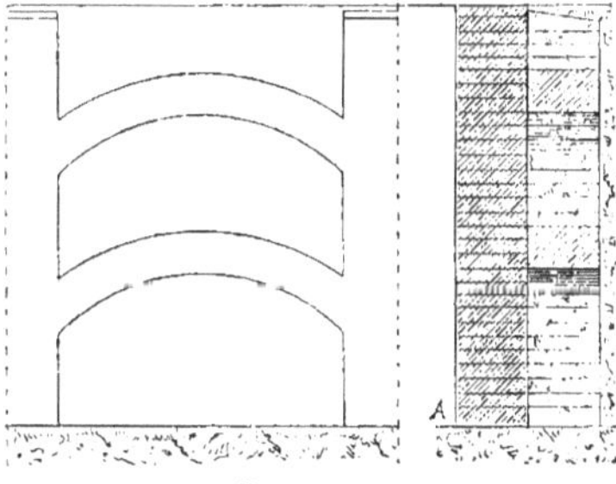

Fig. 3200.

Les murs des quais de Paris ont été construits suivant ce système. On a établi dans ces murs des contreforts espacés de 6 mètres les uns des autres, ayant 2^{m},20 de longueur et de 1^{m},20 à 1^{m},50 de largeur et on ne les a reliés que par un seul étage de voûtes à la partie supérieure.

Au siècle dernier, Gauthey avait appliqué ce genre de construction au mur de quai de Châlon-sur-Saône, en donnant 1/12 de fruit sur le parement extérieur. La hauteur du mur est de 5 à 6 mètres ; son épaisseur au sommet 0^{m},65, à la base 1^{m},15 ; les contreforts ont 1 mètre de largeur et 1 mètre de saillie, sont espacés de 5^{m},30 d'axe en axe et reliés entre eux par trois étages de voûtes de 1^{m},60 de hauteur sous clef.

Le même système a encore été employé à l'ancien pont de la rue de Courcelles, moins le fruit extérieur. Les contreforts sont distants de 3^{m},17 à 4^{m},05 d'axe en axe suivant les cas ; ils ont 1 mètre de saillie sur 0^{m},80 de largeur depuis la base jusqu'au premier étage de voûtes et 0^{m},70 de saillie sur 0^{m},60 de largeur au-dessus du premier étage. Les voûtes forment deux étages ayant 0^{m},50 d'épaisseur à la clef, et 1^{m},50 de hauteur sous clef : la hauteur moyenne du mur au-dessus des fondations est de 5^{m},50 ; l'épaisseur du masque de 0^{m},80.

Ces quelques exemples suffisent pour donner, sur l'emploi de ces murs, des indications qui puissent guider le constructeur dans la pratique. Notons seulement que le cas le plus économique est celui qui correspond aux murs avec fruit extérieur et une épaisseur de masque au sommet égale au 1/20 de la hauteur. Si le mur est vertical, on peut adopter $\frac{h}{6}$ pour cette dernière dimension. En outre, 2^{m},20 est un espacement convenable d'axe en axe pour les voûtes ; il en résulte :

2 étages de voûtes pour les murs de			5^{m};
2	»	»	6^{m};
3	»	»	9^{m};
5	»	»	10^{m};
6	»	»	15^{m}.

Quelquefois, on adopte, pour soutenir les terres, des murs à profil courbe extérieurement et, dans la plupart des cas, on les consolide par des retraites ou des contreforts intérieurs.

En résumé, il ressort de cette étude des divers murs de *soutènement* que le mur vertical type, dont l'épaisseur est les 0,30 de la hauteur, est le plus coûteux et que l'économie réalisable par l'emploi d'autres murs, à stabilité égale, peut aller jusqu'à près de 1/3.

Si les terres à soutenir contiennent de l'eau ou sont susceptibles d'en être imprégnées, il faut, pour ménager un écoulement du liquide qui s'accumule derrière le mur, établir des barbacanes en plus ou moins grand nombre, suivant l'abondance de l'eau à évacuer. On les place de préférence à la partie inférieure de la construction et, pour empêcher leur obstruction par les terres, il est bon de les garnir à l'intérieur d'un bourrelet en pierres sèches.

Souterrain, *s. m.* — On donne ce nom à tout lieu qui se trouve sous terre, qu'il soit l'ouvrage de la nature ou de la main de l'homme.

Les *souterrains naturels* prennent plus spécialement les noms de *grottes*, *antres* ou *cavernes*. C'est dans ces lieux que les hommes primitifs durent établir leurs habitations.

Les *souterrains artificiels* comprennent : les galeries creusées dans le roc telles que celles qu'on trouve dans l'Inde et qui servirent aux peuples de cette contrée d'édifices religieux ; les excavations égyptiennes connues sous le nom d'*hypogées* (voy. ce mot) ; les *catacombes* qui servirent à l'habitation et à la sépulture des premiers chrétiens dans l'ancienne Rome ; les *carrières* creusées à proximité des villes pour l'extraction des pierres nécessaires à leur construction ; enfin, les *tunnels* percés à travers les montagnes ou les collines pour le passage des voies de chemins de fer.

Spalte, *s. m.* — Mastic des fontainiers (voy. *Mastic*).

Spalter, *s. m.* — Brosse employée par les peintres.

On distingue :

Le *spalter* en petit gris *a* (fig. 3201).

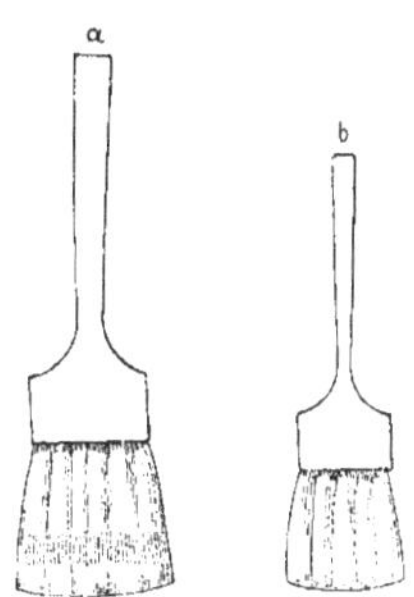

Fig. 3201.

qui sert à veiner et faire le faux bois et dont la garniture est en métal ;

Le *spalter à dents b*, également utilisé pour le faux bois et qui possède aussi une garniture en métal.

Spatule, *s. f.* — 1° Outil de fer

Fig. 3202.

(fig. 3202) que les marbriers emploient pour gâcher le plâtre.

2° Outil à manche dont le fer est

Fig. 3203.

large et plat (fig. 3203) et qui sert aux peintres pour réparer les moulures.

Spéculaire, *adj.* — *Pierre spéculaire* : variété d'albâtre gypseux et transparent que l'on employait, dans l'antiquité, pour garnir les baies.

Les anciens employaient pour le vitrage des fenêtres plusieurs sortes de pierres *spéculaires.* Il y en avait dont la transparence égalait celle du verre. Les Romains en faisaient venir d'Espagne, de Chypre, de Cappadoce, de Sicile et d'Afrique. L'Espagne fournissait les meilleures. La Cappadoce donnait de plus grandes dalles; mais leur substance était plus molle et leur transparence plus terne.

Si, comme on peut en juger par un passage de Sénèque, l'emploi des carreaux de verre semble n'avoir daté à Rome que de son siècle, il ne faut pas s'en étonner outre mesure.

Parmi les causes qui l'ont répandu si généralement chez les modernes, il faut compter, sans doute, le bon marché de la fabrication du verre, mais particulièrement aussi le manque presque absolu de ces pierres *spéculaires*, qui étaient autrefois aussi nombreuses que diverses et qui donnaient un véritable équivalent du verre.

Specus. — Mot latin qui désignait, dans un aqueduc, le canal même servant de conduite pour l'eau (voy. *Aqueduc*).

Speos, *s. m.* — Nom que l'on donne aux temples souterrains de l'ancienne Égypte.

Les sanctuaires taillés dans le roc étaient pourvus de façades de grandes dimensions ornées de statues colossales représentant des souverains.

Parmi les *speos* les plus remarquables, nous citerons celui de Phré, à Abousembil, en Nubie. La façade a plus de 32 mètres de longueur et est décorée de quatre statues de 21 mètres d'élévation. On pénètre, par une porte centrale, comme le montre le plan (fig. 3204), dans une première salle ou *pronaos* soutenue par huit piliers carrés, contre lesquels sont adossées autant de colonnes de 10 mètres d'élévation. Cette salle a 17m,50 de profondeur sur 16 mètres de longueur; tout autour règne une file de grands bas-reliefs historiques rappelant les expéditions de Rhamsès le Grand. De cette salle, on passe dans une seconde de 7m,66 de profondeur sur 12 mètres de longueur, supportée par quatre piliers de 6m,20 de hauteur. Trois

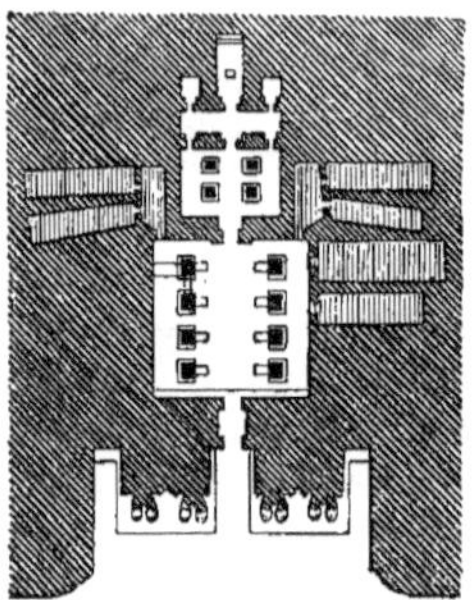

Fig. 3204.

portes font communiquer cette pièce avec un corridor transversal de 12 mètres de longueur sur 2m,75 de largeur. A l'extrémité se trouve le sanctuaire, de 3m,80 de largeur sur 7 mètres de profondeur et 3m,60 d'élévation. De chaque côté du sanctuaire sont deux petites pièces avec leur entrée sur ce corridor et d'autres salles flanquent le temple à droite et à gauche.

Spérone, *s. m.* — Pierre dite *lapis gabinus*, qui ressemble beaucoup au pépérin, mais qui est moins dure que ce dernier.

La triple arche à l'embouchure de la Cloaca Maxima, engagée dans le mur de tuf dit *Pulchrum littus*, et les substructions du Tabularium sont en *spérone*.

Sphère, *s. f.* — Solide compris sous une surface dont tous les points sont à égale distance d'un point intérieur appelé *centre*.

La surface de la *sphère*, en appelant R le rayon, est égale à $4\pi R^2$ et à πD^2 en appelant D le diamètre.

Le volume est égal à $\frac{4}{3}\pi R^3 = \frac{\pi D^3}{6}$.

Voûte sphérique (voy. *Voûte*).

Comble sphérique (voy. *Comble*).

Sphéristère, *s. m.* — Salle de paume dans les demeures somptueuses des anciens Romains.

Sphinx, *s. m.* — On désigne ainsi des statues colossales à corps de lion et à tête humaine (fig. 3205) que l'on voit

Fig. 3205.

placées sur deux lignes parallèles formant une sorte d'avenue conduisant à l'entrée d'un grand nombre d'édifices religieux de l'Égypte.

Le *sphinx* ou lion à tête humaine était particulièrement consacré à la représentation d'un roi, de sorte que les Pharaons semblaient préposés à la garde du dieu dans son temple.

Les avenues de *sphinx* étaient fort nombreuses, mais il n'en reste généra-

Fig. 3206.

lement aujourd'hui que peu de vestiges.

Le plus célèbre des *sphinx* est celui qui a été taillé dans le roc même, près de la seconde pyramide de Gizeh ; la tête et le cou seulement ont 27 mètres de hauteur.

On trouve aussi des *sphinx* à corps de lion et à tête de bélier, comme celui que représente la figure 3206.

Spicatum. — *Opus spicatum* (voy. *Appareil*).

Spina. — Mot latin signifiant *épine* et qui désignait, chez les Romains, une partie exhaussée ordinairement de plusieurs degrés qui s'étendait au milieu d'un *cirque* (voy. ce mot) dans les trois quarts environ de sa longueur.

La *spina*, ainsi nommée parce que cette construction partageait l'arène du cirque comme l'épine dorsale le corps des animaux, servait à déterminer la longueur de la course et à empêcher les chars de se heurter face à face. Ceux-ci devaient en faire sept fois le tour. A une très petite distance de chacune des extrémités étaient placées trois bornes ou *metæ* et, sur ce mur, dans sa longueur, étaient disposés un obélisque au centre, des statues de divinités, des autels, des colonnes, etc.

Spirale, *s. f.* — Ligne courbe qui, pivotant d'un point, fait plusieurs révolutions en s'éloignant toujours de ce point de départ, mais suivant une certaine loi de régularité.

Cette courbe est employée pour le tracé des volutes.

L'hélice est un cas particulier des *spirales*.

Square, *s. m.* — Ce mot anglais, qui signifie *carré*, a une origine assez curieuse : lorsque Londres fut reconstruit, après le grand incendie du XVIIe siècle, des carrés furent réservés de distance en distance pour recevoir des plantations, des jardins. Ces *squares*, entourés d'une large voie publique et clos de tous côtés par des grilles montées sur appuis bas en pierre, sont à l'usage exclusif des habitants du *square*.

En francisant le mot, on en a étendu la signification et on l'a appliqué à des places transformées en jardins, quelle que soit la forme de leur périmètre.

Stabilité, *s. f.* — Propriété qu'ont les constructions de demeurer en équilibre permanent, non-seulement sans que les matériaux employés soient exposés à la rupture ou à l'écrasement, mais même sans qu'ils perdent leur élasticité naturelle.

Le même nom s'applique également à la branche de la science des constructions qui comprend les principes en vertu desquels on peut donner aux édifices les plus grandes chances de solidité et de durée. Ces principes se trouvent exposés dans les divers articles de cet ouvrage et plus particulièrement aux mots : *Compression*, *Résistance*, *Soutènement*, *Traction*, etc. Nous dirons seulement ici quelques mots sur certains préceptes généraux de *stabilité* dont l'observation est indispensable.

Ainsi, la *stabilité* des solides homogènes de même base diminue en raison directe de leur hauteur. De plus, l'expérience a démontré qu'à une hauteur de trente fois sa base environ, un prisme droit, placé sur un plan horizontal, atteint sa limite de *stabilité*.

D'après ce principe, la *stabilité* d'un cône est double de celle d'un cylindre de même base et de même hauteur. C'est pourquoi les Grecs donnaient à leurs colonnes, et particulièrement aux colonnes d'ordre dorique, une forme légèrement conique.

De même, des murs dont les parements sont élevés en talus sont plus solides que ceux dont les parements sont verticaux. On trouve une application de ce principe dans la forme en tronc de pyramide des *pylones* égyptiens.

L'action du vent, la compressibilité du terrain sur lequel on bâtit, les imperfections inévitables des ouvrages exécutés sont autant d'éléments qui influent sur la *stabilité* des édifices. Ainsi, on a calculé que la pression du vent peut quelquefois atteindre jusqu'à 456 kilogr. par mètre carré ; mais le maximum dont on tient ordinairement compte est de 300 à 350 kilogr.

D'après Rondelet, un mur présente une *grande stabilité* s'il a pour épaisseur 1/8 de sa hauteur ; il possède une *stabilité moyenne*, si cette épaisseur est de 1/10 ; enfin, il présente une *stabilité minima*, si cette épaisseur est seulement de 1/12.

Hâtons-nous d'ajouter que ces données sont, par leur étendue, inacceptables dans la pratique ; mais il est bon que le constructeur les ait constamment présentes à l'esprit. La *stabilité* d'un mur peut résulter d'ailleurs autant de l'épaisseur qui lui est donnée que des renforts tels que pilastres, colonnes ou contreforts qui viennent, de distance en distance, étayer ce mur ou faire corps avec lui.

Les murs qui font partie des édifices ont une épaisseur moindre que celle des murs isolés et qui est subordonnée à la nature, à la résistance et à l'écrasement des matériaux mis en œuvre. En outre, la *stabilité* de ces murs est assurée par les murs de refend qui les relient et les maintiennent dans un plan vertical, par les planchers qui forment entre eux une sorte d'étrésillonnement, et par les chaînages qui ne sont autre chose que des ceintures placées à chaque étage de l'édifice.

Stade, *s. m.* — Nom que les Grecs donnaient à une mesure itinéraire et qu'ils appliquèrent à des arènes disposées pour la course à pied et ayant la longueur déterminée par le *stade* itinéraire.

Cette longueur, qui variait selon les lieux, était en moyenne de 600 pieds grecs ou 185 mètres environ.

Tantôt une arène de ce genre formait une des principales dépendances d'un gymnase ou *palestre* (voy. ce mot) pour toute espèce de combats gymnastiques, outre les courses à pied ; tantôt c'était un édifice isolé.

La forme ordinaire du *stade* était celle d'un long et étroit espace arrondi à l'une de ses extrémités. Des gradins étaient quelquefois pratiqués pour les spectateurs.

La partie en hémicycle se nommait *sphendoné*, soit à cause de sa forme elliptique, soit parce qu'elle ressemblait à une fronde ou à un chaton de bague.

L'entrée s'appelait soit *apheteria*, du verbe grec qui signifie *laisser aller*, parce que c'était de cet endroit que partaient les concurrents, soit *gramné* (*ligne*), parce qu'à cet endroit on traçait sur le terrain une ligne destinée à marquer l'entrée de la carrière. Plus tard, on substitua à cette ligne une sorte de petit gradin auquel on donna le nom de *balbis*.

Chez les Romains, le *cirque* (voy. ce mot) fut le monument qui remplaça le *stade* des Grecs, aussi bien pour les usages que par la forme.

Stalactites, *s. f. pl.* — Dépôts calcaires formés dans les fentes des grottes et des cavernes par des eaux qui y filtrent goutte à goutte. La réunion des couches, successivement déposées, ressemble aux congélations qui se forment le long et au bord des toits dans les dégels.

On emploie quelquefois des *stalactites* naturelles pour la décoration des fontaines ou des grottes artificielles dans les jardins. A défaut même de *stalactites* naturelles, la sculpture en fait des imitations.

Stalle, *s. f.* — 1° On donne ce nom à des sièges disposés par rangées autour du chœur d'une église pour l'usage du clergé.

Les *stalles* se font en bois et se composent (fig. 3207) d'un dossier assez

élevé, d'accoudoirs et d'une tablette

Fig. 3207.

servant de siège tournant sur charnière ou pivot.

C'est sous cette tablette qu'est fixée une console appelée *miséricorde* ou *patience* et dont le dessus offre une assiette horizontale qui, avec les accoudoirs, permet à l'assistant de s'appuyer tout en restant debout. Pour que les voisins ne se gênent pas mutuellement, les accoudoirs sont aussi évasés en forme de spatule.

Pour isoler les pieds des assistants du contact de la pierre, les *stalles* reposent sur un parquet relevé d'une hauteur de marche par rapport au sol du chœur.

Devant chacun de ces sièges est placé un prie-Dieu qui sert souvent de dossier à un rang de *stalles* basses établi en avant du premier. Dans ce cas, des coupures ménagées entre les *stalles* basses, et appelées *entrées*, permettent d'accéder facilement aux *stalles* supérieures.

L'usage des *stalles* en bois paraît remonter au XIIIe siècle.

Avant cette époque, on se servait de sièges en pierre placés le long des murailles. Il y a même des églises dont les murs sont ornés d'arcatures ogivales dans lesquelles le soubassement est creusé en demi-cercle entre les colonnes pour former des sièges.

Plus tard, les artistes du moyen âge déployèrent un grand luxe d'ornementation dans la composition des *stalles* en bois. Celles-ci furent surmontées de dais sculptés ; les séparations, les accoudoirs, les miséricordes furent souvent recouverts de figures délicatement taillées ; chaque *stalle* eut son bas-relief différent de ceux qui ornaient les autres.

La figure 3208 représente une *stalle*

Fig. 3208.

du XVe siècle avec ses accoudoirs et sa miséricorde à console sculptée.

De nos jours, on fait souvent des *stalles* dont le fond ne se relève pas,

Fig. 3209.

comme celle que représente en élévation la figure 3209. Ce n'est ici qu'un simple banc avec séparations formant accoudoirs ; le dossier est composé de deux parties, l'une inférieure qui est inclinée, l'autre, supérieure, formant

Fig. 3210.

lambris. La coupe (fig. 3210) montre cette disposition ainsi que le prie-Dieu avec pupitre supporté par des consoles.

2° On donne aussi le nom de *stalles* aux séparations en bois qui marquent la place des chevaux dans une écurie, ainsi qu'à ces places mêmes.

Le moyen primitif de séparation est le *barrage* (voy. *Barre*).

Après ce mode élémentaire vient la *stalle volante*, dite aussi *bat-flancs*, qui est formée d'un panneau composé soit de trois planches jointives (fig. 3211),

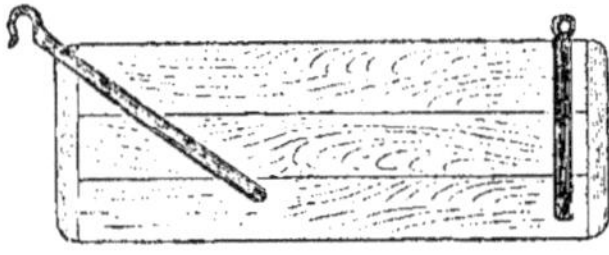

Fig. 3211.

soit d'un nombre différent de planches assemblées, par leurs extrémités, dans deux traverses. Ces séparations sont suspendues (fig. 3212) d'une part à la mangeoire par un crochet, de l'autre au plafond par l'intermédiaire d'une corde formée de deux parties réunies par une

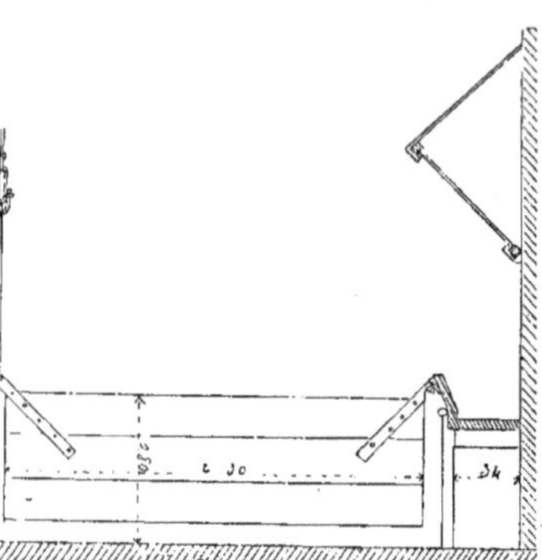

Fig. 3212.

sauterelle (voy. ce mot). Quelquefois, les planches ne sont pas jointives et sont réunies entre elles par des charnières.

Dans les écuries d'une certaine importance, on pose des *stalles fixes*. Ces séparations se faisaient autrefois en maçonnerie ; aujourd'hui, on les établit en bois parce qu'elles sont ainsi plus solides, tiennent moins de place et se nettoient plus facilement ; leur longueur est de 2^{m},50 au moins, leur hauteur de 1^{m},30 à la partie antérieure et de 2 mètres auprès du râtelier. On les exécute suivant divers systèmes.

La figure 3213 représente une *stalle*

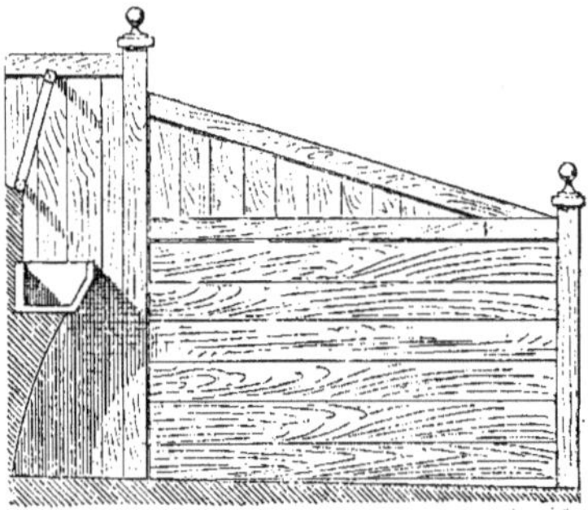

Fig. 3213.

fixe vue de profil et la figure 3214 l'espace réservé au cheval, vu de face ; on donne à cet espace de $1^m,65$ à $1^m,80$.

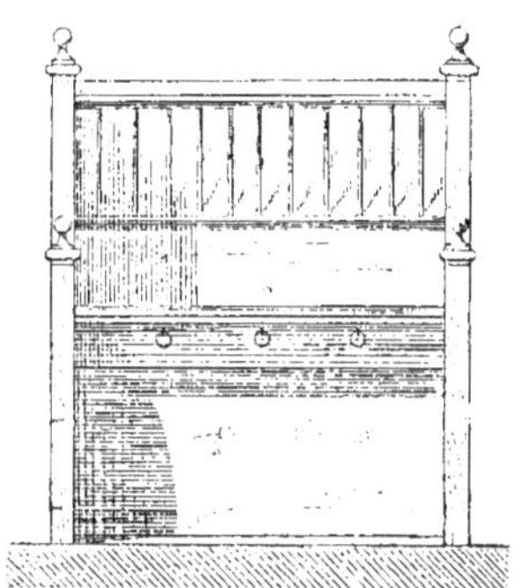

Fig. 3214.

La partie haute des séparations peut être à jour, c'est-à-dire pourvue d'un

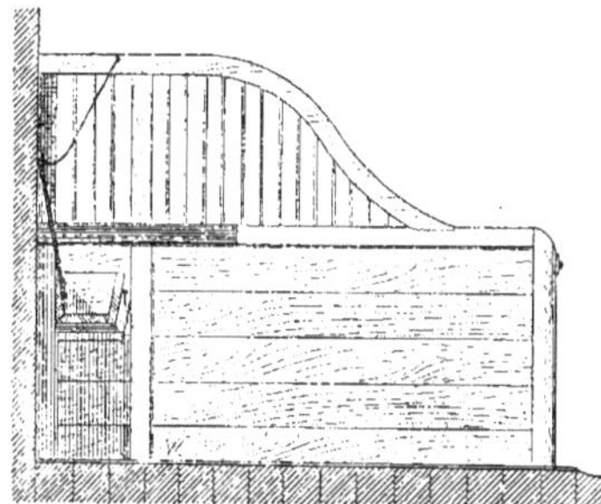

Fig. 3215.

grillage en bois ou en fer, comme le montre la figure 3215.

Quelquefois, la partie située au-dessus de la mangeoire est seule ajourée (fig. 3216). On remarquera ici que les planches, au lieu d'être placées horizontalement dans le sens de leur longueur, sont posées fil debout ; de cette façon, le cheval n'est pas exposé, en se frottant contre la *stalle*, à se blesser aux jambes avec les échardes qui peuvent se présenter dans le bois. Les séparations se terminent, à leur partie antérieure, par des poteaux cylindriques.

Dans les écuries disposées en boxes, les cloisons séparatives ont 2 mètres environ de hauteur.

Le sol des *stalles* doit être dallé ou pavé et légèrement incliné pour l'écoulement des urines qui se fait soit dans

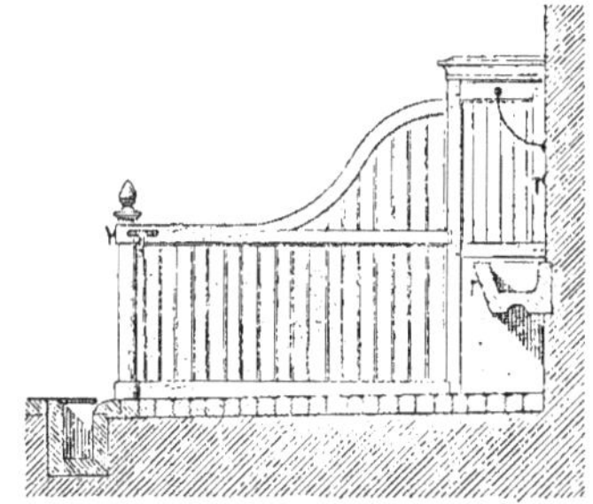

Fig. 3216.

un caniveau à jour, soit dans un caniveau couvert, placé en avant des *stalles*, comme on le voit sur la figure précédente.

Nous citerons, comme exemple d'une bonne et judicieuse disposition, celle des *stalles* établies par M. Boileau dans les écuries du *Bon Marché*, à Paris. Les mesures adoptées ici pour les diverses

Fig. 3217.

parties de la *stalle* représentée en coupe par la figure 3217, ont été raisonnées pour des chevaux de moyenne taille ou carrossiers légers. Évidée dans un bloc de pierre de l'Échaillon jaune, la mangeoire repose sur des contre-murs en brique apparente. Dans la hauteur du râtelier et l'espace compris entre cet objet et la mangeoire, la paroi de l'écurie est revêtue d'une dalle de même pierre, qui occupe toute la largeur dans œuvre d'une *stalle*. Le râtelier est en barreaux de fer rond. Les séparations sont en chêne apparent de 0m,08 d'épaisseur et sont doublées, sur la moitié de la longueur exposée aux coups de pied de cheval, d'un panneau formant coussin, qui se remplace à volonté, lorsqu'il est trop détérioré, au moyen de vis mobiles, indiquées à son pourtour sur la figure 3217. Ce panneau est en grisard, bois que les coups de pied mâchonnent sans le faire éclater, évitant ainsi aux animaux les blessures auxquelles ils sont fréquemment exposés. Le sol des *stalles* est en briques de Bourgogne, posées de champ par bâtons rompus.

Dans les étables, les animaux de race bovine sont généralement placés côte à côte, sans séparations ; si toutefois on juge nécessaire d'en établir, on se sert de cloisons fixes. On ne donne à ces séparations que 1 mètre de largeur ou 1m,40 au plus, et une hauteur de 1m,60, qui se réduit à 1m,40 en avant.

Station, *s. f.* — 1° Nom que l'on donne, dans un calvaire, aux groupes ou chapelles où les fidèles s'arrêtent pour prier, suivant le rite chrétien.

Chacune de ces *stations* représente l'une des scènes de la passion du Christ.

2° Dans le nivellement, on appelle ainsi chacun des lieux où le niveau a été posé et où l'on a fait une opération.

3° Dans l'établissement des lignes de chemins de fer, on donne ce nom aux bâtiments qui servent au départ, à l'arrivée ou à l'arrêt des voyageurs et des marchandises. M. Goschler, dans son *Traité des chemins de fer*, divise les *stations* en plusieurs classes : *haltes, stations de passage, stations d'alimentation, stations de dépôt, stations de bifurcation, stations principales, stations de tête* ou *de rebroussement*, ces dernières comprenant gare de marchandises et gare de voyageurs.

Une *halte*, établie pour desservir une localité peu fréquentée par les voyageurs, se compose : 1° d'un chemin d'accès et d'une cour assez large pour que les voitures y puissent tourner ; 2° d'un local pour vendre les billets de parcours, abriter les voyageurs et les colis, local faisant partie de l'habitation de l'employé du chemin de fer ; 3° d'une annexe renfermant des latrines.

La *station de passage* est desservie seulement par certains trains omnibus, mixtes et de marchandises. Le service des voyageurs y reçoit une installation un peu plus développée que dans les *haltes ;* ainsi, on divise généralement la salle d'attente en deux compartiments, dont l'un est attribué aux voyageurs de troisième classe. Les dispositions qu'il faut affecter au service des marchandises dépendent de l'importance du trafic et de sa nature. C'est ainsi que l'on divise les produits en deux grandes classes : 1° objets manufacturés et produits naturels, tels que grains, farines, vins, spiritueux, huiles, matières textiles et leurs dérivés, etc., qu'il faut préserver contre les intempéries de l'air et qui, par conséquent, doivent être conservés dans un local bien clos, la *halle à marchandises* (voy. *Halle*) ; 2° les produits bruts ou manufacturés pouvant supporter les influences atmosphériques, tels que pierres, cailloux, sables, minerais, houilles, bois, métaux, etc., dont la manipulation peut s'opérer sur des espaces découverts, tantôt au niveau du sol, tantôt à la hauteur de la plate-forme des wagons, au moyen de *quais* découverts ou de *rampes* (voy. ces mots).

Vu l'importance restreinte du mouvement des marchandises dans une *station* de passage, la halle à marchandises et le quai découvert sont très rapprochés du bâtiment des voyageurs, et le tout est soumis à la direction d'un seul employé, chef de *station*, receveur et conducteur de la voie, ayant son logement dans le bâtiment des voyageurs.

Outre les voies principales, on dispose dans ces *stations* une ou plusieurs voies de garage pour les trains de marchandises.

Les *stations d'alimentation* sont celles où les locomotives renouvellent l'eau dont elles ont besoin.

Il est nécessaire que le service hydraulique gêne le moins possible le service de la *station*, permette aux locomotives de renouveler leur approvisionnement le plus rapidement possible et sans quitter leur train, enfin n'apporte point d'obstacle au développement ultérieur des dépendances, du nombre et de la largeur des voies de la *station*.

Au point de vue de l'installation, ce service comprend : 1° un bâtiment qui renferme une pompe faisant de l'eau à une source convenable et un réservoir placé à une certaine hauteur ; 2° des colonnes ou robinets d'alimentation répartis sur plusieurs points de la gare.

Les *stations de dépôt* sont celles où l'on met en réserve des wagons à voyageurs et même des machines locomotives, soit pour subvenir à des besoins imprévus, tels qu'une affluence inaccoutumée de voyageurs, soit pour remplacer des véhicules ou machines en cas d'accident. Les perfectionnements apportés dans la construction et l'entretien du matériel, la diminution des frais de traction, l'emploi du télégraphe tendent à réduire de plus en plus le nombre des *stations* de dépôt. Toutefois, il est indispensable d'en établir à certains endroits, tels que le pied d'une rampe qui nécessite une augmentation dans la force de traction et, par suite, l'addition d'une machine de renfort ou la substitution d'une locomotive à une autre.

Dans une *station de dépôt*, la remise à voitures peut être disposée, sans inconvénient, à proximité du point d'arrêt des trains, entre le service des voyageurs et celui des marchandises par exemple.

La remise des machines devant recevoir des locomotives, soit au repos, soit en allumage, il faut éloigner l'accumulation de la fumée pouvant gêner les habitants de la localité et les chances d'incendie provenant des fragments de combustible en ignition ; on place alors ce bâtiment à l'extrémité de la *station* opposée à celle occupée par la halle aux marchandises assez loin du *bâtiment* des voyageurs.

Les *stations de bifurcation* sont celles qui sont communes à plusieurs lignes.

S'il y a simplement passage d'une ligne à l'autre, sans arrêt de trains, on ne place, à proximité de l'embranchement, qu'une simple maison de garde ou une guérite d'aiguilleur et un système de disques pour les signaux.

Pour les *stations* où il se fait échange de voyageurs et de marchandises, on distingue trois types différents :

Celui où les diverses lignes se confondent dans l'intérieur de la *station* et où les aménagements sont répartis de chaque côté des voies, avec le bâtiment principal du côté de l'agglomération, le service du matériel occupant le côté opposé ;

Celui que l'on peut appeler *station en flèche*, dans lequel le bâtiment principal est placé dans l'angle formé par les deux lignes, et qui offre cet avantage que le service local peut s'effectuer sans qu'il y ait à traverser les voies; mais la disposition est défectueuse pour l'échange des marchandises ;

Celui dans lequel le transit des voyageurs s'opère dans un bâtiment et sur des quais situés entre deux groupes de voies ; celles-ci sont reliées entre elles dans chaque groupe et pour toute direction, afin d'éviter les fausses manœuvres, et enfin les deux groupes se relient entre eux vers les extrémités.

Les *stations principales* sont celles où s'arrêtent les trains de grande et petite vitesse et qui sont pourvues de toutes les dépendances nécessaires au trafic et au service du matériel.

Le service des voyageurs et celui des marchandises à petite vitesse doivent être complètement séparés et suffisamment espacés pour ne pas se gêner réciproquement.

Le service des voyageurs et des marchandises à grande vitesse comprend : une cour spacieuse pour piétons et voitures, un bâtiment principal contenant les bureaux, salles d'attente et logements nécessaires au personnel de la *station ;* des lieux d'aisances ; plusieurs trottoirs avec marquise ou abris.

Le service de la petite vitesse demande comme aménagements : une cour facilement accessible aux véhicules de terre ; une ou plusieurs halles à marchandises ; un ou plusieurs quais découverts ; des changements de voies et des plaques tournantes pour le mouvement des véhicules dans la *station.*

Enfin, le service du matériel roulant exige deux colonnes d'alimentation avec quais à combustible ; selon le cas, une remise de locomotives et une remise de wagons.

Les *stations de tête* ou *de rebroussement* comprennent les *stations* placées en tête de toutes les lignes et, dans certaines villes, celles où des conditions spéciales s'opposent à l'adoption de *stations* à mouvement continu (voy. *Gare*).

Statuaire, *s. m.* et *f.* — Voy. *Sculpture*, *Statue*.

Statue, *s. f.* — Ouvrage de *sculpture* proprement dite ou *statuaire*, c'est-à-dire de sculpture appliquée à la reproduction en plein relief des êtres animés et particulièrement de l'homme.

L'artiste qui exécute ces sortes d'ouvrages prend lui-même le nom de *statuaire*.

Les procédés employés dans cet art comprennent soit la taille d'une matière dure, la pierre ou le marbre, soit le coulage dans un moule de métaux en fusion et particulièrement du bronze.

Nous nous bornerons, dans cet article, à parler des rapports que l'art du statuaire peut avoir avec l'architecture. Notons tout d'abord que les *statues* doivent avoir, avec la destination de l'édifice, un rapport de convenance et de signification. L'architecte doit donc les considérer comme un de ses principaux moyens de décoration.

Les anciens employèrent les *statues* tantôt dans les sommets et les acrotères des frontons des temples, tantôt sous les portiques et dans les espaces des entrecolonnements. Certains édifices religieux avaient, à l'intérieur, des niches occupées par des *statues*. La divinité principale du temple avait sa *statue* placée soit au fond, soit au milieu du *naos*. C'est dans ces conditions que les *statues* peuvent être considérées comme des objets d'ornement pour l'architecture.

Il y a aussi entre l'édifice qu'elles décorent et les *statues* des rapports de proportions et de style qu'il est important d'observer, mais pour lesquels il n'y a pas de règles fixes et que le goût seul de l'artiste est appelé à établir.

Suivant la place occupée par les *statues*, suivant leur destination et leur sujet, on leur a donné différents noms.

La *statue allégorique* est celle dont l'objet est d'exprimer soit la personnification de quelque qualité abstraite, telle que la prudence, la force, la justice, soit un des effets de la nature ou de ses éléments, tels que les saisons, la mer, les fleuves, ou bien encore des villes, des royaumes, des nations, etc.

Dans les *statues colossales*, les proportions naturelles des personnages ou des animaux représentés se trouvent dépassées.

L'usage des *colosses* était très répandu parmi les peuples de l'antiquité. Diodore de Sicile parle d'une *statue* de Bélus, à Babylone, qui avait 40 pieds de hauteur. En Égypte, les colosses formaient un des éléments essentiels de la décoration des grands temples et des palais; on les plaçait ordinairement de chaque côté de la porte principale ou dans l'intérieur des cours, soit debout, soit assis, les mains collées le long du corps ou étendues sur les cuisses. La figure 3218

Fig. 3218.

représente une *statue colossale* que l'on voit à Thèbes et qui est haute de plus de 19 mètres; érigée en l'honneur du roi Aménophis II, cette *statue* faisait entendre, dit-on, des sons harmonieux au lever de l'aurore; on lui donna communément la désignation de *Statue de Memnon*, héros célèbre dans les traditions grecques.

On appelle *statue curule*, une *statue* assise. Ce terme était employé chez les Romains, et provenait du nom de la chaise ou du siège que l'on appelait *sella curulis*.

La *statue équestre* est un ouvrage de sculpture dans lequel le personnage est représenté à cheval.

Stèle, *s. f.* — Mot grec qui signifiait une colonne, un cippe, un terme, un obélisque, en un mot tout monument en pierre, de forme plus ou moins allongée, à section circulaire ou carrée, sur lequel on gravait des inscriptions, des symboles, etc.

On emploie encore aujourd'hui ce mot dans le même sens, mais plus par-

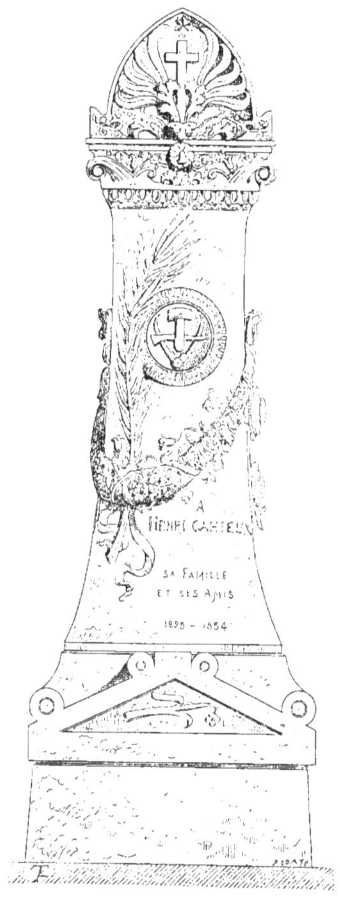

Fig. 3219.

ticulièrement pour désigner les pierres funéraires posées sur les tombes dans les cimetières.

La figure 3219 représente une *stèle* de Duc, architecte, sur laquelle sont sculptés des emblèmes et des instruments rappelant le mérite et la profession du défunt (voy. *Cippe*, *Obélisque*, *Terme*).

Stère, *s. m.* — Mesure de capacité équivalente à 1 mètre cube, qui s'applique aux bois de chauffage et de construction.

Stéréobate, *s. m.* — Terme d'origine grecque, qui est composé de deux mots signifiant l'un *solide*, l'autre *porter*. Vitruve emploie ce mot dans le même sens que *stylobate* (voy. ce mot). Il sert plus souvent, en français, comme synonyme de *soubassement* (voy. ce mot).

D'après Gagliani, le mot *stéréobate* doit particulièrement signifier, dans les *soubassements* de colonnades des temples, ce petit mur sur lequel s'élèvent des colonnes, avec cette distinction qu'il doit être lisse et sans profil, tandis que le mot *stylobate* est réservé pour désigner les *soubassements* ornés de bases et de corniches.

Stéréochromie, *s. f.* — Procédé de peinture murale dont l'invention, qui remonte à quelques années seulement, est attribuée à un artiste de Munich, le professeur Von Fuchs.

La base de la *stéréochromie* est le silicate de potasse. Cette peinture s'exécute sur un enduit de mortier sec et fait d'avance.

On peut y employer toutes les couleurs, et leur préparation fait qu'elles ne changent pas en séchant. Les peintures terminées, on les couvre d'une dissolution de silicate, et cette espèce de vernis absolument incolore qui se vitrifie à l'air, les garantit de toute influence atmosphérique. C'est à son inaltérabilité que cette peinture doit son nom.

Le peintre Kaulbach a fait l'épreuve du procédé dans les peintures qu'il a exécutées à l'intérieur des salles du Muséum de Berlin.

Stéréotomie, *s. f.* — Application de la géométrie descriptive à la *coupe des pierres* et à la *charpente* (voy. ces mots).

Stil, *s. m.* — *Stil de grain :* nom que l'on donnait autrefois, d'une manière générale, aux laques fabriquées avec la matière colorante de la graine d'Avignon, de la gaude, des baies de nerprun, etc. (voy. *Graine*).

Store, *s. m.* — Toile montée sur un cylindre de bois autour duquel elle s'enroule par un mécanisme spécial.

Les *stores* sont employés pour diminuer le jour ou s'opposer au passage des rayons solaires aux devantures de boutiques (voy. *Banne*), dans les serres, aux fenêtres d'appartements, etc.

Les *stores* de croisées sont montés sur des rouleaux en bois garnis de viroles et de poulies en cuivre ; on les manœuvre au moyen de cordelettes et de fils de tension.

On fait des *stores* en calicot peint, en bois taillé, en jonc ou en lamelles de 0^{m},03 de largeur ; on en fabrique même qui sont en fer et sont composés de lames de tôle s'enroulant sur un cylindre et servant à fermer de petites baies.

Strapontin, *s. m.* — Petit siège se levant et s'abaissant en abatant, que l'on dispose dans les théâtres, entre les banquettes, afin d'augmenter le nombre des places.

Strie, *s. f.* — Nom que l'on donne à la partie pleine qui sépare deux cannelures dans une colonne cannelée.

On dit aussi *listel*.

Strié, *adj.* — 1° Se dit d'un pilastre

orné, dans toute sa hauteur, de cannelures avec listels.

2° Se dit également d'une plaque de verre ou de métal qui porte des cannelures ou des stries, comme la tôle ondulée.

Le verre *strié* est employé, au lieu de verre dépoli, pour intercepter les regards.

Les plaques de fonte placées sur les gargouilles sont souvent *striées*, pour empêcher de glisser ceux qui viennent à poser le pied sur leur surface.

Strigile, *s. f.* — Cannelure en forme d'S, employée par les anciens pour décorer des membres d'architecture et principalement des sarcophages, de grandes baignoires en marbre, etc.

Cette désignation vient de ce que cette cannelure ressemblait, par sa forme, à l'instrument appelé *strigile*, que les baigneurs employaient pour se frotter la peau en sortant du bain.

Structure, *s. f.* — 1° Mot qui exprime la manière dont un édifice est construit et qui diffère du mot *construction* en ce sens que ce dernier terme s'applique soit à la partie matérielle, mécanique, scientifique, de cet art, soit à la qualité des matériaux ou à leur emploi dans un bâtiment, tandis que le mot *structure* embrasse, dans un édifice, la hardiesse des masses, la beauté des formes, les proportions des ordonnances et l'habileté apparente de l'exécution.

2° Caractère physique d'un minéral qui n'est autre chose que l'agencement des molécules qui le composent.

La *structure* est *compacte*, *granuleuse*, *lamellaire*, *saccharoïde*, *fibreuse*, *grésiforme*, *grossière*, *terreuse*, *cellulaire* ou *schistoïde* (voy. ces mots).

Stuc, *s. m.* — Mot qui vient de l'italien *stucco* signifiant matière propre à boucher, enduit, etc.

On donne ce nom à une composition imitant le marbre et que l'on fait avec de la chaux éteinte depuis longtemps, de la craie et de la poudre de marbre blanc.

Les constructions romaines, faites en petits matériaux, étaient particulièrement favorables à l'emploi du *stuc*. On en étendait plusieurs couches et la plus fine, posée la dernière, pouvait recevoir un beau poli. Ce *stuc* était désigné sous le nom d'*albarium opus*. Il y en avait de deux sortes : l'un composé de chaux et de poussière de marbre, l'autre formé d'un mélange de grès, de brique et de marbre broyés ensemble, dont on revêtait plus spécialement les surfaces extérieures.

Pline et Vitruve attestent le prix que les anciens attachaient à cet enduit à cause de la qualité qu'il possédait d'imiter le marbre blanc, et c'est même sous le nom de marbre blanc qu'il est fréquemment question de ce produit chez les écrivains grecs.

On l'employait au revêtement des colonnes et des murs des monuments, au moulage des bas-reliefs et à la confection de dalles destinées à recevoir des inscriptions ou des figures. On a découvert à Pompéi de nombreux exemples de ces *albaria*.

Les architectes italiens de la Renaissance employèrent le procédé antique consistant à fabriquer des *stucs* au moyen de chaux et de poussière de marbre.

On en trouve notamment l'application faite au temps de Raphaël, pour la décoration des loges du Vatican et par Bramante dans l'ornementation des voûtes qu'il avait commencées à Saint-Pierre.

De nos jours, on est parvenu à donner à la pierre à plâtre ou gypse une dureté suffisante, des colorations assez variées, et un poli dont le brillant est tel, qu'on peut, avec cette matière, imiter les marbres les plus précieux.

Mais la dureté que le gypse doit acquérir pour remplir ces conditions dépend du degré de calcination qu'il faut lui faire subir ; aussi, importe-t-il que cette opération soit surveillée par les fabricants eux-mêmes. Lorsque la pierre à plâtre est refroidie, on la pulvérise, on la passe au tamis de soie et on l'emploie le plus promptement possible. A cet effet, on détrempe ce plâtre avec de l'eau collée qui exige une préparation spéciale. On casse en petits morceaux de la colle de Flandre de première qualité ; on la fait tremper dans un litre d'eau pendant vingt-quatre heures, et on la dissout en la faisant fortement chauffer. On forme une pâte de consistance molle avec une pincée de gypse tamisé et un peu d'eau de colle encore chaude. On laisse cette pâte reposer sur une assiette pendant une demi-heure. Si, après ce temps, elle n'est pas trop durcie, la colle est bien préparée ; si la pâte est entièrement dure, c'est que la colle est trop forte. On y remédie en ajoutant de l'eau ordinaire.

Pour colorer les *stucs*, on mélange le plâtre avec des couleurs minérales, en ayant soin de rejeter celles qui n'auraient pas de durée. Les veines s'obtiennent de la manière suivante. Avec l'eau de colle chaude, préparée comme il est dit plus haut, on détrempe dans différents plats vernissés les couleurs que l'on remarque dans le marbre que l'on veut imiter ; on délaye avec chacune de ces eaux colorées un peu de plâtre en poudre ; on en forme de petites plaques ou galettes, à peu près de la grandeur de la main et plus ou moins épaisses, selon que les couleurs sont plus ou moins dominantes ou plus larges. On prend toutes ces galettes ensemble, on les place sur le champ et, dans cette position, on les coupe par tranches et on les étend ensuite sur le noyau de l'ouvrage qu'on veut faire, et on les y aplatit au moyen d'une truelle. C'est ainsi qu'on parvient à imiter les dessins bizarres des diverses couleurs dont les marbres sont pénétrés.

On imite les brèches en introduisant dans la pâte des fragments de *stucs* colorés, les granits et les porphyres soit à la façon des brèches, soit en taillant et piquant le *stuc*, puis remplissant les trous avec une pâte ayant la couleur des cristaux que l'on veut figurer. Lorsque le *stuc* est sec, on le polit avec le grès pilé et une molette de pierre : il se produit alors des cavités que l'on rebouche avec du *stuc* plus liquide ; on le passe à la pierre ponce, puis on rebouche de nouveau tous les trous, en recommençant ces opérations jusqu'à ce que la surface soit parfaitement unie. Enfin, on donne le dernier poli avec de la pierre de touche et le brillant en frottant avec des chiffons de laine légèrement enduits de cire (1).

Ce *stuc* ainsi préparé ne peut s'employer qu'à l'intérieur.

On peut encore obtenir des *stucs* en durcissant simplement le plâtre, soit par le procédé Abbati, soit par sa calcination avec de l'alun.

Le premier de ces moyens a pour principe de ne faire absorber au plâtre que la quantité d'eau strictement nécessaire pour en amener la prise. A cet effet, on place le plâtre dans un tambour cylindrique tournant horizontalement sur son axe et mis en communication avec un générateur de vapeur. Avec le plâtre ainsi préparé, on remplit des moules et on soumet le tout à l'action de puissantes presses hydrauliques.

On prépare le *plâtre aluné* par deux procédés différents : le premier de ces procédés consiste à calciner les plus beaux morceaux de gypse dans des fours à réverbère, puis à les tremper, à leur sortie du four, dans une eau contenant 10 0/0 d'alun ; l'imbibition dure deux ou trois heures ; le plâtre aluné est ensuite réduit au rouge vif, et enfin soigneusement pulvérisé et tamisé.

Un plâtre aluné préférable au précédent est obtenu en mêlant à du

(1) Th. Château, *Technologie du bâtiment.*

plâtre en poudre de la poussière d'alun très divisée ; on obtient alors par le gâchage une composition qui durcit assez bien.

On donne le nom de *stuc-lustre* à un *stuc* que l'on emploie beaucoup en Italie et qui est composé de chaux et de marbre ou d'albâtre calcaire, en poudre fine passée ou tamis ; quelquefois, on substitue du sablon à l'un de ces deux derniers corps. On ajoute les couleurs nécessaires ; on gâche la matière en consistance telle que l'on puisse l'appliquer à la truelle sans qu'elle s'échappe. On fait un crépi de chaux et de sable sur lequel on étend une couche de *stuc* de l'épaisseur du dos d'un couteau, à l'aide d'une taloche en bois ; puis on passe successivement sur la surface une planche recouverte d'un feutre blanc et une truelle d'acier poli à angles tranchants. Pour obtenir les veines, on délaye dans de l'eau légèrement collée les couleurs convenables, et on les passe avec un pinceau en blaireau, en tenant la surface mouillée. Les couleurs étant sèches, on passe le *lustre*. Celui-ci reçoit la composition suivante : 1 litre d'eau, 96 à 128 grammes de cire blanche ou jaune, suivant la couleur du *stuc*, 64 grammes de savon et autant de sel de tartre. On fait bouillir la cire et la potasse jusqu'à ce que la cire ait disparu, et l'on ajoute le savon. On frotte le *stuc* avec un tampon de laine. S'il se forme à la surface une légère pellicule blanche, on passe le dos de la truelle avec précaution par bandes égales et toujours dans le même sens ; on obtient ainsi un beau poli.

Stucage, *s. m.* — 1° Opération qui consiste à poser du *stuc*.

2° Travail qui résulte de cette opération.

Stucateur, *s. m.* — Ouvrier qui fait les *stucs* (voy. ce mot).

Style, *s. m.* — Mot qui vient du grec *stulos* signifiant tantôt un corps circulaire comme une colonne, tantôt un poinçon ou une forte aiguille avec laquelle les anciens traçaient des lettres sur des feuilles préparées avec un enduit quelconque de cire.

Par métonymie ce mot a été employé pour spécifier la manière dont l'écrivain exprime ses pensées et de la littérature ce terme a passé dans la langue théorique des beaux-arts, indiquant la façon particulière à chaque artiste d'exprimer ses pensées, de leur donner une forme par le choix des objets, l'agencement des contours, la couleur et le dessin.

En architecture, le *style* des édifices est ce qui forme le trait caractérisque du goût local de chaque nation ou du goût de chaque époque. C'est au *style* que l'on reconnaît l'âge et la nationalité d'un monument (voy. les articles consacrés à chaque genre d'architecture).

L'aiguille des cadrans solaires prend aussi le nom de *style*.

Stylobate, *s. m.* — 1° Terme qui est formé de deux mots grecs, *stulos*, colonne, et *bates*, venant du verbe *bainein*, porter; il signifie donc *porte-*

Fig. 3220.

colonne. C'est en effet, dans le langage usuel, une sorte de piédestal continu servant de support à des colonnes (fig. 3220).

Il importe toutefois de distinguer ici entre les mots *soubassement*, *stéréobate* et *stylobate*, ces trois expressions étant souvent prises l'une pour l'autre, soit dans les auteurs, soit dans le langage ordinaire.

Le terme *soubassement* a un caractère général; *stéréobate* (voy. ce mot) est ordinairement pris dans le même sens. Si l'on s'en rapporte à l'étymologie du mot *stylobate*, support immédiat de colonnes, il semble qu'il convienne surtout pour désigner le soubassement continu, élevé de 1m,50 à 2 mètres, interrompu seulement en avant par des degrés très hauts, ou formé même entièrement par

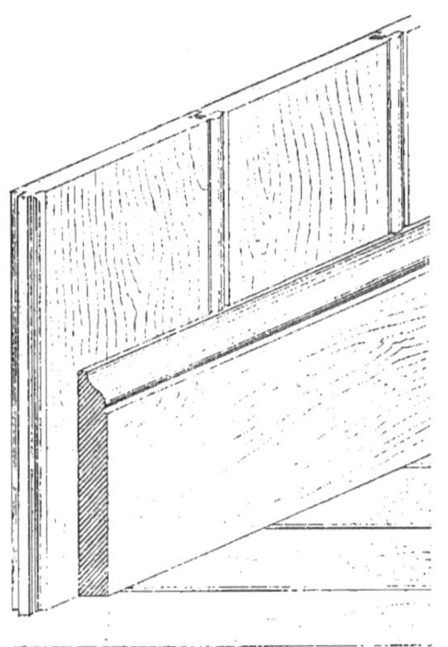

Fig. 3221.

ces degrés, disposés tout autour de l'édifice et sur lequel se dressaient les colonnes sans base de l'ordre dorique grec. C'est d'ailleurs le nom que les Grecs donnèrent d'abord à ce soubassement, qui formait ainsi le support immédiat et exclusif des colonnes. Plus tard, cependant, le même terme servit à désigner les soubassements continus sur lesquels s'élevaient, dans les ordonnances périptères, des files de colonnes ioniques ou corinthiennes qui avaient une base.

Aujourd'hui, le mot *stylobate* est affecté plus particulièrement à tout corps de soubassement qui porte un ordre ou une rangée de colonnes.

2° Les menuisiers donnent le nom de *stylobate* à une plinthe plus haute que la plinthe ordinaire et garnie d'une moulure à sa partie supérieure (fig. 3221).

Suante, *adj.* — On dit que le fer est porté à une chaleur *suante* lorsque, chauffé au blanc, il commence à fondre.

Succin, *s. m.* — Résine, sorte d'ambre commun, employé dans la préparation des vernis gras.

Sudatorium. — Étuve placée dans les anciens bains romains.

Cette pièce était chauffée par des tuyaux disposés sous le plancher ou dans les murs mêmes qui en formaient les parois. Tantôt le bain d'eau chaude et l'étuve formaient deux pièces séparées; tantôt le bain d'eau et le bain de vapeur étaient réunis dans une seule pièce appelée *caldarium* (voy. ce mot), dont la partie centrale, entre l'*alveus* et le *laconicum*, était le *sudatorium*.

Suif, *s. m.* — On dit qu'une moulure est taillée en *goutte de suif* quand son profil est légèrement arrondi, la flèche de la courbure étant très faible.

Suite, *s. f.* — Colonne formée par des bouts de tuyau de tôle emboîtés les uns dans les autres et que l'on place dans une cheminée ou dans un mur.

Superficie, *s. f.* — Mot qui est synonyme de *surface* et qui se dit plus spécialement en architecture et dans la construction quand on l'applique à la partie apparente des diverses matières sur lesquelles s'exerce le travail des outils.

On dit aussi enlever la *superficie* d'une pierre, polir la *superficie* d'une table, etc.

Superposition, *s. f.* — Mot qui exprime, en architecture, la position immédiate et sans intermédiaire d'un corps au-dessus d'un autre, par exemple la position d'une colonne sur une base, d'une statue sur une colonne.

Support, *s. m.* — Terme général s'appliquant à tout ce qui supporte un poids quelconque.

En architecture et en construction, on emploie surtout ce mot pour désigner tout corps, simple comme une colonne ou composé comme un pilier de maçonnerie et même une voûte, tous objets sur lesquels d'autres s'élèvent et dont ils sont les soutiens.

Une des conditions essentielles de l'établissement d'un *support*, c'est qu'il

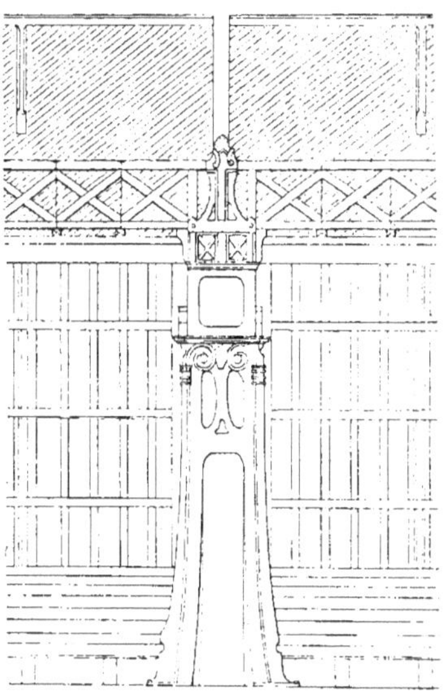

Fig. 3222.

soit proportionné, par la nature de sa construction, par l'étendue de sa masse, à l'objet qu'il doit soutenir et cela autant en vertu du principe de la solidité que pour l'impression produite sur le spectateur.

Appliqué d'une manière générale à des piliers ou colonnes, le nom de *support* se donne spécialement à des ouvrages en fer ou en fonte évidés sur lesquels on fait reposer des planchers, des galeries, des étages, etc. La figure 3222 représente un des *supports* en fonte qui soutenaient l'arbre de couche et une passerelle de service, installée par M. Émile Trélat dans l'axe de la galerie des machines à l'Exposition universelle de 1855.

Menuiserie. *Support d'assemblage* :

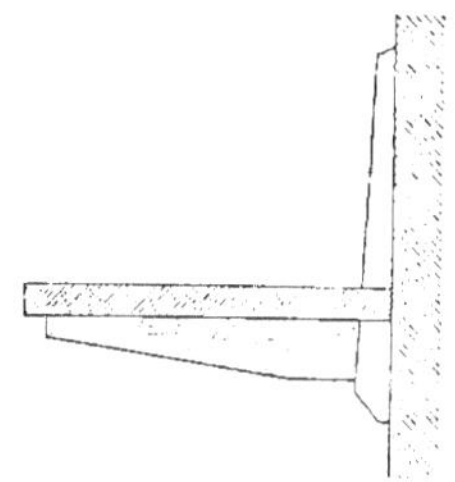

Fig. 3223.

potence fixée au mur et soutenant une tablette (fig. 3223).

Serrurerie. *Support d'espagnolette* : pièce de fer plat et recourbé qui reçoit la poignée d'une *espagnolette* (voy. ce mot).

Support à fourchette : *support* dont la tête a la forme d'une fourchette et qui sert à soutenir les grillages.

Support de sonnette : pièce qui maintient en place une bascule de sonnette ordinaire.

Support de sonnette électrique : *support* en fer garni de gutta-percha ou en cuivre et que l'on emploie comme *isolateurs des fils*.

Support de paratonnerre : pièce métallique munie, pour l'isolement, d'une bague en cristal et qui soutient la tringle conductrice d'un *paratonnerre* (voy. ce mot).

Dans les boucheries, on établit des *supports* en fer pour accrocher les viandes. Nous donnons (fig. 3224) un *support* de ce genre, qui se compose d'une série de consoles en fer plat formant

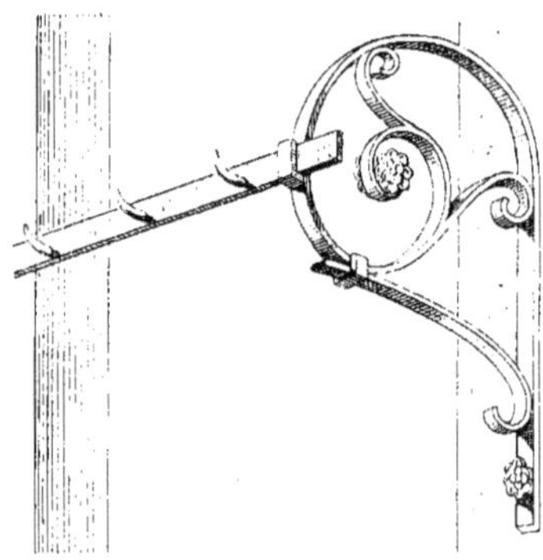

Fig. 3224.

volutes et fixées aux montants en bois d'une devanture de boucherie. Sur ces consoles, munies à la partie saillante d'un crochet forgé avec la masse, se rattachent librement des barres transversales portant les crochets.

Législation. On appelle *droit d'appui* ou de *support* le droit que possède un propriétaire soit d'appuyer une poutre ou tout autre objet sur la construction du voisin, soit de faire supporter cette poutre ou autre objet par ladite construction. Ce droit constitue une servitude continue et apparente.

Il y a lieu d'établir ici une distinction entre le *droit d'appui* et le *droit de support*. Celui qui n'a qu'un *droit d'appui* ne peut en user qu'à ses frais et doit faire et entretenir les travaux et ouvrages nécessaires à son exercice. Le *droit de support*, au contraire, assujettit celui qui en est grevé à élever et entretenir à ses frais le mur, les colonnes, poteaux ou piliers propres à soutenir la charge de l'édifice voisin ; il est même tenu de relever les ouvrages de soutien lorsqu'ils tombent, à moins que la chute ne provienne d'un cas fortuit ou de la faute du propriétaire jouissant de la servitude (1).

La faculté d'*abandon* (voy. ce mot) appartient aussi bien au propriétaire grevé d'une servitude de *support* qu'à celui qui ne doit qu'une servitude d'*appui*.

Surbaissé, *part. passé.* — Se dit d'un arc ou d'une voûte qui, depuis sa naissance jusqu'à son sommet, a une hauteur moindre que la moitié de sa largeur (voy. *Arc*, *Voûte*).

Surcharge, *s. f.* — 1° Excès de charge d'un plancher à l'aire duquel on a donné trop d'épaisseur.

2° Surcroît d'épaisseur donné à un enduit pour en dresser le parement.

On dit aussi *renformis*.

Législation. Droit de *surcharge* (voy. *Exhaussement*).

Surélévation, *s. f.* — Construction faite après coup au-dessus d'une autre construction déjà existante.

Législation. *Surélévation du mur mitoyen* (voy. *Exhaussement*).

Sûreté, *s. f.* — Voy. *Serrure*, *Verrou*.

Surhaussé, *part. passé.* — Arcade ou voûte dont la flèche ou *montée* est plus grande que la moitié de l'ouverture.

Surplomb, *s. m.* — On dit qu'un mur, qu'une construction *surplombe* ou est en *surplomb* lorsque la surface de ce mur ou de cette construction sort de la ligne verticale, donnée par le fil à plomb, c'est-à-dire lorsque les parties supérieures sont en saillie sur la base.

(1) Code Perrin, n° 143.

Sycomore, *s. m.* — Espèce d'érable tenant du figuier par son fruit et du mûrier par ses feuilles ; d'où son nom, de *sukè*, figuier et *morea*, mûrier.

Le bois de *sycomore*, d'un blanc fade, est agréablement ondulé et veiné d'une teinte plus sombre.

Le grand érable des montagnes, ou *faux sycomore*, est le meilleur de tous les bois blancs et l'un de ceux que les ébénistes emploient le plus souvent. La surface, d'un blanc jaunâtre, est comme marbrée d'une multitude de veines que des ondes et de petites taches viennent encore embellir.

On imite ce bois dans la peinture de décoration; il est élégant, doux à l'œil, d'un très joli effet, employé comme panneaux dans les appartements, salles à manger, etc., et n'a pas moins de succès que les autres bois recherchés par les peintres pour leur beauté.

Syénite, *s. f.* — Granit dans lequel le mica est remplacé par de l'*amphibole*, silicate d'alumine, de chaux et d'oxyde de fer.

Le nom de *syénite* vient de la ville de Syène, en Égypte, où il existe des gisements considérables de cette roche.

Symandre, *s. f.* — Appareil qui suppléait autrefois, dans certaines loca-

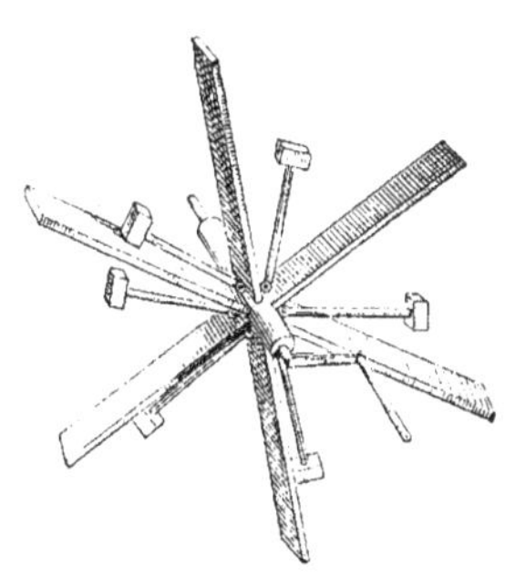

Fig. 3225.

lités, aux cloches ordinaires pendant la semaine sainte.

Les *symandres* étaient de formes très variées ; elles étaient, en général, composées de grands ais de bois que frappaient des marteaux mus par des machines.

La figure 3225 représente un de ces appareils, qui se voyait encore il y a quelques années dans un département de l'Est : les marteaux sont fixés à charnière sur un treuil, que l'on fait tourner à l'aide d'une manivelle (1).

Symbole, *s. m.* — Expression figurée d'un objet qui ne tombe pas sous les sens; idée représentée par une forme corporelle peinte ou sculptée.

L'*allégorie*, l'*emblème*, sont des *symboles*.

Un exemple frappant du *symbolisme* architectural se remarque dans la forme même du plan des églises chrétiennes : c'est une croix rappelant l'instrument de supplice du Christ.

Le *symbole* de la Trinité se trouve dans le nombre des nefs, une centrale et deux collatérales, dans la triple division de l'édifice en nef, chœur et sanctuaire, ou bien nef, tour centrale et chœur.

Parmi les nombreux exemples de *symbolisme* que nous offre l'antiquité, nous pouvons citer quelques-uns des plus remarquables.

La colombe, sur les monuments funèbres, était un *symbole* de piété, comme la cigogne un *symbole* de tendresse, le sphinx un *symbole* de la justice unie à la force, le scarabée l'emblème de la sagesse, le phénix le *symbole* de la résurrection du corps, le lion un emblème de courage ; le cheval rappelle la guerre, comme l'olivier la paix ; la chouette indique la nuit et devient pour Minerve (la sagesse) le témoignage de son inclination pour l'obscurité ; le lièvre fait allusion aux mystères ; les étoiles caractérisent les dioscures ; les serpents d'Esculape et d'Hygie sont des *symboles* de

(1) Albert Lenoir, *Revue d'architecture*, 1851.

jeunesse et de renouvellement de la vie, etc.; l'enlèvement de Ganymède et la fleur du lotus, gravés sur des sarcophages, indiquent la mort prématurée du personnage; l'aigrette et l'aplustre de vaisseau rappellent le souvenir d'une victoire nouvelle ou font allusion à une ville située sur le bord de la mer; un papillon sur une tombe est l'emblème du mythe de Psyché, de l'immortalité de l'âme et de la brièveté de la vie.

Le chacal, suivant la mythologie égyptienne, était un *symbole* de la mort, comme dans la mythologie grecque les têtes de cerf et les feuilles de palmier rappellent le culte des divinités de Délos, comme la feuille de lierre rappelle le culte bachique. Sur les vases grecs, Minerve a pour emblème le Gorgonium, l'égide hérissée de serpents, et souvent un coq; sa tête est ceinte d'une couronne d'olivier. Pluton (ou la mort qui moissonne tout) est caractérisé par le *modius* ou boisseau sur la tête. La cigale d'or, dans les cheveux des femmes, était, à Athènes comme à Todi, en Étrurie, le *symbole* des peuples aborigènes et autochthones.

La peinture et la sculpture emploient fréquemment le *symbolisme*, c'est-à-dire la représentation des qualités abstraites par les formes matérielles. Sous ce rapport, la mythologie était favorable à l'idéal des arts; les artistes de l'antiquité n'employaient la forme que pour figurer l'idée, et, en cela, les premiers artistes chrétiens les ont imités.

Symétrie, *s. f.* — Mot qui vient du grec *summetria*, composé lui-même de *sun*, avec, et de *metron*, mesure. La *symétrie* était, pour les Grecs, un rapport de mesures, une relation de mesures établies suivant un rhythme adopté.

Vitruve la définit ainsi : un accord convenable des membres, des ouvrages entre eux et des parties séparées, le rapport de chacune des parties avec l'ensemble.

Le mot français *proportion* répond assez exactement à cette définition.

Aujourd'hui, le sens original du mot *symétrie* a été changé; on entend par là le rapport de conformité exacte entre deux mesures, deux objets quelconques; dans un édifice, c'est la disposition des diverses parties ménagées de telle sorte que, dans l'ensemble, des parties semblables, au point de vue de la forme et des dimensions, se correspondent par rapport à un axe ou à un point.

Synagogue, *s. f.* — Édifice religieux consacré au culte israélite.

Les temples juifs sont construits avec la plus grande simplicité, sans qu'aucune image puisse y figurer. Les hommes sont séparés des femmes qui occupent des galeries placées dans les parties supérieures de l'édifice.

Syndical, *adj.* — *Chambre syndicale* : association des membres d'une corporation dont le bureau est chargé de veiller aux intérêts professionnels, de régler les différends pouvant s'élever entre les membres de la corporation, ou bien entre ceux-ci et des étrangers à la corporation.

Il existe, à Paris, des *chambres syndicales* de toutes les industries du bâtiment, qui règlent, à l'amiable, beaucoup d'affaires litigieuses.

Syphon, *s. m.* — Voy. *Siphon*.

Systyle, *s. m.* et *adj.* — Ordonnance d'architecture dans laquelle les entrecolonnements ne comportent que deux diamètres ou quatre modules.

T

Tabatière, *s. f.* — 1° On donne ce nom à une rosace double en fonte ou en cuivre qui s'emploie habituellement pour orner un croisillon ou une croix de Saint-André.

2° *Châssis à tabatière* (voy. *Châssis*).

Taberna. — Mot latin duquel dérive le terme français *taverne* et qui désignait, à Rome, ce que nous appelons *boutique*.

Les *boutiques* primitives de cette ville étaient de simples échoppes adossées à la façade des maisons ou établies sous les colonnades qui entouraient les marchés. Plus tard, les *tabernæ* occupèrent le rez-de-chaussée des maisons munies ou privées de communication avec l'intérieur de l'habitation, selon que le commerçant y avait ou non son logement.

La plupart des *boutiques* romaines étaient ainsi composées : une seule pièce avec devanture fermée par un mur à hauteur d'appui servant de comptoir, des volets de bois étant utilisés pour la fermeture de nuit ; quelquefois, une petite arrière - boutique et quelques autres dépendances.

On appelait *taberna deversoria* et *meritoria* ou simplement aussi *taberna* une sorte de cabaret que les propriétaires de vignobles voisins des grands chemins établissaient à l'extrémité de leur propriété et où ils faisaient débiter les produits de leurs domaines.

Tabernacle, *s. m.* — Terme qui vient du latin *tabernaculum* ayant lui-même pour origine le mot *taberna*, signifiant pauvre et chétive habitation.

Tabernaculum désignait encore la tente, qui était faite dans les camps en matériaux légers.

C'est sous une espèce de tente portative, construite en planches de bois de cèdre, que les Israélites placèrent d'abord les tables de la loi et les vases sacrés.

Plus tard, ils déposèrent ces objets dans ce qu'on appelait l'*arche sainte*, placée dans le lieu le plus retiré du temple, auquel on donna, par tradition, le nom de *tabernacle*.

Aujourd'hui, on désigne ainsi un édicule de marbre ou de menuiserie, de métal ou d'orfèvrerie, que l'on place au centre de l'autel chrétien pour y renfermer le ciboire et les hosties consacrées. Tantôt on fait les *tabernacles* isolés, tantôt on les assemble avec le retable et le contre-retable ; la forme en est très variée et l'art déploie souvent toutes ses ressources pour les construire et les décorer.

Cette application du mot *tabernacle* à ces édicules ne remonte pas au-delà de la fin du XVIIe siècle, car autrefois les hosties étaient conservées dans le *ciborium* (voy. ce mot).

Le nom de *tabernacle* a même été donné, par extension, au baldaquin surmontant l'autel.

Table, *s. f.* — 1° Partie de maçonnerie, soit en pierre, soit en plâtre, de forme rectangulaire et qui sur le parement d'un mur est en saillie ou renforcée.

On appelle :

Tables à crossettes, celles qui sont cantonnées par des crossettes ;

Tables couronnées, celles qui sont surmontées d'une corniche (fig. 3226) et

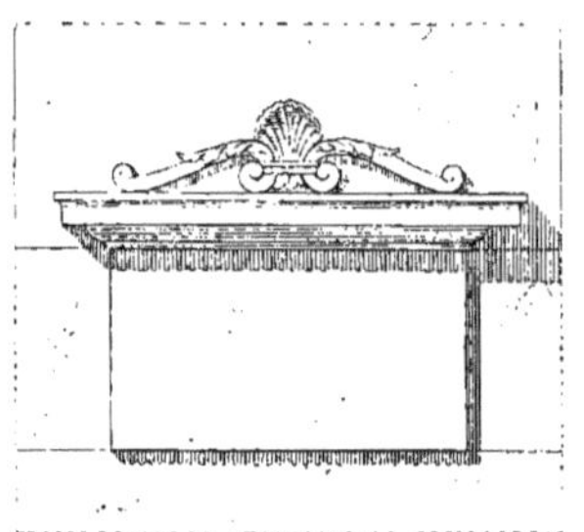

Fig. 3226.

sur lesquelles on taille quelquefois un bas-relief :

Table d'attente, une partie de pierre laissée en bossage, dans la construction d'un édifice et sur laquelle on doit sculpter un bas-relief ou graver une inscription.

Dans les ravalements en crépi moucheté de mortier ou de plâtre, on nomme *tables* les panneaux qui sont encadrés de bandes d'enduit lisse.

Une *table fouillée* est celle qui est renfoncée dans le dé d'un piédestal ou ailleurs et qui est ordinairement encadrée d'une moulure.

On appelle *table rustique* celle que l'on *pique* pour que le parement en paraisse brut.

On emploie ces *tables* dans les édifices, tels que *fontaines*, *grottes*, etc., d'architecture dite *rustique*.

2° On a découvert dans l'atrium des maisons de Pompéi des dalles moulurées ou *tables*, dont on ne saurait préciser la destination. Ces *tables* se trouvaient placées sur l'un des côtés de l'impluvium et devaient sans doute recevoir des ustensiles domestiques.

Le plan représenté par la figure 3227 est celui d'un impluvium appartenant à la maison de Cornelius Rufus, presque

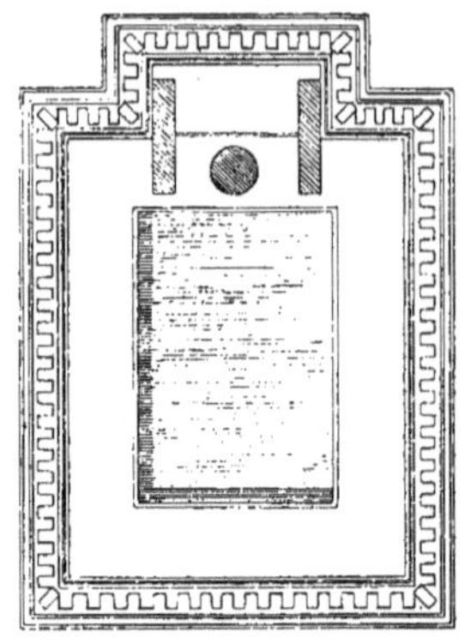

Fig. 3227.

à l'angle des rues de Stabre et d'Holconius. La *table* en marbre, placée sur le

Fig. 3228.

bord du bassin, était supportée par deux pieds qui seuls existent encore et dont on voit les traces sur la même figure. Entre ces supports, on remarque une ouverture circulaire, qui était probablement occupée par une fontaine. Nous donnons (fig. 3228) un des pieds, vu de face, avec l'angle restauré de la *table*, d'après un dessin de M. Moyaux, publié par le *Moniteur des architectes*. L'œuvre est due, sans doute, au ciseau d'un artiste grec, qui a su donner à ces supports une grande fermeté et beaucoup de noblesse de caractère.

3° *Table d'autel : table* de pierre élevée sur des piliers de pierre également ou sur un massif de maçonnerie, et sur laquelle on dit la messe. Ce peut être aussi une *table* en bois.

4° *Sainte table :* balustrade ou grille qui, dans les églises, sépare le chœur du sanctuaire, et où les fidèles viennent s'agenouiller pour recevoir la communion.

Cette balustrade recevait autrefois le nom de *chancel* (voy. ce mot).

5° Les plombiers donnent le nom de *table* à une sorte d'établi long, ayant des bords relevés formant cuvette et sur lesquels ils coulent le plomb.

Ils donnent aussi à cette *table* le nom de *madrier* (voy. ce mot).

Les feuilles de plomb, coulées ou faites au laminoir, sont également appelées *tables*.

Table d'école, table-banc. Dans les établissements d'instruction publique, les classes et les salles d'étude ont pour principal mobilier des *tables* avec bancs placés au-devant pour que les élèves puissent s'asseoir et travailler. Les architectes qui construisent les écoles communales, dont le nombre tend à s'accroître de jour en jour, ont à se préoccuper des meilleures dispositions à appliquer à ces sortes de meubles.

Bien des systèmes ont été employés jusqu'ici. On fait, par exemple, des *tables* en bois avec supports en bois ou en fer et bancs séparés ou libres ou fixés au sol.

On en fait également dans lesquelles les bancs sont reliés aux *tables* par des

Fig. 3229.

traverses comme le montre la figure 3229.

La tablette même qui forme le dessus du meuble est légèrement inclinée et munie d'un rebord qui empêche de tomber crayons et porte-plumes.

Une tablette moins large, fixée au-dessous de la première, peut recevoir divers objets, cahiers, livres, etc. Souvent, cette tablette est remplacée par un véritable pupitre, comme le montre la figure 3230.

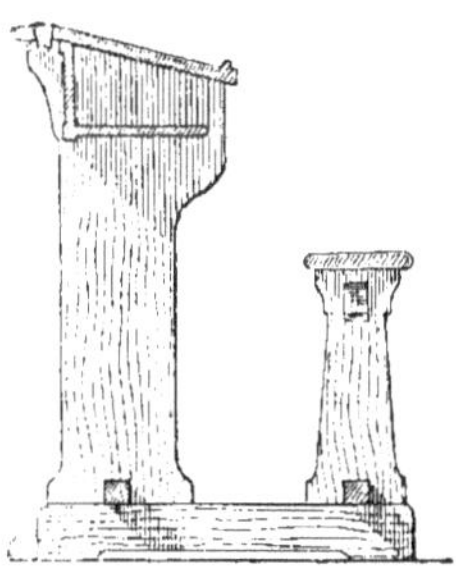

Fig. 3230.

Comme exemple de *table* soutenue par des supports en fonte, nous donnerons (fig. 3231) le système Lenoir, adopté par les écoles de l'État et de la ville de Paris. Le banc est relié à la *table* même ; celle-ci est pourvue d'encriers, d'un porte-modèles de dessin et d'un pupitre.

On fait encore des *tables* auxquelles est rattaché, non plus le banc qui leur

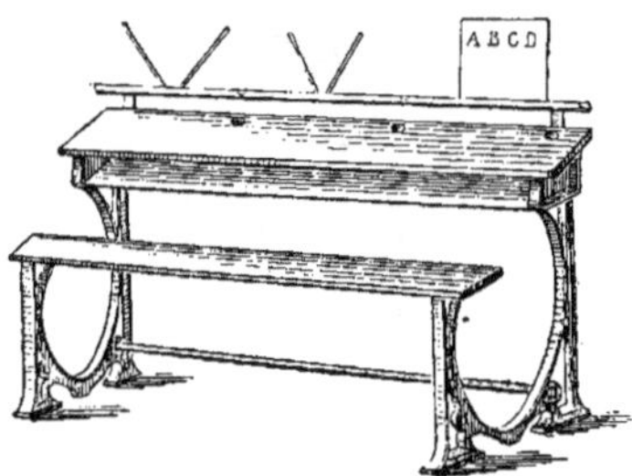

Fig. 3231.

sert de siège, mais le banc de la *table* voisine.

Dans le système que représente la

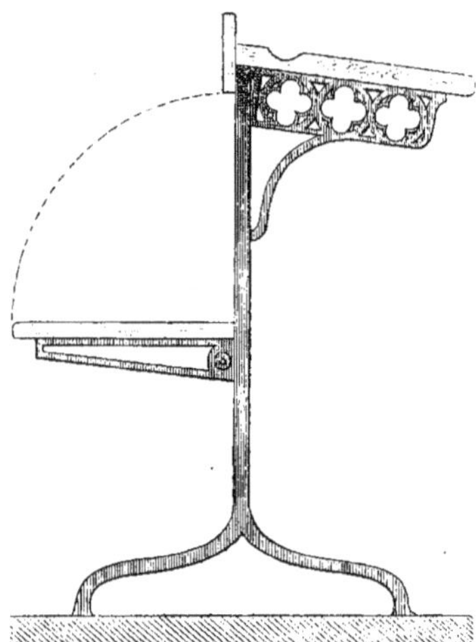

Fig. 3232.

figure 3232, ce siège est mobile comme un abatant.

Les deux genres de *tables* que nous venons de citer ont conduit naturellement à l'adoption, dans certains cas, du système que la figure 3233 représente et dans lequel deux *tables* et leurs bancs sont reliés ensemble.

On fait aussi de ces *tables* avec sièges isolés (fig. 3234), rattachés seulement par une embase avec la traverse infé-

Fig. 3233.

rieure du meuble et, par conséquent,

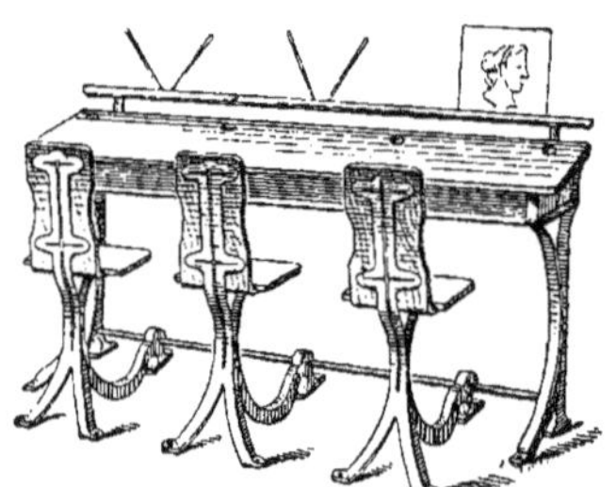

Fig. 3234.

mobiles dans un sens parallèle à la *table*.

Bien d'autres systèmes sont appliqués au mobilier des écoles, mais qu'il n'entre pas dans notre cadre de passer en revue ; il nous suffit d'avoir indiqué par quelques exemples les progrès accomplis dans ce genre d'ouvrages.

Le règlement pour la construction et l'ameublement des maisons d'école, arrêté par le ministre de l'instruction publique et des beaux-arts, le 17 juin 1880, contient, relativement au mobilier des écoles, les prescriptions suivantes :

« Art. 90. Les *tables-bancs* seront à une ou deux places, mais de préférence à une place.

« Quatre types seront établis pour les écoles des communes dans lesquelles il n'existe pas de salle d'asile (écoles à classe unique) :

« Le type I pour les enfants dont la taille varie de 1 mètre à $1^{m},10$;

« Le type II pour ceux de 1m,11 à 1m,20 ;

« Le type III pour ceux de 1m,21 à 1m,35 ;

« Le type IV pour ceux de 1m,36 à 1m,50.

« Trois types seulement, les types II, III et IV seront adoptés dans les écoles qui ne reçoivent les enfants qu'à six ans, c'est-à-dire au sortir de la salle d'asile (écoles à plusieurs classes).

« Un cinquième type pourra être établi pour les enfants dont la taille excéderait 1m,50.

« On inscrira sur chaque *table-banc* le numéro du type auquel elle appartient, avec indication de la taille correspondante. Exemple : III, 1m,21 à 1m,35.

« Les instituteurs devront mesurer leurs élèves, une fois par an, à l'époque de la rentrée des classes.

« Art. 91. La tablette à écrire aura au-dessus du plancher, mesures prises au bord de la *table*, les dimensions ci-dessous :

	TYPES				
	1er	2e	3e	4e	5e
Hauteur au-dessus du sol	0m,44	0m,49	0m,55	0m,62	0m,70
Largeur d'arrière en avant	0 35	0 37	0 39	0 42	0 45
Longueur pour la *table-banc* à une seule place	0 55	0 55	0 60	0 60	0 60
Longueur par place d'enfant pour la *table-banc* à deux places	0 50	0 50	0 5	0 55	0 55
Soit pour les deux places	1 00	1 00	1 10	1 10	1 10

« L'inclinaison variera de 15 à 18 degrés, sans être jamais inférieure à 15 degrés.

« Art. 92. Le banc sera fixe, légèrement incliné en arrière et aura les dimensions ci-dessous :

	TYPES				
	1er	2e	3e	4e	5e
Hauteur au-dessus du sol, prise au milieu du banc	0m,27	0m,30	0m,34	0m,39	0m,45
Largeur d'avant en arrière	0 21	0 23	0 25	0 27	0 30
Longueur (banc à une place)	0 50	0 50	0 55	0 55	0 55
Longueur (banc à deux places)	0 45	0 45	0 50	0 50	0 50
Soit pour le banc double	0 90	0 90	1 00	1 00	1 00

« Art. 93. Le dossier du banc à une seule place et du banc à deux places consistera en une traverse de 0m,10 de largeur dressée droite avec arêtes abattues ; il aura les dimensions suivantes :

	TYPES				
	1er	2e	3e	4e	5e
Hauteur de l'arête supérieure au-dessus du siège, à	0m,19	0m,21	0m,24	0m,26	0m,28
Longueur égale à celle du banc pour la *table-banc* à une seule place	0 50	0 50	0 55	0 55	0 55
Et pour la *table-banc* à deux places	0 90	0 90	1 00	1 00	1 00

« Art. 94. Le banc et le dossier seront continus, toutes les arêtes seront abattues.

« La tablette à écrire peut être mobile ou fixe.

« Suivant qu'on fera emploi de l'une ou de l'autre, les règles ci-dessous énoncées devront être observées :

Table-banc à tablette mobile.

1° Situation où la tablette est rapprochée de l'enfant.

	TYPES				
	1er	2e	3e	4e	5e
La verticale tombant de l'arête de la tablette devra rencontrer le banc à une distance du bord antérieur de ce banc égale à..............................	0m,03	0m,05	0m,06	0m,05	0m,04
L'intervalle entre l'arête de la tablette et le dossier sera de..............................	0 18	0 18	0 19	0 22	0 26

2° Situation où la tablette est éloignée de l'enfant.

	TYPES				
	1er	2e	3e	4e	5e
Entre ladite verticale et le bord antérieur du banc, l'intervalle sera égal à..............................	0m,09	0m,10	0m,11	0m,12	0m,13

« Art. 95. La tablette dite à bascule, formée de deux parties se repliant l'une sur l'autre au moyen de charnières, est interdite.

Table-banc à tablette fixe.

« Art. 96. La distance entre le banc et la tablette sera nulle, c'est-à-dire que la verticale tombant de l'arête de la *table* rencontrera le bord antérieur du banc.

« Art. 97. Un casier pour les livres sera aménagé sous la tablette à écrire.

« Art. 98. Un encrier mobile de verre ou de porcelaine à orifice étroit sera adapté à la *table* et placé à la droite de chaque élève.

« Art. 99. Les traverses, barres d'attache, barres d'appui pour les pieds reposant les unes sur les autres sur le plancher, sont interdites.

« Art. 100. Une *table* avec tiroirs posée sur une estrade de 0m,30 à 0m,32 (hauteur de deux marches) servira de bureau pour le maître.

« Art. 102. Les *tables* des classes de dessin seront simples, les élèves devant être placés sur une même ligne et recevoir le jour de gauche à droite.

« Elles seront à deux places ; elles auront 1m,30 de longueur, 0m,65 de largeur et 0m,85 de hauteur (0m,75 seulement pour la taille inférieure). Elles seront horizontales, afin de pouvoir servir au dessin géométrique. Elles porteront au bord opposé à l'élève une tablette horizontale fixe et continue, d'une largeur de 0m,12 environ, et d'une élévation au-dessus de la *table* de 0m,07.

« Cette tablette est destinée à recevoir le matériel nécessaire au travail et permet à l'élève, suivant les besoins, d'incliner sa planche.

« Au milieu de la tablette et sur le bord antérieur, sera placée verticalement une planche de 0m,30 de largeur, sur 0m,48 de hauteur, ayant en avant une saillie circulaire de 0m,05 de rayon. Cette planche servira de support au modèle graphié pour le dessin géométrique, ou au bas-relief pour le dessin d'art. Elle sera soutenue à sa partie supérieure par une tige en fer fixée aux extrémités de la *table*.

« Art. 103. Pour le dessin à main levée, l'élève assis sur un tabouret posera l'une des extrémités du carton sur ses genoux, l'autre sur le bord de la *table ;* il se trouvera ainsi à une distance convenable de l'objet à reproduire, distance qu'on évalue approximativement à deux fois la plus grande dimension du modèle.

« Art. 104. Les *tables* devront être fixées au sol. Les tabourets seront au contraire mobiles et de trois hauteurs différentes : 0m,35, 0m,45 pour le dessin d'art, 0m,70 pour le dessin géométrique. »

Tableau, *s. m.* — 1° *Tableau de baie :* partie de l'épaisseur du mur qui, dans l'ouverture d'une porte ou d'une fenêtre, se voit au dehors et qui est généralement d'équerre avec le parement.

2° On nomme aussi *tableau* le côté d'un pied-droit ou d'un jambage d'arcade sans fermeture.

3° Nom que l'on donne à une table de

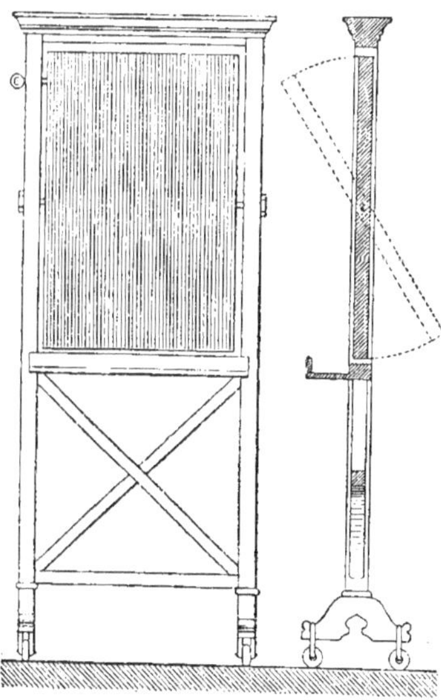

Fig. 3235.

bois noirci ou d'ardoise dont on fait usage, dans les classes d'établissements d'instruction, pour tracer des lettres ou des figures.

Ces *tableaux* peuvent être mobiles ou fixés au mur.

La figure 3235 représente un *tableau* maintenu par deux pivots au milieu de sa hauteur, dans un châssis en bois. Une clavette est fixée sur le côté pour permettre au *tableau* de tourner de manière à ce que l'on puisse tracer sur une face une figure, tout en conservant celle déjà tracée sur l'autre face. Une planchette fixée au-dessous du rebord inférieur du *tableau* reçoit les crayons blancs et l'éponge qui sert à effacer les caractères ou figures déjà tracés.

On fait des *tableaux* fixes, en sapin emboîté en chêne ; la face du *tableau* est ardoisée ; au bas se trouve, comme dans le meuble précédemment décrit,

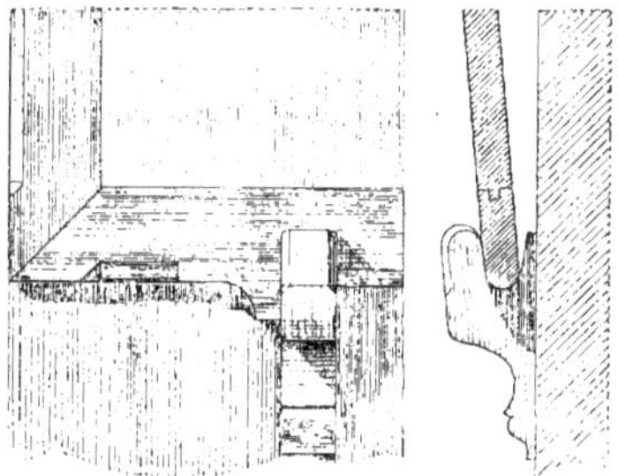

Fig. 3236.

une petite planchette pour poser la craie et, dans le haut, un clou pour accrocher une éponge. Quelquefois, le *tableau* est soutenu par deux consoles en bois sans qu'il y ait de tablette (fig. 3236).

Nous dirons ici quelques mots d'un appareil comparable à un *tableau*, auquel son inventeur, M. Gémy, a donné le nom de *mégagraphe* et qui n'est autre chose qu'une planche verticale permettant de faire des dessins de grande dimension.

Cet appareil, destiné à remplacer la table ordinaire à dessin ou le *tableau*, est formé (fig. 3237) d'une planche à dessiner verticale A établie contre un mur et articulée à sa partie supérieure B, de manière à prendre une inclinaison voulue. Deux rouleaux mobiles, l'un supérieur, l'autre inférieur, sont fixés par leurs extrémités sur le châssis qui encadre la planche. Le rouleau inférieur C, plombé, sert à maintenir constamment tendu un papier toile couché sur cette planche ; le rouleau supérieur D supporte le papier toile G, et le fait mouvoir au moyen d'un cordon de tirage F. On peut ainsi, sans changer de position, faire un dessin continu, le descendre ou l'élever à volonté, pour juger de son effet. On peut

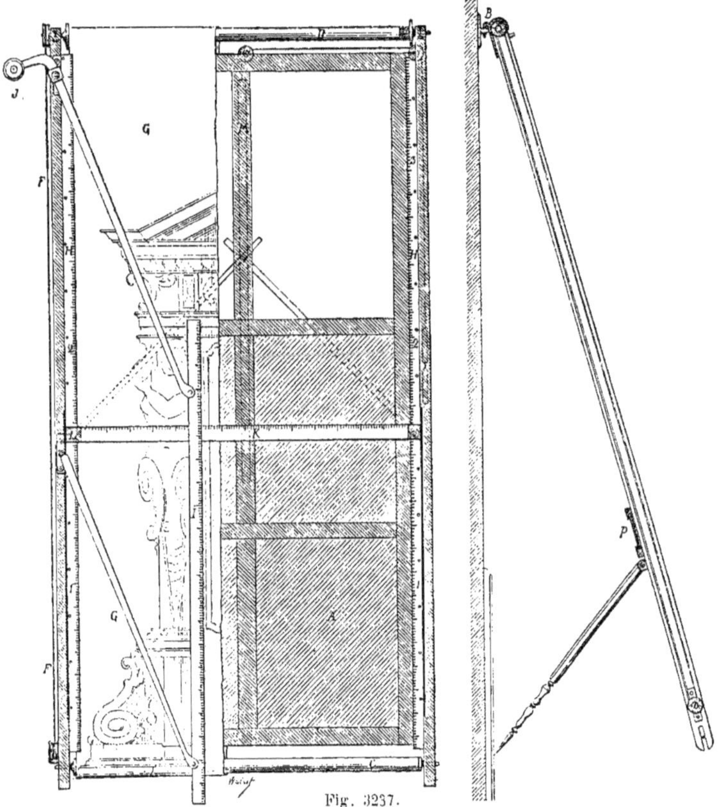

Fig. 3237.

même fixer sur la toile, toujours suffisamment tendue, des papiers à dessiner quelconques, au moyen de cachets gommés préparés pour cet usage. En outre, pour le tracé des horizontales et des verticales, des règles graduées fixes H sont installées sur chaque côté de la planche et permettent de mesurer l'écartement des lignes à tracer ; en effet, au moyen du cordon de tirage, on peut faire concorder le dessin avec les divisions des règles, ce qui dispense d'avoir toujours à la main une règle ou un double décimètre. De plus, une règle horizontale graduée K se meut verticalement dans des rainures et permet de tracer les lignes voulues. Cette règle est équilibrée par un contre-poids et maintenue dans sa position par un châssis triangulaire qui glisse dans une coulisse placée sur la face postérieure de la planche. On peut enlever la règle ou l'adopter en la faisant fléchir. Pour le tracé des lignes verticales, on emploie une règle également graduée I, articulée sur le bord de la planche au moyen de deux bras M formant un parallélogramme et équilibrée par un contre-poids J. On

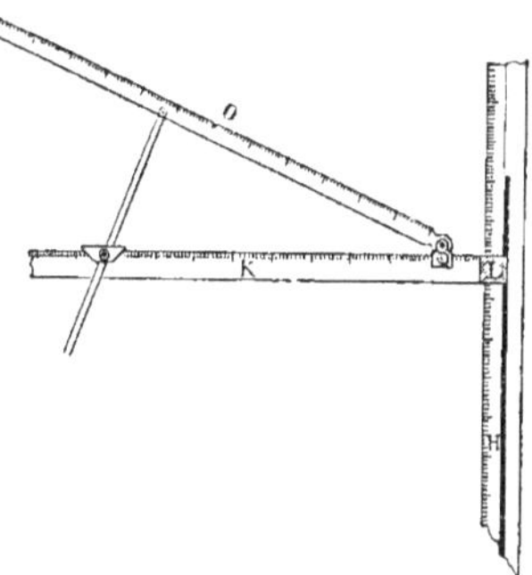

Fig. 3238.

peut même tracer des parallèles à une oblique quelconque et diviser une ligne soit verticale, soit horizontale, en parties égales au moyen d'une troisième règle graduée O (fig. 3238), qui s'adapte sur la règle horizontale mobile et peut prendre un angle quelconque. Ainsi disposé, cet appareil peut servir à l'exécution de tous les dessins à grande échelle.

4° On appelle *tableau*, dans une *sonnerie* électrique (voy. *Sonnerie*), un appareil qui sert à indiquer la pièce de laquelle on a sonné par un numéro ou par un mot qui apparaît au moment où la sonnerie fonctionne.

Tablette, *s. f.* — Maçonnerie. Dalle de pierre dure débitée pour couvrir un mur de terrasse ou le bord d'un réservoir, d'un bassin, etc.

Tablette d'appui : dalle de pierre plus ou moins épaisse qui couvre l'appui d'une croisée, d'un balcon (voy. *Appui*).

Tablette de jambe étrière : dernière pierre qui couronne une jambe étrière et qui porte quelque moulure en saillie sous un ou deux poitrails.

On dit aussi *sommier*.

On appelle cette pierre *imposte* ou *coussinet* lorsqu'elle reçoit la retombée d'une arcade.

Marbrerie. *Tablette de cheminée* : dalle de pierre ou tranche de marbre posée sur le chambranle d'une cheminée.

Menuiserie. Planche sur laquelle on pose certains objets.

La *tablette* est tantôt adossée à un mur et soutenue par des potences ou des supports d'assemblage, tantôt placée dans un placard, une armoire, une bibliothèque, où elle repose sur des tasseaux.

Tablier, *s. m.* — 1° A proprement parler, on donne le nom de *tablier* à la plate-forme qui constitue le plancher d'un *pont* (voy. ce mot).

Le même terme comprend, particulièrement dans les ponts en fer et les ponts suspendus, l'ensemble du plancher et des poutres armées ou des balustrades qui soutiennent le *tablier* proprement dit ou reposent dessus.

2° Partie d'une forge où l'on fait le feu.

Tablinium. — Nom que les Romains donnaient à une pièce de la maison particulière qui tenait immédiatement à l'*atrium* et aux *fauces* (voy. *Maison*).

On pense que cette pièce, qui peut-être même était la partie de l'atrium faisant face à l'entrée, servait de dépôt des archives ou de cabinet d'affaires, dans les premiers temps de Rome et de salle à manger, plus tard.

Tabouret, *s. m.* — Siège sans dossier employé à divers usages et par divers corps d'état; on s'en sert particulièrement pour les classes de dessin.

On fait diverses sortes de *tabourets;* les plus simples sont montés sur quatre pieds et recouverts en paille.

Il y a de ces meubles qui peuvent à volonté se lever ou s'abaisser, c'est-à-dire qu'ils sont mobiles dans le sens vertical au moyen d'une crémaillère et d'un ressort qui font mouvoir un plateau sur lequel la personne qui travaille prend place.

Tabularium. — Mot latin qui désignait une salle formant dépendance d'un temple, d'un édifice public ou d'une maison particulière et dans laquelle on renfermait des documents publics ou privés. C'était en quelque sorte une *salle des archives*. Quelquefois même, on en faisait un édifice séparé.

Tel était le *tabularium* situé sur le Forum romain et dans lequel se trouvaient exposées les tables de bronze destinées à recevoir l'inscription des actes publics. Cet édifice se compose actuellement d'un portique à arcades doriques, donnant sur le Forum, de salles dont une est entièrement conservée, et d'un grand escalier à deux rampes accédant du Forum au *tabularium.*

Tâche, *s. f.* — *Travail à la tâche :* ouvrage que l'entrepreneur fait exécuter à des ouvriers à des prix débattus (voy. *Marchandage*).

Tâcheron, *s. m.* — Marchandeur (voy. *Marchandage*).

Taillades (*Pierre des*). — Calcaire celluleux, jaunâtre, provenant de la carrière des *Taillades*, dans l'arrondissement d'Avignon (Vaucluse).

Cette pierre, d'un grain grossier, est propre aux travaux hydrauliques; elle possède une hauteur d'assise de $0^m,25$ à $0^m,40$, pèse de 2,040 à 2,070 kilogr. le mètre cube et s'écrase sous une charge de 80 à 90 kilogr. par centimètre carré.

Taillage, *s. m.* — Opération de la préparation des terres dans la fabrication des briques.

Les terres qui n'ont été ni hivernées ni lavées ne sauraient être employées, au sortir de la carrière, à la fabrication des pâtes ; il faut en écarter les pierres et réduire la masse en petits fragments de même volume. Dans les briqueteries de peu d'importance, on se contente de diviser la terre et d'extraire ou de briser les pierres en coupant à la pelle dans tous les sens l'argile extraite mise en tas. Dans les usines plus importantes, on emploie des procédés mécaniques. On brise la terre si elle est sèche. Si elle est humide, ou bien elle ne renferme que peu de pierres et alors on la coupe en minces copeaux, à l'aide d'une machine appelée *tailleuse* ; ou bien la quantité de pierres est notable et l'on broie, dans ce cas, la terre entre des cylindres très rapprochés. Quelquefois, on applique successivement les deux procédés, en ayant soin de tremper l'argile avant son passage entre les cylindres.

Le principe sur lequel repose la construction des *tailleuses* employées dans un grand nombre d'usines est le suivant: un plateau circulaire en fonte, monté sur un arbre vertical ou horizontal, est percé de fentes dirigées suivant des rayons et garnies de lames ou couteaux d'acier. Si l'on imprime à ce plateau un mouvement de rotation, la masse argileuse, mise en contact avec les lames, est coupée par celles-ci et, passant à travers les fentes, tombe dans la fosse de trempage, ordinairement placée audessous.

Taillant, *s. m.* — Tranchant d'un outil.

Taille, *s. f.* — En général, opération par laquelle on coupe, on divise un corps suivant certaines données, afin de faire revêtir à ce corps une forme prévue à l'avance.

La *taille des pierres* est l'assemblage des méthodes qui permettent de donner à chaque bloc la forme qu'il doit avoir pour occuper la place à laquelle il est destiné.

On dit aussi, dans ce sens : application du *trait* sur la pierre.

On distingue deux méthodes pour tailler la pierre : la *taille par équarrissement* et la *taille par beuveau*.

Voici en quoi consiste la première méthode, qui est la plus exacte : on choisit un bloc prismatique capable de contenir la pierre qu'il s'agit de tailler; à cet effet, on s'aide de la projection de la pierre, soit sur un plan vertical, soit sur un plan horizontal; on donne à la pierre une face plane sur laquelle on trace la projection considérée, qui peut être rectiligne ou curviligne; on enlève alors l'excédant de pierre en donnant au bloc la forme d'un prisme qui a pour base cette même projection. Les faces sont alors planes ou cylindriques; on y applique des *panneaux* flexibles, en carton ou en fer-blanc mince, taillés à l'avance d'après l'épure, et l'on trace sur ces faces les lignes suivant lesquelles elles sont coupées par les faces qui ne sont pas encore obtenues.

Dans la *taille par beuveau*, on donne à la pierre une première face plane, de laquelle on déduit toutes les autres au moyen des angles qu'elles font avec la première et entre elles. Cette *taille* se pratique avec le *beuveau*, instrument qui a beaucoup d'analogie avec la fausse équerre (voy. *Beuveau*). Cette méthode est susceptible d'entraîner l'ouvrier à des erreurs, mais elle est la plus économique et est souvent préférée par les entrepreneurs.

C'est au sortir de la carrière que les pierres sont le plus faciles à tailler, parce qu'elles n'ont pas encore perdu, par l'évaporation, une partie de l'eau qu'elles renferment; les ouvriers disent qu'elles sont encore *vertes*. Cette évaporation, quand elle se produit, amène à la surface de la pierre une sorte de cristallisation résultant du carbonate de chaux en dissolution qu'entraîne avec elle l'eau qui s'évapore. Cette cristallisation forme, sur le parement de la pierre, une croûte préservatrice des agents extérieurs; aussi est-il avantageux, quand on le peut, de tailler la pierre à pied d'œuvre au moment où elle arrive de la carrière. Le nu extérieur de la construction se revêt alors d'une croûte très résistante qui prend même une très belle couleur.

C'est pour cette raison qu'il y a inconvénient à ravaler des façades en pierre longtemps après la pose; en effet, la matière ne contient plus assez d'eau pour que, par l'évaporation, se forme, sur le parement définitif, cette croûte qui existait déjà sur le parement de l'épannelage. La même raison fait du grattage des édifices une opération désastreuse, parce qu'elle détruit, pour toujours, la patine protectrice des parements et entraîne la décomposition de la pierre.

Selon leur grain, les pierres sont dures ou tendres et se débitent à la scie à eau sans dents avec du grès étendu d'eau, ou bien à la scie dentée, ou au passe-partout.

Les autres outils employés pour tailler la pierre sont : pour les calcaires durs, le *tétu*, le *ciseau*, la *gradine*, la *pioche*, le *poinçon*, le *marteau bretté*, la *boucharde*, la *ripe* (voy. ces mots); pour les calcaires tendres, le *ciseau*, la *pioche* à pierre tendre, le *marteau* dit *rustique* et le *marteau tranchant*.

Pour tailler les parements et les lits de la pierre suivant des surfaces horizontales et perpendiculaires les unes aux autres, le tailleur de pierre se sert de règles plates de bois et d'équerres de fer. Il commence par dresser grossièrement au ciseau les rives du parement pour guider l'*ébauche* ou *ébauchage*, qui se fait au moyen de la pioche; ensuite, il relève les *ciselures* (voy. ce mot) à fleur du trait et dresse le parement soit à la boucharde, soit au moyen du marteau à dents appelé *rustique* ; cela fait, il taille le parement au marteau d'abord, puis le repasse à la bretteluro ou laye ; enfin, lorsque la pierre est en place, il enlève les balèvres, bouche les joints et ragrée le tout à la *ripe*, c'est-à-dire fait le ravalement ou ragrément. C'est de là que sont venues les dénominations de: *taille ébauchée* ou *taille* des lits et joints, qui est considérée, dans le métrage, comme équivalente au quart du travail parachevé ; *taille rustique*, qui se compte comme demi-*taille* ; *taille layée*, comptée aux trois quarts, et enfin *taille ravalée* ou *ragréée*, qui est considérée comme l'unité de *taille*.

Ces *tailles*, qui s'exécutent sur plan droit, sur face circulaire, à simple courbure, à double courbure ou en calotte, se divisent en quatre classes principales : *tailles planes*, *tailles circulaires*, *tailles moulurées*, *tailles à double courbure*, que l'on peut estimer séparément, mais qu'il est d'usage de réduire à une seule mesure commune pour n'avoir qu'une seule sorte de *taille* et un seul prix.

Il semble convenable de prendre pour *entier* ou *unité de taille* la *taille* ragréée ou ravalée ; mais, comme un grand nombre d'ouvrages, tels que les étages souterrains, n'ont jamais leurs parements ragréés, mais seulement layés, on a pris, pour point de comparaison et de réduction, c'est-à-dire pour *unité*, la *taille* layée ou finie, qui se compose de plusieurs opérations distinctes : 1° la *mise en chantier* ; 2° les *plumées* ou *ciselures* ; 3° le *dégrossissement* de la pierre avec la pointe du marteau ; 4° la *taille rustiquée* au moyen de la boucharde ; 5° le *layement* par le marteau bretté ou layé.

Les *tailles planes* comprennent :

1° Le *sciage* (voy. ce mot) ;

2° La *taille des lits et joints*, qui a pour objet de dresser exactement les côtés des pierres brutes sortant des carrières ou des pierres grossièrement équarries ; cette *taille* doit également être grossière pour que le mortier adhère bien à la pierre ;

3° La *taille des parements droits*, *rustiques* ou *layés* ;

4° Le *dérasement*, opération qui consiste dans la recoupe des différences qui existent inévitablement dans la hauteur des pierres de chaque assise lors de leur mise en œuvre ;

5° Les *ragréments* ou *ravalements*.

La *taille des parements circulaires*, bien moins difficultueuse que la *taille* droite, une fois l'ébauche évaluée à part, se compte, d'après les règlements de la ville de Paris : pour les parements circulaires à simple courbure, une fois 1/3 les prix des *tailles* planes, c'est-à-dire 1,33 ; pour les ravalements destinés à obtenir le galbe d'une colonne, 1 1/2.

La *taille à double courbure* exige des outils spéciaux, beaucoup de temps et de soins ; aussi l'évalue-t-on le double de la *taille* plane.

Il y a des plus-values pour angles, arêtes, arrière-corps et feuillures.

La *taille des moulures* exige deux opérations : l'*épannelage* (voy. ce mot) et le *profilement* des moulures sur le tas après que la pierre est mise en œuvre.

Les moulures ou corps de moulures doivent être mesurées selon leur longueur réduite, prise au milieu de leurs saillies, et l'on ajoute à cette longueur 0m,10 pour chaque angle saillant, 0m,20 pour angle rentrant et 0m,05 pour amortissement.

Chaque moulure courbe développant moins de 0m,10 doit être comptée pour 0m,15 courant de *taille* unité, y compris les épannelages faits sur le tas pour dégagement des moulures. Chaque face plane entre les moulures courbes sera comptée 0m,75. Les moulures courbes qui développent plus de 0m,10, sont comptées 1m,1/2. Les faces planes au-dessus de 0m,075 sont comptées pour leur développement réel seulement.

Chaque saillie d'avant-corps ou face au-dessous de 0m,075, est comptée 0m,075. Les feuillures et dégagement de retraites jusqu'à 0m,15 de développement, sont comptées 0m,15, et au-dessus de 0m,15 en *taille* unité.

On appelle: *taille sur le chantier*, une *taille* faite sur un emplacement situé aux abords de la construction et qu'on nomme *chantier* ; *taille sur le tas*, celle qui est faite sur place pour la réparation des édifices ou que l'on exécute lorsque les pierres sont posées. Il en est de même des dérasements et des ragréments.

Taille des bois (voy. *Débit*, *Équarrissement*).

Tailler, *v. a.* — Couper, équarrir du bois ou de la pierre d'après des mesures prévues à l'avance.

Tailler à mort : expression qu'emploient les résiniers pour désigner l'abstraction totale qu'ils font de la résine dans les pins et les sapins.

Tailleur, *s. m.* — *Tailleur de pierres*: ouvrier qui taille les pierres sur lesquelles l'appareilleur a tracé la disposition des lits et joints.

Les outils que le *tailleur de pierres* emploie sont assez nombreux (voy. *Taille*).

Tailloir, *s. m.* — Abaque des chapiteaux corinthien et composite, ainsi nommé parce qu'il est plus taillé que la tablette qui forme le couronnement des chapiteaux doriques.

Dans l'architecture du moyen âge, l'abaque, vers la fin du XIIe et le milieu du XIIIe siècle, se refouille de moulures accentuées qui permettent de lui donner également le nom de *tailloir* (voy. *Chapiteau*).

Tain, *s. m.* — Amalgame d'étain qui sert à faire l'étamage des glaces (voy. *Étamage*).

Talc, *s. m.* — Minéral composé de feuilles minces, luisantes et transparentes, et dont la substance est tendre, onctueuse, douce au toucher.

On emploie, en architecture, une variété de *talc* qui est un gypse provenant des carrières à plâtre et susceptible de fournir un plâtre très fin.

On l'emploie à faire des ouvrages en *stuc* (voy. ce mot) et à couler des figures dans les moules.

Le poids du mètre cube de *talc* est de 2,613 à 2,784 kilogr.

Taloche, *s. f.* — Outil formé soit d'une planche mince, soit de plusieurs

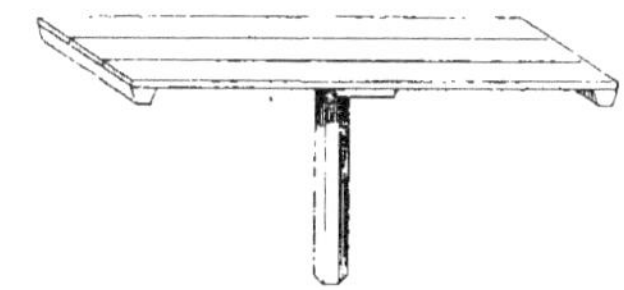

Fig. 3239.

planches jointives (fig. 3239) et au milieu duquel se trouve une poignée.

Le maçon se sert de la *taloche* pour étendre sur le parement des murs les enduits de plâtre ou de blanc en bourre.

Talon, *s. m.* — Ce mot vient du mot latin *talus*, qui avait plusieurs significations ; on s'en servait pour désigner soit la partie postérieure du pied, soit un dé à jouer, parce qu'on usait, à cet effet, d'osselets, petits os, naturels ou imités, qui font partie du calcanéum ou métatarse.

C'est, sans doute, de la ressemblance avec l'un ou l'autre de ces objets que

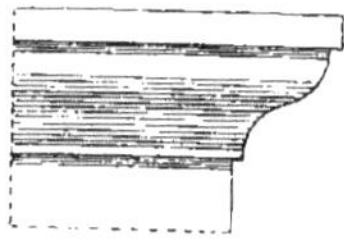

Fig. 3240.

l'architecture a emprunté le nom de *talon* pour désigner la moulure représentée par la figure 3240 ; cette moulure est concave par sa partie inférieure et convexe par le haut.

Ainsi définie, cette moulure est aussi appelée *talon droit ;* la doucine est un *talon renversé*, où la partie concave est en haut et la partie convexe en bas.

Les serruriers donnent le nom de *talons* aux coudes ou saillies pratiqués à l'extrémité d'une pièce pour la retenir ou la fixer.

Le pêne d'une serrure porte un *talon* qui le fait arrêter contre le cramponnet.

Le même nom s'applique aux coudes de peu de longueur faits à l'extrémité d'une plate-bande, d'un harpon, d'une penture, etc.

On appelle aussi *talon* un petit morceau de zinc soudé à l'extrémité d'un couvre-joint dans une couverture en zinc.

Talus, *s. m.* — Inclinaison que l'on donne soit à la surface latérale d'un déblai, d'un remblai, ou au parement d'un mur.

On dit *mur en talus.*

Dans l'établissement des voies de chemins de fer, on donne aux *talus* une inclinaison qui varie avec la nature des terres. Voici, d'après M. Goschler (1), les valeurs qu'on rencontre ordinairement dans les constructions, et qui indiquent les rapports des hauteurs et des bases attribuées à ces sortes d'ouvrages :

	HAUTEUR.	BASE
Roches non gélives	Quelconque.	0
Roches tendres	$3^m,00$	1
Sables et graviers	$1^m,50$	1
Terres franches et légères.	$1^m,00$	1
Argiles	$0^m,50$	1

L'inclinaison varie aussi, à égale qualité de terrain, avec la profondeur des tranchées ou la hauteur des remblais.

D'une manière générale, on doit donner aux *talus* des tranchées l'inclinaison la plus forte que peuvent comporter la nature du terrain entamé et la sécurité de la circulation. L'inclinaison à 45° n'est admissible, pour les glaises et pour les terres ébouleuses, que si on les abrite sous des revêtements en pierre sèche. Avec la chemise en terre, préférable sous tous les rapports, il est bon de dresser les *talus* des tranchées à 1,5 au moins de base pour 1 de hauteur.

Les murs de soutènement pour terrasse ou autres ouvrages, sont construits en *talus* (voy. *Soutènement*).

(1) *Entretien et exploitation des chemins de fer.*

Taluter, *v. a.* — Faire un *talus*, donner du talus à un mur.

Tamarin, *s. m.* — Arbre d'Afrique de la taille des grands noyers, dont le tronc, toujours droit, a ordinairement plus de 1 mètre de diamètre.

Le *tamarin* fournit un bois propre à la charpente et à la menuiserie.

Tambour, *s. m.* — 1° Nom que l'on donne aux pierres cylindriques ou assises circulaires formant le fût des colonnes qui ne peuvent être faites d'un seul bloc.

Si l'on compare entre eux les fûts des colonnes, dans les monuments primitifs des peuples anciens, on reconnaît que la condition monolithique, qui donne à certains supports de l'Orient des membres sans fonctions effectives dans l'édifice, dut être forcément abandonnée dans l'architecture grecque, lorsque les formes furent définitivement fixées.

Le chapiteau dorique est, en effet, un membre constructif distinct du fût. Toutefois, cette condition subsista assez longtemps pour qu'on la retrouve dans les plus anciennes colonnes grecques, dont le fût est souvent d'un seul morceau.

A la période des fûts monolithes succéda celle de la construction de la colonne par assises. Les premiers durent cependant se maintenir pendant plus longtemps en Asie Mineure, car un témoignage de Pline en confirme l'emploi au VIIIe siècle avant notre ère.

Lorsque l'usage des *tambours* fut adopté pour la construction des fûts, on les tailla de manière à conserver le galbe des colonnes ou leur forme tronconique.

C'est à l'époque de la Renaissance que l'on imagina de faire des colonnes dont certaines assises ont plus de saillie et sont recouvertes d'ornements. La

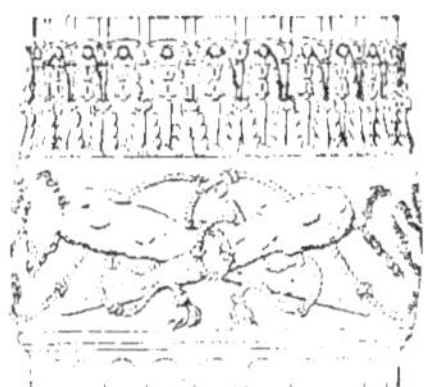

Fig. 3241.

figure 3241 représente un fragment sculpté d'une des colonnes dont Philibert de l'Orme avait décoré le pavillon de l'Horloge, aux Tuileries.

2° Le terme *tambour* désigne aussi les pierres pleines ou percées qui composent le noyau d'un escalier à vis.

3° Quelquefois, on appelle encore ainsi la partie ornée de feuillage et de volutes du chapiteau corinthien.

4° Ouvrage de menuiserie formant une enceinte fermée au-devant de l'entrée d'une salle ou d'un édifice et pourvue elle-même d'une porte qu'il faut ouvrir avant celle de l'édifice même.

Les *tambours* ont pour objet de s'opposer aux courants d'air que produit l'ouverture d'une porte donnant immédiatement accès à un espace clos, de permettre de régler la température de cet espace et d'étouffer les bruits extérieurs.

On en place devant les portes d'église où l'on donne généralement à ces ouvrages la forme d'un parallélogramme percé de trois portes, deux petites portes latérales à un seul vantail et une grande porte à deux vantaux destinée à faciliter l'écoulement rapide de la foule à la sortie des grandes cérémonies.

La figure 3242 représente, en élévation, à l'échelle de $0^m,025$ pour mètre,

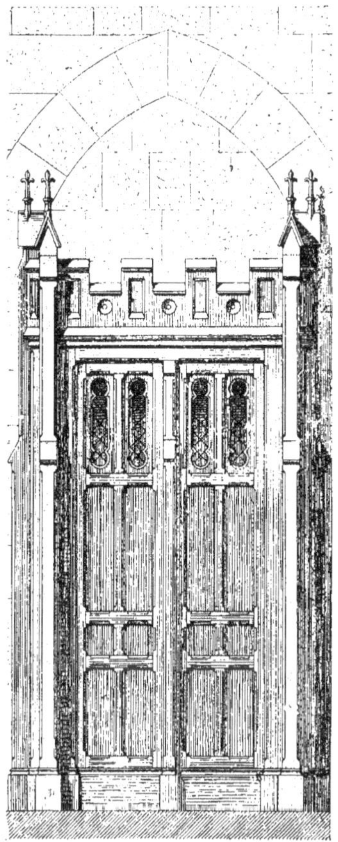

Fig. 3242.

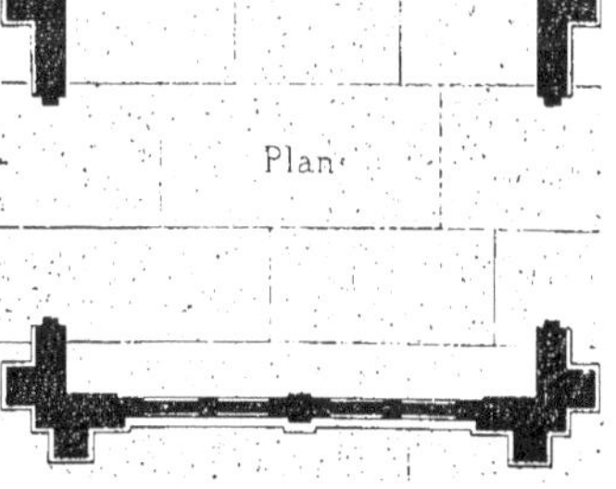

Fig. 3243.

un *tambour* construit d'après ces données à l'église de Paris-Belleville par M. Lassus. Le plan est donné par la figure 3243.

On établit également de ces ouvrages à l'entrée des salles de lecture dans les bibliothèques, et des salles d'audience dans les palais de justice.

Dans les magasins, on fait des *tambours* en châssis vitrés que l'on fixe au parquet. A ces châssis, on adapte des portes tantôt vitrées aussi, tantôt découpées ou en persiennes.

Nous donnons (fig. 3244) une vue perspective d'un *tambour* établi dans des conditions qui permettent de le supprimer très facilement à volonté. Il est formé par les deux vantaux de la porte extérieure, qu'on développe perpendiculairement à la face de la boutique ;

Fig. 3244.

ces deux vantaux, ainsi développés, sont arrêtés dans le parquet par la ferrure basse ou verrou de la porte. Il suffit alors, pour compléter le *tambour* projeté, de ferrer, au moyen de paumelles, une porte quelconque, vitrée ou à jour, sur les montants du milieu de la porte extérieure.

5° Cylindre formant le corps d'un *treuil* (voy. ce mot).

6° Tuyau de différentes grosseurs aux deux extrémités et que l'on emploie pour réunir deux tuyaux inégaux en diamètre.

7° *Tambour à rouleaux :* appareil cylindrique muni de rouleaux à sa surface et que l'on place dans les parcs des marchés à bestiaux pour faciliter l'écoulement du bétail (voy. *Rouleau*).

Tamis, *s. m.* — Tissu de crin ou de soie tendu au milieu d'un cadre de bois mince et que l'on emploie pour passer le plâtre ou le ciment fin.

Le plâtre ainsi passé est appelé plâtre au *tamis* et sert pour les enduits soignés.

La forme du *tamis* peut être rectan-

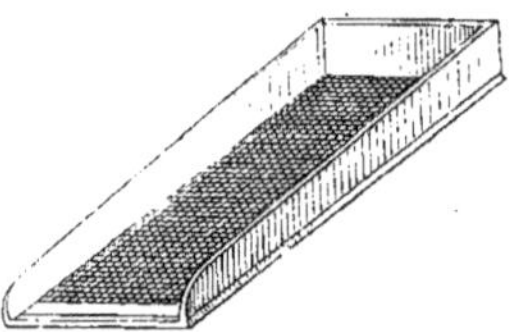

Fig. 3245.

gulaire et à trois rebords, comme le

Fig. 3246.

montre la figure 3245, ou cylindrique, ainsi qu'on le voit sur la figure 3246.

On dit *tamiser* le plâtre.

Tampon, *s. m.* — 1° Dalle de pierre, de forme circulaire ou carrée, ajustée dans la feuillure d'un châssis en bois ou en pierre pour fermer l'ouverture d'une fosse d'aisances, d'un puits ou d'un regard.

Les dalles qui recouvrent les fosses sont munies d'anneaux qui permettent de les enlever (voy. *Anneau*).

On donne le même nom aux plaques de fonte qui s'emboîtent dans les châssis également en fonte, fermant les bouches d'égout.

2° Morceau de bois fermant le haut d'un corps de pompe ou d'un tuyau.

3° Plaque de bois circulaire qui recouvre l'orifice d'un siège d'aisances.

On nomme encore ainsi une sorte de bouchon qui servait, dans les anciens sièges, à en fermer l'ouverture ; on les retirait au moyen d'un crochet (voy. (*Garde-robe*).

4° Cheville de bois dont on remplit un trou percé dans la pierre ou le marbre afin de pouvoir y placer une patte, une vis, un clou, une ferrure à pointe, etc.

Tamponner, *v. a.* — 1° Boucher un orifice, un trou, avec un *tampon* (voy. ce mot).

2° Poser des *tampons* dans un mur pour y recevoir des clous ou des vis.

Tamponnier, *s. m.* — Outil de fer aciéré, ayant la forme d'un petit ciseau à froid et servant à percer, dans les murs, dans la pierre et dans la brique de petits trous qu'on bouche avec des tampons de bois (voy. *Tampon*).

Tanchis, *s. m.* — Partie biaise de comble recouverte par une noue en tuiles, en ardoises ou en plomb.

Tanevot, *s. m.* — Moulure qui forme le quart d'un ovale et qui est accompagnée d'un filet et d'un dégagement.

Tanin, *s. m.* — Substance dite aussi acide tannique et qui est extraite de l'écorce du chêne et d'autres végétaux.

On emploie le *tanin*, comme le pyrolignite de fer, pour la *conservation des bois* (voy. ce mot).

On écrit aussi *tannin*.

Tapée, *s. f.* — Réunion par collage de plusieurs bouts de planches de manière à former une saillie qui doit être ensuite débillardée ou sculptée.

Taper, *v. a.* — Terme de peinture qui signifie frapper plusieurs petits coups de brosse pour faire entrer la couleur dans tous les creux de la sculpture.

Tapis, *s. m.* — Terme de jardinage emprunté à l'art d'orner les intérieurs d'appartements et qui désigne de grandes pièces de gazon pleines et sans découpure.

Tapisserie, *s. f.* — 1° Ensemble des ouvrages qui servent à l'ornement et à la tenture des murs.

2° On donne également ce nom à l'art même ou aux procédés qui servent à exécuter ces sortes d'ouvrages (voy. *Papier*, *Tenture*).

Le mot *tapisserie*, dans la langue architecturale, désigne les ouvrages qui, quel que soit le mode de leur fabrication, servent spécialement à l'ornement et à la tenture des murs, et de quelques autres parties encore, mais qui doivent, d'ordinaire, être placés verticalement et non horizontalement, comme les tapis.

Quant à la *tapisserie*, considérée comme l'art d'exécuter les tentures auxquelles on donne le même nom, nous dirons seulement que cet art est très ancien et qu'on en découvre les traces dans les traditions historiques primitives. Une foule de passages des écrivains de l'antiquité nous montrent ce genre d'ouvrages comme étant l'occupation des femmes.

Si nous n'avons pas la preuve qu'on les fit servir de tentures ou d'ornements aux murs dans les intérieurs des palais ou des monuments publics, nous savons que de véritables *tapisseries*, selon la signification du mot *parapetasma* (ce qui couvre, ce qui s'étend, ce qui se déploie), ornaient les sanctuaires des temples et en cachaient à volonté la vue, ainsi que celle des objets sacrés qui y étaient enfermés. Pausanias rapporte que le roi Antiochus avait fait au temple de Jupiter, à Olympie, l'offrande d'un riche *parapetasma* de pourpre, brodé en or, lequel s'étendait en avant de l'image du dieu.

Il y a aussi lieu de croire que les anciens usèrent souvent des *tapisseries* en guise de portes, et de la manière dont nous les employons comme portières.

Au moyen âge, on vit fréquemment les étoffes brochées employées à la décoration des églises. Dagobert fit couvrir de tentures les murailles de l'abbaye de Saint-Denis. Les châtelaines et leurs suivantes brodaient les faits et gestes des seigneurs et en ornaient les murailles des châteaux.

Les *tapisseries* ne servaient pas seulement alors à tendre les appartements et à déguiser leur nudité ; on les employait aussi dans les occasions solennelles, pour donner un air de fête aux rues et aux places publiques. Dans les salles de festins, dans les tournois, se déployaient de riches tentures ornées d'*ymaiges*. Celles-ci offraient la plus grande variété ; on y voyait représentées des scènes tirées de l'histoire ancienne, les exploits fabuleux des héros, les faits historiques modernes, des chasses, des animaux bizarres, des scènes de romans de chevalerie, etc.

Ce goût pour la reproduction, par la *tapisserie*, des tableaux d'histoire et de tous les sujets qui sont du ressort de la peinture, se continua pendant la Renaissance. Nous ferons observer ici qu'il ne nous est pas démontré que les peuples anciens aient ainsi converti en véritables tableaux leurs *tapisseries* proprement dites. Il est vrai que les toiles servant de rideau dans les théâtres antiques étaient ornées de figures humaines, mais nous ne savons pas si ces toiles étaient tissées comme nos *tapisseries*, si elles étaient brodées ou seulement peintes.

Chez les peuples modernes, au contraire, l'art des tissus semble s'être fort anciennement partagé en deux branches comprenant : l'une, les tapis avec dessins d'*ornement* proprement dit ; l'autre, les *tapisseries* de tenture auxquelles on s'applique à donner la plus parfaite ressemblance avec les tableaux historiques. Il suit de là que les progrès de cet art durent dépendre de ceux de la peinture, puisque ce genre de *tapisserie* ne peut être que la copie d'un ouvrage du pinceau. Aussi, peut-on citer, parmi les plus célèbres *tapisseries*, celles que Léon X fit faire pour orner les murs d'un certain nombre des salles du Vatican, et dont Raphaël composa les modèles en cartons colorés. C'était l'époque où la fabrication de la *tapisserie*, en Flandre, avait pris un grand développement. Il y avait alors, dans ce pays, de très célèbres manufactures, où les procédés de cette industrie étaient assez parfaits pour reproduire, avec une grande exactitude, tous les effets de la peinture.

Le succès des fabriques de Flandre porta Louis XIV à propager en France ce genre de goût et d'industrie, et il établit la manufacture des Gobelins où cet art, si on le considère simplement au point de vue de la perfection mécanique, s'est vu porté au plus haut point que l'on puisse atteindre.

Après le XVIIe siècle, l'usage des grands intérieurs commença à disparaître. Les appartements des riches eux-mêmes se rapetissèrent ; le luxe des *tapisseries* n'eut plus sa raison d'être ; il fit place aux étoffes de soie, aux boiseries dorées, aux ornements arabesques et enfin au système, beaucoup plus économique, des papiers de tenture.

Taquet, *s. m.* — On donne ce nom à de petits morceaux de bois qu'on enfonce en terre jusqu'à la tête pour servir de repères à un alignement ou pour indiquer les hauteurs de déblais et de remblais dans les ouvrages de terrasse.

Tarabiscot, *s. m.* — 1° Dégagement ou petite cavité qui sépare une moulure d'une autre ou d'une partie lisse.

2° Outil à fût qui sert à faire cette moulure et qui est une espèce de bouvet.

On distingue plusieurs sortes d'outils

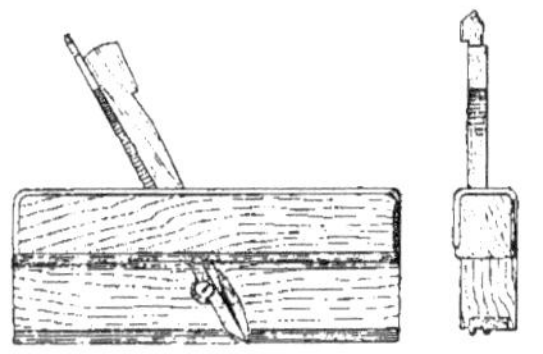

Fig. 3247.

de ce genre : le *tarabiscot semelle en fer*

Fig. 3248.

(fig. 3247) ; le *tarabiscot avec conduite*

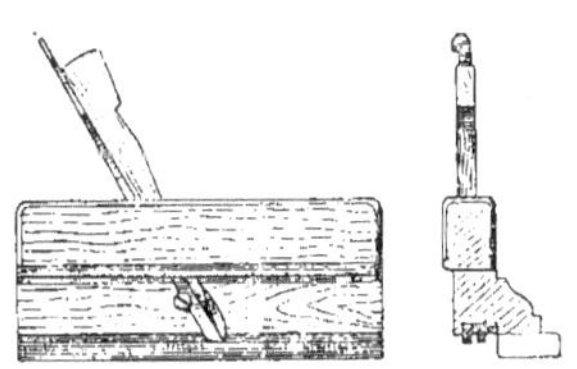

Fig. 3249.

à tige (fig. 3248), et le *tarabiscot avec conduite à coulisse* (fig. 3249).

Taraud, *s. m.* — Outil en acier

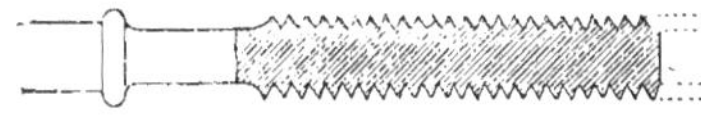

Fig. 3250.

(fig. 3250) qui présente la forme d'une vis et qui sert à *tarauder*, c'est-à-dire à creuser en spirale les parois d'un trou pratiqué dans une pièce de bois ou de métal pour recevoir une vis.

La tête du *taraud*, généralement méplate, est disposée pour obéir au *tourne-à-gauche* (voy. ce mot).

Tarauder, *v. a.* — 1° Se servir du *taraud* (voy. ce mot).

2° Fileter un objet, tel qu'une vis, à l'aide de la filière.

Dans les charpentes, on se sert souvent de boulons et de vis *taraudés*. Il existe un moyen très simple de conserver ces ferrures ; il consiste à introduire dans le trou qui doit recevoir le boulon en bois une petite quantité de limaille de zinc pétrie avec un corps gras ; le boulon et la vis sont ensuite introduits, légèrement graissés et serrés à la clef ou au tournevis, suivant le cas. Il se produit alors une véritable galvanisation, et l'on a reconnu que le bois et le fer, dans ces conditions, étaient, au bout de cinq ans, parfaitement conservés. Ce procédé, dû à M. Maitrasse-Duprez, peut être d'une grande utilité pour les travaux hydrauliques.

Tare, *s. f.* — Dans le blason, on appelle ainsi une grille couvrant la visière d'un casque.

Targette, *s. f.* — Petit verrou en fer ou en cuivre (fig. 3251) qui fonctionne entre deux picolets ou dans une boîte et

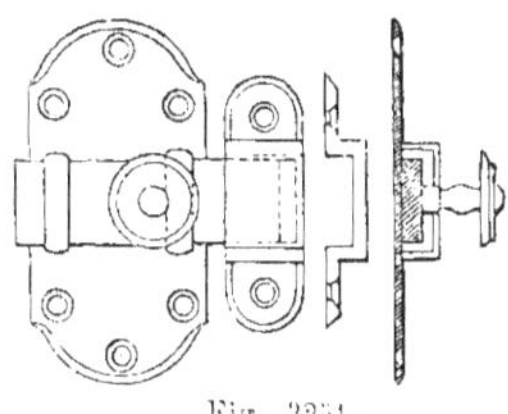

Fig. 3251.

qui est fixé sur une platine que l'on fait généralement aujourd'hui à chapeau. Cette platine est posée sur le montant de rive d'une porte et le verrou entre à coulisse dans un crampon placé sur le chambranle, de manière à fermer la porte.

Les *targettes* en fer sont dites *ordinaires,* portant de 0m,034 jusqu'à 0m,07, *renforcées, à patère*, ou *à piédouche*.

Les *targettes* en cuivre sont *à pène couvert, à pène rond*, etc.

Les crampons dans lesquels elles se ferment sont *à patte, à pointe*, etc.

On appelle *targette à valet* une *targette* qui porte un arrêt entrant dans des encoches du verrou pour le fermer plus sûrement.

Tarière, *s. f.* — On donne ce nom à des outils qui ne sont autre chose que des vrilles construites sur de plus grandes

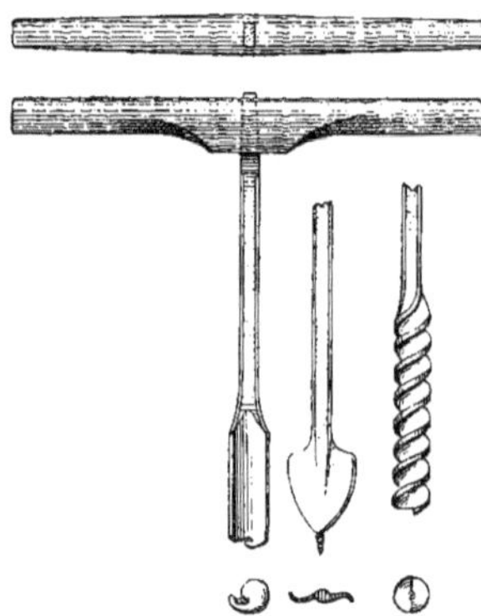

Fig. 3252.

dimensions, c'est-à-dire composées (fig. 3252) d'une mèche et d'un manche, celui-ci de telle longueur qu'on le fait tourner avec les deux mains.

La mèche est en acier et creusée en gouge coupant par le bout au moyen d'une cuiller formée en spirale par une échancrure à biseau intérieur ; la queue de cette mèche est en fer, à section carrée, avec arêtes abattues et terminée par un tenon qui entre dans une mortaise percée au milieu de la longueur du manche ; celui-ci est en bois dur.

On voit encore sur la même figure deux formes différentes de mèches que l'on peut adapter au manche de cet outil : la première, dite *mèche à trépan*, a deux tranchants latéraux et sert à forer de grands trous. Cet outil étant terminé par une vis, on n'a pas besoin d'*amorcer* le trou, c'est-à-dire de le commencer avec la gouge, opération nécessaire quand on emploie la *tarière* simple.

La seconde mèche est une spirale double formée par l'épaisseur d'une lame d'acier tordue, chaque spirale se terminant par deux taillants en ligne droite et à angle droit. Cette mèche a l'avantage de percer des trous parfaitement cylindriques ; en outre, il n'est pas nécessaire de la tirer du trou pour la débarrasser des copeaux qui se dégagent, par l'effet de la rotation, en montant dans les deux canaux que forme la spirale.

Les *tarières* de petite dimension, employées pour percer les trous des chevilles dans les tenons, se nomment *lacets* ou *lacerets*.

On a de même des *tarières* qui servent à percer des trous de boulon et qui ont, à cet effet, des grosseurs voulues.

Tarif, *s. m.* — Tableau du prix de certains ouvrages. Tel est le *tarif* ou la *série de prix* de la ville de Paris, auquel on se rapporte généralement, dans cette ville, pour régler le prix des ouvrages faits pour les particuliers, bien que ce *tarif* n'ait été dressé qu'en vue des règlements des travaux exécutés par l'administration municipale.

Tas, *s. m.* — 1° Ce terme s'applique, dans le langage de la construction, à la masse même du bâtiment qu'on élève.

On dit, par exemple, aller sur le *tas*, retailler une pierre sur le *tas*, etc.

2° Les serruriers appellent ainsi une enclume carrée sans talon ni bigorne ou une enclume dont la table a différentes formes pour emboutir et relever le fer en barre.

3° Rangée de pavés établie en ligne droite sur le milieu d'une cour ou d'une chaussée et à partir de laquelle les ailes s'étendent en pente, à droite et à gauche, jusqu'aux ruisseaux, ou jusqu'aux bordures.

On nomme aussi cette rangée de pavés *tas droit*.

4° *Tas de charge :* assises de pierres à lits horizontaux ou coussinets que l'on place sur un pilier ou un angle de mur pour recevoir des constructions supérieures.

Ainsi, lorsque plusieurs arcs, comme cela se voit fréquemment dans les édifices du moyen âge, viennent reposer à

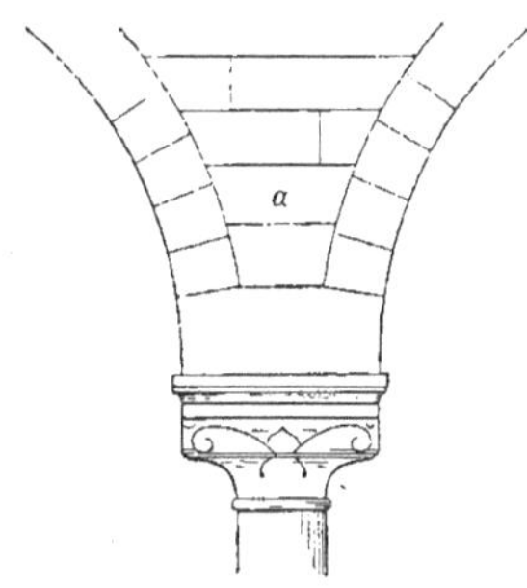

Fig. 3253.

leur naissance sur la tête d'une pile, on laisse entre les extrados de ces arcs des assises horizontales *a* (fig. 3253) qui en

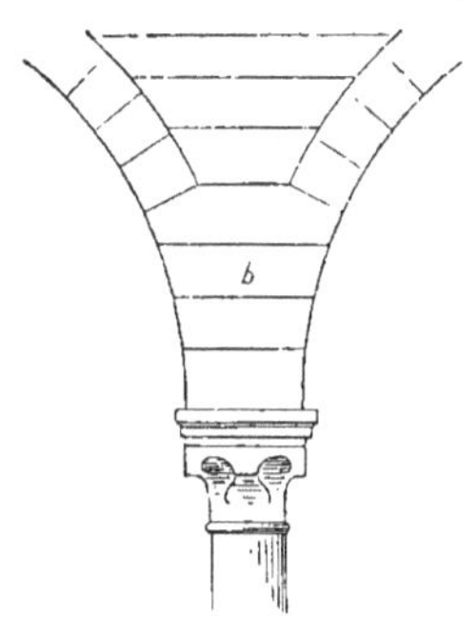

Fig. 3254.

épousent la courbure ou une série de sommiers *b* à lits horizontaux (fig. 3254). Ces dispositions ont pour but d'empêcher la charge supérieure de faire glisser les claveaux ou de les écraser, parce qu'ils présentent leur angle d'extrados sous son action verticale.

Certains arcs sont entièrement appareillés en *tas de charge* (voy. *Charge*).

On appelle aussi *tas de charge* des saillies formées par plusieurs assises de pierres posées les unes sur les autres en encorbellement, par exemple, dans les ouvrages militaires du moyen âge, les séries de corbeaux, qui reçoivent le crénelage d'une courtine ou d'une tour.

Tasseau, *s. m.* — Maçonnerie. 1° Petit tas de plâtre placé dans l'angle de deux murs pour recevoir un chandelier ou un ustensile quelconque.

2° Scellement qu'on fait aux pieds des sapines et des écoperches au moyen de fragments de moellons maçonnés au plâtre.

3° Nom que l'on donne à de petits murs en briques destinés à porter une plaque de fonte qui forme âtre relevé d'une cheminée, ou supportant soit une auge, soit un objet quelconque peu élevé au-dessus du sol.

Marbrerie. Blocs de pierre ou de marbre que les marbriers scellent sur les côtés d'un autre bloc avant de le débiter en tranches.

Charpente. Morceau de bois que l'on cloue sur les faces verticales des solives

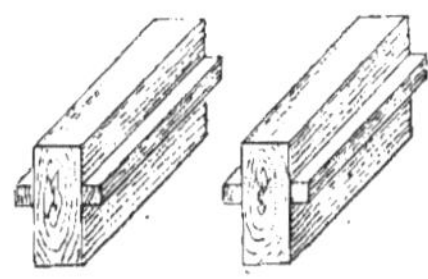
Fig. 3255.

d'un plancher en bois (fig. 3255) pour recevoir les bardeaux sur lesquels doit reposer l'aire.

Menuiserie. Petite tringle de bois fixée contre un mur ou sur les côtés d'une armoire pour supporter les extrémités des tablettes.

Couverture. *Tasseau de couvre-joint* : tringle de bois sur laquelle on fixe les couvre-joints dans les couvertures en zinc.

On donne à la section de ces tringles la forme d'un trapèze B (fig. 3256) pour permettre aux feuilles de zinc poussées

A

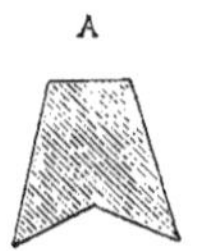

B

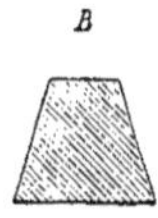

Fig. 3256.

par les dilatations transversales de glisser suffisamment sur les faces inclinées.

Lorsque le *tasseau* recouvre un arêtier ou un faitage, on l'évide en dessous suivant les faces inclinées du voligeage, comme le montre en A la même figure.

Tassement, *s. m.* — Effet que produit la pression des matériaux dans un bâtiment, effet qui a lieu partout d'une manière égale lorsqu'on a élevé les constructions sur un terrain uni et de même nature. Cet effet se produit inégalement soit lorsque le terrain n'a pas partout la même consistance, soit lorsque les matériaux, par leur diversité, présentent des parties de construction beaucoup plus lourdes que les autres.

La compressibilité du terrain, l'épaisseur plus ou moins grande des joints du mortier sont des causes de *tassement ;* mais c'est surtout son inégalité qui est dangereuse, parce qu'elle peut être la cause de ruptures et de désunions qui entraînent la ruine de l'édifice.

Dans les terrassements, les terres de déblais foisonnent d'abord, c'est-à-dire occupent un plus grand volume ; puis, sous l'action de la pesanteur, les vides se comblent et ces terres éprouvent alors un *tassement.*

Il y a certaines précautions à prendre, dans la construction des bâtiments, contre les *tassements* qui peuvent en amener la ruine, ou y causer de sérieux dommages. Nous signalerons ainsi l'emploi d'un cours de libages de roche dure sous tous les murs en maçonnerie, afin de répartir, aussi uniformément que possible, la charge sur les fondations, et la substitution du hourdis en mortier de ciment au hourdis de plâtre, employé généralement. On fait, du reste, aujourd'hui un usage de plus en plus fréquent de ce dernier système dans la construction des murs mitoyens.

Il est des cas, cependant, où le constructeur est obligé, par économie, de renoncer au mortier de ciment. Il serait bon alors de déterminer, au moyen d'expériences directes, le *tassement* qu'éprouve, par mètre d'élévation, un mur en maçonnerie sous son propre poids et par suite de l'évaporation de l'eau du hourdis. En comparant les résultats de ces expériences faites sur des murs en moellon, en brique et en pierre, on trouverait, sans doute, le moyen d'empêcher les déchirements qui ont toujours lieu aux jonctions de ces murs entre eux et qui sont dus aux inégalités de *tassement.* Il n'y a malheureusement encore aucune étude qui ait été faite spécialement sur cette importance question.

Tasser, *v. a.* et *v. n.* — 1° On dit que des terres, qu'une construction *tassent* lorsqu'elles produisent elles-mêmes un *tassement* (voy. ce mot).

2° *Tasser des terres* : les *pilonner* (voy. ce mot).

Té, *s. m.* — 1° Double règle composée de deux branches dont l'une s'assemble au milieu de l'autre à angle droit.

Les dessinateurs se servent du *té* en faisant glisser la plus courte branche le long d'une planche à dessin ; l'autre branche est la règle proprement dite qui sert au tracé des lignes droites.

2° Ferrure ou équerre ayant la forme d'un T qui se place sur les croisées, les persiennes et autres menuiseries pour en consolider les assemblages.

On donne encore ce nom à toute pièce dont la forme ou la section est en T : *fer à té, fer à simple* ou *à double té.*

3° Les fumistes nomment ainsi un bout de tuyau qui en porte un autre en travers de manière à former un T et dans les branches duquel s'emboitent d'autres parties de tuyaux.

Ils appellent *té à débouchure* un bout de tuyau en forme de T dont la branche inférieure est fermée dans le bas par une boite que l'on retire à volonté pour ôter la suie et nettoyer le tuyau.

Le *té à abat-vent* est une mitre (voy. ce mot) en forme de T.

Teak, *s. m.* — Arbre de première grandeur qui fournit un bois propre à la construction.

Parmi les variétès de cet arbre, la plus estimée est celle qui provient de la colonie hollandaise de Java, et dont la couleur jaune-verdâtre, quand il est fraîchement coupé, se change en brun très sombre par l'exposition à l'air. Vient ensuite le *teak* de la côte de Malabar, dont la couleur est moins prononcée que celle de l'essence précédente. Ces deux variétés sont aujourd'hui très rares et ne sont pas l'objet d'un commerce actif.

On emploie communément le *teak* de l'Inde qui, à l'âge de 50 ou 60 ans, âge où on l'exploite, atteint la hauteur de 25 à 35 mètres et de $0^m,60$ à $0^m,80$ de diamètre. C'est un bois qui se fend peu, qui n'a pas de nœuds, qui est de droit fil, a une densité moyenne de 0,750 et dure plus que tous les autres bois que nous employons, quand il est de bonne qualité.

Il est donc préférable à tout autre pour la menuiserie et la charpente des parties exposées à l'humidité et à la chaleur.

On l'emploie dans les constructions navales.

Tectorium. — *Tectorium opus.* Il importe de distinguer ce que les anciens désignaient ainsi de ce qu'ils appelaient *albarium opus.* Ce dernier terme, de signification plus restreinte, s'appliquait à un enduit léger, dans lequel on employait de la chaux mêlée soit de poussière de marbre, soit de plâtre.

La désignation de *tectorium opus*, beaucoup plus générale, s'appliquait aux enduits plus ou moins épais qui recouvraient les constructions de briques, de moellons ou de toute autre matière.

Pour faire cet enduit, on choisissait une chaux de première qualité, éteinte bien longtemps avant son emploi. Le *tectorium* était composé de trois couches de mortier avec chaux vive et de trois autres couches d'un mortier mêlé de poudre de marbre, ce qui lui faisait prendre le nom de *marmoratum.* L'épaisseur de ces six couches ne dépassait pas $0^m,027$. La dernière couche était battue et parfaitement égalisée avec un instrument de bois, puis enfin polie avec du marbre, de manière à prendre un lustré mat. L'enduit que l'on obtenait ainsi était très uni, très fin et très propre à recevoir les peintures dont on décorait l'intérieur des bâtiments. Les couleurs les plus brillantes étaient employées, le *minium* ou le rouge, l'*armenium* ou le bleu, le *purpurissum* ou le pourpre foncé, dont on formait des fonds tantôt unis, tantôt ornés de figures et de compartiments. On conservait l'éclat des peintures en les frottant avec de la cire mêlée d'un peu d'huile très pure, le tout fondu et appliqué très chaud. On laissait refroidir le mélange sur le mur; puis, avec un réchaud rempli de charbons ardents, on le réchauffait et l'on faisait pénétrer dans l'enduit tout ce qu'il pouvait recevoir (voy. *Cire, Encaustique*).

Tegula. — Nom que les Romains donnaient à un genre de tuile plate (voy. *Tuile*).

Teil (*Le*). — Localité du département de l'Ardèche, où l'on fabrique une chaux hydraulique à laquelle ses qualités remarquables ont valu une renommée universelle et qui offre une résistance parfaite dans les travaux maritimes. On l'emploie dans toute la France, principalement dans le midi, l'est et le centre.

Dans cette même localité, on fabrique aussi du ciment du genre Portland, dont la résistance moyenne à la rupture est, après un mois d'immersion, par arrachement de $19^k,60$, et par écrasement de $155^k,5$.

Teinte, *s. f.* — Ton ou nuance que l'on obtient par l'application de couleurs simples ou composées.

On appelle : *teinte plate*, une *teinte* uniforme ; *teinte vierge*, une *teinte* qui est formée du mélange d'une seule couleur et de blanc ; *demi-teinte*, une *teinte* qui est faible ou qui présente une nuance moyenne entre deux couleurs placées l'une dans la lumière, l'autre dans l'ombre.

Teinte dure : terme qui s'applique au blanc de céruse calciné d'abord à un feu modéré jusqu'à ce qu'il ait pris un ton jaune, puis broyé à l'huile et détrempé à l'essence. On l'emploie dans les fonds que l'on veut poncer et polir, notamment pour asseoir la dorure à l'huile. Cette *teinte dure* prend le nom de *mixtion*.

La *teinte dure* employée pour la dorure sur apprêt est composée de sanguine, et de blanc de céruse calcinés, broyés à l'eau et détrempés à la colle mêlée de blanc de Meudon.

On fait encore de la *teinte* dure avec du blanc de céruse non calciné, que l'on broie très fin et qu'on détrempe à l'huile grasse pure.

Teinture, *s. f.* — Voy. *Coloration des bois.*

Télamon, *s. m.* — Voy. *Atlante.*

Télégraphe, *s. m.* — 1° Outil de menuisier qui est composé (fig. 3257)

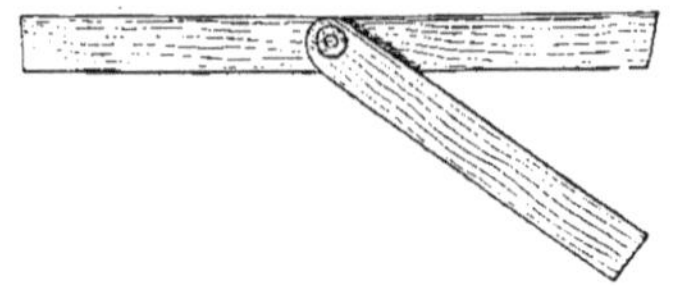

Fig. 3257.

de deux branches, dont l'une est mobile autour d'un axe fixé sur le milieu de l'autre.

Le *télégraphe* sert à tracer sur le bois des lignes de toute inclinaison.

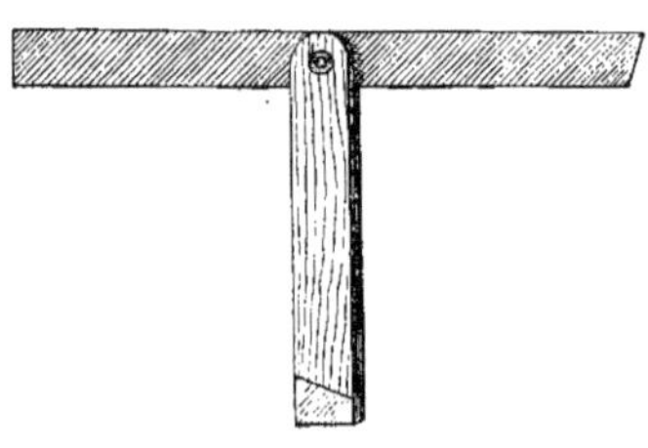

Fig. 3258.

La grande branche de cet outil peut être une lame d'acier (fig. 3258).

2° Système de correspondance à des distances plus ou moins éloignées.

Les *télégraphes* ont été d'abord *aériens*; on dresse même encore aujourd'hui, sur certains points élevés du sol, collines ou édifices, des mâts à signaux. Les *sémaphores* (voy. ce mot) ne sont autre chose que des *télégraphes* aériens.

L'application de l'électricité à la télégraphie a supprimé les distances. De plus, le *télégraphe* électrique est un accessoire indispensable de la locomotion à la vapeur. Aussi, ce mode de correspondance est-il l'objet d'une installation toute spéciale dans l'établissement des lignes de chemins de fer.

Le service télégraphique se compose, d'une manière générale, d'un appareil de *production des signaux*, appelé *manipulateur*, d'un appareil de transmission ou *circuit électro-dynamique*, et enfin, d'un appareil de reproduction des *signaux* ou *récepteur*.

Le *circuit*, dont nous avons seulement à nous occuper dans cet ouvrage, est composé de fils de fer supportés le long de la voie par des poteaux appelés *poteaux télégraphiques* qui se font en bois ou en fer (voy. *Poteau*).

Les sonneries électriques établies dans les habitations pour correspondre d'une pièce ou d'un étage à l'autre sont des espèces de *télégraphes* (voy. *Sonnerie*).

Téléphone, *s. m.* — Appareil dont le nom vient de τῆλε, loin, φωνή, voix, et qui permet de transmettre la voix, la parole articulée à une distance considérable.

Cette communication s'effectue par un fil électrique reliant le *transmetteur*, devant lequel on parle, au *récepteur*, au moyen duquel on écoute. Dans ce récepteur, c'est une plaque mince de métal qui, en vibrant, reproduit avec ses inflexions et son timbre la voix de celui qui parle à l'autre extrémité du fil.

Dans cet appareil inventé par un savant écossais, M. Graham Bell, le transmetteur et le récepteur sont identiques et reversibles ; chacun d'eux se compose (fig. 3259) de trois parties essentielles : une plaque de fer très mince, sorte de membrane métallique, une tige d'acier aimantée dont l'un des pôles est en face de la membrane, et une bobine qui coiffe la même extrémité de l'aimant. Les fils de la bobine du transmetteur se prolongent par un double fil qui va rejoindre la bobine semblable du récepteur. Lorsqu'on parle dans l'appareil, la membrane métallique vibre à l'unisson de la voix, dont le souffle lui communique fidèlement toutes les inflexions de la parole articulée. Cette plaque de fer, en s'approchant plus ou moins du pôle de l'aimant, modifie son état magnétique, et cette modification engendre, par induction dans la bobine, des courants électriques qui se propagent dans le fil et vont jusqu'au récepteur. Là, les mêmes circonstances se répètent, mais en sens inverse. En traversant la bobine du récepteur, les courants font varier l'intensité magnétique de l'aimant qui,

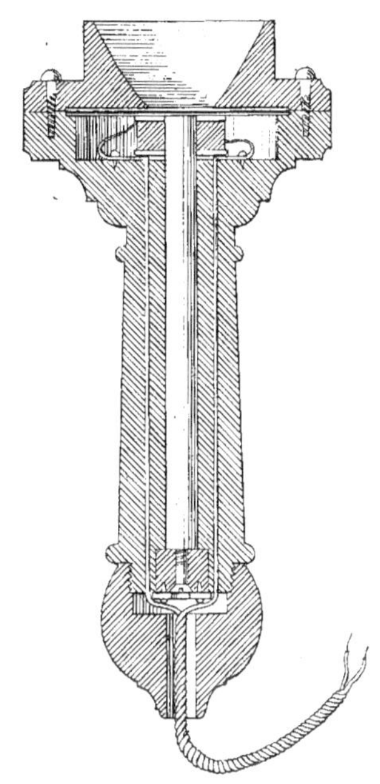

Fig. 3259.

influençant plus ou moins la membrane, la fait vibrer absolument dans les mêmes conditions que la membrane du transmetteur. La parole se trouve donc reproduite d'un bout à l'autre du fil conducteur.

Un phénomène qui doit frapper l'attention dans le fonctionnement du *téléphone*, c'est la naissance, sous l'action de la voix, de ces courants ondulatoires d'électricité qui traversent le fil téléphonique, et qui sont comme la traduction électrique des vibrations sonores et vocales.

Il y a deux sortes de *téléphones :* le *téléphone magnétique*, dont la théorie vient d'être esquissée, et le *téléphone à pile*, dont le principe a été aussi signalé par M. Bell. Dans les *téléphones* de cette dernière catégorie, au lieu que ce soit la force de la voix qui fasse marcher l'appareil, c'est un courant électrique qui passe d'une manière continue dans le fil de communication, et la voix ne fait que modifier l'intensité de ce courant.

C'est ce dernier appareil qui est susceptible des applications les plus importantes. MM. Elisah Gray, l'inventeur du télégraphe harmonique, et Graham Bell avaient reconnu que le magnétisme mis en jeu par le déplacement de la membrane ne produisait pas des courants ondulatoires assez puissants pour transmettre la voix à de grandes distances avec une intensité suffisante. Ils eurent alors l'idée de recourir à une pile pour lancer d'une manière continue dans le circuit un courant électrique, en ne demandant plus à l'oscillation de la membrane que de le transformer en courants ondulatoires. Ce fut là l'origine de la classe des *téléphones* à pile.

Cependant, l'association du magnétisme rémanant de l'aimant et de la pile, n'avait pas fourni les résultats espérés, et l'on attendait, pour la transmission téléphonique entre des points très éloignés, une solution plus pratique. C'est M. Edison qui a eu le bonheur de la donner en 1877. Son *téléphone* est fondé sur cette propriété qu'un corps mauvais conducteur, tel que le charbon, interposé dans un circuit, offre au passage du courant une résistance qui varie suivant les pressions auxquelles ledit corps est soumis. Prenant toujours la membrane métallique pour recevoir les vibrations de la voix, M. Edison la met en contact avec une pastille faite avec du noir de fumée de pétrole.

La figure 3260 montre la disposition du transmetteur Edison. Cette propriété du charbon avait été étudiée par MM. Clairac et du Moncel, en France, mais M. Edison a le mérite de l'avoir appliquée à la téléphonie.

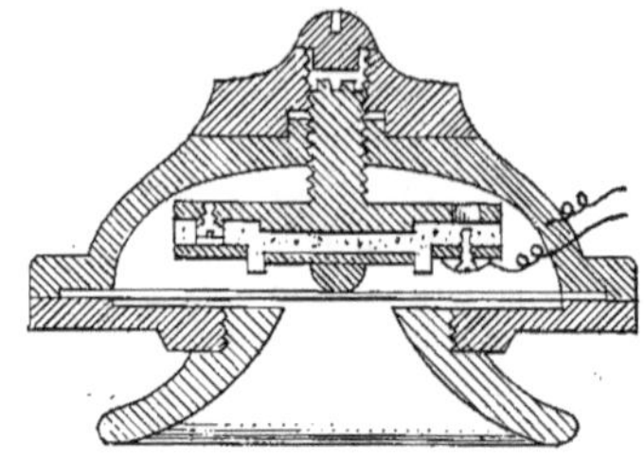

Fig. 3260.

Le transmetteur Edison présente une autre particularité, qui réside dans l'adjonction d'une bobine d'induction. Le circuit primaire de cette bobine reçoit le courant électrique qui a traversé la pastille de charbon et a été rendu ondulatoire par la vibration de la membrane métallique, et ce sont les courants induits de l'hélice secondaire qui sont dirigés dans le câble de transmission. L'intervention de cette action inductive accroît considérablement la puissance de la transmission; aussi, est-ce à partir de la mise au jour de ce système que l'on a pu franchir des distances considérables, et que la téléphonie a commencé à se développer.

C'est donc grâce au *téléphone* que les personnes habitant une même ville peuvent à tout moment de la journée échanger des conversations sans sortir de leurs demeures. Ce résultat est obtenu par des fils électriques reliant ces différents points et constituant un réseau téléphonique.

Le problème de l'établissement d'un réseau téléphonique présente certaines difficultés pratiques. S'il n'existait qu'un petit nombre de points, il suffirait de les réunir les uns avec les autres en formant ce qu'on appelle le polygone étoilé. Mais ces lignes, dans une ville comme Paris, deviennent beaucoup trop longues et par suite trop dispendieuses pour les abonnés situés aux points extrêmes, dans les quartiers excentriques. Pour éviter ces inconvénients, au lieu d'une station centrale, on en prend plusieurs, et on forme une série de petites étoiles réparties le mieux qu'on le peut dans les régions de la ville. Ces stations ou mieux ces bureaux auxiliaires, ainsi choisis, sont alors réunis entre eux. Cette réunion peut avoir lieu directement en formant le polygone étoilé, ou par l'intermédiaire d'un bureau central. C'est ce système de distribution qui a été adopté à Paris, dont le réseau comprend neuf bureaux auxiliaires répartis dans les principales régions et communiquant avec le bureau central de l'avenue de l'Opéra.

Les lignes téléphoniques sont *aériennes* ou *souterraines* ; quelquefois, elles ont mixtes sur leur parcours, d'un abonné à son bureau auxiliaire.

Les lignes aériennes tendent à disparaître ; elles sont construites d'après le même principe que les lignes télégraphiques. Elles consistent en fils d'acier supportés de distance en distance par des poteaux avec isolateurs ; ces poteaux sont fixés sur les toitures des maisons avec l'autorisation des propriétaires.

Les lignes souterraines sont établies avec un câble d'une structure spéciale. Dans les types principaux employés jusqu'ici par la *Société des téléphones*, le conducteur, composé d'un ou de plusieurs brins en cuivre, est isolé par une enveloppe en gutta-percha, puis recouvert d'un guipage de coton. Ces fils, ainsi constitués, sont entourés d'une gaîne protectrice en plomb. On les réunit au moins deux par deux dans le même tube de plomb, pour former le double fil qui dessert chaque abonné. Mais le plus souvent on groupe sous le même plomb sept doubles fils pour simplifier et économiser le câble de transmission.

Pour la construction des lignes téléphoniques souterraines à Paris, on a été très heureux de pouvoir utiliser le magnifique réseau d'égouts dont la ville de Paris a été dotée par M. Belgrand. Les câbles longent l'égout près de la naissance de la voûte, et y sont supportés de mètre en mètre par des crochets en fer scellés dans le mur. C'est par le branchement particulier d'égout, qui correspond à la maison habitée par l'abonné, que le double fil est amené jusqu'à l'appareil téléphonique de ce dernier. Les doubles fils partant des postes des abonnés convergent vers le bureau central et sont groupés en un faisceau que l'on épanouit sur le mur intérieur de la cave pour les fixer suivant une circonférence en formant rosace. De la périphérie de cette rosace, les fils sont dirigés sur les appareils qui doivent établir les communications et qu'on appelle « commutateurs ».

L'appareil important d'un bureau central est le commutateur ; il est destiné à permettre d'établir les liaisons temporaires entre les fils qui y aboutissent suivant toutes les combinaisons deux à deux, résultant des communications que peut demander un abonné quelconque avec chacun de ceux qui sont reliés au même bureau.

Comme il faut que l'employé soit prévenu quand l'abonné désire être mis en communication avec tel autre, le tableau commutateur est accompagné d'un avertisseur ou annonciateur avec signaux optiques pour le jour et sonnerie pour la nuit. Le fil de chaque abonné, après avoir touché au commutateur, se rend à son annonciateur et de là à la terre ou bien se rejoint au fil de retour comme dans l'organisation récente qui est à circuit fermé. L'annonciateur le plus employé se compose d'un électro-aimant, dont l'armature, lorsqu'elle est éloignée, retient un disque cachant le numéro qui désigne l'abonné. Quand celui-ci, en appuyant sur le bouton d'appel de son appareil, lance le courant de sa pile locale dans la ligne, l'armature de l'électro-aimant de l'annonciateur est attirée et déclenche le disque qui tombe et découvre le numéro.

Deux systèmes de commutateurs sont en usage. Le plus ancien, déjà appliqué en télégraphie, et désigné sous le nom de commutateur suisse, est fondé sur le principe d'un tableau à double entrée. L'autre, dénommé commutateur américain, a pour organe essentiel un interrupteur dit *Jack-knife*, qui tire son nom de la forme de couteau qu'il affectait à l'origine.

C'est dans ces deux systèmes, à l'aide de fiches ou de chevilles, que l'on forme la liaison électrique entre les deux points du commutateur auxquels aboutissent les lignes des abonnés à mettre en communication.

C'est en Amérique, berceau de l'invention du *téléphone*, que furent établis les premiers réseaux téléphoniques. Ils ont pris un grand développement à Boston, Philadelphie, Chicago et New-York. Dans chacune de ces dernières villes, on compte plus de 3,000 abonnés. Les lignes sont aériennes ; cette installation est défectueuse et entraîne surtout de graves inconvénients par suite de la construction des maisons américaines, qui ont presque toutes leurs toitures en terrasse. En outre, la multiplicité de ces câbles aériens au-dessus des rues et des places publiques finit par leur donner un aspect désagréable. Partout on a adopté le principe des abonnements.

Actuellement, le *téléphone* fonctionne dans plusieurs grandes villes d'Angleterre et d'Écosse, exploité par une Compagnie, fermière du gouvernement. En Allemagne, le gouvernement se charge de l'exploitation du *téléphone*. Des réseaux *téléphoniques* commencent à s'établir à Berlin, à Hambourg, à Mulhouse, etc. La Belgique a vu se développer assez rapidement l'exploitation du *téléphone*, qui compte des réseaux importants à Bruxelles, Anvers et Liège. En France, les réseaux *téléphoniques* sont exploités par la Société générale des *téléphones*, qui a été constituée le 30 octobre 1880. Les fils sont posés dans les égouts ; le réseau souterrain mesure aujourd'hui un développement de plus de 1,200 kilomètres.

Témoin, *s. m.* — Éminence de terre, en forme de pyramide tronquée, que les terrassiers laissent de distance en distance quand ils font une fouille, en coupant le terrain par des hauteurs inégales.

Les *témoins* servent au métreur pour l'estimation des terres enlevées.

Temple, *s. m.* — Nom que l'on donne, en général, à tous les édifices consacrés au culte de la divinité et particulièrement aux monuments religieux des peuples anciens.

Les édifices qui ont cette destination chez les chrétiens ont reçu le nom d'*églises* (voy. ce mot). Nous ne traiterons donc dans cet article que des *temples* de l'antiquité ou *temples* proprement dits.

Nous commencerons cette étude par les monuments sacrés de l'Inde, non pas qu'on puisse les considérer comme remontant à l'époque la plus reculée, mais parce que de tous les *temples* dont nous parlerons ensuite ce sont ceux qui s'éloignent le plus de nous par leurs formes et par l'esprit dont ils témoignent.

Ces édifices se divisent en trois classes : les *temples souterrains*, les *rochers taillés et sculptés* et les *pagodes* en matériaux rapportés.

On trouve des *temples* souterrains dans les îles de Salsette et d'Éléphanta (district de Bombay), à Ellora (district de Madras), dans l'île de Ceylan.

Le *temple* d'Éléphanta est creusé dans une roche dont la masse est soutenue par des colonnes qui y sont réservées. L'excavation principale a $42^{m},25$ de profondeur sur $40^{m},60$ de largeur. Le plafond, richement sculpté, est soutenu par des piliers composés d'une base carrée haute et large, d'un fût rond, cannelé, renflé vers le tiers de sa hauteur et d'un chapiteau également cannelé ayant la forme d'un coussin aplati (voy. *Chapiteau*). Une grande partie des murs est décorée de figures humaines colossales, sculptées en haut relief. A l'extrémité du souterrain se trouve une sorte de niche ou pièce obscure qui renferme un buste colossal en ronde-bosse à six bras et trois têtes, représentant la trinité hindoue, Brahma, Vichnou et Siva. De chaque côté de la niche est un gardien, statue gigantesque de 5m,20 de hauteur.

Les excavations de Canarah, dans l'île de Salsette, se composent de quatre étages de galeries conduisant à de nombreuses salles, dont la principale a 25m,60 de longueur sur 12m,20 de largeur et dont le plafond est formé par le rocher taillé en dôme.

Les plus remarquables des monuments de ce genre sont les excavations d'Ellora, réunion de constructions très nombreuses, en partie souterraines et en partie à ciel ouvert, taillées dans une montagne de granit rouge et s'étendant sur une étendue de près de 8 kilomètres.

Le plus célèbre de ces édifices est le Kelaça, *temple* dédié à Siva, et qui n'est pas creusé dans le roc, mais élevé à fleur de terre. C'est une vaste enceinte à laquelle on arrive par une galerie en portique, longue de 29 mètres et large de 42 mètres. Cette cour est fermée de trois côtés par une galerie semblable, et au milieu s'élève un *temple* de forme pyramidale, flanqué d'éléphants colossaux.

Il serait, d'ailleurs, impossible de décrire en détail toutes ces immenses constructions d'Ellora qui représentent toute une montagne transformée en demeures mystérieuses. C'est un dédale de *temples*, de corridors, de chapelles dont toutes les surfaces sont couvertes de bas-reliefs et de rondes-bosses. Nous citerons seulement, parmi les salles les plus remarquables, celles de Djayannatha, le *temple* de Paraçoura-Brama et celui d'Indra.

Le *temple* d'Indra, dieu de l'éther et des cieux visibles, possède une vaste entrée taillée dans le roc et gardée par deux lions accroupis. Au milieu du *temple* est un autel avec de grandes figures sculptées aux angles ; on voit à droite un éléphant, à gauche une colonne dont le chapiteau est surmonté de deux figures assises. Tout autour, on a pratiqué une suite de grottes qui s'enfoncent dans la montagne.

Les édifices construits à ciel ouvert et que nous appelons *pagodes* ne sont pas seulement des *temples ;* ils renferment, en général, dans leur vaste enceinte des palais, des jardins et ne diffèrent surtout entre eux que par l'étendue, la hauteur et l'ornementation (voy. *Pagode*).

Dans tous ces édifices, dont le style ne se rapporte, il est vrai, à aucun autre, et qui témoignent d'une organisation puissante et d'une civilisation avancée dans certains points, on ne retrouve cependant la trace d'aucun plan visible ; aucun ordre saisissable n'y règne ; au milieu d'une abondance et d'une richesse inouïes de formes de toute espèce, on ne voit pas se détacher clairement la pensée de l'architecte et l'immensité des efforts produit sur l'esprit une impression plutôt étrange que grandiose.

Il n'en est pas de même des monuments religieux de l'Égypte, qui ont généralement l'apparence d'une pyramide tronquée, dont l'aspect est imposant par la masse, trapu, carré par la forme et sévère, quoique riche, dans l'ornementation. Le voyageur se sent fortement impressionné ; il reconnaît au caractère de force et de grandeur qui apparaît dans ces *temples* l'idée de l'immutabilité, conséquence du sentiment religieux des Égyptiens, qui croyaient à l'immortalité de l'âme et désiraient celle de la matière. Aussi, dans ces édifices les pierres les plus résistantes sont-elles employées à profusion et dans les conditions les plus favorables à la stabilité ; les blocs sont, pour la plupart, de grandes dimensions, les plafonds sont supportés par des colonnes nombreuses et massives, les murailles extérieures sont épaisses et, comme pour ajouter encore à l'évidence de cette inébranlable solidité, la largeur des bases est augmentée encore par une inclinaison en talus qui donne à tous ces monuments une tendance à la forme pyramidale.

Le plan des *temples* égyptiens varie peu, quelle que soit leur grandeur ; les différences qu'on y remarque ne sont que dans la proportion et dans les détails.

La première entrée est formée par un large portail ou *pylône* (voy. ce mot), flanqué de deux tours quadrangulaires à plans inclinés, plus hautes que le portail. Dans les grands *temples*, le pylône donne accès à une avenue bordée d'une double ligne de sphinx ou de béliers en granit. A l'extrémité de l'avenue qui comprend quelquefois un second pylône, se trouve un portique couvert, par lequel on entre dans le *temple* proprement dit, dont la partie la plus reculée est le sanctuaire.

Les murs sont presque toujours bâtis en talus à l'extérieur, tandis qu'à l'intérieur ils s'élèvent sur une ligne verticale, de sorte qu'ils sont beaucoup plus épais à leur base qu'à leur sommet. On ne voit jamais de séries de colonnes formant des péristyles autour des monuments, comme dans les *temples* grecs ; les colonnes égyptiennes ne se montrent que dans l'intérieur des cours où elles forment des portiques, ou dans des salles dont elles supportent le plafond. C'est seulement à partir des Ptolémées qu'on voit des colonnes extérieures, et alors elles se rattachent les unes aux autres par un mur à hauteur d'appui.

Strabon nous a, d'ailleurs, laissé une description des *temples* égyptiens dont l'exactitude est attestée par tous les monuments de ce genre encore assez bien conservés pour que l'on puisse en reconnaître la disposition. Le *temple* d'Edfou, dont nous donnons le plan

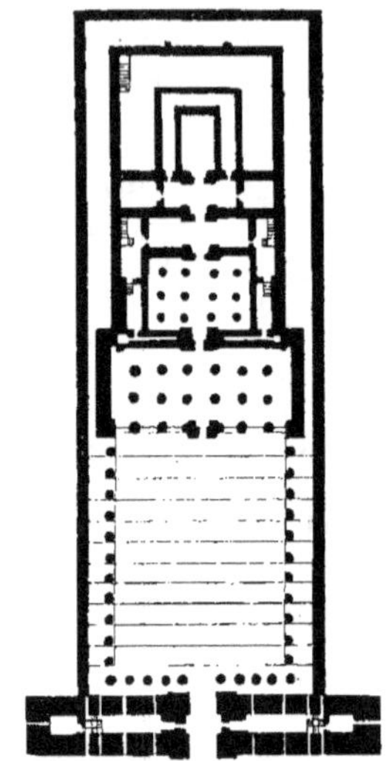

Fig. 3261.

(fig. 3261), peut servir de guide dans la description de Strabon.

Ce *temple*, consacré à Osiris, a la forme d'un parallélogramme de 138 mètres de longueur sur 45 mètres de largeur. La façade est formée par un *pylône* (voy. ce mot) qui a 69 mètres de base. Dans cette première masse sont pratiqués des escaliers communiquant à des chambres et à des terrasses ou plates-formes. Le parvis intérieur de l'enceinte, disposé en gradins s'élevant en pente douce jusqu'à la hauteur du *temple*, est entouré, sur trois côtés, de portiques soutenus par trente-deux colonnes, puis bordé sur le quatrième côté de la façade du *pronaos*, fermé de murailles sur trois sens et pourvu de colonnes disposées en quinconce, qui forment sept entrecolonnements sur la face, celui du milieu étant plus large que les autres. Ces entrecolonnements sont fermés par des murs aux deux cinquièmes environ de la hauteur des supports. Aux deux colonnes du milieu sont adaptés deux dosserets pour recevoir les portes du *temple*. La porte du fond de ce péristyle donne accès à une salle ou *naos* distribuée par douze colonnes également en quinconce. A la suite se trouvent deux salles intermédiaires, la première communiquant aux passages et escaliers desservant les chambres qui sont au-dessus, ainsi que la terrasse dont tout l'édifice est couvert. Enfin, on arrive au sanctuaire, entouré de corridors qui donnent accès à une cour spéciale.

Les pierres qui forment le plafond ont de 3 à 6 mètres de longueur et quelques-unes jusqu'à 2 mètres d'épaisseur. Les plus grosses colonnes ont plus de 6 mètres de circonférence à la base. Les murs sont recouverts extérieurement et intérieurement de sculptures et d'hiéroglyphes représentant des scènes religieuses.

Les proportions colossales de cet édifice ainsi que des autres monuments de l'ancienne Égypte, les nombreux supports que ces édifices renferment, les vestibules peuplés de statues, les dessins creusés dans les murailles, tout contribue à produire une impression grandiose et mystérieuse que rend plus saisissante encore l'emploi des couleurs les plus vives harmonieusement associées à la sculpture. Ajoutez à cela l'effet produit par ces statues colossales, ces obélisques qui se dressent devant les façades et ces immenses avenues de sphinx à proportions gigantesques qui conduisent aux portes d'entrée. Ce caractère de grandeur et de mystère imprimé aux édifices élevés à ciel ouvert sur le sol de l'antique Égypte se trouve également porté au plus haut degré dans les *temples* souterrains ou *speos* (voy. ce mot) et dans les *hémi-speos* ou *temples* dont une partie s'élève sur le sol tandis que l'autre est creusée dans le roc.

Mais ce qui est le défaut essentiel de cette architecture, comme de celle de l'Inde, c'est le manque de liberté ; c'est la consécration de ces formes imposées à l'artiste égyptien par la caste sacerdotale, qui a tracé autour de lui comme un cercle étroit et infranchissable.

Tout autre est le caractère des édifices religieux de la Grèce qui, s'ils rappellent quelques types empruntés tout d'abord à l'art égyptien, témoignent du goût et du sentiment que les Hellènes possédaient de la beauté dans les formes, de leur amour du grand et du vrai dans les idées comme dans leur expression.

Ce qui frappe à première vue l'esprit de l'observateur dans les *temples* grecs, c'est le cachet de grandeur monumentale obtenu, non pas, comme en Égypte, par l'étendue de l'ensemble et les dimensions des détails, mais par de nobles et harmonieuses proportions, par la rectitude sévère des formes, la pureté des détails, enfin par un génie admirable d'invention et une délicatesse exquise d'exécution. Aussi, les Grecs ont-ils été les premiers architectes de l'antiquité, comme ils en ont été les premiers sculpteurs et les plus grands poètes.

Passons maintenant à l'étude des diverses transformations que subirent les édifices religieux de la Grèce.

Le culte primitif dut affecter une simplicité qui était en rapport avec l'intelligence et l'état de société des premiers peuples. Il est naturel de croire que, dans les pays de montagnes, les adorateurs de la divinité se réunissaient sur des sommets élevés pour lui offrir leurs hommages. Cette coutume qui, d'après certains passages de la Bible, existait chez les peuples voisins de la nation juive, fut adoptée, à l'origine, par les Grecs, ainsi que nous permettent de le conjecturer un grand nombre de documents, de vestiges plus ou moins authentiques et d'usages postérieurs, traditions de pratiques plus anciennes. Il est donc probable que le premier *temple* grec fut un simple terrain consacré par un autel où se faisaient les sacrifices. Ce terrain, appelé *hiéron*, lieu sacré, fut, dans la suite, entouré d'une enceinte quelconque.

Combien de temps ce culte en plein air dura-t-il? C'est ce qu'il est impossible d'apprécier. Mais, ainsi que le fait observer Quatremère de Quincy, l'idée d'un *temple* comme bâtiment construit ne dut se présenter que lorsque le progrès dans l'art des figures taillées eut commencé à donner à la divinité une personnification assez sensible pour qu'on pût prendre l'image pour une réalité, et porter quelque soin à sa conservation, en lui procurant une demeure. Le *temple* construit devint l'habitation de l'idole, conforme à son importance, à sa grandeur et à la beauté de son exécution sculpturale, ce qui n'empêcha point l'autel, placé en plein air, d'être le lieu des sacrifices, et les cérémonies religieuses d'être pratiquées en dehors.

Ce sanctuaire primitif, appelé *naos* par les Grecs, *cella* par les Romains, était une chambre à hautes et fortes murailles

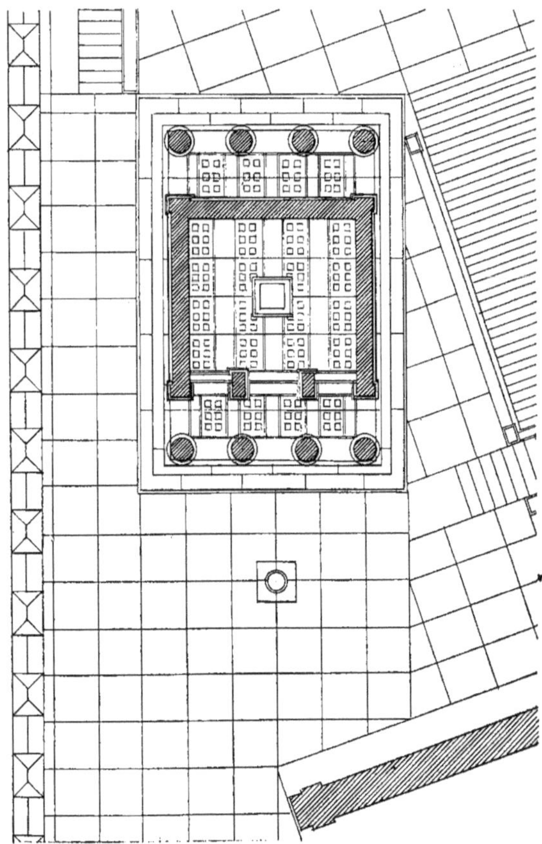

Fig. 3262.

renfermant l'image du dieu, que le peuple ne pouvait apercevoir que par la porte, n'ayant pas le droit de pénétrer dans l'enceinte sacrée. C'est pourquoi le prêtre, ainsi que nous le disons plus haut, sacrifiait sur le seuil du *temple*; le besoin de mettre le sacrificateur à couvert, sans le cacher aux regards de la foule, donna naissance à la disposition la plus simple des *temples* grecs, à celle que Vitruve appelle *in antis*, c'est-à-dire qu'on prolongea les murs latéraux du naos, et qu'on le termina par des pilastres ou *antes* (voy. ce mot). Puis, pour réduire la portée de l'architrave destinée à soutenir le toit, on plaça deux colonnes sur la même ligne que les antes et dans l'espace compris entre eux. Le petit *temple* de Thémis à Rhamnus et le propylée de Minerve Suniade au cap Sunium, furent construits sur ce plan.

L'idée vint ensuite de substituer à chacune des antes formant la tête des murs latéraux une colonne isolée, qui, s'alignant avec les deux colonnes du milieu, produisit sur le fond du *temple* un vestibule ouvert des deux côtés. Le *temple* ainsi disposé reçut le nom de *prostyle*. Prenant ensuite un nouvel accroissement par la répétition du portique ouvert sur l'autre face, il eut deux entrées, deux vestibules semblables et fut appelé *amphiprostyle*. Ce genre de *temple* est le troisième dans l'ordre que leur assigne la classification de Vitruve. La figure 3262 représente le plan du *temple* de la *Victoire Aptère* élevé sur l'Acropole à l'endroit où la tradition place la mort d'Égée, se précipitant du haut du rocher, lorsqu'il aperçut les voiles noires du vaisseau qui revenait de Crète. Ce monument est *amphi-*

Fig. 3263.

prostyle, mais il n'a qu'une entrée située à l'orient entre deux piliers qui soutiennent l'architrave et qui étaient réunis aux murs latéraux par une grille. Dans la *cella* était placée la statue de la Victoire sans ailes.

Quelquefois, les deux portiques extrêmes correspondaient à un édifice double, comprenant deux *temples* comme l'*Érechthéion*, dont la figure 3263 représente une vue perspective. Ce monument renfermait, en effet, ainsi qu'on le voit sur le plan (voy. *Acropole*, fig. 46), deux sanctuaires, celui de Pandrose à l'ouest et celui de Minerve Poliade à l'est, et sur un niveau plus élevé. Le vestibule occidental donnait également accès à deux portiques, l'un au nord, où l'on voyait une citerne et la marque du trident de Neptune; l'autre au sud, appelé *Pandrosion*, renfermant le tombeau de Cécrops et dont les supports sont des cariatides; ces figures de jeunes filles, dont le mouvement est si souple, dont la forme est si élégante, sont conçues et traitées de façon à présenter à l'œil l'apparence d'une merveilleuse solidité (voy. *Cariatide*, fig. 740).

La disposition indiquée comme la quatrième par l'architecte latin, est due à l'accroissement que l'on voulut donner à l'extérieur, soit pour rendre le dehors

Fig. 3264.

plus magnifique, soit pour la commodité des cérémonies. On ajouta donc aux deux flancs de l'édifice les rangées de colonnes qui se trouvaient déjà sur les

Fig. 3265.

faces, et ces portiques latéraux, appelés en grec *ptera* (ailes), firent donner au *temple* même le nom de *périptère*. Mais deux files de colonnes ainsi placées auraient trop rapetissé l'intérieur du naos si ces deux fronts n'eussent eu que les quatre colonnes du *prostyle;* on porta donc à six au moins le nombre des colonnes de la façade. Les *temples* qui ont sur leur front ce nombre minimum de colonnes, sont dits *périptères hexastyles*; nous citerons comme exemples les *temples* de Thésée à Athènes, de la Concorde et de Junon à Agrigente, de Cérès à Ségeste, de Corinthe à Sunium, et deux *temples* à Pæstum. Le plus grand de ces deux derniers édifices est représenté par la figure 3264. La *cella* a, de chaque côté, sept colonnes au-dessus desquelles s'élève un premier étage. Nous donnons (fig. 3265) une vue perspective de l'intérieur de ce *temple* qui offre un des types les plus anciens et les mieux caractérisés de l'architecture grecque primitive.

Le Parthénon, qui est périptère, a huit colonnes de façade ; il est *octastyle*, tandis que les *temples* qui ont quatre, six, dix et douze colonnes sur la façade à fronton sont appelés *tétrastyles*, *hexastyles*, *décastyles* et *dodécastyles*.

Les *temples* dont le naos n'était pas entièrement couvert constituaient une espèce particulière d'édifices que l'on appelait *temples hypèthres*. Le Parthénon était de cette catégorie.

Nous nous arrêterons un instant sur cet édifice, considéré comme le plus parfait et le plus beau monument d'architecture qui soit encore sorti de la conception de l'homme.

D'après la plupart des auteurs, la construction de ce *temple*, commencée en l'an 448 avant l'ère vulgaire, fut terminée seulement en 438 ; Ictynus et Callicratès en furent les architectes. Le Parthénon est entièrement construit en marbre blanc, tiré de la montagne Pentélique, qui est voisine. Ce *temple* est *hypèthre*, comme nous l'avons dit plus haut ; il est, en outre, *dorique*, *octastyle* et *périptère*, ainsi qu'on le voit sur le plan (fig. 3266), fait à l'échelle de 0m,0018 pour mètre. Ce plan montre les deux divisions intérieures, la plus grande étant le *naos*, dont la longueur est de 47m,30 et la largeur 21m,70 ; la seconde, l'opisthodome. Une remarque importante, due à M. Traders, c'est que les colonnes sont inclinées vers l'inté-

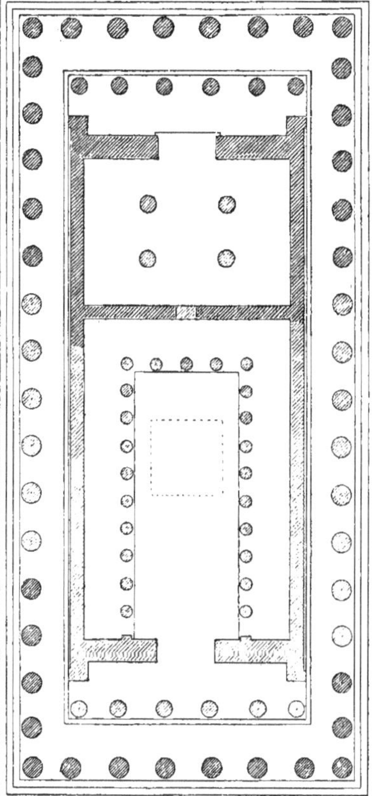

Fig. 3266.

rieur du *temple*, de sorte que celles des angles ont une inclinaison double pour contrebuter plus efficacement la poussée de l'édifice. Les colonnes n'ont point de base, comme on le voit sur la figure 3267 (1), qui représente l'état ac-

(1) P. Chabat, *Fragments d'architecture*.

tuel de la façade principale de cet édifice, façade qui, contrairement à l'usage adopté pour les *temples* grecs, était tournée à l'orient. La hauteur des colonnes, y compris le chapiteau, est de $10^m,30$, leur diamètre de $1^m,72$; celles des angles ont $1^m,90$ de diamètre. Ces colonnes sont cannelées à vive arête; le chapiteau est fort simple et n'a point d'astragale; quatre filets le réunissent au fût. Le soubassement sur lequel reposent les colonnes est formé de trois degrés très élevés qui servent de stylobate à tout le monument. Une particularité reconnue par MM. Fuente et Travers et vérifiée avec la plus grande exactitude par M. Penrose, c'est que ce stylobate n'offre pas une ligne parfaitement horizontale, mais une courbe légèrement convexe. L'entablement suit cette même courbe, et sa face forme une ligne concave sur chaque côté, de sorte que les angles, au lieu d'être droits, sont un peu aigus, disposition qui caractérise spécialement le génie des Athéniens et qui avait pour objet d'ajouter encore à la solidité du *temple*, en opposant à l'écartement une plus grande

Fig. 3267.

résistance vers le centre des grandes lignes. On remarquera que le portique est double sur chacune des façades, les colonnes du second rang étant d'un diamètre un peu plus faible que celui des colonnes extérieures. Au dedans du *temple* était disposée, sur trois côtés, une galerie formée de deux ordres superposés et qui est aujourd'hui détruite. L'opisthodome était soutenu par quatre colonnes de mêmes dimensions, selon Stuart, que celles du petit ordre du péristyle. Le fronton du *temple* était décoré de sculptures en ronde-bosse; sur le tympan oriental était représentée, avec tout ce qui s'y rapportait, la naissance de Minerve-Athénée, à qui était consacré l'édifice. Le fronton occidental retraçait la victoire d'Athénée sur Poséidon. La frise représentait les Panathénées et contenait environ trois cent vingt figures, dont le peu de relief était savamment calculé pour produire de l'effet à la hauteur de 12 mètres où elles étaient placées. Dans la partie découverte du naos se trouvait la statue de Minerve, en ivoire et or, de 12 mètres de hauteur.

Pour donner plus d'étendue à la cella des *temples*, on supprima les ailes, c'est-à-dire qu'on les fit entrer dans le corps même du naos en interposant le mur dans les entrecolonnements des portiques latéraux. On eut alors des colonnes engagées sur les côtés du *temple* qui reçut le nom de *pseudo-périptère* ou *faux périptère*. A cette catégorie appartiennent le *temple* de Jupiter Olympien à Agrigente, la Maison Carrée à Nîmes, le *temple* de la Fortune Virile à Rome.

Le besoin de richesse plus grande dans l'aspect des monuments, justifié par des ressources considérables, fit adopter la disposition du *diptère*, c'est-à-dire la double colonnade sur les flancs de l'édifice, et, par conséquent, deux rangs de galerie ou promenoirs circulant à l'entour. Cette nouvelle ordonnance, qui exigeait également une multiplication de colonnes aux façades antérieure et postérieure du naos, ne semble avoir été appliquée qu'à un petit nombre de *temples* ou qu'à ceux qui furent à la fois les plus célèbres et les plus dispendieux. Vitruve n'en cite que deux exemples : le *temple* dorique de Quirinus, à Rome, et le *temple*, beaucoup plus fameux, de Diane à Éphèse, monument d'ordre ionique, construit par Chersiphron.

Enfin, Hermogène, chargé de construire le temple de Diane Leucophrine à Magnésie, imagina de supprimer dans le diptère la rangée de colonnes intérieures, ce qui donna à la galerie environnante la largeur de deux entrecolonnements. L'édifice prit alors le nom de *pseudo-diptère* ou *faux diptère*.

On voit par ce qui précède que les *temples* grecs étaient presque tous élevés sur un plan uniforme, en parallélogrammes réguliers, ornés de frontons décorés de riches sculptures représentant des combats et des sacrifices, avec des portes occupant le milieu. Les deux divisions essentielles du plan de ces édifices sont le *pronaos* ou portique plus ou moins étendu qui se retournait parfois sur les faces latérales et sur la face postérieure de manière à entourer l'édifice et le *naos*, qui était généralement couvert, entièrement ou en partie, et où l'on plaçait la statue du dieu.

Le *naos* ou *cella* des Romains pouvait aussi être double et quelques-uns de ces édifices avaient une quatrième partie appelée *opisthodome* ou *arrière-maison*, où l'on plaçait le trésor (voy. *Cella*, *Opisthodome*).

A ces diverses espèces de *temples*, tous construits sur un plan quadrilatère, il faut joindre celle des *temples* circulaires. Il y en avait de deux sortes :

1° Le *temple* circulaire *monoptère*, ainsi désigné, non parce qu'il n'avait qu'un rang de colonnes au lieu de deux, mais parce qu'il consistait en ce seul rang de colonnes et qu'il n'avait point de mur ou de *cella* ; on voit encore dans les ruines de Pouzzoles, près de Naples, une colonnade circulaire que l'on a appelée *temple* de Sérapis, et où tout démontre qu'il n'y avait pas de cella ;

2° Le *temple* circulaire *périptère*, qui avait une cella environnée d'un rang de colonnes ; tels étaient les *temples* de Vesta, à Rome, et de la Sibylle à Tivoli, appelé aussi *temple* de Vesta.

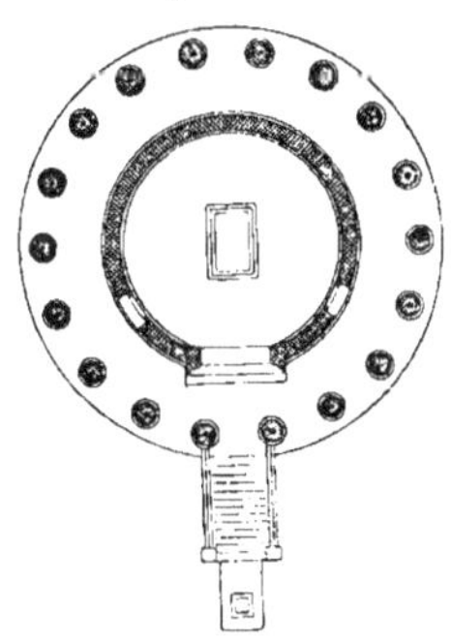

Fig. 3268.

Ce dernier est représenté en plan par la figure 3268 ; il était entouré d'une galerie de dix-huit colonnes dont six seulement ont résisté à la destruction. On accédait à ce portique par un escalier de quelques marches ; les colonnes étaient d'ordre composite ; le mur de la cella devait être surélevé pour porter la coupole centrale, car les proportions légères

Fig. 3269.

de l'édifice ne permettent pas de croire qu'un dôme plus étendu eût jamais couvert à la fois le sanctuaire et la galerie. La figure 3269 représente l'état actuel de ce petit *temple*.

Aux nombreuses variétés de *temples* que nous venons de décrire, s'ajoutent encore bien des nuances. Ainsi, le *temple* de Diane Propylée, à Éleusis, avait une double façade *in antis;* le *temple* d'Esculape, à Agrigente, avait deux antes et deux colonnes isolées sur la façade antérieure, deux antes et deux colonnes engagées sur la façade postérieure.

Pour compléter cette énumération des divers genres de *temples* édifiés par les Grecs et les Romains, nous citerons les *temples à péribole*s. Nous avons vu, au commencement de cet article, que l'hiéron ou enceinte sacrée fut le premier *temple*. Une simple haie en fixait la circonférence ; des bois et des plantations en formèrent les premiers abris. Lorsque l'habitation du dieu ou le naos eut succédé à la pierre servant d'autel et lorsque l'espace du local sacré s'étendit au-delà des murs de la maison divine, on circonscrivit ce terrain par un enclos de murs. Dans cet enclos se trouvèrent enfermés les arbres du bois sacré. Le *temple* de Jupiter Olympien, à Athènes, avait un péribole de quatre stades de circonférence. La ville de Pompéi offre un remarquable exemple d'édifices de ce genre dans ce qu'on a appelé le *temple* d'Isis; son naos est élevé sur un assez haut soubassement, non pas au milieu, mais à l'extrémité d'un péribole carré formant portique tout à l'entour. Malheureusement, ces grandes enceintes, formées de colonnades, ont été, plus que toutes les autres œuvres d'architecture, exposées à la destruction, surtout dans les régions de l'antiquité grecque et gréco-romaine, où se sont succédé tant de villes, de religions, de dominations diverses. On chercherait vainement, à Athènes, les restes du péribole du *temple* de Jupiter Olympien. Pausanias nous apprend seulement que l'on voyait dans cette enceinte les statues de l'empereur qui avait terminé le *temple*, les anciennes images des divinités et quelques petits édifices sacrés.

Indépendamment de ces dispositions particulières, qu'il soit isolé ou accompagné d'une enceinte plus ou moins vaste, le *temple* grec puise encore un caractère de beauté et de grandeur dans le cadre dont la nature même l'enveloppe. « Parfois, dit M. Charles Blanc, le *temple* est situé, comme à Sunium, sur un promontoire d'où il apparaît aux navigateurs comme un asile gardé par une divinité protectrice. Le calme de ses lignes horizontales domine alors les accidents d'une montagne escarpée et les soulèvements de la mer.

« A Athènes, c'est sur un groupe de rochers superbes que s'élèvent les propylées, le *temple* de la Victoire sans ailes, et de Minerve Poliade et le Parthénon, qu'on aperçoit du golfe Saronique, majestueux encore dans ses ruines, élégant et fier.

« Quelquefois, comme à Épidaure ou dans la plaine d'Olympie, le *temple* est environné d'un bois sacré, et l'on y arrive en traversant des ombrages d'oliviers, de platanes ou de cyprès, des clairières égayées par des palestres, des lieux peuplés de statues, ornés d'autels, de trépieds, de stèles honorifiques, de colonnes où sont inscrits les noms des malades guéris par Esculape ou de chars consacrés aux vainqueurs des jeux olympiens. »

Nous voyons donc que le choix du site, l'assiette du monument, son harmonie avec la nature environnante sont des conditions qui, avec la disposition générale du plan, concourent à l'expression de beauté, au caractère de grandeur du *temple* grec.

Il est une autre condition qui joue un rôle très important à ce double point de vue et que nous ne saurions ici passer sous silence; nous voulons parler de la polychromie, c'est-à-dire de l'application des couleurs aux monuments, connue seulement, d'une manière irréfutable, depuis une cinquantaine d'années. Antérieurement à l'époque de cette remarquable découverte, certains voyageurs avaient bien observé des traces de couleurs parmi les ruines, mais ils n'en avaient tiré aucune conclusion, craignant même de faire injure au génie grec, en soupçonnant l'hypothèse à laquelle ces remarques pouvaient donner lieu.

C'est en 1824 qu'Hittorf, après avoir exploré les monuments de Sélinonte, d'Agrigente, de Syracuse, d'Acrce, revint à Rome, convaincu que la peinture avait été un des éléments de la décoration des *temples* grecs. L'illustre architecte fit l'exposé de ses observations dans un Mémoire, qu'il lut à l'Académie des beaux-arts en 1830, et qui était intitulé : *Restitution du temple d'Empé-*

docle à Sélinonte ou l'architecture polychrome chez les Grecs. Ce *temple* est le type sur lequel sont réunies les différentes données de la polychromie : il en est le symbole, suivant M. Beulé.

Presque aussitôt après, les découvertes faites à Métaponte par le duc de Luynes, ainsi que les affirmations de M. Semper, architecte connu en Allemagne, et celles d'un antiquaire italien, le duc Serra di Falco, vinrent ajouter leur témoignage à celui d'Hittorf.

Nous passerons sous silence les discussions passionnées qui suivirent ces révélations inattendues. Mais l'incrédulité dut bientôt céder à l'évidence. M. Paccard, en restaurant le Parthénon; M. Blouet d'abord et M. Garnier ensuite, par un travail semblable sur le *temple* d'Égine, ont à peu près levé tous les doutes, sinon sur les détails de la polychromie antique, au moins sur son emploi général chez les anciens.

On est aujourd'hui certain que les Grecs ont très souvent colorié leurs *temples;* que les triglyphes étaient peints en bleu, que le fond des métopes était d'un rouge brique ou d'un rouge ardent de cinabre, que des enroulements souvent rehaussés de dorures couraient sous la frise, que les colonnes étaient recouvertes d'une couche d'ocre jaune, et les tympans d'une teinte azurée. La polychromie a donc reconquis sa place dans l'art antique.

Quant aux ordres d'architecture qui étaient employés à la construction des *temples* grecs, celui que l'on trouve le plus souvent appliqué est l'ordre *dorique* (voy. ce mot), dont la mâle simplicité inspirait le mieux le respect et le recueillement. Toutefois, les *temples* qui, par leur destination, exigeaient une expression moins sévère étaient, en général, d'ordre ionique ; tel était celui de Diane à Éphèse.

Des portes et des ornements en bronze ajoutaient à la décoration de ces monuments. Les parois intérieures étaient souvent recouvertes de peintures allégoriques ; des statues parfois colossales et formées des matières les plus précieuses, telles que le marbre, l'ivoire et l'or, occupaient le sanctuaire. En un mot, les *temples* grecs réunissaient la simplicité la plus monumentale et la plus imposante à la magnificence la plus recherchée.

Cette perfection ne se trouve plus chez les Romains, dont les premiers monuments furent élevés d'après les règles de l'art étrusque et qui devinrent, plus tard, les élèves des Grecs. Au premier de ces peuples, ils empruntèrent l'ordre toscan et au second les ordres dorique, ionique et corinthien, auxquels ils firent subir d'importantes modifications. Recherchant plutôt l'effet produit par la richesse de l'ornementation que celui qui est dû à la pureté et à la simplicité de la forme, ils employèrent, de préférence, l'ordre corinthien, auquel ils associèrent même fréquemment l'ordre ionique, de manière à former un nouvel ordre essentiellement romain, l'ordre *composite* (voy. ce mot).

Les Romains employaient aussi à la décoration extérieure certains matériaux artificiels, tels que les briques soumises à des arrangements particuliers. Citons, par exemple, le *temple* antique de la Caffarella, près de la porte de Saint-Sébastien, qui est un des plus anciens monuments religieux du paganisme, consacrés, plus tard, au culte chrétien ; cet édifice, ainsi appelé du nom d'une ferme voisine, fut élevé en l'honneur de Bacchus ; il est décoré d'un portique soutenu par quatre colonnes de marbre blanc d'ordre corinthien ; on y remarque une frise et une corniche en briques, surmontées d'un attique, qui se termine lui-même par un couronnement en briques ; enfin, deux autres corniches, en matériaux semblables, règnent : l'une, d'aspect denticulaire, dans l'intérieur du portique, au-dessous des colonnes et des pilastres ; l'autre, au pourtour des flancs et de la façade postérieure du *temple*.

Non loin de cette église s'élève un édifice bien proportionné, orné de pilastres et de corniches en briques, et connu sous le nom de *Temple du Dieu*

Fig. 3270

rédicule. Nous présentons (fig. 3270), une vue latérale de ce petit monument, d'après les dessins de M. Garrez.

Les *temples* romains, quant à la disposition, offrent une grande analogie avec ceux des Grecs.

Rome ne devait renfermer qu'un très petit nombre de *temples* ioniques ; les deux seuls dont il reste encore des vestiges sont les *temples* de la Fortune virile et celui de la Concorde.

Nous insisterons particulièrement sur les édifices de ce genre, qui diffèrent de ceux dont nous avons parlé à propos des Grecs. Le Panthéon d'Agrippa, à Rome, est encore debout, grâce à sa disposition, qui a permis de le convertir en église. Cet édifice est précédé d'un portique de huit colonnes de face qui soutiennent un entablement et un fronton. L'intérieur du *temple* forme un cercle parfait (fig. 3271).

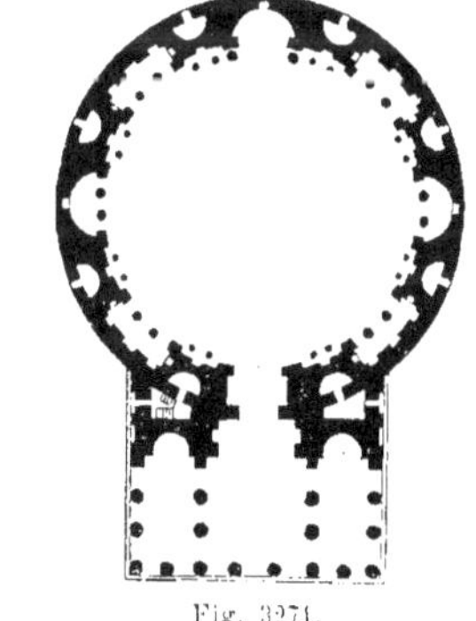

Fig. 3271.

Le *temple* de Jupiter Stator, élevé sur le Forum, et dont la figure 3272 représente le plan, était peut-être le plus beau monument d'ordre corinthien qui eût jamais existé ; il n'en reste aujourd'hui

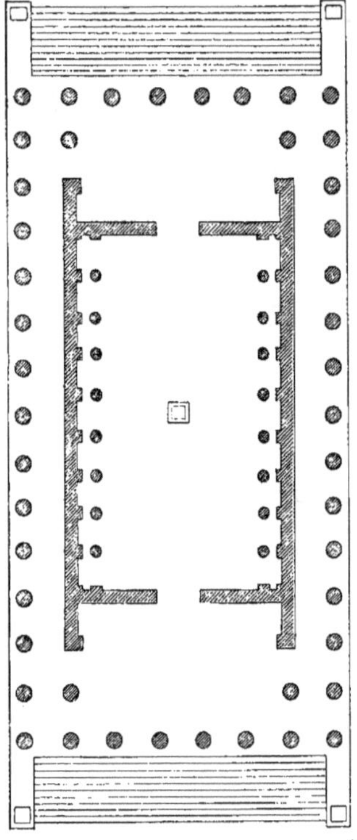

Fig. 3272.

que trois colonnes, qui ont 14^{m},50 de hauteur et 1^{m},47 de diamètre à la base.

Tel est l'aperçu général que nous nous étions proposé d'offrir au lecteur sur les *temples* de l'antiquité. Nous mentionnerons seulement, à cause de leur célébrité, les édifices religieux de Balbek et de Palmyre dont les ruines existent encore aujourd'hui et qui sont rapportés généralement, sur l'autorité d'un fragment de Jean d'Antioche, au règne d'Antonin le Pieux. Le style des *temples* dont on voit encore les vestiges prouve combien l'art était en décadence à l'époque de leur construction ; on y remarque surtout des blocs de pierre d'une grandeur prodigieuse ; l'un, entre autres, mesuré par Burckardt dans les ruines de Balbek, a 55^{m},50 de longueur sur 3^{m},65 de largeur et autant d'épaisseur ; cette pierre serait une des masses les plus considérables qu'ait jamais remuées la main de l'homme.

Nous terminerons enfin cet article par quelques mots sur l'éclairage des *temples* grecs.

De l'absence de fenêtres dans les murs de la cella, on a conclu, au XVIIe siècle, que les *temples* n'étaient point éclairés, et, comme toutes les charpentes, toutes les parties hautes des édifices encore debout ont disparu, l'opinion s'est accréditée que ces monuments, plongés dans d'épaisses ténèbres, servaient seulement d'abri à la statue du dieu. Et pourtant, comment la foule, au moment des sacrifices, pouvait-elle voir cette statue? Pourquoi les œuvres et les richesses étaient-elles entassées dans l'intérieur de la cella, si une obscurité profonde devait les cacher à tous les regards?

On a prétendu que l'ouverture de la porte suffisait pour les éclairer ; cette assertion ne paraît pas très sérieuse.

Les partisans de l'opinion contraire, c'est-à-dire ceux qui prétendent que les *temples* étaient éclairés, ont supposé que l'espace compris entre les deux portiques de l'intérieur était à ciel ouvert et sans toiture ; les édifices ainsi disposés ont reçu le nom d'*hypèthres*. Il faut avouer que l'existence de ces *temples*, rares autrefois chez les Grecs, est suffisamment démontrée par les textes de Vitruve. Mais d'une exagération l'on passa à une autre : on admit que tous les *temples* étaient hypèthres. Il est vrai que le *temple* de Jupiter Olympien, à Athènes, devait présenter cette disposition, à cause de sa grandeur, qui eût exigé l'emploi de matériaux énormes pour sa couverture. Strabon rapporte aussi que le *temple* d'Apollon Didyméen était resté découvert en raison de sa grandeur.

Des motifs religieux et particulièrement les attributs de certaines divinités, telles que Jupiter Fulgur, le Ciel, le Soleil, ont amené l'érection de *temples* hypèthres.

Quoi qu'il en soit, ce système ne paraît avoir été appliqué que dans un petit nombre de cas. Il faudrait donc, si l'on ne peut accepter l'hypothèse de *temples* plongés dans les ténèbres, rechercher quels pouvaient être les moyens de les éclairer.

La couverture avait-elle une large interruption qui laissait pénétrer le jour perpendiculairement? D'après certains passages d'auteurs anciens, il paraît constant que le toit de ces édifices avait une ouverture. Plutarque raconte que l'architecte Xénoclès, qui termina le *temple* d'Éleusis, le couronna de son ὀπαῖον, *œil* du monument, ouverture par laquelle il voyait le jour. Selon Justin, au moment où Delphes fut menacé par les Gaulois, les Grecs crurent voir Apollon descendre dans son *temple* par l'ouverture du toit. Enfin, d'une part, Pausanias rapporte que Phidias, ayant fait placer la statue colossale de Jupiter au *temple* d'Olympie, pria le dieu de lui manifester si son œuvre lui était agréable et qu'aussitôt la foudre tomba et frappa le pavé même du *temple*. D'autre part, Strabon nous dit que la statue de Jupiter était si grande, quoique assise, que si elle se fût levée, sa tête eût heurté le plafond; il y avait donc un plafond ou toit et une ouverture. Il reste à savoir comment cette ouverture était fermée aux intempéries de l'atmosphère. Employait-on le verre, les pierres spéculaires, des voiles particuliers? on ne saurait le dire.

Toujours est-il qu'on n'a pu encore trouver un arrangement simple, conforme au génie des Grecs, qui recherchaient surtout la solidité et l'élégance, et qui répondît à cette double condition de couverture et d'éclairage. De plus, on ne trouve rien sur les *temples* représentés par les bas-reliefs, les vases peints, les monnaies, qui puisse justifier l'hypothèse de fenêtres ou d'une lanterne surmontant le faîtage.

Un mémoire traitant de cette question et lu récemment par M. Chipiez à l'Académie, met en avant une nouvelle hypothèse. L'auteur suppose l'éclairage produit par deux ouvertures longitudinales, pratiquées dans la toiture, et dues simplement à l'enlèvement d'une rangée de tuiles, placée directement au-dessus du portique intérieur du *temple*. Les eaux étaient reçues par le plancher en dalles qui sépare les deux ordres intérieurs superposés et s'écoulaient par des conduits, dont les traces auraient été retrouvées dans les murs latéraux, ou s'évaporaient par leur séjour prolongé sur la pierre. Le *temple* était éclairé par une lumière diffuse, plus convenable ici que la lumière directe du soleil. Nous indiquons cette solution sans rien préjuger de sa valeur; puisse-t-elle faire naître de nouvelles discussions et de nouvelles recherches qui enrichiront l'archéologie d'une nouvelle conquête.

Les églises du culte protestant prennent aujourd'hui le nom de *temples*. Ces édifices se composent essentiellement de deux parties bien distinctes, la partie consacrée au culte ou le *temple* proprement dit, et la partie d'administration d'étude et de surveillance.

La première de ces parties renferme l'enceinte où se réunissent les fidèles, avec la chaire, l'orgue, les tribunes publiques, deux sacristies, l'une pour les mariages, l'autre pour les baptêmes, et enfin la chambre du prédicateur. La seconde partie comprend la salle du consistoire, servant aussi de bibliothèque, la salle du catéchisme, un dépôt des archives, un dépôt pour les livres servant au culte et enfin un logement de concierge.

Quant à la décoration intérieure et extérieure, elle doit être aussi simple que possible, le culte protestant n'admettant pas les images peintes ou sculptées.

Ténacité, *s. f.* — Résistance que les corps opposent à la rupture et qui se remarque surtout dans les bois et les métaux. De ces derniers, le plus tenace est le fer : un fil de $0^{m},002$ de diamètre ne se rompt que sous une charge de 249 kilogr.

Tenaille, *s. f.* — Outil composé (fig. 3273) de deux branches réunies ensemble par un clou rivé formant un axe

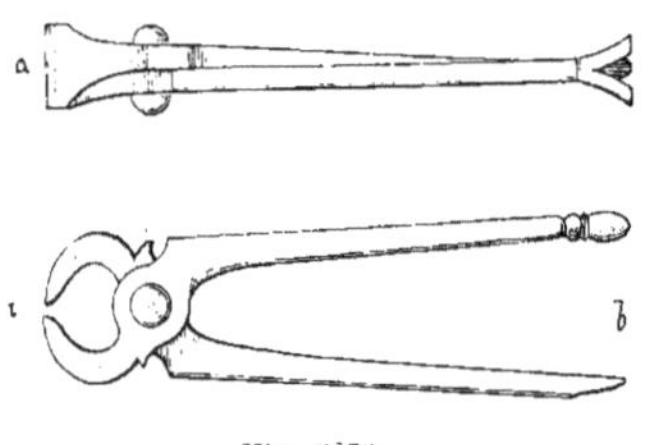

Fig. 3273.

autour duquel ces branches sont mobiles. Les mâchoires ou mors sont en acier et servent à retenir ou arracher.

Dans l'exemple que nous donnons ici, l'extrémité de l'une des branches est terminée par un bouton et l'autre est aplatie et fendue en pied-de-biche pour relever les clous couchés sur le bois ou extirper ceux de petite dimension.

Cet outil s'appelait autrefois *tricoise*.

Les forgerons saisissent et maintiennent les pièces qu'ils travaillent au moyen de longues *tenailles* de formes diverses.

Tenaille à chanfrein : sorte de mordâne (fig. 3274) muni, à l'une de ses ex-

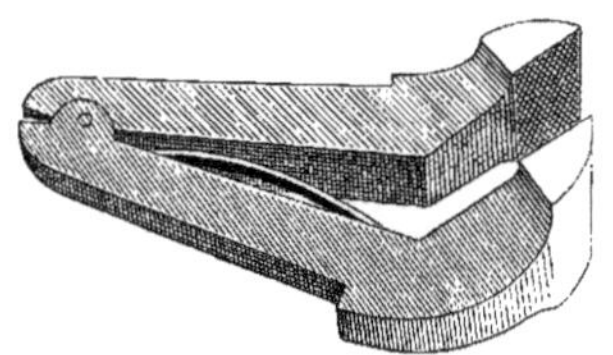

Fig. 3274.

trémités, d'une charnière et dont les mors, à l'autre extrémité, sont inclinés, afin de pouvoir chanfreiner la pièce qu'ils serrent. On place cet outil dans l'étau pour s'en servir.

Tenaille à vis : petit étau à main que l'on emploie pour tenir un ouvrage de petite dimension.

Tenailles du menuisier : outil en fer composé de deux branches dont les extrémités sont aplaties ou recourbées et qui ne diffèrent des *tenailles* des serruriers que par leurs dimensions.

Tenailles de vitrier : *tenailles* semblables à celles du menuisier, mais moins fortes et à pinces rondes.

Tenailles du treillageur : outil qui diffère seulement des *tenailles* ordinaires par la forme de la tête, aplatie en dessus ; les *mors* ont un tranchant aciéré pour couper les pointes.

Architecture militaire. Ouvrage composé de deux faces qui présentent un angle rentrant vers la campagne et qui sert à couvrir une courtine.

On appelle *tenaille double* celle qui présente un angle saillant entre deux angles rentrants.

Tenay. — Localité du département de l'Ain dans laquelle on fabrique trois espèces de ciment, le *ciment de l'Albarine*, le *Portland artificiel* et le *Portland cément*.

La résistance moyenne à la rupture est, par centimètre carré, après un mois d'immersion, par arrachement, de $9^{k},47$ à $18^{k},12$, et par écrasement de $8^{k},55$ à $14^{k},97$.

Tendeur, *s. m.* — On désigne ainsi, dans la charpente d'un comble en fer, la bride qui réunit les deux tronçons du tirant (voy. *Poinçon*).

Tendre, *adj.* — *Pierre tendre* : pierre qui se taille sans difficulté (voy. *Calcaire*, *Pierre*).

Ténia, *s. m.* — Petite bande ou filet, placé sous les triglyphes, et qui sépare la frise dorique de l'architrave.

Tenir, *v. a.* — *Tenir coup* : supporter la percussion du marteau du côté opposé à celui où l'on rive.

Tenon, *s. m.* — MAÇONNERIE. 1° Saillie ronde ou carrée ménagée sur le joint d'une dalle pour entrer par encastrement dans une entaille pratiquée sur le joint de la suivante.

2° Partie dégagée à chaque extrémité d'un fût de colonne pour entrer dans les socles et chapiteaux.

CHARPENTE. Extrémité d'une pièce de bois (fig. 3275) que l'on a élégie de manière à la faire pénétrer dans une en-

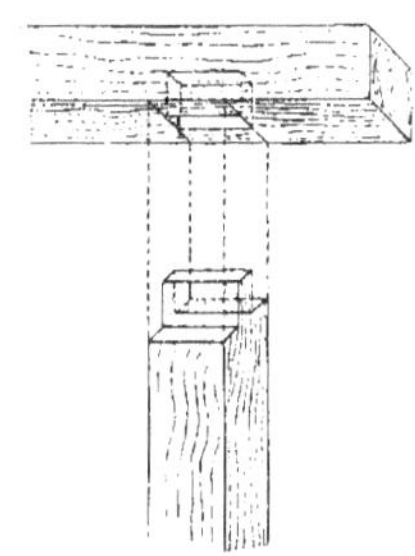

Fig. 3275.

taille appelée mortaise, creusée sur une autre pièce avec laquelle la première doit être assemblée.

La longueur du *tenon* est ordinairement de 0m,10 et son épaisseur de 0m,03; il doit toujours être fait dans le sens du fil du bois et il occupe toute la largeur du morceau dont il fait partie.

Le *tenon* est percé d'un trou rond qui sert au passage de la cheville employée pour fixer l'*assemblage* (voy. ce mot).

On fait des *tenons à renfort en about*, *à queue d'aronde* (voy. ces mots).

Le *tenon à peigne* est un *tenon* de rapport que l'on colle dans les traverses droites ou cintrées, mais surtout dans ces dernières. Ces *tenons* doivent leur désignation à des goujons de leur épaisseur qui entrent dans la traverse.

Tente, *s. f.* — Sorte de pavillon ou de logement portatif en grosse toile de chanvre, que l'on dresse à ciel ouvert pour servir d'abri contre les intempéries de l'air et les ardeurs du soleil.

Les populations nomades n'ont pas d'autre habitation que la *tente*. Tels sont, en grande majorité, les Arabes et les Tartares.

On retrouve dans les constructions de certains peuples, des Chinois par exemple, la forme de la *tente*, en souvenir sans doute des campements primitifs de leurs ancêtres.

Tenture, *s. f.* — Revêtement des parois intérieures des habitations par des matières qui contribuent surtout à la propreté et à l'ornement des constructions.

Ces matières sont des papiers dits *papiers peints*, que l'on colle sur de la toile ou sur la muraille même (voy. *Collage*).

On appelle *tenture de drap* ou de *velours* des papiers de tenture imitant le drap ou le velours.

Les toiles dites *toiles de tenture* sont un tissu très clair de gros chanvre écru que l'on divise, suivant leur qualité, en *toiles ordinaires*, *toiles fines* et *toiles fortes* ou *à plafond*.

Ces toiles se clouent sur des tringles ou sur des châssis que l'on recouvre de papier gris pour recevoir le papier de tenture.

Téocalli, *s. m.* — Édifice religieux des Aztèques, anciens possesseurs du Mexique. Le *téocalli*, monument de forme pyramidale, est plutôt un autel colossal qu'un temple, dans le sens ordinaire que l'on attache à ce mot, bien que le mot même vienne de *Teo*, Dieu, *callé*, maison.

La ville de Mexico, autrefois Ténochtitlan, renfermait un certain nombre de *téocallis*, lors de la conquête du Mexique. Le principal était dressé au centre de la ville et entouré d'un vaste espace, clos par un mur de huit pieds, qu'ornaient extérieurement des figures de serpents en relief. Ce monument était construit d'un mélange de terre et de cailloux, avec des revêtements en pierre polie. Il formait cinq étages en retraite, et des escaliers extérieurs et alternés conduisaient, d'assise en assise, jusqu'au sommet. Celui-ci était occupé par une large plate-forme, où était dressée une grande pierre, sur laquelle on faisait des sacrifices humains. Sur une autre partie de la plate-forme, on voyait deux sanctuaires ou chapelles à trois étages, le premier en stuc, les deux autres en bois. On y renfermait les images des dieux et les différents objets employés dans l'exercice du culte et les restes de quelques-uns des princes aztèques ; sur un autel, placé devant chacun de ces sanctuaires, on entretenait perpétuellement le feu sacré. On y voyait aussi un grand tambour cylindrique, recouvert de peaux de serpents, et qui servait, comme nos cloches actuelles, à appeler la population dans de graves circonstances. Autour de ce grand *téocalli*, dans l'enceinte citée plus haut, se trouvaient divers édifices religieux secondaires et de longues lignes de bâtiments, destinés à servir d'habitation aux prêtres, dont le nombre était, paraît-il, considérable.

D'autres *téocallis* remarquables s'élevaient dans les cités populeuses des provinces et dont on voit encore les restes à Cholula, à Saint-Jean-de-Teotihuacan.

Ces monuments sont, comme celui que nous venons de décrire, élevés par étages et orientés selon les quatre points cardinaux.

Tepidarium. — Mot latin qui désignait, dans les bains romains, la pièce où l'on maintenait une température moyenne pour préparer le corps à supporter la violente chaleur du *sudatorium* ou bain de vapeur ; cette pièce servait aussi de transition entre ce bain et l'air extérieur quand on quittait l'étuve.

Le *tepidarium* était chauffé soit par un réchaud (*focus*), soit par un fourneau (*hypocaustum*) formé de tuyaux établis sous le plancher.

On pense que c'est dans cette pièce que les baigneurs se faisaient frotter et gratter avec la *strigile* après le bain de vapeur.

Le *tepidarium* des anciens bains de Pompéi était chauffé non pas par un fourneau ou hypocauste, mais par un réchaud ou brasier en bronze monté sur quatre pieds. La pièce renfermait des bancs, soit pour se faire oindre et frotter, soit pour attendre le moment de passer dans l'étuve ou dans le bain froid.

Le *tepidarium* des anciens bains ne renfermait pas de bassin d'où la vapeur pût s'échapper et devenir une cause constante de détérioration ; toute la voûte est revêtue de bas-reliefs en stuc blanc se détachant sur des fonds rouges et bleus. La corniche, très saillante, est soutenue par des atlantes entre lesquels sont placés des casiers, ce qui a fait penser à quelques auteurs que cette même salle servait d'*apodyterium*, et que dans ces casiers étaient disposés les vêtements et les objets à l'usage des baigneurs.

Tercé (*Pierre de*). — Calcaire oolithique, demi-dur, provenant des carrières de Normandon et de *Tercé*, près de Poitiers.

Cette pierre, de couleur blanchâtre, possédant un grain fin et homogène, est propre à la sculpture. Sa hauteur d'assise varie de $0^m,50$ à $1^m,50$; elle pèse 2,135 kilogr. le mètre cube et s'écrase sous une charge de 290 kilogr. par centimètre carré.

Térébenthine, *s. f.* — Suc résineux que l'on extrait, par incision, de plusieurs espèces d'arbres de la famille des *térébenthines* et de celle des conifères.

Cette substance entre, comme élément essentiel, dans la composition de presque tous les vernis.

On distingue plusieurs espèces de *térébenthines* proprement dites :

La *térébenthine de Bordeaux*, appelée aussi *barga* et *galipot*, qui est un mélange très pur d'essence et de résine recueillie sur les incisions mêmes du pin ;

La *térébenthine de Venise*, d'*Alsace*, qui provient du *pinus picea ;*

La *térébenthine ordinaire* ou des *Vosges*, extraite du *pinus larix ;*

La *térébenthine d'Amérique ;*

La *térébenthine de Hongrie ;*

La *térébenthine de Chio ;*

La *sandaraque*, tirée des genévriers d'Espagne et qui est la base de tous les vernis à l'alcool ;

Les *baumes du Canada*, de la *Mecque* et de *Copahu ;*

La *colophane* ou *arcanson* (voy. ce mot).

La paille à travers laquelle on a filtré les *térébenthines*, les tonneaux dans lesquels on les a renfermées et, en général, tous les résidus des préparations qui ont servi à donner les différentes espèces de *térébenthines* contiennent une certaine quantité de résine et de *térébenthine* qu'on emploie pour la préparation du *brai gras*.

Le *brai sec* ou *résine commune* s'obtient au moyen de la colophane.

Terme, *s. m.* — Ce mot dérivé du grec *terma* et du latin *terminus*, signifiant, dans ces deux langues, *fin*, *but*, *borne*, *extrémité* d'un lieu, désignait, à l'origine, une simple borne, une pierre carrée ou une souche qui marquait les limites de chaque propriété.

Les Romains firent un dieu de ce signe protecteur et y placèrent une tête. Cette effigie devint donc le symbole de l'immobilité et figura comme tel dans les compositions des arts, en particulier de l'architecture.

C'est ainsi qu'on voit le *terme*, c'est-à-dire une tête ou un buste, placé sur un socle quadrangulaire et allongé appelé gaîne remplacer, comme support, les *pilastres*, les *atlantes* et les *cariatides* (voy. ces mots).

Terra cotta. — Nom italien par lequel on désigne communément la poterie destinée aux ornements d'architecture.

C'est une des industries céramiques qui ont fait le plus de progrès depuis un certain nombre d'années. Dans les pays dépourvus de pierre de taille, c'est une grande ressource pour la décoration architecturale, de trouver à des prix modiques, des ornements moulés, de grandes dimensions, parfois très compliqués.

En Allemagne, et en particulier à Berlin, on voit figurer beaucoup de décorations en poterie, sur les façades des édifices publics et privés.

Ces produits doivent réunir les qualités essentielles suivantes : inaltérabilité à toutes les intempéries, solidité, teinte convenable et adaptation aux règles de l'architecture et aux exigences du bon goût. A Paris, les maisons Muller, Lœbnitz, etc., fabriquent des pièces d'ornement d'architecture d'une exécution et d'un goût parfaits. La maison Doulton, de Londres, fournit également dans ce genre des produits de première qualité (voy. *Terre cuite*).

Cette partie importante de la céramique prend de l'extension dans ses applications qui, nous en sommes convaincus, se multiplieront encore davantage dans l'avenir. Toutefois, les progrès doivent être lents par suite des difficultés qui abondent dans la fabrication de la *terra cotta*, et parce que, dans les pays où ces moyens de décoration n'ont pas encore été expérimentés, les architectes n'étant pas familiarisés avec leur emploi et ignorant quelle confiance on peut avoir dans leur durée, hésitent naturellement à s'en servir, la qualité intrinsèque du produit ne pouvant se constater qu'avec le temps.

Terrain, *s. m.* — Fonds sur lequel on construit et qui est de différentes consistances, suivant qu'il est *roche*, *tuf*, *sable* ou *argile*.

Au point de vue géologique, on appelle *terrain* tout système de *roches*, *granits*, *grès*, *calcaires*, *sables* qui sont superposés et auxquels on reconnaît une certaine analogie de formation.

L'écorce terrestre est divisée ainsi en couches ou *terrains* qui répondent à quatre époques géologiques successives :

1° Les *terrains primitifs* renferment les roches cristallisées et stratifiées dans lesquelles on ne trouve pas de débris d'animaux et de végétaux et qui renferment des métaux en abondance ; on y rencontre aussi le *kaolin*, le *quartz*, le *marbre statuaire*, des mines d'étain et de cuivre, etc ; les granits et les gneiss forment la base principale de cette assise du globe.

2° Les *terrains intermédiaires* ou *de transition* caractérisent l'époque à laquelle les terres furent couvertes de végétaux et les mers, seules peuplées d'animaux ; ils renferment la houille, le calcaire carbonifère et autres, le vieux grès rouge, le schiste ardoisier, le grès à gros grains, des marbres différemment colorés, des métaux en abondance, etc.

Le *terrain secondaire* est composé de roches calcaires, marneuses, argileuses et siliceuses. On y trouve particulièrement le *calcaire oolithique*. Il s'y rencontre également une formation de calcaire coquillier, du calcaire schisteux, des poudingues, une formation de grès rouge, des masses transversales de roches feldspathiques appartenant au *terrain primitif*, de la craie, des métaux et des oxydes métalliques, notamment l'*oxyde de fer oolithique* et des minerais de plomb, de cuivre, de mercure, d'argent et de manganèse, etc.

3° Le *terrain tertiaire* contient des roches calcaires, siliceuses et marneuses. Ce *terrain* est très riche en pierres à bâtir, calcaires de tous genres, grès, gypses, mais les substances métalliques n'y abondent pas ; le fer et le manganèse seuls s'y trouvent.

4° Le *terrain diluvien*, qui a précédé l'apparition de l'homme sur le globe, est constitué par de grands dépôts d'alluvions ou terrains de transport. Ce *terrain* renferme un grand nombre d'animaux fossiles, de métaux précieux, l'or, l'argent, le platine, les pierres précieuses, comme le diamant, des sables et des graviers quartzeux coquilliers, des brèches coquillières, des masses de formation basaltique qui donnent de bonnes pierres à bâtir, des tufs friables susceptibles de fournir d'excellentes pouzzolanes pour la fabrication des mortiers.

5° Les *terrains post-diluviens* ou *terrains modernes*, qui résultent de l'accumulation des débris provenant de la destruction des formations antérieures et transportés dans les lieux qu'ils occupent par les eaux, la pesanteur et les vents. A l'exception de quelques roches volcaniques projetées des assises inférieures de l'écorce terrestre, les seules roches qu'on y trouve sont des travertins, des marnes, des brèches et des poudingues, dont la solidité n'égale pas celle des roches des terrains anciens.

Terra merita. — Couleur que l'on extrait d'une plante et qui est d'un jaune mat et foncé.

La *terra merita* se vend en poudre que l'on détrempe dans l'eau et sert à mettre les parquets en couleur.

Terrasse, *s. f.* — 1° Ensemble de travaux tels qu'excavations pour l'établissement d'ouvrages d'art, *piochage*, *pelletage*, *transports* des terres, *fouilles*, *remblais*, *pilonnage*, etc., enfin toutes opérations ayant pour objet la transformation du sol dans un lit déterminé.

2° Levée de terre ordinairement soutenue par un mur en maçonnerie.

L'usage des *terrasses* est très ancien ;

il se retrouve dans la construction de ces fameux jardins suspendus de Babylone, qui ne pouvaient être que des amas de terre maintenue par des épaulements en maçonnerie, et dans ces mausolées colossaux comme celui d'Auguste, qui se composait de *terrasses* superposées en étages solidement construits.

Les modernes font des *terrasses* des ouvrages d'embellissement ou d'utilité.

Dans ces sortes de travaux, tantôt l'on profite des inégalités naturelles du sol, tantôt on exécute l'ouvrage en terres rapportées et accumulées.

La *terrasse* la plus célèbre que l'on puisse citer aux environs de Paris est la *terrasse* de Saint-Germain-en-Laye, aussi remarquable par sa longueur et sa situation que par la grande étendue de pays que l'on découvre de ce point.

Le jardin des Tuileries, à Paris, présente aussi une *terrasse* soutenue par un mur de revêtement en pierre de taille.

Les remparts des villes fortifiées sont exécutés en *terrasse*.

3° On appelle *couverture en terrasse* une couverture qui présente, au lieu de toits en pente, au sommet d'un édifice, une surface plane, dressée et supportée par les murs.

Dans certains pays, ce genre de couverture est le seul employé. Les peuples anciens et modernes de l'Orient et du nord de l'Afrique ont fait aussi usage des plates-formes.

Les témoignages des écrivains anciens attestent également l'emploi de *terrasses* chez les Grecs et chez les Romains.

De nos jours, les Italiens font un usage général de ce mode de *couverture*; il y a certaines villes de la péninsule dont toutes les maisons sont terminées par une *terrasse* que borde un parapet et dont le sol est formé au moyen d'un enduit épais de pouzzolane.

En France, on fait peu de *terrasses* et on les exécute, soit en dalles très minces, soit en hourdis de plâtre recouvert de tables de plomb. Le premier système a l'inconvénient d'exiger un grand nombre de joints qui, selon la nature du mortier employé, occasionnent de fréquentes désunions, par lesquelles s'opèrent des filtrations d'eau. Le second système nécessite des joints formés par un petit ourlet que le pied écrase bientôt ou par une soudure; dans ce dernier cas, les tables se crevassent par l'effet de la dilatation à laquelle on fait obstacle. On peut remédier à cet inconvénient en formant le joint comme l'indique la

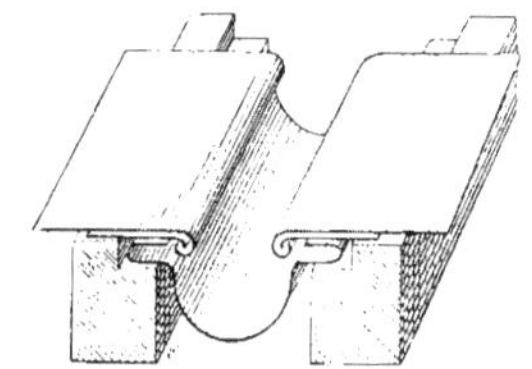

Fig. 3276.

figure 3276. On donne aux tables de 2 à 4 mètres au plus de longueur, et une épaisseur de $0^m,0025$ au moins. Les joints sont faits avec deux tasseaux en bois feuillés et noyés dans la pente en plâtre; on les garnit en plomb avec des rebords façonnés en agrafes et logés en feuillures, que l'on attache avec des pattes. Les tables de plomb formant la couverture tombent dans ces joints creux par-dessus des bandes d'égout en zinc ou en cuivre clouées sur les tasseaux.

4° Partie tendre qui se présente par veines dans un bloc de marbre ou dans une pierre dure.

Terrassement, *s. m.* — 1° Synonyme de *terrasse* (voy. ce mot).

2° Ce nom s'applique aux ouvrages mêmes qui sont exécutés en terre.

Pour évaluer le prix de revient des *terrassements*, il faut observer que dans les terrains ordinaires, terres végétales, alluvion, sable et menu gravier, le temps nécessaire à la fouille en grandes tranchées de plus de $0^m,28$ d'épaisseur et d'au moins 2 mètres de largeur, sans embarras d'étais, est, à très peu près, égal à une fois et demie celui nécessaire à un jet de pelle de $1^m,60$ de hauteur verticale.

Le fait est confirmé par le tableau suivant, emprunté au *Formulaire* de Claudel, et dont les résultats peuvent être pris comme terme moyen du temps nécessaire à l'exécution des déblais dans les terrains analogues à celui du sol supérieur de Paris.

	POUR UN MÈTRE CUBE	HEURES de terrassiers.
Fouille.	En grande tranchée ayant au moins 2 mètres de largeur au fond, sans étais	$0^m,80$
—	En tranchée ou rigole ayant moins de 2 mètres de largeur au fond, avec embarras d'étais. . . .	$0^m,90$
Jet à la pelle.	A une distance horizontale de 3 mètres ou à une hauteur verticale de $1^m,60$, en rigole ou tranchée ayant moins de 2 mètres de largeur au fond, sans étais ni banquettes	$0^m,50$
—	A une distance horizontale de 3 mètres ou à une hauteur verticale de $1^m,60$, en rigole ou tranchée ayant moins de 2 mètres de largeur au fond, avec étais et banquettes	$0^m,60$
—	En brouette, caisse ou camion n'excédant pas $1^m,20$ de hauteur . . .	$0^m,40$
—	En tombereau ou en wagon, ou encore sur berge ou sur banquette de 2 mètres de hauteur, en grande tranchée . .	$0^m,60$

Terrassier, *s. m.* — 1° Entrepreneur de terrasse.

2° Ouvrier employé à l'exécution des terrassements.

Le *terrassier* emploie des engins tels que : *échafauds* pour jeter sur berge, *treuils* pour tirer les terres des fouilles ou puits; des véhicules, *brouettes*, *camions, tombereaux*, et des outils, *pics, demoiselles, pioches, décintroirs, tournées, battues, jalons, écopes, dragues, pilons, sondes,* etc.

Terrasson, *s. m.* — Petite terrasse ou partie de couverture qui est presque en plateforme.

Les *terrassons* reçoivent seulement l'inclinaison nécessaire à l'écoulement des eaux pluviales qui frappent leur surface. On les couvre soit en zinc n° 14, soit au moyen de tables de plomb.

Terraube (*Pierre de*). — Calcaire lacustre demi-dur, provenant de la carrière de *Terraube,* dans l'arrondissement d'Auch (Gers).

C'est une pierre demi-dure, durcissant à l'air, de couleur blanche et à veines jaunâtres. Sa hauteur d'assise va jusqu'à 3 mètres.

Terrazzi. — Nom que l'on donne à des carreaux ou dalles employés pour revêtir le sol des vestibules et des appartements.

La fabrication de ces carreaux, très usités autrefois à Venise, a été reprise récemment par une usine fondée à Padoue (Vénétie). Ils sont composés de ciments de différentes couleurs avec incrustation de fragments de roches.

On obtient ainsi des dallages qui résistent très bien au frottement et dont les dessins ne changent pas par l'usure.

Terre, *s. f.* — Nom donné, en général, à la matière qui forme le sol ferme.

Considérée sous le rapport qu'elle peut avoir avec cette partie de l'art de bâtir que l'on nomme la *terrasse*, la *terre* est une substance minérale et inodore, tantôt pure, tantôt mélangée à d'autres matières. Dans le premier cas, c'est une matière sèche, opaque, friable, insoluble dans l'eau, qui la pénètre facilement, l'étend et la rend ductile en constituant la *terre végétale.* Dans le second cas, les corps étrangers sont les sables, graviers et cailloux, glaises, chaux, argiles, craies et marnes, etc.

Ces différents mélanges fournissent des *terres* pesantes ou légères, poreuses ou compactes, molles ou dures, rudes ou douces au toucher, de couleurs très diverses dues aux parties minérales ou métalliques qu'elles renferment, à saveur douce, âcre ou astringente, provenant des sels, à odeur agréable ou fétide, effet des particules aromatiques, huileuses et salines dont elles sont pénétrées.

En outre, selon que les *terres* s'imbibent d'eau plus ou moins facilement, on les dit grasses, tenaces ou ductiles. Il en est aussi dont les éléments n'ont point d'adhésion et donnent à la masse l'aspect du sable ou de la cendre.

Les *terres* ont différentes propriétés qu'elles doivent à leurs compositions diverses et qui déterminent leur emploi.

Les *terres argileuses* sont celles dont on se sert pour faire des briques et d'autres ouvrages dits en *terre cuite*. On admet généralement que ces *terres* proviennent de la décomposition des roches ignées feldspathiques, telles que les granits, les gneiss, les porphyres, etc. Cette décomposition s'est effectuée, en grande partie, pendant les âges géologiques, sous l'influence de l'eau, de l'air, de l'acide carbonique, de la chaleur et de l'électricité, l'effet destructif de ces agents devant être alors beaucoup plus puissant que de nos jours. Les produits décomposés furent ensuite délayés, puis entraînés par les eaux pluviales et transportés dans les lieux où nous les trouvons aujourd'hui. Quand ces produits sont restés en place ou lorsque, par hasard, dans leur transport, ils n'ont pas été souillés par des matières étrangères, ils forment le *kaolin* ou *terre à porcelaine*, qui est le type des argiles pures. Quand, au contraire, ces produits ont été charriés au loin, ils sont presque toujours mélangés à des sables, à de l'oxyde de fer, à du carbonate de chaux en proportions variables. De plus, l'action entraînante des eaux a pu s'opérer souvent sur une roche incomplètement décomposée et lui enlever, pour les mêler à la masse, plusieurs de ses parties constituantes, telles que quartz, micas, feldspaths, pyrites, etc.; ce sont ces mélanges de kaolin et de matières étrangères qui constituent les *argiles ordinaires* ou *terres à briques*.

On conçoit aisément la variété qu'un tel mode de formation a pu produire dans la composition des *terres* argileuses. Toutefois, ces *terres* ayant toutes pour base le kaolin (silicate d'alumine hydraté), produit principal de la décomposition du feldspath (silicate d'alumine combiné avec un autre silicate alcalin terreux), présentent des caractères communs, parmi lesquels ceux qui intéressent le plus les fabricants de *terre* cuite sont : la plasticité, la transformation à la cuisson, le retrait.

La *plasticité* est cette propriété que possèdent les argiles de former avec l'eau une pâte tenace, douce à la main, facile à travailler, à mouler, se soudant à elle-même, durcissant par la dessiccation. Cette propriété résulte de la combinaison des trois corps, silice, alumine et eau, mais c'est surtout à l'eau qu'elle doit être attribuée, bien que les argiles les plus alumineuses soient généralement les plus plastiques. L'eau que renferment les argiles est, en effet, de deux provenances : l'une, dite eau de carrière ou eau hygroscopique et dont la proportion dans la matière peut varier sans altérer ses qualités essentielles ; l'autre, dite eau combinée, qui fait partie de la constitution même de la substance. Or, l'eau de carrière disparaît si on chauffe l'argile à 100°, sans que la *terre* ait perdu ses propriétés, qu'elle reprend si on l'humecte de nouveau ; tandis que cette matière, portée au rouge, perd son eau de combinaison et se transforme en un corps dur, sonore, dépourvu de toute plasticité, même quand on l'humecte, et ayant éprouvé un *retrait*, c'est-à-dire une diminution de volume qui varie de 2 jusqu'à 20 pour 100.

En dehors de ces propriétés essentielles, il est d'autres caractères qui permettent de déterminer promptement la nature de ces *terres* argileuses. En effet, si on les laisse exposées à l'air, les argiles donnent une matière blanche ou grise, souvent colorée par des mélanges fortuits d'oxydes métalliques, douce au toucher, dégageant par le frottement une odeur particulière, s'écrasant sous une faible pression et assez dure quand elle est sèche ; dans ce dernier cas, les argiles happent fortement à la langue et si on les humecte avec un peu d'eau, elles répandent encore une odeur particulière dont la cause est restée inconnue jusqu'ici.

Outre ces caractères généraux, et en raison même des circonstances diverses dans lesquelles leur formation s'est accomplie, les argiles présentent, suivant les gisements, des propriétés particulières très variées. Brongniart a proposé pour ces matières, considérées sous le rapport de leur emploi dans l'art céramique, une classification basée sur leur état de pureté. Il distingue : l'*argile plastique*, l'*argile figuline*, les *marnes argileuses*, les *marnes calcaires* et les *marnes limoneuses*.

Les *argiles plastiques*, dites aussi *argiles pures*, sont essentiellement composées de silice, d'alumine et d'eau dans les proportions suivantes : sur 100 parties, 45 à 80 de silice, 15 à 40 d'alumine, et une quantité d'eau pouvant aller jusqu'à 18 pour 100. Ces argiles peuvent être regardées comme formées chimiquement d'un silicate d'alumine hydraté à proportion définie, dans le rapport de 57,42 pour 100 de silice à 42,58 d'alumine, mélangé avec un excès de silice ou d'alumine. On n'y rencontre qu'accidentellement des corps étrangers ; mais on y trouve toujours de la potasse et de la soude. Présentant une grande plasticité, un façonnage aisé, une grande résistance à l'imbibition comme à la dessiccation, une infusibilité absolue à la température d'environ 129° (Wedg.), à moins qu'elle ne soit souillée de fer ou de gypse, l'argile plastique est la base des produits réfractaires tels que creusets, pots de verrerie, cazettes à cuire la porcelaine, etc.

L'*argile figuline* contient toujours de 5 à 6 pour 100 de chaux à l'état de carbonate et de silicate. C'est une matière liante, moins tenace que l'argile plastique, ramollissable à une haute température, prenant une couleur rouge ou jaune à la cuisson. On peut l'employer à la fabrication des faïences communes, des *terres cuites* et des briques.

Les *marnes* sont des argiles plus ou moins mélangées de carbonate de chaux et souvent de sable. Elles font effervescence avec les acides, et entrent généralement en fusion à une température peu élevée. Leur classification est basée sur les proportions des éléments qui les composent : les *marnes argileuses* ne contiennent que 10 à 12 pour 100 de carbonate de chaux ; elles sont plastiques, se travaillent assez facilement, prennent une grande dureté à la cuisson et sont employées à la fabrication des briques et des poteries communes ; les *marnes calcaires* sont celles dans lesquelles la proportion de carbonate de chaux dépasse les chiffres qui précèdent; elles sont de couleur blanche ou grise, solides à l'état cru, mais se désagrègent facilement sous les influences atmosphériques ; employées seules, elles ne forment pas avec l'eau une pâte réellement plastique et ne servent que comme matières dégraissantes ; les *marnes limoneuses*, légères, poreuses et friables, de couleur brune, quelquefois très foncée, forment avec l'eau une pâte assez liante, mais sans solidité à la cuisson ; on en fait des briques consommées sur place et appelées briques de pays.

Le carbonate de chaux qui entre dans la composition des marnes ou *terres* à briques proprement dites n'est pas, comme nous l'avons fait observer plus haut, le seul corps étranger à la constitution même de ces matières que l'on rencontre dans les argiles. On y trouve : des grains de quartz, reconnaissables à leur cassure inégale, non lamelleuse, à leur dureté, leur couleur et leur transparence ; des cristaux plus ou moins nets, opalins, de feldspath ; des lamelles très minces, larges, de mica ; des cristaux ou grains de pyrite de fer ou bisulfure de fer, lourds, ayant l'éclat métallique et la couleur jaune du laiton ; d'une manière générale, de l'oxyde de fer à l'état de peroxyde anhydre ou hydraté, colorant la masse en rouge dans le premier cas, en jaune dans le deuxième, cette dernière teinte passant, du reste, au rouge par la calcination de l'argile ; une faible proportion d'oxyde de fer suffit pour diminuer notablement la propriété réfractaire de l'argile ; des alcalis (potasse et soude), dont le poids s'élève jusqu'à 2 ou 3 pour 100, une petite quantité d'alcali étant également suffisante pour rendre l'argile ramollissable à une haute température ; des matières organiques, qui colorent la masse en brun, en gris ou en noir et qui exhalent une odeur bitumineuse par le frottement et la calcination. Ces argiles, soumises à une température peu élevée, peuvent prendre et conserver une couleur noire due à la présence du charbon ; si on les porte à une chaleur plus élevée, le charbon se brûle en certaines places qui blanchissent ou qui rougissent si l'argile est ferrugineuse.

Les argiles plastiques, telles que celles qui appartiennent aux deux premières catégories que nous venons d'énumérer, se présentent ordinairement, dans la nature, en amas à peu près lenticulaires et ellipsoïdes allongés, compris entre les terrains tertiaires de toutes les époques et les terrains crétacés. Elles renferment souvent des pyrites, des cristaux de gypse, des amas de fer oligiste terreux (ocre rouge), de limonite terreuse (ocre jaune) qui les rendent fusibles. On n'y trouve pas de débris de corps organisés.

Les marnes argileuses se rencontrent dans presque tous les terrains, surtout dans les terrains tertiaires. Elles sont bien plus répandues à la surface du globe que les argiles plastiques et se présentent dans les terrains infra et supra-crétacés en couches puissantes, couvrant presque entièrement certains pays. C'est pourquoi ces *terres*, si abondantes et d'exploitation si facile, propres, en outre, à donner des poteries et faïences communes, ont été employées à la fabrication des poteries antiques.

Les marnes limoneuses, parmi lesquelles on range les *terres* franches, sont plus superficielles encore, plus répandues, plus faciles à travailler ; elles abondent dans les vallées de grande étendue et à toutes les embouchures des grands fleuves.

Lorsque ces *terres* sont destinées à la fabrication mécanique des produits argileux, elles sont soumises à diverses manipulations préalables, puis livrées au *moulage*, qui se fait soit en *terre molle*, c'est-à-dire en *terre* détrempée, soit en *terre dure*, c'est-à-dire en *terre* brute, telle qu'elle sort de la carrière et sans addition d'eau. Entre ces deux extrêmes, il y a bien des intermédiaires que nous représenterons par un terme moyen, le moulage en *terre ferme* ou *demi-dure*, et nous appellerons *fabrication en terre molle* toute fabrication dans laquelle seront employées des *terres* soumises au trempage, soit avant d'être livrées aux machines qui opèrent la trituration, soit, comme il arrive fréquemment, dans le malaxeur même qui dessert l'appareil mouleur.

Le moulage en *terre* molle donne de bons résultats, sans grandes dépenses d'installation première et avec peu de main-d'œuvre ; mais il ne fournit que des produits dont la régularité est imparfaite et la dessiccation très lente. Le moulage par machines donne des produits plus corrects, et, comme la *terre* molle se prête mieux au mélange avec les modificatifs, c'est encore sur des pâtes ainsi préparées qu'opèrent la plupart des machines donnant de bons résultats. La fabrication des briques en *terre* dure fournit des produits plus compacts qu'en *terre* trempée, mais entraine une installation mécanique plus coûteuse, par la dépense de forces qu'elle exige, et un prix de cuisson plus élevé, en raison de la densité plus forte des briques mises au four. Ce mode de fabrication convient très bien, au contraire, aux tuiles et aux carreaux. Quant à l'emploi de la *terre* sèche, il n'est nullement avantageux pour la fabrication des briques, parce qu'il exige préalablement le séchage complet de la matière, puis le broyage et le façonnage. De plus, dans ce système, on ne met nullement à profit cette propriété si précieuse de l'argile, la plasticité, en vertu de laquelle cette matière, réduite en pâte humide et soumise à la cuisson, donne un corps dur, résistant, homogène. Les produits obtenus jusqu'à ce jour ont laissé à désirer sous le rapport des qualités; les briques sont peu sonores, et, si elles ne sont pas soumises à un degré de cuisson capable de souder les différentes molécules, il y a solution de continuité et elles se désagrègent facilement; enfin, cette méthode exige des machines très puissantes et par conséquent très coûteuses; le seul avantage qu'elle présente est l'économie de place et d'installation de séchoirs. « Néanmoins, dit M. Gédéon Lacroix dans un mémoire sur les *Divers procédés mécaniques de fabrication des briques* (1), ce système est peut-être lucratif : 1° dans la fabrication des briques réfractaires formées de quartz et de chaux comme liant, parce qu'alors le feu seul opère la soudure des molécules, bien que, pris séparément, ces deux corps soient infusibles; le moulage n'a plus pour but que de donner la forme et les dimensions; 2° dans la fabrication des briques factices en scories, laitiers de hauts-fourneaux, briquettes de charbon, parce que la chaux ou le brai remplissent le même office que la chaux dans le cas précédent. »

(1) Voy. *Bulletin mensuel de l'Union céramique et chaufournière de France*, 3e année, p. 444.

Terre franche : espèce de *terre* grasse, argileuse, jaune, sans gravier et que l'on emploie pour hourder les murs, les pans de bois, faire de la bauge, etc.

Les fumistes n'utilisent que la *terre franche*.

Terre glaise : *terre* argileuse dont on forme le fond des bassins.

Terre maigre : *terre* sablonneuse que l'on mêle quelquefois avec de la *terre* trop grasse.

Terre massive : *terre* que l'on considère comme étant entièrement solide, sans aucun vide.

Terre naturelle ou *terre vierge* : *terre* qui n'a point encore été remuée ni fouillée.

Terre rapportée : *terre* qui a été transportée d'un lieu à un autre, soit pour combler des fossés ou des bas-fonds, soit pour élever des terrasses.

Terre jectisse : *terre* qui a été fouillée, remuée et jetée à la pelle.

Terre forte : *terre* humide, contenant de petites pierres ou du caillou et de l'argile.

Voici quelques chiffres indiquant le poids du mètre cube de certaines *terres* :

Terre végétale, 1,214 à 1,285 kilogr.;

Terre forte graveleuse, 1,357 à 1,428 kilogr.;

Grosse *terre* mêlée de sable et de gravier, 1,860 kilogr.;

Terre mêlée de petites pierres, 1,910 kilogr.;

Terre grasse mêlée de cailloux, 2,290 kilogr.

On emploie pour faire du mortier hydraulique une espèce de *terre*, dite de

Hollande, provenant des environs de Cologne, qui se cuit comme le plâtre et que l'on réduit en poudre en l'écrasant avec des meules.

Les *terres* qui renferment des oxydes métalliques sont utilisées dans la peinture ; on emploie particulièrement, pour faire des couleurs brunes :

1° La *terre d'Ombrie*, ainsi nommée parce qu'on la tirait autrefois de l'*Ombrie*, province des anciens Romains ; c'est de l'argile mêlée d'oxyde de fer et d'oxyde de manganèse qui se présente en fragments bruns, d'un aspect gras à l'intérieur et qui prend une teinte brune et rougeâtre quand on la chauffe ; on l'emploie à l'état naturel ou calcinée ; dans la peinture en détrempe ou à l'huile, on la mélange ordinairement avec de la chaux éteinte ;

2° La *terre de Sienne*, *terre* argileuse fortement chargée d'oxyde ferrugineux et que le commerce livre soit à l'état naturel, soit brûlée ou calcinée ; la *terre de Sienne naturelle*, réduite en poudre et exposée à l'air, prend une teinte jaune olive ; la *terre de Sienne brûlée* est, en général, rouge foncée ; on l'emploie à l'eau ou à l'huile ; les peintres en bâtiment s'en servent particulièrement pour imiter la nuance et les veines du bois d'acajou ;

3° La *terre de Cologne*, dite aussi *terre de Cassel*, *terre* argileuse plus brune et plus bitumineuse, plus chargée de fer que la *terre* d'Ombrie et que l'on emploie à l'huile et en détrempe.

On donne le nom de *terre bolaire* au *bol d'Arménie* (voy. ce mot).

Terre cuite. On désigne ainsi les objets en *terre* argileuse durcie par le feu, que l'on a, de tous temps, employés soit à la construction des édifices, soit à la décoration architecturale, sous forme de statues, de bas-reliefs, etc.

Quant à l'époque à laquelle les hommes commencèrent à employer la *terre cuite*, elle n'est pas encore déterminée de nos jours. Quoi qu'il en soit, il est probable que la première manifestation de cet art fut l'usage des poteries ou ustensiles en *terre cuite*.

Nous observerons, en effet, avec Séroux d'Agincourt, que la *terre* grasse, étant de toutes les substances celle qui se trouve le plus à la portée de la main de l'homme, dut être regardée comme d'un emploi avantageux pour un grand nombre d'objets de première nécessité. Si l'on remarque, en outre, que les premiers habitants de la *terre*, allumant du feu sur un sol argileux, durent être frappés de voir ce sol durcir, on peut admettre qu'ils creusèrent des trous dans la masse argileuse même, en durcirent les parois par le feu et y placèrent les liquides qui leur servaient à préparer les aliments. De là à la confection de vases ou récipients grossiers, durcis par la cuisson, il n'y a qu'un pas et, l'invention du tour aidant, la *céramique* était née.

A ces considérations viennent s'ajouter des preuves certaines de l'ancienneté des poteries ; telles sont les découvertes récentes d'abondants fragments de poterie grossière façonnée à la main et contemporaine de l'âge de pierre, dans les habitations lacustres de la Suisse ; de débris semblables, appartenant à l'époque du bronze, en Danemark et dans la région que nous venons de citer. En France même, dans la caverne de Pondres, près de Nîmes, selon Ch. Lyell, dans la même boue que des os de hyène et d'un rhinocéros d'espèces perdues, on découvrit des fragments de deux sortes de poteries ; la plus grossière, qui se trouvait située le plus bas, était par-dessous les ossements des mammifères. Enfin, les fouilles exécutées, en Égypte, dans les alluvions du Nil, dans les tumulus américains de la vallée de l'Ohio et de ses affluents ont fourni les mêmes témoignages.

Si nous quittons les époques géologiques, nous voyons l'art du potier déjà très avancé chez les peuples de races encore existantes et dont l'histoire est la plus anciennement connue. On ne sait à quelle date remonte l'usage du tour chez les Chinois. En Assyrie, les amphores trouvées à Khorsabad sont également des témoignages d'ancienneté d'un art perfectionné ; il en est de même des vases découverts à Mycènes. « Enfin, dit M. Brongniart (1), le nombre des poteries trouvées dans les tombes de tous les peuples anciens, européens, scandinaves, slaves, germains, gaulois, celtes, étrusques, grecs, est incalculable. »

Quant aux fours employés dans l'antiquité, on n'a sur ces appareils que des notions très incomplètes. Quoi qu'il en soit, si la cuisson de l'argile a été utilisée pour les ustensiles de première nécessité avant d'être appliquée à la fabrication de pierres artificielles, l'ancienneté des briques crues ou cuites n'en est pas moins indiscutable et démontrée, à la fois, par les ruines récemment explorées de Babylone et de Ninive, par les découvertes faites en Égypte, tant sur les monuments que dans les alluvions du Nil et par les vestiges bien connus des palais de Crésus, à Sardes ; de Mausole, à Halicarnasse ; d'Attale, à Tralles, édifices qui étaient construits en briques rouges très cuites et d'une grande dureté.

C'est, d'ailleurs, dans les pays dépourvus de pierres propres aux constructions que les matériaux artificiels ont été surtout employés. Telles sont les régions qui avoisinent les grands cours d'eau et leur embouchure, plaines et vallées formées par des terrains d'alluvion, dont la fertilité a dû fixer les premières agglomérations humaines. De nos jours même, certains districts de la Norwège et de la Suisse, pays couverts de forêts, ne fournissent aucun exemple de constructions en briques, ni de couvertures en tuiles. Dans ces régions, les édifices ont pour élément principal de structure le bois, auquel il a dû être associé un peu de pierre, et inversement. Par contre, les contrées anciennes dans lesquelles on trouve l'usage le plus fréquent de la brique appartiennent aux plaines de l'Asie, aux régions du Tigre et de l'Euphrate, où la pierre est rare et dont le sol présente une matière meuble et plastique, se prêtant facilement aux formes qu'on veut lui donner.

Non-seulement l'argile a été, dans les temps les plus reculés, employée pour la construction des murailles, mais elle fut aussi appliquée à la couverture des édifices. Les temples élevés sur l'acropole d'Athènes avaient été primitivement couverts en *terre cuite*, comme le prouvent les nombreux débris retrouvés dans cette région de la cité grecque. Lorsque ces monuments eurent été détruits par les Perses, ils furent reconstruits avec une plus grande magnificence et leur toiture fut refaite en marbre.

Le revêtement du sol des habitations offre aussi un témoignage très ancien de l'usage de la *terre cuite*, comme le dit M. Amé dans les *Carrelages émaillés du moyen âge et de la Renaissance :* « La *terre* battue ou damée forma, sans doute, le sol des premières habitations. La *terre cuite*, dès les progrès de la civilisation, fut presque toujours employée dans les appartements d'importance secondaire. »

Enfin, la facilité avec laquelle l'argile se prête au travail du modeleur, la fantaisie des premiers potiers, qui ont pétri quelques ornements pour leurs habitations, ont donné naissance, de bonne heure, à la décoration des édifices au moyen de *terres cuites* employées avec leurs couleurs naturelles ou couvertes d'émaux de nuances variées. Un certain nombre d'archéologues, parmi lesquels nous citerons Seroux d'Agincourt, Pietro Campana, regardent même la plastique ornementale, c'est-à-dire l'art de faire des ornements, des statues en *terre cuite*, comme ayant précédé la

(1) *Traité des arts céramiques*, t. I, p. 5.

sculpture en pierre; il est donc constant que l'usage des *terres cuites*, appliquées à la sculpture et à la décoration, remonte à une époque très ancienne.

L'argile est donc susceptible de former, à l'aide de la plastique, des figures et des ornements, et, si nous ne devons pas considérer cette matière comme un des éléments les plus nobles mis, par la nature, à la disposition du sculpteur, du moins pouvons-nous lui reconnaître le droit d'ancienneté que lui donne sa facilité à se prêter à tout ce que la main de l'artiste veut en exiger. Quels que soient les doutes que l'on puisse émettre à l'égard de cette question, il est certain que les arts céramiques, restés, pour la confection des pâtes et des vernis, dans l'enfance pendant une longue suite de siècles, ont, au contraire, été poussés très loin dans l'antiquité, sous le rapport de la plastique ornementale ; témoin cette quantité de fragments de corniches, de frises, d'antéfixes, etc., provenant de monuments anciens et qui sont ornés de sculptures et de bas-reliefs, aussi remarquables par le goût et par le style de la composition que par l'habileté de l'exécution.

C'est particulièrement à ces produits affectés à la décoration architecturale que l'on donne le nom de *terres cuites* et leur histoire est intimement liée à celle de l'architecture. C'est ainsi que dans les amas de décombres qui marquent aujourd'hui l'emplacement de l'antique Babylone, on a trouvé des fragments de *terres cuites* avec lesquels on a pu reconstituer les bas-reliefs peints qui revêtaient certaines parties des murs des palais babyloniens. Ces fragments sont de plusieurs couleurs, à fonds mi-partie bleus et jaunes sur lesquels se détachent des lignes noires marquant les contours du dessin.

Notons encore la découverte opérée dans ces ruines de fragments de poteries creuses, appelés *barils* ou *cylindres* et qui étaient chargées d'inscriptions cunéiformes. Des manchons du même genre ont été trouvés dans les monticules qui représentent les vestiges des

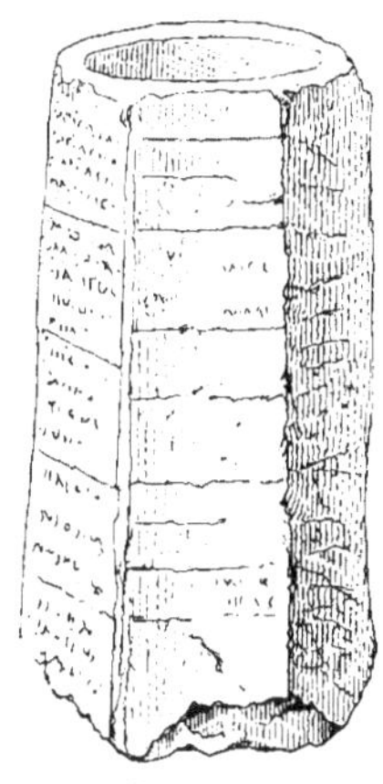

Fig. 3277.

palais ninivites. La figure 3277 représente un de ces boisseaux dont on n'a pas encore expliqué la destination.

Quant au parti décoratif que les Assyriens ont su tirer de la *terre cuite*, il est mis en évidence par les archivoltes en briques émaillées qui ornaient les portes ouvertes dans le mur d'enceinte de Khorsabad.

Enfin, Hérodote nous apprend que l'ancienne capitale de la Médie, Ecbatane, à peu près grande comme Athènes, possédait sept enceintes surmontées de créneaux, de couleurs variant à chaque enceinte, effet obtenu, sans doute, au moyen de briques et de carreaux émaillés, cuits au feu, suivant la coutume ninivite.

La vallée du Nil est particulièrement intéressante, au point de vue archéologique, pour l'emploi de la *terre cuite*, et les découvertes que l'on y a faites montrent que la cuisson de l'argile était connue des Égyptiens de temps immémorial. En effet, lorsque les alluvions du fleuve furent soumises aux fouilles exécutées par la Société royale de Londres, une *brique cuite* fut trouvée à

18 mètres de profondeur. En admettant qu'au point où ces fouilles ont été faites, le limon déposé élève, par siècle, de 0m,15 le niveau du sol, cette brique serait âgée de 12,000 ans. Un autre sondage, exécuté par Linant-Bey, sur la rive libyenne du bras de Rosette, amena un fragment de brique rouge à 22 mètres de profondeur. Or, si l'on estime en cet endroit l'accroissement de l'épaisseur du limon à 0m,063 par siècle, un objet travaillé, trouvé à cette distance du sol, daterait de 30,000 ans. A l'appui de cette hypothèse, on pourrait citer l'évaluation Rosière (0m,060 par siècle), sur l'accroissement du dépôt des sédiments du Delta ; mais il se peut que le forage de Linant-Bey ait été effectué en un point où un bras du fleuve a été comblé au temps où le Delta était plus reculé vers le Sud. La brique pourrait être alors relativement très moderne. On a même prétendu que, jusqu'aux temps des Romains, la cuisson de la brique fut inconnue dans la vallée du Nil ; mais cette assertion est démentie par de nombreuses découvertes, sans qu'il faille recourir aux sondages cités plus haut. Le British-Museum possède : 1° une petite brique cuite rectangulaire provenant d'un tombeau à Thèbes et portant le nom de Thotmès, surintendant des greniers du dieu Amen-Ra ; l'inspection de cette brique, sa forme, l'examen de l'inscription, tout porte à croire qu'elle remonte à la dix-huitième dynastie, c'est-à-dire à environ 1450 ans avant Jésus-Christ ; 2° une brique cintrée qui semble provenir d'une voûte et qui porte une inscription en partie effacée, mais finissant par ces mots : *du temple de Amen-ba.* Ce morceau de *terre cuite* est de longtemps antérieur à la domination romaine et doit être rapporté, d'après Birch, à la dix-neuvième dynastie ou à l'an 1300 avant Jésus-Christ. D'ailleurs, les briques égyptiennes à inscriptions du Nouvel-Empire sont assez nombreuses aujourd'hui dans les collections. Le Louvre possède des objets du même genre et de la même période. Enfin, l'on a découvert dans le tombeau de Rhamsès II, que l'on croit être le père de Sésostris (XVIe siècle avant Jésus-Christ), un bas-relief en *terre cuite* représentant le dieu Chnoul qui, dans la théogonie égyptienne, est le dieu créateur. De ces observations, ajoutées à celles de Birch, Mariette, etc., il résulterait que l'art de cuire les briques était très avancé sous le Nouvel-Empire. La collection de M. Wilkinson a fourni, du reste, à sir Charles Lyell un argument bien plus décisif. On y voit, en effet, des échantillons de mortier extraits de chacune des grandes pyramides et contenant des fragments de briques et de poterie. Bien plus, l'art de l'émailleur a dû être contemporain, chez les anciens habitants de Thèbes, des arts du potier, du peintre et du sculpteur : « On trouve partout, dit Champollion-Figeac, les produits de l'art de l'émailleur et de la porcelaine blanche ou coloriée, portés à un haut degré de perfection. Rien n'est plus commun, non plus, dans les ruines égyptiennes, que des poteries émaillées de diverses couleurs.

En Grèce, on a constaté aussi l'usage de la *terre cuite* à une époque très reculée ; le musée céramique de Sèvres possède un fragment d'une grande brique plate, à pâte rouge rosâtre, détachée des murs de l'acropole d'Athènes ; de même, des briques et tuiles provenant du cap Sunium, et un fragment d'une grande brique à canaux, qui devait servir à la couverture, et qui a été trouvée à Éphèse. Comme preuve de l'usage de la *terre cuite* moulée, nous trouvons, dans le même établissement, une antéfixe, ornée d'une tête de Méduse, couronnée d'une palmette avec épis de blé, frise d'oves, à pâte grossière rougeâtre, engobée d'argile blanche, et dont la hauteur est de 0m,25.

Nous rappellerons, du reste, l'histoire bien connue du potier corinthien Dibutade et de sa fille, qui, prise d'un violent amour pour un garçon de Corinthe, traça, au moment d'une séparation douloureuse, les contours de l'ombre portée sur le mur par la tête de son amant. Dibutade remplit cette silhouette de terre grasse, et forma ainsi une plaquette qu'il fit cuire au four avec d'autres objets en argile. Cette idée parut si remarquable que l'on crut devoir en conserver la première application et la déposer dans le temple des Nymphes, où, suivant Pline, on la montrait encore comme une antiquité respectable, dans le temps que Corinthe fut détruite par les Romains. En moulant ce bas-relief ou d'autres semblables, comme on moulait les vases, on put les multiplier de même. Telle est l'origine de la plastique moulée, c'est-à-dire de la représentation des figures en bas-relief par la *terre cuite*. Il est probable que cet art fut, tout d'abord, appliqué à la décoration supérieure des édifices. En effet, les Grecs attribuent à Dibutade la première fabrication des antéfixes en *terre cuite* ; le même personnage aurait également découvert un procédé pour colorer l'argile en rouge. On a, d'ailleurs, trouvé dans les ruines des temples de la Grèce et de la Sicile un nombre de fragments de *terre cuite* peinte provenant des cymaises, de chéneaux, d'antéfixes, etc. Hittorff donne même (1) le dessin d'un ornement en *terre cuite* trouvé à Métaponte, et qui servait de revêtement à une poutre en bois.

En Étrurie, on a découvert des sarcophages en *terre cuite*, notamment à Volterra et dans la nécropole de Tarquinies. Le musée céramique de Sèvres possède un sarcophage en pâte rougeâtre, engobée d'argile blanche, avec un bas-relief et une figure couchée sur le couvercle, qui provient des fouilles exécutées dans la première de ces deux villes en 1824. Parmi les autres fragments de cercueils qui appartiennent au même établissement, il en est un que M. le baron Taylor a rapporté de Tarquinies, et qui faisait partie d'un sarcophage de plus de 2 mètres de longueur, la figure couchée qui le recouvrait ayant environ $1^{m},60$, d'une seule pièce (1). M. Demonin (2) cite un sarcophage étrusque de $0^{m},42$ de largeur sur $0^{m},27$ de hauteur, plus celle du couvercle, en *terre cuite*, sans couverte, avec endroits peints à froid de couleur rouge et bleue ; ce sarcophage remonterait au-delà de la conquête romaine, au moins 400 ans avant Jésus-Christ. On voit ainsi que l'art de la plastique était poussé très loin chez les Étrusques. Pline apporte son témoignage à ces découvertes et parle de l'emploi que cette nation faisait des *terres cuites* en général et particulièrement pour la statuaire et la sculpture ornementale des édifices.

Les Romains faisaient eux-mêmes usage de *terres cuites* d'ornements : antéfixes, gouttières sculptées, etc., longtemps avant l'ère chrétienne. Tarquin l'Ancien employa, pour décorer le Capitole, des sculpteurs étrusques qui exécutèrent des ouvrages en *terre cuite*. Des statues de même nature ornaient le faîte des temples, à Rome et dans les villes municipales. C'est en raison même de l'importance de ces travaux et, en général, de l'utilité de tous ceux où l'argile était employée, qu'il s'était établi, à Rome, une école d'ouvriers destinés à exécuter des ouvrages de ce genre. Cette école, ainsi qu'il résulte d'une inscription trouvée à Spaletro, avait reçu le nom de *Collegium figulorum*. Vers la fin de la république, les ouvrages de *terre cuite* étaient encore très recherchés. Varron cite, parmi les plus célèbres modeleurs, Posis et Arcésilas ; ce dernier fut même chargé, par Jules César, de faire une statue de Vénus, qui

(1) *L'Architecture polychrome chez les Grecs*, Paris, 1851, 1 vol. in-4°, atlas in-f°, pl. VI.

(1) Brongniart, *Traité des arts céramiques*, t. I, p. 588.

(2) *Histoire de la céramique*, Paris, 1871, in-f°.

était fort estimée, bien qu'il n'ait pas eu le temps de la terminer.

Dans la suite, sous le règne des empereurs, les bas-reliefs et les ornements en *terre cuite* se multiplièrent à l'infini sur les frontons et particulièrement sur les frises, à l'intérieur et à l'extérieur des temples, des maisons et des chambres sépulcrales. Les sujets en étaient pris dans la mythologie ou dans l'histoire grecque et romaine, d'autres tenaient aux coutumes. Séroux d'Agincourt cite un certain nombre de fragments ou de bas-reliefs retrouvés dans les ruines de Rome et qui sont aujourd'hui conservés dans les musées modernes. Parmi ces restes, il en est un bien caractéristique : c'est une statue d'Hercule, en bas-relief de *terre cuite*, accompagnée de l'inscription suivante en vers latins :

Sum fragilis, sed te moneo, ne sperne sigillum,
Non pudet Alciden nomen habere meum (1).

On a aussi découvert, en 1874, près de Velletri, ancienne capitale des Volsques, des bas-reliefs peints de diverses couleurs et qui ont été recueillis au musée du cardinal Borgia. On y a remarqué des signes de la plus haute antiquité; ces bas-reliefs démontrent que, lors de ces premières tentatives, l'art du modeleur se pratiquait déjà avec un sentiment fort remarquable, quoique encore très éloigné de la correction. Enfin, Séroux d'Agincourt cite encore des tables de *terre cuite* sur lesquelles les sculpteurs modelaient des bas-reliefs, des sujets fabuleux, religieux, historiques, des figures allégoriques, termes, vases, meubles, etc., placés souvent dans des divisions formées par des colonnes, ou enfin de simples ornements ou rinceaux et arabesques. Ces diverses espèces de bas-reliefs, que certains archéologues ont appelés *antéfixes*, étaient employés, en raison de leur importance ou des objets qu'ils représentaient, à la décoration des frises intérieures ou extérieures des temples et bâtiments publics et particuliers. On les fixait avec des clous, comme l'indiquent les trous circulaires qu'on voit sur ces *terres cuites* (voy. *Antéfixe*). De Caylus parle de bas-reliefs de ce genre, arrêtés par des clous de plomb sur la frise d'une chambre souterraine, découverte dans un lieu nommé aujourd'hui Scrofano et qu'il croit être l'antique Véies, à 16 milles de Rome. Enfin, les sculptures romaines nous offrent encore, indépendamment des urnes et vases cinéraires, certaines applications de *terre cuite*. Les urnes de familles pauvres, dans les columbaria, étaient placées entre deux lignes de briques ou de tuiles.

On a trouvé un certain nombre de sarcophages gallo-romains en *terre cuite*. M. de Caumont cite même, sur plusieurs points de la France et de l'Angleterre, des tombeaux ou cercueils destinés à recevoir des urnes funéraires et qui étaient construits sur place, au moment de l'inhumation, d'une façon toute particulière; deux murs bas en briques supportaient un toit composé de larges tuiles, posées les unes sur les autres en encorbellement et rapprochées, par le haut, de manière à former dos-d'âne.

Dans les monuments d'architecture latine, on trouve la *terre cuite* employée par incrustation et formant des combinaisons variées, des dessins qui constituent une ornementation régulière. C'est ainsi que le tympan de l'église Saint-Pierre, à Vienne, est orné d'une croix formée de briques incrustées entre deux frontons triangulaires. On a trouvé, à Saint-Samson-sur-Risle, à Verton, près de Nantes, des briques moulées qui avaient dû être employées dans le même but de décoration extérieure.

Outre le rôle décoratif que les briques jouent dans les édifices byzantins par la manière dont elles sont posées, on y trouve aussi des pièces de *terre cuite*

(1) « Je suis fragile, mais garde-toi, je t'en préviens, de mépriser cette argile, qu'Alcide n'a pas rougi d'honorer de son nom. »

pour moulures et couronnements, qui étaient fabriquées à l'aide de moules. La Roumanie, qui s'est trouvée, par sa situation géographique, immédiatement exposée à l'influence byzantine, conserve des traces nombreuses de l'emploi de la *terre cuite* dans les siècles passés; aujourd'hui encore, les habitations de ce pays se construisent en briques grossièrement façonnées; mais, autrefois, la préparation de la *terre* était plus

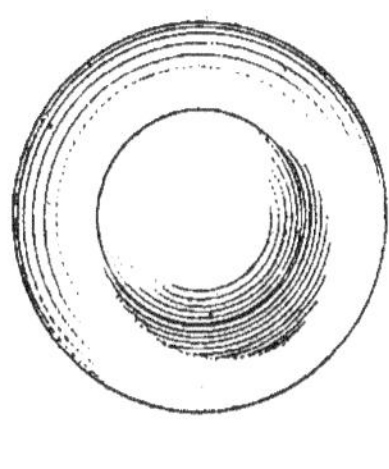

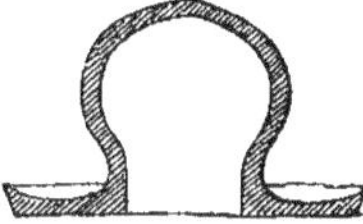

Fig. 3278.

soignée; l'argile était, comme celle que les potiers emploient de nos jours, fortement mélangée de sable micacé, et les produits se sont parfaitement conservés jusqu'à notre époque. On trouve encore, sur quelques clochers du siècle dernier, des boutons décoratifs émaillés en vert ou en jaune, de la forme indiquée par la figure 3278, et qui étaient distribués sur les bandeaux, sur les tympans des arcades, etc.

Lorsque les Arabes s'emparèrent de l'Asie Mineure, de la Syrie et de l'Égypte, ils convertirent en mosquées un grand nombre d'églises, toutes construites dans le goût byzantin; c'est donc à ce dernier style qu'ils empruntèrent les principaux éléments de leur système architectonique; mais la conquête de la Perse, l'étude des monuments construits à Madain (Séleucie et Ctésiphon), sous la dynastie des Arsacides et des Sassanides, expliquent aussi le caractère que présente l'architecture musulmane, surtout au point de vue de la décoration. Ainsi donc, sous la double influence que nous venons de signaler, la *terre cuite*, employée comme briques pour la construction des murs, comme pièces émaillées pour le revêtement des parois, est encore un des matériaux le plus fréquemment usités dans les monuments de l'islamisme.

Dans l'architecture dite romane du nord de l'Italie, la *terre cuite* est aussi l'élément principal de la décoration, plus particulièrement accentuée dans les corniches du couronnement, qui présentent d'ordinaire, comme motif dominant, de petites arcatures cintrées, appuyées sur des consoles. Nous donnons (fig. 3279) un fragment de la corniche du couronnement de la coupole de Saint-Ambroise (1), à cause de son originalité, et bien qu'elle soit de beaucoup postérieure à la reconstruction de la basilique. C'est une bande d'arcatures aveugles qui s'entrecroisent, de manière à former des ogives; au-dessous est une frise, composée de briques inclinées en sens inverse, et au-dessus une rangée de consoles, surmontées d'une assise de briques en dents de scie; le tout, d'ailleurs, est en *terre cuite*.

A l'église de *San Pietro in Ciel d'Oro*, à Pavie, l'archivolte extérieure des fenêtres de la grande nef est composée de trois rouleaux de brique, dont l'une porte une série de petits losanges moulés en relief. Dans cette même ville, l'église de Saint-Michel a sa grande nef couronnée, sur la première moitié de sa longueur, d'une corniche en briques très simple, et présente, dans la seconde moitié, une série d'arcatures portées sur des colonnettes, et formant une ornementation des plus élégantes. A l'église de Saint-Théodore, dont la fondation

(1) De Dartein, *Etude sur l'architecture lombarde*.

date du XIIe siècle, les consoles qui supportent les corniches extérieures sont aussi en *terre cuite*.

La célèbre *Chartreuse de Pavie*, qui s'élève à cinq milles de cette ville, et qui fut fondée en 1396 par Galéas Vis-

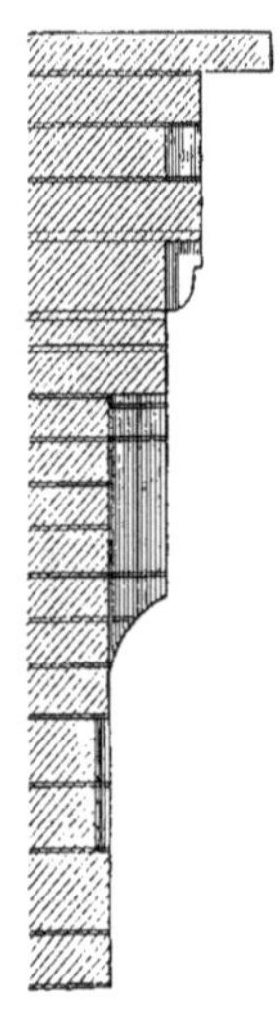

Fig. 3279.

conti, est pour nous un témoignage de l'habileté des constructeurs et des artistes de ce temps ; appareils des murs construits en briques, arcs en briques posées seules ou alternant avec des claveaux de pierre, frises, corniches, sculptures en *terre cuite*, toutes ces parties de l'édifice sont admirablement conservées. On voit par là que la *terre cuite* résiste très bien aux injures du temps, car les dégradations que l'on remarque parfois dans ces constructions sont dues soit à une négligence dans la pose d'une des pièces, soit à un choc accidentel ou bien encore à l'action destructive des herbes qui s'accrochent aux moindres fissures.

La cathédrale de Crema est un monument dont la fondation n'est pas fixée à une date précise, mais qui paraît être de la fin du XIIIe ou du commencement du XIVe siècle. La presque totalité de cet édifice est en briques et la décoration en *terre cuite*. Cette matière s'y trouve même aujourd'hui dans un état parfait de conservation. Nous donnons (fig. 3280) un fragment du couronnement du fronton d'après l'ouvrage de Lewis Gruner (1); des colonnettes qui, par leur caractère, semblent appartenir au style ogival, sont surmontées d'arcades en plein-cintre et séparent deux séries d'arcatures accompagnées de bandeaux en *terre cuite* moulurée.

La même habileté d'exécution se remarque dans les *terres cuites* employées à l'ornementation de l'église de *San Rustico* à Caravage, à quelque distance de Bergame.

Les nombreux exemples que nous ve-

(1) *Tehe terra cotta*... p. 38, pl. XVI, XXII.

nons de citer suffisent pour indiquer le rôle important joué par la *terre cuite*, à l'époque que nous considérons, dans l'architecture du nord de l'Italie. Cette

Fig. 3280.

région est si riche en ouvrages de ce genre, que Thomas Hope l'appelle la *grande contrée de la brique*.

Si nous considérons les monuments dans lesquels le plein-cintre est partout remplacé par l'ogive, c'est encore dans les mêmes provinces que l'on trouve les plus nombreux exemples de l'emploi de la *terre cuite*. A l'église *Santa Maria del Carmine* de Pavie, construite en 1373, l'entablement à double rampant de la façade mérite surtout l'attention : il offre (fig. 3281), dans ses arcatures, ses torsades, ses enroulements, ses bandeaux arrondis et accompagnés de modillons, une très belle application de la *terre cuite* moulée.

Enfin, les villes de la Toscane, de la

province de Sienne, étaient construites sur un sol qui se prêtait merveilleusement à la fabrication; aussi toutes, excepté Florence, qui pouvait se procurer

Fig. 3281.

facilement de la pierre par blocs de toutes dimensions, ont-elles leurs vieux quartiers presque entièrement construits en briques et en *terre cuite* d'ornement.

Dans les contrées voisines de l'Italie, telles que les provinces méridionales de la France, l'usage de la *terre cuite* moulée se réduisait à de petits modillons placés parfois dans les corniches, à des moulures simples, telles que des cavets et quarts de rond. Pour obtenir des effets décoratifs, les constructeurs tantôt taillaient la brique, tantôt la posaient diagonalement, les angles en saillie, ou par assises alternées, en épis, de champ ou de plat. Cependant, les faîtages des combles, dans certaines régions de la France, étaient recouverts par des tuiles faîtières accompagnées d'ornements soudés avant la cuisson ou rapportés. Le vernissage était habituellement appliqué. Les extrémités de ces faîtages étaient occupées, au XIIIe siècle, par des épis en *terre cuite* ayant ordinairement la forme de colonnettes dont le chapiteau était couvert d'un cône, cet ensemble étant composé de pièces vernissées s'emboîtant les unes dans les autres et enveloppant le poinçon. Plus tard, au commencement du XIVe siècle, les épis présentèrent l'aspect de véritables pinacles. Au XVIe siècle, la faïence remplaça la *terre cuite* dans la fabrication de ces ornements. Enfin, cette dernière matière était encore fréquemment appliquée, au moyen âge, à l'exécution des mitres ou couronnements de tuyaux de cheminée.

A l'époque de la Renaissance, la *terre cuite*, recouverte d'émail, fournit, particulièrement en Italie, un des éléments les plus précieux pour la décoration architecturale. A l'époque où apparurent en France et en Italie les premières *terres* vernissées, depuis longtemps déjà la Perse et l'Arménie revêtaient leurs édifices de plaques émaillées, soit que l'émail employé fût analogue à celui des vraies faïences, c'est-à-dire qu'il fût à base d'étain, soit qu'il dût rentrer dans la catégorie des vernis silico-alcalins. La conquête arabe fit passer en Espagne et dans les dépendances de cette contrée les procédés de l'Orient. Nous avons parlé des *azulejos* ou briquettes carrées recouvertes d'émail qui décoraient les palais mauresques de Séville, de Grenade et de Cordoue. Des fabriques arabes se fondèrent dans les îles Baléares, et de là l'importation de la faïence se fit en Italie, au commencement du XVe siècle, à peu près vers le temps où Lucca della Robbia, sculpteur de Florence, recouvrait d'un émail d'étain des figures et des bas-reliefs en *terre cuite*. Lucca avait-il eu connaissance du procédé pratiqué en Espagne? On l'ignore. Toujours est-il que le sculpteur florentin sut faire de cette invention un usage tellement original qu'elle passa pour lui être personnelle. Voulant mettre à l'abri des injures du temps les ouvrages de *terre cuite* qu'il fabriquait, « il trouva, dit Vesari, qu'une couverte vernissée, faite d'étain, de terraghetta, d'antimoine et d'autres minéraux mélangés et cuits au feu d'un fourneau fait exprès, produisait fort bien cet effet et rendait les ouvrages de *terre* presque éternels ». M. Demmin, au contraire, n'accorde à Della Robbia aucun mérite comme céramiste.

Quoi qu'il en soit, Lucca commença d'abord par donner à la *terre cuite* la durée, le poli et une blancheur approchant de celle du marbre. Plus tard, il varia les tons de la couverte, puis se fit aider par ses frères et par ses neveux, et la famille conserva l'exploitation du procédé jusque dans la seconde moitié du XVe siècle. L'innovation des Della Robbia, « aussi habilement mise en œuvre, dit Léon de Laborde dans son étude sur les arts au XVIe siècle, que chaleureusement accueillie, marcha rapidement à son extension vers l'architecture ». Les premiers essais du sculpteur florentin eurent lieu sur les tympans intérieurs et extérieurs des édifices. Lucca décora des médaillons en *terre cuite* émaillée en relief ou à plat l'église d'Or-San-Micheli, à Florence. On voit de lui, à San-Miniato, un médaillon en *terre cuite* émaillée représentant une vierge à mi-corps tenant l'enfant Jésus. Du temps même de cet artiste, les Duccio, élevés à son école, faisaient alterner, sur la façade du palais Vitelli, à Città-di-Castello, des mascarons en terre émaillée et des grotesques en marbre.

A Lucca succéda Andrea Della Robbia, son neveu, auteur des figures d'enfants en demi-relief, en matière semblable, que l'on voit sous le portique de l'Hôpital des Innocents, à Florence. Vinrent ensuite les fils d'Andrea; mais alors apparurent les couleurs criardes, les sculptures grossièrement exécutées et conçues sans prévision de la place qu'elles devaient occuper ; la décadence arriva rapidement et fit abandonner le procédé.

C'est un Della Robbia que François Ier chargea de l'édification du château de Madrid, au bois de Boulogne. L'usage de la *terre cuite* comme élément de construction commençait d'ailleurs à se répandre en France, dès le commencement du XVIe siècle, pour les habitations seigneuriales ou princières. Le château que nous venons de citer et qui fut démoli à la fin du siècle dernier s'appelait aussi le château de Boulogne, à cause de sa situation; il servait au roi de rendez-vous de chasse. Cet édifice mérite une mention toute spéciale, parce qu'il se distinguait de tout ce qui avait été construit jusqu'alors, comme demeure de plaisance, tant en France qu'en Italie. C'est en 1528 que commencèrent les travaux, sous la direction de Jérôme Della Robbia, qui s'était adjoint le maître-maçon Pierre Gadier. Nous n'avons pas à entrer dans la description détaillée de ce palais, dont il reste à peine quelques émaux conservés au musée de Cluny; nous insisterons seulement sur le système général de décoration en *terres cuites* émaillées qui faisait du château de Boulogne une œuvre unique en France. Quelques citations suffiront, d'ailleurs, pour donner une idée de l'effet produit par ce charmant édifice : Androuet Ducerceau dit à ce propros (1) : « Fait au reste la plus grande partie des enrichissements du premier et du deuxième étage, par le dehors, de *terre* émaillée. La masse est fort esclatante à la veuë, comme vous pouvez voir par les dessins et eslévations que je vous ai desseignez, d'autant qu'il n'est pas jusques aux cheminées et lucarnes qui ne soient remplies d'œuvres de sculpture. » D'autre part, Poncet de La Grave rap-

(1) *Les plus excellents bâtiments de France*, 1 vol. p. 4.

porte ceci dans ses *Mémoires intéressants pour servir à l'histoire de France :* « La masse entière est toute couverte de basses-tailles travaillées délicatement, enduites d'une infinité, d'une grande quantité d'émaux ou plaques de *terre cuite* vernissée en couleur, qui font un effet surprenant, lorsque le soleil les frappe. C'est César Della Robbia qui a fait ces bas-reliefs qui sont variés à l'infini et remplissent les entrecolonnes, les coudées et le massif des cheminées. » Quand François Ier mourut (1547), le château de Madrid n'était pas achevé; il restait encore à terminer la façade du nord. Ce fut sous Henri II, vers 1550, que Philibert de l'Orme fut chargé de terminer les deux étages supérieurs de cette façade. Dans l'ouvrage qu'il a publié sur l'*Architecture*, cet illustre architecte blâme l'emploi de la *terre cuite* émaillée dont on avait fait usage dans la décoration des trois façades achevées de ce palais, et il ajoute qu'il s'est bien gardé de l'employer dans la façade du nord. Il appelle même dédaigneusement l'édifice un château de faïence. Nous ne partageons nullement l'opinion de Philibert de l'Orme à cet égard. De tout temps, en effet, on s'est plu à marier de brillantes couleurs aux formes de l'architecture, et nous aurions trop d'exemples à citer, pris à toutes les époques de l'art, pour prouver que la polychromie appliquée à l'extérieur des édifices, loin de provoquer le blâme, peut, au contraire, ajouter un grand charme à l'architecture, quand on en fait un judicieux emploi.

A la suite de ces premiers essais, l'art de la sculpture en *terre* émaillée de différentes couleurs acquit un grand développement en France, et bientôt cette contrée, grâce au talent de Bernard de Palissy, n'eut plus rien à envier à l'Italie, en ce genre. François Ier fit établir, à Limoges, une manufacture d'émaux sous la direction de Léonard Limosin, et fonda, en même temps, à Rouen, une fabrique de *terres* vernissées, sous la direction de Bernard de Palissy.

Les couvertes en tuiles émaillées avec ornements en *terre cuite* étaient aussi d'un usage très répandu à cette époque. Les épis en faïence étaient particulièrement recherchés dans la seconde moitié du XVIe siècle. De nombreuses fabriques de ces pièces décoratives existaient aux environs de Lisieux, dans la vallée d'Orbec. Mais, comme le dit Viollet Le Duc, la plupart de ces objets, composés de plusieurs pièces, ornées avec le goût le plus varié et retenues par une tige de fer scellée au poinçon du faîtage, ont été achetés par les marchands de curiosités et vendus aux amateurs comme des faïences de Palissy. Des produits de cette nature étaient encore fournis aux provinces environnantes par les fabriques de Rouen, de Beauvais, de Nevers; mais ils ont disparu par suite de l'incurie et de la mode des combles dépourvus de toute décoration.

Ces applications de la *terre cuite* à l'ornementation intérieure ou extérieure des édifices cessèrent peu à peu d'être en usage pendant le XVIIe siècle.

De nos jours, l'Italie se distingue par ses produits décoratifs tels que les *terres* émaillées et coloriées à la façon de Lucca Della Robbia.

La péninsule italique possède un certain nombre de fabriques de ces produits et plusieurs de ces maisons étaient dignement représentées à l'Exposition universelle de 1878.

L'Allemagne est toujours un des pays où la *terre cuite* est le plus fréquemment employée. A Munich, par exemple, les environs fournissent plusieurs variétés d'argiles qui, par leur mélange dans des proportions déterminées, permettent d'obtenir, à la cuisson, des nuances très diverses.

On pouvait juger à la dernière Exposition universelle des progrès comparés faits par les diverses nations de l'Europe dans la fabrication des produits de *terre cuite* applicables à la construction. L'Autriche s'y trouvait particulièrement représentée par la société anonyme de Wienerberg, qui avait exposé une quantité considérable de briques et d'objets d'art en *terre cuite* tout à fait remarquables. La société minière et de briques de Pesth avait aussi exposé plusieurs échantillons de briques d'une forme élégante, d'un grain fin et avec arêtes vives.

A l'aide de calibres particuliers, on façonne encore, en Allemagne, des briques dont les parements sont ornés de dessins en relief. Ce dernier mode de décoration est très souvent appliqué aux édifices : l'école d'architecture de Schinkel et l'église de Werder, à Berlin, en sont les types les plus parfaits.

De même qu'en Italie, on fait des briques dites *légères* avec une terre extraite des bruyères de Lunebourg (à Oberlohe) et de quelques autres endroits de l'Allemagne.

L'Angleterre est encore une contrée où l'usage des briques a pris une très grande extension depuis la Renaissance. Il reste dans plusieurs provinces anglaises de très belles constructions en briques des XVIIe et XVIIIe siècles. Notons ce fait que les ornements y sont en partie moulés et en partie taillés dans les briques après leur cuisson.

Les Hollandais fabriquent aussi en *terre cuite* des produits moulurés, avec lesquels ils remplacent complètement la pierre de taille. On voyait au Champ de Mars, en 1878, dans la section hollandaise, un portail roman, avec colonnes engagées, qui était entièrement construit avec des matériaux de cette espèce. On fait encore en Hollande des briques et des tuiles vernissées qui s'exportent dans les pays du Nord, dépourvus, par la nature du sol, des *terres* propres à faire économiquement des briques et des tuiles. C'est principalement sur les bords de l'Yssel, près de Gonda, aux environs de Delft ; d'Harligen, dans l'Est-Frise, que sont établies les plus grandes briqueteries et tuileries.

L'usage des briques est également général en Belgique ; on utilise même, dans ce pays, ces matériaux pour la construction des enceintes fortifiées. « Dans les vastes travaux d'agrandissement de la ville d'Anvers, dit M. Aug. Gratry, on a mis en œuvre, jusqu'ici, près d'un milliard de briques, indépendamment des maçonneries d'appareil et de moellon employées dans plusieurs ouvrages (1). »

Les Belges font également un emploi très fréquent des produits de *terre cuite* applicable à la décoration. L'usine Léonard, de Verviers, avait envoyé à l'Exposition universelle de 1878 des briques ornementées et des tuiles vernissées ; la maison Utzschneider-Jaunez et Cie, de Surbise, y avait exposé de très jolis carrelages ; enfin, les produits de M. Sosson, d'Anvers, sont très estimés en France.

L'Espagne est une des contrées de l'Europe où les produits céramiques appliqués à l'industrie du bâtiment sont les plus remarquables au point de vue de la matière et du bon marché. On a remarqué au Champ de Mars les carreaux, les briques crues, les briques cuites pleines ou creuses, d'une argile si fine de grain et sonore comme le cristal, les tuiles de MM. Nolla et Garetta, les faïences décorées reproduisant l'ancienne école de M. Sanchez Corral, de Talanera, et les beaux *azulejos* de Valence et de Séville. C'est à Triana, faubourg de cette dernière cité, qu'existent d'assez nombreuses fabriques de faïence stannifère. On y fait des plaques de faïence qui reçoivent des sujets de peinture ou des ornements colorés propres à la décoration des églises.

Enfin, à Paris même, où la pierre

(1) *Description des appareils de maçonnerie les plus remarquables employés dans les constructions en briques*, 1 vol. in-8°, Bruxelles, 1865.

de taille abonde, et où jusqu'alors on ne faisait guère usage de la brique que pour des murs de séparation intérieure et pour les remplissages, une réaction s'opère en faveur de la *terre cuite*, employée comme élément de construction et d'ornementation. Des édifices de fondation toute récente, tels que les marchés, dont les Halles centrales représentent le type, nous montrent la brique utilisée concurremment avec le fer ; au collège Chaptal, cet élément se combine avec la pierre et le métal ; dans de nombreux hôtels des quartiers neufs, la brique est laissée apparente, formant des murs pleins, des chaînes verticales ou horizontales intercalées avec des assises de pierre.

L'emploi des *terres cuites* décoratives tend également à se généraliser. Nous avons pu admirer, en 1878, au Champ de Mars, les produits d'un de nos premiers fabricants, M. Muller, qui, en dehors de la brique et des tuiles ornementées de son système, avait exposé des chéneaux, des faîtages, des garnitures de rives de pignons et divers motifs de décoration en *terre cuite,* exécutés sur des dessins très élégants. Nous avons pu constater aussi, dans ce grand concours des nations, que la faïence recommençait à prendre, en France, comme autrefois en Italie, un caractère monumental, en s'appliquant sur les surfaces murales, dont elle rompt la monotonie. Contentons-nous de citer les panneaux décoratifs, les plaques de revêtement qui ornaient les arcades du porche des Beaux-Arts, au centre du Champ de Mars, et qui provenaient de l'usine Deck ; la porte donnant accès à cette même section sous le porche opposé et dont l'ornementation avait été exécutée par la maison Lœbnitz ; la brillante décoration, due à M. Parvillée, qui recouvrait les murs intérieurs et la porte du pavillon de l'Algérie ; les faïences émaillées de MM. Muller et Cie qui, dans le pavillon du ministère des travaux publics, se mariaient au métal de manière à faire de cette construction une sorte de type architectural.

Terreau, *s. m.* — Mélange de terre et de fumier consommé et pourri. On s'en sert dans l'établissement des jardins.

Le poids du mètre cube de *terreau* est de 828 à 857 kilogr.

Terre-blanc (*Pierre du*). — Calcaire tendre, blanc, durcissant à l'air, que l'on tire de la carrière du *Terre-blanc*, dans la commune de Montpezat (Ardèche).

Terre-plein, *s. m.* — On désigne ainsi tout amas de terre rapportée entre des murs, soit pour faire des terrasses, soit pour servir de chemins de communication d'un lieu à un autre ou de boulevards dans les villes fortifiées.

Tête, *s. f.* — 1° Ornement de sculpture figurant une *tête* d'homme ou d'animal.

L'emploi de ce genre de décoration se retrouve dans les chapiteaux assyrien et égyptien (voy. *Chapiteau*).

Les Grecs employèrent souvent la *tête* humaine comme ornement symbolique, particulièrement aux clefs des arcades. Les métopes qui séparent les triglyphes dans les temples d'ordre dorique furent souvent décorées de *têtes* de Méduse ou d'autres personnages mythologiques sculptées en haut-relief.

Les *masques* et *mascarons* (voy. ces mots), que l'on rencontre si fréquemment sur tous les monuments, sont encore des preuves de l'emploi répandu de cette sorte d'ornementation. Tantôt les *têtes* sont isolées, tantôt elles sont rangées en ligne continue.

Les *têtes* d'animaux furent employées chez les Grecs et les Romains pour décorer soit des clefs d'arcades, comme à l'arc de triomphe de Rimini, soit des frises comme au tombeau qu'on appelle près de Rome la tour de Métella, ou bien encore des chéneaux en métal ou en terre cuite. Dans ce dernier cas, on faisait souvent usage de *têtes* de lion, qui servaient, en même temps, d'orifice pour l'écoulement des eaux.

La *tête* du bélier se trouve sculptée aux angles d'une infinité d'autels, de trépieds et de cippes de toute espèce, etc.

Les *bucranes* (voy. ce mot) accompagnés de bandelettes, de festons et de guirlandes, étaient un symbole caractérisant le lieu des sacrifices.

Les modernes ont conservé l'usage antique d'orner avec des *têtes* humaines les clefs des arcades dans les portiques. Les *têtes* d'animaux servent quelquefois à indiquer la destination de certains lieux ; c'est ainsi que des *têtes* de chien sont souvent placées sur les *chenils*, des *têtes* de cerf ou de sanglier sur les portes d'un parc, des *têtes* de cheval sur les bâtiments d'écurie, etc.

2° On donne le nom de *tête* à différents ouvrages de construction ; ainsi, l'on appelle :

Tête de mur, ce qui paraît de l'épaisseur d'un mur dans une ouverture et qui est ordinairement revêtu d'une chaîne de pierre ou d'une jambe étrière ;

Tête de voussoir, la face antérieure ou postérieure d'un voussoir ;

Tête de chaussée, le commencement d'une chaussée pavée, et dans une chaussée bombée, une partie de pavé placée au-devant de deux ruisseaux qui se réunissent pour n'en former qu'un ;

Tête de chat, un petit moellon presque rond ;

Tête de chevalement, une pièce de bois posée horizontalement sur deux étais pour soutenir un pan de mur, une pile, un angle de façade, pendant que l'on fait une reprise en sous-œuvre ;

Tête de poteau, une extrémité d'un pieu que l'on a recépé dans un pilotis ;

Tête de cabestan, la partie de l'axe du cabestan qui est percée de mortaises destinées à recevoir les extrémités des barres servant à faire mouvoir cette machine ;

Tête de marteau, la partie carrée ou ronde opposée à la pointe ou panne d'un marteau ;

Tête de clou, la partie du clou sur laquelle on frappe pour l'enfoncer ;

Tête plate, la forme de la *tête* des clous à ardoises, à lattes et d'épingle ;

Tête de champignon, la *tête* ronde, plate ou creuse en dessous des clous à pointe, des clous rivés, des boulons ;

Tête fraisée, une *tête* de clou que l'on fait plate dessus et convexe dessous, de manière à ce qu'elle entre dans le bois, la pierre, le métal, et que le dessus affleure le nu ;

Tête à la romaine, une *tête* de vis de forme sphérique, que l'on a percée d'un trou au milieu pour la tourner ;

Tête perdue, une *tête* de boulon, de vis, de clou encastrés dans la pierre ou le bois et qui n'en excède pas le parement ;

Tête de pène, la partie du pène qui entre dans la gâche ;

Tête de palastre, la partie de la serrure qui affleure l'épaisseur de la porte et dans laquelle est pratiqué le passage du pène ; on dit aussi *têtière :*

Tête de pivot, la partie saillante d'un pivot à équerre ;

Tête de capucin, un outil dont une extrémité est recourbée et qui sert à tourner les barreaux de grille pour les fixer en place.

On donne encore le nom de *tête de clou* à un ornement de sculpture de la forme indiquée par la figure 3282, qui

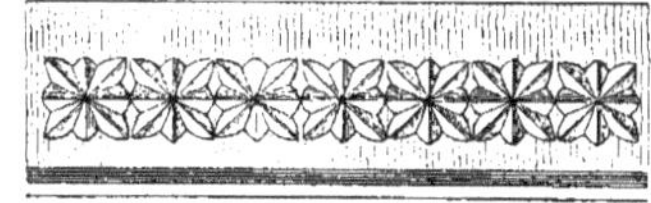

Fig. 3282.

était employé, dans l'architecture romane, pour décorer les bandeaux et les archivoltes.

Tête-noire (*Pierre de la*). — Calcaire tendre, blanc, légèrement jaunâtre, provenant de la carrière de la *Téte-noire*, dans la commune de Longèves (Vendée).

Cette pierre, à grain fin et homogène, présente une hauteur d'assise de $0^m,20$ à $1^m,20$; elle pèse 2,030 kilogr. le mètre cube et s'écrase sous une charge de 180 kilogr. par centimètre carré.

Têtière, *s. f.* — Tête de la cloison de la serrure dans laquelle passe le pène.

Téton, *s. m.* — Petite saillie que portent les lames de certains forets ou fraises appelés *forets* ou *fraises à tétons.*

Tétrastyle, *s. m.* et *adj.* — Édifice qui possède en façade une ordonnance de quatre colonnes.

Fig. 3283.

Tel est le temple de la Fortune virile à Rome (fig. 3283), édifice construit par Servius Tullius, détruit peu de temps après la mort de ce prince et réédifié ensuite sur le même plan.

Têtu, *s. m.* — Marteau à tête carrée qui sert à abattre la pierre pour la dégrossir près des arêtes.

La figure 3284 montre deux *têtus* de formes différentes.

On emploie aussi cet instrument pour assurer la pierre sur le mortier quand on la met en place.

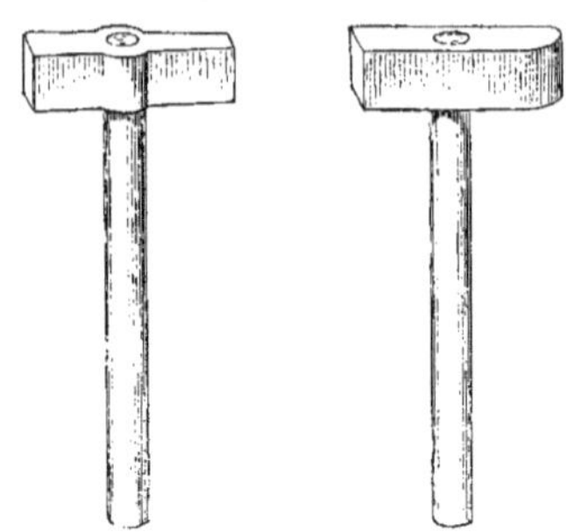

Fig. 3284.

Théâtre, *s. m.* — Édifice consacré aux représentations scéniques.

L'origine des *théâtres* est généralement attribuée à la célébration des fêtes de Bacchus, pendant lesquelles un récitateur chargé de raconter ou de chanter quelque fait relatif à l'histoire du dieu se tenait d'un côté de l'autel ou *thymele* qui lui était consacré, pendant que les spectateurs se tenaient de l'autre côté.

En effet, tous les *théâtres* antiques présentent ces trois divisions principales : l'*autel*, la *scène* et les *gradins*.

Dans les premiers temps, le creux d'un vallon ou quelque partie circulaire de montagne furent les endroits choisis pour ce genre de spectacles; plus tard, on établit, pour ces fêtes, des échafauds temporaires et enfin de véritables *théâtres* construits en charpente; mais ce n'est qu'après l'écroulement des anciens gradins de bois que l'on songea à élever ces édifices en maçonnerie.

Le premier, ou du moins l'un des premiers *théâtres* en pierre, fut édifié à Athènes, 500 ans avant Jésus-Christ, sous le nom de *théâtre* de Bacchus.

On choisissait pour emplacement la pente d'une colline, de l'acropole de la ville, par exemple, et l'on y taillait des gradins que l'on complétait, au besoin, par des blocs de rapport et de la maçonnerie. Ces gradins formaient un amphithéâtre demi-circulaire d'où les spectateurs jouissaient d'un horizon étendu ; ainsi, quand cela était possible, on plaçait ces édifices sur le versant d'une montagne avec vue sur la mer, comme à Sicyone, à Taras et à Taormine.

Les gradins étaient divisés par des escaliers dirigés vers le centre et quelquefois aussi par une ou plusieurs allées circulaires comme eux, ainsi qu'on le voit sur le plan (fig. 3285) représentant le *théâtre* de Ségeste, ville de Sicile, fondée par une colonie grecque.

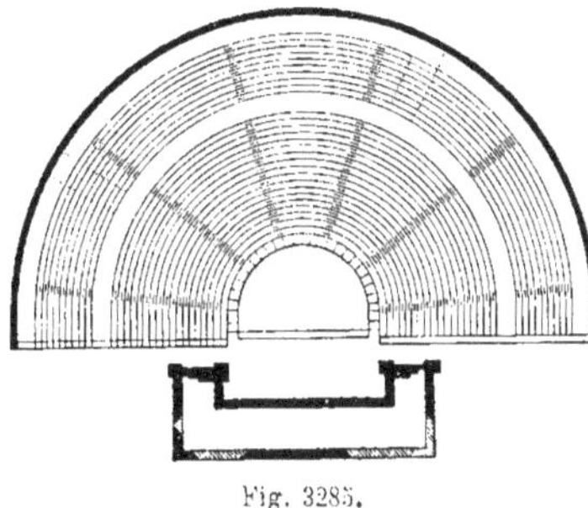

Fig. 3285.

Le dernier gradin inférieur dessinait ainsi une aire en demi-cercle dans laquelle s'élevait l'autel ; c'est dans cette partie du *théâtre*, appelée *orchestre*, que se tenaient les chœurs. Ceux-ci avaient leurs mouvements indépendants de ceux de la scène, et pouvaient entrer et sortir librement, selon les nécessités de l'action, par un passage situé de chaque côté de l'orchestre. La scène formait en face des gradins une construction quelquefois très considérable et qui se composait généralement de trois corps de bâtiment : l'*episcénion*, occupant le milieu, et les *ailes*. C'est dans ces batiments que l'on renfermait le matériel du *théâtre*, les machines, les costumes et les masques ; les acteurs s'y retiraient pendant les représentations. L'espace situé en avant du mur de fond de la scène et les ailes était l'*hyposcénion* ou avant-scène. Le mur du fond lui-même était décoré par une ordonnance d'architecture.

Nous donnons (fig. 3286), à l'échelle de 0m,0005 pour mètre, le plan du

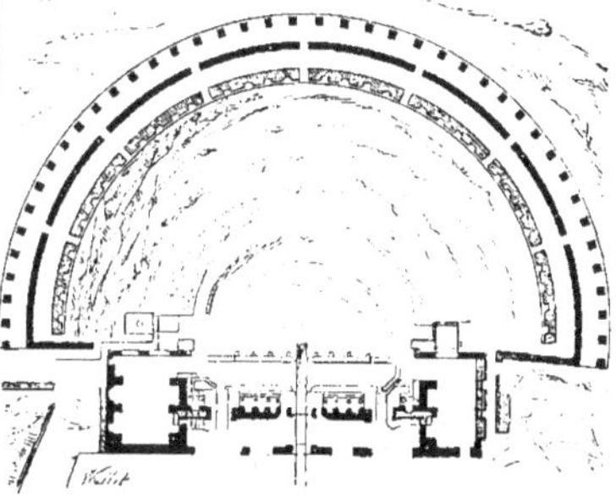

Fig. 3286.

théâtre de Taormine, en Sicile, d'après le relevé fait par M. Henri Labrouste des ruines qui subsistent. Cet édifice est taillé presque entièrement dans une montagne de roche au sommet de laquelle il se trouve et d'où l'on découvrait la mer ; on estime que près de trente mille spectateurs y pouvaient trouver place. On voit encore bien indiqués les deux bâtiments en ailes et l'episcénion, avec sa façade décorée de colonnes.

La coupe de ce *théâtre* que présente la figure 3287, à l'échelle de 0m,00125 pour mètre, montre encore les divisions des gradins dans le sens de la hauteur, la galerie du haut, les piliers quadrangulaires supportant les voûtes qui recouvraient le portique extérieur en hémicycle ; l'episcénion et l'une des portes donnant accès aux bâtiments en ailes. Sous la scène, existe un passage voûté qui donnait issue sur le côté de la montagne regardant la mer.

Les dispositions générales des *théâtres* romains étaient à peu près les mêmes que celles des *théâtres* grecs.

Les gradins étaient établis en demi-cercle et divisés en compartiments cunéiformes (*cunei*) par des escaliers qui servaient aux spectateurs pour descendre jusqu'à la rangée où se trouvaient leurs places respectives quand ils avaient débouché dans l'enceinte par les portes (*vomitoria*) où aboutissaient des escaliers partant des passages couverts ménagés dans l'épaisseur du bâti-

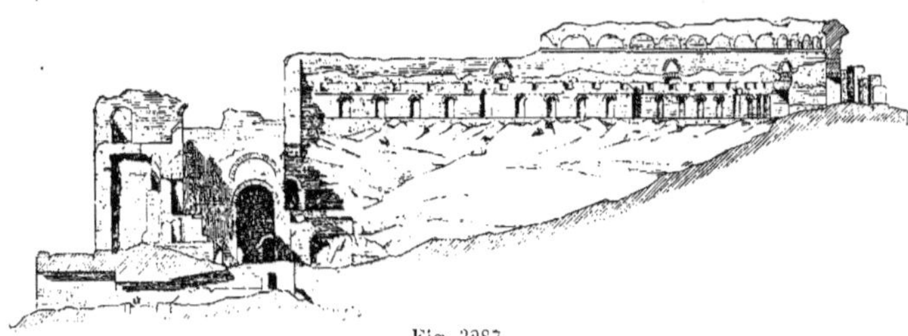

Fig. 3287.

ment. Au bas du corps de l'édifice occupé par les spectateurs et nommé *cavea*, était l'*orchestre*. Cette dernière partie, qui avait la forme exacte d'un demi-cercle, ne servait pas, comme l'orchestre grec, aux évolutions des chœurs, mais contenait des sièges réservés aux magistrats et aux personnages.

L'*orchestre* était séparé par un mur bas (*pulpitum*) de la partie occupée par les acteurs et que l'on appelait avant-scène (*proscenium*) ; le nom de *scène* était appliqué au mur formant le fond du *théâtre*. Ce mur était percé de trois portes où étaient placés les vestiaires des acteurs ainsi que les magasins du *théâtre* ou *postscenium*.

La figure 3288 représente le plan du *théâtre* d'Herculanum, dans lequel on

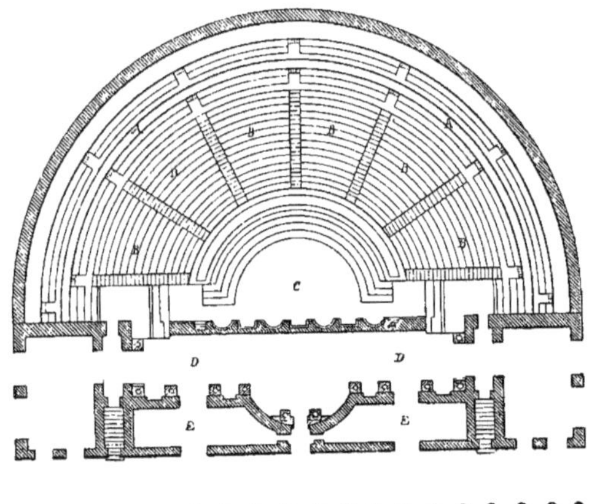

Fig. 3288.

voit en A les corridors divisant l'édifice en *précinctions*, en B les *cunei*, en C l'*orchestre*, en D le *proscenium*, et en E les magasins.

Un grand rideau orné de figures, qui se baissait au lieu de se relever comme les nôtres, séparait avant le spectacle et pendant les entr'actes, le proscenium de la partie de l'édifice réservée au public. Les gradins, l'orchestre et le proscenium étaient entièrement découverts, et les représentations avaient lieu en plein jour. Un portique établi derrière le proscenium ainsi que ceux qui étaient distribués sur la hauteur du *théâtre* servaient de refuge en cas de pluie. Dans la suite, on prit le parti de couvrir tout le *théâtre* par une grande toile, appelée *velarium*, qui s'ouvrait et se fermait à volonté, était richement décorée et se fixait à des mâts implantés sur les murs d'enceinte.

Certains *théâtres* romains étaient construits sur de vastes proportions : ceux de Marcellus et de Pompée pouvaient contenir, le premier seize mille spectateurs et le second, paraît-il, jusqu'à quarante mille. Ces chiffres sont sujets à discussion, mais il n'en est pas moins certain que les proportions suivant lesquelles ces édifices étaient construits nécessitaient des dispositions spéciales pour que de tous les points on pût juger les physionomies et entendre les acteurs. Ainsi, ces derniers se couvraient la tête de masques très accentués, divisés en tragiques, comiques et satyriques et dont la bouche, très largement ouverte, était garnie de feuilles métalliques destinées à renforcer la voix. En outre, plusieurs machines fonctionnaient sur la scène et secondaient le jeu des acteurs; on y comptait : l'*ekkyclima*, sorte d'échafaudage en bois, porté sur des roues qui pouvaient servir à donner le spectacle d'une scène d'intérieur; le *pegma*, autre machine en bois, où plusieurs étages, placés dans la partie basse de l'échafaudage, pouvaient en sortir comme d'une gaîne, s'élever à une certaine hauteur et y rentrer ensuite; le *geranos*, sorte de grue servant à enlever un personnage dans les airs; l'*anapiesma*, qui faisait monter de dessous le *théâtre* sur la scène les divinités infernales; le *rannocipéion* et le *brontéion* servant à imiter la foudre (1).

Il fut construit, pendant le règne des empereurs, un grand nombre de *théâtres* dans toutes les provinces de l'empire romain.

On retrouve, en France, les ruines encore importantes de monuments consacrés aux spectacles; tels sont les *théâtres* de Nimes, d'Orange, d'Arles, etc.

La figure 3289 représente une vue perspective des restes du *théâtre* d'Arles. Cet édifice qui, par sa disposition, se rapproche plus des *théâtres* grecs que des *théâtres* romains, était jadis revêtu de marbre et orné de statues. On voit assez bien la disposition intérieure et les gradins où se plaçaient les spec-

Fig. 3289.

(1) De Caumont, *Abécédaire d'archéologie.*

tateurs, mais on n'y trouve plus le grand mur de scène qu'on voit encore à Orange et qui se prolongeait avec toutes ses dépendances, jusqu'à la rencontre des portiques extérieurs.

Aux édifices de ce genre, il convient de rattacher les *odéons* ou *théâtres* de musique, dont le plus célèbre fut l'odéon de Périclès à Athènes (voy. *Odéon*).

Interrompue à la suite des invasions des Barbares, la construction des *théâtres* ne fut reprise que vers la fin du moyen âge, à une époque que l'on ne saurait déterminer d'une manière précise. Les représentations dramatiques avaient lieu jusque-là sur des échafaudages temporaires, dressés sur la voie publique ou dans de vastes salles.

C'est au XVIe siècle que furent édifiés les premiers *théâtres* permanents ; mais les architectes qui les élevèrent s'appliquèrent surtout à imiter les *théâtres* antiques et non pas à mettre ces édifices en rapport avec les usages modernes. C'est à cette époque que Bramante éleva à l'extrémité de la grande cour du Vatican un *théâtre* en pierre sur le plan des *théâtres* antiques. Palladio éleva sur les mêmes données, en 1580, celui de Vicence. Ce n'est qu'au siècle suivant que l'on commença à donner à ces édifices les dispositions qu'ils présentent aujourd'hui.

On remplaça d'abord les gradins par des rangs de loges ou des balcons et la scène devint plus profonde afin de faire jouer les machines et d'obtenir des effets pittoresques.

Un des premiers et des plus importants *théâtres* construits en France au XVIIe siècle fut celui que fit édifier au Palais-Royal le cardinal de Richelieu. A l'intérieur de la salle étaient disposés vingt-sept gradins et deux rangs de loges ; des banquettes placées sur les côtés de l'avant-scène étaient réservées à la noblesse ; les femmes occupaient les fauteuils ou des chaises qu'elles se faisaient apporter dans les gradins ; au parterre, on se tenait debout. Les représentations avaient alors lieu dans le jour. Plus tard, on les donna le soir et il fallut éclairer les salles de spectacle, ce qui amena l'emploi du *lustre* (voy. ce mot).

Les *théâtres* modernes diffèrent en tous points des *théâtres* anciens : ils sont d'abord infiniment moins vastes, puis ils sont toujours couverts. Ils présentent généralement quatre divisions principales : 1° les *accès* (porches, vestibules, escaliers, bureaux, etc.) ; 2° les *repos* (foyers, galeries); 3° la *salle* ; 4° la *scène*.

1° Les *accès* doivent largement suffire aux arrivants, qui se divisent en quatre catégories : piétons munis de billets d'entrée ou de places réservées; piétons qui n'ont ni places réservées, ni billets, et qui sont obligés de faire la queue ; personnes venant en voiture et qui ont leurs coupons ou leurs places retenues ; personnes venant en voiture et n'ayant ni billets, ni places gardées, de sorte quelles doivent aussi prendre place à la queue.

Pour le service des piétons, il faut dans tout *théâtre* d'une certaine importance : 1° un *porche* ou galerie d'entrée ; 2° un grand *vestibule de repos* ou de promenade ; 3° un *vestibule de contrôle*. Ces trois divisions doivent naturellement communiquer largement ensemble, et être placées à proximité les unes des autres. Pour le service des piétons prenant les billets et faisant queue, il faut : *vestibules*, *pièces* ou *tambours d'entrée* pour la galerie d'attente ; *galerie fermée* pour cette attente ; *vestibule* ou *pièce* contenant les bureaux de la prise des billets. Cette catégorie de spectateurs se réunit à la première catégorie de piétons dans le vestibule de contrôle. Pour le service des spectateurs venant en voiture et qui sont munis de leurs coupons ou de leurs entrées, il faut : une *descente à couvert*, placée sur le flanc de l'édifice, afin de laisser toute la libre circulation de la façade aux piétons; un premier *vestibule* de passage entre l'extérieur et l'intérieur; un *vestibule* ou espace pour les valets de pied; un *grand vestibule* ou salon d'attente et de repos provisoire. Enfin, pour les personnes qui arrivent en voiture et qui n'ont pas pris de billets à l'avance, il faut une *entrée* spéciale, munie de tambours qui brisent l'arrivée de l'air extérieur, et communiquant avec la galerie d'attente destinée aux spectateurs qui attendent l'ouverture des bureaux. Ces vestibules servant à l'entrée doivent aussi être utilisés pour la sortie, qui n'est plus effectuée que par trois catégories de spectateurs. Ceux qui s'en vont à pied doivent sortir par la façade en repassant par le vestibule de contrôle et par le premier grand vestibule. Les spectateurs qui veulent prendre une voiture non retenue sortent par le péristyle, comme les précédents, ou par le vestibule de contrôle et des issues particulières auprès desquelles viennent se ranger les voitures de place. Les personnes que leurs équipages viennent attendre à la fin du spectacle sortent par le vestibule-salon et la descente à couvert. Notons ici que toutes les portes de ces vestibules doivent toujours pouvoir s'ouvrir en dehors. Quant aux portes battantes, elles doivent s'ouvrir des deux côtés. Ajoutons enfin que le vestibule de contrôle ne doit contenir, dans les *théâtres* d'importance secondaire, qu'un seul bureau de contrôle, d'où l'on puisse facilement surveiller d'un coup d'œil l'entrée de toutes les places. Comme annexes du contrôle, il faut placer le *bureau des suppléments* et un petit *cabinet* spécial, dans lequel le contrôleur principal peut établir chaque soir le montant de la recette pendant le cours même de la représentation.

Dans un *théâtre* de premier ordre, il faut diviser les *escaliers* en deux catégories : les escaliers servant aux places ordinaires et les escaliers servant aux places de luxe, de manière à ce que le chemin soit tracé pour chaque nature de place et que la confusion soit évitée. Il faut donc un *escalier d'honneur*, occupant une place centrale et communiquant facilement avec des escaliers secondaires, situés latéralement, c'est-à-dire à droite et à gauche de l'escalier principal. On donne à ce dernier un aspect monumental tant par la disposition des rampes, que par la décoration de l'escalier même et de la cage qui le contient. Mais l'escalier monumental exige un emplacement considérable et des ressources proportionnées à l'effet que l'on veut produire. L'architecte est donc tenu, dans un *théâtre* secondaire, d'adopter une disposition plus modeste. Il est alors obligé, pour desservir l'accès aux divers étages, de multiplier les escaliers, non pas en raison de chaque espèce de places, mais suivant une classification générale des places. Ainsi, les fauteuils, les stalles d'orchestre et les baignoires du rez-de-chaussée pourront être, sans inconvénient, desservis par les mêmes escaliers, n'ayant, du reste, qu'un petit nombre de marches; le parterre doit avoir un accès spécial ; aux premières et aux secondes, il est bon de donner un escalier spécial ; les troisièmes et les quatrièmes peuvent être réunies par le même escalier. Ces divers escaliers ont tous leur départ sur le même vestibule de contrôle et servent aussi à la sortie du public après la représentation.

2° Parmi les *repos*, le foyer est le plus important : il sert de promenoir et de lieu central de réunion; aussi doit-il occuper l'emplacement qui se trouve entre les escaliers et le devant de la façade, au-dessus du grand vestibule du rez-de-chaussée. Dans les grands *théâtres*, à ce foyer est adjointe une galerie extérieure ou *loggia*, destinée aux spectateurs qui désirent se reposer ou se promener à l'air libre, sans sortir de l'édifice et qui veulent jouir de la vue des abords du *théâtre*. Les autres *repos* sont les galeries ménagées à chaque étage au pourtour des loges, et qui peuvent servir de promenoirs; le *fumoir*, où certains spectateurs vont fumer un instant pendant l'entr'acte, et le *buffet*, où d'autres vont prendre quelques rafraîchissements, soit debout, soit assis. Ces deux derniers locaux doivent être en communication à peu près directe avec le foyer et les couloirs de la salle.

3° Les *salles* dans les *théâtres* actuellement construits sont établies suivant deux systèmes très dictincts, le système français et le système italien.

La salle française occupe toute la hauteur de l'édifice jusqu'à la naissance du comble; ses parois intérieures portent plusieurs galeries étagées dont le diamètre augmente à mesure qu'elles s'élèvent davantage et auxquelles on accède par des corridors. Ces galeries sont divisées, sur une partie de leur largeur, par des cloisons qui s'abaissent en se découpant près de l'appui pour dégager les vues latérales et forment ainsi des *loges* découvertes. De grands amphithéâtres ou cintres avec ou sans séparations occupent les parties supérieures de la salle.

La partie inférieure de la salle qui touche immédiatement à la scène et qui est en contre-bas du plancher de celle-ci, de 1^{m},70 environ, est réservée aux musiciens; elle est disposée sur une table d'harmonie et reçoit le nom d'*orchestre*. A la suite vient le *parquet*, occupé par plusieurs rangées de sièges et désigné aussi, quelquefois, mais improprement, sous le nom d'*orchestre*. Enfin, au-delà du parquet, se trouve le *parterre* qui se prolonge, dans certains *théâtres*, sous le premier étage des galeries.

Dans quelques *théâtres*, le parterre est suivi d'un *amphithéâtre* ou sorte de galerie de rez-de-chaussée précédant les galeries de balcon et qui est garnie de sièges à prix élevé.

C'est d'ailleurs en raison du prix des places que les sièges sont plus ou moins espacés. Les rangs doivent être distants de 0^{m},90 environ d'axe en axe à l'orchestre, au balcon et au premier amphithéâtre; de 0^{m},85, dans les premières loges; de 0^{m},80, au parterre, dans les galeries supérieures et à l'orchestre et de 0^{m},55 partout ailleurs.

De cette variété d'aspect et de disposition pour chaque catégorie de places, il résulte dans les salles françaises un air de fête et d'animation que ne présentent pas les salles italiennes. Dans celles-ci, en effet, le pourtour est divisé verticalement en un grand nombre de petites loges placées à plomb les unes des autres et donnant à l'intérieur du *théâtre* un aspect qui rappelle vaguement celui d'un colombier.

La partie supérieure du vaisseau, dans les salles françaises, est presque toujours terminée par une voussure ou voûte plate qui s'harmonise avec les formes générales. Quant aux points d'appui supportant les galeries et le plafond, ils peuvent être disposés suivant deux partis différents : l'un, qui consiste dans la division du pourtour par petites travées égales; l'autre, fréquemment appliqué, qui divise la salle en trois grandes parties seulement, séparées par des entrecolonnements formant loges, ce qui réduit considérablement le nombre des points d'appui.

Quant à la forme que doit affecter la salle en plan, elle varie suivant la destination du *théâtre*. Si la féerie doit être seule représentée, si le public doit plutôt voir qu'entendre, il conviendrait mieux d'établir la salle sur plan elliptique, ayant son grand axe parallèle au rideau, c'est-à-dire plus large que profonde, parce qu'alors la grande masse des spectateurs est placée de face, et, par suite, dans les meilleures conditions de vision. S'il s'agit, au contraire, d'un *théâtre* lyrique, dans lequel l'audition est la chose essentielle, la salle devra plutôt trouver son développement dans le sens de la direction des sons émis par les chanteurs; elle devra être plus longue que large; il y aura ainsi un plus grand nombre de places de côté, moins bonnes pour la vue, mais dans lesquelles on entendra parfaitement; on est ainsi conduit à la salle en forme d'aimant ou fer à cheval. Une disposition avantageuse est celle du cercle

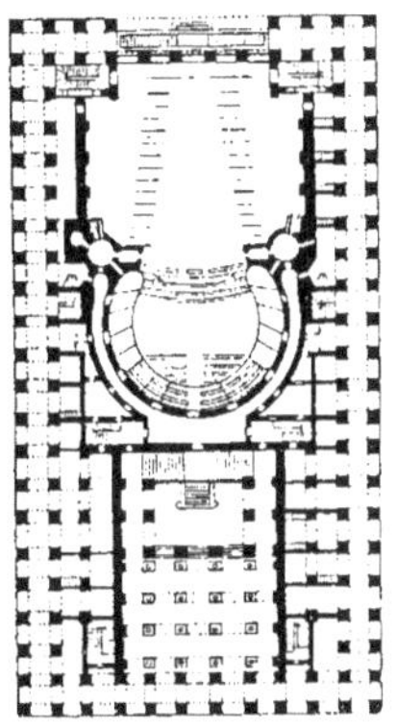

Fig. 3290.

tronqué vers le quart par l'ouverture de l'avant-scène, et, vers le cinquième, par celle du rideau. Les salles du *théâtre* San Carlo, à Naples; du *théâtre* de Bordeaux dont la figure 3290 représente le plan; du *théâtre* Français et de l'Opéra de Paris ont été établies d'après ces données.

L'éclairage de la salle se fait au moyen d'un lustre qui descend d'une ouverture ou *lunette* pratiquée au milieu du plafond. Toutefois, cet appareil a l'inconvénient de gêner la vue pour un certain nombre de spectateurs placés dans les galeries les plus élevées et de produire une chaleur, souvent excessive; aussi, a-t-on essayé, au *théâtre* du Châtelet et au *théâtre* Lyrique, à Paris, de supprimer le lustre et de le remplacer par un verre de grande dimension, dépoli et ciselé, au-dessus duquel on concentre un grand nombre de becs de gaz, de sorte que la lumière est comme tamisée et arrive dans la salle considérablement adoucie. Mais on paraît renoncer à cette innovation, en raison précisément du peu d'éclat qui en résulte; le lustre, au contraire, a l'avantage d'être un splendide ornement et de donner à la salle un plus grand air de fête.

Mais l'architecte doit se préoccuper d'autres conditions très importantes sous le rapport des satisfactions des sens, des commodités du corps et de l'état de santé de chacun des spectateurs. Il faut que l'on puisse avoir une température régulière et douce dans toutes les parties de la salle et dans toutes les saisons; respirer un air sain, largement et également renouvelé dans toutes les parties de la salle; entendre bien et également bien dans toutes les parties de la salle. De ces trois conditions, les deux premières sont intimement liées entre elles, et l'examen des procédés nécessaires à leur réalisation exige des développements que le lecteur trouvera à l'article *Ventilation*.

La bonne audition, si importante dans les *théâtres* lyriques, se rattache aussi au mode employé pour aérer la salle, mode qui influe sur la répartition du son dans le vaisseau; mais cette condition dépend surtout des lois de l'acoustique, science qui est encore dans la période de l'enfantement et dont les applications sur une grande échelle n'ont encore été que peu nombreuses. Toutefois, il y a certains points acquis et confirmés par les faits. « Ainsi, dit M. L. Sauvageot (1), on reconnaît généralement aujourd'hui que la nature et l'épaisseur des matériaux formant les parois de la salle sont sans influence appréciable sur la *réflexion* du son. On pourra donc employer indifféremment la maçonnerie, le fer ou la charpente en bois, dans la construction du périmètre, des points d'appui et du plafond de la salle, sans que cela modifie la sonorité du vaisseau. Il semble moins certain que l'emploi de tel ou tel genre de maté-

(1) *Considérations sur la construction des théâtres*.

riaux soit sans influence sur le *timbre*, c'est-à-dire la nature du son. A cet égard, un léger revêtissement en bois de l'intérieur des parois de la salle paraît le mieux convenir pour conserver intactes et parfaitement distinctes à l'oreille les qualités essentielles des instruments à cordes et en cuivre. »

Quant à la forme de la salle, nous avons vu que la plus favorable à l'audition, était celle du plan elliptique allongé en profondeur. Il convient aussi d'avancer le plus possible le proscenium dans la salle et d'établir les avant-scènes en évasement, en y ménageant des surfaces réfléchissantes destinées à projeter le son en avant.

4° La *scène* communique avec la salle par une large baie appelée l'*ouverture de la scène* et qui se ferme à volonté au moyen d'un vaste rideau que l'on manœuvre par le haut. Pour l'établissement de ce rideau, il y a plusieurs systèmes : les tentures réelles, les tentures simulées et la reproduction d'objets animés ; le second de ces procédés est généralement adopté.

La *scène* comprend deux divisions principales, l'*avant-scène*, placée entre l'orchestre et le rideau, et la *scène* proprement dite.

L'avant-scène est accompagnée, à droite et à gauche, de loges dites *loges d'avant-scène* et dont il faut signaler ici l'inconvénient ; les sons s'y engouffrent et ne sont pas renvoyés dans la salle comme il le faudrait.

Une série de becs de gaz appelée rampe et placée tout à fait en avant de la *scène* sert à l'éclairer.

« Il serait préférable d'employer, pour cet objet, dit M. Léonce Reynaud dans son *Traité d'architecture*, des foyers lumineux entièrement soustraits à la vue des spectateurs, distribués latéralement sous les premières loges d'avant-scène, à peu près au niveau de la tête des acteurs, et disposés de telle façon que la lumière soit uniformément répartie sur toute la largeur de la scène, tout en diminuant d'intensité à mesure que les plans se reculent. »

Au milieu de la rampe se trouve le *trou du souffleur*, qui est caché aux spectateurs par une sorte d'écran.

La scène s'étend depuis le rideau jusqu'au mur du fond. Elle se prolonge, en outre, sur les côtés latéraux d'une quantité au moins égale à sa largeur visible. Le sol est formé par un plancher composé de traverses de bois situées à une certaine distance les unes des autres et de feuilles de parquet mobiles qui s'élèvent et s'abaissent, vont et viennent, au moyen de rainures pratiquées dans les traverses.

Ces pièces de parquet constituent les *trappes* et les *trapillons* qui servent au jeu des décorations.

Sous la scène est un espace dont la profondeur est au moins égale à la moitié de la hauteur de l'ouverture de la scène. Cet espace est divisé verticalement par les supports des traverses, et, de plus, partagé, dans les grands *théâtres*, en trois étages à planchers mobiles, auxquels on donne les noms de premier, deuxième et troisième *dessous*.

Un espace semblable et distribué de la même manière existe au-dessus de la scène, et ses divisions forment ce qu'on appelle les *dessus*. Cet espace se termine par un gril en charpente chargé de machines, treuils, roues, etc.

Dans la *machinerie des théâtres*, on appelle :

Châssis ou *coulisses*, les décorations qui forment les côtés de la scène et cachent au public la vue des ailes ;

Toiles, les décors qui descendent des dessus pour former le fond de la scène, les ciels, les plafonds et généralement toutes les parties supérieures ;

Fermes, des pièces montées sur châssis qui s'élèvent des dessous ou viennent des côtés pour former la partie inférieure des tableaux de la scène et les objets isolés qui occupent les divers plans ;

Praticables, les décors qui donnent passage aux acteurs, tels que portes, ponts, etc., et les objets réels, tels que meubles, etc.

La scène est toujours accompagnée d'un certain nombre de dépendances qui servent de magasins, de bureaux pour l'administration, de foyers pour les acteurs, etc.

Nous donnerons ici (fig. 3291), à l'échelle de $0^{m},001$ pour mètre, le plan du *théâtre* de l'Opéra, construit à Paris,

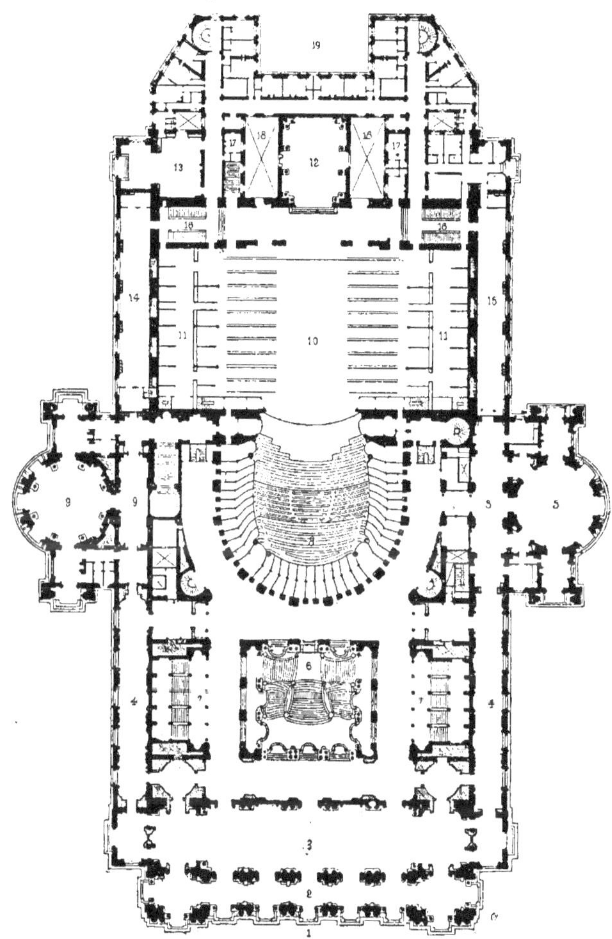

Fig. 3291.

par M. Garnier, avec des proportions et une magnificence qui en font le premier *théâtre* du monde entier.

Entièrement isolé par de larges voies de communication et précédé d'une vaste place publique, cet édifice est composé de quatre parties principales : 1° les grands vestibules, les escaliers les plus importants et les foyers ouverts au public; 2° la salle et ses dépendances;

3° la scène et ses accessoires; les pièces destinées à l'administration et aux artistes du *théâtre*. Il y a, de plus, deux appendices latéraux qui présentent l'un la loge du chef de l'Etat et ses dépendances; l'autre, les salons, cabinets et offices d'un restaurant.

Voici la légende indiquant les divisions de ce plan et leurs destinations diverses :

1, place de l'Opéra;

2, portique; au-dessous, porche principal;

3, grand foyer; au-dessous, vestibule principal couvert à ses deux extrémités, donnant accès aux escaliers et aux galeries latérales qui mènent aux bureaux de distribution des billets;

4, à gauche, foyer des fumeurs; à droite, galerie des rafraîchissements; au-dessous, galerie conduisant aux bureaux de distribution des billets;

5, restaurant et dépendances; au-dessous, porche ouvert aux voitures;

6, cage du grand escalier dont les rampes diverses conduisent au niveau du couloir de l'amphithéâtre, des baignoires et de l'orchestre des spectateurs, au premier étage et enfin à un salon circulaire situé sous la salle et destiné aux personnes qui attendent leurs voitures;

7, escaliers secondaires desservant tous les étages;

8, la salle comprenant, sur le pourtour, les loges avec leurs salons placés derrière, et les quatre divisions suivantes : l'amphithéâtre des premières, le parterre, l'orchestre des spectateurs et l'orchestre des musiciens;

9, loges du chef de l'État, avec grand salon circulaire et dépendances; au-dessous, porche sous lequel entrent les voitures;

10, scène;

11, remise des décors;

12, foyer de la danse;

13, foyer du chant;

14, magasin des accessoires;

15, loges et galeries des choristes hommes; au-dessous, loges et galerie des choristes femmes;

16, escaliers des artistes;

17, loges des premiers artistes du chant et dépendances; au-dessus et au-dessous, loges des autres artistes, bureaux et dépendances;

18, cour;

19, grande cour d'entrée de l'administration et des artistes.

Nous n'entrerons pas ici dans le détail des richesses décoratives qui ont été déployées dans cet édifice, non plus que des divers systèmes adoptés d'après les perfectionnements les plus récents pour le *chauffage* et la *ventilation* (voy. ces mots); nous signalerons seulement, au point de vue général, l'accentuation très nette que M. Garnier a su faire au dehors des principales divisions de l'intérieur : une loggia somptueusement décorée annonce au spectateur la partie réservée à la circulation du public; la salle et la scène sont indiquées la première par la coupole qui la surmonte, la seconde par un fronton triangulaire qui domine l'ensemble, accentuant ainsi la plus vaste des divisions du monument; enfin, les bâtiments d'administration placés derrière la salle sont également accusés par des formes spéciales et le tout s'harmonise de manière à conserver intacte l'unité de composition.

Nous terminerons cet article en indiquant quelques dispositions destinées à diminuer les chances d'incendie et à permettre, en tous cas, au public et au personnel d'évacuer rapidement le *théâtre*. Il importe, en premier lieu, d'employer des matériaux incombustibles dans toutes les parties de la construction qui le comportent, d'établir de larges dégagements et de multiplier les escaliers de sortie. Outre ces mesures générales, il faut user de moyens spéciaux très énergiques surtout pour parer aux chances d'incendie que présente la scène, avec son agglomération de châssis, toiles, cordages, frises et bandes d'air qui traversent les cintres au milieu d'innombrables becs de gaz. Dans la brochure citée plus haut, M. Sauvageot parle d'essais fort curieux faits à Rouen, il y a quelques années, sous la direction de M. Besongnet, inventeur d'une combinaison d'appareils hydrauliques facilement applicable sur la scène d'un *théâtre*. Dans ce système, il y a deux parties distinctes : la première, qui a pour objet de satisfaire aux premiers secours, comprend le service des lances, établies, comme d'ordinaire, aux quatre angles de la scène, et aux différents étages, ainsi que dans les couloirs et magasins divers ; ces lances, que l'ouverture d'un robinet suffit pour mettre en fonction immédiate, sont alimentées par une canalisation spéciale, branchée directement au dehors sur la conduite générale de la distribution d'eau, et par conséquent, maintenue en charge d'une manière permanente. Mais ce service ne peut ralentir que pendant quelques courts instants la propagation de l'incendie et permettre l'évacuation du personnel théâtral. La seconde partie du système, qui intervient alors, consiste en une seconde canalisation indépendante de la première et d'un beaucoup plus fort diamètre, également branchée sur la conduite générale de distribution d'eau.

Après avoir franchi le dessous du vestibule d'entrée des artistes, cette canalisation particulière pénètre dans le troisième dessous de la scène, pour se diviser à droite et à gauche, en longeant les murs de manière à gagner les angles de la scène. Quatre colonnes montantes en cuivre partent de ces angles, en s'élevant d'abord jusque sous le gril, où elles se transforment en couronne pourtournant horizontalement les quatre murs limitant la scène.

Avant d'arriver sous le gril, lesdites colonnes sont déjà reliées entre elles par un tuyautage courant sous les corridors de service et le couloir de lointain, en passant aussi au-dessus de l'ouverture du rideau. Enfin, ce même tuyautage se poursuit encore au-dessus du gril pour, de là, aller courir sous toute la longueur du faîtage du comble. Sur la hauteur des quatre colonnes montantes, le développement des deux couronnes supérieures et le parcours sous comble, la canalisation est percée d'un très grand nombre d'orifices sur lesquels sont montés autant d'ajoutoirs dirigeant tous les jets dans des directions diverses pour couper la flamme ou préserver les parties fixes du matériel. Au-dessus du rideau, les ajoutoirs placés en plus grand nombre sont disposés de manière à faire couler verticalement, entre la scène et la salle, une véritable nappe d'eau qui remplacerait avantageusement le rideau de fil de fer employé ordinairement à cet endroit. Enfin, dans la partie au-dessus du gril, les ajoutoirs seraient, au contraire, établis pour lancer les jets de manière à faire ruisseler l'eau sur la surface intérieure des combles.

Toute cette canalisation, ayant son branchement spécial sur la conduite d'eau de la ville, serait alimentée par un seul robinet-vanne placé sur la voie publique. C'est donc en dehors du bâtiment que la manœuvre s'opère. En admettant une pression suffisante et une abondance d'eau comme pourraient en fournir, par exemple, les réservoirs très élevés de la ville de Rouen, on arriverait ainsi à produire instantanément dans toute l'étendue de la scène une véritable inondation, à laquelle il semble qu'aucun incendie ne pourrait résister.

Théorie, *s. f.* — Ensemble des connaissances d'un art acquises par l'étude ou que l'on reçoit de l'enseignement.

Quatremère de Quincy reconnaît trois degrés d'étude ou d'instruction *théorique*. Il distingue : la *théorie* des faits et des exemples ou *théorie pratique* ; la *théorie* des règles et des préceptes, qu'il appelle *théorie didactique* ; enfin, la *théorie* des principes ou des raisons sur lesquelles reposent les règles ou *théorie métaphysique*.

Appliquée à l'architecture, la première de ces trois divisions comprend l'enseignement par lequel on apprend aux élèves à se régler sur les inventions et les ouvrages des prédécesseurs, à prendre pour modèles certains maîtres ou certains monuments, sans s'inquiéter des principes qui ont fait agir ceux dont on imite les œuvres.

La *théorie* des règles et des préceptes

ou *théorie didactique* est celle qui, par l'étude particulière ou par les leçons du maître ou de l'école, apprend à distinguer dans les ouvrages de l'art certains points communs où leurs auteurs se sont rencontrés, à comparer ces ouvrages entre eux, à s'efforcer d'établir les meilleurs rapports entre les formes, les proportions les mieux appropriées au caractère spécial de chaque ordonnance, les détails d'ornements sur lesquels se sont accordés les artistes les plus accrédités.

La *théorie métaphysique*, qui est en même temps la *théorie* véritable de l'art, remonte aux sources d'où émanent les règles ; elle analyse les préceptes, en pénètre l'esprit, s'appuyant comme base sur les lois mêmes de la nature, et sur les causes des impressions que nous font éprouver les œuvres d'art.

Thermes, *s. m. pl.* — Mot qui vient du grec *thermai* signifiant *étuves*, *bains chauds*, et qui servait à désigner, à l'origine, les bains d'eau chaude où la chaleur était empruntée à des sources thermales ou produite par des moyens artificiels. Dans la suite, on donna, par extension, le nom de *thermes* à des édifices qui renfermèrent tout ce qui composait un établissement de bains complet : bassins froids, bains de vapeur, bains d'eau chaude, etc. Enfin, sous les empereurs romains, les *thermes* devinrent une sorte d'agglomération d'établissements d'utilité et de plaisir, tels que *bains*, *palestres*, *gymnases*, *sphœristères*, *exèdres*, *xystes*, *éphébées* (voy. ces mots).

On ne saurait imaginer quel degré de luxe les Romains déployèrent dans la construction de ces édifices, destinés à la propreté et, pour employer un terme d'un sens plus général, à la salubrité publique. Ce luxe paraît avoir daté du règne des empereurs. Victor et Rufus comptèrent jusqu'à 800 bains, dont les principaux étaient ceux de Paul-Émile, de Jules César, de Mécène, de Livie, de Salluste, d'Agrippine, etc. Mais tous ces établissements, élevés aux frais de particuliers, furent effacés par les bains ou *thermes*, construits sous les empereurs, et dont les plus célèbres sont, par ordre de date, ceux d'Agrippa, Néron, Vespasien, Titus, Domitien, Trajan, Adrien, Commode, Antonin Caracalla, Alexandre Sévère, Philippe, Dèce, Aurélien, Dioclétien, Constantin. On ne voit plus aujourd'hui, à Rome, que les restes des *thermes* de Titus, de Caracalla et de Dioclétien. Les *thermes* de Caracalla, dont nous donnons le plan restauré (fig. 3292), sont de tous ces monuments ceux qui se sont le mieux conservés et qui, par suite, ont été l'objet des plus nombreuses études. Construits par l'empereur dont ils portent le nom, ces *thermes* furent achevés dans la quatrième année de son règne, c'est-à-dire en l'an 217 de l'ère chrétienne. Selon Lamprinus, les portiques qui les entourent ont été ajoutés par Héliogabale et Alexandre Sévère. La forme générale est celle d'un rectangle ABCD. De chaque côté de l'entrée, placée en G, sont établies des cellules pour bains séparés, avec escaliers et portiques, le tout formant une suite de deux étages de berceaux. Chacune de ces cellules comprend une *antisalle* et une salle de bains pouvant contenir plusieurs personnes. L'entrée G donne accès dans une vaste cour divisée en jardins et promenoirs où s'élèvent en un seul groupe les services principaux de l'établissement : E le *bain froid*, appelé *natatio*, grand bassin découvert où l'on pouvait nager, qui est flanqué d'espaces couverts M où se tenaient ceux qui voulaient se jeter dans le bassin ou assister seulement aux exercices de natation ; des salles K dans lesquelles on quittait les vêtements ; des vestiaires L, *apodyteria*, où se trouvaient les esclaves chargés de veiller sur les habits des baigneurs ; des salles L destinées aux onctions et à la réserve du sable dont se servent les lutteurs ; des pièces N pour les personnes qui veulent se reposer ou converser. F, est le *tepidarium* ou salle tiède avec quatre bains d'eau chaude, *alvei*, dans les angles, et deux bassins circulaires, *labra*, sur les grands côtés du parallélogramme. OE, est le second *tepidarium*, servant de vestibule au bain d'eau chaude I, *caldarium*. Deux cours P contiennent les fourneaux et réservoirs d'eau chaude. Le bain d'eau chaude est une grande salle circulaire recouverte d'une calotte hémisphérique, contenant un large bassin également circulaire et munie, sur ses parois, de renfoncements où sont établis des bassins plus petits à l'usage de ceux qui veulent prendre leur bain isolément. Cette salle est éclairée, au rez-de-chaussée et à l'étage supérieur, par des

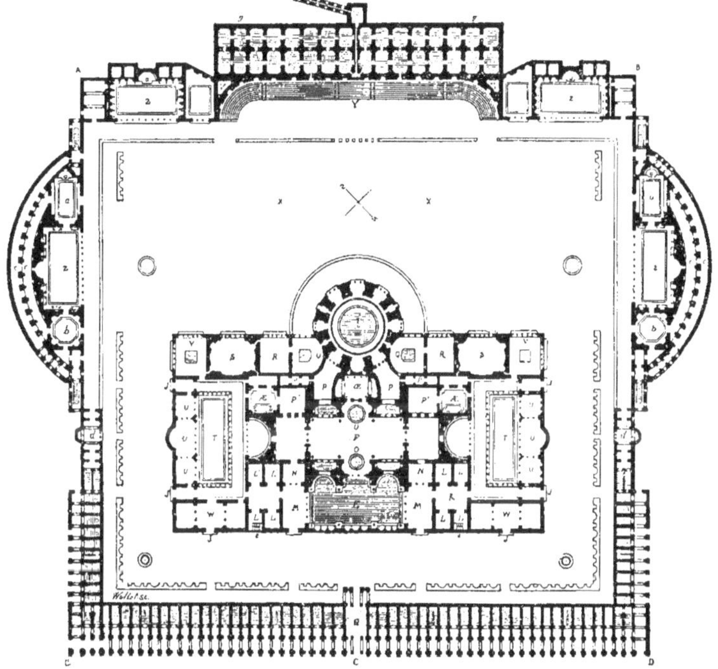

Fig. 3292.

ouvertures garnies de claires-voies vitrées. Attenantes au *caldarium*, des salles tièdes Q, avec bassin d'eau tiède, servent de transition entre la température du caldarium et celle de l'extérieur ; viennent ensuite des salles froides R qui s'ouvrent sur les jardins. De là, on pénètre, par des salles découvertes servant aux exercices, dans les petites chambres tièdes qui précèdent le *sudatorium* Æ. Les pièces P', D' contiennent des chaudières. De vastes péristyles T accompagnés d'exèdres sont destinés à ceux qui veulent se promener et écouter les rhéteurs. Des espaces U servent à l'instruction des élèves de gymnastique. Des bibliothèques avec vestibules particuliers occupent les divisions du plan marquées W, et les angles V sont occupés par des bassins d'eau froide pour ceux qui s'exercent dans le xyste X. Des gradins établis parallèlement à la longueur de ce dernier espace reçoivent les spectateurs des jeux. Le xyste est flanqué de palestres Z avec salles d'académie *a* et salles réservées aux discussions *b*. Un portique *c* circule derrière ces pièces. De petites salles *d* sont destinées aux conférences faites par les philosophes et les rhéteurs. Enfin, des réservoirs *g* sont alimentés par un aqueduc *h*.

Il n'y avait pas seulement à Rome des *thermes* publics, où la foule, admise d'abord moyennant une légère rétribution, le fut gratuitement à partir des Antonins; les familles riches en faisaient aussi construire dans leurs palais; mais c'est surtout dans les édifices ouverts à tous, comme celui que nous venons de décrire, que le plus grand luxe était déployé. Dans les *thermes* publics, tout était colossal et traité avec une richesse excessive. La façade des *thermes* de Caracalla s'étendait sur une longueur de 338 mètres ; le bâtiment principal avait 218 mètres de longueur sur 112 de profondeur. Le *frigidarium* ou bassin froid avait 52 mètres sur 27 mètres ; le *tepidarium*, 86 mètres sur 24 mètres ; le *caldarium*, 35 mètres de diamètre intérieur ; la retombée des voûtes était supportée par des colonnes de granit de 14 mètres de hauteur.

Nous avons, comme témoignages de la magnificence qui fut déployée dans cet édifice, non-seulement les nombreux débris qui en sont encore visibles, mais encore les chefs-d'œuvre de sculpture qui y ont été trouvés. Les plus remarquables sont l'Hercule de Glycon, le Torse antique, le Taureau dit Farnèse, la Flore, deux gladiateurs, les deux vasques de granit de la place Farnèse, les deux urnes de basalte vert qui sont dans la cour du musée du Vatican, diverses terres cuites et une infinité d'autres sculptures et objets d'art. L'entrée principale du monument, placée sur le côté le plus petit, s'annonce par un portique extérieur, composé de deux étages ou rangs d'arcades superposées, au nombre de cinquante-trois à chaque étage. Ces arcades qui ont leurs pieds-droits ornés de colonnes adossées, doriques au rez-de-chaussée, ioniques à l'étage supérieur, bordent une longue galerie, et les pieds-droits qui la forment, ornés de ces colonnes en dehors, le sont en dedans de pilastres correspondant à une rangée pareille de pieds-droits. Mais le luxe de l'architecture et de la décoration avaient été réservés pour les façades intérieures du monument, dont l'enceinte renfermait le corps de bâtiment le plus important par sa distribution comme par la magnificence de son ornementation. La construction des *thermes* de Caracalla est, comme la plupart des grandes constructions romaines, du genre nommé *emplecton*, c'est-à-dire en maçonnerie de blocage, revêtue de briques. Les murs étaient enduits de couches de ciment sur lesquelles on appliquait les stucs. Les voûtes sont construites en blocage et, à l'intérieur, revêtues de briques carrées posées à plat. On observe que, dans quelques salles, ces briques sont doublées d'un autre rang de briques plus grandes, placées de la même manière et recouvertes d'une couche de ciment, destinée à recevoir les revêtements en marbre. La maçonnerie des canaux et des réservoirs qui fournissaient de l'eau pour tous les usages du monument est faite à bain de mortier. L'intérieur est recouvert d'une forte épaisseur de ciment ; tous les angles rentrants sont arrondis. Leur fond est une surface courbe, qui se raccorde avec les arrondissements le long des murs. Les parements des salles de l'enceinte sont en marbre blanc, celui de la salle circulaire ou rotonde est en marbres de diverses couleurs ; leurs compartiments reposent sur un blocage en maçonnerie. Les mosaïques qui revêtent le sol dans les salles où l'on voulait sans doute amener la chaleur, sont établies sur une construction qui se compose d'abord d'une première couche de grandes briques posées sur un blocage ; ces briques sont surmontées de petits piliers carrés, qui portent un double rang de briques recouvertes d'une couche épaisse de ciment grossier, servant de base à un ciment plus fin, dans lequel sont incrustées les mosaïques. Le stuc, les incrustations en mosaïques, les colonnes en granit rouge, avaient été employés dans la décoration des façades. A l'intérieur, l'ensemble de l'ornementation se composait d'un revêtement de marbre jusqu'à la hauteur de la naissance des voûtes. Les

Fig. 3293.

parties supérieures, ainsi que les voûtes mêmes, étaient ornées de stucs et de mosaïques vitrifiées de diverses couleurs. Les colonnes étaient de granit rouge et gris, d'albâtre oriental, de porphyre et de jaune antique. Les revêtements étaient de porphyre rouge et vert, de serpentin, de vert africain, de jaune antique, de blanc veiné de violet, d'albâtre et de marbre blanc.

Nous donnerons une faible idée de la magnificence de cet édifice, en présentant (fig. 3293) une coupe perspective faite sur le *tepidarium*, par Viollet Le

Duc, pour l'École spéciale d'architecture : on y voit une partie restaurée et l'autre disposée de manière à montrer la construction dans tous ses détails. C'est ici le lieu d'insister précisément sur le mode de construction employé par les Romains pour couvrir de si vastes espaces et cela le plus économiquement possible. On remarque qu'il n'y a d'employés ici que la brique et le blocage, le second comme massif, la première comme revêtement. De distance en distance, des arases de grandes briques sont espacées l'une de l'autre de $1^{m},34$. Des arcs de décharge en briques, noyés dans la construction, répartissent les poussées sur les points d'appui principaux. Quant aux voûtes, les arcs de tête sont en grandes briques quadrangulaires, posées ordinairement sur deux rangs, et les remplissages en béton composé de mortier et de pierre ponce. Deux rangs chevauchés de larges briques de plat, posés préalablement sur les couches des cintres, forment comme un carrelage cintré sous ces voûtes. On remarque dans ces *thermes* de grandes baies, qui étaient autrefois garnies de châssis de bronze sertissant des plaques de verre, d'albâtre ou simplement de claires-voies. Ces jours s'ouvraient vers les points de l'horizon les plus favorables, de manière à profiter de la chaleur du soleil, en évitant les expositions humides et froides.

Cet édifice nous fournit encore de précieux renseignements sur les dispositions spéciales adoptées par les Romains pour voûter les édifices : ils employaient l'ordonnance circulaire, fermée par une calotte sphérique et l'ordonnance par travées, comme le montre la figure 3293. Cette dernière disposition se retrouve encore dans les *thermes* de Titus, de Dioclétien et dans le monument connu sous le nom de basilique de Maxime ou de Constantin. Ainsi donc, les Romains n'avaient inventé que deux genres de voûtes : la voûte hémisphérique et la voûte en berceau demi-cylindrique. La pénétration de deux berceaux à angle droit leur avait donné la voûte d'arête.

Des *thermes* étaient également élevés dans les diverses provinces de l'empire romain, sur des proportions moins vastes et avec une moins grande richesse que ceux de Rome, mais quelques-uns étaient cependant fort remarquables. Parmi ceux dont les ruines subsistent encore, nous citerons les *thermes* que l'on croit avoir été bâtis à Paris par l'empereur Constance, et qui furent habités par l'empereur Julien. On en voit encore aujourd'hui les ruines, que l'on appelle *Thermes de Julien* et qui ne sont que des débris du palais primitif. Une voie romaine, actuellement la rue Saint-Jacques, bordait d'un côté cet édifice, tandis que de l'autre s'étendaient des jardins. Derrière la grille qui donne sur le boulevard Saint-Michel, dit le *Guide dans la France monumentale*, est un fossé qui contient un aqueduc et des substructions parmi lesquelles sont deux petits escaliers de service qui conduisaient au sol d'un fourneau destiné à chauffer les bains. On arrive ensuite à un vaste emplacement découvert que des niches, alternativement carrées et rondes, font reconnaître pour une salle de bains chauds ou *tepidarium*, dont la voûte écroulée a disparu. De là, on entre dans une pièce qui sert de vestibule à une vaste salle (grande salle du Musée des Thermes); elle recevait directement les eaux d'Arcueil par un aqueduc dont les ruines se suivent jusqu'à 16 kilomètres de Paris, aux belles sources de Rungis. Distribuée dans les baignoires et dans le bassin qui occupe le nord, cette eau, dont on retrouve tous les conduits, était dirigée aussi dans les vases qui surmontaient l'hypocauste ou fourneau. La position culminante qu'occupe la grande salle, relativement à toutes les ruines qui l'entourent, démontre que, recevant directement les eaux froides de l'aqueduc, elle ne devait offrir que des bains froids ;

c'était donc la *cella frigidaria* de Vitruve ; de plus, elle est trop ouverte de toutes parts, pour qu'on y ait jamais pris des bains chauds. Varron qualifie de *balneum* un bain privé et de *thermæ*, les bains consacrés au public : la dénomination de *thermes*, conservée à ces ruines, par tradition, est donc une raison de croire que le bain fut livré aux Parisiens; sa grande étendue peut faire supposer qu'il était plus que suffisant aux besoins du palais, et un motif encore plus déterminant pour y reconnaître un bain public, est la présence, dans la grande salle, de huit proues de navire, placées à la retombée des voûtes, où elles font l'office de chapiteaux ; elles étaient l'emblème du commerce de la ville, et par cet attribut de Paris, qui s'est conservé jusqu'à nos jours, on voulut peut-être consacrer un lieu livré aux commerçants par eau. Ces ruines sont au-dessus du sol ; des souterrains, non moins curieux, commencent au vestibule ; ils offrent, sous la grande salle, quatre pièces, un aqueduc qui, après le service des bains, conduisait les eaux à la Seine, puis une large galerie, de l'ouest à l'est ; ces souterrains se prolongent jusque sous l'hôtel de Cluny, qui est bâti aux dépens du palais.

Thoiry (*Pierre de*) — Calcaire compact, très dur, provenant des carrières d'Allemagne, dans la commune de *Thoiry*, près de Gex (Ain).

Cette pierre, de couleur clair-verdâtre, est à pâte fine et susceptible de poli ; elle présente une hauteur d'assise de $0^{m},40$ à $0^{m},80$, pèse 2,710 kilogr. le mètre cube et s'écrase sous une charge de 990 kilogr. par centimètre carré.

Tholus. — Nom qui vient du grec *tholos*. Les Grecs et les Romains désignaient ainsi ce que nous appelons *coupole* (voy. ce mot).

Thuya, *s. m.* — Arbre de la Chine, appartenant à la famille des cupressinées et qui est très employé en ébénisterie, en raison de ses coupes très veinées.

Son poids spécifique est de 0,557 à 0,571.

Cet arbre exotique, dont on compte dix espèces, atteint une hauteur de 8 à 10 mètres. Sa verdure étant perpétuelle, on le plante en bosquets d'hiver.

Théophraste parle d'une variété de *thuya* qui croissait naturellement aux environs du temple de Jupiter Ammon et dans la Cyrénaïque. C'était un arbre de grande taille, ressemblant au cyprès sauvage et dont le bois, de très longue durée, servait à faire des poutres, des statues et divers ouvrages d'un grand prix. Les Romains le connaissaient sous le nom de *citrus*, mot que l'on a inexactement traduit tantôt par cèdre, tantôt par citronnier.

Le *thuya* est très abondamment répandu dans les trois provinces d'Algérie, principalement dans celle d'Oran, depuis les bords de la mer jusqu'aux côtes les plus élevées de l'Atlas. En raison des propriétés résineuses de cet arbre, les Arabes le confondent, sous le nom d'*arar*, avec le genévrier, le cèdre, le pistachier, etc., que les ébénistes emploient aussi sous la dénomination inexacte de *thuya*. C'est principalement la racine de cette essence qui est recherchée par l'ébénisterie pour ses loupes, dues probablement à l'action immédiate et souvent répétée des vents du sud.

La couleur du *thuya* est franche, variée de mille nuances d'un ton chaud, brillant et doux. Ses teintes restent immuables, tandis que celles du bois de rose pâlissent et que celles de l'acajou brunissent. Le dessin présente, par ses racines, ses nœuds, ses gerbes, les divers aspects de la moucheture, de la moire, de la chenille, tantôt seules, tantôt combinées sur un fond où domine soit le rouge, soit le noir. Le grain, fin, serré, non poreux, est susceptible de recevoir le plus beau poli et conserve très bien le vernis.

Le bois de *thuya* se dessèche facilement sans jouer ni se gercer, et le travail en est plus facile que celui d'aucun bois, sauf l'acajou. Il s'emploie en placage comme en massif, sculpté comme poli.

On imite le *thuya*, en peinture décorative, au moyen des couleurs suivantes : terre de Cassel pour ébaucher, terre de Sienne naturelle, terre de Sienne brûlée et laque pour reglacer.

Tiburtine (*Pierre*). — Pierre employée autrefois par les Romains et qui était assez dure, d'un grain fin et d'une belle couleur d'ocre jaune. Elle présentait seulement l'inconvénient d'éclater au feu, et son emploi dans les édifices publics exposait ceux-ci à des dégâts considérables en cas d'incendie ; elle était inférieure, sous ce rapport, aux pierres d'Albe et de Gabies, qui résistaient fort bien, mais qui étaient tendres, poreuses et d'un ton grisâtre.

Tierceron, *s. m.* — Nervure de voûte ogivale qui est bandée entre l'arc-doubleau et le formeret et aboutit à la *lierne*, celle-ci réunissant la clef de l'arc-doubleau ou du formeret à celle des arcs ogives.

Tiercine, *s. f.* — Tuile que l'on réduit sur sa longueur pour compléter un rang ou pureau près d'un solin ou d'une ruellée.

Tiers-point, *s. m.* — 1° Lime

Fig. 3294.

triangulaire propre à affûter les dents de scie (fig. 3294).

2° Courbure des voûtes ogivales résultant de l'emploi de deux arcs de cercle (voy. *Arc, Ogive*).

Tiers-poteau, *s. m.* — Bois de sciage employé dans les cloisons légères et ainsi désigné parce que d'un fort poteau on retire trois *tiers-poteaux*.

Tige, *s. f.* — 1° Nom que l'on donne quelquefois au fût d'une colonne.

2° *Tige de rinceau* : espèce de branche partant d'un culot de fleuron et portant le feuillage d'un rinceau d'ornement.

3° Partie allongée et ordinairement cylindrique d'une foule d'objets de quincaillerie.

On dit : la *tige* d'un clou, d'un bouton, d'une clef, etc.

Tigette, *s. f.* — Voy. *Caulicole*.

Tilleul, *s. m.* — Arbre de la famille des tiliacées dont la hauteur moyenne est de 18 mètres et qui fournit un bois peu propre aux ouvrages de charpente, mais employé principalement pour la menuiserie, l'ébénisterie et même quelquefois la sculpture.

Ce bois est tendre, facile à travailler, ne se gerce pas, ne se tourmente point et ne se laisse pas attaquer par les vers.

La pesanteur spécifique du *tilleul* varie entre 0,557 et 0,600.

Timbre, *s. m.* — Cloche en métal frappée par un marteau et qui remplace la sonnette ordinaire ; les *timbres* sont principalement employés dans les sonneries électriques.

Tin, *s. m.* — Billot ou morceau de bois de valeur très inférieure que les charpentiers emploient comme base ou support d'une pièce de bois qu'ils veulent travailler.

Tinette, *s. f.* — Boîte ou récipient de forme cylindrique en bois ou en métal qui constitue ce que l'on appelle une *fosse mobile*.

Les *tinettes* cerclées en fer et garnies

d'un couvercle fermant hermétiquement sont appelées *fosses inodores*. On se sert de ces *tinettes* dans le système diviseur (voy. *Diviseur*).

Tinne, *s. f.* — Nom que l'on donne à des tonneaux malaxeurs ou broyeurs, employés dans la fabrication des briques, pour la préparation des pâtes.

Tirage, *s. m.* — 1° Fil de fer qui sert à manœuvrer un *loqueteau* ou à faire agir une *sonnette* (voy. ces mots).

2° *Bouton de tirage* : bouton placé à l'extrémité de la tige d'un *coulisseau* (voy. ce mot) ou fixé par une tige et un écrou au vantail d'une porte et qui sert à attirer, pousser ou à tirer à soi cette porte pour l'ouvrir ou la fermer (voy. *Bouton*).

3° On appelle *mouvement de tirage*, le *mouvement* (voy. ce mot) où est fixé le fil de *tirage*.

Tirant, *s. m.* — 1° Pièce de bois qui, dans une ferme en bois, reçoit par assemblage le pied des arbalétriers.

Le *tirant* est une pièce soumise à un effort de traction ; il est soulagé de son propre poids par le poinçon qui vient s'assembler en son milieu par un tenon passant, ou s'y relier par une bride boulonnée (voy. *Ferme*, *Poinçon*).

Le *tirant* peut porter un plancher.

Dans les combles en fer, le *tirant* est une tringle d'une seule pièce ou de deux pièces réunies entre elles par des brides, fourrures, verrins, etc.

Ces *tirants* sont également soulagés par un poinçon (voy. *Assemblage*, *Poinçon*).

2° Pièce que l'on classe dans la catégorie des gros fers et qui est un fer plat portant d'un bout un œil dans lequel passe une ancre.

Le *tirant* s'oppose à l'écartement des murs et se fixe sur la charpente, sur les solives d'un plancher par exemple.

Tire-cale, *s. m.* — Outil qui sert à retirer les cales de dessous les pierres

Fig. 3295.

posées ; cet outil a la forme indiquée par la figure 3295.

Tire-clous, *s. m.* — Lame de fer mince qui se recourbe à l'une de ses

Fig. 3296.

extrémités (fig. 3296) et qui est pourvue de dents comme une crémaillère.

Les couvreurs s'en servent pour arracher les clous.

Tire-fond, *s. m.* — Longue vis dont la tête est remplacée par un anneau et que l'on fixe au milieu du plafond d'une pièce pour recevoir un crochet destiné à la suspension d'une lampe.

Tire-joints, *s. m.* — Outil formé d'une tige recourbée, en fer, et que l'on emploie dans les rejointoiements, en la faisant glisser le long d'une règle, pour lisser les joints, quand on veut que leur surface vue soit plate et affleure le nu du parement.

Tire-ligne, *s. m.* — 1° Nom que les plombiers donnent à une sorte de couteau à manche de bois tranchant par le bout et que l'on passe sur le trait à la craie marquant les limites d'une table à couper.

Cet instrument pratique ainsi une première entaille et l'on achève l'opération au moyen du couteau ordinaire.

2° Instrument employé par les dessinateurs pour tirer des traits à l'encre de Chine ou à la couleur.

On fait aussi des compas à *tire-ligne* (voy. *Compas*).

Tire-plomb, *s. m.* — Rouet de plombier servant à réduire le plomb en petites lanières et baguettes, par exemple pour monter les verres des panneaux à compartiments.

Tirer, *v. a.* — Étirer les métaux au banc ou à la filière.

Tirer de long : blanchir une pièce dans le sens de sa longueur.

Tiroir, *s. m.* — Caisse en bois (fig. 3297) formée d'un fond et de quatre

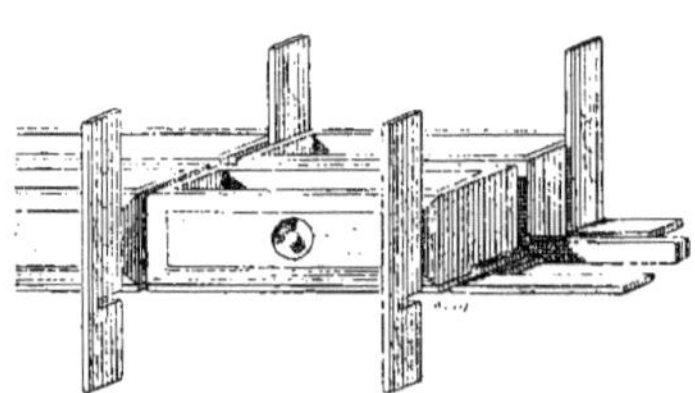

Fig. 3297.

faces et qui entre à coulisse dans une armoire, une table, un comptoir, un établi, etc.

On agit sur le *tiroir* soit par un ou plusieurs boutons en bois ou en métal, soit par une poignée à charnière ou à tourillons.

Il y a des *tiroirs* pourvus de serrures.

Tisonnier, *s. m.* — Tige de fer droite ou recourbée qui sert à attiser le feu de la forge.

Toile, *s. f.* — 1° Tissu de fil de lin, de chanvre ou de coton qui sert à divers usages dans la construction.

Toiles à tentures (voy. *Tenture*).

Toiles peintes, *cirées* ou *gommées :* on emploie quelquefois ces *toiles* à faire des couvertures légères pour petits appentis, hangars, constructions provisoires ; on cloue ces *toiles* sur un voligeage en les posant par *lés* horizontaux en recouvrement les uns sur les autres.

Toiles cartonnées ou *bitumées* (système Chameroy et Cᵉ) : on se sert très avantageusement de ce produit pour les toitures et le revêtement des surfaces que l'on veut préserver de l'humidité.

2° On donne encore le nom de *toile* au rideau qui sépare la scène de la salle (voy. *Théâtre*).

3° On fait aussi des *toiles métalliques* formées d'un tissu de fil de laiton ou de fil d'archal très fin pour garnir certains châssis, certaines baies, par exemple les fenêtres de poulailler pour empêcher l'invasion des animaux nuisibles, les garde-manger que l'on a coutume d'établir sur les fenêtres des cuisines, les garde-feu, etc.

Toilette, *s. f.* — *Cabinet de toilette* (voy. *Cabinet*).

Toise, *s. f.* — Ancienne mesure de longueur qui valait 1ᵐ,959 et à laquelle on a substitué le double-mètre en 1812 et définitivement le mètre en 1840.

Toisé, *s. m.* — A proprement parler, *mesurage à la toise ;* en terme général, art de mesurer ou opération du *mesurage*. On dit aujourd'hui *métré* (voy. ce mot).

Celui qui fait le *toisé* prend le nom de *toiseur* ou *métreur*.

Toit, *s. m.* — 1° Partie la plus élevée d'un bâtiment, qui sert à le couvrir, à le mettre à l'abri des intempéries de l'atmosphère.

On dit dans le même sens *comble*, *couverture* (voy. ces mots).

2° On donne spécialement le nom de *toits à porcs* aux petites loges dans lesquelles on enferme ces animaux (voy. *Porcherie*).

Tôle, *s. f.* — Fer ou acier réduit en feuilles sous la pression des laminoirs.

La *tôle* de bonne qualité doit avoir une épaisseur uniforme et une surface parfaitement lisse ; il faut que l'on puisse la plier plusieurs fois en tous sens avant qu'elle se casse.

On fabrique des *tôles* épaisses avec

du fer puddlé, mais elles sont de qualité inférieure si le fer n'a pas été soumis à plusieurs corroyages.

On emploie les *tôles* pour former des poutres en fer à T, des poutres armées, des portes en fer, etc.

Les feuilles de *tôle* s'assemblent suivant divers systèmes; elles peuvent être placées à recouvrement, comme le mon-

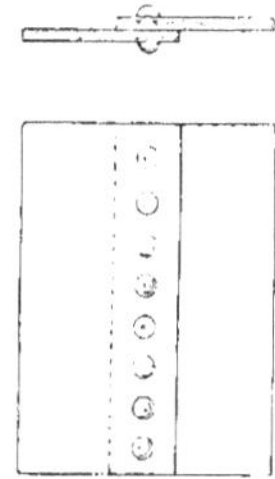

Fig. 3298.

tre la figure 3298, et reliées ensemble au moyen de rivets, ou être posées bout à bout et maintenues par deux couvre-

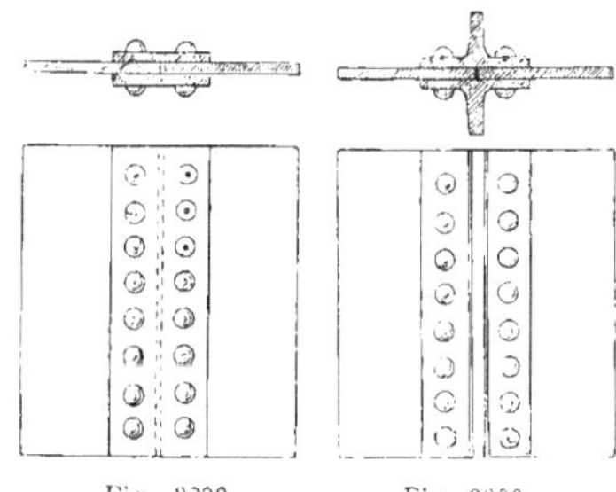

Fig. 3299. Fig. 3300.

joints (fig. 3299). La seconde disposition, quoique plus dispendieuse que la première, donne plus de résistance et répartit mieux les effets de traction.

L'assemblage de deux feuilles bout à bout peut avoir lieu aussi à l'aide de fers à T pour éviter les flexions latérales (fig. 3300).

Deux *tôles* verticales perpendiculaires l'une à l'autre sont réunies par des cornières (fig. 3301). Sur l'arête supérieure de la feuille verticale est placée une *tôle* horizontale fixée à la précédente par des cornières; cette dernière feuille empê-

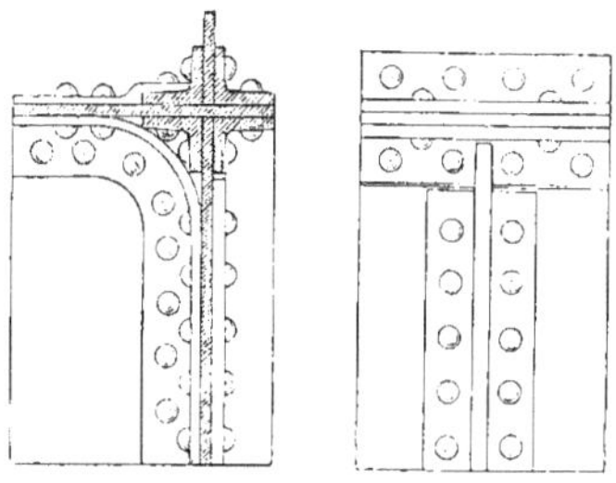

Fig. 3301.

che toute flexion dans le sens latéral. La même figure représente une vue de côté de l'assemblage précédent.

Enfin, nous donnons (fig. 3302), également sur deux faces, l'assemblage de

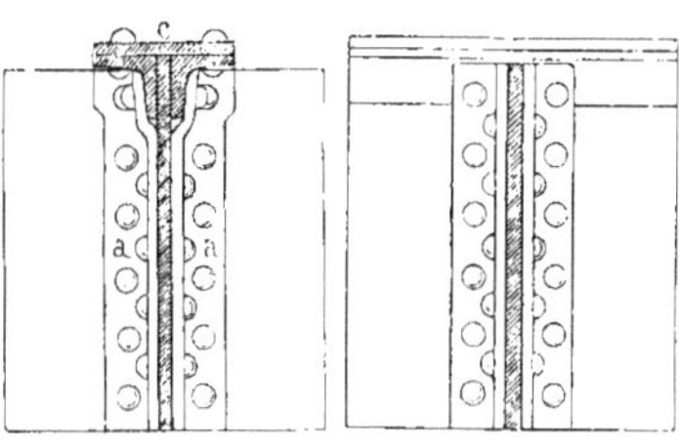

Fig. 3302.

deux *tôles* verticales perpendiculaires l'une à l'autre avec une feuille horizontale.

On applique à un grand nombre d'usages et particulièrement à la fabrication de divers ustensiles la *tôle* étamée, c'est-à-dire le *fer-blanc* (voy. ce mot).

L'emploi des feuilles de *tôle* de fer pour la couverture des édifices n'a pas pris naissance en France. Depuis longtemps, l'Angleterre, la Russie, la Suède et l'Allemagne font usage de ce genre de toiture. En Russie particulièrement, les feuilles de *tôle* sont planes, posées à recouvrement, suivant la pente du toit, sur un lattis en bois, et maintenues par des agrafes clouées sur les lattes qui saisissent ces feuilles et se rabattent sur elles. Ces *tôles* ont $0^m,70$ sur $0^m,50$ et $0^m,008$ d'épaisseur. On préserve ces couvertures de l'oxydation au moyen de couches de peinture à l'huile.

En Angleterre, et cet usage s'est répandu en France, on recouvre fréquemment les toits au moyen de *tôles* cannelées et courbées suivant un arc plus ou moins surbaissé. Les feuilles ont ainsi

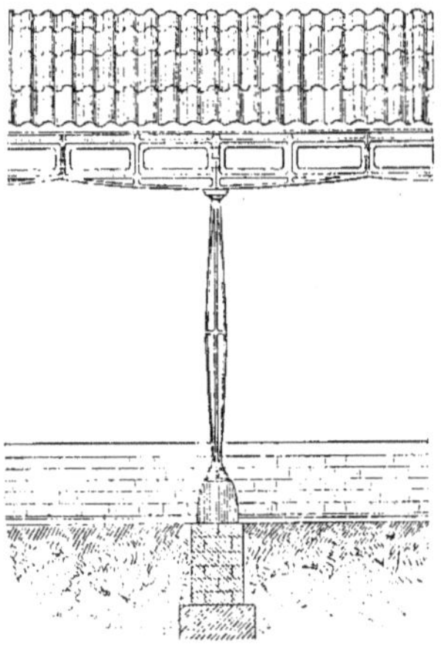

Fig. 3303.

une grande rigidité et permettent de supprimer le lattis et le chevronnage du toit; on les réunit entre elles à recouvrement en les fixant à l'aide de clous rivés. La figure 3303 représente l'aspect d'une couverture ainsi disposée.

Parfois, la couverture n'est pas cintrée comme dans le cas que nous indiquons ici ; elle est formée de deux

Fig. 3304.

pentes droites qui se réunissent suivant une ligne de faîte recouverte par une série de *tôles* faîtières reliées aux deux pans du toit par des agrafes, ainsi qu'on le voit sur la figure 3304. La coupe (fig.

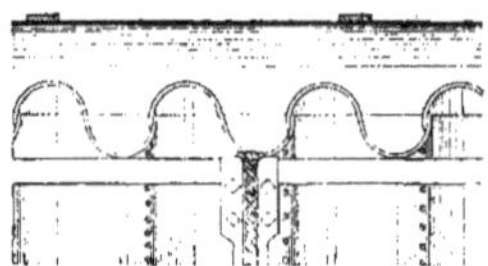

Fig. 3305.

3305) montre le dessous de cette couverture et la manière dont les feuilles se recouvrent.

On préserve ces *tôles* de l'oxydation en trempant chaque feuille à chaud dans un bain de goudron de houille ou d'huile de baleine.

Un autre procédé de conservation, qui est encore préférable aux précédents, est le galvanisage ou étamage au zinc.

Les couvertures en *tôle* galvanisée se disposent soit en feuilles planes ou courbées avec couvre-joints, comme les couvertures de zinc, soit en petites feuilles se repliant sur les côtés, qui prennent le nom d'*ardoises métalliques* et qui ont les dimensions des ardoises ordinaires.

Tombale, *adj.* — *Pierre tombale :* dalle en pierre ou en marbre recouvrant un tombeau.

Les Romains ont fait usage de *pierres tombales* plates et carrées au milieu desquelles était percé un trou qui servait pour verser des parfums dans l'intérieur du tombeau. Mais les véritables pierres *tombales* placées au niveau du pavé et quelquefois aussi dans des niches le long des murs n'ont été usitées qu'à partir du ve siècle. Certaines pierres de cette époque étaient recouvertes d'ornements gravés au trait.

C'est surtout pendant la période romane que l'usage s'établit de recouvrir de grandes dalles, faites ordinairement d'un seul bloc, les cercueils enterrés sous le pavé des églises.

Les pierres *tombales* du XIIe siècle ayant été usées par la chaussure des fidèles, il n'en reste que de rares spécimens ornés de moulures en creux et parfois d'ornements en méplat, entrelacs, zigzags, losanges, croix, etc.

Les pierres tumulaires historiées et incrustées dans le pavé des églises sont très nombreuses au XIIIe siècle.

Sur celles qui recouvraient les cercueils des personnages les plus notables était gravée l'image du défunt sous une arcarde avec les accessoires indiquant la dignité dont il était revêtu. La figure 3306, empruntée à l'*Abécédaire*

Fig. 3306.

d'archéologie de M. de Caumont, représente la pierre *tombale* d'un abbé de Saint-Ouen de Rouen, qui est figuré au milieu d'une arcade trilobée, les mains croisées sur la poitrine, la crosse inclinée et maintenue par le bras droit.

Au XIVe siècle, les pierres *tombales* ont été exécutées avec une grande richesse de détails, tant pour les costumes des personnages que pour les compositions architecturales qui les accompagnent.

Dans le nord de la France et dans les Pays-Bas, on employait des dalles de marbre gris et noir. Dans certaines provinces, telles que l'Ile-de-France et la Normandie, c'étaient des tables de pierre calcaire blanche ou jaune ; enfin, dans les régions granitiques et schisteuses, on se servait de dalles fournies par ces roches.

A partir du XVe siècle, les détails d'architecture prennent encore une plus grande importance sur les pierres *tombales*. Quelques-unes ont des dimensions très considérables en longueur et en largeur. Il faut signaler l'usage qui s'établit, à cette époque, de former la tête, les mains, les pieds du défunt avec des pièces de marbre rapportées, quelquefois même avec du cuivre.

Les plus belles de ces dalles sont en pierre calcaire plus ou moins dure ; certaines sont en schiste tégulaire ou ardoise ; d'autres, en granit. Ces dernières, dit M. de Caumont, n'ont reçu que très peu de dessins en raison de leur taille difficile.

Pendant le XVIe siècle, les formes architecturales figurées sur les pierres *tombales* subirent les mêmes changements que celles qui étaient alors adoptées pour les édifices : le plein-cintre remplaça l'ogive dans l'arcade qui encadrait l'effigie du mort. Dans les pays où l'on était obligé d'employer le granit, les grès ou certaines roches dures, les dalles funéraires ne reçurent, comme auparavant, que très peu de moulures ; on y figurait simplement en creux ou en relief une croix avec quelques attributs rappelant la profession du défunt.

Tombe, *s. f.* — Voy. *Tombeau.*

Tombeau, *s. m.* — Nom générique

donné aux monuments funéraires que l'on divise en *tombes*, *pierres tumulaires*, *mausolées*, *sépulcres*, *hypogées*, *cippes*, *tumuli*, etc.

Ces monuments, qui témoignent de la vénération des peuples pour les morts, appartiennent à tous les temps et à tous les degrés de la civilisation, de telle sorte qu'on pourrait faire l'histoire de l'humanité à l'aide des *tombeaux*.

Nous nous bornerons ici à réunir les notions générales que cet objet comporte, en faisant ressortir brièvement les différences caractéristiques des *tombeaux* anciens et modernes et donnant des exemples de leurs principaux types.

Nous commencerons par l'Inde, qui semble avoir été le berceau des peuples occupant actuellement le globe. On trouve dans cette contrée des édifices cylindriques couverts d'une coupole sphérique à joints non rayonnants et auxquels on a donné les noms de *topes* ou *stupas*. Au milieu de la masse est pratiquée une tombe sépulcrale à plan carré et de faible dimension. L'ensemble est souvent couronné par quatre sphères placées en pyramides.

Fig. 3307.

Les *tombeaux* ou *dagobas* de l'île de Ceylan ont ordinairement la forme conique, sont gazonnés et recouverts ou entourés d'un mur en briques. Une construction d'aspect ovoïde les surmonte quelquefois, comme on le voit au plus célèbre de ces édifices appelé Djata-Ouana-Rama.

La Chine possède des monuments funéraires qui présentent une grande analogie avec ceux de l'Inde et que l'on désigne, suivant leur forme, sous les noms de *tha* (tour) et *sou-tu-po* (éminence).

Près des ruines de Persépolis se trouvent des sépultures exécutées sur une grande échelle. Les plus célèbres sont celles encore subsistantes de Naschi-Roustam que l'on appelle *tombes royales*, parce que les bas-reliefs et les inscriptions qui ornent les parois ont fait penser que ces tombes ont renfermé les dépouilles mortelles de Darius Nothus, d'Artaxerxès Longue-Main, d'Ochus et d'Artaxerxès Mnémon.

D'après M. Flandrin, voyageur en Perse, ces sépultures royales de Persépolis étaient ainsi disposées : deux tombes étaient creusées dans la roche vive sur la pente de la montagne qui forme l'enceinte du palais à l'est; aucune pièce rapportée ne figurait dans leur façade ornée de lignes architecturales et de bas-reliefs, aucun escalier n'y conduisait. Le rocher, habilement taillé, présente, à sa base, un portique simulé par quatre colonnes engagées; leur chapiteaux sont formés de deux corps adossés de taureaux, supportant une corniche à denticules (fig. 3307). Au-dessus de l'entablement, la façade se rétrécit et, dans un cadre compris entre deux parties saillantes du rocher, se trouve un grand bas-relief dont le motif paraît être la consécration de la foi au culte du feu par le souverain dont la dépouille mortelle a été déposée dans ce caveau. Tandis que la façade de ces *tombeaux* est richement ornée, l'intérieur est des plus simples; c'est une chambre oblongue au fond de laquelle sont pratiquées des niches qui contenaient les sarcophages.

Le *tombeau de Cyrus*, placé dans l'ancienne cité de Pasagarde, était, suivant Arrien, un édifice carré, posé sur une plate-forme de pierre, contenant une petite salle dans laquelle on ne pouvait entrer que par une porte étroite et basse. Conformément aux croyances religieuses des sectateurs de Zoroastre qui ne voulaient souiller la terre ou le feu par le contact d'aucun cadavre, le cercueil d'or qui renfermait les restes de Cyrus était simplement posé sur un lit au milieu de la chambre sépulcrale. On croit avoir retrouvé récemment cet antique *tombeau* dans une construction de forme pyramidale, exécutée en blocs de marbre de grande dimension et conforme à la description des auteurs anciens.

Le plus célèbre des *tombeaux* que renferme l'Asie Mineure est celui que la reine Artémise fit élever à Halicarnasse en l'honneur de son époux, Mausole, roi de Carie. Ce monument, qui a été mis au nombre des sept merveilles du monde, prit le nom de *mausolée*, donné, dans la suite, aux édifices funéraires du même genre (voy. *Mausolée*). Il consistait en un soubassement carré (fig.

Fig. 3308.

3308), entouré de colonnes, couronné de statues et surmonté d'une pyramide qui supportait un quadrige.

Les *tombeaux* des rois de Phrygie étaient taillés dans le roc. Dans la région montagneuse qu'arrose le fleuve Sangarius, une vallée qui se trouve remplie de monuments funéraires passe pour avoir été le lieu de sépulture de toute une dynastie de ces rois qui aurait porté le nom de Midas; aussi, le plus important de ces monuments est-il appelé *tombeau de Midas* (fig. 3309). Selon le récit de M. Texier, ce monument est sculpté sur un rocher isolé de tous les autres et présentant une surface de 400 mètres carrés environ de méandres en relief, de pilastres et d'une frise surmontée d'une espèce de fronton, orné aussi de différents ajustements de losanges, en creux et en relief.

Les monuments consacrés aux sépultures royales en Lycie étaient également taillés dans le roc.

Ces derniers souterrains ont des entrées souvent accompagnées de portiques et présentent des dispositions qui rappellent les constructions en charpente. La figure 3310 représente un des types les plus connus de ces entrées sépulcrales, et qui offre l'aspect d'un assemblage de poteaux et de traverses quadrangulaires en bois. Sur les parois sont figurés des panneaux en planches avec une série de plans qui se coupent à angle droit. La toiture est également représentée et le plafond intérieur de l'édifice est accusé par une série de rondins ou troncs d'arbre juxtaposés formant saillie.

Quelques *tombeaux* lyciens, construits à découvert, présentent cette particularité qu'ils sont surmontés de toits bom-

Fig. 3309.

bés affectant la forme ogivale (fig. 3311);

Fig. 3310.

leur construction semble également être une imitation des ouvrages en charpente.

Près de Mylasa, l'ancienne capitale de la Carie, il est resté un *tombeau* très curieux, de construction toute différente ; il se compose d'un soubassement dans lequel se trouve la chambre sépulcrale, et qui est surmonté d'un édicule en forme de quadrilatère, dont chaque face est ornée de colonnes à chapiteaux décorés de feuilles d'acanthe ; les angles sont formés par quatre pilastres carrés. Cet édifice paraît remonter, tout au plus, au IIe siècle de notre ère.

En Palestine, on remarque aussi des *tombeaux* extérieurs, notamment ceux d'Absalon et de Zacharie dans la vallée de Josaphat, reproduits par M. de Saulcy dans son ouvrage intitulé : *Voyage au-*

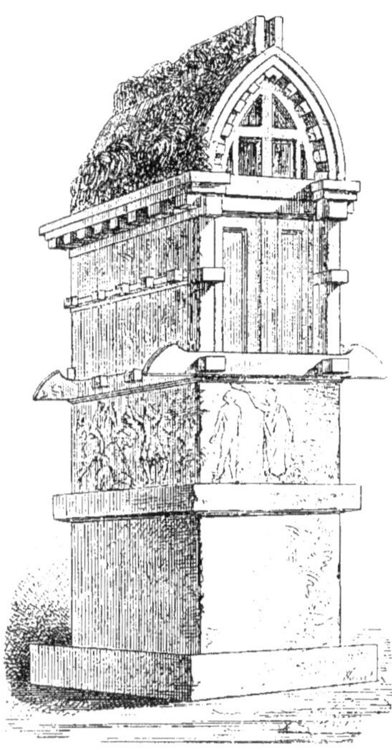

Fig. 3311.

tour de la mer Morte et dans les terres bibliques.

La figure 3312 représente l'un des monuments que l'on rencontre dans cette vallée, le *tombeau d'Absalon*, monolithe cubique, dont la base est taillée dans le roc et dont la partie supérieure est en maçonnerie. Cette dernière partie se compose, dit le *Guide en Orient*, d'un dé carré, surmonté d'un cylindre, qui se termine par un tore, figurant un énorme câble tordu ; le tout est surmonté d'une sorte de pyramide évidée en gorge et couronnée d'une touffe de palmes. La hauteur totale de l'édifice est de 16^{m},36 ; sa base est à demi enterrée sous les pierres que, depuis des siècles, les Juifs lancent contre la tombe maudite. Ce monument était désigné autrefois sous le nom de *tombeau d'Ézéchias* ; on le croit contemporain d'Hérode.

Dans la même région se trouvent les *tombeaux de Josaphat, de Saint-Jacques, de Zacharie*, etc., ce dernier entièrement monolithe. Bien que ces sépultures soient l'objet d'une grande vénération, il est difficile de fixer une date certaine à leur construction.

Fig. 3312.

Nous citerons enfin comme appartenant à cette même vallée de Josaphat le monument connu sous le nom de *Sépulcre des rois*, et qui renferme des salles carrées plus ou moins vastes, taillées dans le roc. Dans les parois de ces salles sont pratiqués des trous destinés à recevoir des cercueils. Les portes qui ferment ces chambres sont de la même pierre que la grotte, ainsi que les gonds et les pivots sur lesquels elles tournent.

Dans l'ancienne Phénicie, les seuls monuments qui subsistent sont des *tombeaux*. Les plus anciens semblent être des excavations naturelles ou artificielles offrant une ou plusieurs cham-

Fig. 3313.

bres dans lesquelles sont disposées des niches où l'on plaçait les cercueils. Les plus récents sont des monuments de pierre de forme quadrangulaire (fig. 3313) ou cylindrique (fig. 3314); selon M. Renan, ce dernier édifice est un vrai chef-d'œuvre de proportion, d'élégance et de majesté; dans la vue d'ensemble que nous en donnons ici, les parties manquantes ont été restituées par M. Thobois, l'architecte qui a accompagné M. Renan en Phénicie.

L'Égypte est le pays où la construction des *tombeaux* a eu la plus grande importance; il n'y a pas, en effet, de peuple qui ait recherché avec plus de soin que les Égyptiens les moyens propres à empêcher les effets d'insalubrité causés par la dissolution des corps. On retrouve, après quelques milliers d'années, dans un parfait état de conservation, les corps qui avaient reçu les préparations usitées. On les enfermait dans des caisses ou gaînes faites le plus sou-

Fig. 3314.

vent en bois et précieusement peintes; d'autres étaient taillées en pierres dures et en marbres de toute espèce. Suivant l'état de leur fortune ou le rang des défunts, ces sarcophages étaient placés dans des monuments de plusieurs sortes : tantôt des grottes naturelles, d'anciennes carrières, de longues galeries percées dans les rochers, des puits profonds ; tantôt de massifs monuments élevés au-dessus du sol avec une solidité dont le but était d'assurer une éternelle conservation aux dépouilles qu'ils recouvraient.

Ces derniers édifices sont désignés sous le nom de *pyramides* (voy. ce mot) et représentent l'une des deux classes principales de *tombeaux* égyptiens. Ils sont très fréquemment entourés de monuments funéraires ; ainsi, des tombes très nombreuses et des puits sépulcraux disposés sur six rangées, occupent tout le terrain aux alentours de la pyramide de Mycérinus, la troisième des pyramides de Gizeh ; la plupart de ces tombes paraissent à peu près contemporaines des pyramides, et plusieurs sont décorées de peintures offrant des sujets tirés des mœurs de l'ancienne Égypte.

Dans une tombe égyptienne complète, il y a une chapelle extérieure, un puits et des caveaux souterrains. C'est dans la chapelle extérieure, comprenant une ou plusieurs chambres, que s'accomplissaient les cérémonies en l'honneur des défunts. Au-dessous de la chapelle, se trouve le puits qui conduit dans le caveau mortuaire où sont disposées les momies ; on y déposait des meubles, des ustensiles divers et des statuettes ; ensuite, on bouchait le puits en le remplissant de décombres, pour mettre la sépulture à l'abri de toute violation.

Les pyramides de Sakkarah et de Dashour sont entourées de tombes, comme celle de Giseh.

L'autre classe, très nombreuse, de *tombeaux* égyptiens, comprend les *hypogées* ou *syringes*. Ce sont des *tombeaux* creusés dans le flanc des montagnes et composés ordinairement de couloirs, diversement dirigés, et de plusieurs salles dont les plafonds sont soutenus par des piliers, comme le montre (fig. 3315) le plan de l'un des *tombeaux* des célèbres *hypogées* de Beni-Hassan. C'est une salle à peu près carrée contenant quatre piliers ou colonnes cannelées qui rappellent, par leur aspect, l'ordre dori-

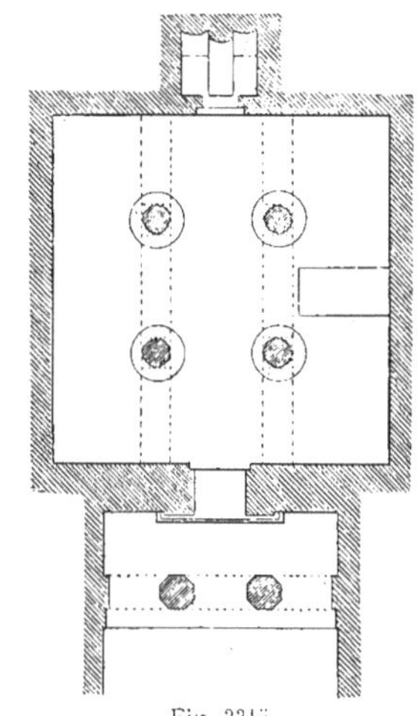

Fig. 3315.

que des Grecs ; une niche sépulcrale s'ouvre dans le fond de cette chambre, qui est elle-même précédée d'un por-

Fig. 3316.

tique de deux colonnes à huit pans non creusés, ainsi que le représente la figure 3316.

Près de l'ancienne Thèbes est un vallon qui a reçu des Arabes le nom de *Biban-el-Molouk*, et qui renferme les *tombeaux* des Pharaons, hypogées pénétrant dans l'intérieur de la montagne, sur un plan plus ou moins incliné, mais qui va toujours en descendant.

De nos jours, ces hypogées ont été fréquemment visités et soigneusement étudiés ; on y a découvert des bas-reliefs, des peintures parfaitement conservés, représentant les usages des anciens habitants de l'Égypte.

Outre ces deux grandes classes de monuments funéraires, on compte encore, en Égypte, les *nécropoles,* vastes galeries souterraines où l'on empilait les corps grossièrement embaumés des gens du peuple.

Dans son exploration de la Thébaïde, M. Mariette a découvert, à Gournah, des tombes qu'il a classées en quatre catégories. « Les premières, dit-il, sont des hypogées creusés sur la déclivité des collines de l'ouest et consistant en une ou plusieurs chambres situées sur un plan horizontal et destinées à contenir des momies... Les tombes de la seconde sorte sont situées dans la plaine ; on bâtissait un édifice quelconque, souvent massif et de forme pyramidale; dans cette masse, on ménageait une chambre qui contenait la momie et à laquelle donnait accès une porte toujours praticable... Les tombes de la troisième sorte ont encore des chapelles extérieures, mais ces chapelles recouvrent, en un endroit ignoré, un puits vertical, qui, lui-même, aboutit à des caveaux souterrains ; après les cérémonies de l'enterrement, le puits était comblé avec du sable, de la terre et des pierres... Les tombes de la quatrième sorte sont les plus simples ; dans le sol pierreux de la plaine, on faisait un trou de quelques mètres de profondeur ; on descendait le cercueil dans ce trou, qui était ensuite rebouché... Ainsi, les quatre sortes de tombes peuvent se réduire à deux : celles dont les momies étaient accessibles en tout temps..., et celles dont les momies, après les funérailles, étaient pour jamais cachées à tous les yeux. »

Il y avait aussi, en Égypte, des nécropoles ou des tombes particulières pour les animaux sacrés tels que les *crocodiles,* les *ibis*, les *apis*, etc.

Les Grecs ne déployèrent pas dans la construction des *tombeaux* le même luxe que les Égyptiens et certains peuples de l'Asie, ce qui tient à la nature du gouvernement populaire, à certaines lois somptuaires, et surtout au peu de richesse des petits États qui se partageaient cette contrée.

Les tombes étaient rarement tolérées dans l'intérieur des villes ; on les plaçait ordinairement au bord des routes et près des portes des cités.

Dans le principe, les monuments consacrés à la sépulture furent d'une grande simplicité : c'étaient ordinairement des tumuli en terre, de dimensions plus ou moins considérables, où l'on déposait l'urne cinéraire, qu'on entourait d'un mur et qu'on surmontait d'une stèle ou d'une colonne commémorative. Quelques-uns étaient creusés dans les rochers, comme les hypogées égyptiens, dont ils n'avaient cependant pas les dimensions; l'entrée en était décorée d'une porte très simple et d'un petit portique d'ordre ionique.

D'autres monuments funèbres présentaient un aspect tout différent. Selon Pausanias, les Sicyoniens creusaient une fosse pour y déposer le cercueil qu'ils recouvraient ensuite de terre; ils élevaient au-dessus un édicule porté sur quatre colonnes et surmonté d'un toit comme un temple.

Certaines sépultures, comme le *tombeau* de Théron (fig. 3317) (1), à Agrigente, ont l'aspect de constructions massives composées d'un soubassement et d'un étage décoré de colonnes. Dans l'édifice que nous venons de citer, une porte en pierre est figurée sur chacune des faces de l'étage principal, symbole de l'immobilité qui accompagne la mort. On peut noter, comme particularité, celle que

(1) P. Chabat, *Fragments d'architecture.*

présente un entablement dorique superposé à des colonnes ioniques. Quant à la manière dont ce monument était terminé, les archéologues ne sont nulle-

Fig. 3317.

ment d'accord; les uns supposent une pyramide, les autres un toit à deux versants; quelques-uns n'admettent ni toit, ni pyramide.

Un grand nombre de *tombeaux* formaient des constructions moins importantes, mais que l'on peut mettre au rang des productions les plus remarquables de l'art grec. Ce sont de petits monuments ayant l'aspect de *cippes* (voy. ce mot) ornés de bas-reliefs représentant des personnages ou les instruments habituels du défunt. C'étaient souvent de minces dalles de marbre de forme rectangulaire portant une inscription commémorative et couronnées de palmes d'une admirable exécution.

Enfin, les *tombeaux* macédoniens présentaient une disposition spéciale; ceux que M. Heuzey a découverts sont des chambres taillées dans le flanc des collines et qui contiennent non pas des sarcophages creusés pour enfermer un corps, mais des massifs pleins, imitant la forme d'un lit.

Dans l'Italie méridionale ou Grande-Grèce, les *tombeaux* ou sarcophages que l'on a découverts sont rangés souvent à plusieurs étages, les uns sur les autres, dans des espaces creusés exprès et recouverts de dalles formant toit. A côté du mort ou suspendus au mur avec des clous de bronze, on plaçait des vases peints de formes et de grandeurs diverses.

Dans l'Italie centrale et plus particulièrement chez les Étrusques, les *tombeaux* peuvent se classer en deux catégories bien distinctes : l'une comprenant les monuments élevés au-dessus du sol, en forme de pyramide ou

Fig. 3318.

de tour ronde ou carrée, sous lesquels cependant il existait souvent des excavations plus ou moins étendues; l'autre renfermant les monuments funéraires creusés au-dessous du sol, tels que ceux de Chiusi, Falèries, Volterra, Castel d'Asso, Corneto, etc.

C'est à cette dernière catégorie qu'appartient le *tombeau* découvert près de Volterra et dont la figure 3318 représente le plan à l'échelle de 0m,0075 pour mètre. Sur les gradins circulaires ménagés dans cet édifice, on a trouvé un grand nombre d'urnes funéraires accompagnées d'armures en métal et de vases en terre cuite et en bronze.

Les *tombeaux* étrusques considérés comme les plus anciens sont ceux qui sont creusés dans le flanc des rochers et qui n'ont d'apparent que la façade. Tels sont les *tombeaux* de Castel d'Asso.

C'est dans ces édifices que l'on trouve la forme en atticurge donnée aux baies

Fig. 3319.

(fig. 3319), forme regardée comme un indice des rapports qui lient l'art grec et l'art étrusque.

L'ancienne Cœré est un des points de l'Étrurie où l'on trouve les *tombeaux* les plus intéressants. Ces monuments offrent, dans la plupart des cas, de grandes chambres autour desquelles sont disposées des urnes et des sarcophages et dont les murailles sont recouvertes de peintures, comme on le voit sur la figure 3320. Les sujets disposés sur ces parois représentent soit

Fig. 3320.

les jeux ou les combats accompagnant les cérémonies funèbres, soit des sacrifices offerts pour le repos de l'âme du défunt, ou bien même des images licencieuses offrant le spectacle des délices promises dans l'autre vie.

Quant aux tumuli et aux constructions élevées sur la dépouille des morts, leurs dimensions étaient parfois considérables. Le *tombeau* de Porsenna (fig. 3321) consistait en un soubassement

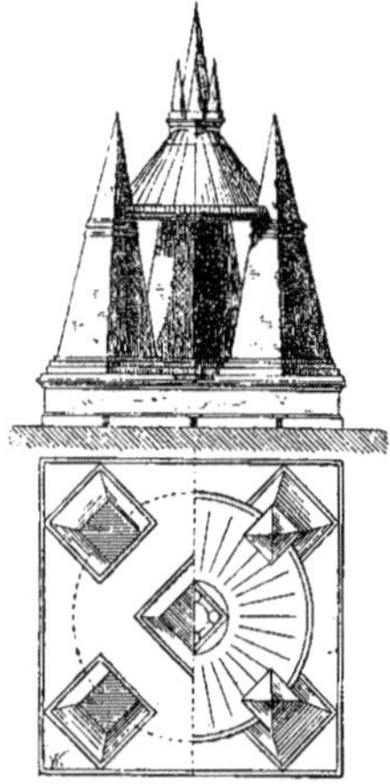

Fig. 3321.

construit en belles pierres d'appareil et qui avait 16 mètres de hauteur sur 300 pieds romains de côté (1). A l'inté-

(1) Daniel Ramée, *Histoire générale de l'architecture.*

rieur de ce monument, se trouvait un labyrinthe formé d'une multitude de corridors et de chambres. Enfin, sur ce soubassement, s'élevaient trois terrasses en retraite, la supérieure portant cinq grandes pyramides, une au centre et quatre aux angles. Au-dessus, s'élevait un toit conique qui formait le soubassement de cinq autres pyramides de plus petite dimension.

Les Romains ont eu pour maîtres les Étrusques d'abord, les Grecs ensuite, et leurs sépultures, qui se ressentaient de cette double influence, présentent des formes très diverses : tumuli, pyramides, édicules décorés de pilastres ou de colonnes, hypogées, sarcophages, stèles avec ou sans figures, etc.

Le *tumulus* semble avoir été la disposition primitivement adoptée ; on la retrouve, du reste, dans les monuments funèbres ou mausolées d'Auguste et d'Adrien (voy. *Mausolée*).

A la même catégorie que les tumuli appartiennent les *tombeaux* qui ont la forme de tours exécutées en maçonnerie, comme le monument funéraire de Cécilia Métella. Ce mausolée a 20 mètres de diamètre ; il présente, à l'extérieur, une masse imposante, construite en travertin ; une frise en marbre décore la partie supérieure. On croit généralement que le dessus de l'édifice était recouvert par une plantation de cyprès ; d'autres archéologues estiment que le monument était surmonté d'une coupole ; à l'intérieur, il y a une salle ronde, en forme de pain de sucre (fig. 3322), dont le sommet est maintenant à découvert.

Fig. 3322.

La forme de cippe, fréquemment adoptée, se retrouve dans les *noraghes* de la Sardaigne, constructions sur l'origine desquelles les archéologues ne sont pas d'accord.

La pyramide triangulaire se rencontre aussi, par exemple dans le *tombeau* de Caïus Sextius, près de la porte d'Ostie à Rome.

On trouve même des hypogées tels que celui qui formait le *tombeau* de la famille des Scipions et qui était creusé dans une petite colline séparant la voie Appienne de la voie Latine. Cette excavation renfermait un sarcophage en pierre où était déposé le corps de Scipion Barbatus.

La voie Appienne en particulier, la

voie dite des *Tombeaux*, à Pompéi, nous offrent d'autres exemples de sarcophages, dont la plupart, exécutés en marbre blanc, sont placés sur des socles plus ou moins élevés et recouverts de dalles plates, bombées ou en forme de toits à deux égouts ; les angles sont décorés de palmettes ou de figures ; les faces verticales sont ornées de sculptures.

Nous citerons le *tombeau* de Sénèque, représenté par la figure 3323, qui est un essai de restauration du monument, d'après Canina. Ce dernier avait, à cet effet, réuni le bas-relief qui servait de décoration à la partie supérieure avec les masques placés aux extrémités ; un fragment du bas-relief qui devait orner

Fig. 3323.

l'un des côtés du sarcophage ; une tête qui fut trouvée parmi les débris du monument, que l'on pense être celle de Sénèque et qui devait être placée sur la face antérieure. La scène représentée sur l'un des côtés est la mort du fils de Crésus, tué par Adraste, qui lui porte le coup destiné à un sanglier.

En parlant du mausolée d'Auguste, Strabon nous apprend que lorsqu'on entrait dans Rome du côté où sont situés les restes de ce monument funéraire, il y avait là comme une sorte de nécropole où les *tombeaux* étaient si multipliés, qu'on prenait de loin cette ville des morts pour la ville même de Rome. Il ne reste aujourd'hui sur ce vaste emplacement aucun vestige qui rappelle l'existence de cet immense cimetière. Cependant, Rome a conservé assez de ces monuments dans son enceinte et dans ses environs pour qu'on puisse y recueillir des exemples de toutes les espèces de *tombeaux* qu'on voit ailleurs.

Toutes les voies romaines, aux approches de la ville, paraissent avoir été bordées de monuments sépulcraux, dont l'architecture varia les formes à l'infini. Tantôt un énorme sarcophage s'élevait sur un très haut soubassement, comme celui qu'on appelle, sur la voie Flaminienne : *tombeau* d'un affranchi de Néron ; tantôt des masses carrées, ornées de bas-reliefs sur leurs faces, étaient posées sur des piédestaux qui devaient se terminer par les statues des personnages renfermés dans la chambre sépulcrale du soubassement, ou dans un local souterrain.

Les Romains ont, de plus, emprunté aux Grecs les *stèles* funéraires avec palmes et portant, les unes des bas-reliefs, les autres des niches dans lesquelles on voit le buste du défunt.

Enfin , les *urnes* cinéraires , aux formes les plus variées, sont très nombreuses et exécutées en marbre, en pierre ou en terre cuite. Ces urnes étaient placées dans des salles souterraines, dont les parois étaient percées de plusieurs rangs de petites niches superposées. Ces monuments, appelés *columbaria*, étaient soigneusement fermés, inaccessibles à toute curiosité et cependant ornés de toutes les délicatesses des ornements tant en peintures qu'en stucs. C'est le soin avec lequel on fermait les columbaria qui a permis à un certain nombre de ces *tombeaux* de parvenir jusqu'à nous , remarquablement conservés.

En dehors de l'Italie, certaines régions de l'ancien empire romain possèdent encore quelques *tombeaux* intéressants. Nous citerons le *tombeau* de Saint-Rémi, près d'Arles, qui est très bien conservé et qui forme une sorte de pyramide composée de trois ordonnances ; un *tombeau* romain, situé près de Tarragone, et qu'on désigne ordinairement sous le nom de *tombeau des Scipions*, sans que cette appellation soit fondée sur aucun document sérieux ; le *tombeau d'Igel*, construit sur la route de Luxembourg à Trèves, obélisque à quatre pans, construit en grès rouge, haut de 26 mètres, et dont chaque face, divisée en trois parties, présente un soubassement, un étage décoré de pilastres supportant un entablement complet et un attique qui sert de base au fronton et au toit qui le surmonte.

Dans les *tombeaux* gallo-romains, on trouve une grande quantité d'objets. La figure 3324 montre la coupe d'une sépulture gallo-romaine découverte près de la ville de Saint-Médard-des-Prés,

Fig. 3324.

en Vendée, par M. Benjamin Fillon. On y voit très bien la place qu'occupaient les urnes et les vases funéraires auprès du défunt, dont le corps est couché dans sa bière.

Ici se termine la nomenclature des *tombeaux* anciens, dans lesquels le caractère qui paraît dominer est celui d'édifices qui ne doivent éveiller dans l'esprit de l'observateur aucune idée funèbre, la mort se présentant plutôt comme une continuation de la vie dans d'heureuses conditions. Tout autre fut le sentiment qui domina dans les œuvres sépulturales des premiers chrétiens ; les adeptes du nouveau culte opposèrent à l'idée des plaisirs sensuels et des vanités mondaines celles de la damnation et de la décomposition cadavérique.

C'est dans les catacombes de Rome qu'il faut aller chercher les premières sépultures chrétiennes. Ce sont des niches allongées creusées dans les parois des corridors et des cryptes et fermées par des tablettes de marbre.

La figure 3325 (1) présente une de ces tombes avec la dalle qui la clôt et sur laquelle on voit gravés une épitaphe et quatre des symboles chrétiens les plus usités : le monogramme du Christ,

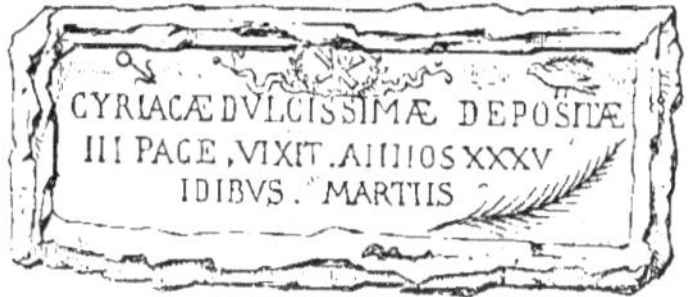

Fig. 3325.

l'ancre, la colombe avec une branche d'olivier au bec, et enfin la palme.

Pour fermer hermétiquement le loculus et de manière à intercepter toute

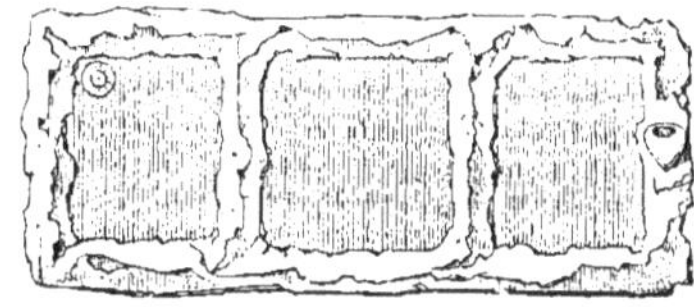

Fig. 3326.

odeur de putréfaction, cette niche était quelquefois close par des briques cimentées avec de la chaux (fig. 3326). Le vase que l'on voit scellé à l'une des extrémités de la figure était un *vase de sang* et servait à indiquer la tombe d'un martyr.

(1) Abbé Martigny, *Antiquités chrétiennes*.

Enfin, la figure 3327 montre un loculus avec deux briques enlevées et laisse voir l'intérieur avec le cadavre.

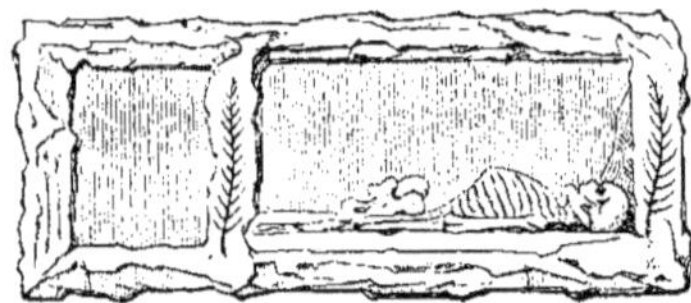

Fig. 3327.

Vers la fin de l'empire, les chrétiens, pouvant pratiquer leur culte au grand jour, construisirent des *tombeaux* dont la forme la plus ordinaire fut, depuis Constantin, la forme circulaire. L'église du Saint-Sépulcre, à Jérusalem, est l'édifice de ce genre le plus remarquable qui ait été élevé à cette époque.

Toutefois, il serait assez difficile de suivre l'histoire des *tombeaux* construits dans les bas-siècles de l'empire. Rien de plus incertain que les traditions établies par l'ignorance de ces temps sur un grand nombre de ruines, dépouillées de tous les caractères qui pourraient faire reconnaître leur ancienne destination. Seul, le *tombeau* de Théodoric, à Ravenne, semble être un souvenir de l'antiquité romaine.

Après l'entière destruction du monde romain, les églises chrétiennes devinrent insensiblement, dans leurs souterrains ou cryptes et dans les emplacements consacrés ou cimetières qui les entouraient, des lieux de sépulture particulière et publique.

Les tombes primitives de l'ancienne France du ve au ixe siècle ne furent, pour la plupart, que de simples auges en pierre. On distingue toutefois, dans la période mérovingienne, les *tombeaux apparents*, c'est-à-dire restés visibles et ornés de sculptures, et les *tombeaux non apparents*, beaucoup plus nombreux, mais simplement composés d'un cercueil dépourvu, en général, de toute ornementation et toujours enfoui sous le sol.

Les *tombeaux apparents* durent, à l'origine, être placés à découvert soit dans les cimetières, soit sous de petits édicules, soit dans les églises et les chapelles, ou bien encore sous des arcades, dans des cryptes ou des caveaux funéraires. Les plus remarquables sont des sarcophages en marbre décorés souvent de personnages en bas-reliefs et de moulures. Le midi de la France offre de nombreux exemples de ces *tombeaux*. Les principaux sujets reproduits par les sculptures ont rapport à l'histoire du Christ ou sont puisés dans les traditions bibliques. On y trouve également les sujets emblématiques symbolisés par les Pères de l'Église, comme les palmiers chargés de fruits, les agneaux, les colombes, le monogramme du Christ, la couronne, signe funéraire de la plus haute antiquité.

M. de Caumont rapporte que les chrétiens des premiers siècles ont aussi utilisé pour les *tombeaux* les débris des monuments romains.

Une forme fréquemment employée

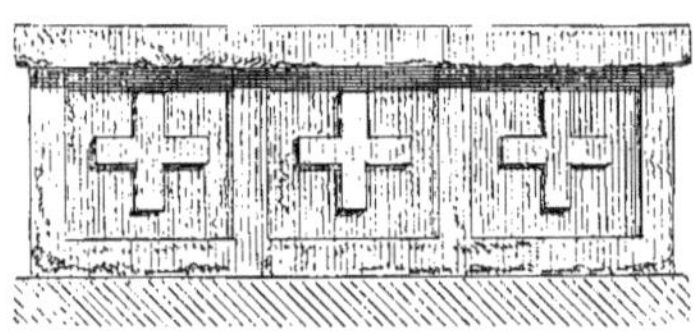

Fig. 3328.

était celle d'auges plus larges du côté

Fig. 3329.

de la tête que du côté des pieds, et recouvertes de pierres plates ou en forme de toits à double pente. Ces formes subsistèrent jusqu'au XIIe siècle. La figure 3328 montre un *tombeau* recouvert d'une dalle plate; la figure 3329, un *tombeau* avec la pierre de recouvrement en dos d'âne, tous deux provenant de l'église Saint-Gilles (Gard). Le même édifice renferme des cercueils placés

Fig. 3330.

dans des arcades pratiquées dans les murs (fig. 3330), usage fréquemment adopté à cette époque. D'autres *tom-*

Fig. 3331.

beaux étaient posés sur des colonnettes ou des supports en maçonnerie (fig. 3331).

Dès le XIe siècle, et peut-être même avant, on commença à placer des statues sur les *tombeaux*; mais cet usage ne devint général qu'un siècle plus tard. A la même époque, les pierres *tombales* ou dalles recouvrant les cercueils enfouis dans le sol reçurent une ornementation des plus riches (voy. *Tombale*).

Au XIIIe siècle, les *tombeaux* présentent les trois types principaux que nous venons d'examiner dans les sépultures des siècles précédents :

1° Les *tombeaux* avec arcades pratiquées dans les murs ou adossées contre eux ;

2° Les *tombeaux isolés* ;

3° Les grandes dalles historiées, incrustées dans le pavé des églises.

L'image du défunt est reproduite en relief sur les tombes abritées sous des arcades et sur les tombes isolées ; elle est gravée sur les pierres tombales. Quelquefois, on a coulé en bronze les statues destinées à recouvrir les cercueils, mais les sépultures enfoncées sous le pavé des églises sont beaucoup plus nombreuses pendant ce siècle que les monuments élevés hors de terre.

Au siècle suivant, les mêmes usages subsistent pour les *tombeaux*, qui ne diffèrent de ceux du XIIIe que par la manière dont les ornements sont traités.

Les *tombeaux* du XVe siècle, aussi bien ceux qui sont placés sous des arcades que les tombes isolées, offrent une grande richesse de détails architectoniques. Toutefois, les monuments en pierre élevés à ciel ouvert dans les cimetières sont beaucoup plus simples ; ils sont disposés de manière à favoriser l'écoulement des eaux et taillés en forme de toits.

L'époque de la Renaissance amena la représentation de la vie sur les *tombeaux* par des personnages, accompagnée de l'idée ou des emblèmes de la mort. Ainsi, à partir du XVIe siècle, on figura quelquefois le défunt à genoux ; on cite, comme exemples de cette disposition, les *tombeaux* des cardinaux d'Amboise dans la cathédrale de Rouen, de Louis XII et d'Anne de Bretagne, ainsi que de François Ier et de Henri II, à Saint-Denis.

Dans certains monuments funéraires,

le personnage est représenté dans la position la plus conforme à sa carrière et à ses habitudes ; mais alors, et c'est ce qui s'observe du reste dans plusieurs des *tombeaux* que nous venons de citer, le cadavre couché est placé au-dessous reposant sur le sarcophage. Tel est le *tombeau* élevé au sire Louis de Brézé, dans la cathédrale de Rouen. Le cadavre presque nu est couché sur un sarcophage de marbre presque noir ; à ses pieds est une statue de la Vierge ; derrière sa tête, la veuve éplorée est à genoux, en prières ; le guerrier à cheval, armé de pied en cap, domine la composition.

Fig. 3332.

On trouve en Italie un grand nombre de monuments de ce genre. Nous citerons les *tombeaux* d'Arvenghieri, célèbre professeur de droit, mort en 1374 à Sienne ; de Guido Tarlati, évêque d'Arezzo ; de Pierre Nocceto, exécuté par Civitali dans la basilique de Saint-Martin à Lucques. Nous donnons (fig. 3332) une élévation de ce *tombeau*, composé d'une niche élevée sur un double socle ; sur le second socle est placé le sarcophage que surmonte le lit funéraire et la figure couchée du défunt ; au-dessus de l'entablement, dans l'intérieur d'un arc demi-circulaire est un grand médaillon avec la Vierge et l'enfant Jésus.

Le XVIIe siècle introduisit un nouveau genre de *tombeaux* composés de la statue du défunt et d'un sarcophage accompagné de figures allégoriques ; tels sont les *tombeaux* de Colbert et de Mazarin.

De nos jours, l'architecture des *tombeaux* dépend du caprice de l'artiste et de son talent. On y remarque fréquemment l'imitation de formes grecques et romaines.

Nous ne terminerons pas cette étude

Fig. 3333.

sans dire quelques mots sur les sépultures arabes. Les formes en sont diverses, mais les *tombeaux* de quelque importance sont des chapelles funéraires surmontées de coupoles. Au nord-est de la ville du Caire, on trouve des monuments de ce genre (fig. 3333) remarquables par l'élégance de leurs dômes et leur solide construction en pierre calcaire, par assises réglées.

Les *tombeaux* des simples musulmans sont des cercueils surmontés de stèles

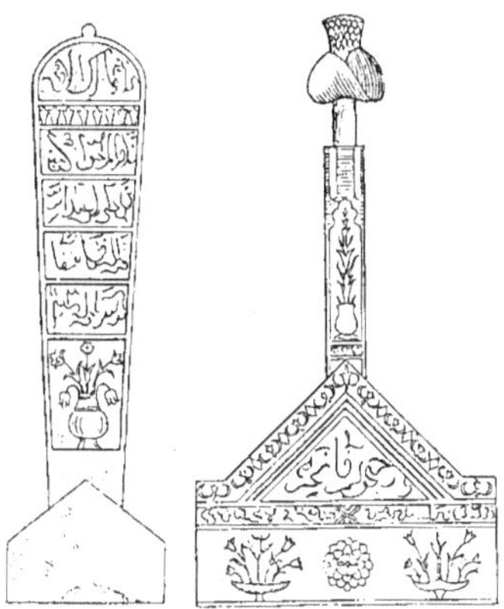

Fig. 3334.

portant des inscriptions et souvent un turban qui les termine à la partie supérieure (fig. 3334).

Tombebian (*Pierre de*). — Calcaire semi-cristallin, très dur, de couleur gris-jaunâtre, que l'on extrait de la carrière de *Tombebian*, dans l'arrondissement de Figeac (Lot).

Cette pierre présente une hauteur d'assise de $0^m,20$ à $0^m,80$.

Tombereau, *s. m.* — Voiture à deux roues servant au transport des terres, des gravois et de divers matériaux.

Le *tombereau* a la forme d'une caisse ayant un fond et quatre côtés formés de planches jointives. En outre, il est pourvu de deux timons qui servent à l'attelage d'un cheval.

On distingue le *tombereau* proprement dit et le *camion* qui est de plus petite dimension (voy. *Camion*).

Tondin, *s. m.* — Voy. *Tore*.

Tonneau, *s. m.* — *Tonneau à mortier :* machine employée, dans la confection du mortier, pour opérer mécaniquement le mélange des matières qui doivent y entrer.

On emploie plusieurs appareils de ce genre, parmi lesquels nous citerons le *tonneau ordinaire* et le *tonneau Roger*.

Le *tonneau ordinaire* est une caisse de forme généralement cylindrique dans l'axe de laquelle tourne un cadre en fer qui porte et entraîne avec lui placés rectangulairement une série de râteaux également en fer dont les dents divisent, triturent et mélangent le sable et la chaux. Quelquefois, on ajoute d'autres râteaux semblables, fixés aux parois intérieures du *tonneau*, et le mortier se trouve ainsi entraîné par les râteaux mobiles et retenu par les râteaux fixes qui le déchirent dans tous les sens. Une ou plusieurs ouvertures, pratiquées à la partie inférieure et munies de portes à coulisse, permettent de régler l'écoulement du mortier.

Nous donnerons ici (fig. 3335) (1) la coupe d'un *tonneau* de ce genre qui se manœuvre à bras et dont la forme est

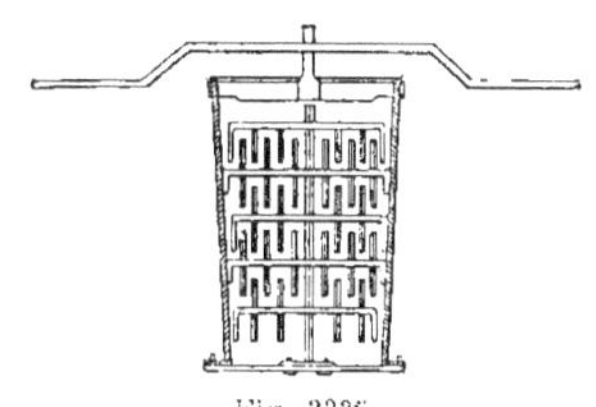

Fig. 3335.

celle d'un tronc de cône dont la petite base est placée en bas. Quelques constructeurs donnent au contraire, à leurs

(1) Laboulaye, *Dictionnaire des arts et manufactures*.

appareils, la forme d'un tronc de cône dont la grande base occupe la partie inférieure. Il y a même encore d'autres dispositions que celles que nous venons de décrire.

M. Roger a inventé un *tonneau à mortier* à section polygonale (fig. 3336),

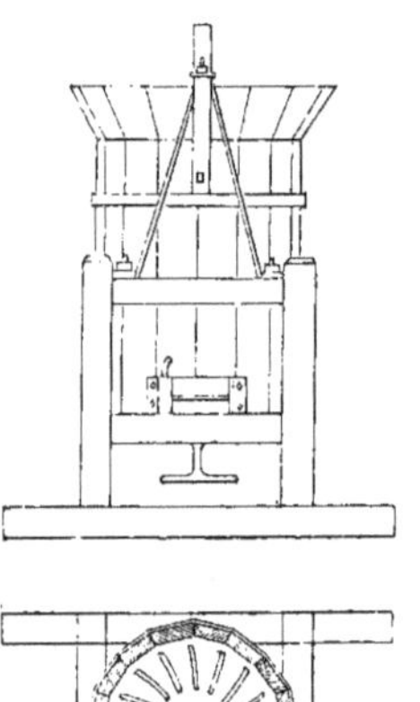

Fig. 3336.

construit au moyen de fortes douves en

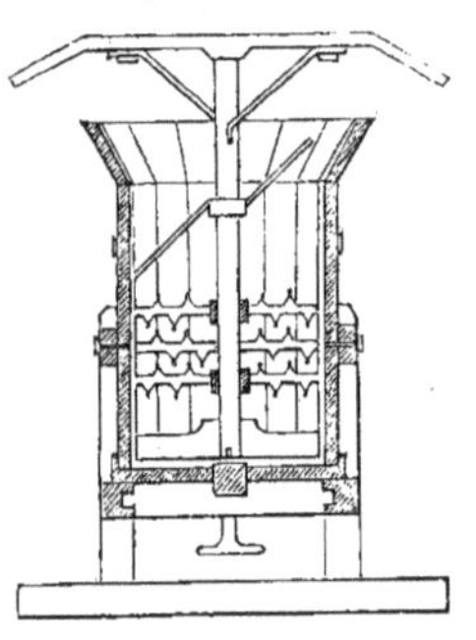

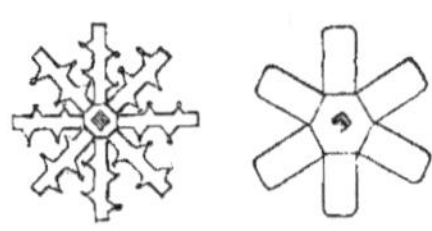

Fig. 3337.

chêne cerclées en fer. Le fond de cette caisse est percé d'ouvertures à travers lesquelles s'écoule le mortier, qui peut aussi sortir par une porte pratiquée à la partie inférieure. L'arbre vertical est en fer et porte : 1° au sommet, une pièce horizontale à laquelle deux chevaux sont attelés ; 2° à l'intérieur du *tonneau*, une série de râteaux en fer, dont l'un est représenté en plan (fig. 3337). La même figure présente également en plan une pièce de fonte à six branches fixée horizontalement sur l'arbre et qui broie les matières sur le fond du *tonneau*.

On emploie aussi des *tonneaux corroyeurs* pour le malaxage des terres à briques et à poteries ; mais, dans ce cas, le pétrissage mécanique, bien qu'il opère mieux le mélange que le *marchage* (voy. ce mot), est inférieur, en ce sens que la machine ne peut, comme l'ouvrier, découvrir et rejeter les petites pierres, fragments de craie ou de pyrite, qui nuisent à la qualité du produit.

Tonnelle, *s. f.* — Vieux mot qui a été employé pour désigner un berceau, un cabinet de verdure.

Dans le midi de la France, on applique ce nom aux petites chambres en maçonnerie commune, recouvertes d'un toit léger que l'on construit dans les vignobles et où sont déposés les outils nécessaires à la culture.

Tonnerre (*Banc royal de*). — Calcaire oolithique, demi-dur, provenant des carrières de Vauligny et de la Reine, dans l'arrondissement de *Tonnerre* (Yonne).

Cette pierre est d'un beau blanc, à grain très fin et propre à la sculpture ; sa hauteur d'assise varie de $0^{m},40$ à 1 mètre ; elle pèse de 1,900 à 1,980 kilogr. le mètre cube, et s'écrase sous une charge qui varie de 240 à 300 kilogr. par centimètre carré.

Tontisse, *adj.* — Qui vient de la tonte des draps.

On emploie la bourre ou duvet provenant de la tonte des draps à la fabrication du papier velouté; aussi, appelle-t-on *papier tontisse*, une tenture de papier velouté.

Ce genre de papier est très riche et simule parfaitement les étoffes, telles que les lampas, les reps, les vieilles tapisseries, etc.

Tope, *s. m.* — Monument funéraire de l'Hindoustan auquel on donne aussi le nom de *stupa*.

Les *topes* sont des édifices circulaires surmontés d'un dôme sphérique, au centre desquels se trouve une chambre sépulcrale. Ces constructions sont généralement élevées sur des monticules naturels ou artificiels; on les entoure d'une enceinte carrée dont les quatre faces sont orientées sur les points cardinaux.

Topiarium (*Opus*). — Les Romains désignaient ainsi un travail de jardinage qui consistait dans la taille des arbres verts auxquels on faisait prendre mille formes étranges d'animaux fantastiques.

Topographie, *s. f.* — Description exacte et détaillée d'un lieu, relevé d'un plan, d'un ensemble de bâtiments, etc.

Torche, *s. f.* — Sur les monuments funèbres, anciens et modernes, on voit fréquemment sculptées des *torches* renversées de haut en bas, symbolisant ainsi le sommeil et la mort.

Torchère, *s. f.* — Mot qui signifie *porte-torche*. On a donné ce nom à des candélabres à pied ordinairement triangulaire, dont la tige, ornée de sculptures diverses, soutient un plateau qui porte la lumière.

On décore de *torchères* les grandes galeries.

Ce luminaire est devenu un motif de sculpture et d'ornement : on en place souvent sur les monuments funéraires, aux angles d'édifices publics, etc.

Quelquefois, la tige de la *torchère* est remplacée par des figures reposant sur des socles et tenant des cornes d'abondance d'où sortent des flammes.

Torchis, *s. m.* — Voy. *Bauge*.

Torchon, *s. m.* — Poignée de paille, tortillée en natte très épaisse et qui est employée, dans le transport des pierres, pour garantir les arêtes des blocs des épaufrures.

Tore, *s. m.* — Grosse moulure ronde qui entre dans la composition de la base des colonnes et que l'on appelle aussi *tondin, boudin* ou *gros bâton* (voy. *Base*).

On nomme *tore supérieur* le *tore* qui, comme dans la *base antique* ou corinthienne, est le plus mince et se trouve placé le plus haut, et *tore inférieur*, celui qui, placé le plus bas, est aussi le plus épais.

On appelle *tore corrompu* un *tore* dont le profil ressemble à celui d'un demi-cœur.

Toron, *s. m.* — 1° Moulure ayant la forme d'un gros *tore* (voy. ce mot), que l'on trouve fréquemment employée dans l'architecture égyptienne, pour former bordure aux frontispices des temples.

Le *toron* et la scotie, l'un en relief, l'autre en creux, sont les seules formes de moulures ou de profils qu'ait employées l'architecture égyptienne.

2° Nom que l'on donne aux tresses de fils qui composent un cordage.

Torsade, *s. f.* — Ornement en forme de spirale dont on décore certaines moulures.

Torse, *adj.* — *Colonne torse* : colonne dont le fût est contourné en spirale.

Il y a lieu de croire que cette forme singulière donnée à la colonne est née de l'abus des cannelures en spirale. Le mot *abus* est peut-être un peu fort, parce que la cannelure est, par elle-même, un ornement arbitraire ; toutefois, il est certain qu'elle est, en ligne droite, plus conforme à la nature de la colonne que ne le sont les circonvolutions de la cannelure en spirale.

Autant qu'on peut en juger par les ouvrages antiques et par l'époque de leur exécution, il paraît que cette forme capricieuse ne fut adoptée que pour des monuments d'une légère importance et qui datent des derniers siècles de l'art.

Fig. 3338.

On trouve des colonnes *torses* dans certains monuments d'architecture latine, tels, par exemple, que le cloître de Saint-Paul hors les Murs. La figure 3338 représente une arcade de ce cloître reposant sur des colonnes *torses* accouplées, dont les unes sont à simple et les autres à double spirale.

Le baldaquin de Saint-Pierre de Rome, construit par le Bernin, offre également un exemple de colonnes *torses*, exemple qui a été fréquemment imité depuis dans les ouvrages de ce genre.

Comme les colonnes ordinaires, les colonnes *torses* sont galbées ; mais les centres des sections horizontales, au lieu de se trouver sur une verticale, sont placés sur une hélice.

Le tracé de ces colonnes s'obtient de la manière suivante : soit (fig. 3339) *a b c d e f g* la projection de cette hélice, dont le rayon varie ordinairement entre 2/9 et 8 parties de module et dont le pas a une hauteur égale au 1/6 de celle de la colonne. Il suffit de mener par

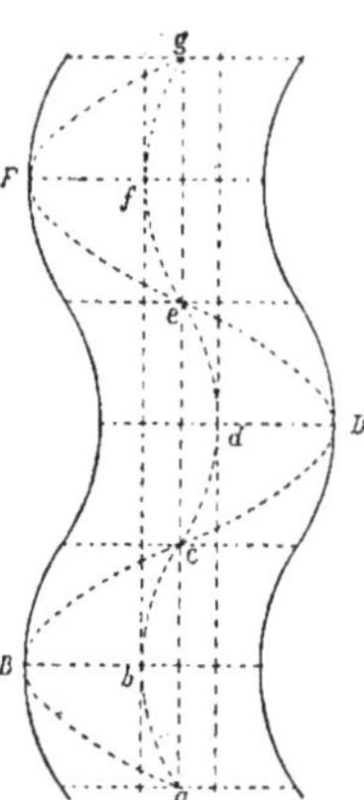

Fig. 3339.

les points *a*, *b*, *c*, *d*, *e*, *f*, de l'hélice des horizontales sur lesquelles on prend de part et d'autre de ces points des longueurs égales aux demi-diamètres de la colonne droite correspondant à la même hauteur. Les points ainsi obtenus déterminent le contour apparent de la colonne *torse*.

Torsion, *s. f.* — Maladie ou plutôt difformité du bois qui consiste en ce que les fibres du bois se contournent en vis sous l'action du vent, qui trouve plus de prise ou moins de résistance d'un côté que de l'autre.

Le bois *tordu* ou *rebours* n'est plus propre à être équarri, parce que les fibres se présentent dans tous les sens et quelquefois au rebours du mouvement de l'outil. De plus, ces fibres étant tranchées, le bois mis en œuvre ne présente plus la même résistance.

Ressort de torsion : fil de métal passant dans l'œil ou le nœud d'une ferrure de porte et qui, se tordant quand on ouvre le vantail, le referme par son effort à se détordre.

Tortillard, *s. m.* — Variété de l'*orme champêtre* de Linné, qui possède une grande ténacité ; aussi, le bois de cet arbre s'emploie-t-il avantageusement pour les poinçons de comble à plusieurs égouts, qui doivent être percés de nombreux trous de mortaises.

On utilise aussi la loupe de *tortillard* dans l'ébénisterie pour faire des placages.

Tortillis, *s. m.* — Espèce de vermoulure faite à l'outil sur un bossage rustique, comme on en voit au Louvre sur les chaînes de pierre.

Toscan (*Ordre*). — Un des cinq ordres d'architecture qui n'est autre que le dorique dénaturé (fig. 3340).

L'origine de l'ordre *toscan* est attribuée aux Étrusques et la description en a été faite par Vitruve d'après un temple de Cérès, d'architecture *toscane*, qui avait été construit à Rome.

Les proportions indiquées par l'architecte romain ont été adoptées par Vignole et consacrées par l'usage qu'en font les constructeurs modernes.

Vitruve donne en hauteur à la colonne *toscane* sept fois son diamètre ou 14 *modules*, base et chapiteau compris ; il donne au piédestal 1/3 de la colonne et 1/4 à l'entablement. Il en résulte que pour construire le profil de l'ordre *toscan* dans une hauteur déterminée, il faut diviser cette hauteur en 19 parties

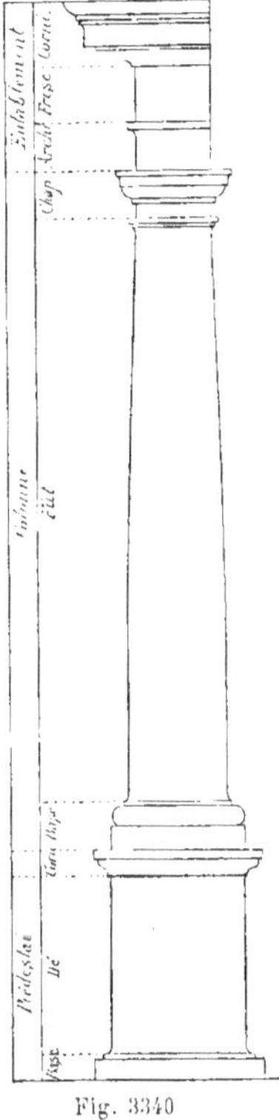

Fig. 3340

égales, prendre 3 de ces parties pour la hauteur de l'entablement, 4 pour celle du piédestal ; le reste sera la hauteur de la colonne. Celle-ci étant divisée en 14 parties et le module lui-même en 12 *minutes*, on trouvera facilement que l'entablement a 3 modules 1/2, la colonne 14 et le piédestal 4 modules 2/3.

Nous indiquerons ici, avec leurs dimensions principales, les trois éléments que nous venons d'énumérer.

1° L'entablement comprend :

La *corniche*. . 1 module 4 minutes.
La *frise* . . . 1 module 2 minutes.
L'*architrave*. . 1 module.

2° La colonne est également divisée en trois parties :

Le *chapiteau* . . . . 1 module.
Le *fût* . . . . 12 modules.
La *base* . . . . . . 1 module.

3° Dans le piédestal, on compte :

La *corniche*. . 6 minutes.
La *clé* . . . . 3 modules 8 minutes.
La *base*. . . . 6 modules.

Le gorgerin, la face de l'architrave et la frise sont au même nu.

La saillie de la corniche d'entablement est de 1 module 6 minutes ; la largeur du fût au sommet est de 1 module 7 minutes ; la largeur du socle de la base est égale à celle du piédestal, soit 2 modules 9 minutes.

L'aspect général de simplicité et de solidité qui distingue l'ordre *toscan* le fait employer pour les édifices auxquels convient ce double caractère. De même, dans une ordonnance comprenant plusieurs ordres superposés, l'ordre *toscan* occupe l'étage inférieur.

Tour, *s. f.* — 1° Nom que l'on donne à des constructions de forme très variable, mais dont la hauteur est généralement considérable par rapport à la base.

Les *tours* semblent avoir été, dès l'antiquité la plus reculée, employées dans l'architecture militaire pour protéger les longues lignes de murailles qui formaient les enceintes des villes et fournir les moyens de découvrir au loin la campagne environnante.

Ces constructions, élevées ainsi aux angles, aux côtés des portes et aux points vulnérables des murs, étaient rondes, carrées ou polygonales et plus ou moins spacieuses, de manière à recevoir un certain nombre de soldats pour la défense de la place ; mais c'est surtout au moyen âge que les *tours* devinrent le principal élément de la fortification militaire.

Dès le xe siècle, on voit les premiers châteaux généralement composés de deux parties principales, d'une cour basse et d'une seconde enceinte renfermant une *tour* ou donjon. Cette *tour*, construite sur plan carré, plus ou moins élevée, était tantôt en bois, tantôt en pierre, et divisée en plusieurs étages ; de son sommet, on découvrait une étendue de pays considérable.

Pendant le XIIe siècle, époque de transition, les *tours* des donjons furent fréquemment circulaires. Quant aux *tours* qui accompagnaient les enceintes des villes, la forme carrée et la forme circulaire s'y trouvaient appliquées l'une et l'autre.

Au XIIIe siècle, la forme cylindrique fut définitivement adoptée pour divers motifs, les *tours* ainsi construites résistant mieux aux attaques des machines et leur surface convexe offrant partout la même solidité. Au lieu de diviser leur hauteur par des planchers droits, on les voûta intérieurement et l'on consolida les voûtes au moyen d'arceaux reposant sur des colonnettes et des consoles espacées également. De plus, on adopta les toits coniques qui offraient moins de danger et de prise aux projectiles que les combles à pans. Quelquefois, la saillie des *tours* était augmentée par une sorte d'excroissance triangulaire, destinée à augmenter la force de la muraille, là où elle était le plus exposée à l'attaque. Souvent, le couronnement des *tours* était formé par des échafaudages ou balcons en bois, appelés *hourds* (voy. ce mot), qui permettaient de dominer le pied des remparts et de jeter des pierres ou d'autres projectiles par des intervalles ménagés entre les pièces de bois supportant le parapet en surplomb. Mais ces hourds en bois pouvaient être facilement incendiés ; aussi, les remplaça-t-on, au XIVe siècle, par des mâchicoulis en pierre. Les *tours* de cette époque étaient parfois couvertes d'un toit qui venait reposer sur le parapet en saillie, recouvrant l'ouverture des mâchicoulis et la galerie par laquelle on en approchait.

Au XVe siècle, l'usage de la poudre donna lieu à une révolution dans l'art de l'attaque et de la défense des places et les hautes *tours* crénelées ne furent plus en état de résister au feu du canon; ces constructions ne devinrent pas seulement inutiles, mais constituèrent la partie la plus vulnérable des places fortes, puisqu'elles étaient plus exposées à l'action des projectiles que les autres parties de la fortification. Les *tours* durent donc être supprimées pour faire place au système moderne d'enceinte à *redans*, *bastions* et *courtines* (voy. ces mots).

Dans certains cas, toutefois, pour défendre certains points tels qu'un littoral favorable à un débarquement de l'ennemi, le passage d'un défilé ou d'une rivière, on fait encore usage de *tours* rondes fortifiées composées d'un rez-de-chaussée surmonté de deux étages et d'une plate-forme. Les plafonds sont voûtés et à l'épreuve de la bombe et la plate-forme est munie d'un parapet circulaire. Les deux étages et la plate-forme peuvent recevoir des pièces d'artillerie. L'étage inférieur sert au logement de la garnison; les provisions et les munitions sont placées dans le rez-de-chaussée qui est, en outre, pourvu d'un puits.

Les *tours* élevées par les anciens sur plan carré ou circulaire, pour défendre les murailles des villes, durent en faire imaginer de semblables pour l'attaque. Ces *tours*, formées d'un assemblage de poutres et de forts madriers, étaient mobiles et montées sur roues. Leur hauteur surpassait ordinairement celle des murailles et des *tours* qu'on voulait assiéger.

On voit par là que ce nom de *tour* a été donné, dès les temps anciens, à des constructions différentes de celles qui, incorporées dans les enceintes des villes, servaient à leur défense. Cette désignation fut même appliquée à des ouvrages qui n'ont rien de commun avec la fortification; tel est le plus ancien monument dont l'histoire ait gardé le souvenir, celui qu'on a appelé *tour de Babel*, parce qu'il devait être isolé et s'élever à une très grande hauteur.

La *tour des Vents*, à Athènes, monument qui ne paraît pas antérieur à la domination romaine, servait à la fois de girouette, de cadran solaire et d'horloge hydraulique. C'est (fig. 3341) une *tour* octogonale, tout en marbre blanc; chacune des faces est orientée vers les huit points de l'horizon athénien, auxquels correspondaient les vents dont les noms et les figures symboliques sont sculptés sur la frise; au-dessous de chacune de ces figures, on remarque un cadran solaire; à l'intérieur de l'édifice, on remarque encore, dans le pavement, des cavités et des canaux qui appartenaient, sans doute, à la clepsydre, ou horloge hydraulique; celle-ci recevait ses eaux de la fontaine de l'Acropole par un aqueduc dont on voit encore quelques arcades.

C'est à l'usage des cloches qu'est due la multiplication soudaine des *tours* dans les édifices religieux du moyen âge et de l'architecture contemporaine.

Ordinairement, ces *tours* font partie intégrante de l'édifice religieux dont elles dépendent. Tantôt elles s'élèvent au-dessus d'un porche qui forme l'entrée de l'église, tantôt elles sont doubles et placées de chaque côté du portail ou du transept. Quelquefois aussi, une *tour* s'élève sur la croisée même du transept et de la nef principale. Dans un certain nombre d'églises du moyen âge, on a même construit des *tours* projetées à la fois sur les côtés du transept et du portail et sur la croisée; mais, en général, l'argent ou le temps ont manqué pour la réalisation de ces conceptions colossales.

Les *tours* d'église se composent très

souvent de deux parties : la *tour* proprement dite, qui contient les cloches et la flèche; l'ensemble, qui prend le nom de *clocher* (voy. ce mot).

Fig. 3341.

Ce n'est guère qu'en Italie qu'on trouve des *tours* isolées de l'église à laquelle elles appartiennent ; on leur donne le nom de *campaniles* (voy. ce mot). Le plus célèbre de ces monuments est la *tour penchée* de Pise, que la figure 3342 représente redressée.

Quant au style et au système de décoration de ces constructions, ils varient avec le goût de l'époque, le style et le caractère du monument auquel les *tours* sont annexées.

En Italie, avant le XIe siècle, on les faisait carrées, terminées par des pyramides obtusangles à quatre pans et percées sur leurs faces de fenêtres demi-circulaires.

Les *tours* construites au commencement du XIe siècle étaient peu élevées ; au XIIe, on les exhaussa et on les orna d'arcades aveugles et de fenêtres. La plupart étaient couronnées de toits pyramidaux à pans, en pierre ou en charpente. On rencontre, en France, un certain nombre de *tours* octogonales de cette époque. Un autre genre de couronnement est celui que l'on désigne sous le nom de *batière* (voy. ce mot).

Au XIIIe siècle, les *tours* devinrent plus élancées et se couvrirent de flèches d'une hauteur souvent prodigieuse. Elles sont percées de fenêtres longues et étroites et les pyramides qui les surmontent sont fréquemment octogonales.

Des clochetons garnissent les quatre angles de la *tour* à la base de la flèche, et des fenêtres à pinacles occupent les quatre pans correspondant aux quatre faces de la *tour*. Un grand nombre de ces *tours* n'ayant été terminées que jusqu'au point où commence la pyramide,

Fig. 3342.

on les a couvertes d'une plate-forme ou d'un toit supporté par une charpente, comme on le voit aux cathédrales de Paris et de Reims. Les flèches en pierre de cette époque se rencontrent surtout dans certaines provinces et particulièrement en Normandie.

Au siècle suivant, on perça les flèches de trous découpés en trèfles, en rosaces, etc., et l'on couvrit leurs angles de crochets ; du reste, on remarque une grande variété de formes dans les *tours* de cette époque.

Les *tours* du XVe siècle ont souvent moins d'élévation que celles du XIVe ; leurs flèches en pierre présentent fréquemment des lucarnes surmontées de frontons et superposées à différentes hauteurs. On trouve aussi des *tours* octogonales terminées par un toit peu élevé ou par une plate-forme. Certaines *tours* sont même accompagnées de contreforts très saillants contrastant, par leur lourdeur, avec la légèreté des flèches de pierre. Celles-ci sont en effet, quelquefois, de véritables dentelles de pierre.

Il en est de même au siècle suivant, époque à laquelle un grand nombre de *tours* offrent, sur les angles de l'édifice carré qui supporte la pyramide, des clochetons rattachés au corps du clocher par des arcs-boutants d'une légèreté extrême et dont l'intrados est orné de découpures.

Quant aux *tours* en style pur de la Renaissance, il n'en existe que peu d'exemples. On construisait alors des *tours* ogivales, ordinairement carrées et terminées par un toit pyramidal. Vers la fin de la Renaissance, on commença à ériger des *tours* couvertes de toits hémisphériques en forme de dômes, et cet usage se développa aux siècles suivants.

C'est également à recevoir des cloches qu'étaient destinées les *tours* qui,

Fig. 3343.

au moyen âge, accompagnaient certains

édifices purement civils (voy. *Beffroi*). Certaines de ces constructions pouvaient servir à la défense et recevoir en même temps des cloches. Telle est la *tour* de Péronne, représentée par la figure 3343.

Il est encore certains édifices auxquels on donne la forme de *tours* rondes ; ce sont les *phares* et les *moulins* (voy. ces mots).

Enfin, nous citerons, pour terminer cet article, les *tours* polygonales assez communes en Chine et dont l'une est particulièrement célèbre sous le nom de *tour de porcelaine* (fig. 3344) ; elle se compose d'une série de neuf étages

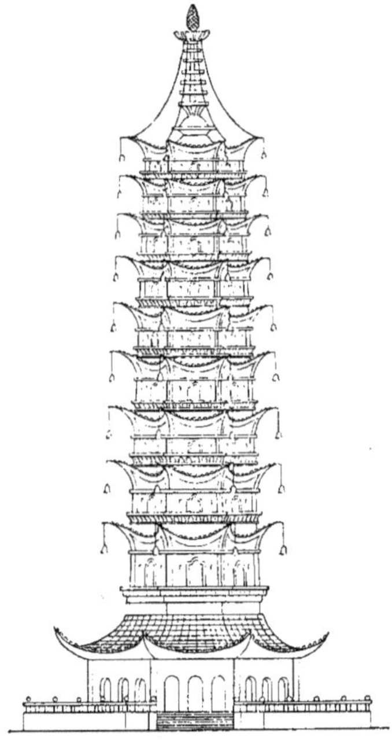

Fig. 3344.

atteignant une hauteur d'environ 35 mètres. Chaque étage présente une galerie à jour et une corniche qui soutient un toit couvert de tuiles vernissées. Les étages sont séparés par un plancher formé de solives qui se croisent en tous sens et sont rehaussés d'une grande variété de peintures. Un escalier ménagé à l'intérieur conduit jusqu'au sommet de l'édifice, que surmonte un gros mât garni de cercles de fer, d'où partent des chaînes allant s'attacher aux angles du dernier toit et qui se termine par une grosse boule dorée.

2° *Tour d'échelle :* droit qu'a le propriétaire d'un mur ou d'un bâtiment de poser au long de ce mur ou de ce bâtiment des échelles pour le réparer et, en général, de placer au long et en dehors de ce mur des échafaudages, des ouvriers et leurs outils pour exécuter les travaux nécessaires.

Suivant les cas, on considère le *tour d'échelle* comme une propriété ou comme une servitude.

Le *tour d'échelle*, considéré comme propriété et désigné aussi sous les noms de *ceinture* et d'*échelage*, est l'espace de terrain laissé en dehors d'un mur qu'un propriétaire construit sur son domaine.

Cet espace sépare le mur de l'héritage voisin et appartient toutefois au propriétaire qui construit le mur. Le voisin n'en peut disposer d'aucune manière, tandis que, tout en respectant les lois et règles du voisinage, le possesseur du terrain peut y passer, y séjourner, le vendre, le donner, le changer, l'hypothéquer, le grever de servitude, y placer des échelles, s'il a la largeur suffisante, y établir des échafaudages, disposer des matériaux, prendre des jours, s'il y a les distances prescrites par les règlements ; le couvrir, etc.; enfin, en disposer comme bon lui semble.

Toutefois, il peut, dans certains cas, être tenu de paver ce terrain et de l'établir en pente pour éviter l'écoulement des eaux de ses toits sur l'héritage du voisin.

Si ce dernier bâtit sur la dernière ligne de son propre domaine, le terrain d'échelage forme ce que l'on appelle une *ruelle* et appartient néanmoins à celui qui l'a laissé.

Il faut noter que celui qui a construit le dernier ne peut obliger l'autre à lui vendre la mitoyenneté de son mur, tandis que le propriétaire du terrain d'échelage peut contraindre le voisin qui vient d'achever son mur à lui en céder la mitoyenneté.

Quand les deux voisins laissent chacun de leur côté le terrain d'échelage, les deux portions contiguës forment une *ruelle* qui n'est pas réputée mitoyenne.

La longueur d'échelage est naturellement celle du mur construit. Sa largeur est réglée par titre ou par les usages, qui veulent au moins 1 mètre.

Regardé comme servitude, le *tour d'échelle* est le droit acquis à un propriétaire de passer des échelles, d'établir des échafaudages et de placer des ouvriers, des outils, sur l'héritage voisin joignant immédiatement le mur de sa construction pour exécuter les réparations nécessaires à ce mur ou aux bâtiments qu'il porte.

Ce droit est une servitude discontinue et non apparente qui, sauf les droits acquis par la destination du père de famille, ne peut s'établir par un titre. Il ne faut pas confondre le *tour d'échelle* et le droit de passage, l'un n'étant point la conséquence de l'autre et réciproquement.

La largeur du terrain assujetti, si elle n'est pas déterminée par le titre, est ordinairement fixée à 1 mètre même du parement extérieur du mur au rez-de-chaussée.

La servitude de *tour d'échelle* ne peut être exercée qu'à l'époque où les besoins de la construction à laquelle elle est due l'exigent et après que le propriétaire servant aura été prévenu.

Si le mur qui a besoin d'être réparé ou reconstruit est mitoyen, chacun des intéressés est tenu de fournir, sans indemnité, le passage et l'espace de terrain nécessaires aux ouvriers et au dépôt des échelles, des outils et matériaux (1).

(1) Code Perrin, n°s 3983 et suivants.

3° *Tour du chat* : on désigne ainsi l'espace vide que l'on ménage entre un mur mitoyen et le contre-mur élevé pour y adosser, soit un four, soit une chaudière (voy. *Four, Fourneau*).

Pour les forges, fours et fourneaux, ce vide doit avoir $0^m,16$ de largeur, et le contre-mur $0^m,32$ d'épaisseur. Ce vide doit être ouvert par les côtés, pour que l'air puisse y passer. Pour les fours de potiers de terre, de boulangers et autres semblables, où le feu est ardent et continu, il faut $0^m,32$ de vide, tout ouvert des côtés et par-dessus. Pour les fourneaux d'usine, le vide doit être plus considérable. Pour les chaudières à vapeur, l'isolement est de $0^m,10$.

Tourbe, *s. f.* — Combustible formé par la décomposition de débris végétaux et qui forme les terrains dits *tourbeux*.

On distingue :

La *tourbe fibreuse*, qui a l'aspect d'un feutre spongieux et brun et où l'on reconnaît à l'œil nu les débris de végétaux ;

La *tourbe brune*, plus avancée en décomposition, où l'on peut à peine reconnaître quelques filaments végétaux et dont la couleur est plus foncée que celle de la *tourbe* fibreuse sans toutefois atteindre le noir ;

La *tourbe noire*, dans laquelle la décomposition du végétal est complète ; dans cette dernière catégorie, on trouve deux espèces de *tourbes*, la *tourbe sèche*, homogène et spongieuse, dont le poids spécifique est 0,514 et la *tourbe humide*, qui est molle et a pour poids spécifique 0,785.

Les terrains *tourbeux* sont mis au nombre des plus mauvais terrains au point de vue des fondations. Pour bâtir sur ces terrains, on doit recouvrir le sol d'une plate-forme en charpente pour lui donner de la résistance (voy. *Fondation*).

Tourelle, *s. f.* — Diminutif de tour.

On a donné ce nom ou celui de *tournelles*, dans les demeures fortifiées du moyen âge, à de petites constructions circulaires portées sur des encorbellements et servant à la surveillance : on les appela aussi *échauguettes* (voy. ce mot). Les portes militaires en étaient souvent flanquées (voy. *Porte*).

L'usage des *tourelles* s'étendit aux habitations privées et aux maisons de ville. Ces ouvrages en saillie, qui formaient de petits cabinets ou conte-

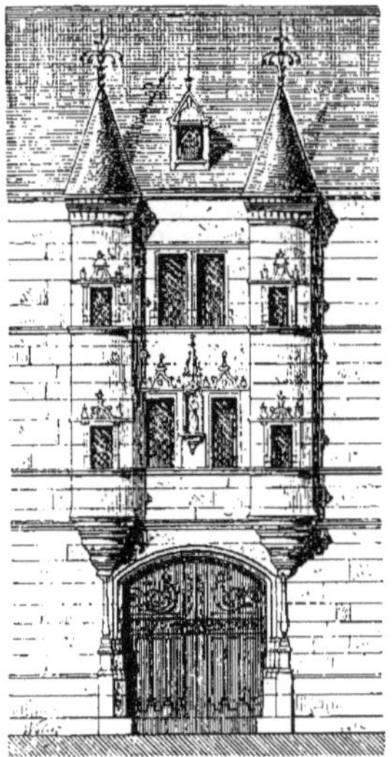

Fig. 3345.

naient des escaliers, étaient placés soit de chaque côté de la porte d'entrée d'une habitation (fig. 3345), soit aux angles extérieurs, soit aux angles intérieurs des bâtiments.

La figure 3346 représente une *tourelle* du XVe siècle appartenant à une maison de Verneuil et qui est établie à un angle extérieur. La saillie est ici très forte et rachetée par des culs-de-lampe formés d'assises en encorbellement.

La construction de ces ouvrages devait être faite avec le plus grand soin pour éviter la bascule. Souvent, le porte-à-faux était soulagé par un contrefort.

Fig. 3346.

Dans les *tourelles* d'angle, les culs-de-lampe, particulièrement au XVIe et au XVIIe siècles, furent quelquefois remplacés par des trompes. La figure 3347 donne un exemple de cette disposition qui a été appliquée à la maison dite de François Ier à Orléans.

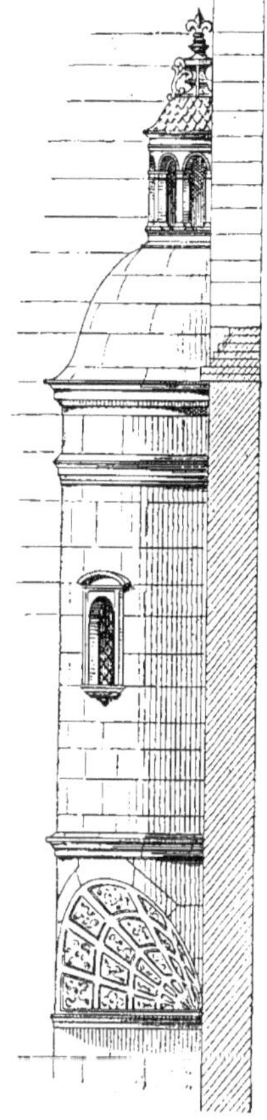

Fig. 3347.

Aujourd'hui, on donne le nom de *tourelle* à toute construction de forme circulaire, en saillie.

Les dômes sont accompagnés quelquefois, comme celui du Val-de-Grâce à Paris, de *tourelles* dites de *dôme*, qui sont des lanternes rondes ou à pans recevant à l'intérieur un escalier à vis.

Tourillon, *s. m.* — Pièce de bois, de fer ou de cuivre, de forme cylindrique, faite ou rapportée aux extrémités de l'axe d'un treuil, de lames de persiennes mobiles, d'un mouton de cloche, etc., pour permettre à ces objets un mouvement de rotation autour de leur axe.

On appelle *pivot à tourillon* un pivot qui porte cette pièce ; tels sont ceux que l'on place aux portes cochères.

Tournant, *adj.* — *Escalier tournant :* escalier qui revient sur lui-même dans la hauteur d'une révolution.

Quartier tournant : ensemble des marches d'angle qui, dans un escalier *tournant*, tiennent au noyau ou au limon par leur collet.

Tourné, *part. passé.* — On dit qu'un objet est *tourné* quand il est exécuté au moyen du tour.

Tourne-à-gauche, *s. m.* — Les serruriers donnent ce nom à des outils qui servent à différents usages. Ils distinguent :

Le *tourne-à-gauche* qui sert à contourner le fer sur lui-même ; c'est (fig. 3348) *a* une barre de fer rond terminée par deux branches évidées au milieu pour recevoir la tête d'un taraud ;

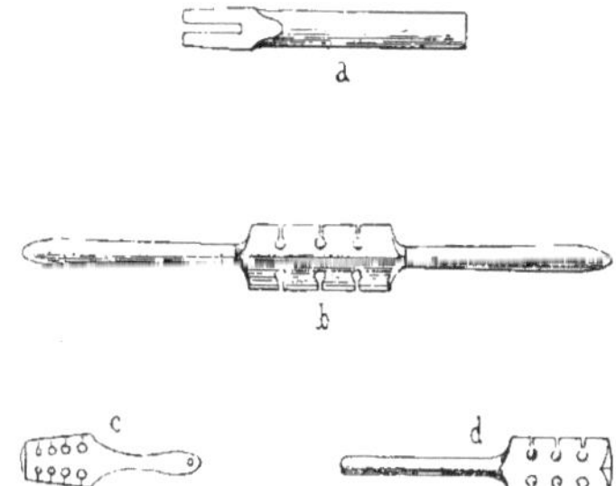

Fig. 3348.

Le *tourne-à-gauche* qui sert à donner de la voie aux scies ; c'est un morceau de fer plat *b*, *c*, *d* dans lequel sont pratiquées des entailles de 0m,006 à 0m,009 de profondeur pour saisir les dents des scies et les écarter alternativement à droite et à gauche.

Tournée, *s. f.* — Outil de fer acéré ressemblant à la pioche du terrassier et qui sert également à fouiller les terres.

Fig. 3349.

Une des extrémités de la lame est aplatie (fig. 3349) et l'autre est en pointe; au milieu se trouve un œil dans lequel entre un manche en bois.

Tournehem (*Pierre tendre de*). — Craie blanche, tendre et très fine, propre à la sculpture, que l'on tire de la carrière de *Tournehem*, dans la commune de ce nom, près de Saint-Omer (Pas-de-Calais).

Cette pierre offre une hauteur d'assise qui varie de $0^m,20$ à 1 mètre.

Tournelle, *s. f.* — Voy. *Tourelle*.

Tourner, *v. a.* — *Tourner le plomb* : plier ce métal avec le *tire-plomb*, opération qui est souvent appliquée par les peintres verriers.

Tournesol, *s. m.* — Pâte sèche composée avec de la chaux mise en fusion et le jus d'une plante appelée *maurelle*.

Cette pâte possède une couleur bleu foncé qui s'emploie à la colle. Suivant la teinte que l'on veut obtenir, on y mélange plus ou moins de blanc.

Le *tournesol* employé à l'huile noircit.

Tourne-vent, *s. m.* — Tuyau recourbé, mobile, qu'on place au-dessus d'une souche de cheminée pour l'empêcher de fumer; on le nomme aussi *abat-vent* et *gueule-de-loup*.

Tourne-vis, *s. m.* — Outil formé d'une lame plate d'acier emmanchée dans une tête en bois (fig. 3350).

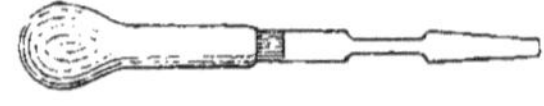

Fig. 3350.

Cette lame a l'apparence d'un ciseau non tranchant; la partie amincie entre dans la fente ménagée sur la tête d'une vis qu'on veut serrer ou desserrer.

Tourniquet, *s. m.* — 1° Petite pièce de serrurerie formée d'un morceau de fer plat (fig. 3351) qui est

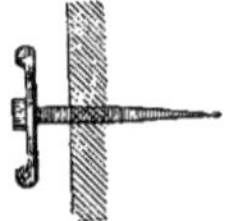

Fig. 3351.

percé, en son milieu, d'un trou dans lequel passe l'extrémité d'une tige qui sert de support.

Cette tige est à pointe ou à scellement, suivant qu'elle se place sur un mur ou sur un pan de bois. Le morceau de fer, auquel on donne quelquefois la forme d'une S, est mobile sur sa tige et sert à arrêter les volets, les persiennes, etc.

2° On donne encore le nom de *tourniquet* à une poignée au moyen de laquelle on fait mouvoir la clef qui ferme le canon de propreté dans un robinet de garde-robe.

Tournisse, *s. f.* — Pièce de charpente qui, dans un pan de bois, s'assemble d'une part avec une *décharge*, de l'autre avec une *sablière* (fig. 3352).

L'assemblage de la *tournisse* avec la sablière se fait à angle droit, à tenon et mortaise. Elle se relie avec la décharge par un joint en *about* (voy. ce mot) ou

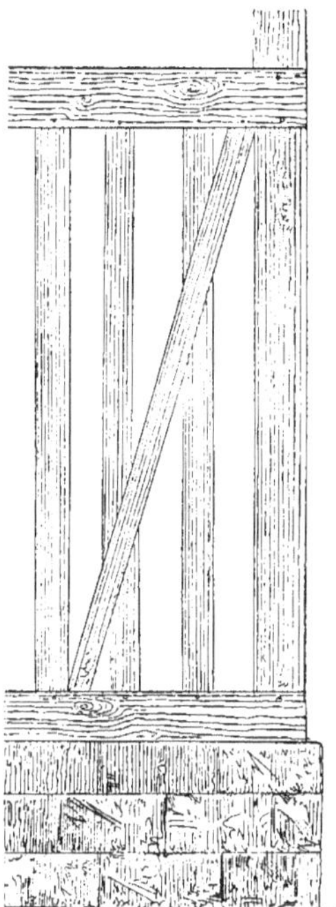

Fig. 3352.

par une simple coupe oblique et de grands clous appelés *dents de loup*.

Tourris (*Pierre de*). — Calcaire compact, très dur, blanchâtre, à pâte fine, susceptible de poli.

Cette pierre porte une hauteur d'assise de 0m,15 à 0m,85.

Tourtenay (*Tuffeau de*). — Craie-tuffeau très tendre, provenant de la carrière de *Tourtenay*, dans l'arrondissement de Bressuire (Deux-Sèvres).

C'est une pierre d'un blanc un peu jaunâtre, fine, homogène et durcissant à l'air. Elle porte ordinairement 0m,33 de hauteur d'assise.

Toyère, *s. f.* — Œil d'un fer de hache.

Trabes. — Pluriel du mot latin *trabs*, poutre, et que les premiers chrétiens employèrent au singulier pour désigner une poutre placée en travers de la grande nef à une certaine hauteur, cette poutre figurant au loin la séparation des deux mondes dont parle Grégoire de Naziance.

On éleva au milieu une croix et, plus tard, un crucifix. Lorsque les basiliques s'agrandirent au point qu'une simple poutre ne pût en traverser la largeur sans points d'appui, on la fit porter sur des colonnes et l'on conserva le même nom à l'ensemble de cette décoration. Les métaux précieux, les marbres les plus riches furent même employés à orner les *trabes*.

La nef de la basilique de Saint-Pierre, au Vatican, sous le pape Adrien Ier, était traversée par un portique de douze colonnes de porphyre, d'albâtre et de marbres précieux reliées par une grille de bronze. Dans l'église de Torcello, on voit encore aujourd'hui une colonnade traversant la nef et supportant une clôture de marbre richement sculptée.

Tracé, *s. m.* — 1° Opération par laquelle on se propose de déterminer d'une manière exacte l'emplacement que doivent occuper les fondations d'un bâtiment.

On trace d'abord avec un cordeau sur le sol grossièrement nivelé, la ligne qui marque la direction de la façade principale et qui doit former le pied de cette façade. On plante alors un piquet en un point de cette ligne qui doit être le sommet de l'un des angles de la façade. Supposons, pour simplifier les explications, que le plan du bâtiment à élever est rectangulaire et soit *a* ce point (fig. 3353) ; à partir du piquet, on compte jusqu'en un point *b*, où l'on plante un second piquet, une longueur égale à celle que doit avoir la façade. A chacune des extrémités ainsi déterminées, on trace une perpendiculaire sur la ligne marquant la direction de la façade et l'on mène les lignes *a d*, *b c* avec les longueurs que doivent avoir les façades en retour. On obtient de la sorte un rectangle qui limite l'emplacement de la construction. Le bâtiment peut n'avoir pas de caves ; dans ce cas, l'épaisseur des murs se trace en tirant des lignes parallèles à *a b*, *b c*, à une distance égale à l'épaisseur que doivent avoir ces murs. On prolonge ces lignes sur les quatre faces d'une certaine quantité ; on plante des piquets aux points extrêmes

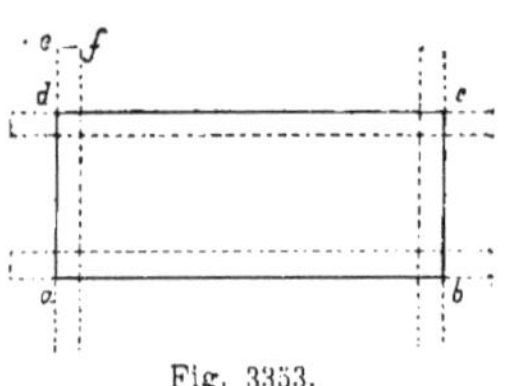

Fig. 3353.

et l'on tend des cordeaux destinés à guider les terrassiers dans leurs fouilles. Les ouvriers commencent alors le piochage et le pelletage, en ayant soin de prendre pour la tranchée une largeur d'environ 0m,10 à 0m,15 en plus de chaque côté des lignes qui marquent l'épaisseur du mur de face. En effet, les fondations doivent avoir un empatement sur le mur de face d'au moins 0m,05, et les maçons travaillent plus commodément dans une tranchée plus large.

L'opération du *tracé* d'un bâtiment prend aussi le nom de *plantation*.

2° En charpente, le *tracé des épures* est l'art de dessiner sur le sol aplani, à cet effet, en grandeur d'exécution et proportionnellement aux indications des plans et aux mesures qui ont été prises sur place, les différentes parties d'un ouvrage de charpente avec les combinaisons d'assemblages qui doivent en relier entre elles les différentes pièces.

Tracer, *v. a.* — 1° Marquer par des lignes les coupes à faire sur une pièce de bois ou sur un bloc de pierre.

2° *Tracer par équarrissement : tracer* les pierres par des figures prises sur l'épure et cotées pour trouver les raccordements des panneaux de tête, de double, de joint, etc.

3° Dessiner à la pierre blanche un filet, une moulure ou d'autres motifs d'architecture, pour les peindre ensuite.

4° *Tracer* un bâtiment, une épure de charpente (voy. *Tracé*).

Traceret, *s. m.* — Outil de fer ayant la forme indiquée par la figure 3354, de 0m,15 à 0m,20 de longueur, et

Fig. 3354.

que les charpentiers et les menuisiers emploient pour marquer et piquer le bois.

La tige de cet outil est terminée par un anneau qui sert à le suspendre.

Traîneau, *s. m.* — Machine employée au transport des pierres et qui se compose de deux pièces méplates réunies entre elles par des traverses ; les deux pièces sont ferrées au-dessous pour mieux résister au frottement et portent, à leurs extrémités, des crochets auxquels on peut atteler un cheval.

Traînée, *s. f.* — Opération dans laquelle on se propose de marquer sur une pièce de bois, avec la pointe d'un compas dont l'autre pointe suit le mur, les sinuosités que doit avoir la pièce pour l'adapter exactement sur ce mur.

Traînées de plâtre : filets de plâtre que l'on applique sur un mur que l'on veut ravaler et que l'on dresse au fil à plomb, de manière à servir de guide pour l'épaisseur de l'enduit et déterminer le nu du mur ravalé.

Traîner, *v. a.* — Maçonnerie. Faire un ravalement en plâtre, une corniche, un bandeau, un cadre, une moulure quelconque.

A cet effet, on prépare et on emploie un *calibre* (voy. ce mot) que l'on découpe suivant la moulure que l'on veut faire ; on place deux règles bien arrêtées en avant du massif ou noyau de la corniche ; on garnit ce massif de plâtre clair et on passe le calibre en l'appuyant sur les deux règles ; le plâtre encore mou prend en relief la forme de la moulure. On répète l'opération jusqu'à ce que le profil soit nettement obtenu.

Trait, *s. m.* — Mot que l'on emploie dans la coupe des pierres pour désigner les lignes qui indiquent à l'ouvrier les coupes ou tailles qu'il doit exécuter.

On dit faire l'*application du trait* à la pierre.

Le même terme est employé dans le même sens en charpente et en menuiserie.

On appelle :

Trait carré, une ligne qui en coupe une autre à angle droit ;

Trait biais, une ligne oblique à une autre ;

Trait corrompu, celui qui est fait à la main sans règle ni compas.

Trait de Jupiter (voy. *Jupiter*).

Trait de repère (voy. *Repère*).

Trait de niveau : ligne horizontale tracée sur un mur au moyen du niveau et qui indique ordinairement une hauteur d'étage, de plancher, etc.

Trait de scie : coupe faite avec une scie sur la pierre ou sur le bois. On donne aussi ce nom à la ligne tracée pour guider la scie.

Tramway, *s. m.* — On désigne ainsi des chemins de fer économiques établis pour le transport des voyageurs à de petites distances, et dans lesquels on utilise les routes déjà parcourues par les voitures ordinaires.

Cette dernière condition exige que les rails ne présentent pas de saillies qui gêneraient pour la circulation générale.

Le système généralement adopté pour les *tramways* consiste en longrines supportant les rails et reliées transversalement par des entretoises en fer.

A l'origine, des traverses assemblées à tenon avec les longrines servaient d'entretoises ; l'expérience les a fait supprimer, à cause de la gêne et du surcroît de dépenses qu'elles occasionnent, quand il faut relever la voie, changer les longrines, les rails et leurs attaches, ou même tout simplement opérer le bourrage.

Les longrines se placent, armées de leurs rails, la première file posée sur le sable bien damé, à l'alignement voulu et garnies extérieurement soit du pavage, soit des cailloux qui composent l'empierrement de la chaussée. Dans certaines voies, on se dispense complètement d'entretoises. On pose la deuxième file, maintenue à la distance fixée par deux morceaux de bois ; ce garnissage extérieur terminé, on fait le remplissage intérieur et l'on enlève les entretoises, que l'on remplace par les matériaux dont est formée la chaussée.

Dans l'exemple que nous donnons ici, et qui est celui des *tramways-sud* de

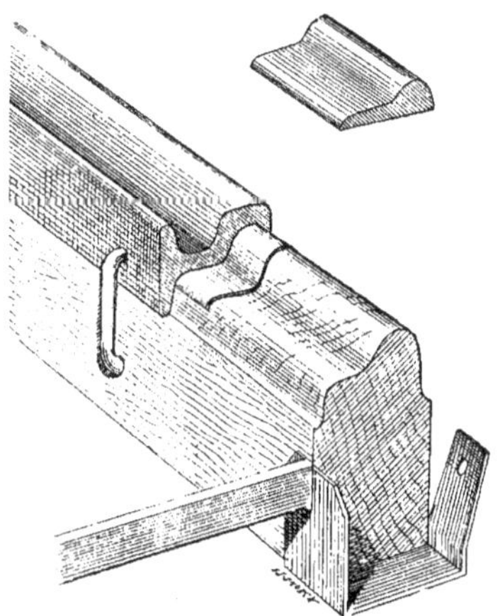

Fig. 3355.

Paris, l'écartement des longrines est maintenu par des tirants formant fourchette d'un côté (fig. 3355) et arrêtées par une clavette de serrage de l'autre; ces traverses se posent différemment, de deux en deux, de sorte que le moyen de serrage existe dans les deux sens. Les longrines, en bois de chêne, sont coiffées du fer formant rail et y sont rattachées au moyen de crochets à deux coudes en fer rond. Au droit des joints des rails, entre le fer et le bois, est placé un talon en fonte encastré dans le bois, épousant la forme des deux pièces et destiné à résister à la pression du rail sur la longrine, pression qui peut naturellement être plus forte au droit des joints que dans les parties intermédiaires.

Tranchant, *s. m.* — Partie aiguisée d'un outil, qui est destinée à couper.

On dit aussi le *fil* de l'outil.

Il y a des *tranchants* d'outil à un ou à deux biseaux.

Tranche, *s. f.* — 1° Outil de serrurier en forme de merlin, acéré et affûté, et qui sert à couper les métaux à chaud ou à froid.

La *tranche* porte un œil dans lequel passe un manche et reçoit le coup du *marteau à devant.*

2° Morceau de marbre ou de pierre de faible épaisseur débité à la scie dans un bloc.

Tranchée, *s. f.* — Fouille en longueur faite dans le sol pour établir la fondation d'un mur ou poser une conduite d'eau ou de gaz.

Lorsque les terres qui forment les parois de la *tranchée* menacent de s'ébouler, on les soutient au moyen de couchis et d'étrésillons (voy. *Étaiement*).

On a donné le même nom, par extension, aux déblais exécutés pour l'établissement des voies de chemins de fer.

Tranchée de mur : ouverture que le maçon fait dans un mur au moyen de la hachette pour y sceller un poteau. On donne le même nom à une entaille pratiquée de la même façon dans une chaîne de pierre pour y encastrer l'ancre du tirant d'une poutre.

Tranchis, *s. m.* — Tuiles ou ardoises coupées obliquement au droit d'un arêtier ou d'une noue (voy. *Arêtier*).

Transept, *s. m.* — Mot par lequel on désigne la nef transversale qui, dans une église, sépare du chœur la grande nef et les bas-côtés, donnant ainsi au plan de l'édifice la forme d'une croix; les extrémités de ce vaisseau portent particulièrement le nom de *transept* ou *croisillons*, et l'ensemble est souvent appelé *croisée.*

Quelques basiliques romaines possédaient un *transept*, c'est-à-dire un espace transversal entre le tribunal et les nefs. On en voit aussi dans plusieurs basiliques chrétiennes des premiers siècles. Le mur qui séparait la croisée de la nef principale était percé d'un arc *triomphal ;* l'autel majeur était placé près de cette limite dans l'axe de l'église ; les membres principaux du clergé occupaient le chœur, c'est-à-dire l'abside, et dans le bas du *transept* se tenaient les clercs et les personnes revêtues d'un caractère religieux.

Les églises du moyen âge conservèrent cette disposition, que l'on trouve cependant moins accusée dans les provinces du nord de la France que dans celles du midi.

Quelques édifices ont, comme le montre la figure 3356, soit un seul *transept* perpendiculaire à l'axe de l'église, soit deux *transepts*, de sorte que leur plan représente une croix archiépiscopale.

Quelquefois même, la chapelle de la Vierge est pourvue d'un *transept*, ainsi qu'on le voit à l'église de la Charité-sur-Loire.

Les bras de la croisée se terminent ordinairement carrément, et quelquefois en abside ou en hémicycle. Les

murs qui ferment ces ailes sont souvent

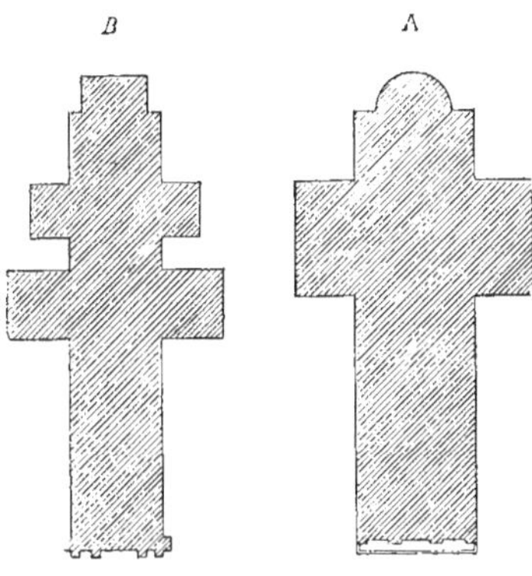

Fig. 3356.

percés de fenêtres circulaires ou *roses* (voy. ce mot) décorées de vitraux.

Transition (*Style de*). — On a ainsi désigné le style des édifices du XIIe et du XIIIe siècle, où l'ogive se rencontre mélangée à des ornements et des moulures de style roman.

Transport, *s. m.* — *Transport des pierres.* Nous n'avons que des notions très vagues sur les moyens qu'employaient les anciens pour transporter les lourds matériaux tels que les blocs énormes employés quelquefois à la construction des temples.

Vitruve décrit l'ingénieuse invention appliquée par Ctésiphon au *transport* des colonnes qui devaient servir à la construction du temple de Diane. Cet architecte ayant à amener les fûts de ces colonnes depuis les carrières où on les prenait jusqu'à Éphèse et n'osant pas employer les véhicules ordinaires, parce que les chemins traversaient un terrain peu solide, et qu'il craignait que la pesanteur du fardeau ne fît enfoncer les roues, imagina un système analogue à celui qui est employé pour les cylindres en pierre servant à aplanir les allées. Il assembla (fig. 3357) un châssis formé de quatre pièces de bois et pouvant embrasser le fût suivant un plan passant par son axe. Il enfonça aux deux extrémités de chaque colonne des boulons de fer et les y scella avec du plomb, ayant eu le soin de mettre dans les traverses du châssis des anneaux de fer qui servaient de moyeux aux boulons.

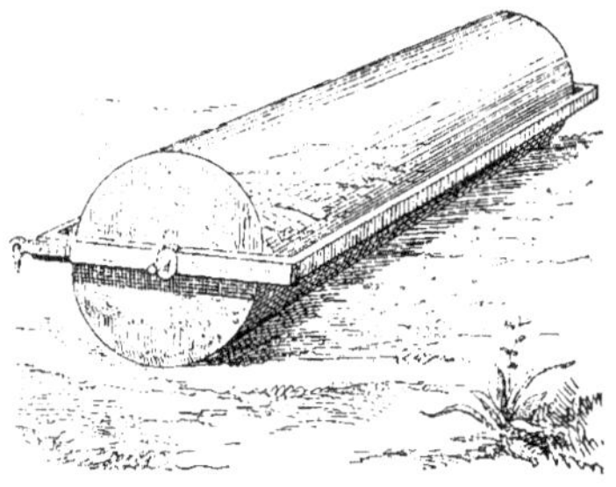

Fig. 3357.

Les fûts des colonnes, tirés par des bœufs, roulèrent aisément sur le sol jusqu'à leur destination.

Ce système de *transport*, applicable aux blocs cylindriques, ne l'était plus aux pierres quadrangulaires de l'architrave et de l'entablement. Aussi, Métagènes, fils de Ctésiphon, s'inspirant de

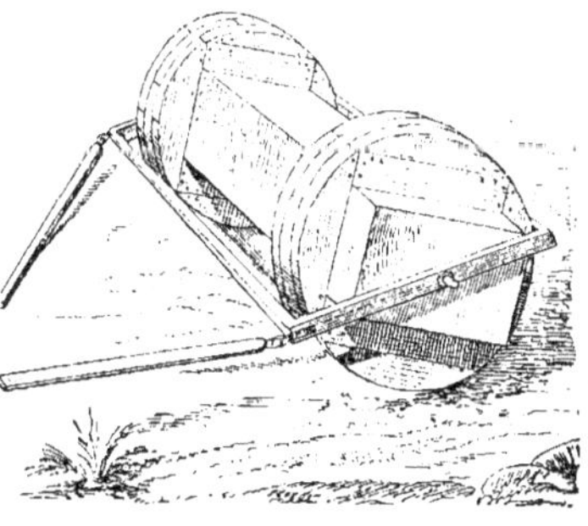

Fig. 3358.

la machine qui vient d'être décrite, en imagina une autre, construite comme le montre la figure 3358, d'après le texte même de Vitruve, que nous rapportons ici : « Elle était composée de roues de douze pieds ou environ, et il enferma les deux bouts des architraves dans le milieu des roues. Il y mit aussi des boulons et des anneaux de fer, en sorte que, lorsque les bœufs tiraient la machine, les boulons mis dans les anneaux de fer faisaient tourner les roues. C'est ainsi que les architraves, qui étaient enfermées dans les roues comme des essieux, furent traînées et amenées sur place de même que les fûts des colonnes. » L'auteur latin ajoute que cette opération put aisément réussir, à cause du peu de distance qu'il y avait depuis les carrières jusqu'au temple, cette distance n'étant que de huit mille pas, et la disposition du lieu étant favorable, parce que c'était une campagne égale, où il n'y avait ni à monter ni à descendre.

Transport des terres : opération qui a pour objet l'enlèvement des terres d'une fouille ou d'un déblai et leur déploiement d'un point d'extraction à un endroit où on les dépose provisoirement ou définitivement.

Le *transport des terres* se fait à la *pelle*, à la *brouette*, au *tombereau*, au *camion*, au *bourriquet* ou au *wagon*.

Le *transport* ou *jet* à la pelle s'effectue lorsque la distance n'est que de quelques mètres. Ce mode de *transport* est désavantageux quand on doit aller à plus de 8 mètres, car un homme ne pouvant jeter la terre qu'à 4 mètres, il faudrait alors deux pelleteurs en sus du pelleteur ordinaire.

Le *transport à la brouette* s'emploie pour les distances n'excédant pas 100 mètres ou pour les *transports* verticaux dans les localités qui ne permettent que de petites rampes. Ce mode de *transport* s'effectue par *relais* (voy. ce mot).

On s'en sert aussi dans les terrains marécageux, où un cheval attelé à un tombereau ne pourrait s'aventurer. On établit alors un sol artificiel de roulage au moyen de planches.

La brouette contient 1/20 à 1/33 de mètre cube.

Le *camion* est un petit tombereau ordinairement traîné par trois hommes et pouvant contenir $0^{mc},20$ de terre. Le *transport au camion* est avantageux sur un terrain bien uni, bien horizontal, ou qui va en pente vers le remblai; deux hommes peuvent alors traîner de $0^{mc},13$ à $0^{mc},16$ de terre à la fois.

Le *transport au tombereau* se fait au moyen de tombereaux pouvant contenir soit un demi-mètre cube et traînés par un cheval, soit $1^{mc},50$ et traînés ordinairement par deux chevaux. Pour éviter la perte qui résulterait de l'inaction des chargeurs pendant le va-et-vient du tombereau, on emploie plusieurs de ces véhicules en se basant sur ce qu'il faut à un homme 20 minutes pour charger un tombereau d'un demi-mètre cube, et 20 minutes à ce tombereau pour parcourir 13 relais de 30 mètres pour aller, 3 relais pour revenir et décharger, de sorte qu'à cette distance on n'a besoin que de deux tombereaux.

Le *transport au bourriquet* a lieu verticalement et s'effectue au moyen d'un treuil : on y a recours lorsqu'on doit curer et approfondir un fossé ou monter les terres sur un parapet.

On exécute aussi des *transports* verticaux à la hotte.

Dans certaines régions, en Algérie et dans le midi de la France, on emploie le *transport* à la *banaste* et au *couffin* là où la pente des chemins est très rapide. La *banaste* est un panier en bois de châtaignier cubant $0^{mc},01$, et le *couffin* un panier de jonc ayant à peu près la même capacité. Ces paniers sont portés sur les épaules.

Dans le *transport par wagons*, ceux-ci sont traînés par des chevaux ou par des locomotives. On emploie ce mode pour certains travaux, tels que l'établissement des voies de chemins de fer.

Transport des bois. Le *transport* des bois de charpente s'effectue à l'aide de *charrettes*, *fardiers*, *triqueballes* (voy. ces mots).

Transsept, *s. m.* — Voy. *Transept.*

Trapan, *s. m.* — On désigne ainsi le haut d'un escalier où finit la rampe.

Trapèze, *s. m.* — Quadrilatère qui a deux de ses côtés parallèles.

Trapp, *s. m.* — Roche qui peut être employée, comme les basaltes et les porphyres, à l'entretien des chaussées des routes.

Les *trapps* ne s'égrènent pas comme les quartzites et les silex pyromaques ou le quartz hialin. Toutefois, les *trapps* et les basaltes ont souvent, dans les mêmes lieux d'extraction, des résistances très diverses.

Le *trapp* des Vosges ne paraît être qu'un quartzite métamorphique, ayant subi une recuite plus parfaite.

Il y a des *trapps* de qualité si inférieure qu'on peut à peine les assimiler à la meulière.

Trappe, *s. f.* — 1° Châssis plein ou volet qui se place horizontalement dans un bâti pour fermer une ouverture faite dans un plancher, telle qu'une descente de cave, une entrée de grenier, etc.

Ces *trappes* sont ferrées de char-

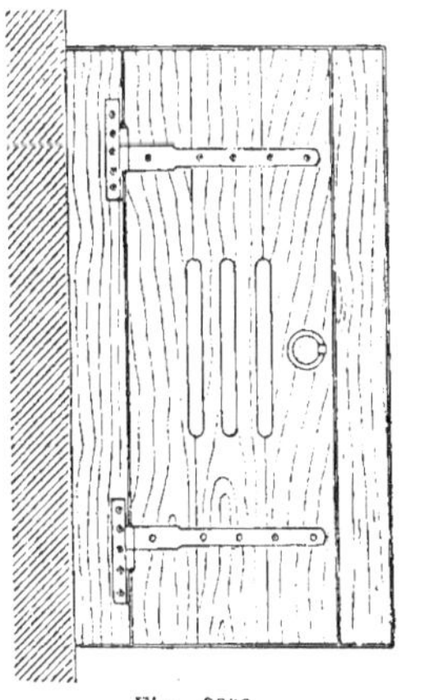

Fig. 3359.

nières ou de paumelles (fig. 3359) et sont à un seul vantail ou à deux vantaux ; elles sont formées de planches

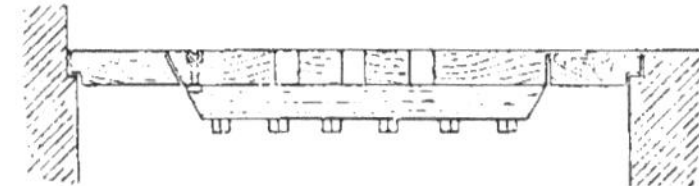

Fig. 3360.

jointives réunies entre elles par des traverses boulonnées, ainsi qu'on le voit sur la coupe (fig. 3360).

2° Dans la machinerie des théâtres, on donne le nom de *trappes* à des feuilles de parquet qui peuvent se lever ou s'abaisser, aller et venir, et fermer ou laisser libres des ouvertures pratiquées dans le plancher de la scène. On distingue, dans ce cas, les *trappes* à *coulisses* et les *trappes anglaises*.

Les *trappes* à *coulisses* servent généralement pour les apparitions et disparitions et se composent d'une *trappe* ordinaire, dans laquelle est percé un trou rond, ovale ou carré. En dehors du trou, sous la *trappe* et au lointain, sont fixés deux brancards partant des feuillures en pente sur lesquelles glisse un plateau nommé abattant, qui porte un morceau destiné à remplir exactement le trou ; on le fait affleurer à la *trappe* à l'aide de tourniquets dans les feuillures. Pour faire une apparition, on retire les tourniquets ; l'abattant descend sur les feuillures en pente sur lesquelles on le fait glisser et débouche le trou. L'apparition monte sur un plateau ou *bouchon* remplissant exactement le trou et fixé sur un bâti. La disparition se fait par l'opération inverse.

Les *trappes anglaises* servent aux apparitions et disparitions à travers un mur, un pilier, ou à travers le sol. Pour les murs, ces *trappes* sont de simples panneaux à voliges minces, faisant partie du décor, s'ouvrant à charnières et maintenus seulement par deux ou trois lignes de légers ressorts en acier, de chaque côté, devant céder sans efforts à la poussée de l'acteur et refermant instantanément la *trappe*.

Pour le sol, la disposition de la *trappe* est la même ; mais on dispose dessous un bâti sur lequel est arrêté un plateau préalablement ajusté, qui vient soutenir la *trappe* et la rendre aussi solide que les autres parties du plancher. Le bâti est descendu à 0m.70 environ et couvert d'un matelas, un peu avant que l'artiste ne se jette sur la *trappe*, qui se referme ensuite d'elle-même.

3° On donne aussi le nom de *trappe* à une plaque de tôle (fig. 3361) que l'on place dans les cheminées pour les clore quand on n'y fait plus de feu. Ces *trappes* sont munies de tourillons qui

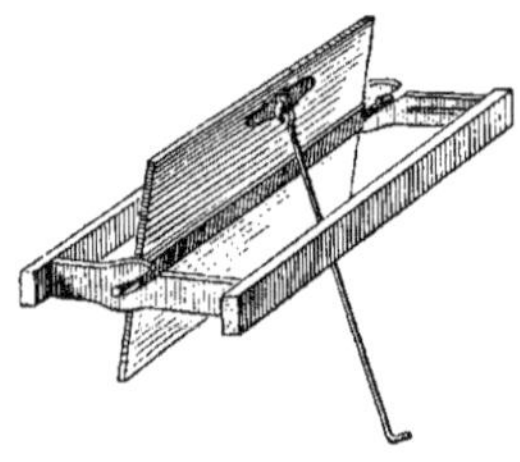

Fig. 3361.

reposent dans des encoches faites sur un châssis en fer, fixé à la maçonnerie ; le mouvement de rotation se donne au moyen d'une tringle. Ces *trappes* peuvent s'enlever pour le ramonage.

Trappon, *s. m.* — Trappe à fleur de terre qui sert à fermer une cave dans laquelle on entre par la rue.

Trass, *s. m.* — Tuf trachytique, poreux, formé de parties terreuses adhérant fortement les unes aux autres, et qui semble provenir d'éruptions volcaniques boueuses.

On distingue plusieurs variétés de cette pierre :

Le *trass gris bleuâtre*, susceptible d'être taillé à arêtes vives ;

Le *trass jaunâtre*, généralement moins estimé que le précédent ;

Le *trass mort*, moins poreux que le *trass* proprement dit et qui se désagrège sous l'action de l'air.

On emploie le *trass* en poudre à faire du mortier hydraulique ; mais, à cet effet, il faut le choisir. Le *trass* de bonne qualité se reconnaît à ce que, fortement comprimé avec la main, puis plongé dans l'eau, il ne doit pas laisser de poussière à la surface ; quand on retire la main de l'eau, il ne doit pas se délayer, mais rester en masse (1).

Il vaut mieux faire venir sur place le *trass* à l'état de moellons, le pulvériser et faire du mortier : si le *trass* est de bonne qualité, quand on le mouille, pour lui rendre l'humidité qu'il a ordinairement au sortir du bateau, il augmente d'environ 5/16 de son volume et des 2/7 de son poids. Il faut observer, en outre, que pour faire un bon mortier, il ne faut pas réduire cette matière en poudre trop fine.

Ce mortier se fabrique par le mélange d'un volume de *trass* avec une quantité de chaux qui varie de 0,3 à 0,6.

Le *trass* s'emploie dans toute l'Allemagne, en Hollande, en Belgique, sur les côtes de la Baltique, en Hongrie et dans le nord de la France.

On fait un *béton de trass* en corroyant un mélange de 3 parties en volume de *trass* ; 3 parties de sable ; 3 parties de bonne chaux hydraulique mesurée vive ; 2 parties de gravier ; 4 parties de recoupes de pierres.

Travailler, *v. n.* — 1° On dit qu'un bâtiment, qu'un mur ou un plancher *travaillent* lorsque ces ouvrages, mal fondés ou mal construits, indiquent par certains mouvements qu'ils menacent ruine.

Ainsi, un mur qui *boucle*, une voûte dont les pieds-droits s'écartent, un plancher qui s'affaisse, sont des objets qui *travaillent*.

2° Lorsque les matériaux sont soumis

(1) Th. Château, *Technologie du Bâtiment*.

à certains efforts de compression, de traction, etc., on dit qu'ils *travaillent*, c'est-à-dire qu'ils résistent à la compression, à la traction, etc.

Les assises d'une pile en pierre *travaillent* à la compression, les solives d'un plancher *travaillent* à la flexion.

3° *Travailler à la tâche* : exécuter une partie d'un ouvrage pour un prix convenu.

4° *Travailler à la pièce* : faire certains ouvrages semblables entre eux par nature ou par mesure et qui permettent de leur affecter d'avance un prix déterminé; tels sont des chapiteaux, des bancs, des balustres à exécuter pour un prix convenu.

5° *Travailler à la journée* (voy. *Journée*).

Travaux, *s. m. pl. — Travaux particuliers.* Législation. L'ordonnance de police du 25 juillet 1862, concernant la sûreté, la liberté et la commodité de la circulation, contient les dispositions suivantes relatives aux *travaux* de construction exécutés dans les propriétés riveraines de la voie publique, à Paris :

« Art. 48. Il est défendu de procéder à aucune construction ou réparation des murs de face ou de clôture des bâtiments et terrains riverains de la voie publique, sans avoir justifié, au commissaire de police du quartier où se feront les *travaux*, de la permission, qui aura dû être délivrée à cet effet par M. le préfet de la Seine.

« Art. 49. Dans le cas de construction, on ne devra commencer les *travaux* qu'après avoir établi une barrière en charpentes et planches jointives ayant au moins 2m,25 de hauteur.

« Cette barrière ne pourra être posée qu'avec l'autorisation du préfet de police.

« Elle sera placée de manière à ne pas gêner le libre écoulement des eaux de la rue, disposée à ses deux extrémités en pans coupés de 45°, et pourvue dans sa partie la plus apparente, d'un écriteau fixe portant en lettres noires de 0m,08 de hauteur, peintes à l'huile sur fond blanc, le nom et la demeure de l'entrepreneur de la construction.

« Art. 50. Les portes pratiquées dans les barrières devront, autant que possible, ouvrir en dedans. Si l'on est forcé de les faire ouvrir en dehors, on sera tenu de les appliquer contre les barrières.

« Elles seront garnies de serrures ou cadenas pour être fermées chaque jour, au moment de la cessation des *travaux*.

« Art. 51. A moins de circonstances particulières, il ne sera point établi de barrières devant les maisons en réparation.

« On devra, pour ces réparations, faire usage d'échafauds, volants ou à bascule, sans points d'appui directs sur la voie publique et de 1m,25 au plus de saillie sur le mur de face, de telle sorte que la circulation puisse continuer sur le trottoir au pied de la maison.

« Pour prévenir la chute des matériaux ou autres objets sur la voie publique, le premier plancher au-dessus du rez-de-chaussée sera, pendant toute la durée des *travaux*, formé de planches jointives et avec rebords.

« Si l'échafaud doit avoir plus de deux étages, on sera tenu de garnir de planches l'étage d'échafaud au-dessous de celui sur lequel les ouvriers travailleront.

« Art. 52. Lorsque des circonstances particulières exigeront des points d'appui directs, ces points d'appui seront des sapines de toute la hauteur de la façade à réparer, afin d'éviter des entes de boulins les uns sur les autres.

« Dans aucun cas, il ne pourra être établi d'échafauds de cette espèce sans la permission du préfet de police.

« Art. 53. Lorsque l'administration aura autorisé la pose d'une barrière pour des *travaux* de réparation, cette barrière sera établie conformément aux prescriptions des articles 49 et 50 ci-dessus.

« Art. 54. Les échafauds servant aux constructions seront établis avec solidité, et disposés de manière à prévenir la chute des matériaux et gravois sur la voie publique.

« Ils devront monter de fond, et, si les localités ne le permettent pas, ils seront établis en bascule, à 4 mètres au moins du sol de la rue.

« Il est défendu de les faire porter sur des écoperches ou boulins arcboutés au pied des murs de face dans la hauteur du rez-de-chaussée.

« Les engins et appareils servant à monter et descendre les matériaux devront, autant que possible, être enfermés dans les barrières.

« Art. 55. Les barrières et les échafauds montant de fond au devant desquels il n'existera pas de barrières seront éclairés aux frais et par les soins des propriétaires et des entrepreneurs.

« L'éclairage sera fait au moyen d'un nombre suffisant d'appliques, dont une à chaque angle des extrémités, pour éclairer les parties en retour.

« Les heures d'allumage et d'extinction de ces appliques seront celles fixées pour l'éclairage public.

« Art. 56. Toutes les fois que l'autorité le jugera convenable, il sera établi au-devant de la barrière posée au droit des bâtiments en construction, et à la hauteur ordinaire des trottoirs, un plancher de bois solidement assemblé, de 1 mètre au moins de largeur, et soutenu par une bordure en charpente solidement fixée, ayant $0^m,16$ au moins de relief au-dessus du pavé.

« Ce plancher sera disposé de manière à ne pas gêner le libre écoulement des eaux. Il devra se raccorder avec les trottoirs adjacents, s'il y en a, ou être prolongé jusqu'au mur de face des maisons voisines. Il sera entretenu en bon état et propre par l'entrepreneur qui aura obtenu la permission de poser la barrière, et ne sera enlevé qu'avec ladite barrière.

« Art 57. Les *travaux* de construction ou de réparation seront entrepris immédiatement après l'établissement des barrières et échafauds et devront être continués sans interruption, à l'exception des jours fériés.

« Dans le cas où l'interruption durerait plus de huit jours, les propriétaires et entrepreneurs seront tenus de supprimer les échafauds et de reporter les barrières à l'alignement des maisons voisines, ou de se pourvoir d'une autorisation du préfet de police pour les conserver.

« Art. 58. Les voitures destinées aux approvisionnements ou à l'enlèvement des terres et gravois entreront dans l'intérieur de la propriété, toutes les fois qu'il y aura possibilité. Dans le cas contraire, elles se placeront toujours parallèlement à la maison et jamais en travers de la rue.

« Art. 59. Aussitôt le déchargement des voitures sur la voie publique, des ouvriers en nombre suffisant seront employés à rentrer sans interruption les matériaux dans l'enceinte de la barrière ou dans la maison.

« Le sciage et la taille de la pierre sur la voie publique sont expressément défendus.

« Art. 60. Si, par suite de circonstances imprévues, des matériaux devaient rester pendant la nuit sur la voie publique, les propriétaires seront tenus d'en donner avis au commissaire de police du quartier, de pourvoir à l'éclairage, et de prendre toutes les mesures de précaution nécessaires.

« Art. 61. Il est défendu à tous carriers, voituriers et autres, de décharger sur la voie publique, après la retraite des ouvriers, aucune voiture de pierres de taille ou de moellons.

« Art. 62. L'entrepreneur des *travaux* de construction ou de réparation est spécialement tenu de maintenir la propreté de la voie publique, dans toute l'étendue de la façade en construction ou en réparation, pendant toute la durée des *travaux* et jusqu'après la suppression de la barrière et des échafauds.

« Art. 63. Il est défendu aux entrepreneurs, maçons, couvreurs, fumistes et autres, de jeter sur la voie publique les recoupes, plâtres, tuiles, ardoises, et autres résidus des ouvrages.

« Art. 64. Tous entrepreneurs, maçons, couvreurs, fumistes, badigeonneurs, plombiers, menuisiers et autres exécutant ou faisant exécuter aux maisons et bâtiments riverains de la voie publique des ouvrages pouvant faire craindre des accidents, ou susceptibles d'incommoder les passants, seront tenus, s'il n'y a point de barrières au-devant des maisons et bâtiments, de faire stationner dans la rue, pendant l'exécution des *travaux*, un ou deux ouvriers âgés de dix-huit ans au moins, munis d'une règle de 2 mètres de longueur, pour avertir et éloigner les passants.

« Art. 65. Dans le cas de construction, la barrière sera supprimée aussitôt que le bâtiment sera couvert.

« Pour les cas de réparation, les échafauds et les barrières, s'il en a été posé, seront enlevés immédiatement après l'achèvement des *travaux*.

« Art. 66. Dans les quarante-huit heures qui suivront la suppression des échafauds et barrières, les propriétaires et entrepreneurs feront réparer, à leurs frais, les dégradations du pavé résultant de la pose des barrières et échafauds, et seront tenus provisoirement de faire entretenir les blocages et de prendre les mesures convenables pour prévenir les accidents. Ils requerront l'entrepreneur du pavé de la ville de procéder auxdites réparations, lorsque le pavé sera d'échantillon et à l'entretien de la ville. »

Travaux publics: on désigne ainsi tous les *travaux* empreints d'un caractère d'utilité publique, c'est-à-dire :

1° Les *travaux* qui intéressent l'universalité des habitants et dont l'exécution, confiée au gouvernement, a lieu aux frais de l'État ;

2° Les *travaux* entrepris et payés par les départements ;

3° Les *travaux* communaux lorsqu'ils sont entrepris pour l'utilité de l'ensemble des habitants de la commune et non pas quand ils n'ont pour objet que la réparation et l'amélioration des propriétés urbaines ou rurales de la commune ; sont ainsi regardés comme *travaux publics* les *travaux* de construction d'une église, d'un presbytère, d'une maison de ville (1).

L'entrepreneur de *travaux publics* a le droit, pour faciliter l'exécution de ces *travaux*, d'occuper temporairement les terrains du voisinage et d'y établir des passages, dépôts et ateliers.

Il peut même en extraire les matériaux dont il a besoin pour les *travaux* à faire. Dans ce cas, il est obligé de payer au propriétaire du sol occupé une indemnité que l'on calcule d'après le dommage qu'ont pu causer ces fouilles et l'occupation temporaire. Il n'est tenu compte de la valeur des matériaux extraits ou à extraire que si cette extraction a été faite dans une carrière déjà en exploitation.

Les terrains entourés de murs ou d'une clôture équivalente, et qui dépendent de la maison d'habitation, c'est-à-dire, cours, vergers et autres possessions de ce genre, sont exempts de la servitude d'extraction. Il n'en est pas de même des terres labourables, bois, prés et vignes même entourés de clôtures.

Trave, *s. f.* — Jonction carrée ou oblique de deux pièces de bois posées

Fig. 3362.

de niveau et qui se croisent sans s'affleurer (fig. 3362).

(1) Code Perrin, nos 4011 et suivants.

Il ne faut pas confondre ce mode d'assemblage avec le *moisement*, dans lequel la position des bois est facultative, tandis qu'elle est rigoureusement horizontale dans la *trave;* de plus, le travail de la *trave* s'exécute sur des pièces dont la longueur est peu considérable; enfin, le désaffleurement des pièces existe toujours dans ce dernier assemblage, tandis qu'il n'est pas exigible pour les moises.

On appelle *trave à queue* (fig. 3363) celle à laquelle on a taillé une queue

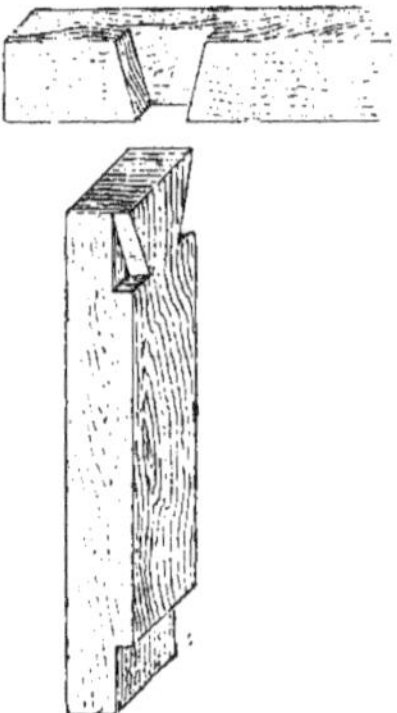

Fig. 3363.

d'aronde ; dans les autres cas, on dit *trave plate à nu* ou *ordinaire*.

Travée, *s. f.* — Ordonnance quelconque comprise entre deux points d'appui principaux d'un ouvrage de construction.

Dans un plancher, on appelle *travée* le solivage placé entre deux maîtresses poutres, et le mot vient même du latin *trabs*, qui signifie poutre.

Une *travée de pont* est la partie de ce pont comprise entre deux piles.

Une *travée* de salle ou d'église est la portion qui sépare deux piles maîtresses ou deux arcs doubleaux.

Une *travée* de comble est l'espace compris entre deux fermes.

On appelle encore :

Travée de balustres, un rang de balustres en bois, en fer ou en pierre placés entre deux piédestaux ou deux pilastres ;

Travée de grille en fer, un rang de barreaux de fer maintenu par les traverses entre deux pilastres, ou montants à jour, ou entre deux piliers de pierre.

Travers, *s. m.* — Bande de marbre posée sur la tablette d'un chambranle de cheminée et portée sur les montants.

Traverse, *s. f.* — Charpente et Menuiserie. Pièce de bois qui fait partie d'un châssis de charpente ou d'un bâti de porte, de croisée, de lambris, de chambranle, etc. Cette pièce est horizontale et s'assemble avec les montants (voy. *Croisée*, *Pan de bois, Porte*, etc.).

On distingue, suivant leur position, les *traverses hautes* et *basses*.

Les *traverses* clouées obliquement sur un panneau de porte, par exemple, prennent le nom d'*écharpes*.

On appelle *traverse flottée* une *traverse* qui passe derrière un panneau et qui n'est pas apparente en parement ou qui ne l'est qu'en partie sur un des deux parements.

Serrurerie. 1° Barre de fer percée de mortaises et qui relie par le haut et par le bas les montants d'un vantail de porte ou d'une grille en fer.

2° *Traverses de frise : traverses* entre lesquelles on adapte un ornement (voy. *Balcon*, *Frise*).

Fumisterie. Tuyau qui est posé horizontalement et qui conduit la fumée d'une cheminée bouchée par le haut dans une autre cheminée.

Chemins de fer. On nomme ainsi les pièces de charpente sur lesquelles on fait reposer les coussinets qui soutiennent les rails (voy. *Ballast*, *Croisement*, *Voie*).

Traversée, *s. f.* — Disposition que l'on adopte, dans l'établissement des voies de chemins de fer, pour effectuer le croisement de quatre rails deux à deux à la rencontre de deux voies qui se coupent.

Cette rencontre peut se faire obliquement, et c'est le cas général, ou à angle droit.

La figure 3364 représente une *traversée* oblique accompagnée de deux *croisements* (voy. ce mot).

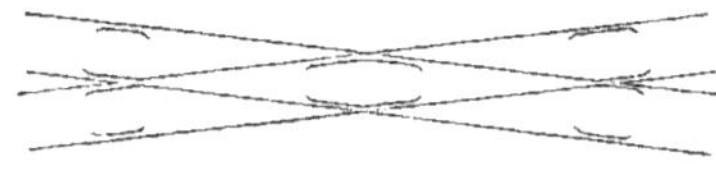

Fig. 3364.

Lorsque le coupement des voies est rectangulaire, comme il arrive souvent dans les gares, on ne modifie pas la voie principale ; on établit seulement la voie secondaire de 0m,03, en contre-haut, et on entaille les rails à la rencontre de la première, de manière que les roues qui parcourent celle-ci ne rencontrent aucun obstacle et que les roues qui circulent sur la seconde roulent sur leur boudin en franchissant les rails de la voie principale (1).

Traverser, *v. a.* — Corroyer le bois en travers de sa largeur avec la varlope ou le rabot.

Traversine, *s. f.* — 1° Solive entaillée dans les pilots pour faire un radier d'écluse.

On appelle *maitresses traversines* celles qui portent sur les seuils.

2° Traverse de grillage.

Travertin, *s. m.* — Calcaire de très belle qualité que l'on exploite en Italie dans les environs de Tivoli, près de Rome, et avec lequel sont construits les principaux édifices de Rome ancienne et moderne.

Le premier exemple daté de l'emploi du *travertin* est le tombeau de Cécilia Métella, 103 ans avant Jésus-Christ.

Les Italiens appellent *panchina* une variété de *travertin* qui est déposée sous la mer, et dont on fait, en Toscane, un usage très fréquent pour les constructions.

(1) Laboulaye, *Dict. des arts et manufactures.*

Travons, *s. m. pl.* — Terme d'architecture hydraulique désignant les poutres maîtresses qui traversent la largeur d'un pont de bois pour porter les travées de solives ou pour servir de chapeaux aux files de pieux.

On dit aussi *sommiers.*

Trèfle, *s. m.* — Membre d'architecture de forme géométrique et dont le tracé se fait au moyen de trois cercles dont les centres sont placés au sommet d'un triangle équilatéral.

On dit aussi *trilobe.*

Cette figure a été très employée, pendant le moyen âge, dans la composition des meneaux, des roses, des arcatures et, en général, des claires-voies.

La figure 3365 représente une arcature dont les tympans sont percés de deux baies en forme de *trèfle.*

Fig. 3365.

Quelquefois, le point de rencontre des cercles est terminé soit par un ornement feuillu, soit par une tête d'homme ou d'animal.

Tréflé, *adj.* — Qui a la forme d'un *trèfle* (voy. ce mot).

Tréfonds, *s. m.* — Fonds situé au-dessous du sol et qu'on possède au même titre que le sol lui-même.

Le propriétaire du fonds et du *tréfonds* se nomme propriétaire *foncier* et *tréfoncier*.

Treillage, *s. m.* — Assemblage de lattes attachées les unes sur les autres au moyen de fils de fer et qui sont maintenues, de distance en distance, par des perches enfoncées dans le sol.

On fait en *treillage* des clôtures de jardins, de parcs, etc. On les applique le long des murs soit pour soutenir les espaliers, soit pour garnir les murs mitoyens et clore des courettes, qui s'ouvrent sur ces murs. On en fait aussi des berceaux et même des motifs de décoration architecturale.

Les dispositions que l'on donne aux *treillages* formant clôtures sont assez

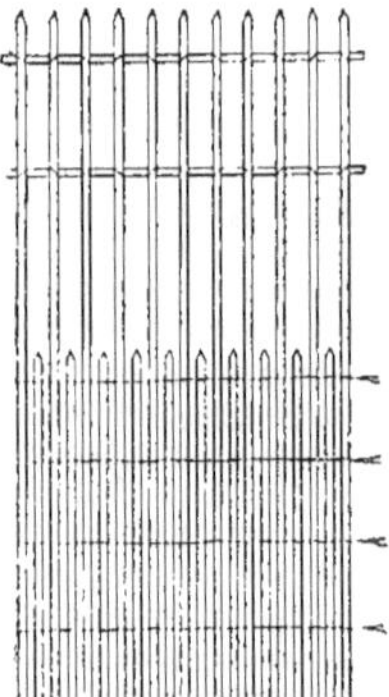

Fig. 3366.

variées : les figures 3366 et 3367 en donnent deux exemples : le premier formé d'échalas de différentes hauteurs, le second présentant des compartiments en losanges.

La disposition en carrés, que montre la figure 3368, est surtout adoptée pour les *treillages* appliqués contre les murs.

On appelle :

Treillages simples, les ouvrages de ce genre dans lesquels il n'entre que des échalas et autres bois de cette espèce ;

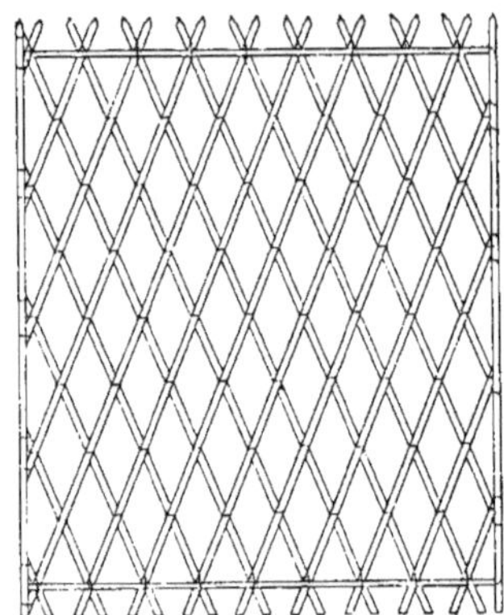

Fig. 3367.

Treillages composés, ceux dans la construction desquels on se sert de bâtis et autres parties de menuiserie ;

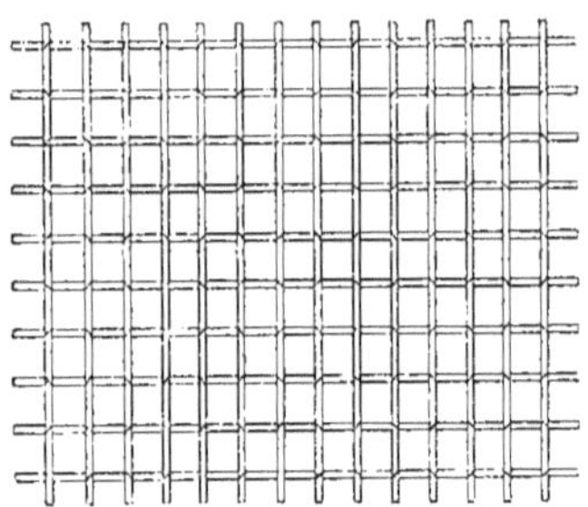

Fig. 3368.

Treillages ornés, ceux auxquels on ajoute des ornements en copeaux découpés et satinés ou des sculptures.

Le *treillage d'appui* est celui qui n'a que 1 mètre de hauteur.

Au point de vue de l'exécution de ces sortes d'ouvrages, on doit choisir des bois liants, faciles à la refente, tels que le chêne, le sapin et surtout le frêne et le châtaignier.

Treillager, *v. a.* — Ce terme, employé en peinture, signifie donner deux couches de vert de treillage sur un apprêt ainsi composé : une couche de blanc de céruse broyé à l'huile de noix et détrempé dans la même huile avec une légère addition de litharge.

Treillageur, *s. m.* — Ouvrier qui exécute les ouvrages en *treillage* (voy. ce mot).

Les outils qu'emploie le *treillageur* sont la *masse* pour enfoncer les poteaux en terre lorsqu'ils sont épointés et brûlés ; les *scies à main* à monture en fer pour couper les échalas ; les *tenailles* à mâchoire aciérée et en biseau pour couper le fil de fer et les pointes ; une *serpe* pour redresser les tringles ; un *marteau* à panne aplatie et à tête ronde qui sert à frapper les pointes et à couper les tringles ; une *plane* pour dresser le treillage ; des *couperets* ou *coûtres* pour refendre les échalas au moyen de coups de serpe donnés de distance en distance ; enfin, un *banc* ou chevalet pour planer les tringles de treillage.

Treille, *s. f.* — Berceau construit en treillage pour recevoir des plantes grimpantes destinées à faire de l'ombre, mais surtout des ceps de vigne.

Les *treilles* forment des cabinets de verdure dans les jardins.

Treillis, *s. m.* — Clôture composée de mailles de fer serrées (voy. *Grillage*).

Les vues de souffrance prises dans un mur mitoyen doivent être garnies d'un *treillis* (voy. *Jour*).

Tremble, *s. m.* — Espèce de peuplier dont le bois est blanc et tendre et qui perd les 2/5 de son poids par la dessiccation ; son retrait est de plus de 1/6.

On peut l'employer à des constructions rurales pour les parties intérieures et à l'abri de l'humidité ; mais il faut que l'arbre destiné à cet objet soit abattu dans le milieu de l'hiver, écorcé de suite et privé de son humidité.

Ce bois est employé par les tourneurs, les graveurs, les sculpteurs, les menuisiers et les ébénistes.

Son poids spécifique est de 0,526.

Trémie, *s. f.* — 1° Espace rectangulaire compris dans un plancher entre le mur, un chevêtre et deux solives d'enchevêtrure.

Cet espace est hourdé en plâtre et plâtras et destiné à porter l'âtre d'une cheminée.

Les dimensions des *trémies* sont fixées par des règlements administratifs (voy. *Cheminée*).

Bande de trémie (voy. *Bande*).

2° Entonnoir de forme quadrangulaire au moyen duquel on introduit dans les machines à béton ou à mortier les éléments nécessaires à la confection de ces matériaux.

Trémion, *s. m.* — Barre de fer qui soutient la hotte d'une cheminée.

Trempage, *s. m.* — Le *trempage* des terres est une des opérations préliminaires du façonnage des briques.

Soumises d'abord au *taillage* et au *broyage*, qui les rendent plus homogènes, les terres argileuses ne contiennent pas toujours la quantité d'eau suffisante pour que la masse ait une consistance propre aux manipulations ultérieures. L'opération du *trempage* a donc pour objet d'imbiber l'argile jusque dans ses parties intérieures, de l'imprégner d'une quantité d'eau plus ou moins grande par un contact prolongé avec ce liquide. Cette opération s'effectue ordinairement dans des fosses, revêtues, sur leurs parois, de planches jointives ou de maçonnerie ; on y jette l'argile, sur laquelle on fait arriver peu à peu de l'eau jusqu'à ce qu'elle en soit recouverte sur une épaisseur de $0^m,04$ à $0^m,05$. Pendant son séjour dans cette fosse, la couche de terre, dont la hauteur ne doit pas dépasser 1 mètre, est remuée de temps en temps ; la durée du *trempage* se règle, par expérience, suivant le degré de ténacité ou de cohésion de la masse argileuse ; les terres bien sèches ou suffisamment divisées s'imprègnent plus vite que celles qui sont à moitié humides ou qui renferment des morceaux un peu gros ; très fréquemment, une journée suffit, mais, en général, on juge que l'opération est terminée quand les fosses présentent une masse de consistance douce, grasse et homogène. Le *trempage* se fait quelquefois en même temps que l'addition des matières destinées à modifier les qualités de l'argile ; il est préférable d'effectuer cette dernière opération en même temps que le malaxage. D'ailleurs, le *trempage*, nécessaire dans la fabrication des briques à la main, peut être supprimé, dans un grand nombre de cas, pour la fabrication mécanique.

Trempe, *s. f.* — Opération par laquelle on se propose de donner de la dureté à l'acier.

Il suffit pour cela de faire passer brusquement ce métal d'une température élevée à une température relativement très basse, de manière à en resserrer les pores. On soumet donc l'acier à une forte chaude, puis on le plonge dans l'eau fraîche. Plus la transition est brusque, plus l'acier devient dur.

On dit que l'on fait *revenir* ce métal quand on lui retire plus ou moins de cette dureté en le réchauffant et le retrempant plus ou moins doucement. On voit alors à la couleur par laquelle passe la pièce de quelle nature est la *trempe*.

On *trempe* le fer après l'avoir transformé par la cémentation (voy. *Acier*).

Trépan, *s. m.* — Outil portant une mèche comme un vilebrequin (fig. 3369) et servant à percer des trous dans la pierre, le marbre ou le bois.

Les serruriers emploient une machine du même nom pour faire tourner un foret dans une position verticale.

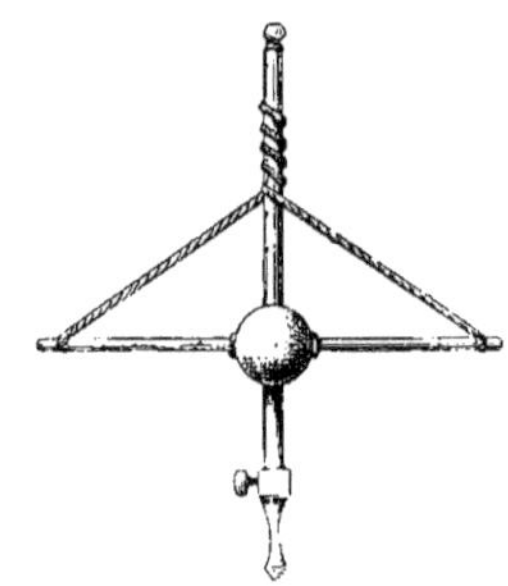

Fig. 3369.

On désigne encore ainsi certaines sondes avec lesquelles on fait des trous dans les matières dures (voy. *Sondage*).

Trépied, *s. m.* — Ce mot vient du grec τρίπους, qui signifie *à trois pieds* et qui fut donné d'abord à une table circulaire reposant sur trois supports, pour le distinguer du *trapèze*, mot abrégé du tétrapèze, à quatre pieds.

Les *trépieds* étaient, pour les anciens, des meubles domestiques, comme on peut en juger par un grand nombre de bas-reliefs, dans lesquels on voit figurer des *trépieds* à côté des lits de festin.

Des emplois domestiques, ces tables passèrent aux usages religieux. On en plaça, couvertes d'offrandes, devant les images des dieux. On fit aussi, dans le goût et dans la forme d'une table à trois pieds, des réchauds pour y brûler des parfums ou des vases pour les lustrations.

La sculpture antique varia indéfiniment les formes de ces *trépieds*.

Il y en eut aussi de diverses matières ; on sait qu'il y en avait en or, mais il n'y a naturellement que les *trépieds* en bronze et en marbre qui nous soient parvenus. Parmi les premiers, on cite, comme étant d'une rare beauté et du goût le plus délicat, deux *trépieds* trouvés à Pompéi. Dans l'un, le brasier circulaire, orné de festons, est supporté par les ailes de trois sphinx à corps de femme, qui reposent chacun sur une sorte de patte allongée, laquelle se termine en bas par un pied de chèvre, et qui, dans sa hauteur, est décorée de colliers et autres accessoires finement travaillés. Le brasier de l'autre *trépied* est supporté par trois termes priapiques, dont les corps se terminent en une patte allongée.

Nous donnons (fig. 3370), comme exemple de *trépied* en bronze, un *trépied étrusque* trouvé à Cervétri, que l'on peut regarder comme un type des meubles ainsi désignés. Les *trépieds* étrusques sont, en effet, tous semblables, quant à la forme de leurs pieds, composés de deux branches di-

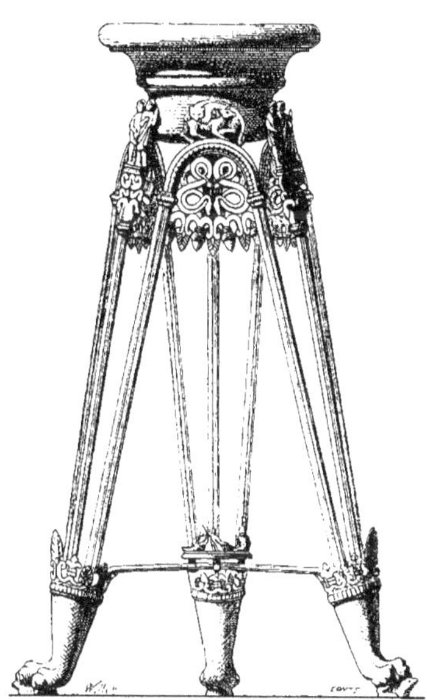

Fig. 3370.

vergentes et d'une tige verticale qui les sépare. Le brasier est un cylindre à fortes moulures et sans fond, comme si ces sortes d'objets n'avaient été destinés qu'à l'ornement d'édifices sacrés, sans avoir reçu aucun autre emploi domestique ou religieux. Les figures sont disposées à la base du cylindre, au-dessus de l'arcature, formée par les branches divergentes du pied et sont groupées alternativement par deux ou par trois personnages. Tout au bas, un cercle dentelé, soutenu par des branches courbes s'appuyant aux pieds proprement dits, devait, selon toute probabilité, porter une statuette quelconque. Les pieds en griffes de lion portent sur des tortues.

Quant aux *trépieds* en marbre, le musée du Vatican en possède un (fig.

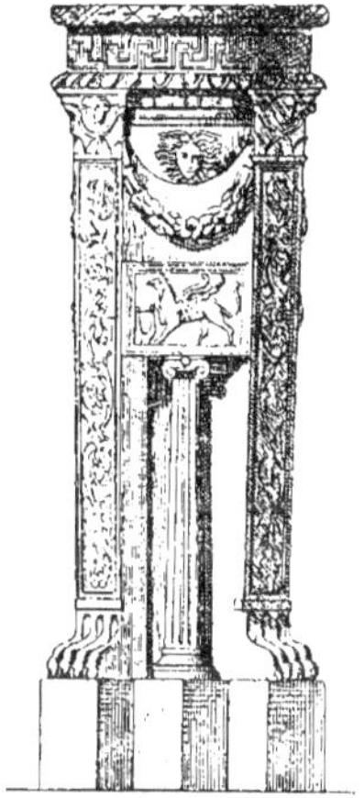

Fig. 3371.

3371) dont la conque ou cuvette est soutenue par trois montants quadrangulaires, qui se terminent dans le bas en pattes de lion; ces montants sont ornés, dans leur hauteur, d'une tigette en fleurs et en feuilles, et le compartiment supérieur est rempli par un bucrane ; la cuvette est moulurée et de même ornée de sculptures. Divers objets, ingénieusement agencés, occupent le vide des trois montants et nous apprennent que ce *trépied* était consacré à Apollon.

Les anciens employèrent souvent le

trépied comme ornement symbolique en bas-relief dans la décoration des temples. Ils en placèrent même en métal sur plusieurs parties des édifices. Pausanias rapporte qu'aux deux acrotères latéraux du fronton du temple de Jupiter, à Olympie, on avait placé deux *trépieds* dorés.

Aucun objet, d'ailleurs, ne fut d'un plus grand usage chez les Grecs, que les *trépieds*. Un des emplois les plus ordinaires qu'on en fit à Athènes était d'être donnés en prix à ceux qui avaient dirigé les concours choragiques ou remporté le prix. Selon Pausanias, on voyait plusieurs de ces *trépieds* sur le mont Hélicon, et le plus ancien était considéré comme celui accordé à Hésiode, lorsqu'il remporta le prix à Chalcis, en Eubée. Il y avait à Athènes un grand nombre de monuments *choragiques* (voy. ce mot), et une rue portait même le nom de *rue des Trépieds*. Le monument choragique aujourd'hui subsistant, auquel on a donné le nom de

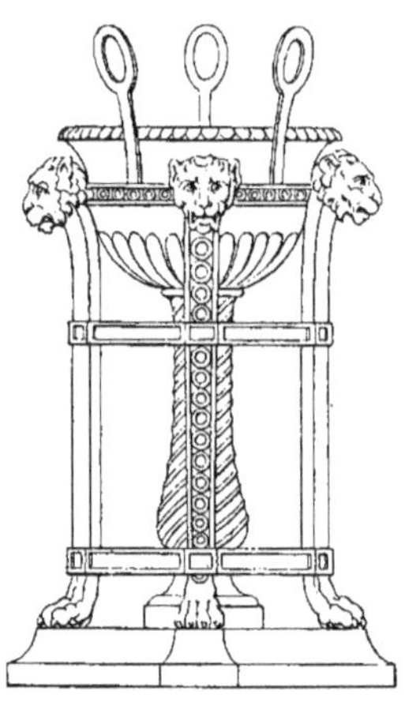

Fig. 3372.

Lanterne de Démosthène, fut érigé par Lysicrate, et l'on voit encore, au sommet de l'ornement dont il est couronné, les trous qui avaient servi à sceller le *trépied* de bronze qui fut le prix du vainqueur. La figure 3372 représente une restauration de ce *trépied* d'après les *Antiquités d'Athènes* de Stuart.

Trésillon, *s. m.* — On désigne ainsi des tringles de bois que l'on place entre des ais nouvellement sciés pour les empêcher de gauchir en desséchant.

On dit encore *étrésillon*.

Trésor, *s. m.* — Dans la langue architecturale, ce mot désigne un local ou bâtiment destiné à la garde des deniers publics et à la conservation d'objets précieux, soit comme métaux, soit comme ouvrages rares.

C'est en Grèce que l'on trouve les plus anciennes mentions de *trésors*, construits pour y mettre en dépôt les richesses des princes.

Pausanias raconte qu'Agamède et Trophonius avaient bâti pour Hyricus, à Orchomène, un *trésor* dans la construction duquel ils avaient ménagé une ouverture secrète. Hyricus, s'apercevant que son argent disparaissait, dressa un piège ou Trophonius fut pris.

Le même auteur vante, comme une des merveilles de la Grèce, le *trésor* de Mynias, également bâti à Orchomène.

On donnait encore le nom de *trésors* à certaines parties des temples, parce qu'on y déposait les richesses de diverses provenances.

Ainsi, l'opisthodome du temple de Minerve, à Athènes, était réellement un *trésor*, et avait dû être, non-seulement le dépôt des riches offrandes faites à la déesse, mais encore le lieu où l'on gardait les sommes d'argent des amendes et les fonds mêmes de l'État.

On donnait autrefois, à Rome, le nom d'*ærarium* au *trésor*, parce que la première monnaie avait été de cuivre.

Il y avait différentes sortes de *trésors*, suivant la diversité des monnaies ou des services auxquels les revenus publics étaient affectés. Pendant longtemps, le temple de Saturne, situé sur la pente du Capitole, fut le dépôt général des fonds publics.

On appelle aujourd'hui *trésors* des dépôts curieux de vaisselle antique, de reliquaires, d'objets rares, consacrés par de pieux souvenirs, que l'on conserve dans des pièces garnies d'armoires et mis sous la garde de quelqu'un des religieux, dans les couvents qui possèdent de ces curiosités.

On donne aussi le nom de *trésor* à un bâtiment dans lequel se font les opérations de recette, de dépense et de comptabilité, et où l'on acquitte toutes les dépenses du gouvernement.

Tresse, *s. f.* — Ornement de sculpture et de peinture qui sert à décorer les bandeaux, les tores, etc.

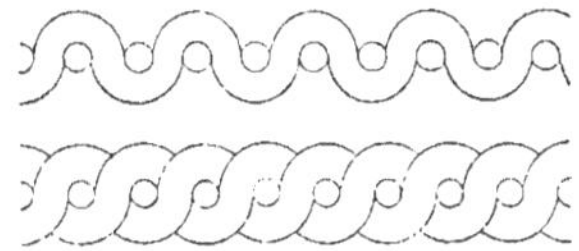

Fig. 3373.

La figure 3373 représente une *tresse* simple et une *tresse* double.

Il y a aussi des combinaisons de trois ou quatre *tresses* formant des entrelacs plus ou moins compliqués.

Tréteau, *s. m.* — Chevalet porté sur quatre pieds et sur lequel on pose les tables à dessin.

Les serruriers emploient des *tréteaux* en bois ou en fer pour y placer momentanément les pièces à travailler, les ouvrages de menuiserie à ferrer, tels que portes, croisées, etc.

Tréteau de scieur de long (voy. *Baudet*).

Treuil, *s. m.* — Machine servant à transformer un mouvement continu de rotation autour d'un axe en un mouvement continu de translation perpendiculaire à cet axe.

On emploie le *treuil* dans les constructions pour élever ou tirer des fardeaux.

C'est un cylindre ou tambour placé horizontalement qui repose par des tourillons sur des appuis verticaux ; aux extrémités de ces tourillons, sont fixées des manivelles à l'aide desquelles on fait tourner le cylindre ; sur ce dernier est enroulée une corde au bout de laquelle on attache le fardeau.

Le *treuil* que représente la figure

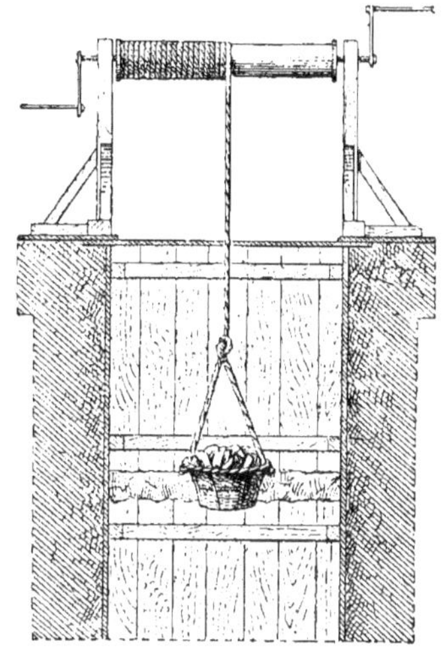

Fig. 3374.

3374 est employé pour extraire les déblais d'une fouille en puits.

On se sert aussi de cet appareil pour monter dans les étages supérieurs d'un bâtiment en construction.

Afin que le *treuil* ne tourne pas en sens inverse sous l'action du fardeau parvenu à la hauteur voulue, le cylindre est muni d'une roue à rochet qui reçoit un cliquet d'arrêt.

On fait des *treuils* dans lesquels les manivelles ne sont pas montées sur l'axe même du cylindre, mais transmettent le mouvement au moyen de pignons à une roue dentée montée sur le cylindre.

Ces *treuils* sont dits à engrenage. On les fait à simple ou à double engrenage, comme celui que représente la figure 3375, qui est muni du frein Weston qui, en laissant les manivelles immobiles,

Fig. 3375.

évite les accidents que peuvent occasionner les manivelles tournant rapidement à la descente du poids.

On construit des *treuils* sur châssis munis de roues, par exemple, pour les placer sur des échafaudages et les changer facilement de place suivant les besoins.

On emploie encore pour l'extraction des pierres, dans les carrières des environs de Paris, des *treuils* que l'on fait mouvoir (fig. 3376) au moyen, non pas

Fig. 3376.

de manivelles, mais de grandes roues à échelons ou à chevilles, sur lesquelles un ou plusieurs hommes agissent en montant sur les chevilles un peu au-dessous de l'axe. Cet engin a encore reçu les noms de *treuil des carriers* ou *roue de carrière*.

Enfin, dans la machinerie des théâtres, on emploie des *treuils* pour lever

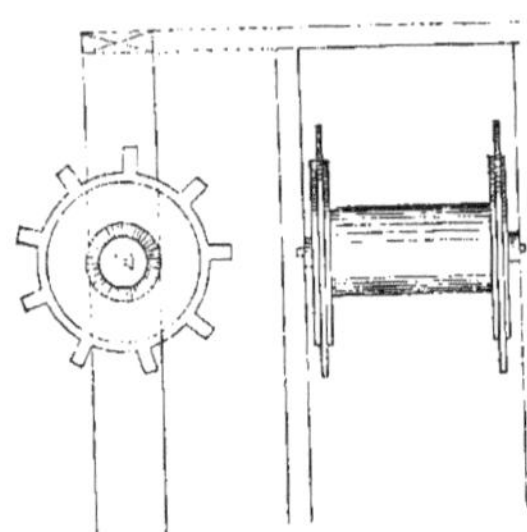

Fig. 3377.

ou abaisser les décors. Ces engins ont la forme indiquée sur la figure 3377.

Treuil-chariot (voy. *Grue*).

Triage, *s. m.* — On procède au *triage* des matériaux quand on a démoli un bâtiment pour ranger ces matériaux par catégories suivant leur nature et leurs qualités en vue de leur emploi futur.

Triangle, *s. m.* — 1° Figure géométrique formée par trois lignes droites qui se coupent deux à deux.

On appelle *hauteur* d'un triangle la perpendiculaire abaissée de l'un des sommets sur le côté opposé, qui prend le nom de base. La surface du *triangle* s'exprime par la formule suivante, dans laquelle S est la surface, b la base, h la hauteur :

$$S = \frac{bh}{2}$$

Un *triangle* est *équilatéral* ou *isocèle* suivant qu'il a ses trois côtés ou deux seulement de ses côtés égaux entre eux.

Un *triangle* est *rectangle* lorsque l'un de ses angles est droit.

2° Les menuisiers donnent le nom de *triangle* à une équerre dont une des branches, beaucoup plus mince que l'autre, permet d'appuyer la branche la plus épaisse contre la face latérale de la pièce sur laquelle on veut tracer un trait carré ou d'équerre.

Il y a aussi le *triangle onglet*, disposé de manière que toutes les lignes qu'on trace soient inclinées à 45°.

Triangulation, *s. f.* — Opération faite sur le terrain pour le lever des plans et qui consiste à relier entre eux par une série de triangles les points principaux du sol.

Cette opération s'exécute à l'aide du *graphomètre* et de l'*équerre d'arpenteur* (voy. ces mots).

Tribunal, *s. m.* — Nom que les anciens donnaient à une partie élevée des basiliques ayant la forme d'un hémicycle et où étaient placés les sièges des magistrats qui rendaient la justice.

Actuellement, on applique cette désignation non-seulement aux bancs sur lesquels les juges sont assis, à la salle formant le parquet où ils se tiennent, à l'auditoire où le public est admis, mais encore au bâtiment qui renferme les différents services nécessaires à l'administration de la justice (voy. *Palais de justice*).

Tribune, *s. f.* — Terme qui a la même origine que le mot *tribunal*, désignant chez les Romains un endroit élevé d'où le magistrat appelé *tribun* prononçait les jugements.

Ce même peuple donnait les noms de *suggestum* à un lieu également élevé d'où les généraux et les empereurs haranguaient le peuple; de *rostrum*, à celui qui servait aux orateurs dans le forum, parce qu'il avait la forme d'un *rostrum* (proue de vaisseau); de *pulpitum*, à une sorte de chaire mobile en bois dans laquelle un orateur, un déclamateur, un grammairien montait pour se mettre en vue et commander son auditoire avant de lui adresser la parole; de *pulvinar*, à l'estrade surmontée d'une ordonnance architecturale (fig. 3378) qui, dans un cirque, était réservée à l'empereur.

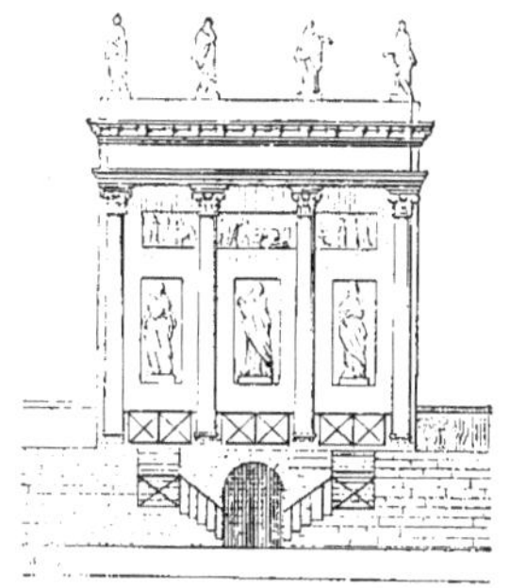

Fig. 3378.

Dans les basiliques chrétiennes primitives, la *tribune* est l'hémicycle formant l'abside, où se tenait l'évêque ou l'abbé entouré du clergé. Ce nom fut ensuite donné au dessus des jubés, d'où l'on lisait l'évangile d'où l'on instruisait les fidèles.

Par extension, on appliqua la même désignation, dans une église, à toute partie élevée sur des colonnes et des arcs ou sur des encorbellements et même à des espèces de loges particulières réservées à de grands personnages. Il y eut la *tribune* des orgues, de l'horloge, du trésor, etc.

Aujourd'hui, ce nom a été conservé avec les mêmes significations. On désigne encore ainsi les chaires formant

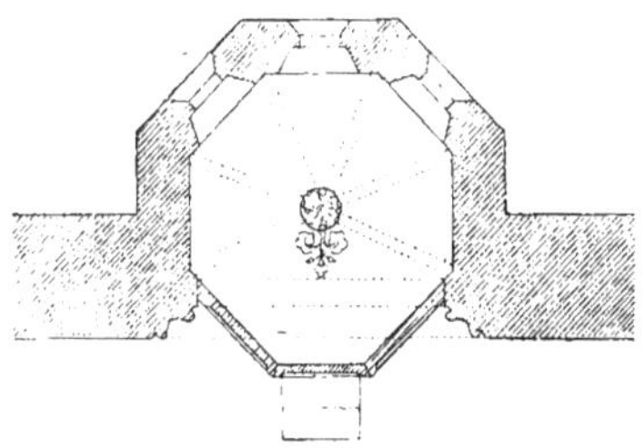

Fig. 3379.

saillie ou non à l'extérieur des réfectoires dans les couvents et du haut desquelles on lit l'évangile pendant les repas. La figure 3379 représente le plan et la figure 3380, une vue intérieure

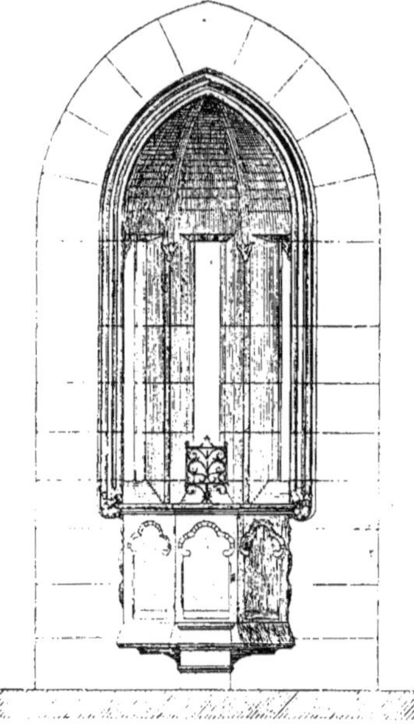

Fig. 3380.

d'une *tribune* de ce genre appartenant au couvent de l'Assomption à Auteuil.

On appelle de même les locaux élevés dans de grandes salles ou autres lieux d'assemblée publique, pour des fêtes, pour des cérémonies quelconques, et qui sont destinés à des places de réserve pour un nombre déterminé de personnes ou à des orchestres de musiciens, ou bien pour tout autre objet.

Dans les salles destinées aux délibérations des grands corps de l'État, une *tribune* est établie pour les orateurs au-dessous du bureau du président de l'assemblée.

Les estrades qui entourent ces salles et sur lesquelles se tiennent les spectateurs autour de l'hémicycle dans ces grandes salles sont encore appelées *tribunes*.

Il en est de même de celles que l'on construit sur les champs de course à demeure ou à titre provisoire.

Triclinium. — Mot latin qui désignait, chez les Romains, la réunion de

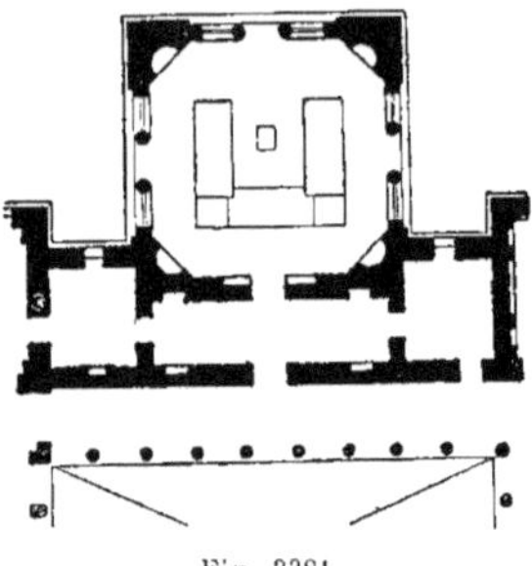

Fig. 3381.

trois lits disposés de manière à former trois côtés d'un carré, avec un espace vide au milieu pour la table (fig. 3381).

Par extension, on a donné ce nom à la pièce, ou salle à manger, dans laquelle était placé le *triclinium*.

Dans les demeures opulentes, il y avait des *triclinia* d'hiver exposés à l'occident, de printemps et d'automne exposés à l'orient, d'été exposés au septentrion. Leur longueur était double de leur largeur et chacun portait un nom particulier ; il y avait aussi le *triclinium* d'Apollon, celui de Mercure, etc.

La décoration du *triclinium* était appropriée à la destination de cette pièce et toujours très riche. Souvent, des colonnes entourées de lierres et de pampres en divisaient les parois. Des figures demi-nues, des faunes, des bacchantes, portant des thyrces ou des coupes, occupaient, en général, le centre des panneaux ; des coquillages, des oiseaux, des poissons de mer, des pièces de gibier étaient figurés sur les frises ; l'ornementation était complétée par des tentures, des lampadaires, etc.

Les treilles, les feuillages servaient à la décoration des *triclinia* d'été. La figure 3382 représente une vue du *tri-*

clinium de la maison de Salluste. Il était recouvert de treilles dont on retrouve encore la trace, mais les peintures de la muraille ont presque entièrement disparu.

Certaines de ces pièces étaient ornées

Fig. 3382.

de colonnes et pavées de dalles de marbre incrustées de pièces rapportées représentant toutes sortes d'animaux; dans d'autres, le pavé était composé de mosaïques à dessins variés; des tentures en décoraient les murs; de grands lampadaires, placés aux angles de la salle, étaient destinés à recevoir des lampes.

Tricoise, *s. f.* Voy. *Tenaille*.

Tricosine, *s. f.* — Tuile fendue dans sa longueur.

Triforium, *s. m.* — Mot qui désigne une galerie pourtournant l'intérieur d'une église au-dessus des archivoltes des arcades ouvrant sur les bas-côtés et formant elle-même une arcature en claire-voie (fig. 3383).

Cette galerie occupe toute la largeur du collatéral ou est simplement adossée aux combles des nefs secondaires.

Dans le premier cas, à partir du XIIe siècle, le *triforium* est voûté.

Dans le second cas, c'est un simple

Fig. 3383.

passage de service, étroit, couvert par un dallage. La figure 3384 (1) représente en perspective la structure du *triforium* prise sous le comble du collatéral de l'église de Sony-le-Moutier.

(1) De Baudot, *Églises de bourgs et villages*.

Triglyphe, *s. m.* — Ce mot signifie, à proprement parler, trois glyphes, c'est-à dire trois gravures ou rainures, décorant la frise dorique.

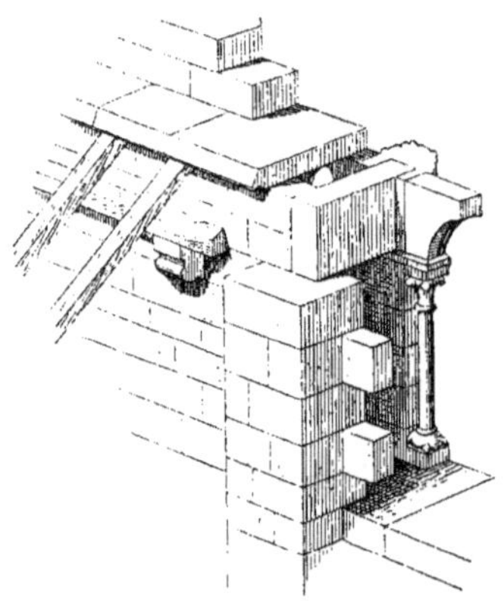

Fig. 3384.

Ces glyphes ou canaux sont profonds, verticaux, à section courbe ou triangulaire. Ils sont au nombre de trois (fig. 3385) : deux au milieu et un demi de chaque côté. Les listels et les canaux

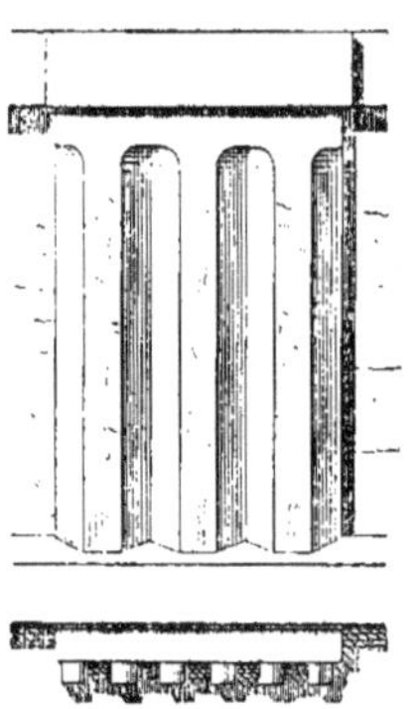

Fig. 3385.

aboutissent à une bande qui les sépare de l'architrave et au-dessous de laquelle sont sculptées les *gouttes* faites ordinairement de petits troncs de cône. Au-dessus du *triglyphe* est une autre petite bande qui en forme le chapiteau.

L'intervalle de deux *triglyphes* prend le nom de métope et est généralement décoré de sculptures.

La disposition de ces ornements sur la frise présente chez les anciens une particularité, car les architectes grecs flanquaient l'angle de la frise par un *triglyphe* qui, dès lors, ne répondait plus au milieu du diamètre de la colonne d'angle. Pour diminuer l'effet de cette irrégularité, on la fit partager à la métope qui précédait ce *triglyphe;* c'est ainsi que cette métope fut portée presqu'en entier à l'aplomb de la colonne d'angle ; sans quoi il eût fallu la faire beaucoup plus large que le reste des métopes. On gagna donc cet intervalle en donnant, de proche en proche, un peu plus de largeur aux *triglyphes* et aux métopes qui vont de chaque côté terminant la frise. Vitruve, et après lui les architectes modernes, ont suivi une autre méthode. Le dernier *triglyphe* fut placé à l'aplomb de l'axe de la colonne d'angle, de manière à laisser en face, ainsi qu'en retour, une demi-métope formant l'angle.

Trilithe, *s. m.* — Monument composé de trois pierres formant une sorte de porte : deux de ces pierres représentent les jambages, et une troisième, posée transversalement au-dessus des deux premières, forme le linteau.

On trouve des *trilithes* dans les monuments celtiques.

Trilobé, *adj.* — Ornement, baie, rosace à trois lobes.

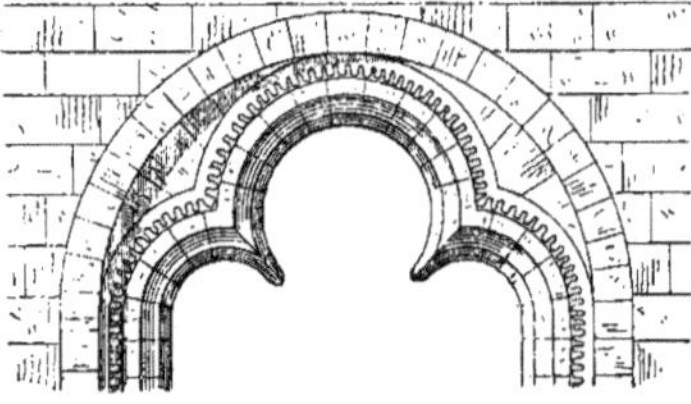

Fig. 3386.

La figure 3386 représente un arc *trilobé*.

Les *trèfles* (voy. ce mot) sont des ornements *trilobés*.

Tringle, *s. f.* — 1° Tige de fer étirée à la forge ou à la filière, dressée et blanchie et servant à porter les rideaux qu'on place au-devant des croisées ou à faire des châssis de grillages.

2° Les menuisiers donnent ce nom aux montants et traverses des bois qui soutiennent la toile de tenture.

3° Perche employée par le treillageur. Les *tringles* ont environ 0m,018 de largeur sur 0m,012 d'épaisseur, et de 1 à 2 mètres de longueur.

4° On donne encore ce nom à la tige en bois ou en fer d'un piston de pompe.

5° On nomme de même les aiguilles pendantes et les tiges qui entrent dans la composition d'un comble en fer ou en bois et fer.

Tringler, *v. a.* — Voy. *Cingler*.

Tringlette, *s. f.* — Outil de fer ayant la forme d'un couteau émoussé ou lame d'ivoire, d'os ou de bois, de 0m,11 à 0m,13 de longueur, que les vitriers emploient pour ouvrir le plomb.

Ils donnent aussi le nom de *tringlettes* aux pièces de verre dont ils composent les panneaux de vitres.

Triomphe, *s. m.* — *Arc de triomphe* (voy. *Arc*).

Triperie, *s. f.* — Bâtiment qui, dans un abattoir, est affecté à la préparation des intestins des animaux.

La *triperie* des abattoirs de la Villette de Paris se compose d'un rez-de-chaussée et d'une cave. Le rez-de-chaussée est un corps de bâtiment octogonal auquel sont adossés quatre avant-corps. Dans cette partie octogonale du rez-de-chaussée sont établies des chaudières pour échauder les pieds de moutons, les panses de bœufs et de moutons ; des réservoirs pour rafraîchir toutes ces dépouilles. Au centre est une cheminée en briques destinée à recevoir la fumée qui provient des fourneaux. Les avant-corps forment un bureau, de petits réduits pour l'échaudage et le grattage des pieds d'animaux et un magasin à huiles dont la préparation s'effectue dans la cave. Toutes les cuves, échaudoirs, chaudières, rafraîchissoirs, sont construits en briques et ciment. La cave s'étend sous toute la partie octogonale et sous chaque avant-corps.

Triplet, *s. m.* — Groupe de trois fenêtres placées sur les façades des églises du XIIIe siècle, et qui servait à symboliser l'emblème de la Trinité, parce qu'une archivolte couronnait les trois fenêtres et figurait l'unité dans la trinité.

Tripoli, *s. m.* — Pierre tendre, d'un rouge pâle, formée de débris coquilliers fossiles, de sesquioxyde de fer et de silice.

On s'en sert pour polir les glaces, les métaux, le verre, les pierres dures.

Triqueballe, *s. m.* — Sorte de fardier servant au transport des plus grosses pièces de charpente.

Le *triqueballe* est composé (fig. 3387) d'un avant-train et d'un arrière-train ; celui-ci est formé d'un essieu surmonté d'une sellette en bois ; entre l'essieu et cette sellette, perpendiculairement à leur longueur, se trouve assemblée une

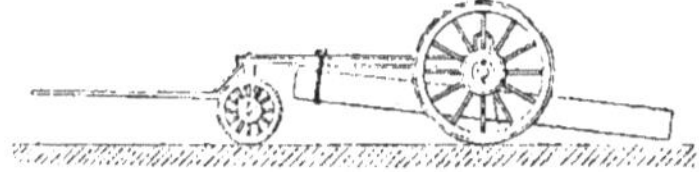

Fig. 3387.

longue flèche également en bois et consolidée par deux empanons ; le diamètre des roues est très grand, afin d'élever le plus possible l'essieu au-dessus du sol. L'avant-train est composé d'un essieu, de deux roues, de deux limons. L'essieu est surmonté aussi d'une sellette sur laquelle repose le bout de la flèche. Dans le transport, la pièce est suspendue à peu près par son milieu à l'essieu de l'arrière-train.

On charge quelquefois le *triqueballe* de plusieurs pièces, soit en bois équarri, soit en bois en grume; mais on ne peut employer ce mode de transport que pour les bois dont la longueur ne dépasse pas le double de celle de la flèche.

Pour transporter du bois plus long, on se sert (fig. 3388) de deux *triqueballes* moins forts que celui dont nous

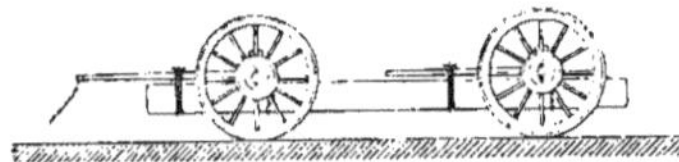

Fig. 3388.

venons de parler; dans ce cas, on ne fait pas usage d'avant-train; on attelle immédiatement les chevaux à la flèche du *triqueballe* placé en avant.

Trisiphon, *s. m.* — Genre de mitre inventé par M. Berne, architecte, et qui consiste (fig. 3389) en un tuyau

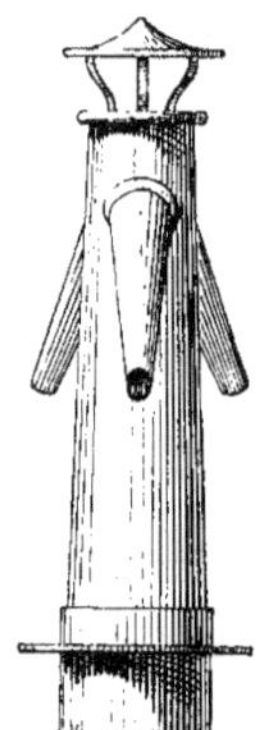

Fig. 3389.

de tôle en tronc de cône à la partie supérieure duquel s'échappe la fumée dans les conditions ordinaires, tandis que dans le cas d'un vent plongeant elle s'échappe par trois tuyaux inclinés; le vent glisse le long de ces tuyaux en produisant appel aux orifices, et ceux-ci étant étroits s'opposent à l'admission du vent pendant les remous qui se produisent dans l'atmosphère.

Trivium. — Mot latin, par lequel les Romains désignaient une place ou carrefour où se rencontrent trois routes.

Trogues (*Chaux de*). — Chaux hydraulique ordinaire fabriquée à *Trogues* (Indre-et-Loire).

Trois-Fontaines (*Pierre des*). — Calcaire compact, dur, noir, homogène, susceptible de poli, qui s'extrait des carrières des *Trois-Fontaines*, dans les communes de Givet et de Chooz, près de Rocroi (Ardennes).

Trompe, *s. f.* — Portion de voûte tronquée, en saillie, dont les pierres, posées en encorbellement ou en *porte-à-faux*, supportent une construction ou partie d'édifice en dehors de l'aplomb des murs de soutien.

L'usage des *trompes* fut très commun au moyen âge pour porter des flèches de pierre à huit pans sur des tours carrées, des échauguettes sur des parements, des tourelles en encorbellement, des coupoles sur des arcs-doubleaux, etc. Cet usage s'est perpétué jusqu'au XVIIe siècle et a diminué depuis, de manière à disparaître à peu près entièrement de nos jours.

On donne divers noms aux *trompes* selon les variétés de forme ou de détail, de construction et d'emplacement, qui les distinguent. Ainsi, l'on nomme :

Trompe dans l'angle, une *trompe* qui occupe un angle rentrant;

Trompe en niche, une *trompe* concave comme une coquille et qui n'est pas réglée par son profil; on dit aussi *trompe sphérique;*

Trompe réglée, une *trompe* qui est droite par son profil;

Trompe sur le coin, une *trompe* qui porte l'encoignure d'un bâtiment pour faire un pan coupé à rez-de-chaussée;

Trompe en tour ronde, une *trompe* qui rachète une tour ronde par le devant et est faite en manière d'éventail ; la

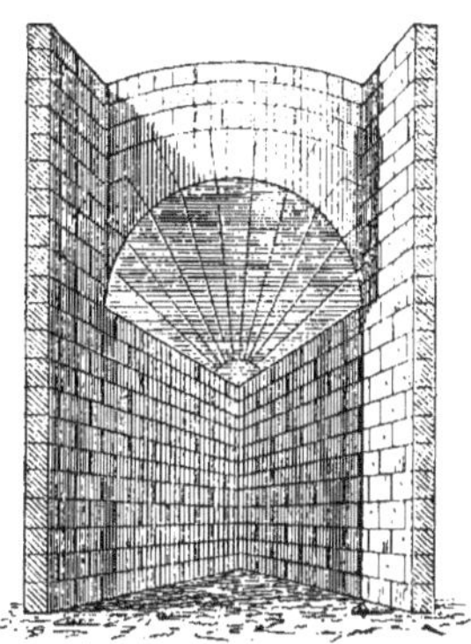

Fig. 3390.

trompe que représente la figure 3390 est à la fois une *trompe dans l'angle* et *en tour ronde*.

Trompillon, *s. m.* — Petite *trompe* (voy. ce mot).

Trompillon de voûte : pierre ronde servant de coussinet aux voussoirs du cul-de-lampe d'une niche et sur laquelle portent les premières retombées d'une voûte.

Tronc, *s. m.* — 1° Partie d'un arbre, ordinairement verticale et cylindrique, où naissent les racines et qui porte les branches.

Par analogie, on a donné ce nom au fût d'une colonne ou d'un piédestal.

2° Coffre en bois placé dans les églises pour recevoir les aumônes des fidèles.

Le *tronc* est tantôt suspendu à un mur ou à un pilier de l'édifice, tantôt porté sur un pied, comme celui que représente la figure 3391. Ce coffre, exécuté en bois de chêne dans l'église de Boulogne-sur-Seine d'après les dessins de M. Millet, est soutenu par un pied massif et l'une de ses parois est percée d'une petite porte sur laquelle vient s'appliquer, pour la fermer, un système de ferrures rattachées entre elles au moyen

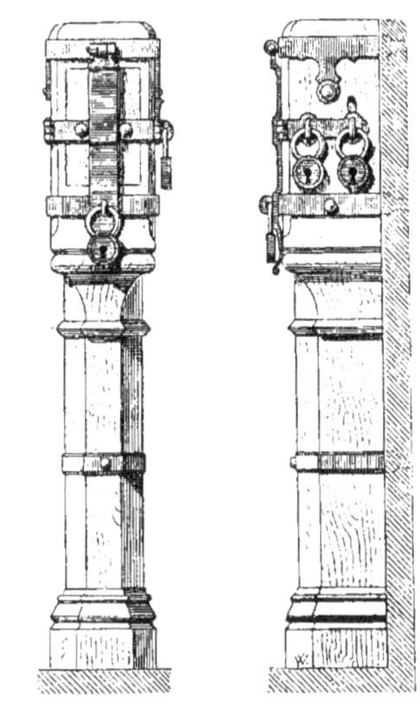

Fig. 3391.

de trois cadenas qui portent chacun une serrure différente : ces trois cadenas ne peuvent être ouverts que par trois clefs différentes.

Tronche, *s. f.* — Grosse pièce de bois de peu de longueur dont on peut tirer une courbe rampante pour escalier.

Tronçon, *s. m.* — Morceau coupé ou rompu de quelque objet plus long que large.

On dit particulièrement un *tronçon* de colonne et l'on en pose quelquefois en guise de stèles sur les tombeaux.

Le même nom s'applique aux pierres cylindriques d'inégale hauteur et posées en délit qui composent quelquefois un fût de colonne. Celle-ci est dite alors *colonne par tronçons*. Les *tambours* au contraire sont d'égale hauteur et posés sur leur lit.

Trône, *s. m.* — Siège élevé sur une estrade, surmonté d'un dais et sur lequel les souverains prennent place dans les cérémonies d'apparat.

Chez les Grecs, le *trône*, réservé d'abord aux dieux dans les temples, ne devint un attribut de la royauté qu'après Alexandre.

Dans les palais de souverains, il y a aujourd'hui une salle dite *salle du trône* dans laquelle le *trône* se trouve placé.

Trône épiscopal (voy. *Chaire*).

Tronqué, *part. passé.* — Ce mot s'emploie pour désigner un fût de colonne coupé ou diminué à une hauteur quelconque et sur lequel on place des têtes ou des bustes.

Trophée, *s. m.* — Motif de sculpture ou de peinture formé de l'assemblage d'armes de guerre ou de divers instruments employés dans un art ou dans une science.

Les anciens Grecs, après une victoire, élevaient des *trophées* composés des armes des vaincus. Cet usage passa chez les Romains, puis fut appliqué à la décoration des monuments, particulièrement des arcs de triomphe ou des colonnes triomphales.

La figure 3392 représente le *trophée* qui orne la face orientale de l'arc de triomphe d'Orange.

Les *trophées* étaient employés soit en ronde-bosse, soit en bas-relief, et avec des matières très diverses. Selon Florus, C. Flaminius consacra un *trophée* en or dans le Capitole, l'an de Rome 550.

Mais les *trophées* les plus nombreux sont ceux que les anciens sculptaient dans le marbre pour orner les arcs de triomphe, soit sur les piédestaux, soit sur les archivoltes de ces monuments. Les quatre faces du piédestal de la colonne Trajane sont ornées de *trophées* en bas-relief où sont représentés, avec la plus grande exactitude, toutes les armures, tous les habillements, tous les objets d'équipement militaire des peuples vaincus par l'empereur.

Fig. 3392.

On faisait aussi des armures en bronze pour servir de *trophées*. En effet, des casques d'un métal solide et d'un poids énorme ont été trouvés dans les fouilles d'Herculanum et de Pompéi, et leur proportion et leur pesanteur sont telles, qu'il est impossible de leur présumer d'autre destination que celle d'objets décoratifs pour servir à la composition de *trophées* ou autres monuments militaires.

Les modernes emploient les *trophées* comme ornements en ronde bosse ou en bas-relief, n'ayant point une destination spéciale. C'est ainsi qu'on en trouve qui forment amortissement au-dessus des corniches d'un édifice n'ayant aucun rapport avec la guerre et ses résultats. Tels sont ceux qui surmontent la balustrade de couronnement du château de Versailles.

Toutefois, on peut citer une belle application des *trophées* suivant le goût de l'antique faite par Blondel à la porte Saint-Denis et les *trophées* qui décorent le piédestal revêtu de bronze de la colonne Vendôme.

Aujourd'hui, l'idée et le genre de la composition des *trophées* sont encore appliqués à des objets d'une nature toute différente de ce qu'étaient ces motifs de décoration dans les monuments antiques. C'est ainsi que l'on sculpte ou que l'on peint sur des panneaux ou dans des compartiments des assemblages de toutes sortes d'objets relatifs aux arts, aux sciences et à beaucoup de sujets qui peuvent être rendus sensibles par les instruments, les ustensiles ou les symboles qui les désignent. On fait, par exemple, des *trophées* d'instruments de musique, de mathématiques, des *trophées* d'armes de chasse, etc...

Trottoir, *s. m.* — Chemin plus élevé que la chaussée et que l'on établit sur les côtés d'une rue, d'un quai, d'un pont, d'une route, pour le passage des piétons.

L'usage des *trottoirs* remonte à l'antiquité ; la découverte des ruines de Pompéi a mis ce fait hors de doute. Les *trottoirs* de cette ville sont élevés (fig. 3393), flanqués dans leur longueur de pierres de bordure, souvent reliées de place en place par des blocs cunéiformes qui serraient et consolidaient la masse et qui, suivant quelques auteurs, servaient aux voyageurs pour monter à cheval.

Les *trottoirs* modernes sont à la fois plus larges et plus bas. Les premiers qui furent établis à Paris datent de 1825. Les rues, à cette époque, avaient leur chaussée divisée en deux pentes que séparait un ruisseau ; dès lors, on commença à établir, pour l'usage des piétons, des *trottoirs* en dalles de Volvic, et plus tard en dalles de granit, plus coûteuses, il est vrai, mais de plus longue durée, et l'on fit les chaussées bombées, d'après un système qui est maintenant exclusivement adopté.

Fig. 3393.

On emploie aujourd'hui le bitume en couches, pour le *trottoir* proprement dit et les bordures de granit pour séparer ce *trottoir* de la chaussée et limiter le ruisseau.

Quand on veut établir un *trottoir*, on fait d'abord le projet, qui doit contenir les cotes des extrémités et des seuils de la propriété contiguë, ainsi que celles correspondantes du caniveau de la chaussée, afin de pouvoir régler la pente en travers et la pente en long. La pente en travers est ordinairement de $0^m,04$ par mètre, à moins de cas exceptionnels de raccordements forcés. La pente en long est la même que celle de l'axe de la chaussée ; elle est réglée, d'ailleurs, par la différence des cotes extrêmes de la façade de la propriété. La bordure doit faire sur le caniveau une saillie qui varie de $0^m,08$ à $0^m,17$. Cette dernière cote est la saillie ordinaire, qui n'est diminuée que dans certains cas de raccordement au devant des portes cochères. On fixe ensuite le nombre des gargouilles à poser dans le *trottoir* pour l'écoulement des eaux et l'on détermine, s'il y a lieu, la forme de l'entrée de la porte cochère, qui est généralement pavée en échiquier. Pour l'exécution, voici comment l'on procède : on commence par les bordures que l'on fait reposer sur un massif de maçonnerie de moellons de roche ayant $0^{m},30$ de largeur sur $0^{m},30$ de hauteur et recouvert d'une couche de mortier hydraulique. On prépare ensuite la forme du *trottoir* par un déblai ou un remblai, pilonné suivant l'élévation du sol. On pose sur le massif de maçonnerie, de $0^{m},15$ d'épaisseur et $0^{m},20$ de largeur, les gargouilles destinées à l'écoulement des eaux ménagères provenant des maisons qui bordent la voie publique. Ensuite, on étend successivement sur la forme une couche de $0^{m},10$ d'épaisseur de béton de cailloux ou de meulière concassée et une couche de mortier de $0^{m},02$ d'épaisseur sur laquelle on pose soit des dalles de granit de $0^{m},08$ à $0^{m},10$ d'épaisseur, soit une couche de bitume de $0^{m},015$.

Dans la huitaine qui suit l'établissement d'un *trottoir*, on rejointoie les bordures et les dalles, opération qui consiste à gratter les joints, puis à les remplir de ciment hydraulique.

D'ailleurs, un arrêté préfectoral du 15 avril 1846, complété par des arrêtés successifs de 1847, 1852, 1855 et 1856, règle ainsi qu'il suit la construction des *trottoirs* à Paris :

« Art. 1er. Les *trottoirs* des rues centrales et commerçantes de Paris continueront d'être établis entièrement en granit, bordures et dallage.

« L'administration se réserve d'autoriser exceptionnellement, dans les autres rues, des dallages en bitume, en pavés ou en d'autres matières, et des bordures en pierre calcaire dure, comme celle de Château-Landon.

« Art. 2. Les *trottoirs*, de quelque nature qu'ils soient, seront exécutés conformément aux conditions des devis et des adjudications des travaux semblables de la ville de Paris.

« Ceux qui seront établis par des entrepreneurs du choix des propriétaires ne passeront à l'entretien de l'administration que s'ils sont conformes à ces conditions, et après qu'ils auront été reçus sur les certificats des ingénieurs.

« La prime allouée, s'il y a lieu, ne sera due et payée qu'après cette réception.

« Art. 3. Sauf les exceptions autorisées spécialement, la largeur des *trottoirs* sera, d'après celle des rues, conforme aux indications du tableau suivant :

LARGEUR des rues.	LARGEUR des chaussées.	LARGEUR de chaque trottoir.	LARGEUR des rues.	LARGEUR des chaussées	LARGEUR de chaque trottoir.
m. c	m. c.	m. c.	m c.	m. c.	m. c.
3 50	2 »	0 75	11 70	7 10	2 30
4 »	2 50	0 75	12 »	7 20	2 40
4 50	3 »	0 75	12 50	7 50	2 50
5 »	3 50	0 75	13 »	7 80	2 60
5 50	4 »	0 75	13 50	8 10	2 70
6 »	4 40	0 80	14 »	8 40	2 80
6 50	4 50	1 »	14 50	8 70	2 90
7 »	4 60	1 20	15 »	9 »	3 »
7 50	4 80	1 35	15 50	9 30	3 10
7 80	5 »	1 40	16 »	9 60	3 20
8 »	5 »	1 50	16 50	9 90	3 30
8 50	5 50	1 50	17 »	10 20	3 40
9 »	6 »	1 50	17 50	10 50	3 50
9 50	6 40	1 55	18 »	10 80	3 60
9 70	6 50	1 60	18 50	11 10	3 70
10 »	6 60	1 70	19 »	11 40	3 80
10 50	6 80	1 85	19 50	11 70	3 90
11 »	7 »	2 »	20 »	12 »	4 »
11 50	7 10	2 20	et au-dess.	minimum.	minimum.

« Art. 4. La bordure des *trottoirs* sera élevée de $0^{m},17$ au-dessus du pavé ; la pente en travers du dallage sera de $0^{m},04$ par mètre, à moins que le projet n'en indique une autre.

« Devant les portes cochères, la bordure sur 2 mètres de longueur n'aura que $0^{m},04$ de saillie au-dessus du ruisseau. Aux extrémités de cette bordure, régneront deux rampants inclinés, de $0^{m},05$ par mètre, au milieu desquels déboucheront les gargouilles obliques de la porte cochère. Les bordures, devant ces portes, ne seront jamais entaillées.

« L'intervalle compris entre les portes cochères et la bordure sera rempli par un pavage smillé appareillé en quinconce et posé sur mortier hydraulique, avec des joints de 0m,005 de largeur au plus.

« Art. 5. Les eaux ménagères et pluviales prendront leur écoulement sous le dallage, au moyen de gargouilles de fonte, dans la partie supérieure desquelles sera pratiquée une rainure, pour en faciliter le nettoiement, et scellées avec solidité sur un massif de maçonnerie de 0m,15 de hauteur sur 0m,28 de largeur, avec mortier hydraulique.

« A droite et à gauche des portes cochères, les gargouilles pourront être disposées en S, ou, si elles sont droites, être placées obliquement. Ces gargouilles, des modèles actuellement en usage, devront être ajustées avec les tuyaux de descente prescrits par les ordonnances de police.

« Art. 6. Il ne sera posé ou conservé ni bornes, ni bornillons, ni autres corps saillants, soit dans l'épaisseur, soit à l'extérieur du *trottoir*. Les bornes enlevées resteront aux propriétaires.

« Art. 7. Les pavés existants sur l'emplacement du *trottoir*, que le pavage ait été reçu ou non à l'entretien de l'administration, sauf ceux qui seront nécessaires au raccordement définitif et aux portes cochères, seront transportés immédiatement après leur arrachement, au dépôt de l'administration, qui en disposera.

« Ce transport sera fait aux frais et par les soins du propriétaire ou de son entrepreneur, lesquels seront responsables de la totalité de ces matériaux, et comme tels tenus de justifier de leur entrée en totalité audit dépôt. La valeur de tout pavé manquant sera calculée à raison de 300 francs le millier, et le montant en sera retenu sur la prime.

« A mesure qu'on avancera la bordure, le pavé arraché en dehors de son alignement sera bloqué avec soin par le constructeur du *trottoir* en attendant le raccordement définitif. Ce raccordement sera exécuté par l'entrepreneur public, conformément aux règlements de voirie, sur l'ordre de l'ingénieur, et aussitôt que la bordure du *trottoir* sera posée.

« Art. 8. Les travaux ne pourront être commencés qu'après que les agents du pavé de Paris auront reconnu la quantité et la qualité des pavés à arracher, et qu'ils auront tracé les alignements et les points de repère de hauteur, auxquels le constructeur devra se conformer. Ces travaux seront surveillés par les mêmes agents, et poussés sans interruption de manière à être terminés dans un délai de dix jours au plus, si la superficie du *trottoir* ne dépasse point 100 mètres. Ce délai sera augmenté d'un jour par 50 mètres carrés de *trottoir* à construire en sus de la surface précitée. Le propriétaire ou son entrepreneur devront avertir à l'avance, et par écrit, l'ingénieur qui devra surveiller les travaux, de l'époque à laquelle ils commenceront.

« Art. 9. Les matériaux destinés à la reconstruction du *trottoir* ne pourront être mis en œuvre qu'après qu'ils auront été examinés, acceptés et marqués par les agents du service; ceux qu'ils auraient rebutés seront empreints d'une marque différente indélébile, et seront enlevés sur-le-champ de l'atelier. Les ordonnances de police concernant l'enlèvement des matériaux encombrant indûment la voie publique seront applicables aux rebuts qui séjourneraient sur l'atelier.

« Tous les frais de cette construction, y compris l'éclairage et les autres dépenses accessoires, seront à la charge du propriétaire, sauf la prime.

« Le *trottoir* devra être rigoureusement exécuté conformément aux conditions du présent arrêté, sous peine du retrait de la prime et des condamnations de droit, pour contravention aux règlements de voirie.

« Art. 10. Aussitôt après l'achèvement du *trottoir*, l'ingénieur procédera à l'examen des ouvrages, en présence du propriétaire ou de son entrepreneur, dûment appelés, et il en dressera un procès-verbal qui sera transmis à l'administration en double expédition par l'ingénieur en chef directeur.

« Art. 11. Dans le cas où ce procès-verbal constatera que toutes les conditions ont été remplies, l'administration prendra l'entretien du *trottoir* à sa charge, et ordonnancera au profit du propriétaire la portion de prime à lui accordée.

« Si ce procès-verbal constate au contraire des malfaçons, il sera notifié au propriétaire, qui aura deux mois pour les faire disparaître. Ce délai expiré, si le *trottoir* n'est point recevable, il en sera dressé un nouveau procès-verbal, et l'ingénieur pourra, sans autre formalité, faire effectuer les fournitures et les travaux nécessaires pour mettre le *trottoir* en état de réception. La dépense de cette mise en état sera imputée sur la prime.

« Art. 12. La prime accordée à titre d'encouragement, s'il y a lieu, sera payée intégralement, sauf les retenues que les infractions pourraient motiver, après la réception du *trottoir*, si son exécution a eu lieu en même temps que le relevé à bout de la rue. Dans le cas où le *trottoir* sera construit hors du temps du relevé à bout, la prime sera payée au propriétaire, déduction faite des derniers raccordements du pavé par l'entrepreneur public. Ces frais seront payés à celui-ci sur états trimestriels dressés par les ingénieurs. Les primes seront basées sur les estimations faites par les ingénieurs d'après le prix des adjudications publiques.

« Art. 13. Les propriétaires pourront demander l'exécution de leur *trottoir* par l'entrepreneur des travaux de la ville, au prix de son adjudication. Dans ce cas, lesdits propriétaires devront verser à la caisse municipale le montant de la dépense à leur charge avant l'exécution des travaux, et déduction faite de la prime.

« Art. 14. Toute autorisation pour la construction d'un *trottoir* n'est valable que pour deux ans à partir de sa date. Les travaux ne pourront être exécutés que pendant la saison fixée pour les travaux publics, du 1er avril au 15 novembre de chaque année.

« Art. 15. Les granits devront satisfaire pour leur dimension, leur qualité, leur provenance, leur taille et leur mise en œuvre, à toutes les conditions du cahier des charges de l'adjudication générale des travaux de cette espèce.

« Art. 16. La prime qui pourra être accordée pour les *trottoirs* tout en granit sera du tiers de l'évaluation des ingénieurs ; elle sera payée immédiatement après l'exécution.

« Art. 17. Le dallage en bitume sera généralement fondé sur une couche de béton de $0^{m},10$ d'épaisseur. Toutefois, les projets spéciaux pourront comprendre toutes autres fondations, comme carrelage, terre à four, gravier, etc. L'épaisseur de l'enduit en mastic bitumineux sera de $0^{m},015$ au moins. L'exécution de ces travaux sera d'ailleurs assujettie aux conditions du devis de l'adjudication générale.

« Art. 18. La prime qui continuera d'être accordée pour les *trottoirs* en bitume sera du sixième de l'estimation des ingénieurs. La portion revenant au propriétaire restera pendant trois ans entre les mains de l'administration pour garantie de la bonne exécution des travaux en bitume. Elle ne sera due et payée qu'après cette épreuve et la réception du *trottoir*. Jusqu'à cette réception, le propriétaire de la maison sera obligé d'entretenir le *trottoir* en bon état ; faute par lui d'y pourvoir, l'administration y pourvoira d'office et pourra même ordonner au besoin l'enlèvement dudit *trottoir* et le rétablissement des lieux dans leur état primitif ; le tout aux frais, risques et périls dudit propriétaire.

« Art. 19. L'administration autorisera la construction de *trottoirs* en pavés avec bordures en granit ou en pierre calcaire dure, dans les rues excentriques qu'elle se réserve de déterminer. Les bordures en pierre calcaire dure devront, pour leur dimension, pour leur qualité, leur provenance, leur taille et leur mise en œuvre, satisfaire aux conditions du devis de l'entreprise en vigueur pour cette nature de matériaux. Aux angles des rues, il sera établi des bordures en granit dites circulaires.

« Art. 20. L'aire du *trottoir* sera remplie par un pavage appareillé en quinconce smillé à la surface avec des joints de 0m,005 au plus.

« Les pavés seront posés à bain de mortier hydraulique de 0m,03 d'épaisseur, étendu sur une couche double de 0m,05. Leurs joints seront garnis de mortier. Ces pavés seront d'un échantillon parfaitement égal ; ils auront des joints bien d'équerre et bien droits. Le grès devra être de bonne qualité pour tous les pavés.

« Lesdits pavés seront pris sur place ou fournis par l'entrepreneur, qui pourra, au prix coûtant, les tirer des dépôts de l'administration. Dans l'un et l'autre cas, l'entrepreneur sera chargé de la taille des pavés à employer.

« Art. 21. La prime qui pourra être accordée pour la construction de ces *trottoirs* sera du quart de l'estimation des dépenses faites par l'ingénieur. Elle sera payée après la réception, qui pourra avoir lieu immédiatement.

« Art. 22. Les *trottoirs* avec ruisseaux refouillés dans les bordures ne pourront être établis qu'à la condition que les propriétaires assureront pour eux et leurs successeurs le paiement des frais de balayage par cantonniers spéciaux, suivant les prescriptions de M. le préfet de police, et sur les rôles qui seront arrêtés par ce magistrat. Le recouvrement aura lieu au besoin dans les formes prescrites par l'article 44 de la loi du 18 juillet 1837.

« Art. 23. Pour obtenir l'autorisation de cette espèce de *trottoir*, les propriétaires devront s'engager par un acte reçu administrativement devant le préfet de la Seine et le secrétaire général, d'assurer le payement des frais de balayage ci-dessus indiqués. Ils devront transmettre à leurs successeurs ladite obligation.

« La prime qui sera accordée pour ces constructions sera celle des *trottoirs* en granit. S'il existe des anciens *trottoirs*, on aura égard, dans l'estimation, à la valeur des matériaux qui rentreraient au dépôt de la Ville. Ces travaux seront d'ailleurs exécutés conformément aux prescriptions du devis général.

« Art. 24. L'ingénieur en chef directeur du pavé de Paris est chargé de l'exécution du présent arrêté, qui sera imprimé à la suite des autorisations de *trottoirs*. »

Trou, *s. m.* — Cavité pratiquée dans la pierre, la maçonnerie, le bois ou le métal.

Les *trous* faits dans la *maçonnerie* servent, en général, au scellement des pièces de fer ou de bois telles que solives de plancher, pattes, gonds, gâches, bâtis, etc. Ces *trous* se font au poinçon ou à la hachette.

On donne aussi ce nom à l'orifice d'une carrière.

Trousse, *s. f.* — Cordage de moyenne grosseur qui sert à lever de petits fardeaux.

Truelle, *s. f.* — Outil que les ma-

Fig. 3394.

çons emploient pour étendre le mortier

sur les joints ou pour faire les enduits de plâtre. C'est une lame de fer ou de cuivre en forme de trapèze, munie d'un manche recourbé (fig. 3394).

La *truelle* qui sert pour le plâtre est en cuivre.

Les couvreurs emploient une *truelle*

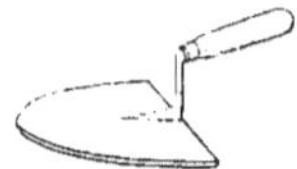

Fig. 3395.

dont la forme est indiquée par la figure 3395.

Truelle brettée : truelle en fer à bord dentelé comme une lame de scie et

Fig. 3396.

dont on se sert pour gratter la surface d'un enduit avant de la nettoyer (fig. 3396).

Chez les Romains, les briqueteurs se servaient d'une *truelle* très différente de la nôtre, en ce que c'était une lame plate et ovale semblable à l'instrument appelé *spatule*.

Truellée, *s. f.* — Quantité de plâtre gâché que peut contenir une truelle.

Trumeau, *s. m.* — Partie d'un mur

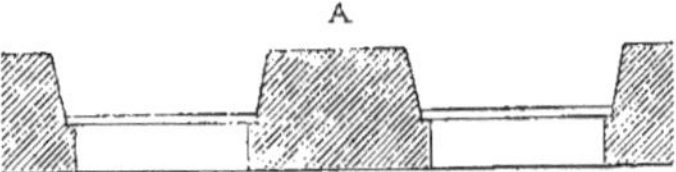

Fig. 3397.

comprise entre deux baies A (fig. 3397).

Dans les maisons dont le rez-de-chaussée est occupé par des boutiques, on donne le moins de largeur possible au *trumeau*, qui prend alors le nom de *pile*. On a soin qu'une pile de rez-de-chaussée corresponde au *trumeau* de l'étage supérieur (voy. *Poitrail*).

Au moyen âge, le nom de *trumeau* était spécialement appliqué aux piliers qui divisent en deux baies les portes principales des grandes salles, des nefs d'église, etc. C'étaient des piles de pierre munies de feuillures dans lesquelles s'engageaient les verrous horizontaux, les fléaux ou barres de bois qui servaient à la fermeture des vantaux. Ces *trumeaux* étaient simples ou décorés de statues.

Nous avons déjà donné (voy. *Porte*) plusieurs exemples de *trumeaux* placés dans des portails d'église.

Trusquin, *s. m.* — Outil de charpentier et de menuisier qui sert à tracer sur le bois des lignes parallèles à des arêtes droites.

Cet outil, représenté par deux projections (fig. 3398), se compose de deux parties : une tige ou verge *a* ; une platine *b*, dont les faces sont parallèles et rectangulaires et qui est percée d'une mortaise carrée destinée à recevoir la tige, qui la traverse à angle droit et qui doit glisser à frottement doux ; d'un coin *c*, qui traverse la platine dans sa

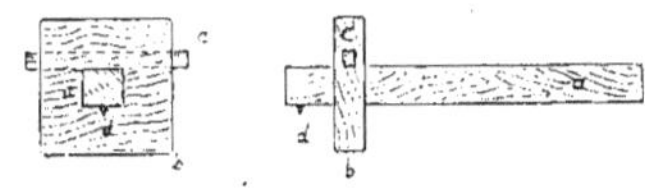

Fig. 3398.

largeur, parallèlement à deux de ses côtés, et sert à la fixer par pression ; enfin d'une pointe *d* en fer affilé, qui sert de traceret. La platine peut ainsi, en pressant sur la tige, se placer à la distance voulue de cette pointe, qui marque le trait que l'on désire en s'appuyant sur la face du bois à laquelle on veut tracer une ligne parallèle.

Tube, *s. m.* — Nom que l'on donne,

d'une manière générale, à des cylindres creux en plomb, en verre, en fer étiré, que l'on emploie à différents usages, par exemple à fabriquer des tuyaux de distribution d'eau ou de gaz.

On appelle *tubes acoustiques* des *tubes* en cuivre ou en fer, terminés, à leurs extrémités, par des tuyaux en caoutchouc et qui servent à faire communiquer entre elles des personnes habitant des pièces éloignées les unes des autres ou placées à des étages différents. Les *tubes* élastiques sont munis d'un porte-voix armé d'un sifflet, et la communication s'établit ainsi : on enlève le sifflet et l'on souffle dans le porte-voix; l'autre sifflet se fait entendre et appelle l'attention du correspondant. Celui-ci applique son oreille au porte-voix et perçoit distinctement les paroles prononcées à l'autre porte-voix; il répond s'il y a lieu et la conversation peut se continuer sans que les interlocuteurs aient besoin de changer de place.

Tubulure, *s. f.* — Ouverture ménagée dans un récipient, un tuyau, une enveloppe quelconque, pour recevoir le raccordement d'un tube.

Tudor (*Arc*). — Voy. *Arc*.

Tuf, *s. m.* — Carbonate de chaux qui provient de l'évaporation des eaux calcaires.

Cette roche est très tendre, mais elle acquiert de la dureté à l'air; on l'emploie dans les constructions en Wurtemberg, en Autriche, en Italie, etc.

Il y a des *tufs* calcaires siliceux qui sont le résultat de l'évaporation spontanée d'eaux minérales qui renferment, avec le carbonate de chaux, une certaine quantité de silice.

On donne le nom de *tufs volcaniques* à des dépôts formés par les déjections volcaniques, les cendres, rapillis, ponces, détritus de laves, réunis par des ciments de diverses natures. Ces *tufs* sont employés depuis fort longtemps, à cause de leur solidité et de leur légèreté.

Le *tuf* de Rome est le *pépérin* (voy. ce mot).

Tuffeau, *s. m.* — Calcaire à structure tantôt grossière ou grésiforme, tantôt arénacée, et que sa consistance permet d'employer dans les constructions.

Tuile, *s. f.* — Ce mot, qui vient du latin *tegula*, dérivant lui-même de *tego*, qui signifie couvrir, sert à désigner aujourd'hui une tablette de terre cuite employée à la couverture des édifices. Or, il est certain que le mot *tegula* doit être pris dans un sens plus général que celui qu'on entend de nos jours par le nom de *tuile*, c'est-à-dire un carreau d'argile d'une épaisseur quelconque, pétrie, séchée et cuite au four à la manière des briques.

C'est ainsi que les Grecs recherchèrent pour la couverture de leurs temples une matière moins fragile que la terre cuite. D'ailleurs, les murs de ces édifices et les colonnes étant de marbre, il dut sembler que l'argile produirait aux yeux un contraste trop violent. Aussi, Pausanias nous apprend-il qu'un certain Bizès de Naxos avait obtenu les honneurs d'une statue, pour avoir imaginé d'employer le marbre pentélique en *tuiles* propres à servir à la couverture des édifices. Les *tuiles* de marbre, ainsi utilisées, avaient des proportions bien supérieures à celles de nos ardoises. Ces *tuiles* étaient de véritables dalles et, au moyen des entailles qui les réunissaient les unes aux autres, elles devaient produire des couvertures capables d'opposer à la violence des vents la plus forte résistance.

Bien avant l'usage des *tuiles* de marbre en Grèce, les peuples de l'Asie employaient, pour la couverture des monuments, les *tuiles* en terre cuite émaillée. Cette coutume a laissé des traces nombreuses dans les pays situés au pied du Caucase et dans la Babylonie, c'est-à-dire dans ces antiques contrées où, plus de dix siècles avant notre ère, l'art céramique avait atteint le plus haut degré de perfection.

Chez les Grecs et chez les Romains, les *tuiles* étaient les unes plates, les autres courbes. Les premières se divisaient en deux classes : les *tuiles plates* proprement dites, appelées en Italie simplement *tegulæ*, et les *tuiles à rebord*, appelées *tegulæ humatæ*. Les premières avaient tantôt la forme d'un carré, tantôt celle d'un rectangle ; leurs dimensions étaient variables et leur épaisseur se trouvait comprise entre 0m,025 et 0m,04. Les *tuiles à rebords* étaient rectangulaires ; la forme trapézoïdale, admise par un grand nombre

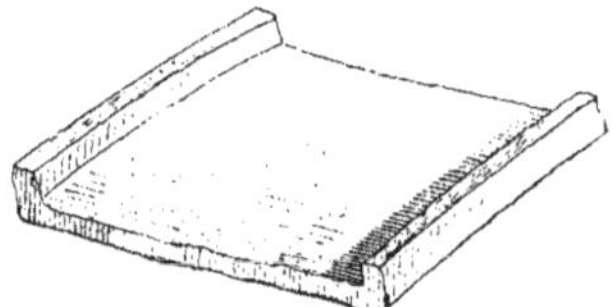

Fig. 3399.

d'auteurs, parmi lesquels Rondelet et le colonel Émy, est excessivement rare. Les dimensions de ces *tuiles* variaient de 0m,34 à 0m,40 de longueur sur 0m,23 à 0m,27 de largeur. Toutefois, on en a trouvé, à Rome, qui ont jusqu'à 0m,55 sur 0m,70 et pèsent 27 kilogr., avec des rebords de 0m,33 de hauteur. La figure 3399 représente un spécimen de ces *tuiles* qui appartient au musée céramique de Sèvres.

Les *tuiles* creuses ou *imbrices* avaient

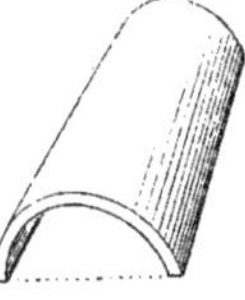

Fig. 3400.

la forme de dos-d'âne ou de demi-cylindres. Quelques-unes, mais en très petit nombre, sont trapézoïdales; encore, les *tuiles* de ce genre, dont la figure 3400 représente un spécimen, servaient-elles particulièrement à la construction de conduites d'eau.

Nous donnons (fig. 3401) une vue perspective d'une partie de couverture romaine composée de *tegulæ humatæ* et *imbrices*. Ainsi qu'on le voit, les rebords

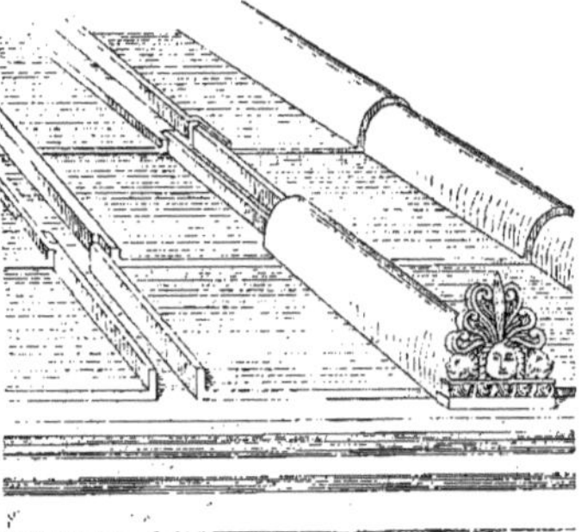

Fig. 3401.

saillants des premières sont dirigés dans le sens de la pente du toit, et chacune d'elles est placée à recouvrement sur celle qui lui est immédiatement inférieure ; leurs joints montants étaient

Fig. 3402.

fermés par les secondes, qui se recouvraient également les unes les autres ; chaque rangée de *tuiles* creuses était ordinairement arrêtée, à sa partie inférieure, par une *tuile* un peu plus grande que les autres appelée *antéfixe* (voy. ce mot) et qui, solidement fixée sur la corniche, était fermée sur sa face inférieure. Quelquefois, ces antéfixes étaient supprimées et remplacées par un chéneau (fig. 3402) exécuté en terre cuite, et plus ou moins orné. Ce chéneau portait, dans l'axe de chaque rangée de *tuiles* plates, une tête de lion saillante, dont la gueule ouverte rejetait au dehors les eaux pluviales.

Dans la couverture des grands édifices, les *tuiles* à rebords étaient exécutées en marbre et taillées suivant des dispositions plus ou moins compliquées.

Le système romain, c'est-à-dire la toiture en *tuiles* plates rectangulaires, avec *tuiles* creuses de recouvrement, se retrouve dans le midi de la France, pendant les premiers siècles du moyen âge. Mais la fabrication de ces pièces était absolument défectueuse, et, dès le XIe siècle, on renonça à la forme rectangulaire pour adopter la forme trapézoïdale. Comme l'indique la figure 3403, les *tuiles* s'emboîtaient l'une dans l'autre, sans encoche et par l'introduction du petit côté dans le plus grand. On appliqua ce système dans le Languedoc et la Provence ; il présentait un inconvénient particulier : la difficulté de fixer les *tuiles* destinées à recouvrir les arêtiers. Il semble, en effet, que ces *tuiles* ne pouvaient être maintenues qu'à grand renfort de mortier, mauvaise garantie contre les mouvements inévitables des charpentes et les efforts du vent. Les architectes du moyen âge, surtout dans les constructions soignées, savaient parer au mal : si les édifices étaient voûtés, des arêtiers en pierre, avec rebords de recouvrement, étaient placés à la rencontre des pans de couverture, et leurs joints étaient simplement garnis de ciment ; les *tuiles* approches étaient coupées obliquement et se logeaient sous les rebords. Dans le cas de toitures reposant sur des charpentes sous voûtes sous-jacentes, les arêtiers étaient formés de *tuiles* spéciales, munies d'oreillons, qui s'emboîtaient sur les *tuiles* couvre-joints des pans de combles.

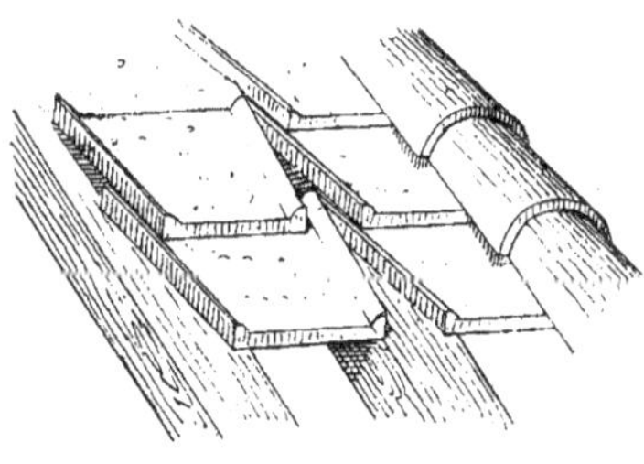

Fig. 3403.

Dans les provinces du midi et de l'ouest de la France, aux XIe et XIIe siècles, les constructions ordinaires étaient pourvues de *tuiles* gouttières, posées à la base des couvertures pour recevoir les eaux pluviales. Ces *tuiles*, d'une grande longueur (on en a trouvé qui mesurent 0m,65), étaient plus étroites à une extrémité qu'à l'autre, de manière à former emboîtement (fig. 3404), et, de plus, elles étaient munies d'un rebord qui permettait de les sceller sous l'égout du toit.

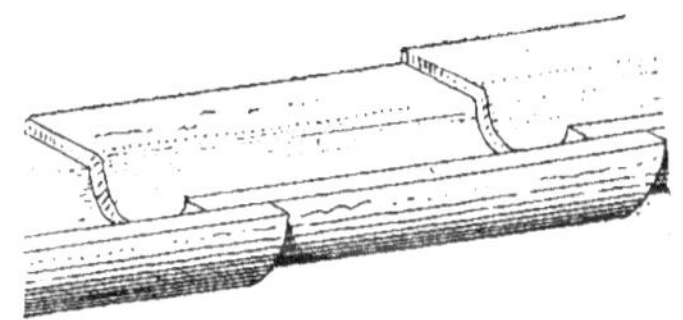

Fig. 3404.

Offrant trop de prise aux intempéries de l'atmosphère, les *tuiles* romaines à recouvrement avaient été abandonnées, dans les provinces du nord de la France, pour le système de couvertures en *tuiles* plates. Ces dernières étaient, à cette époque, pourvues, à la partie supérieure (fig. 3405), d'un rebord formant un crochet continu, que retenaient des lattes clouées sur les chevrons.

Le faîtage des combles de la période

romane était composé soit de pierres pleines ou ajourées, soit de *tuiles* de grande dimension posées jointives et souvent accompagnées d'ornements qui formaient, à la partie supérieure du toit, une crête ou décoration continue. L'extrémité de la ligne faîtière, dans les couvertures en *tuiles*, était occupée par un autre motif d'ornementation, auquel

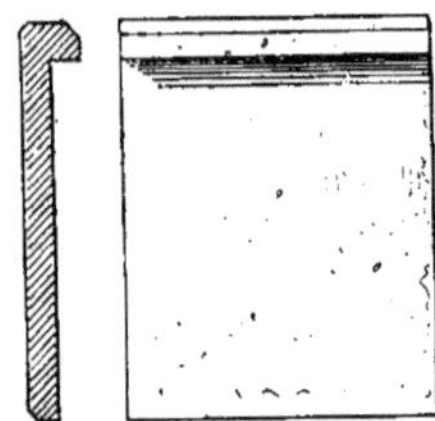

Fig. 3405.

on a donné le nom d'épi, et qui enveloppait l'about supérieur du poinçon. Toutefois, la fragilité de ces objets ayant amené leur destruction rapide, nous n'en possédons pas qui datent de l'époque romane ; c'est à peine si l'on retrouve quelques traces de ces accessoires dans les bas-reliefs et les manuscrits.

De nos jours, les divers systèmes de couverture que nous venons de décrire sont encore utilisés en Italie. Sur les chevrons espacés de $0^{m},32$ environ d'axe en axe, on pose (fig. 3406) de grandes briques en dalles de terre cuite de $0^{m},028$ dépaisseur avec joints garnis de mortier. On forme ainsi une espèce de carrelage sur lequel on range des *tuiles* plates appelées *tégole* plus larges par le haut que par le bas et se recouvrant d'environ $0^{m},08$. Les rangées contiguës sont séparées l'une de l'autre par un intervalle d'environ $0^{m},03$ qui est recouvert, ainsi que les rebords, par des *tuiles* creuses appelées *canali* également posées à recouvrement. Les rangées inférieures et quelquefois toutes les *tuiles* sont maçonnées par le carrelage, de manière à former un ensemble des plus solides. A Rome, la longueur des *tégole* et des *canali* est de $0^{m},41$; la largeur des premiers est de $0^{m},33$ au

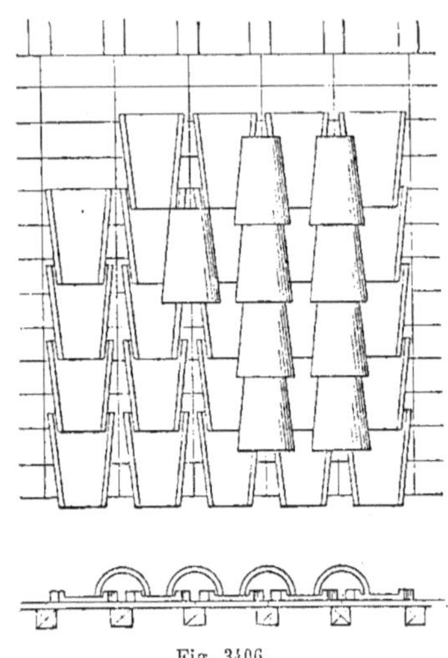

Fig. 3406.

sommet, $0^{m},25$ à la partie inférieure ; les *canali* ont $0^{m},175$ de diamètre au sommet et $0^{m},24$ à la base.

Dans quelques provinces du centre de la France, telles que le Nivernais, le

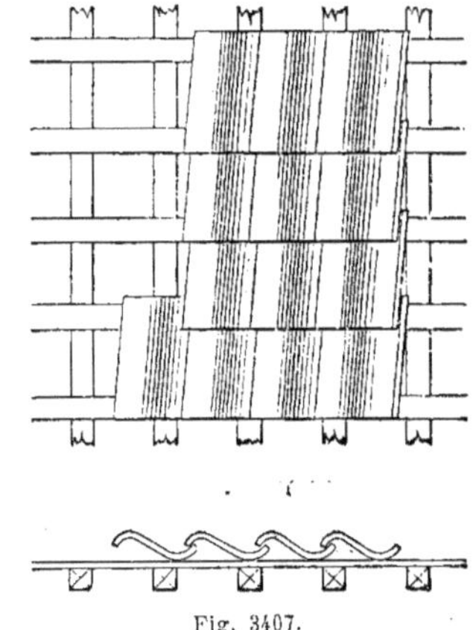

Fig. 3407.

Poitou, on fabriquait des *tuiles* en forme d'écailles dès le commencement du XIIIe siècle. Dans les Flandres, à partir du xve siècle, les *tuiles* en S, dites *tuiles flamandes*, encore en usage de nos jours, étaient généralement employées. Ces *tuiles* sont à double courbure, en forme d'S aplatie ; elles ont environ 0[m],35 de côté sur 0[m],016 d'épaisseur, et sont munies, par le haut, d'un talon au moyen duquel on les accroche sur un lattis (fig. 3407), ce qui permet de donner au toit une forte inclinaison ; leurs joints sont ordinairement garnis de mortier. Il en faut 15 1/4 par mètre carré.

Dans tout le Midi, à partir du xiiie siècle, le système de couverture en *tuiles*

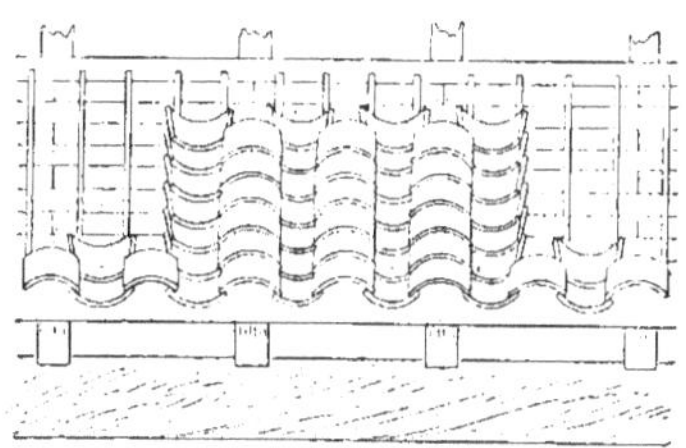

Fig. 3408.

creuses a été appliqué ; dans ce système,

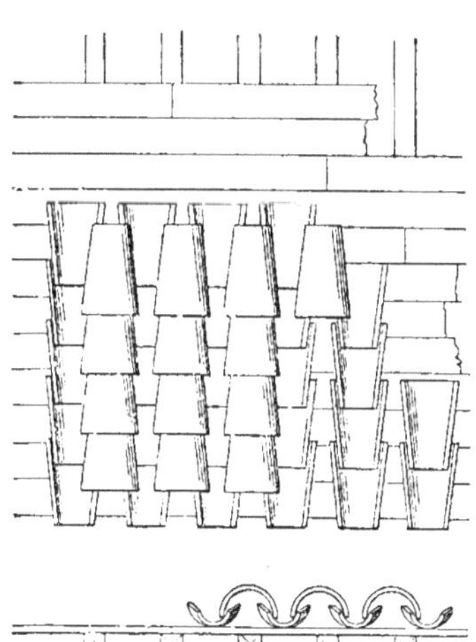

Fig. 3409.

les *tuiles* canal étaient simplement des *tuiles* couvre-joints retournées. Cette coutume subsiste encore. Nous donnons (fig. 3408 et 3409) deux spécimens de ce genre de toiture.

Ces *tuiles*, qui n'ont pas moins de 0[m],35 de longueur, se posent sur un plancher continu cloué sur les chevrons; il faut donc que la couverture soit peu inclinée pour qu'il n'y ait pas glissement. L'angle du toit avec l'horizon est maintenu entre 15° et 27°. Les angles saillants et rentrants sont exécutés en *tuiles* de même forme, mais de plus grande dimension et posées à bain de mortier.

Actuellement, en France, les *tuiles* employées le plus fréquemment peuvent se diviser en deux catégories : les *tuiles plates* et les *tuiles à emboîtement*.

Les *tuiles* plates, dites de *Bourgogne*, ont la forme de rectangles un peu bombés (fig. 3410). On distingue, dans cette classe, deux échantillons : le *grand moule*, qui a 0[m],31 de longueur sur 0[m],25 de largeur et 0[m],015 d'épaisseur,

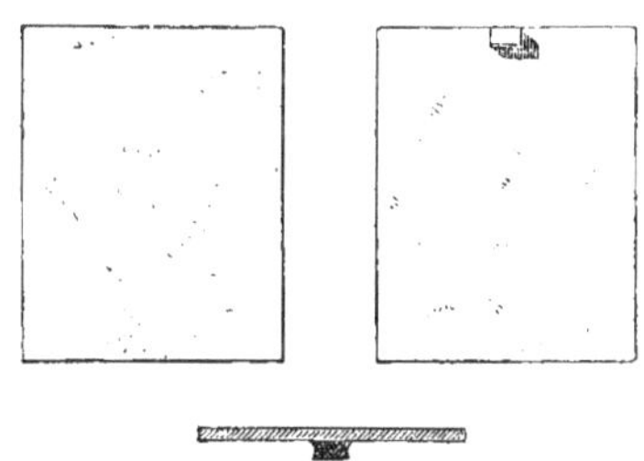

Fig. 3410.

le mille pesant 2,000 kilogr.; et le *petit moule*, qui a 0[m],25 de longueur sur 0[m],18 de largeur et 0[m],014 d'épaisseur, le mille pesant 1,300 kilogr. Les *tuiles de Bourgogne* ont une teinte pâle, rendent au choc un son clair et présentent une grande résistance.

Dans les couvertures, on pose ces *tuiles* sur des lattes qui ont ordinairement 0[m],0034 d'épaisseur sur 0[m],041 et 0[m],045 de largeur, que l'on cloue sur les chevrons et qui sont espacées du tiers de la longueur des *tuiles*. Une rangée de celles-ci s'accroche, au moyen du tenon qui garnit l'un des petits côtés, sur un rang de lattes, de manière que

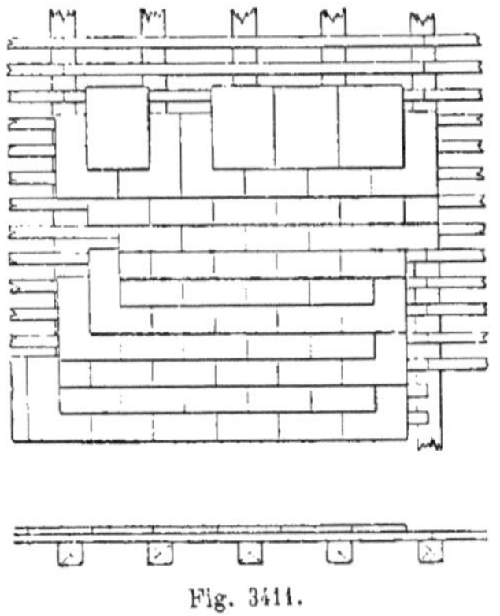

Fig. 3411.

les joints soient chevauchés et que les *tuiles* soient recouvertes sur les deux tiers de leur longueur (fig. 3411); la portion apparente reçoit le nom de *pureau*.

On commence la pose par le rang inférieur qui forme *égout simple*, quand il y a un chéneau et que la première rangée de *tuiles* s'appuie sur l'arête de la sablière, qu'elle dépasse d'une certaine quantité; *égout retroussé* (fig. 3412), lorsque, la corniche étant privée de

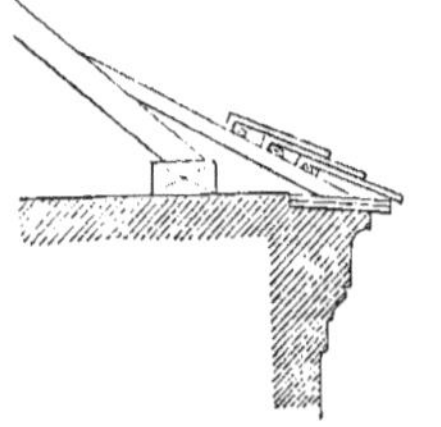

Fig. 3412.

chéneau, on pose deux rangs de *tuiles* à joints chevauchés, le rang supérieur recevant le nom de *doublis*; *égout pendant*, si l'on cloue sur l'extrémité des chevrons dépassant la corniche une chanlatte qui reçoit une double rangée de *tuiles*.

La *tuile* plate ordinaire, comparée à l'ardoise, a pour avantage d'absorber moins d'eau, d'être plus dure et moins altérable à l'air; mais elle donne plus de prise au vent par son épaisseur; le crochet qui la retient casse souvent; enfin, comme chaque latte est recouverte par trois épaisseurs de *tuiles*, les couvertures de ce genre sont d'un poids considérable. Leur inclinaison ne doit pas être inférieure à 27°; on la porte souvent à 45° et même à 60°.

On fabrique encore, pour la couverture de certains édifices et notamment des dômes, des *tuiles* plates unies terminées par le bas soit en triangles, soit en demi-cercles, soit en ogives. Ces dernières, qui imitent les écailles de poisson, reçoivent, dans le commerce, le nom de *tuiles écaillées*. Les couvertures, ainsi formées, sont d'un aspect très agréable et plus légères que les autres. La difficulté d'obtenir ces *tuiles* parfaitement planes en a restreint l'usage.

Pour remédier aux inconvénients que présentent les *tuiles* plates ordinaires, on a imaginé les *tuiles* dites *à emboîtement*, qui ont l'avantage de diminuer le poids de la couverture, de faciliter la pose et de former des dessins d'un effet assez heureux.

Il y a une multitude de *tuiles* plates à emboîtement; nous ne citerons que celles qui peuvent être regardées comme des types et que l'on classe en *tuiles rectangulaires* et en *tuiles losangiques*.

Nous en donnerons ci-dessous la description, accompagnée de figures empruntées à la *Revue de l'architecture et des travaux publics*, année 1861.

L'invention des *tuiles* à emboîtement rectangulaires est due à MM. Gilardoni frères, fabricants à Altkirch (Alsace), qui ont livré au commerce plusieurs modèles de ces produits.

Le type n° 1, breveté en 1841, est dit *à losange*; il a 0m,33 de pureau, 0m,20 de largeur utile, de 0m,012 à 0m,015 d'épaisseur. Il faut quinze de ces *tuiles* par mètre carré de couverture, qui ne pèse pas plus de 40 à 45 kilogr. Elles ne se recouvrent l'une sur l'autre que de quelques centimètres et par des emboîtements latéraux; leur assemblage a lieu par chevauchement et est dit *à joint vertical discontinu*. Elles portent cannelure à gauche (fig. 3413); couvre-joint à droite; rebord simple en tête; rebord de base, échancré au milieu pour franchir le couvre-joint inférieur dans l'assemblage par chevauchement et rainé dans ses parties tombantes; nervure au milieu, en forme de losange, pour renforcer la *tuile;* à la base, au-dessous du losange, triangle saillant, accompagnant l'échancrure du rebord et servant à éloigner l'écoulement des eaux du point où le joint vertical vient rencontrer le joint horizontal; deux crochets au revers. Ces *tuiles*, dont le modèle est tombé dans le domaine public, se fabriquent en très grande quantité dans plusieurs localités de France, notamment à Montchanin (Saône-et-Loire).

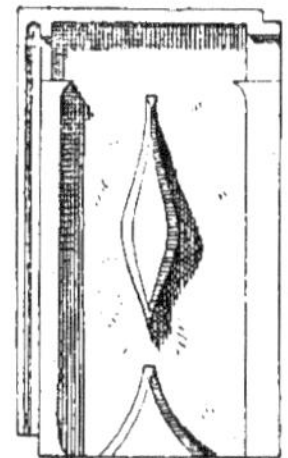
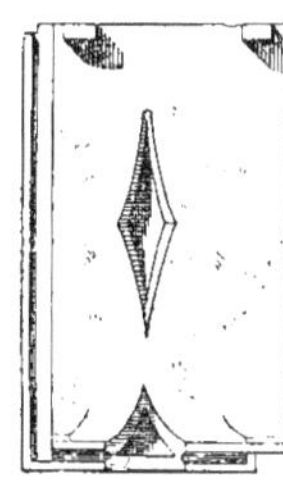
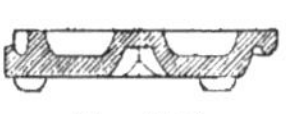

Fig. 3413.

Le type n° 2, représenté par la figure 3414, est à nervure médiane et à joint vertical continu. Cette *tuile* est maintenue par deux crochets sur le lattis et s'engage dans la *tuile* immédiatement inférieure par un rebord qui entre dans une cannelure ménagée au-dessus de la nervure longitudinale en saillie sur le plan supérieur. La jonction dans le sens vertical avec la *tuile* voisine se fait par l'emboîtement d'un couvre-joint occupant une des arêtes avec une cannelure que porte le côté contigu de la *tuile* voisine.

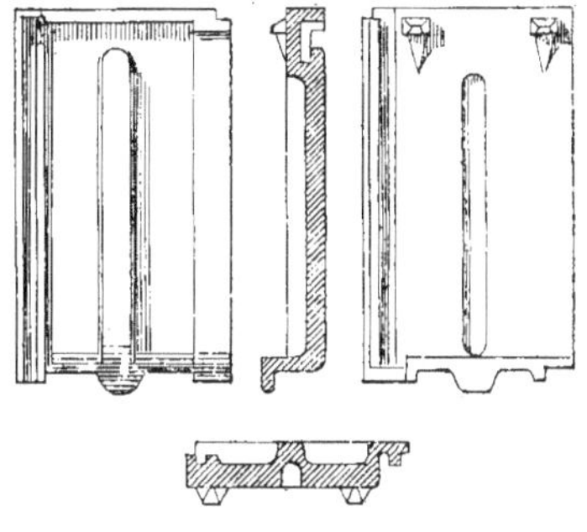

Fig. 3414.

Le type n° 3, dit à double recouvrement (fig. 3415), est de beaucoup le plus estimé; plus long que le type n° 2 et aussi large, il présente la même surface découverte. Sa jonction dans le sens vertical est encore un emboîtement par retombée du couvre-joint dans une cannelure longitudinale; mais elle est beaucoup plus solide. La nervure médiane n'existe pas, ou du moins elle est reportée sur la gauche, au long de la

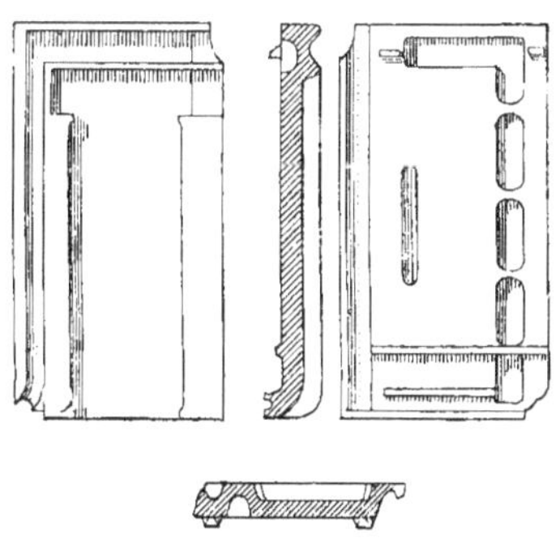

Fig. 3415.

cannelure dont elle forme le rebord intérieur. Cette nervure et le couvre-joint, de même saillie, se joignent par contact en épaisseur dans l'assemblage du joint, formant un relief large de 0m,07. Une cannelure de 0m,03 de largeur, aussi profonde, est creusée dans le rebord de tête de la *tuile* et forme écoulement dans la cannelure du joint vertical. Le rebord de base est rainé en larmier. Un second rebord parallèle à ce dernier, distant de 0m,07 de son arête extérieure, saillant de 0m,015, traverse la *tuile* dans toute son étendue plane, de manière à tomber, par assemblage, dans la cannelure du rebord de tête pour y former, après ce rebord même, un nouvel obstacle à l'infiltration des eaux.

MM. Gilardoni fabriquent en terre molle et, malgré la forte cuisson à laquelle ils soumettent leurs *tuiles*, celles-ci sont parfaitement droites, elles rendent, sous le choc, un son métallique pur, offrent une grande résistance et ne sont pas gélives.

MM. Muller et Cie, à Ivry-sur-Seine, M. Fox, à Saint-Genis-Laval (Rhône), fabriquent des *tuiles* Gilardoni qui sont

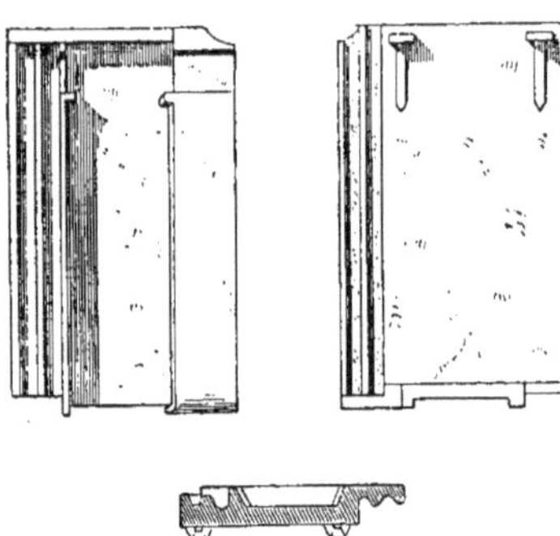

Fig. 3416.

dépourvues des saillies de base et de tête de la nervure formant agrafe. La figure 3416 représente les deux faces et une coupe transversale de la *tuile* Fox.

La pente ordinaire à employer avec ces diverses *tuiles* est de 0m,40 par mètre. Les jours, les ventilations, les tabatières, œils-de-bœuf, se font sans raccords, par la disposition même des *tuiles* de fonte ou de terre, de doubles, triples ou plus grandes dimensions, s'emboîtant avec les autres.

Les *tuiles losangiques* sont des *tuiles* s'assemblant entre elles par joints obliques, contrairement aux précédentes, qui s'assemblent toutes par joints horizontaux et verticaux. Parmi les *tuiles* losangiques régulières, nous citerons

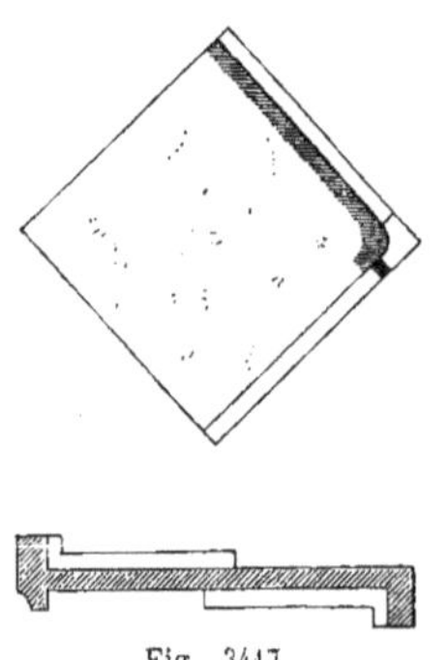

Fig. 3417.

la *tuile Courtois*, dont la figure 3417 représente la face supérieure et la figure 3418 la face inférieure. Sa forme est exactement carrée; elle se pose une

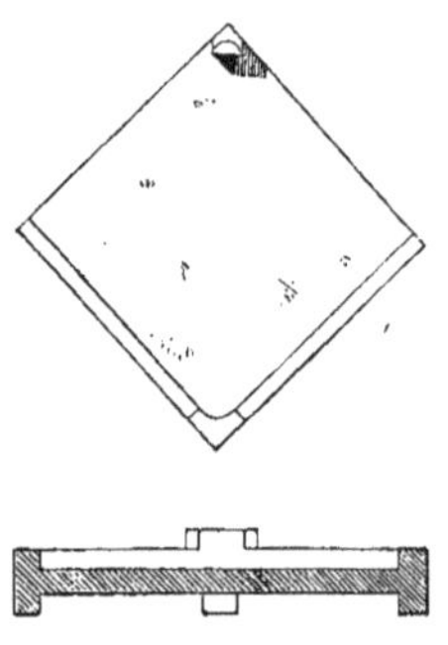

Fig. 3418.

pointe en bas, l'une des diagonales du carré étant horizontale, et l'autre étant dirigée, par conséquent, suivant la ligne de plus grande pente. Les rebords des deux côtés de la *tuile* qui sont tournés vers le bas du comble font saillie sur la face inférieure et les deux autres sur la face supérieure. Ces *tuiles* se fixent, au moyen d'un crochet, sur un lattis disposé en forme de treillis. Elles ont 0^m,62 de côté ; on peut donner aux couvertures ainsi formées une très faible inclinaison ou une forte pente.

La *tuile Josson* (fig. 3419) est une *tuile* losangique irrégulière fréquemment employée. Cette *tuile*, dont l'aspect se rapproche de celui d'une feuille d'arbre,

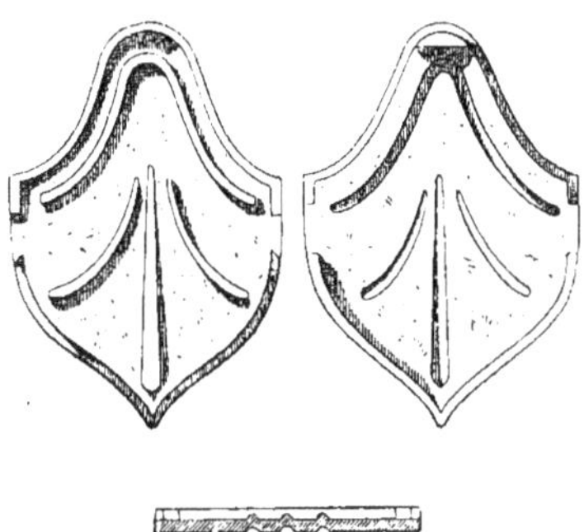

Fig. 3419.

a sa pointe en accolade avec double rebord en dessous. Sa tête porte, sur le pourtour, un rebord en dessus ; un relief égal y trace un second rebord, à petite distance du premier, et ainsi, tout en la renforçant, ménage, en arrière des joints obliques, une cannelure destinée au rejet sur la toiture des eaux qui pourraient s'infiltrer par les joints. Une triple nervure renforce la *tuile* en son milieu ; en tête, le revers porte un crochet. Il y a deux grandeurs de *tuiles Josson*, le *grand moule* et le *petit moule*. Leur couleur habituelle est rouge, mais il y en a de grises, et en les combinant, on peut obtenir des dessins variés.

Nous citerons encore, comme *tuiles* de bonne qualité, mais sans entrer dans le détail de leur description, les *tuiles Demimuid* de deux modèles : le premier dit *ogival*, le second *à double face ;* les *tuiles Martin* à Marseille ; les *tuiles Dumont* à Roanne ; les *tuiles Legrand* à Sées (Orne) ; les *tuiles Delagrange* à Sermoise (Nièvre), etc.

Au point de vue de l'entretien et de la durée des couvertures en *tuiles*, les conditions suivantes sont recommandées : solide charpente, lattis sans flexion, *tuiles* de bonne qualité à surface lisse ; pente inclinée au-delà de celle ordinairement suffisante, aérage facile de la face inférieure des *tuiles* et du lattis.

Le tableau suivant fournit quelques données pratiques relativement à ces divers genres de *tuiles* :

	DÉSIGNATION	DIMENSIONS de chaque *tuile*. Hauteur	DIMENSIONS de chaque *tuile*. Longueur	POIDS d'une *tuile*.	NOMBRE par mètre carré de toiture.	POIDS du mètre carré compris le lattis.	PENTE Minimum d'inclinaison sur l'horizontale par mètre de portée.
Tuiles anciennes.	Plate Bourgogne g^d moule	0^m,30	0^m,25	2^k,405	36,40	88 k.	0^m,75
	» » p^t moule	0,24	0,195	1,320	64,10	86	1,00
	Creuse Bourgogne.......	0,37	0,19 / 0,16	2,000	34 à 38	90 à 100	0,50
Tuiles nouvelles.	Gilardoni rectangulaires à joint vertical continu..	0.38	0,23	2,724	15,15	42	0.50
	Muller..................	0,38	0,23	2,945	15,15	45	0,50
	Gilardoni à joint vertical discontinu...........	0.38	0,23	2,545	15,15	39	0,50
	Courtois................	0,36	0.36	2.335	18,52	44	0,75
	Josson grand moule.....	0.40	0.28	2.285	22.32	51	0,60
	Josson petit moule......	0,28	0,19	0,785	47.87	38	0,75
	Demimuid ogivale.......	0,34	0,17	1,115	42,02	47	0,60
	Demimuid double face..	0,40	0,21	1,245	28,01	35	0,60

Outre les *tuiles* que nous venons d'énumérer, il y a les *tuiles faîtières*, les *tuiles de rive*, etc. (voy. ces mots).

Fabrication des tuiles. Les qualités que doivent présenter ces matériaux sont les suivantes : *imperméabilité, légèreté, sonorité*, résistance suffisante pour supporter le poids d'un homme, forme telle que l'eau n'y puisse séjourner, substance inattaquable à la gelée.

Le mode de préparation des terres pour la fabrication des *tuiles* est le même que pour les briques ; cette opération demande seulement beaucoup de soin. Le façonnage s'exécute à la main ou à la machine.

Le moulage à la main se pratique encore fréquemment pour la fabrication des *tuiles* communes ou simples plaques rectangulaires, munies d'un talon ou crochet qui sert à les retenir aux lattes de la couverture. Le mouleur découpe la terre préparée en tranches minces, auxquelles il donne la dimension voulue, à l'aide d'un moule ou châssis rectangulaire en bois ou en métal. La galette ainsi formée passe entre les mains d'un ouvrier ployeur, qui lui donne la forme légèrement convexe qu'elle doit avoir, au moyen d'un autre moule, dont le fond présente la courbure nécessaire. Dans un trou dont ce fond est muni, la terre est refoulée et forme le crochet. La *tuile* est ensuite portée au séchoir, puis rebattue et dressée avant la dessiccation complète.

Le moulage à la main, qui ne pourrait, d'ailleurs, s'appliquer aux *tuiles* dites *à emboîtement*, est remplacé, dans toute usine importante, par le façonnage à la machine. Les procédés mécaniques sont basés sur deux modes de fabrication : le moulage en terre molle et le moulage en terre dure.

Dans le moulage en terre molle, la terre, soumise à un travail préparatoire très soigné, est comprimée dans un moule en plâtre ou en métal, posée sur une planchette à claire-voie, puis portée au séchoir. Parmi les engins les plus usités pour effectuer le travail en terre molle, il faut citer la presse à vis : dans cette machine, la terre, mise en plaque sur un moule en plâtre, est comprimée par un contre-moule fixé à la partie inférieure d'une vis qui reçoit son mouvement de rotation dans un sens ou dans l'autre d'un levier à deux branches. Il suffit de donner deux ou trois coups de balancier. Cet appareil permet de mouler de 15 à 1,800 *tuiles* par jour en trois coups de balancier. Une machine à *tuiles* en terre molle très estimée est celle de MM. Schmerber frères, constructeurs à Talyoscheim, près Mulhouse. L'élément principal de cet appareil est un porte-moules à cinq faces animé d'un mouvement de rotation intermittent et dans lequel s'effectue la compression des plaques de terre préparée.

Le moulage en terre dure ne date que de l'introduction des moyens mécaniques dans le façonnage des produits céramiques. Le développement qu'il a pris est dû à plusieurs causes ; la première, c'est que, par exemple, pour les produits estampés, il permet l'emploi de moules métalliques qui leur donnent des formes très nettes, très régulières, des surfaces unies et souvent un peu glacées par le fait de l'interposition du corps gras nécessaire pour le démoulage. La forte adhérence de l'argile sur les métaux dans le moulage en terre molle nécessite l'emploi de moules en plâtre, naturellement peu résistants et qui exigent de fréquents remplacements. Le deuxième avantage de la fabrication en terre dure est la manipulation plus facile de produits presque secs, rigides aussitôt que fabriqués et ne demandant qu'un seul ébarbage, qui peut s'effectuer immédiatement. En outre, il y a organisation plus simple et moins dispendieuse des usines, les opérations préliminaires telles que le séchage de l'argile extraite, le concassage, le trempage, étant supprimées et la dessiccation des produits moulés s'effectuant plus vite. Enfin, l'opinion généralement répandue est que ce produit peut résister autant que si l'argile avait été mise en pâte. Nous ferons cependant observer que cette argile, dans l'état actuel des procédés, est plus ou moins feuilletée, plus ou moins poreuse et de la texture des ardoises, ce qu'il est facile de distinguer au moyen de la loupe. En effet, quels que soient les moyens et les machines employés, on arrive difficilement à produire des pâtes aussi homogènes, aussi compactes que celles faites à l'aide du trempage avec l'eau; bien plus, quand il s'agit de former une pâte avec des terres de nature et de couleurs différentes, on se borne généralement à des mélanges grossiers par couches alternées avant le passage par des cylindres et des malaxeurs. D'autres fois, le mélange et la trituration se font par de nombreux passages entre des cylindres, cannelés ou non, suivis ou non de malaxeurs, avant l'effet de la machine de compression qui sert à façonner les galettes. Dans d'autres cas aussi, l'on divise, par des cylindres cannelés ou unis, ou d'autres appareils, les diverses argiles, avant de les mélanger et de les triturer entre de nouveaux cylindres précédant le malaxeur et la galetière.

L'emploi des cylindres granulateurs Dumont a constitué un progrès sous le rapport de l'intimité des mélanges et de la trituration. Ces cylindres sont formés de segments ou plaques de fonte, ayant $0^{m},04$ d'épaisseur et percés d'une infinité de petits trous coniques de $0^{m},006$ de diamètre à la partie extérieure et $0^{m},010$ environ à la partie intérieure. La terre, jetée dans une trémie, passe d'abord entre les cylindres unis en fonte qui l'écrasent, puis tombe entre les deux cylindres troués, qui se touchent presque et la forcent à passer par les trous dont ils sont percés, pour en sortir et tomber dans l'intérieur à l'état vermiculaire. On obtient ainsi une division très grande de la masse et une grande rapidité dans le travail de mélange et de malaxage. La terre granulée tombe de chaque côté des cylindres par des intervalles ménagés à cet effet et peut être portée à la galetière. M. Müller, pour obtenir un mélange encore plus intime et une trituration qui assure aux produits le plus de qualités possibles comme homogénéité, soumet les argiles à une série d'opérations pour lesquelles il se sert d'appareils groupés ainsi qu'il suit : les argiles sont passées dans la tailleuse, soit toutes mélangées, soit jetées successivement dans les proportions indiquées par l'expérience; la tailleuse, en coupant, déchirant, séparant toutes les parties de ces terres, opère un deuxième mélange ; au sortir de ces engins, les argiles menues tombent entre les cylindres granulateurs Dumont, ou dans tout autre appareil remplissant le même but. Les grains d'argile, ainsi mélangés parfaitement, sont, quand le temps et les locaux le permettent, abandonnés en tas, autant que possible dans une cave ou dans un atelier à l'abri des courants d'air, afin de se maintenir dans un état d'humidité égal et que l'habitude permet de déterminer au moment des mélanges. C'est seulement ensuite que ces terres, bien divisées et triturées, sont livrées aux cylindres cannelés ou non et successifs, puis aux malaxeurs, à la galetière, enfin aux presses ou tous autres appareils de moulage.

Parmi les meilleures machines propres à effectuer le moulage en terre dure, nous citerons celle de MM. Boulet frères. C'est une machine analogue à celles à briques creuses, sans couvercles des boîtes, et où la conduite des pistons est effectuée par un excentrique. La terre sort de la filière en galettes très dures, que l'on coupe à la longueur nécessaire pour former les *tuiles*. Cet engin peut produire quotidiennement 6,000 *tuiles*. Les galettes sont portées à la presse, où elles sont comprimées dans des moules portés par des chariots qui glissent sur des rails et sont amenés sous un plateau qu'un excentrique fait descendre et qu'un contrepoids relève. Les *tuiles* retirées des moules sont ébarbées et transportées aux séchoirs.

Les fours voûtés peuvent être utilisés pour la cuisson des *tuiles*; mais cette opération demande les soins les plus attentifs, à cause des défauts qui se produisent sur les *tuiles* selon qu'elles ont subi une trop faible ou trop forte cuisson. Pour éviter le dernier inconvénient, il ne faut pas, dans l'enfournement, placer les *tuiles* directement au-dessus du foyer; on les en sépare par des rangs de briques. Dans les fours annulaires et, en général, dans les fours du système Hoffmann, où l'on enfourne souvent la moitié ou les trois quarts en *tuiles*, et le reste en briques, il est facile de garantir la *tuile* contre les effets fâcheux de la trop grande proximité du combustible en incandescence. Si l'on veut cuire exclusivement de la *tuile* dans les appareils de ce genre, on peut construire des puits de chauffage fixes en briques réfractaires, et fermer ces puits, de manière à mettre complètement les *tuiles* à l'abri contre les coups de feu. On peut aussi avoir à cuire des *tuiles* qui prennent de mauvaises nuances par l'effet des cendres volatiles ou des gaz de combustion, et ce défaut se présente souvent lorsque l'enfumage ayant lieu uniquement sous l'influence de la chaleur développée par les gaz et fumées issues du foyer, la buée mélangée auxdits gaz peut se précipiter, se condenser et s'attacher à la surface des produits fraîchement enfournés. Cela arrive notamment lorsque ces derniers produits sont froids et que ceux précédemment enfournés contiennent encore beaucoup d'humidité, leur enfumage n'ayant pas été suffisamment effectué. Pour éviter cet inconvénient, on a imaginé de prendre l'air chaud en excès qui s'échappe des produits déjà cuits et en refroidissement, pour enfumer et sécher les produits enfournés les derniers. Cet air chaud est amené par des carneaux dits d'*enfumage*, établis dans le haut et dans le bas des compartiments récemment enfournés. Dans le four annulaire, le carneau d'enfumage du haut est un canal parallèle à la grande galerie, placé sur la paroi inférieure du four, et pouvant être mis en communication avec chaque partie de l'appareil, de telle sorte qu'il est aisé d'établir un courant d'air chaud du compartiment en refroidissement au compartiment à enfumer. Les carneaux d'enfumage du bas sont situés en dessous des murs extérieurs du four ou même en dehors du four, mais toujours en contre-bas du sol, et ils ont une ouverture à chaque porte d'enfournement. Ces ouvertures restent fermées, sauf les deux qui doivent servir à mettre en communication le compartiment d'où l'on retire la chaleur et celui qui doit la recevoir. On bouche ensuite, à l'extérieur, ces deux portes d'enfournement, et le courant d'air chaud est établi par le carneau du haut.

Quant à ce qui concerne les différentes sortes de fours employés pour la cuisson des *tuiles*, nous renvoyons le lecteur aux détails que nous avons donnés à l'occasion de la cuisson des briques (voy. *Four*). Nous dirons seulement ici quelques mots du mode de chauffage par les gaz combustibles, que son prix rend onéreux pour la cuisson des produits ordinaires, mais qui peut être avantageux pour des produits plus chers, tels que la *tuile*. Ce système repose sur le principe suivant : la combustion n'étant autre chose que la combinaison de corps combustibles avec l'oxygène de l'air, cette combinaison ne peut être complète que lorsqu'il y a contact entre toutes les molécules de ces corps. Partant de là, M. Muller reprit, en 1869, l'étude de cette question, qui avait déjà été entreprise auparavant, mais qui n'avait pas donné des résultats satisfaisants. A cet effet, il réduisit le combustible solide en oxyde de carbone, dans un gazogène séparé du four et fit arriver ce gaz là où il devait être brûlé en présence de l'air; il suffisait de régler la proportion des deux éléments pour obtenir un mélange parfait et une combustion complète. Dans les divers essais qu'il exécuta, M. Muller fit tantôt traverser à la *tuile* un écran de gaz brûlant, tantôt mouvoir, au contraire, un écran de feu dans un four formé d'un canal horizontal, et donnant à la zone brûlante une vitesse variable, suivant les produits à cuire. Avec ce dernier système notamment, les résultats ont été bons. Nous avons vu que les Allemands se sont engagés aussi dans cette voie du chauffage au gaz, qui est bien le mode de cuisson par excellence, mais qui est coûteux, dangereux même, et n'a pas encore suffisamment fait ses preuves.

Tuiles émaillées, vernissées. Une des meilleures garanties de faible entretien et de longue durée pour les couvertures en terre cuite est l'emploi de *tuiles vernissées*, c'est-à-dire revêtues d'une couche vitreuse conservatrice et que l'on colore diversement en blanc, en jaune, en brun, en vert, en bleu, etc., afin de pouvoir en former, au besoin, de riches mosaïques.

Au moyen âge, le goût des belles et brillantes couleurs, aussi bien pour les toitures que pour les murailles et pour les meubles, fit adopter l'usage des *tuiles* vernissées.

Ces *tuiles* offrent divers avantages sur les *tuiles* ordinaires ; les neiges et les pluies y glissent plus facilement ; elles sont moins perméables et, par conséquent, plus résistantes. De plus, au contraire de la *tuile* commune, qui se couvre à la longue de mousses et de végétaux parasites, aggravant tous ses défauts, l'émail des *tuiles* vernissées brille du plus vif éclat lorsque la surface en a été lavée par la neige et les pluies.

On remarquera que les couleurs employées pour ce genre de décoration présentent généralement des tons francs, simples, énergiques. Le bleu et le blanc sont, d'ordinaire, évités, et le vert est la seule couleur composée qui soit admise.

De nos jours, le vernissage des *tuiles* est très usité en Bavière ; les émaux choisis sont fins et les couleurs douces. En France, cet usage tend à se généraliser. Il y a une vingtaine d'années, M. Richomme, fabricant, lui a donné une vive impulsion, en produisant des *tuiles* semblables de forme aux *tuiles* bavaroises et, comme elles, diversement colorées en blanc, en jaune, en brun, en vert, en bleu, etc.

La fabrication de ces produits exige de très grands soins ; la préparation de l'argile en est surtout la partie importante. D'après les expériences faites à Munich, voici deux mélanges très usités pour la composition de la pâte : 1° terre glaise, 1 volume ; argile rouge, 1/2 volume ; sable de quartz, 1 volume ; 2° marne, 1 volume ; sable de quartz, 1 volume.

Un émail qui convient parfaitement à des argiles ainsi préparées est le suivant, les proportions étant indiquées en poids : cendre de plomb, 12 parties ; litharge, 4 parties ; sable de quartz, 3 parties ; alumine blanche, 4 parties ; sel marin, 2 parties ; verre pilé, 3 parties ; nitre, 1 partie.

Le mélange intime des éléments est la première des conditions de la préparation de ces argiles. A cet effet, on les pulvérise, à l'état sec, par le battage ou mieux par le broyage à l'aide de cylindres, puis on les passe au tamis fin, enfin on les délaye dans l'eau pour obtenir un mélange plus parfait.

A Munich, on emploie généralement des *tuiles* plates, qu'on appelle queues de castor ; on les façonne dans des moules à la manière ordinaire, on les dessèche avec précaution et on les calcine fortement. Pour affranchir leur surface des impuretés qui ont pu s'y déposer pendant le séchage et la cuisson et aussi pour savoir si elles contiennent de la chaux, on les plonge dans l'eau pendant un ou deux jours ; la chaux, s'il y en a, s'éteint et crevasse la *tuile*, ce qui, après l'application de l'émail, serait très nuisible à ce dernier. Les éléments du vernis sont également passés au tamis et bien mélangés ensemble ; on les vitrifie ensuite par la fusion dans des creusets. Le verre obtenu est finement pulvérisé avec de l'eau sur des moulins à émail, et mis ainsi en état d'être appliqué.

La blancheur de ce verre peut être considérablement rehaussée, si, avant de transformer le plomb en cendre, on ajoute, pour 50 kilogr. de plomb, 10 à 12 kilogr. d'étain ; on peut enfin colorer diversement cet émail par l'addition des substances suivantes pour 10 kilogr. de pâte d'émail :

Pour le brun violet foncé, 1/2 kilogr. de manganèse ;

Pour le violet, 1/4 kilogr. de manganèse ;

Pour le rouge, 3/8 kilogr. de manganèse ;

Pour le vert, 1/4 kilogr. de cendre de cuivre ;

Pour le jaune d'or, 1/2 kilogr. d'antimoine ;

Pour le bleu clair, 30gr,5 d'oxyde de cobalt rouge ;

Pour le noir, 10 grammes de litharge et 5 grammes de manganèse.

On ne fond pas ces matières ; on les broie, on les tamise et on les moud finement sur le moulin à émail. L'intensité des tons obtenus dépend de la plus ou moins grande quantité de matières ajoutées ; on peut ainsi obtenir les nuances que l'on cherche. Du reste, avant de colorer l'émail dans toute sa masse, il est bon d'essayer la couleur, parce que les matières colorantes fournies par le commerce présentent un degré de pureté très variable. L'émail coloré s'applique au pinceau et, pour l'incorporer dans la *tuile*, on soumet celle-ci à une seconde cuisson, plus faible que la première. L'égalité de coloration dépend beaucoup du degré de chaleur auquel les produits sont portés ; l'expérience seule peut ici servir de guide.

A Paris, l'usage des *tuiles vernissées* commence à se répandre ; la gare du Champ de Mars, construite à l'occasion de l'Exposition universelle de 1878, offre un curieux spécimen de ce genre de couverture.

Outre la terre cuite, les métaux tels que le zinc, la tôle et le plomb ont été parfois employés pour la fabrication de *tuiles*.

Comme *tuile* en zinc, nous citerons :

1° La *tuile Le Bobe*, rectangulaire et à joint vertical continu, présentant une surface découverte de 0m,41 sur 0m,28, portant à droite un ourlet et à gauche un relief, s'agrafant avec les *tuiles* voisines dans le sens vertical et dans le sens horizontal ; l'usage de cette *tuile* a été abandonné pour celui de la couverture en zinc à grandes feuilles ;

2° La *tuile Chibon*, rectangulaire aussi et à joint vertical continu, portant à droite un relief et à gauche un couvre-joint, ayant la face ornée de nervures estampées, très peu saillantes ; cette *tuile*, inférieure à la précédente, n'a guère été employée que pour couvrir des hangars.

La *tuile Rabatel* est une *tuile* en tôle zinguée, de forme losangique, à angles presque droits, bordée de plis sur les quatre côtés, ceux du bas en dessous, ceux du haut en dessus, pour former des agrafures plates, par assemblage.

Nous ferons observer, en passant, que l'emploi du zinc, sous forme de *tuiles*, exige des toits rapides à cause de l'infiltration possible des pluies par les joints nombreux qu'il présente ; il vaut mieux alors couvrir en ardoises ou en terre cuite.

Les *tuiles* en plomb, ayant la forme de *tuiles* plates, sont taillées comme des ardoises. On n'en a fait usage que sur des flèches aiguës, sur des dômes de petites dimensions et dans d'autres circonstances analogues.

Tuileaux, *s. m. pl.* — Morceaux de tuiles ou de briques cassées qui, broyés et mélangés avec de la chaux, produisent un ciment, dont on se sert pour sceller des pièces de fer; les paveurs l'emploient quelquefois aussi pour lier entre eux les pavés des cours.

En plus gros fragments, les *tuileaux* servent à faire des voûtes de four et des contre-cœurs de cheminées.

Tuilerie, *s. f.* — Ensemble composé d'un grand bâtiment, de plusieurs fours et de hangars où l'on fabrique la tuile.

Les hangars, appelés aussi *hâles*, sont des endroits couverts, percés sur toutes les faces d'embrasures, au travers desquelles l'air et le vent passent, pour donner ce qu'on appelle du *hâle*. Il est essentiel, en effet, de faire d'abord sécher la tuile à l'ombre, car ces objets, exposés frais au soleil, seraient gercés et gauchis.

Très souvent, la *tuilerie* et la *briqueterie* sont réunies dans le même ensemble de bâtiments, et les deux noms s'emploient quelquefois l'un pour l'autre.

Tulipier, *s. m.* — Nom donné à l'un des plus beaux arbres de l'Amérique du Nord qui appartient à la famille des magnoliacées.

Le cœur de cet arbre est jaune plus ou moins foncé; l'aubier est blanc.

Le *tulipier* est moins léger que le peuplier; son poids spécifique varie de 0,471 à 0,485; son grain est aussi fin, mais plus serré, et, quoique plus dur, il se travaille plus facilement et se polit bien. Il résiste longtemps aux injures de l'air lorsqu'il est dépouillé de son aubier; son principal défaut, quand il est débité en planches et que ces planches sont employées dans toute leur longueur au dehors, est de se tourmenter par les alternatives de la sécheresse et de l'humidité.

On emploie le *tulipier*, dans l'Amérique du Nord, à faire des chevrons pour les étages supérieurs des maisons. Partout où il est abondant, on s'en sert pour revêtir intérieurement la charpente des maisons; on en fait des boiseries, des panneaux de portes; quelquefois même, on l'applique au dehors.

Tumeur, *s. f.* — Maladie des bois analogue aux *loupes*, *exostoses*, *dépôts* et *abcès* (voy. ces mots), occasionnée par la détérioration du liber et l'affluence de la sève en certains points.

Quand un arbre est atteint de ces défauts, on n'en peut tirer des pièces de grande longueur.

Tumulus. — Mot qui vient du verbe *tumeo*, signifiant *être enflé*, *gonflé;* aussi, a-t-on donné ce nom à une éminence naturelle de terre, comme un *tertre*, un lieu élevé, et par analogie, à l'éminence factice produite par l'amoncellement des terres au-dessus d'une sépulture.

Le *tumulus* fut, en réalité, le tombeau primitif adopté à la fois par tous les peuples, et les plus vastes constructions sépulcrales n'en ont été, pour ainsi dire, que des imitations successives, des dérivés; chaque nation s'efforça même de surpasser en hauteur les tertres funéraires élevés par ses voisins. C'est ainsi que les Lydiens érigèrent, sur le tombeau de leur roi Alyattes, père de Crésus, un *tumulus* qui, selon Hérodote, avait plus d'un kilomètre de circonférence. Le tombeau de Ninus, dit Diodore de Sicile, était si vaste et si élevé que de loin on le prenait pour la citadelle de Ninive. Homère parle de tertres placés près de Troie et recouvrant des sépultures.

Aux environs de Smyrne, on voit plusieurs *tumuli* à base circulaire et reposant les uns sur un soubassement en maçonnerie, les autres sur le roc. Le plus important est celui qu'on désigne sous le nom de *tombeau de Tantale*, à cause des rapports qu'il présente avec la description de Pausanias; la base de ce monument décrit un cercle parfait, et le couronnement était conique ; sa hauteur totale mesurait 27m,60, et son diamètre est de 35m,60 ; au centre, était une chambre rectangulaire.

Athénée, écrivain grec contemporain de Marc-Aurèle, rapporte que « dans les plaines de la Laconie, on voit des collines élevées de main d'homme, plus fréquentes en ce pays que dans tous les autres, et qui ont été construites avant la naissance des arts, pour servir de tombeaux à des chefs. »

Virgile parle des masses de terre élevées sur les os à demi consumés des guerriers tués dans le combat. Servius, commentateur de Virgile, donne à ces monticules le nom de *tumuli*.

Les sépulcres de l'ancienne Étrurie, même ceux qui sont revêtus de maçonnerie, sont de véritables *tumuli*.

Pallas, qui a parcouru les régions immenses de l'Asie, qui semblent avoir été le berceau de l'humanité, a vu partout des monticules coniques, monuments funéraires isolés ou réunis parfois en grand nombre sur un même terrain. On en retrouve sur les bords du Danube, chez les Scandinaves et jusque dans les régions les plus diverses de l'Amérique.

Le sol de la France et celui de l'Angleterre présentent de nombreux *tumuli*, dont l'érection remonte à l'époque qui a précédé la conquête romaine.

Dans la Grande-Bretagne, ces monticules, connus sous le nom de *barrows*, ont des formes assez variées ; les uns ressemblent à une demi-sphère, les autres à un demi-œuf posé sur le plat ; quelques-uns sont très allongés ; d'autres sont coniques ou ont l'aspect de cloches. On en trouve même qui sont doubles, c'est-à-dire accolés.

Les *tumuli* de la Gaule ont l'aspect de buttes coniques ou allongées, ayant quelquefois une grande hauteur. Certains de ces monuments sont composés de pierres et non de terres amoncelées ; on les appelle *galgals*.

Enfin, toutes les observations faites dans tous les pays tendent à confirmer cette assertion, que les monticules de terre furent, avec les pierres brutes dessus, les premiers monuments funéraires élevés par la main de l'homme.

Tune, *s. f.* — Couchis de fascines traversé de plusieurs rangées de piquets et de clayons que l'on recouvre d'un lit de gros gravier de 0m,16 à 0m,19 d'épaisseur, et qui sert à arrêter le pied des travaux exécutés dans l'eau.

Tunnel, *s. m.* — Voie de communication souterraine destinée à livrer passage à des routes, des chemins de fer ou des canaux.

Dans ce genre de travaux, il n'y a pas de règle fixe pour choisir la tranchée à ciel ouvert ou la voie souterraine, c'est-à-dire le *tunnel ;* mais on admet généralement que, si une tranchée doit avoir de 8 à 10 mètres de largeur au fond, si les berges peuvent être inclinées suivant le talus naturel des terres, et que la profondeur dépasse 16 mètres, il y a avantage à établir un *tunnel*, malgré les difficultés plus grandes d'exécution. Les inconvénients de la tranchée à ciel ouvert, dans ces circonstances, sont les frais considérables de main-d'œuvre et d'acquisition de terrains pour dépôts, frais occasionnés par la fouille d'une énorme quantité de déblais, par leur mise en cavalier ou leur transport à une grande distance.

Dans le cas où les berges, coupées à pic, devraient être maintenues au moyen d'étaiements pour pouvoir construire les galeries, le percement souterrain doit être substitué à la tranchée à ciel ouvert, dès que la profondeur de celle-ci atteint de 10 à 12 mètres.

Dans ce dernier cas, les fouilles s'attaquent à la fois par les deux extrémités et par des puits pratiqués de distance en distance. Les déblais des extrémités s'enlèvent à la brouette, au tombereau ou au wagon ; leur montage par les puits s'effectue au moyen de treuils ou autres machines élévatoires placées à l'orifice de ces puits. Les étaiements se font au moyen de cintres en charpente diversement agencés.

Dans les terrains résistants, on se contente d'un simple revêtement en maçonnerie; dans les terrains à charge

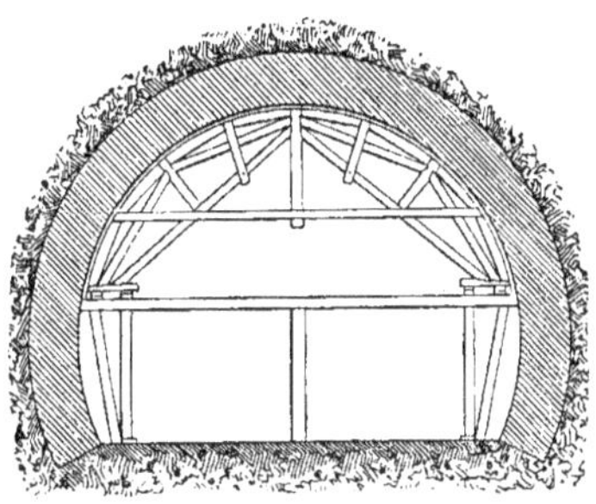

Fig. 3420.

exceptionnelle, dans les argiles, etc., on donne à ce revêtement (fig. 3420) une forte épaisseur et un *fruit* intérieur plus ou moins prononcé.

Dans les terrains de roches, on commence le travail en entrant en très petites galeries par les extrémités et en perçant des puits sur l'axe. Lorsque ces puits sont forés à la profondeur voulue, on perce, en avant et en arrière de chacun d'eux, dans l'axe du souterrain, une petite galerie que l'on appelle *trou-de-rat* et qui a pour dimensions $1^m,80$ de hauteur sur 1 mètre à $1^m,50$ de largeur.

Lorsque cette galerie est percée dans toute l'étendue du *tunnel*, on procède au déblaiement complet de la *couronne d'avancement*, c'est-à-dire de la partie supérieure, en demi-cercle, du souterrain. On exécute ensuite la fouille du *revanché*, partie inférieure comprise entre les pieds-droits du *tunnel*. Si l'on rencontre l'eau, on descend les puits à $1^m,50$ ou à 2 mètres en contre-bas du sol de la petite galerie, et à la hauteur de ce sol on les recouvre d'un fort plancher, percé seulement de trous pour le passage des tuyaux de pompes d'épuisement. Les eaux sont amenées dans chaque puits par une petite rigole de $0^m,50$ de largeur environ, creusée dans le sol de la galerie et que l'on recouvre de planches ou de pierres plates.

Dans les terrains ordinaires, sable, tuf, marne, etc., on creuse les puits jusqu'à 2 mètres environ en contre-bas du sol de la petite galerie ou trou de rat et en ayant soin de les blinder avec des planches ou des madriers maintenus par des cercles en fer ou en bois. On les recouvre ensuite, à la hauteur de la galerie d'axe, d'un plancher à travers lequel passe le tuyau de la pompe d'épuisement. On perce alors la galerie d'axe, à laquelle on donne $1^m,80$ de hauteur sur 1 mètre à $1^m,50$ de largeur et que l'on blinde, à mesure qu'elle s'avance, si le terrain n'est pas assez consistant pour se soutenir de lui-même. Il faut que le ciel ou plafond de cette petite galerie d'axe soit, autant que possible, à la hauteur définitive de l'extrados de la voûte du *tunnel*.

Un excellent préservatif contre les éboulements, dans les terrains de sable mouvant ou de terre légèrement fluide, est une couche de paille de $0^m,02$ à $0^m,03$ d'épaisseur, interposée entre les planches du blindage et le terrain.

Lorsque la galerie d'axe est creusée d'une des extrémités du souterrain à un puits, ou d'un puits à l'autre, on fixe l'alignement du souterrain, puis on procède à la fouille d'une galerie dite *moyenne*, à laquelle on donne généralement en largeur le tiers environ de la largeur de la voûte du *tunnel*, mesurée à l'intrados et, en hauteur, celle comprise entre le sommet de l'extrados de la voûte et une ligne passant à $0^m,50$ environ en contre-bas des naissances de cette voûte. On exécute cette fouille en creusant latéralement entre les intervalles des cadres du blindage de la petite galerie.

La galerie moyenne terminée et ses chevalements posés, on creuse de chaque côté des tranchées de $0^m,50$ de largeur environ pour placer les contre-fiches qui doivent compléter les fermes d'étaiement de la couronne d'avancement ; puis l'on pose les cadres de cette couronne à 2 mètres ou $1^m,50$ d'intervalle, selon le plus ou moins de résistance du sol. Des madriers vont d'un cadre à l'autre.

Les charpentiers posent alors les cintres de la voûte dans les intervalles des cadres d'étaiement, que l'on retire au fur et à mesure que la voûte avance. Celle-ci est exécutée par anneaux.

La partie supérieure de la voûte terminée, on exécute la partie inférieure, en creusant d'abord une tranchée d'axe de 2 mètres environ de largeur et opérant le déblaiement complet sur des longueurs alternatives de 3 à 4 mètres au plus, séparées par une longueur égale. Les pieds-droits sont construits en sous-œuvre, sur deux longueurs successives déblayées, et l'on enlève alors les déblais des parties intermédiaires pour y exécuter les pieds-droits. On continue de la même façon jusqu'à parfait achèvement du souterrain.

Dans ces sortes de travaux, les fouilles s'exécutent à la pioche, au pic, à la pince ou à la poudre. En ces derniers temps, on a utilisé pour des travaux de ce genre très importants, des outils d'une grande efficacité; les *perforateurs à air comprimé* dont la construction a pour principe fondamental l'emploi de l'air comprimé dans un cylindre dont le piston porte un fleuret percutant. C'est grâce à l'usage de ces appareils que l'on a pu achever en douze années le *tunnel* du Mont-Cenis, long de 12,220 mètres. Parmi les systèmes appliqués, celui de MM. Dubois et François, admis à concourir au percement du *tunnel* du Saint-Gothard est l'un de ceux qui donnent les meilleurs résultats. Sans entrer dans une description détaillée de cet appareil, nous dirons seulement que le perforateur se compose de deux parties ou ensemble d'organes principaux; l'air comprimé agit dans la première, pour donner à l'outil son mouvement alternatif de percussion et de rotation ; dans la seconde, on donne, à la main, un mouvement de progression général aux organes immédiatement reliés à l'outil. Il suit de là que lors du percement de roches excessivement dures telles que les quartzites ou les psammites, il est possible de ménager les fleurets en frappant rapidement, mais avec peu de violence, ce qui est souvent précieux pour la marche régulière du travail. On n'enlève au perforateur que peu d'effet utile, en agissant de cette manière; d'ailleurs, le petit excès de dépense d'air est largement compensé par l'économie obtenue dans l'entretien des fleurets. En galerie, les perforateurs sont supportés par des affûts ou chariots roulant sur l'une des voies ferrées qui servent à l'apport ou à l'enlèvement des matériaux. Les affûts employés par MM. Dubois et François sont formés principalement de barres de fer laminé et de quelques appendices en fonte, servant d'assises aux perforateurs ; de grosses vis, prenant point d'appui sur la charpente, servent à donner les inclinaisons les plus variées aux outils et permettent d'orienter les trous de mine suivant tous les besoins de la situation; le tout roule sur une voie ferrée, par l'intermédiaire d'un certain nombre de roues, en relation avec un ou plusieurs treuils, de puissance appropriée, pour l'approche ou le recul de l'affût, quand doit avoir lieu le tir des trous de mine. Pour une section de $2^m,30$ de hauteur sur $3^m,20$ de largeur, on se sert d'un affût portant quatre perforateurs. Voici comment on attaque la roche : lorsque l'affût a été amené en face de celle-ci, il n'y a qu'à tourner la clef d'un robinet qui met chaque perforateur en communication avec le réservoir d'air comprimé et le travail commence; l'équipe est de quatre hommes; le chef d'équipe indique la place et la direction de chaque trou de mine, change les fleurets et soigne l'injection d'eau dans les trous, s'il y a lieu de recourir à ce moyen, c'est-à-dire si la roche est dure; les deux autres hommes ouvrent les robinets ou les ferment, manœuvrent les vis réglantes des perforateurs, surveillent leur marche et règlent l'avancement du cylindre.

Avec ces outils, on réalise une vitesse de perforation de $0^m,40$ par minute dans les grès, de $1^m,50$ à 2 mètres dans les schistes et dans les rochers calcaires une vitesse qui atteint vingt fois celle qu'on obtient à la main.

Le transport des déblais se fait soit au moyen de bannes que l'on charge sur des brouettes pour les amener aux puits, soit au moyen de camions ou de wagons roulant sur chemin de fer et susceptibles d'être montés par les puits.

Une ventilation artificielle est souvent nécessaire pour faire parvenir l'air jusqu'aux ouvriers. Elle peut se faire simplement à l'aide d'un soufflet de forge refoulant l'air dans des tuyaux en cuir ou en toile, qui le portent au fond de la galerie.

Quant à l'éclairage, la lampe des mineurs et la chandelle sont encore les meilleurs procédés.

Turbie (*Pierre de la*). — Calcaire lithographique très dur, gris-blanchâtre ou jaunâtre, susceptible de poli et que l'on extrait des carrières de la *Turbie*, dans la commune de ce nom, près de Nice (Alpes-Maritimes).

La hauteur d'assise de cette pierre varie de $0^m,25$ à 1 mètre; elle pèse de 2,680 à 2,700 kilogr. le mètre cube et s'écrase sous une charge de 1,135 à 1,175 kilogr. par centimètre carré.

Turbine, *s. f.* — 1° Roue hydraulique dont l'axe au lieu d'être horizontal est vertical.

Il est d'usage ancien, dans le midi de la France, d'employer des roues horizontales dans les moulins; le même arbre qui porte la roue à sa partie inférieure, porte la meule mobile, à sa partie supérieure; cet arbre tourne sur pivot, dans une crapaudine enchâssée au milieu d'un *palier* que l'on élève ou baisse à volonté, suivant que l'on veut augmenter ou diminuer l'intervalle entre la meule tournante et la meule gisante. Ces roues perfectionnées par MM. Burdin, Fourneyron, etc., ont donné les *turbines*.

2° Ce mot a été employé en architecture comme synonyme de tribune, pour désigner soit certains petits jubés d'église, soit la tribune de l'orgue.

Turet (*Pierre de Ferrals, dite*). — Calcaire lacustre, très dur, provenant des carrières de Las Seignos, dans les communes de Ferrals et Fabrezan, près de Narbonne.

Cette pierre, de couleur gris-jaunâtre ou blanchâtre, celluleuse, concrétionnée, est connue dans le pays sous le nom de *Turet*; elle porte jusqu'à $1^m,80$ de hauteur d'assise.

Turquin, *s. m.* — Variété de marbre bleu à fond bleuâtre, avec veines plus intenses qui se fondent insensiblement dans la couleur de la masse.

Tuya, *s. m.* — Voy. *Thuya*.

Tuyau, *s. m.* — Nom général que l'on donne, dans une infinité de travaux, d'ouvrages et d'emplois divers, à toute espèce de conduit, ordinairement en forme de tube, qui sert, soit à l'écoulement ou à l'évaporation des liquides, soit à la transmission des liquides ou des gaz, soit encore à l'expulsion de la fumée, à la circulation de la chaleur, à la conduite et à la propagation des sons, etc.

Chez les Romains, les conduits qui distribuaient l'eau aux fontaines, aux bains et aux autres établissements publics et particuliers étaient de deux sortes : les uns, *fistulæ*, étaient en plomb; les autres, *tubuli*, en poterie. Vitruve préfère ces derniers : « Les *tuyaux* de poterie, dit-il, ont cet avantage qu'il est fort aisé de les raccommoder quand ils en ont besoin, et que l'eau y est beaucoup meilleure que dans des *tuyaux* de plomb, dans lesquels il s'engendre de la céruse, que l'on estime être très dangereuse et fort contraire à notre corps. » Toutefois, les Romains ne semblent pas avoir appliqué ce précepte, car les

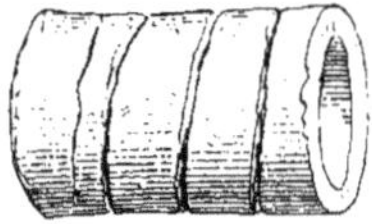

Fig. 3421.

fistulæ étaient beaucoup plus employées que les *tubuli*. Nous donnons (fig. 3421) un fragment de *tuyau* en poterie, de provenance romaine, qui est conservé au Musée céramique de Sèvres. Certaines conduites d'eau étaient formées de tuiles creuses accolées et réunies à l'aide de mortier. On a trouvé un canal de ce genre aux bains de Drévant, dans le département du Cher.

Des *tuyaux* en terre cuite, à section rectangulaire, comme le montre le fragment représenté par la figure 3422 et qui appartient également au Musée céramique de Sèvres, servaient à chauffer les salles des thermes romains. Ces

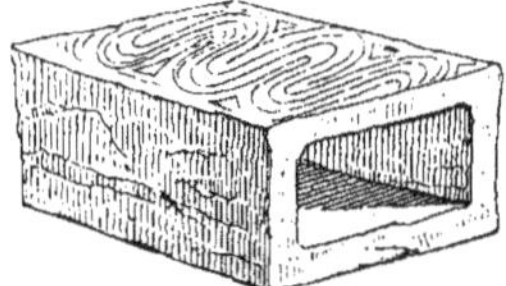

Fig. 3422.

tuyaux, incrustés dans les murs, puisaient la chaleur dans des fourneaux appelés *hypocaustes* (voy. ce mot), affectant une disposition toute particulière. Chacun de ces fourneaux était une chambre souterraine, de 0m,55 à 0m,60 de hauteur, qui constituait le plancher même des salles à chauffer.

Les matières employées pour la confection des *tuyaux* sont très diverses ; ce sont l'argile, le plomb, le zinc, le cuivre, la fonte, le fer, le ciment, etc.

Les *tuyaux de conduite* d'*eau* ou de *gaz* sont à *brides*, à *emboîtement* ou à *cordon* (voy. *Conduite*).

Les *tuyaux* que les plombiers fabriquent se divisent en *tuyaux fondus* qu'ils coulent dans des moules, et *tuyaux roulés*, faits de feuilles de plomb roulées sur un mandrin et soudées.

On appelle encore :

Tuyau à soupape, un *tuyau* de poêle muni d'une clef qui actionne une soupape ou un papillon, ce qui permet de donner plus ou moins de tirage au foyer ; on peut même, à l'aide de la soupape, fermer entièrement le conduit de la fumée, quand le combustible est entièrement carbonisé, à l'état de braise rouge, ce qui permet de concentrer toute la chaleur dans le foyer, puisqu'elle ne peut plus s'échapper par le conduit de la fumée ;

Tuyau avissé, un *tuyau* en tôle de petit diamètre, qui, au lieu d'être rivé, est seulement accroché contre la paroi intérieure d'un poêle ; ce genre de *tuyau* sert à reprendre la chaleur dans le local où il débouche ;

Tuyaux de chaleur, des *tuyaux* de fonte qui sont disposés dans un poêle de construction, pour recevoir de l'air qui s'y chauffe avant de passer dans le réservoir d'où il sort par les bouches de chaleur.

Tuyau de descente ; tuyau de chute (voy. *Descente, Fosse*).

Tuyau de ventilation (voy. *Ventilation*).

Tuyau d'orgue (voy. *Orgue*).

Tuyau de cheminée : conduit par lequel passe la fumée, et dont la longueur se mesure du dessus du manteau de la cheminée jusqu'à la sortie du comble ; en ce point, le *tuyau* est couronné d'un mitron en terre cuite, auquel on ajoute souvent, pour augmenter le tirage, un *tuyau* en tôle surmonté lui-même d'une mitre quelconque.

La construction des *tuyaux* de cheminée se fait soit en plâtre pigeonné, soit au moyen de briques ordinaires ou de formes spéciales, soit encore à l'aide de cylindres ou de prismes creux en fonte ou en poterie, en saillie sur les murs ou faisant corps avec eux.

Les *tuyaux* de métal offrent l'avantage d'occuper peu d'espace ; mais, placés dans l'intérieur des maçonneries, ils se dilatent et peuvent faire fendre les murs. De plus, leur température élevée peut réduire en chaux les pierres qui composent ces derniers et leur enlever ainsi toute leur solidité.

On a employé pour la construction des *tuyaux* de cheminées les briques Gourlier (fig. 3423) ; mais les *tuyaux* ainsi construits ont l'inconvénient de

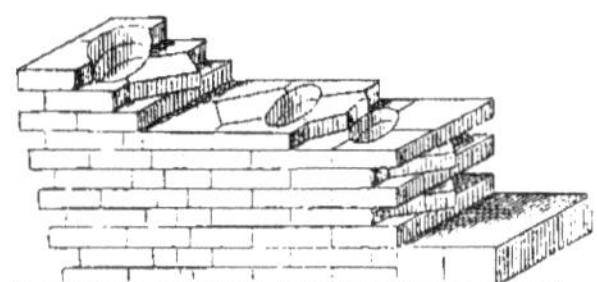

Fig. 3423.

présenter trop de joints. On a essayé aussi la disposition indiquée en plan et en coupe par la figure 3424, disposition dans laquelle les pièces de terre

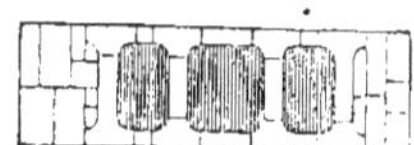

Fig. 3424.

cuite ont la même hauteur que les assises en moellons, mais où se retrouve le même inconvénient du grand nombre de joints verticaux, susceptibles en cas de tassement de s'ouvrir et d'établir des communications des *tuyaux* entre eux et avec les appartements.

On a donc remplacé ce système par celui de pièces en terre cuite réunies

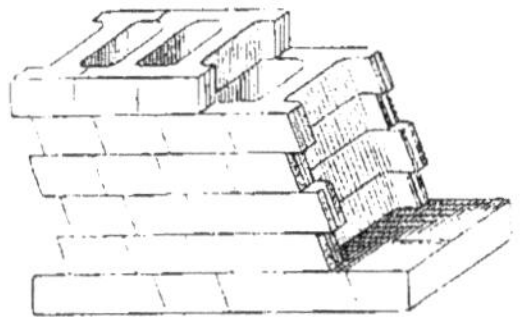

Fig. 3425.

entre elles (fig. 3425), de manière à n'offrir de joints verticaux que sur les faces extérieures des murs.

Enfin, tous les joints verticaux peuvent être évités par l'emploi du système que représente la figure 3426, qui

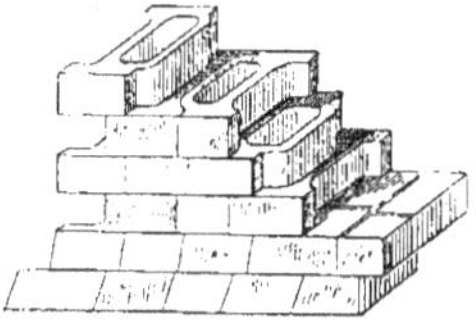

Fig. 3426.

montre des portions de cylindres accolées que l'on appelle aujourd'hui *wagons* (voy. ce mot). On obtient le dévoiement des *tuyaux*, au moyen de pièces obliques diversement inclinées.

Depuis quelques années, on remplace parfois les *tuyaux* séparés, qui écoulent la fumée de chacun des foyers d'une habitation, par un *tuyau* commun, dans lequel viennent se réunir tous les conduits particuliers des différents étages d'une maison. On donne à ces conduits généraux le nom de *tuyaux unitaires*.

On donne diverses qualifications aux *tuyaux* de cheminée, suivant la place qu'ils occupent ; ainsi, l'on appelle :

Tuyau adossé ou *apparent*, un *tuyau* qui fait saillie sur le nu du mur ;

Tuyau dans œuvre ou *dans l'épaisseur*, un *tuyau* construit avec le mur et ménagé dans son épaisseur;

Tuyau en hotte, un *tuyau* évasé par le bas, au-dessus du manteau;

Tuyau dévoyé, un *tuyau* qu'on monte incliné, pour le faire passer à côté d'un autre;

Tuyau passant, un *tuyau* qui, venant d'un étage inférieur, passe à côté d'un manteau de cheminée.

Législation. Il est, en général, défendu d'appliquer un *tuyau* de cheminée à un pan de bois ou à une cloison en menuiserie mitoyens ou non.

Quand le *tuyau* doit passer à proximité d'une pièce de bois, il faut entourer cette pièce d'un manchon de 0m,16, ou laisser, entre elle et le *tuyau*, un vide de même dimension.

Il est interdit de faire passer, à travers un *tuyau*, une solive ou toute autre pièce de bois, même recouverte d'une forte couche de maçonnerie.

Un arrêté du préfet de la Seine, en date du 15 janvier 1881, réglemente, ainsi qu'il suit, la construction des *tuyaux* de fumée dans l'intérieur des maisons de Paris :

« Art. 1er. L'établissement des foyers et des conduits de fumée dans les murs mitoyens et dans les murs séparatifs de deux maisons contiguës, qu'elles appartiennent ou non au même propriétaire, ne pourra être autorisé que sous les conditions suivantes :

« 1° Les languettes de contre-cœur au droit des foyers devront être en briques de bonne qualité et avoir au minimum 0m,22 d'épaisseur sur une hauteur de 0m,80 et une largeur dépassant celle du foyer d'au moins 0m,16 de chaque côté;

« 2° Les conduits de fumée devront être construits exclusivement en briques à plat, droites ou cintrées ;

« 3° Ces murs ne pourront recevoir de poutres ni solives que lorsqu'ils seront entièrement pleins dans la partie verticale au-dessous des scellements de ces solives ;

« 4° Les parties supérieures de ces murs constituant souches de cheminées, porteront un couronnement en pierre devant servir de plate-forme et faisant saillie d'au moins 0m,15 sur chaque face ; elles devront, en outre, être munies d'une main-courante en fer.

« Art. 2. Il est permis d'établir des conduits de fumée dans l'intérieur des murs de refend, sous la double condition :

« 1° Que ces murs auront une épaisseur de 0m,40, s'ils sont construits en moellons, ou de 0m,37 s'ils sont construits en briques, enduits compris ;

« 2° Que les conduits de fumée seront exécutés en briques de bonne qualité, droites ou cintrées, ou en wagons de terre cuite.

« Art. 3. L'adossement des *tuyaux* de fumée à des pans de fer ne pourra être autorisé qu'après que l'administration aura reconnu que ces pans de fer, dont les dispositions devront lui être soumises, sont établis dans des conditions satisfaisantes de solidité, et en outre, à charge de maintenir un renformis de 0m,05 en plâtre, non compris l'épaisseur du *tuyau*, entre les pans de fer et les *tuyaux* de fumée.

« Art. 4. Entre la paroi intérieure des *tuyaux* engagés dans les murs et le tableau des baies pratiquées dans ces murs, il sera toujours réservé un dosseret de maçonnerie pleine ayant au moins 0m,45 d'épaisseur, enduits compris.

« Cette épaisseur pourra être réduite à 0m,25, à la condition que le dosseret soit construit en pierre de taille ou en briques de bonne qualité.

« Art. 5. Tout conduit de fumée présentant une section intérieure de moins de 0m,60 de longueur sur 0m,25 de largeur, devra avoir au minimum une section de 0mq,40 ; le petit côté des *tuyaux* rectangulaires n'aura pas moins de 0m,20, et le grand côté ne pourra dépasser le petit de plus d'un quart.

« Art. 6. Les *tuyaux* de cheminée

non engagés dans les murs ne seront autorisés que s'ils sont adossés à des piles en maçonnerie ou à des murs en moellons ayant au moins 0m,40 d'épaisseur, enduits compris, ou à des murs en briques ayant au moins 0m,22 d'épaisseur, ou, dans le dernier étage, à des cloisons en briques de 0m,11 d'épaisseur.

« Ils devront être solidement attachés au mur tuteur par des ceintures en fer dont l'espacement ne dépassera pas 2 mètres.

« Les *tuyaux* qui présenteront une section de 0m,60 de longueur sur 0m,25 de largeur pourront être en plâtre pigeonné à la main.

« Ceux de dimensions moindres devront, à moins d'une autorisation spéciale, être construits soit en briques, soit en terre cuite et recouverts en plâtre.

« Art. 7. Les boisseaux en terre cuite, employés comme *tuyaux* adossés, seront à emboîtement et formeront, avec l'enduit en plâtre, une épaisseur totale de 0m,08.

« Art. 8. L'épaisseur des languettes, parois et casières des *tuyaux* engagés dans les murs ou adossés ne pourra jamais être inférieure à 0m,08, enduits compris.

« Art. 9. Les *tuyaux* de cheminée ne pourront dévier de la verticale de manière à former avec elle un angle de plus de 30 degrés. Ils devront avoir une section égale dans toute leur hauteur et seront facilement accessibles à leur partie supérieure.

« Art. 10. Ne sont pas assujettis aux prescriptions de construction indiquées dans les articles précédents, notamment en ce qui concerne la nature des matériaux à employer :

« 1° Les *tuyaux* de fumée placés à l'extérieur des habitations ;

« 2° Les *tuyaux* des foyers mobiles ou à flamme renversée, pourvu que les *tuyaux* ne sortent pas du local où est le foyer ;

« 3° Enfin, les *tuyaux* de fumée d'usine, autant qu'ils ne traversent pas d'habitation.

« Art. 11. L'arrêté préfectoral du 8 août 1874 est et demeure abrogé.

« Art. 12. Le directeur des travaux de Paris est chargé de l'exécution du présent arrêté qui sera publié et affiché, et, en outre, inséré au *Recueil des actes administratifs de la préfecture de la Seine.* »

D'autres prescriptions administratives sont en vigueur pour l'exhaussement des *tuyaux* de cheminées attenant aux murs mitoyens.

Ainsi, lorsque l'un des copropriétaires d'un mur mitoyen veut le faire exhausser, s'il se trouve dans l'épaisseur de ce mur des *tuyaux* de cheminée appartenant à d'autres ayants-droit, il doit les faire prolonger à ses frais dans la hauteur de l'exhaussement.

Les *tuyaux* adossés sont prolongés aux frais de celui auquel ils appartiennent et par ses soins.

Ces prescriptions découlent de l'article 658 du Code civil (1).

De plus, quand un propriétaire veut rendre mitoyenne une portion du mur séparatif pour y adosser un *tuyau*, il doit acquérir, en sus de la place occupée par cet ouvrage, de chaque côté, une bande de 0m,32, dite *pied d'aile*. Si le *tuyau* est dévoyé, c'est l'aplomb pris au point le plus saillant, du côté où ce *tuyau* est incliné, qui détermine la partie du mur à acquérir (voy. *Fumée*, *Mitoyenneté*).

Quant aux *tuyaux* servant à la conduite des eaux dans une maison ou autre héritage, en vertu de l'article 523 du Code civil, ces *tuyaux* sont immeubles et font partie du fonds auquel ils sont attachés.

Sont également considérés comme immeubles, les *tuyaux*, les compteurs et les appareils à gaz, à moins qu'ils n'aient été placés par le locataire.

(1) *Manuel des lois du bâtiment.*

Tuyère, *s. f.* — Tuyau en fer, par lequel le vent du soufflet arrive à la forge.

On fait également usage de *tuyères* de grande dimension dans les hauts-fourneaux. Ces conduits sont placés à la

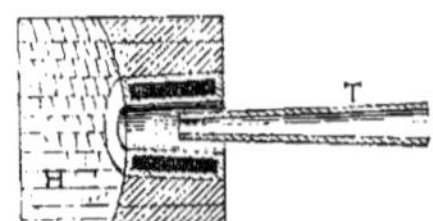

Fig. 3427.

base du four ; la figure 3427 représente une section de l'orifice d'un haut-fourneau, dans lequel est placée l'extrémité de la *tuyère* T.

Tympan, *s. m.* — 1° Partie d'un fronton comprise entre les deux corniches rampantes et la corniche horizontale.

Suivant la forme du fronton même, le *tympan* peut être triangulaire ou terminé à sa partie supérieure par une courbe. Il est encore simple ou *orné de sculptures*.

2° *Tympan de porte* ou *de fenêtre* : surface comprise entre l'extrados de l'arcade qui surmonte cette porte ou cette fenêtre et la ligne horizontale passant par les naissances de l'arc.

Au moyen âge, les baies étaient fréquemment terminées à leur partie supérieure par un linteau au-dessus duquel était un arc de décharge.

L'espace compris entre cet arc et le linteau est le *tympan*, que l'on trouve simple ou décoré de bas-reliefs, comme celui que représente la figure 3428.

Voici ce que dit à ce sujet Viollet Le Duc, dans son *Dictionnaire d'architecture :*

« Les *tympans* les plus remarquables, datant du XIIe siècle, sont ceux des portes des églises de Vézelay, de Saint-Benoît-sur-Loire, de Charlieu, du portail occidental de la cathédrale de Chartres, de la porte Sainte-Anne de Notre-Dame de Paris, de la porte centrale de la cathédrale de Senlis ; et parmi ceux du XIIIe siècle, les *tympans* des portes latérales

Fig. 3428.

des cathédrales de Chartres, de Reims, des portails des cathédrales de Paris, d'Amiens, de Bourges, etc. »

3° Surface pleine ou ajourée comprise entre l'extrados d'une arcature et le bandeau qui la couronne (voy. *Arcade*, *Arcature*, *Arche*, *Pont*).

4° Machine à élever l'eau, qui était employée dès l'antiquité et dont Vitruve donne la description.

Cette machine est une sorte de tambour fait avec des planches jointes ensemble et traversé par un essieu arrondi (fig. 3429). Huit planches rayonnantes divisent l'intérieur du *tympan* en espaces égaux. Le devant est fermé par d'autres planches, percées d'ouvertures d'un demi-pied pour laisser passer l'eau. Le long de l'essieu, des canaux sont creusés au droit de chaque cavité et aboutissent au long d'un des côtés de l'essieu.

La machine est mise en mouvement par des hommes qui la font aller avec les pieds, et elle puise alors l'eau par les ouvertures qui sont à l'extrémité du *tympan* et la rend par les conduits des canaux placés le long de l'essieu. Cette eau est reçue dans une auge en bois, d'où on la fait parvenir, à l'aide de

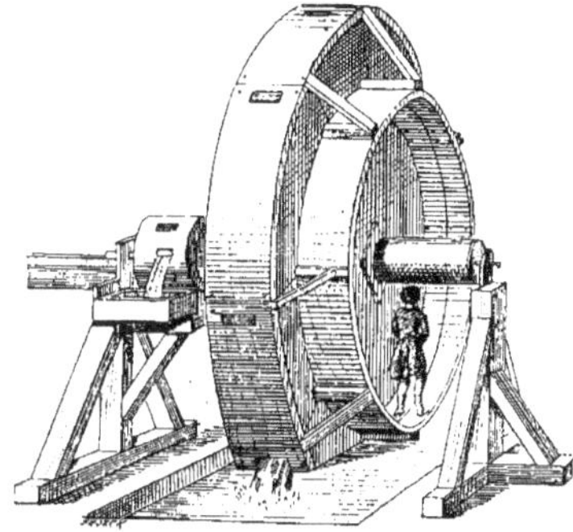

Fig. 3429.

conduites, aux lieux où elle est nécessaire.

Dans le *tympan* moderne, les cloisons planes sont remplacées par des cloisons

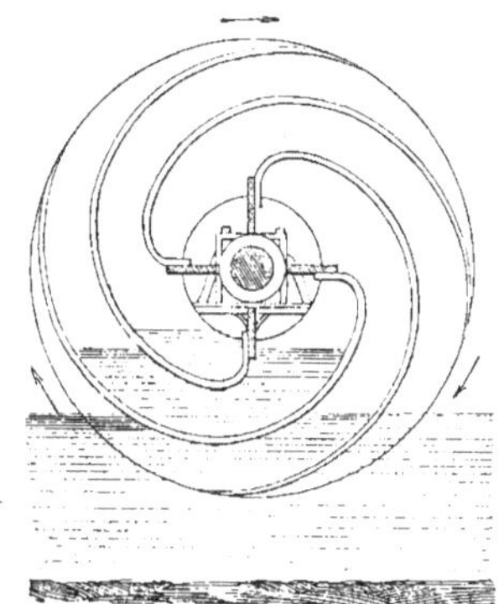

Fig. 3430.

en développantes du cercle (fig. 3430) ou par des tuyaux courbés également en développantes ; l'eau s'introduit directement, par la circonférence, entre deux cloisons consécutives et s'échappe directement par les ouvertures centrales.

U

Ulcère, *s. m.* — Vice du bois, dont l'origine se trouve le plus souvent dans les racines de l'arbre; la sève se porte quelquefois avec trop d'abondance sur une partie du tronc; il en résulte une suppuration des fluides, et bientôt celle du bois qui avoisine le point ulcéré; le mal s'étend quelquefois assez pour dépouiller l'arbre de son écorce et le faire périr.

Umbo. — Mot latin par lequel les Romains désignaient les grosses pierres disséminées sur la bordure d'un *trottoir* (voy. ce mot).

Unctuarium. — Pièces des bains antiques où l'on conservait les huiles et les parfums, dont on se servait avant comme après le bain.

On disait aussi : *elæothesium* (voy. ce mot).

Uni, *adj.* — Se dit, en général, de tout ce qui est plan, sans ressauts, moulures ni sculptures.

Urcéolé, *adj.* — *Corbeille urcéolée* : corbeille d'un chapiteau, un peu resserrée au-dessous de son sommet ou de son milieu. Le chapiteau à corbeille *urcéolée* a la forme d'une cloche renversée.

Urinoir, *s. m.* — Endroit disposé pour uriner, sur la voie publique ou dans les établissements publics ou particuliers.

Les plus simples *urinoirs* sont les doubles plaques de lave ou de granit scellées au ciment dans les angles des

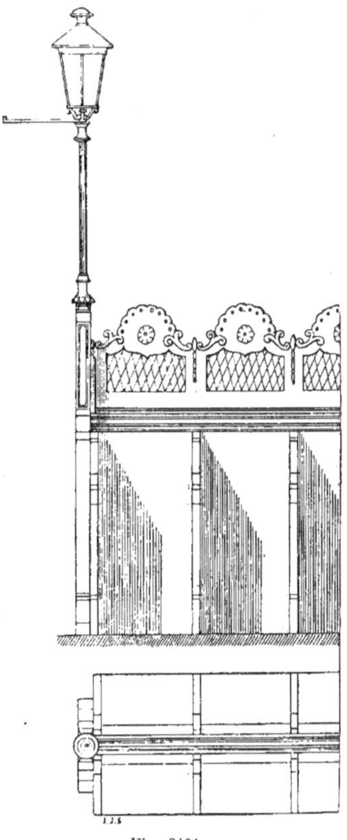

Fig. 3431.

murs. Viennent ensuite les séries de cases formées de plaques d'ardoises posées verticalement (fig. 3432), devant un

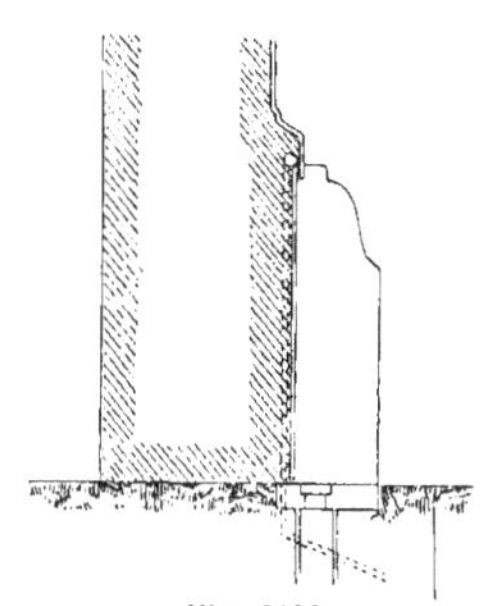

Fig. 3432.

parement de même matière. Dans les

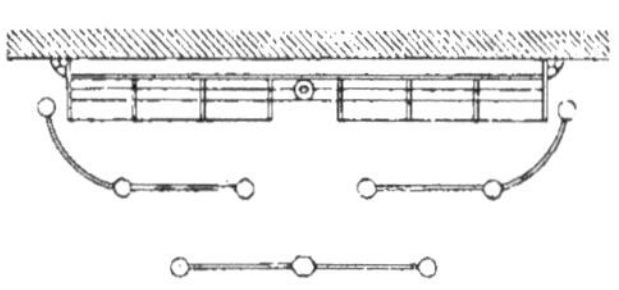

Fig. 3433.

parcs, les jardins publics, on dispose les cases de manière à former des édicules que l'on accompagne de candélabres (fig. 3431) et que l'on fait généralement doubles, les plaques de séparation étant surmontées d'un couronnement plus ou

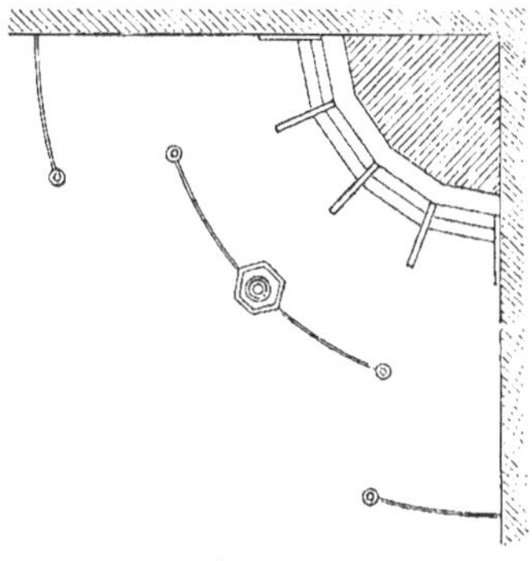

Fig. 3434.

moins orné ; le sol, également en ardoise ou en granit, est fait en rigole avec pente, conduisant les liquides à l'orifice d'un conduit qui les mène à l'égout voisin.

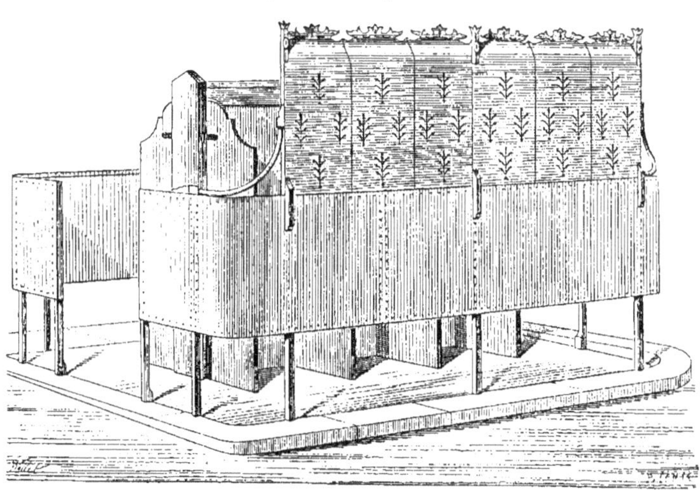

Fig. 3435.

Les stalles, établies dans les rues ou sur les places, sont souvent abritées par des toits en auvent et accompagnées de plaques de tôle dressées au-devant, de manière à masquer en partie l'*urinoir*, tout en laissant le passage libre. La figure 3433 représente le plan d'un de ces *urinoirs* adossé contre un mur. Les stalles ont $0^m,70$ de largeur, $1^m,60$ de hauteur et $0^m,40$ de profondeur. Un tuyau de plomb, de $0^m,02$ de diamètre, amène à la partie supérieure de ces stalles, dans un régulateur à déversoir

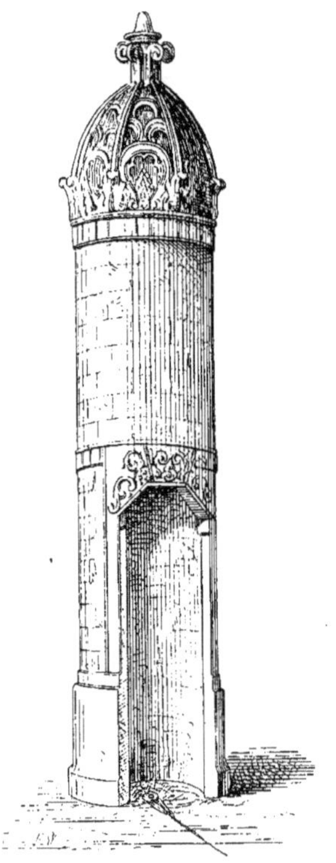

Fig. 3436.

qui assure un débit régulier et abondant, des eaux prises sur la conduite publique ; ces eaux se répandent en nappe uniforme sur la surface des ardoises et entraînent avec elles les urines ; le tout vient tomber dans une cuvette en granit et est dirigé, par une galerie, dans l'égout public. Une marquise en zinc abrite en cas de pluie.

Nous donnons (fig. 3434) une disposition de même genre, mais placée dans l'angle de deux murs.

Dans les *urinoirs* isolés, que l'on établit, par exemple, sur les places publiques, on dispose souvent des clôtures en tôle ajourées, comme celle que représente la figure 3435.

Autrefois, les voies principales étaient pourvues d'*urinoirs* en forme de colonnes creuses, auxquelles on a donné le nom de *colonnes Vespasiennes*, et dont il subsiste encore un certain nombre sur les boulevards de Paris. Ces colonnes sont faites en maçonnerie recouverte d'un enduit. On en a construit, dans ces derniers temps, en terre cuite ; le modèle que représente la figure 3436 a été exécuté d'après les dessins de M. Simonet.

Dans les établissements d'instruction publique, les *urinoirs* sont placés dans les cours de récréation, isolés ou attenant aux cabinets d'aisances. Ce sont, en général, des stalles séparées par des dalles d'ardoise comme les *urinoirs* publics que nous venons de décrire.

Urne, *s. f.* — Vase oblong, à section circulaire et ayant un assez large orifice. On s'en sert pour la décoration des jardins, des édifices, etc.

L'*urne* est le symbole de l'eau et accompagne les statues, qui représentent des fleuves, des rivières. Mais c'est surtout un symbole sépulcral, parce que l'usage des anciens, qui brûlaient les morts, était de renfermer, dans des *urnes*, les cendres provenant de la cinération.

Les Romains plaçaient des *urnes* funéraires en marbre dans les *tombeaux* (voy. ce mot). Les *columbaria* en contenaient plusieurs rangées. Souvent, l'*urne* principale du chef de famille occupait la niche du milieu, ornée de pilastres portant un fronton.

Aujourd'hui, les *urnes* funéraires sont des motifs de décoration ; on les place tantôt isolées sur des cippes ou des colonnes, tantôt accompagnées de figures, qui les portent ou qui les enveloppent.

Usage, *s. m.* — 1° Dans la jurisprudence du bâtiment, s'il survient entre voisins des difficultés non prévues et réglées par la loi, on se conforme à l'*usage*, à la coutume du pays.

Les *usages* ont force de loi, à la condition qu'ils soient *constants* et *reconnus*. Si plusieurs *usages*, paraissant se contredire, sont invoqués par les parties, celui-là doit être préféré qui est le plus constant, quand bien même il paraîtrait le moins ancien.

2° *Droit d'usage :* droit de se servir, de jouir d'une chose, et qui se divise en *droit d'usage personnel*, s'éteignant avec la personne, et *droit d'usage réel*, qui se transmet avec le fonds pour lequel il a été établi.

Le *droit d'usage personnel* a beaucoup de rapport avec l'*usufruit*, mais il en diffère en ce que l'usufruitier a droit à la totalité des fruits, tandis que l'usager ne peut disposer des fruits que pour ses besoins et ceux de sa famille.

Voici les articles du Code civil qui règlent le *droit d'usage* et d'habitation :

« Art. 625. Les *droits d'usage* et d'habitation s'établissent et se perdent de la même manière que l'usufruit.

« Art. 626. On ne peut en jouir comme dans le cas de l'usufruit, sans donner préalablement caution et sans faire des états et inventaires.

« Art. 627. L'usager et celui qui a un droit d'habitation doivent jouir en bons pères de famille.

« Art. 628. Les droits d'*usage* et d'habitation se règlent par le titre qui les a établis et reçoivent d'après ses dispositions plus ou moins d'étendue.

« Art. 629. Si le titre ne s'explique pas sur l'étendue de ces droits, ils seront réglés ainsi qu'il suit :

« Art. 630. Celui qui a l'*usage* des fruits d'un fonds, ne peut en exiger qu'autant qu'il lui en faut pour ses besoins et ceux de sa famille. Il peut en exiger pour les besoins mêmes des enfants qui lui sont survenus depuis la concession de l'*usage*.

« Art. 631. L'usager ne peut céder ni louer son droit à un autre.

« Art. 635. Si l'usager absorbe tous les fruits du fonds, ou s'il occupe la totalité de la maison, il est assujetti aux frais de culture, aux réparations d'entretien et au paiement des contributions, comme l'usufruitier. S'il ne prend qu'une partie des fruits ou s'il n'occupe qu'une partie de la maison, il contribue au prorata de ce dont il jouit.

« Art. 636. L'*usage* des bois et forêts est réglé par des lois particulières. »

Il y a des exceptions à l'article 626. Ne sont pas astreints à fournir caution : 1° l'acquéreur d'un droit d'*usage* par titre commutatif ; 2° le vendeur ou donateur avec réserve du droit d'*usage*.

Usine, *s. f.* — Nom que l'on donne en général à tout grand établissement industriel, fonctionnant à l'eau, à la vapeur ou autrement.

L'établissement des *usines* est soumis à des règlements généraux ou locaux et à des ordonnances administratives, particulièrement les *usines* établies sur des cours d'eau navigables et flottables.

Ussel (*Granit d'*). — Granit dur, gris-bleuâtre, à grains fins, qui provient de la carrière des Brails, dans la commune d'*Ussel* (Corrèze).

Cette pierre présente une hauteur d'assise qui varie de 0m,30 à 0m,60 ; elle pèse 270 kilogr. le mètre cube et s'écrase sous une charge de 900 kilogr. par centimètre carré.

Ustensiles, *s. m. pl.* — Législation. En vertu de l'article 524 du Code civil, sont considérés comme immeubles par destination, les objets que le propriétaire d'un fonds a placés pour le service et l'exploitation de ce fonds, objets parmi lesquels se classent les *ustensiles* aratoires, les pressoirs, chaudières, alambics, cuves et tonnes, les *ustensiles* nécessaires à l'exploitation des forges, papeteries et autres usines.

Ustrinum. — Nom que les Romains donnaient à un lieu où l'on brûlait les morts.

Il y avait, paraît-il, des *ustrina* pour l'usage du public et d'autres pour celui des particuliers et de ce qu'on appelait leur *famille*.

Strabon rapporte que le tombeau d'Auguste avait son *ustrinum* à l'endroit où fut brûlé le corps de l'empereur, qu'il était enclavé dans l'enceinte entourant le mausolée et qu'il avait une forme circulaire.

Usufruit, *s. m.* — Droit de jouir des choses dont un autre a la propriété, comme le propriétaire lui-même, mais à la charge d'en conserver la substance (Code civil, art. 578).

L'établissement de l'*usufruit* est réglé par les articles suivants du Code civil :

« Art. 579. L'*usufruit* est établi par la loi ou par la volonté de l'homme.

« Art. 580. L'*usufruit* peut être établi, ou purement ou à certain jour ou à condition.

« Art. 581. Il peut être établi sur toute espèce de biens meubles ou immeubles. »

Quant aux droits et aux obligations de l'*usufruitier*, ils sont déterminés par les articles suivants :

« Art. 582. L'usufruitier a le droit de jouir de toute espèce de fruits, soit naturels, soit industriels, soit civils, que peut produire l'objet dont il a l'*usufruit*.

« Art. 596. L'usufruitier jouit de l'augmentation survenue par alluvion à l'objet dont il a l'*usufruit*.

« Art. 597. Il jouit des droits de servitude, de passage, et généralement de tous les droits dont le propriétaire peut jouir, et il en jouit comme le propriétaire lui-même.

« Art. 598. Il jouit aussi, de la même manière que le propriétaire, des mines et carrières qui sont en exploitation à l'ouverture de l'*usufruit* ; et néanmoins, s'il s'agit d'une exploitation qui ne puisse être faite sans une concession, l'usufruitier ne pourra en jouir qu'après en avoir obtenu la permission du roi. Il n'a aucun droit aux mines et carrières non encore ouvertes, ni aux tourbières dont l'exploitation n'est point encore commencée, ni au trésor qui pourrait être découvert pendant la durée de l'*usufruit*.

« Art. 599. Le propriétaire ne peut, par son fait, ni de quelque manière que ce soit, nuire aux droits de l'usufruitier. De son côté, l'usufruitier ne peut, à la cessation de l'*usufruit*, réclamer aucune indemnité pour les améliorations qu'il prétendrait avoir faites, encore que la valeur de la chose en fût augmentée. Il peut cependant, ou ses héritiers, enlever les glaces, tableaux et autres ornements qu'il aurait fait placer, mais à la charge de rétablir les lieux dans leur premier état.

« Art. 600. L'usufruitier prend les choses dans l'état où elles sont ; mais il ne peut entrer en jouissance qu'après avoir fait dresser, en présence du propriétaire, ou lui dûment appelé, un inventaire des meubles et un état des immeubles sujets à l'*usufruit*.

« Art. 601. Il donne caution de jouir en bon père de famille, s'il n'en est dispensé par l'acte constitutif de l'*usufruit;* cependant, les père et mère ayant l'*usufruit* légal du bien de leurs enfants, le vendeur ou le donateur, sous réserve d'*usufruit*, ne sont pas tenus de donner caution.

« Art. 602. Si l'usufruitier ne trouve pas de caution, les immeubles sont donnés à ferme ou mis en séquestre ; les sommes comprises dans l'*usufruit* sont placées ; les denrées sont vendues, et le prix en provenant est pareillement placé ; les intérêts de ces sommes et les prix des fermes appartiennent, dans ce cas, à l'usufruitier.

« Art. 603. A défaut d'une caution de la part de l'usufruitier, le propriétaire peut exiger que les meubles qui dépérissent par l'usage soient vendus, pour le prix en être placé comme celui des denrées; et alors l'usufruitier jouit de l'intérêt pendant son *usufruit* : cependant, l'usufruitier pourra demander, et les juges pourront ordonner, suivant les circonstances, qu'une partie des meubles nécessaires pour son usage lui soit délaissée, sous sa simple caution juratoire, et à la charge de les représenter à l'extinction de l'*usufruit*.

« Art. 604. Le retard de donner caution ne prive pas l'usufruitier des fruits auxquels il peut avoir droit; ils lui sont dus du moment où l'*usufruit* a été ouvert.

« Art. 605. L'usufruitier n'est tenu qu'aux réparations d'entretien. Les grosses réparations demeurent à la charge du propriétaire, à moins qu'elles n'aient été occasionnées par le défaut de réparations d'entretien, depuis l'ouverture de l'*usufruit;* auquel cas l'usufruitier en est aussi tenu. »

Nous avons déjà indiqué la nature des réparations dites d'*entretien* et le moment où ces réparations doivent être exécutées (voy. *Réparation*). Nous ajouterons seulement ici quelques détails empruntés au *Manuel des Lois du bâtiment* au sujet de certaines *réparations* dues par le propriétaire, telles que le *rétablissement des poutres.* On entend, par cette expression, le remplacement des poitrails, poutres ou poutrelles en bois ou en fer, portant murs ou planchers. Dans les planchers en bois, sont considérés comme poutres les solives d'enchevêtrure et les chevêtres (fig. 3437); le remplacement des solives de remplissage est à la charge de l'*usufruitier.* Dans les planchers en fer, les solives scellées aux deux extrémités, les filets ou solives formant enchevêtrures, les chevêtres doivent être assimilés à des poutres (fig. 3438); le remplacement des solives assemblées ou non, des équerres et boulons d'assemblage,

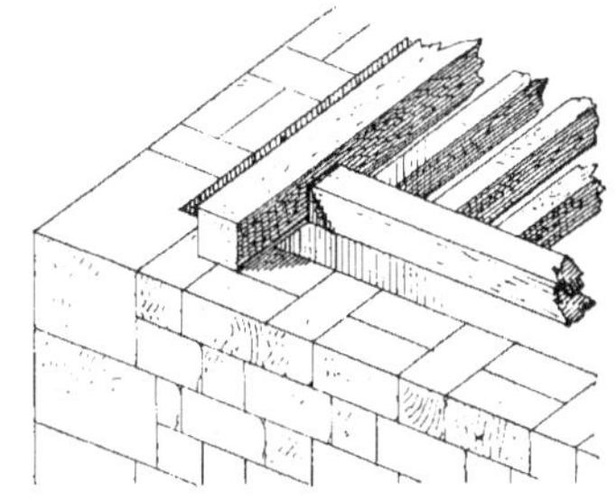

Fig. 3437.

celui des entretoises et fantons sont à la charge de l'*usufruitier.* Dans les com-

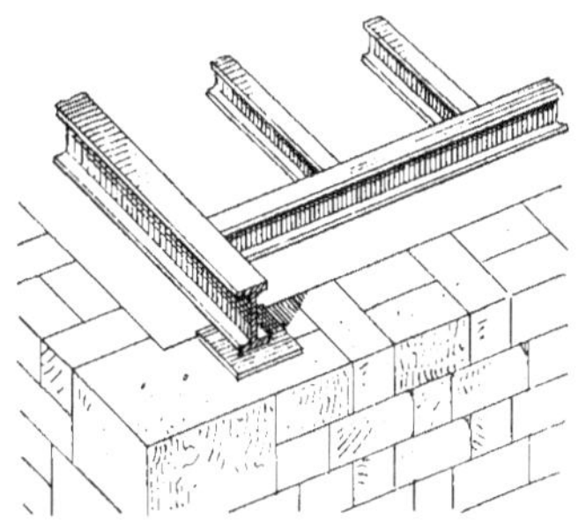

Fig. 3438.

bles, les pièces principales sont assimilées aux poutres des planchers, et les chevrons sont assimilés aux solives.

D'autres charges incombent encore à l'*usufruitier*, pendant la durée de sa jouissance; elles sont déterminées par les articles suivants du Code civil :

« Art. 608. L'usufruitier est tenu, pendant sa jouissance, de toutes les charges annuelles de l'héritage, telles que les contributions et autres qui dans l'usage sont censées charges des fruits.

« Art. 609. A l'égard des charges qui peuvent être imposées sur la propriété pendant la durée de l'*usufruit*, l'usufruitier et le propriétaire y contribuent ainsi qu'il suit : le propriétaire est obligé de les payer, et l'usufruitier doit lui tenir compte des intérêts. Si elles sont avancées par l'usufruitier, il a la répétition du capital à la fin de l'*usufruit*.

« Art. 613. L'usufruitier n'est tenu que des frais des procès qui concernent la jouissance, et des autres condamnations auxquelles ces procès pourraient donner lieu.

« Art. 614. Si, pendant la durée de l'*usufruit*, un tiers commet quelque usurpation sur le fonds, ou attente autrement aux droits du propriétaire, l'usufruitier est tenu de le dénoncer à celui-ci : faute de ce, il est responsable de tout le dommage qui peut en résulter pour le propriétaire, comme il le serait de dégradations commises par lui-même. »

Enfin, aux termes de l'article 555 du Code civil, lorsque des plantations, constructions et ouvrages ont été faits par un tiers et avec ses matériaux, le propriétaire du fonds a le droit de les retenir, ou d'obliger ce tiers à les enlever. Doit-on, dans le sens de cet article, considérer comme des tiers l'usufruitier, le locataire, qui ont construit sur le sol objet de l'*usufruit* ou du bail? La négative a été décidée à l'égard de l'usufruitier, par application de l'article 599 du Code civil, qui veut que l'usufruitier ne puisse, à la cessation de l'*usufruit*, réclamer aucune indemnité pour les *améliorations* qu'il prétendait avoir faites, encore que la valeur de la chose s'en trouverait augmentée. Les constructions nouvelles ont été considérées par la Cour suprême comme se plaçant sous ce terme général d'*améliorations* (1).

L'extinction de l'*usufruit* est réglée de même par le Code civil, ainsi qu'il suit :

« Art. 617. L'*usufruit* s'éteint : par la mort naturelle et par la mort civile de l'usufruitier; par l'expiration du temps pour lequel il a été accordé; par la consolidation ou la réunion, sur la même tête, des deux qualités d'usufruitier et de propriétaire; par le non-usage du droit pendant trente ans; par la perte totale de la chose sur laquelle l'*usufruit* est établi.

« Art. 618. L'*usufruit* peut aussi cesser par l'abus que l'usufruitier fait de sa jouissance, soit en commettant des dégradations sur le fonds, soit en le laissant dépérir faute d'entretien. Les créanciers de l'usufruitier peuvent intervenir, dans les contestations, pour la conservation de leurs droits; ils peuvent offrir la réparation des dégradations commises et des garanties pour l'avenir. Les juges peuvent, suivant la gravité des circonstances, ou prononcer l'extinction absolue de l'*usufruit*, ou n'ordonner la rentrée du propriétaire, dans la jouissance de l'objet qui en est grevé, que sous la charge de payer annuellement à l'usufruitier, ou à ses ayants-cause, une somme déterminée jusqu'à l'instant où l'*usufruit* aurait dû cesser.

« Art. 619. L'*usufruit* qui n'est pas accordé à des particuliers, ne dure que trente ans.

« Art. 620. L'*usufruit* accordé jusqu'à ce qu'un tiers ait atteint un âge fixé, dure jusqu'à cette époque, encore que le tiers soit mort avant l'âge fixé.

« Art. 621. La vente de la chose sujette à *usufruit* ne fait aucun changement dans le droit de l'usufruitier; il continue de jouir de son *usufruit* s'il n'y a pas formellement renoncé.

« Art. 622. Les créanciers de l'usufruitier peuvent faire annuler la renonciation qu'il aurait faite à leur préjudice.

« Art. 623. Si une partie seulement de la chose soumise à l'*usufruit* est détruite, l'*usufruit* se conserve sur ce qui reste.

« Art. 624. Si l'*usufruit* n'est établi que sur un bâtiment, et que ce bâtiment soit détruit par un incendie ou autre accident, ou qu'il s'écroule de vétusté, l'usufruitier n'aura le droit de jouir ni du sol ni des matériaux. Si l'*usufruit* était établi sur un domaine dont le bâtiment faisait partie, l'usufruitier jouirait du sol et des matériaux. »

(1) Code Perrin, n° 1231.

V

Vacation, *s. f.* — On désigne ainsi les honoraires qui sont alloués aux architectes pour déplacements et opérations diverses, lorsque ces honoraires ne peuvent être fixés d'après les prix de revient des travaux. Une *vacation* est considérée comme équivalant à trois heures de travail.

Un décret du 16 février 1807 fixe, ainsi qu'il suit, le tarif des frais de procédure, appliqué par les tribunaux et adopté par les particuliers. Pour chaque *vacation* de trois heures, l'allocation de tout architecte, expert ou artiste, opérant dans le lieu de son domicile ou dans un rayon de deux myriamètres, dans le département de la Seine, est de . . . . 8 fr. »

Pour les architectes dans les autres départements . . . . 6 fr. »

Au-delà de deux myriamètres, il est alloué, à titre de frais de voyage et de nourriture, pour chaque myriamètre parcouru en allant et en revenant, aux architectes de Paris. . . . . 6 fr. »

A ceux des départements . 4 fr. 50

Pendant leur séjour, il est alloué, à la charge de faire quatre *vacations* par jour, aux architectes de Paris. 32 fr. »

A ceux des départements. 24 fr. »

Nota. La taxe est réduite quand le nombre des *vacations* est réduit.

Il est alloué aux experts deux *vacations*, l'une pour la prestation de serment, l'autre pour le dépôt du rapport, indépendamment de leurs frais de transport; s'ils sont domiciliés à plus de deux myriamètres de distance du lieu où siège le tribunal, il leur sera alloué un cinquième de leur journée de campagne, ce qui supprime le prix de voyage ou de nourriture.

Vache, *s. f.* — *Corne de vache :* voussure que l'on emploie pour évaser l'ouverture d'un *tunnel* ou d'une arche de *pont* (voy. ce mot).

Côte de vache (voy. *Fanton*).

Vacherie, *s. f.* – *Étable à vaches* (voy. *Étable*).

Va-et-vient, *s. m.* — Les serruriers qualifient ainsi certaines ferrures, qui servent à donner à une porte un mouvement d'aller et de retour.

On dit : *pivot va-et-vient* (voy. *Pivot*).

Vagonnet, *s. m.* — Voy. *Wagonnet.*

Vair, *s. m.* — Terme de blason. Métal formé de plusieurs pièces égales qui sont ordinairement d'azur et d'argent, rangées alternativement, mais disposées de façon que les pointes des pièces d'argent soient opposées aux pointes des pièces d'azur et la base à la base.

Dans le *contre-vair*, la disposition est inverse.

Vaison (*Pierre de*). — Calcaire compact, un peu gréseux, dur, provenant des carrières de Sainte-Catherine, dans la commune de *Vaison*, près d'Orange (Vaucluse).

Cette pierre, de couleur gris de fer, parfois blanchâtre, présente une hauteur d'assise qui varie de 0m,20 à 1 mètre. Elle pèse de 2,530 à 2,575 kilogr. et s'écrase sous une charge de 1,000 à 1,100 kilogr. par centimètre carré.

Dans la même localité, on fabrique une chaux moyennement hydraulique qui résiste après trois mois d'immersion à des efforts de rupture de 5 kilogr. par arrachement et de 42 kilogr. par écrasement.

Vaisseau, *s. m.* — Nom que l'on donne par assimilation, à l'intérieur d'une grande salle, d'une galerie, d'une église, etc.

Val-de-Morteau (*Pierre du*). — Voy. *Morteau*.

Valentine (*Ciment de la*). — Ciment fabriqué dans une localité des Bouches-du-Rhône, et dont on trouve deux échantillons dans le commerce, le ciment ordinaire et le ciment Portland.

Valet, *s. m.* — 1° Outil de fer qui affecte à peu près la forme d'une F (fig.

Fig. 3439.

3439) et que les menuisiers emploient pour maintenir sur l'établi une planche qu'ils travaillent.

La longueur de la tige du *valet* est de 0m,50 à 0m,75, et sa grosseur, de 0m,27 à 0m,34.

On appelle *valets de pied* des *valets* qui sont plus petits que les autres.

2° Petit morceau de fer formant arrêt, qui est destiné à empêcher une fermeture de retomber ou de s'ouvrir.

Quelques targettes ou verrous portent des *valets* montés, sur leur platine, dans un cramponnet, et dont l'extrémité entre dans une entaille faite à la pièce lorsqu'elle est fermée.

Vallenay (*Pierre de*). — Calcaire oolithique, demi-dur, que l'on tire de la carrière de *Vallenay*, dans la commune de ce nom, près de Saint-Amand (Cher)

Cette pierre, à grains fins, porte une hauteur d'assise de 0m,60.

Vallonnement, *s. m.* — Opération que l'architecte paysagiste a souvent à exécuter et qui consiste à disposer des terres en forme de *vallons*, de monticules, d'accidents de terrain, susceptibles de produire d'heureux effets.

Valognes (*Pierre de*). — Calcaire demi-dur, provenant de la carrière des Capucins, dans l'arrondissement de *Valognes* (Manche).

Cette pierre, de couleur blanchâtre ou grisâtre, présente une hauteur d'assise variant de 0m,25 à 0m,60.

Valve, *s. m.* — Voy. *Soupape*.

Vandagne. — Localité de la Haute-Savoie qui fournit un jaspe utilisé dans la décoration architecturale.

Vanne, *s. f.* — Panneau de bois qui sert à retenir ou à laisser passer en plus ou moins grande quantité les eaux d'une écluse, d'un étang, d'un réservoir ou même d'une grosse conduite.

Les *vannes* s'établissent de différentes manières. La figure 3440 représente, en élévation, un système de *vannes* qui forme barrage dans un petit cours d'eau; ces *vannes* sont de simples madriers jointifs que traverse, dans leur épaisseur, une sorte de flèche ou pièce de bois méplate, qui sert à les soulever;

cette tige est percée de trous, dans lesquels on passe une cheville, pour arrê-

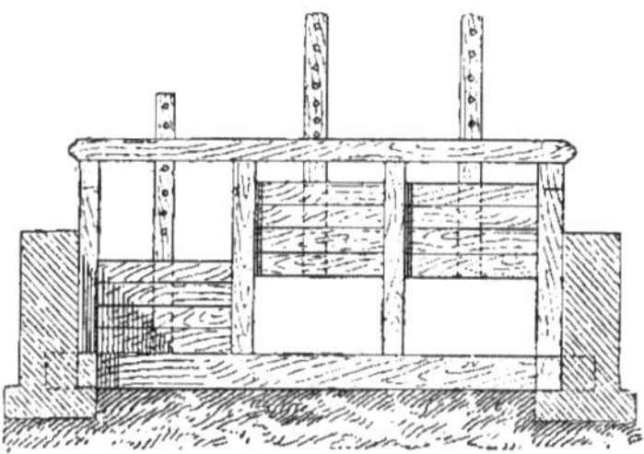

Fig. 3440.

ter le système, au point voulu, sur la traverse supérieure du barrage ; ces

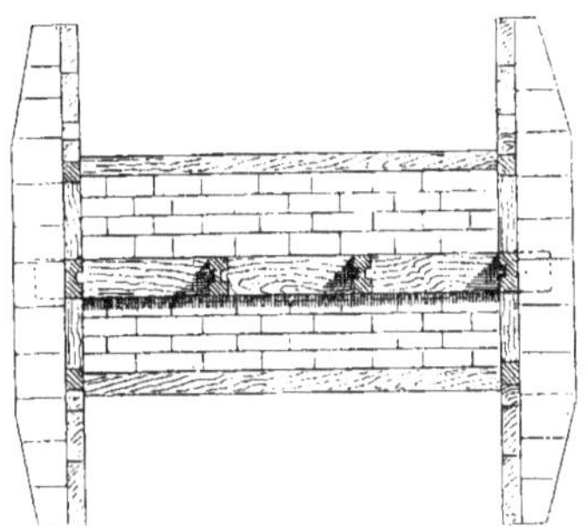

Fig. 3441.

vannes glissent entre des poteaux munis de rainures et reposant sur une forte semelle, comme le montre, en plan, la figure 3441, qui indique également la largeur et la construction du radier maintenu en amont et en aval par deux pièces de bois ; des contre-fiches main-

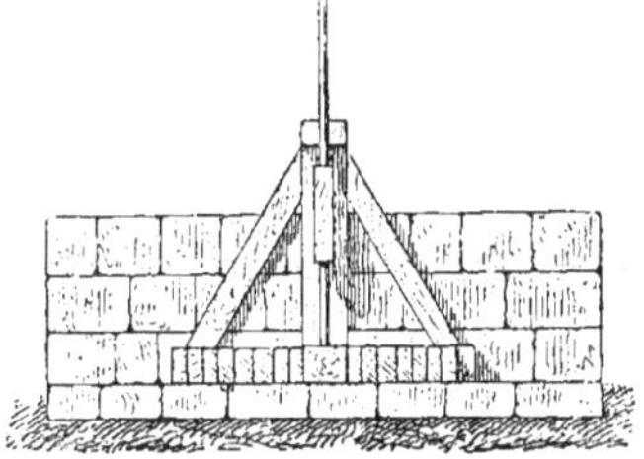

Fig. 3442.

tiennent le châssis qui forme le barrage, ainsi qu'on le voit sur la figure 3442. Les flèches, avec lesquelles on manœuvre les *vannes* ou *pelles*, glissent dans des mortaises pratiquées sur la traverse horizontale supérieure.

Pour régler le passage et l'arrêt dans un canal d'une certaine importance, on emploie fréquemment des *vannes* mues par des crics, comme celle que représente la figure 3443. Au moyen de forts planchers ou d'enrochements, on forme un avant et un arrière-radier qui s'opposent aux affouillements.

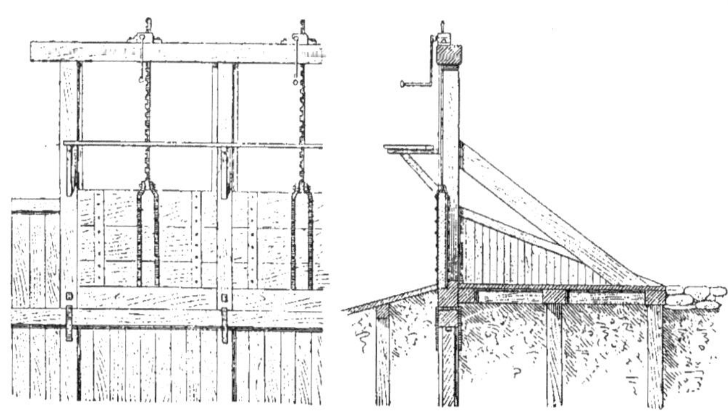

Fig. 3443.

Les *vannes* peuvent être verticales ou inclinées. La figure 3444 représente la coupe d'une *vanne* de cette dernière catégorie ; vers le centre et du côté d'amont s'adapte une tige terminée à sa partie supérieure par une crémaillère C, qui engrène avec une roue dentée ; sur l'axe de celle-ci est montée une autre roue dentée A, engrenant avec une vis sans fin U ; c'est en faisant tourner cette vis que l'on fait monter ou descendre la *vanne;* S est le seuil sur lequel vient reposer la *vanne* quand le pertuis est fermé ; il s'élève quelquefois au-dessus, mais toujours d'une faible quantité ;

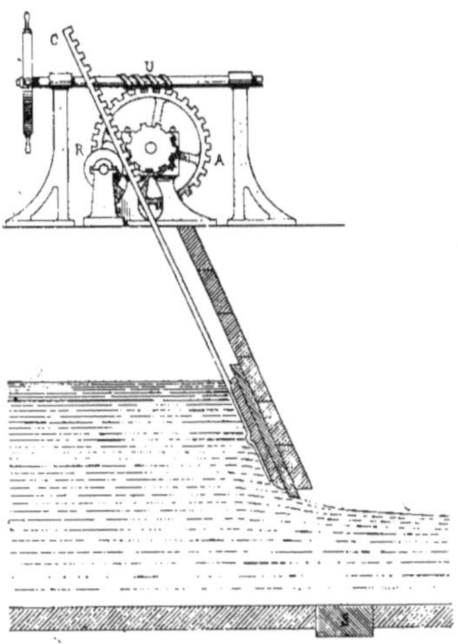

Fig. 3444.

R est un rouleau sur lequel la tige à crémaillère s'appuie dans son mouvement ascendant ou descendant.

On appelle *vanne plongeante* une *vanne* placée à la partie supérieure d'un réservoir et qui ouvre le pertuis en s'abaissant, de manière à laisser écouler l'eau en déversoir (fig. 3445) ; la manœuvre est la même que pour les autres *vannes*.

Dans les usines qui emploient l'eau comme moteur, on appelle *vannes de travail* celles qui amènent l'eau sur les roues hydrauliques ; il existe toujours, en même temps, des *vannes de décharge* qui servent à faire écouler l'excès d'eau fournie par le bief d'amont.

Dans les égouts, on construit des barrages disposés de manière à arrêter l'eau pendant un certain temps, pour en

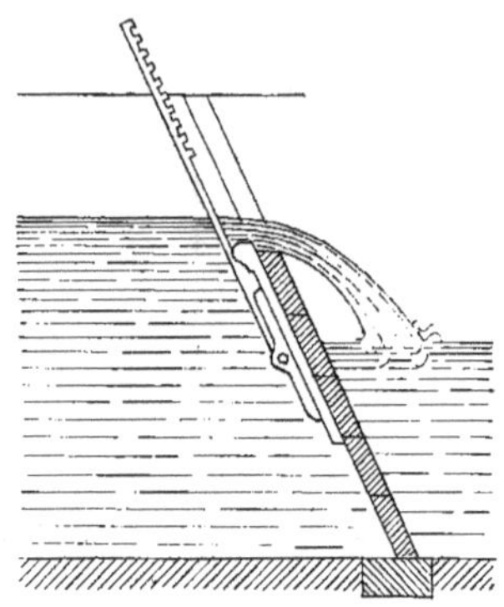

Fig. 3445.

retenir le volume afin de pouvoir donner des chasses assez fortes, pour entraîner les vases et détritus, qui font souvent obstacle à un courant d'eau ordinaire.

Le système de barrage le plus simple, comme construction et manœuvre, et en

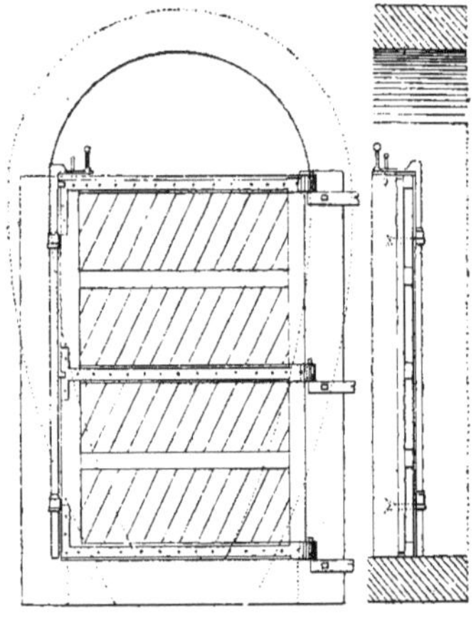

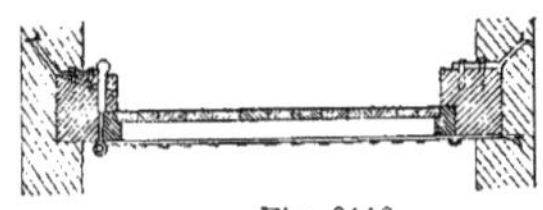

Fig. 3446.

même temps très solide, consiste en une

porte tournante ou *vanne* fixe (fig. 3446) (1), que l'on établit ordinairement sous une cheminée de regard, pour en faciliter la manœuvre. Pour donner les chasses au moyen des eaux retenues, on emploie un système d'échappement ainsi disposé : une barre de fer forgé, mobile autour d'un axe vertical, est retenue à environ 0m,35 de chaque extrémité dans deux colliers fixés sur un poteau en chêne scellé dans le pied-droit. Pour que la *vanne* forme barrage, la barre de fer est placée de manière à permettre la pose d'une clavette suspendue à une chaîne dont l'extrémité est fixée au haut du regard et munie d'une poignée. Les pattes, qui garnissent la barre, sont alors placées perpendiculairement au fil de l'eau et forment sur le montant du poteau une saillie, contre laquelle la *vanne* se trouve appuyée, l'autre côté de cette *vanne* étant arrêté par des pentures et des gonds ordinaires, fixés à un poteau en chêne également scellé et en partie encastré dans le pied-droit de ce côté. Lorsque, du haut du regard, on tire sur la chaîne, pour relever la clavette, la barre mobile fait un quart de tour ; les pattes, qui retenaient la *vanne*, prennent une position parallèle au fil de l'eau, dont la pression fait tourner la *vanne* sur ses gonds et ouvrir le barrage. Pour le rétablir, on pousse la *vanne* comme une porte tournante ordinaire ; on détourne la barre mobile, afin de ramener les pattes perpendiculairement au cours de l'eau, et on la retient dans cette position, au moyen de la clavette fixée à la chaîne.

La figure 3447 représente une porte-*vanne* du même genre en planches verticales jointives et cintrées par le bas suivant la forme du radier. La même figure montre la poignée, qui doit se trouver à l'extrémité supérieure de la chaîne, retenue par une patte à scellement à l'orifice du regard.

(1) Oppermann, *Nouvelles annales de la Construction*, 1870.

A côté des *vannes* fixes, il y a les *vannes* mobiles employées pour faciliter le curage des égouts, et qui peuvent être transportées d'un point à un autre, suivant les besoins du travail. On pose ces *vannes* inclinées, comme le montre la figure 3448, pour faciliter la ma-

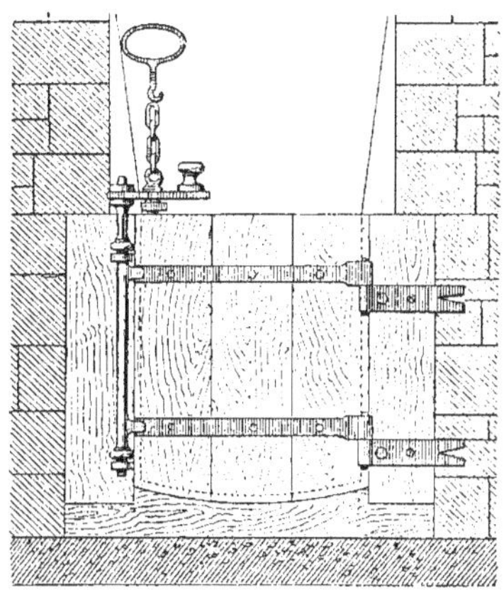

Fig. 3447.

nœuvre. Elles sont maintenues dans cette position par des chevilles enfon-

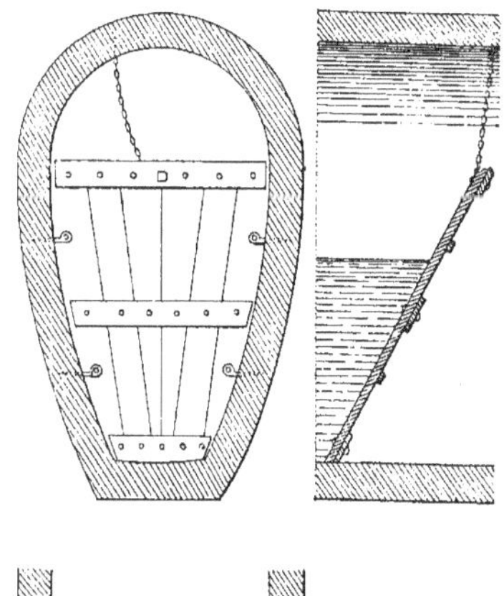

Fig. 3448.

cées dans les pieds-droits et faisant

saillie de $0^m,10$ sur leur parement. Cette *vanne* se manœuvre ainsi : elle est attachée à une chaîne fixée à un piton scellé dans la voûte ; un ouvrier, chaussé de grandes bottes imperméables, la lâche facilement et, si la hauteur de l'eau met l'homme en danger d'être entraîné, celui-ci peut monter sur les chevilles fixées dans l'un des pieds-droits, après avoir arraché celles du côté opposé.

Vantail, *s. m.* — Châssis ouvrant d'une porte ou d'une croisée.

Le *vantail* peut être simple ou double, plein ou garni de verres.

On dit d'une porte qu'elle *ouvre à un vantail* ou *à deux vantaux*.

Une baie de fenêtre, une porte d'appartement, une porte d'armoire, peuvent être munies de *vantaux* qui s'ouvrent par parties, c'est-à-dire qui comprennent plusieurs divisions mobiles, comme le montre la figure 3449.

Fig. 3449.

Nous ajouterons à ce premier exemple un spécimen très curieux de volets multiples appartenant à une maison du XIVe siècle, située rue de la Pierre-Percée, à Orléans. Ces volets ferment une baie de fenêtre dont la moitié est représentée, en élévation intérieure, par la figure 3450. La disposition toute particulière de cet ouvrage de menuiserie ayant pour objet de faire varier la quantité d'air et de lumière, il fallait pouvoir ouvrir à volonté un ou plusieurs des volets de cette fenêtre ; aussi, a-t-on rendu capables de fonctionner ensemble ou séparément toutes les parties du système : impostes, châssis vitrés, et jusqu'au balcon, qui peut, à son tour, être masqué à demi par les volets brisés, fixés sur son bâti ; on peut enfin,

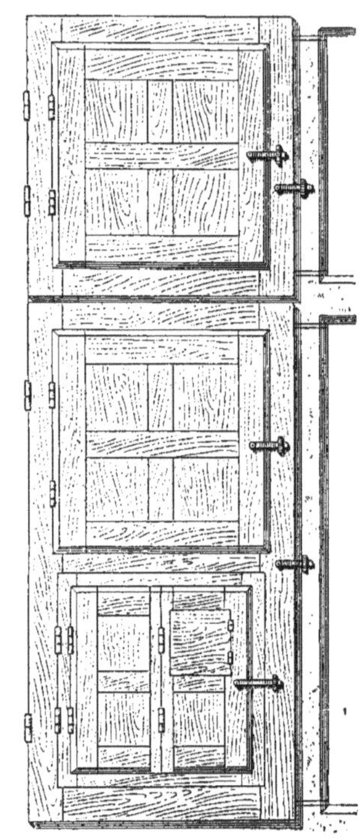

Fig. 3450.

en ouvrant ces derniers volets seulement, et maintenant la partie supérieure de la fenêtre close, laisser pénétrer l'air dans la pièce et se garantir de la chaleur en été ; une moulure formant grand cadre pourtourne chaque partie de menuiserie extérieure et constitue une double feuillure, toujours utile dans les fenêtres à un *vantail*, pour empêcher l'air de passer au travers des jointures.

Vantiller, *v. a.* — Garnir de madriers, de dosses, une vanne pour retenir l'eau.

Varennes (*Pierre de*). — Calcaire oolithique, blanc, demi-dur, provenant de la carrière de Sainte-Hélène, dans la commune de *Varennes-les-Narcy*, près de Cosne (Nièvre).

Cette pierre, qui présente une hauteur d'assise variant de 0m,20 à 1 mètre, pèse 2,330 kilogr. le mètre cube et s'écrase sous une charge de 300 kilogr. par centimètre carré.

Varlope, *s. f.* — 1° Grand rabot employé par les menuisiers et les charpentiers, pour unir et planer le bois.

La *varlope* est composée (fig. 3451) d'un *fût a* en bois de cormier, ayant de 0m,65 à 0m,75 de longueur sur 0m,14 d'épaisseur et de 0m,08 à 0m,11 au plus de hauteur; d'une *poignée b*, percée d'un trou ovale où l'on pose les quatre doigts de la main droite afin de conduire l'outil; d'une *corne* placée en avant et

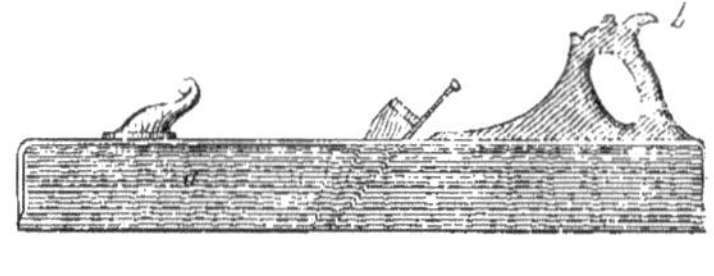

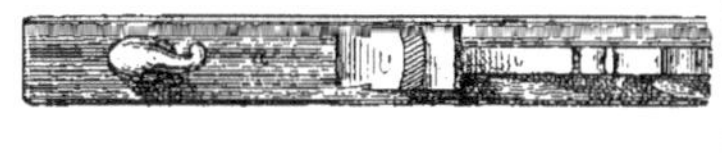

0 65

Fig. 3451.

qui sert à appuyer la main gauche, dont les doigts sont appliqués le long de la face droite du fût, tandis que le pouce s'étend dans la gorge qu'elle forme avec le dessus; d'un *fer* d'environ 0m,054 de largeur placé incliné dans un trou, qui est lui-même percé dans l'épaisseur du fût et que l'on nomme *lumière* ou *mortaise*. Le tranchant du fer est en ligne droite et dans le plan du dessus de la lame, le biseau au-dessous; l'inclinaison du fer par rapport à la semelle est de 45° à 50°; ce fer est assujetti par un coin.

On appelle *demi-varlope* un rabot de même forme, mais un peu plus petit, et dont le fer présente un tranchant moins arrondi que celui du fer de la *galère* ou du *riflard* (voy. ces mots).

La *demi-varlope* sert à enlever les inégalités que laisse le travail de la galère et la *varlope* achève de planer le bois.

2° Pour ravaler la pierre tendre, on se sert d'un outil que l'on appelle aussi

Fig. 3452.

varlope et qui a la forme indiquée par la figure 3452.

Varvinay (*Pierre de*). — Calcaire à entroques, dur, blanchâtre, que l'on tire des carrières de *Varvinay*, dans l'arrondissement de Commercy (Meuse).

La hauteur d'assise de cette pierre va jusqu'à 5 mètres; le poids du mètre cube est de 2,300 kilogr., et la charge nécessaire pour produire l'écrasement est de 270 kilogr. par centimètre carré.

Vase, *s. m.* — Vaisseau à lèvres évasées, monté sur un piédouche, plus ou moins richement orné d'oves, godrons, guirlandes, bas-reliefs et accompagné souvent d'anses sculptées.

On fait des *vases* en pierre, en marbre, en albâtre, en porphyre, en porcelaine, en bronze, en métaux précieux, dont on décore les édifices publics, les jardins, les parcs, etc.

On trouve des *vases* peints sur les murailles ou sculptés en bas-relief. Ils sont employés également comme motifs de décoration, et cet usage est très ancien, car on en trouve des spécimens, comme celui que représente la figure 3453, sur les monuments de l'Égypte.

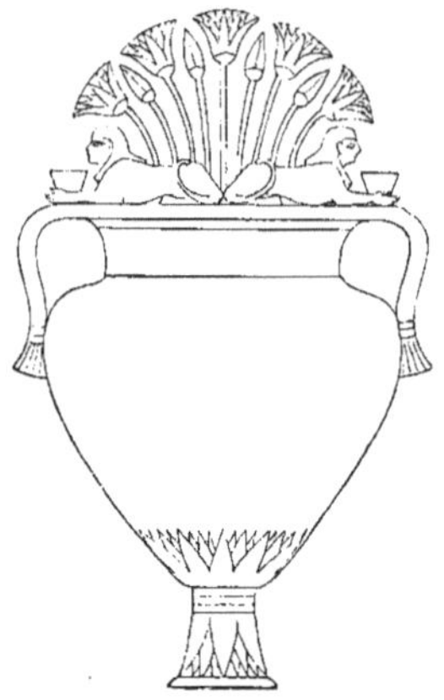

Fig. 3453.

On appelle :

Vase d'amortissement, un ornement en forme de *vase* qui termine souvent l'ensemble ou un motif particulier de la décoration d'une façade ; ce *vase* est or-

Fig. 3454.

dinairement isolé, souvent orné de guirlandes et quelquefois couronné de flammes ou de pommes de pin (fig. 3454) ; on emploie encore cet ornement dans les intérieurs, en bas-relief ou en ronde-bosse, au-dessus de portes, de cheminées, etc ;

Vase d'enfaitement, un *vase* que l'on place sur le poinçon d'un comble et que l'on fait le plus ordinairement en plomb ;

Vase de chapiteau, ce qui, dans le chapiteau corinthien, forme le corps ou la masse, que l'on revêt de feuillages, de caulicoles et de volutes.

Treillage. Imitation faite en treillage de *vases* composés de matière plus solide.

Serrurerie. Petit ornement en forme de *vase* placé au sommet et au bas d'une flèche, que l'on nomme, pour cette raison, *flèche à vase*.

Vasistas, *s. m.* — Châssis mobile en fer rainé ou profilé à feuillure, destiné à recevoir une vitre et qui fait partie d'une croisée. On s'en sert pour renouveler par petites quantités l'air de la pièce.

Le *vasistas* ordinaire est fermé au moyen de *pivots*, de *paumelles* ou de *charnières*. Il se ferme par un loqueteau à *baril*, à *pompe*, etc.

Certains *vasistas* fonctionnent à *soufflet*, en *abattant*, à *coulisse*, etc.

Vasque, *s. f.* — Bassin de pierre, de marbre ou de bronze de peu de profondeur, ordinairement posé sur un piédouche, et de forme ronde, ovale ou polygonale.

On place des *vasques* dans les fontaines monumentales, pour recevoir les eaux, qui tombent par jets ou par nappes (voy. *Fontaine*).

Vassens (*Pierres de*). — Pierres de plusieurs échantillons, que l'on extrait de la carrière de *Vassens*, dans l'arrondissement de Soissons (Aisne).

On distingue :

1° Le *vergelé de Vassens*, calcaire fin, blanchâtre, quelquefois rubané, présentant une hauteur d'assise de $0^m,90$ à $1^m,20$, pesant de 1,550 à 1,580 kilogr. le mètre cube et s'écrasant sous une charge de 72 à 78 kilogr. par centimètre carré;

2° Le *banc royal de Vassens*, calcaire analogue au précédent, mais sans rubanage, offrant une hauteur d'assise de $0^m,90$ à $1^m,20$, pesant 1,600 kilogr. le mètre cube et s'écrasant sous une charge de 80 à 90 kilogr. par centimètre carré.

Vaux (*Pierre de*). — Calcaire assez dur, provenant de la carrière de *Vaux*, dans la commune de Veynes, près de Gap (Hautes-Alpes).

Cette pierre est de couleur blanc-grisâtre, à grains très fins et susceptible de poli; sa hauteur d'assise va jusqu'à $0^m,80$.

Veau, *s. m.* — Levée faite sur une pièce de bois, pour la cintrer soit sur le plat, soit sur champ.

Veine, *s. f.* — 1° Marques longues et étroites qui serpentent sur certains bois, dans quelques pierres dures et sur les marbres.

2° Défaut de la pierre, qui provient ordinairement d'une inégalité de consistance, et qui fait que la pierre se fend ou se délite en cet endroit.

Veiné, *adj.* — Bois ou marbre *veiné* : bois ou marbre pourvu de veines à formes plus ou moins régulières.

L'aspect *veiné* est très recherché pour la décoration.

Veiner, *v. a.* — Imiter, sur le bois ou sur un enduit, les veines naturelles du bois ou du marbre.

Ce travail est exécuté par le *peintre* décorateur.

Veinette, *s. f.* — Brosse que les peintres emploient pour faire le faux bois.

Il en existe de deux sortes représentées par la figure 3455.

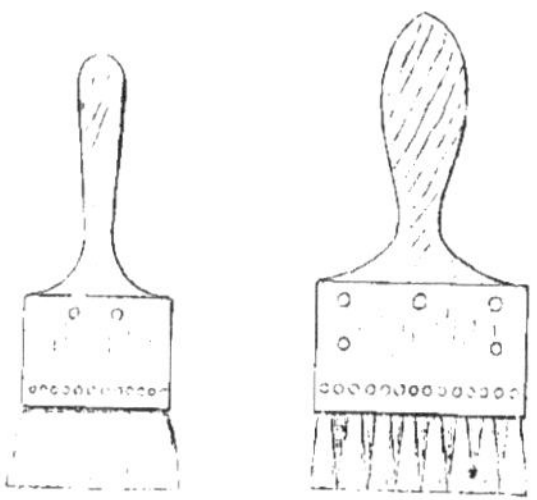

Fig. 3455.

Velarium. — Grande toile que les Romains tendaient au-dessus de la partie découverte d'un théâtre ou d'un amphithéâtre.

Le *velarium* se manœuvrait au moyen de cordes et de poulies fixées à un certain nombre de mâts plantés autour du mur d'enceinte (voy. *Amphithéâtre*).

Velesmes (*Pierre de*). — Calcaire compact, dur, tiré des carrières de *Velesmes*, arrondissement de Besançon.

Cette pierre est de couleur blanchâtre, quelquefois tachetée de rose pâle; sa hauteur d'assise varie de $0^m,15$ à $0^m,80$; le poids du mètre cube est de 2,470 à 2,590 kilogr. et la charge nécessaire pour produire l'écrasement est de 710 à 790 kilogr. par centimètre carré.

Velouté, *adj.* — *Papier velouté* : papier de tenture, dont les dessins et les ornements imitent le velours.

Velum. — Les Romains donnaient ce nom à un rideau suspendu devant la porte de la rue dans une habitation.

A l'intérieur, le *velum* était employé comme portière, pour séparer deux pièces ou pour en diviser une grande en plusieurs petites.

Dans un temple, la statue du dieu était cachée par un *velum* que l'on tirait dans les circonstances solennelles.

Venasque (*Pierre de*). — Calcaire

gréseux, demi-dur, extrait de la carrière de Payan, dans la commune de *Venasque*, près de Carpentras.

Cette pierre est de couleur blanc-grisâtre et d'un grain fin ; elle possède une hauteur d'assise de $0^m,60$ à 1 mètre, pèse de 2,150 à 2,220 kilogr. le mètre cube et s'écrase sous une charge de 200 à 230 kilogr. par centimètre carré.

Vendargues (*Pierre de*). — Calcaire un peu gréseux, assez dur, tiré des carrières de *Vendargues*, dans l'arrondissement de Montpellier.

Cette pierre est de couleur blanche ou bleu-cendré et à grains moyens. Sa hauteur d'assise usuelle est de $0^m,40$; elle pèse de 2,060 à 2,200 kilogr. le mètre cube et s'écrase sous une charge de 200 kilogr. par centimètre carré.

Vendresse (*Liais de*). — Calcaire provenant des carrières de *Vendresse*, dans l'arrondissement de Laon.

La hauteur d'assise de cette pierre varie de $0^m,45$ à $0^m,55$; son poids est de 2,220 à 2,430 kilogr. le mètre cube, et la charge nécessaire pour produire l'écrasement est de 640 à 870 kilogr. par centimètre carré.

Vente, *s. f.* — Convention par laquelle l'un s'oblige à livrer une chose et l'autre à la payer.

La *vente* peut être faite par acte authentique ou sous seing privé (Code civil, art. 1582).

La délivrance et la garantie de l'objet vendu sont déterminées par les articles suivants du Code civil :

« Art. 1605. L'obligation de délivrer les immeubles est remplie de la part du vendeur, lorsqu'il a remis les clefs, s'il s'agit d'un bâtiment, ou lorsqu'il a remis les titres de propriété.

« Art. 1614. La chose doit être délivrée en l'état où elle se trouve au moment de la *vente*. Depuis ce jour, tous les fruits appartiennent à l'acquéreur.

« Art. 1616. Le vendeur est tenu de délivrer la contenance telle qu'elle est portée au contrat, sous les modifications ci-après exprimées.

« Art. 1617. Si la *vente* d'un immeuble a été faite avec indication de la contenance, à raison de tant la mesure, le vendeur est obligé de délivrer à l'acquéreur, s'il l'exige, la quantité indiquée au contrat.

« Art. 1618. Si, au contraire, dans le cas de l'article précédent, il se trouve une contenance plus grande que celle exprimée au contrat, l'acquéreur a le choix de fournir le supplément du prix, ou de se désister du contrat, si l'excédant est d'un vingtième au-dessus de la contenance déclarée.

« Art. 1619. Dans tous les autres cas, soit que la *vente* soit faite d'un corps certain et limité, soit qu'elle ait pour objet des fonds distincts et séparés, soit qu'elle commence par la mesure ou par la désignation de l'objet vendu suivie de la mesure, l'expression de cette mesure ne donne lieu à aucun supplément de prix, en faveur du vendeur, pour l'excédant de mesure, ni en faveur de l'acquéreur, à aucune diminution de prix pour moindre mesure, qu'autant que la différence de la mesure réelle à celle exprimée au contrat est d'un vingtième en plus ou en moins, eu égard à la valeur de la totalité des objets vendus, s'il n'y a stipulation contraire.

« Art. 1620. Dans le cas où, suivant l'article précédent, il y a lieu à augmentation de prix pour excédant de mesure, l'acquéreur a le choix ou de se désister du contrat ou de fournir le supplément du prix, et ce, avec les intérêts, s'il a gardé l'immeuble.

« Art. 1621. Dans tous les cas où l'acquéreur a le droit de se désister du contrat, le vendeur est tenu de lui restituer, outre le prix, s'il l'a reçu, les frais du contrat.

« Art. 1625. La garantie que le vendeur doit à l'acquéreur a deux objets : le premier est la possession paisible de la chose vendue ; le second, les défauts cachés de cette chose ou les vices rédhibitoires.

« Art. 1630. Lorsque la garantie a été promise ou qu'il n'a rien été stipulé à ce sujet, si l'acquéreur est évincé, il a le droit de demander contre le vendeur : 1° la restitution du prix ; 2° celle des fruits, lorsqu'il est obligé de les rendre au propriétaire qui l'évince ; 3° les frais faits sur la demande en garantie de l'acheteur, et ceux faits par le demandeur originaire ; 4° enfin, les dommages et intérêts, ainsi que les frais et loyaux coûts du contrat.

« Art. 1631. Lorsqu'à l'époque de l'éviction, la chose vendue se trouve diminuée de valeur ou considérablement détériorée, soit par la négligence de l'acheteur, soit par des accidents de force majeure, le vendeur n'en est pas moins tenu de restituer la totalité du prix.

« Art. 1632. Mais si l'acquéreur a tiré profit des dégradations par lui faites, le vendeur a droit de retenir sur le prix une somme égale à ce profit.

« Art. 1634. Le vendeur est tenu de rembourser ou de faire rembourser à l'acquéreur, par celui qui l'évince, toutes les réparations et améliorations utiles qu'il aura faites au fonds.

« Art. 1635. Si le vendeur avait vendu de mauvaise foi le fonds d'autrui, il sera obligé de rembourser à l'acquéreur toutes les dépenses, même voluptuaires ou d'agrément, que celui-ci aura faites au fonds.

« Art. 1636. Si l'acquéreur n'est évincé que d'une partie de la chose, et qu'elle soit de telle conséquence relativement au tout, que l'acquéreur n'eût point acheté sans la partie dont il a été évincé, il peut faire résilier la *vente*.

« Art. 1637. Si, dans le cas de l'éviction d'une partie du fonds vendu, la *vente* n'est pas résiliée, la valeur de la partie dont l'acquéreur se trouve évincé lui est remboursée suivant l'estimation à l'époque de l'éviction, et non proportionnellement au prix total de la *vente*, soit que la chose vendue ait augmenté ou diminué de valeur.

« Art. 1638. Si l'héritage vendu se trouve grevé, sans qu'il en ait été fait de déclaration, de servitudes non apparentes, et qu'elles soient de telle importance qu'il y ait lieu de présumer que l'acquéreur n'aurait pas acheté s'il en avait été instruit, il peut demander la résiliation du contrat, si mieux il n'aime se contenter d'une indemnité. »

La connaissance des défauts cachés ou apparents dans la *vente* des immeubles est une question des plus importantes. En vertu de l'article 1641 du Code civil, le vendeur est tenu de la garantie à raison des défauts cachés de la chose vendue qui la rendent impropre à l'usage auquel on la destine, ou qui diminuent tellement cet usage, que l'acheteur ne l'aurait pas acquise, ou n'en aurait donné qu'un moindre prix, s'il les avait connus. Or, l'on considère comme défaut ou vice caché, dans un édifice, le vice dont un homme de l'art ne peut constater l'existence sans opérer une démolition partielle ou des sondages, mais il y a exception à cette règle pour le mur mitoyen ; ainsi, le propriétaire qui cède à son voisin la mitoyenneté du mur qui sépare leurs héritages, n'est point tenu de la garantie à raison des défauts cachés de ce mur. Quant aux vices apparents, dont l'acheteur a pu se convaincre lui-même, le vendeur n'en est pas tenu. On considère comme vices apparents, dans un édifice, les porte-à-faux, les fléchissements des planchers, les tassements et les déversements de murs, les détériorations visibles au jour de la *vente*, quelle qu'en soit la cause, enfin les malfaçons, de quelque nature qu'elles soient (1).

Enfin, le vendeur est tenu des vices cachés, quand même il ne les aurait pas connus, à moins que, dans ce cas, il n'ait stipulé qu'il ne sera obligé à aucune garantie (art. 1643 Code civil).

(1) *Manuel des lois du bâtiment*, édit. 1880.

Dans le cas de vices cachés, connus ou non du vendeur, l'acheteur a le droit de rendre la chose et de se faire restituer le prix, ou de garder la chose et de se faire rendre une partie du prix, telle qu'elle sera arbitrée par experts (art. 1644 Code civil).

Ces prescriptions sont complétées par les articles suivants :

« Art. 1645. Si le vendeur connaissait les vices de la chose, il est tenu, outre la restitution du prix qu'il en a reçu, de tous les dommages et intérêts envers l'acheteur.

« Art. 1646. Si le vendeur ignorait les vices de la chose, il ne sera tenu qu'à la restitution du prix, et à rembourser à l'acquéreur les frais occasionnés par la *vente*.

« Art. 1647. Si la chose qui avait des vices, a péri par suite de sa mauvaise qualité, la perte est pour le vendeur, qui sera tenu envers l'acheteur à la restitution du prix, et aux autres dédommagements expliqués dans les deux articles précédents. Mais la perte arrivée par cas fortuit sera pour le compte de l'acheteur.

« Art. 1648. L'action résultant des vices rédhibitoires doit être intentée par l'acquéreur, dans un bref délai, suivant la nature des vices rédhibitoires, et l'usage du lieu où la *vente* a été faite.

« Art. 1649. Elle n'a pas lieu dans les *ventes* faites par autorité de justice. »

Ventelle, *s. f.* — On donne ce nom à de petites vannes formées d'un châssis en charpente, qui porte sur un seuil également en charpente et glisse dans des coulisseaux en fer scellés dans la maçonnerie (voy. *Vanne*).

Ventilateur, *s. m.* — Machine soufflante puisant l'air dans l'atmosphère, pour le refouler dans un ou plusieurs tuyaux, qui le conduisent à des foyers de combustion ou dans des espaces clos que l'on veut rendre habitables et salubres par le renouvellement des gaz respirables (voy. *Ventilation*).

Les *ventilateurs* à force centrifuge sont les plus simples et les plus économiques. Ces appareils consistent essentiellement en un système d'ailettes reliées à un arbre central, auquel on communique un mouvement de rotation rapide. Ces ailettes sont renfermées, avec un faible jeu, dans une caisse fixe limitée latéralement par deux joues planes, et dont le pourtour est un cylindre. Chacune des deux joues porte un orifice *d'aspiration*, dans le milieu duquel passe l'axe de rotation du système, et le cylindre est lui-même percé

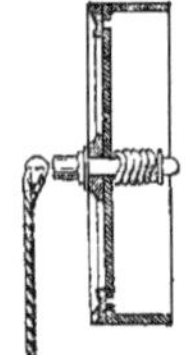

Fig. 3456.

d'un autre orifice, dit *d'expulsion*, auquel fait suite un tuyau porte-vent. Le mouvement très rapide, communiqué aux ailettes, refoule l'air contenu entre elles vers la circonférence, par l'action de la force centrifuge. Il en résulte une dilatation vers le centre; la pression atmosphérique précipite alors, par les orifices d'aspiration, l'air extérieur, qui est refoulé vers les extrémités des ailettes (fig. 3456) et lancé de là dans le tuyau porte-vent, lorsque le secteur compris entre deux de ces organes passe devant l'orifice d'expulsion.

On donne aussi le nom de *ventilateur* à des tuyaux, qui, partant d'une fosse d'aisances, en conduisent les émanations jusqu'au-dessus du comble (voy. *Fosse*). On dit aussi *tuyau de ventouse* ou *tuyau d'évent*.

Dans les établissements scolaires, on emploie, pour l'aérage des salles, des *ventilateurs* de divers systèmes. Ces appareils, destinés à créer des courants d'air capables de chasser au dehors les mauvaises odeurs, sont installés ordinairement près des portes, au-dessus des fenêtres.

Dans les salles directement placées sous les combles ou dans lesquelles la distribution de l'étage supérieur le permet, des *ventilateurs* peuvent être disposés aux angles ou au centre de la pièce; on leur donne, au niveau du plafond, à leur point de départ, la forme d'un entonnoir; leur extrémité sort du

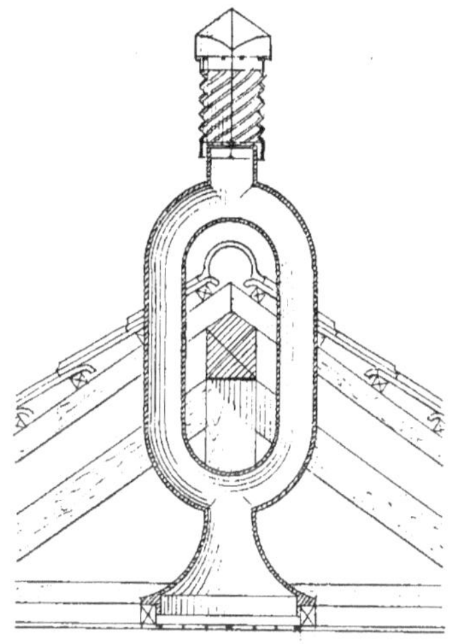

Fig. 3457.

comble, munie d'un appareil giratoire qui permet d'obtenir une aspiration suffisante. Ces divers systèmes se complètent par l'emploi de cheminées d'appel établies à chaque extrémité de la salle et au moyen desquelles on crée un courant d'air facile à modifier, suivant les circonstances (fig. 3457).

Des appareils analogues sont employés en fumisterie pour produire un tirage. Tel est le *ventilateur* fumifuge automoteur inventé par M. Venant et perfectionné par MM. A. Serron et Cie. La figure 3458 représente ce système; c'est une sphère susceptible de recevoir l'action du vent dans toutes les directions qu'il prend. A cet effet, les lames sont creuses, disposées suivant

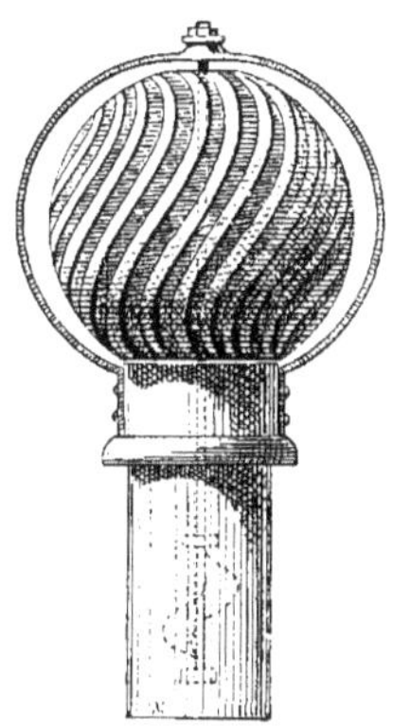

Fig. 3458.

une certaine courbe, en vue de recevoir cette action du vent, et laissent entre elles un intervalle par où s'échappe la fumée.

Ventilation, *s. f.* — Opération qui a pour objet d'expulser d'un édifice, d'une salle, l'air, soit vicié, soit trop refroidi ou trop échauffé, ou chargé de vapeur d'eau, et de le remplacer par de nouvelles quantités d'air pur et sec, chaud en hiver, frais en été, de manière à assurer, à volonté, dans ces locaux les conditions de la plus complète salubrité.

Examinons succinctement quelles sont les données scientifiques qui servent à régler la *ventilation* dans les locaux habités temporairement ou d'une manière permanente.

Rappelons, tout d'abord, que l'air, dans sa composition normale, renferme sur 100 parties : 79,20 d'azote, gaz irrespirable et 20,80 d'oxygène, gaz qui, pris à part, donnerait au phénomène de la respiration une activité telle que la vie serait rapidement détruite. Le mélange de ces deux corps, dans les proportions indiquées, offre, au contraire, les conditions les plus favorables à la vie de l'homme. Notons qu'outre l'azote et l'oxygène, l'air contient une très petite quantité d'acide carbonique variant de 0,0004 à 0,0006. Or, l'homme, par le fait même de la respiration, transforme, par heure, en acide carbonique tout l'oxygène contenu dans 90 litres d'air, et il expire, par heure, 333 litres contenant 0,04 d'acide carbonique.

Les expériences de M. Barral ont démontré qu'un homme vicie, par sa transpiration cutanée et pulmonaire, de $6^{mc},92$ à $11^{mc},85$; la proportion d'acide carbonique que contient cet air est de 0,0016. Cette limite, de $6^{mc},92$ à $11^{mc},85$, correspond à une *ventilation* dans laquelle l'air pur arriverait par un grand nombre d'ouvertures pratiquées dans le sol et s'écoulerait par des orifices supérieurs. Dans une salle où le chauffage aurait lieu par l'air de *ventilation*, il faudrait une *ventilation* plus active.

De plus, il résulte d'expériences faites par MM. Leblanc, Péclet et Boussingault, dans des salles d'écoles, à l'ancienne Chambre des députés, à la Conciergerie et dans des hôpitaux : 1° qu'une *ventilation* de 6 mètres cubes par heure et par individu est une limite au-dessous de laquelle il ne faut pas descendre, quand l'air de *ventilation* est mêlé avec l'air de la pièce et qu'il n'existe aucune cause particulière d'insalubrité ; 2° que quand la *ventilation* a lieu de bas en haut, par tous les points du sol ou par des orifices très nombreux et très rapprochés, une *ventilation* de 7 à 11 mètres cubes, par heure et par personne, fournit à chacun de l'air paraissant suffisamment pur ; 3° que, dans presque tous les cas, il y a des causes d'insalubrité pour lesquelles ce chiffre doit être élevé à un point que l'expérience seule peut déterminer.

D'autre part, la flamme d'une bougie s'éteint dans une atmosphère qui renferme de 4 à 5 pour 100 d'acide carbonique, et la respiration y devient gênée ; si cet air contient 10 pour 100 d'acide carbonique, il est irrespirable. Quant à l'air vicié par l'éclairage, on compte, comme pour la respiration humaine, qu'il faut une *ventilation* d'au moins 6 mètres cubes d'air par heure et par bougie, de 24 mètres cubes par lampe gros bec, pour que la combustion ait toujours lieu dans de bonnes conditions.

L'air qui est renfermé dans les locaux habités est encore fréquemment vicié, soit par des émanations pouvant devenir putrides, provenant de corps en voie de fermentation ou de décomposition ; soit par des gaz provenant de réactions chimiques, tels que ceux qui résultent de la combustion, soit par des vapeurs produites par évaporation ou volatilisation, soit enfin par des poussières en suspension, organiques, animales, végétales ou métalliques.

Il faut donc enlever cet air vicié et le remplacer par un autre air qui, s'il est destiné à la respiration, doit être aussi pur que possible et présenter les degrés de température et de saturation par la vapeur d'eau, reconnus nécessaires par les lois de l'hygiène.

Le système de renouvellement d'air qui se présente tout d'abord à l'esprit consiste dans l'ouverture des fenêtres, ménagées en nombre suffisant et avec des dimensions convenables. Mais ce moyen, outre qu'il n'est praticable que dans certaines saisons, n'est pas toujours efficace. On a donc recours à la *ventilation* artificielle, qui peut se produire par appel ou par insufflation, ou par les deux systèmes combinés.

M. Grouvelle (1) classe ainsi qu'il suit les différents procédés actuellement en usage :

1° *Appel par l'action de la chaleur agissant dans une cheminée*, cette classe se divisant en quatre systèmes : 1° appel par un combustible brûlé directement dans le bas de la cheminée ; 2° ap-

(1) Laboulaye, *Dictionnaire des arts et manufactures*.

pel par un combustible brûlé directement à la partie supérieure, ou près de la partie supérieure de la cheminée ; 3° appel par des appareils intermédiaires de transmission de chaleur, recevant leur chauffage d'un foyer placé à distance; 4° appel par la vapeur envoyée directement dans la cheminée;

2° *Appel par un appareil mécanique aspirant, mis en mouvement par un moteur*, classe qui présente cinq systèmes différents : 1° les machines aspirantes à piston; 2° les machines aspirantes à cloches plongeantes ; 3° les vis pneumatiques; 4° les ventilateurs à ailes planes et les ventilateurs à ailes courbes; 5° la roue pneumatique de Fabry ;

3° *Ventilation mécanique par refoulement, en employant les ventilateurs.*

L'appel par l'action de la chaleur, agissant dans une cheminée, est le plus anciennement et le plus généralement employé. Ce système consiste à chauffer la colonne d'air contenue dans une cheminée qui communique, par des ouvertures de section convenable, avec les capacités à ventiler. Cet air se dilate, devient moins dense que l'air extérieur et tend à s'échapper ; le vide partiel ainsi produit aspire l'air des capacités, qui est remplacé par de l'air pris au dehors.

Pour que ce système fonctionne régulièrement, il faut : 1° que la colonne d'air contenue dans la cheminée soit maintenue à la température où elle était au moment où la communication a été établie ; 2° qu'il entre dans les capacités ventilées autant d'air que la cheminée en enlève. Il importe aussi que les sections des conduits d'appel et de la cheminée soient en rapport avec le volume d'air à enlever ; autrement, il faudrait imprimer à cet air une vitesse relativement considérable, ce qu'on n'obtiendrait que par une forte dépense de combustible. Dans la pratique, on donne à la cheminée une section telle que l'air qui la traverse ait seulement une vitesse de 1 mètre par seconde.

La formule suivante, établie par M. Péclet, permet de calculer la vitesse qu'on obtiendrait dans une cheminée de diamètre déterminé :

$$V = 8{,}8\sqrt{\frac{H\ a\ t\ D}{L + 4\ D}}.$$

H est la hauteur de la cheminée ; D, son diamètre ; L, la longueur du canal ou des canaux, de section égale à la cheminée, à la suite desquels elle est placée ; t, la différence de température de l'air de l'intérieur à l'extérieur (on compte ordinairement 25° et l'on emploie la quantité de houille suffisante pour obtenir ce résultat) ; a, le coefficient de la dilatation des gaz pour un degré centigrade, soit 0,00367.

Le foyer destiné à produire la chaleur nécessaire à l'appel peut être placé soit à la base, soit au sommet de la cheminée. Le premier système est le plus avantageux. Il permet d'utiliser, pour l'appel, la puissance de la hauteur entière de la cheminée. De plus, il donne un tirage d'une régularité extrême : en effet, la maçonnerie de la cheminée est toujours maintenue à une température suffisante pour compenser la variation de conduite du foyer, qui influencerait le tirage. L'action du soleil et du vent est aussi annihilée, tandis que les foyers placés près du sommet des cheminées reçoivent l'action immédiate du soleil, des variations barométriques et des vents, qui peuvent refouler l'air vicié jusque dans les salles. Les conduits d'évacuation de cet air doivent déboucher directement sur le foyer ou au-dessous. Quant à la partie supérieure de la cheminée d'appel, elle doit être couronnée d'un large chapeau en tôle ou en pierre de taille avec un passage libre au moins égal à la section de la cheminée ; ce chapeau est nécessaire pour empêcher la pluie de refroidir la cheminée.

Les foyers d'appel sont des poêles de divers systèmes ou de simples grilles recouvertes de combustible Dans les cheminées de petite section, comme dans les étuves et séchoirs, on emploie souvent, pour produire l'appel, le tuyau d'un poêle ou d'un fourneau utilisé à un autre objet.

Les appareils de transmission de chaleur employés pour le même objet sont des systèmes métalliques qui reçoivent ou de l'eau chaude ou de la vapeur envoyée d'un point éloigné. Dans ce cas, une forte proportion de la chaleur développée par le combustible, c'est-à-dire 40 pour 100 au moins de la chaleur totale, est emportée avec la fumée de l'appareil chauffant et ne sert pas à la *ventilation*. Il faut aussi des surfaces métalliques considérables pour chauffer l'air de *ventilation* qui passe trop rapidement. Enfin, l'on descend cet appareil dans la cheminée aussi bas que possible.

Quant à l'appel par la vapeur, envoyée directement dans la cheminée, les meilleurs systèmes ne donnent qu'un rendement utile de 6 1/2 de la puissance motrice développée par la vapeur, et, à puissance égale, un volume d'air quatorze fois moindre que les cheminées d'appel avec foyer au fond.

Les *appareils mécaniques*, exigeant un moteur, qui fonctionne sous l'action d'une force hydraulique ou d'une machine à vapeur, ne peuvent être employés que pour de grandes *ventilations*.

Le procédé mécanique le plus anciennement appliqué dans les mines consiste dans l'emploi de machines aspirantes à piston, composées de deux cylindres en bois dans lesquels montent et descendent des pistons. Le mouvement alternatif est transmis aux tiges de ceux-ci par une machine à vapeur tantôt verticale, tantôt horizontale.

Les machines aspirantes à cloches plongeantes sont des cuves en tôle dans lesquelles montent et descendent des cloches de gazomètre, dont le travail est le même que celui des machines à piston, mais beaucoup plus efficace et moins coûteux.

Les vis pneumatiques, fréquemment employées pour l'aérage des mines, sont composées d'un axe vertical en fer, mis en communication par une extrémité avec les puits à ventiler ; sur cet axe sont fixées deux cloisons hélicoïdales et le tout est placé dans l'intérieur d'un tambour fixe en fonte, au milieu duquel elles tournent ; ce cylindre est ouvert par le fond pour laisser l'air arriver à l'appareil hélicoïdal, et celui-ci est libre à la partie supérieure, pour verser directement cet air au dehors. Ces appareils peuvent se placer facilement dans des cheminées circulaires ; on supprime souvent l'enveloppe, en plaçant l'hélice sur l'ouverture même qui communique à la capacité à ventiler.

Les *ventilateurs* (voy. ce mot) sont, depuis longtemps, employés, tantôt comme machines aspirantes, tantôt comme machines soufflantes. Ils sont simples et économiques d'établissement et coûtent peu d'entretien. Nous citerons seulement ici l'appareil connu sous la désignation de *roue pneumatique* ou ventilateur de Fabry. Cette machine coûte un peu plus cher d'établissement que certains autres appareils d'extraction d'air ; mais son rendement utile va jusqu'à 50 et 60 pour 100 du travail brut qu'on lui applique. Notons aussi que les cheminées d'appel, comme les machines à piston et à cloche ne peuvent être utilisées que pour un seul système de *ventilation*, celui par aspiration, tandis que les ventilateurs sont employés comme instruments tantôt d'aspiration, tantôt de refoulement, suivant les conditions locales ; seulement, avec les ventilateurs refoulants, on peut donner plus de vitesse à l'air ventilé et, par suite, des dimensions moindres au tuyau de distribution, ce qui est quelquefois important.

Dans certains cas aussi, dans un hôpital, par exemple, la *ventilation* par insufflation présente des avantages ; elle permet de prendre l'air en dehors des émanations délétères de l'édifice, de l'envoyer en quantités parfaitement réglées dans chaque salle, enfin de ventiler, en été, avec de l'air rafraîchi, pris dans les caves mêmes de l'édifice, quand les fenêtres des salles sont ouvertes. En outre, avec ce système, l'air infecté d'un bâtiment voisin ne peut pénétrer dans l'intérieur de l'édifice qu'il faut aérer par ces mêmes fenêtres ouvertes.

En résumé, le choix entre la *ventilation* par aspiration et celle par insufflation ne peut pas être absolu ; il repose principalement sur la connaissance des conditions locales du problème à résoudre, conditions que nous allons examiner dans l'étude de quelques applications importantes.

Ventilation des logements. En Italie et en Espagne, on fait usage de *braseros*, appareils d'autant plus nuisibles à la respiration, qu'ils dégagent de l'oxyde de carbone, gaz dont la puissance d'asphyxie est bien supérieure à celle de l'acide carbonique.

Dans nos pays, les pièces pourvues de cheminées allumées sont ventilées naturellement, et, en admettant que le tuyau n'ait que 0m,32 de diamètre, la vitesse de l'air chaud pouvant atteindre 2 mètres, le débit est de 45 à 50 mètres cubes, par heure, ce qui suffit pour une réunion de huit ou dix personnes. Dans les grandes salles, même lorsqu'elles ne sont pas chauffées, le renouvellement qui a lieu par les joints des portes et des fenêtres est considérable.

Toutefois, le système d'aération par le chauffage, installé dans une cheminée, ne peut fonctionner activement que l'hiver, et la *ventilation* est également nécessaire l'été. On peut appliquer alors le premier des systèmes énumérés ci-dessus : l'appel par l'action de la chaleur agissant dans une cheminée établie en dehors de l'appartement. Cette cheminée se compose ordinairement d'une gaîne en briques dans laquelle est placé un foyer surmonté d'un tuyau de fumée. Cette gaîne, à laquelle aboutissent les canaux de prise de l'air vicié dans chaque pièce, se termine au-dessus du comble par une lanterne d'évacuation.

Toute autre source de chaleur peut être utilisée pour produire l'appel, ainsi que nous l'avons vu plus haut. Il suffit même, quand on n'a pas besoin d'une *ventilation* énergique, d'allumer une lampe ou un bec de gaz dans une cheminée d'appel, ou d'y faire passer le tuyau d'un poêle ou d'un fourneau de cuisine.

Quant aux divers modes d'appel, ils s'opèrent soit par le haut, soit par le bas, ou bien encore par les deux côtés à la fois.

Le système d'appel par le bas est susceptible d'application aux bâtiments peu élevés ou à un petit nombre d'étages. Il est économique et facile à régler, mais il entraîne à faire la cheminée d'appel sur toute la hauteur et à faire passer les canaux de départ dans les pièces du bas.

Le mode d'appel par le haut convient mieux à une construction plus élevée, ou ayant beaucoup d'étages ; de plus, les conduits d'évacuation se trouvent reportés dans les pièces supérieures, généralement moins importantes que les inférieures. L'inconvénient de ce dernier système, comme nous l'avons déjà fait remarquer, est le suivant : la cheminée ne peut que s'élever a une petite hauteur au-dessus du foyer, ce qui force à une plus grande dépense de combustible, pour obtenir une différence de densité plus grande. En outre, l'établissement d'un foyer dans le comble peut offrir des dangers.

Le système mixte est ainsi disposé : un foyer, placé à la partie inférieure de son tuyau de fumée, renfermé dans une gaîne par où se fait le départ de l'air vicié des pièces inférieures. Ce tuyau passe dans un appareil échauffeur, établi dans les combles, et qui produit l'appel de l'air vicié des pièces supérieures. Dans ces dispositions, le départ de l'air vicié dans les pièces a lieu par le bas ; l'entrée de l'air pur se fait à l'opposé et par le haut. Cette entrée doit se faire généralement près des portes, pour qu'il y ait mélange de l'air chaud et de l'air froid admis accidentellement.

Ventilation des prisons. L'hygiène de ces établissements laisse beaucoup à désirer ; là où des raisons de sûreté publique obligent à rétrécir, à garnir d'obstacles les portes et les fenêtres destinées à laisser passer l'air et la lumière, il est impossible de réaliser les conditions que l'on exige ordinairement dans les habitations particulières. On doit cependant chercher à concilier, autant que possible, les exigences de police avec la santé des prisonniers. Il est même nécessaire d'établir dans ces locaux et surtout dans les prisons cellulaires une *ventilation* puissante, à cause de la malpropreté ordinaire des détenus et de la présence, dans chaque cellule, d'un vase de nuit clos ou laissé ouvert.

A la prison cellulaire de Mazas, à Paris, construite dans de très bonnes conditions hygiéniques, chaque cellule présente une capacité de 21 mètres cubes et tout l'air qu'elle renferme est renouvelé une fois par heure.

Il faut aussi que cette *ventilation* soit constante, régulière, égale sur tous les points à assainir, que les appareils soient faciles à conduire et leur emploi économique. Or, les procédés qui remplissent le mieux ces conditions, sont les foyers d'appel, à feu nu et direct placés au bas d'une cheminée construite sur le point le plus central, ou au moins le plus facile pour le service et pour l'établissement des conduits d'appel.

Cette condition d'une cheminée unique est applicable aux hôpitaux comme aux prisons, aux asiles d'aliénés, aux amphithéâtres, aux dépotoirs et à tous les établissements à assainir.

Tous les conduits, pourvus, s'il est nécessaire, de coudes arrondis, doivent se brancher sur un canal général qui débouche directement sur le foyer. Chacun de ces conduits particuliers doit aussi être muni d'un registre qui sert à régler la *ventilation* dans le pavillon spécial auquel il aboutit.

Voici la disposition générale adoptée dans les prisons cellulaires de Mazas et de la rue de la Santé (voy. *Prison*).

La *ventilation* s'effectue par le pot de siège placé dans chaque cellule, chaque pot aboutissant, par son orifice inférieur, dans une galerie renfermant les appareils diviseurs, dont l'air est constamment appelé au centre de l'édifice dans la grande cheminée, au-dessous du foyer d'appel. Chaque cellule a son tuyau de chute particulier, muni d'un registre à sa partie inférieure pour régler avec facilité la *ventilation* des divers étages. Les salles, ateliers, chauffoirs, etc., sont mis également en communication avec le foyer central, par des conduits verticaux réservés dans les murs aboutissant à des galeries en sous-sol. La figure 3459, qui représente une partie du plan de la prison de Mazas, indique nettement la disposition adoptée : la *ventilation*, indépendante pour chaque cellule, est réunie à toutes les *ventilations* d'une même aile et ramenée, par l'intermédiaire d'un conduit général, établi sous la rotonde centrale vers une cheminée d'appel unique et centrale.

Mais il ne suffit pas d'enlever l'air vicié des cellules ; il faut encore le remplacer par de l'air pur et frais. A Mazas, on a obtenu ce résultat en établissant des prises d'air sur les corridors qui séparent, dans chaque pavillon, les deux rangées de cellules. Cet air, toujours frais en été, passe sur les appareils à circulation d'eau qui s'échauffent en hiver, et il se rend dans la cellule par plusieurs orifices placés à différents niveaux. En même temps, l'air extérieur est amené dans le corridor par de larges ouvertures et s'échauffe en hiver, avant d'y pénétrer, ce qui rend le chauffage plus facile. Les bouches d'air chaud doivent être placées en haut de la cellule, à 0m,35 ou 0m,40 du plafond, et les bouches d'appel dans le bas, à l'opposé si on le peut, et dirigées de manière à ce que le courant d'air roule dans toute la cellule avant de revenir à la bouche d'appel.

On conçoit aisément qu'une installation de conduites aussi complexe doit s'exécuter au fur et à mesure que le bâtiment s'élève. L'application, après coup, de ces procédés de *ventilation* à un

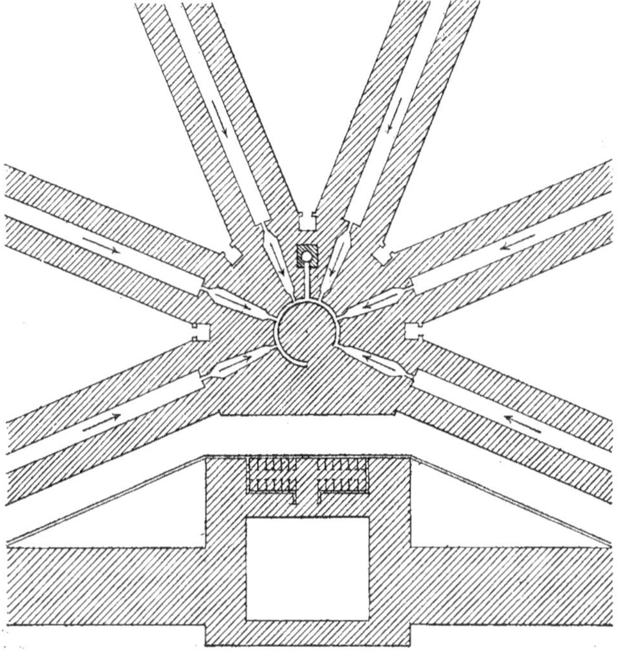

Fig. 3439.

bâtiment tout construit est presque impossible ou ne peut donner de bons résultats. Cependant, si l'on avait à ventiler une prison dépourvue de système d'aération, on chercherait à appliquer un système, reposant sur les mêmes principes et dans lequel les conduites principales et secondaires suivraient le parcours que permettrait la disposition des lieux. Quoi qu'il en soit, la plus grande surveillance doit être exercée sur la pose des tuyaux et sur la construction des canaux d'appel, car leurs joints doivent être faits de mortier soigneusement lissé, pour que les courants d'air ne trouvent pas de résistance dans leur marche.

Ventilation des hôpitaux. C'est surtout dans ces établissements que la *ventilation* doit être énergique, car le renouvellement d'air reconnu nécessaire par chaque individu et par heure est de 60 à 70 mètres cubes pour les malades ordinaires, de 100 mètres cubes pour les blessés et les femmes en couches, de 150 mètres cubes en temps d'épidémie.

A l'hôpital Lariboisière, à Paris, les deux systèmes d'*aspiration* et de *refoulement* fonctionnent, côte à côte ; trois pavillons de cet établissement, chauffés par le procédé de l'eau et de la vapeur de M. Grouvelle, sont ventilés par l'appareil de MM. Thomas et Laurens, qui agit par insufflation. Cet appareil a pour élément caractéristique un ventilateur mis en mouvement par une machine à vapeur de 8 à 10 chevaux qui prend la vapeur sur les chaudières destinées à chauffer les trois pavillons, au moyen de poêles *à eau et à vapeur* placés dans chaque salle. Ce ventilateur aspire de l'air pris au sommet du clocher par un canal vertical qui existe dans l'un des piliers et le pousse dans un tuyau qui se ramifie dans toutes les pièces à ventiler. Les canaux qui distribuent cet air à chaque étage sont couverts par des plaques de fonte, dans lesquelles circulent des tuyaux à vapeur qui vont chauffer des poêles à eau, placés dans chaque salle. L'air arrive donc échauffé dans les salles, où il pénètre par des grilles ménagées dans des plaques de fonte et par les canaux intérieurs des poêles. L'air vicié sort par des ouvertures d'appel disposées en haut et en bas des murs. Des clefs ou des registres placés à chaque branchement servent à régler la quantité d'air injectée sur chaque point. Avec ce système, la *ventilation* est continue, régulière, et peut s'arrêter à volonté pour être remplacée au besoin par l'ouverture des fenêtres. Les salles du premier pavillon reçoivent 132 mètres cubes d'air pur par heure et par malade; le pavillon nº 2 reçoit 120 mètres cubes; le troisième pavillon, 88 mètres cubes; l'air sortant a donné à l'analyse 0,0011 d'acide carbonique. Au cas où l'air que l'on veut insuffler est trop sec, on peut augmenter son degré hygrométrique par un courant de vapeur d'eau que l'on injecte dans le ventilateur. La vapeur perdue de la machine est employée, en hiver, avec celle des chaudières, au chauffage des salles, des fourneaux d'office, des bains et de la buanderie; en été, elle sert à chauffer les mêmes locaux, à l'exception des salles. Quant aux cabinets d'aisances placés près de chaque salle, leur *ventilation* est opérée par un appel établi au moyen d'un canal souterrain, qui se rend dans une cheminée d'appel, montant des caves jusque sur les combles et dans laquelle débouche le tuyau de fumée d'un fourneau à feu nu, qui sert pour tout le bâtiment.

Le système par *aspiration* employé à l'hôpital Lariboisière a été amélioré par M. Léon Duvoir. Ce système consiste principalement à faire arriver l'air chaud par la partie supérieure de la pièce, ce qui permet d'égaliser la température. On aspire l'air de haut en bas, au niveau du plancher, à l'aide d'une bouche d'appel qui communique avec le foyer du calorifère. Les parties de l'édifice situées à plus de 30 mètres de l'appareil sont ventilées par des tuyaux particuliers qui, partant du fond du réservoir supérieur, descendent dans un angle des pièces échauffées et se réunissent au retour d'eau dans la partie inférieure de la chaudière. Ces tuyaux de *ventilation* sont logés dans une enveloppe de zinc percée d'ouvertures au niveau du plancher des chambres. L'air vicié sort par là, se dilate au contact du tuyau d'eau chaude et s'élève jusqu'aux combles où il est rejeté au dehors.

Le reflux de l'air vicié d'une chambre dans une autre est empêché à l'aide de cloisons qui partagent la cavité intermédiaire entre l'enveloppe de zinc et le tuyau en autant de compartiments qu'il y a de pièces à ventiler. En été, le système de M. Léon Duvoir permet encore de ventiler, l'air frais étant appelé par le déplacement de l'air vicié, dont la température est plus élevée.

L'un des meilleurs systèmes et des plus simples serait celui des cheminées établies dans les salles mêmes. M. Péclet, traitant de cette question, a posé les principes suivants : chauffer les salles par des poêles placés au centre, poêles à feu nu, à eau ou à vapeur, suivant les localités. Ces poêles doivent verser jour et nuit dans les salles des quantités d'air toujours pur et chaud en hiver, et, autant que possible, frais en été. Les conduits d'évacuation d'air doivent être pratiqués dans les murs et pourvus de bouches à coulisse, l'une en bas pour l'hiver, l'autre en haut pour l'été et installée soit derrière chaque lit, soit dans des tables de nuit fermées d'une porte percée de trous pour laisser passer tout l'air vicié à renouveler. On installe une cheminée d'appel partant du sol avec un foyer direct, comme nous l'avons vu précédemment.

Un autre système simple et économique conseillé par M. Péclet est celui des poêles à double enveloppe, versant l'air chaud dans les salles, et des cheminées d'appel latérales avec de petits poêles d'appel, ou enfin de grandes cheminées établies dans les salles et sous lesquelles on placerait un poêle ou l'on ferait du feu pour obtenir un bon renouvellement d'air.

Ces dispositions peuvent aussi être très convenablement appliquées au chauffage et à la *ventilation* des salles d'école, d'atelier, etc.

Ventilation des théâtres. La *ventilation* d'une salle de théâtre présente de très grandes difficultés, d'autant plus qu'elle se relie étroitement avec le chauffage. En effet, si l'on enlève des volumes considérables d'air vicié, il faut introduire dans la salle une quantité égale d'air pur, chaud en hiver et frais en été.

Jusque dans ces derniers temps, le système employé pour la *ventilation* des théâtres consistait à chauffer les vestibules, les foyers et les corridors, par des poêles à eau chaude. L'air chaud se rendait de là dans la salle, en passant par les plafonds des loges et galeries; il était attiré par le courant d'air que détermine la chaleur du lustre, lequel est surmonté d'une large cheminée d'appel. Au fond de chaque loge sont pratiquées deux ouvertures, l'une destinée à introduire l'air pris dans le corridor, l'autre mise en communication avec la cheminée d'appel pour évacuer l'air vicié. En été, on va chercher dans les souterrains l'air frais qui doit remplacer celui qu'entraîne la cheminée.

Ces dispositions ont cela de vicieux qu'elles ne permettent d'introduire dans la salle qu'un air déjà chauffé, en été à 15 ou 16°, et qui s'échauffe encore outre mesure. Il est préférable de puiser l'air au dehors; c'est la solution que l'on a adoptée pour le chauffage et la *ventilation* de l'Opéra de Paris.

L'air pur, pris à la partie supérieure, en des points A (fig. 3460), descend dans

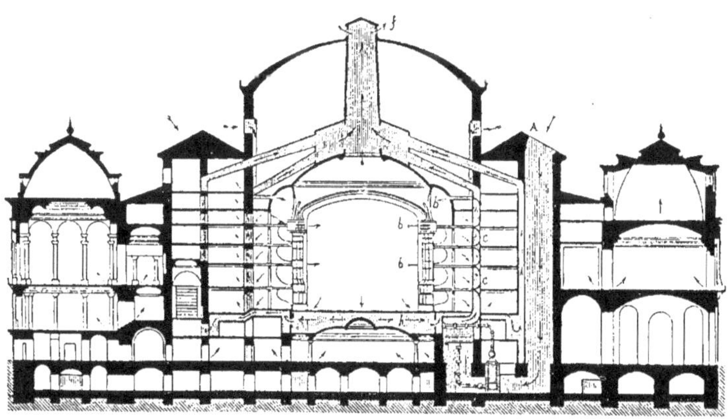

Fig. 3460.

les cours intérieures de l'édifice et arrive, dans les sous-sols, sous les différents appareils (appareils à air chaud et à eau chaude) destinés à chauffer cet air. L'air chauffé part de la partie supérieure des appareils, monte dans les conduits échelonnés *c* et débouche dans la salle, après avoir passé sous les entrevous des loges, par les ouvertures *b*, pratiquées dans les bandeaux des loges.

L'air vicié est aspiré par deux moteurs : la cheminée du lustre et les cheminées des calorifères. A cet effet, des bouches d'évacuation sont ménagées au fond des loges communiquant avec des conduits verticaux adossés aux conduits *c*, dont nous avons parlé plus haut. Ces conduits verticaux se branchent sur les conduits collecteurs *d*, qui aboutissent au conduit général d'évacuation ou cheminée du lustre. La partie ouverte au bas de cette cheminée est calculée pour ne laisser passer que l'air ayant servi à la combustion du gaz d'éclairage. Cet air, se trouvant à une température très élevée, détermine l'aspiration de l'air vicié pris au fond des loges. L'évacuation finale a lieu en *f*, autour de la couronne de la coupole.

Quant aux cheminées du calorifère, elles sont placées au milieu de grands conduits verticaux, dans lesquels vient déboucher la canalisation horizontale *h*, recevant l'air vicié du parterre. Cet air vicié sort du parterre par des bouches placées sous les banquettes.

Nous citerons également l'installation de l'Opéra de Vienne, qui mérite de servir de modèle, au moins dans ses dispositions principales. Les détails qui suivent sont tirés d'une notice de MM. René Demimuid et Charles Herscher, dans laquelle cette installation se trouve décrite. La salle, qui peut contenir environ 2,700 personnes, est éclairée au gaz par un lustre à 90 flammes renforcé d'une couronne lumineuse formée de 16 réflecteurs pourvus chacun d'un groupe de 25 brûleurs, lesquels réflecteurs entourent, au plafond, l'ouverture du lustre. La *ventilation* est assurée par le fonctionnement de deux ventilateurs ; l'un, insufflant, installé en contre-bas ; l'autre, aspirant, établi dans la cheminée générale d'évacuation des combles, au-dessus du lustre. Le mouvement d'air provoqué par les ventilateurs s'effectue dans la salle de bas en haut ; il profite de l'appel produit par la chaleur du lustre, augmentée de celle de 16 réflecteurs du plafond (*sonnenbrenner*). Enfin, le calorique dégagé par les spectateurs contribue encore à ce mouvement général de bas en haut, et à l'active évacuation de l'air vicié par le trou du lustre. L'air pur, puisé dans des jardins compris dans le périmètre du théâtre, est échauffé l'hiver au contact de calorifères à vapeur. Cet air pénètre dans la salle — à une température de 17 à 18 degrés centigrades — par le plancher même du parterre, et par les points les plus bas des loges et galeries. Pour les deux étages supérieurs, qui comportent des gradins en amphithéâtre, l'air s'introduit par toutes les contre-marches, entièrement ajourées et munies de grillages à mailles fines. Enfin, pendant la saison chaude, un surcroît d'air pur et frais est insufflé dans la salle par des jours ménagés tout autour du plafond. Les couloirs reçoivent également une certaine quantité d'air venant des chambres de préparation thermométrique réservées dans les dessous ; et lesdits couloirs sont maintenus à une température au moins égale à celle de la salle. La scène est également pourvue d'émissions d'air, indépendantes, et à la même température que dans la salle. Les bouches d'émission placées près des spectateurs sont munies de grillages à mailles fines, qui tamisent l'air et font qu'aucun courant sensible ne se trouve perçu par les individus ; la vitesse d'entrée est d'environ $0^m,30$ par seconde. La température modérée à laquelle est maintenu l'air introduit, non-seulement est supportée sans gêne, mais entretient, la pureté de l'air aidant, dans la zone occupée par les personnes, une atmosphère fraîche et agréable, et un bien-être dont nous n'avons pas d'exemple en France. Enfin, par surcroît, aucun courant d'air gênant ne se fait sentir par les portes des loges ou autres, comme cela a lieu partout ailleurs. La raison de cette absence de courants d'air est particulièrement due à l'emploi de l'insufflation mécanique, et au soin apporté à entretenir les couloirs et la scène dans une bonne condition comparative avec la salle, aux points de

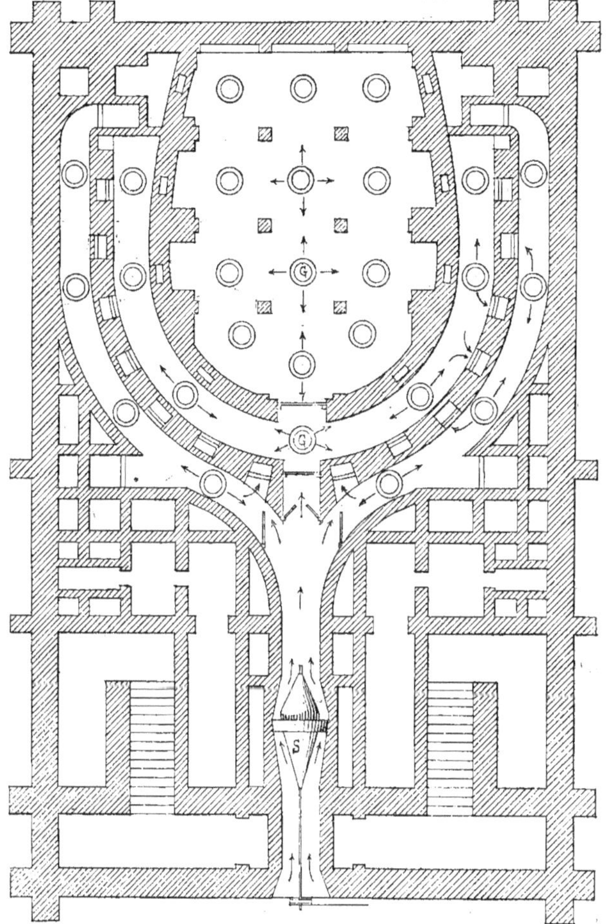

Fig. 3461.

vue thermométrique et barométrique. Tels sont les caractères fondamentaux de cette installation ; les détails techniques n'en sont pas moins intéressants, et pour les mieux faire comprendre, nous accompagnerons les explications qui suivent des figures 3461 et 3462 représentant le plan et la coupe de ce théâtre. L'appareil d'insufflation est un ventilateur à hélice S, d'un très bon système, dû à M. Héger, professeur distingué de mécanique à l'École polytechnique de Vienne. Ce ventilateur mesure 3m,50 de diamètre à l'extérieur. Il comporte au centre un noyau plein correspondant à deux cônes conducteurs, un en avant, l'autre en arrière de l'appareil. Ce ventilateur fournit en été jusqu'à 110,000 mètres cubes d'air par heure. Le chiffre ordinaire est de 80 à 85,000, correspondant à 30 mètres cubes environ par spectateur, en supposant toutes les places occupées. Le ventilateur U, établi dans la cheminée générale d'évacuation au-dessus du lustre, est une simple hélice ordinaire ; nous croyons

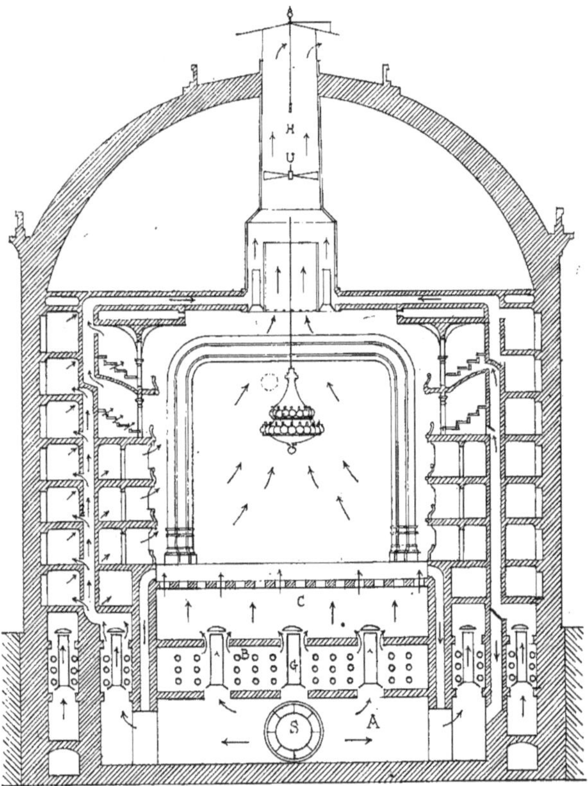

Fig. 3462.

peu à son utilité. C'est une même machine à vapeur, de la force de 16 chevaux qui commande les deux ventilateurs. Cette machine, installée dans les caves, actionne directement le ventilateur d'insufflation ; le mouvement est transmis au ventilateur d'aspiration au moyen d'un câble. Si l'on étudie maintenant le mode de préparation thermométrique de l'air de *ventilation*, et sa distribution générale, on voit ceci : deux prises d'air, consistant en deux grands puits de 6 mètres sur 4 mètres de section, sont réservées dans les jardins sur les côtés du théâtre. De là, l'air passe dans un souterrain de 7m,50 de hauteur formant un grand réservoir où, l'été, des jets d'eau froide, retombant en pluie fine, ont pour objet de produire un certain rafraîchissement. Puis l'air arrive au ventilateur d'insufflation qui, suivant le nombre de tours auquel il fonctionne, envoie dans la salle plus ou moins d'air, selon les saisons. En avant dudit appareil, le canal d'arrivée mesure 2^m,40 de diamètre; il s'élargit ensuite à l'endroit du ventilateur où il atteint 3^m,50, et se rétrécit au-delà pour ne plus avoir que 4^{mq},50 de section. Ce canal communique, en contre-bas du parterre, avec un vaste espace d'une étendue correspondante à la salle, y compris la partie occupée par les spectateurs et celle couverte par les couloirs. Cet espace se divise en trois étages superposés ayant chacun son rôle particulier. L'étage inférieur A reçoit l'air venant du ventilateur. Il est divisé en chambres distinctes correspondant respectivement au parterre, aux loges et aux couloirs; chaque division se trouve pourvue d'un registre spécial pour régler l'introduction de l'air. L'étage intermédiaire B, divisé d'une manière semblable, est muni d'appareils de chauffage à vapeur, indépendants pour chacune des chambres. 18,000 mètres de tubes en fer étiré de 0^m,025 de diamètre intérieur, groupés par batteries à dilatation libre, et fonctionnant à la pression de cinq atmosphères, forment l'ensemble des surfaces de chauffe. Enfin, l'étage supérieur C, qui se trouve directement situé sous le parterre et les couloirs qui l'enveloppent, est formé de chambres de mélange répondant aux divisions des étages inférieurs. Par suite des dispositions que la figure fait bien comprendre, l'air froid peut arriver directement du bas jusqu'à l'étage supérieur des dessous par des gaines verticales cylindriques G de 0^m,95 de diamètre, traversant l'étage moyen. Cet étage moyen est lui-même en communication directe, soit avec celui du dessus, soit avec celui du bas, par des ouvertures annulaires concentriques aux susdites gaînes de 0^m,95. L'arrivée de l'air froid ou chaud dans les chambres de mélange se règle au moyen des cloches en tôle disposées au-dessus des gaînes et au-dessus des ouvertures annulaires. Par un mécanisme ingénieux, on fait monter ou descendre ces cloches à volonté, et indépendamment pour chaque série de chambres. On comprend qu'on soit ainsi maître de régler, à son gré et à tout instant, la température ou la *ventilation* des diverses parties du théâtre. Pour les fauteuils d'orchestre et les places de parterre, la chambre de mélange est placée immédiatement au-dessous. C'est une vaste salle, intéressante par son ampleur et par l'ensemble des dispositions employées pour le fonctionnement des divers appareils de réglage. On y a sous la main, à sa disposition, les moyens de modifier instantanément le régime de chacune des places de l'orchestre et du parterre. Le résultat obtenu est parfait; aussi, les places d'orchestre et de parterre sont-elles toujours très fréquentées à l'Opéra de Vienne, même pendant la saison chaude. Les loges sont moins bien partagées : au lieu d'être pourvues d'introductions directes, elles prennent leur air sur les couloirs, au moyen d'ouvertures ménagées dans le bas des portes. Les résultats obtenus sont moins bons qu'au parterre. Non pas qu'on souffre de courants d'air — car, à Vienne, il n'en existe pas de gênants par les portes de loges — mais le bien-être est moins complet; il est encore cependant très acceptable, relativement à bien d'autres théâtres. On voit que, pour les étages de loges, tout l'air de *ventilation* venant des chambres de mélange correspondantes est d'abord fourni aux couloirs. Aussi, ces derniers sont-ils munis d'orifices d'introduction d'air pur ayant d'importantes sections. Nous n'avons fait encore que suivre la marche de l'air pur jusqu'aux spectateurs; nous devons maintenant considérer l'air vicié. Cet air sort des loges et des galeries pour monter avec celui qui vient du parterre, vers le haut de la salle, et s'échapper par la cheminée du lustre et les seize petites cheminées des foyers à réflecteurs. Dans les amphithéâtres des troisième et quatrième galeries, où se trouvent réunis de nombreux spectateurs, et où les plafonds remontent vers l'arrière, l'air vicié est plus spécialement appelé dans des gaînes qui partent des points hauts de ces plafonds et qui aboutissent, en passant au-dessus de la salle, dans l'espace cylindrique annulaire où s'élèvent les seize cheminées métalliques des foyers à réflecteurs. L'air vicié des troisième et quatrième galeries est ainsi fortement chauffé et évacué avec d'autant plus d'énergie. L'air à évacuer provenant de tous les points de la salle se réunit, en définitive, dans une chambre centrale H au-dessus du lustre, pour s'échapper par une chambre de $4^{m},10$ de diamètre, dans laquelle se trouve installée une hélice d'aspiration. Nous avons déjà dit que nous croyions peu à l'utilité de cette hélice sans le concours de laquelle l'évacuation nous paraît déjà assurée. Enfin, la cheminée est surmontée d'un grand chapeau mobile muni d'un écran orienté par le vent et facilitant encore la sortie de l'air vicié. En dehors des qualités propres du système général, et pour pouvoir, d'ailleurs, en profiter dans la mesure la plus parfaite, la direction du chauffage et de la *ventilation* se trouve concentrée entre les mains d'un ingénieur. En un point unique, situé immédiatement sous la salle, près des chambres de mélange dont nous avons parlé, cet ingénieur, comme un capitaine sur son navire, commande les manœuvres, ouvre ou ferme les registres d'aération sans se déranger de son cabinet; enfin, guidé par les indications qui lui sont à tout instant fournies au moyen de thermomètres électriques correspondant aux diverses parties de la salle, il distribue, suivant les besoins, l'air frais ou chaud, et assure ainsi à toutes les places, et à tout instant, une température et une *ventilation* convenables ; le tout, sans bruit, sans personnel nombreux et sans efforts apparents.

Les excellents résultats donnés par l'installation de l'Opéra de Vienne ont porté leurs fruits. Le système a, depuis, été appliqué avec succès, notamment au théâtre de la Monnaie, à Bruxelles, et au théâtre récemment construit, à Genève, par M. Gosse.

Ventilation des amphithéâtres. Devant abriter temporairement un plus ou moins grand nombre de personnes, les salles disposées en amphithéâtre et destinées soit à l'enseignement, soit à des réunions d'un caractère public ou privé, exigent un système particulier d'aération.

La *ventilation* de ces salles ne peut, d'ailleurs, être séparée de leur chauffage. Pour ce dernier objet, le meilleur système est celui de calorifères à air chaud établis sous la salle et sous la chaire du professeur ou sous le bureau du président. La *ventilation* étant calculée à raison de 10 mètres cubes par tête, l'air chaud à verser dans la salle doit arriver, chargé d'une certaine quantité d'eau vaporisée, en divers points de l'amphithéâtre ; deux bouches sont pratiquées dans le sol et au centre de l'amphithéâtre ; trois sont établies dans le soubassement de la chaire, deux autres dans les socles des couloirs à droite et à gauche de l'orateur. L'air vicié s'échappe par des ouvertures ménagées dans la paroi verticale et antérieure des bancs, sur toute la circonférence de chaque rang ; cet air passe ainsi dans l'espace hermétiquement clos qui se trouve sous les gradins et de là dans une cheminée d'appel, que traverse, dans toute sa longueur, le tuyau de fumée des appareils chauffeurs.

Telles sont les conditions générales d'une installation de chauffage et de *ventilation* pour les locaux de ce genre.

Certaines dispositions particulières doivent aussi être prises : la somme des ouvertures d'arrivée d'air chaud se calcule à raison de 1m,50 de vitesse d'air ; celle des ouvertures d'appel, à raison de 0m,33 de vitesse seulement : de cette façon, les courants d'air sont tout à fait insensibles pour les auditeurs. Le conduit souterrain faisant communiquer la chambre d'appel située au-dessous des banquettes avec le tuyau de la cheminée doit avoir la même section que la cheminée et être muni de registres qui permettent de régler la *ventilation* et la température en raison du nombre des auditeurs.

Ventilation des écoles. Au point de vue particulier des écoles primaires, il convient d'employer, comme dans le cas précédent, le chauffage à air chaud, qui est plus économique et plus simple d'établissement que le chauffage à eau chaude ou à vapeur et qui se prête mieux aux conditions d'un chauffage intermittent. On peut employer soit un calorifère général chauffant un grand nombre de classes, soit autant d'appareils indépendants qu'il y a de classes à chauffer. Le second système est celui qui semble devoir être adopté de préférence, en raison surtout de son installation moins coûteuse.

L'appareil, placé dans la classe même, se compose d'un foyer et d'une surface de chauffe placée au-dessus, le tout enfermé dans une enveloppe peu conductrice, ouverte à la partie haute pour laisser échapper l'air chaud qu'elle contient. Il est, en outre, muni d'une ou mieux de deux prises d'air extérieur, percées sur les faces opposées du bâtiment. Le tuyau de fumée apparent, qui traverse les classes, présente de nombreux inconvénients et doit être abandonné.

L'air vicié est enlevé par des bouches de départ, aussi nombreuses que possible et communiquant avec une canalisation réservée dans l'épaisseur même du plancher et aboutissant à une cheminée d'appel. Celle-ci est traversée dans sa longueur, par le tuyau de fumée de l'appareil de chauffage.

Comme dispositions particulières, nous ferons observer que les ouvertures destinées à la prise d'air froid seront ménagées au bas des allèges des fenêtres et au-dessus de leurs linteaux. Quant aux bouches d'appel de l'air vicié, elles doivent être surélevées de 0m,02 au-dessus du parquet pour éviter l'introduction des ordures provenant du balayage.

En résumé, ce système assure dans la limite du possible la régularité du chauffage, l'uniformité de température dans les différentes parties des classes, supprime les tuyaux horizontaux en tôle scellés au plafond, et procure une *ventilation* théoriquement établie dans de bonnes conditions.

Ventilation des écuries (voy. *Écurie*).

Ventouse, *s. f.* — 1° Ouverture pratiquée sous la tablette ou aux angles d'une cheminée et qui est mise en communication avec l'air extérieur par un conduit placé généralement sous le parquet de la pièce. On facilite par cette disposition le tirage de la cheminée.

2° On donne le même nom à la petite grille en fonte, placée extérieurement au droit du conduit de *ventouse*, et qui livre passage à l'air froid.

3° Petit tuyau branché verticalement sur une conduite d'eau et montant à une certaine hauteur au-dessus du niveau du liquide, pour donner issue à l'air entraîné avec l'eau.

4° *Tuyau de ventouse* (voy. *Ventilateur*).

5° Petite ouverture qui est ménagée à une porte de poêle, pour le passage de l'air dans le foyer.

6° Les plombiers appellent *ventouses* de petites ouvertures qu'ils réservent sur le moule à tuyau, pour faciliter la sortie de l'air à mesure que le plomb s'y répand.

Ventre, *s. m.* — *Faire ventre* est,

pour un mur, synonyme de *boucler*, sortir de l'aplomb d'un des parements.

Ventrière, *s. f.* — 1° Pièce de bois de forte dimension que l'on pose devant un rang de palplanches pour mieux répartir l'action soit d'un courant, soit d'une poussée des terres.

2° Ce mot est pris aussi dans le sens de *panne* dans les départements du nord de la France (voy. *Tuile*).

Vents, *s. m. pl.* — Petites cloches, qui se sont formées entre les couches de blanc de dorure, étendues en glissant la brosse.

Véranda, *s. f.* — Galerie légère que l'on fait régner, dans certains pays tropicaux, autour des habitations, et que l'on garnit de rideaux ou de nattes, pour se mettre à l'abri de la chaleur.

Dans nos contrées, on donne quelquefois le nom de *véranda* à des galeries ou serres vitrées, établies en saillie à l'extérieur d'une pièce, et dans lesquelles on place des plantes exotiques.

Verboquet, *s. m.* — Cordage qui sert à guider un fardeau, tel qu'une pièce de bois, un bloc de pierre, pour l'empêcher, dans le montage, de toucher à quelque saillie ou échafaud, ou bien de tourner sur lui-même.

Verdelais (*Pierre de*). — Calcaire gréseux, dur, blanchâtre, à grains irréguliers, provenant de la carrière de Minvielle, dans la commune de *Verdelais*, près de la Réole (Gironde).

La hauteur d'assise de cette pierre varie de $0^{m},20$ à $0^{m},60$.

Verdet, *s. m.* — Couleur verte (voy. *Vert*).

Vergelé, *s. m.* — Pierre tendre des environs de Paris, qui s'extrait, comme le Saint-Leu, de carrières situées sur les bords de l'Oise.

Il y a deux espèces de *vergelé,* l'une assez dure, à grain grossier, mais de bonne qualité, résistant bien à l'air et à l'eau ; la seconde, presque aussi tendre que le Saint-Leu et à grain plus gros.

On écrit aussi *vergelet*.

Vergers (*Pierre de*). — Calcaire oolithique, demi-dur, blanc-grisâtre, que l'on extrait des carrières de *Vergers*, dans l'arrondissement de Cosne (Nièvre).

Cette pierre présente de $0^{m},20$ à $1^{m},10$ de hauteur d'assise ; elle pèse 2,200 kilogr. le mètre cube et s'écrase sous une charge de 370 kilogr. par centimètre carré.

Verges, *s. f. pl.* — Échantillon de fers du commerce, qui a de $0^{m},005$ à $0^{m},025$ de largeur et de $0^{m},006$ à $0^{m},014$ d'épaisseur.

Vérificateur, *s. m.* — Voy. *Vérification.*

Vérification, *s. f.* — Opération qui consiste à examiner sur place, ou d'après des attachements, si les dimensions des ouvrages portés sur les mémoires des entrepreneurs sont exactes et si les prix appliqués sont conformes à ceux qui sont indiqués par les séries de prix en usage dans la localité, ou conventions faites à l'avance.

La *vérification* des mémoires appartient à l'architecte, et est comptée au chiffre de 2 pour 100 sur les 5 pour 100 qui lui sont alloués sur le règlement des travaux.

A cause de la perte de temps qu'occasionne la *vérification* des mémoires et aussi en raison des difficultés que présente cette opération dans les branches particulières de la construction, il s'est créé une profession spéciale, celle des *vérificateurs*, qui s'occupent uniquement de cette opération pour le compte des architectes ou des particuliers, de même que les *métreurs* dressent et rédigent les mémoires des travaux pour le compte des entrepreneurs.

Vérin, *s. m.* — Machine composée de deux vis de grandes dimensions et que l'on emploie en particulier pour le décintrement des arches de pont (voy. *Décintrement*).

On écrit aussi *verrin.*

Vermeil, *s. m.* — Composition que l'on applique sur la dorure, pour faire paraître l'ouvrage vermillonné comme s'il était doré à l'*or moulu.*

Le *vermeil* est composé de :

60 à 70 grammes de roucou ;
30 » gomme-gutte ;
30 » vermillon ;
10 à 20 » sang-de-dragon ;
60 à 70 » cendres gravelées.

On fait bouillir ce mélange dans de l'eau jusqu'à consistance sirupeuse et l'on passe au tamis de soie ; au moment de l'emploi, on ajoute de l'eau gommée.

Vermicules, *s. f. pl.* — Sortes d'entrelacs sculptés sur la pierre et qui, par leurs cavités sinueuses, imitent l'effet que produisent certains vers sur le bois qu'ils corrodent.

On dit que la pierre est *vermiculée.*

Le palais du Louvre à Paris offre des exemples nombreux de bossages *vermiculés.*

On dit aussi *vermiculures.*

Vermillon, *s. m.* — Sulfure de mercure ou *cinabre*, naturel ou artificiel, réduit en poudre fine.

Le *vermillon* est une couleur d'un rouge vif, dont l'emploi remonte à la plus haute antiquité.

Le *cinabre*, à l'état natif, est le principal minerai de mercure ; il est tantôt d'un brun très foncé, presque noir, tantôt d'un beau rouge.

La plus grande partie du *vermillon* que l'on emploie aujourd'hui dans le commerce est obtenue artificiellement, par voie sèche ou par voie humide. Dans le premier procédé, on chauffe un mélange de mercure métallique et de soufre, puis on soumet le produit noir obtenu à la sublimation. Dans le procédé par voie humide, on triture à froid, pendant deux ou trois heures, un mélange de mercure et de soufre, puis on ajoute à la masse de la potasse caustique dissoute dans l'eau ; le mélange est noir et devient d'un rouge vif, si on le maintient, pendant quelques heures, à la température de 50°.

On falsifie le *vermillon* au moyen du colcotar, de l'ocre rouge, de la brique pilée, du minium, de la mine orange, du sang-de-dragon, du réalgar.

Vermoulure, *s. f.* — Maladie des arbres résultant du travail des larves qui s'introduisent dans les bois et les attaquent en manifestant leur présence à la surface par les petits trous nécessaires à leur entrée et à leur sortie.

Vernir, *v. a.* — Couvrir de la couleur avec du *vernis* (voy. ce mot).

Vernis, *s. m.* — Nom que l'on donne, d'une manière générale, aux substances résineuses qui, dissoutes ou tenues en suspension dans un liquide, puis étendues en cet état à la surface des corps, continuent, même après l'évaporation ou la dessiccation du liquide en question, d'y adhérer fortement et d'y former une couche mince, luisante, unie, solide et transparente, inattaquable par l'air et par l'eau pendant un espace de temps plus ou moins long.

Suivant les substances qui peuvent servir de base aux *vernis*, on distingue : le *vernis clair* ou *à l'alcool*, le *vernis gras* ou *à l'huile*, le *vernis à l'essence.*

On les emploie selon l'exposition des surfaces que l'on veut recouvrir ; à l'extérieur, on se sert de *vernis gras ;* à l'intérieur, du *vernis à l'alcool ;* le *vernis à l'essence* n'est guère employé que pour les tableaux.

Les *vernis à l'alcool* sont le résultat de la dissolution d'une ou plusieurs résines dans de l'alcool de 36° à 40° et parfaitement incolore. On les divise en : 1° *vernis de résines tendres; 2° vernis de résines tendres bonifiées; 3° vernis de copal; 4° vernis de gomme laque.*

Nous donnerons ici une composition de *vernis à l'alcool* pour boiseries, ferrures, grilles, rampes d'escalier, etc. :

Sandaraque	180 à 190 gr.
Laqueplate.	60
Poix résine.	120 à 130
Térébenthine claire .	120 à 130
Verre pilé	120 à 130
Alcool.	970 à 980

Le verre pilé sert à diviser les résines, empêcher leur adhérence au fond du vase, et retenir les matières étrangères qui pourraient y être mêlées.

Les *vernis gras* résultent de la dissolution d'une résine dans une huile grasse.

Ces *vernis* sont les moins siccatifs, mais les plus solides ; aussi, les emploie-t-on pour les devantures de magasin, les portes, les fenêtres des habitations. On peut aussi les employer dans les intérieurs sur tous les fonds colorés, qui n'ont pas à craindre une teinte un peu plus foncée, les *vernis* à l'alcool et à l'essence étant seuls applicables aux fonds blancs purs ou blancs veinés. On utilise encore les *vernis gras* pour les objets en tôle, en fer-blanc, en cuivre ou en laiton, etc.

Le *succin* (voy. ce mot) et les différentes espèces de *copal* dur, demi-dur et tendre, sont les seules substances résineuses, solides, qui, avec l'huile de lin et l'essence de térébenthine, entrent dans la composition des *vernis* gras.

Le *vernis* au copal est réservé pour les fonds clairs, parce qu'il est plus blanc ; le *vernis* au succin, qui est plus dur, s'emploie pour les couleurs foncées.

Un bon *vernis* gras pour les bois est composé de la manière suivante :

Huile de lin	750 gr.
Succin	500
Litharge en poudre	160
Minium en poudre	920

Les proportions indiquées ci-dessous (1) appartiennent à un *vernis* de *copal* :

Copal fondu	600 gr.
Mastic.	18
Oliban	30
Huile d'aspic.	23
Huile de lin	1 kil.

Les *vernis à l'essence* sont des résines dissoutes dans l'essence. On les emploie peu, parce qu'ils ne sont pas plus solides que les *vernis à l'alcool*, ont plus d'odeur et sont plus longs à sécher. Cependant, on les emploie avec avantage, au lieu d'huile, pour détremper les couleurs dans la peinture.

Voici, d'après M. Th. Château, les règles à suivre pour l'emploi des *vernis*, règles posées, par le *Manuel du peintre en bâtiment*, par M. Demanet et autres auteurs :

Lorsqu'on veut vernir un sujet, on applique simplement, sans préparation, une et quelquefois même plusieurs couches du *vernis* dont on fait choix, ou, si l'on craint qu'il ne s'imbibe dans le sujet, on prépare ce dernier par un encollage à froid.

C'est le sujet et son exposition qui déterminent quelle sorte de *vernis* on doit employer; pour les intérieurs, on choisit ordinairement un *vernis* à l'alcool; pour les extérieurs, on préfère un *vernis* gras.

On ne doit opérer que dans un lieu extrêmement net et, autant que possible, à l'abri de toute poussière.

Le *vernis* doit être renfermé et conservé dans des vases frais, et en évitant de le mettre dans tout vase humide; il faut, au contraire, choisir un pot de terre vernissé, n'ayant aucune humidité

(1) Th. Château, *Technologie du Bâtiment.*

et n'y étant pas exposé ; encore ne faut-il prendre, dans ce vase, que la quantité de *vernis* dont on veut se servir, en ayant soin de tenir bien bouché le vase qui contient le reste.

Pour prendre le *vernis* avec la brosse, on ne fait que l'affleurer, et en retirant la main on tourne deux ou trois fois la brosse pour couper le filet que le *vernis* traîne après lui.

On emploie le *vernis* à froid, en ayant soin d'avoir les mains sèches et propres, pour ne rien souiller. Si cependant l'on en faisait usage en hiver dans de fortes gelées, il faudrait tenir le lieu où l'on opère assez chaud pour éviter que le froid ne saisisse le *vernis* et ne le fasse sécher par plaques. Si c'est pendant l'été, il faut exposer le sujet vernissé au soleil ; si la chaleur était trop forte, et qu'il y eût à craindre que le sujet, du bois, par exemple, n'en fût tourmenté, ce qui pourrait faire éclater le *vernis*, il suffirait alors d'exposer le sujet à l'air chaud, en le garantissant de la poussière, ce qui peut se faire en l'enfermant d'un vitrage. En hiver, on peut placer le sujet vernissé dans une étuve ou dans une chambre fermée, où l'on aura mis des fourneaux de charbon allumé, en ayant soin que la chaleur ne soit pas trop active.

Une chaleur modérée convient au *vernis* à l'alcool ; à cette chaleur, il s'étend et se polit de lui-même ; on voit les ondes et les côtes se dissiper, et les traces de la brosse disparaître. Le froid est contraire à cette espèce de *vernis ;* s'il en est ainsi, il blanchit, forme des grumeaux qui lui font perdre son état lisse et poli. La trop grande chaleur ne lui est pas moins contraire, car elle le fait bouillir ; on le voit alors devenir inégal sur la surface de l'ouvrage.

Le *vernis* gras demande une chaleur plus forte, et subit aisément celle d'un four très échauffé. Comme on ne peut pas mettre dans des fours certains ouvrages trop grands, tels qu'une voiture ou une partie considérable de boiserie, on présente à la surface un réchaud de doreur, que l'on promène pour chauffer le *vernis*. En été, on expose ces ouvrages à la plus grande ardeur du soleil.

Il faut vernir à grands traits, promptement et rapidement, par l'aller et le retour, et pas davantage ; on doit éviter de repasser, ce qui pourrait faire rouler le *vernis*. Il faut également éviter d'épaissir les couches, afin qu'elles ne forment pas des côtes, et ne jamais croiser les coups de pinceau, pour ne pas contrarier les couches.

Il faut étendre le *vernis* le plus également et le plus uniment qu'il est possible ; la couche ne doit avoir au plus que l'épaisseur d'une feuille de papier ; si elle est trop épaisse, elle se ride en séchant, et quand bien même elle ne se riderait pas, le *vernis* aurait plus de peine à sécher ; si la couche de *vernis* est trop mince, il est sujet à être facilement enlevé.

Il ne faut jamais appliquer une seconde couche que la première ne soit absolument sèche, ce qui se reconnait lorsqu'en passant légèrement le dos de la main, il n'y fait aucune impression ou que l'ongle ne peut pas l'attaquer.

Si le *vernis*, étant appliqué, devient terne, inégal, si l'on n'en espère pas un bon effet, le moyen le plus facile et le plus prompt est de l'enlever et de tout recommencer, car on court quelquefois le risque de le gâter davantage en s'obstinant à vouloir le raccommoder.

Quelque polie que soit la base sur laquelle on applique le *vernis*, si bien unies que soient les couches, il s'y trouve quelquefois de petites inégalités que l'on n'effacerait pas en y mettant de nouvelles couches, c'est pourquoi on polit les *vernis*. Le poli enlève jusqu'aux petites éminences qu'occasionne la poussière qui s'y porte, quelque soin qu'on prenne pour l'éviter ; aussi, lorsqu'on désire faire de très beaux ouvrages, a-t-on l'attention de polir à chaque couche.

On applique les *vernis* avec des pinceaux de poils de blaireau faits en forme de patte d'oie, et qui s'appellent *blaireaux à vernis*, ou avec des pinceaux de soies très fines. Ils servent l'un et l'autre pour les fortes parties d'ouvrage; lorsqu'elles sont petites, on ne se sert que de petits pinceaux enchâssés dans des plumes.

Si le *vernis* est trop épais et ne s'étend pas bien, il faut l'éclaircir : s'il est à l'alcool, en y mettant un peu d'alcool rectifié; et s'il est à l'huile, en y introduisant de l'essence.

On ne doit sécher les pinceaux ou blaireaux qu'après les avoir essuyés avec un linge propre et fin, pour s'en servir une autre fois. S'il s'y était séché du *vernis*, il faudrait les tremper pendant quelque temps dans l'alcool, ou dans l'essence, si les *vernis* auxquels ils ont servi étaient à l'huile.

Lorsqu'on veut vernir, il faut évaluer de 6 à 7 centilitres de *vernis* pour 1 mètre carré, mais il en faut un peu moins si l'on emploie du *vernis* gras.

Pour les lambris d'appartement, il faut faire attention d'abord à ce que les peintures soient bien sèches, que l'endroit où l'on veut vernir soit bien chaud, que le blaireau soit propre, et, enfin, qu'il n'y ait ni graisse ni humidité sur le lambris à vernir. Si les lambris sont peints en détrempe, il faut d'abord y mettre un encollage à la colle de parchemin, sous peine de voir le *vernis* s'imbiber dans les peintures.

Il faut environ un demi-litre de *vernis* pour en appliquer deux couches sur une superficie de 3 à 4 mètres carrés.

On donne aussi le nom de *vernis* à l'enduit vitrifié qui recouvre une pièce de terre cuite : poterie, brique, fragment décoratif, etc.

Brongniart établit la distinction suivante entre les termes *vernis*, *émail* et *couverte* qui sont fréquemment pris dans le même sens : on appelle *vernis* de poterie, tout enduit vitrifiable, transparent et plombifère, qui se fond à une température basse et ordinairement inférieure à la cuisson de la pâte; *émail*, un enduit vitrifiable, opaque, ordinairement stannifère; *couverte*, un enduit vitrifiable, terreux, qui se fond à une haute température égale à celle de la cuisson de la pâte.

Vernon (*Pierre de*). — Calcaire assez dur, blanc mat, tiré des carrières de Notre-Dame et de Vernonet, près d'Évreux (Eure).

Cette pierre, de grain très fin, est propre à la sculpture. Sa hauteur d'assise varie de 0m,60 à 1m,20; elle pèse de 1,950 à 2,000 kilogr. le mètre cube, et s'écrase sous une charge de 260 à 390 kilogr. par centimètre carré.

Verre, *s. m.* — Pris dans une acception générale, ce mot désigne tout corps transparent ou du moins translucide qui est aigre, cassant et sonore à la température ordinaire, devient mou, ductile, et se fond à une température élevée et dont la cassure à froid présente un éclat particulier que l'on a défini sous les noms d'*éclat vitreux*, *cassure vitreuse*.

Dans l'industrie, on considère comme *verre* tout composé de silice, de potasse ou de soude et de chaux ou d'oxyde de plomb, seuls ou mélangés, donnant par fusion une masse amorphe et transparente, qui ne se dissout ni dans l'eau, ni dans aucun acide, excepté l'acide fluorhydrique.

L'origine de cette matière est totalement inconnue; toutefois, on pense que son usage remonte à une très haute antiquité. Il est probable que c'est après avoir assisté à la formation naturelle du *verre* que les hommes eurent l'idée de le reproduire eux-mêmes. En effet, plusieurs terres mêlées entre elles ou à des sels, à des oxydes métalliques, produisent du *verre*, si on les expose à un feu violent, et cette matière reçoit de ces oxydes mêmes la couleur qui leur est propre. Ainsi, les feux des volcans, les incendies des forêts ont dû produire des matières vitrifiées, plus ou moins transparentes et de nuances diverses. Enfin, l'attention des hommes dut être attirée par le *verre* qui se formait naturellement sur les parois de foyers d'argile ou de sable, dont le feu était alimenté avec des plantes marines ou d'autres végétaux contenant des sels en abondance. Ce *verre*, tantôt transparent, tantôt coloré, dut frapper l'imagination de ceux qui l'observaient et leur inspirer le désir de l'imiter. D'après l'opinion répandue au temps de Pline, et que cet auteur rapporte, des marchands de *natron* (soude naturelle qui se rencontre plus particulièrement en Égypte où on la recueille à la surface du sol), descendus sur la plage d'Acre, près de l'embouchure de la petite rivière de Bélus, ne trouvant pas de pierre convenable pour soutenir leur marmite, employèrent des morceaux de natron, qui, mis en contact avec le sable amené par le Bélus, se liquéfièrent sous l'action du feu et produisirent du *verre*. Ainsi que peuvent le faire supposer les remarques indiquées ci-dessus, l'observation de ce produit accidentel dut être faite dans toutes les contrées par les premiers habitants.

Quoi qu'il en soit, des villes célèbres de l'antiquité, telles que Coptos, Tyr, Sidon, Alexandrie, Lesbos, Rhodes, possédaient des verreries dont les produits étaient très recherchés. On y composait des *verres* incolores, transparents ou opaques ; on imitait même, par le traitement des oxydes métalliques et la vitrification, toutes les pierres précieuses naturelles. Les verriers anciens fabriquaient des coupes transparentes, des vases de *verre* opaque ou imitant l'albâtre, les marbres veinés, les agates, etc. ; ils coulaient le *verre* dans des moules pour en faire des statues ou même des colonnettes ornées de reliefs ; ils en formaient des tables pour clore les fenêtres, comme l'attestent des fragments de *verre* à vitres trouvés dans les ruines d'Herculanum ; ils fabriquaient des carreaux de *verre* épais destinés à revêtir les murs et le sol des appartements, et composaient même avec cette matière de riches mosaïques. Enfin, l'application des métaux sur le *verre* permettait la production de tableaux sur *verre*, tels que ceux qui décoraient la chambre à coucher d'Horace.

On retrouve dans les écrits de saint Jérôme et de saint Grégoire de Tours, de Fortunat, évêque de Poitiers, des témoignages de l'emploi du *verre* pour clore les baies des fenêtres.

A partir du VIIIe siècle, l'art de composer ces châssis en *verre*, d'abord formés de plaquettes rondes ou losangées de très petites dimensions, prit un rapide accroissement. Peu à peu, les produits d'une industrie plus avancée remplacèrent les verrières des premières églises monastiques et les lucarnes étroites des couvents.

Enfin, de nos jours, les fenêtres des habitations privées et des édifices publics, les devantures des magasins sont garnies de vitres et de glaces, qui atteignent quelquefois des dimensions considérables. Notre époque a même vu s'élever des monuments où le *verre* a été employé dans une telle mesure que ces édifices ont reçu le nom de palais de cristal. Chaque jour, l'architecture privée et l'architecture publique s'enrichissent de nouvelles applications ingénieuses du *verre*, employé sous toutes les formes et dans tous ses états.

Ce produit, quand il passe de l'état liquide à l'état solide, conserve assez longtemps un état pâteux qui permet de lui donner toutes sortes de formes. On peut toutefois tailler le *verre* et le polir à froid ; il est, de plus, élastique et très sonore.

Chauffée au ramollissement et refroidie brusquement, cette substance subit une espèce de *trempe* et devient très cassante ; aussi, la soumet-on à un refroidissement très lent, c'est-à-dire à un recuit. Cette opération s'opère dans un four, dont la température s'abaisse peu à peu, ou dans des galeries chauffées sur un seul point, et dans lesquelles on fait circuler lentement les objets de *verre* placés dans des caisses en tôle que porte une chaîne sans fin.

Les qualités essentielles du *verre* sont : 1° la transparence ; 2° la propriété qu'il possède de livrer passage à la chaleur solaire et d'intercepter les rayons calorifiques qui émanent de nos foyers. Aussi, est-il tout naturel de l'employer pour garnir les fenêtres des habitations. Cependant cette matière est sensible à l'action de l'eau, qui tend à la décomposer en silicate alcalin soluble et silicate terreux insoluble ; c'est pour cette raison que les vitres des anciennes maisons présentent extérieurement une surface dépolie.

La densité des *verres* varie de 2,3 à 2,9, les *verres* à base de plomb étant les plus lourds. Sur leur force portante, on n'a pas, faute d'expériences suffisantes, de données certaines. Notons seulement qu'on peut les employer même comme *dalles*, en leur donnant une forte épaisseur (voy. *Dalle*). Leur force tirante est de 248 kilogr. par centimètre carré de section, chiffre approximatif et moyen pour une action très courte. Leur allongement par traction ou leur compressibilité linéaire, quand la force agit en sens inverse, sont de 0,00230 à 0,00254 pour une charge théorique de 10 kilogr. par millimètre carré.

Soumise à l'influence de la chaleur, pour une augmentation de température de 1° centigrade, la longueur d'une tige de *verre* augmente d'une fraction de sa valeur primitive, qui varie entre ces deux limites 0,00081166 à 0,00091750.

Le pouvoir réflecteur du *verre* est d'environ 0,92. Sa conductibilité pour la chaleur est très faible, et pour l'électricité sensiblement nulle.

Les différentes espèces de *verre* du commerce sont :

Le *verre en manchon* (*verre à vitres*), dit *verre d'Alsace* ; — le *verre en table* ou *à vitres* ou *de Bohême* ; — le *verre double* ; — le *verre à glaces* ; — le *verre dépoli* ; — le *verre cannelé* ; — le *verre mousseline* ; — les *verres colorés*.

Verre à vitres. Ce *verre* est, en général, à base de soude.

Le *verre en table* ou *à vitres* présente deux variétés : la première est le *verre à vitres commun* ou *demi-blanc*, dit aussi *verre vert* ; la seconde est le *verre à vitres blanc*. Ces deux qualités de *verre* ne diffèrent que par la pureté des éléments qui entrent dans leur fabrication. Le *verre à vitres blanc* convient à toutes les applications ; le *verre vert* est employé pour des objets de faible épaisseur.

Le *verre à vitres* se fabrique de deux façons différentes : le *verre* obtenu par l'un de ces procédés, qui est encore en usage en Angleterre, se nomme *verre en plat*, *à bondine* ou *de rond-chiffre* ; l'autre, fabriqué par le second procédé, est le *verre en table* ou *en manchon*.

Le *verre en plat* ou *à bondine* s'obtient en dilatant et en aplatissant tout à fait, sous forme d'une table ronde et d'épaisseur uniforme, une cloche hémisphérique, produite par le soufflage.

Le *verre en manchon* se fabrique dans nos verreries, de la manière suivante : l'ouvrier *souffleur*, au moyen de l'instrument appelé *canne*, cueille dans le creuset une certaine quantité de matière fondue et la souffle de manière à lui donner une forme cylindro-conique. Il remet la pièce dans le four, pour en ramollir l'extrémité, qu'il ouvre ensuite en soufflant avec violence. Avec une goutte de *verre* fondu qu'il étire en fil, il entoure chacune des calottes hémisphériques des deux extrémités et en détermine la séparation de la manière la plus nette. Il reste un cylindre ou manchon de *verre* que l'on fend suivant sa longueur en y appliquant un tranchant de fer mouillé d'eau froide. Cela fait, on réchauffe le cylindre, puis on le pose sur le milieu du four, sur la plaque à étendre appelée *lagre*, et on le réduit en une table bien plane à l'aide d'un rouleau de bois. Le travail se termine en faisant recuire.

Verre de Bohême. Ce *verre* est un silicate de potasse, dans lequel il entre de petites proportions de chaux et d'alumine. Il est très léger et complètement incolore ; aussi l'emploie-t-on pour la confection des objets de gobeletterie.

C'est par le même procédé que l'on fabrique le *verre en table* ou *verre de Bohême;* toutefois, tandis que dans le *verre* à vitres le côté le plus long de la vitre se trouve suivant l'axe du manchon qui sert à le produire, dans le *verre en table*, au contraire, le plus long côté de la table provient du développement du cylindre lui-même.

Verre double. Le *verre* à vitres ordinaire, dit *verre simple*, a une épaisseur de $0^m,00225$; on en fabrique cependant dont l'épaisseur va jusqu'à $0^m,003$ et $0^m,004$: on l'appelle, alors, *verre double*.

On donne le même nom à des *verres* coulés d'une plus forte épaisseur que les *verres* ordinaires et à des *verres* qui ont été revêtus d'une couche plus ou moins épaisse de *verre* coloré.

Les vitriers donnent le nom de *verres demi-doubles* à des *verres* qu'ils reçoivent des fabriques, un peu plus épais que les feuilles ordinaires.

Dans le commerce, on vend le *verre* au panier ou par caisse contenant vingt et une feuilles, en *plats*, nettes et sans cassures.

On divise le *verre à vitres* en trois classes par rapport aux dimensions :

La première dimension, appelée *petite mesure*, comprend les *verres* qui ne portent pas au-delà de $0^m,90$ à l'équerre ;

La deuxième ou *moyenne mesure*, ceux qui ne sont pas au-delà de $1^m,10$;

La troisième ou *grande mesure*, ceux qui portent de $1^m,12$ jusqu'à $1^m,35$ à l'équerre. Au-dessus de cette mesure, on les commande en fabrique.

Verre à glaces. Ce *verre* est un silicate à base de soude et de chaux, mais dans lequel la proportion de soude, relativement à celle de la chaux, est plus grande que dans les compositions du *verre* à vitres et du *verre* à gobeletterie, afin que le mélange soit plus fusible et plus fluide. Dans la fabrique de Saint-Gobain, qui est la plus considérable de France, le mélange est ainsi formé :

Sable très blanc et très pur.	300	parties.
Carbonate de soude.....	100	—
Chaux éteinte à l'air.....	43	—
Rognures de glaces......	300	—

On fond ce mélange dans des creusets. On l'affine et on le soumet à une seconde fusion dans des creusets plus évasés appelés *curettes;* puis on le coule sur une table de bronze parfaitement dressée et qui a été préalablement chauffée. Les côtés de la table sont munis de tringles de fer pour retenir la masse vitreuse, que l'on étend uniformément en faisant passer dessus un cylindre de fonte qui glisse sur les tringles comme sur un chemin de fer. On pousse la glace encore rouge dans un four particulier où elle se refroidit. On la retire alors, on la visite, on la découpe d'après ses défauts et l'usage qu'on veut en faire, et on la fait passer au *polissage* (voy. ce mot).

Les glaces sont vendues, nues ou étamées ; dans le premier état, elles servent principalement pour vitrer les devantures de magasin, les fenêtres d'habitations un peu confortables ; étamées, elles constituent les glaces-miroirs (voy. *Étamage*).

Verre dépoli. Ce *verre* est celui auquel on enlève son poli et sa transparence en le fixant sur une table enduite de sable ou de plâtre clair ; on huile la pièce à dépolir et l'on frotte la surface avec un autre morceau de *verre*, une feuille de fer-blanc ou avec un morceau de grès.

On emploie ce *verre* pour former des cloisons, des vitrages de fenêtre ou de porte qui ne laissent point passer les rayons visuels tout en n'interceptant pas le jour.

Verre cannelé. On fabrique, depuis un certain nombre d'années, des *verres* qui sont cannelés soit dans un seul sens, soit dans deux directions, faisant entre elles un angle de 30° à 45° et présentant, dans ce dernier cas, l'aspect d'une suite de petits losanges accolés. Ces *verres* remplissent le même usage que les précédents, en ce sens qu'ils dispersent les rayons solaires au point qu'ils ne puissent plus incommoder et empêchent tout regard curieux ou indiscret de plonger dans l'intérieur des habitations.

Verre strié : verre creux qui forme des quadrillés à carreaux ou à losanges réguliers. Ces sortes de *verres* sont employés aux mêmes usages que les *verres* dépolis.

Verre comprimé. Depuis quelque temps, on fabrique à Dresde, dans la verrerie de M. Siemens, un *verre comprimé* qui aurait, paraît-il, des propriétés très remarquables. La pression étant donnée au moyen de laminoirs, on peut obtenir par cette méthode des plaques de *verre* de grandes dimensions, d'un bel aspect et susceptibles de recevoir les dessins les plus compliqués.

M. Siemens attribue à son *verre* comprimé une résistance à la rupture qui serait, à celle du *verre* trempé, dans le rapport de 5 à 3 ; la cassure du premier est fibreuse, tandis que celle du second est cristalline. A épaisseur égale, la résistance d'une plaque comprimée est de sept à dix fois supérieure à celle d'une plaque de *verre* ordinaire.

Des expériences ont été faites devant la Société polytechnique de Berlin sur deux plaques de *verre* comprimé et ordinaire, de mêmes dimensions et disposées horizontalement, de manière à n'être supportées qu'aux quatre angles. La plaque ordinaire a été brisée par une balle de plomb du poids de 120 grammes tombant d'une hauteur de $0^{m},30$, tandis que pour briser celle de *verre comprimé*, il a fallu laisser tomber la balle de 3 mètres et encore la fracture ne s'est-elle pas produite du premier coup.

Décoration des verres. Il y a plusieurs procédés pour décorer le *verre :* la *dorure*, l'*argenture*, l'*incrustation* et la *coloration.*

Pour dorer le *verre*, on dissout dans l'eau régale de l'or à peu près fin ; puis on le précipite de sa dissolution par de la potasse ou mieux par du sulfate de protoxyde de fer, auquel cas la pureté de l'or primitivement employé est tout à fait indifférente. On recueille sur un filtre le précipité formé, on le lave avec soin à l'eau bouillante, on le dessèche complètement, puis on le mêle avec un peu de borax calciné et finement pulvérisé. Le tout est alors réduit en bouillie épaisse avec un peu d'essence de térébenthine. Cette bouillie s'applique, à l'aide d'un pinceau, sur le *verre*, que l'on fait ensuite chauffer au feu de moufle à une température assez élevée pour volatiliser complètement l'essence de térébenthine et vitrifier le borax. De cette façon, l'or est solidement fixé sur le *verre*. On lui donne alors le bruni, d'abord avec un polissoir de sanguine, puis avec un brunissoir en agate.

L'*argenture* se pratique de la même manière en employant de la poussière d'argent, précipitée du nitrate d'argent par le cuivre.

L'*incrustation du verre*, art qui paraît avoir été inventé en Bohême au XIIIe siècle et qui, après s'être perdu, a été retrouvé récemment, consiste à incruster dans le *verre*, lors du travail, de petites figures en argile blanche que l'on recouvre ensuite d'une couche de *verre* transparent, et qui présentent le reflet et l'apparence de l'argent mat.

La *coloration du verre* remonte à une haute antiquité ; toutefois, il n'est guère question dans les écrits anciens de *vitraux* colorés. Ce n'est guère qu'au moyen âge que leur usage se répandit d'une manière générale. Albon rapporte que les fenêtres de Saint-Germain-le-

Rond, aujourd'hui Saint-Germain-l'Auxerrois, étaient garnies de *verres* de couleur, lorsque les Normands les brisèrent en faisant le siège de Paris. D'après Anastase, le pape Léon III employa les *verres* de couleur dans la décoration de Saint-Jean-de-Latran. Mais il ne faudrait pas croire que ces vitraux de couleur primitifs fussent semblables à ceux des XIIIe, XIVe et XVe siècles. C'étaient des assemblages de morceaux de *verre*, teints chacun dans sa masse et d'une seule nuance, ne portant aucun dessin obtenu à l'aide d'une couleur faisant corps avec le fond sur lequel on l'appliquait.

Aujourd'hui encore, ces sortes de mosaïques à morceaux unis sont en usage, notamment en Angleterre, dans les châteaux et cottages.

La peinture sur *verre* proprement dite ne date que du XIe siècle. Cet art avait déjà fait au siècle suivant de très grands progrès en Italie, en France, en Allemagne, dans la Flandre et en Angleterre.

Dans la peinture sur *verre*, on emploie des fragments de *verre* colorés que l'on réunit avec des plombs, après les avoir découpés convenablement, pour faire les teintes plates, les ciels, les draperies, les ornements, etc.; les ombres, les têtes et les mains, etc., se font avec des *couleurs vitrifiables*, que l'on cuit ensuite au moufle. Ce qui caractérise surtout la peinture sur *verre*, c'est que le peintre fait souvent un emploi simultané des deux surfaces du *verre*. La surface placée du côté des spectateurs reçoit toutes les ombres, qui sont ainsi plus vives et mieux arrêtées. On y place aussi généralement toutes les couleurs nuancées et on rejette tout l'enluminage du côté opposé; on peut alors se servir de couleurs qui se nuiraient entre elles par leur superposition et produiraient des teintes particulières.

Quant à la coloration du *verre* dans sa masse, on l'obtient en mélangeant intimement aux substances qui doivent les produire, une quantité déterminée d'oxydes métalliques. Ces oxydes sont l'oxyde de cobalt pulvérisé et calciné pour le *verre bleu saphir;* le deutoxyde de cuivre pour le *bleu céleste;* le protoxyde ou oxydule de cuivre pour le *rouge pourpre;* l'oxyde de chrome ou le deutoxyde de cuivre pour le *vert;* l'oxyde d'uranium pour le *jaune serin;* l'oxyde de manganèse pour le *violet;* le chlorure d'argent, le noir de fumée pour le *jaune*.

On appelle *verres doubles* ou *verres plaqués* des *verres* qui, sur la plus grande partie de leur épaisseur, sont formés de *verre* incolore et ne sont recouverts sur une de leurs faces que par une couche plus ou moins mince de *verre* coloré.

Le *verre mousseline* est un *verre* dépoli à dessins imitant les mousselines brodées ou brochées employées pour rideaux d'ameublement. On se sert de *verres mousseline* pour le vitrage des pavillons, des kiosques, des antichambres, des fenêtres d'escalier, etc.

Le *verre gravé* porte également des dessins, mais gravés sur le *verre* à l'aide de l'acide fluorhydrique. Ces *verres* sont très coûteux, et cependant l'usage s'en répand tous les jours davantage.

La coupe du *verre* se fait, de la manière la plus simple, au moyen d'un diamant brut enchâssé dans un petit bloc de bois, d'ivoire ou de cristal, appelé *rabot*.

Pose du verre (voy. *Vitre*).

Verre soluble : silicate de potasse découvert par Fuchs et que l'on prépare en fondant ensemble dans un creuset 10 parties de potasse du commerce purifiée et frittée, 15 parties de quartz finement pulvérisé et 1 partie de charbon. On coule le *verre* obtenu, on le pulvérise et on y ajoute quatre ou cinq fois son poids d'eau bouillante. On obtient ainsi une solution qui, appliquée sur d'autres corps, sèche rapidement au contact de l'air en laissant un enduit vitreux sensiblement inaltérable par l'humidité et l'acide carbonique.

On s'est servi du *verre soluble* pour préserver contre l'incendie des bois, des toiles, des décors de spectacle, etc. On a également appliqué ce produit au durcissement des pierres tendres (voy. *Silicatisation*).

Verre dormant (voy. *Jour*).

Verrerie, *s. f.* — Bâtiment dans lequel s'opère la fabrication du verre.

Une *verrerie* se compose de plusieurs logements, de bûchers, de fours, de salles, de galeries et de magasins servant à la fabrication des objets en verre et aux dépôts où sont rangés ces ouvrages.

Il y a des *verreries* spéciales pour les bouteilles, pour les objets de luxe, pour les vitres, les glaces, etc.

Verrière, *s. f.* — On désigne ainsi les fenêtres ornées de vitraux peints des églises gothiques (voy. *Verre*, *Vitrail*).

Verrin, *s. m.* — Voy. *Vérin*.

Verrou, *s. m.* — Fermeture verticale ou horizontale, en fer ou en cuivre, composée d'un pène glissant dans des picolets montés ou non sur une platine.

Ce mode de fermeture est très ancien. Les portes de l'antique Égypte étaient fermées avec des *verrous* horizontaux, d'un effet utile lorsque la porte n'a qu'un seul battant, moins efficace quand elle est bivalvée ; dans ce dernier cas, pour que la fermeture fût solide, il faudrait que l'une des valves fût fixée au seuil et au linteau. Les portes des habitations particulières semblent avoir été munies de *verrous* en dehors comme en dedans. Quant aux *serrures*, on ne saurait se prononcer d'une manière certaine sur leur emploi chez les Égyptiens (voy. *Serrure*).

Les Grecs faisaient usage des *verrous* verticaux et horizontaux, mais ils employaient déjà le système des fermetures à clef, sans que l'on puisse préciser si ces clefs avaient pour office de faire mouvoir un ou plusieurs *verrous*, des leviers, un cadenas ou tout autre appareil de fermeture.

Les Romains comme les Grecs employaient, pour fermer leurs portes à deux battants, plusieurs *verrous*, l'un en haut et l'autre en bas de chaque battant, qui entraient dans des trous pratiqués au

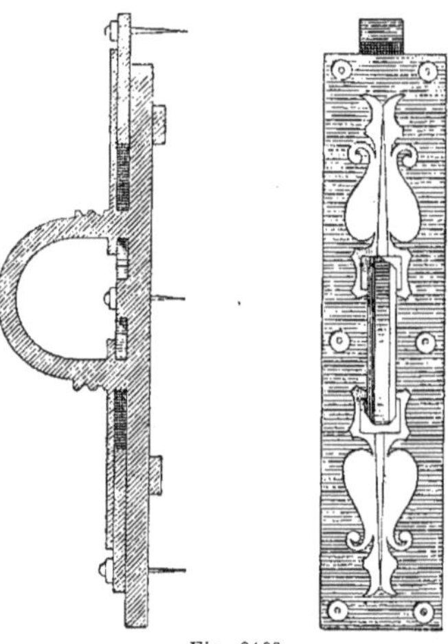

Fig. 3463.

linteau et au seuil de la porte. La figure 3463 représente la face et le profil d'un de ces *verrous* provenant de Pompéi ; il est muni d'une poignée qui en facilite la manœuvre.

Aujourd'hui, on appelle *verrou à ressort* un *verrou* muni d'un bouton et dont le pène est garni au-dessous d'un ressort à paillette. Suivant sa force, on désigne ce *verrou* sous les noms de : *verrou léger*, *quart-placard*, *demi-placard;* il peut être *à arrêt*, *à vis*, *sur champ*, *à tige demi-ronde*, *à boîte* ou *socle en cuivre* ou *en fonte*, etc.

Nous donnons (fig. 3464) un *verrou* vertical à tige demi-ronde qui se place au bas d'une porte ; il se manœuvre au moyen d'un bouton placé à la partie supérieure. Des *verrous* de même forme

se placent en haut, posés en sens in-

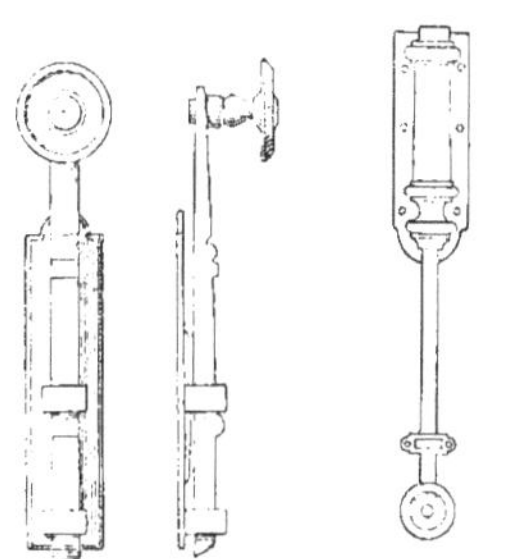

Fig. 3464. Fig. 3465.

verse, c'est-à-dire le bouton en bas (fig. 3465).

La figure 3466 montre un *verrou* de

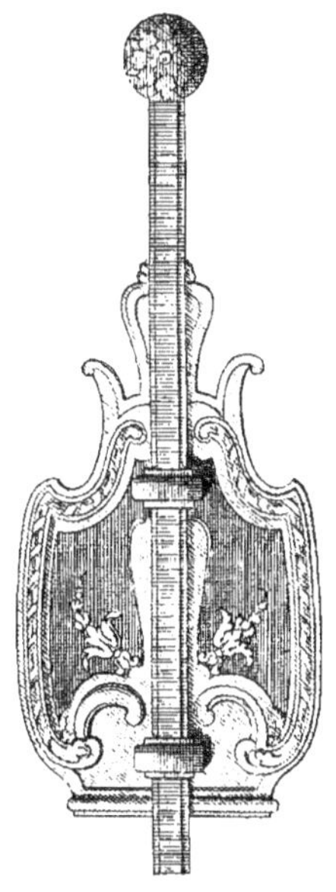

Fig. 3466.

ce genre avec platine ornée, style Louis XV.

On en met non-seulement aux portes intérieures d'appartement, mais encore aux portes cochères et aux grilles en fer.

On appelle *verrou à coquille* un *verrou* de la forme indiquée par la figure 3467 au 1/10 d'exécution ; il est entaillé, et sa platine, seule apparente, est per-

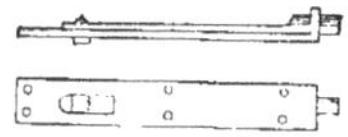

Fig. 3467.

cée à sa partie supérieure d'une petite mortaise, dans laquelle circule le bouton très peu saillant, que l'on nomme *poucier*.

Comme exemples de *verrous* horizontaux remplissant le même rôle que les *targettes* (voy. ce mot), nous donnons :

1° Le *verrou à la capucine* monté avec deux cramponnets sur une platine en

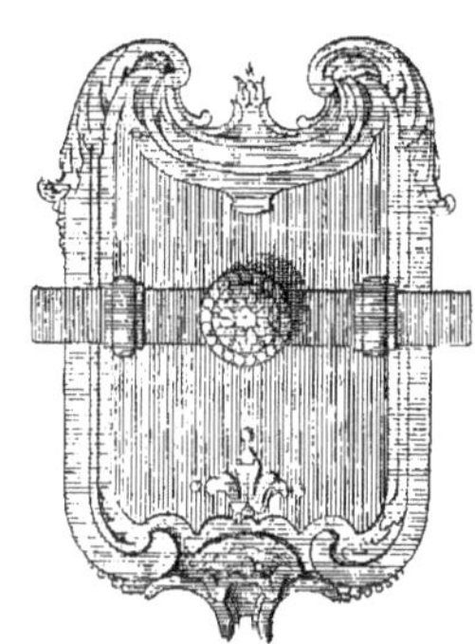

Fig. 3468.

cuivre ou en fer ; la figure 3468 représente un *verrou* de ce genre décoré dans le style Louis XV ;

2° Le *verrou entaillé à curette*, représenté par ses projections (fig. 3469) ;

3° Le *verrou en laiton* avec tige cylindrique et cran d'arrêt (fig. 3470) ;

4° Le *verrou à ressort* (fig. 3471), dont la tige est entourée d'un ressort à boudin, qui le ramène de lui-même dans sa gâche.

On appelle *verrou de sûreté*, une sorte de serrure composée d'un seul pène, que l'on peut faire agir du dedans, sans le secours de la clef ; il y en a à gorge mobile, à pompe, etc.

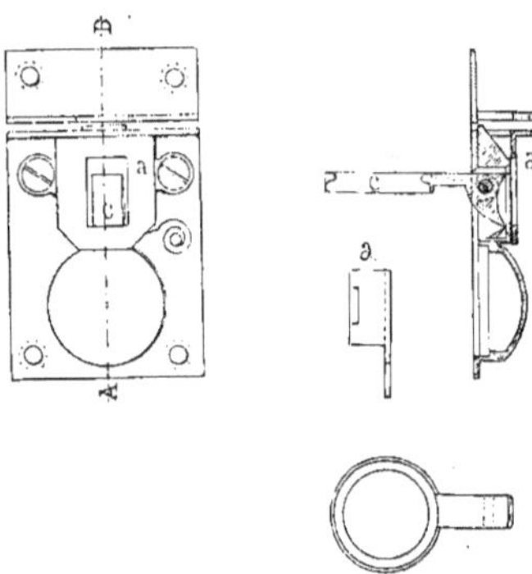

Fig. 3469.

Le *verrou de nuit* est une sorte de

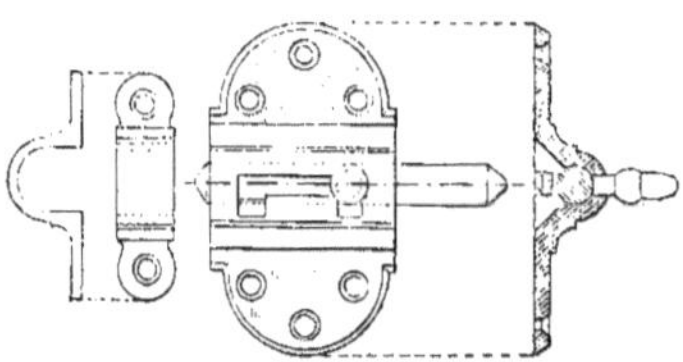

Fig. 3470.

verrou faisant partie d'un bec-de-cane ou d'une serrure.

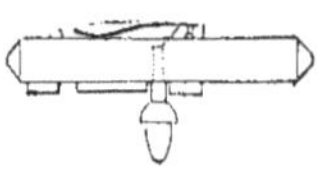

Fig. 3471.

Verseau, *s. m.* — Pente du dessus d'un bandeau ou d'un entablement non couverts.

Vert, *s. m.* — PEINTURE. Couleur employée dans la peinture.

On distingue un grand nombre de *verts*, parmi lesquels nous citerons les suivants :

1° La *terre verte de Vérone* est une matière minérale d'un *vert* céladon quand elle est en masse, et d'un *vert* clair lorsqu'elle est réduite en poudre. Cette couleur est surtout employée dans la peinture de paysages ; elle était connue des Grecs et des Romains.

2° L'*ocre verte* est une couleur qui se produit chaque fois que l'on fait bouillir pendant longtemps un cyanure ferrique acide.

3° Le *cinabre vert* est le résultat du mélange, en proportions variables, de jaune de chrome et de bleu de Prusse récemment préparés et encore humides.

4° Le *vert de chrome* se présente sous la forme d'une poudre d'un *vert* plus ou moins foncé, insoluble dans l'eau et les acides. Il est employé dans la fabrication des papiers peints et dans la peinture à l'huile.

5° La *laque verte* est une couleur minérale provenant de la combinaison de l'oxyde de cuivre avec l'oxyde de zinc. On l'emploie pour la peinture à l'huile et à la gouache.

6° Le *vert-de-gris* est un sel de cuivre qui se rencontre dans le commerce, tantôt sous l'aspect d'un *vert* pur, tantôt avec une couleur *bleu verdâtre*. Il se vend en poudre ou en pierre et ne se broie qu'à l'huile. Cette couleur, qui est très vénéneuse, ne s'emploie ordinairement que dans les ouvrages de peinture faits en dehors.

7° Le *verdet cristallisé* est un acétate neutre de cuivre, dont la poudre a eu la teinte du vert-de-gris. On l'obtient en dissolvant le *vert-de-gris* dans du vinaigre fort et blanc. Cette couleur est, comme le vert-de-gris, peu solide et vénéneuse.

8° Le *vert de Scheele* ou *vert minéral* est une belle couleur *verte*, qui est de l'arsénite de cuivre et qui s'emploie à l'eau et à l'huile. On s'en sert aussi pour la fabrication des papiers peints. Cette couleur est excessivement dangereuse à cause des émanations qu'elle produit.

9° Le *vert de Schweinfurt* est une couleur plus belle que la précédente, et qui se prépare en faisant agir l'acide arsénieux sur le sulfate de cuivre, puis ajoutant de l'acide acétique. Ce *vert* est connu dans le commerce sous les noms de *vert de Vienne* et *vert de Brunswick.*

10° Le *vert anglais* est un composé de *vert de Scheele* et de blanc de baryte ou de sulfate de chaux.

11° La *cendre verte* est un mélange de sulfate et d'arsénite de cuivre.

12° Le *vert de montagne* est une terre argileuse naturellement colorée par les sels provenant de la décomposition des sulfates cuivreux qui y sont abondants. On prépare un *vert de montagne* artificiel, en décomposant par voie humide du sulfate de cuivre par du carbonate de soude.

13° Le *vert de vessie*, dit aussi *vert végétal*, est une couleur qui est formée par la combinaison de la matière colorante du nerprun avec l'alumine ou la chaux. Ce *vert* n'est pas employé dans la peinture à l'huile, mais il convient parfaitement pour la peinture à l'eau. On lui a donné le nom de *vert de vessie*, parce qu'on l'enferme dans des vessies de veau.

14° Le *vert d'eau* est une couleur composée avec du jaune et du bleu dans de certaines proportions ; on l'emploie, notamment, dans la peinture des vestibules, des antichambres, etc.

Le *verdet cristallisé* indiqué plus haut, quand il est dissous dans une eau alcaline, donne une liqueur *verte* appelée aussi *vert d'eau*, qui est employée pour le lavis des plans.

Marbrerie. Il existe une grande variété de marbres *verts* employés à la décoration extérieure ou intérieure des édifices.

Il en est que l'on classe dans le groupe des marbres composés ; tels sont :

Le *vert antique*, marbre très dur, présentant un mélange de *vert* tendre et de *vert* foncé avec des points noirs ; les anciens le tiraient de la Laconie et de la Morée ;

Le *vert de mer* ou *d'Égypte ;*

Le marbre *Campan vert*, qui s'extrait de la vallée de Campan, dans les Pyrénées.

D'autres, appartiennent à la classe des *marbres brèches*, par exemple la *brèche universelle* ou *brèche verte d'Égypte ;* cette pierre, quoique rangée parmi les marbres, en diffère comme composition et comme dureté ; elle est formée de fragments roulés de granits, de porphyres, pétrosiles et autres, diversement colorés et agglutinés entre eux par un ciment siliceux, de couleur verdâtre qui n'est pas moins dur.

Enfin, les constructeurs classent habituellement parmi les marbres *verts* certaines pierres qui s'en rapprochent par leurs caractères physiques, mais qui en diffèrent totalement par la composition ; ce sont les *serpentines* (voy. ce mot).

Vertevelle, *s. f.* — Collier ou piton à double patte servant de gâche ou de picolet à un verrou, à un crochet d'arc-boutant, etc.

Vertical, *adj.* — Se dit du parement d'un mur, de la face d'un poteau, etc., dressés suivant la direction du fil à plomb.

Vertugadin, *s. m.* — Glacis de gazon disposé en amphithéâtre.

Vestiaire, *s. m.* — Salle dans laquelle on dépose les objets encombrants, les doubles vêtements, dans un édifice réunissant une grande affluence de monde.

On établit des *vestiaires* dans les théâtres, dans les tribunaux, dans les écoles, etc. Il y en avait dans les thermes antiques où les esclaves gardaient les vêtements de leurs maîtres pendant la durée du bain.

Les *vestiaires*, suivant les édifices auxquels ils sont attachés, sont pourvus de porte-manteaux, d'armoires à compartiments, de glaces, etc. Dans les maisons particulières, l'antichambre sert de *vestiaire.*

Vestibule, *s. m.* — Mot qui vient du latin *vestibulum*, et qui désignait, comme aujourd'hui, un local précédant les différentes pièces dont se composait l'ensemble.

Le *vestibule* existait chez les Grecs sous le nom de *prodomos* ou de *prothyron*. Il était placé entre la porte d'entrée et la voie publique, et destiné à recevoir ceux qui venaient saluer le maître de la maison.

Dans les usages modernes, le *vestibule* est un lieu couvert qui donne accès aux diverses divisions d'un édifice et qui est le premier endroit où l'on entre.

Il ne faut pas confondre, comme on l'a fait quelquefois, cette dénomination avec celle de *porche ;* le *vestibule* se distingue du porche en ce qu'il est moins largement ouvert au dehors et en ce que ses ouvertures sont habituellement fermées par des portes en menuiserie ou des châssis vitrés.

Le *vestibule* doit assurer un accès facile et une indépendance relative aux différentes parties de l'édifice qu'il dessert. Si celui-ci comprend plusieurs étages, le *vestibule* doit donner un accès direct à l'escalier principal, accès qu'il faut accuser de telle façon qu'on puisse le reconnaître au premier abord.

Quant à la décoration, les *vestibules* demandent, comparativement aux salles qu'ils précèdent, une grande simplicité de formes et une certaine sévérité de style.

Les habitations luxueuses ont seules des *vestibules ;* ces locaux sont remplacés par les antichambres, dans les demeures ordinaires.

Les édifices publics sont pourvus de *vestibules* quelquefois très vastes et très richement décorés ; les salles des Pas-Perdus dans les palais de justice sont des *vestibules*.

Dans les gares de chemin de fer, il y a des *vestibules* de départ et d'arrivée.

Viaduc, *s. m.* — Pont en arcades construit au-dessus d'une route, d'un vallon ou d'une rivière, mais servant pour le passage d'un chemin de fer. Ce nom est même appliqué le plus souvent aux ponts qui ne sont pas établis sur un cours d'eau.

Les *viaducs* se construisent en bois, en pierre, en brique, en fonte, en fer forgé et en tôle.

Les *viaducs* en bois sont économiques ; mais ils ne sont pas de longue durée ; on les emploie surtout pour franchir les vallons. Les *viaducs* en pierre et en brique sont fréquemment utilisés comme étant plus durables. On en a construit en Europe de très remarquables.

La fonte, le fer et la tôle rivée sont également appliqués à cet usage et se prêtent souvent à l'emploi de pièces droites, pleines ou évidées, d'une très grande longueur.

Comme *viaducs* de fonte, les plus remarquables que l'on connaisse sont ceux de Newcastle en Angleterre, et de Beaucaire en France. Ce dernier comprend sept arches de 65 mètres d'ouverture chacune. Parmi les *viaducs* en tôle rivée, les plus célèbres sont ceux de Douway et de Mendi, établis par Stephenson, sur le chemin de Chester à Holyhead, et qui sont formés de grands tubes rectangulaires, dans lesquels passent les convois.

Quant aux dispositions spéciales adoptées pour le placement des rails, quant à la construction des tabliers et des piles mêmes qui font partie de ces ouvrages, nous renvoyons le lecteur au mot *Pont* où nous donnons des détails sur ces divers objets.

Vice, *s. m.* — Il y a *vice de construction* lorsque, par suite de l'inobservance des règles de l'art, la stabilité d'un édifice est compromise.

Il y a également *vice de construction*, lorsque les précautions prescrites par les lois du voisinage n'ont pas été observées.

L'architecte et l'entrepreneur sont, dans une certaine mesure et à divers degrés, suivant les cas, responsables des *vices* de construction (voy. *Architecte, Entrepreneur*).

Vidange, *s. f.* — 1° *Vidange de terre :* extraction et transport de terres fouillées.

2° *Vidange de fosses :* extraction des matières qui emplissent les fosses d'aisances.

D'après l'article 1756 du Code civil, le curement des fosses d'aisances dans une maison à loyer est à la charge du bailleur, s'il n'y a clause contraire.

Il peut arriver qu'une fosse d'aisances soit commune à deux ou à plusieurs maisons, de telle sorte que la maison dans laquelle est situé le trou d'extraction soit grevée de la charge de supporter la *vidange*, au bénéfice des autres, qui en sont ainsi dispensées. L'usage est, dans ce cas, que le propriétaire qui souffre la *vidange* ne contribue à la dépense qu'elle entraîne que pour moitié de la somme payée par chacun des autres ayants droit (1).

Le titre IV de l'ordonnance de police du 1er décembre 1853 détermine, ainsi qu'il suit, les dispositions relatives à la *vidange* des fosses à Paris et dans les communes rurales du ressort de la préfecture de police :

« Art. 48. Il est enjoint à tous propriétaires de maisons de faire procéder sans retard à la *vidange* des fosses d'aisances lorsqu'elles seront pleines.

« Aucune *vidange* ne pourra être faite que par un entrepreneur dûment autorisé.

« Art. 49. Nul ne pourra exercer la profession d'entrepreneur de *vidange*, dans une des communes rurales du ressort de la préfecture de police, sans être pourvu d'une permission du maire de cette commune.

« Cette permission ne sera délivrée qu'après qu'il aura été justifié que le demandeur : 1° possède les voitures, chevaux, tinettes, tonneaux, seaux et autres ustensiles nécessaires au service des *vidanges ;* 2° qu'il est muni des appareils de désinfection dont l'administration aura prescrit l'emploi ; 3° et qu'il a, pour déposer ses voitures, appareils et ustensiles pendant le temps où ils ne sont point employés aux opérations de la *vidange*, un emplacement convenable, situé dans une localité où l'administration aura reconnu que ce dépôt peut avoir lieu sans inconvénient.

« Art. 50. La *vidange* ne pourra avoir lieu que pendant la nuit. Les voitures employées à ce service, chargées ou non chargées, ne pourront circuler dans l'intérieur des communes que pendant le temps qui aura été déterminé par les maires de ces communes.

« Toutefois, l'extraction des matières ne pourra commencer, du 1er octobre au 31 mars, avant neuf heures du soir, et du 1er avril au 30 septembre avant dix heures du soir, ni se prolonger du 1er octobre au 31 mars, au delà de huit heures du matin, et du 1er avril au 30 septembre au delà de sept heures du matin.

« Art. 51. Toute voiture employée au transport des matières fécales portera devant et derrière un numéro d'ordre, et sera munie sur le devant d'une lanterne, qui devra être allumée pendant la nuit, et porter, sur le verre le plus apparent, le numéro d'ordre de la voiture.

« Chaque voiture portera, en outre, une plaque indiquant le nom et la demeure du propriétaire. Les maires assigneront à chaque entrepreneur de *vidanges* la série des numéros d'ordre affectés à ses voitures, et détermineront les dimensions que devront avoir les numéros, tant sur les voitures que sur les lanternes.

« Art. 52. Les entrepreneurs faisant usage de tonnes seront tenus d'en fermer les bondes de déchargement au

(1) *Manuel des lois du bâtiment*, t. I, p. 221.

moyen d'une bande de fer transversale, fixée à demeure à la tonne par l'une de ses extrémités, et fermée à l'autre par un cadenas.

« Les écrous et rondelles soutenant la ferrure seront rivés à l'intérieur des tonnes.

« L'entonnoir de décharge sera fermé de manière à prévenir toute éclaboussure.

« Il est interdit d'employer au service de la *vidange* et de faire circuler des tonnes dont les bondes de déchargement ne seraient point fermées de la manière prescrite par le présent article.

« Les cadenas apposés aux tonnes ne pourront être ouverts et refermés qu'à la voirie, par la personne préposée à cet effet.

« En conséquence, il est interdit aux entrepreneurs de confier la clef desdits cadenas à aucune autre personne.

« Art. 53. Il sera placé une lanterne allumée en saillie sur la voie publique, à la porte de la maison où devra s'opérer une *vidange*, et ce, préalablement à tout travail et à tout dépôt d'appareil sur la voie publique.

« Art. 54. On ne pourra ouvrir aucune fosse d'aisances sans prendre les précautions nécessaires pour prévenir les accidents qui pourraient résulter du dégagement ou de l'inflammation des gaz qui y seraient renfermés. Lorsque l'ouverture sera nécessitée par un motif autre que celui de la *vidange*, l'entrepreneur en donnera avis dans le jour à la mairie.

« Art. 55. La *vidange* d'une fosse d'aisances ne pourra avoir lieu sans que, préalablement, il en ait été fait, par écrit, une déclaration à la mairie, la veille ou le jour même de la *vidange*, avant midi.

« Cette déclaration énoncera le nom de la rue et le numéro de la maison, les noms et demeure du propriétaire et de l'entrepreneur de *vidanges*, enfin le nombre des fosses à vider dans la même maison.

« Art. 56. Lorsque l'entrepreneur n'aura pu trouver l'ouverture de la fosse, il ne pourra en faire rompre la voûte qu'en vertu d'une permission du maire. L'ouverture pratiquée devra avoir les dimensions prescrites par l'article 12 de la présente ordonnance.

« Art. 57. Les propriétaires et locataires ne devront pas s'opposer au dégorgement des tuyaux. En cas de refus de leur part, la déclaration en sera faite par l'entrepreneur à la mairie.

« Art. 58. L'entrepreneur fournira chaque atelier d'au moins deux bridages et d'un flacon de chlorure de chaux concentré, dont il sera fait usage au besoin, pour prévenir les dangers d'asphyxie.

« Art. 59. Il ne pourra être employé à chaque atelier moins de quatre ouvriers, dont un chef.

« Art. 60. Il est défendu aux ouvriers de se présenter sur les ateliers en état d'ivresse. Il leur est également défendu de travailler à l'extraction des matières, même des eaux vannes, et de descendre dans les fosses, pour quelque cause que ce soit, sans être ceints d'un bridage.

« La corde du bridage sera tenue par un ouvrier placé à l'extérieur. Nul ouvrier ne pourra se refuser à ce service.

« Il est défendu aux entrepreneurs et chefs d'atelier de conserver sur leurs travaux des ouvriers qui seraient en contravention aux dispositions ci-dessus.

« Art. 61. Pendant le temps du service, les vaisseaux, appareils et voitures doivent être placés dans l'intérieur des maisons toutes les fois qu'il y aura un emplacement suffisant pour les recevoir. Dans le cas contraire, ils seront rangés et disposés au-devant des maisons où se feront les *vidanges*, de manière à nuire le moins possible à la liberté de la circulation.

« Art. 62. Les matières provenant de la *vidange* des fosses seront immédiatement déposées dans les récipients qui doivent servir à les transporter aux voiries.

« Ces vaisseaux seront, en conséquence, remplis auprès de l'ouverture des fosses, fermés, lutés et nettoyés ensuite avec soin à l'extérieur avant d'être portés aux voitures ; toutefois, les eaux vannes seront extraites au moyen d'une pompe.

« Il est expressément interdit de faire couler les eaux vannes ou de jeter des matières solides sur la voie publique ou dans les égouts.

« Art. 63. Après le travail de chaque nuit, et avant de quitter l'atelier, les vidangeurs seront tenus de laver et nettoyer les emplacements qu'ils auront occupés.

« Il leur est défendu de puiser de l'eau avec les seaux employés aux *vidanges*.

« Art. 64. Le travail de la *vidange* de chaque fosse sera continué à nuits consécutives, en sorte que la *vidange* interrompue à la fin d'une nuit devra être reprise au commencement de la nuit suivante.

« Lorsque les ouvriers auront été frappés du plomb (asphyxiés), le chef d'atelier suspendra la *vidange*, et l'entrepreneur sera tenu de faire, dans le jour, à la mairie, sa déclaration de suspension de travail.

« Il ne pourra reprendre le travail qu'avec les précautions et mesures qui lui seront indiquées selon les circonstances.

« Art. 65. Aucune fosse ne pourra être allégée sans une autorisation du maire.

« Il est défendu aux entrepreneurs de laisser des matières au fond des fosses et de les masquer de quelque manière que ce soit.

« Art. 66. Les fosses doivent être entièrement vidées, balayées et nettoyées.

« Les ouvriers vidangeurs qui trouveront dans les fosses des effets quelconques, et notamment des objets pouvant indiquer ou faire supposer quelque crime ou délit, en feront la déclaration, dans le jour, soit au maire, soit au commissaire de police.

« Art. 67. Il est défendu de laisser dans les maisons, au-delà des heures fixées pour le travail, des vaisseaux ou appareils quelconques servant à la *vidange* des fosses d'aisances.

« Les vaisseaux ou appareils contenant des matières, qui y seraient trouvés au-delà desdites heures, seront, aux frais de l'entrepreneur, immédiatement enlevés d'office, et transportés à la voirie.

« Art. 68. Néanmoins, toutes les fois que, dans l'impossibilité momentanée de se servir d'une fosse d'aisances, il sera nécessaire de placer dans la maison des tinettes ou tonneaux, le dépôt provisoire de ces vaisseaux pourra, sur la demande écrite du propriétaire ou du principal locataire, être autorisé par le maire ou le commissaire de police.

« Ces appareils devront être enlevés aussitôt qu'ils seront pleins ou que la cause qui aura nécessité leur placement aura cessé.

« Art. 69. Hors le temps de service, les tonnes, voitures, tinettes et tonneaux ne pourront être déposés ailleurs que dans les emplacements agréés à cet effet par le maire.

« Art. 70. Le repérage d'une fosse devra être déclaré de la même manière que sa *vidange*. Il sera effectué d'après le même mode et en observant les mêmes mesures de précaution.

« Art. 71. Les eaux qui reviendraient dans toute la fosse vidée et en cours de réparation devront être enlevées comme les matières de *vidange*.

« Toutefois, lorsque la nature de ces eaux le permettra, et en vertu d'une autorisation spéciale du maire ou du commissaire de police, elles pourront être versées au ruisseau de la rue, pendant la nuit.

« Art. 72. Aucune fosse ne pourra être refermée après la *vidange* qu'en vertu d'une autorisation écrite qui sera délivrée par le maire ou la personne qu'il aura déléguée à cet effet.

« Le propriétaire devra avoir sur place, jusqu'à ce qu'il ait reçu l'autorisation de fermer la fosse, une échelle convenable pour en faciliter la visite.

« Art. 73. Dans le cas où la fosse aurait été fermée en contravention à l'article précédent, le propriétaire sera tenu de la faire rouvrir et laisser ouverte aux jour et heure indiqués par la sommation qui lui sera adressée à cet effet, pour que la visite en puisse être faite par qui de droit.

« Art. 74. Aucune fosse précédemment comblée ne pourra être déblayée qu'en prenant, pour cette opération, les mêmes précautions que pour la *vidange*.

« Art. 75. Il ne pourra être établi, dans les communes rurales du ressort de la préfecture de police, en remplacement des fosses en maçonnerie ou pour en tenir lieu, que des appareils approuvés par le préfet de police.

« Art. 76. Aucun appareil de fosse mobile ne pourra être placé dans toute fosse supprimée, dans laquelle il reviendrait des eaux quelconques.

« Art. 77. Nul ne pourra exercer la profession d'entrepreneur de fosses mobiles dans une commune sans être pourvu d'une permission du maire de cette commune.

« Cette permission ne sera délivrée qu'après qu'il aura été justifié par le demandeur : 1° qu'il a les voitures, chevaux et appareils nécessaires au service des fosses mobiles ; 2° qu'il a, pour déposer les voitures et appareils, lorsqu'ils ne sont point en service, un emplacement convenable, agréé à cet effet par le maire.

« Art. 78. Il est expressément défendu à toute personne non pourvue d'une permission d'entrepreneur de fosses mobiles de poser ou faire poser des appareils, même autorisés, dans une maison quelconque, et de s'immiscer en quoi que ce soit dans le service des fosses mobiles.

« Art. 79. Le transport des appareils des fosses mobiles ne pourra avoir lieu que pendant les heures de la journée qui auront été fixées par le maire de la commune.

« Art. 80. Aucun appareil ne pourra être placé sans une déclaration préalable à la mairie par le propriétaire ou par l'entrepreneur. Toute suppression d'appareil doit également être déclarée à la mairie.

« Art. 81. Les appareils devront être établis sur un sol rendu imperméable jusqu'à 1 mètre au moins au pourtour des appareils, autant que les localités le permettront, et disposés en forme de cuvette.

« Les caveaux où se trouveront les appareils devront être constamment pourvus d'une échelle, qui permette d'y descendre avec facilité et sans danger. Les trappes, qui fermeront l'ouverture de ces caveaux, seront construites solidement et garnies d'un anneau de fer destiné à en faciliter la levée. Il sera pris les dispositions nécessaires pour que les eaux pluviales et ménagères ne puissent pénétrer dans les caveaux.

« Art. 82. Tout appareil plein devra être enlevé et remplacé, avant que les matières débordent.

« Tout enlèvement d'appareil devra être précédé d'une déclaration qui sera faite la veille à la mairie.

« Art. 83. Les appareils seront fermés sur place, lutés et nettoyés ensuite avec soin avant d'être portés aux voitures.

« Art. 84. Il est défendu de laisser dans les maisons d'autres appareils de fosses mobiles que ceux qui y sont en service.

« Les appareils remplis de matières, remplacés et laissés dans les maisons, seront, aux frais de l'entrepreneur, immédiatement enlevés d'office et transportés à la voirie.

« Il en sera de même de tout appareil en service dont les matières déborderont.

« Art. 85. Il est expressément défendu de faire couler les matières contenues dans les appareils à l'aide de cannelles et de toute autre manière.

« Art. 86. Les voitures servant au transport des matières fécales ne pourront passer que par les rues qui auront été désignées dans la déclaration de *vidange*.

« Si le maire a fixé un itinéraire, elles devront le suivre.

« Tout stationnement intermédiaire de ces voitures, du lieu du chargement à la voirie, est expressément interdit.

« Art. 87. Les voitures de transport de *vidanges* devront être construites avec solidité, entretenues en bon état et chargées de manière que les vaisseaux reposent toujours sur la partie opposée à leur ouverture.

« Art. 88. Les vaisseaux ou appareils contenant des matières seront conduits directement aux voiries indiquées dans les déclarations de *vidange ;* ils seront constamment entretenus en bon état, de telle sorte que rien ne puisse s'en échapper ou se répandre.

« Art. 89. En cas de versement de matières sur la voie publique, l'entrepreneur fera procéder immédiatement à leur enlèvement et au lavage du sol.

« Faute par lui de se conformer aux dispositions du présent article, il y sera pourvu d'office et à ses frais.

« Art. 90. Dans le cas où un entrepreneur cesserait de satisfaire aux conditions imposées par les articles 50 et 78, sa permission lui sera retirée (1) ».

Vide, *s. m.* — Ouverture ou baie pratiquée dans un mur.

Les trumeaux ou massifs de maçonnerie sont appelés *pleins* par opposition aux baies qui forment les *vides*.

On dit que ces *trumeaux* sont espacés, *tant plein que vide*, lorsqu'ils sont de même largeur que les baies.

On emploie la même expression au sujet des solives d'un plancher, dont les entrevous sont de même largeur que les solives.

On dit qu'un bâtiment *pousse* ou *tire* au *vide*, lorsque ce bâtiment se déverse et sort de son aplomb.

(1) *Manuel des lois du bâtiment.*

Vie, *s. f.* — *Tout en vie :* terme que les menuisiers emploient pour exprimer qu'une pièce de bois entre dans une autre, sans qu'on ait rien diminué de la grosseur.

Vieil-Baugé (*Grès de*). — Grès siliceux, demi-dur, blanc, à grains très fins, provenant de la carrière de la Bataille, dans la commune de *Vieil-Baugé* (Maine-et-Loire).

La hauteur d'assise de cette pierre varie de $0^m,20$ à $1^m,50$.

Vielle, *s. f.* — On appelle *loquet à vielle* un loquet, souvent avec une clef, qui soulève le battant du loquet en provoquant le mouvement d'une pièce coudée en forme de manivelle.

Les portes des communs sont souvent pourvues de ce genre de fermeture.

Vif, *adj.* et *s. m.* — On appelle *chaux vive* une chaux qui n'a pas été éteinte dans l'eau.

On dit que la pierre et le bois sont à *vives arêtes* lorsque les arêtes, dues à l'équarrissement, ne sont ni émoussées ni écornées.

Le mot *vif* est pris substantivement dans le sens suivant : c'est la partie dure d'une pierre, que l'on atteint avec le marteau quand on enlève le bousin.

Vigne, *s. f.* — Arbuste à feuillage large et découpé, qui produit le raisin.

La décoration architecturale a fait un fréquent emploi du feuillage de la *vigne*. On en trouve notamment des exemples sur des autels antiques, sur des sarcophages du IVe et du Ve siècle, et sur un grand nombre de monuments de la fin de la période ogivale et de l'époque de la Renaissance.

Vilebrequin, *s. m.* — Outil servant à percer le bois.

Le *vilebrequin ordinaire* est composé (fig. 3472) d'une poignée et d'une manivelle coudée, qui sert à faire tourner des mèches pour faire des trous. La partie coudée est d'un seul morceau ; elle est traversée dans le haut par une

Fig. 3472.

cheville à tête qui sert d'axe de rotation. Le bout de cette cheville est retenu par une goupille de façon que la poignée ne peut se séparer de la manivelle. La partie inférieure est percée d'un trou carré, qui reçoit la queue également carrée du fût portant la mèche.

La figure 3473 représente un *vilebrequin* armé de sa mèche et dont la manivelle est d'une forme un peu différente.

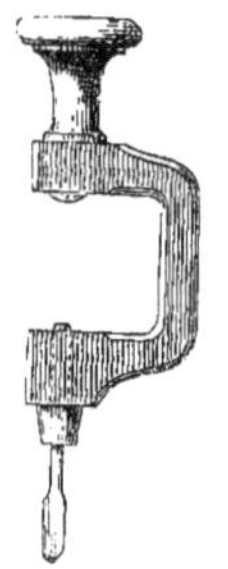

Fig. 3473.

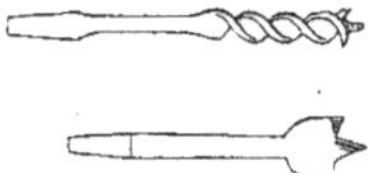

Fig. 3474.

On voit que la mèche de cet outil est faite comme celle de la *tarière* (voy. ce mot) ; mais on se sert aussi de mèches qui ont les formes indiquées par la figure 3474 ; l'une est dite à *pointe* et l'autre, *façon américaine*.

Vilette (*Marbre de*). — Brèche violette provenant de la carrière de Brèche-de-l'Hermitage, dans le département de la Savoie.

Vilhonneur (*Pierre de*). — Calcaire oolithique, assez dur, que l'on extrait des carrières de *Vilhonneur*, dans l'arrondissement d'Angoulême.

Sa hauteur d'assise varie de $0^m,25$ à 2 mètres ; elle pèse de 2,400 à 2,430 kilogr. le mètre cube et s'écrase sous une charge de 550 à 650 kilogr. par centimètre carré.

Villa, *s. f.* — Mot latin qui signifiait maison de campagne, métairie ou ferme et quelquefois même bourgade ou village.

Les Romains distinguaient trois sortes de *villas*, ayant chacune sa destination particulière ; souvent même, chaque *villa* comprenait les trois genres : la *villa urbana*, la *villa rustica* et la *villa fructuaria*.

La *villa urbana* comprenait l'habitation du propriétaire avec toutes les commodités d'une maison de ville.

La *villa rustica* renfermait tout ce qui appartient à l'économie rurale, les étables, les écuries, les pièces pour le dépôt des instruments de culture, la cuisine, la demeure de l'économe et des gens du maître.

Dans la *villa fructuaria* étaient conservés les fruits récoltés. On y trouvait des greniers pour le blé, des magasins pour l'huile, des caves pour le vin.

Autour de la *villa* étaient établies différentes constructions servant à divers usages, soit pour y prendre les repas, soit pour s'y livrer à l'étude, loin de tout objet de distraction.

Au Bas-Empire et pendant la période mérovingienne, les habitations de campagne ou résidences habituelles des seigneurs et des grands conservèrent le nom de *villæ*. Ces résidences étaient ouvertes, défendues seulement, dans certains cas, par des palissades ou des tranchées.

Aujourd'hui, on désigne par le nom de *villa* une maison de campagne, une habitation de plaisance ou l'ensemble de plusieurs maisons de ce genre réunies dans une même enceinte.

On trouve aujourd'hui, en Italie, un grand nombre de *villas* ou maisons de campagne appartenant aux plus riches familles et parmi lesquelles nous citerons seulement les plus célèbres établies aux environs de Rome : la *villa Albani*, la *villa Borghèse*, la *villa Pamphili*, regardée comme la plus considérable de toutes, surtout pour la richesse et l'étendue de ses jardins.

Dans nos contrées, le nom de *villa* est également attribué aux maisons de campagne dans lesquelles un certain luxe est déployé ; mais il y a une différence à établir entre ce qu'on appelle actuellement *cottage* et *villa*. Le *cottage* est l'expression architecturale du génie anglo-saxon et germanique ; c'est, comme le fait si bien observer notre éminent confrère M. C. Daly, « la nature qui devient prépondérante ; c'est l'arbre qui se développe librement, c'est la liane qui s'étend sur les murs, qui forme des colliers autour des fenêtres et des couronnes au front des portes ». La *villa* est, au contraire, le jardin géométrique, avec ses allées régulières et ses arbres taillés ; c'est « l'ordre exprimé par la symétrie, c'est le style, c'est le beau ; c'est la réglementation, le contrôle incessant de l'homme ou de l'art sur la nature. Le cottage, c'est la liberté exprimée par l'irrégularité commode et pittoresque... La *villa* est classique ; le cottage est romantique ».

Il faut convenir qu'aujourd'hui il y a une certaine confusion dans les termes, qui répond au mélange des styles, à l'influence du pittoresque introduit par les tourelles gothiques, et la prédominance du jardin anglais. La régularité classique de la *villa* s'en est ressentie.

Il semble donc convenable de donner, à proprement parler, le nom de *villas* aux habitations de campagne d'une certaine importance, où domine le principe de la régularité architecturale, et de réserver celui de *cottage* pour les demeures plus rustiques, plus modestes, dont, suivant l'expression de l'auteur que nous venons de citer, « le pittoresque est le principe esthétique, l'irrégularité un moyen de confort, et où la nature est une amie avec laquelle le maître de la maison vit en intime et affectueuse communion ».

On pourrait enfin donner le nom d'*habitations suburbaines* à ces maisons de plaisance construites aux abords des grandes cités et dans lesquelles l'architecture est fantaisiste et soumise aux caprices de la mode.

Villaines (*Pierre de*). — Calcaire oolithique, tendre, blanchâtre, provenant des carrières de *Villaines-la-Carolle*, près de Mamers (Sarthe).

La hauteur d'assise de cette pierre varie de 2 à 3 mètres ; elle pèse de 1,780 à 1,810 kilogr. le mètre cube, et s'écrase sous une charge de 60 à 90 kilogr. par centimètre carré.

Ville, *s. f.* — Assemblage considérable de maisons, de rues, de places, de quartiers, tantôt renfermés dans une enceinte de murs ou de remparts, tantôt disposés sur un terrain illimité.

Cette agglomération étant l'œuvre du temps, on ne peut, bien qu'il y ait des *villes* modernes construites d'après des plans établis, donner une véritable théorie au sujet du tracé d'une *ville*. Toutefois, plus d'un architecte a exercé son imagination à créer une sorte de programme de ce qu'on pourrait appeler l'idéal d'une *ville*.

Ainsi, Vitruve a proposé à ce sujet un plan, dans lequel il place le *forum* au centre et dirige les rues de manière à ne point être enfilées par les vents, qu'il suppose au nombre de huit. Ce plan est un octogone dont chaque côté est normal à la direction de l'un des vents; les rues principales vont du centre aux angles du polygone occupés par des tours défensives; les autres rues sont parallèles aux côtés de cette figure. Il est inutile d'insister sur les côtés défectueux que présente la composition d'un pareil plan.

Des architectes modernes ont été mieux inspirés pour le même objet. Ainsi, les *villes* de Turin, de Nancy, de Rochefort et plusieurs autres appartenant aux États-Unis d'Amérique, présentent de longues rues parallèles, ouvertes suivant deux directions, se croisant à angle droit. Ces rues sont larges et souvent bordées de maisons uniformes. Malheureusement, les *villes* ainsi conçues semblent tristes par leur uniformité même; de plus, l'ordre apparent qui y règne n'est autre chose au fond que du désordre, puisqu'il n'y est pas tenu compte des données essentielles du sujet, les besoins différents de la circulation suivant la nature des quartiers habités par les classes riches, ouvrières ou commerçantes; c'est ainsi que dans de semblables cités les voies les plus fréquentées n'ont pas plus de débouchés que les rues habituellement désertes.

Toutefois, si l'on suppose qu'il y ait le plan d'une *ville* nouvelle à établir, il est certaines données générales, dont il est convenable de tenir compte.

L'emplacement pour une capitale, par exemple, doit être choisi de telle sorte que les terres environnantes soient fertiles, les eaux de bonne qualité, l'air salubre. Un fleuve est la voie naturelle qui doit mettre en communication une capitale avec diverses provinces et avec la mer. Le sol doit aussi être propice aux constructions et pourvu de matériaux convenables. De la *ville* doivent rayonner vers les frontières et les principaux centres de l'État des routes et des lignes de chemins de fer.

Quant aux grandes divisions intérieures de la cité, sans avoir rien d'absolu, elles trouvent leur raison d'être dans les exigences particulières de chacune des classes qui composent la population; ces classes sont l'une adonnée à l'industrie, l'autre au commerce, celle-ci à la finance et aux affaires, celle-là comprend les personnes qui peuvent, grâce à la fortune, passer leur vie dans les loisirs, une autre enfin consacre son temps à l'étude ou à l'éducation de la jeunesse.

Chacun de ces quartiers d'une *ville* prend donc une physionomie spéciale tant par les voies de communication que par les édifices publics et les habitations. Ces dernières, plus ou moins luxueuses, suivant les quartiers, ne doivent pas être établies d'après un même type dans chaque quartier; la variété des besoins, la diversité des convenances et des goûts entraînent la variété dans la forme et, sous ce rapport, toute liberté doit être laissée aux habitants.

Aux monuments et aux édifices publics, on affectera la place qui leur convient le mieux. La cathédrale, l'hôtel de ville, le palais de justice, le principal marché des denrées alimentaires, doivent occuper une position centrale. Les ministères, les musées d'œuvres d'art, les grands théâtres, les belles promenades, seront établis dans les quartiers riches. La Bourse sera placée sur les confins du quartier de la finance et de celui du commerce. Les établissements scientifiques et littéraires seront construits dans le quartier des études. En outre, chaque quartier doit avoir sa mairie, sa justice de paix, ses théâtres, ses bibliothèques, ses marchés, etc. Les prisons, les hôpitaux se ront distribués sur le périmètre de la *ville* dans des positions salubres; les marchés à bestiaux, les abattoirs occuperont également une position excentrique. Les cimetières, rejetés en dehors de l'enceinte, devront être placés de telle sorte, que les émanations dangereuses ne puissent atteindre la cité.

Le tracé des rues est commandé par la disposition des lieux et les besoins variés de la circulation dans chaque quartier et les nécessités de communication entre les quartiers différents. La largeur de ces rues, très variable, ne doit nulle part être moindre que celle qu'impose la salubrité publique.

Les *places* (voy. ce mot) sont indispensables dans une grande *ville*, pour rompre l'uniformité des rues et offrir un emplacement convenable aux édifices publics, aux fontaines et aux monuments honorifiques.

Enfin, un système complet de canalisation souterraine sert à distribuer l'eau et le gaz et à chasser promptement les immondices.

On doit citer la *ville* de Paris comme répondant le mieux aux conditions générales qui viennent d'être exposées.

Villebois (*Pierre de*). — Calcaire compact désigné sous le nom de *choin*. Cette pierre est très dure, de couleur gris de fer, à pâte fine, susceptible de poli. On l'extrait des carrières de *Villebois*, dans l'arrondissement de Belley (Ain).

La hauteur d'assise de cette pierre varie de $0^m,10$ à $1^m,20$; le poids du mètre cube de 2,640 à 2,720 kilogr. et la charge nécessaire pour produire l'écrasement de 820 à 990 kilogr. par centimètre carré. On en fait usage à Lyon, à Paris, en Savoie et en Suisse.

Villefranche (*Pierre de*). — Calcaire cristallin, dur, veiné de blanc, que l'on tire de la carrière de *Villefranche*, dite de Péricon dans l'arrondissement de Prades (Pyrénées-Orientales).

Cette pierre, veinée de blanc et susceptible de poli, est employée comme marbre. Sa hauteur d'assise varie de $0^m,30$ à 1 mètre; le poids du mètre cube est de 2,710 kilogr. et la charge d'écrasement de 755 kilogr. par centimètre carré.

Villegly (*Grès de*). — Grès calcarifère, assez dur, provenant de la carrière du Four-à-plâtre, dans la commune de *Villegly*, près de Carcassonne.

Cette pierre est de couleur gris-verdâtre, à grain fin, propre à l'ornementation et à la sculpture; sa hauteur d'assise va jusqu'à 2 mètres.

Villengears (*Pierre de*). — Calcaire lacustre, dur, blanchâtre et celluleux, que l'on extrait des carrières de *Villengears* et de la Roptonnerie, dans la commune de Thiville, près de Châteaudun (Eure-et-Loir).

La hauteur d'assise de cette pierre varie de $0^m,50$ à $0^m,70$; elle pèse de 2,450 à 2,560 kilogr. le mètre cube et s'écrase sous une charge de 350 à 520 kilogr. par centimètre carré.

Villentrois (*Pierre de*). — Craie-tuffeau, tendre, provenant des carrières des Marins et des Daubinières, dans la commune de *Villentrois*, près de Châteauroux (Indre).

Cette pierre présente une hauteur d'assise variant de $0^m,33$ à 1 mètre; elle pèse 2,090 kilogr. le mètre cube et s'écrase sous une charge de 85 kilogr. par centimètre carré.

Villepinte (*Grès de*). — Grès calcarifère, tendre, que l'on tire de la carrière de Las Castelles, dans la commune de *Villepinte*, près de Castelnaudary (Aude).

Cette pierre, de couleur grisâtre et à grain assez fin, offre jusqu'à 5 mètres de hauteur d'assise.

Villers (*Roche de*). — Calcaire dur,

grisâtre, siliceux, coquillier, provenant de la carrière de *Villers-la-Fosse*, dans l'arrondissement de Soissons.

La hauteur d'assise de cette pierre varie de 0m,50 à 0m,70 ; elle pèse de 2,300 à 2,400 kilogr. le mètre cube et s'écrase sous une charge de 220 à 460 kilogr. par centimètre carré.

Villiers (*Pierre de*). — Calcaire oolithique, demi-dur, blanc, à grain fin, tiré de la carrière de *Villiers*, près de Saint-Amand (Cher).

La hauteur d'assise de cette pierre est de 0m,50.

Vimines (*Marbre de*). — Brèche rouge extraite de la carrière de Pierre-Rouge, dans le département de la Savoie.

Vindas, *s. m.* — Treuil vertical qui manœuvre à l'aide de leviers horizontaux (voy. *Cabestan*).

Vines (*Lave de*). — Lave basaltique, assez dure, provenant de la carrière de *Vines*, dans l'arrondissement d'Espalion (Aveyron).

Cette pierre est de couleur gris d'ardoise, celluleuse et propre à la sculpture. Sa hauteur d'assise est de 0m,40.

Vingtaine, *s. f.* — Cordage de moyenne grosseur.

On emploie les *vingtaines* pour faire des *verboquets* (voy. ce mot).

Violaines (*Liais de*). — Calcaire dur, à grain fin, blanc-gris pâle, que l'on extrait de la carrière de *Violaines*, près de Soissons (Aisne).

La hauteur d'assise de cette pierre varie de 0m,40 à 0m,70 ; le poids du mètre cube, de 2,200 à 2,300 kilogr., et la charge d'écrasement par centimètre carré, de 300 à 350 kilogr.

Violet, *s. m.* — Couleur secondaire que l'on compose au moyen de blanc, de laque, de bleu de Prusse ou d'indigo.

Laque violette ou *violet végétal :* belle couleur que l'on prépare en mélangeant des volumes égaux de décoction de campêche et d'une dissolution d'acétate d'alumine résultant de la décomposition de l'alun par l'acétate de plomb.

Violon, *s. m.* — Outil de serrurier et de treillageur qui sert à percer des trous dans le métal. Le *violon* est une sorte de touret à main, dans lequel est placé un foret que l'on fait mouvoir au moyen d'un archet.

Vis à tête de violon (voy. *Vis*).

Virbouquet, *s. m.* — Les couvreurs donnent ce nom à une cheville qui arrête une corde nouée à l'amortissement d'une flèche de clocher.

Vire (*Granit de*). — Granit commun, dur, bleuâtre, à grains moyens, provenant des carrières du Bois de la Haie, dans l'arrondissement de *Vire* (Calvados).

Cette pierre pèse 2,720 kilogr. le mètre cube et s'écrase sous une charge de 940 à 1,110 kilogr. par centimètre carré.

Vires, *s. m. pl.* — Terme de blason. Se dit de plusieurs anneaux enfermés les uns dans les autres, de manière qu'ils ont tous le même centre.

Virole, *s. f.* — Petit cercle de métal servant à assujettir deux objets l'un sur l'autre.

On place des *viroles* en guise de petites pattes aux manches des outils ou à diverses pièces de bois, pour les empêcher de se fendre.

Vis, *s. f.* — 1° Tige cylindrique, de bois ou de métal, dont la surface est entaillée en hélice, d'une rainure triangulaire ou rectangulaire. La saillie hélicoïdale se nomme le *filet* et la *vis* est dite *à filet triangulaire* ou *à filet carré* (fig.

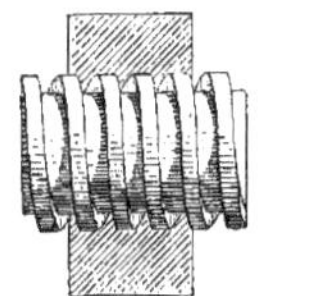
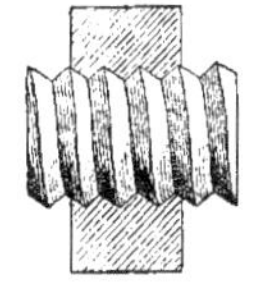

Fig. 3475.

3475). La distance entre deux rainures s'appelle le *pas* de la *vis*.

La *vis* s'engage dans une pièce que l'on nomme écrou et qui présente en creux la forme que la *vis* offre en relief, mais qui n'a qu'une partie de la longueur de la *vis*. Si l'écrou est fixe, la *vis*, en y pénétrant, prend un double mouvement de rotation autour de son axe et de translation suivant cet axe. Si c'est la *vis* qui est fixe, l'écrou peut cheminer le long de la *vis* en tournant autour de leur axe commun. En tout cas, le déplacement relatif dans le sens de l'axe est toujours d'un pas à chaque tour ou d'une fraction de ce pas pour la même fraction de tour.

La *vis* est un des organes employés en mécanique pour produire de fortes pressions.

Fig. 3476.

Les *boulons à vis* (fig. 3476) servent à serrer des pièces assemblées.

Les machines à *fileter* et à *tarauder*, que l'on emploie pour fabriquer les *vis* et les écrous, sont elles-mêmes fondées sur les propriétés de la *vis*.

On emploie quelquefois une *vis* dite *à deux pas*, formée d'un noyau cylindrique, sur lequel sont enroulés, en sens contraire, deux filets égaux, formant (fig. 3477) deux *vis* de même pas, symétriquement placées par rapport à un plan perpendiculaire à l'axe. Le noyau ne peut prendre qu'un mouvement de rotation autour de son axe ; à chaque *vis* correspond un écrou qui ne peut prendre au contraire qu'un mouvement de translation parallèle à l'axe. Quand on fait tourner le noyau, les deux écrous marchent en sens contraire de quantités égales et se rapprochent ou

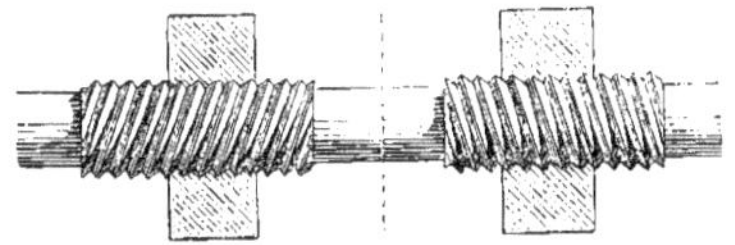

Fig. 3477.

s'éloignent suivant le sens de la rotation. Si les deux écrous sont reliés entre eux et forment une bride réunissant les extrémités de deux tiges filetées en sens contraire, ce sont ces tiges qui se rapprochent ou s'éloignent suivant le sens de la rotation.

Cette disposition trouve son application dans les assemblages en fer (voy. *Assemblage*). On emploie également les tiges filetées en sens inverse, pour rapprocher deux tuyaux qui doivent être placés dans le prolongement l'un de

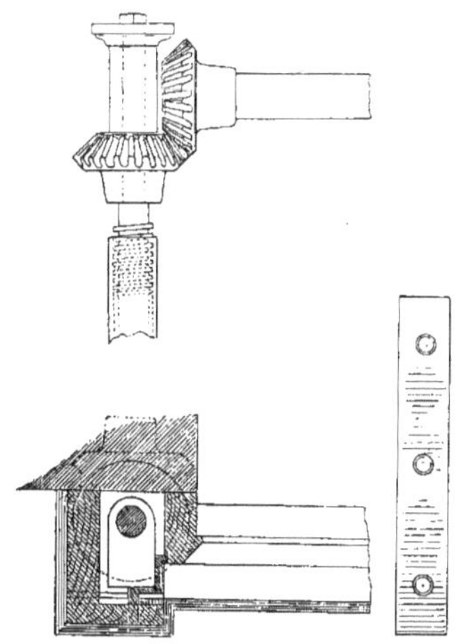

Fig. 3478.

l'autre. On a encore utilisé cette disposition dans les *verrins* employés au décintrement des arches de pont (voy. *Décintrement*).

La construction des fermetures Maillard est également basée sur le principe de la *vis* (voy. *Fermeture*).

La figure 3478 représente le plan d'un des caissons avec la coupe de la *vis de fermeture*, et une coupe faite dans l'entablement et qui montre l'engrenage à pignons communiquant le mouvement à l'arbre de couche.

Nous donnons (fig. 3479) une coupe au 1/4 d'exécution, qui indique le détail de cet engrenage conique vu de

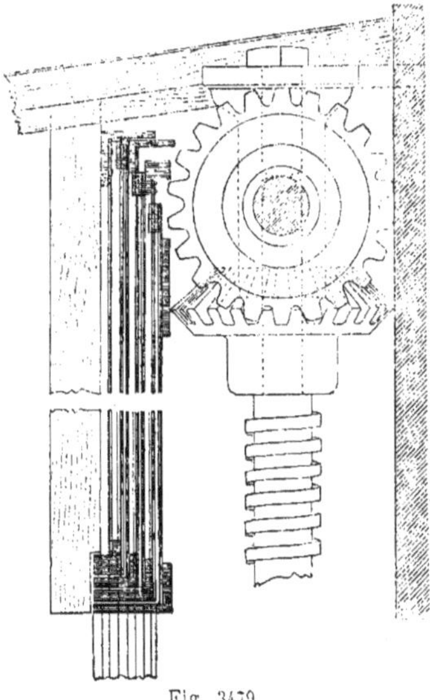

Fig. 3479.

profil, avec une section faite sur l'arbre de couche et la position haute et basse des feuilles derrière le tableau d'enseigne.

On a appliqué aussi la forme et le

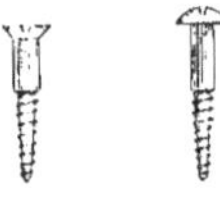

Fig. 3480.

nom de la *vis* à de petits morceaux de fer cylindro-coniques, filetés sur une partie de leur longueur et terminés par une tête plate ou demi-ronde (fig. 3480) et qui servent à fixer les pièces l'une sur l'autre.

Les *vis* que l'on emploie pour fixer les ferrures sur le bois sont dites *vis à bois* et reçoivent différentes dénominations par suite de la forme de leur tête. Il y en a de *fraisées* ou *à tête plate*, *à tête ronde*, *à tête carrée*, *à goutte de suif*. Ces *vis*, sauf celles *à tête carrée* qui se tournent à la clef, ont leur tête pourvue d'une rainure, dans laquelle on introduit le biseau d'un outil appelé *tournevis* (voy. ce mot), qui permet de les enfoncer; le filet de ces *vis* est triangulaire, à arête aiguë, pour pénétrer plus facilement dans le bois.

Les *vis* qui servent à fixer les métaux entre eux sont de même forme que les *vis à bois*.

Les *vis à tête de violon*, ainsi nommées parce qu'elles ont la même tête que les *vis* qui serrent les cordes de cet instrument, sont des *vis* de sûreté que l'on emploie pour fermer solidement, par exemple un fléau de persiennes, une barre de fermeture intérieure, etc.

Dans le commerce, les *vis* ordinaires se classent par numéros de grosseur et de longueur et se vendent à la grosse.

Les plombiers donnent le nom de *vis à chapeau* à une sorte de *vis* qui sert à réunir les bouts de tuyaux de conduite, à fixer les porte-clapets et les brides de raccordement. La tête de cette *vis* est carrée et entre dans une clef qui sert à la tourner.

2° En construction, on donne le nom de *vis* à certains escaliers tournants.

On appelle :

Vis à jour, un escalier tournant suspendu (voy. *Escalier*) ;

Vis à noyau plein, un escalier dont les marches (fig. 3481) s'engagent par un bout dans un mur circulaire et, par l'autre, dans un noyau cylindrique, concentrique au mur; les marches s'engagent dans le mur, au moyen d'entailles correspondantes au contour du panneau de tête; on pourrait engager de même les marches dans le noyau,

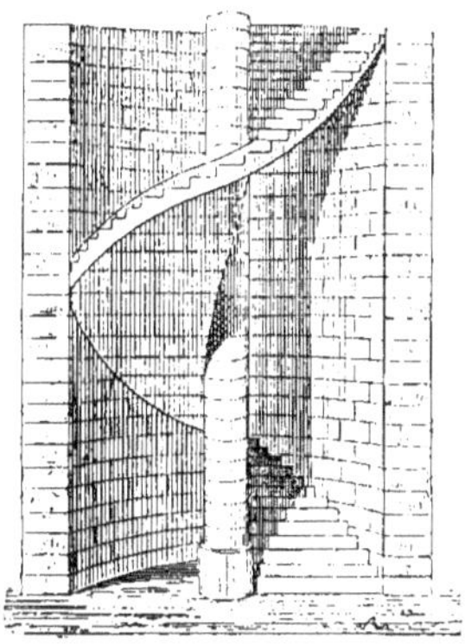

Fig. 3481.

mais on obtient plus de solidité en faisant porter à chaque marche une tranche de noyau de même hauteur qu'une

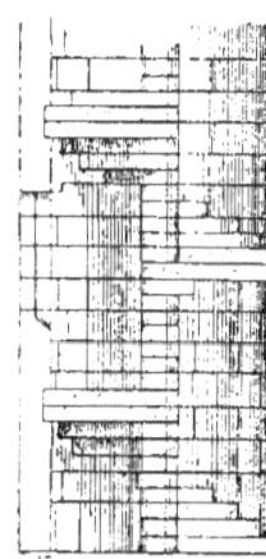

Fig. 3482.

marche (fig. 3482); de plus, on relie entre elles par des goujons en fer qui traversent leur axe, les différentes tranches du noyau;

Vis Saint-Gilles, une voûte annulaire rampante (fig. 3483) destinée à soutenir un escalier à vis et à noyau plein; cette voûte doit son nom au prieuré de Saint-Gilles, en Provence, où il en existait une de ce genre.

3° *Vis d'Archimède* : machine servant à élever l'eau et qui est formée d'un cylindre creux dans lequel se trouvent un ou plusieurs conduits hélicoïdaux (fig. 3484). La partie inférieure repose sur une crapaudine et la partie supérieure sur un coussinet; l'enveloppe est appelée *canon;* les planches formant le filet de

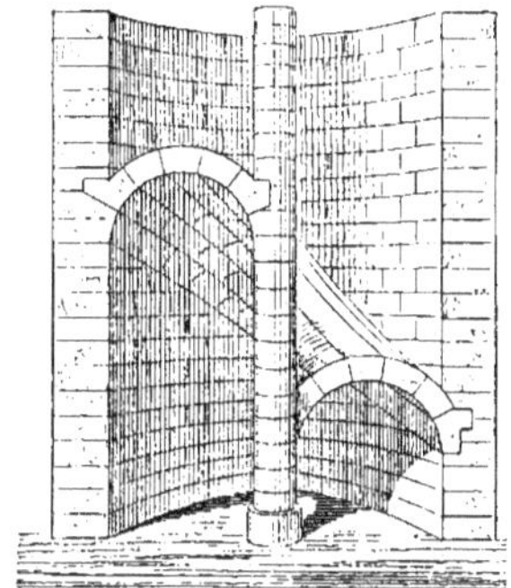

Fig. 3483.

la *vis* sont les *marches;* le cylindre plein est le *noyau;* l'espace compris entre le canon, les marches et le noyau forme le canal hélicoïdal. Dans les *vis* ordinaires, on place trois hélices sur le même noyau et l'on a ainsi trois canaux. Pour les *vis*

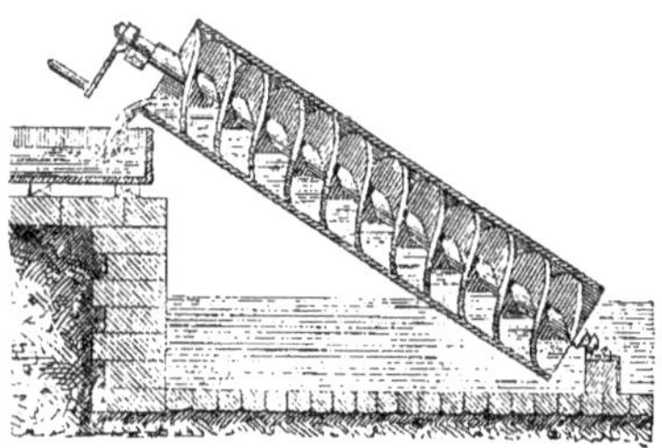

Fig. 3484.

en bois, le diamètre du noyau est le tiers de celui du canon. L'angle que font les hélices avec l'axe du noyau doit être d'environ 50°. C'est en faisant tourner cette machine, au moyen de la manivelle placée à son extrémité supérieure, que l'on fait successivement pénétrer l'eau dans les divers pas de l'hélice. L'inclinaison de la *vis* par rapport à l'horizon doit être de 30° à 45°, suivant que les hélices sont plus ou moins inclinées par rapport au noyau. Son plus grand effet utile s'obtient avec une inclinaison de 30°.

Visiter, *v. a.* — *Fosse à visiter :* on désigne ainsi des fosses à plan rectangulaire, qui sont établies sur les voies des chemins de fer pour *visiter* le dessous des locomotives.

On distingue :

1° Les *fosses à piquer le feu*, au moyen desquelles, pendant l'arrêt des trains et le renouvellement des approvisionnements du tender, on peut nettoyer la grille et le cendrier des locomotives ; ces fosses permettent aussi de *visiter* et de graisser les parties du mécanisme que l'on ne peut aborder latéralement ;

2° Les *fosses* qui, dans les remises de dépôt, servent à vider le feu du foyer, l'eau de la chaudière ;

3° Les *fosses* qui, à l'intérieur des remises et ateliers, sont nécessaires pour le nettoyage des véhicules, le montage du mécanisme et les réparations.

Les *fosses à visiter* placées sur les voies principales ont généralement de 0m,87 à 1 mètre de largeur sur 1 mètre à 1m,25 de profondeur et de 7 à 12 mètres de longueur. Les murs se construisent en moellons, en briques

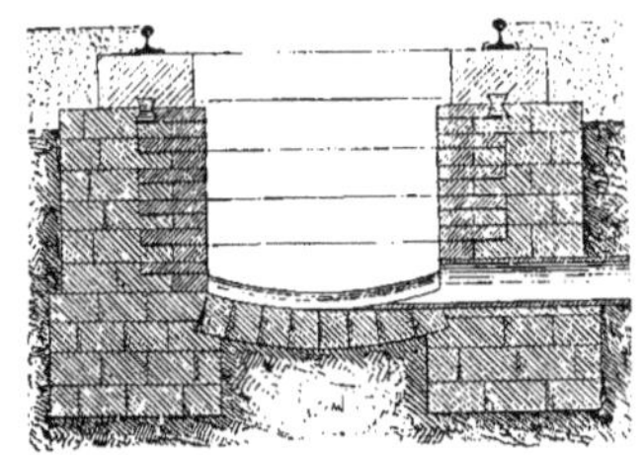

Fig. 3485.

ou en pierres de taille. Les parois et le fond doivent être garnis en briques réfractaires. Le fond est tantôt concave, tantôt convexe, pour l'écoulement des eaux.

La figure 3485 représente la coupe d'une *fosse à visiter* à l'échelle de 1/50.

Vitrage, *s. m.* — Terme général, par lequel on désigne l'ensemble des parties vitrées d'un local ou d'un bâtiment.

L'emploi des *vitrages* était connu des anciens, soit qu'ils fissent usage de pierres transparentes ou pierres spéculaires ou bien encore de véritables vitres ou carreaux de verre, comme semble le démontrer la découverte de morceaux de verre dans les ruines d'Herculanum.

Dans les bains publics de Pompéi que l'on a achevé de déblayer en 1828, on a trouvé un châssis vitré en bronze, qui détermine non-seulement la grandeur et l'épaisseur des vitres employées, mais encore la manière de les ajuster.

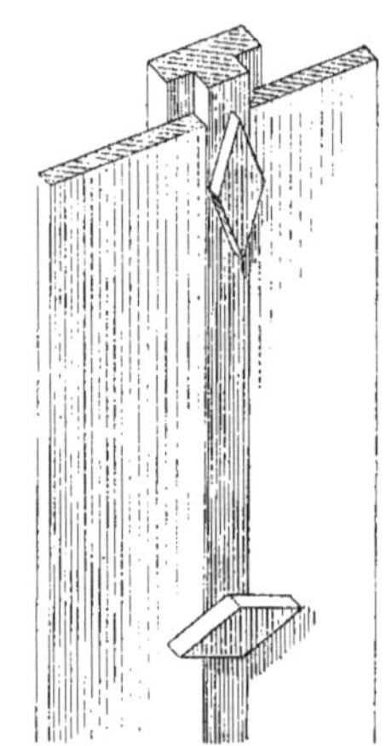

Fig. 3486.

Comme le montre la figure 3486, qui représente un fragment de ce châssis en perspective, les vitres étaient posées dans une rainure et retenues, de distance en distance, par des boutons tournants qui se rabattaient sur les vitres pour les fixer. Leur largeur est de 0m,55 environ sur 0m,75 de hauteur et leur épaisseur de 0m,0045.

C'est dans les églises du moyen âge que fut inauguré le système de *vitrage* dont les compartiments colorés reçurent le nom de *vitraux* et qui devinrent une des principales décorations des intérieurs (voy. *Vitrail*).

Aujourd'hui, les *vitrages* de nos baies sont formés soit de carreaux ou vitres que l'on trouve de plusieurs dimensions dans le commerce, soit de glaces ou verres plus épais et de plus grande surface (voy. *Glace*, *Vitre*).

On appelle encore *vitrage* une division de deux pièces faite dans un intérieur quelconque au moyen d'une clôture en verre.

Enfin, l'emploi du *vitrage* est appliqué, de nos jours, non plus seulement à la fermeture des baies de fenêtres, mais encore à la couverture des édifices, des serres, etc.

Nous citerons, comme une heureuse application à la couverture, celle du *verre* concave. Ce système de toiture présente cet avantage d'amener constamment l'écoulement de l'eau de pluie et de la buée intérieure vers le centre des travées par une double pente. Le mastic qui relie les vitres aux fers destinés à les supporter, se trouve placé au point le plus élevé et, ne pouvant plus donner passage aux infiltrations, est préservé de la destruction qui le menace avec le verre plan ordinaire.

Nous terminerons par quelques recommandations sur le choix du verre avec lequel on fait le *vitrage* des serres et au sujet de la manière dont on doit le disposer sur les charpentes destinées à le recevoir.

On sait que la quarantième partie de la lumière solaire qui tombe perpendiculairement sur le cristal le plus pur, est réfléchie et ne le traverse pas ; on peut dès lors admettre que les trois quarts de la lumière qui tombe sur du verre vert ou impur ne le traversent pas. Donc, l'emploi du verre de mauvaise qualité doit être proscrit des serres. D'autre part, on a remarqué que le meilleur verre peut donner de fâcheux résultats si on l'utilise en carreaux de vitre d'une grande surface, surtout si la ventilation est défectueuse. On a reconnu que les plantes n'étaient presque pas brûlées par le soleil ou ne l'étaient qu'à un très faible degré sous de petits carreaux. On a reconnu aussi que, dans les serres vitrées avec des carreaux larges d'environ 0m,33, longs de 1 mètre ou davantage, on est obligé de donner beaucoup plus d'air que dans celles de même grandeur et situation, dont les vitres n'ont que 0m,16 de largeur et une longueur égale. Cette différence s'explique par le grand nombre de jointures par lesquelles il entre toujours un peu d'air, si on ne les a pas bouchées avec du mastic. Néanmoins, même dans les serres à grands carreaux, on diminue par une bonne ventilation, les ardeurs du soleil passant à travers les vitres et déterminant la brûlure des plantes.

Un moyen pratique de s'assurer de la qualité du verre est le suivant : on prend un morceau du verre que l'on veut employer et on le place au soleil, de telle sorte que la lumière qui le traverse tombe sur une feuille de papier blanc, qu'on en éloigne et rapproche alternativement. Si l'on voit sur le papier des points, des roues ou des lignes plus brillantes que le reste, il est prudent de ne pas se servir de ce verre.

On a observé qu'une légère teinte d'un vert jaunâtre pâle, donnée au verre en mêlant un peu d'oxyde de cuivre à la matière, a une influence avantageuse sur la végétation.

En résumé, on doit employer pour le *vitrage* des serres chaudes ou froides un verre homogène, assez épais, teinté en vert jaunâtre pâle, exempt de bulles et de raies. On le divise en petits carreaux, qui résistent mieux à la grêle que les grands et qui sont plus faciles à changer et à réparer. On doit disposer ces carreaux de telle sorte qu'ils se superposent dans une largeur de 0m,005 à 0m,006 et l'on bouche le joint avec du mastic.

En vitrant, on doit avoir grand soin d'éviter que les vitres ne soient trop étroitement enchâssées dans leurs rainures, sans quoi les meilleures mêmes sont sujettes à se briser, parce que les châssis, de bois ou de fer, se tourmentent toujours plus ou moins. Les tringles des châssis de serre doivent être minces, mais fortes et leur espacement doit être de 0m,22 ou tout au plus de 0m,28. Quant au mastic, il faut en employer de très bonne qualité ; on en obtient de tel en broyant soigneusement de la craie bien lavée et très fine avec de l'huile de lin non cuite.

On donne le nom de *fers à vitrage* à divers échantillons de fers profilés qui servent à former les châssis ou petits

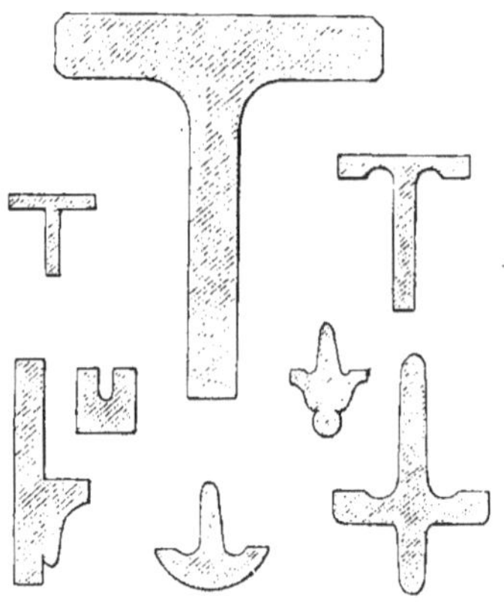

Fig. 3487.

bois dans les *vitrages*. La figure 3487 représente les différentes sections que l'on donne généralement à ces fers.

Vitrail, *s. m.* — Châssis en fer dans lequel sont placés des panneaux de verre de couleur montés en plomb.

L'art de la verrerie fournit à la décoration monumentale un de ses plus puissants effets par l'emploi de verres colorés et disposés de manière à représenter des personnages et des dessins de divers genres.

Il est certain que la peinture sur verre, c'est-à-dire l'art de lui donner des couleurs variées, soit en le colorant dans sa pâte, soit au moyen de couleurs vitrifiables appliquées à sa surface et que l'on soumettait ensuite à l'action du feu, fut connue des anciens; Diodore de Sicile affirmait que les Égyptiens imitaient même les pierres précieuses au moyen du verre.

C'est à l'époque de Cicéron que l'art de la verrerie paraît s'être introduit chez les Romains, qui semblent avoir fréquemment employé le verre coloré à la décoration des murs, des plafonds et même du pavé de leurs appartements.

Plus tard, l'usage s'étant établi de garnir de vitres les fenêtres des églises, on y appliqua parfois des verres colorés. Dès le IVe siècle, la basilique de Saint-Paul hors les Murs à Rome était, selon Prudence, enrichie de *vitraux*.

Au VIe siècle, Sainte-Sophie de Constantinople reçut également des verres de couleur.

En Gaule, dès le Ve siècle, plusieurs basiliques gauloises, à l'imitation des basiliques romaines, étaient ornées de vitres colorées.

Cet usage devint général. Toutefois, ce n'est réellement qu'au XIIe siècle, époque à laquelle remontent les plus anciennes verrières qui nous soient parvenues, que commence pour nous l'histoire de la peinture sur verre.

Les *vitraux* des églises furent d'abord de véritables mosaïques, composées d'un assemblage de pièces de verre teintes dans la pâte et de dimensions variables, que l'on reliait entre elles au moyen de tiges de plomb qui dessinaient les principaux motifs du sujet représenté, tandis que l'ensemble de la verrière était consolidé par une armature générale de fer.

Les couleurs généralement employées sont le blanc, le vert, le violet, le jaune et le rouge.

Certains archéologues ont donné à ce genre de mosaïques le nom de *peinture en verre* pour le distinguer de la peinture sur verre, exécutée avec des couleurs vitrifiables appliquées au pinceau à la surface, procédé qui, s'il était connu auparavant, ne fut toutefois remis en vigueur qu'au XIIe siècle.

C'est alors en effet que les verriers commencèrent à rehausser les couleurs de leurs verres avec des noirs vitrifiables pour accuser les contours et les ombres.

Les plus remarquables verrières qui nous soient parvenues de cette époque sont celles qui décorent le chevet de l'église de Saint-Denis.

Le système de *vitraux* en marqueterie prévalut jusqu'au XVe siècle. Toutefois, vers le commencement de ce siècle, on se mit à pratiquer la peinture sur verre proprement dite. C'est alors également qu'apparut l'emploi des verres doublés, c'est-à-dire à deux couches, l'une colorée, l'autre incolore. Le système en usage était le suivant : on traçait un dessin sur la face colorée du verre ; on enlevait à l'émeri et à l'eau, jusqu'à la couche incolore, toute la partie du verre coloré indiquée par le dessin ; on appliquait ensuite un émail d'or, d'argent, et d'une autre couleur sur le fond champlevé, puis on repassait la pièce au feu. C'est par ce procédé que furent obtenues les riches bordures qui ornent les draperies des figures dans les verrières du XVe siècle.

Néanmoins, ce ne fut véritablement qu'au XVIe et au XVIIe siècles que le système de la peinture sur verre à l'aide de couleurs vitrifiables se substitua au système des *vitraux* en mosaïque.

Le nouveau procédé permit de diminuer le nombre des plombs d'assemblage, qui furent même parfois remplacés par des montures en fer.

C'est après cette période que commença la décadence de la peinture sur verre, décadence qui était complète à la fin du siècle dernier.

Sous le premier empire, des essais eurent lieu pour ressusciter cet art, essais qui sont dus à Dihl et à Brongniart.

Les procédés de coloration des verres ont depuis fait des progrès (voy. *Verre*) et cette branche de l'art tend à reconquérir une place digne des effets décoratifs qu'elle est appelée à produire. Toutefois, quelle que soit la perfection du dessin et des procédés d'exécution dont témoignent les *vitraux* sortis des mains des artistes contemporains, la vivacité et l'éclat des tons des *vitraux* anciens n'ont pu encore être égalés.

Vitre, *s. f.* — Nom que l'on donne aux pièces de verre qui garnissent les châssis des croisées et certaines clôtures en verre.

La *vitre*, dite aussi *carreau*, se pose à l'extérieur des fenêtres ou des portes dans de petites feuillures pratiquées à cet effet dans les montants et dans les traverses et petits bois des châssis. Le carreau, coupé d'équerre, le plus exactement possible, est fixé au moyen de pointes fines en fer recourbées dans le sens longitudinal du bois, pour ne pas paraître sous le mastic. Ce mastic, avec lequel le vitrier ferme les joints, sert à empêcher l'air et l'eau de pénétrer dans la pièce entre la *vitre* et la menuiserie.

Le nettoyage du verre à *vitres* se fait avec un linge trempé dans du blanc d'Espagne délayé ; avant que ce blanc soit sec, on repasse avec un linge propre et doux pour enlever toutes les saletés qui ont pu rester sur les carreaux.

S'il y a sur les *vitres* des taches de peinture à l'huile, on frotte avec un linge imbibé d'eau seconde et même, au besoin, on se sert d'un couteau à reboucher.

Le verre à *vitres* se vend dans le commerce par échantillons (voy. *Verre*).

Vitré (*Grès de*). — Grès siliceux,

tendre, d'un blanc grisâtre et à grain fin, provenant de la carrière du Bas-Pont, dans l'arrondissement de *Vitré* (Ille-et-Vilaine).

La hauteur d'assise de cette pierre varie de 0m,25 à 0m,35.

Vitrier, *s. m.* — Celui qui entreprend ou exécute des travaux de *vitrerie* (voy. ce mot).

Vitrine, *s. f.* — Nom que l'on donne aux divisions du vitrage d'une boutique.

On désigne aussi par le même nom les châssis vitrés qui ferment certaines armoires, tout en permettant d'examiner les objets exposés à l'intérieur.

Il y a des *vitrines* dans les boutiques, dans les musées, dans les cabinets d'histoire naturelle, etc.

Vitriol, *s. m.* — Voy. *Couperose.*

Vitry (*Pierre de*). — Les carrières de *Vitry-sur-Seine*, près de Paris, fournissent plusieurs échantillons de pierre, parmi lesquels on distingue :

1° Le *banc-royal*, calcaire demi-dur, blanc, faiblement jaunâtre, qui présente de 0m,40 à 0m,50 de hauteur d'assise, pèse de 1,900 à 2,000 kilogr. le mètre cube et s'écrase sous une charge de 120 à 250 kilogr. par centimètre carré ;

2° Le *banc-d'argent*, calcaire demi-dur, blanc-jaunâtre, un peu coquillier, portant 0m,25 de hauteur d'assise, pesant de 2,100 à 2,200 kilogr. le mètre cube et s'écrasant sous une charge de 270 à 350 kilogr. par centimètre carré.

Vive-arête, *s. f.* — On dit qu'une pièce de bois, qu'une pierre sont à *vive-arête* lorsque l'angle auquel correspond cette arête est net et vif, c'est-à-dire ni émoussé ni arrondi.

Vivier, *s. m.* — Pièce d'eau vive où l'on entretient et où l'on nourrit des poissons.

Les riches Romains établissaient des *viviers* dans leurs maisons de campagne et n'épargnaient aucune dépense soit pour se procurer des poissons rares, soit pour faire arriver jusque dans ces bassins les eaux mêmes de la mer.

Les étangs ou *viviers* creusés dans le roc passaient pour être les meilleurs. A défaut de roc, on battait soigneusement la terre sur les bords. Dans le fond, c'est-à-dire sur le sol, on creusait différentes cavités, les unes taillées carrément et dans lesquelles se reposaient les poissons à écailles, les autres contournées en spirale pour les murènes.

Divers canaux étaient pratiqués, les uns pour amener les eaux, les autres pour les évacuer, ces derniers étant pourvus de grillages qui empêchaient les poissons de sortir de l'eau.

Vivifier, *v. a.* — Enlever l'oxyde qui recouvre le plomb, en faisant fondre ce métal avec du charbon et des cendres que l'on écume ensuite.

Voie, *s. f.* — 1° Chemin, route.

Nous avons donné à l'article *Route* des détails sur tout ce qui regarde la construction, l'établissement, l'exécution et même l'historique des grands chemins, c'est-à-dire des *voies*, tant anciennes que modernes. Nous ne dirons ici que quelques mots sur les *voies* de chemins de fer.

Le système de *voie* le plus répandu en France et en Angleterre est ainsi composé : des *rails* en fer, dits à double *champignon*, symétriques, reposent sur des *coussinets* en fonte, dans lesquels ils sont serrés par des coins de bois ; les coussinets sont eux-mêmes fixés, par l'intermédiaire de *chevillettes* en fer sur des *traverses* en bois, qui répartissent les pressions sur le sol et maintiennent l'écartement des rails. Cet ensemble est placé sur une couche de *ballast* (voy. ce mot), qui forme un sol artificiel solide, perméable, et facilement maniable.

Telles sont les données générales du système.

On appelle *accessoires de la voie* les *changements de voie* (voy. *Changement*), les *traversées de voie* (voy. *Traversée*), les *plaques tournantes* (voy. *Plaque*).

On distingue dans les lignes de chemins de fer, les chemins à une *voie* et les chemins à deux *voies*. Dans ce dernier cas, il y a entre les deux *voies* un espace appelé *l'entre-voie* dont la largeur est ordinairement d'environ 2 mètres d'axe en axe des rails.

On donne différentes dénominations aux diverses *voies* disposées dans les gares et stations. Ainsi, l'on appelle :

Voies principales, celles qui sont réservées au parcours habituel et régulier des trains; on distingue la *voie de départ* et la *voie d'arrivée*, ou la *voie montante* et la *voie descendante ;*

Voies de garage, celles où se placent les trains de marchandises ou ceux de voyageurs pour laisser sur les *voies* principales le passage libre aux trains plus rapides ;

Voies de service, les *voies* par lesquelles les locomotives se rendent de leur dépôt à la tête des trains et de la gare au dépôt après leur service ;

Voies de remisage des wagons, celles que l'on établit dans les remises et dans les gares où il est important d'avoir une réserve de wagons, en cas d'affluence imprévue ;

Voies de passage et de traversée, celles qui permettent d'aller d'une *voie* à l'autre, soit par les changements, soit par les plaques ;

Voies de chargement et de déchargement, celles qui servent pour les marchandises, chevaux, bestiaux, voitures, etc.

Ces *voies* doivent former des groupes distincts, suivant qu'elles sont destinées au service des voyageurs, des marchandises, des wagons ou des locomotives.

2° Charretée d'un ou de plusieurs quartiers de pierre.

On dit de même une *voie* de moellons, de plâtre, de gravois, etc.

3° Ouverture que pratique une scie dans la pierre ou le bois qu'elle débite.

Donner de la voie à une scie, c'est déverser alternativement de côté et d'autre les dents d'une scie, pour qu'elles forment une ouverture plus large et facilitent le passage de la scie.

Voile, *s. m.* — 1° Mot qui vient du latin *velum* signifiant rideau, tenture de porte ou de fenêtre.

Les Romains appelaient aussi *velum* ou *velarium* les grandes tentures élevées au-dessus des théâtres, ou des amphithéâtres, ainsi que celles qui séparaient la scène du théâtre. Dans cette dernière acception, on emploie aujourd'hui les mots *toile* et *rideau*.

2° On appelle *surfaces de voiles* une disposition que l'on adopte dans certains cas pour les planchers d'assemblage et qui consiste à tailler en dessous les solives, de manière à ce qu'elles présentent une surface courbe. On emploie ce moyen pour corriger le fléchissement des assemblages qui donne au plafond une forme convexe.

Voirie, *s. f.* — Mot par lequel on désigne tout ce qui concerne la police des voies par terre et par eau. La *voirie* a dans son ressort tout ce qui, dans les constructions, a un rapport direct avec la sûreté, la commodité et la salubrité publiques.

Autrefois, la *voirie* était confiée en France à des magistrats, à des seigneurs, à des moines justiciers qui n'avaient pour loi que leur volonté et qui agissaient tous sans direction commune. Ce fut Henri IV qui détermina d'une manière plus précise l'objet de ces fonctions en créant la charge de *grand voyer* de France. Mais ce ne fut qu'au XVIIIe siècle que l'on commença à dresser les plans de quelques routes principales pour être entretenues aux frais de l'État et qu'un arrêt ordonna aux trésoriers de France qui exerçaient alors, chacun dans l'étendue de sa juridiction, la charge de *grand voyer*, de faire exécuter ceux de ces plans qui recevaient l'approbation du roi. La même mesure, appliquée quelques années plus tard à l'occasion de l'élargissement des rues de Paris, amena la création de la *chambre des bâtiments*, qui avait pour fonction de faire la visite des constructions et qui est remplacée aujourd'hui par les *commissaires voyers*.

Enfin, la loi du 16 septembre 1807, ayant ordonné la formation de plans généraux pour toutes les routes entretenues aux frais de l'État, pour les rues de Paris et de toutes les villes du territoire, ces plans sont exposés dans les mairies afin que chaque intéressé puisse faire ses observations; ils sont ensuite modifiés, s'il y a lieu, arrêtés par le conseil de préfecture et approuvés définitivement par le ministre de l'intérieur. L'exécution de ces plans est alors maintenue rigoureusement et devient la loi invariable à laquelle doivent se soumettre l'administration et les particuliers qui ont des propriétés dans les limites désignées (1).

Les objets de police confiés à la vigilance et à l'autorité de l'administration et des municipalités, lesquelles nomment des *architectes voyers* pour les assister, sont : 1° tout ce qui concerne les alignements; 2° ce qui intéresse la sûreté et la commodité du passage dans les rues; 3° le nettoiement, l'éclairage, l'enlèvement des décombres ; 4° la réparation ou la démolition des bâtiments menaçant ruine; 5° l'interdiction de rien exposer aux fenêtres, de rien jeter, etc.

Ces attributions, déterminées par la loi du 24 août 1790, sont divisées en *petite* et *grande voirie*.

Appartiennent à la *grande voirie* toutes les communications d'un intérêt général, comme les routes nationales et départementales et les rues qui en font partie ou qui en sont la prolongation; les fleuves, rivières, canaux, navigables ou flottables ; les ports, havres, rivages de la mer ; les chemins de fer.

L'administration de la *grande voirie* appartient aux préfets et aux conseils de préfecture. D'après les rapports des ingénieurs du département, des inspecteurs généraux, des commissaires voyers, le préfet donne les alignements, permet ou refuse de construire ou de réparer, ordonne la démolition des constructions bordant la voie publique, autorise ou défend l'établissement des saillies.

L'administration des ponts et chaussées est chargée de l'exécution de ce qui concerne la *grande voirie* et du règlement de sa comptabilité.

En vertu d'un décret du 27 octobre 1808, il est établi que, pour Paris seulement, toutes les rues de cette ville sont assimilées aux grandes routes et que, par conséquent, elles sont dans les attributions de la *grande voirie*. Le préfet de la Seine s'occupe des travaux de communication par terre et par la navigation, du pavage et des trottoirs, de la délimitation des quartiers affectés à l'exploitation du gaz, de la construction et de l'entretien des égouts, de la distribution des eaux, de la consolidation des anciennes carrières, des constructions en général, de l'ouverture des voies nouvelles, de l'inscription des rues, du blanchiment et du numérotage des maisons.

La *petite voirie* comprend toutes les communications d'un intérêt purement local, comme les chemins vicinaux et communaux, les cours d'eau non navigables ni flottables, etc. Elle s'entend du pouvoir confié à l'autorité municipale de prévenir l'embarras de la voie publique dans l'intérieur des villes, en réglant les dimensions des étalages, la saillie des enseignes, des devantures de boutique, des bornes, etc.; les limites et la durée des dépôts de matériaux dans les rues ; le placement des échoppes, etc. A Paris, toutes ces attribu-

(1) Toussaint, *Code de la propriété*.

tions appartiennent au préfet de police.

On distingue la *voirie vicinale*, pour les chemins sans habitations agglomérées et, pour les autres voies, la *voirie urbaine*, relative à la police des rues, places et chemins communaux, ainsi que des bâtiments qui les bordent.

Les contraventions aux ordonnances concernant la *petite voirie* sont du ressort des tribunaux de simple police.

Ce sont les conseils de préfecture qui connaissent, sauf recours au conseil d'État, de toute contravention aux règlements de *grande voirie*.

En matière de *petite* comme de *grande voirie*, toutes les questions de propriété et de servitude préjudiciellement soulevées sont de la compétence des tribunaux civils.

Droits de voirie. Des droits dits de *grande* et de *petite voirie* sont imposés aux propriétaires de constructions nouvelles ou récemment modifiées, à Paris. Ces droits sont réglés par un arrêté du préfet de la Seine du 25 août 1874.

Volée, *s. f.* — 1° Hauteur à laquelle on élève le mouton d'une sonnette dans le battage des pieux.

2° Série d'un certain nombre de coups de mouton donnés sur la tête d'un pieu.

3° Partie d'un escalier qui se projette horizontalement en ligne droite (voy. *Escalier*).

Volet, *s. m.* — Vantail en menuiserie pleine, qui sert à la fermeture soit de fenêtres ou de portes, soit de devantures de boutique.

L'usage des *volets* était très répandu au moyen âge pour la fermeture des boutiques ; c'étaient généralement des panneaux formés de planches jointives reliées entre elles par des ferrures et qui s'ouvraient et se fermaient soit comme les vantaux ordinaires des croisées, soit en *abatants* (voy. ce mot). Ces *volets*, suivant la largeur de la baie à clore, étaient en un seul panneau ou en plusieurs panneaux réunis à charnières (voy. *Boutique*).

Aujourd'hui encore, on emploie les *volets brisés* en feuilles se repliant les unes sur les autres (fig. 3488) et qui se logent dans des caissons bordant de

Fig. 3488.

chaque côté la devanture. Il y a de ces *volets* qui sont détachés et que l'on tire des caissons pour les poser à la suite les uns des autres.

Les *volets* servant à la fermeture des fenêtres se trouvent fréquemment aussi dans l'architecture du moyen âge. Ce sont également des panneaux pleins, en planches jointives, reliées par des pentures tournant sur des gonds et se fermant au moyen de verrous ou targettes à poignée. On rencontre souvent des *volets* de ce genre en planches très épaisses, dans les constructions militaires de cette époque.

L'usage des *volets* en abatant était aussi très répandu, particulièrement pour la fermeture des meurtrières ou des créneaux. Ces panneaux en madriers permettaient aux assiégés de tirer sur l'ennemi tout en étant protégés par l'abatant même contre les projectiles.

Il y avait les *volets simples* (fig. 3489) et les *volets doubles* ; ces derniers permettaient au tireur de se tenir debout ou à genoux suivant les circonstances. La figure 3490 représente un de ces *volets* avec la partie supérieure levée et la partie inférieure baissée. La coupe

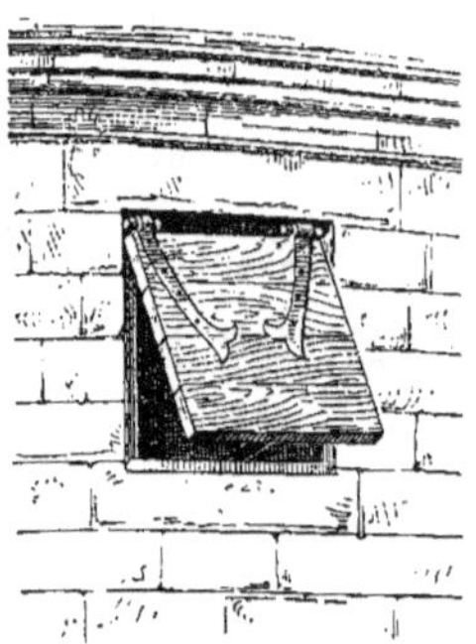

Fig. 3489.

(fig. 3491) montre les deux panneaux relevés et maintenus dans cette position par des tiges ou barres de fer plat mu-

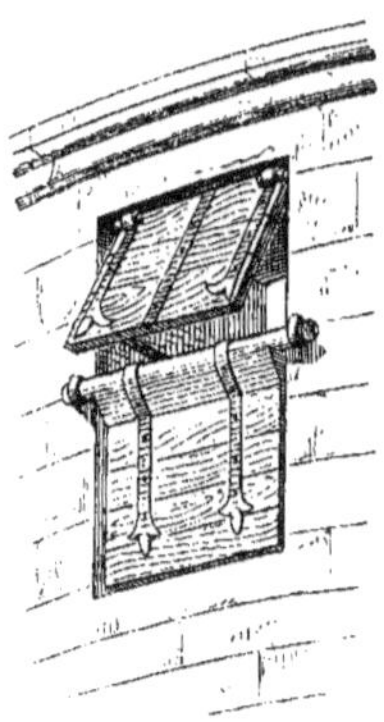

Fig. 3490.

nies de crochets à leurs extrémités et tournant sur des axes fixés à la muraille.

Le système des *volets* s'ouvrant à soufflet est appliqué dans certains pays à la fermeture des fenêtres d'habitation particulière. Nous donnons (fig. 3492) un *volet* de ce genre en planches réunies entre elles par des traverses et maintenu dans sa position par une simple tige de fer.

On trouve encore bien d'autres systèmes de *volets* employés au même usage (voy. *Persienne*).

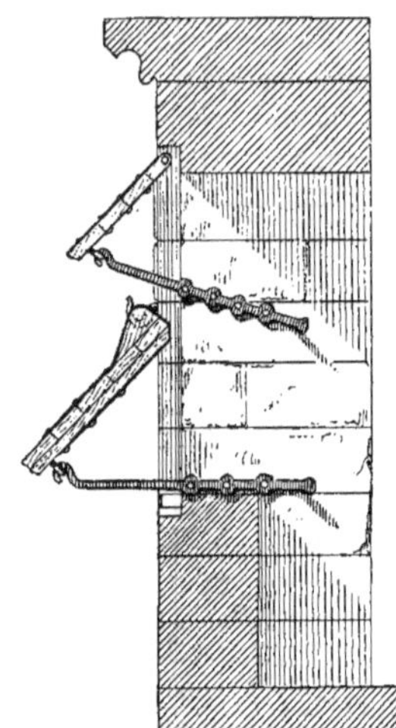

Fig. 3491.

Aujourd'hui, on emploie généralement pour la fermeture des fenêtres : 1° des *volets* d'une seule pièce faits de planches jointes à rainures et languettes emboîtées des deux bouts ; ces *volets* servent seulement à l'extérieur ; 2° des

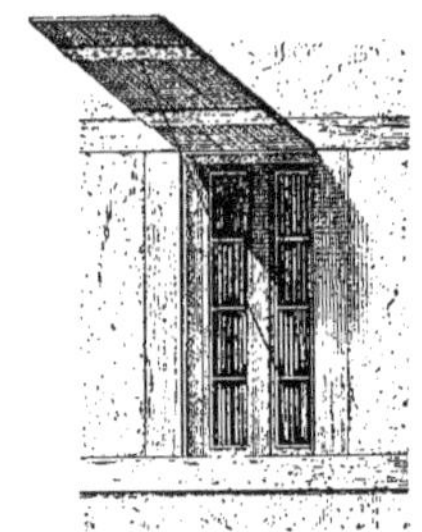

Fig. 3492.

volets brisés qui sont des vantaux de menuiserie, formés de battants, de traverses, de panneaux et de frises disposés en compartiments comme dans les lambris ; on soutient ces *volets* par des fiches fixées sur les montants des châssis dormants ; ils peuvent être brisés en deux ou trois parties selon la dimension des châssis qu'ils ont à couvrir et selon l'épaisseur de la muraille qui forme l'embrasure, sur laquelle les feuilles de ces *volets* se replient.

On fait actuellement des persiennes à *volets* ou à feuilles qui se placent extérieurement et qui se doublent sur les tableaux ; il y en a que l'on ouvre et que l'on ferme de l'intérieur, sans ouvrir la fenêtre, au moyen de systèmes particuliers (voy. *Persienne*).

Volice, *s. f.* — Les couvreurs désignent ainsi certaines planches minces de sapin frisé qu'ils emploient au lieu de lattes.

Volière, *s. f.* — Construction formée d'un treillis de fil de fer à mailles plus ou moins serrées, maintenu par des montants et des traverses en bois ou en fer. On y renferme des oiseaux soit pour l'agrément, soit pour l'élevage, ou bien encore dans un but de collection scientifique, comme dans les jardins zoologiques.

Les Romains avaient des *volières* non pas seulement pour l'agrément, mais aussi pour les besoins ou le luxe de la table. Cette double destination donnait lieu à deux genres de *volières* bien distincts.

Varron nous apprend qu'il y avait ce qu'il appelle la *volière utile* et la *volière d'agrément*, cette dernière ne contenant que des oiseaux chanteurs.

La *volière* utile était ainsi distribuée : on lui donnait la forme d'un rectangle et assez d'étendue pour qu'elle pût renfermer plusieurs milliers de grives, de cailles, de merles, d'ortolans, etc., qu'on y engraissait. La porte, peu élevée, était pratiquée de manière à être facilement ouverte et fermée, en la poussant latéralement. Le nombre des fenêtres était restreint, pour ôter aux oiseaux captifs la vue de la plaine ou des oiseaux libres du dehors, ce qui pouvait, en leur inspirant le désir de la liberté, les empêcher de s'engraisser. On se contentait de donner à cet endroit assez de clarté pour laisser apercevoir aux oiseaux leur nourriture. Les murs étaient revêtus d'un enduit très lisse, pour fermer tout accès, dans l'intérieur, aux souris et autres animaux nuisibles. Tout à l'entour des murs, on fixait des pieux ou bâtons en saillie où devaient se percher les oiseaux. D'autres perches s'appliquant aux murs, en manière d'arcs-boutants, en recevaient d'autres transversales de distance en distance, ce qui produisait une sorte d'amphithéâtre. A côté de cette *volière*, il y en avait une autre plus petite, dont les fenêtres et la porte étaient plus grandes, et qui communiquait avec la première ; on l'appelait *reclusorium*.

Les *volières d'agrément* étaient d'élégants pavillons, au milieu desquels il y avait ordinairement une enceinte en filets, qui renfermait les différentes espèces d'oiseaux chanteurs.

Volige, *s. f.* — On nomme ainsi des planches légères, ordinairement en bois de peuplier, qui sont employées pour la couverture et le cloisonnage.

Ces pièces ont de $0^m,01$ à $0^m,02$ d'épaisseur, sur $0^m,217$ environ de largeur.

Voligeage, *s. m.* — Sorte de plancher en voliges fixées au moyen de clous sur les chevrons d'une couverture en ardoises pour recevoir ces dernières, que l'on y fixe également avec des clous.

Les voliges sont ordinairement espacées de $0^m,01$ à $0^m,02$ (voy. *Ardoise*).

Volute, *s. f.* — D'une manière générale, la *volute* est un enroulement, une spirale, une figure formée de plusieurs circuits.

Les productions naturelles offrent de nombreux exemples de cette configuration, que l'ornement a pris pour modèles. On a approprié ce système d'enroulement à la composition d'un grand nombre de membres d'architecture.

On a fait des modillons, des consoles, avec deux *volutes* placées diversement, selon que l'enroulement le plus fort est en haut ou en bas.

L'application la plus importante de la *volute* est celle qu'on en a faite à l'ornementation des chapiteaux ionique et corinthien. Il y a quatre *volutes* au chapiteau ionique ancien et huit au moderne; il y en a seize au chapiteau corinthien, dont huit angulaires et huit plus petites qu'on appelle *hélices;* il y en a huit au chapiteau composite. Le centre de l'enroulement est ordinairement rempli par un fleuron ou une rosette et s'appelle *œil* de la *volute;* sa cannelure se nomme canal (voy. *Chapiteau*).

Selon Vitruve, la *volute*, qui est le signe caractéristique de l'ordre ionique, serait l'imitation de deux boucles de cheveux encadrant la coiffure d'une femme dont la tête serait représentée par le chapiteau. Nous n'insisterons pas sur l'abus que cet architecte fait, dans ce cas-ci comme dans d'autres, des idées métaphoriques et de quelques allusions que le génie grec a pu faire des procédés de la nature aux pratiques de l'architecture. Ainsi, a-t-on cru trouver dans les proportions différentes des corps de l'homme et de la femme, une sorte d'analogie avec les ordres des colonnes, selon que l'un a le caractère de la force et l'autre celui de l'élégance. Du reste, il n'y a rien de commun entre la coiffure que portaient les femmes et les détails du chapiteau ionique. On ne saurait donc rien préciser sur l'origine de la composition et de l'ajustement du chapiteau ionique. Nous savons seulement que la *volute* est originaire de l'Asie, et qu'on en trouvait le principe dans les chapiteaux de Persépolis. Il se peut que, primitivement, l'idée de la *volute* soit venue de l'écorce roulée du bouleau, ou bien des cornes de bélier qu'on avait coutume de suspendre aux autels et aux cippes funéraires; il se peut aussi que la *volute* rappelle tout simplement les copeaux que le charpentier avait enlevés en voulant équarrir un poteau de bois, selon l'opinion que paraissait avoir Viollet Le Duc. Mais les Grecs, secondés par une raison et une pureté de goût qu'aucun peuple n'a possédées à tel degré, se sont approprié cette forme, en lui donnant une expression pleine de douceur et d'élégance, en l'appliquant au chapiteau ionique.

On appelle également *volute* la première partie du limon qui, au bas d'un escalier, forme enroulement. C'est sur cette *volute* que se pose le *pilastre* de la rampe en fer (voy. *Escalier*, *Pilastre*, *Rampe*).

Volvic (*Lave de*). — Lave dure, d'un gris plus ou moins noir, celluleuse, facile à travailler, que l'on extrait des carrières de *Volvic*, dans l'arrondissement de Riom (Puy-de-Dôme).

Cette pierre présente jusqu'à $0^m,80$ de hauteur d'assise et pèse 2,300 kilogr. le mètre cube; elle s'écrase sous une charge de 300 à 400 kilogr. par centimètre carré.

Vomir, *v. a.* — Ce terme s'applique aux figures ou masques des fontaines qui jettent l'eau par la bouche.

Vomitoire, *s. m.* — Mot qui vient

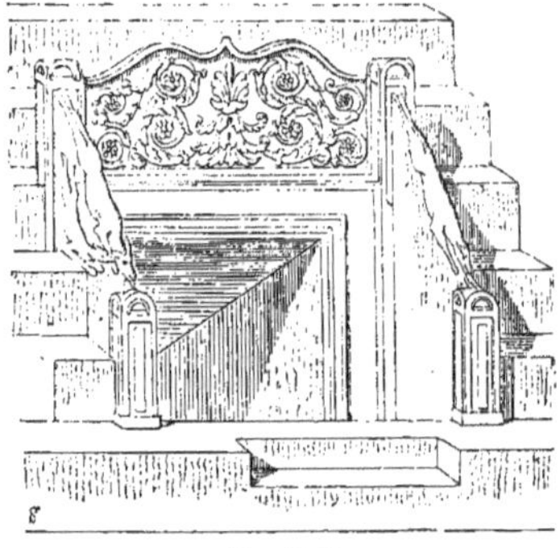

Fig. 3493.

du latin *vomitorium*, désignant, dans les

amphithéâtres romains, les portes ou plutôt les ouvertures pratiquées, en plus ou moins grand nombre, dans les gradins (fig. 3493) et aboutissant aux *præcinctiones* ou paliers qui circulaient à l'entour (voy. *Amphithéâtre*).

Les *vomitoires* donnaient accès à des escaliers construits sous l'amphithéâtre et c'est par là que les spectateurs arrivaient aux diverses sections des gradins. A la fin des jeux, la foule s'écoulait par les mêmes ouvertures.

Votif, *adj.* — Se dit de tout objet donné ou fait en vertu d'un vœu, c'est-à-dire d'une promesse faite à la Divinité de lui témoigner une reconnaissance publique pour un bienfait obtenu.

Un grand nombre d'objets d'art ont reçu le nom de *votifs ;* parmi ceux qui ont le plus de rapports avec l'architecture, nous citerons les colonnes *votives* que les Romains érigeaient en souvenir d'une victoire et auxquelles ils suspendaient les dépouilles enlevées à l'ennemi.

Voussoir, *s. m.* — Nom que l'on donne aux pierres qui forment l'appareil d'une voûte ou d'une arcade.

On appelle *douelle intérieure* le côté concave du *voussoir* formant l'intrados de la voûte et *douelle extérieure* le côté convexe formant l'extrados. Les joints cachés dans le corps de la maçonnerie se nomment *lits de la pierre*. On donne le nom de *têtes* aux faces des extrémités du *voussoir*.

C'est au moyen des *voussoirs* qui sont tous semblables que l'on construit des voûtes *extradossées;* mais on ne fait pas toujours ces pierres égales ; ainsi, l'on nomme :

Voussoir à crossettes, un *voussoir* qui se retourne par en haut pour faire liaison avec une assise de niveau ;

Voussoir à branches, un *voussoir* fourchu qui fait liaison avec le pendentif d'une voûte d'arête.

Voussure, *s. f.* — 1° Toute portion d'une voûte comprise entre la naissance de la courbe et un point quelconque endeçà du point le plus élevé de l'arc que cette courbe aurait à décrire pour former une voûte entière.

On désigne particulièrement ainsi la portion de voûte qui raccorde un plafond avec la corniche de la pièce.

2° Surface courbe servant à raccorder deux ou plusieurs autres surfaces droites qui ne sont pas dans le même plan ou des surfaces courbes réglées.

Arrière-voussure : voussure placée en haut d'une baie de porte ou de croisée dont le cintre de face est différent de celui du fond.

3° Terme de menuiserie qui indique une partie cintrée en élévation.

Voûte, *s. f.* — Masse de maçonnerie destinée à couvrir un espace déterminé et qui se maintient en équilibre par la forme et la disposition données aux éléments qui la composent et par la résistance que cette construction trouve dans les murs ou dans les arcades qui circonscrivent l'espace voûté.

La surface interne, que l'on voit en dessous, se nomme l'*intrados* de la *voûte*; la surface externe, celle qui est vue par dessus, est l'*extrados*.

La nature de la surface adoptée pour l'intrados est ce que l'on nomme *voussure*. Les faces internes des murs qui soutiennent la *voûte* sont appelées les *pieds-droits* de la *voûte* ; l'intrados se raccorde avec ces pieds-droits suivant une ligne que l'on nomme *ligne de naissance*. Cette ligne est généralement plane et son plan, qui est ordinairement *horizontal*, est appelé *plan de naissance*. Les *reins* de la *voûte* sont les parties qui avoisinent le plan de naissance, et l'on appelle *clef* la pierre ou la suite de pierres qui occupent la partie supérieure et centrale et dont la pose, faite en dernier lieu, assure l'équilibre de la *voûte*. Les autres blocs taillés qui composent l'appareil d'une *voûte* en pierres se nomment *voussoirs* et parmi eux on distingue: les *contre-clefs*, les *coussinets*, les *sommiers*, etc.

C'est à la forme donnée à ces blocs qu'est dû le maintien de la *voûte* en équilibre ; en effet, les voussoirs, ayant leur côté le plus large du côté de l'extrados, se soutiennent les uns les autres, en opposant à leur chute mutuelle une partie de leur pesanteur même qui les détermine à tomber. Ainsi, la *clef*, perpendiculaire à l'horizon, porte de chaque côté sur les *contre-clefs* comme sur deux plans inclinés. Il en résulte qu'une partie de l'effort de sa pesanteur est employée à serrer et à contenir les contre-clefs, dont la résistance surmonte à son tour ce qui reste de puissance à l'effort de la pesanteur de la clef pour déterminer sa chute.

Les deux premiers voussoirs agissent de même sur ceux qui leur sont contigus et ainsi de suite. Toutefois, l'effort tendant à la chute diminue d'autant plus que l'inclinaison de leur plan devient moindre, c'est-à-dire à mesure qu'il s'éloigne de la clef, du centre de la *voûte*, jusqu'au dernier voussoir ou *sommier* qui, portant sur un plan horizontal, n'a plus aucune tendance à tomber. Quant aux *pieds-droits* qui portent les sommiers, leur solidité doit être considérable, car ils ont à résister non-seulement à la pression verticale de la construction, mais à l'effort horizontal ou à la poussée de la *voûte* (voy. *Poussée*).

Le plus souvent, une *voûte* est appareillée par assises horizontales. Les surfaces suivant lesquelles ces assises se touchent se nomment *joints de lit;* les surfaces qui divisent chaque assise en voussoirs se nomment *joints montants* et sont ordinairement verticales. La portion de l'intrados contenue dans une même assise porte le nom de *douelle*, nom que l'on étend souvent, par abus, à l'intrados tout entier. Les lignes qui divisent l'intrados en douelles ou en assises portent le nom d'*arêtes de douelles* et les lignes qui divisent une même douelle en voussoirs sont appelées *coupes*.

Un principe général doit présider à la construction des *voûtes* en blocs appareillés : il faut éviter les angles aigus et faire en sorte que les joints montants soient perpendiculaires aux joints de lit et que tous ces divers joints soient normaux à l'intrados.

Ce principe étant posé, entrons dans quelques développements au sujet des principales *voûtes* employées dans nos édifices et qui sont : les *voûtes plates*, les *voûtes cylindriques*, les *voûtes annulaires* et les *voûtes sphériques*.

Voûtes plates. Ces *voûtes* sont appareillées en voussoirs comme les plates-bandes ; aussi, les appelle-t-on encore *voûtes* en *plate-bande*.

La *voûte plate*, dans le cas où elle couvre l'espace résultant de la rencontre de deux galeries, s'appareille comme le montre la figure 3494 qui est la projection horizontale de l'intrados ; les voussoirs V, V, sont taillés en équerre

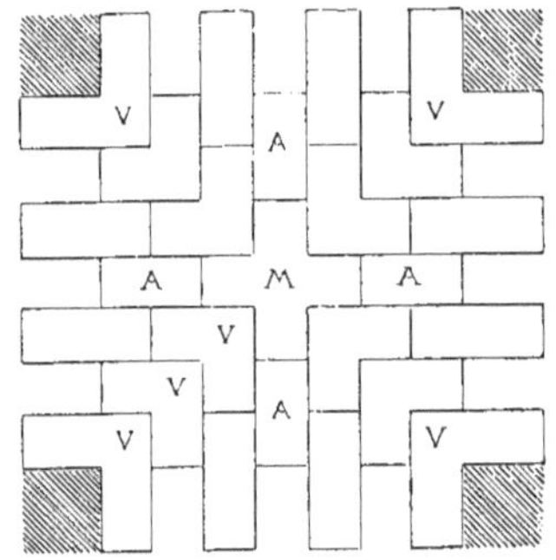

Fig. 3494.

de manière à appartenir à chacune des *voûtes* plates qui recouvrent les deux galeries ; les clefs A de ces *voûtes* sont toutes semblables entre elles avec leur douelle simplement rectangulaire et la clef centrale M a son intrados en forme de croix.

On se sert plus souvent d'une autre *voûte plate*, dont les voussoirs sont disposés comme le montre (fig. 3495) la projection horizontale de l'intrados ; les pieds-droits A, B, C, D, sont réunis par des plates-bandes, et sur ces plates-bandes sont posés les claveaux d'angle *a*, *b*, *c*, *d*, qui s'y appuient par des crossettes ; ces claveaux d'angles sont reliés entre eux par de nouvelles plates-bandes sur lesquelles s'appuient de nouveaux claveaux d'angle *a'*, *b'*, *c'*, *d'*, reliés par d'autres plates-bandes et ainsi de suite jusqu'au claveau central O, qui sert de clef ; cette clef est

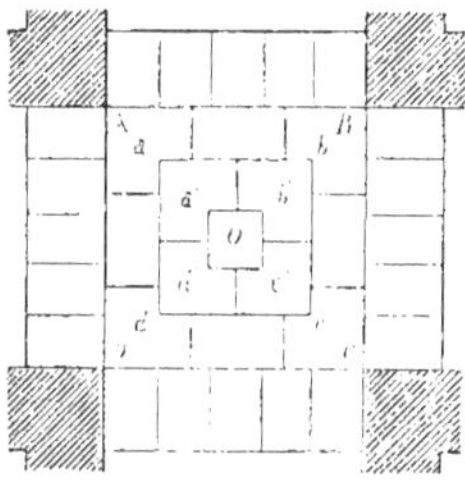

Fig. 3495.

carrée et porte coupe des quatre côtés. La *voûte* entière peut être ainsi considérée comme composée de châssis rectangulaires s'emboîtant les uns dans les autres. Cette *voûte* offre, en outre, sur la précédente l'avantage de permettre d'éclairer l'endroit qu'elle recouvre par la suppression de la clef et même d'une rangée de claveaux tout autour de la clef.

Si l'on avait à recouvrir la rencontre de deux galeries ne se coupant pas à angle droit, les choses se passeraient exactement de même que précédemment, avec l'une ou l'autre solution, mais les joints d'assises et les joints de lit, au lieu d'être perpendiculaires entre eux, formeraient un angle égal à celui que feraient les deux galeries en se coupant.

Dans une *voûte plate* sur plan circulaire, les rangs circulaires des claveaux seront disposés de manière à ce que les claveaux soient posés en liaison les uns en avant des autres, et le tout sera formé par une clef en forme de tronc de cône.

Pour obtenir un des voussoirs nécessaires à la composition de semblables *voûtes*, on commence par tailler les deux faces parallèles qui doivent former l'extrados et l'intrados de la *voûte* avec un des côtés d'équerre ; ensuite, on trace d'après l'épure leur plus grande largeur et les lignes qui indiquent ce qu'il faut en retrancher pour former les coupes.

L'une des principales applications que l'on ait faites des *voûtes* plates a été le remplacement des architraves antiques d'une seule pierre allant d'une colonne à l'autre par des plates-bandes. Mais cette disposition présente de graves inconvénients. Les joints des claveaux n'étant pas perpendiculaires à la surface d'intrados et faisant avec cette surface des angles inégaux, il en résulte que ces claveaux n'ont pas une résistance égale, que leurs efforts ne se correspondent pas et qu'ils poussent tous à faux les uns les autres. Une semblable *voûte* n'est pas stable même avec le mortier qui unit les claveaux et le frottement causé par la rudesse et l'inégalité des surfaces. On a dû dès lors employer des systèmes d'armatures en fer combinés de façon à assurer la solidité de cette construction.

C'est ainsi que les plates-bandes de la colonnade du Louvre sont composées sur la face, d'un double rang de claveaux, placés les uns au-dessus des autres en liaison et maintenus par deux tirants en fer, arrêtés à des ancres qui forment le prolongement de l'axe des colonnes. Les claveaux sont accrochés les uns aux autres par des goujons en forme de Z qui les empêchent de glisser. Les plates-bandes du portail de Saint-Sulpice, celles du Panthéon, de la Madeleine, sont également maintenues par des armatures en fer plus ou moins compliquées.

Voûtes cylindriques. Ces *voûtes* comprennent les *voûtes en berceau*, les *voûtes d'arête* et les *voûtes en arc de cloître*.

La *voûte en berceau* est celle dont la surface intérieure ou *intrados* est formée par une seule surface cylindrique. Cette voûte peut être *biaise*, en *descente* (voy. *Berceau*).

Le berceau est dit en *plein cintre*, lorsque l'intrados a pour section droite une demi-circonférence; il est *surbaissé* quand la *hauteur sous clef*, c'est-à-dire la distance comprise entre le plan de naissance et le point le plus élevé de la *voute*, est moindre que la moitié de la distance des deux pieds-droits ; il est *surhaussé* dans le cas contraire.

Parmi les *voûtes* surbaissées, nous citerons celles dont la section droite de l'intrados est une demi-ellipse, une *anse de panier* (voy. ce mot). Comme *voûtes* surhaussées, nous citerons celles dont l'intrados a pour section une demi-ellipse ayant son grand axe vertical, ou bien une ogive, cintre composé de deux arcs de cercle décrits des deux naissances comme centres.

Enfin, on appelle *voûte en arc de cercle* un berceau dont la section droite est un arc de cercle moindre qu'une demi-circonférence.

Dans la construction d'une *voûte* en berceau à intrados circulaire, il est d'usage, pour des raisons d'équilibre établies par la théorie et confirmées par l'expérience, de donner à l'extrados la forme d'un arc de cercle (fig. 3496), dont le centre est au-dessous de la

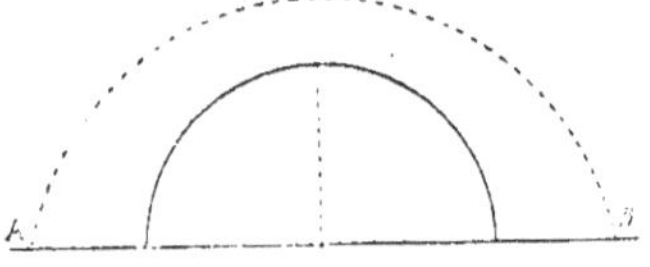

Fig. 3496.

clef, à une distance égale aux 2/3 ou aux 3/4 de l'intervalle des pieds-droits, et dont le rayon est égal à cette distance plus l'épaisseur de la clef, épaisseur qui dépend de l'ouverture de la *voûte*, de la charge qu'elle doit supporter et du degré de résistance des matériaux dont elle est formée.

Souvent, on se contente d'établir l'extrados parallèlement à l'intrados. Fréquemment aussi, et surtout lorsque le berceau, ayant seulement l'épaisseur d'un mur, prend le nom de *porte*, on termine (fig. 3497) chaque voussoir par

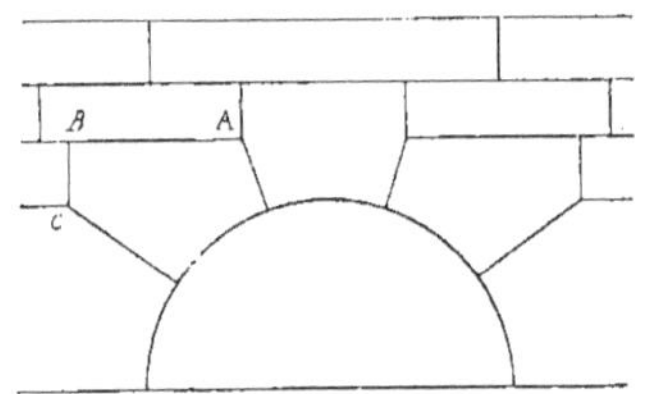

Fig. 3497.

une face horizontale AB et une verticale BC, de manière à ce que ces joints se raccordent avec les assises horizontales du mur. Quelquefois, on ajoute des crossettes aux voussoirs qui sont alors dits appareillés en *tas de charge* (voy. *Charge*).

Lorsqu'une *voûte* en berceau est croisée par d'autres *voûtes* de même forme, mais de moindre hauteur, on dit que ces *voûtes* forment *pénétration*, et

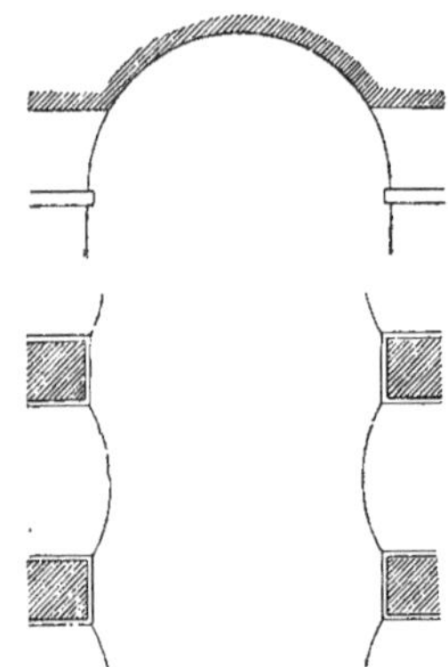
Fig. 3498.

l'on donne à l'ensemble le nom de *voûte en berceau avec lunettes* ; la figure 3498 représente une *voûte* de ce genre en coupe verticale et en projection horizontale.

Les *voûtes* de pénétration sont quelquefois coniques (fig. 3499) au lieu

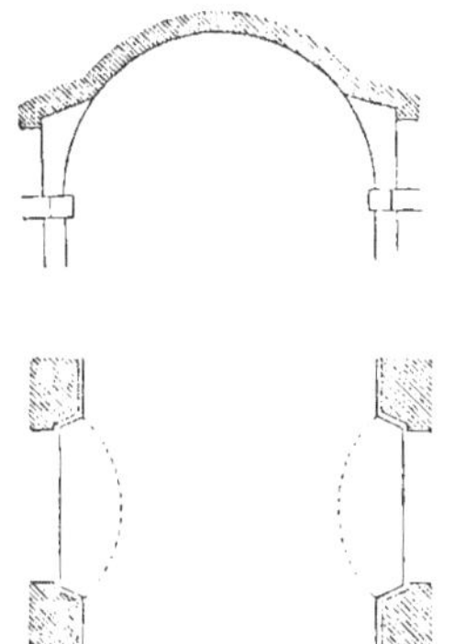

Fig. 3499.

d'être cylindriques. Ce système permet d'éclairer plus complètement la partie supérieure de la *voûte*.

Lorsque deux *voûtes* en berceau de même plan de naissance et de même montée se rencontrent, elles donnent lieu soit à une *voûte d'arête*, soit à une *voûte en arc de cloître*.

Dans la *voûte d'arête*, la courbe d'intersection se compose de deux branches situées respectivement dans les plans

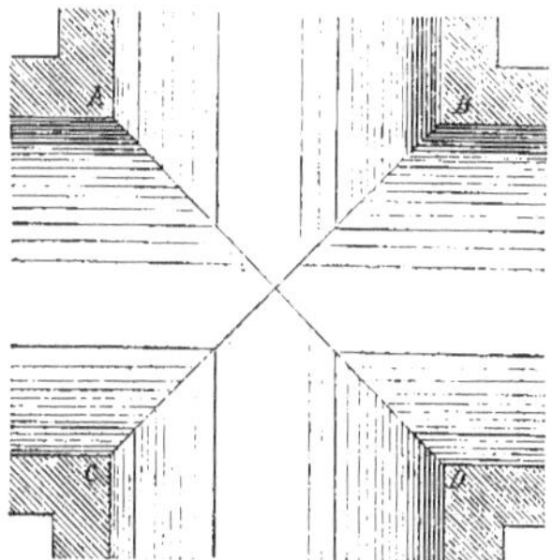

Fig. 3500.

menés par les diagonales du parallélogramme que forment les parements intérieurs des pieds-droits ; la figure 3500 représente le plan de l'intrados d'une *voûte* d'arête. Les lignes A D, B C sont les courbes d'intersection appelées *arêtiers ;* les lignes indiquées sur la figure sont les génératrices qui, sur chaque cylindre, correspondent à un même point de l'arêtier.

La *voûte* d'arête ne s'appuie que sur ses quatre angles ; les courbes d'intersection sont saillantes, comme on le voit sur la figure 3501, qui montre en

Fig. 3501.

même temps les arcs doubleaux et formerets que l'on bande ordinairement entre deux pieds-droits dans les galeries voûtées de la sorte.

Dans les *voûtes en arc de cloître*, comme le montre en plan la figure 3502, les portions de génératrices conservées sont précisément celles qui sont supprimées dans la *voûte* précédente. Chacun des quatre triangles qui forment la *voûte* en arc de cloître porte, par un de ses côtés, sur le mur dans toute sa longueur, de sorte que ces dernières *voûtes* sont plus solides et ont moins de poussée que les *voûtes d'arête*. On peut même supprimer, sans

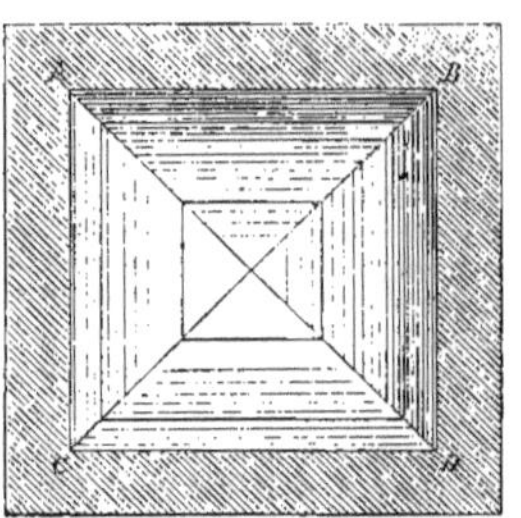

Fig. 3502.

détruire la construction, la clef et plusieurs rangées de voussoirs adjacents, tandis que dans la *voûte* d'arête cela ne peut avoir lieu.

Dans la *voûte* en arc de cloître, il y a des arêtes occupant la même position que celles de la *voûte* d'arête, mais

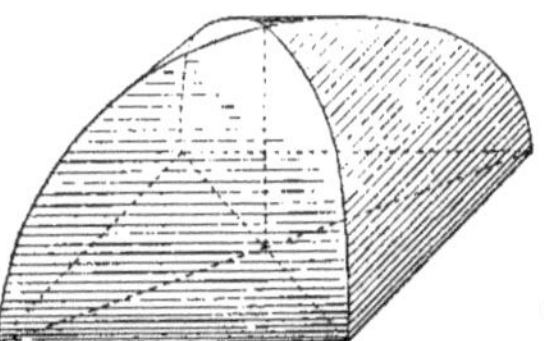

Fig. 3503.

elles sont rentrantes au lieu d'être saillantes, comme le montre en perspective la figure 3503.

Ces deux genres de *voûtes*, la *voûte d'arête* et la *voûte en arc de cloître*, sont fréquemment employés aujourd'hui dans la construction des caves de maisons particulières.

Il y a aussi la *voûte en arc de cloître barlongue*, c'est-à-dire établie sur un espace beaucoup plus long que large. Il est convenable dans cette *voûte* de ne pas faire suivre aux arêtes les diagonales du rectangle en plan ; on fait la partie du milieu en berceau, et l'on dispose les arêtiers à 45°, ce qui produit une courbe de cintre égal sur tous les côtés.

Quelquefois, on emploie la *voûte* en arc de cloître tronquée à la partie supérieure (fig. 3504) et terminée par une

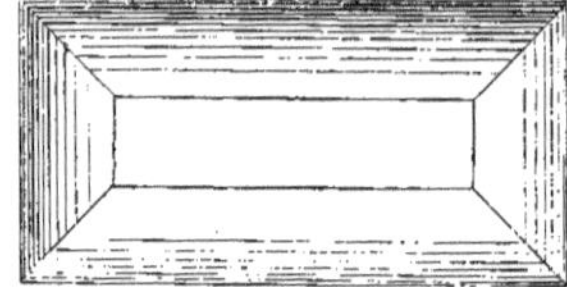

Fig. 3504.

surface plane. On adopte cette disposition lorsqu'on veut former un plafond décoré de peintures et que la salle à couvrir n'est pas très élevée.

Les *voûtes* ainsi formées sont appelées *voûtes en arc de cloître avec plafond* ou *plafonds avec voussures*, suivant que le développement et la partie voûtée l'emportent ou non sur la partie plane.

Voûtes annulaires. Les *voûtes annulaires en berceau* sont des *voûtes* cylindriques établies sur plan curviligne.

D'une manière générale, leur surface est engendrée par le mouvement d'une courbe assujettie à appuyer ses extrémités sur deux lignes parallèles et à être toujours comprise dans un plan vertical, normal à la direction de ces lignes. Il suit de là qu'une *voûte annulaire* n'est pas toujours précisément ce que son nom indique ; le plan peut en être ovale ou elliptique.

La *voûte annulaire* proprement dite a son intrados formé par une demi-circonférence ou une demi-ellipse tournant autour d'un axe vertical situé dans son plan. On dit aussi : *berceau tournant* (voy. *Annulaire*).

Une *voûte annulaire en descente* forme une *vis Saint-Gilles* (voy. *Vis*).

Lorsqu'une *voûte* annulaire est coupée par une autre *voûte* comprise entre des plans normaux à sa direction, l'intersection donne lieu à une *voûte* d'arête plus étroite à une extrémité qu'à l'autre, comme le représente en plan la figure 3505. Ce genre de *voûtes* reçoit, en sté-

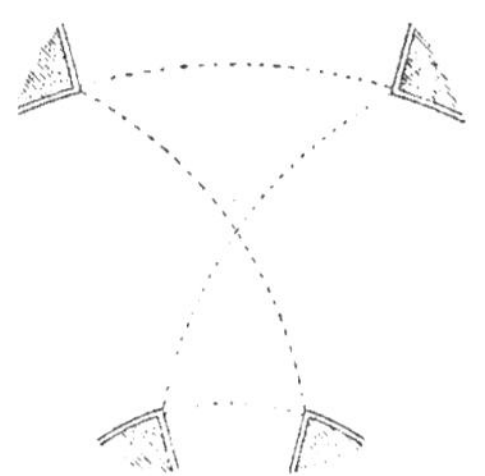

Fig. 3505.

réotomie, le nom de *voûtes d'arête en tour ronde*.

Voûtes sphériques. La *voûte* sphérique simple est la *voûte* formée par une demi-sphère, et son intrados peut être considéré comme engendré par la révolution sur son axe d'un quart de cercle ou d'un demi-cercle.

La *voûte sphérique* suppose des pieds-

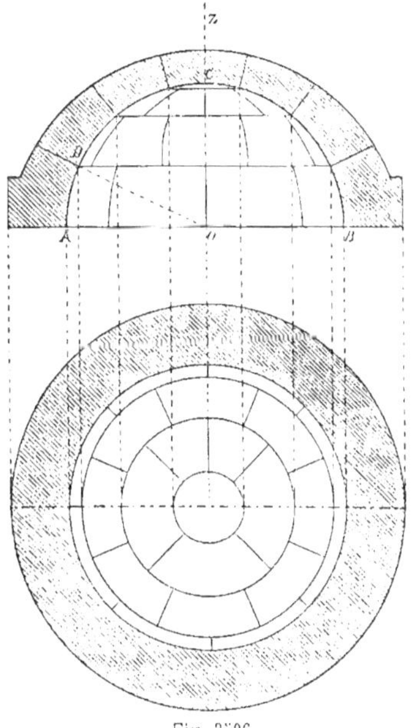

Fig. 3506.

droits ou un pied-droit continu circulaire que l'on appelle *tambour*. Pour déterminer l'appareil de cette *voûte*, on divise (fig. 3506) la circonférence ACB en parties égales, puis on suppose que les droites telles que OD tournent autour de l'axe OZ de la *voûte*, de manière à former des cônes qui seront les joints de lit. Quant aux joints d'assise, on les obtient en menant des plans méridiens de la surface. Il en résulte que tous les joints sont normaux à l'intrados. De plus, une *voûte* semblable peut se maintenir en équilibre sans que pour cela on l'élève jusqu'à la clef, pourvu toutefois que les assises inférieures soient achevées sur toute leur circonférence. Aussi, supprime-t-on souvent les assises voisines de la clef, pour ménager une ouverture qui donne accès à la lumière, ou bien pour élever, sur la dernière assise conservée, une lanterne ou tour cylindrique.

La *voûte* sphérique simple peut être modifiée de manière à reposer, non plus sur un tambour ou pied-droit continu, mais sur quatre points d'appui seulement, comme la *voûte* d'arête, et elle prend alors le nom de *cul-de-four sur pendentifs* (voy. *Pendentif*).

On appelle *cul-de-four de niche* une *voûte* sphérique reposant sur une demi-circonférence et, par conséquent, dont l'intrados ne représente plus que le quart d'une sphère. Les cavités demi-cylindriques, pratiquées dans les murs et surmontées de *voûtes* semblables, sont appelées *niches sphériques*. Les Romains en avaient établi, dans les thermes, sur de très vastes proportions. Dans la cour du palais du Vatican, on peut en admirer une très grande, qui est de Bramante.

Les *voûtes* dites *elliptiques* sont tantôt un ellipsoïde à trois axes, tantôt un ellipsoïde de révolution autour du grand axe. L'emploi de ces *voûtes* est d'ailleurs très rare.

D'autres *voûtes*, telles que les *trompes*, les *arrière-voussures* (voy. ces mots), se rencontrent aussi dans nos édifices.

Les matériaux que l'on emploie dans la construction des *voûtes* sont choisis d'après la destination même de l'œuvre. Pour résister à des pressions considérables, la pierre de taille de bonne qualité est la matière la plus convenable.

On emploie aussi les briques et ces matériaux peuvent être appareillés d'une infinité de manières, en spirale, en hélice, en losange, en étoile, en arête de poisson, etc.; mais il est un principe essentiel à observer : les surfaces de joint doivent être perpendiculaires aux surfaces d'intrados, de manière que chacun des éléments forme coin et que l'assemblage puisse se soutenir, même sans le secours du mortier. Quand ces *voûtes* ne doivent pas avoir plus d'une brique ou d'une brique et demie d'épaisseur, on les construit de la même manière que les murs ordinaires. Si l'épaisseur doit être plus grande, on forme la *voûte* d'un certain nombre de rouleaux superposés et indépendants, ayant chacun une brique ou une brique et demie d'épaisseur et se construisant comme la maçonnerie ordinaire. On peut indifféremment appareiller le premier rouleau en briques boutisses. En Angleterre, on a adopté, pour les *voûtes* de grand et de petit diamètre, les rouleaux superposés d'une brique panneresse chacun.

Les *voûtes* en berceau qui se terminent d'équerre et dont les naissances sont horizontales se bandent dans le sens de leur longueur, c'est-à-dire que leurs joints de lit sont des génératrices de la surface d'intrados. Si ces *voûtes* sont entièrement construites en briques boutisses, le tracé de l'appareil se fait ainsi : on divise le cintre par des génératrices de la surface en un nombre impair de parties égales d'après les dimensions des briques ; puis on trace un certain nombre de joints d'assise d'une naissance à l'autre ; il suffit alors d'exécuter l'appareil ordinaire des murs, en plaçant les joints montants sur le milieu des pleins. Si la *voûte* doit être formée de panneresses et boutisses, le tracé est moins simple; prenons le cas le plus difficile, l'appareil en losange, qui comporte cinq rangées de briques et dans lequel la fermeture doit se faire par une assise en panneresses ; on détermine d'abord l'épaisseur des assises, puis on recherche le nombre de lits que peut contenir le développement de la section droite de la *voûte* en observant : 1° que ce nombre soit impair, pour qu'il y ait une assise de clef ; 2° qu'il soit tel qu'augmenté ou diminué d'une unité, selon que les pieds-droits se terminent par une panneresse ou par une boutisse, le résultat soit divisible par quatre ; d'ordinaire, on trace sur le cintre la position des panneresses, pour assurer la régularité de l'appareil et la bonne exécution de la *voûte*.

Les *voûtes* surbaissées qui ont pour section droite un arc de circonférence, de flèche plus ou moins grande, sont bandées parallèlement aux naissances et appareillées, les unes en briques boutisses, les autres en boutisses et panneresses.

Les *voûtes* surhaussées dont la section droite est elliptique sont bandées aussi parallèlement aux naissances, suivant les génératrices des surfaces d'intrados et appareillées habituellement en briques boutisses.

Les *voûtes* annulaires, c'est-à-dire celles qui s'appuient sur deux murs circulaires concentriques de niveau, quelle que soit leur section droite, se bandent habituellement suivant des parallèles de la surface d'intrados. Les joints d'assise sont alors formés par des plans méridiens, tandis que les joints de lit constituent des surfaces coniques de révolution, engendrées par des normales à la surface d'intrados, et passant par les différentes parallèles.

Les *voûtes* coniques, quelle que soit leur courbure, se bandent indifféremment dans le sens de la clef, parallèlement aux naissances ou diagonalement à ces lignes.

Les *voûtes* sphériques sont bandées soit horizontalement, suivant des parallèles qui partagent la sphère en zones d'égale largeur, soit de la manière suivante : il n'existe qu'un seul joint de lit continu, en forme de spirale, depuis la naissance jusqu'au sommet de la *voûte*, et la fermeture a lieu au moyen d'un trompillon en pierre.

Pour les *voûtes* en arc de cloître de petite dimension, voici un appareil avantageux : la surface d'intrados de la *voûte* est divisée en zones cylindriques bandées parallèlement aux naissances à la manière habituelle ; il y a un joint continu suivant chaque arête rentrante, et la *voûte* est fermée par un trompillon en pierre à plusieurs pans. Pour les grandes *voûtes*, il vaudrait mieux composer les arêtes rentrantes de pénétration au moyen de chaînes continues en pierre, se reliant avec les maçonneries voisines et formant harpe des deux côtés.

Les *voûtes* d'arête sont bandées parallèlement aux naissances, suivant des génératrices des surfaces d'intrados ; on peut employer divers modes de construction pour les arêtes saillantes (1).

Dans les plates-bandes, les joints sont disposés de manière à concourir vers un même point, situé sur l'axe, à une distance de l'intrados égale aux 8/10 environ de la portée.

L'étude des proportions à donner aux *voûtes*, tant de celles qui doivent régler la forme de l'intrados que de celles qui sont relatives à la stabilité, fait, dans cet ouvrage, l'objet d'un article spécial (voy. *Poussée*).

Quant au mode de décoration des *voûtes*, parmi les systèmes le plus fréquemment adoptés, nous citerons celui des caissons enrichis ou non par la peinture et la dorure (voy. *Caisson*). Ce système peut convenir en particulier aux *voûtes* en berceau, mais il ne se prête pas bien à la décoration des *voûtes* d'arête et en arc de cloître.

Dans le cas des *voûtes* d'arête, une des dispositions les plus rationnelles et les plus usitées est l'accentuation des arêtes par des nervures saillantes. Si plusieurs de ces *voûtes* se suivent, on les sépare par des arcs-doubleaux, de sorte que tous les compartiments deviennent triangulaires. La peinture est également appelée à apporter son concours à ce mode de décoration, dont nous trouvons de nombreux exemples dans l'architecture du moyen âge et dans celle de la Renaissance.

Dans les *voûtes* en arc de cloître, les arêtes étant rentrantes, le système d'ornementation que nous venons d'indiquer est inapplicable, ces arêtes ne pouvant plus jouer le même rôle. On a recours aux compartiments de formes et de dimensions diverses, ordinairement rectangulaires dans la majeure partie de la *voûte*, triangulaires ou trapézoïdaux le long des arêtes.

Les *voûtes* sphériques admettent les divers modes de décoration que nous venons de signaler, soit des nervures ou arcs-doubleaux convergeant au sommet de la *voûte* et laissant entre eux des fuseaux avec compartiments peints ou sculptés, comme on le voit au dôme de Saint-Pierre de Rome, soit des caissons plus ou moins ornés, comme au Panthéon de Paris.

Les culs-de-four sur pendentifs se décorent, comme les *voûtes* sphériques, de caissons qui se prolongent jusque sur les pendentifs. Quelquefois, le cul-de-four se sépare des pendentifs par une corniche, la première de ces divisions étant seule ornée de caissons et les autres décorées de sujets peints ou sculptés.

Pendant longtemps, on n'a point osé assigner à l'emploi de la *voûte* une haute antiquité ; aujourd'hui, le doute n'est plus permis. On a trouvé à Abydos, dans le palais d'Osymandias, dont

(1) Voy. A. Gratry, *Description des appareils de maçonnerie dans les constructions en briques*, Bruxelles, 1865.

le règne remonte à 2500 ans avant Jésus-Christ, une *voûte* en berceau formée de pierres posées en encorbellement les unes au-dessus des autres avec assises horizontales. Un temple de Thèbes, une galerie de la grande pyramide de Gizeh, présentent des dispositions semblables.

Les Assyriens, comme le prouvent les bas-reliefs, les conduits souterrains trouvés à Khorsabad, la face inférieure curviligne de blocs trouvés dans les ruines, connaissaient toutes les formes de *voûtes*. Les ouvrages voûtés les plus remarquables qui aient subsisté sont les canaux souterrains en briques cuites. Vu l'intérêt de leur construction, nous entrerons dans quelques détails, que rendra plus explicites la figure 3507. La canalisation est formée de regards verticaux dont l'extrémité inférieure se rattache, par des branchements secon-

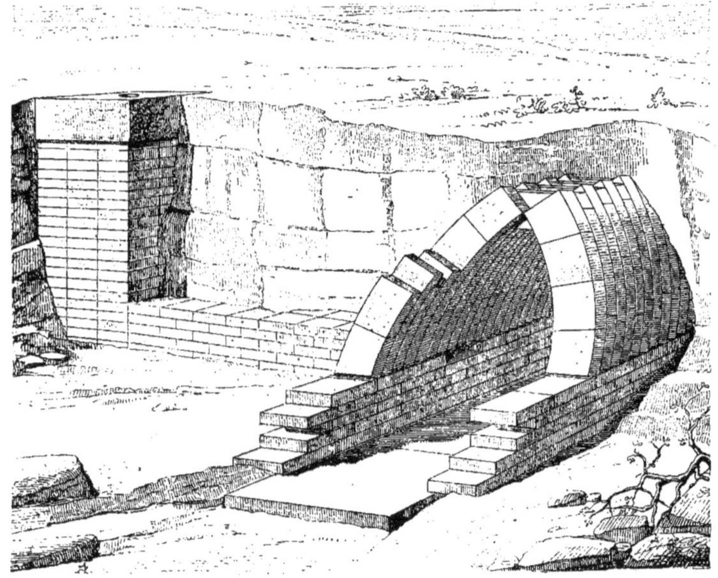

Fig. 3507.

daires, à des conduites principales ; ces regards, surmontés de pierres carrées, percées en leur milieu d'un orifice circulaire, sont en briques cuites posées à plat ; leur diamètre intérieur est de 0m,28 ; la conduite secondaire, légèrement inclinée, est également en briques cuites et débouche dans le canal principal à la naissance de la *voûte*. Celle-ci mérite, par sa structure, une attention toute spéciale : les briques qui la composent sont trapézoïdales, formant claveaux et placées par couches inclinées, de manière à reposer l'une sur l'autre ; c'est le seul exemple que l'on connaisse d'une *voûte* ainsi constituée. Lorsque ce canal fut découvert, l'arc était fermé, de deux en deux lits seulement, par une brique ou *clausoir* ; les vides laissés dans les intervalles (fig. 3508) étaient remplis avec de l'argile crue, de façon à clore hermétiquement le conduit ; cette disposition et l'absence de mortier facilitaient les réparations ; les briques des pieds-droits sont reliées entre elles par une couche de ciment très mince ; le sol de la conduite est revêtu de dalles en pierre posées à bain de mortier ; celui

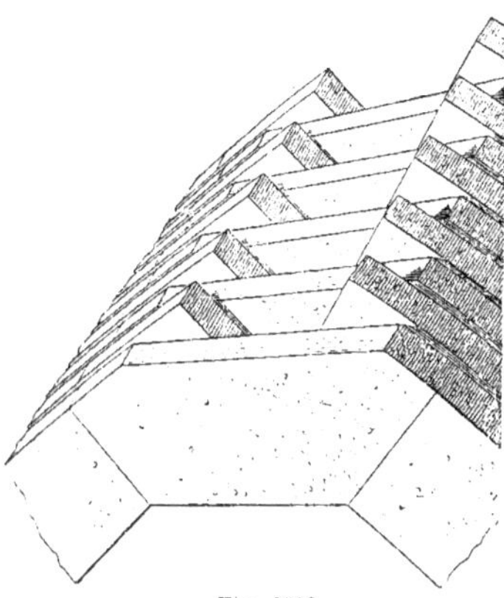

Fig. 3508.

de la conduite secondaire, ainsi que le fond de la descente verticale est bitumé.

A côté de cette *voûte*, à appareil si singulier, il en est d'autres, recouvrant aussi des canaux souterrains, qui présentent, par leurs alternatives d'élargissement et de rétrécissement, par les inclinaisons variables de leurs claveaux, de véritables bizarreries de construction, dans l'analyse desquelles notre cadre ne nous permet pas d'entrer. On ne sait pas, d'ailleurs, quelle était la destination précise de ces canaux ; nous nous contenterons de les signaler comme un témoignage de la science acquise par les Assyriens dans la construction des *voûtes* de toute nature.

Dans quelques antiques monuments de l'Asie Mineure, on a pu constater également l'existence de *voûtes*. Les constructions pélasgiques de Tyrinthe renferment une porte en forme ogivale construite par assises horizontales. Le trésor d'Atrée, près de l'acropole de Mycènes, est couvert par une *voûte* exécutée dans le même système. On a trouvé à Ninive des *voûtes* en plein cintre construites en briques. Enfin, tous ces témoignages attestent l'antiquité de la *voûte*.

Toutefois, les Romains firent de ce mode de construction un beaucoup plus fréquent usage que les autres peuples de l'antiquité ; on est même porté à croire qu'ils imaginèrent la *voûte* d'arête, la *voûte* hémisphérique et la *voûte* en cul-de-four ; mais ils n'employèrent jamais que le demi-cercle complet.

Un de leurs procédés de construction les plus fréquemment employés fut l'emploi de la brique et du blocage, lorsque les *voûtes* étaient destinées à recouvrir de larges espaces. D'une manière générale, deux systèmes prévalaient. Dans le premier, les *voûtes* étaient pourvues d'une sorte de charpente intérieure, de claire-voie composée d'arcs en briques noyés dans la masse. Cette ossature, faite de briques de grande dimension et fabriquées à bas prix, dans les environs de Rome, était préalablement construite et formait un véritable cintrage, qui permettait de réduire considérablement la charpente provisoire, destinée à donner leur forme aux massifs. De là aussi, une grande économie ; car les réseaux formés par les arcatures assurant la solidité de la *voûte*, on pouvait supprimer la moitié des briques qui eussent été nécessaires pour constituer un revêtement complet. Souvent même, l'armature ne consistait qu'en arcs-doubleaux, noyés dans l'épaisseur des blocages, mais toujours ayant l'aspect de claires-voies distribuées à la surface de la *voûte*. La figure 3509 montre la disposition ordinairement adoptée pour les réseaux que M. Choisy appelle *armatures à joints convergents*. Ce sont des arcs en briques rectangulaires de 2 pieds antiques de longueur (un peu moins de $0^m,60$) sur 1/2 pied de largeur, et qui sont reliés entre eux par des cours de briques carrées ayant 2 pieds de côté. Une salle du palais des Césars, à Rome, présente une application de ce genre d'armature. Quelquefois, les arceaux étaient isolés, mais entre leurs claveaux restaient intercalées des grandes briques formant liaison de chaque côté avec le blocage ; on voit un exemple de cette disposition à l'aqueduc qu'on croit être celui de Néron et dont les restes sont engagés dans les murs des jardins qui bordent la rue donnant accès à l'église Saint-Étienne-le-Rond. On trouve aussi,

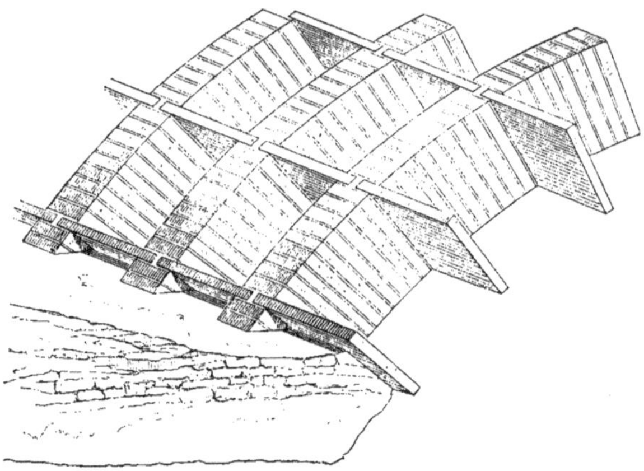

Fig. 3509.

notamment dans les galeries qui forment l'enceinte extérieure du Colisée, des nervures formées chacune de deux arceaux accouplés et réunis entre eux, à intervalles rapprochés, par de grandes briques.

Le second système, plus économique encore, consiste en un revêtement de briques posées à plat et formant une sorte de carrelage courbe à l'intrados des *voûtes*. Les briques employées étaient carrées et avaient $0^m,60$ de côté. On en voit un exemple au cirque dit de *Maxence*, hors de la porte Saint-Sébastien, à Rome. Ordinairement, un deuxième carrelage, en briques plus petites et souvent discontinues, recouvrait le premier. Le carrelage discontinu présentait plusieurs cas : tantôt les briques qui le composaient formaient simplement couvre-joints sur le premier carrelage, comme on le voit dans quelques salles du palais des Césars ; tantôt ces briques de recouvrement étaient seulement établies sur les joints perpendiculaires à l'axe de la *voûte*, ainsi qu'en témoignent plusieurs tombeaux de la voie Appienne ; quelquefois aussi, un certain nombre de briques, posées de champ et plantées dans l'épaisseur du second carrelage, formaient saillie à la surface de l'armature et pénétraient dans le remplissage (1). Cette dernière disposition se remarque aux thermes de Caracalla, comme l'indique la vue perspective que nous avons donnée de cet édifice (voy. *Thermes*, fig. 3293). Les larges espaces sont recouverts avec la plus grande économie possible. Il n'y a, en effet, d'employés que la brique et le blocage, le premier de ces matériaux comme revêtement ou comme ossature, le second comme massif ; dans les murs, des arases de grandes briques sont posées, de distance en distance, à $1^m,34$ l'une de l'autre ; des arcs de décharge en briques, noyés dans la construction, répartissent les poussées sur les points d'appui principaux ; quant aux *voûtes*, leurs arcs de tête sont en grandes briques quadrangulaires, posées ordinairement sur deux rangs et les remplissages en béton ; deux rangs chevauchés de briques à

(1) Choisy, *L'Art de bâtir chez les Romains*, p. 63 et suiv.

plat forment, comme nous le disions plus haut, un double carrelage cintré continu sous ces voûtes.

Les mêmes principes étaient appliqués à la construction des *voûtes* d'arête ; le massif, en maçonnerie brute, était contenu soit par un carrelage en briques à plat, soit par un réseau de briques à jour. Dans le premier cas, l'arête était protégée par une bordure solide de larges briques ou dalles d'angle, dont on retrouve les empreintes à l'une des salles des thermes de Caracalla, à la villa d'Adrien, au palais des Césars. Dans le second cas, des arcs diagonaux de brique marquaient la pénétration des demi-cylindres et se trouvaient formés de triples arceaux, reliés deux à deux par des dalles en terre cuite (thermes de Dioclétien), de deux chaînes seulement (portique de Janus Quadrifrons) ou d'une chaîne unique (salle du palais des Césars).

Quant aux *voûtes* sur plan circulaire, dites *coupoles*, les unes étaient armées d'un réseau de briques, comme celle de l'édifice appelé *Torre di Schiave*, à gauche de la route qui conduisait de Rome à Préneste ; les autres n'offraient pas un réseau continu, mais simplement des chaînes isolées les unes des autres et partageant la *voûte* en une série de fuseaux, ainsi que cela se voyait dans une *voûte* des thermes d'Agrippa.

Enfin, pour les coupoles d'un très grand diamètre, les Romains adoptèrent un système particulier. Piranesi a laissé un dessin représentant la carcasse de la coupole du Panthéon, qu'il avait pu observer lors de réparations d'enduit faites à l'intrados de la *voûte*. L'ossature de cette coupole, qui a 43m,36 de diamètre, est formée d'un système de nervures en briques dont l'écartement est maintenu par des arceaux intercalaires. Ces nervures portent, par le pied, sur des arcs de décharge reposant sur le tambour, et aboutissent, par leur sommet, à un double anneau de briques formant l'œil de la *voûte*. Les remplissages sont en maçonnerie de blocage évidée en forme de caissons, de manière à rendre la *voûte* plus légère et à produire un effet décoratif.

On a attribué aux Romains un autre procédé d'allégissement des *voûtes*, qui consistait dans l'emploi de matériaux très légers, de vases en poterie dans les remplissages. Selon M. Choisy, la portée de ce système a été exagérée : l'ensemble de ces terres cuites représente, en effet, une très faible partie du volume total des *voûtes* et la place qu'elles occupaient ne semble pas leur avoir été assignée par des raisons d'équilibre ; elles sont posées, non pas au sommet des *voûtes*, de manière à diminuer la poussée, mais aux naissances, c'est-à-dire aux points où leur légèreté ne contribue nullement à la stabilité des cintres. Un monument du IVe siècle, nommé, à cause de cet emploi, *Torre pignattera*, la *voûte* de Minerve Medica, certains tombeaux élevés sur la via Labieana, le cirque de Maxence présentent des arrangements de cette nature. Enfin, des poteries de ce genre ont été trouvées jusque dans le corps de certains murs, et voici l'origine que M. Choisy attribue à leur usage : l'alimentation du peuple était entretenue à Rome par des produits liquides apportés journellement dans des vases de terre cuite, que l'on jetait, à cause de leur peu de valeur, dans un lieu appelé *Monte Testaccio*, désignation qui dérive précisément de cette coutume. L'idée vint alors aux constructeurs d'utiliser ces matériaux légers, faciles à élever aux parties hautes des édifices sans qu'il y eût, de leur part, l'intention d'atténuer la pression et la charge des *voûtes*. Nous retrouvons, au contraire, cette dernière pensée franchement exprimée dans les constructions postérieures de Ravenne et de Milan, où nous voyons, comme à Saint-Vital, des *voûtes* sans poussée, obtenues à l'aide de vases enchevêtrés. Mais il est vraisemblable que l'honneur de cette ingénieuse idée revient aux architectes de l'école de Byzance, école qui a inspiré le style de l'édifice que nous venons de citer.

Il semble que lors de la décadence des arts, à la suite des invasions barbares, la science de la construction des *voûtes* se soit perdue, car l'architecture romane primitive ne nous a laissé qu'un très petit nombre d'églises voûtées.

Jusqu'au XIe siècle, on ne voûta guère que l'abside et les bas-côtés à cause de leur peu de largeur, et encore ce travail était-il exécuté en blocage. Aux XIe et XIIe siècles, les architectes commencèrent à voûter en plein cintre la nef principale des églises ; mais dans un grand nombre de ces monuments, la couverture s'écroula, parce que la *voûte* en plein cintre, au-delà d'une certaine largeur, exerce une pression considérable sur ses points d'appui et les pousse au vide vers leur sommet. On chercha à remédier à cet inconvénient, par l'établissement d'arcs-doubleaux qui renforcèrent la *voûte*, puis par l'application de la *voûte* d'arête avec nervures diagonales, divisant l'intrados en compartiments rectangulaires et reportant la pression sur les colonnes ou piliers, placés à la naissance des arcs-doubleaux. Les *voûtes* des nefs latérales furent, en outre, disposées de manière à servir d'arcs-boutants à la *voûte* de la nef principale, et la saillie des contreforts fut augmentée.

A la fin du XIIe siècle, la substitution de l'arc ogive à l'arc plein cintre permit d'élever les *voûtes* à une hauteur prodigieuse. Il fallut alors, pour remédier à l'insuffisance des murs comme points d'appui, établir des arcs-boutants d'une grande hardiesse, reposant sur les contreforts à plan rectangulaire des collatéraux.

Ainsi, au XIIIe siècle, les nefs furent couvertes par une série de *voûtes* d'arête, chacune s'appuyant sur deux arcs-doubleaux parallèles et sur deux arcs formerets également parallèles. De plus, les nervures diagonales et saillantes furent ornées de moulures de forme généralement arrondie, et leur intersection fut décorée par un fleuron ou par une petite rosace.

Au XIVe siècle, la *voûte* ogivale ne fut modifiée que dans les moulures des arcs-doubleaux, des formerets et des arêtiers. Aux XVe et XVIe siècles, les architectes multiplièrent les nervures dans un simple but d'ornementation. Ces nervures forment comme un réseau d'arabesques des plus compliquées, dont les points d'intersection ou clefs de *voûte* sont souvent ornés de culs-de-lampe, de profils et de découpures très variées. Ces ornements ont reçu le nom de *clefs pendantes* et même de *pendentifs*.

Avec la Renaissance reparurent les *voûtes* cylindriques en plein cintre et les *voûtes* sphériques ou coupoles (voy. *Coupole*, *Dôme*).

Législation. Celui qui veut adosser à un mur mitoyen une *voûte* parallèle à ce mur doit établir un contre-mur pour recevoir la retombée de cette *voûte*.

Voûter, *v. a.* — Construire une voûte sur des cintres servant d'échafaudages ou sur des noyaux en maçonnerie (voy. *Voûte*).

Voyant, *s. m.* — Partie mobile d'une mire que l'on vise avec le niveau, dans les opérations de nivellement ou de lever des plans (voy. *Mire*).

Vrille, *s. f.* — Outil qui sert à percer le bois, soit de part en part, soit sur une portion de son épaisseur, pour y fixer des vis ou pour amorcer un autre outil.

La *vrille* est une tige en fer, dont une extrémité est adaptée dans un manche en bois perpendiculaire à sa longueur. L'autre extrémité est terminée en vis, afin de s'introduire plus facilement dans le bois.

Vrillon, *s. m.* — Petite tarière dont le fer est terminé en forme de vrille.

Vue, *s. f.* — Ouverture pratiquée dans un mur, pour donner la facilité de voir au dehors.

Il ne faut pas confondre les ouvertures dites de *simple jour* (voy. *Jour*), qui ne permettent que l'introduction de la lumière, et les ouvertures de *vue*, qui laissent passage aux *regards*.

On divise les *vues* en *vues légales*, en *vues droites* ou libres et en *vues obliques* ou de *côté*.

Les *vues légales* sont celles que le propriétaire exclusif d'un mur joignant immédiatement l'héritage d'autrui peut pratiquer dans ce mur.

Le Code civil règle de la manière suivante les conditions dans lesquelles ces *vues* doivent être établies :

« Le propriétaire d'un mur non mitoyen joignant immédiatement l'héritage d'autrui peut pratiquer dans ce mur des jours ou fenêtres à fer maillé et verre dormant. Ces fenêtres doivent être garnies d'un treillis de fer, dont les mailles auront $0^m,10$ (environ 3 pouces 8 lignes) d'ouverture au plus, et d'un châssis à verre dormant (1).

« Ces fenêtres ou jours ne peuvent être établis qu'à $2^m,60$ (8 pieds) au-dessus du plancher ou sol de la chambre qu'on veut éclairer, si c'est à rez-de-chaussée, et à $1^m,90$ (6 pieds) au-dessus du plancher pour les étages supérieurs (2). »

En vertu de l'article 675, l'un des voisins ne peut, sans le consentement de l'autre, pratiquer, dans le mur mitoyen, aucune fenêtre ou ouverture, de quelque manière que ce soit, même à verre dormant. Si le propriétaire voisin permet l'établissement d'une fenêtre à verre dormant et à grillage, cette fenêtre constitue, non une *vue* légale, mais une *vue* de souffrance.

La loi ne déterminant pas les dimensions que doit avoir la baie d'un jour ou d'une *vue* quelconque, celui qui pratique des *vues* légales peut leur donner la hauteur, la largeur et l'évasement qu'il juge à propos (1).

(1) Code civil, art. 676.

(2) Code civil, art. 677.

On appelle *vues droites* des fenêtres qu'on peut ouvrir et fermer à volonté, et qui sont pratiquées dans un mur placé en face de l'héritage, bâti ou non bâti, du voisin, de manière que le propriétaire de ces fenêtres peut voir *directement* sur cet héritage, sans avoir besoin de tourner la tête à droite ou à gauche.

On distingue les *vues droites* en *vues d'aspect* et de *prospect*, les premières ayant objet de donner à l'édifice qui en jouit une quantité suffisante d'air et de lumière, les secondes devant assurer à l'édifice une *vue* étendue.

L'article 678 du Code civil porte que « on ne peut avoir des *vues* droites ou fenêtres d'aspect, ni balcon ou autres semblables saillies, sur l'héritage clos ou non clos de son voisin, s'il n'y a $1^m,90$ (6 pieds) de distance entre le mur où on les pratique et ledit héritage. »

Cette distance se compte, d'après l'article 680, depuis le parement extérieur du mur où l'ouverture se fait, et, s'il y a

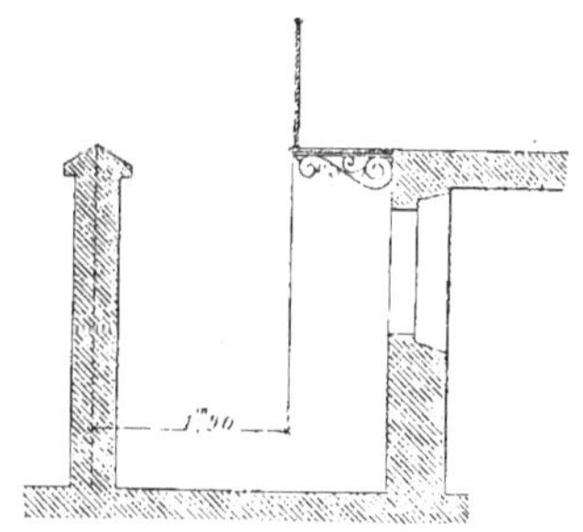

Fig. 3510.

balcons ou autres semblables saillies, depuis leur ligne extérieure jusqu'à la ligne de séparation des deux propriétés (fig. 3510).

L'article 678 du Code civil ne s'applique pas à une claire-voie établie pour clôture non plus qu'aux *vues* pratiquées

(1) Code Perrin, n° 4192.

sur le toit d'une maison. Il faut seulement, dans ce dernier cas, qu'on ne puisse pas regarder perpendiculairement chez le voisin.

Les *vues obliques* ou de côté sont celles que l'on pratique dans un mur faisant angle avec la ligne séparative de deux héritages, et au moyen desquelles on ne peut porter ses regards sur la propriété voisine sans tourner la tête ou les yeux.

On ne peut, dit l'article 679 du Code civil, avoir des *vues* de côté ou obliques

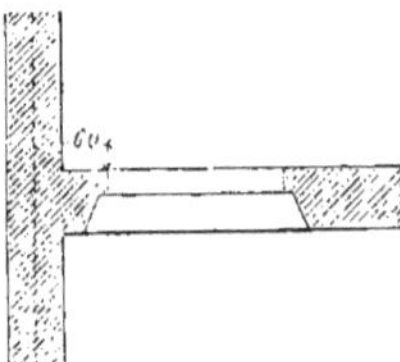

Fig. 3511.

sur le même héritage, s'il n'y a $0^m,60$ (2 pieds) de distance (fig. 3511).

Nous empruntons au *Manuel des lois du bâtiment* les quelques préceptes suivants au sujet des *vues* :

« Lorsque des *vues* droites sont acquises par titre ou par prescription, on ne peut les modifier, même en changeant les planchers. La hauteur d'enseuillement ne doit pas non plus être diminuée. Si l'un des voisins avait par titre une ou plusieurs *vues* droites dans le mur séparatif sur l'héritage de l'autre voisin, le dernier ne pourrait bâtir un édifice en face à une distance moindre de $1^m,90$ du parement du mur où seraient les *vues*, quoique le terrain entre eux fût à lui, et il ne pourrait point non plus adosser d'édifice contre ledit mur mitoyen plus haut que le dessous de l'appui de la *vue* la plus basse, ni rien faire qui fût plus élevé que cet appui, dans la distance précitée ; comme aussi il ne pourrait pas faire l'édifice en retour, en aile, joignant ledit mur mitoyen, plus près de $0^m,60$ de l'arête du tableau du pied-droit desdites *vues* de servitude.

« Au mur dudit édifice en aile, il ne pourra pas faire de *vues* plus près de $0^m,60$ du parement du mur où seraient les *vues* de servitude (fig. 3512). Si la

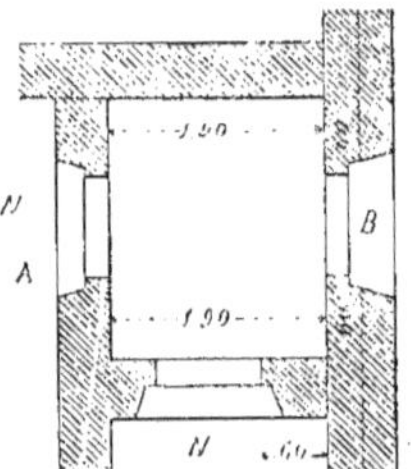

Fig. 3512.

servitude du jour avait été acquise par prescription, cela n'empêcherait pas le voisin d'élever des constructions dans le rayon de la distance légale.

« Les terrasses, balcons, lucarnes et tous lieux élevés plus haut que le mur de clôture doivent être soumis à ces rè-

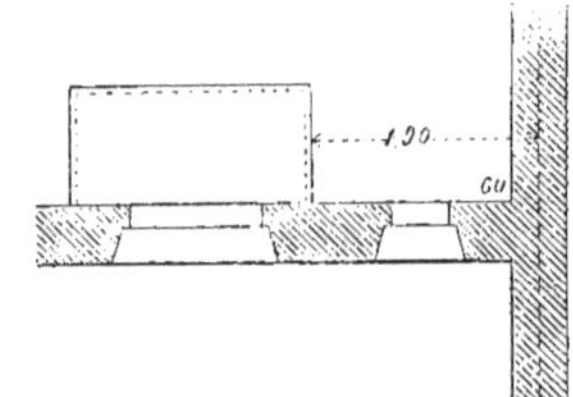

Fig. 3513.

gles de distance. Dans un balcon, la mesure se prend en dehors de la balustrade en fer, bois ou pierre (fig. 3513).

« De côté, le balcon devra être à $1^m,90$ de distance de la ligne mitoyenne. Pour les voies publiques, ces distances ne sont pas observées.

« Elles seraient observées, si l'espace entre les deux propriétés était une cour commune, mais si la cour commune avait plus de $1^m,90$, les deux propriétaires pourraient y avoir des *vues*.

« Ces distances sont absolues, que les

héritages soient clos ou non, à la ville et à la campagne.

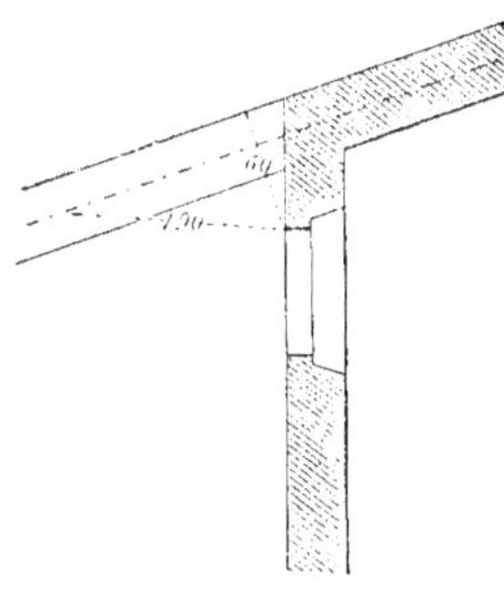

Fig. 3514.

« Lorsque le mur de face, sur la cour d'une maison, fait un angle aigu avec le mur de clôture qui sépare cette cour ou jardin et l'héritage du voisin, si celui à qui est ladite maison y veut faire des *vues* droites, il ne doit pas y avoir moins de $1^m,90$ de distance, mesurée par une ligne perpendiculaire au mur où la *vue* est ouverte, entre la ligne qui sépare les deux héritages et le devant de la *vue*, ni moins de $0^m,60$ pris de côté par une ligne perpendiculaire au mur mitoyen (fig. 3514).

« On suppose que le mur mitoyen est plus bas que les *vues*, car si le mur était plus haut, ce mur empêchant de voir sur l'héritage voisin, il n'y aurait pas lieu d'observer les distances indiquées ci-dessus. »

W

Wagon, *s. m.* — Terrasse. Nom que l'on donne à des véhicules ou caisses portées sur quatre roues et circulant sur des rails pour le transport des terres. On en fait aussi usage pour certains matériaux, moellons, briques ou meulières.

Maçonnerie. Nom que l'on donne à des poteries en terre cuite dont on forme des tuyaux de cheminée droits ou dévoyés (voy. *Tuyau*). On fait aussi des *wagons*, dits *ferrugineux*, composés d'une sorte de pâte, dans laquelle entrent des débris de fer.

Warcq (*Chaux de*). — Chaux moyennement hydraulique, que l'on fabrique à l'usine de *Warcq*, dans le département des Ardennes.

Workhouse, *s. m.* — Nom que les Anglais donnent à une catégorie d'établissements mixtes qui n'ont pas leurs semblables en France et qui tiennent à la fois du dépôt de mendicité, de la maison de secours, de l'hôpital et de l'hospice.

X

Xyste, *s. m.* — Portique couvert faisant partie d'un *palestre* grec, et où les athlètes s'exerçaient pendant l'hiver.

Il y avait près du *xyste* un *stade* et des promenades plantées de platanes avec des sièges en maçonnerie (voy. *Palestre*).

Y

Yeux, *s. m. pl.* — Les plombiers appellent *yeux de perdrix* les petites taches irisées qui se trouvent dans l'étain et qui seraient l'indice d'une bonne qualité.

Z

Zigzags, *s. m. pl.* — Ornement d'architecture formant une suite de chevrons ou d'angles alternativement saillants et rentrants. Cet ornement a particulièrement été employé pendant la période romane.

Zinc, *s. m.* — Métal d'un blanc bleuâtre qui possède une odeur et une saveur particulières.

Sa texture est lamelleuse, il se gerce sous le marteau ; mais quand il a été chauffé à un peu plus de 100°, il devient malléable et ductile et peut se réduire en feuilles très minces ou s'étirer en fils extrêmement déliés.

Il offre alors cette particularité qu'audelà de cette température, il perd sa malléabilité et, à 200°, devient très cassant. Il fond à 374° ; chauffé au rouge blanc, il se combine vivement avec l'oxygène de l'air et brûle avec une flamme d'un blanc jaunâtre en répandant dans l'air des flocons d'oxyde de *zinc*.

Ce métal est peu tenace ; mais il est moins mou que le plomb et l'étain.

La pesanteur du *zinc* fondu est de 6.86 ; celle du *zinc* laminé atteint 7,20. Sa dilatation linéaire est très sensible : elle varie de 0,0029 à 0,0031, depuis 0° jusqu'à 100°.

A la température ordinaire, le *zinc* se couvre d'une couche mince de rouille noirâtre ou oxyde, qui le garantit alors des influences ultérieures de l'atmosphère.

La *calamine* et la *blende* sont les deux minerais principaux du *zinc* ; le premier est un carbonate de *zinc* mêlé de silicate de *zinc*, peu ou très chargé de fer et renfermant de 40 à 60 pour 100 d'oxyde de *zinc*. La *blende* est un sulfure de *zinc* mêlé à d'autres sulfures, et qui renferme de 45 à 60 pour 100 de *zinc* métallique.

Les usages du *zinc* sont assez nombreux ; on l'emploie, dans les constructions, laminé en feuilles minces, pour former des couvertures et divers objets, tels que chéneaux, tuyaux de descente, etc. On en fait aussi des baignoires, des vases de toute espèce. On fabrique aussi avec le *zinc* des ornements ainsi que des clous, des vis à bois et divers objets de serrurerie, qui peuvent remplacer des objets analogues en cuivre. On s'en sert encore pour *étamer* le fer, c'est-à-dire le recouvrir d'une couche mince de *zinc* qui le préserve de la rouille. Le fer ainsi revêtu se nomme *fer galvanisé*.

Dans le commerce, le *zinc* se livre en feuilles de diverses longueurs, largeurs et épaisseurs. Les largeurs varient de 0m,487 à 0m,811, la longueur étant de 1m,949.

M. Claudel, dans son *Formulaire*, donne un tableau des numéros des feuilles de *zinc* livrées par l'usine de la Viéille-Montagne.

Les nos 1 à 9, représentant des feuilles de très faible épaisseur, s'emploient pour la perforation, pour les cribles, stores et tamis en *zinc*, et pour le satinage des papiers. On s'en sert encore pour la fabrication de très petits objets, tels que miroirs, porte-mouchettes, éteignoirs, etc., et autres objets compris sous la désignation d'*articles de Paris*.

Numéros.	Épaisseur des feuilles	Dimensions et poids des feuilles (1)		
		Larg 0m,50 Long. 2 m Surf. 1 m.	Larg 0m,65 Long. 2 m. Surf. 1m,30	Larg. 0m,80 Long. 2 m. Surf. 1m,60
9	0.41	2.90	3.70	4.60
10	0.53	3.45	4.45	5.50
11	0.60	4.05	5.30	6.50
12	0.69	4.65	6.10	7.50
13	0.78	5.30	6.90	8.50
14	0.87	5.95	7.70	9.50
15	0.96	6.55	8.55	10.50
16	1.10	7.50	9.75	12.00
17	1.23	8.45	10.95	13.50
18	1.36	9.35	12.20	15.00
19	1.48	10.30	13.40	16.50
20	1.66	11.25	14.60	18.00
21	1.85	12.50	16.25	20.00
22	2.02	13.75	17.90	22.00
23	2.19	15.00	19.50	24.00
24	2.37	16.25	21.40	26.00
25	2.56	17.50	22.75	28.00
26	2.66	18.80	24.40	31.00

(1) On admet une tolérance de 25 décagrammes en moins dans le poids de chaque feuille.

Les nos 10 et 11 sont très employés dans la fabrication des lampes, des lanternes et de tout ce qui concerne la ferblanterie en général. Ces numéros s'estampent encore très facilement en ornements divers pour girouettes, clochetons, etc. On les applique aussi le long des murs pour préserver les appartements de l'humidité, et dans les cabinets comme revêtements.

Le no 12 sert à la fabrication des objets de ménage, tels que seaux, brocs, arrosoirs, bains de pieds, etc.

Avec les nos 12 et 13, on fait aussi les descentes d'eau pour les petites constructions, les couvertures de hangars ou ateliers provisoires, des recouvrements de saillies, corniches, etc.

Le n° 14 est spécial aux toitures; c'est celui que l'on doit employer le plus généralement.

Les n°s 15 et 16 sont employés pour couvertures de monuments, chéneaux, caisses d'eau, bains de siège et fonds de baignoires.

Le n° 17 s'emploie pour les parois de baignoires.

Les n°s 18 à 26 sont utilisés pour les pompes, la garniture intérieure des cuves à papeterie, des réservoirs et cristallisoirs divers en usage dans les raffineries, etc.; ils offrent une résistance telle qu'une caisse ainsi doublée doit durer cinquante ou soixante ans.

Pour établir une couverture en *zinc*, on commence par poser sur les chevrons un voligeage en sapin ou peuplier, fait de voliges de $0^m,12$ à $0^m,15$ de largeur sur $0^m,015$ d'épaisseur, clouées sur les chevrons au moyen de pointes, à têtes noyées dans le bois, afin d'éviter leur contact avec le *zinc*. On place sur ce voligeage, parallèlement à la pente du toit, des tasseaux à section trapézoïdale (voy. *Tasseau*). Les bords longitudinaux des feuilles de *zinc* sont pliés et relevés sur une hauteur d'environ $0^m,03$ ou $0^m,04$, afin de s'appliquer librement sur les faces chanfreinées des tasseaux. Les feuilles sont maintenues en ce sens au moyen de pattes en *zinc* passant sous le tasseau et repliées sur l'arête de la feuille (voy. *Patte*). Les joints horizontaux sont formés par une agrafure qui ne présente aucun obstacle aux mouvements causés par les variations de température. Deux pattes, fixées sur la volige et enserrées dans le joint de l'agrafure, s'opposent au glissement de la feuille inférieure (voy. *Agrafe*, *Patte*). Les tasseaux sont couverts à l'aide de couvre-joints qui y sont fixés de différentes manières, soit au moyen de vis garnies d'un collier de plomb, soit avec des clous recouverts de *calotins* (voy. ce mot) soudés, soit encore au moyen de pattes à gaînes soudées dans le couvre-joint et passant dans une gaîne pratiquée sur le tasseau.

Les couvertures en *zinc* cannelé ont une rigidité qui permet de se dispenser du voligeage; elles sont placées sur des pannes en bois ou en fer, sans agrafures, au moyen d'équerres en fer soudées sur la feuille et vissées sur la panne; ces feuilles ont $2^m,35$ sur $0^m,80$ en n° 14 et pèsent environ 7 kilogr. le mètre carré.

Dans une couverture en *zinc* ordinaire, la quantité réelle de *zinc* employé, compris agrafures, couvre-joints, pattes d'arrêt et d'agrafe, gaînes et talons, est de $1^m,23$.

Les chéneaux doivent avoir une pente de $0^m,01$ par mètre et être exécutés avec le plus grand soin (voy. *Chéneau*).

Les noues ont ordinairement beaucoup plus de pente que les chéneaux; il suffit d'assembler les feuilles par recouvrement de $0^m,10$ à $0^m,15$; ces feuilles sont clouées en tête et sont maintenues latéralement par des pattes en cuivre (voy. *Noue*).

Zotheca. — Mot grec que les anciens employaient pour désigner :

1° Une petite chambre ou cabinet contigu à une pièce plus grande et où l'on se retirait pour pouvoir s'occuper tranquillement d'affaires ou d'études;

2° Une niche servant à recevoir une statue ou tout autre objet.

Bar-le-Duc. — Imprimerie et Lithographie Comte-Jacquet.

OUVRAGES DU MÊME AUTEUR

LA

BRIQUE ET LA TERRE C[illegible]

ÉTUDE HISTORIQUE DE L'EMPLOI DE [illegible] MATÉRIAUX
FABRICATION ET USAGES
MOTIFS DE CONSTRUCTION ET DE DÉCORATION CHOISIS DANS L'ARCHITECTURE DES DIFF[illegible]

PAR

PIERRE CHABAT

ARCHITECTE

Professeur adjoint à l'École spéciale d'Architecture
Préparateur du Cours de Constructions civiles au Conservatoire des [illegible]

AVEC LA COLLABORATION DE

FÉLIX MONMORY

ARCHITECTE

Ancien élève de l'École spéciale d'Architecture

Cet ouvrage comprend : 1° un texte très développé [illegible] l'historique [illegible] des briques et terres cuites, avec figures à l'appui, la fabrication [illegible] tous les détails que ces questions comportent et les dernières améliorations qui [illegible] l'explication des planches, avec gravures intercalées, représentant des ensembles [illegible] 2° 80 planches chromo-lithographiées où se trouvent [illegible] en brique et en terre cuite, les appareils divers des parois verticales, [illegible] pleins, claires-voies, balustrades, planchers, toitures, chaperons, cheminées, [illegible] les genres d'édifices (Églises, Maisons, Hôtels, Marchés, Usines, [illegible] ruraux, Gares, Stations, etc.), appartenant à l'architecture publique ou privée [illegible] et la terre cuite, avec leurs tons naturels ou émaillées, sont employées [illegible] avec la pierre, le fer et le bois.

PRIX : 150 FR.

FRAGMENTS D'ARCHITECT[illegible]

ÉGYPTE — GRÈCE — ROME — MOYEN AGE — RENAISSANCE — [illegible]

Avec Notices descriptives

SOUSCRIPTION DU MINISTÈRE DES BEAUX-ARTS

L'ouvrage se compose de 60 planches.

PRIX : 45 FR.

BATIMENTS DE CHEMINS [illegible]

[illegible] volumes, composés de 100 planches chacun [illegible]

SOUSCRIPTION DU MINISTÈRE DES [illegible]

[illegible] EN CARTON : 20[illegible]

ÉLÉMENTS DE CONS[illegible]

SERVANT A L'ENSEIGNEMENT DU DESSIN [illegible]

COMPRENANT

Géométrie [illegible] — Charpente en bois — Charpente [illegible]

[illegible] DE LA VILLE DE PARIS [illegible]

[illegible]

Paris. [illegible] Imprimerie et Lithographie [illegible]

www.ingramcontent.com/pod-product-compliance
Lightning Source LLC
LaVergne TN
LVHW010114230826
846091LV00001BA/46

* 9 7 8 2 3 2 9 3 8 3 6 1 3 *